输变电技术常用国家标准汇编

低压装置卷

中国标准出版社　编

中国标准出版社

北京

图书在版编目(CIP)数据

输变电技术常用国家标准汇编. 低压装置卷/中国标准出版社编. —北京:中国标准出版社,2020.8
ISBN 978-7-5066-9546-6

Ⅰ.①输… Ⅱ.①中… Ⅲ.①输电技术—国家标准—汇编—中国②变电所—国家标准—汇编—中国③低压电器—电气设备—国家标准—汇编—中国 Ⅳ.①TM72-65②TM63-65

中国版本图书馆 CIP 数据核字(2020)第 021881 号

中国标准出版社出版发行
北京市朝阳区和平里西街甲 2 号(100029)
北京市西城区三里河北街 16 号(100045)
网址 www.spc.net.cn
总编室:(010)68533533 发行中心:(010)51780238
读者服务部:(010)68523946
中国标准出版社秦皇岛印刷厂印刷
各地新华书店经销

*

开本 880×1230 1/16 印张 61.75 字数 1 869 千字
2020 年 8 月第一版 2020 年 8 月第一次印刷

*

定价 310.00 元

出版说明

电力工业是国民经济和社会发展的重要基础产业。电力工业的快速发展，有力地支持了国民经济和社会的发展。随着电力需求的日益增长，输变电技术不断发展变化，电网安全愈发得到重视，节能减排日益受到关注，电源结构不断进行调整，电力设施陆续新建，老设备也不断得到更新改造，各种新技术的应用日益广泛。

近年来，我国有关部门也在不断制定和修订相关方面的国家标准，为电网建设和运行的各有关部门的科研技术人员提供系统的、完整的具有实用价值的技术资料。

为满足电力系统工程技术人员和科技管理人员对标准的需求，我们对输变电技术常用的国家标准进行了收集整理。《输变电技术常用国家标准汇编》汇集了2019年5月底我国有关部门发布的现行有效的电网运行和建设方面的国家标准。本套汇编所收的标准按专业分类编排，分13卷出版，包括有：基础与安全卷、电力线路卷、电力变压器卷、继电保护与自动控制卷、低压装置卷、高压输变电卷、特高压技术卷、断路器卷、电力金具与绝缘子卷、带电作业卷、设备用油卷、节能管理卷、互感器与电抗器卷。

本卷为低压装置卷，收入该领域的国家标准共22项。

本汇编在使用时请读者注意以下几点：

1. 由于标准的时效性，汇编所收录的标准可能会被修订或重新制定，请读者使用时注意采用最新的有效版本。

2. 鉴于标准出版年代不尽相同，对于其中的量和单位不统一之处及各标准格式不一致之处未做改动。

本套汇编为电力行业工程技术人员和管理人员提供准确、系统、实用的技术资料，也是标准化工作者常用的重要资料。

本套汇编在选编过程中得到电力行业有关人员的大力支持，在此特表感谢。本书编纂仓促，不妥之处请读者批评指正。

编　者

2019年5月

目　　录

注：本汇编收集的标准的属性已在目录上标明，其中一些标准根据中华人民共和国国家标准公告(2017年第7号)已由强制性转为推荐性，但正文部分仍保留了原样。

ICS 29.130
K 31

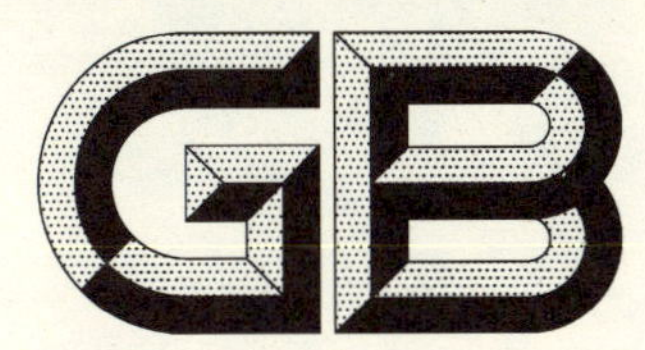

中华人民共和国国家标准

GB 7251.1—2013/IEC 61439-1:2011
代替 GB 7251.1—2005

低压成套开关设备和控制设备 第1部分:总则

Low-voltage switchgear and controlgear assemblies— Part 1: General rules

(IEC 61439-1:2011,IDT)

自2017年3月23日起,本标准转为推荐性标准,编号改为GB 7251.1—2013。

2013-12-31 发布　　　　2015-01-13 实施

中华人民共和国国家质量监督检验检疫总局
中国国家标准化管理委员会　发布

前 言

本部分的全部技术内容为强制性。

GB 7251《低压成套开关设备和控制设备》分为以下几个部分：

——第 0 部分：规定成套设备的指南

——第 1 部分：总则

——第 2 部分：成套电力开关和控制设备

——第 3 部分：由普通人员操作的配电板[1)]

——第 4 部分：建筑工地用成套设备[2)]

——第 5 部分：公用电网动力配电成套设备的特殊要求

——第 6 部分：母线干线系统(母线槽)

——第 7 部分：特定应用的成套设备——如码头、露营地、市集广场、电动车辆充电站

……

本部分为 GB 7251 的第 1 部分。

本部分按照 GB/T 1.1—2009 给出的规则起草。

本部分代替 GB 7251.1—2005《低压成套开关设备和控制设备　第 1 部分：型式试验和部分型式试验成套设备》。

本部分与 GB 7251.1—2005 相比，主要技术变化如下：

——取消了原 GB 7251.1/IEC 60439-1 本身是产品标准，同时又是 GB 7251/IEC 60439 系列产品的“总则”标准的双重功用；

——GB 7251.1 仅是一个有关 GB 7251 系列产品的“总则”标准；

——GB 7251.12 取代了原 GB 7251.1 产品标准；

——通过验证方式取消了型式试验成套设备(TTA)和部分型式试验成套设备(PTTA)的区别；

——采用了 3 种不同但等效的验证要求的形式：即通过验证试验、验证比较和验证评估；

——详尽阐明了关于温升的要求；

——详尽描述了额定分散系数(RDF)；

——包含了成套设备空壳体标准(GB/T 20641)的要求；

——标准的整个结构与其作为“总则”标准的新功能相匹配。

本部分使用翻译法等同采用 IEC 61439-1:2011《低压成套开关设备和控制设备　第 1 部分：总则》。

与本部分中规范性引用的国际文件有一致性对应关系的我国文件如下：

GB/T 4026—2010　人机界面标志标识的基本和安全规则　设备端子和导体终端的标识(IEC 60445:2006,IDT)

GB 4824—2004　工业科技，医疗(ISM)射频设备　电磁骚扰特性　限值和测量方法(IEC/CISPR 11:2003,IDT)

GB/T 5023.3—2008　额定电压 450/750 V 及以下聚氯乙烯绝缘电缆　第 3 部分：固定布线用无护套电缆(IEC 60227-3:1997,IDT)

GB/T 5013.4—2008　额定电压 450/750 V 及以下橡皮绝缘电缆　第 4 部分：软线和软电缆

1)　正在申报立项。

2)　正在申报立项。

(IEC 60245-4:2004,IDT)

GB/T 6988.1—2008 电气技术用文件的编制 第1部分:规则(IEC 61082-1:2006,IDT)

GB 7251(所有部分) 低压成套开关设备和控制设备[IEC 60439(all parts)]

GB/T 9286—1998 色漆和清漆 漆膜的划格试验(ISO 2409:1992,EQV)

GB/T 11021—2007 电气绝缘 耐热性分级(IEC 60085:2004,IDT)

GB/T 11026(所有部分) 电气绝缘材料 耐热性[IEC 60216(all parts)]

GB 14048.1—2012 低压开关设备和控制设备 第1部分:总则(IEC 60947-1:2011,MOD)

GB/T 16422.2—1999 塑料 实验室光源暴露试验方法 第2部分:氙弧灯(ISO 4892-2:1994,IDT)

GB 16895(所有部分) 建筑物电气装置[IEC 60364(all parts)]

GB 16895.3—2004 建筑物电气装置 第5-54部分:电气设备的选择和安装 接地配置,保护导体和保护联结导体(IEC 60364-5-54:2002,IDT)

GB 16895.4—1997 建筑物电气装置 第5部分:电气设备的选择和安装 第53章:开关设备和控制设备(IEC 60364-5-53:1994,IDT)

GB 16895.6—2000 建筑物电气装置 第5部分:电气设备的选择和安装 第52章:布线系统(IEC 60364-5-52:1993,IDT)

GB/T 17626.2—2006 电磁兼容 试验和测量技术 静电放电抗扰度试验(IEC 61000-4-2:2001,IDT)

GB/T 17626.28—2006 电磁兼容 试验和测量技术 工频频率变化抗扰度试验(IEC 61000-4-28:2001,IDT)

GB/T 17626.3—2006 电磁兼容 试验和测量技术 射频电磁场辐射抗扰度试验(IEC 61000-4-3:2002,IDT)

GB/T 17626.6—2008 电磁兼容 试验和测量技术 射频场感应的传导骚扰抗扰度(IEC 61000-4-6:2006,IDT)

GB/T 17627(所有部分) 低压电气设备的高电压试验技术[IEC 61180(all parts)]

GB 17799.4—2001 电磁兼容 第6部分:通用标准—第4章:工业环境的发射标准)(IEC 61000-6-4:1997,IDT)

GB/T 20641—2006 低压成套开关设备和控制设备空壳体的一般要求(IEC 62208:2002,IDT)

本部分做了下列编辑性修改:

——“本标准”改为“本部分”;

——用小数点符号“.”代替符号“,”;

——删除国际标准的前言。

本部分由中国电器工业协会提出。

本部分由全国低压成套开关设备和控制设备标准化技术委员会(SAC/TC 266)归口。

本部分起草单位:天津电气传动设计研究所有限公司、常熟开关制造有限公司(原常熟开关厂)、上海电气集团股份有限公司输配电分公司、川开电气股份有限公司、天津天传电控配电有限公司、中国质量认证中心、国家电控配电设备质量监督检验中心、甘肃电器科学研究院(原天水长城电器试验研究所)、广州白云电器设备股份有限公司、安徽鑫龙电器股份有限公司、上海河村电气有限公司、珠海光乐电力母线槽有限公司、浙宝电气(杭州)集团有限公司、江苏波瑞电气有限公司、中发电气股份有限公司、法泰电器(江苏)股份有限公司、大全集团有限公司、杭州杭开电气有限公司、成都科星电力电器有限公司、杭州欣美成套电器制造有限公司、广东珠江开关有限公司、华鹏集团有限公司、九川集团有限公司、江西恒珠电气柜锁有限公司、余姚市电力设备修造厂、上海南华兰陵电气有限公司、苏州电器科学研究院股份有限公司、福建森达电气有限公司、浙江方圆电气设备检测有限公司、临海市耀明电力设备有限公司、宁波耀华电气科技有限责任公司、镇江西门子母线有限公司、天津市天传樱科科技发展有限公司、吉林龙鼎电气股份有限公司、江苏现代电力科技股份有限公司、中煤电气有限公司、镇江默勒电器有限公司。

本部分主要起草人：仲明振、王阳、刘洁、管瑞良、王春玲、夏锦辉、崔静、陈昕、牟聿强、胡新明、王义、宛玉超、程均、郑光乐、林必宝、朱文堂、于春生、金敏毅、裴军、毛水泉、曾庆才、黄吾康、张柏成、陈云华、刘晓林、仲继江、邹奇宏、周福波、胡德霖、陈泽银、张正、罗正阳、刘坚钢、李飞、侯良、李岩、施博一、徐华云、郭乔根。

本部分所代替标准的历次版本发布情况为：

——GB 7251.1—2005。

引　言

GB 7251 系列标准通过等同采用 IEC 国际标准，使我国低压成套开关设备和控制设备标准与国际标准一致，以适应国际间的贸易、技术经济交流的需要。

重新组成的 GB 7251/IEC 61439 系列与原 GB 7251/IEC 60439 系列标准的结构相比发生了很大的变化。重新组成的 GB 7251/IEC 61439 系列是用于各类低压成套开关设备和控制设备的标准，共有 8 个部分。GB 7251.1/IEC 61439-1 是第 1 部分：总则，它汇集了各类成套设备标准的通用要求，例如介电性能试验、温升试验、短路耐受强度试验等。它是其他各类产品标准的基础。如果没有充分的理由，其他标准不允许违背其基本规则。

各类成套设备标准中具有广泛影响和应用的所有要求都集中在基础标准内，例如温升、介电性能等。

各类低压成套开关设备和控制设备，确定其所有要求和相应的验证方法只需两个主要标准：

——基础标准，即系列标准的第 1 部分(GB 7251.1/IEC 61439-1)：总则，它覆盖了各类低压成套开关设备和控制设备。

——各类成套设备标准，在下文中称作相关成套设备标准。

对适用于某一类的成套设备标准的基本规则，在各类相关的成套设备标准中应明确指出引用的 GB 7251.1/IEC 61439-1 中的相关章或条，例如，GB 7251.1/IEC 61439-1 中的 9.1.3。

如果基本规则不适用时，则分类成套设备标准可以不要求，故不需提出；如果基本规则对于特殊场合的要求不充分时，则分类成套设备标准可以增加要求；除非有可靠、充足的技术理由，专项成套设备标准中不允许与基本规则相违背。

标准中有关成套设备制造商与用户间协议的要求参见附录 C(资料性附录)。此附录为正常使用条件和用户附加的技术条件提供了信息，使它们能够正确地设计、应用和使用成套设备。

当原 GB 7251/IEC 60439 系列成套标准中的任何部分在未转换到新的 GB 7251/IEC 61439 系列，仍在引用原 GB 7251/IEC 60439-1 时，被替代的原 GB 7251/IEC 60439-1 仍然适用。

本部分是 GB 7251《低压成套开关设备和控制设备》系列标准之一，是基础标准，它包括了适用于低压成套开关设备和控制设备的基本要求和试验方法。GB 7251 系列标准中的其他标准均为产品标准，产品标准中引用了大量的本部分中规定的技术要求和试验方法，因此产品标准宜与本部分结合使用。

低压成套开关设备和控制设备
第1部分:总则

1 范围

GB 7251 的本部分规定了低压成套开关设备和控制设备(以下简称成套设备)(见 3.1.1)的定义、使用条件、结构要求、技术特性和验证要求。

本部分不能单独用来规定一种成套设备或用于确定一致性。成套设备应遵循 GB 7251 系列相关部分;从第 2 部分起。

本部分仅适用于符合下述相关的成套设备标准要求的低压成套开关设备和控制设备:

——额定电压交流不超过 1 000 V,直流不超过 1 500 V 的成套设备;

——带外壳或不带外壳的固定式或移动式成套设备;

——与发电、输电、配电和电能转换的设备以及控制电能消耗的设备所配套使用的成套设备;

——那些为特殊使用条件而设计的成套设备,如船舶、机车车辆使用的成套设备,只要它们符合其他有关的特定要求;

注 1:GB/T 7061 包含了对船用成套设备的补充要求。

——为机器的电气设备而设计的成套设备,假定符合其他相关特定要求。

注 2:GB 5226 系列标准包含了构成机器组成部分的成套设备的补充要求。

本部分适用于那些一次性设计、制造和验证或完全标准化批量制造的成套设备。

进行生产和/或组装的可以不是初始制造商(见 3.10.1)。

本部分不适用于符合各自相关产品标准的单独的器件及整装的元件,诸如电机起动器、刀熔开关、电子设备等。

2 规范性引用文件

下列文件对于本文件的应用是必不可少的。凡是注日期的引用文件,仅注日期的版本适用于本文件。凡是不注日期的引用文件,其最新版本(包括所有的修改单)适用于本文件。

GB/T 2423.17—2008 电工电子产品环境试验 第 2 部分:试验方法 试验 Ka:盐雾(IEC 60068-2-11:1981,IDT)

GB/T 2423.2—2008 电工电子产品环境试验 第 2 部分:试验方法 试验 B:高温(IEC 60068-2-2:2007,IDT)

GB/T 2423.4—2008 电工电子产品环境试验 第 2 部分:试验方法 试验 Db 交变湿热(12 h+12 h 循环)(IEC 60068-2-30:2005,IDT)

GB/T 4025—2010 人机界面标志标识的基本和安全规则 指示器和操作器件的编码规则(IEC 60073:2002,IDT)

GB/T 4205—2010 人机界面标志标识的基本和安全规则 操作规则(IEC 60447:2004,IDT)

GB 4208—2008 外壳防护等级(IP 代码)(IEC 60529:2001,IDT)

GB/T 5013.3—2008 额定电压 450/750V 及以下橡皮绝缘电缆 第 3 部分:耐热硅橡胶绝缘电缆(IEC 60245-3:1994,IDT)

GB/T 5169.10—2006 电工电子产品着火危险试验 第 10 部分:灼热丝/热丝基本试验方法 灼

热丝装置和通用试验方法(IEC 60695-2-10:2000,IDT)

GB/T 5169.11—2006 电工电子产品着火危险试验 第11部分:灼热丝/热丝基本试验方法 成品的灼热丝可燃性试验方法(IEC 60695-2-11:2000,IDT)

GB/T 5169.5—2008 电工电子产品着火危险试验 第5部分:试验火焰 针焰试验方法 装置、确认试验方法和导则(IEC 60695-11-5:2004,IDT)

GB/T 9341—2008 塑料 弯曲性能的测定(ISO 178:2001,IDT)

GB/T 16895.10—2010 低压电气装置 第4-44部分:安全防护 电压骚扰和电磁骚扰防护(IEC 60364-4-44:2007,IDT)

GB 16895.21—2011 低压电气装置 第4-41部分: 安全防护 电击防护(IEC 60364-4-41:2005,IDT)

GB/T 16935.1—2008 低压系统内设备的绝缘配合 第1部分:原理、要求和试验(IEC 60664-1:2007,IDT)

GB/T 17626.11—2008 电磁兼容 试验和测量技术 电压暂降、短时中断和电压变化的抗扰度试验(IEC 61000-4-11:2004,IDT)

GB/T 17626.13—2006 电磁兼容 试验和测量技术 交流电源端口谐波、谐间波及电网信号的低频抗扰度试验(IEC 61000-4-13:2002[3]),IDT)

GB/T 17626.4—2008 电磁兼容 试验和测量技术 电快速瞬变脉冲群抗扰度试验(IEC 61000-4-4:2004,IDT)

GB/T 17626.5—2008 电磁兼容 试验和测量技术 浪涌(冲击)抗扰度试验(IEC 61000-4-5:2005,IDT)

GB/T 20138—2006 电器设备外壳对外界机械碰撞的防护等级(IK代码)(IEC 62262:2002,IDT)

GB/T 24276—2009 评估部分型式试验的低压成套开关设备和控制设备(PTTA)温升的外推法(IEC/TR 60890:1987+IEC/TR 60890:1987/Amd1:1995,IDT)

IEC 60085:2007 电气绝缘 耐热性分级(Electrical insulation—Thermal evaluation and designation)

IEC 60216(所有部分) 电气绝缘材料 耐热性[Electrical insulating materials—Properties of thermal endurance(all parts)]

IEC 60227-3:1993 额定电压450/750 V及以下聚氯乙烯绝缘电缆 第3部分:固定布线用无护套电缆(Polyvinyl chloride insulated cables of rated voltages up to and including 450/750 V—Part 3: Non-sheathed cables for fixed wiring)

IEC 60245-4:1994 额定电压450/750 V及以下橡皮绝缘电缆 第4部分:软线和软电缆(Rubber insulated cables-Rated voltages up to and including 450/750 V—Part 4: Cords and flexible cables)

IEC 60364 建筑物电气装置(所有部分)[Low-voltage electrical installations(all parts)]

IEC 60364-5-52:2009 建筑物电气装置 第5-52部分:电气设备的选择和安装 布线系统(Low-voltage electrical installations—Part 5-52: Selection and erection of electrical equipment-Wiring systems)

IEC 60364-5-53:2001 建筑物电气装置 第5-53部分:电气设备的选择和安装 开关设备和控制设备(Electrical installations of buildings—Part 5-53: Selection and erection of electrical equipment—Isolation, switching and control)

IEC 60364-5-54:2011 建筑物电气装置 第5-54部分:电气设备的选择和安装 接地配置,保护导体和保护联结导体(Low-voltage electrical installations—Part 5-54: Selection and erection of electri-

3) 有一个统一的版本1.1(2009),它包括了IEC 61000-4-13(2002)和它的修订1(2009)。

cal equipment-Earthing arrangements and protective conductors)

IEC 60439(所有部分) 低压成套开关设备和控制设备[Low-voltage switchgear and controlgear assemblies(all parts)]

IEC 60445:2010 人机界面标志标识的基本和安全规则 设备端子和特定导线的线端标识,包括字母和数字系统的一般规则(Basic and safety principles for man-machine interface, marking and identification—Identification of equipment terminals, conductor terminations and conductors)

IEC 60865-1:1993 短路电流 影响计算 第1部分:定义和计算方法(Short-circuit currents-Calculation of effects—Part 1: Definitions and calculation methods)

IEC 60947-1:2007 低压开关设备和控制设备 第1部分:总则(Low-voltage switchgear and controlgear-Part 1: General rules)

IEC 61000-4-2:2008 电磁兼容 第4-2部分:试验和测量技术 静电放电抗扰度试验[Electromagnetic compatibility (EMC)—Part 4-2: Testing and measurement techniques—Electrostatic discharge immunity test]

IEC 61000-4-3:2006 电磁兼容 第4-3部分:试验和测量技术 射频电磁场辐射抗扰度试验[4) [Electromagnetic compatibility (EMC)—Part 4-3: Testing and measurement techniques—Radiated, radio frequency, electromagnetic field immunity test]

IEC 61000-4-6:2008 电磁兼容 第4-6部分:试验和测量技术 射频场感应的传导骚扰抗扰度[Electromagnetic compatibility (EMC)—Part 4-6: Testing and measurement techniques—Immunity to conducted disturbances, induced by radio-frequency fields]

IEC 61000-4-8:2009 电磁兼容 第4-8部分:试验和测量技术 工频磁场抗扰度试验[Electromagnetic compatibility (EMC)—Part 4-8: Testing and measurement techniques—Power frequency magnetic field immunity test]

IEC 61000-6-4:2006 电磁兼容 第6部分:通用标准 第4章:工业环境的发射标准[5) [Electromagnetic compatibility (EMC)—Part 6-4: Generic standards—Emission standard for industrial environments]

IEC 61082-1 电气技术用文件的编制 第1部分:总则(Preparation of documents used in electrotechnology—Part 1:Rules)

IEC 61180(所有部分) 低压设备的高压试验技术[High-voltage test techniques for low-voltage equipment(all parts)]

IEC 61201:2007 特低电压(ELV) 极限值

IEC 61439(所有部分) 低压成套开关设备和控制设备[Low-voltage switchgear and controlgear assemblies(all parts)]

IEC 62208 低压开关设备和控制设备空壳体的一般要求(Empty enclosures for low-voltage switchgear and controlgear assemblies—General requirements)

IEC 81346-1 工业系统、装置和设备、工业产品 构造准则和参考标识 第1部分:基本规则(Industrial systems, installations and equipment and industrial products—Structuring principles and reference designations—Part 1: Basic rules)

IEC 81346-2 工业系统、装置和设备、工业产品 构造准则和参考标识 第2部分:对象分类和类的代码(Industrial systems, installations and equipment and industrial products—Structuring principles and reference designations—Part 2: Classification of objects and codes for classes)

---

4) 有一个统一的版本3.2(2010),它包括了IEC 61000-4-3(2006)和修订1(2007)、修订2(2010)。

5) 有一个统一的版本2.1(2011),它包括了IEC 61000-4-4(2006)和它的修订1(2010)。

IEC/CISPR 11:2009 工业科技、医疗(ISM)射频装置的电磁骚扰特性 极限值和测量方法[6](Industrial, scientific and medical equipment—Radio-frequency disturbance characteristics—Limits and methods of measurement)

IEC/CISPR 22 信息技术设备、射频骚扰特性 极限值和测量方法(Information technology equipment—Radio disturbance characteristics—Limits and methods of measurement)

ISO 179 (所有部分) 塑料 摆锤冲击强度的测定[Plastics—Determination of Charpy impact strength(all parts)]

ISO 2409:2007 油漆和清漆 附着力(划格法)(Paints and varnishes—Cross-cut test)

ISO 4628-3:2003 油漆和清漆 油漆涂层剥蚀的评定 一般性缺陷程度、数量和大小及外观光亮均匀性变化的规定 第3部分:生锈程度的规定(Paints and varnishes—Evaluation of degradation of coatings—Designation of quantity and size of defects, and of intensity of uniform changes in appearance—Part 3: Assessment of degree of rusting)

ISO 4892-2:2006 塑料 实验室光源暴露试验方法 第2部分:氙弧灯(Plastics—Methods of exposure to laboratory light sources—Part 2: Xenonarc lamps)

3 术语和定义

下列术语和定义适用于本文件。

3.1 通用术语

3.1.1

低压成套开关设备和控制设备(成套设备) low-voltage switchgear and controlgear assembly (ASSEMBLY)

由一个或多个低压开关器件和与之相关的控制、测量、信号、保护、调节等设备,以及所有内部的电气和机械的连接及结构部件构成的组合体。

3.1.2

成套设备系统 ASSEMBLY system

按照初始制造商规定的全系列机械和电气元件(外壳,母线、功能单元等),用这些元件能依据初始制造商的说明书组合成不同的成套设备。

3.1.3

主电路(成套设备的) main circuit (of an ASSEMBLY)

在成套设备中,一条用来传输电能的电路上的所有导电部分。

[IEC 60050-441:1984, 441-13-02]

3.1.4

辅助电路(成套设备的) auxiliary circuit (of an ASSEMBLY)

在成套设备中,一条用于控制、测量、信号、调节、处理数据等的电路(除了主电路以外的)中的所有导电部分。

注:成套设备的辅助电路包括开关电器的控制电路和辅助电路。

[修改后的 IEC 60050-441:1984, 441-13-03]

3.1.5

母线 busbar

一种可以与几条电路分别连接的低阻抗导体。

---

6) 有一个统一的版本 5.1(2010),它包括了 CISPR11(2009)和它的修订 1(2010)。

注:母线这个术语与导体的几何形状、尺寸、面积无关。

3.1.6

主母线　main busbar

连接一条或几条配电母线和/或进线、出线单元的母线。

3.1.7

配电母线　distribution busbar

一个柜架单元内的母线,它连接到主母线上,并由它向出线单元供电。

注:在功能单元和母线之间连接的导体不作为配电母线的一部分。

3.1.8

功能单元　functional unit

它是成套设备的一部分,由完成相同功能的所有电气和机械部件组成,包括开关电器。

注:虽然连接在功能单元上,但位于隔室或封闭的防护空间外部的导体(例如连接公共隔室的辅助电缆)不视为功能单元的一部分。

3.1.9

进线单元　incoming unit

通过它把电能馈送到成套设备中去的一种功能单元。

3.1.10

出线单元　outgoing unit

通过它把电能输送给一个或多个出线电路的一种功能单元。

3.1.11

短路保护电器　short-circuit protective device;SCPD

用分断短路电流来保护电路或电路部件免受短路电流损坏的电器。

[IEC 60947-1:2007,2.2.21]

3.2　成套设备结构单元

3.2.1

固定式部件　fixed part

由组装在公共支架上并在其上配线的元件组成,而且它是设计成固定安装的。

3.2.2

可移式部件　removable part

由组装在公共支架上并在其上配线的元件组成的部件,该部件即使在与其连接的电路可能带电的情况下,也可以从成套设备中完整的取出和放回。

3.2.3

连接位置　connected position

可移式部件为实现其预期功能而处于完好的连接状态的一种位置。

3.2.4

移出位置　removed position

可移式部件移到成套设备外部,并与成套设备在机械上和电气上均脱离的一种位置。

3.2.5

插入式联锁　insertion interlock

一种防止可移式部件插入其非预定位置的装置。

3.2.6

固定连接　fixed connection

利用工具进行连接或分离的一种连接。

3.2.7

柜架单元　section

成套设备中两个相邻的垂直分界面之间的结构单元。

3.2.8

框架单元　sub-section

成套设备中柜架单元内的两个相邻的水平或垂直分界面之间的结构单元。

3.2.9

隔室　compartment

除进行内部接线、调整或通风时才需要打开外，通常是封闭着的一种柜架单元或框架单元。

3.2.10

运输单元　transport unit

不必进行拆卸即可适合于运输的完整的成套设备或其中一部分。

3.2.11

活动挡板　shutter

可以在下述两个位置间移动的部件：

——它移动到这一位置时，允许可移式部件的动触点和静触点接合，并且

——它移动到另一位置时，作为覆板或隔板将静触点屏蔽起来。

[修改后的 IEC 60050-441:1984，441-13-07]

3.3　成套设备外形设计

3.3.1

开启式成套设备　open-type ASSEMBLY

一种由支撑电气设备的支撑结构所组成的成套设备，其电气设备的带电部分易被触及。

3.3.2

固定面板式成套设备　dead-front ASSEMBLY

带有前护板的开启式成套设备，而其他的面仍可能易于触及带电部分。

3.3.3

封闭式成套设备　enclosed ASSEMBLY

除安装面外，所有面都封闭的成套设备，用此方式提供确定的防护等级。

3.3.4

柜式成套设备　cubicle-type ASSEMBLY

通常是指一种封闭的立式成套设备，它可以由若干个柜架单元、框架单元或隔室组成。

3.3.5

柜组式成套设备　multi-cubicle-type ASSEMBLY

数个柜式成套设备机械地组合在一起的一种组合体。

3.3.6

台式成套设备　desk-type ASSEMBLY

带有水平或倾斜控制面板，或二者兼有的封闭式成套设备，它配有控制、测量、信号等器件。

3.3.7

箱式成套设备　box-type ASSEMBLY

安装在垂直面上的一种封闭式成套设备。

3.3.8

箱组式成套设备　multi-box-type ASSEMBLY

数个箱式成套设备机械地组合在一起的一种组合体，它可带有或不带有公共支撑框架，可通过两个相邻的箱式成套设备的邻接面的开口进行电气连接。

3.3.9

安装在墙表面的成套设备　wall-mounted surface type ASSEMBLY

安装在墙体表面的成套设备。

3.3.10

嵌入墙中的成套设备　wall-mounted recessed type ASSEMBLY

安装在墙面凹槽里的成套设备，外壳不支撑上面部分的墙体。

3.4 成套设备结构部件

3.4.1

支撑结构　supporting structure

成套设备的结构组成部分，用来支撑成套设备中的各种元件和任何一种外壳。

3.4.2

安装结构　mounting structure

用来支撑成套设备的一种结构部件，但不作为成套设备的组成部分。

3.4.3

安装板　mounting plate

用于支撑各种元件并且适合于在成套设备中安装的板。

3.4.4

安装框架　mounting frame

用于支撑各种元件并且适合于安装在成套设备中的一种框架。

3.4.5

外壳　enclosure

能提供预期应用上相适的防护类型和防护等级的外罩。

[GB/T 2900.73—2008，195-02-35]

3.4.6

覆板　cover

成套设备外壳上的外装部件。

3.4.7

门　door

一种带铰链的或可滑动的覆板。

3.4.8

可移式覆板　removable cover

用来遮盖外壳上的开口的一种覆板，当进行某些操作和检修时，可将其移开。

3.4.9

盖板　cover plate

通常是指成套设备上的一种部件，用它来遮盖外壳上的开口。用螺钉或类似方法固定在其位置上。

注1：设备投入运行后此盖板一般不移开。

注2：此盖板上可配备电缆入口。

3.4.10

隔板　partition

用来将一个隔室与其他隔室隔开的一种外壳部件。

3.4.11

挡板　barrier

对来自各个方向的直接接触提供防护的部件。

[GB/T 2900.73—2008,修改后的 195-06-15]

3.4.12

屏障　obstacle

用来防止无意的直接接触,但不能防止有意的直接接触的一种部件。

[GB/T 2900.73—2008,修改后的 195-06-16]

注:屏障是用来防止非故意的接触带电部分,但不能防止有意的绕过屏障的故意接触。它们是用来保护熟练技术人员或受过培训的人员而不是一般人员。

3.4.13

端子护罩　terminal shield

用于封闭端子和提供规定的防护等级以防止人或物体接近带电部分的一种部件。

3.4.14

电缆入口　cable entry

一种带有开口的部件,可以将电缆从此开口处引入成套设备。

3.4.15

封闭的防护空间　enclosed protected space

将电器元件封闭起来的成套设备的一部分,它提供规定的防护以防止外界的影响和接触带电部分。

3.5　成套设备安装条件

3.5.1

户内式成套设备　ASSEMBLY for indoor installation

满足 7.1 中所规定的户内正常使用条件的成套设备。

3.5.2

户外式成套设备　ASSEMBLY for outdoor installation

满足 7.1 中所规定的户外正常使用条件的成套设备。

3.5.3

固定式成套设备　stationary ASSEMBLY

固定在安装位置上,例如固定在地面或墙上,并在该位置上使用。

3.5.4

移动式成套设备　movable ASSEMBLY

能够容易地从一个使用地点移动到另一个使用地点的成套设备。

3.6　绝缘特性

3.6.1

电气间隙　clearance

两个导电部分之间的最短直线距离。

[IEC 60050-441:1984, 441-17-31]

3.6.2

爬电距离 creepage distance

两个导电部分之间沿固体绝缘材料表面的最短距离。

[GB/T 2900.83—2008，151-15-50]

注：两个绝缘材料部件之间的接合处亦被视为表面的一部分。

3.6.3

过电压 overvoltage

峰值大于在正常运行下最大稳态电压的相应峰值的任何电压。

[GB/T 16935.1—2008,3.7 定义]

3.6.4

暂时过电压 temporary overvoltage

持续相对长时间(数秒钟)的工频过电压。

[GB/T 16935.1—2008,修改后的 3.7.1 定义]

3.6.5

瞬态过电压 transient overvoltage

持续时间为几毫秒或更短的、并通常具有高阻尼振荡或非振荡的短时过电压。

[GB/T 2900.57—2008，604-03-13]

3.6.6

工频耐受电压 power-frequency withstand voltage

在规定的试验条件下，不引起击穿的工频正弦电压有效值。

[IEC 60947-1：2007,2.5.56 定义]

注：在 GB/T 16935.1 中工频耐受电压与短时暂时过电压等同。

3.6.7

冲击耐受电压 impulse withstand voltage

在规定的条件下，不造成绝缘击穿，具有一定形状和极性的冲击电压最高峰值。

[GB/T 16935.1—2008,3.8.1 定义]

3.6.8

污染 pollution

使绝缘的介电强度和表面电阻率下降的任何固体的、液体的或气体的外来物质的增加。

[修改后的 GB/T 16935.1—2008,3.11 定义]

3.6.9

污染等级(环境条件的)pollution degree (of environmental conditions)

根据导电的或吸湿的尘埃，游离气体或盐类和相对湿度的大小及由于吸湿或凝露导致表面介电强度和/或电阻率下降事件发生的频度而对环境条件作出的分级。

注 1：器件和元件的绝缘材料所处的污染等级可能不同于器件和元件所处的宏观环境的污染等级。因为外壳或内部加热提供了防止吸湿或凝露的保护。

注 2：本部分中的污染等级系指微观环境中的污染等级。

[IEC 60947-1：2007,2.5.58 定义]

3.6.10

微观环境(电气间隙或爬电距离的) micro-environment (of a clearance or creepage distance)

特别会影响确定爬电距离尺寸的绝缘附近的环境。

注：是由电气间隙或爬电距离的微观环境确定对绝缘的影响，而不是由成套设备或元件的环境确定其影响。微观环境可以好于成套设备或元件所处的环境，也可以比它差。

[GB/T 16935.1—2008,修改后的 3.12.2 定义]

3.6.11

过电压类别(电路或电气系统中的) overvoltage category (of a circuit or within an electrical system)

根据限定(或控制)电路中(或在具有不同标称电压的电气系统中)产生的预期瞬态过电压和为限制过电压而采用的有关方法为基础而确定的分类。

注:在一个电气系统中,根据接口的要求,通过采用适当方法可以从一个过电压类别向一个较低的过电压类别转换,例如采用过电压保护器件或吸能、消耗或转换浪涌电流能量的串并联阻抗,把瞬时过电压降低到预期的较低过电压类别。

[IEC 60947-1:2007,2.5.60 定义]

3.6.12

浪涌抑制器 surge arrester

浪涌保护器件 surge protective device ;SPD

保护电器免受较高的瞬态过电压,并能限制持续电流的持续时间和幅值的一种器件。

[IEC 60947-1:2007,2.2.22 定义]

3.6.13

绝缘配合 insulation co-ordination

电气设备的绝缘特性的相互关系,一方面与预期过电压和过压保护器件的特性有关,另一方面与预期的微观环境和污染防护方式有关。

[IEC 60947-1:2007,修改后的 2.5.61 定义]

3.6.14

非均匀电场 inhomogeneous (non-uniform) field

电极之间的电压梯度不恒定的电场。

[IEC 60947-1:2007,2.5.63 定义]

3.6.15

电痕化 tracking

固态绝缘材料表面在电场和电解液的联合作用下逐渐形成导电通路的过程。

[IEC 60947-1:2007,2.5.64 定义]

3.6.16

相比电痕化指数 CTI comparative tracking index CTI

材料能经受住 50 滴规定的试验溶液而不出现电痕化的最大电压值,单位用伏表示。

注:每个试验电压值和 CTI 值应是 25 的倍数。

[修改后的 IEC 60947-1:2007 中的 2.5.65 定义]

3.6.17

击穿放电 disruptive discharge

在电应力作用下,放电几乎完全穿透了试验的绝缘体,导致电极间的电压降为零或接近于零的一种绝缘损坏的现象。

注 1:固体绝缘体上的击穿放电会导致永久性的绝缘强度降低,在液体或气体绝缘体上绝缘强度的降低可仅仅是暂时性的。

注 2:"击穿跳火"用来表示在气体或液体绝缘体上发生的击穿放电。

注 3:"闪络"用来表示在气体或液体介质绝缘体表面上发生的击穿放电。

注 4:"击穿"用来表示击穿放电穿透固体绝缘体的情况。

3.7 电击防护

3.7.1

带电部分 live part

正常运行中带电的导体或可导电部分,包括中性导体,但按惯例不包括 PEN 导体。

注：本概念不意味着有电击危险。

[GB/T 2900.73—2008，修改后的 195-02-19]

3.7.2

危险带电部分　hazardous live part

在某些条件下能造成伤害性电击的带电部分。

[GB/T 2900.73—2008，195-06-05]

3.7.3

外露可导电部分　exposed conductive part

成套设备上能触及到的可导电部分，它在正常状况下不带电，但在故障情况下可能成为危险带电部分。

[GB/T 2900.71—2008，修改后的 826-12-10]

3.7.4

保护导体　（标识：PE）protective conductor（identification：PE）

以安全为目的而提供的导体，例如电击防护。

[GB/T 2900.71—2008，826-13-22]

注：例如保护导体能与下列部件进行电气连接：

——外露可导电部分；

——外界可导电部分；

——主接地端子；

——接地极；

——电源的接地点或人为的中性接点。

3.7.5

中性导体 N　neutral conductor N

电气上与中性点连接，并能参与分配电能的导体。

[GB/T 2900.73—2008，修改后的 195-02-06]

3.7.6

保护中性导体　PEN conductor

兼有保护接地导体和中性导体功能的导体。

[GB/T 2900.73—2008，195-02-12]

3.7.7

故障电流　fault current

由于绝缘损坏、跨接绝缘或电路错误连接所产生的电流。

3.7.8

基本防护　basic protection

在无故障条件下的电击防护。

[GB/T 2900.73—2008，195-06-01]

注：基本防护用来防止触及带电部分，一般是指防止直接接触。

3.7.9

基本绝缘　basic insulation

能够提供基本防护的危险带电部分上的绝缘。

[GB/T 2900.73—2008，195-06-06]

注：本概念不适用于仅用作功能性目的的绝缘。

3.7.10

故障防护　fault protection

单一故障(例如基本绝缘损坏)条件下的电击防护。

[GB/T 2900.73—2008,修改后的 195-06-02]

注：故障防护一般是指防止间接接触，主要与基本绝缘损坏有关。

3.7.11

特低电压 extra-low voltage；ELV

不超过 IEC 61201 规定的有关电压限值的任何电压。

3.7.12

熟练技术人员 skilled person

具有相应教育和经验，能察觉和避免由于电引起危害的人员。

[GB/T 2900.71—2008，826-18-01]

3.7.13

受过培训的人员 instructed person

由熟练技术人员充分指导或监督的，能察觉和避免由于电引起危害的人员。

[GB/T 2900.71—2008，826-18-02]

3.7.14

一般人员 ordinary person

既不是熟练技术人员，也不是受过培训的人员。

[GB/T 2900.71—2008，826-18-03]

3.7.15

授权人员 authorized person

被授权完成指定工作的熟练技术人员或受过培训的人员。

3.8 特性

3.8.1

标称值 nominal value

用以标志和识别一个元件、器件、设备或系统的量值。

[GB/T 2900.83—2008，151-16-09]

注：标称值一般是一个修约值。

3.8.2

限值 limiting value

在元件、器件、设备或系统的规范中一个量的最大或最小允许值。

[GB/T 2900.83—2008，151-16-10]

3.8.3

额定值 rated value

为元件、器件、设备或系统规定的运行条件所制定的用于规范目的的量值。

[GB/T 2900.83—2008，151-16-08]

3.8.4

额定数据 rating

额定值与运行条件的组合。

[GB/T 2900.83—2008，151-16-11]

3.8.5

标称电压(电气系统的) nominal voltage(of an electrical system)

用以标志或识别电气系统电压的近似值。

[GB/T 2900.50—2008，修改后的 601-01-21]

3.8.6

短路电流　short-circuit current

I_c

由于电路中的故障或错误连接引起的短路所产生的过电流。

[IEC 60050-441:1984, 441-11-07]

3.8.7

预期短路电流　prospective short-circuit current

I_{cp}

在尽可能接近成套设备电源端,用一根阻抗可以忽略不计的导体使电路的供电导体短路时流过的电流的有效值(见 10.11.5.4)。

3.8.8

截断电流　cut-off current

允通电流　let-through current

开关电器或熔断器在分断动作中达到的最大瞬时电流值。

注:当电路电流尚未达到预期电流峰值情况下,开关电器或熔断器分断时这一概念尤其重要。

[IEC 60050-441:1984, 441-17-12]

3.8.9

电压额定数据　voltage ratings

3.8.9.1

额定电压　rated voltage

U_n

成套设备制造商宣称成套设备预定连接的主电路交流电压(有效值)或直流电压的电气系统最大标称值。

注 1:对于多相电路,系指相间电压。

注 2:不考虑瞬态电压。

注 3:由于系统允差,电源电压值可以超过额定电压。

3.8.9.2

额定工作电压(成套设备中一条电路的)　rated operational voltage (of a circuit of an ASSEMBLY)

U_e

成套设备制造商宣称的与额定电流共同确定设备使用的电压值。

注:对于多相电路,系指相间电压。

3.8.9.3

额定绝缘电压　rated insulation voltage

U_i

成套设备制造商对设备或其部件规定的耐受电压有效值,以表征其绝缘规定的(长期)耐受能力。

[GB/T 16935.1—2008,修改后的 3.9.1 定义]

注 1:对于多相电路,系指相间电压。

注 2:额定绝缘电压不一定等于设备的额定工作电压,额定工作电压主要与功能特性有关。

3.8.9.4

额定冲击耐受电压　rated impulse withstand voltage

U_{imp}

成套设备制造商宣称的冲击耐受电压值,以表征其绝缘规定的耐受瞬时过电压的能力。

[GB/T 16935.1—2008,修改后的 3.9.2 定义]

3.8.10

电流额定数据　current ratings

3.8.10.1

额定电流　rated current

I_n

成套设备制造商宣称的电流值,在规定的条件下通以此电流,成套设备各部件的温升不超过规定的限值。

注：成套设备的额定电流(I_{nA})见5.3.1,一条电路的额定电流(I_{nc})见5.3.2。

3.8.10.2

额定峰值耐受电流　rated peak withstand current

I_{pk}

成套设备制造商宣称的在规定条件下能够承受的短路电流峰值。

3.8.10.3

额定短时耐受电流　rated short-time withstand current

I_{cw}

成套设备制造商宣称的,在规定条件下,用电流和时间定义的能够耐受的短时电流有效值。

3.8.10.4

额定限制短路电流　rated conditional short-circuit current

I_{cc}

成套设备制造商宣称的在规定条件下在短路保护电器(SCPD)全部动作时间内(断开时间)能够承受的预期短路电流值。

注：短路保护电器可以与成套设备是一体的,也可以是单独的。

3.8.11

额定分散系数　rated diversity factor ;RDF

成套设备制造商根据发热的相互影响给出的成套设备出线电路可以持续并同时承载的额定电流的标幺值。

3.8.12

额定频率　rated frequency

f_n

成套设备制造商宣称的频率值,它与所设计的电路和工作条件有关。

注：一条电路可指定几个额定频率或额定频率范围,或可用于交流和直流。

3.8.13

电磁兼容性　electromagnetic compatibility ;EMC

注：有关EMC的相关术语和定义见附录J的J.3.8.13.1～J.3.8.13.5。

3.9　验证

3.9.1

设计验证　design verification

在成套设备的样机或其部件上进行的用以证实设计满足相应成套设备标准要求的验证。

注：设计验证可以包含一个或几个等效方式,见3.9.1.1、3.9.1.2和3.9.1.3。

3.9.1.1

验证试验　verification test

在成套设备的样机或其部件上进行试验以验证设计满足相关的成套设备标准的要求。

注：验证试验等效于型式试验。

3.9.1.2

验证比较 verification comparison

成套设备或成套设备部件的建议设计与已由试验验证的基准设计的结构相比较。

3.9.1.3

验证评估 verification assessment

对严格地按设计准则或计算的成套设备的样机或其部件进行设计验证，以表明设计能满足相关成套设备标准的要求。

3.9.2

例行检验 routine verification

对每一台成套设备在制造过程中和/或组装后进行的检验，以确认是否满足相关成套设备标准的要求。

3.10 制造商/用户

3.10.1

初始制造商 original manufacturer

进行初始设计并按照相关成套设备标准对成套设备进行相关验证的组织。

3.10.2

成套设备制造商 ASSEMBLY manufacturer

对整个成套设备负有责任的组织。

注：成套设备制造商和初始制造商可以是不同的组织。

3.10.3

用户 user

规定、购买、使用和/或操作成套设备的参与者，或由其他人代其执行。

4 符号和缩略语

下面将带有符号和缩略语的术语及其首次使用的条款，按字母顺序列表如下：

符号/缩略语	术 语	章条编号
CTI	相比电痕化指数	3.6.16
ELV	特低电压	3.7.11
EMC	电磁兼容性	3.8.13
f_n	额定频率	3.8.12
I_c	短路电流	3.8.6
I_{cc}	额定限制短路电流	3.8.10.4
I_{cp}	预期短路电流	3.8.7
I_{cw}	额定短时耐受电流	3.8.10.3
I_{nA}	成套设备额定电流	5.3.1
I_{nc}	一条电路的额定电流	5.3.2
I_{pk}	额定峰值耐受电流	3.8.10.2
N	中性导体	3.7.5

表（续）

符号/缩略语	术 语	章条编号
PE	保护导体	3.7.4
PEN	保护中性导体	3.7.6
RDF	额定分散系数	3.8.11
SCPD	短路保护电器	3.1.11
SPD	浪涌保护器件	3.6.12
U_e	额定工作电压	3.8.9.2
U_i	额定绝缘电压	3.8.9.3
U_{imp}	额定冲击耐受电压	3.8.9.4
U_n	额定电压	3.8.9.1

5 接口特性

5.1 通则

成套设备的特性应保证所连接电路的额定值与安装条件相适应，而且成套设备制造商应按5.2～5.6的准则对成套设备进行说明。

5.2 电压额定数据

5.2.1 额定电压(U_n)(成套设备的)

额定电压应至少等于电气系统的标称电压。

5.2.2 额定工作电压(U_e)(成套设备中的一条电路的)

任何电路的额定工作电压应不小于其所连接的电气系统的标称电压。

如果一条电路的额定工作电压与成套设备的额定电压不同，则应说明适合电路的额定工作电压。

5.2.3 额定绝缘电压(U_i)(成套设备中的一条电路的)

成套设备中一条电路的额定绝缘电压是介电试验电压和爬电距离参照的电压值。

一条电路中的额定绝缘电压应等于或高于该条电路中规定的额定电压 U_n 和额定工作电压 U_e。

注：对于IT系统的单相电路(参见IEC 60364-5-52)，额定绝缘电压至少等于电源的相间电压。

5.2.4 额定冲击耐受电压(U_{imp})(成套设备的)

额定冲击耐受电压应等于或高于该电路预定连接的系统中出现的瞬态过电压的规定值。

注：额定冲击耐受电压的优选值在附录G中的表G.1中给出。

5.3 电流额定数据

5.3.1 成套设备的额定电流(I_{nA})

成套设备的额定电流应为下列所述情况的电流较小者：

——成套设备内所有并联运行的进线电路的额定电流总和；

——特殊布置的成套设备中主母线能够分配的总电流。

通此电流时，各部件的温升均不能超过 9.2 中规定的限值。

注 1：进线电路的额定电流可低于安装在成套设备内的(符合各自器件标准的)进线器件的额定电流。

注 2：就此而论主母线是指在运行中正常连接的单个母线或单个母线的组合体，例如使用母线连接器。

注 3：成套设备额定电流是成套设备可以分配的且不会因为增加更多出线单元而超出的最大允许负载电流。

5.3.2 一条电路的额定电流(I_{nc})

一条电路的额定电流是该电路在正常工作条件下能够单独承载的电流值。成套设备的各部分在承载该电流时的温升应不超过 9.2 中规定的限值。

注 1：该条电路的额定电流可低于安装在这条电路中的器件(根据各自的器件标准)的额定电流。

注 2：由于确定额定电流的因素复杂，因此无法给出标准值。

5.3.3 额定峰值耐受电流(I_{pk})

额定峰值耐受电流应等于或大于电路预定连接的电源系统的预期短路电流峰值(见 9.3.3)。

5.3.4 额定短时耐受电流(I_{cw})(成套设备中的一条电路的)

额定短时耐受电流应等于或大于连接到电源每一点上的预期短路电流(I_{cp})的有效值(见3.8.10.3)。

成套设备不同的 I_{cw} 值对应不同的持续时间(例如 0.2 s、1 s、3 s)。

对于交流，此电流值是交流分量的有效值。

5.3.5 成套设备的额定限制短路电流(I_{cc})

额定限制短路电流应等于或大于保护成套设备的短路保护电器在动作时间内所能承受的预期短路电流的有效值(I_{cp})。

成套设备制造商应声明指定的短路保护电器的分断能力和电流极限特性(I^2t，I_{pk})，并考虑器件制造商给出的数据。

5.4 额定分散系数(RDF)

额定分散系数是由成套设备制造商根据发热的相互影响给出的成套设备的出线电路可以持续并同时承载的额定电流的标幺值。

标示的额定分散系数能用于：

- 电路组；
- 整个成套设备。

额定分散系数乘以电路的额定电流应等于或大于出线电路的计算负荷。出线电路的计算负荷应在相关成套设备标准中给出。

注 1：出线电路的计算负荷可以是稳定持续电流或可变电流的热等效值(见附录 E)。

额定分散系数适用于在额定电流(I_{nA})下运行的成套设备。

注 2：额定分散系数可识别出多个功能单元在实际中不能同时满负荷或断续地承载负荷。

更详细的资料见附录 E。

5.5 额定频率(f_n)

一条电路的额定频率是与其工作条件有关的频率值。如果成套设备的电路标明了不同的频率值，则应给出各条电路的额定频率值。

注：频率值宜限制在内装元件相关的国家标准中所规定的范围内。如果成套设备制造商没有其他规定，则额定频率的上下限值，限制在额定频率的98%～102%范围内。

5.6 其他特性

应给出以下特性：

a) 功能单元在特殊使用条件下的附加要求（例如，匹配类型、过载特性）；

b) 污染等级（见3.6.9）；

c) 为成套设备所设计的系统接地类型；

d) 户内和/或户外成套设备（见3.5.1和3.5.2）；

e) 固定式或移动式（见3.5.3和3.5.4）；

f) 防护等级；

g) 熟练技术人员使用或一般人员使用（见3.7.12和3.7.14）；

h) 电磁兼容性（EMC）类别（见附录J）；

i) 特殊使用条件，如果适用（见7.2）；

j) 外形设计（见3.3）；

k) 机械碰撞防护，如果适用（见8.2.1）；

l) 结构类型－固定或可移式部件（见8.5.1和8.5.2）；

m) 短路保护电器的类型（见9.3.2）；

n) 电击防护措施；

o) 外形尺寸（包括凸出部分，如手柄、覆板、门），如果需要；

p) 质量，如果需要。

6 信息

6.1 成套设备规定的标志

成套设备制造商应为每台成套设备配置一个或数个铭牌，铭牌应坚固、耐久，其位置应该是在成套设备安装好并投入运行时易于看到的地方。是否合格应依据10.2.7的要求进行试验和目测检验。

成套设备的下列信息应在铭牌上标出：

a) 成套设备制造商的名称或商标（见3.10.2）；

b) 型号或标志号，或其他标识，据此可以从成套设备制造商获得相关的信息；

c) 鉴别生产日期的方式；

d) GB 7251.X（应标明特定部分“X”）

注：可以在铭牌上给出成套设备相关标准的附加信息。

6.2 文件

6.2.1 关于成套设备的信息

第5章中所有接口特性，如果适用，应在随同成套设备交货的成套设备制造商的技术文件中提供。

6.2.2 装卸、安装、操作与维护的使用说明书

如需要，成套设备制造商应在其技术文件或产品目录中规定成套设备及设备内部件的装卸、安装、运行与维护条件。

如需要，说明书应指出成套设备合理地、正确地运输、装卸、安装和运行等极其重要的措施。提供与成套设备的运输和装卸密切相关的重量细节是极为重要的。

如适用，应在成套设备制造商的文件或说明书上给出怎样装卸成套设备，起吊装置的正确位置和安装及其吊索尺寸。

如需要，应规定与成套设备的安装、运行和维护有关的 EMC 措施(见附录 J)。

如果一个被确定用于 A 类环境的成套设备打算用于 B 类环境。那么在使用说明书上应包括以下的警告：

警 告
此产品设计为适用于 A 类环境。在 B 类环境使用此产品可能会产生有害的电磁骚扰，在这种情况下使用者可能需要采取适当的防护措施。

必要时，上述文件中应标明推荐的维护内容和频次。

如果安装元器件的实物布置使电路的识别不明显，则应提供适当的信息，如接线图或接线表。

6.3 器件和/或元件的识别

在成套设备中，应能识别出各个电路和它们的保护器件。标签应清晰易读、经久耐用且适合自然环境。所用的标识应符合 IEC 81346-1 和 IEC 81346-2，并与配电图中的标识一致，配线图中的标识应符合 IEC 61082-1。

7 使用条件

7.1 正常使用条件

符合本部分的成套设备适用于下述的正常使用条件。

注：如果使用的元件，例如继电器、电子设备等不是按这些条件设计的，那么宜采用适当的措施以保证其可以正常工作。

7.1.1 周围空气温度

7.1.1.1 户内成套设备的周围空气温度

周围空气温度不超过＋40 ℃，且在 24 h 一个周期的平均温度不超过＋35 ℃。

周围空气温度的下限为－5 ℃。

7.1.1.2 户外成套设备的周围空气温度

周围空气温度不超过＋40 ℃，且在 24 h 一个周期的平均温度不超过＋35 ℃。

周围空气温度的下限为－25 ℃。

7.1.2 湿度条件

7.1.2.1 户内成套设备的湿度条件

最高温度为＋40 ℃时的相对湿度不超过 50%。在较低温度时允许有较高的相对湿度。例如，＋20 ℃时的相对湿度为 90%。宜考虑到由于温度的变化，有可能会偶尔产生适度凝露。

7.1.2.2 户外成套设备的湿度条件

最高温度＋25 ℃时，相对湿度短时可达 100%。

7.1.3 污染等级

污染等级(见 3.6.9)是指成套设备所处的环境条件。

对于外壳内的开关器件和元件,可使用外壳内环境条件的污染等级。

为了评定电气间隙和爬电距离,确定了以下 4 个微观环境的污染等级。

污染等级 1:无污染或仅有干燥的、非导电性污染。此污染无影响。

污染等级 2:一般情况下只有非导电性污染,但要考虑到偶然由于凝露造成的暂时导电性。

污染等级 3:存在导电性污染,或者由于凝露使干燥的非导电性污染变成导电性的污染。

污染等级 4:持久的导电性污染,例如由于导电尘埃、雨雪或其他潮湿条件造成的污染。

污染等级 4 不适用于本部分的成套设备内的微观环境。

如果没有其他规定,工业用途的成套设备一般在污染等级 3 环境中使用。而其他污染等级可以根据特殊用途或微观环境考虑采用。

注:设备微观环境的污染等级可能受外壳内安装方式的影响。

7.1.4 海拔

安装地点的海拔不得超过 2 000 m。

注:对于在更高海拔处使用的设备,要考虑介电强度的降低、器件的分断能力和空气冷却效果的减弱。

7.2 特殊使用条件

如果存在下述任何一种特殊使用条件,则应遵守适用的特殊要求或成套设备制造商与用户之间应签订专门的协议。如果存在这类特殊使用条件的话,用户应向成套设备制造商提出。

特殊使用条件举例如下:

a) 温度值、相对湿度和/或海拔高度与 7.1 的规定值不同;
b) 在使用中,温度和/或气压的急剧变化,以致在成套设备内易出现异常的凝露;
c) 空气被尘埃、烟雾、腐蚀性微粒、放射性微粒、蒸汽或盐雾严重污染;
d) 暴露在强电场或强磁场中;
e) 暴露在极端的气候条件下;
f) 受霉菌或微生物侵蚀;
g) 安装在有火灾或爆炸危险的场地;
h) 遭受强烈振动冲击和地震发生;
i) 安装在会使载流容量或分断能力受到影响的地方,例如将设备安装在机器中或嵌入墙内;
j) 暴露在除电磁骚扰以外的传导和辐射骚扰场所,以及除在 9.4 中所述环境以外的电磁骚扰场所;
k) 异常过电压状况或异常的电压波动;
l) 电源电压或负载电流的过度谐波。

7.3 运输、存放和安装条件

如果运输、存放和安装条件,例如温度和湿度条件与 7.1 中的规定不符时,应由成套设备制造商与用户签订专门的协议。

8 结构要求

8.1 材料和部件的强度

8.1.1 通则

成套设备应由能够承受在规定的使用条件下产生的机械应力、电气应力、热应力和环境压力的材料构成。

成套设备外壳的外形应适应其用途,如 3.3 中指出的一些例子。这些外壳可以采用不同的材料,例如,绝缘的、金属的或它们的组合材料等。

8.1.2 防腐蚀

考虑在正常使用条件下(见 7.1),为确保防腐蚀,成套设备应采用合适的材料或在裸露的表面涂上防护层。依据 10.2.2 的试验进行此要求的验证。

8.1.3 绝缘材料的性能

8.1.3.1 热稳定性

对于绝缘材料的外壳或外壳部件,应按照 10.2.3.1 进行热稳定性的验证。

8.1.3.2 绝缘材料的耐热和耐着火性能

8.1.3.2.1 通则

由于内部电效应而暴露在热应力下且由于部件的老化而使成套设备的安全性受到损害的绝缘材料的部件,不应受到正常(使用)发热,非正常发热或着火的有害影响。

8.1.3.2.2 绝缘材料耐热性能

初始制造商应或是参考绝缘温度指标(例如,按 IEC 60216 的方法确定)或是按照 IEC 60085 的规定来选择绝缘材料。

8.1.3.2.3 绝缘材料耐受内部电效应引起的非正常发热和着火的性能

用于固定及维持载流部件在正常使用位置所必需的部件和由于内部电效应而暴露在热应力下的部件的绝缘材料,由于绝缘部件的损耗可能影响成套设备的安全性,所以不应受到非正常发热和着火的有害影响,并应采用 10.2.3.2 的灼热丝试验进行验证。在进行本试验时,保护导体(PE)不作为载流部件考虑。

对于小的部件(表面积尺寸不超过 14 mm×14 mm),可采用替代的试验方法(例如,按照 GB/T 5169.5的针焰试验)。同样的步骤可适用于部件的金属材料大于绝缘材料的情况。

8.1.4 耐紫外线辐射

对于户外使用的由绝缘材料制成的外壳和外部部件,应按照 10.2.4 进行耐紫外线辐射验证。

8.1.5 机械强度

所有的外壳或隔板包括门的闭锁装置和铰链,应具有足够的机械强度以承受正常使用和短路条件下所遇到的应力(见 10.13)。

可移式部件的机械操作，包括所有的插入式联锁，应按10.13试验进行验证。

8.1.6 提升装置

如需要，成套设备应配备合适的提升装置。按照10.2.5的试验进行检查。

8.2 成套设备外壳的防护等级

8.2.1 对机械碰撞的防护

由成套设备外壳提供的防止机械碰撞的防护等级，如需要，应由相关的成套设备标准进行规定，并按照GB/T 20138进行验证(见10.2.6)。

8.2.2 防止触及带电部分以及外来固体和水的进入

根据GB 4208，由任何成套设备提供的防止触及带电部分及防止外来固体和水进入的防护等级，用IP代码表示，并按照10.3进行验证。

按照成套设备制造商的说明书安装后，封闭式成套设备的防护等级至少应为IP2X，固定面板式成套设备正面的防护等级至少应为IPXXB。

正常使用中不发生倾斜的固定式成套设备IPX2不适用。

对于无附加防护设施的户外成套设备，第二位特征数字应至少为3。

注1：对于户外成套设备，附加的防护设施可以是防护棚或类似设施。

除非另有规定，按照成套设备制造商的说明书安装时，成套设备制造商给出的防护等级适用于整个成套设备。例如，封闭成套设备敞开的安装面等。

如果成套设备各部位有不同的防护等级，成套设备制造商则应单独标出该部位的防护等级。

不同的IP等级不应损害成套设备预期的使用。

注2：例如：

- 操作面IP20，其他部分IP00；
- 底座中的排水孔为IPXXD，其他部分为IP43。

如果没有按照10.3进行过适合的验证，不能给出IP值。

拟用于高湿度和温度变化范围较大场所的户内和户外的封闭式成套设备，应采取适当的措施(通风和/或内部加热、排水孔等)以防止成套设备内产生有害的凝露。但同时应保持规定的防护等级。

8.2.3 带有可移式部件的成套设备

成套设备标明的防护等级通常适用于可移式部件的连接位置(见3.2.3)。

在可移式部件移出后，如通过关闭门成套设备仍不能保持原来的防护等级，则成套设备制造商与用户应达成采用某种措施以保证足够防护的协议。成套设备制造商提供的信息可以代替这种协议。

当挡板用来为带电部分提供足够的防护时，它们应确保防止非故意的移动。

8.3 电气间隙和爬电距离

8.3.1 通则

电气间隙和爬电距离的要求是基于GB/T 16935.1的原则，旨在规定装置内部的绝缘配合。

作为成套设备组成部分的设备的电气间隙和爬电距离，应符合相关产品标准的要求。

装入成套设备内的设备，在正常使用条件下应保持规定的电气间隙和爬电距离。

应采用最高电压额定数据来确定各电路间的电气间隙和爬电距离(电气间隙依据额定冲击耐受电压，爬电距离依据额定绝缘电压)。

电气间隙和爬电距离适用于相对相，相对中性线，除了导体直接接地，还适用于相对地和中性线对地。

对于裸带电导体和端子(例如，母线、装置和电缆接头的连接处)其电气间隙和爬电距离至少应符合与其直接连接的设备的有关规定。

短路电流小于和等于宣称的成套设备额定数据时，母线和/或连接线间的电气间隙和爬电距离永远不应减小至成套设备的规定值以下。由于短路导致的外壳部件或内部隔板、挡板和屏障的变形，不应永久地使电气间隙和爬电距离减小到 8.3.2 和 8.3.3 中的规定以下(见 10.11.5.5)。

8.3.2 电气间隙

电气间隙应足以达到能承受宣称的电路的额定冲击耐受电压(U_{imp})。电气间隙应为表 1 的规定值，但按照 10.9.3 和 11.3 分别进行了设计验证试验和例行冲击耐受电压试验的情况除外。

用测量来确定电气间隙的方法见附录 F。

8.3.3 爬电距离

初始制造商应依据所选择的成套设备电路的额定绝缘电压(U_i)去确定爬电距离。对于任一列出的电路，其额定绝缘电压应不小于额定工作电压(U_e)。

在任何情况下，爬电距离都不应小于相应的最小电气间隙。

爬电距离应符合 7.1.3 规定的污染等级和表 2 给出的在额定绝缘电压下相应的材料组别。

用测量来确定爬电距离的方法见附录 F。

注：对于无机绝缘材料，例如玻璃或陶瓷，它们不产生电痕化，其爬电距离不需要大于其相应的电气间隙。但应考虑击穿放电的危险。

如果使用最小高度 2 mm 的加强筋，在不考虑加强筋数量的情况下，可以减小爬电距离，但应不小于表 2 值的 0.8 倍，而且应不小于相应的最小电气间隙。根据机械要求来确定加强筋的最小底宽(见 F.2)。

8.4 电击防护

8.4.1 通则

成套设备中元器件和电路的布置应便于运行和维护，同时要保证必要的安全等级。

当成套设备安装在一个符合 IEC 60364 系列标准的电气系统中时，下述要求用来确保所需的防护措施。

注：普遍可接受的防护措施可参照 GB/T 17045 和 GB 16895.21。

那些对于成套设备特别重要的防护措施在 8.4.2～8.4.6 中再描述。

8.4.2 基本防护

8.4.2.1 通则

基本防护旨在防止直接与危险带电部分接触。

基本防护能够利用成套设备本身适宜的结构措施，或在安装过程中采取的附加措施来获得。可以要求成套设备制造商提供相关信息。

附加措施的举例：只有被授权的人员才允许进入安装了无进一步防护措施的开启式成套设备的场所。

采用结构措施的基本防护可以选择 8.4.2.2 和 8.4.2.3 中的一种或多种防护措施。如果相关的成套设备标准无规定，应由成套设备制造商选择防护措施。

8.4.2.2 由绝缘材料提供基本绝缘

危险带电部分应用绝缘完全覆盖，绝缘只有被破坏后或使用工具后才能去掉。

绝缘应采用适合的能够持久承受使用中可能出现的机械、电气和热应力的材料制成。

注：例如用绝缘包裹的电器元件和绝缘导线。

单独的色漆、清漆和搪瓷不能满足基本绝缘的要求。

8.4.2.3 挡板或外壳

用空气绝缘的带电部分应安置在至少提供 IPXXB 防护等级的外壳内或挡板的后面。

对不高于安装地面 1.6 m 可触及的外壳水平顶部表面的防护等级至少应为 IPXXD。

考虑到外部影响，在正常工作条件下，挡板和外壳均应可靠固定在其位置上，且有足够的稳固性和耐久性以维持要求的防护等级并适当的与带电部分隔离。导电的挡板或外壳与带电部分的距离应不小于 8.3 规定的电气间隙与爬电距离。

在有必要移动挡板、打开外壳或拆卸外壳的部件时，应满足 a)～c)条件之一：

a) 使用钥匙或工具，也就是说只有靠器械的帮助才能打开门、盖板或解除联锁；

b) 在由挡板或外壳提供的基本防护情况下，当电源与带电部分隔离后，只有在挡板或外壳更换或复位后才可以恢复供电。在 TN-C 系统中，PEN 导体不应被隔离或断开。在 TN-S 和 TN-C-S 系统中，中性导体不必被隔离或断开(见 IEC 60364-5-53 中 536.1.2)。

  示例：用隔离器对门进行联锁，仅在隔离器断开时，门才能被打开，而且当门打开时，不使用工具不可能闭合隔离器。

c) 中间挡板提供的防止接触带电部分的防护等级至少为 IPXXB，此挡板仅在使用钥匙或工具时才能移动。

8.4.3 故障保护

8.4.3.1 安装条件

成套设备应包含保护措施并适合于依据 GB 16895.21 进行安装。对于一些特殊用途(如铁路、船舶)的成套设备，保护措施应由成套设备制造商与用户协商。

当一个 TT 接地系统用在一个电网中时，成套设备应使用下面的一种措施：

a) 进线连接采用双重绝缘或加强绝缘；或

b) 进线电路采用剩余电流器件(RCD)保护。

此条款遵照用户与制造商间的协议。

8.4.3.2 为便于自动断开电源对保护导体的要求

8.4.3.2.1 通则

每台成套设备都应有保护导体，便于电源自动断开：

a) 防止成套设备内部故障(例如，基本绝缘损坏)引起的后果；

b) 防止由成套设备供电的外部电路故障(例如，基本绝缘损坏)引起的后果。

具体要求见以下条款。

保护导体(PE、PEN)的识别要求见 8.6.6。

8.4.3.2.2 接地连续性提供的防止成套设备内部故障引起的后果的要求

成套设备所有的外露可导电部分应连接在一起，并连接至电源保护导体上，或通过接地导体与接地装置连接。

这种连接可以用金属螺钉、焊接或用其他导体连接来实现，或通过一个独立的保护导体实现。

注：使用耐磨的表面材料的成套设备的金属部件，例如粉末喷涂的密封板，作为保护接地连接时，需要除去或穿透涂层。

验证成套设备外露可导电部分与保护电路间的接地连续性的方法见10.5.2。

对于这些连接的连续性，下述内容应适用：

a) 当把成套设备的一部分取出时，如例行维护，成套设备其余部分的保护电路(接地连续性)不应中断。

如果采取的预防措施能够保证有持久良好的导电能力，那么，成套设备的各种金属部件的组装方式则被认为能够有效地保证保护电路的连续性。

除非是为此目的设计，否则柔软或易弯的金属导管不应用作保护导体。

b) 在盖板、门、遮板和类似部件上面，如果没有安装超过特低电压限值(ELV)的电气装置，通常的金属螺钉连接和金属铰链连接则被认为足以能确保连续性。

如果在盖板、门、遮板等部件上装有电压值超过特低电压限值(ELV)的器件时，应采取附加措施，以保证接地连续性。这些部件应按照表3配备保护导体(PE)，此保护导体的截面积取决于器件的最大额定工作电流 I_e，或者，如果器件的额定工作电流小于或等于16 A，则采用特别设计的等效的电连接方式(如滑动接触、防腐蚀铰链)并进行验证。

器件的外露可导电部分不能用其固定措施与保护电路连接时，应采用符合表3规定的截面积的导体连接到成套设备的保护电路上。

成套设备的某些外露可导电部分不会构成危险：

——既不可能大面积接触，也不可能用手抓住；

——或由于外露可导电部分尺寸很小(大约50 mm×50 mm)，或其位于不能与带电部分有任何接触的位置。

因而不需要与保护导体连接。这适用于螺钉、铆钉和铭牌，也适用于接触器或继电器的衔铁、变压器的铁芯、脱扣器的某些部件等类似部件，不论其尺寸大小。

如果可移式部件配备有金属支撑表面，而且施加在支撑表面上的压力足够大，应认为这些支撑面能充分保证保护电路的接地连续性。

8.4.3.2.3 防止成套设备供电的外部电路故障引起的后果所提供的保护导体的要求

成套设备内部保护导体的设计应使它们能够承受在成套设备的安装场地可能遇到的由为其供电的外部电路故障所引起的最大热应力和动态应力，导电的结构部件可以作为保护导体或它的一部分。

除依据10.11.2规定的不需进行短路耐受强度验证外，其他则应依据10.5.3进行验证。

原则上，除了下述情况外，成套设备内的保护导体不应包含分断器件(开关、隔离器等)。

只有被授权的人员才可以借助工具来拆卸及接近保护导体的连接片(这些连接片可能是为了满足某些试验的需要)。

当利用连接器或插头插座器件切断保护电路连续性时，只有当带电体被切断后，保护电路才可以被中断；在带电体重新通电之前，应先恢复保护电路的连续性。

如果成套设备中的结构部件、框架、外壳等是由导电材料制成的，则保护导体不必与这些部件绝缘。当其制造商有规定时，带有电压动作故障检测器的导体，包括连接到独立接地极的导体都应该绝缘。这也适用于变压器中性线的接地连接。

与外部导体连接的成套设备内的保护导体(PE、PEN)的截面积不应小于附录B中规定公式计算求得的值，应采用可出现的最大故障电流、故障持续时间以及考虑到保护相关带电导体的短路保护电器(SCPD)的限值。短路耐受强度依据10.5.3进行验证。

对于 PEN 导体,下述补充要求适用:

——最小截面积应为铜 10 mm^2 或铝 16 mm^2;

——PEN 导体的截面积不应小于所要求的中性导体截面积(见 8.6.1);

——PEN 导体在成套设备内不需要绝缘;

——结构部件不应用作 PEN 导体,但铜或铝制安装轨道可用做 PEN 导体。

外部保护导体端子的详细要求见 8.8。

8.4.3.3 电气隔离

各个电路的电气隔离是用来防止由于电路基本绝缘损坏通过接触外露可导电部分而引起的电击。这种类型的保护见附录 K。

8.4.4 全绝缘防护

注:根据 GB 16895.21:2011 中 413.2.1.1,"全绝缘"等同于第Ⅱ类设备。

对于全绝缘的基本防护和故障防护,应满足以下要求:

a) 元器件应用双重或加强的绝缘材料完全封闭。外壳上应标有从外部易见的符号"回"。

b) 外壳上应不存在因导电部分穿过而可能将故障电压引出外壳的部位。

即对金属部件,例如由于结构上的原因必须引出外壳的操作机构的轴,在外壳的内部或外部应按成套设备中所有电路的最大额定绝缘电压和最大额定冲击耐受电压与带电部分绝缘。

如果操作机构是用金属制成的(不管是否用绝缘材料覆盖),操作机构应拥有成套设备中所有电路的最大额定绝缘电压和最大额定冲击耐受电压的绝缘额定数据。

如果操作机构主要是用绝缘材料制成的,若它的任何金属部分在绝缘失效时变得容易接近,也应按成套设备中所有电路的最大额定绝缘电压和最大额定冲击耐受电压与带电部分绝缘。

c) 成套设备准备投入运行并接上电源时,外壳应将所有的带电部分、外露可导电部分和附属于保护电路的部件封闭起来,以使它们不被触及。外壳提供的防护等级至少应为 IP2XC(见 GB 4208)。

如果保护导体穿过外露可导电部分已绝缘的成套设备,延伸到与成套设备负载端连接的电气设备,则该成套设备应配备连接外部保护导体的端子,并用适当的标记加以识别。

在外壳内部,保护导体及其端子应与带电部分绝缘,且外露可导电部分应采用相同的方式与带电部分绝缘。

d) 成套设备内部的外露可导电部分不应连接到保护电路上,即外露可导电部分应不包括在使用保护电路的防护措施中,这同时也适用于内装电器元件,即使它们具有用于连接保护导体的端子。

e) 如果外壳上的门或覆板不使用钥匙或工具就能够打开,则应配备绝缘材料的挡板,此挡板不仅可防止非故意触及可接近带电部分,而且也可防止触及仅在覆板打开后可接近的外露可导电部分;无论如何,此挡板不使用工具应不能被移动。

8.4.5 稳态接触电流和电荷的限定

如果成套设备内部的设备在其断电后还可能存在稳态接触电流和电荷(如电容器),则要求装有警示牌。

用于灭弧和继电器延时动作等的小电容器,不应认为是有危险的设备。

注:如果在切断电源后的 5 s 之内,由静电产生的电压降至直流 60 V 以下时,非故意的接触不认为是有危险的。

8.4.6 操作和使用条件

8.4.6.1 由一般人员操作器件或更换元件

当操作器件或更换元件时,应保持防止与任何带电部分的接触。

最小防护等级应为 IPXXC。在某些灯或熔断体更换期间,允许开口大于防护等级 IPXXC 的规定值。

8.4.6.2 对被授权人员在维修时接近的要求

8.4.6.2.1 通则

被授权人员在维修时的可接近性,作为成套设备制造商与用户的协议,应满足下述 8.4.6.2.2～8.4.6.2.4中一项或多项要求。这些要求应作为对 8.4.2 基本防护的补充。

如果成套设备的门或覆板由授权人员解除联锁后被打开而接近带电部分,则门重新闭合或覆板就位后,联锁装置应自动恢复。

8.4.6.2.2 检查和类似操作对可接近性的要求

成套设备的构造应按照成套设备制造商与用户间的协议,当成套设备带电运行时,成套设备的某些操作项目能够进行。这类操作可以是:

——目测检查:

- 开关器件及其他元器件;
- 继电器和脱扣器的整定和指示;
- 导线的连接与标记;

——继电器、脱扣器及电子器件的调整和复位;

——更换熔断体;

——更换指示灯;

——某些故障部位的检测,例如,用合适并绝缘的器件测量电压和电流。

8.4.6.2.3 维护时可接近性的要求

在邻近的功能单元或功能组仍带电的情况下,按照成套设备制造商与用户的协议对成套设备中已断开的功能单元或功能组进行维护时,应采取必要的措施。措施的选择取决于使用条件、维护频率、被授权人员的能力、现场安装规则等。这些措施可以包括:

——在实际功能单元或功能组与邻近的功能单元或功能组之间应留有足够大的空间。维护时可能移动的部件,宜装有夹持固定设施;

——使用设计并布置的挡板或屏障,以防止直接接触邻近功能单元或功能组中的设备;

——使用端子防护罩;

——对每个功能单元或功能组使用隔室;

——插入成套设备制造商提供或规定的附加保护器具。

8.4.6.2.4 在带电情况下为扩展对可接近性的要求

当要求能在成套设备其余部分带电的情况下,用附加的功能单元或功能组来扩展成套设备,则应根据成套设备制造商与用户的协议,按 8.4.6.2.3 的规定进行,这些要求同时适用于现有电缆带电情况下,插入和连接附加的出线电缆。

扩展母线和连接附加单元至进线电源时,均不应在带电的情况下进行,除非成套设备是为此目的而设计的。

8.4.6.2.5 屏障

屏障应该防止：

——身体非故意地接近带电部分；或

——设备正常使用带电运行时，非故意地接触带电部分。

屏障可以不用钥匙或工具便可拆卸，但应确保防止非故意的移动。导电屏障与被保护的带电体之间的距离不得小于8.3所规定的电气间隙和爬电距离。

当仅通过基本防护将导电的屏障与危险的带电部分隔离，该屏障即成为外露可导电部分，应采取故障保护措施。

8.5 开关器件和元件的组合

8.5.1 固定式部件

对固定式部件（见3.2.1），主电路（见3.1.3）的连接应只能在成套设备断电的情况下进行接线和断开。通常，要求使用工具拆卸和安装固定式部件。

固定式部件的断开需要全部或部分断开成套设备。

为了防止未经许可的操作，开关器件可通过所提供的措施，固定在一个或多个位置上。

注：如果允许在带电电路上工作，则需要采取相应的安全预防措施。

8.5.2 可移式部件

可移式部件的设计应使其电气设备能够安全地与带电的主电路断开或连接。可移式部件可配备插入式联锁（见3.2.5）。

在从一个位置移动到另一位置的过程中，应满足电气间隙和爬电距离（见8.3）。

可移式部件应配备一个能够确保它只有在主电路与负载断开后才能移出和插入的器件。

为了防止非授权的操作，在可移式部件或其关联的成套设备的位置上，可提供一个可锁定的方式将可移式部件固定在一个或几个位置上。

8.5.3 开关器件和元件的选择

装入成套设备中的开关器件和元件应符合相关的国家标准。

开关器件和元件应适用于成套设备外形设计（例如，开启式或封闭式）的特定用途，适合于它们的额定电压、额定电流、额定频率、使用寿命、接通和分断能力、短路耐受强度等。

安装在电路中的器件其额定绝缘电压和额定冲击耐受电压，应等于或高于此电路规定的相应的值。在某些情况下，过电压保护是必须的，如满足过电压类别Ⅱ的设备（见3.6.11）。开关器件和元件的短路耐受强度和/或分断能力不足以承受安装场合可能出现的应力时，应使用限流保护器件来保护，例如熔断器或断路器。当为内装的开关器件选择限流保护器件时，为了达到协调性（见9.3.4），应采用器件制造商规定的最大允许值。

开关器件和元件的配合，例如，电机起动器同短路保护电器的配合，应符合相关的国家标准。

注：指南见GB/Z 25842.1和GB/Z 25842.2。

8.5.4 开关器件和元件的安装

成套设备内的开关器件和元件的安装和布线应依据其制造商所提供的说明，使其本身的功能不致由于正常工作中出现相互作用，例如热、开合操作、振动、电磁场而受到损害。对电子成套设备，可能有必要把电子信号处理电路进行隔离或屏蔽。

如果安装了熔断器,初始制造商应规定所使用的熔断体的类型和额定数据。

8.5.5 可接近性

必须在成套设备内部操作进行调整和复位的器件,应易于接近。

安装在同一支架(安装板、安装框架)上的功能单元及其外接导线端子的布置应使其在安装、布线、维护和更换时易于接近。

除非成套设备制造商与用户之间另有协议,否则地面安装的成套设备的易接近性要求如下:

——端子,不包括保护导体端子,应位于成套设备的基础面上方至少 0.2 m,并且端子的位置应使电缆易于与其连接。

——由操作人员观察的指示仪表应安装在成套设备基础面上方 0.2 m~2.2 m 之间。

——操作器件,如手柄、按钮或类似器件,应安装在易于操作的高度上;这就是说,其中心线一般应在成套设备基础面上 0.2 m~2 m 之间。不经常操作的器件,如每月少于一次,可以装在高度达 2.2 m 处。

——紧急开关器件的操作机构(见 IEC 60364-5-53:2001 中 536.4.2),在成套设备基础面上 0.8m~1.6 m 之间应是易于接近的。

8.5.6 挡板

手动开关器件的挡板的设计应使开合操作对操作者不产生任何危险。

为了减少更换熔断体时的危险,应使用相间挡板,除非熔断器的设计和安装已考虑了这一点。

8.5.7 开关位置的指示和操作方向

应清晰地标识元件和器件的操作位置,如果操作方向不符合 GB/T 4205,则应清晰地标识操作方向。

8.5.8 指示灯和按钮

除非有相关产品标准的其他规定,否则指示灯和按钮的颜色应符合 GB/T 4025。

8.6 内部电路和连接

8.6.1 主电路

母线(裸的或绝缘的)的布置应使其不会发生内部短路。母线应至少符合资料中关于短路耐受强度的等级(见 9.3),并且,应使其至少能够承受在母线电源侧保护器件限定的短路应力。

在一个柜架单元内,主母线与功能单元电源侧及包括在这些单元内的元件之间的导体(包括配电母线)应根据每个单元内相关短路保护电器在负载侧衰减后的短路应力来评估,所提供的这些导体的布置应使得在正常运行条件下,尽可能避免相间和/或相与地之间发生内部短路(见 8.6.4)。

除非成套设备制造商与用户之间另有协议,在带中性导体的三相电路中,中性导体的最小截面积应满足:

——如果电路相导体的截面积小于或等于 16 mm^2,则与相导体相同。

——如果电路相导体的截面积大于 16 mm^2,则为相导体的一半,但最小为 16 mm^2。

假设中性导体的电流不超过相电流的 50%。

注:对于会造成零序谐波较大值的特定应用(例如三次谐波)可能需要较大截面积的中性导体,因为这些相导体上的谐波会加到中性导体上,并导致高频率下的高负载电流。这种情况遵照成套设备制造商与用户间的专门协议。

PEN 尺寸应依据 8.4.3.2.3 的规定。

8.6.2 辅助电路

辅助电路的设计应考虑电源接地系统并保证接地故障或带电部分与外露可导电部分之间的故障不会引起非故意的危险操作。

通常，辅助电路应带有保护以防止短路的影响。然而，如果短路保护电器的动作易于造成危险，就不应配备保护器件。在此情况下，辅助电路导体的布置方式应使其不会发生短路(见 8.6.4)。

8.6.3 裸导体和绝缘导线

正常的温升、绝缘材料的老化和正常工作时所产生的振动不应造成载流部件的连接有异常变化。尤其应考虑到不同金属材料的热膨胀和电解作用以及所达到的温度对材料耐久性的影响。

载流部件之间的连接应保证有足够和持久的接触压力。

如果是基于试验(见 10.10.2)进行温升验证，成套设备内部导体及其截面积的选择应由初始制造商负责。如果是依据 10.10.3 的规则进行温升验证，导体应符合 IEC 60364-5-52 规定的最小截面。如何使本部分适合于成套设备内的状态的举例在附录 H 的表中给出。除了导体的载流量，导体的选择还取决于：

——成套设备可以承受的机械应力；

——放置和固定导体的方法；

——绝缘类型；

——所连接元件的种类(如符合 IEC 60947 系列的开关设备和控制设备；电子装置或设备)。

关于绝缘硬导线或软导线：

——应至少按照有关电路的额定绝缘电压(见 5.2.3)确定绝缘导线。

——连接两个端子之间的导线不应有中间接头。例如绞接或焊接。

——只带有基本绝缘的导线应防止与不同电位的裸带电部分接触。

——应防止导线与带有尖角的边缘接触。

——在覆板或门上连接电器元件和测量仪器的导线的安装，应使这些覆板和门的移动不会对导线产生机械损伤。

——在成套设备中对电器元件进行焊接连接时，只有在电器元件和指定类型的导线适合此类型的连接时，才是允许的。

——除上述以外的其他电器元件，焊接电缆接线片或多股导线的焊接端头不适用于有剧烈振动的状况。在正常工作时有剧烈振动的地方，例如运行的挖掘机和起重机、运行的船上、起吊设备和机车，应注意将导线固定住。

——通常，一个端子上只能连接一根导线，只有在端子是为此用途而设计的情况下才允许将两根或多根导线连接到一个端子上。

被隔离电路间的固态绝缘参数应依据电路的最高额定绝缘电压确定。

8.6.4 为减少短路的可能性，对无防护的带电导体的选择和安装

成套设备内无短路保护电器保护的带电导体(见 8.6.1 和 8.6.2)，在整个成套设备内的选择和安装应使其在相间或相与地之间内部短路的可能性极小。导体的类型和安装要求的举例见表 4。无保护的带电导体的选择和安装见表 4，主母线与各个 SCPD 之间导体总长度不应超过 3 m。

8.6.5 主电路和辅助电路导体的识别

除了 8.6.6 中提到的情况外，导体的识别方法和内容，例如利用连接端子上的或在导体本身末端上的排列、颜色或符号，应由成套设备制造商负责，并且，应与接线图和原理图上的标志一致。如果合适，

可以用 IEC 60445 中的方法标识。

8.6.6 保护导体(PE,PEN)和主电路的中性导体(N)的识别

用位置和/或标志或颜色应很容易地识别保护导体。如果用颜色识别,应只能是绿色和黄色(双色)。绿色和黄色(双色)严格地用于保护导体。如果保护导体是绝缘的单芯电缆,也应采用此种颜色标识,颜色标记最好贯穿整个长度。

主电路的任何中性导体用位置和/或标志或颜色应很容易识别(见 IEC 60445 中要求为蓝色的部分)。

8.7 冷却

可以为成套设备提供自然冷却和/或强迫冷却(如强迫通风、内部电气调节、热交换器等)。如果要求安装场地有专门预防措施以保证良好的冷却,则成套设备制造商应提供必要的信息(例如,标出易发生阻碍散热或发热部件所需要的间隔)。

8.8 外接导线端子

成套设备制造商应指出端子是适合于连接铜导线,还是适合连接铝导线,或者是两者都适合。端子应能与外接导线进行连接(如采用螺钉、连接件等),并保证维持适合于电器元件和电路的电流额定数据和短路强度所需要的接触压力。

除非成套设备制造商与用户之间有专门的协议,否则端子应能适用于随额定电流而选定的铜导线从最小至最大的截面积(见附录 A)。

如果使用铝导线,其类型、尺寸和导线在端子上的接线方法应遵循成套设备制造商与用户之间的协议。

当低压小电流(小于 1 A,且交流电压低于 50 V 或直流低于 120 V)的电子电路的外部导线必须与成套设备连接时,表 A.1 不适用。

可利用的布线空间应允许规定材料的外接导线能正确地连接,而在多芯电缆的情况下,能展开芯线。

导线不应承受可能降低其正常寿命的应力。

除非成套设备制造商与用户之间有其他协议,否则在带中性导体的三相电路中,中性导体的端子应允许连接具有以下最小截面积的铜导线:

——如果相导体的截面积大于 16 mm^2,则截面积等于相导体截面积的一半,但最小为 16 mm^2;

——如果相导体的截面积小于或等于 16 mm^2,则截面积等于相导体的截面积。

注 1:对于非铜导线,上述截面应以等效导电能力的截面代替,此时可能需要较大尺寸的端子。

注 2:对于会造成零序谐波较大值的特定应用(例如三次谐波)可能需要较大截面积的中性导体,因为这些相导体上的谐波会加到中性导体上,并导致高频率下的高负载电流。这种情况遵照成套设备制造商与用户间的专门协议。

如果需要提供用于进线和出线的中性导体、保护导体和 PEN 导体的连接设施,应将它们放置在相应的相导体端子的附近。

注 3:GB 5226.1 要求导体的一个最小截面积并且不允许将 PEN 接至机器的电气设备中。

电缆入口、盖板等应设计成在电缆正确安装后,能够达到所规定的防触电措施和防护等级,这意味着电缆入口方式的选择要适合成套设备制造商规定的使用条件。

外部保护导体的端子应按照 IEC 60445 进行标记。示例见 IEC 60417 的 5019 号图形符号⏚。如果外部保护导体准备与带有绿黄颜色清楚标记的内部保护导体连接时,则不要求此符号。

外部保护导体(PE、PEN)的端子和连接电缆的金属护套(铠装管、铅铠装管等)应是裸的,如无其他

规定，应适于连接铜导体。应该为每条电路的出线保护导体设置一个尺寸合适的单独端子。

除非成套设备制造商与用户之间有其他协议，否则保护导体的接线端子应允许连接的铜导线的截面积取决于相应的相导体的截面积，见表5。

对铝或铝合金的外壳和导体，应特别注意电腐蚀的危险。用于保证导电部分与外部保护导体的电的连续性而采取的连接措施不得作其他用途。

注4：对于成套设备金属部件，尤其是密封盖，它需要进行耐磨度的精加工，例如使用粉末涂料，这需要特别预先加以注意。

若无其他规定，对端子的识别应依据标准IEC 60445。

9 性能要求

9.1 介电性能

9.1.1 通则

成套设备的每条电路都应能承受：

——暂时过电压

——瞬态过电压

用施加工频耐受电压的方法验证成套设备承受暂时过电压的能力及固体绝缘的完整性；用施加冲击耐受电压的方法验证成套设备承受瞬态过电压的能力。

9.1.2 工频耐受电压

成套设备的电路应能承受表8和表9给出的相应的工频耐受电压(见10.9.2.1)。成套设备任何电路的额定绝缘电压应等于或高于其最大工作电压。

9.1.3 冲击耐受电压

9.1.3.1 主电路的冲击耐受电压

带电部分与外露可导电部分之间，不同电位的带电部分之间应能承受表10给出的对应于额定冲击耐受电压的试验电压值。

对给定额定工作电压的相应额定冲击耐受电压应不低于附录G中给出的成套设备使用点的电路的电源系统标称电压和相应的过电压类别。

9.1.3.2 辅助电路的冲击耐受电压

a) 连接在主电路上，且以额定工作电压(没有任何减少过电压的措施)运行的辅助电路应符合9.1.3.1的要求。

b) 不与主电路连接的辅助电路，可以有与主电路不同的过电压承受能力。这类交流或直流电路的电气间隙应可以承受附录G中给出的相应的冲击耐受电压。

9.1.4 浪涌保护器件的防护

当过压情况要求主电路连接浪涌保护器(SPD)时，按照浪涌保护器制造商的规定，应对此浪涌保护器进行保护以防止不可控的短路情况。

9.2 温升极限

成套设备和它的电路在特定条件下应能够承载其额定电流(见5.3.1、5.3.2和5.3.3)，考虑到元件的额定数据、它们的布置和应用，且当按照10.10验证时不超过表6中给出的限值。表6中给出的温升限值适用于周围空气平均温度不超过35 ℃。

元件或部件的温升是按照10.10.2.3.3的要求测得该元件或部件的温度与成套设备外部环境空气温度的差值。如果周围空气平均温度高于35 ℃，则温升限值必须符合此特殊工作条件，使得周围温度和温升限值之和仍保持不变。如果周围空气平均温度低于35 ℃，则温升限值的相同适配应遵照用户与成套设备制造商间的协议。

温升不应造成成套设备载流部件或相邻部件的损坏。特别对于绝缘材料，初始制造商应通过或是参考绝缘温度指标(例如按IEC 60216的方法确定)或是按照IEC 60085的规定来证明符合性。

注：如果改变了温升极限，使其涵盖不同的环境温度，则所有母线、功能单元等的额定电流可能需要做相应改变。初始制造商应说明采取的措施，以确保与温升极限相符合。环境温度不超过50 ℃时，则可通过计算完成，即假定每个元件或器件的超温与此元件产生的功率损耗成比例。一些器件的功率损耗与 I^2 成比例，另外一些器件则具有固定的功率损耗。

9.3 短路保护和短路耐受强度

9.3.1 通则

成套设备应能够耐受不超过额定值的短路电流所产生的热应力和电动应力。

注1：用限流器件如电抗器、限流熔断器或其他限流开关器件可以减小短路应力。

成套设备应采取针对短路电流的防护措施，例如，断路器、熔断器或两者的组合件，上述元器件可以安装在成套设备的内部或外部。

注2：对用于IT系统的成套设备(见IEC 60364-5-52)，短路保护电器的每个极在线电压下宜有足够的分断能力以排除双相接地故障。

注3：除非成套设备制造商在运行和维护说明中另有规定，否则没有经过熟练技术人员检查和/或维护，短路后的成套设备不能再使用。

9.3.2 有关短路耐受强度的信息

对于进线单元带有短路保护电器(SCPD)的成套设备，成套设备制造商应标明成套设备进线端的预期短路电流的最大允许值。这个值不应超过相应的额定值(见5.3.3、5.3.4和5.3.5)。相应的功率因数和峰值应为9.3.3给出的数据。

如果使用带延时脱扣的断路器作为短路保护电器，则成套设备制造商应标明最大延时时间和相应于指定预期短路电流的电流整定值。

对于进线单元没有短路保护电器的成套设备，成套设备制造商应用下述一种或几种方法标明短路耐受强度：

a) 额定短时耐受电流(I_{cw})及相应的持续时间(见5.3.4)和额定峰值耐受电流(I_{pk})(见5.3.3)；

b) 额定限制短路电流(I_{cc})(见5.3.5)。

当最长时间不超过3 s时，额定短时耐受电流与相应的持续时间的关系用公式 $I^2t=$常数表示，但峰值不超过额定峰值耐受电流。

成套设备制造商应说明用于保护成套设备所需的短路保护电器的特性。

具有几个但不大可能同时工作的进线单元的成套设备，其短路电流耐受强度可根据上述条款在每个进线单元上标出。

对于具有几个且可能同时工作的进线单元的成套设备，以及对于具有可能分担短路电流的一个进线单元和一个或几个大功率出线单元的成套设备，必须根据用户提供的数据，确定每个进线单元，每个出线单元和母线中的预期短路电流值。

9.3.3 峰值电流与短时电流之间的关系

为确定电动应力，峰值电流值应用短路电流的有效值乘以系数 n 获得。系数 n 的值和相应的功率因数在表 7 中给出。

9.3.4 保护器件的配合

成套设备内部和用于成套设备外部的保护器件之间的配合应遵循成套设备制造商与用户之间的协议。成套设备制造商的产品目录中给出的信息可以替代这类协议。

如果工作条件要求供电电源有最大的连续性，则成套设备内短路保护电器的整定或选择应可能是这样配合的，即在任何一个输出电路发生短路时，利用安装在该故障电路中的开关器件使其消除，而不影响其他输出电路，从而确保保护系统的选择性。

如果将短路保护电器串联连接，并准备同时运行，以达到所要求的短路通断能力(即后备保护)，则成套设备制造商应告知用户(例如通过成套设备上或使用说明书中的警告标志，见 6.2)，保护器件不允许用不同类型和额定数据的其他器件替换，除非此器件已与备份器件组合在一起经过试验和核准，否则整个组合的通断能力可能会受到损害。

9.4 电磁兼容性(EMC)

与 EMC 相关的性能要求，见附录 J 的 J.9.4。

10 设计验证

10.1 通则

设计验证是为验证成套设备或成套设备系统的设计是否符合其系列标准的要求。

若成套设备已按照 IEC 60439 系列标准做过了相关试验，而且试验结果完全满足 GB 7251(IEC 61439)相关部分的要求，则这些要求的验证不需要重复进行。

如组合在成套设备中的开关器件或元件已经按照 8.5.3 的规定选定，并且是依照其制造商的说明书安装的，则不必再按其产品标准进行验证。各个器件依照其相关产品标准进行的试验不能代替本成套设备标准的设计验证。

如果对已验证的成套设备进行更改，则应使用第 10 章来核查这些更改是否影响成套设备的性能。如果可能存在不利影响，应进行新的验证。

方法包括：

——验证试验；

——与已试验的基准设计进行验证比较；

——验证评估，例如，确认计算和设计规则的正确应用，包括适当的安全余量。

见附录 D。

当同一验证有不止一种方法时，则认为它们是等效的，且初始制造商有责任选择合适的方法。

试验应在清洁和新的条件下，在有代表性的成套设备样机上进行。

成套设备的性能可能会受验证试验(例如短路试验)的影响。这些试验不能在打算使用的成套设备上进行。

由初始制造商(见 3.10.1)依据本部分验证过的成套设备，当由其他制造商组装或制造时，如果全部满足初始制造商规定的要求和提供的使用说明书，则不要求重复初始设计验证。若成套设备制造商加入了自己的布置方式进行组装时，而这些布置方式不包括在初始制造商所做验证范围内，则该成套设备制造商被认为是这些布置方式初始制造商。

设计验证应由以下部分组成：

a) 结构：

10.2 材料和部件的强度；

10.3 成套设备的防护等级；

10.4 电气间隙和爬电距离；

10.5 电击防护和保护电路完整性；

10.6 开关器件和元件的组合；

10.7 内部电路和连接；

10.8 外接导线端子。

b) 性能：

10.9 介电性能；

10.10 温升验证；

10.11 短路耐受强度；

10.12 电磁兼容性；

10.13 机械操作。

基准设计、用于验证的成套设备或其部件的数量、所适合的验证方法的选择以及执行验证顺序应该遵从初始制造商的规定。

成套设备验证中使用的数据、计算和比较，应记录在验证报告中。

10.2 材料和部件的强度

10.2.1 通则

成套设备的结构材料和部件的机械、电气和热性能应通过结构和运行特性来验证。

如果使用符合 IEC 62208 的空壳体，且没有对其进行过降低外壳性能的更改，则不需要按 10.2 规定再进行外壳的试验。

10.2.2 耐腐蚀性

10.2.2.1 试验程序

成套设备含铁的金属外壳及内部和外部含铁金属部件的代表性样品应进行耐腐蚀性验证。

试验应执行在：

——外壳或代表性样品外壳，且正常使用时，具有代表性的内部部件且门关闭；或

——单独的代表性外壳部件和内部部件。

在所有情况下，铰链、锁和紧固件也应进行试验，除非它们原先已进行过等效试验并且使用中没有损害其耐腐蚀性。

外壳应按照初始制造商说明书中正常使用的要求安装进行试验。

试验样品应是新的，干净的，并应耐受 10.2.2.2 和 10.2.2.3 中严酷试验 A 或 B 的验证。

注：盐雾试验提供了加速腐蚀的环境，但这不意味着成套设备适用于盐雾环境。

10.2.2.2 严酷试验 A

试验适用于：

——户内安装的金属外壳；

——户内安装成套设备的外部金属部件；

——户内和户外安装的成套设备内部用于机械操作的金属部件。

试验包括：

根据 GB/T 2423.4(试验 Db)进行湿热循环试验，温度 40 ℃±3 ℃，相对湿度为 95%，试验以 24 h 为一个循环，共进行 6 个循环，和；

根据 GB/T 2423.17(试验 Ka:盐雾)进行盐雾试验，温度 35 ℃± 2 ℃，试验以 24 h 为一个循环，共进行 2 个循环。

10.2.2.3 严酷试验 B

试验适用于：

——户外安装的金属外壳；

——户外安装成套设备的外部金属部件。

试验由两个完全相同的 12 天周期组成。

每个 12 天的周期包括：

根据 GB/T 2423.4(试验 Db)进行湿热循环试验，温度为 40 ℃±3 ℃，相对湿度为 95%，试验以 24 h为一个循环，共进行 5 个循环。和

根据 GB/T 2423.17(试验 Ka:盐雾)进行盐雾试验，温度 35 ℃± 2 ℃，试验以 24 h 为一个循环，共进行 7 个循环。

10.2.2.4 试验结果

试验结束后，应开启水龙头对外壳或样品用水冲洗 5 min，用蒸馏水或软化水漂净，再甩动或用吹风机除去水珠，然后将试验样品存放在正常使用条件下 2 h。

进行目测检查，以确定：

——没有明显锈痕、破裂或不超过 ISO 4628-3 所允许的 Ri1 锈蚀等级的其他损坏。然而，允许保护涂层表面的损坏。如果对色漆和清漆有疑问，应参考 ISO 4628-3 验证，看试样是否符合样品 Ri1。

——机械完整性没有损坏。

——密封没有损坏。

——门、铰链、锁和紧固件工作没有异常。

10.2.3 绝缘材料性能

10.2.3.1 外壳热稳定性验证

由绝缘材料制造的外壳的热稳定性应用干热试验验证。试验根据 GB/T 2423.2 试验 Bb 进行，温度 70 ℃，自然通风，持续 168 h，恢复 96 h。

对于没有技术上的意义，只用于装饰目的的部件不进行此项实验。

将一个如同正常使用时一样安装的外壳放在加热箱中进行试验，加热箱有同周围空气一样的成分和压力而且自然通风。如果外壳的尺寸比可用的加热箱大很多，则试验可在一个有代表性的外壳样品上进行。

推荐使用电加热箱。

可以通过加热箱壁上的孔提供自然通风。

经正常视力或没有附加放大设备的校正视力目测外壳或样品，既没有可见的裂痕，其材料也没有变为粘性或油脂性。可用下列方法判断：

在食指裹一块干粗布，以 5 N 力按压样品，样品上应没有布的痕迹并且外壳或样品的材料没有粘到布上。

注：5 N 力可用下面方法获得：外壳或样品放在天平的一个秤盘上，天平的另一秤盘加载的质量等于样品的质量＋500 g。在食指上裹一片粗糙的干布按在样品上使天平平衡。

10.2.3.2 绝缘材料耐受内部电效应引起的非正常发热和着火的验证

GB/T 5169.10 中的灼热丝试验原理和 GB/T 5169.11 中给出的详细说明用来验证用于下列部件的材料的适用性：

a) 成套设备的部件上；或

b) 从这些部件上提取的部件上。

试验应在 a)或 b)部件中最薄的材料上进行。

如果具有代表性截面积的同一材料作为部件已经满足 8.1.3.2.3 的要求，则不需要再试验。它对之前已经依据各自说明书试验过的所有部件都是一样的。

该试验的说明见 GB/T 5169.11—2006 中第 4 章。所用的设备见 GB/T 5169.11—2006 中第 5 章。

灼热丝顶部的温度应如下：

——其上需要安装载流部件的部件：960 ℃；

——用于嵌入墙内的外壳：850 ℃；

——其他部件，包括需要安装保护导体的部件：650 ℃。

供替代的另一种选择，初始制造商应提供来自绝缘材料供应商的材料适用性数据，以证明符合 8.1.3.2.3的要求。

10.2.4 耐紫外线(UV)辐射验证

此试验仅适用于用绝缘材料制作的或用金属制作但完全用合成材料包覆的，用于户外安装的成套设备的外壳和外装部件。这些部件的代表性样品应进行如下试验：

依据 ISO 4892-2 中的方法 A 进行 UV 试验，循环 1 试验周期总共 500 h。对于用绝缘材料制成的外壳，通过验证进行核查，其绝缘材料的弯曲强度(依据 GB/T 9341)和摆锤冲击强度(依据 ISO 179)至少保留 70%。

试验应在符合 GB/T 9341 规定的 6 个标准尺寸的试验样品和符合 ISO 179 规定的 6 个标准尺寸的试验样品上进行。试验样品应在与制造外壳的相同条件下制成。

对于依据 GB/T 9341 进行的试验，暴露在 UV 下的样品的表面应正面向下，并在非暴露表面施加压力。

对于依据 ISO 179 进行的试验，对于材料，由于尚未产生裂痕，所以冲击弯曲强度不能在暴露前确定，不应损坏超过 3 个暴露试验的样品。

由金属材料制成完全用合成材料包覆的外壳，合成材料的粘附物依据 ISO 2409 应至少保留类别 3。

经正常视力或没有附加放大设备的校正视力目测样品应没有可见的裂痕或损坏。

如果初始制造商能够提供来自材料供应商的数据，证明具有相同类型和厚度或较薄的材料符合这些要求，则不需做试验。

10.2.5 提升

对于规定了提升方法的成套设备用以下试验验证。

将初始制造商允许提升的最大数量的柜架单元、元件和/或砝码装在一起，并使质量达到最大运输质量的 1.25 倍。将门关闭，用初始制造商规定的方法，用指定的提升设施提升。

将成套设备从静止位置垂直平稳地，无冲击地向上提升大于或等于 1 m 高度，然后，以相同方法缓缓地放回静止位置。此试验将成套设备提升离开地面不做任何移动悬吊 30 min 后再重复两次。

再将成套设备从静止位置垂直平稳地，无冲击地提升大于或等于 1 m，并水平移动 10 m±0.5 m，然后放回静止位置。按照这个顺序以相同的速度进行三次试验，每次试验时间在 1 min 之内。

试验后，试验砝码应就位，成套设备经正常视力或没有附加放大设备的校正视力目测没有可见的裂痕或永久变形，其性能也没有受到损害。

10.2.6 机械碰撞试验

特定的成套设备标准要求的机械碰撞试验应依据 GB/T 20138 进行。

10.2.7 标志

模压、冲压、刻字或类似方法制作的标志，包括带有塑料覆膜的标签，不用经受本试验。

试验时先手持一块在水中浸泡过的布，摩擦标志 15 s，再用在石油溶剂油中浸泡过的布摩擦标志 15 s。

注：石油溶剂油为己烷溶剂，溶剂内芳香物含量最多体积比 0.1%，贝壳松脂丁醇值 29，初始沸点 65 ℃，干点 69 ℃，密度约为 0.68 g/cm^3。

试验后，经正常视力或没有附加放大设备的校正视力目测标志，仍容易辨认。

10.3 成套设备的防护等级

8.2.2、8.2.3 和 8.4.2.3 中规定的防护等级应依据 GB 4208 进行验证；试验应在一台有代表性装备的成套设备上按初始制造商规定的环境条件下进行。当成套设备使用的空壳体符合 IEC 62208 规定的要求时，应进行验证评估以确保已进行的所有外形更改不会导致降低防护等级。这种情况下不须再做进一步的试验。

IP 试验应执行在：

——如正常使用状态下，所有覆板和门就位并关闭；

——如果初始制造商没有其他说明，则在断电状态下。

防护等级为 IP5X 的成套设备，应依据 GB 4208—2008 中 13.4，类型 2 进行试验。

防护等级为 IP6X 的成套设备，应依据 GB 4208—2008 中 13.4，类型 1 进行试验。

IPX3 和 IPX4 的试验装置，及 IPX4 试验中外壳的支撑物的类型在试验报告中应予以说明。

IPX1 试验可用移动滴水箱取代成套设备的旋转。

在成套设备从 IPX1 到 IPX6 的试验中，只有对于进入路径明显，且只接触到外壳但不影响安全性的进水是允许的。

如果在外壳内的电气设备上可见大量有害的灰尘，则不认为通过了 IP5X 试验。

10.4 电气间隙和爬电距离

验证电气间隙和爬电距离应符合 8.3 的要求。

测量电气间隙和爬电距离的方法如附录 F 所示。

10.5 电击防护和保护电路完整性

10.5.1 保护电路有效性

对保护电路有效性的下列功能进行验证：

a） 防止 10.5.2 中列出的成套设备内部故障产生的后果，和

b） 防止 10.5.3 中列出的由成套设备供电的外部电路故障产生的后果。

10.5.2 成套设备外露可导电部分与保护电路之间的有效接地的连续性

应验证成套设备的不同外露可导电部分是否有效地连接到进线外部保护导体的端子上，且电路的电阻不应超过 0.1 Ω。

应使用电阻测量仪器进行验证，此仪器至少能输出 10 A 交流或直流电流。在每个外露可导电部分与外部保护导体的端子之间通以此电流。电阻不应超过 0.1 Ω。

注：有必要限制试验的持续时间，否则，低电流设备可能会受到试验的不利影响。

10.5.3 保护电路的短路耐受强度

10.5.3.1 通则

应验证额定短路耐受强度。验证可通过 10.5.3.3～10.5.3.5 中详述的与一个基准设计比较或通过试验进行。

初始制造商应确定将在 10.5.3.3 和 10.5.3.4 中应用的基准设计。

10.5.3.2 免除短路耐受验证的保护电路

符合 8.4.3.2.3 的单独保护导体，如果满足 10.11.2 中的条件之一，则不需要进行短路试验。

10.5.3.3 通过与一个基准设计比较进行验证——使用核查表

当待验证的成套设备与已试验的设计使用核查表 13 中的 1～6 项和 8～10 项进行比较无偏差时，则验证通过。

为确保流过外露可导电部分具有相同承载故障电流的能力，提供的保护导体与外露可导电部分间连接的部件的设计、数量和布置应与已试验的基准设计相同。

10.5.3.4 通过与一个基准设计比较进行验证——使用计算

验证是基于与依据 10.11.4 计算的基准设计相比较进行的。

为确保流过外露可导电部分具有相同承载故障电流的能力，提供的保护导体与外露可导电部分间连接的部件的设计、数量和布置应与已试验的基准设计相同。

10.5.3.5 通过试验验证

按 10.11.5.6 进行。

10.6 开关器件和元件的组合

10.6.1 通则

依据 8.5 的设计要求，开关器件和元件的组合应经初始制造商检查确认。

10.6.2 电磁兼容性

J.9.4 中电磁兼容性的性能要求应通过检查验证，必要时通过试验验证(见 J.10.12)。

10.7 内部电路和连接

依据 8.6 设计要求，内部电路和连接应经初始制造商检查确认。

10.8 外接导线端子

依据 8.8 设计要求，外接导体端子应经初始制造商检查确认。

10.9 介电性能

10.9.1 通则

试验时，成套设备的所有电气设备都应连接起来，除非根据有关规定应施加较低试验电压的元器件以及某些消耗电流的元器件(如线圈、测量仪器，浪涌抑制器)，对这些元器件施加试验电压后将会引起电流的流动，则应将它们断开。此类元器件应将它们的一个接线端上断开，除非它们被设计为不能耐受全试验电压时，才能将所有接线端子都断开。

试验电压的允许误差和试验设备的选择见 IEC 61180。

10.9.2 工频耐受电压

10.9.2.1 主电路、辅助电路和控制电路

主电路以及连接到主电路的辅助电路和控制电路应承受表 8 中的试验电压值。

不与主电路连接的辅助电路和控制电路，应承受表 9 中的试验电压值。

10.9.2.2 试验电压

试验电压波形应是近似正弦波，频率在 45 Hz～ 65 Hz 之间。

在输出电压已调整到合适的试验电压值后，当输出端子短路时，用于试验的高压变压器应设计为输出电流至少为 200 mA。

当输出电流小于 100 mA 时，过流继电器不应动作。

试验电压值应是表 8 或表 9 中规定值，允许有±3%的偏差。

10.9.2.3 试验电压的施加

开始时施加的工频试验电压不应超过全试验电压值的 50%，然后将试验电压平稳增加至全试验电压值，并维持 5_{0}^{+2} s，试验电压应施加于：

a) 主电路的所有带电部分(包括连接到主电路上的控制电路和辅助电路)连接在一起与外露可导电部分之间。此时，所有开关器件的主触头应处于闭合状态，或由一个合适的低阻导体短接。

b) 主电路不同电位的每个带电部分和不同电位其他带电部分与连接在一起的外露可导电部分之间。此时，所有开关器件的主触头应处于闭合状态，或由一个合适的低阻导体短接。

c) 通常：不连接主电路的每条控制电路和辅助电路与
- 主电路；
- 其他电路；
- 外露可导电部分。

10.9.2.4 验收准则

试验过程中，过流继电器不应动作，且不应有击穿放电(见 3.6.17)。

10.9.3 冲击耐受电压

10.9.3.1 通则

应通过试验或评估进行验证。

初始制造商可自行决定选择 10.9.3.3 或 10.9.3.4 用等效的交流或直流电压试验代替冲击耐受电压试验。

10.9.3.2 冲击耐受电压试验

冲击电压发生器应调整到连接的成套设备所要求的冲击电压值。试验电压值应是 9.1.3 中的规定值。施加的峰值电压的精度应为±3%。

不与主电路连接的辅助电路应接地。对成套设备每个极性施加 1.2/50 μs 的冲击电压 5 次，间隔时间至少为 1 s。

a) 主电路的所有带电部分(包括连接到主电路上的控制电路和辅助电路)连接在一起与外露可导电部分之间。此时，所有开关器件的主触头应处于闭合状态，或由一个合适的低阻导体短接。

b) 主电路不同电位的每个带电部分和不同电位其他带电部分与连接在一起的外露可导电部分之间。此时，所有开关器件的主触头应处于闭合状态，或由一个合适的低阻导体短接。

c) 通常不连接主电路的每条控制电路和辅助电路与

- 主电路；
- 其他电路；
- 外露可导电部分。

可以接受的结果是，试验过程中不应有击穿放电。

10.9.3.3 可选择的工频电压试验

试验电压波形应是近似正弦波形，频率在 45 Hz～65 Hz 之间。

在输出电压已调整到合适的试验电压值后，当输出端子短路时，用于试验的高压变压器应设计为输出电流至少为 200 mA。

当输出电流小于 100 mA 时，过流继电器不应动作。

试验电压值应是 9.1.3 及表 10 中规定值，允许有±3%的偏差。

应一次满额施加工频试验电压，持续时间应足够长以达到确定的值，但不应小于 15 ms。

它适于成套设备在以上 10.9.3.2 a)、b)及 c)中的试验。

可以接受的结果是，试验过程中，过流继电器不应动作，不应有击穿放电。

10.9.3.4 可选择的直流电压试验

试验电压可含有可以忽略的纹波。

用于试验的高压源应设计成在输出电压调整到合适的试验电压值，且输出端子短路时，其输出电流至少为 200mA。

当输出电流小于 100 mA 时，过流继电器不应动作。

试验电压值应是 9.1.3 及表 10 中规定值，允许有±3%的偏差。

对每个极性施加直流电压一次，持续时间应足够长以达到确定的值，但不能小于 15 ms 或大于 100 ms。

它适于成套设备在以上 10.9.3.2 a)、b)及 c)中的试验。

可以接受的结果是，试验过程中过流继电器不应动作，不应有击穿放电。

10.9.3.5 验证评估

电气间隙可用测量方法进行验证，或使用附录 F 中给出的测量方法在设计图纸上测量进行验证。电气间隙至少为表 1 中规定值的 1.5 倍。

注：对于设计验证，达到表 1 中值的 1.5 倍的成套设备可免除冲击耐受电压试验，此安全系数已考虑制造公差。

应通过对器件制造商的数据评估来验证所有装入的器件对规定的额定冲击耐受电压(U_{imp})是合适的。

10.9.4 绝缘材料外壳的试验

用绝缘材料制造外壳的成套装置,还应进行一次附加介电试验。在外壳的表面包覆一层能覆盖所有开孔和接缝的金属箔。交流试验电压施加于这层金属箔与成套设备内靠近开孔和接缝的相互连接的带电部分以及外露可导电部分之间。对此附加试验,其试验电压应等于表8中规定值的1.5倍。

10.9.5 绝缘材料的外部操作手柄

手柄由绝缘材料制作或包覆的情况下,应在带电部分与金属箔包裹的整个手柄表面之间施加表8中给出试验电压1.5倍的试验电压进行介电试验。在此测试期间,框架不应接地或连接到其他电路。

10.10 温升验证

10.10.1 通则

验证成套设备或成套设备系统不同部分的温升限值不应超过9.2中给定的值。

通过以下一种或多种方式验证(见附录O的指南):

a) 试验(10.10.2);

b) 类似方案额定数据的推导(从经过试验的设计)(10.10.3);

c) 计算,即对不超过630 A的单隔室成套设备依据10.10.4.2,或对不超过1 600 A的成套设备依据10.10.4.3。

额定频率60 Hz以上的成套设备总是要求通过试验(10.10.2)或通过以相同使用频率(10.10.3)试验过的类似设计的推导来进行温升验证。

待验证的电路的载流能力由额定电流(见5.3.2)和额定分散系数(见5.4)确定。

10.10.2 通过试验验证

10.10.2.1 通则

通过试验验证时,应包含以下内容:

a) 如果被验证的成套设备系统包含几个方案,应依据10.10.2.2选择有最严酷布置的成套设备系统进行试验;

b) 采用下面的方法之一对所选择的成套设备方案进行验证(见附录O):

   1) 依据10.10.2.3.5,整体考虑各个功能单元、主母线、配电母线以及成套设备;

   2) 依据10.10.2.3.6,分别考虑各个功能单元,以及包括主母线、配电母线的整套成套设备;

   3) 依据10.10.2.3.7,分别考虑各个功能单元、主母线、配电母线以及整套成套设备。

c) 当被试验的成套设备是成套设备系统中最严酷的方案时,其试验结果可用于制定类似方案的额定值而无需进一步试验。10.10.3中给出了这种推导的规则。

10.10.2.2 代表性布置的选择

10.10.2.2.1 通则

试验应在一个或多个代表性的布置上进行,该代表性布置的负载应选择一个或多个代表性负载组合,以便能以合理的精度得到尽可能高的温升。

用来测试的代表性布置的选择在10.10.2.2.2和10.10.2.2.3中给出。这种选择由初始制造商负责。初始制造商选择测试布置时应考虑到,按照10.10.3,从已试验过的布置推导出的结构。

10.10.2.2.2 母线

由单根或多根矩形截面导体组成的母线系统，其方案的区别仅在以下一个或多个量的变化：

——高度；

——厚度；

——每个导体的母排数量。

且具有相同的：

——母排布置方式；

——导体中心线间隔；

——外壳；

——母线隔室（如果有）。

为了减少试验次数，应选择最大截面积的母线作为代表性布置。对于较小母线尺寸方案额定数据或其他材料见10.10.3.3。

10.10.2.2.3 功能单元

a） 类似功能单元组的选择

如果不同额定电流的功能单元，满足下列的条件，那么可认为这些功能单元具有类似的热性能，并形成一个类似的单元系列：

1） 主电路功能及基本电路图相同（例如进线单元、可逆起动器、电缆馈线）；

2） 器件具有相同的框架尺寸且属于相同系列；

3） 相同类型的安装结构；

4） 器件相互之间的布置方式相同；

5） 导体的类型及布置方式相同；

6） 一个功能单元内的主电路导体的截面应至少等于电路中最小额定数据器件的额定数据，电缆的选择应按照试验或依据 IEC 60364-5-52。附录H表格中给出了成套设备内部状态如何适配这个标准的例子。母排的截面积应按照试验或按附录N的数据。

b） 每个类似组合中挑选出一个关键方案作为试验样品

对于关键方案，应试验其最严酷的隔室（如适用）及外壳条件（考虑到形状、尺寸、隔板及外壳的通风设计）。

确定功能单元的每个方案的最大可能电流额定数据。对于只包含一个器件的功能单元，它就是器件的额定电流值。对于具有几个器件的功能单元，它就是具有最小额定电流器件的额定值。如果串联连接器件的组合用于一个较低电流（例如电动机起动器组合），则应采用此较低电流。

对于每个功能单元，其功率损耗应在最大可能电流下按器件制造商给出的每个器件和相关导体的功率损耗的数据来计算。

对于电流小于等于630 A的功能单元，每个系列中的关键单元是具有最高总功率损耗的功能单元。

对于电流在630 A以上的功能单元，每个系列中的关键单元是具有最高额定电流的单元。这种单元应确保考虑涡流及电流集肤效应引起的附加热效应。

关键功能单元应至少执行下列试验：

- 拟用于这个功能单元的最小隔室（如果有）；和
- 考虑到通风口尺寸，最差的内部隔离方案（如果有）；和
- 其外壳具有单位体积最大功率损耗；和
- 外壳的通风方式（自然或强制）和通风口尺寸最差的方案。

如果功能单元能有不同的安装方向（水平或垂直），那么应验证最严酷的布置。

注：对于非关键功能单元的布置及方案的附加试验应由初始制造商决定。

10.10.2.3 试验方法

10.10.2.3.1 通则

在10.10.2.3.5～10.10.2.3.7中，给出三种试验方法，它们所需的试验次数和试验结果应用范围的区别，在附录O中详细解释。

各条电路的温升试验应采用设计的频率和预期的电流类型，任何试验电压值应能产生所需电流。应对继电器线圈、接触器线圈、脱扣器线圈等施加额定工作电压。

成套设备应按正常使用时放置，所有覆板包括底板都应就位。

如果成套设备中包含有熔断器，试验时应按照制造商的规定配备熔断体。试验所用的熔断体的功率损耗应载入试验报告中。熔断体的功率损耗可由测量得到，也可由熔断体制造商给出。

试验时使用的外接导体的尺寸和布置方式也应载入试验报告中。

试验持续的时间应足以使温度上升到稳定值。实际上当所有的测量点(包括周围空气温度)温度变化不超过1 K/h时，即认为达到稳定温度。

如果器件允许的话，可以在试验开始时加大电流，然后再降到规定的试验电流值，用这样的方法缩短试验时间。

在试验期间，当控制电磁铁通电时，应在主电路和电磁铁都达到热平衡时测量温度。

实际进线试验电流的平均值应在预期值的－0%～＋3%之间。每相应在预期值的±5%范围内。

允许对成套设备每个柜架单元进行试验。为使试验具有代表性，可能被连接的附加柜架单元的外表面应涂以隔热层以防止过度冷却。

当柜架单元内或一套成套设备内各个功能单元进行试验时，如果每个功能单元的额定数据不超过630 A，且其额定数据不用本实验进行验证时，则与其邻近的功能单元可以使用加热电阻器代替。

如果成套设备中有附加的控制电路或一体化器件，则可用加热电阻器来模拟这些附加项目的功率损耗。

10.10.2.3.2 试验导体

在缺少外接导体和使用条件的详细资料时，外接试验导体的截面应按照每条电路的额定电流来选择，如下：

a) 额定电流值在400 A以下(包括400 A)：
   1) 导线应使用单芯铜电缆或绝缘线，其截面积按表11给出的数值；
   2) 导线应尽可能暴露在大气中；
   3) 每根从端子到端子的临时接线的最小长度应是：
      ——当截面小于或等于35 mm^2时，长度为1 m；
      ——当截面大于35 mm^2时，长度为2 m。
b) 额定电流值高于400 A，但不超过800 A时：
   1) 根据初始制造商的规定，导线应是单芯铜电缆，其截面积在表12中给出，或者是表12中给出的等效铜母排。
   2) 电缆或铜母排的间隔大约为端子之间的间距。每个端子的多根平行电缆应捆在一起，互相间的距离大约为10 mm。每个端子的多根铜母排之间的间距大约等于铜母排的厚度。如果所要求的铜母排尺寸不适合端子或没有这种尺寸的铜母排，则允许采用截面尺寸大致相差±10%，冷却面积大致相同或略小一些的其他铜母排。电缆或铜母排不应交叉。
   3) 单相或多相试验，连接试验电源的临时接线的最小长度为2 m。连接星形点的临时接线的最小长度，如初始制造商同意，可减少到 1.2 m。

c) 额定电流值高于 800 A，但不超过 4 000 A 时：

1) 导体应是表 12 中规定尺寸的铜母排，除非成套设备的设计规定只能使用电缆。在这种情况下，电缆尺寸和布置应由初始制造厂商给出。

2) 铜母排的间隔大约为端子间的间隔。每个端子排的多根铜母排应以大约等于铜母排厚度的间距隔开。如果所要求的铜母排尺寸不适合端子或没有这种尺寸的铜母排，则允许采用截面尺寸大致相差± 10 %，冷却面积大致相同或略小一些的其他铜母排，铜母排不应交叉。

3) 对于单相或多相试验，连接试验电源的任何临时接线的最小长度为 3 m，但如果连接线的电源末端的温升与连接长度中点的温升相比不低于 5 K，那么，连接线可以减少到 2 m。

d) 额定电流值高于 4 000 A 时：

初始制造商应确定有关试验的所有事项，例如，电源类型、相数和频率(如需要)、试验导线的截面等。这些信息应作为试验报告的一部分。

10.10.2.3.3 温度的测量

应使用热电偶或温度计来测量温度。对于绕组，通常采用测量电阻变化值的方法来测量温度。

温度计或热电偶应防止空气流动和热辐射。

应对必须观测温升限值(见 9.2)的所有点进行温度测量，特别是应注意主回路中的导体和端子连接点。为测量成套设备内部的空气温度，应在适宜的地方配置几个测量装置。

10.10.2.3.4 周围空气温度

测量周围空气温度，至少要用两个热电偶或温度计均匀地布置在成套设备的周围，其高度约等于成套设备的二分之一，并距成套设备 1 m 的地方安装。温度计或热电偶应防止空气流动和热辐射。

试验期间的周围温度应在＋10 ℃～＋40 ℃之间。

10.10.2.3.5 整个成套设备的验证

成套设备的进、出电路应通以额定电流(见 5.3.2)，即等效额定分散系数等于 1(见 5.4 和附录 O)。

如果进线电路或配电母线系统的额定电流小于所有出线电路额定电流的总和，则出线电路应根据进线电路或配电母线系统的额定电流分成几组。分组形式应能获得最高可能的温升。应形成足够多的组并进行试验，以保证至少在一个组中包含功能单元的所有不同的方案。

若满负载电路不能精确分配总输入电流，则剩余电流应由其他适合的电路进行分配。试验需反复进行直到所有出线回路在其额定电流下都被验证。

由于相邻单元的热影响可能有很大的差别，所以在已验证过的成套设备中的功能单元或成套设备的框架单元中布置的变化都应做附加试验。

注：10.10.2.3.6 提供了分散系数小于 1 的成套设备的测试方法，此方法比 10.10.2.3.7 所规定的试验次数少。

10.10.2.3.6 分别验证各功能单元和整个成套设备

电路的额定电流和额定分散系数应分别依据 5.3.2 和 5.4 通过以下两个阶段进行验证。

每个关键方案功能单元的额定电流(10.10.2.2.3 b))分别按 10.10.2.3.7 c)进行验证。

成套设备应通过进线电路通以额定电流，所有出线功能单元都通以额定电流乘以分散系数进行验证。

如果进线电路或配电母线系统的额定电流小于所有出线电路试验电流的总和(如额定电流乘以分散系数)，则出线电路应根据进线电路或配电母线系统的额定电流分成几组。分组形式应能获得可能最高的温升。应形成足够多的组并进行试验，以保证至少在一组中包含了功能单元的所有不同方案。

若满负载电路不能精确分配总输入电流，则剩余电流应由其他适合的电路进行分配。试验需反复进行直到所有出线回路在其额定电流下都被验证。

由于相邻单元的热影响可能有很大的差别，所以在已验证过的成套设备中的功能单元或成套单元的柜架单元中布置的变化都应做附加试验。

10.10.2.3.7 分别验证各功能单元，主母线，配电母线和整个成套设备

成套设备应依据10.10.2.2.2和10.10.2.2.3对所选标准部件分别进行a)～c)的验证，并且应在最严酷条件下对整个成套设备d)进行验证，详述如下：

a) 主母线应分别进行试验。主母线应像正常使用时一样安装在成套设备外壳内，所有覆板及将主母线与其他隔室隔开的所有隔板应就位。如果主母线有连接点，它们应被包含在试验中。试验应在额定电流下进行。试验电流应流过母线全长。当母线可延展时，在成套设备设计允许的情况下，为了减小外部试验导体对温升的影响，用于试验的外壳内主母线的长度至少为2 m，并最少包括一个接点。

b) 配电母线应在与出线单元隔离的情况下分别进行试验。它们应像正常使用时一样安装在成套设备外壳内，所有覆板及将母线与其他隔室隔开的所有隔板应就位。配电母线应与主母线连接。没有其他导体(例如连接到功能单元的导体)连接到配电母线上。考虑到最严酷的条件，试验应在额定电流下进行。试验电流应流过配电母线全长。如果主母线有较高的电流额定数据，它应输出附加电流，以便它能把它的额定电流送至与配电母线的连接点。

c) 功能单元应单独进行试验。它们应像正常使用时一样安装在外壳内，所有覆板及所有内部隔板都就位。如果功能单元可以安装在不同地方，则应安装在最不利的位置。功能单元应像正常使用那样与主母线或配电母线连接。如果主母线和/或配电母线(如果有的话)有较高的电流额定数据，则应输出附加电流，使它们把额定电流引至各自的连接点。对于功能单元试验应在额定电流下进行。

d) 完整的成套设备应通过在使用中可能遇到最严酷布置的温升试验来验证，这种布置由初始制造商确定。在进行这项试验时，进线电路通以额定电流，各出线功能单元以它的额定电流乘以额定分散系数。如果进线电路或配电母线系统的额定电流小于所有出线电路试验电流的总和(如额定电流乘以分散系数)，则出线电路应根据进线电路或配电母线系统的额定电流分成几组。分组形式应能获得最高可能的温升。应形成足够多的组并进行试验，以保证至少在一个组中包含了功能单元的所有不同的方案。

10.10.2.3.8 试验结果

试验结束时，温升不应超过表6中规定值。元器件在成套设备内部温度下，并在其规定的电压极限范围内应良好地工作。

10.10.3 类似方案额定数据的推导

10.10.3.1 通则

以下的条款规定了方案的额定电流如何通过经试验验证的类似布置来推导验证。

额定电流小于或等于800 A时，在50 Hz电路上进行的温升试验，适用于60 Hz的电路。电流大于800 A，不进行60 Hz电路的试验时，60 Hz的额定电流应减到50 Hz的额定电流的95%。作为选择，如果50 Hz时的最大温升没有超过允许值的90%，则不要求对60 Hz的情况降低额定数据。在特定频率下的试验也适用于电流额定数据相同时的较低频率包括直流。

10.10.3.2 成套设备

由经试验的类似布置来推导未经验证的成套设备应满足以下条件：

a) 功能单元与试验所选择的功能单元属于相同组别(见 10.10.2.2.3)；

b) 与试验中使用的结构类型相同；

c) 与试验中使用的外形尺寸相同或有所增大；

d) 与试验中使用的冷却条件相同或更加有利(强迫或自然对流，相同或较大的通风口)；

e) 与试验中使用的内部隔离相同或更少(如果有)；

f) 与试验中使用的相同柜架单元功率损耗相同或较小。

被验证的成套设备可以包含原先验证过的成套设备中全部或仅部分电路，只要相邻单元的热影响不是特别严重，允许对照试验方案去改变成套设备或柜架单元内部的功能单元的布置。

只要中性导体的尺寸等于或大于以相同方式布置的相导体时，三相三线制的成套设备的热性能试验被认为可代表三相四线制或单相，二线制或三线制的成套设备。

10.10.3.3 母线

在相同截面尺寸和结构时，铝母线确定的额定数据对铜母线也是有效的。然而，铜母线确定的额定数据不能用于确定铝母线的额定数据。

依据 10.10.2.2.2 未被选作试验方案的额定数据，应由其截面积乘以经试验验证的有相同设计的较大截面积的母线电流密度来决定。

如果又对相比于已获取的截面积更小的截面进行了试验，并满足 10.10.2.2.2 的条件，则中间方案的额定数据也可通过插值法建立。

10.10.3.4 功能单元

一组类似功能单元(见 10.10.2.2.3 a))的关键方案经温升极限试验验证后，该组中的所有其他功能单元的实际额定电流应使用这些试验的结果计算得到。

对每个试验功能单元的降容系数(额定电流，将试验得出的结果除以该功能单元的最大可能电流，见 10.10.2.2.3 b))应由计算得出。

系列中每个不通过试验的功能单元的额定电流应是该功能单元的最大可能电流乘以试验范围内方案所确定的降容系数。

10.10.3.5 功能单元中器件的替代

当依据产品标准进行试验时，如果所提供的器件的功率损耗和端子的温升相同或更低，则器件能被初始验证中另一系列的类似器件所替代。除此之外，应保持功能单元内部的实际布置及其额定数据。

注：除温升外，包括短路要求在内的其他被考虑的要求，见表 13。

10.10.4 评估验证

10.10.4.1 通则

提供两种计算方法。它们可确定由所有电路功率损耗引起的外壳内的空气近似温升，并与所安装的设备的温升限值进行比较。两种方法的不同之处由释放的功率损耗与外壳内空气温升关系来确定。

因为载流部件的实际局部温度不能用这些方法计算得出，故一些限值及安全界限是必要的并应包含在内。

10.10.4.2 额定电流不超过630 A的单独隔室的成套设备

10.10.4.2.1 验证方法

总电源电流不超过630 A，额定频率小于或等于60 Hz，单独隔室的成套设备如果满足下列条件，则可通过计算来验证其温升：

a) 所有内装元件的功率损耗数据可从元件制造商获得；

b) 外壳内部功率损耗近似地均匀分布；

c) 被验证的成套设备电路的额定电流(见10.10.1)不能超过电路中开关器件及电气元件自然通风时额定发热电流(I_{th})(如果有)或额定电流(I_n)的80%。应选择电路保护器件以保证出线电路充分被保护。例如在成套设备中被计算出的温度下的电机热保护器件；

注1：开关器件和电气元件无通用的特性以描述其在此使用的电流值。为验证温升限值，应使用电流值，此电流值描述了不出现过热时能够承载的最大持续工作电流。例如接触器的额定工作电流I_e(AC1)和断路器的额定电流I_n。

d) 机械部件和所安装设备的布置不应阻碍空气流通；

e) 载流超过200 A的导体和与之相邻结构部件的布置使涡流和磁滞损耗降至最低；

f) 所有导体应有基于有关电路的允许电流额定数据的125%的最小截面积。电缆的选择应依据IEC 60364-5-52。在附录H中给出如何使本部分适用于成套设备内部条件的例子。母排的截面应按照试验或按附录N的数据。如果器件制造商明确指定应该使用较大截面积的导体，则应按照执行；

g) 温升取决于不同安装方式(例如嵌入安装、表面安装)时外壳内的器件的功率损耗，它由

- 外壳制造商提供；
- 依据10.10.4.2.2来确定；或
- 当装有强迫制冷设备(如强制制冷、内部空气调节器、换热器等)时，依据制冷设备制造商提供的性能和安装准则。

包括互连导体在内所有电路的有功损耗应根据电路的额定电流来计算。成套设备的总功率损耗是由电路的功率损耗相加来计算的，并考虑总负载电流被限制在成套设备额定电流内。导体的功率损耗由计算确定(参见附录H)。

注2：有些器件的功率损耗与I^2大致成比例，而其他器件有固定的损耗。

注3：示例：一个额定电流为100 A的单独隔室的成套设备(由配电母排限定)装有20条输出电路，每条电路假定的额定电流是8 A。总有功功率损耗按12条输出电路，每条负载8 A的电流计算。

成套设备内部的温升可应用g)中的总功率损耗数据确定。

10.10.4.2.2 用试验确定外壳的功率损耗

外壳的功率损耗可使用能产生相同热量的加热电阻器来模拟，该加热电阻器均匀地分布在外壳顶端并安装在外壳内适当的位置。

连接到电阻器上的引线截面不应将显著的热量传出外壳。

依据10.10.2.3.1～10.10.2.3.4进行试验，并测量外壳顶部的空气温升，外壳的温度不应超过表6中的值。

10.10.4.2.3 结果

如果由功率损耗计算出的空气温度不超过器件制造商声明允许运行时的空气温度，则成套设备通过验证。这意味着，在主回路中的开关器件或电气元件在计算空气温度时连续负荷应不超过其允许负荷，并且不超过其额定电流的80%(见10.10.4.2.1c))。

10.10.4.3 额定电流不超过 1 600 A 的成套设备

10.10.4.3.1 验证方法

如果下面条件满足的话，总电源电流不超过 1 600 A，额定频率小于或等于 60 Hz 的单隔室或多隔室成套设备的温升可按照 GB/T 24276 的方法通过计算来验证。

a) 所有内装元件的功率损耗数据可从元件制造商获得；

b) 外壳内部功率损耗近似地均匀分布；

c) 被验证的成套设备电路的额定电流（见 10.10.1）不能超过电路中开关器件及电气元件自然通风时额定发热电流（I_{th}），如果有，或额定电流（I_n）的 80 %。应选择电路保护器件以保证出线电路充分被保护。例如在成套设备中被计算出的温度下的电机热保护器件；

注 1：描述在此使用的电流值时，开关器件和电气元件无通用的特性。为验证温升限值，应使用电流值，此电流值描述了不出现过热时能够承载的最大持续工作电流。例如接触器的额定工作电流 I_e(AC1）和断路器的额定电流 I_n。

d) 机械部件和所安装设备的布置不应阻碍空气流通；

e) 载流超过 200 A 的导体和与之相邻结构部件的布置应使涡流和磁滞损耗降至最低；

f) 所有导体应有基于有关电路的允许电流额定数据的 125% 的最小截面积。电缆的选择应依据 IEC 60364-5-52。在附录 H 中给出如何使本部分适用于成套设备内部条件的例子。母排的截面应按照试验或按附录 N 的数据。如果器件制造商明确指定应该使用较大截面积的导体，则应按照执行；

g) 对于自然通风外壳，排气口的截面应至少为进气口截面的 1.1 倍；

h) 成套设备或成套设备的柜架单元中，不应有超过 3 个水平方向的隔板；

i) 对于带隔室和自然通风的外壳，每个水平隔板的通风口的截面至少为隔室水平截面的 50%。

包括互连导体在内的所有电路的有功损耗应根据电路的额定电流计算。成套设备的总功率损耗是由电路的功率损耗相加来计算的，并考虑总负载电流被限制在成套设备额定电流内。导体的功率损耗由计算确定（参见附录 H）。

注 2：有些器件的功率损耗与 I^2 大致成比例，而其他器件有固定的损耗。

注 3：例如一个额定电流为 100 A 的单独隔室的成套设备（由配电母线限定）装有 20 条输出电路。每条电路假定的额定电流是 8 A 。总有功功率损耗按 12 条输出电路，每条负载 8 A 的电流计算。

成套设备内部的温升用 GB/T 24276 中规定的方法由总功率损耗来确定。

10.10.4.3.2 结果

如果任何器件在安装高度计算出的周围空气温度没有超过器件制造商明示允许的周围空气温度，则认为成套设备通过验证。

这意味着，主回路中开关器件或电气元件在其计算邻近空气温度时的连续负载应不超过其允许负载并且不大于其额定电流的 80%（见 10.10.4.3.1 c)）。

10.11 短路耐受强度

10.11.1 通则

应对宣称的短路电流额定数据进行验证，除 10.11.2 中列举的以外，验证可以通过与一个基准设计比较（10.11.3 和 10.11.4）或通过试验（10.11.5）进行。可采用下面的验证：

a) 如果待验证的成套设备系统包含多个方案，则应考虑 10.11.3 的规则选择成套设备最严酷的布置方案。

b) 试验所选择的成套设备方案应按 10.11.5 进行验证。

c) 当试验的成套设备是成套设备系统中较大产品范围内最严酷的方案时，不需进行进一步试验，试验结果就可用于建立类似方案的额定数据。此类规则见 10.11.3 和 10.11.4。

10.11.2 可免除短路耐受强度验证的成套设备电路

以下情况不要求进行短路耐受强度的验证：

a) 额定短时耐受电流(见 5.3.4)或额定限制短路电流(见 5.3.5)不超过 10 kA(有效值)的成套设备。

b) 成套设备或成套设备电路采用限流器件保护，该器件在最大允许预期短路电流时，在成套设备进线电路端子上的截断电流不超过 17 kA。

c) 与变压器相连接的成套设备中的辅助电路，该变压器次级额定电压不小于 110 V 时，其额定容量不超过 10 kVA；或次级额定电压小于 110 V 时，其额定容量不超过 1.6 kVA，而且其短路阻抗不小于 4%。

所有的其他电路都应通过短路耐受强度验证。

10.11.3 通过与一个基准设计比较进行验证——使用核查表

验证是通过与已经过试验验证的成套设备进行比较，其核查表见表 13。

如果核查表中标识的任何部件与该核查表的要求不一致，则这项将被标记为“否”，使用下列方法之一进行验证(见 10.11.4 和 10.11.5)。

10.11.4 通过与一个基准设计比较进行验证——使用计算

通过计算，对成套设备及其电路的额定短时耐受电流进行评估时，应将被评估的成套设备与另一个通过试验验证的成套设备相比较，成套设备主电路的验证评估应按照附录 P。此外被评估的成套设备的每一电路应满足表 13 中第 6、8、9 和 10 项的要求。

应记录使用的数据、做过的计算和进行的对比。

如果按照附录 P 的评估没有通过或表 13 中一些项目没满足要求，则成套设备及其电路应按 10.11.5通过试验来验证。

10.11.5 用试验进行验证

10.11.5.1 试验安排

须进行全部试验的成套设备或其部件应象正常使用时一样安装。如果其余的功能单元有相同的结构，则仅对其中一个功能单元进行试验就够了。同样地，如果其余母线的配置有相同结构，则只对其中一个母线配置进行试验就够了。表 13 中给出了不需要附加试验项目的说明。

10.11.5.2 试验的实施—通则

如果试验电路中包含有熔断器，则应采用具有最大允许电流的熔断体，如需要，应使用初始制造商规定的熔断器。

被试验成套设备所用到的电源导线和短路连接线应有足够的短路耐受强度，它们的连接不应给成套设备造成任何附加的应力。

如果没有其他规定，试验电路应接到成套设备的进线端上，三相成套设备应接到三相电源上。

在使用中与保护导体连接的设备的所有部件，包括外壳，应进行如下连接：

a) 对适用于三相四线系统(见 IEC 60038)，且带已标记出接地星形点的成套设备，可接到电源中性点或接到允许预期故障电流至少为 1 500 A 的坚固的感性人工中性点。

b) 对适用于三相三线系统及三相四线系统并有相应标志的成套设备，要与产生对地电弧的可能性最小的相导体连接。

除了 8.4.4 中所述的成套设备外，以上 a)和 b)连接方式应包括一个直径为 0.8 mm，长度至少 50 mm的铜丝作为熔体，或者连接一个等效熔体用以检测故障电流。除了注 2 和注 3 所述情况外，在这种有熔体的电路中，预期故障电流应为 1 500 A±10%。必要时，用一个电阻器把电流限制在该值上。

注 1：一根 0.8 mm 直径的铜丝，在 1 500 A 下，电源频率在 45 Hz 至 67 Hz 之间，大约经过半个周波就熔断(或者直流 0.01 s)。

注 2：按照有关产品标准的要求，小型设备的预期故障电流可能小于 1 500 A，则可选用熔断时间与注 1 相同直径较小的铜丝(见注 4)。

注 3：在电源具有一个人为的中性点时，预期故障电流可能比较低，征得成套设备制造商的同意，可选用熔断时间与注 1 相同直径较小的铜丝(见注 4)。

注 4：在有熔体电路中的预期故障电流和铜丝直径之间的关系见表 14。

10.11.5.3 主电路试验

10.11.5.3.1 通则

对初始制造商宣称的下述一种或多种状况，应试验达到额定值的短路电流引发的最大热应力和动态应力的电路：

a) 不依赖于短路保护电器(SCPD)。应用额定峰值耐受电流和额定短时耐受电流在规定的持续时间[见 5.3 和 9.3.2 a)]内对成套设备进行试验。

b) 依赖于成套设备中进线短路保护电器(SCPD)。应用预期进线短路电流在进线短路保护电器限定的时间内对成套设备进行试验。

c) 依赖于上一级短路保护电器(SCPD)。应用初始制造商确定的上一级短路保护电器允许的值对成套设备进行试验。

如果进线或出线电路包括一个可以降低故障电流峰值和/或故障电流持续时间的短路保护电器(SCPD)，则允许在短路保护电器(SCPD)动作，切断故障电流(见 5.3.5 额定限制短路电流 I_{cc})情况下进行电路试验。如果短路保护电器(SCPD)包含有可调短路脱扣器，则应设定在最大允许值(见 9.3.2 第 2 段)。

每一种类型的电路应抽出一台按 10.11.5.3.2～10.11.5.3.5 中所描述那样承受短路试验。

10.11.5.3.2 出线电路

出线电路的出线端子应用螺栓进行短路连接。当出线电路中的保护器件是一个断路器时，根据 IEC 60947-1:2007 中 8.3.4.1.2 b)，试验电路可包括一个分流电阻器与电抗器并联来调整短路电流。

对于额定电流小于或等于 630 A 的断路器，在试验电路中，导线长度应为 0.75 m，截面积应适于额定电流的导线(见表 11 和表 12)。如果由初始制造商选定，则可以选用长度小于 0.75 m 的导线连接。

开关器件应闭合，同工作中正常使用那样保持闭合状态。然后应一次施加试验电压并且：

a) 试验电压应维持足够长的时间，使出线单元的短路保护电器动作以消除故障，且在任何情况下，不得少于 10 个周期(试验电压持续时间)；或

b) 当出线电路不包括短路保护电器(SCPD)时，根据初始制造商对母线的说明来确定短路电流的大小和持续时间，出线电路的试验也可能导致进线电路 SCPD 动作。

10.11.5.3.3 进线电路和主母线

应对有主母线的成套设备进行试验，以检验主母线和至少含一个拟向外延伸母线接点的进线电路

的短路耐受强度。试验中短路点应该选择包括主母线长度在内的长度为 2 m±0.4 m 处。在验证额定短时耐受电流(见 5.3.4)和额定峰值耐受电流(见 5.3.3)时,此距离可增加,在所提供的任何适宜的电压下进行试验,应使试验电流为额定值[见 10.11.5.4 b)]。如所设计的成套设备的被试验母线长度小于 1.6 m,而且成套设备不打算再扩展时,则应试验整个母线的全长,短路点应设在这些母线的末端。如果一组母线是由不同母线段构成(诸如截面,导体中心线间隔,母线类型和每米母线上支架的数量)且满足上面所提的条件,则每一柜架单元应分别或同时进行试验。

10.11.5.3.4 出线单元电源侧的连接

如果成套设备的主母线和出线功能单元电源侧之间所包含的导体,包括配电母线(如果有)不符合 8.6.4 中要求时,则每种类型应选择一条电路进行附加试验。

用螺栓将导体连接到单独的出线单元的母线上来实现短路,短路点应尽量靠近出线单元母线侧的端子。短路电流值及其持续时间应与主母线相同。

10.11.5.3.5 中性导体

如果电路中存在中性导体,则应进行一次试验以检验它与电路中最靠近的相导体(包括任何一个连接点)的短路耐受强度。应按照 10.11.5.3.3 的要求进行相与中性点的短路连接。

如果初始制造商与用户没有其他协议,则中性导体的试验电流至少为三相试验时相电流的 60%。

如果试验电流是相电流的 60%并且中性导体满足以下条件,则可不必进行试验:

——与相导体有相同的形状和截面;

——与相导体的支撑方式相同,沿导体长度的支撑间距不大于相导体的支撑间距;

——与最靠近相导体的距离不小于相导体间的距离;

——与接地金属工件的距离不小于同相导体的距离。

10.11.5.4 短路电流值及其持续时间

应在指定保护器件的电源侧,用对所有短路耐受额定数据的预期电流进行动态应力和热应力的验证。若有的话,预期电流等于给出的额定短时耐受电流、额定峰值耐受电流或额定限制短路电流。

对于所有短路耐受额定数据的验证(见 5.3.3～5.3.5),在试验电压等于 1.05 倍额定工作电压时的预期短路电流值应由标定的示波图来确定,该示波图从成套设备供电的导体上测得,该成套设备用一个可以忽略的阻抗所替代,并在尽可能靠近成套设备的输入电源处进行短接。示波图应显示出一个在成套设备内相当于保护器件动作一次时或在指定持续时间内测出的稳定的电流值(见 9.3.2 a))。

标定过程中的电流值应是所有相中交流分量的平均有效值。当在最大工作电压下进行试验时,每一相的标定电流应等于额定短路电流,偏差在+5%～0%之内,而且功率因数的偏差为 0.00～−0.05 之间。

所有试验应在成套设备的额定频率(偏差±25%)及按表 7 的短路电流对应的功率因数下进行。

a) 对于额定限制短路电流 I_{cc}试验,无论保护器件是在成套设备的进线单元或是其他地方,试验电压的施加时间应足够长,以确保短路保护电器动作,并清除故障。在任何情况下,不应少于 10 个周波。试验应在 1.05 倍额定工作电压和预期短路电流下进行,如果有规定的保护器件接到电源侧,则预期电流值等于额定限制短路电流值。试验不允许在低电压下进行。

b) 对于额定短时耐受电流和峰值耐受电流的试验,用宣称的额定短时耐受电流和峰值耐受电流值相等的预期电流进行动态应力和热应力验证。应在规定时间内施加电流,此期间其交流分量的有效值应保持不变。

如在最大工作电压下进行短时或峰值耐受试验有困难的情况下,可按 10.11.5.3.3、10.11.5.3.4 和 10.11.5.3.5 规定,在任何合适的电压下进行试验(征得初始制造商同意)。此时的实际试验电流应等于额定短时耐受电流或峰值耐受电流。然而,如果在试验期间出现保护器件发生瞬时触点分离,则应在最大工作电压下重复试验。这一点应在试验报告中说明。

由于试验条件的限制,允许采用不同的试验周期,在此情况下,试验电流应依据公式 I^2t=常数 进行修正,但如果没有初始制造商的同意,峰值不得超过额定峰值耐受电流,而且短时电流有效值至少有一相在电流起始后的 0.1 s 应不小于额定值。

短时电流试验和峰值耐受电流试验可分别进行。在此情况下,峰值耐受电流试验时施加短路电流的时间,应使 I^2t 值不大于短时电流试验的相应值,但它不得小于 3 个周波。

若不能达到各相要求的试验电流,经初始制造商同意可超出正偏差。

10.11.5.5 试验结果

试验后,如电气间隙和爬电距离仍符合 8.3 的规定,则母线和导体的变形是可以接受的。此时如对电气间隙和爬电距离有疑问,应进行测量(见 10.4)。

绝缘性能应能保证设备的机械和介电性能满足相关成套设备标准的要求。母线绝缘件、支撑件或电缆固定件不能分成两块或多块,且在支撑件的反面不能出现裂缝,支撑件的整个长度或宽度,以及表面也不能出现裂缝。如对成套设备的绝缘性能有疑问,则应依据 10.9.2,以 2 倍 U_e 且不小于 1 000 V 电压进行附加的工频试验。

导线的连接部件不应松动,而且,导线不应从输出端子上脱落。

成套设备的母线或结构的变形使其正常使用受到损害,应视为失效。

成套设备的母线或结构的任何变形使可移式部件正常插入或移出受到损害,应视为失效。

由于短路引起的外壳或内部隔板、挡板和屏障的变形是允许的,只要没有明显的削弱其防护等级,电气间隙或爬电距离没有减小到小于 8.3 规定的值以下。另外,在 10.11.5.3 的包含短路保护电器的试验后,被试设备应能承受 10.9.2 的介电试验。"试验后"的电压值在为合适的短路试验而规定在相关短路保护电器标准中。试验部位如下:

a) 在成套设备所有带电部分与外露可导电部分之间;和

b) 在每一极与被连接到成套设备外露可导电部分的所有其他极之间。

如进行上述 a)和 b)项试验,则应更换熔断器并闭合开关器件。

熔体(见 10.11.5.2)如果有的话,不应显示故障电流。

如有疑问,则应检查装入成套设备内的元器件是否符合有关规范。

10.11.5.6 保护电路试验

10.11.5.6.1 通则

本试验不用于 10.11.2 所述的电路。

单相试验电源一极连接到一相的进线端子上,另一极连接到进线保护导体的端子上。如果成套设备带有单独的保护导体,应使用最靠近的相导体。对于每个代表性的出线单元,应进行单独试验,即用螺栓在单元的对应出线相端子与相关的出线保护导体的端子之间进行短路连接。

试验中的每个出线单元应配有其保护器件,可将保护器件装入出线单元,应使用可通过最大峰值电流值和 I^2t 值的保护器件。

对于此项试验,成套设备的框架应与地绝缘。试验电压应等于 1.05 倍额定工作电压的单相值。除非初始制造商与用户另外达成协议,保护导体试验电流值至少应是成套设备三相试验期间相电流的 60%。

此项试验的所有其他条件应与 10.11.5.2~10.11.5.4 中的条件相似。

10.11.5.6.2 试验结果

无论是由单独导体或是由框架所组成的保护电路，其连续性和短路耐受强度不应遭受严重破坏。

除目测检查外，还可用对相关出线单元通以额定电流的方法进行测量，以验证上述结果。由于短路引起的外壳或内部隔板、挡板和屏障的变形是允许的，只要没有明显的削弱其防护等级，电气间隙或爬电距离没有减小到小于8.3中规定的值以下。

注1：当把框架作为保护导体使用时，只要不影响电的连续性，而且邻近的易燃部件不会燃烧，那么连接点处出现的火花和局部发热是允许的。

注2：试验前后，在进线保护导体端子与相关的出线保护导体端子间测量电阻比较以验证是否符合这一条件。

10.12 电磁兼容性(EMC)

EMC试验见J.10.12。

10.13 机械操作

对于依据相关产品标准进行过型式试验的成套设备的这些器件(例如抽出式断路器)，只要在安装时机械操作部件无损坏，则不必对这些器件进行此验证试验。

对于需要作此验证试验的部件(见8.1.5)，在成套设备安装好之后，应验证机械操作是否良好。操作循环次数应为200次。

同时，应检查与这些动作相关的机械联锁机构的工作。如果元器件、联锁机构、规定的防护等级等的工作状态未受损伤，而且所要求的操作力与试验前一样，则认为通过了此项试验。

11 例行检验

11.1 通则

例行检验用来检查材料和工艺的缺陷和用来确认制造完工的成套设备的良好功能。每一台成套设备都要进行例行检验。成套设备制造商应确定例行检验是在制造过程中和/或制造后进行。在合适的时候，它还用来确认设计验证的有效性。

如果成套设备中的器件和整装元件已按照8.5.3进行选择，并且按照器件制造商的说明书进行安装，则不要求对上述器件和整装元件进行例行检验。

检验应包括以下项目：

a) 结构(见11.2～11.8)：
   1) 外壳的防护等级；
   2) 电气间隙和爬电距离；
   3) 电击防护和保护电路的完整性；
   4) 内装元件的组合；
   5) 内部电路和连接；
   6) 外接导线端子；
   7) 机械操作。

b) 性能(见11.9～11.10)：
   1) 介电性能；
   2) 布线，操作性能和功能。

11.2 外壳的防护等级

需用目测检查以确认规定的措施是否能保持所要求的防护等级。

11.3 电气间隙和爬电距离

这里的电气间隙:

——小于表1规定值时,冲击电压耐受试验应按10.9.3要求执行;

——通过目测检查不明显大于表1中给出的值(见10.9.3.5)时,应通过实际测量或依据10.9.3的冲击电压耐受试验进行验证。

对爬电距离(见8.3.3)通常的检测方法是目测检查。凡是目测检查不够明显的部位,应通过实际测量来验证。

11.4 电击防护和保护电路完整性

关于基本防护和故障保护(见8.4.2和8.4.3)规定的防护措施通常用目测检查。

应用目测检查保护电路,以确认8.4.3所规定的措施是否得到验证。

应以随机抽样方式检查螺钉和螺栓的连接是否有正确的松紧度。

11.5 内装元件的组合

内装元件的安装和标识应符合成套设备制造商的说明书。

11.6 内部电路和连接

应检查连接,特别是螺钉和螺栓的连接在任意的基座上能否有正确的松紧度。

应检查导体是否符合成套设备制造商的说明书。

11.7 外接导线端子

应检查端子的数量、类型和标识是否符合成套设备制造商的说明书。

11.8 机械操作

应检查机械操作部件、联锁和锁,包括与可移式部件有关的部件的有效性。

11.9 介电性能

应按照10.9.1和10.9.2,对所有电路进行工频耐受试验,但持续时间为1 s。

此试验不必在下述辅助电路上进行:

——用额定数据不超过16 A的短路保护电器进行保护的辅助电路;

——如果辅助电路计划使用的额定工作电压事先已进行了电气功能试验。

对于250 A及以下的带进线保护的成套设备,作为一种选择,绝缘电阻的验证可用电压至少为500 V直流的绝缘测量仪器进行绝缘测量。

如果电路与外露可导电部分之间的绝缘电阻至少为1 000 Ω/V(每条电路,这些电路的电源电压对地),则认为通过了试验。

11.10 布线、操作性能和功能

应验证第6章中规定的信息和标识的完整性。

根据成套设备的复杂程度,可能有必要检查布线,并进行电气功能试验。试验程序和试验次数取决于成套设备是否包括复杂联锁装置和程序控制装置等。

注:在某些场合下,在装置投入运行之前,应在现场进行或者重复此项试验。

表 1　空气中的最小电气间隙[a](8.3.2)

额定冲击耐受电压 U_{imp}/kV	最小的电气间隙/mm
≤2.5	1.5
4.0	3.0
6.0	5.5
8.0	8.0
12.0	14.0

[a] 根据非均匀电场环境和污染等级 3 决定。

表 2　最小爬电距离(8.3.3)

额定绝缘电压 U_i/V[b]	最小爬电距离/mm							
	污染等级							
	1	2			3			
	材料组别[c]	材料组别[c]			材料组别[c]			
	所有材料组	Ⅰ	Ⅱ	Ⅲa 和Ⅲb	Ⅰ	Ⅱ	Ⅲa	Ⅲb
32	1.5	1.5	1.5	1.5	1.5	1.5	1.5	1.5
40	1.5	1.5	1.5	1.5	1.5	1.6	1.8	1.8
50	1.5	1.5	1.5	1.5	1.5	1.7	1.9	1.9
63	1.5	1.5	1.5	1.5	1.6	1.8	2	2
80	1.5	1.5	1.5	1.5	1.7	1.9	2.1	2.1
100	1.5	1.5	1.5	1.5	1.8	2	2.2	2.2
125	1.5	1.5	1.5	1.5	1.9	2.1	2.4	2.4
160	1.5	1.5	1.5	1.6	2	2.2	2.5	2.5
200	1.5	1.5	1.5	2	2.5	2.8	3.2	3.2
250	1.5	1.5	1.8	2.5	3.2	3.6	4	4
320	1.5	1.6	2.2	3.2	4	4.5	5	5
400	1.5	2	2.8	4	5	5.6	6.3	6.3
500	1.5	2.5	3.6	5	6.3	7.1	8.0	8.0
630	1.8	3.2	4.5	6.3	8	9	10	10
800	2.4	4	5.6	8	10	11	12.5	[a]
1 000	3.2	5	7.1	10	12.5	14	16	
1 250	4.2	6.3	9	12.5	16	18	20	
1 600	5.6	8	11	16	20	22	25	

注 1:CTI 的值是根据 GB/T 4207—2003 中所用绝缘材料方法 A 取得的。

注 2:值来自 GB/T 16935.1,但保持最小值 1.5 mm。

[a] 材料组别Ⅲb 一般不推荐用于 630 V 以上的污染等级 3。

[b] 作为例外,对于额定绝缘电压 127 V、208 V、415 V、440 V、660 V/690 V 和 830 V,可采用分别对应于:125 V、200 V、400 V、630 V 和 800 V 的较低档的爬电距离。

[c] 根据相比电痕化指数(CTI)(见 3.6.16)的范围值,材料组别分组如下:

——材料组别Ⅰ　600≤CTI

——材料组别Ⅱ　400≤CTI<600

——材料组别Ⅲa　175≤CTI<400

——材料组别Ⅲb　100≤CTI<175

表 3　铜保护导体的截面积(8.4.3.2.2)

额定工作电流 I_e/A	保护导体的最小截面积/mm^2
$I_e \leqslant 20$	S[a]
$20 < I_e \leqslant 25$	2.5
$25 < I_e \leqslant 32$	4
$32 < I_e \leqslant 63$	6
$63 < I_e$	10
[a] S 为相导体的截面积(mm^2)。	

表 4　导体的选择和安装要求(8.6.4)

导体的类型	要　求
裸导体或带基本绝缘的单芯导体,例如,符合 IEC 60227-3 的电缆	应避免相互接触或与导电部分接触,例如,加隔离物
带基本绝缘和最大允许导体工作温度至少为 90 ℃的单芯导体,例如,符合 GB/T 5013.3 的电缆,或符合IEC 60227-3 的耐热塑料(PVC)绝缘电缆	在没有施加外部压力的地方相互接触或与导电部分接触是容许的。应避免与锋利的边缘接触。 这些导体加载后其工作温度不得超过其导体最大允许的工作温度的 80%
带基本绝缘的导体,例如符合 IEC 60227-3,并带有附加辅助绝缘,例如,用热缩套管单独覆盖电缆或用塑料套管单独走线的电缆	没有附加要求
具有很高的机械强度材料的绝缘导线,例如,ETFE 绝缘,或用于 3 kV 以内带有增强外部护套的双重绝缘导线,例如:符合 IEC 60502 的电缆	
单芯或多芯带护套电缆,例如,依据 IEC 60245-4 或 GB/T 5023.1的电缆	

表 5　铜保护导体的最小截面积(PE、PEN)(8.8)

相导体的截面积 S/mm^2	相应保护导体(PE、PEN)的最小截面积 S_p[a]/mm^2
$S \leqslant 16$	S
$16 < S \leqslant 35$	16
$35 < S \leqslant 400$	$S/2$
$400 < S \leqslant 800$	200
$800 < S$	$S/4$
[a] 负载中的谐波较大可影响中性导体中的电流,见 8.6.1。	

表 6 温升限值(9.2)

成套设备的部件	温升/K
内装元件[a]	根据各个元件的相关产品标准要求,或根据元件制造商的说明书[f],考虑成套设备内的温度
用于连接外部绝缘导线的端子	70[b]
母线和导体	受下述条件限制[f]: ——导电材料的机械强度[g]; ——对相邻设备的可能影响; ——与导体接触的绝缘材料的允许温度极限; ——导体温度对与其相连的电器元件的影响; ——对于接插式触点,接触材料的性质和表面的处理
操作手柄 ——金属的; ——绝缘材料的	 15[c] 25[c]
可接近的外壳和覆板 ——金属表面; ——绝缘表面	 30[d] 40[d]
分散排列的插头与插座连接	由组成部件的相关设备的那些元件的温升极限而定[e]

注 1:当温升超过 105 K 时,铜很容易产生退火。其他材料应该有不同的最大温升值。

注:本表中给出的温升限值要求在使用条件下(见 7.1)周围空气平均温度不超过 35 ℃。在验证过程中,允许有不同的环境温度(见 10.10.2.3.4)。

[a] "内装元件"一词指:
——常用开关设备和控制设备;
——电子部件(例如:整流桥、印制电路);
——设备的部件(例如:调节器、稳压电源、运算放大器)。

[b] 温升极限为 70 K 是根据 10.10 的常规试验而定的数值。在安装条件下使用或试验的成套设备,由于接线、端子类型、种类、布置与试验所用的不尽相同,因此端子的温升会不同,这是允许的。如果内装元件的端子同时也是外部绝缘导线的端子,则可采用较低的温升极限值。温升限值是元件制造商规定的最大温升和 70 K之间的较小值。缺少制造商说明书时,它是内装元件产品标准规定的限值,且不超过 70 K。

[c] 那些只有在成套设备打开后才能接触到的成套设备内的手动操作机构,例如:不经常操作的抽出式手柄,其温升极限允许提高 25 K。

[d] 除非另有规定,在正常工作情况下可以接近但不需触及的外壳和覆板,允许其温升提高 10 K。距离成套设备基座 2 m 以上的外表面和部件可认为是不可触及的。

[e] 就某些设备(如电子器件)而言,它们的温升限值不同于那些通常的开关设备和控制设备,因此有一定程度的灵活性。

[f] 对于按照 10.10 的温升试验,须由初始制造商在考虑元件制造商所采用的任何附加测量点和限值的基础上规定温升极限。

[g] 如满足列出的所有判据,裸铜母线和裸铜导体的最大温升应不超过 105 K。

表 7 系数 n[a] 的值(9.3.3)

短路电流的有效值 kA	cosϕ	n
$I \leqslant 5$	0.7	1.5
$5 < I \leqslant 10$	0.5	1.7
$10 < I \leqslant 20$	0.3	2
$20 < I \leqslant 50$	0.25	2.1
$50 < I$	0.2	2.2

[a] 表中的值适于大多数用途。在某些特殊的场合,例如在变压器或发电机附近,功率因数可能更低。因此,最大的预期峰值电流就可能变为极限值以代替短路电流的有效值。

表 8 主电路的工频耐受电压值(10.9.2)

额定绝缘电压 U_i (线-线 交流或直流) V	介电试验电压 (交流有效值) V	介电试验电压[b] (直流) V
$U_i \leqslant 60$	1 000	1 415
$60 < U_i \leqslant 300$	1 500	2 120
$300 < U_i \leqslant 690$	1 890	2 670
$690 < U_i \leqslant 800$	2 000	2 830
$800 < U_i \leqslant 1\ 000$	2 200	3 110
$1\ 000 < U_i \leqslant 1\ 500$[a]	—	3 820

[a] 仅指直流。

[b] 试验电压是根据 GB/T 16935.1—2008 中 6.1.3.4.1 第五段。

表 9 辅助电路和控制电路的工频耐受电压值(10.9.2)

额定绝缘电压 U_i (线-线) V	介电试验电压 (交流有效值) V
$U_i \leqslant 12$	250
$12 < U_i \leqslant 60$	500
$60 < U_i$	见表 8

表 10 冲击耐受试验电压(10.9.3)

额定冲击耐受电压 U_{imp}/kV	试验期间的试验电压和相应的海拔									
	$U_{1.2/50}$,交流峰值和直流/kV					交流有效值/kV				
	海平面	200 m	500 m	1 000 m	2 000 m	海平面	200 m	500 m	1 000 m	2 000 m
2.5	2.95	2.8	2.8	2.7	2.5	2.1	2.0	2.0	1.9	1.8
4.0	4.8	4.8	4.7	4.4	4.0	3.4	3.4	3.3	3.1	2.8

表 10（续）

额定冲击耐受电压 U_{imp}/kV	试验期间的试验电压和相应的海拔									
	$U_{1.2/50}$，交流峰值和直流/kV					交流有效值/kV				
	海平面	200 m	500 m	1 000 m	2 000 m	海平面	200 m	500 m	1 000 m	2 000 m
6.0	7.3	7.2	7.0	6.7	6.0	5.1	5.1	5.0	4.7	4.2
8.0	9.8	9.6	9.3	9.0	8.0	6.9	6.8	6.6	6.4	5.7
12.0	14.8	14.5	14.0	13.3	12.0	10.5	10.3	9.9	9.4	8.5

表 11　用于额定电流为 400 A 及以下的铜试验导线（10.10.2.3.2）

额定电流的范围[a]/A		导线截面积[b,c]	
		mm²	AWG/MCM
0	8	1.0	18
8	12	1.5	16
12	15	2.5	14
15	20	2.5	12
20	25	4.0	10
25	32	6.0	10
32	50	10	8
50	65	16	6
65	85	25	4
85	100	35	3
100	115	35	2
115	130	50	1
130	150	50	0
150	175	70	00
175	200	95	000
200	225	95	0000
225	250	120	250
250	275	150	300
275	300	185	350
300	350	185	400
350	400	240	500

[a] 额定电流值应大于第一栏中的第一个值，小于或等于此栏中的第二个值。

[b] 为了便于试验，经过制造商同意后，对标注的额定电流可采用小于给定值的试验导线。

[c] 可使用规定的两种导体中的一种。

表 12 用于额定电流为 400 A～4 000 A 的铜试验导线(10.10.2.3.2)

额定电流的范围[a]/A	试验导线			
	电缆		铜母排[b]	
	数量	截面积/mm^2	数量	尺寸($W\times D$)/mm
400～500	2	150	2	30×5
500～630	2	185	2	40×5
630～800	2	240	2	50×5
800～1 000			2	60×5
1 000～1 250			2	80×5
1 250～1 600			2	100×5
1 600～2 000			3	100×5
2 000～2 500			4	100×5
2 500～3 150			3	100×10
3 150～4 000			4	100×10

[a] 额定电流值应大于第一个值,小于或等于第二个值。

[b] 母排是将其长面(W)垂直排列的。如果制造商有规定,也可将其长面(W)水平排列。母排可以覆盖涂层。

表 13 通过与一个基准设计比较进行短路验证:核查表(10.5.3.3、10.11.3 和 10.11.4)

序号	需要考虑的要求	是	否
1	评估成套设备每条电路的短路耐受等级,是否小于或等于基准设计?		
2	评估成套设备每条电路的母线和连接点的截面尺寸,是否大于或等于基准设计?		
3	评估成套设备每条电路的母线和连接点的中心线间距,是否大于或等于基准设计?		
4	评估成套设备每条电路的母线支撑件的类型、形状、材料同基准设计是否相同,沿母线长度方向支撑的间距是否小于或等于基准设计的中心线间距? 是否有相同设计和相同机械强度的母线支撑件的安装结构?		
5	评估成套设备每条电路导体的材料及其性能是否与基准设计相同?		
6	评估成套设备每条电路短路保护电器,看其制造和系列[a]与器件制造商给出的极限特性(I^2t,I_{pk})是否相同或更好?看其是否有同基准设计相同的布置?		
7	评估成套设备(依据 8.6.4)的每一无保护电路的无保护带电导体的长度,是否小于或等于基准设计?		
8	如果被评估的成套设备包括外壳,当试验验证时,基准设计是否包括外壳?		
9	有同样设计和型号的被评估的成套设备的外壳,是否至少与基准设计有相同的尺寸?		
10	评估成套设备每条电路的隔室是否有同基准设计相同的机械设计和至少有相同的尺寸?		

所有要求为“是”—— 不需进一步验证。

任何一个要求为“否”——要求进一步验证

[a] 不同系列相同制造商的短路保护电器应认为器件制造商宣称的性能特性与用于验证的系列所有相关方面相比相同或更好,例如:分断能力和极限特性(I^2t,I_{pk})和临界距离。

表 14 预期故障电流与铜丝直径的关系

铜丝直径/mm	有熔体电路中的预期故障电流/A
0.1	50
0.2	150
0.3	300
0.4	500
0.5	800
0.8	1 500

附 录 A
（规范性附录）
适合连接外部导体端子用铜导线的最小和最大截面积（见 8.8）

表 A.1 适用于每个端子上连接一根铜导线。

表 A.1 适合连接外部导体端子用铜导线的截面积

额定电流	单芯或多芯导线		软导线	
	截面积		截面积	
	最小	最大	最小	最大
A	mm^2		mm^2	
6	0.75	1.5	0.5	1.5
8	1	2.5	0.75	2.5
10	1	2.5	0.75	2.5
13	1	2.5	0.75	2.5
16	1.5	4	1	4
20	1.5	6	1	4
25	2.5	6	1.5	4
32	2.5	10	1.5	6
40	4	16	2.5	10
63	6	25	6	16
80	10	35	10	25
100	16	50	16	35
125	25	70	25	50
160	35	95	35	70
200	50	120	50	95
250	70	150	70	120
315	95	240	95	185
如果外接导体直接连接到内装器件上，有关规定中给出的截面积应适用。 如果要选用表中规定值以外的导体，建议由成套设备制造商与用户签订专门的协议。				

附 录 B
（规范性附录）
在短时电流引起热应力情况下，保护导体截面积的计算方法

须承受持续时间大约为0.2 s～5 s电流热应力的保护导体，其截面积应按下述公式计算。

$$S_p = \frac{\sqrt{I^2 t}}{k}$$

式中：

S_p——截面积，mm^2；

I——在阻抗可以忽略的故障情况下，流过保护器件的故障电流值（有效值），A；

t——隔离器件的分断时间，s；

注：应考虑到电路阻抗的限流作用和保护器件的限流能力（焦耳积分）。

k——系数，它取决于保护导体的材质、绝缘和其他部件以及起始和最终温度，见表B.1。

表B.1 不包括在电缆内的绝缘保护导体的 k 值，或与电缆护套接触的裸保护导体的 k 值

	保护导体或电缆护套的绝缘		
	PVC 热塑性	XLPE EPR 裸导体	丁烯橡胶
最终温度	160 ℃	250 ℃	220 ℃
	系 数 k		
导体材料：			
铜	143	176	166
铝	95	116	110
钢	52	64	60
导体的初始温度设定为30 ℃。			

更多的详细信息可见IEC 60364-5-54。

附 录 C
（资料性附录）
用户信息模板

本附录将作为识别成套设备制造商所必需项目的模板，由用户提供。

拟在相关成套设备标准中使用和起草。

表 C.1 模板

特性	参考章或条款编号	缺省约定[b]	标准中列出选项	用户要求[a]
电气系统				
接地系统	5.6、8.4.3.1、8.4.3.2.3、8.6.2、10.5、11.4	制造商的标准，选择以适应本地要求	TT/TN-C/TN-C-S/IT/TN-S	
标称电压/V	3.8.9.1、5.2.1、8.5.3	本地的，根据安装条件	最大交流 1 000 V 或直流 1 500 V	
瞬态过电压	5.2.4、8.5.3、9.1、附录 G	由电气系统决定	过电压类别 Ⅰ/Ⅱ/Ⅲ/Ⅳ	
暂时过电压	9.1	标称系统电压 +1 200 V	无	
额定频率 f_n/Hz	3.8.12、5.5、8.5.3、10.10.2.3、10.11.5.4	根据本地安装条件	直流/50 Hz/60 Hz	
现场其他试验要求：布线、工作性能和功能	11.10	制造商的标准，根据应用	无	
短路耐受能力				
电源端的预期短路电流 I_{cp}/kA	3.8.7	由电气系统决定	无	
中性母排的预期短路电流	10.11.5.3.5	最大为相电流的 60%	无	
保护电路中的预期短路电流	10.11.5.6	最大为相电流的 60%	无	
进线功能单元中的短路保护电器(SCPD)	9.3.2	根据本地安装条件	是/否	
短路保护电器的配合，包括外部短路保护电器在内	9.3.4	根据本地安装条件	无	
可能增大短路电流的负载的相关数据	9.3.2	不允许明显增大短路电流的负载	无	
依照 GB 16895.21—2011 对人的电击防护				
电击防护类型——基本防护(对直接接触的防护)	8.4.2	基本防护	根据本地安装规则	

表 C.1（续）

特性	参考章或条款编号	缺省约定[b]	标准中列出选项	用户要求[a]
电击防护类型——故障防护(对间接接触的防护)	8.4.3	根据本地安装条件	自动断开电源/电气隔离/全绝缘	
安装环境				
场所类型	3.5、8.1.4、8.2	制造商标准，根据应用	户内/户外	
防止固体异物和水的进入	8.2.2、8.2.3	户内(封闭)： IP 2X； 户外(最小)： IP 23	IP00、2X、3X、4X、5X、6X 在移出可移动部件后：对于连接位置/把防护等级降至制造商的标准	
外部机械碰撞(IK)	8.2.1、10.2.6	无	无	
耐紫外线辐射(适用于非特殊用途的户外成套设备)	10.2.4	户内：不适用； 户外：温度气候	无	
耐腐蚀性	10.2.2	常规户内/户外约定	无	
周围空气温度——下限	7.1.1	户内：−5℃ 户外：−25℃	无	
周围空气温度——上限	7.1.1	40℃	无	
周围空气温度——日平均温度最大值	7.1.1、9.2	35℃	无	
最大相对湿度	7.1.2	户内：50%@40℃； 户外：100%@25℃	无	
污染等级(安装环境的)	7.1.3	工业用途：3	1,2,3,4	
海拔	7.1.4	≤2 000 m	无	
EMC 环境(A 或 B)	9.4、10.12、附录 J	A/B	A/B	
特殊使用条件(如：振动，异常凝露，严重污染，腐蚀性环境，强电场或强磁场，霉菌，微生物，爆炸性危险，强烈振动和冲击，地震)	7.2、8.5.4、9.3.3、表 7	无特殊使用条件	无	
安装方式				
类型	3.3、5.6	制造商标准	多种，如立式/墙上安装	
静止的/可移动的	3.5	静止的	静止的/可移动的	
最大外形尺寸和质量	5.6、6.2.1	制造商标准，根据应用	无	

表 C.1（续）

特性	参考章或条款编号	缺省约定[b]	标准中列出选项	用户要求[a]
外接导体类型	8.8	制造商标准	电缆/母线干线系统	
外接导体方位	8.8	制造商标准	无	
外接导体材料	8.8	铜	铜/铝	
外接相导体，截面积，端子	8.8	标准中定义	无	
外接 PE、N、PEN 导体截面积，端子	8.8	标准中定义	无	
特殊端子标识要求	8.8	制造商标准	无	
存放和装卸				
运输单元最大尺寸和质量	6.2.2、10.2.5	制造商标准	无	
运输方式(如叉车、起重机)	6.2.2、8.1.6	制造商标准	无	
不同于正常使用条件的环境条件	7.3	按照使用条件	无	
包装事项	6.2.2	制造商标准	无	
操作要求				
接近手动操作器件	8.4		授权人员/一般人员	
手动操作器件场所	8.5.5	容易接近	无	
负载安装设备的隔离	8.4.2、8.4.3.3、8.4.6.2	制造商标准	单独/组/全部	
维护和升级能力				
一般人员使用中可接近性的要求；成套设备通电时操作器件或更换元件的要求	8.4.6.1	基本防护	无	
检查和类似操作时对可接近性的要求	8.4.6.2.2	对可接近性无要求	无	
授权人员使用中维修时对可接近性的要求	8.4.6.2.3	对可接近性无要求	无	
授权人员使用中带电扩展时对接近性的要求	8.4.6.2.4	对可接近性无要求	无	
功能单元连接方法	8.5.1、8.5.2	制造商标准	无	
在维护或升级期间对直接接触内装危险带电部分的防护(如功能单元、主母线、配电母线)	8.4	在维护或升级期间的防护无要求	无	

表 C.1（续）

特性	参考章或条款编号	缺省约定[b]	标准中列出选项	用户要求[a]
载流能力				
成套设备的额定电流 I_{nA}（安培）	3.8.9.1、5.3、8.4.3.2.3、8.5.3、8.8、10.10.2、10.10.3、10.11.5、附录 E	制造商标准，根据应用	无	
电路的额定电流 I_{nC}（安培）	5.3.2	制造商标准，根据应用	无	
额定分散系数	5.4、10.10.2.3、附录 E	参照标准定义	电路组的额定分散系数/整个成套设备的额定分散系数	
中性导体与相导体的截面积比值：相导体不超过 16 mm^2	8.6.1	100%	无	
中性导体与相导体的截面积比值：相导体超过 16 mm^2	8.6.1	50%（最小 16 mm^2）	无	

[a] 对于特别复杂的应用，用户需要规定比标准更加严格的要求。

[b] 某些情况下成套设备制造商宣称的信息可替代协议。

附 录 D
（资料性附录）
设计验证

表 D.1 待完成的设计验证清单

序号	待验证的特性	章或条	可用的验证选项		
			试验	与一个基准设计比较	评估
1	材料和部件强度：	10.2			
	耐腐蚀性	10.2.2	是	否	否
	绝缘材料性能	10.2.3			
	热稳定性	10.2.3.1	是	否	否
	耐受由内部电效应导致的非正常发热和着火	10.2.3.2	是	否	是
	耐紫外线辐射(UV)	10.2.4	是	否	是
	提升	10.2.5	是	否	否
	机械撞击	10.2.6	是	否	否
	标志	10.2.7	是	否	否
2	外壳防护等级	10.3	是	否	是
3	电气间隙	10.4	是	否	否
4	爬电距离	10.4	是	否	否
5	电击防护和保护电路完整性：	10.5			
	成套设备中外露可导电部分与保护电路间的有效连续性	10.5.2	是	否	否
	保护电路的短路耐受强度	10.5.3	是	是	否
6	开关器件和元件的组合	10.6	否	否	是
7	内部电路和连接	10.7	否	否	是
8	外接导体端子	10.8	否	否	是
9	介电性能：	10.9			
	工频耐受电压	10.9.2	是	否	否
	冲击耐受电压	10.9.3	是	否	是
10	温升极限	10.10	是	是	是
11	短路耐受强度	10.11	是	是	否
12	电磁兼容性(EMC)	10.12	是	否	是
13	机械操作	10.13	是	否	否

附 录 E
（资料性附录）
额定分散系数

E.1 通则

成套设备内的所有电路按 5.3.2 能够单独地连续承载其额定电流，但是任一电路的电流承载能力可能受到相邻电路的影响。热量的相互影响会导致热量传入或传出临近的电路。对由于受到其他电路的影响，温度大大超过周围温度的电路可以采用冷风冷却。

实际上，通常并不要求成套设备内的所有电路都能持续、同时承载额定电流。在一个典型应用中，负载的形式和特征明显不同。某些电路将基于担负冲击电流、断续或短时的负载。几个电路可承担重载，而其他电路则承担轻载或断开。

因而，没有必要配备一个所有电路能在额定电流下连续运行的成套设备，这样将造成材料和资源的低效率利用。本部分通过 3.8.11 确定的额定分散系数的配置，来识别成套设备的实际要求。

通过指定额定分散系数，成套设备制造商规定了成套设备所设计的平均负载条件。额定分散系数确定成套设备内所有出线电路或一组出线电路的每一单元能够连续并同时加载的额定电流值。成套设备中，如果在额定分散系数下运行的出线电路的额定电流总和超过进线电路容量时，额定分散系数适用于分配进线电流到任一组合的出线电路。

E.2 成套设备的额定分散系数

成套设备的额定分散系数在 5.4 中规定。典型成套设备在图 E.1 中示出，表 E.1 和图 E.2～图 E.5 给出了分散系数为 0.8 的多个负载安排示例。

E.3 一组出线电路的额定分散系数

除了规定整套成套设备的额定分散系数外，成套设备制造商还可以为成套设备内一组相关电路规定不同的分散系数。在 5.4 中规定了一组出线电路的额定分散系数。

表 E.2 和表 E.3 给出了在图 E.1 所示的典型成套设备中，分散系数为 0.9 的框架单元和子配电板。

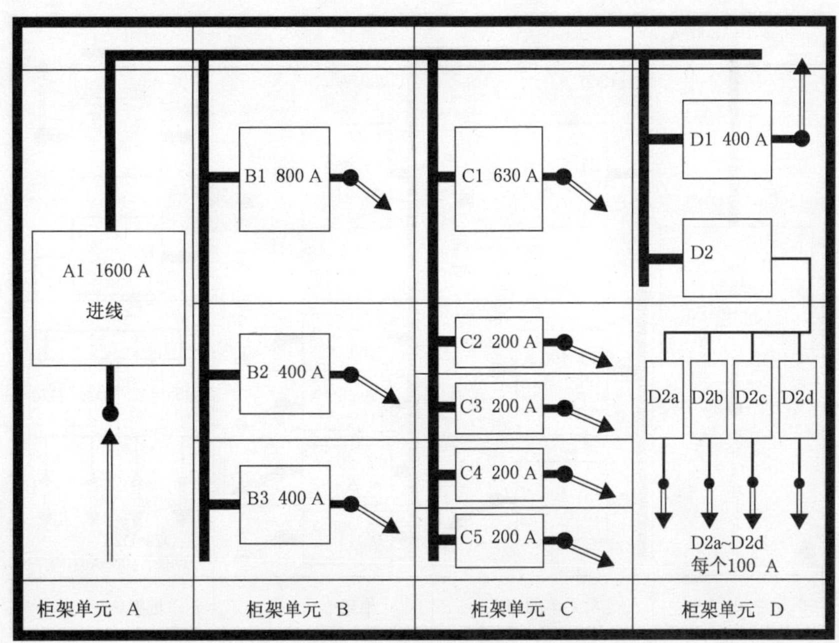

功能单元——额定电流(I_n)示例[a]

[a] 成套设备内功能单元(电路)的额定电流可以小于器件的额定电流。

图 E.1 典型的成套设备

表 E.1 额定分散系数为 0.8 的成套设备负载实例

功能单元		A1	B1	B2	B3	C1	C2	C3	C4	C5	D1	D2a	D2b	D2c	D2d
		电 流/A													
功能单元——额定电流(I_n)[b] (见图 E.1)		1 600	800	400	400	630	200	200	200	200	400	100	100	100	100
额定分散系数 0.8 的成套设备的功能单元负载	例 1 图 E.2	1 600	640	320	320	0	160	160	0	0	0	0	0	0	0
	例 2 图 E.3	1 600	640	0	0	504	136[a]	0	0	0	320	0	0	0	0
	例 3 图 E.4	1 600	456[a]	0	0	504	160	160	160	160	0	0	0	0	0
	例 4 图 E.5	1 600	0	0	0	504	160	160	136[a]	0	320	80	80	80	80

[a] 平衡电流将进线电路加载到它的额定电流为止。

[b] 成套设备内功能单元(电路)的额定电流可以小于器件的额定电流。

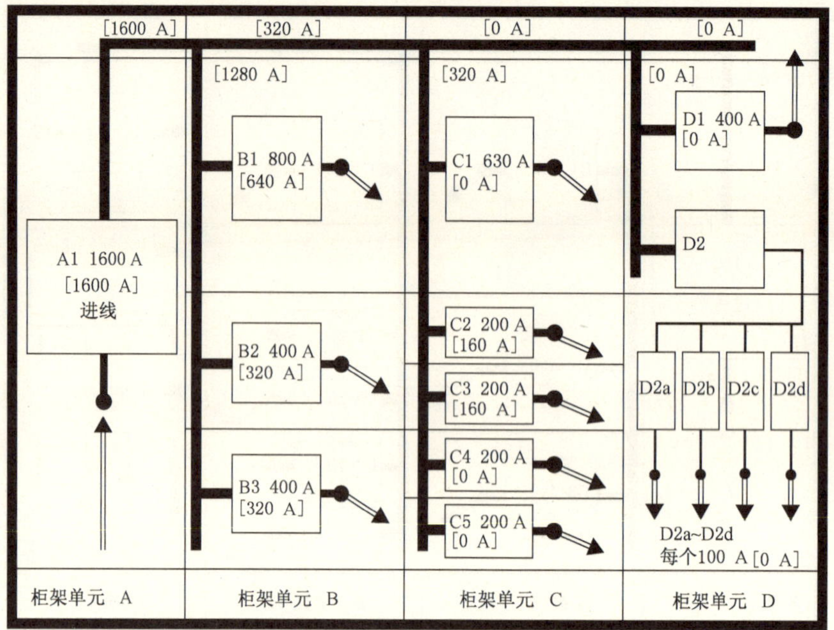

实际负载在图中括弧给出，例如[640 A]。

母线柜架单元负载在图中括弧给出，例如[320 A]。

图 E.2 表 E.1 额定分散系数为 0.8 的成套设备功能单元负载的实例 1

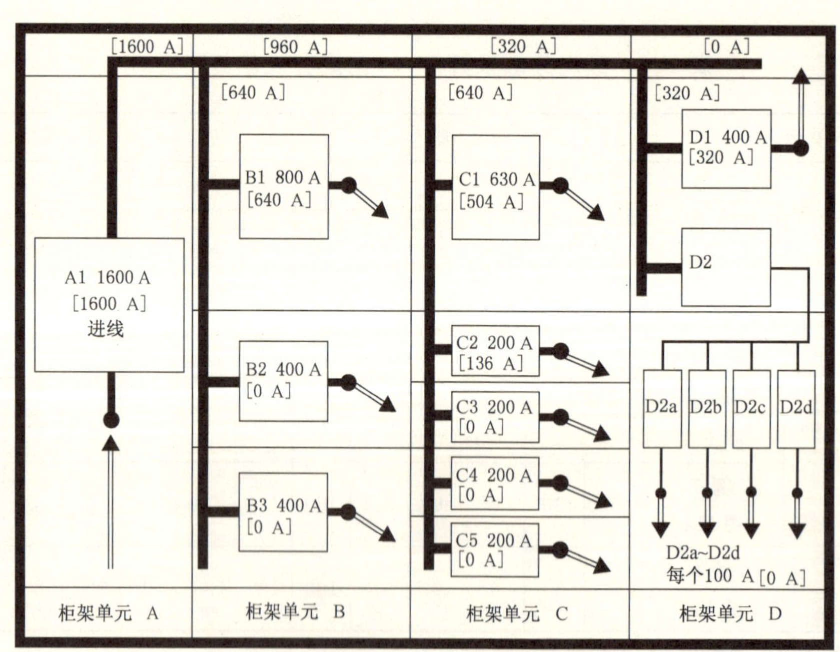

实际负载在图中括弧给出，例如[640 A]。

母线柜架单元负载在图中括弧给出，例如[320 A]。

图 E.3 表 E.1 额定分散系数为 0.8 的成套设备功能单元负载的实例 2

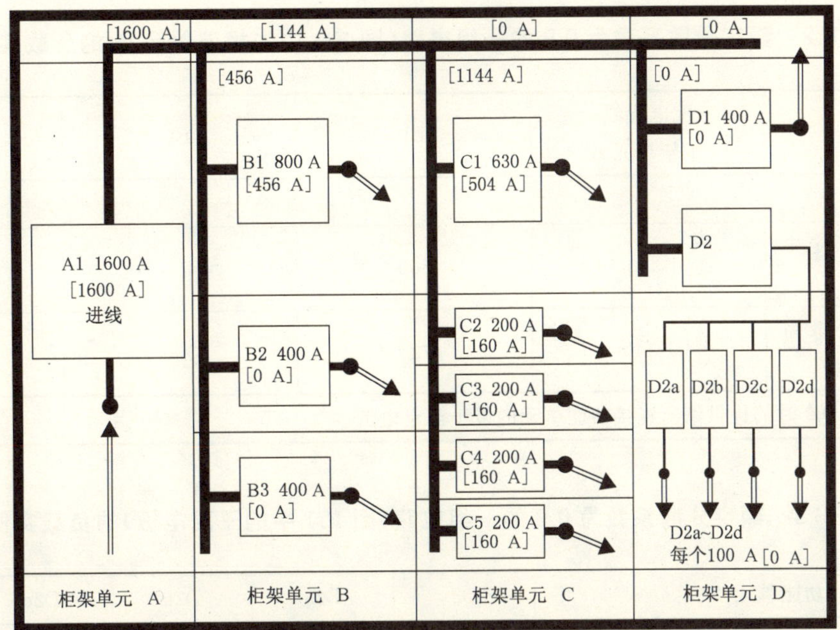

实际负载在图中括弧给出，例如[640 A]。

母线柜架单元负载在图中括弧给出，例如[320 A]。

图 E.4 表 E.1 额定分散系数为 0.8 的成套设备功能单元负载的实例 3

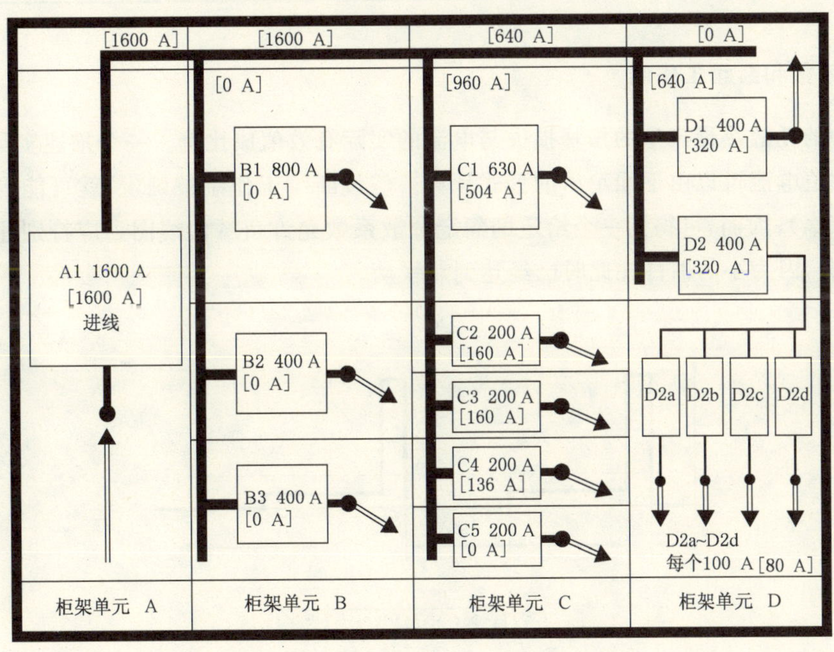

实际负载在图中括弧给出，例如[640 A]。

母线柜架单元负载在图中括弧给出，例如[320 A]。

图 E.5 表 E.1 额定分散系数为 0.8 的成套设备功能单元负载的实例 4

表 E.2　额定分散系数为 0.9 的一组电路(图 E.1 中的柜架单元 B)的负载实例

功能单元	配电母线 柜架单元 B	B1	B2	B3
	电流/A			
功能单元——额定电流/I_n	1 440[a]	800	400	400
负载——额定分散系数为 0.9 的电路组	1 440	720	360	360
[a] 当 RDF 为 0.9 时的提供给所连接功能单元的最小额定电流。				

表 E.3　额定分散系数为 0.9 的一组电路(图 E.1 中的子配电板)的负载实例

功能单元	D2	D2a	D2b	D2c	D2d
	电流/A				
功能单元——额定电流/I_n	360[a]	100	100	100	100
负载——额定分散系数为 0.9 的电路组	360	90	90	90	90
[a] 当 RDF 为 0.9 时的提供给所连接功能单元的最小额定电流。					

E.4　额定分散系数和断续工作制

电路中元件的耗散热量产生的焦耳损失与电流的实际有效值成比例。一个描述实际断续电流热效应的等效的有效值电流可以由下面给出的公式计算。假设断续工作制被确定,就可能得出热等效真实的有效值电流(I_{rms});因而,可得到一个给定的额定分散系数允许负载曲线图。应特别注意通电时间大于 30 min 的情况,因为小的器件在此时已经达到热平衡。

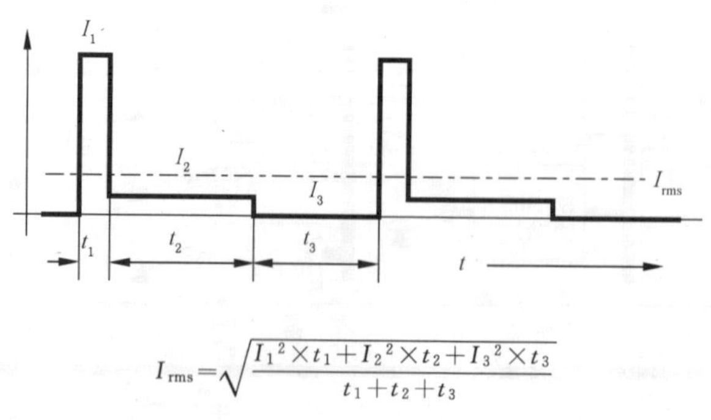

$$I_{rms}=\sqrt{\frac{I_1{}^2\times t_1+I_2{}^2\times t_2+I_3{}^2\times t_3}{t_1+t_2+t_3}}$$

说明:

t_1——在电流为 I_1 时的起动时间;

t_2——在电流为 I_2 时的运行时间;

t_3——在电流为 $I_3=0$ 时的间隔时间;

$t_1+t_2+t_3$——周期时间。

图 E.6　计算平均热效应实例

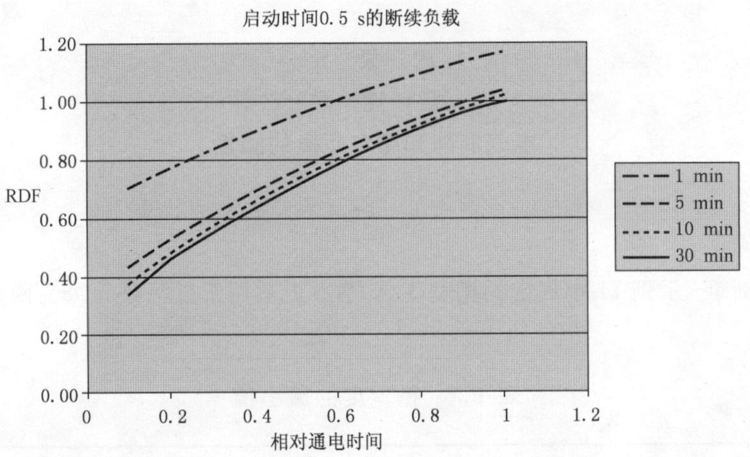

图 E.7 相同 RDF 与断续工作制,在 $t_1=0.5$ s,$I_1=7I_2$ 不同周期时间的参数的关系图实例

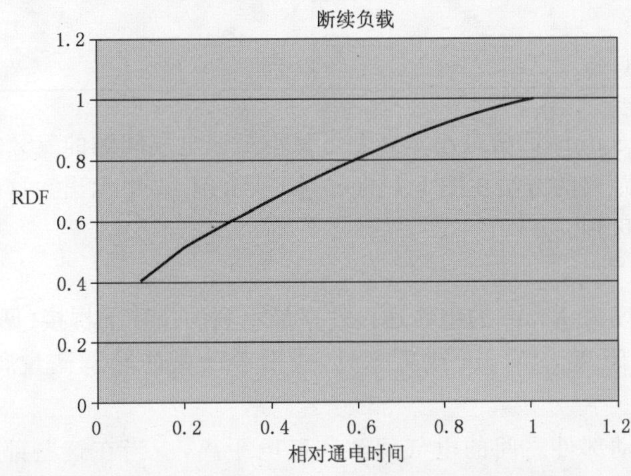

图 E.8 相同 RDF 与断续工作制,在 $I_1=I_2$(没有启动过电流)时的参数关系图实例

附 录 F
（规范性附录）
电气间隙和爬电距离的测量

F.1 基本原则

在图 F.1 的示例 1～示例 11 中规定的槽宽度 X 基本上适用于以污染等级为函数的所有实例，如表 F.1：

表 F.1 槽宽度的最小值

污染等级	槽宽度 X 的最小值/mm
1	0.25
2	1.0
3	1.5
4	2.5

如果有关的电气间隙小于 3 mm，凹槽最小宽度则可减小至该电气间隙的三分之一。

测量电气间隙和爬电距离的方法在图 F.1 的示例 1～示例 11 中示出。这些例子对间隙与槽之间，或绝缘类型之间没有什么区别。

而且：

——假定任意角被宽度为 Xmm 的绝缘连接件在最不利的位置下桥接（见图 F.1 的示例 3）；

——当横跨槽顶部的距离为 Xmm 或更大时，应沿着凹槽的轮廓测量爬电距离（见图 F.1 的示例 2）；

——测量这些相对运动部件之间的电气间隙和爬电距离，应当在这些部件处于最不利的位置时进行。

F.2 筋的使用

由于筋对污染物的影响以及它有较好的干燥效果，因此可以明显的减少泄漏电流的形成。假如筋的最小高度为 2 mm，爬电距离因而可以减小到要求值的 0.8 倍，见图 F.1。

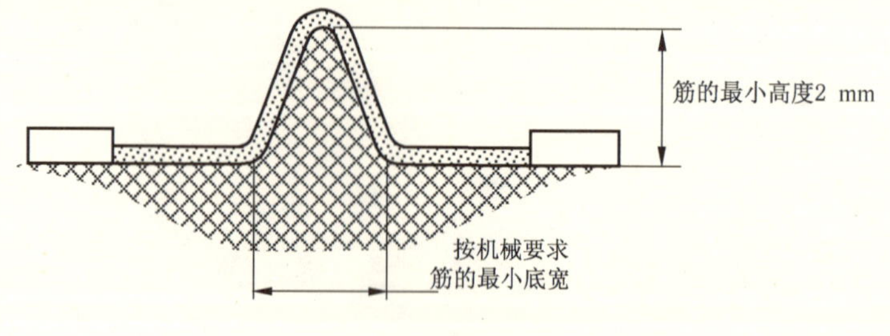

(a) 筋的测量：示例

图 F.1 筋的测量

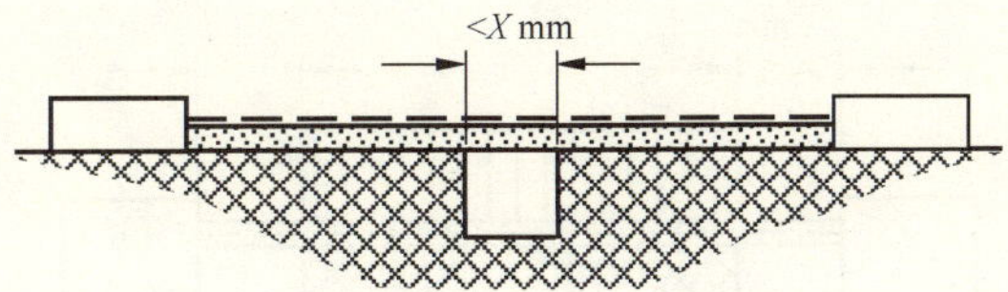

条件:该爬电距离路径包括宽度小于 Xmm、任意深度的平行边或收敛形边的槽。

规则:电气间隙和爬电距离如图所示,直接跨过槽进行测量。

(b) 示例 1

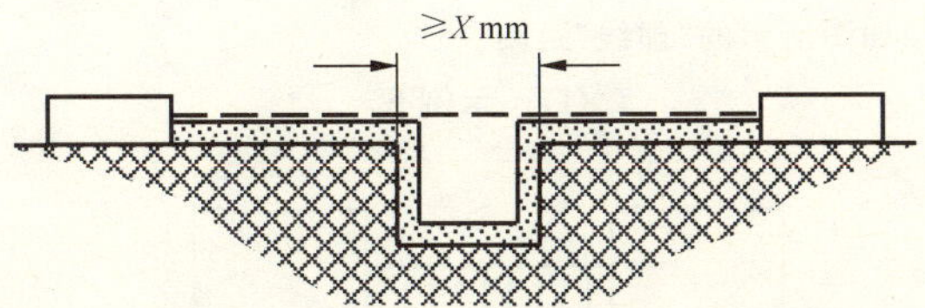

条件:此爬电距离路径包括任意深度且宽度等于或大于 Xmm 的平行边的槽。

规则:电气间隙是"虚线"的距离。爬电距离路径沿槽的轮廓测量。

(c) 示例 2

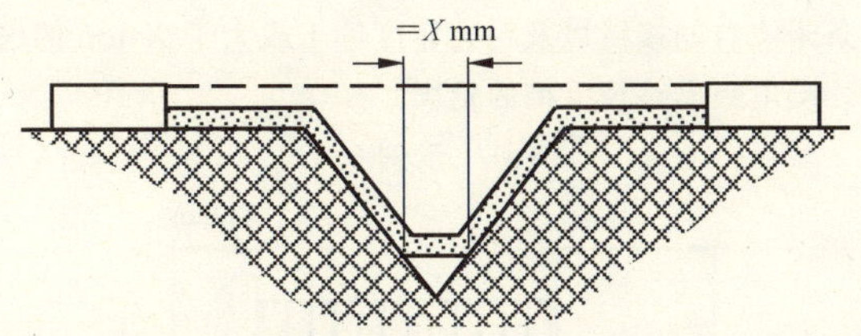

条件:此爬电距离路径包括宽度大于 Xmm 的 V 形槽。

规则:电气间隙是"虚线"的距离。爬电距离路径沿槽的轮廓但被 Xmm 的链接把槽底短路。

(d) 示例 3

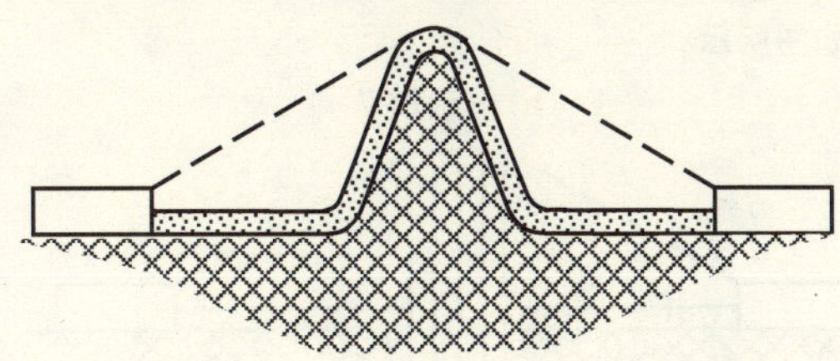

条件:爬电距离路径包括一条筋。

规则:电气间隙是通过筋顶的最短的空气路径。爬电距离沿着筋的轮廓。

(e) 示例 4

图 F.1(续)

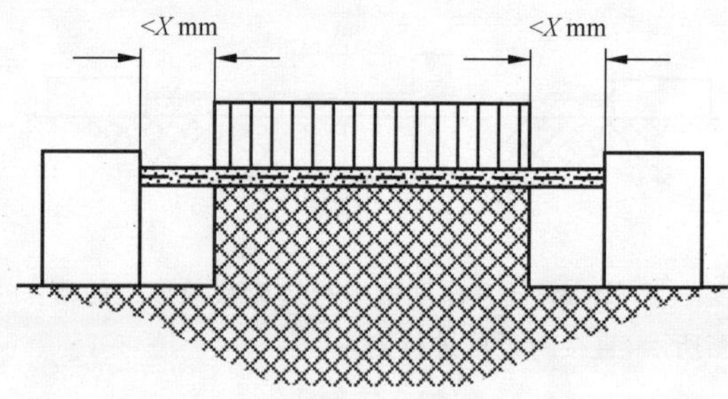

条件:爬电距离路径包括一条未浇合的接缝及每边宽度小于 Xmm 的槽。

规则:爬电距离和电气间隙路径如图所示的“虚线”距离。

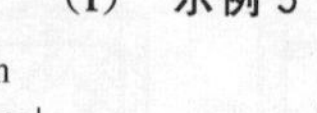

(f) 示例 5

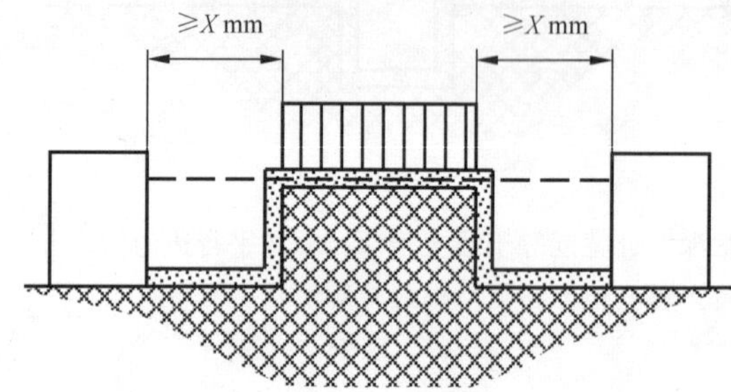

条件:此爬电距离路径包括一条未浇合的接缝以及每边宽度等于或大于 Xmm 的槽。

规则:电气间隙为“虚线”距离。爬电距离路径沿槽的轮廓。

(g) 示例 6

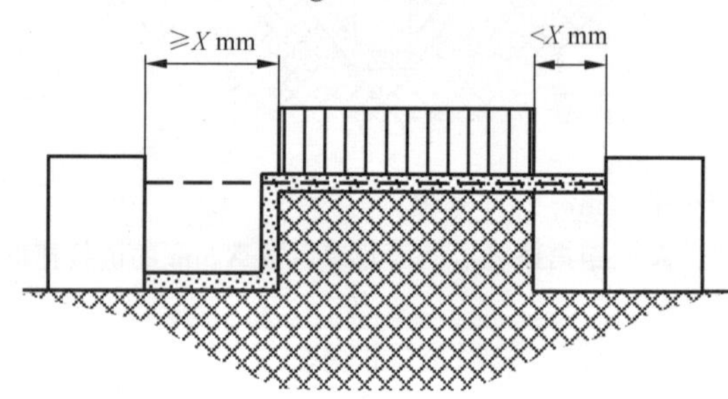

条件:爬电距离路径包括一条未浇合的接缝以及一边宽度小于 Xmm,而另一边宽度等于或大于 Xmm 的槽构成。

规则:电气间隙和爬电距离路径如图所示。

(h) 示例 7

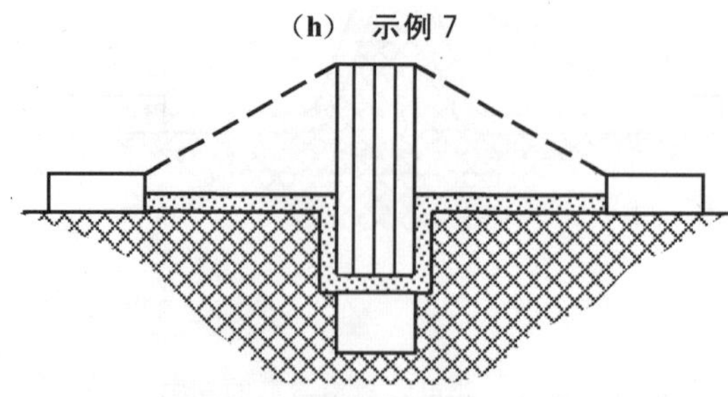

条件:爬电距离穿过一条未浇合的接缝,小于通过挡板顶部的爬电距离。

规则:电气间隙是通过挡板顶部的最短直接空气路径。

(i) 示例 8

图 F.1(续)

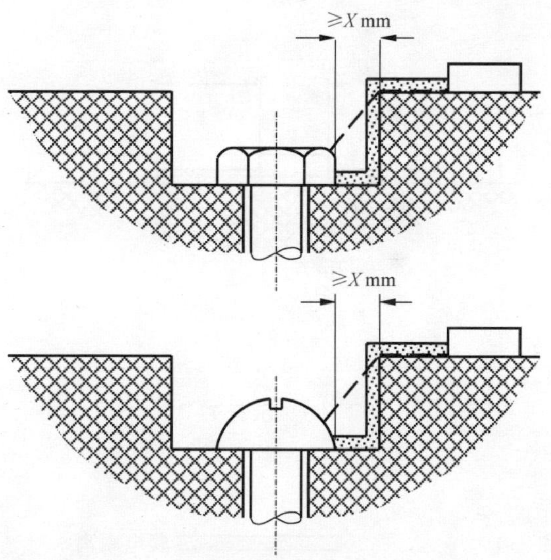

条件:应将螺钉头与凹壁之间足够宽的间隙考虑在内。

规则:电气间隙和爬电距离路径如图所示。

(j) 示例 9

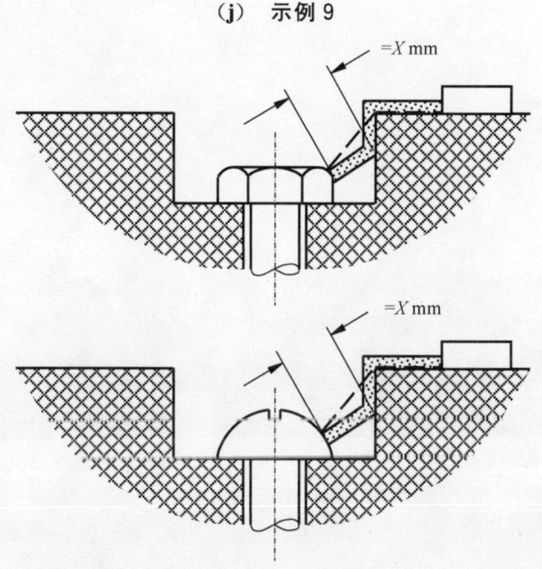

条件:螺钉头与凹壁之间的间隙过分窄小以至不必考虑。

规则:当距离等于 X mm 时,测量爬电距离是从螺钉至槽壁。

(k) 示例 10

图 F.1(续)

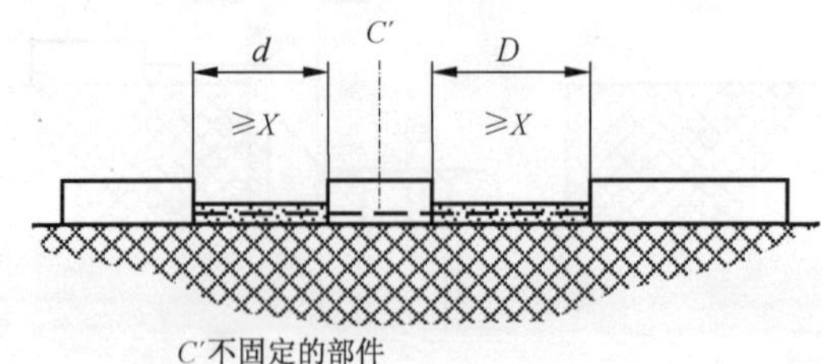

电气间隙为 $d+D$ 的距离；
爬电距离也为 $d+D$ 的距离。

(l) 示例 11

说明：

— — — — — 电气间隙　　　▒▒▒▒ 爬电距离

图 F.1（续）

附　录　G
(规范性附录)
电源系统的标称电压与设备的额定冲击耐受电压的关系

本附录旨在给出有关在电气系统中或部分系统中的一条电路上使用的设备选择所需的信息。

表 G.1 提供了关于电源系统标称电压与相应的设备额定冲击耐受电压之间的关系的实例。

表 G.1 给出的额定冲击耐受电压值是基于 GB/T 16935.1—2008 中 4.3.3。关于选择合适的过电压类别和过电压保护的标准的更多信息(如果需要),在 GB/T 16895.10—2010 中第 443 章中给出。

还应指出,可利用电源系统的运行状态,诸如存在合适的阻抗或电缆馈线,可以控制与表 G.1 的值相关的过电压值。

表 G.1　电源系统的标称电压与设备额定冲击耐受电压之间的相应关系

额定工作电压对地最大值,交流有效值或直流 V	电源系统的标称电压(≤设备的额定绝缘电压) V				额定冲击耐受电压(1.2/50 μs)优先值 (海拔 2 000 m) kV			
					过电压类别			
					Ⅳ	Ⅲ	Ⅱ	Ⅰ
	交流有效值	交流有效值	交流有效值或直流	交流有效值或直流	电源进线点(进线端)水平	配电电路水平	负载(器件,设备)水平	特殊保护水平
50	—	—	12.5,24, 25,30, 42,48		1.5	0.8	0.5	0.33
100	66/115	66	60	—	2.5	1.5	0.8	0.5
150	120/208 127/220	115,120 127	110,120	220-110, 240-120	4	2.5	1.5	0.8
300	220/380,230/400 240/415,260/440 277/480	220,230 240,260 277	220	440-220	6	4	2.5	1.5
600	347/600,380/660 400/690,415/720 480/830	347,380,400 415,440,480 500,577,600	480	960-480	8	6	4	2.5
1 000	—	660 690,720 830,1 000	1 000	—	12	8	6	4

附 录 H
（资料性附录）
铜导线的工作电流和功率损耗

表 H.1 提供了理想状态下，成套设备内导体的工作电流和功率损耗的指导性数值。确定这些值的计算方法可被用来计算其他工作环境下的数值。

表 H.1 允许导体温度 70℃的单芯铜电缆的工作电流和功率损耗
（成套设备内部环境温度 55℃）

导线布局		穿在电缆管道中的单芯电缆，挂在墙上水平走向，6 根电缆（2 个三相电路）有持续负载		单芯电缆，在空气中不接触或在一个有散热孔的桥架上。6 根电缆（2 个三相电路）有持续负载		最少有一个电缆直径的间隙 单芯电缆水平间隔放置在空气中	
导体截面积	20℃时的导体电阻 R_{20}[a]	最大工作电流 I_{max}[b]	单位导体的功率损耗 P_v	最大工作电流 I_{max}[c]	单位导体的功率损耗 P_v	最大工作电流 I_{max}[d]	单位导体的功率损耗 P_v
mm^2	mΩ/m	A	W/m	A	W/m	A	W/m
1.5	12.1	8	0.8	9	1.3	15	3.2
2.5	7.41	10	0.9	13	1.5	21	3.7
4	4.61	14	1.0	18	1.7	28	4.2
6	3.08	18	1.1	23	2.0	36	4.7
10	1.83	24	1.3	32	2.3	50	5.4
16	1.15	33	1.5	44	2.7	67	6.2
25	0.727	43	1.6	59	3.0	89	6.9
35	0.524	54	1.8	74	3.4	110	7.7
50	0.387	65	2.0	90	3.7	134	8.3
70	0.268	83	2.2	116	4.3	171	9.4
95	0.193	101	2.4	142	4.7	208	10.0
120	0.153	117	2.5	165	5.0	242	10.7
150	0.124			191	5.4	278	11.5
185	0.099 1			220	5.7	318	12.0
240	0.075 4			260	6.1	375	12.7

[a] GB/T 3956—2008 中的数值，表 2（多股铰线）。

[b] 一条三相电路的电流承载能力 I_{30}，来自 IEC 60364-5-52:2009 中表 B.52.4，第 4 列（安装方法：表 B.52.3 中第 6 项）。$k_2=0.8$（表 B.52.17 第 1 项，2 条电路）。

[c] 一条三相电路的电流承载能力 I_{30}，来自 IEC 60364-5-52:2009 中表 B. 52.10，第 5 列（安装方法：表 B. 52.1 中第 F 项）。截面积小于 25 mm^2 依据 IEC 60364-5-52:2009 的附录 D 计算。$k_2=0.88$（表 B. 52.17 第 4 项，2 条电路）。

[d] 一条三相电路的电流承载能力 I_{30}，来自 IEC 60364-5-52:2009 中表 B. 52.10，第 7 列（安装方法：表 B. 52.1 中第 G 项）。截面积小于 25 mm^2 依据 IEC 60364-5-52:2009 的附录 D 计算（$k_2=1$）。

$$I_{max} = I_{30} \times k_1 \times k_2 \qquad P_v = I_{max}^2 \times R_{20} \times [1 + \alpha \times (T_c - 20\ ℃)]$$

式中：

k_1 ——外壳内导体周围空气温度的降容系数(IEC 60364-5-52:2009 中表 B.52.14)

$k_1 = 0.61$ 导体温度 70 ℃，环境温度 55 ℃。

在其他空气温度时的 k_1 值，见表 H.2。

k_2 ——多于一条电路组合的降容系数(IEC 60364-5-52:2009 中表 B. 52.17)。

α ——电阻温度系数，$\alpha = 0.004 K^{-1}$。

T_c——导体温度。

表 H.2　电缆在导体允许温度为 70 ℃时的降容系数 k_1

(引自 IEC 60364-5-52:2009 中表 B.52.14)

壳内导体周围空气温度/℃	降容系数 k_1
20	1.12
25	1.06
30	1.00
35	0.94
40	0.87
45	0.79
50	0.71
55	0.61
60	0.50

注：如果表 H.1 中的工作电流使用降容系数 k_1 转换成其他的空气温度，则相应的功率损耗也必须用上面的公式重新计算。

附 录 I
（空）

附　录　J
(规范性附录)
电磁兼容性(EMC)

J.1　通则

在本附录里条款的编号与标准正文相匹配。

J.2　术语和定义

下列术语和定义适用于本附录。

(见图 J.1)

J.3.8.13.1

端口　port

专用元器件与外部电磁环境之间的特殊界面。

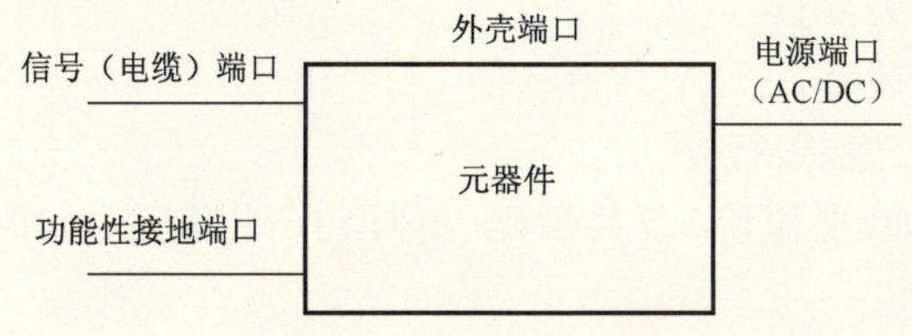

图 J.1　端口的示例

J.3.8.13.2

外壳端口　enclosure port

元器件的实际边界,电磁场可通过这个边界辐射或侵害。

J.3.8.13.3

功能性接地端口　functional earth port

该端口不同于信号、控制或电源端口,它用于提供除了电气安全目的以外的接地。

J.3.8.13.4

信号端口　signal port

该端口有连接元器件的导线或电缆用于传输数据的信息。

注:例如模拟量输入、输出和控制线;数据总线;通信网络等。

[IEC 61000-6-1:2005 的 3.4]

J.3.8.13.5

电源端口　power port

该端口有连接元器件的导线或电缆,用于提供一个或组合在一起的多个元器件运行时所需的主要电源。

J.9.4　性能要求

J.9.4.1　通则

对属于本部分范围的大多数成套设备,应考虑下面的两种环境条件:

a)　A 类环境;

b) B类环境。

A类环境:主要与高压或中压变压器供电电网有关,它用于为生产输送装置或类似装置供电,并且拟工作在工业场所或接近工业场所,如下所述。本部分同样适用于电池供电和拟在工业场所应用的设备。

环境为工业环境,包括户内和户外。

工业场所表现为以下一种或几种附加特征:

——工业、科研和医疗(ISM)设备(IEC/CISPR 11 中定义);

——频繁切换的大感性或容性负载;

——电流及其所产生的高磁场。

注 1:A类环境涵盖在EMC通用标准IEC 61000-6-2和IEC 61000-6-4中。

B类环境:主要与低压公共主电网或连接到直流电源的设备有关,直流电源作为设备与低压公共主电网的接口。也适用于电池供电或由非公共、非工业、低压电源配电系统供电的设备。此设备应用场所如下所示。

环境涵盖居民区、商业区和轻工业区,包括户内和户外。如下列表,虽然不详尽,但表明了所涵盖的场所:

——居民区,例如住宅、公寓;

——零售店,例如商店、超市;

——商业建筑,例如办公室、银行;

——公共娱乐场所,例如,电影院、公共酒吧、舞厅;户外场所,例如加油站、停车场、娱乐和体育中心;

——轻工业场所,例如车间、实验室、服务中心。

以通过低压公共主电网直接供电为特征的场所,认为是居民区、商业区和轻工业区。

注 2:B类环境涵盖在EMC通用标准IEC 61000-6-1和IEC 61000-6-3中。

成套设备制造商应指出其成套设备所适合的环境类别,是A类环境和/或B类环境。

J.9.4.2 试验要求

包含了或多或少的器件和元件随机组合的成套设备,在多数情况下是一次性生产或组装。

如果满足下述条件,则不要求在最终的成套设备上进行EMC抗干扰或发射试验:

a) 按J.9.4.1中规定的环境的EMC要求装入的器件和元件符合相关产品的标准或通用的EMC标准。

b) 内部的安装及布线是按照器件和元件制造商的说明书进行的(关于互相影响、电缆、屏蔽和接地等方面的安排)。

其他情况按J.10.12的试验来验证EMC的要求。

J.9.4.3 抗干扰

J.9.4.3.1 不装有电子电路的成套设备

不装有电子电路的成套设备在正常使用条件下不易受电磁骚扰,因此不需要进行抗干扰试验。

J.9.4.3.2 装有电子电路的成套设备

安装在成套设备内的电子装置应符合相关产品标准或通用EMC标准的抗干扰要求,并按成套设备制造商的规定适用于指定的EMC环境中。

其他情况按J.10.12的试验来验证EMC的要求。

装置使用完全由无源部件(例如二极管、电阻器、压敏电阻、电容器、浪涌抑制器、电感)构成的电子电路时,可以不进行 EMC 试验。

成套设备制造商应从器件和/或元件制造商那里获得已放入相关产品标准中的基于验收准则的产品特定性能标准。

J.9.4.4 发射

J.9.4.4.1 不装有电子电路的成套设备

不装有电子电路的成套设备只是在偶然的通断操作过程中,设备可能产生电磁骚扰。骚扰的持续时间为毫秒级。这种发射的频率、等级及后果被视为低压设备的正常电磁环境的一部分,因此可以认为满足了电磁发射的要求,不需要进行验证。

J.9.4.4.2 装有电子电路的成套设备

装在成套设备内的电子设备应符合相关产品标准或通用 EMC 标准的发射要求并适用于由成套设备制造商指定的 EMC 环境中。

装有电子电路的成套设备(例如,开关电源、包含有高频时钟的微处理器的电路)可能出现持续的电磁骚扰。

此类产品的发射要求不能超过相关产品标准规定的限值或 IEC 61000-6-4 中 A 类环境的要求和/或 IEC 61000-6-3 中 B 类环境的要求。试验按照相关产品标准进行,如果有,否则依据 J.10.12 进行。

J.10.12 EMC 试验

如果成套设备内的功能单元不满足 J.9.4.2 a)和 b)的要求,则适用下列试验项目:

应依据相关 EMC 标准进行发射和抗干扰试验;尽管如此,成套设备制造商应指定验证成套设备的性能标准的其他附加措施(如持续时间)。

J.10.12.1 抗干扰试验

J.10.12.1.1 不装有电子电路的成套设备

不需试验;见 J.9.4.3.1。

J.10.12.1.2 装有电子电路的成套设备

试验应依据相应的 A 类环境或 B 类环境。表 J.1 和/或表 J.2 给出了数值,除非相关产品标准和电子器件制造商认为有正当理由时给出了不同试验等级。

成套设备制造商规定的性能标准,需基于表 J.3 中的验收准则。

J.10.12.2 发射试验

J.10.12.2.1 不装有电子电路的成套设备

不需试验;见 J.9.4.4.1。

J.10.12.2.2 装有电子电路的成套设备

成套设备制造商应指定试验方法;见 J.9.4.4.2。

A 类环境的发射限值见 IEC 61000-6-4:2006 表 1。

B 类环境的发射限值见 IEC 61000-6-3:2006 表 1。

如果成套设备包含通信端口,则相关端口及环境的选择应依据 IEC/CISPR22 的发射要求。

表 J.1 A 类环境中对 EMC 抗扰度的试验
(见 J.10.12.1)

试验项目	所要求的试验等级	验收准则[c]
静电放电抗扰度试验 IEC 61000-4-2	±8 kV/空气放电或±4 kV/接触放电	B
射频电磁场辐射抗扰度试验 IEC 61000-4-3 80 MHz～1 GHz 和 1.4 GHz～2 GHz	在外壳端口 10 V/m	A
电快速瞬变/脉冲群抗扰度试验 GB/T 17626.4	电源端口±2 kV 信号端口包括辅助电路和功能接地±1 kV	B
1.2/50 μs 和 8/20 μs 浪涌抗扰度试验 GB/T 17626.5[a]	电源端口(线对地)±2 kV 电源端口(线对线)±1 kV 信号端口(线对地)±1 kV	B
射频传导抗扰度试验 IEC 61000-4-6 150 kHz～80 MHz	电源端口,信号端口和功能接地 10 V	A
工频磁场抗扰度试验 IEC 61000-4-8	30 A/m[b] 在外壳端口	A
电压暂降和短时中断抗扰度试验 GB/T 17626.11[d]	0.5 个周期下降 30% 5 和 50 个周期下降 60% 250 个周期下降大于 95%	B C C
电源谐波抗扰度试验 GB/T 17626.13	无要求	

[a] 对于额定电压小于或等于 24 VDC 的设备和/或输入/输出端口,无试验要求。
[b] 仅适用于成套设备中包含易受工频磁场影响的器件。
[c] 验收准则与环境无关,见表 J.3。
[d] 仅适用于电源输入端口。

表 J.2 B 类环境中对 EMC 抗扰度的试验
(见 J.10.12.1)

试验项目	所要求的试验等级	验收准则[c]
静电放电抗扰度试验 IEC 61000-4-2	±8 kV/空气放电 或±4 kV/接触放电	B
射频电磁场辐射抗扰度试验 IEC 61000-4-3 80 MHz～1 GHz 和 1.4 GHz～2 GHz	外壳端口 3 V/m	A
电快速瞬变/脉冲群抗扰度试验 GB/T 17626.4	电源端口±1 kV 信号端口包括辅助电路和功能接地 ±0.5 kV	B

表 J.2（续）

试验项目	所要求的试验等级	验收准则[c]
1.2/50 μs 和 8/20 μs 浪涌抗扰度试验 GB/T 17626.5[a]	±0.5 kV(线对地)用于信号和电源端口，除主电源外，输入端口应用±1 kV（线对地） ±0.5 kV(线对线)	B
射频传导抗扰度试验 IEC 61000-4-6 150 kHz～80 MHz	电源端口、信号端口和功能接地 3 V	A
工频磁场抗扰度试验 IEC 61000-4-8	3 A/m [b]在外壳端口	A
电压暂降和短时中断抗扰度试验 GB/T 17626.11[d]	0.5 个周期下降 30% 5 个周期下降 60% 250 个周期下降大于 95%	B C C
电源谐波抗扰度试验 GB/T 17626.13	要求待制定	

[a] 对于额定电压小于或等于 24 V(DC)的设备和/或输入/输出端口，无试验要求。

[b] 仅适用于成套设备中包含易受工频磁场影响的器件。

[c] 验收准则与环境无关，见表 J.3。

[d] 仅适用于电源输入端口。

表 J.3　电磁骚扰出现时的验收准则

项目	验收准则(试验期间性能准则)		
	A	B	C
一般性能	工作特性无明显变化 理想的运行	可自恢复的性能暂时降低或丧失	性能暂时降低或丧失，需要操作者干预或系统复位[a]
电源电路和辅助电路的运行	无有缺点的运行	可自恢复的性能暂时降低或丧失[a]	性能暂时降低或丧失，需要操作者干预或系统复位[a]
显示和控制板的运行	目测显示信息无变化。 仅发光二极管有轻微的亮度变化或轻微的字符移动	短暂的可视变化或信息丢失。发光二极管非正常发光	停机或显示持久丢失。错误的信息和/或非法操作模式，它应被显示或应提供指示。 不能自行恢复
信息处理和检测功能	与外部设备的通信和数据交换未受影响	暂时的通信故障，可能造成内部和外部设备出错	错误的处理信息。 数据和/或信息丢失。 通信出错。 不能自行恢复

[a] 在产品标准中，应详细给出规定要求。

附 录 K
（规范性附录）
电气隔离保护

K.1 通则

电气隔离是一种保护措施，包括：

- 通过被隔离电路中危险带电部分与外露可导电部分之间的基本绝缘而实现基本防护（对直接接触的防护）；和
- 故障防护（对间接接触的防护），通过：
  ——被隔离电路与其他电路以及和地之间的简单隔离；
  ——隔离电路的不接地保护等电位联结的相互连接的裸露设备部件，此电路中有多个设备部件连接至隔离电路。

不允许外露可导电部分与保护导体或接地导体之间的故意连接。

K.2 电气隔离

K.2.1 一般要求

通过电气隔离的保护应确保符合K.2.2～K.2.5的所有要求。

K.2.2 电源

电路应由一个能提供隔离的电源供电，也就是：

- 一个隔离变压器；或者
- 和上述隔离变压器具有相同安全等级的电源，例如具有可提供等效绝缘性能的绕组的发电机。

注：对特高试验电压耐受能力的检验，可用所需的绝缘等级的措施来确认。

选择移动式电源与供电系统连接时，应参照K.3（第Ⅱ类设备或等效绝缘）。

固定式电源应是：

- 选择符合K.3要求；或
- 采取满足K.3条件的绝缘确保输出与输入之间以及与外壳之间的隔离；如果电源是为设备中多个装置供电，则该设备的外露可导电部分不能与电源金属外壳相连。

K.2.3 电源的选择和安装

K.2.3.1 电压

电气上被隔离电路的电压不应超过500 V。

K.2.3.2 安装

K.2.3.2.1 被隔离电路中的带电部分不应连接到其他电路的任何点或与地相连。

为了避免对地故障风险，应特别注意这些部件与地之间的绝缘，尤其是软电缆和软线。

安装时应确保电气隔离不小于隔离变压器输入和输出之间的隔离。

注：应特别注意，电气设备中带电部分间需要电气隔离，比如继电器，接触器，辅助开关和另一电路的任何部件。

K.2.3.2.2 软电缆和软线，应能目测全长中易受机械损伤任何部分。

K.2.3.2.3 对于被隔离电路，有必要使用隔离的布线系统。如果在被隔离电路与其他电路中不可避免地要使用相同的布线系统导体，则应使用不带金属护套的多芯电缆，或在绝缘导管、电缆管道或走线槽中使用绝缘导线。它们的额定电压应不低于可能产生的最高电压，并且每个电路都应有过流保护。

K.2.4　单一电器设备的供电

在对单一电器设备进行供电时，被隔离电路中外露可导电部分既不应与保护导体连接，也不应与其他电路的外露可导电部分连接。

注：如果被隔离电路中外露可导电部分容易有意或偶然地接触到其他电路的外露可导电部分，则电击防护不再仅仅依靠电气隔离的保护，还应对后者外露可导电部分采取保护措施。

K.2.5　多台电器设备的供电

如果在发生损坏和绝缘失效时采取预防措施对被隔离电路进行保护，那么符合 K.2.2 的电源可以用来为一个以上的设备供电，并应满足以下要求：

a)　应用不接地的绝缘等电位联结导体将被隔离电路中的外露可导电部分连接在一起。这种导体不应与保护导体或其他电路的外露可导电部分连接，也不应连接到任何外接导电部分；

注：如果被隔离电路中外露可导电部分容易故意或偶然地接触到其他电路的外露可导电部分，则电击防护不再仅仅依靠电气隔离的保护，还应对后者外露可导电部分采取保护措施。

b)　所有插座都应带有接触保护，它应连接到按 a)所提供的等电位联结系统；

c)　除为第 II 类设备供电外，所有软电缆都应包含一个保护导体，用来做为一个等电位联结导体；

当有两个故障影响到两个外露可导电部分，并且它们是由不同极性的导体供电时，那么应确保保护器件在符合表 K.1 规定的分断时间内切断电源。

表 K.1　TN 系统的最大分断时间

U_0[a]/V	分断时间/s
120	0.8
230	0.4
277	0.4
400	0.2
>400	0.1
[a] 基于 IEC 60038 的值。	

对于 IEC 60038 中规定的在偏差带范围内的电压，分断时间适用于标称电压的情况。

对于中间电压值，应使用表 K.1 中下一档较高值。

K.3　第 II 类设备或等效绝缘

应利用以下类型的电气设备提供保护：

——带有双重或加强绝缘的电气设备(第Ⅱ类设备)；

——带有全绝缘的成套设备。见 8.4.3.3。

这些设备用符号“回”标识。

注：这种措施是用来避免电气设备中由于基本绝缘的故障在可接近部件上出现危险电压。

附 录 L
（资料性附录）
北美地区电气间隙和爬电距离

表 L.1 空气中的最小电气间隙

额定工作电压/V	最小电气间隙/mm	
	相对相	相对地
(150)[a] 125 或以下	12.7	12.7
(151)[a] 126～250	19.1	12.7
251～600	25.4	25.4
[a] 括号中的值用于墨西哥。		

表 L.2 最小爬电距离

额定工作电压/V	最小爬电距离/mm	
	相对相	相对地
(150)[a] 125 或以下	19.1	12.7
(151)[a] 126～250	31.8	12.7
251～600	50.8	25.4
[a] 括号中的值用于墨西哥。		

注：这不是北美市场所有法规完整的和详细的列表。

附 录 M
（资料性附录）
北美温升限值

北美所允许的温升限值(见表 M.1)是建立在所连接器件(连接线、电缆、断路器等)所允许温升的基础上的。为了保证整个电气系统能正常安全运行,必须考虑这些要求。这些要求源自国家电气规程,NFPA 70,110.14 — C,“温度限制”。这篇文章的发表人为国家防火委员会、昆西、马萨诸塞州、美国。在墨西哥,这些要求由 NOM-001-SEDE 管理。

表 M.1 北美温升限值

成套设备的部件	温升值/K
非电镀母线	50
电镀母线	65
下述情况以外的端子	50
基于 75 ℃载流能力,标有可使用 90 ℃导体的器件的端子	60
如果标有可使用 75 ℃导体,额定电流 110 A 及以下的器件的端子	65

附 录 N
（规范性附录）
裸铜母排的工作电流和功率损耗

表 N.1 提供了成套设备内的导体在理想条件下（见 10.10.2.2.3、10.10.4.2.1 和 10.10.4.3.1）的工作电流和功率损耗值。此附录不适用于试验验证用的导体。

给出用以建立这些值的计算方法，以便在其他条件下进行值的计算。

表 N.1 矩形截面裸铜排的工作电流和功率损耗，水平走向，最大面垂直排列，频率 50 Hz～60 Hz（成套设备内的环境温度为 55 ℃，导体温度为 70 ℃）

母排规格（高度×厚度）	裸铜母排截面积	每相一根母排			每相两根母排（间距等于母排厚度）		
		k_3	工作电流	单位相导体功率损耗 P_v	k_3	工作电流	单位相导体的功率损耗 P_v
mm×mm	mm^2		A	W/m		A	W/m
12×2	23.5	1.00	70	4.5	1.01	118	6.4
15×2	29.5	1.00	83	5.0	1.01	138	7.0
15×3	44.5	1.01	105	5.4	1.02	183	8.3
20×2	39.5	1.01	105	6.1	1.01	172	8.1
20×3	59.5	1.01	133	6.4	1.02	226	9.4
20×5	99.1	1.02	178	7.0	1.04	325	11.9
20×10	199	1.03	278	8.5	1.07	536	16.6
25×5	124	1.02	213	8.0	1.05	381	13.2
30×5	149	1.03	246	9.0	1.06	437	14.5
30×10	299	1.05	372	10.4	1.11	689	18.9
40×5	199	1.03	313	10.9	1.07	543	17.0
40×10	399	1.07	465	12.4	1.15	839	21.7
50×5	249	1.04	379	12.9	1.09	646	19.6
50×10	499	1.08	554	14.2	1.18	982	24.4
60×5	299	1.05	447	15.0	1.10	748	22.0
60×10	599	1.10	640	16.1	1.21	1 118	27.1
80×5	399	1.07	575	19.0	1.13	943	27.0
80×10	799	1.13	806	19.7	1.27	1 372	32.0
100×5	499	1.10	702	23.3	1.17	1 125	31.8
100×10	999	1.17	969	23.5	1.33	1 612	37.1
120×10	1 200	1.21	1 131	27.6	1.41	1 859	43.5

$$P_v=\frac{I^2\times k_3}{\kappa\times A}\times[1+\alpha\times(T_c-20\ ℃)]$$

式中：

P_v ——每米的功率损耗；

I ——工作电流；

k_3 ——电流位移系数；

κ ——铜的传导率，$\kappa = 56 \dfrac{\text{m}}{\Omega \times \text{mm}^2}$；

A ——母排的截面积；

α ——电阻的温度系数，$\alpha = 0.004K^{-1}$；

T_c ——导体温度。

成套设备内不同的环境空气温度和/或导体温度为90℃时，工作电流可以通过表N.1中的数值乘以表N.2中的相应系数 k_4 来变换。功率损耗也应用上面给出的公式计算。

表N.2　成套设备内不同空气温度和/或不同导体温度的系数 k_4

外壳内导体周围的空气温度/℃	系数 k_4	
	导体温度 70 ℃	导体温度 90 ℃
20	2.08	2.49
25	1.94	2.37
30	1.82	2.26
35	1.69	2.14
40	1.54	2.03
45	1.35	1.91
50	1.18	1.77
55	1.00	1.62
60	0.77	1.48

可以认为，根据成套设备的设计，可能出现完全不同的环境和导体温度，尤其在较大的工作电流时。

在这些环境条件下，验证实际温升应该通过试验。功率损耗可以使用与用于表N.2相同的方法来计算。

注：在大电流条件下，附加的涡流损耗也许是重要的，但表N.1中的值并未考虑此种情况。

附　录　O
（资料性附录）
温升试验指南

O.1　通则

所有成套设备在使用中会产生热量。假定对于成套设备内的局部区域和成套设备的成套设备散热能力作为一个整体，当满载运行，产生超过总热量时，则会建立热平衡；温度将稳定在一个成套设备周围大气温度以上的温升。

温升验证的目的旨在确保温度稳定在一个值上，不会导致：

a）成套设备的严重磨损或老化；或

b）过度的热量传输到外部导体，则其连接的外部导体和任意设备的使用能力可能会受损害；或

c）成套设备附近的人员、操作员或动物在正常工作环境中被灼烧。

O.2　温升极限

为温升验证选择合适的方法是制造商的责任（见图 O.1）。

标准中给出的所有温升限值，都假定成套设备被放置在日平均和峰值大气温度分别不超过 35 ℃和 40 ℃的环境中。

标准也假定成套设备内所有出线电路不会同时承载其额定电流。实际情况由“额定分散系数”定义。进线电路承载不超过其额定电流时，分散系数是在成套设备不出现过热时，出线电路任意组合可以持续并同时承载的各自的额定电流的比例。分散系数（计算负荷）通常作为一个整体定义成套设备，但制造商可以选择为电路组进行规定，例如柜架内的电路。

温升验证确认了两个准则：

a）安装在成套设备内的每种类型电路都可以承载其额定电流。这要考虑装在成套设备内电路的连接方式，但排除可能由邻近电路载流导致的任何热效应。

b）成套设备作为一个整体在进线电路承载其额定电流时应不会过热，承载进线电路最大电流时，出线电路的任意组合可以同时并持续承载其额定电流乘以成套设备额定分散系数。

确定成套设备内的温升限值是制造商的职责，他们需要以不超过成套设备内所使用材料的长期能力的工作温度为基础来确定。成套设备与外界间的接口，如电缆端子和操作手柄，本部分定义了温升限值（见表 6）。

在标准中定义的界限内，温升验证可以通过试验、计算或设计规则进行。允许使用标准中陈述的一种或组合的验证方法来验证成套设备的温升性能。在考虑成套设备的体积、结构、设计适应性、电流额定数据和尺寸的情况下，允许制造商为成套设备或成套设备的部件选择最适合的方法。

包含在标准设计一些所适应的典型应用中，很有可能使用一种以上的方法去涵盖成套设备设计的各种元件。

O.3　试验

O.3.1　一般要求

为了避免不必要的试验，标准提供了如何选择类似功能单元组的指南。详细列出如何在待试验组

中选择关键的方案。随后设计规则应用于为其他电路设置额定数据，这些电路与已试验的关键方案具有“热相似性”。

标准中为试验验证提供了三种选择。

O.3.2 方法 a)——整个成套设备的验证(10.10.2.3.5)

如果成套设备的几个或所有电路同时加载，则由于其他电路的热影响，相同的电路只能承载其额定电流乘以额定分散系数(见 5.4)。因此验证所有电路的额定电路需要为每个电路类型单独进行试验。为验证额定分散系数，需要进行所有电路同时加载的附加试验(见方法 b)和 c))。

为了避免大量的试验，10.10.2.3.5 中描述了在所有电路中仅做一个同时加载的验证方法。因为仅做一个试验，电路的额定电流和额定分散系数不可能分别被验证，所以假定分散系数为 1。这种情况下，负载电流等于额定电流。

这是对成套设备特殊布置的一种快速和保守地取得结果的方法。它在同一个试验中证明了出线电路和成套设备的额定数据。进线电路和母线承载其额定电流、同一组中一样多的出线电路分配以进线电流，它们安装在成套设备中时承载其各自的额定电流。对于大多数的电气装置来说，这并不是一个真实的状况，因为出线电路通常没有统一的分散系数。如果已试验的功能单元组不包括安装在成套设备中的每一个不同类型出线电路，应进行不同出线电路组的进一步的试验，直到每一种类型都有一台被试验。

此方法的试验要求的温升试验次数最少，但试验安排会更严酷并且结果对一定范围的成套设备也不适用。

O.3.3 方法 b)——分别验证各功能单元和整个成套设备(10.10.2.3.6)

使用这种试验安排，出线电路的每个关键方案都单独试验以确认它的额定电流，随后进行成套设备整体试验，这时进线电路承载其额定电流，出线电路组分配进线电流，承载其额定电流乘以分散系数。待试验的组应包括安装在成套设备中的每个关键方案的一个出线电路。这种方法不适用时，应进行更多的组试验，直到出线电路的所有关键方案都被考虑到。

这种试验体制考虑了出线电路负载的分散系数，它适用于多数场合。然而，如方法 a)，结果只适用于成套设备特殊布置。

O.3.4 方法 c)——分别验证各功能单元以及主母线和配电母线还有整个成套设备(10.10.2.3.7)

此试验方法使模块化系统不需要试验每个可能的电路组合就可以进行温升验证。温升试验单独进行来证明以下的额定数据：

a) 功能单元；

b) 主母线；

c) 配电母线；

d) 整个成套设备。

为验证整个成套设备的性能，这些试验应在一个有代表性的成套设备上进行，它的进线电路承载其额定电流，出线电路承载其额定电流乘以分散系数。

此方法要求比方法 a)和 b)进行更多的试验，它的优势在于可以验证模块化系统而不是成套设备的特殊布置。

O.4 计算

O.4.1 一般要求

标准中包括两种通过计算进行温升性能验证的方法。

O.4.2 额定电流不超过 630 A 的单隔室成套设备

一种非常简单的温升验证方法，要求确认成套设备内的元件和导体的总功率损耗不超过已知的外壳的功率消耗能力。此方法的范围很有限，为了在热点处没有问题，所有元件必须降低额定数据到它们自然通风时电流额定值的 80%。

O.4.3 额定电流不超过 1600 A 的多隔室成套设备

依据带附加余量的 GB/T 24276 通过计算进行温升验证。本方法的范围限制到 1600 A，元件降低额定数据到它们自然通风时额定值的 80%或更小，并且所有水平隔板必须至少有 50%的开口面积。

O.5 设计规则

环境定义清楚时，标准允许从已由试验验证的相似方案衍生出额定数据。例如，如果双层母线的电流额定值已由试验建立，当所有其他考虑都相同的情况下，分配给一个有相同宽度和厚度的单层母线试验值为 50%的额定数据是可以接受的。

此外，类似功能单元组内（所有器件必须具有同样的框架尺寸并且属于同一系列）所有电路的额定数据可以由组内关键方案的单独温升试验衍生出来。例如，试验一个标称 250 A 出线断路器且在成套设备内为其确定一个额定数据。则应假定考虑同样框架尺寸的断路器且满足其他特殊条件，通过计算验证同一外壳内的标称 160 A 断路器的额定数据。

最后，就温升而言，在不进行重测试时，允许使用其他系列或其他样式的相似器件替代器件，其温升有非常严格的设计规则。这此情况下，除了实际布置需要相同以外，当依据其本身产品标准进行试验时，替代器件的功率损耗和端子温升必须不能高于初始器件。

注：当考虑器件替换时，所有其他性能标准，特别是关于短路电流能力，依据标准，必须在成套设备验证前考虑和满足。

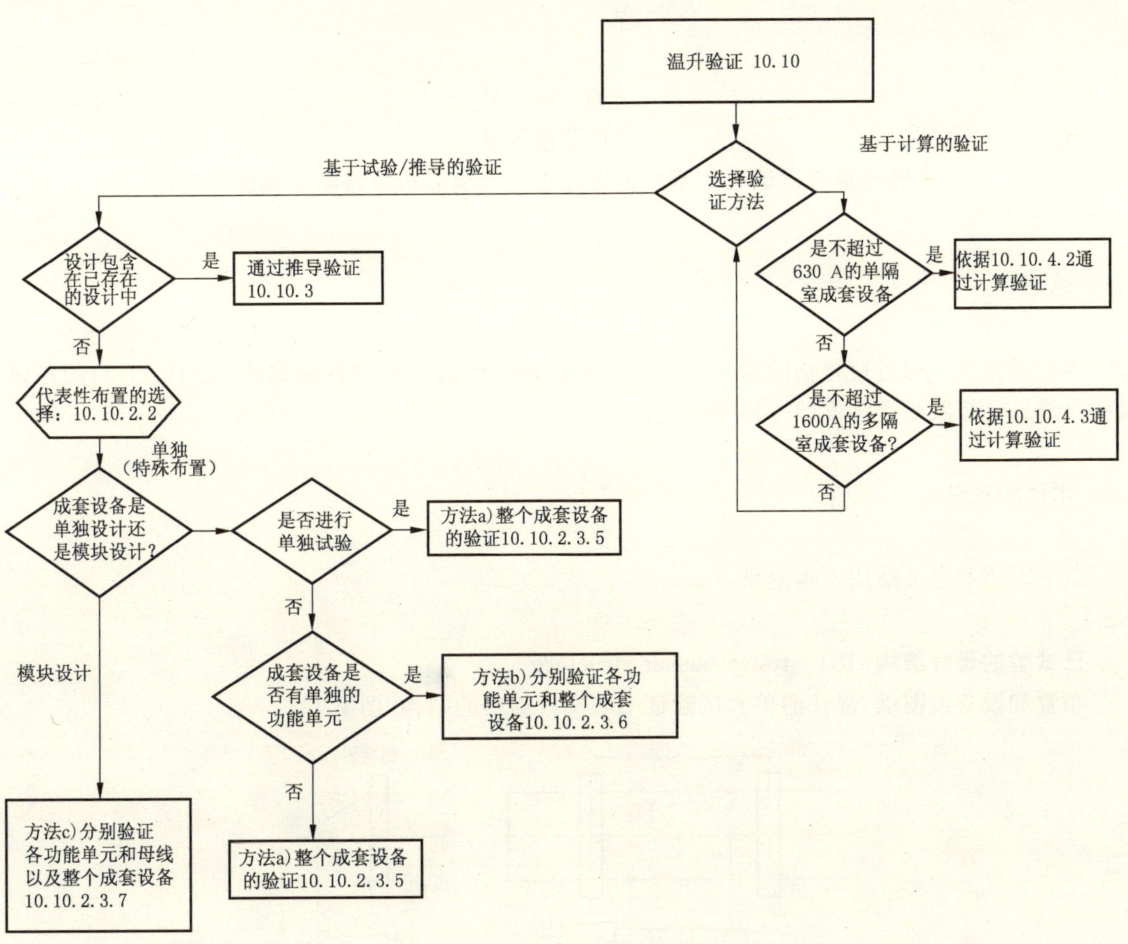
温升验证 10.10
基于试验/推导的验证
基于计算的验证
选择验证方法
设计包含在已存在的设计中
是
通过推导验证 10.10.3
否
代表性布置的选择：10.10.2.2
单独（特殊布置）
成套设备是单独设计还是模块设计?
是否进行单独试验
是
方法a)整个成套设备的验证10.10.2.3.5
否
模块设计
成套设备是否有单独的功能单元
是
方法b)分别验证各功能单元和整个成套设备10.10.2.3.6
否
方法c)分别验证各功能单元和母线以及整个成套设备 10.10.2.3.7
方法a)整个成套设备的验证10.10.2.3.5
是不超过630 A的单隔室成套设备
是
依据10.10.4.2通过计算验证
否
是不超过1600A的多隔室成套设备?
是
依据10.10.4.3通过计算验证
否

图 O.1 温升验证方法

附 录 P
（规范性附录）
通过计算与已试验的基准设计比较的母线结构短路耐受强度的验证

P.1 通则

本附录提供了通过待评估的成套设备与已由试验验证的成套设备相比较（见 10.11.5）的评估成套设备母线结构短路耐受强度的一种方法。

P.2 术语和定义

以下术语和定义适用于本附录。

P.2.1

已试验的母线结构（TS） tested busbar structure

布置和设备由图纸、部件清单和试验证书等文件给出的结构（图 P.1）。

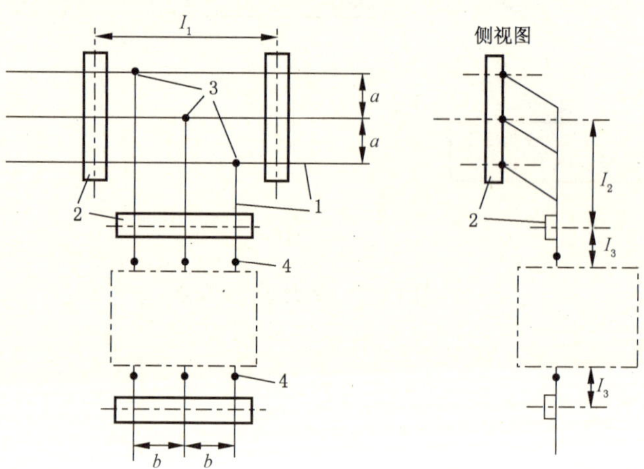

说明：

1——母线；

2——支撑件；

3——布线连接；

4——设备连接；

a、b、I——距离。

图 P.1 已试验的母线结构（TS）

P.2.2

未试验的母线结构（NTS） non tested busbar structure

需要验证短路耐受强度的结构（图 P.2）。

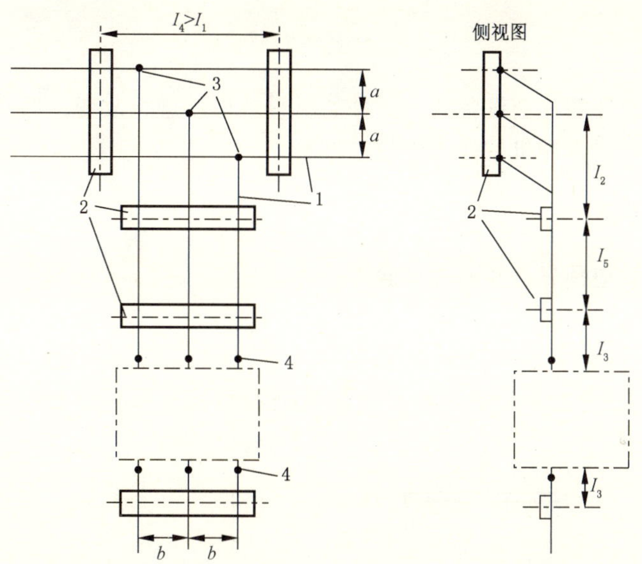

说明：

1——母线；

2——支撑件；

3——布线连接；

4——设备连接；

a、b、I——距离。

图 P.2 未试验的母线结构(NTS)

P.3 验证方法

一种衍生结构的短路耐受强度，例如一个 NTS，是从一个已试验的结构(TS)中，依据 IEC 60865-1 的规定对两种结构进行计算推导出来的。如果计算表明 NTS 所必须耐受的机械和热应力不高于已试验的结构，则认为 NTS 通过了短路耐受强度的验证。

P.4 应用条件

P.4.1 通则

仅在符合下列条件下，当母线电气间隙、母线材料、母线截面积和母线配置等参数需要改变时，才能依据IEC 60865-1进行计算。

P.4.2 峰值短路电流

短路电流只可能变为更小的值。

P.4.3 热短路强度

NTS 的热短路强度应依据 IEC 60865-1 通过计算进行验证。NTS 计算出的温升不应高于 TS 的温升。

P.4.4 母线支撑件

不允许对已由试验验证的成套设备的支撑件的材料或形状进行改变。然而，可以使用其他支撑件，但它们必须预先已经对所要求的机械强度进行过试验。

P.4.5 母线连接，设备连接

母线和设备连接类型应预先已经通过试验验证。

P.4.6 角形母线配置

IEC 60865-1 只适用于直线形母线配置。当拐角处有母线支撑件时，角形母线配置可看作直线形结构系列(见图 P.3)。

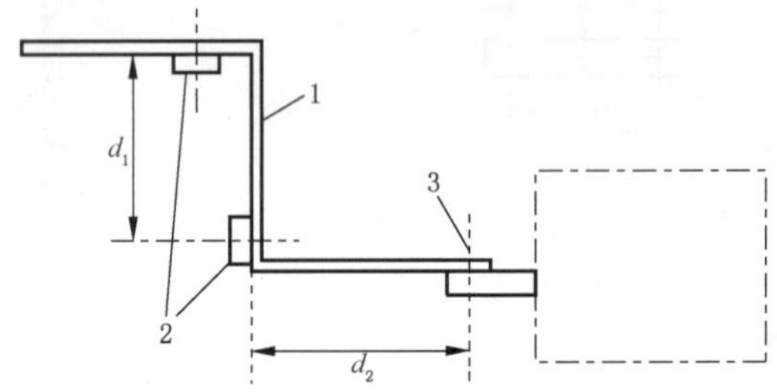

说明：
1——母线；
2——支撑件；
3——设备连接；
d——支撑件间距。

图 P.3 拐角处有支撑件的角形母线配置

P.4.7 关于导体振颤的计算

为使已试验的结构(TS)的计算符合 IEC 60865-1 的规定，应使用下列系数 V_σ,$V_{\sigma s}$和 V_F 值：

$$V_\sigma = V_{\sigma s} = V_F = 1.0$$

式中：
V_σ——动态与静态主导体应力的比值；
$V_{\sigma s}$——动态与静态子导体应力的比值；
V_F——动态与静态支撑件上应力的比值。
对于 NTS，

$$V_\sigma = V_{\sigma s} = 1.0 \text{ 并且}$$

V_F 是依据 IEC 60865-1 计算得出，但 $V_F < 1.0$ 时则用 $V_F = 1.0$ 替代。

参 考 文 献

[1] GB/T 2900.50—2008 电工术语 发电、输电及配电 通用术语

[2] GB/T 2900.57—2008 电工术语 发电、输电及配电 运行

[3] GB/T 2900.71—2008 电工术语 电气装置

[4] GB/T 2900.73—2008 电工术语 接地与电击防护

[5] GB/T 2900.8—2009 电工术语 绝缘子

[6] GB/T 2900.83—2008 电工术语 电的和磁的器件

[7] GB/T 3956—2008 电缆的导体

[8] GB/T 4207—2003 固体绝缘材料在潮湿条件下相比电痕化指数和耐电痕化指数的测定方法

[9] GB/T 5023.4—2008 额定电压450/750 V及以下聚氯乙烯绝缘电缆 第4部分:固定布线用护套电缆

[10] GB 5226(所有部分) 机械安全 机械电气设备

[11] GB 5226.1—2008 机械电气安全 机械电气设备 第1部分:通用技术条件

[12] GB/T 7061—2003 船用低压成套开关设备和控制设备

[13] GB/T 17045—2008 电击防护 装置和设备的通用部分

[14] GB 17625.2—2007 电磁兼容 限值 对每相额定电流≤16 A且无条件接入的设备在公用低压供电系统中产生的电压变化、电压波动和闪烁的限制

[15] GB/Z 17625.3—2000 电磁兼容 限值 对额定电流大于16 A的设备在低压供电系统中产生的电压波动和闪烁的限制

[16] GB/T 24277—2009 评估部分型式试验成套设备(PTTA)短路耐受强度的一种方法

[17] GB/Z 25842.1—2010 低压开关设备和控制设备 过电流保护电器 第1部分:短路定额的应用

[18] GB/Z 25842.2—2012 低压开关设备和控制设备 过电流保护电器 第2部分:过电流条件下的选择性

[19] IEC 60038, IEC standard voltages

[20] IEC 60050-441:1984, International Electrotechnical Vocabulary—Chapter 441:Switchgear, controlgear and fuses

[21] IEC 60079 (all parts), Explosive atmospheres

[22] IEC 60417-SN:2011, Graphical symbols for use on equipment

[23] IEC 60502-1:2004, Power cables with extruded insulation and their accessories for rated voltages from 1 kV (U_m= 1.2 kV) up to 30 kV (U_m= 36 kV)—Part 1: Cables for rated voltages of 1 kV (U_m= 1.2 kV) and 3 kV (U_m= 3.6 kV)

[24] IEC 60947 (all parts), Low-voltage switchgear and controlgear

[25] IEC 61000-3-2:2005, Electromagnetic compatibility(EMC)—Part 3-2:limits—Limits for harmonic current emissions(equipment input current≤16A per phase)

[26] IEC 61000-3-11, Electromagnetic compatibility (EMC)—Part 3-11: Limits—Limitation of voltage changes, voltage fluctuations and flicker in public low-voltage supply systems-Equipment with rated current 75 A and subjet to conditional connection

[27] IEC 61000-3-12, Electromagnetic compatibility (EMC)—Part 3-12: Limits—Limits for harmonic currents produced by equipment connected to public low-voltage systems with input current

16 A and 75 A per phase

[28] IEC 61000-6-1, Electromagnetic compatibility (EMC)—Part 6-1: Generic standards—Immunity for residential, commercial and light-industrial environments

[29] IEC 61000-6-2, Electromagnetic compatibility (EMC)—Part 6-2: Generic standards—Immunity for industrial environments

[30] IEC 61000-6-3, Electromagnetic compatibility (EMC)—Part 6-3: Generic standards—Emission standard for residential, commercial and light-industrial environments

[31] IEC 61082 (all parts), Preparation of documents used in electrotechnology

[32] IEC 61241(all parts), Electrical apparatus for use in the presence of combustible dust

[33] DIN 43671:1975, Copper busbars; design for continuous current

ICS 29.130.20
K 31

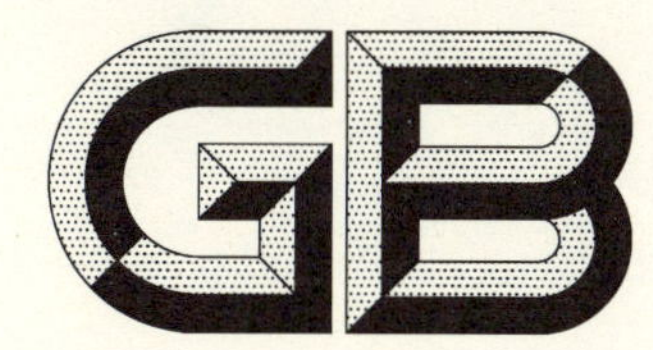

中华人民共和国国家标准

GB/T 7251.5—2017/IEC 61439-5:2014
代替 GB/T 7251.5—2008

低压成套开关设备和控制设备 第5部分:公用电网电力配电成套设备

Low-voltage switchgear and controlgear assemblies—Part 5:Assemblies for power distribution in public networks

(IEC 61439-5:2014,IDT)

2017-07-31 发布　　2018-02-01 实施

中华人民共和国国家质量监督检验检疫总局
中国国家标准化管理委员会　发布

前　言

GB/T 7251《低压成套开关设备和控制设备》计划发布如下部分:

——第0部分:规定成套设备的指南;

——第1部分:总则;

——第2部分:成套电力开关和控制设备;

——第3部分:由一般人员操作的配电板(DBO);

——第4部分:对建筑工地用成套设备(ACS)的特殊要求;

——第5部分:公用电网电力配电成套设备;

——第6部分:母线干线系统(母线槽);

——第7部分:特定应用的成套设备——如码头、露营地、市集广场、电动车辆充电站。

……

本部分为GB/T 7251的第5部分。本部分应结合GB/T 7251.1—2013一并使用。其条款补充、修改或取代GB/T 7251.1—2013中的相应条款、GB/T 7251.1—2013的章条如在本部分中没有提及,则适用于本部分。

本部分按照GB/T 1.1—2009给出的规则起草。

本部分代替GB/T 7251.5—2008《低压成套开关设备和控制设备　第5部分:对公用电网动力配电成套设备的特殊要求》,与GB/T 7251.5—2008相比,主要技术变化如下:

——参考重构的GB/T 7251低压成套开关设备和控制设备标准,与GB/T 7251.1—2013中适用的有关结构和技术部分的内容一致;

——相应的介绍了新的验证;

——协调了变电站电缆配电盘与电缆分线箱的要求,从而不需要对成套设备的两个类别进行识别和定义;

——减少了定义的成套设备类型的数量以及只取首字母识别不同的成套设备,从而简化了标准;

——确定了在一般结构和额定数据相同的情况下,执行在最复杂的PENDA上的试验可以用来验证相同或较小复杂性的成套设备;

——明确了严寒气候下的PENDA(公用电网配电成套设备)耐撞击力验证的时间/要求;

——修正了静负载试验中施加力的方向。

本部分使用翻译法等同采用IEC 61439-5:2014《低压成套开关设备和控制设备　第5部分:公用电网电力配电成套设备》。

与本部分中规范性引用的国际文件有一致性对应关系的我国文件如下:

——GB/T 5169.16—2008　电工电子产品着火危险试验　第16部分:试验火焰　50 W水平与垂直火焰试验方法(IEC 60695-11-10:2003,IDT)

本部分做了下列编辑性修改:

——"本标准"改为"本部分";

——用小数点符号"."代替符号",";

——本部分中新增加的表和图从101开始编号;

——删除国际标准的前言。

本部分由中国电器工业协会提出。

本部分由全国低压成套开关设备和控制设备标准化技术委员会(SAC/TC 266)归口。

本部分起草单位：天津电气科学研究院有限公司、天津天传电控配电有限公司、国家电控配电设备质量监督检验中心、中国质量认证中心、镇江市产品质量监督检验中心、川开电气股份有限公司、成都科星电力电器有限公司、大全集团有限公司、天津久安集团有限公司、上海电气输配电集团有限公司、山东鲁能力源电器设备有限公司、广西柳电电气股份有限公司、吉林龙鼎电气股份有限公司、苏州爱知电机有限公司、广东正超电气有限公司、义乌市八方电力设备制造有限公司、杭州电力设备制造有限公司、宁夏力成电气集团有限公司、深圳市光辉电器实业有限公司、浙江群力电气有限公司、浙江方圆电气设备检测有限公司。

本部分主要起草人：王阳、崔静、刘洁、陈昕、崔维峰、牟聿强、罗安栋、赵明、裴军、单福和、王春玲、张少宝、周志勇、李岩、李小明、吴汉榕、陈炎亮、丁予弟、江奕军、牛广军、黄贤德、胡翔、黄芳。

本部分所替代标准的历次版本发布情况为：

——GB 7251.5—1998、GB/T 7251.5—2008。

低压成套开关设备和控制设备 第5部分:公用电网电力配电成套设备

1 范围

GB/T 7251 的本部分规定了公用电网配电成套设备(PENDA)的具体要求。

PENDA 符合以下要求:

——用于额定电压不超过交流 1 000 V 的三相系统的电能分配(见图 101 的典型配电网络);

——固定式的;

——开启式成套设备不包含在本部分中;

——适用于安装在仅专业人员可使用的场所,户外式可安装在普通人员可接近的场所;

——用于户内或户外。

本部分旨在为 PENDA 说明定义,规定使用条件、结构要求、技术特性和试验。电网参数可能要求在较高性能水平下试验。

PENDA 可包括与电能分配相关联的控制和/或信号器件。

本部分适用于一次性设计、制造或完全标准化批量制造的所有 PENDA。

进行生产和/或组装的可以不是初始制造商(见 GB/T 7251.1—2013 的 3.10.1)。

本部分不适用于符合相关产品标准的单独的器件和整装的元件,如电机起动器、熔断器式开关、电子设备等。

本部分不适用于 GB/T 7251 其他部分所涵盖的特定类型成套设备。

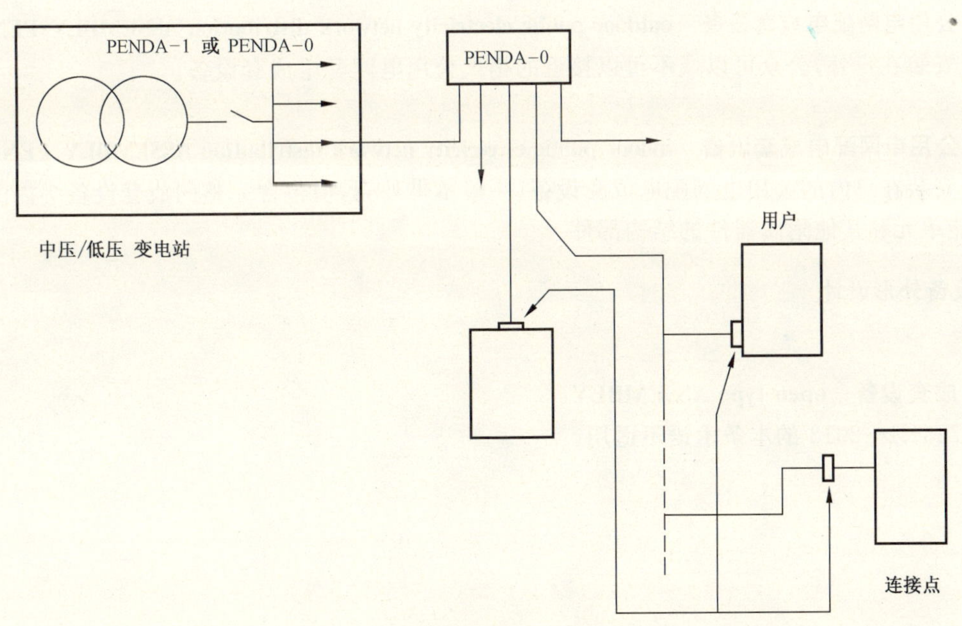

图 101 典型配电网络

注 1:若 PENDA 配备附加设备(例如测量仪表),这种方式明显改变了其主要功能,则可根据用户与制造商间的协议应用其他标准(见 GB/T 7251.1—2013 的 8.5)。

注 2:若地方法规和实际情况允许,则符合本部分的 PENDA 可用于公用电网以外的场合。

2 规范性引用文件

下列文件对于本文件的应用是必不可少的。凡是注日期的引用文件,仅注日期的版本适用于本文件。凡是不注日期的引用文件,其最新版本(包括所有的修改单)适用于本文件。

除以下内容外,GB/T 7251.1—2013 的第 2 章适用。

增加:

GB/T 7251.1—2013 低压成套开关设备和控制设备第 1 部分:总则(IEC 61439-1:2011,IDT)

IEC 60695-11-10:2013 着火危险试验 第 11-10 部分:试验火焰 50 W 水平与垂直火焰试验方法(Fire hazard testing—Part 11-10: Test flames—50 W horizontal and vertical flame test methods)

ISO 6506-1 金属材料 布氏硬度试验 第 1 部分:试验方法

3 术语和定义

GB/T 7251.1—2013 界定的术语和定义以及下列术语和定义适用于本文件。

3.1 通用术语

增加术语:

3.1.101

公用电网配电成套设备 public electricity network distribution ASSEMBLY;PENDA

一般用于安装在公用电网中,用来从一个或多个电源接收电能,并通过一条或多条电缆将电能分配到其他设备的成套设备。

注 1:PENDA 仅由专业人员进行安装、操作和维护。

注 2:某些形式的 PENDA 之前认为是电缆分线箱(CDC)。

3.1.101.1

户外式公用电网配电成套设备 outdoor public electricity network distribution ASSEMBLY;PENDA-O

适用于安装在户外,公众可以或不可以接近的柜式公用电网配电成套设备。

3.1.101.2

户内式公用电网配电成套设备 indoor public electricity network distribution ASSEMBLY;PENDA-I

适用于安装在户内的公用电网配电成套设备,一般不带外壳,但包含完整的成套设备必需的所有支撑母线、功能单元和其他附属器件的结构部件。

3.3 成套设备外形设计

3.3.1

开启式成套设备 open-type ASSEMBLY

GB/T 7251.1—2013 的本条术语不适用。

3.9 验证

修改:

3.9.1

设计验证 design verification

删除注。

3.9.1.2

验证比较 verification comparison

GB/T 7251.1—2013 的本条术语不适用。

3.9.1.3

验证评估 verification assessment

GB/T 7251.1—2013 的本条术语不适用。

4 符号和缩略语

GB/T 7251.1—2013 的第 4 章适用。

5 接口特性

除以下内容外，GB/T 7251.1—2013 的第 5 章适用。

5.4 额定分散系数(RDF)

增加：

如果成套设备制造商与用户协议中缺少实际负载电流的情况下，成套设备出线电路或出线电路组的计算负荷可基于表 101 中给出的值。

表 101 计算负荷值

主电路数量	计算负荷系数
2 和 3 条电路	0.9
4 和 5 条电路	0.8
6～9 条电路(包含 9 条)	0.7
10 及以上条电路	0.6

6 信息

除以下内容外，GB/T 7251.1—2013 的第 6 章适用。

6.1 成套设备规定的标志

增加至第一段：

如果铭牌拟安装在外壳内的位置能确保在打开门或移开覆板时易读和易看，则可置于成套设备外壳内。

取代 d)项：

d) GB/T 7251.5—2013。

6.3 器件和/或元件的识别

增加下段：

对于特定熔断器型式的可更换的载熔件，应在载熔件以及熔断器底座上设置标志，以避免载熔件错误的更换。

增加条：

6.101 电路识别

应能以清楚易见的方式标识每个功能单元。

7 使用条件

除以下内容外,GB/T 7251.1—2013 的第 7 章适用。

7.1.1.2 户外设备的周围空气温度

取代最后一段:

除非用户规定 PENDA 适用于严寒气候,否则周围空气温度的下限为－25 ℃。对于严寒气候,周围空气温度的下限为－50 ℃。

7.2 特殊使用条件

h)项增加以下注:

注:由于车辆往来和/或地面挖掘导致的振动是 PENDA 的一个正常使用条件。

增加下段:

拟安装于有暴雪发生的地区和邻近需用扫雪机清除积雪的地区的 PENDA-O 的附加要求,遵守制造商与用户间的协议(参见附录 BB)。

8 结构要求

除以下内容外,GB/T 7251.1—2013 的第 8 章适用。

8.1 材料和部件的强度

8.1.1 通则

增加:

PENDA-O 应按用户与制造商间的协议,布置为地面安装式、变压器安装式、柱上安装式、墙面安装式或嵌入墙内安装式。

PENDA 按用户与制造商间的协议,可通过法兰直接连接到变压器上,或通过电缆或母线连接到电源上。出线电路应适用于电缆连接。

户外式外壳上应提供一个可靠的闭锁装置以防止未授权人员接近。门、盖板和覆板应设计成一旦锁紧,不会因为适度的地表沉降、或由于车辆往来和/或地面挖掘和复原工作导致的振动而被打开。

8.1.3.2 绝缘材料的耐热和耐着火性能

增加条:

8.1.3.2.101 可燃性等级验证

用于外壳、挡板和其他绝缘部件的绝缘材料,依据本部分的 10.2.3.102 应具备阻燃性能。

8.1.5 机械强度

增加条:

8.1.5.101 机械强度验证

PENDA-O 的机械性能应符合本部分的 10.2.101。

拟嵌入地面的 PENDA-O 部件应耐受安装和正常使用时施加其上的应力且符合 10.2.101.9 的规定。

增加条：

8.1.101 热稳定性

PENDA 的热稳定性应依据 10.2.3.101 进行验证。

8.2 成套设备外壳的防护等级

8.2.1 对机械碰撞的防护

GB/T 7251.1—2013 的 8.2.1 不适用。

8.2.2 防止触及带电部分以及外来固体和水的进入

增加：

开启式成套设备(IP 00)不包含在本部分中。

拟安装于公众可接近场所的 PENDA-O，依据制造商说明书完全安装好后，其外壳提供的防护等级依据 IEC 60529 应至少为 IP 34D。在其他场所，防护等级应至少为 IP 33。

拟安装于公众可接近场所的 PENDA-O，除非用户特别说明，应设计成当连接任何临时电缆时，其外壳提供的防护等级依据 IEC 60529 应至少为 IP 23C。见本部分 8.8。

8.4 电击防护

8.4.2.1 通则

第三段不适用。

增加条：

8.4.2.101 接地和短接方式

成套设备出线单元的结构应使其能够通过制造商推荐的器件可靠地进行接地和短接，以确保该成套设备的所有部分保持制造商规定的防护等级(IP 代码)。如果系统状态和/或实际操作可能导致危险产生时，此要求不适用。

8.4.3.1 安装条件

增加段：

对于需要向架空电缆线供电的成套设备，出线单元的设计，应使其连接电缆能在终端接地。

8.8 外接导线端子

用下文取代前三段：

如果用户与制造商间没有专门的协议，端子应能适用于具有与额定电流相适应的从最小至最大的截面积的铜或铝导线的电缆(见附录 AA 中表 AA.1)。

出线电路端子的位置应能够提供足够的间距，并且在不考虑电缆的铺设下，能方便电缆相导体的连接。

在用户有要求时,进线电路应适合于用裸母排或绝缘母排进行连接。

关于其他国家使用情况的注,参见附录 DD。

增加条:

8.101 清除积雪障碍标记

拟用于暴雪发生的地区的 PENDA-O,依据 7.2 或可采用替代方法,如果用户有要求,应作清除积雪障碍的标志。PENDA-O 上应备有夹具,以便固定标志杆,且能够从 PENDA 的外部安装和调整此标志杆的位置。夹具的构造应确保在传递机械力至 PENDA-O 的外壳达到会对防护等级(IP 代码)产生不利影响的值之前,使夹具或标志杆被该力推开。

8.102 操作和维修的便利性

从实际考虑,成套设备的所有部件应在不过度拆卸的情况下易于触及和更换。成套设备部件的互换性的条件可依据用户与制造商间的协议。

成套设备的设计应使电缆便于从正面进行连接。

如果 PENDA 不具有内装的测量设施,通过使用便携式仪器应可以方便且安全的测量进线单元所有相上和出线单元在所有断流器件和/或开关器件两端上的电压,也可测量所有出线单元一相上的电流。在此操作过程中,PENDA 的所有带电部分应有足够的保护,以保证 8.2 要求的防护等级。制造商应提供关于采取的步骤的说明。

如果成套设备打算连接在备用电源上,如备用发电机,开关连接器件应设计成能与符合 IEC 60529 防护等级为 IP 10 的带电部分进行连接。

应在 PENDA 上提供闭锁装置以使门能够锁紧并防止未授权人员接近。在安装或维修中可以移动的所有覆板的固定装置等,应仅在门打开时才能接触到。

9 性能要求

GB/T 7251.1—2013 的第 9 章适用。

10 设计验证

除以下内容外,GB/T 7251.1—2013 的第 10 章适用。

10.1 通则

以下文取代第 4、5、6 段:

设计验证应仅可通过应用符合本部分第 10 章的试验进行。通过与基准设计评估和比较进行验证的可选方法不应使用(参见附录 CC 中表 CC.1)。

执行在最严酷的 PENDA 上的试验,认为是可以验证具有相同总体结构和额定数据的相似或较不严酷的成套设备性能。例如,执行在 800A 具有 5 个出线电路的 PENDA-O 上的温升试验,认为是可以适用于相同结构的(相同外壳设计、相同母线设计和相同进线单元)具有与做过温升试验的 PENDA-O 相同额定数据的 8 个出线电路的 PENDA-O。

增加最后一段:

需要适应其特定电网参数时,用户应规定更严酷的或附加的试验要求。

10.2 材料和部件的强度

10.2.2 耐腐蚀性

10.2.2.1 试验程序

以下文取代最后一段：

作为制造商与用户间的协议，当耐腐蚀性能和预期寿命能通过参考 ISO 9223 确认时，则不必进行下述试验。

在所有其他情况下，应通过严酷试验 A 或 B 验证成套设备每个设计的耐腐蚀性，适用性和详细信息在 GB/T 7251.1—2013 的 10.2.2.2 和 10.2.2.3 中。

10.2.2.2 严酷试验 A

以下文取代试验规范(第 2 段)：

IEC 60068-2-30 的湿热循环试验：严酷等级——温度为 55 ℃，循环 6 次，方案 1。

试验后，样品移出试验箱。

通过目测检查是否符合此要求。被试部件不应出现锈痕、裂纹或其他损坏。但允许防护膜的表面腐蚀。

10.2.2.4 试验结果

GB/T 7251.1—2013 的本条不适用于依据 10.2.2.2 进行的试验。

10.2.3 绝缘材料性能

增加条：

10.2.3.101 干热试验

应将整个成套设备放置在一个恒温箱中，此恒温箱的内部温度在 2 h～3 h 内升至(100±2)℃，并维持此温度 5 h。

经检查没有可见的损坏迹象，则认为通过了试验。如果用绝缘材料制作的防护覆板与温升高于 40K 的部件的距离大于 6 mm 且不支撑带电元件，则其变形是允许的。

10.2.3.102 可燃性等级验证

外壳、挡板和其他绝缘部件的每种材料的有代表性的样品，应按照 IEC 60695-11-10：2013 的水平燃烧试验——试验方法 A 的规定进行可燃性试验。

按照 IEC 60695-11-10：2013 中的 8.4.3 中准则 a)或 b)检查每个试样，等级可划分到 HB 40，则认为通过了试验。

10.2.6 机械碰撞

GB/T 7251.1—2013 的本条不适用于符合本部分的成套设备。

增加条：

10.2.101 机械强度验证

10.2.101.1 通则

试验应在环境温度为 10 ℃～40 ℃之间进行。

除 10.2.101.7 的试验外，新的成套设备样机可用于每个单独试验。如果同一台成套设备样机要经受 10.2.101 中的一项以上的试验，则只有在此样机通过了所有试验后，才对防护等级(IP 代码)的第二位特征数进行验证。

所有的试验应在正常使用条件下安装的成套设备上进行，需要时可以在正常的地平面上安装附加的支撑件，如图 102a)，102b)，103a)和 103b)指出的。

单位为毫米

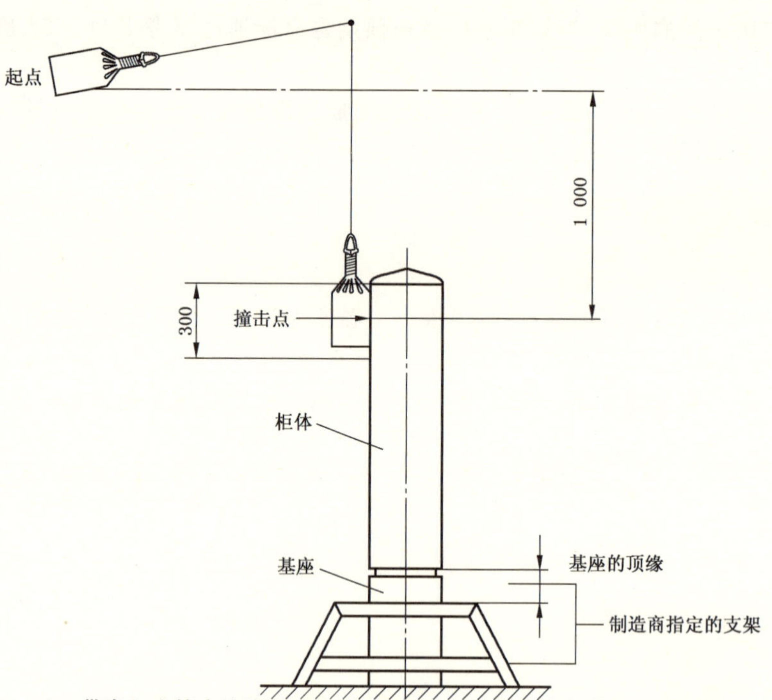

a) 带嵌入式基座的地面安装的 PENDA-O 的耐冲击负载验证试验图

单位为毫米

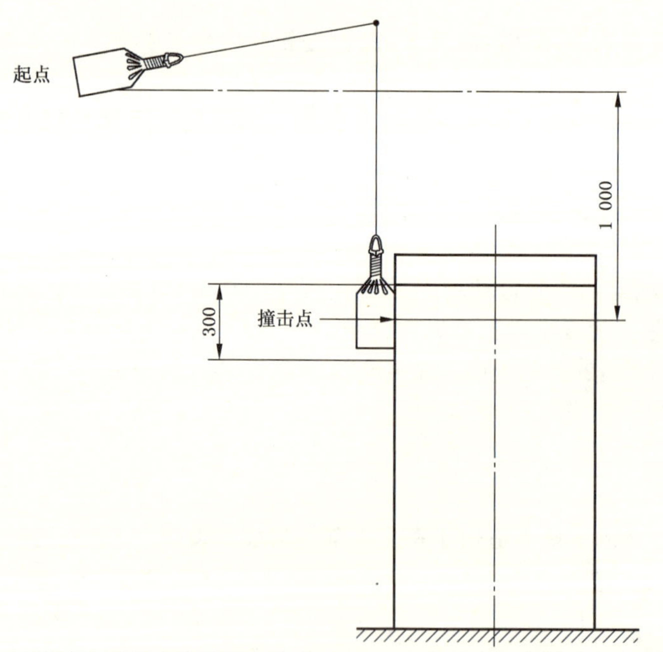

b) 不带嵌入式基座的地面安装的 PENDA-O 的耐冲击负载验证试验图

图 102 PENDA-O 的耐冲击负载验证试验图

单位为毫米

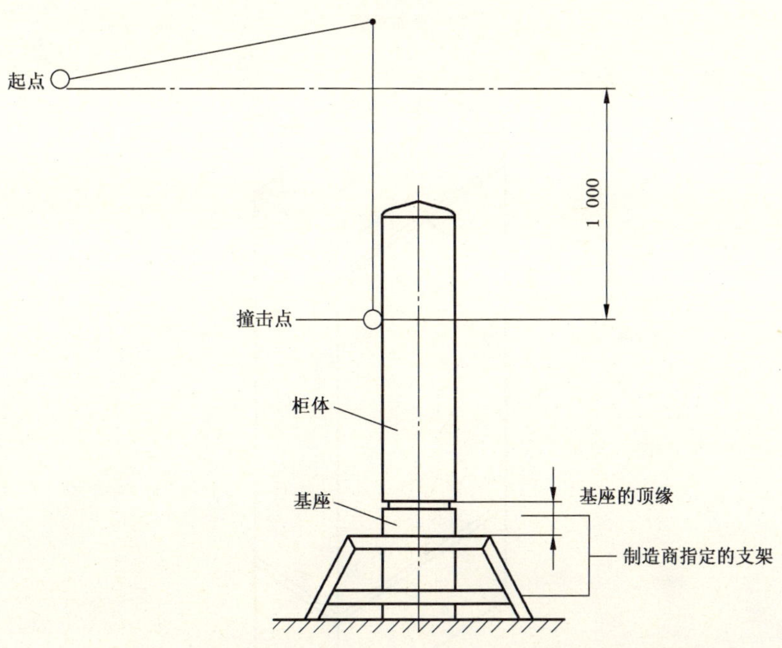

a） 带嵌入式基座的地面安装的 PENDA-O 的耐撞击力验证试验图

单位为毫米

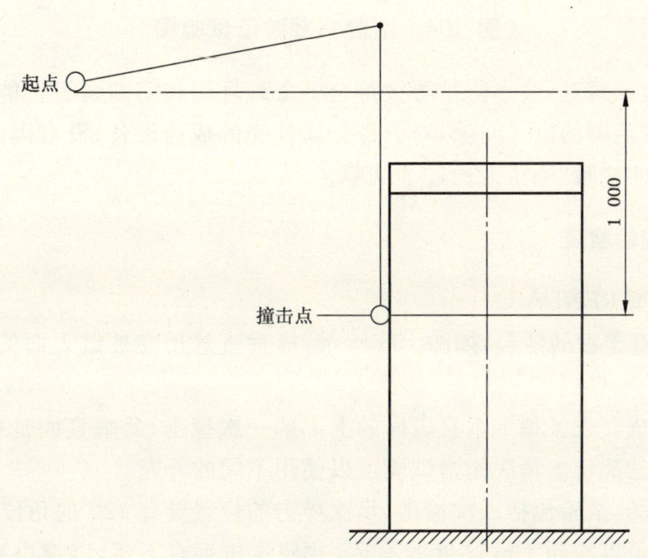

b） 不带嵌入式基座的地面安装的 PENDA-O 的耐撞击力验证试验图

图 103 PENDA-O 的耐撞击力验证试验图

除 10.2.101.6 的试验外，如果适用，成套设备的门应在试验开始就是锁紧的，并且在试验过程中始终保持锁紧状态。

10.2.101.2 耐静负载验证

以下试验应在所有类型的 PENDA-O 上进行：

试验 1——应在外壳顶部施加 8 500 N/m² 的均匀分布负载，时间为 5 min(见图 104)。

试验 2——应在外壳前部和后部的顶角依次施加 1 200 N 的力，时间为 5 min(见图 104)。

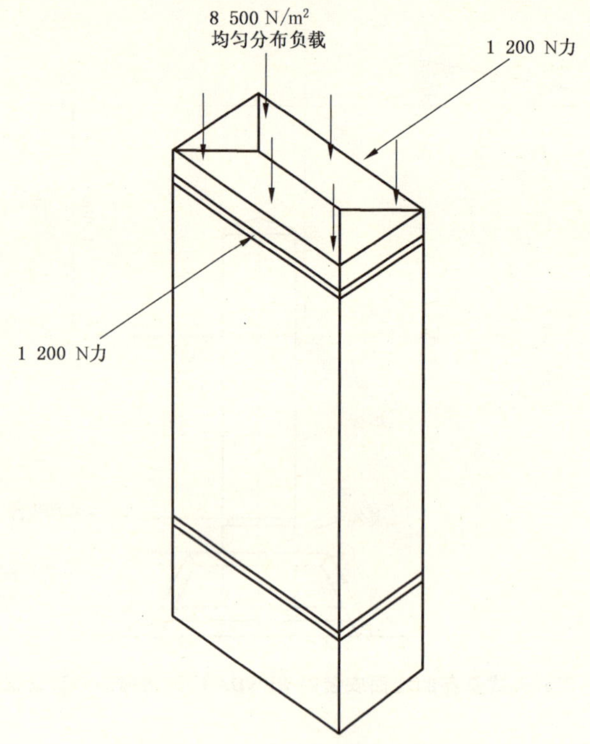

图 104 耐静负载验证试验图

试验结束后，通过验证核查，最小防护等级符合 8.2.2，且门和闭锁装置仍能正常操作；同时通过验证核查，试验期间仍保持足够的电气间隙，对于带金属外壳的成套设备，没有因为永久或暂时的变形而引起的带电部件与外壳的接触，则认为通过了试验。

10.2.101.3 耐冲击负载的验证

试验适用于所有类型 PENDA-O。

总质量为 15 kg 装有干沙的沙包，如图 105 所示，应垂直悬吊在被试表面的上方，并且高于该成套设备最高点至少 1 m。

每次试验应包括对成套设备每个垂直表面的上部的一次撞击，此垂直面是指成套设备被安装在其正常使用位置时能见到的部位。每次撞击试验可以使用不同的外壳。

如果外壳是圆柱形的，试验包括三次撞击，每次撞击的位置要有 120°的角位移。

此试验应使用一个可以提到 1 m 高度的吊环，并使沙包垂直下落，以撞击被试验成套设备表面上部大致中心位置[见图 102a）和 102b）]。

试验结束后，通过验证核查，防护等级符合 8.2.2，且门和闭锁装置仍能正常操作；同时通过验证核查，试验期间仍保持足够的电气间隙，对于带金属外壳的成套设备，没有因为永久或暂时的变形而引起的带电部件与外壳的接触，则认为通过了试验。对于带绝缘外壳的成套设备，如果满足了适当的条件，如小的凹痕、表面的小裂纹或外皮剥落这类损害，只要没有连带的裂纹损害成套设备的可靠性，则可忽略不计。

单位为毫米

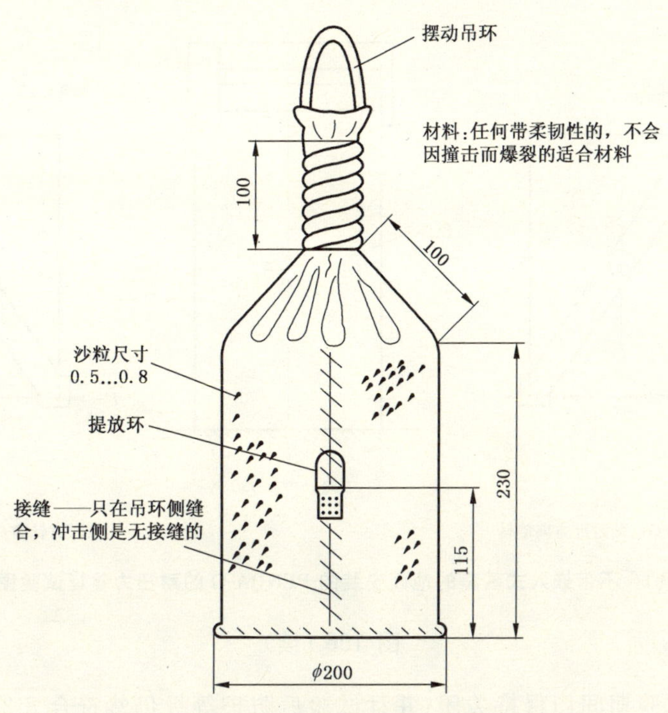

图 105 耐冲击负载验证试验的沙包图例

10.2.101.4 耐扭力的验证

此试验仅适用于所有类型的 PENDA-O。

进行此试验要利用一个由 60 mm×60 mm×5 mm 的角铁制成的可水平旋转的框架,框架臂末端垂直定位件为 100 mm 长。被试成套设备要牢牢固定在其基座上,且框架紧扣其上,以使框架臂末端定位件与成套设备的顶部和壁部相接触。

成套设备的门要关闭,它应承受图 106a)和 106b)所示的 2×1 000 N 的扭力,时间为 30 s。

单位为毫米

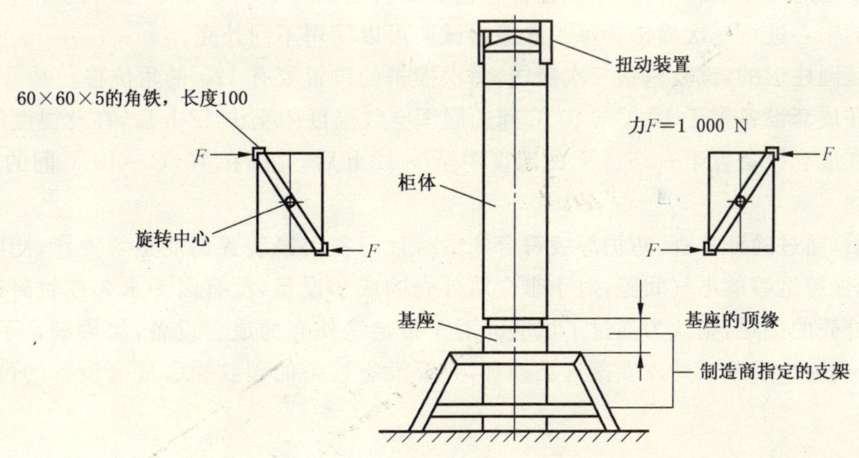

a) 带嵌入式基座的地面安装的 PENDA-O 的耐扭力验证试验图

图 106 PENDA-O 的耐扭力验证试验图

单位为毫米

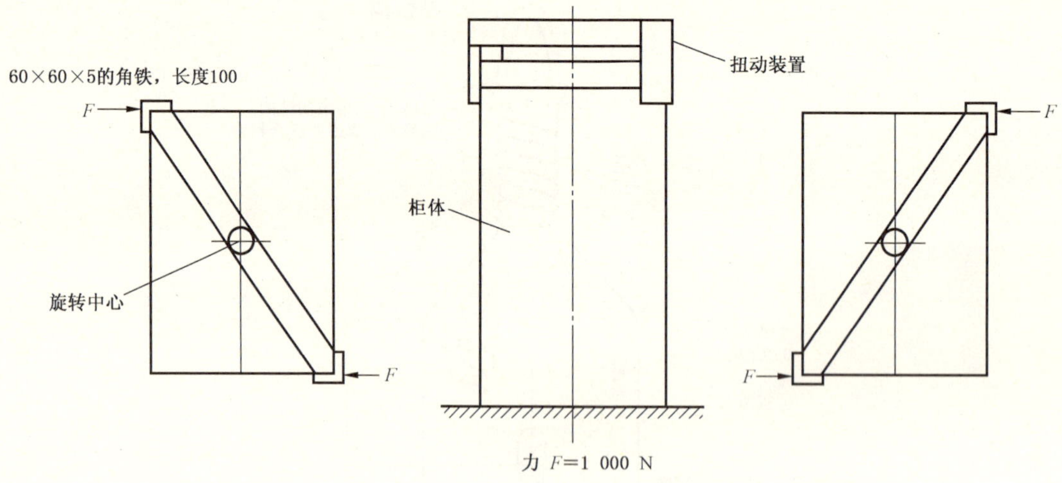

b） 不带嵌入式基座的地面安装的 PENDA-O 的耐扭力验证试验图

图 106（续）

通过验证核查，试验期间门保持关闭，并且试验后防护等级仍然符合 8.2.2，则认为通过了此项试验。

10.2.101.5 耐撞击力的验证

10.2.101.5.1 试验适用于设计工作在环境温度为 40 ℃～－25 ℃ 范围内的 PENDA

试验应采用一个摆锤式的撞击试验器具，它包括一个外径为 9 mm，长度至少为 1 m 的管。摆锤沿垂直的弧度摆动。

管子的末端栓有一个质量为 2 kg 的钢球，将它提到 1 m 的高度后下落，使其撞击到被试成套设备的表面，所提供的撞击能量为 20 J[见图 103a)和 103b)]。

以下详细叙述的两个试验中，每个试验都应包括对成套设备安装于正常使用位置时所能见到的每一个垂直表面的中心进行一次撞击。每一次撞击试验可以使用不同外壳。

如果外壳是圆柱形的，试验包括三次撞击，每次撞击的位置要有 120°的角位移。

试验 1 应在成套设备置于 10 ℃～40 ℃间的周围空气温度中至少 12 h 后，在此温度间进行。

试验 2 应在成套设备置于$-25_{-5}^{\ 0}$ ℃的温度中至少 12 h 后，立即在 10 ℃～40 ℃间的周围空气温度下进行。

试验结束后，通过验证核查，防护等级符合 8.2.2，且门和闭锁装置仍能正常操作；同时通过验证核查，试验期间仍保持足够的电气间隙，对于带金属外壳的成套设备，没有因为永久或暂时的变形而引起的带电部件与外壳的接触，则认为通过了试验。对于带绝缘外壳的成套设备，如果满足了适当的条件，如小的凹痕、表面的小裂纹或外皮剥落这类损害，只要没有连带的裂纹损害成套设备的可靠性，则可忽略不计。

10.2.101.5.2 试验适用于设计工作在严寒地区的 PENDA(见 7.1.1.2)

撞击试验应将成套设备置于$-50_{-5}^{\ 0}$ ℃的环境温度中至少 12 h 后，在 10 ℃～40 ℃间的环境温度下进行，并且每次壳体外表温度恢复到不高于－40 ℃的温度。试验程序应如下：

试验 1 和试验 2 是用接地金属试件以 1 500 N 的力施加在外壳上被认为最薄弱的 10 个部位，施加力的时间为 30 s。试件应是半径为 100 mm±3 mm 的球体或半球体,表面硬度依据 ISO 6506-1 为 HB 160。

试验 1 应在空的 PENDA-O 上进行。

试验 2 应在其外壳内的元件具有最小电气间隙的成套设备上进行。金属外壳应接地。在撞击试验期间,应在相互连接的所有带电部分与地之间施加 GB/T 7251.1—2013 的 10.9.2.2 规定的交流电压。

试验 3 应在空外壳上进行,并使用本部分 10.2.101.5.1 中描述的撞击试验的器具,此钢球的质量大约为 15 kg。将此撞击体提高到大约 1 m 处后使其下落撞击被试的成套设备表面,以提供 150 J 的撞击能量[见图 103a)和 103b)]。

试验应包括对成套设备处于正常使用位置时所能见到的每一个垂直表面的中心部位进行一次撞击。每次试验撞击可使用不同的外壳。

如果外壳是圆柱形的,试验包括三次撞击,每次撞击的位置要有 120°的角位移。

试验后,通过验证核查,仍能保持 8.2.2 中规定的防护等级,门和闭锁装置仍能正常操作,则认为通过了试验 1。

通过验证核查,没出现击穿或闪络现象,则认为通过了试验 2。

试验后,通过验证核查,防护等级仍至少为 IP 3X,则认为通过了试验 3。

10.2.101.6 门的机械强度验证

本试验适用于外壳的垂直面上带有铰接门的所有类型的 PENDA-O。

进行本试验时,门要完全打开,并与设计的阻挡机构接触。试验时,应向与门面垂直的门的上边缘距离铰接边 300 mm 处施加 50 N 的负荷,持续 3 s。除非门被设计成在进行维修或操作时不需借助工具就能从铰链上拆下,否则应重复此试验并将负荷增加至 450 N(见图 107)。

单位为毫米

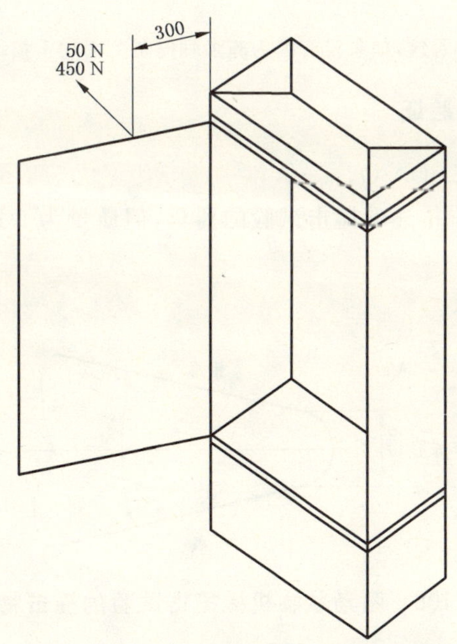

图 107 门的机械强度验证试验图

通过验证核查,门没有从铰链上脱落并且门、铰链和闭锁装置没有因施加 50 N 的负载而受损。另外,通过验证核查,门经试验关闭后,防护等级仍符合 8.2.2,则认为通过了试验。如果门在 450 N 的试验中从铰链上脱落,但可以不使用工具便能将此门重新安装上,则不认为是失败。

10.2.101.7　合成材料中金属嵌件轴向负荷的耐受能力的验证

本试验仅适用于提供带螺纹的金属嵌件用以保持安装板或开关设备和控制设备的支撑件就位的所有类型的成套设备。

本试验应在每种类型和尺寸的金属嵌件的代表性样品上进行。同时，如果特定的嵌件周围材料型材有不同的厚度时，则应在此种条件下重复本试验。

试验期间，成套设备应完全支承在平台上。

每个被试嵌件应装配好螺纹孔，并按表102施加轴向力，时间为10 s，以验证能否将嵌件从嵌入位置拔出。

表102　对嵌件施加的轴向负荷

嵌件的尺寸	轴向负荷 N
M4	350
M5	350
M6	500
M8	500
M10	800
M12	800

经检查，嵌入物没被损坏并仍在其初始位置上，并且嵌入孔的周围材料也没有出现裂纹，则认为通过了试验。

注：试验前可见的由气泡产生的小裂纹，如果没有因为施加轴向负荷而加重损坏，则可忽略不计。

10.2.101.8　耐角状物机械撞击的验证

本试验适用于所有类型的PENDA-O。

本试验应使用10.2.101.5.1中描述的撞击试验的器具，但质量为5 kg的钢质撞击物且终端形状如图108所示。

单位为毫米

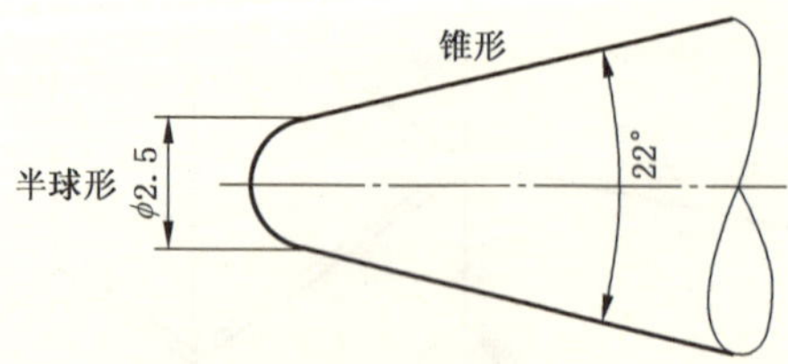

图108　耐角状物机械撞击试验的撞击物

撞击物应提升到0.4 m高度后再使其下落，以撞击被试成套设备的表面，并提供20 J的撞击能量［见图103a)和103b)］。

每次试验应包括对成套设备处于正常使用位置时能看到的每个垂直表面中心点的一次撞击。每次试验撞击可用不同的外壳。

如果外壳是圆柱形的，试验包括三次撞击，每次撞击的位置要有120°的角位移。

试验1应在成套设备置于10 ℃～40 ℃间的周围空气温度中至少12 h后，在此温度间进行。

试验 2 应在成套设备置于$-25_{-5}^{\ 0}$℃的温度中至少 12 h 后，立即在 10 ℃～40 ℃间的周围空气温度下进行。

通过检查，如果由于撞击导致的裂纹在直径不超过 15 mm 的圆圈内，则认为通过了此试验。如果撞击物的尖端部分穿透了成套设备的外壳，其所形成的孔应不能插入直径 4 mm 带半球形尖端的塞规，插入塞规时，施加 5 N 的力。

10.2.101.9 拟嵌入地面的基座的机械强度试验

本试验仅适用于一种 PENDA-O。

应按照图 109 和制造商安装说明书对固定在基座上的 PENDA-O 进行本试验。当 PENDA 的基座安装在地面以下时，通过一根厚壁钢管传送机械力使其作用在 PENDA 基座最长表面上的最低部位。

单位为毫米

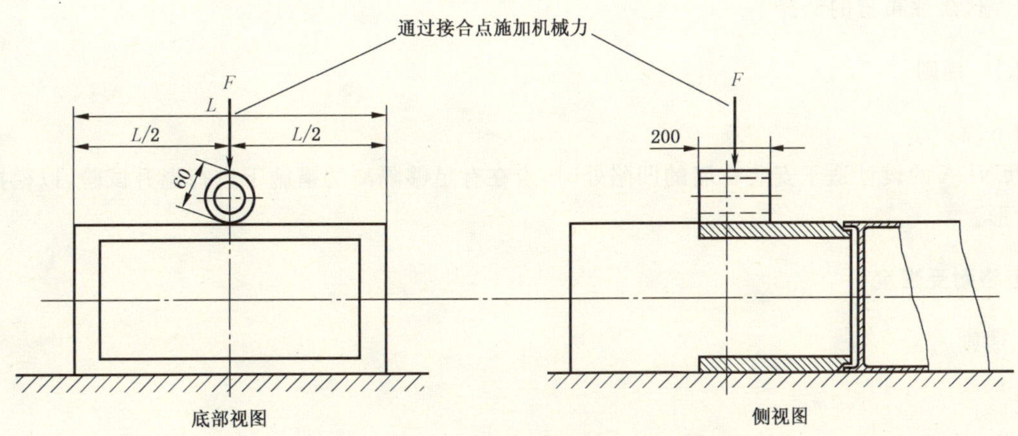

图 109 基座机械强度布置的典型试验

如果基座的设计包括一个或多个永久性的支架，则应通过数根钢管施加机械力。一根钢管放在每段未被支撑长度的中间。各个力应同时施加在每根管子上，并应按照下式进行计算：

$$F = 3.5\ \text{N/mm} \times L$$

式中：

L——未被支撑段的长度，单位为毫米。

力的施加时间应为 1 min。在此阶段之后且力仍施加的情况下，应验证其防护等级。

如果 PENDA-O 的基座具有长度相同但形状不同的其他部分，则应在此部分上重复进行试验。

经检查，如果基座没有损坏，并且通过验证核查，PENDA-O 和基座在地面以上的部分的防护等级仍符合 8.2.2 的规定，则认为通过了此试验。

10.5 电击防护和保护电路完整性

10.5.3.1 通则

用以下内容取代两段：

应通过应用符合 GB/T 7251.1—2013 的 10.5.3.5 的试验进行验证。

10.9 介电性能

10.9.3 冲击耐受电压

10.9.3.1 通则

用下文取代第一段：

应通过应用符合 GB/T 7251.1—2013 的 10.9.3.2～10.9.3.4 中规定的可选择的试验方法之一进行验证。

10.10 温升验证

10.10.1 通则

取代：

应验证成套设备的不同部件不超过 GB/T 7251.1—2013 的 9.2 中规定的温升限值。应通过 GB/T 7251.1—2013 的 10.10.2 中规定的试验进行验证(参见附录 O)。

10.10.2 通过试验验证

10.10.2.2 代表性布置的选择

10.10.2.2.1 通则

增加下段：

当 PENDA 的设计适于安装在墙的凹陷处时，应在有足够隔离的措施下进行温升试验，以模拟墙体存在的情形。

10.11 短路耐受强度

10.11.1 通则

取代：

除符合 GB/T 7251.1—2013 的 10.11.2 中规定的可免除验证的成套设备电路以外，制造商规定的短路耐受强度应进行验证。应通过 GB/T 7251.1—2013 的 10.11.5 中规定的试验方法进行验证。

11 例行检验

GB/T 7251.1—2013 的第 11 章适用。

附　录

除以下内容外,GB/T 7251.1—2013 的附录适用。

GB/T 7251.1—2013 的附录 A、C、D、H、N、P 不适用。

修改附录 O。

增加附录 AA、BB、CC 和 DD。

附 录 O
（资料性附录）
温升试验指南

修改：

O.4 计算

GB/T 7251.1—2013 的第 O.4 章不适用。

O.5 设计规则

GB/T 7251.1—2013 的第 O.5 章不适用。

附 录 AA
（规范性附录）
导体截面积

表 AA.1 适用于每个端子连接一根电缆。

表 AA.1 适合连接用铜和铝导线的最小和最大截面积(见 8.8)

额定电流 A	单芯或多芯导线 (铝或铜) 截面积 mm^2		软铜导线 截面积 mm^2	
	最小	最大	最小	最大
6	0.75	1.5	0.5	1.5
8	1	2.5	0.75	2.5
10	1	2.5	0.75	2.5
12	1	2.5	0.75	2.5
16	1.5	4	1	4
20	1.5	6	1	4
25	2.5	6	1.5	4
32	2.5	10	1.5	6
40	4	16	2.5	10
63	6	25	6	16
80	10	35	10	25
100	16	50	16	35
125	25	70	25	50
160	35	95	35	70
200	50	150	50	95
250	70	150	70	120
315	70	240	95	185
400	70	240	95	185
500	70	300	95	240
630	70	300	95	240
本表适用于每个端子连接一根导线。 如果外接导线直接连接在内装器件上,有关规定中给出的截面积适用。 如果选用表中规定值以外的导线,建议由制造商和用户协商。				

表 AA.2 中 mm² 和 AWG/kcmil 尺寸的近似关系在圆形铜导线公制尺寸不可用时使用。

表 AA.2　圆形铜导线标准截面积和 mm² 与 AWG/kcmil 尺寸间的近似关系
(见 GB/T 7251.1—2013 的 8.8)

额定截面积 mm²	AWG/kcmil 尺寸	等效公制截面积 mm²
0.2	24	0.205
0.34	22	0.324
0.5	20	0.519
0.75	18	0.82
1	—	—
1.5	16	1.3
2.5	14	2.1
4	12	3.3
6	10	5.3
10	8	8.4
16	6	13.3
25	4	21.2
35	2	33.6
—	1	42.4
50	0	53.5
70	00	67.4
95	000	85.0
—	0000	107.2
120	250 kcmil	127
150	300 kcmil	152
185	350 kcmil	177
—	400 kcmil	203
240	500 kcmil	253
300	600 kcmil	304
注：出现破折号的地方，为考虑连接能力时的尺寸(见 8.8)。		

附 录 BB
(资料性附录)
成套设备制造商与用户间协议项

以下表BB.1中的信息服从于成套设备制造商与用户间的协议。某些情况下,成套设备制造商声明的信息可以取代协议。

表 BB.1 成套设备制造商与用户间协议项

特性	参考章或条款编号	缺省约定[b]	标准中列出选项	用户要求[a]
电气系统				
接地系统	5.6,8.4.3.1,8.4.3.2.3,8.6.2,10.5,11.4	制造商的标准,选择以适应本地要求	TT/TN-C/TN-C-S/IT,TN-S	
标称电压/V	3.8.9.1,5.2.1,8.5.3	本地的,根据安装条件	最大交流1 000 V	
瞬态过电压	5.2.4,8.5.3,9.1,附录G	过电压类别Ⅳ	无	
暂时过电压	9.1	标称系统电压+1 200 V	无	
额定频率 f_n/Hz	3.8.12,5.5,8.5.3,10.10.2.3,10.11.5.4	根据本地安装条件	50 Hz/60 Hz	
现场其他试验要求:布线、工作性能和功能	11.10	制造商的标准,根据应用	无	
短路耐受能力				
电源端的预期短路电流 I_{cp}/kA	3.8.7	由电气系统决定	无	
中性母排的预期短路电流	10.11.5.3.5	最大为相电流的60%	无	
保护电路中的预期短路电流	10.11.5.6	最大为相电流的60%	无	
进线功能单元中的短路保护器件(SCPD)	9.3.2	根据本地安装条件	是/否	
短路保护器件的协调,包括外部短路保护器件在内	9.3.4	根据本地安装条件	无	
可能增大短路电流的负载的相关数据	9.3.2	不允许明显增大短路电流的负载	无	
依照IEC 60364-4-41对人的电击防护				
电击防护类型—基本防护(对直接接触的防护)	8.4.2	基本防护	根据本地安装规则	

表 BB.1（续）

特性	参考章或条款编号	缺省约定[b]	标准中列出选项	用户要求[a]
电击防护类型—故障防护(对间接接触的防护)	8.4.3	根据本地安装条件	自动断开电源/电气隔离/全绝缘	
安装环境				
场所类型	3.5,8.1.4,8.2	制造商标准，根据应用	户内/户外	
防止外来固体和水的进入	8.2.2,8.2.3	户内(封闭)：最小 IP2X 户外-最小：当安装在公众可接近的场所时为 IP 34D。其他场所为 IP 33	无	
外部机械碰撞 **注**：IEC 61439-5 未提出具体 IK 代码	10.2.101	见标准(IEC 61439-5)	无	
耐紫外线辐射(除非另有规定，否则仅适用于户外成套设备)	10.2.4	户内：不适用 户外：温度气候	无	
耐腐蚀性	10.2.2	常规户内/户外约定	无	
周围空气温度 — 下限	7.1.1	户内：−5 ℃ 户外： 正常气候−25 ℃ 严寒气候：−50 ℃	无	
周围空气温度 — 上限	7.1.1	40 ℃	无	
周围空气温度 — 日平均温度最大值	7.1.1,9.2	35 ℃	无	
最大相对湿度	7.1.2	户内：40 ℃时 50% 户外：25 ℃时 100%	无	
污染等级(安装环境的)	7.1.3	工业：3	2,3,4	
海拔	7.1.4	≤2 000 m	无	
EMC 环境(A 或 B)	9.4,10.12,附录 J	A/B	A/B	
特殊使用条件(如：振动，异常凝露，严重污染，腐蚀性环境，强电场或强磁场，霉菌，微生物，爆炸性危险，强烈振动和冲击，地震)	7.2,8.5.4,9.3.3 表 7,	无特殊使用条件	严寒气候	

表 BB.1(续)

特性	参考章或条款编号	缺省约定[b]	标准中列出选项	用户要求[a]
安装方式				
类型	3.3,5.6	制造商标准	多种类型,如地面安装式、变压器安装式、柱上安装式、墙面安装式或嵌入墙内安装式	
固定的/移动的	3.5	固定的	无	
最大外形尺寸和质量	5.6,6.2.1	制造商标准,根据应用	无	
外接导体类型	8.8	电缆	裸或绝缘母排	
外接导体方位	8.8	从下面	从上面	
外接导体材料	8.8	铜/铝	无	
外接相导体,截面积,端子	8.8	标准中定义	无	
外接 PE、N、PEN 导体截面积,端子	8.8	标准中定义	无	
特殊端子标识要求	8.8	制造商标准	无	
存放和装卸				
运输单元最大尺寸和质量	6.2.2,10.2.5	制造商标准	无	
运输方式(如叉车、起重机)	6.2.2,8.1.6	制造商标准	无	
不同于正常使用条件的环境条件	7.3	按照使用条件	无	
包装事项	6.2.2	制造商标准	无	
操作要求				
接近手动操作器件	8.4	授权人员	无	
手动操作器件场所	8.5.5	容易接近	无	
负载安装设备的隔离	8.4.2,8.4.3.3,8.4.6.2	制造商标准	单独/组/全部	
维护和升级能力				
检查和类似操作时对可接近性的要求	8.4.6.2.2	对可接近性无要求	无	
授权人员使用中维修时对可接近性的要求	8.4.6.2.3	对可接近性无要求	无	
授权人员使用中带电扩展时对接近性的要求	8.4.6.2.4	对可接近性无要求	无	
功能单元连接方法	8.5.1,8.5.2	制造商标准	无	

表 BB.1（续）

特性	参考章或条款编号	缺省约定[b]	标准中列出选项	用户要求[a]
在维护或升级期间对直接接触内装危险带电部件的防护（如功能单元，主母线，配电母线）	8.4	在维护或升级期间的防护无要求	无	
载流能力				
成套设备的额定电流 I_{nA}（安培）	3.8.9.1，5.3，8.4.3.2.3，8.5.3，8.8，10.10.2，10.10.3，10.11.5，附录 E	制造商标准，根据应用	无	
电路的额定电流 I_{nC}（安培）	5.3.2	制造商标准，根据应用	无	
额定分散系数	5.4，10.10.2.3，附录 E	标准中的定义	电路组的额定分散系数/整个成套设备的额定分散系数	
中性导体与相导体的截面积比值：相导体不超过 16 mm^2	8.6.1	100％	无	
中性导体与相导体的截面积比值：相导体超过 16 mm^2	8.6.1	50％（最小 16 mm^2）	无	

[a] 对于特别复杂的应用，用户需要规定比标准更加严格的要求。

[b] 某些情况下成套设备制造商宣称的信息可替代协议。

附 录 CC
（资料性附录）
设计验证

表 CC.1 待完成的设计验证清单

序号	待验证的特性	章或条
1	材料和部件强度： 耐腐蚀性 绝缘材料性能 热稳定性 耐受由内部电效应导致的非正常发热和着火 干热 可燃性等级 耐紫外线辐射(UV) 提升 机械碰撞 耐静负载 耐冲击负载 耐扭力 耐撞击力 门的机械强度 耐合成材料中金属嵌件的轴向负荷 耐角状物机械撞击 拟嵌入地面的基座的机械强度 标志	10.2 10.2.2 10.2.3 10.2.3.1 10.2.3.2 10.2.3.101 10.2.3.102 10.2.4 10.2.5 10.2.101 10.2.101.2 10.2.101.3 10.2.101.4 10.2.101.5 10.2.101.6 10.2.101.7 10.2.101.8 10.2.101.9 10.2.7
2	外壳防护等级	10.3
3	电气间隙	10.4
4	爬电距离	10.4
5	电击防护和保护电路完整性： 成套设备中外露可导电部件与保护电路间的有效连续性 保护电路的短路耐受强度	10.5 10.5.2 10.5.3
6	开关器件和组件的组合	10.6
7	内部电路和连接	10.7
8	外接导体端子	10.8
9	介电性能： 工频耐受电压 冲击耐受电压	10.9 10.9.2 10.9.3

表 CC.1（续）

序号	待验证的特性	章或条
10	温升极限	10.10
11	短路耐受强度	10.11
12	电磁兼容性(EMC)	10.12
13	机械操作	10.13

附 录 DD
（资料性附录）
关于某些国家的注的列表

章条号	内　容
8.8	在最后一段后增加下列注： **注：**在美国(USA)导体尺寸的要求除导体绝缘类型外，还取决于电流额定数据、导体绝缘温度额定数据、环境温度和配置。特定要求在美国国家电气法规(NEC)NFPA 70 第 3 章。

参 考 文 献

除以下内容外,GB/T 7251.1—2013 的参考文献适用:

增加:

ISO 9223,Corrosion of metals and alloys—Corrosivity of atmospheres—Classification,determination and estimation

ICS 29.120.60
K 31

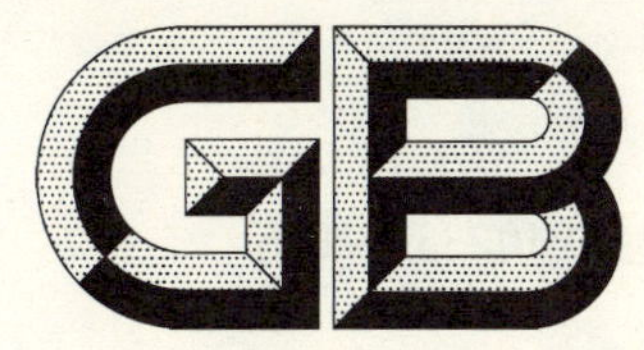

中华人民共和国国家标准

GB/T 10233—2016
代替 GB/T 10233—2005

低压成套开关设备和电控设备基本试验方法

Basic testing method for low-voltage switchgear and controlgear assemblies

2016-02-24 发布　　2016-09-01 实施

中华人民共和国国家质量监督检验检疫总局
中国国家标准化管理委员会　发布

前 言

本标准按照 GB/T 1.1—2009 给出的规则起草。

本标准代替 GB/T 10233—2005《低压成套开关设备和电控设备基本试验方法》，与 GB/T 10233—2005 相比，主要技术变化如下：

——增加了成套设备空壳体的试验内容；

——增加了附录 A 电气间隙和爬电距离的测量，去掉了原附录 A、B、C 和 D 的内容。

本标准由中国电器工业协会提出。

本标准由全国低压成套开关设备和控制设备标准化技术委员会(SAC/TC 266)归口。

本标准起草单位：天津电气科学研究院有限公司、国家电控配电设备质量监督检验中心、天津天传电控配电有限公司、中国质量认证中心、杭州欣美成套电器制造有限公司、成都科星电力电器有限公司、浙江群力电气有限公司、山东鲁能力源电器设备有限公司、义乌市八方电力设备制造有限公司、浙江临高电气实业有限公司、珠海经济特区广达电器设备有限公司。

本标准主要起草人：王春武、张庆、陈剑、韩东明、张磊、王沙、马小平、欧阳彤、胡翔、贾辉、方效、凌斯、毛伯东。

本标准所代替标准的历次版本发布情况为：

——GB/T 10233—1988、GB/T 10233—2005。

低压成套开关设备和电控设备
基本试验方法

1 范围

本标准规定了低压成套开关设备和电控设备(以下简称成套设备)型式试验和出厂试验的基本方法。

本标准适用于GB 7251.1—2013和GB/T 3797所规定的试验项目。

2 规范性引用文件

下列文件对于本文件的应用是必不可少的。凡是注日期的引用文件,仅注日期的版本适用于本文件。凡是不注日期的引用文件,其最新版本(包括所有的修改单)适用于本文件。

GB/T 2423.2—2008 电工电子产品环境试验 第2部分:试验方法 试验B:高温(IEC 60068-2-2:2007,idt)

GB/T 2423.4—2008 电工电子产品环境试验 第2部分:试验方法 试验Db 交变湿热(12 h+12 h循环)(IEC 60068-2-30:2005,idt)

GB/T 2423.17—2008 电工电子产品环境试验 第2部分:试验方法 试验Ka:盐雾(IEC 60068-2-11:1981,idt)

GB/T 2423.55—2006 电工电子产品环境试验 第2部分:试验方法 试验Eh:锤击试验

GB/T 3797 电气控制设备

GB/T 4205 人机界面标志标识的基本和安全规则 操作规则(IEC 60447:2004,idt)

GB 4208 外壳防护等级(IP代码)(IEC 60529:2001,idt)

GB/T 5169.10 电工电子产品着火危险试验 第10部分:灼热丝/热丝基本试验方法 灼热丝装置和通用试验方法

GB/T 5169.11 电工电子产品着火危险试验 第11部分:灼热丝/热丝基本试验方法 成品的灼热丝可燃性试验方法

GB 7251.1—2013 低压成套开关设备和控制设备(IEC 61439-1:2011)

GB/T 9341 塑料 弯曲性能的测定

GB 14048.3—2008 低压开关设备和控制设备 第3部分:开关、隔离器、隔离开关以及熔断器组合电器

GB/T 16935.1—2008 低压系统内设备的绝缘配合 第1部分:原理、要求和试验

GB/T 17626.4 电磁兼容 试验和测量技术 电快速瞬变脉冲群抗扰度试验

GB/T 17626.5 电磁兼容 试验和测量技术 浪涌(冲击)抗扰度试验

GB/T 17626.11 电磁兼容 试验和测量技术 电压暂降、短时中断和电压变化的抗扰度试验

GB/T 17626.13 电磁兼容 试验和测量技术 交流电源端口谐波、谐间波及电网信号的低频抗扰度试验

GB/T 20138 电器设备外壳对外界机械碰撞的防护等级(IK代码)

GB/T 20641 低压开关设备和控制设备空壳体的一般要求

IEC 60364-5-52 建筑物电气装置 第5-52部分:电气设备的选择和安装 布线系统

IEC 60364-5-53:2001 建筑物电气装置,第5-53部分:电气设备的选择和安装 开关设备和控制设备

IEC 61000-4-2 电磁兼容 第4-2部分:试验和测量技术 静电放电抗扰度试验

IEC 61000-4-3 电磁兼容 第4-3部分:试验和测量技术 射频电磁场辐射抗扰度试验

IEC 61000-4-6 电磁兼容 第4-6部分:试验和测量技术 射频场感应的传导骚扰抗扰度

IEC 61000-4-8 电磁兼容 第4-8部分:试验和测量技术 工频磁场抗扰度试验

IEC 61000-6-3 电磁兼容 第6部分:通用标准-第3章:住宅、商业和轻工业环境的发射标准

IEC 61000-6-4 电磁兼容 第6部分:通用标准-第4章:工业环境的发射标准

IEC 61180(所有部分) 低压设备的高压试验技术

ISO 179(所有部分) 塑料—摆锤冲击强度的测定

ISO 4628-3 油漆和清漆—油漆涂层剥蚀的评定 一般性缺陷程度、数量和大小及外观光亮均匀性变化的规定 第3部分:生锈程度的规定

ISO 4892-2 塑料 实验室光源暴露试验方法 第2部分:氙弧灯

3 术语和定义

GB 7251.1—2013 和 GB/T 3797 界定的以及下列术语和定义适用于本文件。

3.1

基本试验方法 basic testing method

在一般(或正常)工作环境条件下具有通用性的试验方法,不包括设备的某些专门试验或特定试验。

3.2

散热试验样品 heat-dissipating specimen

在自由空气条件和试验用标准大气条件的大气压力(86 kPa～106 kPa)下在温度稳定后的表面最热点温度与环境温度之差大于5 ℃的试验样品。

4 试验项目及方法

4.1 一般检查

4.1.1 检查设备中的元件、器件安装接线应牢固、端正、正确,应符合图样及相应的标准要求。

4.1.2 设备的铭牌及标志应正确、清晰、齐全,且易于识别,安装位置正确。

4.1.3 除非成套设备制造商与用户之间另有协议,否则地面安装的成套设备的易接近性要求如下:

——端子,不包括保护导体端子,应位于成套设备的基础面上方至少0.2 m,并且端子的位置应使电缆易于与其连接。

——由操作人员观察的指示仪表应安装在成套设备基础面上方0.2 m～2.2 m之间。

——操作器件,如手柄、按钮或类似器件,应安装在易于操作的高度上;这就是说,其中心线一般应在成套设备基础面上0.2 m～2 m之间。不经常操作的器件,如每月少于一次,可以装在高度达2.2 m处。

——紧急开关器件的操作机构(见IEC 60364-5-53:2001中536.4.2),在成套设备基础面上0.8 m～1.6 m之间应是易于接近的。

4.1.4 检查设备的尺寸、形状及结构应符合图样的要求。

4.1.5 检查设备面板表面应平整无凹凸现象,油漆颜色应均匀,在距离设备1 m处观察不应有明显的色差和反光,漆层整洁美观,不应有起泡、裂纹和流痕现象。非金属材料和漆层应是非易燃的或自熄的。

4.1.6 检查母线、导线的规格、尺寸、颜色、相序布置、连接等应符合要求。

4.1.6.1 装置中的控制电路导线截面,应按规定的载流量选择,并考虑到机械强度的需要。

4.1.6.2 设备外部接线应通过接线座。但电流在 63 A 以上的电路,允许外部电缆直接连接到元件上。

4.1.6.3 在经常移动的地方(如跨越柜门的连接线)应用软导线,并且要有足够的长度裕量,以免急剧弯曲或过度张力损坏导线。

4.1.6.4 电源线及高电平电路导线,应与低电平(测量、信号、脉冲等)电路导线分束走线,并应有一定的间隔,必要时应采取隔离或屏蔽措施。

4.1.6.5 设备主电路相序排列,以设备的正视方向为准,应符合表 1 的规定,对于无法区分相序和极性的电路可不规定。

4.1.6.6 检查螺钉及导线连接应符合紧固扭矩并有防松措施,尤其是保护电路应采取有效的措施(例:螺栓、接地垫圈等)以保证接触良好。母线搭接处应自然吻合,不应有应力。

表 1 主电路相序排列

类别	垂直排列	水平排列	前后排列
L1(A)相	上方	左方	远方
L2(B)相	中间	中间	中间
L3(C)相	下方	右方	近方
正极(+)	上方	左方	远方
负极(—)	下方	右方	近方
中性线(接地中性线)	最下方	最右方	最近方

4.1.7 检查插件、抽屉的接插是否良好。

4.1.7.1 抽屉和插件应使用刚度好的导轨支撑,以保证在接插时预先对准。并能在各种所需位置(如:使用、调整或检查、不使用)上固定牢靠。必要时,在上述位置应装设机械锁紧机构。

4.1.7.2 抽屉和插件应能方便地插入和拔出,所有的接插点均应保证电接触可靠。

4.1.7.3 相同功能、相同规格、相同容量的抽屉和插件应具有互换性。

4.1.7.4 插入式印制线路板,应有拔插件工具。设备整体设计应考虑到印制线路板的子单元不必关断电源便可进行拆卸或更换。如必须关断电源才能进行拆卸和更换,则应在子单元的上面或附近有明确的标志。

4.1.8 检查设备门开启灵活,角度应不小于 90°。手动开关器件的挡板的设计应使开合操作对操作者不产生任何危险。为了减少更换熔断体时的危险,应使用相间挡板,除非熔断器的设计和安装已考虑了这一点。

4.1.9 检查所有机械操作零部件、联锁、锁扣等运动部件的动作应灵活,动作应正确。应清晰的标识元件和器件的操作位置,如果操作方向不符合 GB/T 4205,则应清晰的标识操作方向。

4.1.10 检查随设备出厂的技术文件应完整,电路图、接线图和技术数据应与设备相符合。

4.2 电气间隙与爬电距离检查

4.2.1 总则

应测量相对相,相对中性线,除了导体直接接地,还应测量相对地和中性线对地的最小电气间隙和爬电距离。

设备内电气元件的电气间隙和爬电距离应符合各自标准的要求,在正常使用条件下也应保持规定的距离。在异常情况(例如短路)不应永久地将母线之间、连接线之间、母线与连接线之间(电缆除外)的电气间隙或爬电距离减小到小于其直接相连的电气元件所规定的值。

应采用最高电压额定数据来确定各电路间的电气间隙和爬电距离(电气间隙依据额定冲击耐受电压,爬电距离依据绝缘电压)。

对于裸露带电导体和端子(例如母线、装置和电缆接头的连接处)其电气间隙和爬电距离至少应符合与其直接连接的设备的有关规定。

短路电流小于和等于宣称的成套设备额定数据时,母线和/或连接线间的电气间隙和爬电距离永远不应减小至成套设备的规定值以下。由于短路导致的外壳部件或内部隔板、挡板和屏障的变形,不应永久地使电气间隙和爬电距离减小到规定值以下。

4.2.2 电气间隙

电气间隙应足以达到能承受宣称的电路的额定冲击耐受电压(U_{imp})。电气间隙应为表 2 的规定值,但按照相关标准分别进行了设计验证试验和例行冲击耐受电压试验的情况除外。

用测量来确定电气间隙的方法见附录 A。

对于可抽出式部件,在隔离位置所提供的隔离距离至少应符合隔离器相关规定的要求(见 GB 14048.3—2008)。新状态下的设备的这种应用应考虑制造公差以及由于磨损造成的尺寸变化。

在可抽出式单元主触头与其相关的在隔离位置静触头间的隔离距离应有承受表 7 中规定的冲击耐受电压的试验电压的能力。

表 2　空气中的最小电气间隙[a]

额定冲击耐受电压 U_{imp}/ kV	最小的电气间隙/mm
≤2.5	1.5
4.0	3.0
6.0	5.5
8.0	8.0
12.0	14.0
[a] 根据非均匀电场环境和污染等级 3 决定。	

4.2.3 爬电距离

初始制造商应依据所选择的成套设备电路的额定绝缘电压(U_i)去确定爬电距离。对于任一列出的电路,其额定绝缘电压应不小于额定工作电压(U_e)。

在任何情况下,爬电距离都不应小于相应的最小电气间隙。

爬电距离应符合成套设备的环境条件规定的污染等级和表 3 给出的在额定绝缘电压下相应的材料组别。

用测量来确定爬电距离的方法见附录 A。

注:对于无机绝缘材料,例如玻璃或陶瓷,它们不产生电痕化,其爬电距离不需要大于其相应的电气间隙。但应考虑击穿放电的危险。

如果使用最小高度 2 mm 的加强筋,在不考虑加强筋数量的情况下,可以减小爬电距离,但应不小于要求值的 0.8 倍,而且应不小于相应的最小电气间隙。根据机械要求来确定加强筋的最小底宽(见 A.2)。

表 3　最小爬电距离

额定绝缘电压[b] /U_i V	最小爬电距离/mm							
	污染等级							
	1	2			3			
	材料组别[c]	材料组别[c]			材料组别[c]			
	所有材料组	Ⅰ	Ⅱ	Ⅲa 和Ⅲb	Ⅰ	Ⅱ	Ⅲa	Ⅲb
32	1.5	1.5	1.5	1.5	1.5	1.5	1.5	1.5
40	1.5	1.5	1.5	1.5	1.5	1.6	1.8	1.8
50	1.5	1.5	1.5	1.5	1.5	1.7	1.9	1.9
63	1.5	1.5	1.5	1.5	1.6	1.8	2	2
80	1.5	1.5	1.5	1.5	1.7	1.9	2.1	2.1
100	1.5	1.5	1.5	1.5	1.8	2	2.2	2.2
125	1.5	1.5	1.5	1.5	1.9	2.1	2.4	2.4
160	1.5	1.5	1.5	1.6	2	2.2	2.5	2.5
200	1.5	1.5	1.5	2	2.5	2.8	3.2	3.2
250	1.5	1.5	1.8	2.5	3.2	3.6	4	4
320	1.5	1.6	2.2	3.2	4	4.5	5	5
400	1.5	2	2.8	4	5	5.6	6.3	6.3
500	1.5	2.5	3.6	5	6.3	7.1	8.0	8.0
630	1.8	3.2	4.5	6.3	8	9	10	10
800	2.4	4	5.6	8	10	11	12.5	
1 000	3.2	5	7.1	10	12.5	14	16	[a]
1 250	4.2	6.3	9	12.5	16	18	20	
1 600	5.6	8	11	16	20	22	25	

注 1：CTI 的值是根据 GB/T 4207—2003 中所用绝缘材料方法 A 取得的。

注 2：值来自 GB/T 16935.1—2008，但保持最小值 1.5 mm。

[a] 材料组别Ⅲb 一般不推荐用于 630 V 以上的污染等级 3。

[b] 作为例外，对于额定绝缘电压 127 V、208 V、415 V、440 V、660 V/690 V 和 830 V，可采用分别对应于：125 V、200 V、400 V、630 V 和 800 V 的较低档的爬电距离。

[c] 根据相比电痕化指数(CTI)的范围值，材料组别分组如下：

——材料组别Ⅰ　　600≤CTI

——材料组别Ⅱ　　400≤CTI<600

——材料组别Ⅲa　　175≤CTI<400

——材料组别Ⅲb　　100≤CTI<175

4.3　外壳防护等级试验

4.3.1　对机械碰撞的防护

由成套设备外壳提供的防止机械碰撞的防护等级，如需要，应由相关的成套设备标准进行规定，并按照 GB/T 20138 进行机械碰撞试验。

4.3.2　防止触及带电部分以及外来固体和水的进入

依据 GB 4208 进行验证，当成套设备使用的空壳体符合 GB/T 20641 规定的要求时，应进行验证评估以确保已进行的所有外形更改不会导致降低防护等级。这种情况下不必再做进一步的试验。

试验在断电状态下进行(除非初始制造商有特殊要求),设备按说明书安装好后,所有覆板和门就位并关闭,封闭式成套设备的防护等级至少应为IP2X,固定面板式成套设备正面的防护等级至少应为IPXXB。

正常使用中不发生倾斜的固定式成套设备IPX2不适用。

对于无附加防护设施的户外成套设备,第二位特征数字应至少为3。

除非另有规定,按照成套设备制造商的说明书安装时,成套设备制造商给出的防护等级适用于整个成套设备。

如果成套设备各部位有不同的防护等级,成套设备制造商应分别标出各部位的防护等级。

对于带有抽出式部件的成套设备,制造商标明的防护等级一般只适用于可抽出部件的连接位置,若抽出部件在试验位置和隔离位置以及不同位置之间转移时不能保持如同连接位置时的防护等级时,制造商还应标明各部位防护等级。如果可抽出式部件移出后,成套设备不能保持原来的防护等级,则应由成套设备制造商和用户达成协议,采用某种措施确保适当的防护。

拟用于高湿度和温度变化范围较大场所的户内和户外的封闭式成套设备,应采取适当的措施(通风和/或内部加热、排水孔等)以防止成套设备内产生有害的凝露。但同时应保持规定的防护等级。

可抽出式部件的防护等级及内部隔离应按GB 4208进行验证。

4.4 保护电路有效性的验证

4.4.1 成套设备的裸露导电部件和保护电路之间的有效连接验证

应验证成套设备的不同外露可导电部分是否有效地连接到进线外部保护导体的端子上,且电路的电阻不应超过0.1 Ω。

应使用电阻测量仪器进行验证,该仪器至少能输出10 A交流或直流电流。在每个外露可导电部分与外部保护导体的端子之间通以此电流。电阻不应超过0.1 Ω。

注:有必要限制试验的持续时间,否则,低电流设备可能会受到试验的不利影响。

4.4.2 通过试验验证保护电路的短路强度(4.7.1规定的电路不适用)

单相试验电源一极连接到一相的进线端子上,另一极连接到进线保护导体的端子上。如果成套设备带有单独的保护导体,应使用最靠近的相导体。对于每个代表性的出线单元,应进行单独试验,即用螺栓在单元的对应出线相端子与相关的出线保护导体的端子之间进行短路连接。

试验中的每个出线单元应配有其保护器件,可将保护器件装入出线单元,应使用可通过最大峰值电流值和 I^2t 值的保护器件。

对于此项试验,成套设备的框架应与地绝缘。试验电压应等于1.05倍额定工作电压的单相值。除非初始制造商与用户另外达成协议,保护导体试验电流值至少应是成套设备三相试验期间相电流的60%。

此试验的所有其他条件应与4.7.2相似。

4.4.3 试验结果

无论是由单独导体或是由框架所组成的保护电路,其连续性和短路耐受强度不应遭受严重破坏。

除目测检查外,还可用对相关出线单元通以额定电流的方法进行测量,以验证上述结果。由于短路引起的外壳或内部隔板、挡板和屏障的变形是允许的,只要没有明显的削弱其防护等级,电气间隙或爬电距离没有减小到小于4.2中规定的值以下。

注1:当把框架作为保护导体使用时,只要不影响电的连续性,而且邻近的易燃部件不会燃烧,那么连接点处出现的火花和局部发热是允许的。

注 2：试验前后，在进线保护导体端子与相关的出线保护导体端子间测量电阻比较以验证是否符合这一条件。

4.5 介电性能

4.5.1 通则

介电性能试验可分为冲击耐受电压试验和工频耐受电压试验。

成套设备的每条电路都应承受：

——暂时过电压；

——瞬态过电压。

用施加工频耐受电压的方法验证成套设备承受暂时过电压的能力及固体绝缘的完整性；用施加冲击耐受电压的方法验证成套设备承受瞬态过电压的能力。

试验时，成套设备的所有电气设备都应连接起来，除非根据有关规定应施加较低试验电压的元器件以及某些消耗电流的元器件(如线圈、测量仪器，浪涌抑制器)，对这些元器件施加试验电压后将会引起电流的流动，则应将它们断开。此类元器件应将它们的一个接线端上断开，除非它们被设计为不能耐受全试验电压时，才能将所有接线端子都断开。

试验电压的允许误差和试验设备的选择见 IEC 61180。

4.5.2 工频耐受电压

4.5.2.1 主电路、辅助电路和控制电路

主电路以及连接到主电路的辅助电路和控制电路应承受表 4 中的试验电压值。

不与主电路连接的辅助电路和控制电路，应承受表 5 中的试验电压值。

4.5.2.2 试验电压

试验电压波形应是近似正弦波，频率在 45 Hz～65 Hz 之间。在输出电压已调整到合适的试验电压值后，当输出端子短路时，用于试验的高压变压器应设计为输出电流至少为 200 mA。

当输出电流小于 100 mA 时，过流继电器不应动作。

试验电压值应是表 4 或表 5 中规定值，允许有±3%的偏差。

4.5.2.3 试验电压的施加

开始时施加的工频试验电压不应超过全试验电压值的 50%，然后将试验电压平稳增加至全试验电压值，并维持 5^{+2}_{0}s，试验电压应施加于：

a) 主电路的所有带电部分(包括连接到主电路上的控制电路和辅助电路)连接在一起与外露可导电部分之间。此时，所有开关器件的主触头应处于闭合状态，或由一个合适的低阻导体短接。

b) 主电路不同电位的每个带电部分和不同电位其他带电部分与连接在一起的外露可导电部分之间。此时，所有开关器件的主触头应处于闭合状态，或由一个合适的低阻导体短接。

c) 通常：不连接主电路的每条控制电路和辅助电路与

- 主电路；
- 其他电路；
- 外露可导电部分。

可以接受的结果是，试验过程中，过流继电器不应动作，且不应有击穿放电。

4.5.3 冲击耐受电压

4.5.3.1 通则

初始制造商可自行决定选择 4.5.3.3 或 4.5.3.6 和 4.5.3.7 用等效的交流或直流电压试验代替冲击耐受电压试验。

4.5.3.2 冲击电压波形

冲击耐受电压试验，是以全波形式模拟电力系统中所出现的大气过电压，在绝缘没发生闪络现象时，通常是具有全波形式的非周期的冲击波。冲击耐受电压试验规定了 1.2/50 μs 冲击电压波形，见图 1。

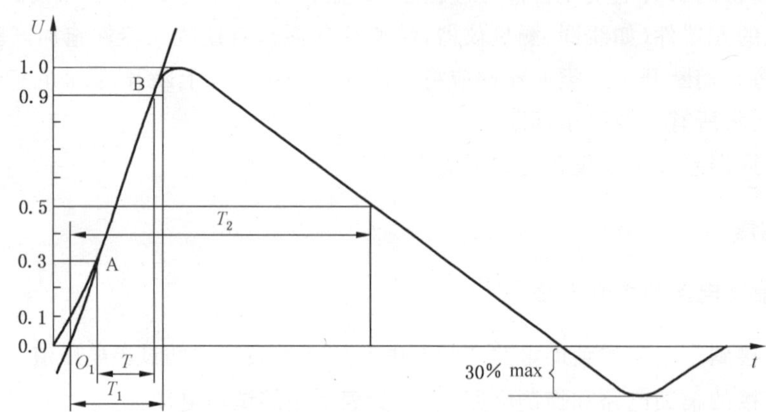

图 1 中 T_1 称为脉冲前沿，指电压从 0 上升至 100% 峰值的时间，T_2 为从 0 至幅值下降到 50% 峰值的时间。T_1 = 1.2 μs，允许误差 ±30%；T_2 = 50 μs，允许误差 ±20%；脉冲峰值 U_m 的允许误差为 ±3%。

图 1 1.2/50 μs 冲击电压波形

4.5.3.3 基本条件

设备应同正常使用时一样完整地安装在它自身的支撑件上或等效的支撑件上。

任何用绝缘材料制作的操作机构和任何无附加外壳的设备的完整的非金属外壳应用金属箔覆盖，金属箔连接到框架或安装金属板上。该金属箔应将可以触及的所有表面全部盖住。

4.5.3.4 试验电压

4.5.3.4.1 主电路的冲击耐受电压

带电部分与外露可导电部分之间，不同电位的带电部分之间应能承受表 6 给出的对应于额定冲击耐受电压的试验电压值。

对给定额定工作电压的相应额定冲击耐受电压应不低于表 8 中给出的成套设备使用点的电路的电源系统标称电压和相应的过电压类别。

4.5.3.4.2 辅助电路的冲击耐受电压

a) 连接在主电路上，且以额定工作电压(没有任何减少过电压的措施)运行的辅助电路应符合相关的要求。

b) 不与主电路连接的辅助电路，可以有与主电路不同的过电压承受能力。这类交流或直流电路的电气间隙应可以承受表6中给出的相应的冲击耐受电压。

4.5.3.4.3 可抽出式单元主触头与其静触头之间的隔离距离的冲击耐受电压能力应依据4.2.2进行验证。

4.5.3.5 试验电压的施加

冲击电压发生器应调整到连接的成套设备所要求的冲击电压值。试验电压值应是4.5.3.4中的规定值。施加的峰值电压的精度应为±3%。

不与主电路连接的辅助电路应接地。对成套设备每个极性施加1.2/50 μs的冲击电压5次，间隔时间至少为1 s，试验电压应施加于：

a) 主电路的所有带电部分(包括连接到主电路上的控制电路和辅助电路)连接在一起与外露可导电部分之间。此时，所有开关器件的主触头应处于闭合状态，或由一个合适的低阻导体短接。
b) 主电路不同电位的每个带电部分和不同电位其他带电部分与连接在一起的外露可导电部分之间。此时，所有开关器件的主触头应处于闭合状态，或由一个合适的低阻导体短接。
c) 通常不连接主电路的每条控制电路和辅助电路与
   • 主电路；
   • 其他电路；
   • 外露可导电部分。

可以接受的结果是，试验过程中不应有击穿放电。

4.5.3.6 可选择的工频电压试验

试验电压波形应是近似正弦波形，频率在45 Hz～65 Hz之间。

在输出电压已调整到合适的试验电压值后，当输出端子短路时，用于试验的高压变压器应设计为输出电流至少为200 mA。

当输出电流小于100 mA时，过流继电器不应动作。

试验电压值应是4.5.3.4及表4中规定值，允许有±3%的偏差。

应一次满额施加工频试验电压，持续时间应足够长以达到确定的值，但不应小于15 ms。

它适于成套设备在以上4.5.3.5 a)、b)及c)中的试验。

可以接受的结果是，试验过程中，过流继电器不应动作，不应有击穿放电。

4.5.3.7 可选择的直流电压试验

试验电压可含有可以忽略的纹波。

用于试验的高压源应设计成在输出电压调整到合适的试验电压值，且输出端子短路时，其输出电流至少为200 mA。

当输出电流小于100 mA时，过流继电器不应动作。

试验电压值应是4.5.3.4及表4中规定值，允许有±3%的偏差。

对每个极性施加直流电压一次，持续时间应足够长以达到确定的值，但不能小于15 ms或大于100 ms。

它适于成套设备在以上4.5.3.4 a)、b)及c)中的试验。

可以接受的结果是，试验过程中过流继电器不应动作，不应有击穿放电。

4.5.4 绝缘材料外壳的试验

用绝缘材料制造外壳的成套装置，还应进行一次附加介电试验。在外壳的表面包覆一层能覆盖所有开孔和接缝的金属箔。交流试验电压施加于这层金属箔与成套设备内靠近开孔和接缝的相互连接的带电部分以及外露可导电部分之间。对此附加试验，其试验电压应等于表 4 中规定值的 1.5 倍。

表 4　主电路的工频耐受电压值

额定绝缘电压 U_i (线-线 交流或直流) V	介电试验电压 交流有效值 V	介电试验电压[b] 直流 V
U_i ≤60	1 000	1 415
60< U_i ≤300	1 500	2 120
300< U_i ≤690	1 890	2 670
690< U_i ≤800	2 000	2 830
800< U_i ≤1 000	2 200	3 110
1 000< U_i ≤1 500[a]	—	3 820

[a] 仅指直流。

[b] 试验电压是根据 GB/T 16935.1—2008 中 6.1.3.4.1 第五段。

4.5.5　绝缘材料的外部操作手柄

手柄由绝缘材料制作或包覆的情况下，应在带电部分与金属箔包裹的整个手柄表面之间施加表 5 中给出试验电压 1.5 倍的试验电压进行介电试验。在此测试期间，框架不应接地或连接到其他电路。

表 5　辅助电路和控制电路的工频耐受电压值

额定绝缘电压 U_i (线-线) V	介电试验电压 交流有效值 V
U_i≤12	250
12<U_i≤60	500
60<U_i	见表 4

表 6　冲击耐受试验电压

额定冲击耐受电压 U_{imp}/ kV	试验期间的试验电压和相应的海拔									
	$U_{1.2/50}$，交流峰值和直流/ kV					交流有效值/ kV				
	海平面	200 m	500 m	1 000 m	2 000 m	海平面	200 m	500 m	1 000 m	2 000 m
2.5	2.95	2.8	2.8	2.7	2.5	2.1	2.0	2.0	1.9	1.8
4.0	4.8	4.8	4.7	4.4	4.0	3.4	3.4	3.3	3.1	2.8
6.0	7.3	7.2	7.0	6.7	6.0	5.1	5.1	5.0	4.7	4.2
8.0	9.8	9.6	9.3	9.0	8.0	6.9	6.8	6.6	6.4	5.7
12.0	14.8	14.5	14.0	13.3	12.0	10.5	10.3	9.9	9.4	8.5

表 7　适用于设备断开触头间的试验电压

额定冲击耐受电压 U_{imp}/ kV	试验电压和相应的海拔									
	$U_{1.2/50}$，交流峰值和直流/ kV					交流有效值/ kV				
	海平面	200 m	500 m	1 000 m	2 000 m	海平面	200 m	500 m	1 000 m	2 000 m
0.33	1.8	1.7	1.7	1.6	1.5	1.3	1.2	1.2	1.1	1.06
0.5	1.8	1.7	1.7	1.6	1.5	1.3	1.2	1.2	1.1	1.06
0.8	1.8	1.7	1.7	1.6	1.5	1.3	1.2	1.2	1.1	1.06
1.5	2.3	2.3	2.2	2.2	2	1.6	1.6	1.55	1.55	1.42
2.5	3.5	3.5	3.4	3.2	3	2.47	2.47	2.40	2.26	2.12
4	6.2	6	5.8	5.6	5	4.38	4.24	4.10	3.96	3.54
6	9.8	9.6	9.3	9	8	7.0	6.8	6.60	6.40	5.66
8	12.3	12.1	11.7	11.1	10	8.7	8.55	8.27	7.85	7.07
12	18.5	18.1	17.5	16.7	15	13.1	12.80	12.37	11.80	10.6

表 8　电源系统的标称电压与设备额定冲击耐受电压之间的相应关系

额定工作电压对地最大值，交流有效值或直流 V	电源系统的标称电压(≤设备的额定绝缘电压) V				额定冲击耐受电压(1.2/50 μs)优先值(海拔 2 000 m)kV			
					过电压类别			
					Ⅳ	Ⅲ	Ⅱ	Ⅰ
	交流有效值	交流有效值	交流有效值或直流	交流有效值或直流	电源进线点(进线端)水平	配电电路水平	负载(器件，设备)水平	特殊保护水平
50	—	—	12.5，24，25，30，42，48		1.5	0.8	0.5	0.33
100	66/115	66	60	—	2.5	1.5	0.8	0.5
150	120/208 127/220	115，120 127	110，120	220-110，240-120	4	2.5	1.5	0.8
300	220/380，230/400 240/415，260/440 277/480	220，230 240，260 277	220	440-220	6	4	2.5	1.5
600	347/600，380/660 400/690，415/720 480/830	347，380，400 415，440，480 500，577，600	480	960-480	8	6	4	2.5
1 000	—	660 690，720 830，1 000	1 000	—	12	8	6	4

4.6 绝缘电阻试验

4.6.1 试验条件

设备绝缘电阻测试,应在电路无电的状态下进行。绝缘电阻测量仪器(简称兆欧表)的电压等级,按表9的规定选取。对不能承受兆欧表电压等级的元器件,测量前应将其短接或拆除。

表9 试验仪器的电压等级

设备额定电压 U_e V	测量仪器的电压等级 V
$U_e<500$	500
$500\leqslant U_e<1\ 000$	1 000
$U_e\geqslant 1\ 000$	2 500

4.6.2 试验程序

4.6.2.1 对不能承受绝缘电压试验的元件,消耗电流的器件(如:线圈、测量仪器),在施加试验电压前应将其拆除或短接。

4.6.2.2 试验电压施加部位及时间见4.5.2.3。

4.6.2.3 试验结果

所测得的绝缘电阻按标称电压至少为1 000 Ω/V ,则认为试验通过。

4.7 短路耐受强度验证

4.7.1 可免除此项验证的成套设备的电路

4.7.1.1 额定短时耐受电流或额定限制短路电流不超过10 kA的成套设备。

4.7.1.2 采用限流器件保护的成套设备,该器件在最大允许预期短路电流(在成套设备的进线电路端)时的截断电流不超过17 kA。

4.7.1.3 与变压器相连接的成套设备中的辅助电路,该变压器二次额定电压不小于110 V时,其额定容量不超过10 kVA。或二次额定电压小于110 V时,其额定容量不超过1.6 kVA,而且其短路阻抗不小于4%。

4.7.2 短路耐受强度试验程序

4.7.2.1 试验安排

应进行全部试验的成套设备或其部件应象正常使用时一样安装。如果其余的功能单元有相同的结构,则仅对其中一个功能单元进行试验就够了。同样地,如果其余母线的配置有相同结构,则只对其中一个母线配置进行试验就够了。

4.7.2.2 试验的实施一通则

如果试验电路中包含有熔断器,则应采用具有最大允许电流的熔断体,如需要,应使用初始制造商规定的熔断器。

被试验成套设备所用到的电源导线和短路连接线应有足够的短路耐受强度,它们的连接不应给成套设备造成任何附加的应力。

如果没有其他规定，试验电路应接到成套设备的进线端上，三相成套设备应接到三相电源上。

在使用中与保护导体连接的设备的所有部件，包括外壳，应进行如下连接：

a) 对适用于三相四线系统(也见 IEC 60038)，且带已标记出接地星形点的成套设备，可接到电源中性点或接到允许预期故障电流至少为 1500 A 的坚固的感性人工中性点。

b) 对适用于三相三线系统及三相四线系统并有相应标志的成套设备，要与产生对地电弧的可能性最小的相导体连接。

除了全绝缘防护的成套设备外，以上 a)和 b)连接方式应包括一个直径为 0.8 mm，长度至少50 mm 的铜丝作为熔体，或者连接一个等效熔体用以检测故障电流。除了注 2 和注 3 所述情况外，在这种有熔体的电路中，预期故障电流应为 1 500 A±150 A。必要时，用一个电阻器把电流限制在该值上。

注 1：一根 0.8 mm 直径的铜丝，在 1 500 A 下，电源频率在 45 Hz～67 Hz 之间，大约经过半个周波就熔断(或者直流 0.01 s)。

注 2：按照有关产品标准的要求，小型设备的预期故障电流可能小于 1 500 A，则可选用熔断时间与注 1 相同直径较小的铜丝(见注 4)。

注 3：在电源具有一个人为的中性点时，预期故障电流可能比较低，征得成套设备制造商的同意，可选用熔断时间与注 1 相同直径较小的铜丝(见注 4)。

注 4：在有熔体电路中的预期故障电流和铜丝直径之间的关系见表 10。

表 10 预期故障电流与铜丝直径的关系

铜丝直径/mm	有熔体电路中预期故障电流/A
0.1	50
0.2	150
0.3	300
0.4	500
0.5	800
0.8	1 500

4.7.2.3 主电路试验

4.7.2.3.1 通则

对初始制造商宣称的下述一种或多种状况，应试验达到额定值的短路电流引发的最大热应力和动态应力的电路：

a) 不依赖于短路保护电器(SCPD)。应用额定峰值耐受电流和额定短时耐受电流在规定的持续时间内对成套设备进行试验；

b) 依赖于成套设备中进线短路保护电器(SCPD)。应用预期进线短路电流在进线短路保护电器限定的时间内对成套设备进行试验；

c) 依赖于上一级短路保护电器(SCPD)。应用初始制造商确定的上一级短路保护电器允许的值对成套设备进行试验。

如果进线或出线电路包括一个可以降低故障电流峰值和/或故障电流持续时间的短路保护电器(SCPD)，则允许在短路保护电器(SCPD)动作，切断故障电流(额定限制短路电流 I_{cc})情况下进行电路试验。如果短路保护电器(SCPD)包含有可调短路脱扣器，则应设定在最大允许值。

每一种类型的电路应抽出一台按 4.7.2.3.2～4.7.2.3.5 中所描述那样承受短路试验。

4.7.2.3.2 出线电路

出线电路的出线端子应用螺栓进行短路连接。当出线电路中的保护器件是一个断路器时，根据IEC 60947-1:2007 中 8.3.4.1.2b)，试验电路可包括一个分流电阻器与电抗器并联来调整短路电流。

对于额定电流小于或等于 630 A 的断路器，在试验电路中，导线长度应为 0.75 m，截面积应适于额定电流的导线。如果由初始制造商选定，则可以选用长度小于 0.75 m 的导线连接。

开关器件应闭合，同工作中正常使用那样保持闭合状态。然后应一次施加试验电压并且：

a) 试验电压应维持足够长的时间，使出线单元的短路保护电器动作以消除故障，且在任何情况下，不得少于 10 个周期(试验电压持续时间)，或

b) 当出线电路不包括短路保护电器(SCPD)时，根据初始制造商对母线的说明来确定短路电流的大小和持续时间，出线电路的试验也可能导致进线电路 SCPD 动作。

4.7.2.3.3 进线电路和主母线

应对有主母线的成套设备进行试验，以检验主母线和至少含一个拟向外延伸母线接点的进线电路的短路耐受强度。试验中短路点应该选择包括主母线长度在内的长度为 2 m±0.4 m 处。在验证额定短时耐受电流和额定峰值耐受电流时，此距离可增加，在所提供的任何适宜的电压下进行试验，应使试验电流为额定值[(见 4.7.2.4 b)]。如所设计的成套设备的被试验母线长度小于 1.6 m，而且成套设备不打算再扩展时，则应试验整个母线的全长，短路点应设在这些母线的末端。如果一组母线是由不同母线段构成(诸如截面，导体中心线间隔，母线类型和每米母线上支架的数量)且满足上面所提的条件，则每一柜架单元应分别或同时进行试验。

4.7.2.3.4 出线单元电源侧的连接

如果成套设备的主母线和出线功能单元电源侧之间所包含的导体，包括配电母线(如果有)当其选择与安装不能使得其在相间或相对地之间内部短路可能性极小时，则每种类型应选择一条电路进行附加试验。

用螺栓将导体连接到单独的出线单元的母线上来实现短路，短路点应尽量靠近出线单元母线侧的端子。短路电流值及其持续时间应与主母线相同。

4.7.2.3.5 中性导体

如果电路中存在中性导体，则应进行一次试验以检验它与电路中最靠近的相导体(包括任何一个连接点)的短路耐受强度。应按照 4.7.2.3.3 的要求进行相与中性点的短路连接。

如果初始制造商与用户没有其他协议，则中性导体的试验电流至少为三相试验时相电流的 60%。

如果试验电流是相电流的 60%并且中性导体满足以下条件，则可不必进行试验：

——与相导体有相同的形状和截面；

——与相导体的支撑方式相同，沿导体长度的支撑间距不大于相导体的支撑间距；

——与最靠近相导体的距离不小于相导体间的距离。

与接地金属工件的距离不小于同相导体的距离。

4.7.2.4 短路电流值及其持续时间

应在指定保护器件的电源侧，用对所有短路耐受额定数据的预期电流进行动态应力和热应力的验证。若有的话，预期电流等于给出的额定短时耐受电流、额定峰值耐受电流或额定限制短路电流。

对于所有短路耐受额定数据的验证，在试验电压等于 1.05 倍额定工作电压时的预期短路电流值应由标定的示波图来确定，该示波图从成套设备供电的导体上测得，该成套设备用一个可以忽略的阻抗所

替代，并在尽可能靠近成套设备的输入电源处进行短接。示波图应显示出一个在成套设备内相当于保护器件动作一次时或在指定持续时间内测出的稳定的电流值。

标定过程中的电流值应是所有相中交流分量的平均有效值。当在最大工作电压下进行试验时，每一相的标定电流应等于额定短路电流，偏差在＋5％～0％之内，而且功率因数的偏差为 0.00～－0.05 之间。

所有试验应在成套设备的额定频率(偏差±25％)及按表 11 的短路电流对应的功率因数下进行。

a) 对于额定限制短路电流 I_{cc}试验，无论保护器件是在成套设备的进线单元或是其他地方，试验电压的施加时间应足够长，以确保短路保护电器动作，并清除故障。在任何情况下，不应少于 10 个周波。试验应在 1.05 倍额定工作电压和预期短路电流下进行，如果有规定的保护器件接到电源侧，则预期电流值等于额定限制短路电流值。试验不允许在低电压下进行。

b) 对于额定短时耐受电流和峰值耐受电流的试验，用宣称的额定短时耐受电流和峰值耐受电流值相等的预期电流进行动态应力和热应力验证。应在规定时间内施加电流，此期间其交流分量的有效值应保持不变。

如在最大工作电压下进行短时或峰值耐受试验有困难的情况下，可按 4.7.2.3.3、4.7.2.3.4 和 4.7.2.3.5规定，在任何合适的电压下进行试验(征得初始制造商同意)。此时的实际试验电流应等于额定短时耐受电流或峰值耐受电流。然而，如果在试验期间出现保护器件发生瞬时触点分离，则应在最大工作电压下重复试验。这一点应在试验报告中说明。

由于试验条件的限制，允许采用不同的试验周期，在此情况下，试验电流应依据公式 I^2t＝常数进行修正，但如果没有初始制造商的同意，峰值不得超过额定峰值耐受电流，而且短时电流有效值至少有一相在电流起始后的 0.1 s 应不小于额定值。

短时电流试验和峰值耐受电流试验可分别进行。在此情况下，峰值耐受电流试验时施加短路电流的时间，应使 I^2t 值不大于短时电流试验的相应值，但它不得小于 3 个周波。

若不能达到各相要求的试验电流，经初始制造商同意可超出正偏差。

4.7.2.5 试验结果

试验后，导线不应有任何过大的变形，只要电气间隙和爬电距离仍符合规定，母排的微小变形是允许的。同时，导线的绝缘和绝缘支撑部件不应有任何明显的损伤痕迹，也就是说，绝缘物的主要性能仍保证设备的机械性能和电器性能满足本标准的要求。

检测器件不应指示出有故障电流发生。

导线的连接部件不应松动。

在不影响防护等级，电气间隙不减小到小于规定数值的条件下，外壳的变形是允许的。

母线电路或成套设备框架的任何变形影响了抽出式部件或可移式部件的正常插入的情况，应视为故障。在有疑问的情况下，应检查成套设备的内装元件的状况是否符合有关规定。

4.7.2.6 通过部分型式试验的成套设备的短路耐受强度试验

对于通过部分型式试验的成套设备(PTTA)应按下述要求之一验证其短路耐受强度：

——根据 4.7.2.1～4.7.2.5 进行试验；

——根据来自类似的通过型式试验安排的外推法。

注 1： 从通过型式试验安排进行外推的实例可见 IEC 61117。

注 2： 注意比较导体强度、带电部件与裸露导电部件之间的距离，支撑框架之间的距离，支撑框架的高度和强度以及安装结构的支撑框架的类型和强度。

4.7.3 有关短路耐受强度的资料

4.7.3.1 对于进线单元带有短路保护电器(SCPD)的成套设备，成套设备制造商应标明成套设备进线端的预期短路电流的最大允许值。这个值不应超过相应的额定值。相应的功率因数和峰值应为4.7.3.2给出的数据。

如果使用带延时脱扣的断路器作为短路保护电器，则成套设备制造商应标明最大延时时间和相应于指定预期短路电流的电流整定值。

对于进线单元没有短路保护电器的成套设备，成套设备制造商应用下述一种或几种方法标明短路耐受强度：

a） 额定短时耐受电流（I_{cw}）及相应的持续时间和额定峰值耐受电流（I_{pk}）；

b） 额定限制短路电流（I_{cc}）。

当最长时间不超过3 s时，额定短时耐受电流与相应的持续时间的关系用公式 I^2t＝常数表示，但峰值不超过额定峰值耐受电流。

成套设备制造商应说明用于保护成套设备所需的短路保护电器的特性。

具有几个但不大可能同时工作的进线单元的成套设备，其短路电流耐受强度可根据上述条款在每个进线单元上标出。

对于具有几个且可能同时工作的进线单元的成套设备，以及对于具有可能分担短路电流的一个进线单元和一个或几个大功率出线单元的成套设备，应根据用户提供的数据，确定每个进线单元，每个出线单元和母线中的预期短路电流值。

4.7.3.2 峰值电流与短时电流之间的关系

为确定电动应力，峰值电流值应用短路电流的有效值乘以系数 n 获得。系数 n 的值和相应的功率因数在表11中给出。

表11 系数 n[a] 的标准值

短路电流的方均根值/kA	cosφ	n
$I \leqslant 5$	0.7	1.5
$5 < I \leqslant 10$	0.5	1.7
$10 < I \leqslant 20$	0.3	2
$20 < I \leqslant 50$	0.25	2.1
$50 < I$	0.2	2.2

[a] 表中的值适合于大多数用途。在某些特殊的场合，例如在变压器或发电机附近，功率因数可能更低。因此，最大的预期峰值电流就可能变为极限值以代替短路电流的有效值。

4.8 材料和部件的强度

4.8.1 一般要求

成套设备的结构材料和部件的机械、电气和热性能应通过结构和运行特性来验证。

如果成套设备使用了符合GB/T 20641的空壳体，且没有对其进行过降低外壳性能的更改，则不需要按4.8规定再进行外壳的试验。

4.8.2 耐腐蚀性

成套设备含铁的金属外壳及内部和外部含铁金属部件的代表性样品应进行耐腐蚀性验证。

试验应执行在：

——外壳或代表性样品外壳，且正常使用时，具有代表性的内部部件且门关闭，或

——单独的代表性外壳部件和内部部件。

在所有情况下，铰链、锁和紧固件也应进行试验，除非它们原先已进行过等效试验并且使用中没有

损害其耐腐蚀性。

外壳应按照初始制造商说明书中正常使用的要求安装进行试验。

试验样品应是新的,干净的,并应耐受严酷试验A或B的验证。

注:盐雾试验提供了加速腐蚀的环境,但这不意味着成套设备适用于盐雾环境。

4.8.2.1 严酷试验A(适用于户内型设备)

试验适用于:

——户内安装的金属外壳;

——户内安装成套设备的外部金属部件;

——户内和户外安装的成套设备内部用于机械操作的金属部件。

试验包括:

根据GB/T 2423.4—2008(试验Db)进行湿热循环试验,温度(40±3) ℃,相对湿度为95%,试验以24 h为一个循环,共进行6个循环,和

根据GB/T 2423.17—2008(试验Ka:盐雾)进行盐雾试验,温度(35±2) ℃,试验以24 h为一个循环,共进行2个循环。

4.8.2.2 严酷试验B(适用于户外型设备)

试验适用于:

——户外安装的金属外壳;

——户外安装成套设备的外部金属部件。

试验由两个完全相同的12天周期组成。

每个12天的周期包括:

根据GB/T 2423.4—2008(试验Db)进行湿热循环试验,温度为(40±3)℃,相对湿度为95%,试验以24 h为一个循环,共进行5个循环。和

根据GB/T 2423.17—2008(试验Ka:盐雾)进行盐雾试验,温度(35±2)℃,试验以24 h为一个循环,共进行7个循环。

4.8.2.3 试验结果

试验结束后,应开启水龙头对外壳或样品用水冲洗5 min,用蒸馏水或软化水漂净,再甩动或用吹风机除去水珠,然后将试验样品存放在正常使用条件下2 h。

进行目测检查,以确定:

——没有明显锈痕、破裂或不超过ISO 4628-3所允许的Ri1锈蚀等级的其他损坏。然而,允许保护涂层表面的损坏。如果对色漆和清漆有疑问,应参考ISO 4628-3验证,看试样是否符合样品Ri1;

——机械完整性没有损坏;

——密封没有损坏;

——门、铰链、锁和紧固件工作没有异常。

注:ISO 4628-3中Ri1锈蚀等级生锈面积比为0.05%。

4.8.3 绝缘材料性能

4.8.3.1 外壳热稳定性验证

此试验仅适用于由绝缘材料制造的外壳,用于装饰的部件不进行此项试验。可以使用具有代表性

的壳体进行此项试验。

试验根据 GB/T 2423.2—2008 试验 Bb 进行，温度 70 ℃，自然通风，持续 168 h，恢复 96 h。

试验后目测外壳或样品，外壳表面应无裂痕，然后在食指裹一块干粗布，以 5 N 力按压样品，样品上应没有布的痕迹并且外壳或样品的材料没有粘到布上。

4.8.3.2 绝缘材料耐受内部电效应引起的非正常发热和着火的验证

此项试验适用于固定及维持载流部件在正常使用位置所必需的部件和由于内部电效应而暴露在热应力下的部件的绝缘材料。在进行本试验时，保护导体(PE)不作为载流部件考虑。

试验依据 GB/T 5169.10 和 GB/T 5169.11 进行。

灼热丝顶部的温度应如下：

——其上需要安装载流部件的部件：960 ℃；

——用于嵌入墙内的外壳：850 ℃；

——其他部件，包括需要安装保护导体的部件：650 ℃。

对于小的部件(表面积尺寸不超过 14 mm×14 mm)，可采用替代的试验方法(例如：按照 GB/T 5169.5 的针焰试验)。同样的步骤可适用于部件的金属材料大于绝缘材料的情况。

4.8.4 耐紫外线(UV)辐射验证

此试验仅适用于用成套设备的外壳和外装部件由绝缘材料制作或用金属制作但完全由合成材料包覆，且安装类型为户外型。

UV 试验依据 ISO 4892-2 中的方法 A 进行，循环 1 试验周期总共 500 h。对于用绝缘材料制成的外壳，通过验证进行核查，其绝缘材料的弯曲强度(依据 GB/T 9341)和摆锤冲击强度(依据 ISO 179)至少保留 70%。

试验样块应符合 GB/T 9341 规定的六个标准尺寸的试验样品和符合 ISO 179 规定的六个标准尺寸的要求。且试验样块应在与制造外壳的相同条件下制成。

对于依据 GB/T 9341 进行的试验，暴露在 UV 下的样品的表面应正面向下，并在非暴露表面施加压力。

对于依据 ISO 179 进行的试验，对于材料，由于尚未产生裂痕，所以冲击弯曲强度不能在暴露前确定，不应损坏超过三个暴露试验的样品。

由金属材料制成完全用合成材料包覆的外壳，合成材料的粘附物依据 ISO 2409 应至少保留类别 3。

经正常视力或没有附加放大设备的校正视力目测样品应没有可见的裂痕或损坏。

如果初始制造商能够提供来自材料供应商的数据，证明具有相同类型和厚度或较薄的材料符合这些要求，则不必做试验。

4.8.5 提升试验

提升试验需要将初始制造商允许提升的最大数量的柜架单元、元件和/或砝码装在一起，总质量为最大运输质量的 1.25 倍，然后关闭所有可开启的门，按照初始制造商规定的方法，用指定的提升设施提升。

试验方法如下：

——将成套设备从静止位置垂直提升到至少 1 m 高度，保持 30 min，然后以相同方法缓缓地放回静止位置。位置移动时需平稳无冲击，此试验重复两次。

——将成套设备从静止位置垂直提升到至少 1 m 高度，并水平移动(10±0.5)m，然后以相同方法缓缓地放回静止位置。位置移动时需平稳无冲击，此试验重复三次，需保证每次速度相同，且每次时间控制在 1 min 之内。

试验结果判定：

试验后，试验砝码应就位，成套设备经目测没有可见的裂痕或永久变形，其性能也没有受到损害即为合格。

4.8.6 机械碰撞试验

此项试验适用于有特殊要求的成套设备。

碰撞试验应在试品每一暴露面进行 5 次，试验所需碰撞力见表 12 ，碰撞部位应均匀地分布在被试外壳的测试面上，且在同一部位附近所施加的碰撞不应超过 3 次。设备经过每次碰撞试验后试品外观，试验部位允许有轻微损伤，但不能影响正常使用。

若设备正常使用时需要支撑座，应该将设备按制造商的说明安装在刚性支撑座上，对支撑座施加碰撞力，检查设备是否移动，若发生的位移小于或等于 0.1 mm，则认为该支撑座具有足够的刚性。

试验所使用的设备应采用 GB/T 2423.55—2006 中所规定的一种器具进行。

表 12 IK 代码及其相应碰撞能量的对应关系

IK 代码	IK00	IK01	IK02	IK03	IK04	IK05	IK06	IK07	IK08	IK09	IK10
碰撞能力/J	[a]	0.14	0.2	0.35	0.5	0.7	1	2	5	10	20

注 1：如要求更高的碰撞能量，推荐取值 50 J。

注 2：有些国家标准使用一位数字表示规定的碰撞能量，为避免与之混淆，故特征数字选用两位数字表示。

[a] 按本标准无防护。

4.8.7 标志

模压、冲压、刻字或类似方法制作的标志，包括带有塑料覆膜的标签，不用经受本试验。

试验时先手持一块在水中浸泡过的布，摩擦标志 15 s，再用在石油溶剂油中浸泡过的布摩擦标志 15 s。

注：石油溶剂油为己烷溶剂，溶剂内芳香物含量最多体积比的 0.1 %，贝克松脂丁醇溶解能力值 29，初始沸点65 ℃，干点 69 ℃，密度约为 0.68 g /cm³。

试验后，经目测检查标志，仍容易辨认。

4.9 温升试验

4.9.1 总则

4.9.1.1 温升试验是验证设备中各部件的温升极限是否超过设备技术条件的规定，试验结果应符合表 13 的规定。

4.9.1.2 一般应按 4.9.2.3 规定的电流值进行温升试验。

4.9.1.3 试验也可用功率损耗等效的加热电阻器来进行。

对于某些主电路和辅助电路额定电流比较小的封闭式成套设备，其功率损耗可使用能产生相同热量的加热电阻器来模拟，该电阻器安装在设备内适当的位置上。

连到电阻器上的引线截面不应导致显著的热量传出外壳。

加热电阻器试验，对外壳相同的所有成套设备应具有充分的代表性，尽管外壳内装有不同的电器元件，但只要考虑分散系数后，其内装元件的总功率损耗不超过试验中施加的功率损耗值即可。

内装的电器元件的温升不得超过规定值。该温升也可采用在测量出该电器元件在大气中的温升后，再加上外壳内部与外部的温差的方法求得近似值。

4.9.1.4 只有在采取适合的措施使试验具有代表性的情况下允许对成套设备的单独部件（板、箱、外壳等）进行试验（见 4.9.2.1），在各单独电路上进行温升试验，应采用设计所规定的电流类型和频率。所用的试验电压应使流过电路的电流等于 4.9.2.3 所规定的电流值。应对继电器、接触器、脱扣器等的线圈施加额定电压。

4.9.1.5 对于开启式成套设备，如果其单个部件上的型式试验、导体的尺寸以及电器元件的布局明显不会出现过高的温升，也不会对成套设备相连接的设备及相邻的绝缘材料部件造成损害，则不需进行温升试验。

4.9.1.6 环境条件

4.9.1.6.1 为防止空气流动和辐射对温升测量的影响，设备应在正常的通风和散热条件下使用。

4.9.1.6.2 在满足标准的温升的前提下，试验房间应有一定的容积。

4.9.1.6.3 周围的空气温度应在＋10 ℃～＋40 ℃之间。

4.9.2 通过试验验证

4.9.2.1 通则

通过试验验证时，应包含以下内容：

a） 如果被验证的成套设备系统包含几个方案，应依据 4.9.2.2 选择有最严酷布置的成套设备系统进行试验；

b） 采用下面的方法之一对所选择的成套设备方案进行验证：

依据 4.9.2.3.5，整体考虑各个功能单元、主母线、配电母线以及成套设备；

依据 4.9.2.3.6，分别考虑各个功能单元，以及包括主母线、配电母线的整套成套设备；

依据 4.9.2.3.7，分别考虑各个功能单元、主母线、配电母线以及整套成套设备。

c） 当被试验的成套设备是成套设备系统中最严酷的方案时，其试验结果可用于制定类似方案的额定值而无需进一步试验。

4.9.2.2 代表性布置的选择

4.9.2.2.1 通则

试验应在一个或多个代表性的布置上进行，该代表性布置的负载应选择一个或多个代表性负载组合，以便能以合理的精度得到尽可能高的温升。

用来测试的代表性布置的选择在 4.9.2.2.2 和 4.9.2.2.3 中给出。这种选择由初始制造商负责。

4.9.2.2.2 母线

由单根或多根矩形截面导体组成的母线系统，其方案的区别仅在以下一个或多个量的变化：

——高度；

——厚度；

——每个导体的母线数量；

且具有相同的

——母线布置方式；

——导体中心线间隔；

——外壳；

——母线隔室(如果有)。

为了减少试验次数，应选择最大截面积的母线作为代表性布置。

4.9.2.2.3 功能单元

a) 类似功能单元组的选择

如果不同额定电流的功能单元，满足下列的条件，那么可认为这些功能单元具有类似的热性能，并形成一个类似的单元系列：

1) 主电路功能及基本电路图相同(例如进线单元，可逆起动器，电缆馈线)；
2) 器件具有相同的框架尺寸且属于相同系列；
3) 相同类型的安装结构；
4) 器件相互之间的布置方式相同；
5) 导体的类型及布置方式相同；
6) 一个功能单元内的主电路导体的截面应至少等于电路中最小额定数据器件的额定数据，电缆的选择应按照试验或依据 IEC 60364-5-52。GB 7251.1—2013 附录 H 表格中给出了成套设备内部状态如何适配这个标准的例子。母线的截面积应按照试验或按 GB 7251.1—2013 附录 N 的数据。

b) 每个类似组合中挑选出一个关键方案作为试验样品

对于关键方案，应试验其最严酷的隔室(如适用)及外壳条件(考虑到形状、尺寸、隔板及外壳的通风设计)。

确定功能单元的每个方案的最大可能电流额定数据。对于只包含一个器件的功能单元，它就是器件的额定电流值。对于具有几个器件的功能单元，它就是具有最小额定电流器件的额定值。如果串联连接器件的组合用于一个较低电流(例如电动机起动器组合)，则应采用此较低电流。

对于每个功能单元，其功率损耗应在最大可能电流下按器件制造商给出的每个器件和相关导体的功率损耗的数据来计算。

对于电流小于或等于 630 A 的功能单元，每个系列中的关键单元是具有最高总功率损耗的功能单元。

对于电流在 630 A 以上的功能单元，每个系列中的关键单元是具有最高额定电流的单元。这种单元应确保考虑涡流及电流集肤效应引起的附加热效应。

关键功能单元应至少执行下列试验：

- 拟用于这个功能单元的最小隔室(如果有)；和
- 考虑到通风口尺寸，最差的内部隔离方案(如果有)；和
- 其外壳具有单位体积最大功率损耗；和
- 外壳的通风方式(自然或强制)和通风口尺寸最差的方案。

如果功能单元能有不同的安装方向(水平或垂直)，那么应验证最严酷的布置。

注：对于非关键功能单元的布置及方案的附加试验应由初始制造商决定。

4.9.2.3 试验方法

4.9.2.3.1 通则

在 4.9.2.3.5～4.9.2.3.7 中，给出三种试验方法。

各条电路的温升试验应采用设计的频率和预期的电流类型，任何试验电压值应能产生所需电流。应对继电器线圈、接触器线圈、脱扣器线圈等施加额定工作电压。

成套设备应按正常使用时放置，所有覆板包括底板都应就位。

如果成套设备中包含有熔断器，试验时应按照制造商的规定配备熔断体。试验所用的熔断体的功率损耗应载入试验报告中。熔断体的功率损耗可由测量得到，也可由熔断体制造商给出。

试验时使用的外接导体的尺寸和布置方式也应载入试验报告中。

试验持续的时间应足以使温度上升到稳定值。实际上当所有的测量点(包括周围空气温度)温度变化不超过 1 K/h 时，即认为达到稳定温度。

如果器件允许的话，可以在试验开始时加大电流，然后再降到规定的试验电流值，用这样的方法缩短试验时间。

在试验期间，当控制电磁铁通电时，应在主电路和电磁铁都达到热平衡时测量温度。

实际进线试验电流的平均值应在预期值的－0％～＋3％之间。每相应在预期值的±5％范围内。

允许对成套设备每个柜架单元进行试验。为使试验具有代表性，可能被连接的附加柜架单元的外表面应涂以隔热层以防止过度冷却。

当柜架单元内或一套成套设备内各个功能单元进行试验时，如果每个功能单元的额定数据不超过 630 A，且其额定数据不用本实验进行验证时，则与其邻近的功能单元可以使用加热电阻器代替。

如果成套设备中有附加的控制电路或一体化器件，则可用加热电阻器来模拟这些附加项目的功率损耗。

4.9.2.3.2 试验导体

在缺少外接导体和使用条件的详细资料时，外接试验导体的截面应按照每条电路的额定电流来选择，如下：

a) 额定电流值在 400 A 以下(包括 400 A)：
   1) 导线应使用单芯铜电缆或绝缘线，其截面积按表 14 给出的数值；
   2) 导线应尽可能暴露在大气中；
   3) 每根从端子到端子的临时接线的最小长度应是：
      ——当截面小于或等于 35 mm^2 时，长度为 1 m；
      ——当截面大于 35 mm^2 时，长度为 2 m。
b) 额定电流值高于 400 A，但不超过 800 A 时：
   1) 根据初始制造商的规定，导线应是单芯铜电缆，其截面积在表 15 中给出，或者是表 15 中给出的等效铜母线。
   2) 电缆或铜母线的间隔大约为端子之间的间距。每个端子的多根平行电缆应捆在一起，互相间的距离大约为 10 mm。每个端子的多根铜母线之间的间距大约等于铜母线的厚度。如果所要求的铜母线尺寸不适合端子或没有这种尺寸的铜母线，则允许采用截面尺寸大致相差±10 ％，冷却面积大致相同或略小一些的其他铜母线。电缆或铜母线不应交叉。
   3) 单相或多相试验，连接试验电源的临时接线的最小长度为 2 m。连接星形点的临时接线的最小长度，如初始制造商同意，可减少到 1.2 m。
c) 额定电流值高于 800 A ，但不超过 4 000 A 时：
   1) 导体应是表 15 中规定尺寸的铜母线，除非成套设备的设计规定只能使用电缆。在这种情况下，电缆尺寸和布置应由初始制造厂商给出。
   2) 铜母线的间隔大约为端子间的间隔。每个端子排的多根铜母线应以大约等于铜母线厚度的间距隔开。如果所要求的铜母线尺寸不适合端子或没有这种尺寸的铜母线，则允许采用截面尺寸大致相差±10 %，冷却面积大致相同或略小一些的其他铜母线，铜母线不应交叉。

3） 对于单相或多相试验，连接试验电源的任何临时接线的最小长度为 3 m，但如果连接线的电源末端的温升与连接长度中点的温升相比不低于 5 K，那么，连接线可以减少到 2 m。

d） 额定电流值高于 4 000 A 时：

初始制造商应确定有关试验的所有事项，例如：电源类型，相数和频率（如需要），试验导线的截面等。这些信息应作为试验报告的一部分。

4.9.2.3.3 温度的测量

应使用热电偶或温度计来测量温度。对于绕组，通常采用测量电阻变化值的方法来测量温度。

温度计或热电偶应防止空气流动和热辐射。

应对应观测温升限值（见表 13）的所有点进行温度测量，特别是应注意主回路中的导体和端子连接点。为测量成套设备内部的空气温度，应在适宜的地方配置几个测量装置。

4.9.2.3.4 周围空气温度

测量周围空气温度，至少要用两个热电偶或温度计均匀地布置在成套设备的周围，其高度约等于成套设备的二分之一，并距成套设备 1 m 的地方安装。温度计或热电偶应防止空气流动和热辐射。

试验期间的周围温度应在＋10 ℃和＋40 ℃之间。

4.9.2.3.5 整个成套设备的验证

成套设备的进、出电路应通以额定电流，即等效额定分散系数等于 1。

如果进线电路或配电母线系统的额定电流小于所有出线电路额定电流的总和，则出线电路应根据进线电路或配电母线系统的额定电流分成几组。分组形式应能获得最高可能的温升。应形成足够多的组并进行试验，以保证至少在一个组中包含功能单元的所有不同的方案。

若满负载电路不能精确分配总输入电流，则剩余电流应由其他适合的电路进行分配。试验需反复进行直到所有出线回路在其额定电流下都被验证。

由于相邻单元的热影响可能有很大的差别，所以在已验证过的成套设备中的功能单元或成套设备的柜架单元中布置的变化都应做附加试验。

注：4.9.2.3.6 提供了分散系数小于 1 的成套设备的测试方法，此方法比 4.9.2.3.7 所规定的试验次数少。

4.9.2.3.6 分别验证各功能单元和整个成套设备

电路的额定电流和额定分散系数应通过以下两个阶段进行验证。

每个关键方案功能单元的额定电流[4.9.2.2.3 b)]分别按 4.9.2.3.7 c)进行验证。

成套设备应通过进线电路通以额定电流，所有出线功能单元都通以额定电流乘以分散系数进行验证。

如果进线电路或配电母线系统的额定电流小于所有出线电路试验电流的总和（如额定电流乘以分散系数），则出线电路应根据进线电路或配电母线系统的额定电流分成几组。分组形式应能获得可能最高的温升。应形成足够多的组并进行试验，以保证至少在一组中包含了功能单元的所有不同方案。

若满负载电路不能精确分配总输入电流，则剩余电流应由其他适合的电路进行分配。试验需反复进行直到所有出线回路在其额定电流下都被验证。

由于相邻单元的热影响可能有很大的差别，所以在已验证过的成套设备中的功能单元或成套单元的柜架单元中布置的变化都应做附加试验。

4.9.2.3.7 分别验证各功能单元，主母线，配电母线和整个成套设备

成套设备应依据 4.9.2.2.2 和 4.9.2.2.3 对所选标准部件分别进行 a)～c)的验证，并且应在最严酷条件下对整个成套设备 d)进行验证，详述如下：

a) 主母线应分别进行试验。主母线应像正常使用时一样安装在成套设备外壳内，所有覆板及将主母线与其他隔室隔开的所有隔板应就位。如果主母线有连接点，它们应被包含在试验中。试验应在额定电流下进行。试验电流应流过母线全长。当母线可延展时，在成套设备设计允许的情况下，为了减小外部试验导体对温升的影响，用于试验的外壳内主母线的长度至少为 2 m，并最少包括一个接点。

b) 配电母线应在与出线单元隔离的情况下分别进行试验。它们应像正常使用时一样安装在成套设备外壳内，所有覆板及将母线与其他隔室隔开的所有隔板应就位。配电母线应与主母线连接。没有其他导体(例如连接到功能单元的导体)连接到配电母线上。考虑到最严酷的条件，试验应在额定电流下进行。试验电流应流过配电母线全长。如果主母线有较高的电流额定数据，它应输出附加电流，以便它能把它的额定电流送至与配电母线的连接点。

c) 功能单元应单独进行试验。它们应像正常使用时一样安装在外壳内，所有覆板及所有内部隔板都就位。如果功能单元可以安装在不同地方，则应安装在最不利的位置。功能单元应像正常使用那样与主母线或配电母线连接。如果主母线和/或配电母线(如果有的话)有较高的电流额定数据，则应输出附加电流，使它们把额定电流引至各自的连接点。对于功能单元试验应在额定电流下进行。

d) 完整的成套设备应通过在使用中可能遇到最严酷布置的温升试验来验证，这种布置由初始制造商确定。在进行这项试验时，进线电路通以额定电流，各出线功能单元以它的额定电流乘以额定分散系数。如果进线电路或配电母线系统的额定电流小于所有出线电路试验电流的总和(如额定电流乘以分散系数)，则出线电路应根据进线电路或配电母线系统的额定电流分成几组。分组形式应能获得最高可能的温升。应形成足够多的组并进行试验，以保证至少在一个组中包含了功能单元的所有不同的方案。

4.9.2.3.8 试验结果

试验结束时，温升不应超过表 13 中规定值。元器件在成套设备内部温度下，并在其规定的电压极限范围内应良好地工作。

4.9.3 温升的测量方法

试验时，测温元件可以使用温度计、热电偶、红外测温计或其他有效方法。被试设备内部件的温升一般采用热电偶法测量。测量时，将热电偶的热端胶粘固定、或钻孔埋入法固定到被试部件的测量点上，并尽可能使热电偶置于强交变磁场的作用范围之外。

对于线圈，通常采用测量电阻变化值的方法来测量温度。为测量设备内部的空气温度，应在适宜的地方配置几个测量器件。

试验持续的时间应足以使温度上升到稳定值。当温度变化不超过 1 K/h 时，即认为达到稳定温度。

注 1：如果元器件允许的话，可以在试验开始时加大电流，然后再降到规定的试验电流值，用这样的方法缩短试验时间。

注 2：在试验期间，当控制电磁铁通电时，建议应测量主电路和控制电磁铁都达到热平衡时的温度。

注 3：在任何场合下，只有当磁场的作用小到可以忽略的程度，设备的多相试验才允许采用单相交流电，尤其是当电流大于 400 A 时，需特别注意这一点。

4.9.3.1 胶粘固定法

将热电偶工作点焊在厚 1 mm～0.2 mm 小铜片上，并把被测点与小铜片清理干净，在小铜片上涂薄薄一层快干胶(目前普遍采用 502 胶)压在被测点上，待其固化后即可。目前 502 胶极限使用温度在 80 ℃～100 ℃左右，而 502 胶产生的热阻，使胶粘固定法测出的温度偏低，故应用下式进行修正。

$$t_2 = 1.025t_1$$

式中：

t_2——修正后的被测点的温度，单位为摄氏度(℃)；

t_1——胶粘固定法测出的温度，单位为摄氏度(℃)。

4.9.3.2 钻孔埋入法

先在被测点上钻一小孔，孔的深度和直径略大于热电偶的工作端，然后将焊好的热电偶的工作端放入孔中，四周用冲子冲挤固定或用导热性能好的材料填充塞紧。

4.9.3.3 电磁线圈的温升测量法

有绝缘层的电磁线圈温升，一般用电阻法测量，平均温升可以按下式计算线圈的温升值：

对于铜 $K_1 = \dfrac{(R_2 - R_1)}{R_1}(235 + T_1) - (T_2 - T_1)$

对于铝 $K_2 = \dfrac{(R_2 - R_1)}{R_1}(225 + T_1) - (T_2 - T_1)$

式中：

R_1——温度为 T_1 时，被测线圈的电阻值，单位为欧姆(Ω)；

R_2——温度为 T_2 时，被测线圈的电阻值，单位为欧姆(Ω)；

T_1——测量冷态线圈的电阻时的周围空气温度，单位为摄氏度(℃)；

T_2——测量热态线圈的电阻时的周围空气温度，单位为摄氏度(℃)。

试验应在发热结束后，立即测量电阻 R_2。若不可能，则应在分断电源后，经过相等的时间间隔用电阻法求出冷却曲线，再用外推法确定线圈的稳定温升(第一次热态电阻的测量，应在切断电源后 30 s 内进行)。

4.9.4 试验结果的评定

温升试验结束时，温升不应超过表 13 的规定。

表 13 温升限值

成套设备的部件	温升/ K
内装元件[a]	根据各个元件的相关产品标准要求，或根据元件制造商的说明书[f]，考虑成套设备内的温度
用于连接外部绝缘导线的端子	70[b]

表 13(续)

成套设备的部件	温升/ K
母线和导体	受下述条件限制[f]： ——导电材料的机械强度[g]； ——对相邻设备的可能影响； ——与导体接触的绝缘材料的允许温度极限； ——导体温度对与其相连的电器元件的影响； ——对于接插式触点，接触材料的性质和表面的处理
操作手柄 ——金属的； ——绝缘材料的	 15[c] 25[c]
可接近的外壳和覆板 ——金属表面； ——绝缘表面	 30[d] 40[d]
分散排列的插头与插座连接	由组成部件的相关设备的那些元件的温升极限而定[e]

注 1：当超过 105 K 时，铜很容易产生退火。其他材料应该有不同的最大温升值。

注 2：本表中给出的温升限值要求在使用条件下，周围空气平均温度不超过 35 ℃。在验证过程中，允许有不同的环境温度(见 GB 7251.1—2013 中 10.10.2.3.4)。

[a] “内装元件”一词指：
——常用开关设备和控制设备；
——电子部件(例如：整流桥、印制电路)；
——设备的部件(例如：调节器、稳压电源、运算放大器)。

[b] 温升极限为 70 K 是根据 GB 7251.1—2013 中 10.10 的常规试验而定的数值。在安装条件下使用或试验的成套设备，由于接线、端子类型、种类、布置与试验所用的不尽相同，因此端子的温升会不同，这是允许的。如果内装元件的端子同时也是外部绝缘导线的端子，则可采用较低的温升极限值。温升限值是元件制造商规定的最大温升和 70 K 之间的较小值。缺少制造商说明书时，它是内装元件产品标准规定的限值，且不超过 70 K。

[c] 那些只有在成套设备打开后才能接触到的成套设备内的手动操作机构，例如：不经常操作的抽出式手柄，其温升极限允许提高 25 K。

[d] 除非另有规定，在正常工作情况下可以接近但不需触及的外壳和覆板，允许其温升提高 10 K。距离成套设备基座 2 m 以上的外表面和部件可认为是不可触及的。

[e] 就某些设备(如电子器件)而言，它们的温升限值不同于那些通常的开关设备和控制设备，因此有一定程度的灵活性。

[f] 对于按照 GB 7251.1—2013 中 10.10 的温升试验，应由初始制造商在考虑元件制造商所采用的任何附加测量点和限值的基础上规定温升极限。

[g] 如满足列出的所有判据，裸铜母线和裸铜导体的最大温升应不超过 105 K。

表 14　用于额定电流为 400 A 及以下的铜试验导线

额定电流的范围[a] A		导线截面积[b,c] mm²	导线截面积[b,c] AWG/MCM
0	8	1.0	18
8	12	1.5	16
12	15	2.5	14
15	20	2.5	12
20	25	4.0	10
25	32	6.0	10
32	50	10	8
50	65	16	6
65	85	25	4
85	100	35	3
100	115	35	2
115	130	50	1
130	150	50	0
150	175	70	00
175	200	95	000
200	225	95	0000
225	250	120	250
250	275	150	300
275	300	185	350
300	350	185	400
350	400	240	500

[a] 额定电流值应大于第一栏中的第一个值,小于或等于此栏中的第二个值。

[b] 为了便于试验,经过制造商同意后,对标注的额定电流可采用小于给定值的试验导线。

[c] 可使用规定的两种导休中的一种。

表 15　用于额定电流为 400 A 到 4 000 A 的铜试验导线

额定电流的范围[a] A	试验导线			
	电缆		铜母线[b]	
	数量	截面积/mm²	数量	尺寸 mm($W\times D$)
400～500	2	150	2	30×5
500～630	2	185	2	40×5
630～800	2	240	2	50×5
800～1 000			2	60×5
1 000～1 250			2	80×5
1 250～1 600			2	100×5
1 600～2 000			3	100×5

表 15（续）

<table>
<tr><td rowspan="3">额定电流的范围[a]
A</td><td colspan="4">试验导线</td></tr>
<tr><td colspan="2">电缆</td><td colspan="2">铜母线[b]</td></tr>
<tr><td>数量</td><td>截面积/ mm²</td><td>数量</td><td>尺寸
mm(W×D)</td></tr>
<tr><td>2 000～2 500</td><td></td><td></td><td>4</td><td>100×5</td></tr>
<tr><td>2 500～3 150</td><td></td><td></td><td>3</td><td>100×10</td></tr>
<tr><td>3 150～4 000</td><td></td><td></td><td>4</td><td>100×10</td></tr>
<tr><td colspan="5">[a] 额定电流值应大于第一个值，小于或等于第二个值。
[b] 母线是将其长面(W)垂直排列的。如果制造商有规定，也可将其长面(W)水平排列。母线可以覆盖涂层。</td></tr>
</table>

4.10 气候环境试验

4.10.1 低温存放试验

低温试验是考核各类单元在规定的低温条件下，经规定时间的存放后，电气性能是否仍能符合产品技术条件的规定。

4.10.1.1 试验条件及试验设备

4.10.1.1.1 试验的温度与持续存放时间由产品技术条件规定。

4.10.1.1.2 低温箱(室)应能在放置设备的任何区间内保持恒定的低温(可以用强迫空气循环来保持条件的均匀性)。

4.10.1.1.3 为了减少辐射对试验的影响，各个箱(室)壁温度与规定试验环境温度间的差值不应超过8%(按绝对温度计算)。

4.10.1.1.4 低温箱(室)内温度变化的平均速率应为 0.7 ℃/min～1 ℃/min。

4.10.1.2 试验程序

4.10.1.2.1 对设备进行外观和电气性能检测。

4.10.1.2.2 将设备放入具有大气温度的低温试验箱(室)内。

4.10.1.2.3 使低温箱(室)降温，直至达到所规定的恒定低温值。

4.10.1.2.4 低温试验后，将设备保持大气温度的条件下，并开始计算恢复时间(时间要足以使设备的温度趋于稳定，一般不得少于 1 h)。

4.10.1.3 试验结果

试验后，设备的外观和电气性能仍符合产品技术条件的规定。

4.10.2 高温存放试验

高温存放试验是考核各类单元在规定的高温条件下，经规定时间的存放后，电气性能是否仍能符合产品技术条件的规定。

4.10.2.1 试验条件及试验设备

4.10.2.1.1 试验的温度等级与持续存放时间，需由产品技术条件进行规定。

4.10.2.1.2 高温箱(室)应能在放置设备的任何区间内保持恒定的高温(可以用强迫空气循环来保持条件的均匀性)。

4.10.2.1.3 箱(室)内的空气应流通(设备附近的流速不得小于 2 m/s。)

4.10.2.1.4 摆放设备的安装件的支撑架,应是低导热率的部件。

4.10.2.1.5 为了减少辐射对试验的影响,各个箱(室)壁温度与规定试验环境温度间的差值不得超过3%。(按绝对温度计算)。

4.10.2.1.6 绝对湿度为:空气中的水蒸气不应超过 20 g/m³(相当于 35 ℃时,50%的相对湿度)。当试验温度低于 35 ℃时,相对湿度不应低于 50%。

4.10.2.1.7 高温箱(室)的容积与体积之比,应不小于 5∶1。

4.10.2.1.8 高温箱(室)内温度变化的平均速率应为 0.7 ℃/min～1 ℃/min。

4.10.2.1.9 试验时,设备应尽可能地放在高温箱(室)的中央,以使设备与各个箱(室)间有比较匀称的空间。

4.10.2.2 试验程序

4.10.2.2.1 对设备进行外观和电气性能检测。

4.10.2.2.2 将设备放入具有大气温度的高温试验箱(室)内。

4.10.2.2.3 将高温箱(室)升温,直至达到所规定的恒定高温值。

4.10.2.2.4 经规定的高温持续时间后,再以平均为 0.7 ℃/min～1 ℃/min 的速率降温,直至降到大气温度值。

4.10.2.2.5 设备应在大气温度的条件下进行恢复(要足以使设备的温度趋于稳定,一般不得少于1 h)。

4.10.2.3 试验结果的评定

试验后,设备的外观和电气性能仍符合产品技术条件的规定。

4.10.3 湿热试验

4.10.3.1 试验条件及试验设备

4.10.3.1.1 室内应装有监控温、湿度的传感器。

4.10.3.1.2 室内任何两点的温差在任意瞬时不应大于 1 ℃,短期的温度波动也应保持在较小的范围内,以保证温度容差(±2 ℃),相对湿度容差(+2%、-3%)。

4.10.3.1.3 凝结水要连续排出箱(室)外,在未纯化处理时不得再次使用。

4.10.3.1.4 试验箱(室)内壁和顶上的凝结水不能滴落到试验设备上。

4.10.3.1.5 试验设备的特性及电气负载不应明显地影响工作空间内的温、湿度条件。

4.10.3.2 试验程序

4.10.3.2.1 对设备进行外观和电气性能检测(应符合产品技术条件的规定)。

4.10.3.2.2 将无包装、不通电的试验设备,按正常的工作位置放入试验箱(室)内。

4.10.3.2.3 将箱(室)内的温度在不加湿的条件下上升到 40 ℃,对试验设备进行预热,待试验设备达到温度后再加热,以免试验设备产生凝露。

4.10.3.2.4 待工作空间内的温度和相对湿度达到规定值并稳定后,开始计算试验持续时间。

4.10.3.2.5 在试验期间或结束时,按有关标准可以对试验设备加电负载和(或)测量,规定试验项目。

4.10.3.2.6 中间检测时不允许将试验设备移出试验箱(室)外,更不允许在试验后进行测量。

4.10.3.2.7 在条件试验结束时,一般试验设备应在测量和试验用标准大气环境条件下恢复,时间不小于 1 h,但不大于 2 h;对于热时间常数大的试验设备,恢复时间应足够长,以便使温度达到稳定。

测量和试验用标准大气环境:

温度 15 ℃～35 ℃ ;

相对湿度 25%～75%;

气压 86 kPa～106 kPa。

注 1:作为设备试验的一部分在进行系列测量期间建议使温度和相对湿度的变化量保持最小。

注 2:对于较大设备或在试验箱内难以保持温度在上述规定范围内,当有关规范允许时,其范围可适当放宽,下限为 10 ℃ ,上限可延至 40 ℃。

4.10.3.2.8 根据试验设备的特性和实验室的条件,试验设备也可留在试验箱(室)中恢复,或在另外的试验箱(室)中恢复。留在试验箱(室)中恢复时,应在 0.5 h 内将相对湿度降到 75%±3%,然后在 0.5 h 内将温度调节到满足 15 ℃～35 ℃之间,相对湿度 73%～77%,空气压力 86 kPa～106 kPa 的要求,温度容差为±2 ℃。

转移到另外的试验箱(室)中恢复时,转移试验设备的时间应尽可能短,最长不应超过 5 min,在特定情况下,如果需要不同的恢复条件,有关规范应加以规定。

4.10.3.2.9 如果上述标准的恢复条件对试验设备不适用,有关标准可以提出另外的恢复条件。

4.10.3.2.10 根据有关标准的要求,对试验设备的外观进行检查,对其电气和机械性能进行检测。

4.10.3.2.11 检测工作应在恢复阶段结束后立即进行。对湿度变化最敏感的参数应先测量。除非有关标准另有规定,所有参数应在 30 min 内测量完毕。

4.10.4 交变湿热试验

4.10.4.1 试验设备

4.10.4.1.1 工作空间内应装有监控温、湿度条件的传感器。

4.10.4.1.2 工作空间内的温度应按 4.10.4.2.2 的要求,在 25 ℃±3 ℃与选定的高温之间循环变化;温度变化速率和温度变化容差应满足 4.10.4.2.2 和图 2A 的要求。

4.10.4.1.3 工作空间内的相对湿度应满足 4.10.4.2.3 和图 2 的要求。

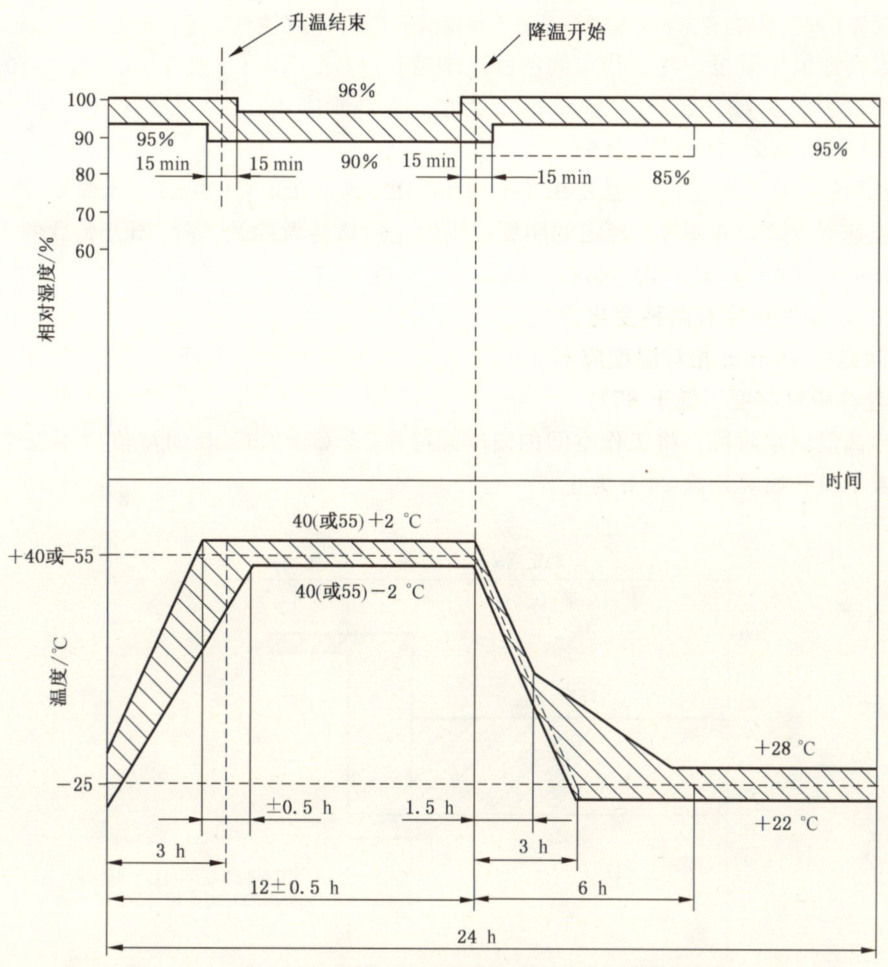

图 2 试验周期

4.10.4.1.4 工作空间内的温度和湿度应均匀,并尽可能与温湿度传感器处的条件一致。

4.10.4.1.5 试验设备加热元件的辐射热不应直接作用于受试试验设备上。

4.10.4.1.6 使用直接与水接触产生湿度的加湿法时,在试验中水的电阻率应保持不低于 500 Ω·m。

4.10.4.1.7 凝结水应不断排出工作室外,未经纯化处理不得再次使用。

4.10.4.1.8 试验箱(室)内壁和顶部的凝结水不应滴落到试验设备上。

4.10.4.1.9 试验设备的性能及电气负载不应明显地影响工作空间内的温、湿度条件。

4.10.4.2 试验程序

4.10.4.2.1 将无包装、不通电的试验设备,在"准备使用"状态下,按其正常工作位置,或按有关标准规定的状态放入试验箱(室)的工作空间内。

4.10.4.2.2 在温度为 25 ℃±3 ℃、相对湿度为 45%～75%的条件下,使试验设备达到温度稳定。之后,在 1 h 内将工作空间内的相对湿度升高到不小于 95%(见图 3)。

注:温度稳定也可在另一试验箱(室)内进行。

4.10.4.2.3 按图 2A 的规定,使工作空间内的温度在 24 h 内循环变化:

a) 升温阶段。在 3 h±0.5 h 内,将工作空间的温度连续升至有关标准规定的高温值,升温速率应限定在图 2A 的阴影范围内。在该阶段,除最后 15 min 相对湿度可不低于 90%外,其余时间的相对湿度都应不低于 95%,以便使试验设备产生凝露。但大型试验设备不得产生过量的凝露。

注：试验设备上产生凝露，意味着试验设备的表面温度低于工作空间中空气的露点温度。

b) 高温高湿恒定阶段。将工作空间的温度维持在 40 ℃±2 ℃(或 55 ℃±2 ℃)的范围内，直到从升温阶段 开始算起满 12 h ±0.5 h 为止。在该阶段，除最初和最后 15 min 相对湿度应不低于 90%外，其余时间均应为 93%±3%。

c) 降温阶段。将工作空间的温度在 3 h～6 h 内由 40 ℃±2 ℃(或 55 ℃±2 ℃)降至 25℃±3℃。降温速率应限定在图 2A 规定的阴影范围内。应该注意的是，在降温开始后的 1.5 h 内的降温速率是在 3 h±15 min 内，温度由 40 ℃±2 ℃或 55 ℃±2 ℃降至 25 ℃±3 ℃的降温速率。在该阶段，相对湿度有两种变化方式：

变化 1：除最后 15 min 相对湿度应不低于 90%外，其余时间均应不低于 95%。

变化 2：允许相对湿度不低于 85%。

d) 低温高湿恒定阶段。将工作空间的温度维持在 25 ℃±3 ℃，相对湿度应不低于 95%，直至从升温阶段开始算期满 24 h 为止。

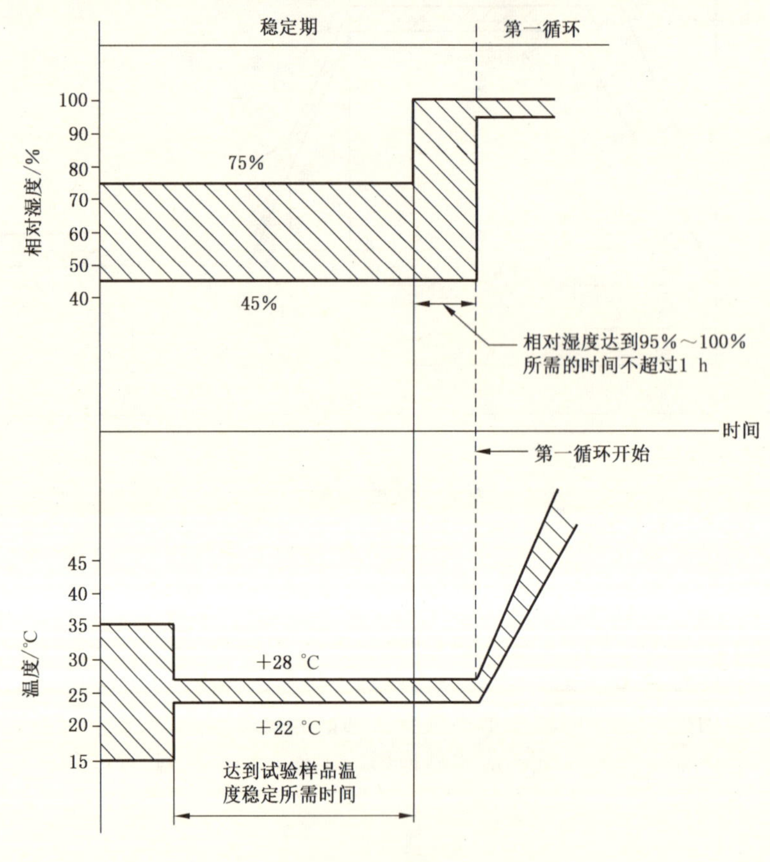

图 3 稳定阶段

4.10.4.3 中间检测

4.10.4.3.1 中间检测时，不允许将试验样品移出工作空间，恢复后进行测量。

4.10.4.3.2 如果要求中间检测，有关标准应明确规定测量项目以及在条件试验的哪一(些)阶段进行测量。

4.10.4.4 恢复

条件试验后，设备应在标准大气条件范围内(温度：15 ℃～ 35 ℃；相对湿度：25%～75%；气压：86 kPa～106 kPa)进行 1 h～2 h 恢复处理。

4.10.4.5 最后检测

应在恢复阶段结束后立即进行，测量工作应在 30 min 内完成。

4.10.5 环境温度试验

环境温度试验是考核设备在表 16 规定的环境温度的上限和下限情况下长期运行的可靠性。

试验箱的容积及其空气循环应使设备放入后在 5 min 内温度保持在规定的范围内。

环境温度试验推荐按表 16 的规定。设备分别置于表 16 的最高环境温度和最低环境温度条件下，待设备温升达到稳定值后(但不小于 4 h)测其电气性能。

表 16 环境温度试验

试验的环境温度/℃		存放时间/h
最高	最低	
40±2	−5 或 5±2	4、16

4.10.6 高、低温冲击试验

高、低温冲击试验的目的是考核控制单元的储存、运输及使用过程中受空气温度迅速变化的能力，同时考核印制板组装件的焊接质量及对早期失效的元、器件进行筛选。

试验时设备应在没有包装及不工作状态下进行。

设备先置于温度为 T_L 的低温箱中存放到规定时间 t_1，然后取出置于试验室内的环境温度下保持时间为 t_2，再放入到温度为 T_H 的高温箱中存放到规定时间 t_3，再取出置于试验室环境温度下保持时间 t_2。此即为一次循环(见图 4)。循环次数应不小于 5 次。

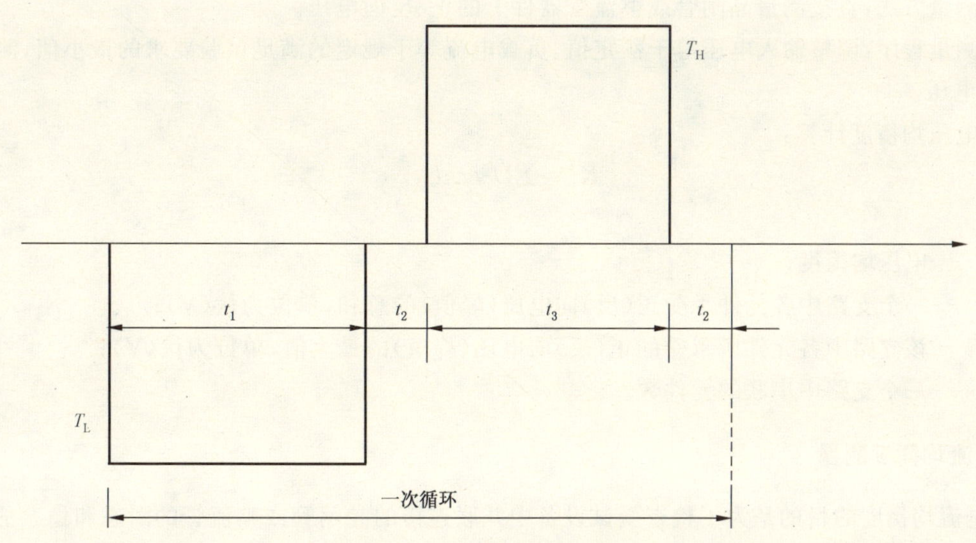

图 4 高低温冲击试验

温度 T_L、T_H 及时间 t_1、t_3 取决于设备的热容量及对产品要求考核的严酷程度，应在有关产品的标准中加以规定。若无特殊需要，一般应不低于本标准规定。

$T_L=-40$ ℃

$T_H=+60$ ℃

$t_1=t_3$不小于 30 min

t_2不小于 2 min，不大于 3 min。对于自动两箱设备，t_2 可以小于 30 s，而且不需放在试验室温度下。

试验时温度允许偏差范围应在±3 ℃之内。

试验温箱的容积及其空气循环应使设备放入后，在 5 min 或存放时间的 10%内(两者取其中较小者的数值)，其温度应保持在规定允差之内。

经过高、低温冲击试验后，待设备恢复到试验室环境温度后进行外观检查及测试其电气性能，应符合所规定要求。

4.11 机械操作

对于依据相关产品标准进行过型式试验的成套设备的这些器件(例如抽出式断路器)，只要在安装时机械操作部件无损坏，则不必对这些器件进行此验证试验。

对于需要作此验证试验的部件，在成套设备安装好之后，应验证机械操作是否良好。操作循环次数应为 200 次。

同时，应检查与这些动作相关的机械联锁机构的工作。如果元器件、联锁机构、规定的防护等级等的工作状态未受损伤，而且所要求的操作力与试验前一样，则认为通过了此项试验。

对于可抽出式部件，操作循环包括从连接位置到隔离位置，然后回到连接位置的实际移动。

4.12 电气性能试验

4.12.1 电压均衡度测量

测量电压均衡度的目的是为了检查受试设备中多个相同器件串联连接时，其瞬态和稳态的电压均衡度是否符合产品技术条件的规定。

4.12.1.1 测量仪表：示波器，峰值电压表，存储示波器，智能化仪表等。

4.12.1.2 测量方法：直接测量晶闸管或整流管器件上的正、反向电压。

4.12.1.3 测量程序：调整输入电压等于额定值，负载电流等于规定的满足试验要求的最小值，测量器件的正、反向电压。

4.12.1.4 电压均衡度计算：

$$K_{\mathrm{u}}=\sum U_{\mathrm{i}}//nU_{\mathrm{i}}$$

式中：

K_{u} ——电压均衡度；

$\sum U_{\mathrm{i}}$ ——一个支路中各元件承受正(反)向电压(峰值)的总和，单位为伏(V)；

U_{i} ——该支路中各元件所承受的正(反)向电压(峰值)的最大值，单位为伏(V)；

n ——一个支路中串联的元件数。

4.12.2 电流均衡度测量

测量电流均衡度的目的是为了检查受试设备中并联连接的晶闸管或整流管的瞬态和稳态的电流均衡度是否符合产品技术条件的规定。

4.12.2.1 测量仪表：示波器，毫伏表，钳式电流表。

4.12.2.2 测量方法：直接测量晶闸管或整流管器件电流或支路内(熔断器)的电阻或标准母线上的电压降。

4.12.2.3 测量程序：调整受试设备电流不低于80%的额定值，用同一仪表测量每一支路上的电流。

4.12.2.4 电流均衡度计算：

$$K_i = \sum I_i / n I_i$$

式中：

K_i ——电流均衡度；

$\sum I_i$——各并联支路电流的总和，单位为安(A)；

I_i ——实际测得的支路电流最大值，单位为安(A)；

n ——并联的支路数。

4.12.3 输出电压不对称度

在所规定的电源与各相负载对称情况下，同时测量设备的输出三相电压，计算设备的不对称度应不超过产品技术条件的规定。

4.12.4 负载试验

4.12.4.1 轻载试验

负载要能为系统提供运行条件(也可以采用空载试验，设备输出可开路)，证明系统的功能是正常。

可在设备的输出端接入一个适当的阻抗负载，使设备输出一个能保证其正常工作的最小电流。

4.12.4.2 负载及过载能力试验

负载试验是为了检验设备是否在规定的负载等级和负载类型下正常运行。

试验应在内部接线检查、功能调试后进行。

试验时所有条件不应低于额定条件，试验可以使用等效负载或实际负载。

过载能力试验是负载试验的一部分，应结合在一起进行。

设备中的保护器件按产品技术条件中所允许的最大值整定。设备输出端接入一个可调节的负载(容量大于设备的输出容量)；设备主回路输入端直接接入电源，调整有关参数按设备技术要求所规定的时间间隔、电流大小投入运行，记录试验时的电压、电流和时间。若试验作为型式试验在试验室内进行，其试验电流值与某一特定的工作等级(负载等级)相对应。标准工作制等级见表17。

表17 标准工作制等级

工作制等级	电控设备的额定电流和试验条件 (用 I_{dn} 的标幺值表示)
Ⅰ	1.0 p.u 连续
Ⅱ	1.0 p.u 连续 1.5 p.u 1 min
Ⅲ	1.0 p.u 连续 1.5 p.u 2 min 2.0 p.u 10 s
Ⅳ	1.0 p.u 连续 1.5 p.u 2 h 2.0 p.u 10 s

表 17（续）

工作制等级	电控设备的额定电流和试验条件 （用$(I)_{dn}$的标幺值表示）
Ⅴ	1.0 p.u 连续 1.5 p.u 2 h 2.0 p.u 1 min
Ⅵ	1.0 p.u 连续 1.5 p.u 2 h 3.0 p.u 1 min
注：I_{dn}为额定直流电流。p.u 为标幺值。	

4.12.5 保护系统的检验

试验应使设备尽可能在避免受到超过其额定值冲击的条件下进行。

4.12.5.1 过电流保护检验

4.12.5.1.1 直流侧短路保护检验

在直流侧做人为短路，检验快速熔断器和快速开关等保护器件是否正确动作。

4.12.5.1.2 交流侧短路保护检验

在交流侧做人为短路，检验交流侧保护器件是否正确动作。

4.12.5.2 断相及欠压保护试验

当电源侧三相中任一相断相或欠电压，应能对设备进行有效保护，并发出相应的报警指示信号。

4.12.6 功率因数的测定

功率因数的测量应在额定工作条件下进行。该测量可在通电操作试验的同时进行。

设备的功率因数＝有功功率/视在功率

4.12.7 效率的测定

在输出额定电压、额定电流和规定的负载功率因数下，设备的效率应达到产品技术条件的要求。

效率(％)＝输出功率/输入功率×100％

4.12.8 谐波含量的测试

4.12.8.1 谐波电压(或电流)测量应在装置空载和满载的情况下分别测量。

4.12.8.2 当设备中安装电容器组时应在电容器组的各种运行方式下进行测量。

4.12.8.3 测量谐波的次数一般为测量 2～25 次的谐波或按产品技术条件的规定。

4.12.8.4 对于负荷变化快的谐波源(例如晶闸管变流设备等)测量的时间不大于 2 min，测量次数不少于 30 次。对于负荷变化慢的谐波源，可选 5 个接近的数值，取其算术平均值。

4.12.8.5 谐波测量的数据应取测量时段内各相实测值的 95％概率值中最大的一相值，作为谐波是否超过允许值的依据。但对于负荷变化慢的谐波源，可选 5 个接近的数值，取其算术平均值。

注：实测值的 95％概率值可按下述方法近似选取，将实测值按由大到小次序排列，舍弃前面的 5％的大值，取剩余

值中的最大值。

$$电压总谐波畸变率\ THD_U=\left(\sqrt{\sum_{h=2}^{\infty}U_h^2}/U_1\right)\times 100\%$$

式中：

U_h ——第 h 次谐波电压(方均根值)；

U_1 ——基波电压(方均根值)。

$$电流总谐波畸变率\ THD_I=\left(\sqrt{\sum_{h=2}^{\infty}I_h^2}/I_1\right)\times 100\%$$

式中 ：

I_h ——第 h 次谐波电流(方均根值)；

I_1 ——基波电流(方均根值)。

4.12.9 纹波的测定

直流设备的纹波系数测量使用0.5级电压表,测出直流电压分量和交流电压分量。

设备的纹波系数=(交流分量有效值/直流电压)×100%

4.12.10 额定电流试验(低压大电流试验)

进行该试验是为了检验设备能否在额定电流下正常运行。额定电流试验可以与均流试验、温升试验和负载试验结合进行。

试验时把直流端子直接或通过电抗器短路,设备的交流端子连接应能满足产生额定连续直流电流的交流电压,试验过程中、控制设备(如有)和辅助设备应单独用额定电压供电。适当协调控制(如有)和施加交流电压,使额定电流流过直流端子。

当进行负载试验时,本试验可不必重复进行。

4.13 电磁兼容性(EMC)

EMC试验见GB 7251.1—2013的10.12。

4.13.1 通则

对属于本部分范围的大多数成套设备,应考虑下面的两种环境条件：

a) A类环境；

b) B类环境。

A类环境:主要与高压或中压变压器供电电网有关,它用于为生产输送装置或类似装置供电,并且拟工作在工业场所或接近工业场所,如下所述。本部分同样适用于电池供电和拟在工业场所应用的设备。

环境为工业环境,包括户内和户外。

工业场所表现为以下一种或几种附加特征：

——工业、科研和医疗(ISM)设备(CISPR 11中定义)；

——频繁切换的大感性或容性负载；

——电流及其所产生的高磁场。

注1：A类环境涵盖在EMC通用标准IEC 61000-6-2和IEC 61000-6-4中。

B类环境:主要与低压公共主电网或连接到直流电源的设备有关,直流电源作为设备与低压公共主电网的接口。也适用于电池供电或由非公共、非工业、低压电源配电系统供电的设备。此设备应用场所如下所示。

环境涵盖居民区、商业区和轻工业区，包括户内和户外。如下列表，虽然不详尽，但表明了所涵盖的场所：

——居民区，例如住宅、公寓；

——零售店，例如商店、超市；

——商业建筑，例如办公室、银行；

——公共娱乐场所，例如电影院、公共酒吧、舞厅；户外场所，例如加油站、停车场、娱乐和体育中心；

——轻工业场所，例如车间、实验室、服务中心。

以通过低压公共主电网直接供电为特征的场所，认为是居民区、商业区和轻工业区。

注 2：B 类环境涵盖在 EMC 通用标准 IEC 61000-6-1 和 IEC 61000-6-3 中。

成套设备制造商应指出其成套设备所适合的环境类别，是 A 类环境和/或 B 类环境。

4.13.2 试验要求

包含了或多或少的器件和元件随机组合的成套设备，在多数情况下是一次性生产或组装。

如果满足下述条件，则不要求在最终的成套设备上进行 EMC 抗干扰或发射试验：

a) 按 4.13.1 中规定的环境的 EMC 要求装入的器件和元件符合相关产品的标准或通用的 EMC 标准。

b) 内部的安装及布线是按照器件和元件制造商的说明书进行的(关于互相影响、电缆、屏蔽和接地等方面的安排)。

其他情况按 4.13.3 的试验来验证 EMC 的要求。

4.13.3 EMC 试验

如果成套设备内的功能单元不满足 4.13.2 a)和 b)的要求，则适用下列试验项目：

应依据相关 EMC 标准进行发射和抗干扰试验；尽管如此，成套设备制造商应指定验证成套设备的性能标准的其他附加措施(如持续时间)。

4.13.3.1 抗干扰试验

4.13.3.1.1 不装有电子电路的成套设备

装有电子电路的成套设备在正常使用条件下不易受电磁骚扰，因此不需要进行抗干扰试验。

4.13.3.1.2 装有电子电路的成套设备

试验应依据相应的 A 类环境或 B 类环境。表 18 和/或表 19 给出了数值，除非相关产品标准和电子器件制造商认为有正当理由时给出了不同试验等级。

成套设备制造商规定的性能标准，需基于表 20 中的验收准则。

4.13.3.2 发射试验

4.13.3.2.1 不装有电子电路的成套设备

不装有电子电路的成套设备只是在偶然的通断操作过程中，设备可能产生电磁骚扰。骚扰的持续时间为毫秒级。这种发射的频率、等级及后果被视为低压设备的正常电磁环境的一部分，因此可以认为满足了电磁发射的要求，不需要进行验证。

4.13.3.2.2 装有电子电路的成套设备

装在成套设备内的电子设备应符合相关产品标准或通用 EMC 标准的发射要求并适用于由成套设

备制造商指定的 EMC 环境中。

装有电子电路的成套设备(例如:开关电源、包含有高频时钟的微处理器的电路)可能出现持续的电磁骚扰。

此类产品的发射要求不能超过相关产品标准规定的限值或 IEC 61000-6-4 中 A 类环境的要求和/或 IEC 61000-6-3 中 B 类环境的要求。试验按照相关产品标准进行,如果有,否则依据 4.10.3 进行。

表 18　A 类环境中对 EMC 抗扰度的试验(见 4.13.3.1)

试验项目	所要求的试验等级	验收准则[c]
静电放电抗扰度试验 IEC 61000-4-2	±8 kV/空气放电或±4 kV/接触放电	B
射频电磁场辐射抗扰度试验 IEC 61000-4-3 从 80 MHz～1 GHz 和 从 1.4 GHz～2 GHz	在外壳端口 10 V/m	A
电快速瞬变/脉冲群抗扰度试验 GB/T 17626.4	电源端口±2 kV 信号端口包括辅助电路和功能接地±1 kV	B
1.2/50 μs 和 8/20 μs 浪涌抗扰度试验 GB/T 17626.5[a]	电源端口(线对地)±2 kV 电源端口(线对线)±1 kV 信号端口(线对地)±1 kV	B
射频传导抗扰度试验 IEC 61000-4-6 从 150 kHz～80 MHz	电源端口,信号端口和功能接地 10 V	A
工频磁场抗扰度试验 IEC 61000-4-8	30 A/m[b] 在外壳端口	A
电压暂降和短时中断抗扰度试验 GB/T 17626.11[d]	0.5 个周期下降 30% 5 和 50 个周期下降 60% 250 个周期下降大于 95%	B C C
电源谐波抗扰度试验 GB/T 17626.13	无要求	

[a] 对于额定电压小于或等于 24 VDC 的设备和/或输入/输出端口,无试验要求。

[b] 仅适用于成套设备中包含易受工频磁场影响的器件。

[c] 验收准则与环境无关,见表 20。

[d] 仅适用于电源输入端口。

表 19　B 类环境中对 EMC 抗扰度的试验(见 4.13.3.1)

试验项目	所要求的试验等级	验收准则[c]
静电放电抗扰度试验 IEC 61000-4-2	±8 kV/空气放电 或±4 kV/接触放电	B
射频电磁场辐射抗扰度试验 IEC 61000-4-3 从 80 MHz～1 GHz 和从 1.4 GHz～2 GHz	外壳端口 3 V/m	A

表 19（续）

试验项目	所要求的试验等级	验收准则[c]
电快速瞬变/脉冲群抗扰度试验 GB/T 17626.4	电源端口±1 kV 信号端口包括辅助电路和功能接地 ±0.5 kV	B
1.2/50 μs 和 8/20 μs 浪涌抗扰度试验 GB/T 17626.5[a]	±0.5 kV(线对地)用于信号和电源端口，除主电源外，输入端口应用±1 kV(线对地)±0.5 kV(线对线)	B
射频传导抗扰度试验 IEC 61000-4-6 从 150 kHz～80 MHz	电源端口、信号端口、和功能接地 3 V	A
工频磁场抗扰度试验 IEC 61000-4-8	3 A/m[b] 在外壳端口	A
电压暂降和短时中断抗扰度试验 GB/T 17626.11[d]	0.5 个周期下降 30% 5 个周期下降 60% 250 个周期下降大于 95%	B C C
电源谐波抗扰度试验 GB/T 17626.13	要求待制定	

[a] 对于额定电压小于或等于 24 VDC 的设备和/或输入/输出端口，无试验要求。

[b] 仅适用于成套设备中包含易受工频磁场影响的器件。

[c] 验收准则与环境无关，见表 20。

[d] 仅适用于电源输入端口。

表 20 电磁骚扰出现时的验收准则

项目	验收准则 （试验期间性能准则）		
	A	B	C
一般性能	工作特性无明显变化理想的运行	可自恢复的性能暂时降低或丧失	性能暂时降低或丧失，需要操作者干预或系统复位[a]
电源电路和辅助电路的运行	无有缺点的运行	可自恢复的性能暂时降低或丧失[a]	性能暂时降低或丧失，需要操作者干预或系统复位[a]
显示和控制板的运行	目测显示信息无变化。 仅发光二极管有轻微的亮度变化或轻微的字符移动	短暂的可视变化或信息丢失。发光二极管非正常发光	停机或显示持久丢失。错误的信息和/或非法操作模式，它应被显示或应提供指示。 不能自行恢复
信息处理和检测功能	与外部设备的通信和数据交换未受影响	暂时的通信故障，可能造成内部和外部设备出错	错误的处理信息。 数据和/或信息丢失。 通信出错。 不能自行恢复

[a] 在产品标准中，应详细给出规定要求。

附 录 A
（规范性附录）
电气间隙和爬电距离的测量

A.1 基本原则

在图 A.1 的示例 1～示例 11 中规定的槽宽度 X 基本上适用于以污染等级为函数的所有实例，如表 A.1：

表 A.1 槽宽度的最小值

污染等级	槽宽度 X 的最小值 mm
1	0.25
2	1.0
3	1.5
4	2.5

如果有关的电气间隙小于 3 mm，凹槽最小宽度则可减小至该电气间隙的三分之一。

测量电气间隙和爬电距离的方法在下面示例 1～示例 11 中示出。这些例子对间隙与槽之间，或绝缘类型之间没有什么区别。

而且：

——假定任意角被宽度为 X mm 的绝缘连接件在最不利的位置下桥接(见例 3)；

——当横跨槽顶部的距离为 X mm 或更大时，应沿着凹槽的轮廓测量爬电距离(见例 2)；

——测量这些相对运动部件之间的电气间隙和爬电距离，应当在这些部件处于最不利的位置时进行。

A.2 筋的使用

由于筋对污染物的影响以及它有较好的干燥效果，因此可以明显的减少泄漏电流的形成。假如筋的最小高度为 2 mm，爬电距离因而可以减小到要求值的 0.8 倍，见图 A.1。

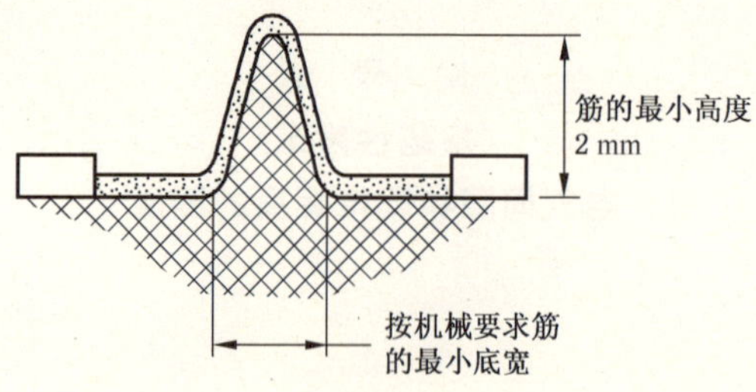

a） 筋的测量：示例

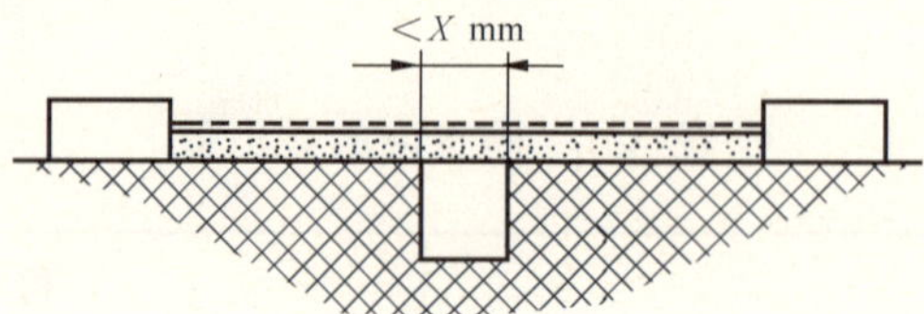

条件：该爬电距离路径包括宽度小于 X mm、任意深度的平行边或收敛形边的槽。

规则：电气间隙和爬电距离如图所示，直接跨过槽进行测量。

b） 示列 1

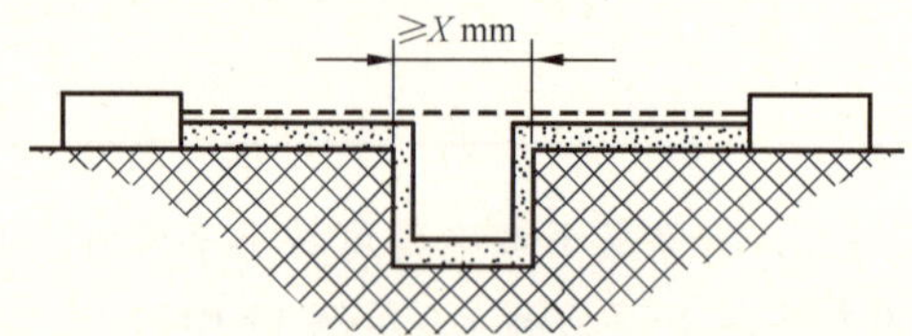

条件：此爬电距离路径包括任意深度且宽度等于或大于 X mm 的平行边的槽。

规则：电气间隙是“虚线”的距离。爬电距离路径沿槽的轮廓测量。

c） 示例 2

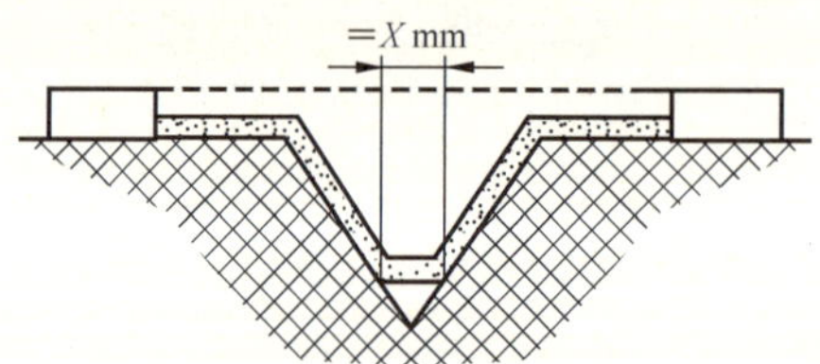

条件：此爬电距离路径包括宽度大于 X mm 的 V 形槽。

规则：电气间隙是“虚线”的距离。爬电距离路径沿槽的轮廓但被 X mm 的链接把槽底短路。

d） 示例 3

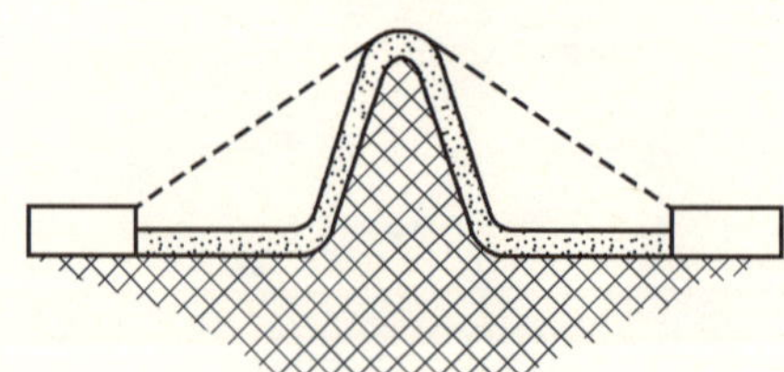

条件：爬电距离路径包括一条筋。

规则：电气间隙是通过筋顶的最短的空气路径。爬电距离沿着筋的轮廓。

e） 示例 4

图 A.1 筋的测量

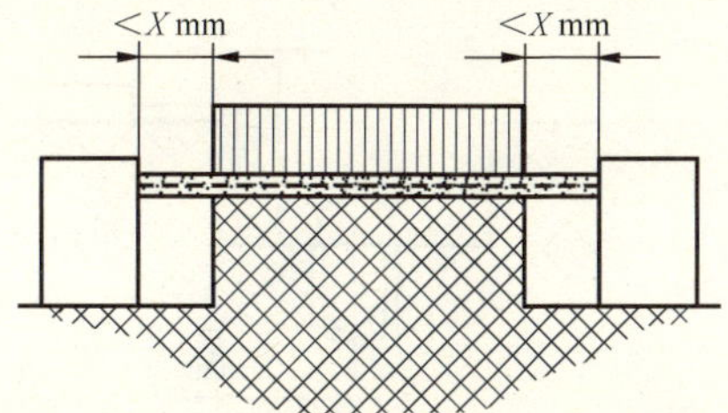

条件:爬电距离路径包括一条未浇合的接缝及每边宽度小于 X mm 的槽。

规则:爬电距离和电气间隙路径如图所示的“虚线”距离。

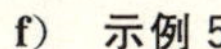

f） 示例 5

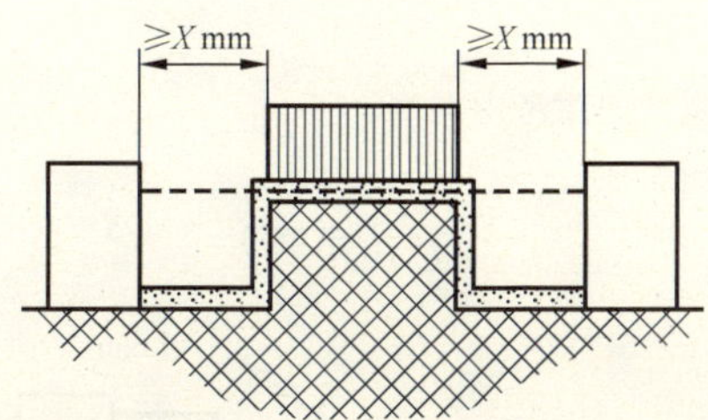

条件:此爬电距离路径包括一条未浇合的接缝以及每边宽度等于或大于 X mm 的槽。

规则:电气间隙为“虚线”距离。爬电距离路径沿槽的轮廓。

g） 示例 6

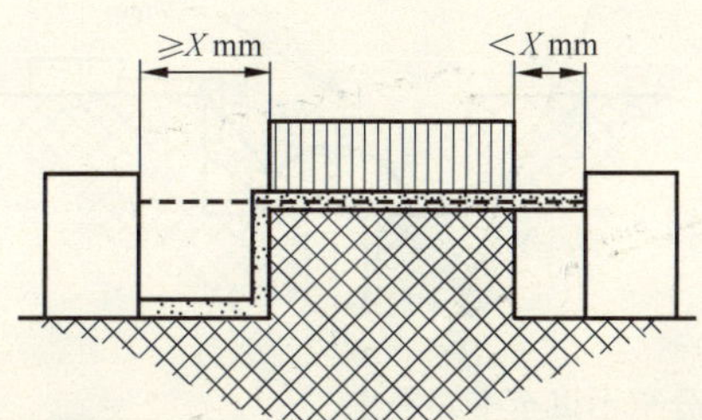

条件:爬电距离路径包括一条未浇合的接缝以及一边宽度小于 X mm,而另一边宽度等于或大于 X mm 的槽构成。

规则:电气间隙和爬电距离路径如图所示。

h） 示例 7

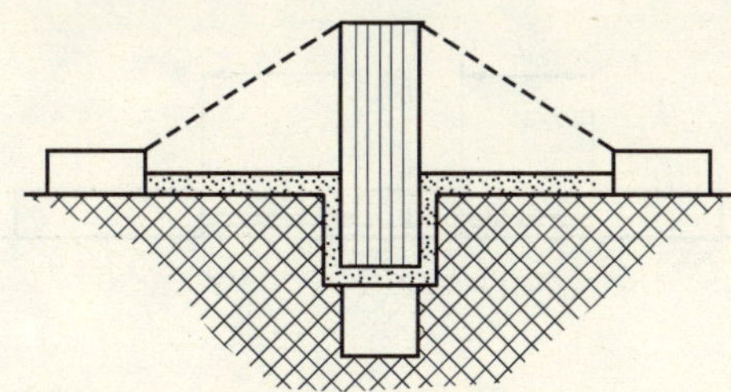

条件:爬电距离穿过一条未浇合的接缝,小于通过挡板顶部的爬电距离。

规则:电气间隙是通过挡板顶部的最短直接空气路径。

i） 示例 8

图 A.1（续）

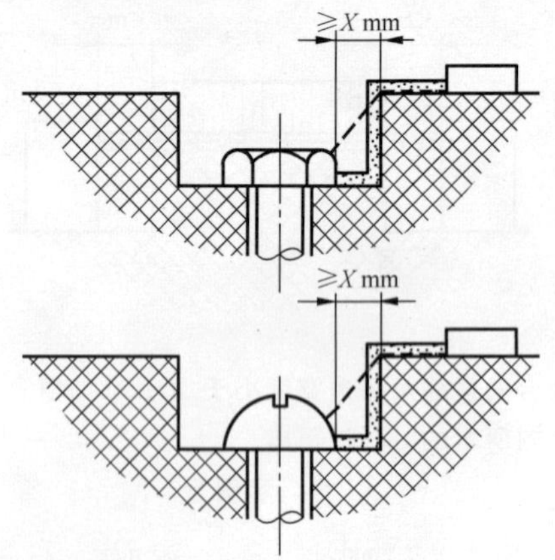

条件:应将螺钉头与凹壁之间足够宽的间隙考虑在内。

规则:电气间隙和爬电距离路径如图所示。

j) 示例 9

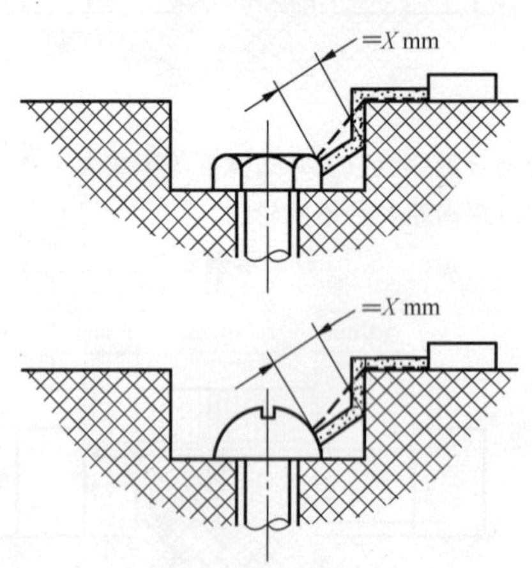

条件:螺钉头与凹壁之间的间隙过分窄小以至不必考虑。

规则:当距离等于 X mm 时,测量爬电距离是从螺钉至槽壁。

k) 示例 10

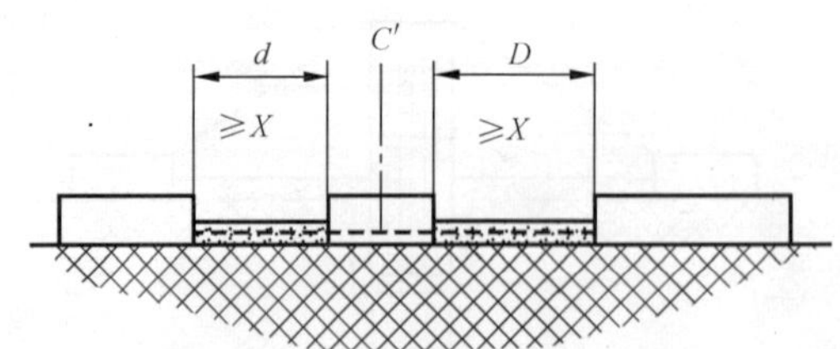

C'——不固定的部件。

电气间隙为 $d+D$ 的距离。

爬电距离也为 $d+D$ 的距离。

l) 示例 11

说明:

----- 电气间隙　　　　▒▒▒▒ 爬电距离

图 A.1(续)

参 考 文 献

[1] GB 14048.1—2012 低压开关设备和控制设备 第1部分:总则

[2] GB 14048.4—2010 低压开关设备和控制设备 第4-1部分:接触器和电动机起动器 机电式接触器和电动机起动器(含电动机保护器)

[3] GB/T 16422.2—1999 塑料-实验室光源暴露试验方法 第2部分:氙弧灯

[4] IEC 61000-6-1 电磁兼容 第6部分:通用标准-第1章:住宅、商业和轻工业环境的抗扰度

[5] IEC 61000-6-2 电磁兼容 第6部分:通用标准-第2章:工业环境的抗扰度

ICS 29.120.50
K 30

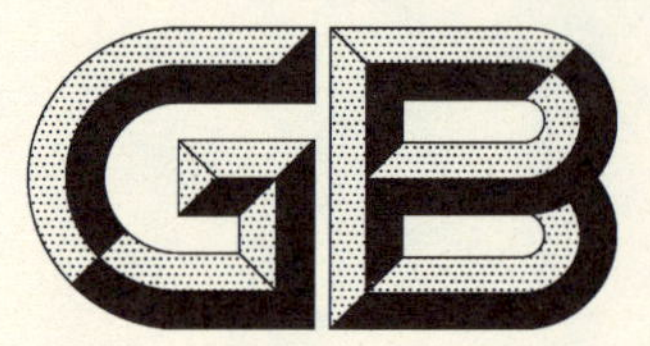

中华人民共和国国家标准

GB 13539.1—2015/IEC 60269-1:2009
代替 GB 13539.1—2008

低压熔断器 第1部分:基本要求

Low-voltage fuses—Part 1:General requirements

(IEC 60269-1:2009,IDT)

2015-09-11 发布　　2016-10-01 实施

中华人民共和国国家质量监督检验检疫总局
中国国家标准化管理委员会　发布

前　言

本部分中5.7.2　额定分断能力、7.2　绝缘性能和隔离适用性、7.5　分断能力、7.9　防电击保护、8.2　绝缘性能和隔离适用性验证、8.5　分断能力验证为强制性条款，其余为推荐性。

GB 13539《低压熔断器》目前包括以下6个部分：

——第1部分：基本要求；

——第2部分：专职人员使用的熔断器的补充要求（主要用于工业的熔断器）　标准化熔断器系统示例A至K；

——第3部分：非熟练人员使用的熔断器的补充要求（主要用于家用和类似用途的熔断器）　标准化熔断器系统示例A至F；

——第4部分：半导体设备保护用熔断体的补充要求；

——第5部分：低压熔断器应用指南；

——第6部分：太阳能光伏系统保护用熔断体的补充要求。

本部分为GB 13539的第1部分；GB 13539的第2、3、4及6部分在本部分称为下续部分标准。

本部分按照GB/T 1.1—2009给出的规则起草。

本部分代替GB 13539.1—2008《低压熔断器　第1部分：基本要求》。本部分与GB 13539.1—2008的主要区别：

——表13“同一熔断器系列中最大与最小额定电流之间的其他额定电流熔断体试验和被试熔断体数量一览表”中增加一个g熔断体试品。原约定不熔断电流试验和额定电流试验用同一个试品进行试验，现改为各用一个试品进行试验；

——8.2.3“隔离适用性验证”中原文第一句改为“电气间隙和爬电距离应通过尺寸测量和电压试验进行验证。”；

——表21“直流熔断器的分断能力试验参数”的时间常数栏中，原为“15 ms～20 ms”，现改为：“预期电流20 kA以上时：15 ms～20 ms；预期电流20 kA及以下时：$0.5(I)^{0.3}$ ms，允差$^{+20}_{0}$%（I以A为单位）”；

——增加附录E（规范性附录）“具有连接外部铜导线的无螺纹型接线端子的熔断器底座的特殊要求”。

本部分使用翻译法等同采用IEC 60269-1:2009《低压熔断器　第1部分：基本要求》。

与本部分中规范性引用的国际文件有一致性对应关系的我国文件如下：

——GB/T 156—2007　标准电压（IEC 60038:2002，MOD）；

——GB 4208—2008　外壳防护等级（IP代码）（IEC 60529:2001，IDT）；

——GB/T 4687—2007　纸、纸板、纸浆及相关术语（ISO 4046:2002，MOD）；

——GB/T 13539.2—2015　低压熔断器　第2部分：专职人员使用的熔断器的补充要求（主要用于工业的熔断器）　标准化熔断器系统示例A至K（IEC 60269-2:2013，IDT）；

——GB 13539.3—2008　低压熔断器　第3部分：非熟练人员使用的熔断器的补充要求（主要用于家用和类似用途的熔断器）　标准化熔断器系统示例A至F（IEC 60269-3:2006，IDT）；

——GB/T 13539.4—2009　低压熔断器　第4部分：半导体设备保护用熔断体的补充要求（IEC 60269-4:2006，IDT）；

——GB/T 13539.5—2013　低压熔断器　第5部分：低压熔断器应用指南（IEC 60269-5:2010，IDT）；

——GB 16895.6—2000 建筑物电气装置 第5部分:电气设备的选择和安装 第52章:布线系统(idt IEC 60364-5-52:1993);

——GB/T 16935.1—2008 低压系统内设备的绝缘配合 第1部分:原理、要求和试验(IEC 60664-1:2007,IDT)。

本部分做了下列编辑性修改:

——删除表、图及2.1.12下的编辑性注释;

——参考文献IEC 60127英文为"用于小型熔断器的管式熔断器",与现有IEC版本不符,英文改为"IEC 60127 小型熔断器";

——考虑到国情,本部分在1.1中加注了关于交流1 140 V熔断器的说明。

本部分由中国电器工业协会提出。

本部分由全国熔断器标准化技术委员会(SAC/TC 340)归口。

本部分负责起草单位:上海电器科学研究院、上海电科电器科技有限公司。

本部分参加起草单位:上海电器陶瓷厂有限公司、宁波开关电器制造有限公司、库柏西安熔断器有限公司、浙江正泰电器股份有限公司、浙江西熔电气有限公司、人民电器集团有限公司、苏州电器科学研究院股份有限公司、美尔森电气保护系统(上海)有限公司、苏州市南光电器有限公司、温州三实电器有限公司、西安西整熔断器厂、好利来(中国)电子科技股份有限公司、上海电器设备检测所、上海西门子线路保护系统有限公司。

本部分主要起草人:吴庆云、季慧玉。

本部分参加起草人:林海鸥、张寅、张懿、李传上、李振飞、李全安、胡德霖、贾炜、李建国、黄旭雄、刘双库、赖文辉、周纲、易颖、梁利娟、张丽丽。

本部分所代替标准的历次版本发布情况为:

——GB 13539.1—1992、GB 13539.1—2002、GB 13539.1—2008。

低压熔断器
第1部分:基本要求

1 总则

1.1 范围和目的

GB 13539 的本部分适用于装有额定分断能力不小于 6 kA 的封闭式限流熔断体的熔断器。该熔断器作为保护标称电压不超过 1 000 V 的交流工频电路或标称电压不超过 1 500 V 的直流电路用。[1)]

本部分的下续部分标准里包括了那些应用在特殊条件下的熔断器的补充要求。

IEC 60947-3《低压开关设备和控制设备　第 3 部分:开关、隔离器、隔离开关及熔断器组合电器》中使用的熔断体亦应符合本部分要求。

注 1:对于"a"熔断体,其直流性能(见 2.2.4)的细节宜由用户与制造厂协商。

注 2:对某些特殊用途的熔断器,如电力机车用熔断器或高频电路用熔断器,使用本部分时须作修正和补充,如有需要可单独另订标准。

注 3:本部分不适用于小型熔断器,小型熔断器的标准为 IEC 60127。

本部分的目的是规定熔断器或熔断器部件(熔断器底座、载熔件、熔断体)的特性,如果它们具有互换性(包括尺寸等),它们就可以由具有相同特性的熔断器或熔断器部件来互换。为此目的,本部分特别涉及到下述方面:

——熔断器特性:
- 额定值;
- 绝缘;
- 正常使用下的温升;
- 耗散功率和接受耗散功率;
- 时间/电流特性;
- 分断能力;
- 截断电流特性和 I^2t 特性。

——为验证熔断器特性的型式试验。

——熔断器标志。

1.2 规范性引用文件

下列文件对于本文件的应用是必不可少的。凡是注日期的引用文件,仅注日期的版本使用于本文件。凡是不注日期的引用文件,其最新版本(包括所有的修改单)适用于本文件。

GB/T 321—2005　优先数和优先数系(ISO 3:1973,IDT)

GB/T 16839.1—1997　热电偶　第 1 部分:分度表(idt IEC 60584-1:1995)

IEC 60038:1983　IEC 标准电压(IEC standard voltages)

IEC 60050-441:1984　国际电工词汇(IEV)　第 441 章:开关设备、控制设备和熔断器(International Electrotechnical Vocabulary(IEV)—Chapter 441:Switchgear,controlgear and fuses)

修改单 1(2000)　(Amendment 1)(2000)

---

1)　交流额定电压 1 140 V 的熔断器可参照本部分执行。有关熔断器的性能等要求由制造厂和用户协商确定。

IEC 60269-2 低压熔断器 第2部分:专业人员使用的熔断器的补充要求(主要用于工业的熔断器) 标准化熔断器系统示例A至I(Low-voltage fuses—Part 2:Supplementary requirements for fuses for use by authorized persons(fuses mainly for industrial application)—Examples of standardized systems of fuses A to I)

IEC 60269-3 低压熔断器 第3部分:非熟练人员使用的熔断器的补充要求(主要用于家用和类似用途的熔断器) 标准化熔断器系统示例A至F(Low-voltage fuses—Part 3:Supplementary requirements for fuses for use by unskilled persons(fuses mainly for household or similar application)—Examples of standardized systems of fuses A to F)

IEC 60269-4 低压熔断器 第4部分:半导体设备保护用熔断体的补充要求(Low-voltage fuses—Part 4:Supplementary requirements for fuses-links for the protection of semiconductor devices)

IEC 60269-5 低压熔断器 第5部分:低压熔断器应用指南(Low-voltage fuses—Part 5:Guidance for the application of low-voltage fuses)

IEC 60364-3:1993 建筑物的电气设施 第3部分:一般特性的评定(Electrical installations of buildings—Part 3:Assessment of general characteristics)

IEC 60364-5-52:2001 建筑物的电气设施 第5-52部分:电气设备的选择和安装 布线系统(Electrical installations of buildings—Part 5-52:Selection and erection of electrical equipment—Wiring system)

IEC 60529:1989 由外壳提供的防护等级(IP代码)[Degrees of protection provided by enclosures (Code IP)]

IEC 60617 简图用图形符号(Graphical symbols for diagrams)

IEC 60664-1:2002 低压系统内设备的绝缘配合 第1部分:原理、要求和试验(Insulation coordination for equipment within low-voltage systems—Part 1:Principles,requirements and tests)

IEC 60695-2-10:2000 着火危险试验 第2-10部分:基于灼热/发热丝的试验方法 灼热丝设备及通用试验程序(Fire hazard testing—Part 2-10:Glowing/hot-wire based test methods—Glow-wire apparatus and common test procedure)

IEC 60695-2-11:2000 着火危险试验 第2-11部分:基于灼热/发热丝的试验方法 最终产物的灼热丝易燃性试验(Fire hazard testing—Part 2-11: Glowing/hot-wire based test methods—Glow-wire flammability test method for end-products)

IEC 60695-2-12:2000 着火危险试验 第2-12部分:基于灼热/发热丝的试验方法 材料的灼热丝易燃性试验(Fire hazard testing—Part 2-12: Glowing/hot-wire based test methods—Glow-wire flammability test method for materials)

IEC 60695-2-13:2000 着火危险试验 第2-13部分:基于灼热/发热丝的试验方法 材料的灼热丝起燃性试验(Fire hazard testing—Part 2-13:Glowing/hot-wire based test methods—Glow-wire ignitability test method for materials)

ISO 478:1974 纸张 用于ISO-A系列的未经修整的标准尺寸 ISO第一值域(Paper—Untrimmed stock sizes for the ISO-A Series—ISO primary range)

ISO 593:1974 纸张 用于ISO-A系列的未经修整的标准尺寸 ISO补充值域(Paper—Untrimmed stock sizes for the ISO-A Series—ISO supplementary range)

ISO 4046:1978 纸张、纸板、纸浆和有关术语 词汇 双语版(Paper,board,pulp and related terms—Vocabulary—Bilingual edition)

2 术语和定义

注:熔断器一般定义亦可见IEC 60050-441。

下列术语和定义适用于本文件。

2.1 熔断器和它的部件

2.1.1

熔断器 fuse

当电流超过规定值足够长的时间，通过熔断一个或几个成比例的特殊设计的熔体分断此电流，由此断开其所接入的电路的装置。熔断器由形成完整装置的所有部件组成。

[IEV 441-18-01]

2.1.2

熔断器支持件 fuse-holder

熔断器底座及载熔件的组合。

注：若无需作明确区分，本部分中术语“熔断器支持件”表示熔断器底座和/或载熔件。

[IEV 441-18-14]

2.1.2.1

熔断器底座(熔断器支架) fuse-base(fuse-mount)

熔断器的固定部件，带有触头、接线端子。

[IEV 441-18-02]

注：适当时罩子可作为熔断器底座的一部分。

2.1.2.2

载熔件 fuse-carrier

熔断器可运动部件，作载运熔断体之用。

[IEV 441-18-13]

2.1.3

熔断体 fuse-link

带有熔体的熔断器部件，在熔断器熔断后可以更换。

[IEV 441-18-09]

2.1.4

熔断器触头 fuse-contact

保证熔断体与相应的熔断器支持件之间的电路连续性的两个或两个以上导电部件。

2.1.5

熔体 fuse-element

当电流超过规定值经过规定的时间条件下熔化的熔断体部件。

[IEV 441-18-08]

注：熔断体可包含几个并联的熔体。

2.1.6

指示装置(指示器) indicating device(indicator)

指示熔断器是否动作的熔断器部件。

[IEV 441-18-17]

2.1.7

撞击器 striker

熔断体的机械装置。当熔断器动作时释放所需的能量，以促使其他装置或者指示器动作，或者提供互锁。

[IEV 441-18-18]

2.1.8

接线端子　terminal

与外部电路进行电连接的熔断器的导电部分。

注：接线端子可按照所要连接的电路种类来区分（如主接线端子、接地端子等），也可按照结构来区分（如螺钉型接线端子、插入式接线端子等）。

2.1.9

模拟熔断体　dummy fuse-link

具有规定耗散功率和尺寸的试验用的熔断体。

2.1.10

试验底座　test rig

规定的试验用的熔断器底座。

2.1.11

标准限位件　gauge-piece

用以达到某种程度非互换性的熔断器底座的附件。

2.1.12

铰链载熔件　linked fuse-carrier

机械上与熔断器底座铰链的载熔件，给予熔断体一个确定的插入和拔出动作。

2.2　一般术语

2.2.1

封闭式熔断体　enclosed fuse-link

熔体被完全封闭，在额定值范围内熔断时，不会产生任何有害的外部效应（如由于燃弧而释出气体或喷出火焰或金属颗粒）的熔断体。

[IEV 441-18-12]

2.2.2

限流熔断体　current-limiting fuse-link

在规定电流范围内，由于熔断体的熔断，使电流被限制得显著低于预期电流峰值的熔断体。

[IEV 441-18-10]

2.2.3

"g"熔断体（全范围分断能力熔断体，以前称一般用途熔断体）　**"g"fuse-link**（full-range breaking-capacity fuse-link，formerly general purpose fuse-link）

在规定条件下，能分断使熔体熔化的电流至额定分断能力之间的所有电流的限流熔断体。

2.2.4

"a"熔断体（部分范围分断能力熔断体，以前称后备熔断体）　**"a"fuse-link**（partial-range breaking-capacity fuse-link，formerly back-up fuse-link）

在规定条件下，能分断示于熔断体熔断时间-电流特性曲线上的最小电流（图 2 中 $k_2 I_n$）至额定分断能力之间的所有电流的限流熔断体。

注："a"熔断体通常作短路保护用。需要对小于 $k_2 I_n$ 的过电流进行保护时，"a"熔断体须与其他可分断这种小过电流的合适的开关电器一起使用。

2.2.5　温度

2.2.5.1

周围空气温度　ambient air temperature

$\boldsymbol{T}_a$

该温度是距熔断器或熔断器外壳（如有）约 1 m 处的周围空气温度。

2.2.5.2

流体环境温度 fluid environment temperature

T_e

该温度是冷却熔断器部件(触头、接线端子等)的流体温度。若熔断器部件装在外壳中,则 T_e 为周围空气温度 T_a 和与熔断器部件(触头、接线端子等)接触的内部流体的温升(相对于周围空气温度)ΔT_e 之和。若熔断器部件不装在外壳中,则认为 T_e 等于 T_a。

2.2.5.3

熔断器部件温度 fuse-component temperature

T

熔断器部件(触头、接线端子等)温度 T 是有关部件的温度。

2.2.6

过电流选择性 overcurrent discrimination

两个或两个以上过电流保护装置之间的相关特性配合。当在给定范围内出现过电流时,指定在这个范围动作的装置动作,而其他装置不动作。

2.2.7

熔断器系统 fuse-system

在熔断体形状、触头型式等方面遵循相同物理设计原则的熔断器族。

2.2.8

尺码 size

熔断器系统中规定的一组熔断器尺寸,每一尺码包括给定的额定电流范围,该范围中熔断器的尺寸保持不变。

2.2.9

同一熔断体系列 homogeneous series of fuse-links

给定尺码内的熔断体类别,仅特性稍有差别,对于某一给定的试验,只要试验其中一个或少数几个特定的熔断体就可代表整个同一熔断体系列。

注:同一熔断体系列的特性可有差异并且应验证。这些特性的差异验证的细节规定于相关的试验中(见表 12 和表 13)。

[IEV 441-18-34,经修改]

2.2.10

(熔断体的)使用类别 utilization category (of a fuse-link)

规定要求的综合。这些要求与熔断体得以实现其保护目的的条件有关,并代表实际应用的一组特性(见 5.7.1)。

2.2.11

专职人员使用的熔断器(以前称工业用熔断器) **fuses for use by authorized persons** (formerly called fuses for industrial application)

仅由专职人员可以接近并仅由专职人员更换的熔断器。

注 1:不必采取结构上的措施来保证非互换性和防止偶然触及带电部分。

注 2:专职人员应按 IEC 60364-3 中 BA4"受指导人员"[2] 和 BA5"熟练人员"[3] 类别所规定的意义来理解。

2.2.12

非熟练人员使用的熔断器(以前称家用或类似用途熔断器) **fuse for use by unskilled persons**(for-

2) 受指导人员:在熟练人员指导或监护下能避免触电的人员(如操作、维护人员)。

3) 熟练人员:具有技术知识或足够运行经验,能避免触电危险的人员(工程师和技术人员)。

merly called fuses for domestic and similar)

非熟练人员可以接近并能由非熟练人员更换的熔断器。

注：对这类熔断器，应有防止直接触及带电部分的保护，如有需要，可要求非互换性。

2.2.13

非互换性　non-interchangeability

对形状和(或)尺寸加以限制，以免因疏忽在特定的熔断器底座上使用了电气性能不同于预定保护等级的熔断体。

[IEV 441-18-33]

2.3 特性量

2.3.1

额定值　rating

用于设计特性值的通用术语，同时它定义了工作条件，该工作条件作为试验和设备设计的依据。

[IEV 441-18-36]

注：低压熔断器通常规定的额定值：电压、电流、分断能力、耗散功率和接受耗散功率、频率（如适用）。在交流情况下，额定电压和额定电流为对称有效值；在直流情况下，当纹波存在时，额定电压为平均值，额定电流为有效值。如没其他规定，上述规定适用于任何电压和电流值。

2.3.2

(电路及与熔断器有关的)**预期电流　prospective current**(of a circuit and with respect to a fuse)

假定电路内的熔断器每个极由阻抗可忽略不计的导线所取代时电路所流过的电流。

对于交流，预期电流指交流分量的有效值。

注：预期电流是熔断器分断能力和特性[如 I^2t 和截断电流特性（见 8.5.7)]的参照量。

[IEV 441-17-01，经修改]

2.3.3

门限　gate

熔断器的极限值；在此极限范围内，可获得熔断器的特性，如时间-电流特性。

2.3.4

熔断器的分断能力　breaking capacity of a fuse

在规定的使用和性能条件下，熔断器在规定电压下能够分断的预期电流值。

[IEV 441-17-08，经修改]

2.3.5

分断范围　breaking range

熔断体的分断能力得到保证的预期电流值范围。

2.3.6

截断电流　cut-off current

熔断体分断期间电流达到的最大瞬时值，由此阻止电流达到最大值。

2.3.7

截断电流特性　cut-off current characteristic

允通电流特性　let-through current characteristic

在规定的熔断条件下，作为预期电流函数的截断电流曲线。

注：在交流情况下，截断电流是任何非对称程度下所能达到的最大值；在直流情况下，截断电流是在规定的时间常数下所达到的最大值。

[IEV 441-17-14]

2.3.8

（熔断器支持件的）**峰值耐受电流　peak withstand current**（of a fuse-holder）

熔断器支持件所能承受的截断电流值。

注：峰值耐受电流不小于与熔断器支持件配用的任何熔断体的最大截断电流值。

2.3.9

弧前时间　pre-arcing time

熔化时间　melting time

从一个足够分断熔体的电流出现至电弧产生的瞬间之间的时间间隔。

[IEV 441-18-21]

2.3.10

燃弧时间　arcing time

熔断器中电弧产生的瞬间至电弧最终熄灭之间的时间间隔。

[IEV 441-17-37,经修改]

2.3.11

熔断时间　operating time

弧前时间和燃弧时间之和。

[IEV 441-18-22]

2.3.12

焦耳积分　joule integral

$\boldsymbol{I^2t}$

在给定时间间隔内电流平方的积分：

$$I^2t=\int_{t_0}^{t_1} i^2\,\mathrm{d}t$$

注 1：弧前 I^2t 是熔断器弧前时间内的 I^2t 积分。

注 2：熔断 I^2t 是熔断器熔断时间内的 I^2t 积分。

注 3：在由熔断器保护的电路中，1 Ω 电阻释放的能量的焦耳值等于以 A^2s 表示的熔断 I^2t 值。

[IEV 441-18-23]

2.3.13

$\boldsymbol{I^2t}$ 特性　$\boldsymbol{I^2t}$ characteristic

在规定的动作条件下作为预期电流函数的 I^2t（弧前和/或熔断 I^2t）曲线。

2.3.14

$\boldsymbol{I^2t}$ 带　$\boldsymbol{I^2t}$ zone

在规定的条件下最小弧前 I^2t 特性和最大熔断 I^2t 特性所包容的范围。

2.3.15

熔断体额定电流　rated current of a fuse-link

$\boldsymbol{I_n}$

在规定条件下，熔断体能够长期承载而不使性能降低的电流。

2.3.16

时间-电流特性　time-current characteristic

在规定的熔断条件下，作为预期电流函数的时间（如弧前时间或熔断时间）曲线。

[IEV 441-17-13]

注：时间大于 0.1 s 时，实际上弧前时间与熔断时间的差异可不计。

2.3.17

时间-电流带 time-current zone

在规定的条件下,最小弧前时间-电流特性和最大熔断时间-电流特性所包容的范围。

2.3.18

约定不熔断电流 conventional non-fusing current

I_{nf}

在规定时间(约定时间)内熔断体能承载而不熔化的规定电流值。

[IEV 441-18-27]

2.3.19

约定熔断电流 conventional fusing current

I_f

在规定时间(约定时间)内,引起熔断体熔断的规定电流值。

[IEV 441-18-28]

2.3.20

“a”熔断体的过载曲线 overload curve of an “a”fuse-link

“a”熔断体能够承载电流而特性不变坏的时间曲线(见 8.4.3.4 和图 2)。

2.3.21

(熔断体内的)耗散功率 power dissipation(in a fuse-link)

熔断体在规定的使用和性能条件下承载规定的电流时释放的功率。

注:规定的使用和性能条件通常包括稳态温度条件到达后的电流恒定有效值。

[IEV 441-18-38,经修改]

2.3.22

(熔断器底座或熔断器支持件的)接受耗散功率 acceptable power dissipation (of a fuse-base or a fuse-holder)

熔断器底座或熔断器支持件在规定的使用和性能条件下能接受的熔断体内的耗散功率规定值。

[IEV 441-18-39]

2.3.23

恢复电压 recovery voltage

电流分断后出现在熔断器一极接线端子间的电压。

注:恢复电压可以认为有两个连续的时间阶段。第一个阶段存在瞬态电压(见 2.3.23.1),接着第二阶段仅存在工频或直流恢复电压(见 2.3.23.2)。

[IEV 441-17-25,经修改]

2.3.23.1

瞬态恢复电压 transient recovery voltage;TRV

在具有明显瞬态特性时间阶段内的恢复电压。

注 1:根据电路和熔断器的特性,瞬态恢复电压可以是振荡的和非振荡的,或二者兼有,它包括多相电路的中性点位移。

注 2:除非另有规定,在三相电路中瞬态恢复电压是指首先分断一极的瞬态恢复电压,因为此电压一般比出现在其他二极的电压高。

[IEV 441-17-26]

2.3.23.2

工频或直流恢复电压 power-frequency or d.c. recovery voltage

在瞬态电压消失之后的恢复电压。

[IEV 441-17-27,经修改]

注:工频或直流恢复电压可用额定电压的百分比来表示。

2.3.24

熔断器的电弧电压 arc voltage of a fuse

燃弧期间熔断器接线端子间出现的电压瞬时值。

[IEV 441-18-30]

2.3.25

(熔断器的)隔离距离 isolating distance (for a fuse)

熔断器底座触头之间或任何连接于此触头的导电部件之间的最短距离,该距离在带熔断体的或载熔件移去的熔断器上测得。

[IEV 441-18-06]

3 正常工作条件

符合本部分的熔断器,若在以下条件下使用,被认为能正常工作,不需要进一步验证。除非第8章另有规定,下列条件也作为试验条件。

3.1 周围空气温度(T_a)

周围空气温度 T_a(见2.2.5.1)不超过40 ℃,24 h测得的平均值不超过35 ℃,一年内测得的平均值低于该值。

周围空气温度最低值为-5 ℃。

注1:提供的时间-电流特性在周围空气温度20 ℃条件下作出。这些时间-电流特性也近似适用于温度为30 ℃。

注2:若温度条件明显不同于上述温度,宜从动作、温升等方面加以考虑,见附录D。

3.2 海拔

安装地点的海拔不超过2 000 m。

3.3 大气条件

空气是干净的,其相对湿度在最高温度为40 ℃时不超过50%。

在较低温度下可以有较高的相对湿度,例如,在20 ℃时,相对湿度可达90%。

在这些条件下,由于温度变化,可能偶然发生中等凝露。

注:若熔断器在不同于3.1,3.2和3.3规定条件下使用,尤其是在无防护的户外条件使用,应与制造厂协商;若熔断器使用在有盐雾或不正常的工业沉积物的场所,亦应与制造厂协商。

3.4 电压

系统电压的最大值不超过熔断器额定电压的110%;对于从交流整流的直流电压,其脉动引起的变化应不大于110%额定电压的平均值的5%或不低于9%。

对额定电压为690 V的熔断器,最大系统电压不应超过熔断器额定电压的105%。

注:应注意到若熔断体在大大低于额定电压下熔断,熔断器的指示装置或撞击器可能不动作(见8.4.3.6)。

3.5 电流

承载和分断的电流在7.4和7.5中规定的范围内。

3.6 频率、功率因数与时间常数

3.6.1 频率

对于交流，频率等于熔断体的额定频率。

3.6.2 功率因数

对于交流，功率因数不低于表 20 中相应于预期电流的数值。

3.6.3 时间常数

对于直流，时间常数符合表 21 规定。

某些使用场合可能发现时间常数超出表 21 规定的范围。对此，应使用经试验符合所要求的时间常数并有相应标记的熔断体。

3.7 安装条件

按制造厂说明书安装熔断器。

如熔断器可能遇到非正常振动和冲击使用情况，应与制造厂协商。

3.8 使用类别

使用类别(如“gG”)按 5.7.1 规定。

3.9 熔断体的选择性

时间大于 0.1 s 的选择性极限见表 2 与表 3。

对于“gG”和“gM”熔断体，弧前 I^2t 值见表 7；熔断 I^2t 值由下续部分标准规定。其他分断范围和使用类别的值见下续部分标准。

4 分类

熔断器分类按第 5 章和下续部分标准规定。

5 熔断器特性

5.1 特性综述

熔断器的特性应由下列适合的条款来规定。

5.1.1 熔断器支持件

a) 额定电压(见 5.2)；

b) 额定电流(见 5.3.2)；

c) 电流种类，如果适用额定频率 (见 5.4)；

d) 额定接受耗散功率(见 5.5)；

e) 尺寸或尺码；

f) 极数(如果不止一个极);

g) 峰值耐受电流。

5.1.2 熔断体

a) 额定电压(见 5.2);

b) 额定电流(见 5.3.1);

c) 电流种类,如果适用额定频率 (见 5.4);

d) 额定耗散功率(见 5.5);

e) 时间-电流特性(见 5.6);

f) 分断范围(见 5.7.1);

g) 额定分断能力(见 5.7.2);

h) 截断电流特性(见 5.8.1);

i) I^2t 特性(见 5.8.2);

j) 尺寸或尺码。

5.1.3 完整熔断器

防护等级应按照 IEC 60529 的规定。

5.2 额定电压

对于交流,额定电压标准值由表 1 给出。

表 1 交流熔断器额定电压标准值

单位为伏

系列Ⅰ	系列Ⅱ
	120*
	208
230*	240
	277*
400*	415
500	480*
690*	600

带星号的值是根据 IEC 60038 的标准化值,同时表中其他值亦可使用。

对于直流,额定电压优选值如下:110*,125*,220*,250*,440*,460,500,600*,750 V。

注:熔断体的额定电压可以不同于装入该熔断体的熔断器支持件的额定电压。熔断器的额定电压是部件(熔断器支持件、熔断体)的额定电压的最低值。

5.3 额定电流

5.3.1 熔断体的额定电流

熔断体的额定电流以安培表示,应从下列数值中选用:

2,4,6,8,10,12,16,20,25,32,40,50,63,80,100,125,160,200,250,315,400,500,630,800,1 000,1 250

注 1：当需要较高或较低值时，宜按 GB/T 321—2005 中 R10 系列选取。

注 2：此外，当需要选取一中间值时，宜按 GB/T 321—2005 中 R20 系列选取。

5.3.2 熔断器支持件的额定电流

除非下续部分标准另有规定，熔断器支持件的额定电流(以安培表示)应从熔断体的额定电流系列中选取。对于"gG"和"aM"熔断器，熔断器支持件的额定电流以配用熔断体的最大额定电流表示。

5.4 额定频率(见 6.1 和 6.2)

未标明额定频率意味着熔断器符合本部分对频率规定的条件，即频率仅在 45 Hz～62 Hz 之间。

5.5 熔断体的额定耗散功率和熔断器支持件的额定接受耗散功率

若下续部分标准没有规定，熔断体的额定耗散功率由制造厂规定。在规定的试验条件下，熔断体的耗散功率不应超过该规定值。

若下续部分标准没有规定，熔断器支持件的额定接受耗散功率由制造厂规定。额定接受耗散功率是在规定试验条件下，不超过规定的温升、熔断器支持件能承受的最大耗散功率。

5.6 时间-电流特性极限

时间-电流特性极限是以周围空气温度(T_a)+20 ℃为基础。

5.6.1 时间-电流特性、时间-电流带

时间-电流特性、时间-电流带与熔断体的结构有关。对于给定的熔断体，它们取决于周围空气温度以及冷却条件。

注：若周围空气温度与 3.1 规定的温度范围有偏差，应与制造厂协商。

对于不符合下续部分标准规定的标准时间-电流带的熔断体，制造厂应能提供以下特性(以及它们的偏差)：

——弧前和熔断时间-电流特性；

或

——时间-电流带。

注：对于弧前时间小于 0.1 s 者，制造厂应能提供 I^2t 特性以及它们的偏差 (见 5.8.2)。

对于弧前时间大于 0.1 s 者，时间-电流特性应以电流为横坐标，以时间为纵坐标，两个坐标轴均应采用对数刻度。

对数刻度为十进位制，横坐标与纵坐标之比为 2∶1。然而因为在美国长期确定的习惯，故 1∶1 比例作为另一个选择标准。图样应表示在符合 ISO 478 或 ISO 593 的 A3 或 A4 纸上。

十进位尺寸应从下列系列中选取：

2 cm，4 cm，8 cm，16 cm 和 2.8 cm，5.6 cm，11.2 cm。

注：作为推荐，尽可能采用优先值 2.8 cm(纵坐标)和 5.6 cm(横坐标)。

5.6.2 约定时间和约定电流

约定时间和约定电流见表 2。对于"gD"和"gN"熔断体，约定时间和约定电流见 IEC 60269-2 中熔断器系统 H。

表 2 “gG”和“gM”熔断体的约定时间和约定电流

“gG”额定电流 I_n “gM”[b]特性电流 I_{ch} A	约定时间 h	约定电流	
		I_{nf}	I_f
$I_n<16$	1	[a]	[a]
$16\leqslant I_n\leqslant 63$	1		
$63<I_n\leqslant 160$	2	$1.25I_n$	$1.6I_n$
$160<I_n\leqslant 400$	3		
$400<I_n$	4		

[a] 额定电流小于 16 A 的熔断体值在下续部分标准中规定。

[b] 关于“gM”熔断体，见 5.7.1。

5.6.3 门限

“gG”和“gM”熔断体的门限值列于表 3。

表 3 “gG”和“gM”熔断体规定弧前时间的门限值[a]

单位为安培

1	2	3	4	5
I_n 用于“gG” I_{ch} 用于“gM”[b]	I_{min}(10 s)[c]	I_{max}(5 s)	I_{min}(0.1 s)	I_{max}(0.1 s)
16	33	65	85	150
20	42	85	110	200
25	52	110	150	260
32	75	150	200	350
40	95	190	260	450
50	125	250	350	610
63	160	320	450	820
80	215	425	610	1 100
100	290	580	820	1 450
125	355	715	1 100	1 910
160	460	950	1 450	2 590
200	610	1 250	1 910	3 420
250	750	1 650	2 590	4 500
315	1 050	2 200	3 420	6 000
400	1 420	2 840	4 500	8 060
500	1 780	3 800	6 000	10 600
630	2 200	5 100	8 060	14 140
800	3 060	7 000	10 600	19 000

表 3（续） 单位为安培

1	2	3	4	5
I_n 用于“gG” I_{ch} 用于“gM”[b]	I_{min}(10 s)[c]	I_{max}(5 s)	I_{min}(0.1 s)	I_{max}(0.1 s)
1 000 1 250	4 000 5 000	9 500 13 000	14 140 19 000	24 000 35 000

[a] 额定电流小于 16 A 的熔断器值在下续部分标准中规定。
[b] 关于“gM”熔断体，见 5.7.1。
[c] I_{min}(10 s)是弧前时间不小于 10 s 的电流的最小值。

“aM”熔断器时间-电流特性的标准门限见表 4 和图 3，特性的基准周围空气温度为 20 ℃。标准化的系数 k 为 $k_0=1.5$、$k_1=4$ 和 $k_2=6.3$。

表 4 “aM”熔断体（全额定电流）的门限

	$4I_n$	$6.3I_n$	$8I_n$	$10I_n$	$12.5I_n$	$19I_n$
$t_{熔断}$	—	60 s	—	—	0.5 s	0.10 s
$t_{弧前}$	60 s	—	0.5 s	0.2 s	—	—

“gD”和“gN”熔断体门限值见 IEC 60269-2 中熔断器系统 H。

5.7 分断范围和分断能力

5.7.1 分断范围与使用类别

第一个字母应表示分断范围：
——“g”熔断体（全范围分断能力熔断体）；
——“a”熔断体（部分范围分断能力熔断体）。
第二个字母应表示使用类别。该字母准确地规定时间-电流特性、约定时间和约定电流以及门限。
例如：
——“gG”表示一般用途全范围分断能力的熔断体；
——“gM”表示保护电动机电路全范围分断能力的熔断体；
——“aM”表示保护电动机电路的部分范围分断能力的熔断体；
——“gD”表示全范围分断能力延时熔断体；
——“gN”表示全范围分断能力非延时熔断体。

注 1：目前，只要特性能满足承受电动机起动电流，“gG”熔断体常用来保护电动机电路。

注 2：“gM”熔断体用两个电流值来说明其特性。第一个值 I_n 表示熔断体和熔断器支持件的额定电流；第二个值 I_{ch}表示如表 2、表 3、表 7 中门限所规定的熔断体的时间-电流特性。
上述的两个额定值由表明用途的一个字母加以分隔。
例如 I_n M I_{ch}表示用以保护电动机电路并且具有 G 特性的熔断器。第一个值 I_n 表示整个熔断器的最大连续电流；第二个值 I_{ch}表示熔断体的 G 特性。

注 3：“aM”熔断体用一个电流值 I_n 和 8.4.3.3.1 和图 2 中所规定的时间-电流特性来说明其特性。

5.7.2 额定分断能力

额定电压下熔断体的额定分断能力由制造厂规定。额定分断能力的最小值由下续部分标准规定。

5.8 截断电流与 I^2t 特性

截断电流值和 I^2t 特性值应考虑制造公差并应参照下续部分标准所规定的使用条件，例如电压、频率和功率因数值。

5.8.1 截断电流特性

截断电流特性应代表使用中可能出现的电流的最大瞬时值(见 8.6.1 和附录 C)。

除非下续部分标准已作规定，否则，如果需要截断电流特性，制造厂应给出，并按图 4 的例子以双对数表示。其中预期电流为横坐标。

5.8.2 I^2t 特性

制造厂应提供弧前时间小于 0.1 s 至相应于额定分断能力的弧前 I^2t 特性。它们应代表在使用中可能遇到的作为预期电流函数的最小值。

制造厂应提供弧前时间小于 0.1 s、以规定的电压为参数的熔断 I^2t 特性。它们应代表在实际使用中可能遇到的作为预期电流函数的最大值。

若以图表示，I^2t 特性应以预期电流为横坐标，以 I^2t 值为纵坐标。横、纵坐标均应采用对数刻度(对数刻度见 5.6.1)。

6 标志

标志应清晰，持久。通过目测和下述试验进行验证。

用手拿一块浸透水的棉布擦标志 5 s，接着再用手拿一块浸透脂族己烷溶剂的棉布擦 5 s。

注：推荐使用脂族己烷溶剂，溶剂的芳香剂的容积含量最大为 0.1%，贝壳松脂丁醇值约为 29，初沸点约为 65 ℃，干点约为 69 ℃，密度约为 0.68 g/cm³。

6.1 熔断器支持件标志

下列信息应标志在所有熔断器支持件上：

——制造厂名称或易识别的商标；

——制造厂的识别标记，借此能获得 5.1.1 所列的全部特性；

——额定电压；

——额定电流；

——电流种类和(适用时)额定频率。

注：标有交流额定值的熔断器支持件亦可用于直流。假如熔断器支持件由一可移去的载熔件和可移去的熔断器底座组成，为了识别的目的，二者宜分别标志。

6.2 熔断体标志

除了实行有困难的小熔断体以外，下列信息应标志在所有熔断体上：

——制造厂名称或易识别的商标；

——制造厂的识别标记，借此能获得 5.1.2 所列的全部特性；

——额定电压；

——额定电流(“gM”型见 5.7.1)；

——分断范围，适用时(见 5.7.1)使用类别(字母编码)；

——电流种类和(适用时)额定频率(见 5.4)。

注：如果本熔断体提供在交流和直流中使用，熔断体的交流和直流额定值宜分别标志。

对小熔断体，标志上述规定的所有熔断体信息有困难时，商标、制造厂的识别标记、额定电压、额定电流应被标志。

6.3 标志符号

电流种类和频率,使用符号根据 IEC 60417。

注:额定电流和额定电压可以如下标志:

$$10\ \text{A}\quad 500\ \text{V}\qquad \text{或}\qquad 10/500\qquad \text{或}\qquad \frac{10}{500}$$

7 设计的标准条件

7.1 机械设计

7.1.1 熔断体的更换

熔断体应具有足够的机械强度,触头应可靠固定。应能方便安全地更换熔断体。

7.1.2 包括接线端子的连接

固定连接在使用和动作条件下应能维持必要的接触压力。

除非金属部件的弹性足以补偿绝缘材料可能产生的收缩或变形,在连接时接触压力不应通过绝缘材料来传递(陶瓷或性能不比陶瓷逊色的其他绝缘材料除外)。如有必要,试验在下续部分标准中规定。

接线端子在连接螺钉拧紧时应不会转动或移位并且导体不会移动。夹紧导体的部件应是金属的,其形状应不会损坏导体。

在规定的安装条件下,接线端子应容易接近(如有罩子,在拆下罩子后)。

注:无螺纹型接线端子的要求在附录 E 中规定。

7.1.3 熔断器触头

熔断器的触头应保证在使用和动作条件下,特别是在 7.5 规定的条件下,具有必要的接触压力。

触头应能保证在相应于 7.5 条件下动作时所产生的电磁力不会伤害以下部件之间的电气连接:

a) 熔断器底座和载熔件;

b) 载熔件和熔断体;

c) 熔断体和熔断器底座,如适用,或任何其他支撑物。

熔断器触头的结构和材料应保证在正常的安装和使用条件下,通过下述情况:

a) 经过反复装拆以后;

b) 长期不装拆地使用后(见 8.10)。

能维持良好的接触。

铜合金的熔断器触头应不发生龟裂。

这些要求根据 8.10 及 8.11.2.1 和下续部分标准第 8 章的试验来验证。

7.1.4 标准限位件结构

标准限位件(如有)应能经受住使用时产生的正常应力。

7.1.5 熔断体的机械强度

熔断体应具有足够的机械强度,触头应可靠固定。

7.2 绝缘性能和隔离适用性

熔断器在正常使用时所承受的电压下不应失去其绝缘性能。当熔断器在正常断开位置,熔断体保持在载熔件内时，或当熔断体和(适当时)载熔件移去时，熔断器应适用于隔离。适用的过电压类别在下续部分标准中规定。

若熔断器通过 8.2 的绝缘性能和隔离适用性的验证，则认为熔断器符合上述要求。

最小爬电距离、电气间隙以及通过绝缘材料或密封填料的距离应符合下续部分标准的规定值。

7.3 温升、熔断体的耗散功率以及熔断器支持件的接受耗散功率

熔断器支持件应设计合理，在标准使用条件下，能持续通过与其配用的熔断体的额定电流而不超过：

——表 5 规定的温升值(在制造厂或下续部分标准规定的熔断器支持件额定接受耗散功率条件下)。

熔断体应设计合理，在标准使用条件下能持续通过额定电流而不超过：

——制造厂或下续部分标准规定的熔断体额定耗散功率。

特别在下列情况下，温升不应超过表 5 规定的极限值：

——熔断体的额定电流等于与其配用的熔断器支持件的额定电流；

——熔断体的耗散功率等于熔断器支持件的额定接受耗散功率。

以上要求由 8.3 的试验来验证。

表 5 触头和接线端子的温升极限 $\Delta T=(T-T_a)$

			温升 K	
			不封闭的[a]	封闭的[b]
触头[g,i]	弹簧加载	裸铜	40	45
		裸黄铜	45	50
		镀锡	55[f]	60[f]
		镀镍	70[c,e,h]	75[c,e,h]
		镀银	[c]	[c]
	螺栓紧固	裸铜	55	60
		裸黄铜	60	65
		镀锡	65[f]	65[f]
		镀镍	80[c,e,h]	85[c,e,h]
		镀银	[c]	[c]
接线端子		裸铜	55	60
		裸黄铜	60	65
		镀锡	65	65
		镀银或镀镍	70[d]	70[d]

[a] 当 T_e 等于 T_a 时(见 2.2.5)。

[b] 适用于 ΔT_e 在 10 K～30 K 之间的情况(10 K$\leqslant \Delta T_e \leqslant$30 K)，周围空气温度 T_a 应不超过 40 ℃。

[c] 仅以不损坏相邻部件为限。

[d] 温升极限的确定是考虑使用聚氯乙烯绝缘导体。

[e] 此值不适用于在下续部分标准中对触头材料和截面积有规定的熔断器系统。

[f] 若经过验证，触头不变坏试验的实际温度并没有损害触头，此极限值可超过。

[g] 对某些很小的熔断器，测量温度有可能损坏该熔断器时，表中的规定值不适用。要通过 8.10 的试验对触头是否变坏进行验证。

[h] 若使用镀镍触头，因其电阻较大，在触头设计中要采取某些措施，如采用较高的触头压力。

[i] 触头不变坏试验见 8.10。

7.4 动作

熔断体应设计合理，并当装在适当试验装置中且在额定频率和周围空气温度为(20±5)℃时：

——熔断体应能持续承载不大于其额定电流的任何电流；

——熔断体应能承受正常使用时可能发生的过载(见 8.4.3.4)。

对于"g"熔断体，在约定时间内：

——当熔断体承载不大于约定不熔断电流(I_{nf})的任何电流时，熔断体不熔断；

——当熔断体承载等于或大于约定熔断电流(I_f)的任何电流时，熔断体熔断。

注：时间-电流带(如有)要加以考虑。

对于"a"熔断体：

——当熔断体承载不大于 k_1I_n 的电流时，在过载曲线(见图 2)所示的相应时间内熔断体不熔断；

——当熔断体承载的电流在 k_1I_n 和 k_2I_n 之间，其熔体可以熔化，只要弧前时间大于弧前时间-电流特性所指定的值；

——当熔断体承载的电流超过 k_2I_n，在包括燃弧时间在内的时间-电流带范围内，熔断体熔断。

8.4.3.3 中所测得的时间-电流值应在制造厂所提供的时间-电流带范围内。

若熔断体通过 8.4 中所规定的试验，则认为熔断体符合以上要求。

7.5 分断能力

在额定频率和电压不超过 8.5 所规定的恢复电压下，熔断器应能分断其预期电流在以下电流范围内的任何电流：

——对"g"熔断体，电流为 I_f；

——对"a"熔断体，电流为 k_2I_n；和

——在交流情况，功率因数不低于表 20 所示的相应于预期电流值的额定分断能力；

——在直流情况，时间常数不大于表 21 所示的相应于预期电流值的额定分断能力。

在 8.5 所规定的试验电路中，熔断体熔断时的电弧电压应不超过表 6 中所规定的值。

注：若熔断体使用于系统电压比熔断体额定电压低的电路中，应考虑电弧电压，该值应不超过表 6 中相应于系统电压的电弧电压值。

表 6 最大电弧电压

单位为伏

熔断体的额定电压 U_n		最大电弧电压，峰值
适用于交流和直流	60 及 60 以下	1 000
	61～300	2 000
	301～690	2 500
	691～800	3 000
	801～1 000	3 500
仅适用于直流	1 001～1 200	3 500
	1 201～1 500	5 000
注：对于额定电流小于 16 A 的熔断体，其最大电弧电压本部分不作规定，在考虑中。		

若熔断器通过 8.5 所规定的试验，则认为熔断器符合上述要求。

7.6 截断电流特性

若下续部分标准未另作规定，按 8.6 规定所测得的截断电流值应小于或等于制造厂所提供的截断电流特性的相应值(见 5.8.1)。

注：作为实际弧前时间函数的截断电流特性见附录 C。

7.7 I^2t 特性

按 8.7 验证的弧前 I^2t 值，应不小于制造厂按 5.8.2 所规定的 I^2t 特性，并应在用于"gG"和"gM"熔断体的表 7 所规定的范围内。对小于 0.01 s 的弧前时间，若需要，在下续部分标准里给出 I^2t 值的极限范围。对"gD"和"gN"熔断体，此值见 IEC 60269-2 中熔断器系统 H。

按 8.7 验证的熔断 I^2t 值，应小于或等于制造厂按 5.8.2 所规定的 I^2t 特性或下续部分标准规定的 I^2t 特性。

表 7 "gG"和"gM"熔断体 0.01 s 的弧前 I^2t 值

I_n 用于"gG" I_{ch} 用于"gM"[a] A	I^2t_{min} $10^3\times(A^2s)$	I^2t_{max} $10^3\times(A^2s)$
16	0.3	1.0
20	0.5	1.8
25	1.0	3.0
32	1.8	5.0
40	3.0	9.0
50	5.0	16.0
63	9.0	27.0
80	16.0	46.0
100	27.0	86.0
125	46.0	140.0
160	86.0	250.0
200	140.0	400.0
250	250.0	760.0
315	400.0	1 300.0
400	760.0	2 250.0
500	1 300.0	3 800.0
630	2 250.0	7 500.0
800	3 800.0	13 600.0
1 000	7 840.0	25 000.0
1 250	13 700.0	47 000.0
[a] 对于"gM"，见 5.7.1。		

7.8 熔断体的过电流选择性

过电流选择性的要求与熔断器系统、额定电压和熔断器的使用有关；有关要求可在下续部分标准里规定。

7.9 防电击保护

对于人身防电击保护，应考虑熔断器的下列三种情况：

——当完整熔断器（包括熔断器底座、熔断体，有时还包括标准限位件、载熔件和正常使用条件下成为熔断器组成部分的外壳）正确地装配、安装并接好线时；

——更换熔断体时；

——当熔断体和载熔件（如有）取走后。

额定冲击耐受电压见表8,数值按熔断器的额定电压和过电压类别(在下续部分标准中规定)选择。这些要求在下续部分标准中规定。也可见8.8。

表8 额定冲击耐受电压

熔断器额定电压 (直至及包括) V	额定冲击耐受电压 U_{imp}(1.2/50 μs) kV			
	过电压类别			
	Ⅳ	Ⅲ	Ⅱ	Ⅰ
230	4	2.5	1.5	0.8
400	6	4	2.5	1.5
690	8	6	4	2.5
1 000	12	8	6	4

7.9.1 电气间隙和爬电距离

为了降低由过电压引起的击穿放电的风险,电气间隙应不小于表9规定值。

表9 空气中最小电气间隙

额定冲击耐受电压 U_{imp} kV	最小电气间隙 mm
	非均匀电场条件
0.8	0.8
1.5	0.8
2.5	1.5
4.0	3.0
6.0	5.5
8.0	8.0
12.0	14.0

注:空气中最小电气间隙是以1.2/50 μs冲击电压为基础,其气压为80 kPa,相当于海拔2 000 m处正常大气压。

爬电距离见表10,数值按熔断器的材料组别(见IEC 60664-1中2.7.1.3规定)和额定电压选择。

表10 最小爬电距离

熔断器额定电压 (直至及包括) V	承受长期应力的设备的爬电距离 mm		
	材料组别 Ⅰ	材料组别 Ⅱ	材料组别 Ⅲ
230	3.2	3.6	4
400	5	5.6	6.3
690	8	9	10
1 000	12.5	14	16

7.9.2 适用于隔离的熔断器的泄漏电流

对适用于隔离且额定电压大于 50 V 的熔断器，泄漏电流应在触头处在断开位置的每极上进行测量。

试验电压为 1.1 倍额定电压，测得的泄漏电流不应超过：

- 对于新的熔断器，每极 0.5 mA；
- 对于经过 8.5 试验的熔断器，每极 2 mA。

7.9.3 具有铰链载熔件且适用于隔离的熔断器补充结构要求

熔断器支持件应标志 IEC 60617-S00369 符号。

注 1：符号 IEC 60617-S00369(以前为 IEC 60617-7 中的符号 07-21-08)：

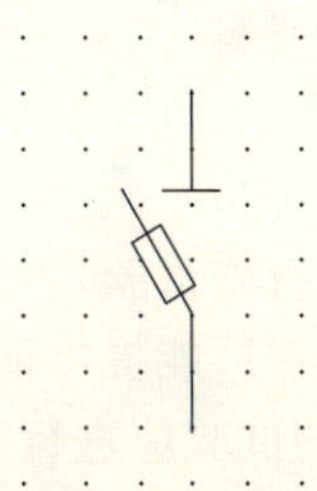

当熔断器处于断开位置，熔断体保持在载熔件内时，熔断器触头之间的隔离距离应符合隔离功能。通过载熔件的位置提供断开位置的指示。

按 8.2 验证本要求。

当制造厂为了将熔断器锁定在隔离位置而规定了锁定装置时，锁定装置仅能在此隔离位置锁定。熔断器应设计成载熔件保持附在熔断器底座上，并且给出一个断开位置和上锁(如合适)的正确指示。

注 2：特殊使用场合允许锁定在闭合位置。

对含有连至主极的电子电路的熔断器，在进行介电试验时允许将电子电路拆开。

7.10 耐热性

熔断器所有部件应足以耐受正常使用时产生的热。

若下续部分标准未另作规定，8.9 和 8.10 的试验合格则认为耐热性符合要求。

7.11 机械强度

熔断器所有部件应足以耐受正常使用时产生的机械应力。

若下续部分标准未另作规定，8.3～8.5 和 8.11.1 的试验合格则认为机械强度符合要求。

7.12 耐腐蚀性

熔断器的所有金属部件应能耐受正常使用时产生的腐蚀影响。

7.12.1 耐锈性

铁制部件的保护应满足相关试验的要求。

若下续部分标准未另作规定，8.2.2.3.2 和 8.11.2.3 的试验合格则认为耐锈性符合要求。

7.12.2 耐应力腐蚀龟裂

熔断器的载流部件应足以耐受应力腐蚀龟裂。有关试验在 8.2.2.3.2 和 8.11.2.1 中规定。

7.13 耐非正常的热和火

熔断器的所有部件应足以耐受非正常的热和火,试验在8.11.2.2中规定。

7.14 电磁兼容性

在本部分范围内的熔断器对一般的电磁干扰不敏感,故抗干扰试验不作要求。

熔断器产生的较大的电磁干扰局限于分断瞬间,只要在型式试验分断时产生的最大电弧电压符合7.5的要求,认为电磁兼容性亦得到满足。

8 试验

8.1 总则

8.1.1 试验种类

本章规定的试验是型式试验,制造厂应进行该试验。

如果在这些试验中的某一个试验失败,制造厂能提出证据,说明此失败对本型式的熔断器来说并非典型,而是由于试品的个别缺陷所致,则相关的试验应进行重试。但这不适用于分断能力试验。

如果用户和制造厂同意,验收试验可以从型式试验中选取。

型式试验是为了验证特定的熔断器或具有同一熔断体系列(见8.1.5.2)的熔断器符合所规定的特性,在正常的使用条件下或在特定的条件下能正常工作。

通过型式试验,则认为所有同一结构的熔断器都符合本部分要求。

如果熔断器任何零部件的修改引起对已经进行的某项型式试验的结果产生不利的影响,该项型式试验应重新进行。

8.1.2 周围空气温度(T_a)

周围空气温度的测量装置应有防护,以避免通风和热辐射的影响。测量装置放置在离熔断器约1 m处,其高度等于熔断器中心的高度。每次试验开始时,熔断器的温度应接近于周围空气温度。

8.1.3 熔断器的状态

供试验的熔断器应清洁、干燥。

8.1.4 熔断器的布置与尺寸

除防护等级试验外(见8.8),熔断器应安装在无通风的自然空气中。除另有规定外,应按正常工作位置(如垂直安装位置)安装在绝缘材料上。此绝缘材料应有足够的刚性以承受所遇到的力,而对被试熔断器不施加外加负荷。

熔断体应象正常使用时那样安装,或者安装在其熔断器支持件上,或者安装在下续部分标准规定的试验底座上。

试验前应测量规定的外形尺寸,其结果应符合制造厂有关数据资料或下续部分标准规定的尺寸。

8.1.5 熔断体的试验

除非下续部分标准另有规定,应按规定的电流种类和额定频率(对于交流)对熔断体进行试验。

8.1.5.1 完整试验

试验开始前,应在周围空气温度为(20±5)℃下测量所有试品的内阻R,测量电流不超过$0.1I_n$,

R 值应记录在试验报告中。

完整试验汇总见表 11。

8.1.5.2 同一熔断体系列的试验

不同额定电流的熔断体构成同一熔断体系列的条件规定如下：

——它们外壳的形状和结构完全相同，并且外壳的尺寸也完全相同(熔体除外)。仅熔断体的触头不同时，此条件也满足。在这种情况下，在可能产生最不利的试验结果的熔断体上进行试验；

——它们具有相同的灭弧介质和相同的填充程度；

——它们的熔体材料完全相同，熔体的长度和形状应该相同；

注：例如，熔体可由不同厚度的材料用同一设备制成。

——熔体的截面(沿熔体长度方向截面可能是变化的)和熔体数分别不应超过最大额定电流熔断体的熔体截面和熔体数；

——相邻熔体之间以及熔体与熔管内表面之间的最小距离不得小于最大额定电流熔断体中相应的距离；

——它们可与给定的熔断器支持件一起使用，或它们不准备与熔断器支持件一起使用，但同一系列中所有额定电流的熔断体布置相同；

——对于温升试验，熔断体的 $RI_n^{3/2}$ 值应不超过同一熔断体系列中最大额定电流熔断体的相应值。电阻 R 的测量应按 8.1.5.1 中的规定；

——对于分断能力试验，额定分断能力不得大于同一熔断体系列中最大额定电流熔断体的额定分断能力，否则较大额定分断能力的熔断体中的最大额定电流熔断体应进行 No.1 和 No.2 试验。

对于同一熔断体系列：

——最大额定电流的熔断体应按表 11 进行完整试验；

——最小额定电流的熔断体仅须按表 12 进行试验；

——最大与最小额定电流之间的其他额定电流熔断体应按表 13 进行试验。

表 11 熔断体完整试验和被试熔断体数量一览表

试验项目及相应条款	试品数量																								
	"g"熔断体															"a"熔断体									
	1	1	1	1	1	1	3	3	1	3	1	1	1	1	3	1	1	1	1	3	3	1	4	3	3
8.1.4 尺寸	×	×	×													×	×	×							
8.1.5.1 电阻	×	×	×	×	×	×	×	×	×	×	×	×	×	×	×	×	×	×	×	×	×	×	×	×	×
8.3 温升、耗散功率	×															×									
8.4.3.1a) 约定不熔断电流	×																								
8.4.3.1b) 约定熔断电流	×																								
8.4.3.2 额定电流		×																							
8.4.3.3 时间-电流特性、门限																									
"g"熔断体门限																									
a) I_{min}(10 s)											×														

表 11（续）

试验项目及相应条款	试品数量																								
	“g”熔断体															“a”熔断体									
	1	1	1	1	1	1	3	3	1	3	1	1	1	1	3	1	1	1	1	3	3	1	4	3	3
b) I_{max}(5 s)												×													
c) I_{min}(0.1 s)													×												
d) I_{max}(0.1 s)														×											
“a”熔断体门限																							×		
8.4.3.4 过载										×															×
8.4.3.5 约定电缆过载保护									×																
8.4.3.6 指示装置[c]				×	×	×	×	×									×	×	×	×	×				
撞击器[c]			×	×	×	×	×	×									×	×	×	×	×	×			
8.5 No.5 分断能力[a]				×													×								
8.5 No.4 分断能力[a]					×													×							
8.5 No.3 分断能力[a]						×													×						
8.5 No.2 分断能力[b]							×													×					
8.5 No.1 分断能力[b]								×													×				
8.6 截断电流特性[d]																									
8.7 I^2t 特性[d]																									
8.8 防护等级[d]																									
8.9 耐热性[d]																									
8.10 触头不变坏[d]																									
8.11.1 机械强度[d]																									
8.11.2.1 耐应力腐蚀龟裂[d,e]																									
8.11.2.2 耐非正常热和火[d]															×									×	
8.11.2.3 耐锈性[d]																									

[a] 若周围空气温度在 15 ℃～25 ℃之间，对时间-电流特性同样有效（见 8.4.3.3）。对装在试验底座上试验的熔断体，试验可按 8.4.3.3 中 3a)，4a)和 5a)进行。

[b] 对截断电流和 I^2t 特性（见 8.6 和 8.7）同样有效。

[c] 仅对带有指示装置或撞击器的熔断体。

[d] 8.6～8.11 的试验可能与下续部分标准中所规定的熔断器系统有关。试品数量取决于熔断器系统和材料。

[e] 适合于载流部件由含铜量在 83％以下的轧制铜合金制成的熔断体。

表 12　同一熔断体系列中最小额定电流熔断体的试验和被试熔断体数量一览表

试验项目及相应条款	试品数量																			
	"g"熔断体													"a"熔断体						
	1	1	1	1	1	3	1	1	3	1	1	1	1	1	1	1	3	1	3	4
8.1.4　尺寸	×	×	×											×	×	×				
8.1.5.1　电阻	×	×	×	×	×	×	×	×	×	×	×	×	×	×	×	×	×	×	×	×
8.4.3.1a)　约定不熔断电流					×															
8.4.3.1b)　约定熔断电流					×															
8.4.3.2　额定电流				×																
8.4.3.3.1　时间-电流特性 No.3a[d]	×													×						
No.4a[d]		×													×					
No.5a[d]			×													×				
8.4.3.3.2　"g"熔断体门限 a)　I_{min}(10 s)										×										
b)　I_{max}(5 s)											×									
c)　I_{min}(0.1 s)												×								
d)　I_{max}(0.1 s)													×							
"a"　熔断体门限																				×
8.4.3.4　过载									×										×	
8.4.3.5　约定电缆过载保护								×												
8.4.3.6　指示装置[c]						×											×			
撞击器[c]						×	×										×	×		
8.5　No.1 分断能力[a]						×											×			
8.6　截断电流特性[b]																				
8.7　I^2t 特性[b]																				
8.8　防护等级[b]																				
8.9　耐热性[b]																				
8.10　触头不变坏[b]																				
8.11.1　机械强度[b]																				
8.11.2.2　耐非正常热和火[b]																				
8.11.2.3　耐锈性[b]																				

[a] 对截断电流和 I^2t 特性同样有效(见 8.6 和 8.7)。

[b] 8.6～8.11 的试验可能与下续部分标准所规定的熔断器系统有关。试品数量取决于熔断器系统和材料。

[c] 仅对带有指示装置或撞击器的熔断体。

[d] "gD","gG","gM"熔断体除外,因为结合门限验证所进行的试验已满足要求(见 8.4.3.3.2)。

表 13 同一熔断体系列中最大与最小额定电流之间的其他额定电流熔断体试验和被试熔断体数量一览表

试验项目及相应条款	试品数量										
	"g"熔断体								"a"熔断体		
	1	1	1	1	1	1	1	1	1	2	2
8.1.4 尺寸	×		×						×		×
8.1.5.1 电阻	×	×	×	×	×	×	×	×	×	×	×
8.4.3.1a) 约定不熔断电流		×									
8.4.3.2 额定电流	×										
8.4.3.3.1 时间-电流特性 No.4a[a]			×						×		
8.4.3.3.2 "g"熔断体门限 a) I_{min}(10 s)					×						
b) I_{max}(5 s)						×					
c) I_{min}(0.1 s)							×				
d) I_{max}(0.1 s)								×			
"a"熔断体门限										×	×
8.4.3.5 约定电缆过载保护试验				×							

注：表 13 的试验可在降低的电压下进行。

[a] "gD","gG","gM"熔断体除外，因为结合门限验证所进行的试验已满足要求（见 8.4.3.3.2）。

8.1.6 熔断器支持件的试验

熔断器支持件应按表 14 进行试验。

表 14 熔断器支持件的完整试验和被试熔断器支持件数量一览表

试验项目及相应条款	试品数量			
	1	1	3	3
8.1.4 尺寸	×		×	×
8.2 绝缘性能和隔离适用性	×			
8.3 温升和接受耗散功率		×		
8.5 峰值耐受电流		×		
8.8 防护等级	×			
8.9 耐热性		×		

表 14（续）

试验项目及相应条款	试品数量			
	1	1	3	3
8.10 触头不变坏				×
8.11.1 机械强度	×	×	×	×
8.11.2.1 耐应力腐蚀龟裂[a]			×	
8.11.2.2 耐非正常热与火	×			
8.11.2.3 耐锈性		×		
注：下续部分标准中提到的特殊熔断器系统可能需要附加的试验。试品数量与系统和材料有关。				
[a] 适合于载流部件由含铜量在83%以下的轧制铜合金制成的熔断器支持件。				

8.2 绝缘性能和隔离适用性验证

8.2.1 熔断器支持件的布置

除8.1.4规定外，熔断器支持件应装上该熔断器支持件所配用的最大尺寸的熔断体。

若熔断器底座本身作为绝缘件，金属零件都应根据制造厂规定的熔断器安装条件装在其固定点上，还应将这些零件看作是电器框架的一部分。除非制造厂另有规定，熔断器底座应装在金属板上。

若熔断体可以带电更换，则在正常更换中可能被触及的熔断体表面、更换熔断体的装置的表面或载熔件(如有)的表面都被看作是熔断器的组成部分。因此，如果这些表面是绝缘材料制成，在试验时这些表面应包以金属箔，并与电器框架相连；如果是金属材料制成，这些表面应直接与框架相连接。

若制造厂配备附加的绝缘物，如隔板，则试验时这些绝缘物应装在位置上。

为了验证隔离适用性，熔断器应处于正常断开位置，熔断体保持在载熔件内，或移去熔断体和载熔件(如适用)。

8.2.2 绝缘性能验证

8.2.2.1 试验电压施加点

验证绝缘性能的试验电压应施加在：

a) 带电部件和框架之间。熔断体和更换熔断体的装置或载熔件(如有)应装上；
b) 接线端子之间。当熔断器处在正常断开位置，熔断体保持在载熔件内时；或当熔断体和更换熔断体的装置或载熔件(如有)移去时；
c) 不同极的带电部件之间(对多极熔断器支持件)。应装上与熔断器支持件配用的最大尺寸的熔断体和更换熔断体的装置或载熔件(如有)；
d) 熔断体熔断后电位不同的带电部件之间(对多极熔断器支持件)。只装上载熔件或更换熔断体的装置，不装熔断体。

8.2.2.2 试验电压值

试验电压值见表15，它是熔断器支持件额定电压的函数。

表 15 试验电压

单位为伏

熔断器支持件的额定电压 U_n		交流试验电压(有效值)	直流试验电压
适用于交流和直流	60 及 60 以下	1 000	1 415
	61～300	1 500	2 120
	301～690	1 890	2 670
	691～800	2 000	2 830
	801～1 000	2 200	3 110
仅适用于直流	1 001～1 500	—	3 820

8.2.2.3 试验方法

8.2.2.3.1 试验电压应逐渐增加,并按表 15 规定的值维持 1 min。

注:在整定有关开路试验电压时,试验电压源的短路电流至少为 0.1 A。

8.2.2.3.2 熔断器支持件应置于潮湿的大气条件下。

潮湿处理应在潮湿箱中进行。箱中空气的相对湿度维持在 91%～95%之间。

安放试品处的空气温度应保持在 20 ℃～30 ℃中的任一温度 T,温度的变化不超过 2 K。

试品放入潮湿箱之前,其温度不应与上述温度 T 相差+2 K。

试品应在潮湿箱中存放 48 h。

潮湿处理后,挥干凝露产生的水滴,应立即测量 8.2.2.1 中规定的各点之间的绝缘电阻。施加约 500 V 的直流电压进行测量。

8.2.3 隔离适用性验证

电气间隙和爬电距离应通过尺寸测量和电压试验进行验证。

8.2.3.1 试验电压的施加点

验证隔离适用性的试验电压应施加在接线端子之间,此时移去熔断体和更换熔断体的装置或载熔件(如有);或设备处于正常断开位置,此时熔断体保持在载熔件内。

8.2.3.2 试验电压值

验证额定冲击耐受电压的试验电压见表 16。

表 16 验证隔离适用性的跨接各极的试验电压

额定冲击耐受电压 U_{imp} kV	试验电压和相应海拔 $U_{1.2/50}$ kV				
	海平面	200 m	500 m	1 000 m	2 000 m
0.8	1.8	1.7	1.7	1.6	1.5
1.5	2.3	2.3	2.2	2.2	2
2.5	3.5	3.5	3.4	3.2	3
4.0	6.2	6.0	5.8	5.6	5

表 16（续）

额定冲击耐受电压 U_{imp} kV	试验电压和相应海拔 $U_{1.2/50}$ kV				
	海平面	200 m	500 m	1 000 m	2 000 m
6.0	9.8	9.6	9.3	9.0	8
8.0	12.3	12.1	11.7	11.1	10
12.0	18.5	18.1	17.5	16.7	15

8.2.3.3 试验方法

根据表 16 的 1.2/50 μs 冲击电压每一极性施加 5 次，最小时间间隔为 1 s。

8.2.4 试验结果的判别

8.2.4.1 在施加根据表 15 规定的试验电压的整个过程中，不应出现绝缘击穿或闪络。不伴有电压降的辉光放电可以忽略。

冲击电压试验期间不应出现击穿放电。

8.2.4.2 按 8.2.2.3.2 规定测得的绝缘电阻应不小于 1 MΩ。

8.3 温升与耗散功率验证

8.3.1 熔断器的布置

除非制造厂另有规定，用一个熔断器进行试验。

熔断器应按 8.1.4 规定安装在自然空气中，以确保试验结果不受特定安装条件的影响。

试验应在周围空气温度(20±5)℃下进行。

每一单个熔断器每一边连接线的长度应不小于 1 m。若有必要或希望几个熔断器一起进行试验，熔断器可串联。这样串联的熔断器接线端子之间连接线总长度为 2 m 左右。电缆应尽可能直。

除非下续部分标准另有规定，截面积按表 17 选取。对额定电流 400 A 及以下者，应采用黑色单芯聚氯乙烯(PVC)绝缘的铜导体作为连接线；对额定电流为 500 A～800 A 者，可采用黑色单芯 PVC 绝缘的铜导体或裸铜排为连接线；对于更大额定电流者，仅可采用涂黑色无光漆的铜排。接线端子与电缆的固定螺钉的拧紧力矩在下续部分标准中规定。

8.3.2 温升的测量

表 5 规定的熔断器触头及接线端子的温升应以最合适的测量仪器测定，测量仪器不应显著影响熔断器部件的温度。所采用的测量方法应在试验报告中说明。

8.3.3 熔断体耗散功率的测量

熔断体应安装在熔断器支持件或按下续部分标准规定的试验底座上。试验布置按 8.3.1 规定。

测得的耗散功率应以瓦特表示。应在熔断体上选择能测出最大值的测量点。测量点在下续部分标准中规定。

8.3.4 试验方法

试验(8.3.4.1 和 8.3.4.2)应继续到温度稳定,且温升明显不超过规定的极限为止。当温升变化每小时不超过 1 K 时,即可认为温度已稳定。测量应在试验的最后 1/4 h 内进行。试验可在降低的电压下进行。

8.3.4.1 熔断器支持件的温升

温升试验应在交流下进行,试验用的熔断体应为:在熔断器支持件的额定电流下,其耗散功率等于熔断器支持件的额定接受耗散功率;或用下续部分标准中规定的模拟熔断体进行试验。试验电流应等于熔断器支持件的额定电流。

8.3.4.2 熔断体的耗散功率

试验应通以熔断体的额定电流,在交流下进行。

表 17　8.3 和 8.4 试验中铜连接导体的截面积

额定电流 A	截面积 mm^2 或 mm×mm
2	1
4	1
6	1
8	1.5
10	1.5
12	1.5
16	2.5
20	2.5
25	4
32	6
40	10
50	10
63	16
80	25
100	35
125	50
160	70
200	95
250	120
315	185
400	240
500	2×150 或 2×(30×5)[a]
630	2×185 或 2×(40×5)[a]
800	2×240 或 2×(50×5)[a]
1 000	2×(60×5)[a]
1 250	2×(80×5)[a]

[a] 用于与铜排连接的熔断器的推荐导线截面。所使用的连接导体的型式与布置应在试验报告中写明。对于涂黑色无光漆的铜排,同极性的两个并联铜排间的距离应大约为 5 mm。

注：表 17 中的值和表 5 中规定的温升极限应看作为一种约定，它适合于 8.3.4 所规定的温升试验。按某一安装条件使用或试验的熔断器，其连接线的型式、性质与配置可能与试验条件不同。因此，另一个温升极限可能需要被规定或被认可。

8.3.5 试验结果的判别

温升不得超过表 5 所规定的数值。

熔断体的耗散功率不得超过其额定耗散功率或下续部分标准所规定的数值。熔断器支持件的接受耗散功率不应小于预定要装于该熔断器支持件上的熔断体的额定耗散功率或下续部分标准中所规定的数值。

试验后熔断器应处于完好的工作状态。尤其是，熔断器支持件的绝缘部件在冷却至周围空气温度后应能耐受 8.2 中规定的试验电压(见表 15)。此外，还应没有妨碍它们正确动作的变形。

8.4 动作验证

8.4.1 熔断器的布置

试验布置按 8.1.4 规定。

连接导体的长度与截面积应符合 8.3.1 规定，并按熔断体的额定电流来选取，见表 17。

8.4.2 周围空气温度

试验时周围空气温度应为(20±5)℃。

8.4.3 试验方法和试验结果的判别

8.4.3.1 约定不熔断电流与约定熔断电流验证

下列试验允许在降低的电压下进行：

a) 熔断体承载约定不熔断电流(I_{nf})，在表 2 规定的约定时间内不应熔断；

b) 熔断体冷却至周围空气温度后承载约定熔断电流(I_f)，在表 2 规定的约定时间内熔断。

8.4.3.2 “g”熔断体的额定电流验证

进行下述试验以验证熔断体的额定电流。熔断器按 8.4.1 规定安装。试验允许在降低的电压下进行。

用一个熔断体进行脉冲试验，试验持续 100 h。试验期间熔断体周期性地通电。每个试验周期包括一个约定时间的通电和 0.1 倍约定时间的断电。试验电流等于熔断体额定电流的 1.05 倍。试验后熔断体不应改变其特性，可用 8.4.3.1a)的试验来验证。

8.4.3.3 时间-电流特性和门限验证

8.4.3.3.1 时间-电流特性

时间-电流特性可用 8.5 试验示波图的数据来验证。

验证时确定下列时间：

1) 从电路接通瞬间至电压测量装置指示出电弧出现瞬间；

2) 从电路接通瞬间至电路完全断开的瞬间。

对应于横坐标预期电流测出的弧前时间和熔断时间应在制造厂所提供的时间-电流带之内或在下

续部分标准所规定的时间-电流带之内。

考虑到对于同一熔断体系列的熔断体(见 8.1.5.2),8.5 的完整试验仅在最大额定电流的熔断体上进行,对于较小额定电流的熔断体仅需验证弧前时间。在此情况下,应在周围空气温度为(20±5)℃和仅在下列预期电流下,进行补充试验。

——对于“g”熔断体[但“gD”、“gG”和“gM”除外,因为结合门限验证(见 8.4.3.3.2)进行的试验已满足要求]:

试验 3a) 10～20 倍熔断体额定电流之间;

试验 4a) 5～8 倍熔断体额定电流之间;

试验 5a) 2.5～4 倍熔断体额定电流之间;

——对于“a”熔断体:

试验 3a) $5k_2$～$8k_2$ 倍熔断体额定电流之间;

试验 4a) $2k_2$～$3k_2$ 倍熔断体额定电流之间;

试验 5a) $1k_2$～$1.5k_2$ 倍熔断体额定电流之间(见图 2)。

这些补充试验可在降低的电压下进行,在此情况下,若弧前时间超过 0.02 s,则试验时测得的电流应认为是预期电流。

8.4.3.3.2 门限验证

下述试验可在降低的电压下进行。除了上述试验外,对于“gG”和“gM”熔断体还需验证下列各项。

a) 熔断体承受表 3 第 2 栏的电流 10 s,熔断体不应熔断;

b) 熔断体承受表 3 第 3 栏的电流,熔断体应在 5 s 内熔断;

c) 熔断体承受表 3 第 4 栏的电流 0.1 s,熔断体不应熔断;

d) 熔断体承受表 3 第 5 栏的电流,熔断体应在 0.1 s 内熔断。

“aM”熔断体除了 8.4.3.3.1 试验外,还应符合下述试验。下述试验可在降低的电压下进行。

e) 熔断体承受表 4 第 2 栏的电流 60 s,熔断体不应熔断;

f) 熔断体承受表 4 第 3 栏的电流,熔断体应在 60 s 内熔断;

g) 熔断体承受表 4 第 5 栏的电流 0.2 s,熔断体不应熔断;

h) 熔断体承受表 4 第 7 栏的电流,熔断体应在 0.10 s 内熔断。

注:试验 f)和 g)可分别结合分断能力试验 No.4 和 No.5 一起进行验证。

上述“aM”熔断器试验应在表 18 中规定的截面积的导体上进行。

表 18 “aM”熔断器试验用铜导体截面积

额定电流 A	截面积 mm^2 或 mm×mm
2	1.5
4	1.5
6	1.5
8	2.5
10	2.5
12	2.5
16	4
20	6

表 18（续）

额定电流 A	截面积 mm² 或 mm×mm
25	10
32	16
40	25
50	25
63	35
80	50
100	70
125	95
160	120
200	185
250	240
315	2×150 或 2×(30×5)
400	2×185 或 2×(40×5)
500	2×240 或 2×(50×5)
630	2×(60×5)
800	2×(80×5)
1 000	2×(100×5)
1 250	2×(100×5)

8.4.3.4 过载

试验布置与温升试验的布置相同(见 8.3.1),试品为 3 只。熔断体必须承受 50 次脉冲,每个脉冲的持续时间与试验电流均相同。

"g"熔断体的试验电流应为制造厂规定的最小弧前时间-电流特性上对应于弧前时间 5 s 时的电流的 0.8 倍。每个脉冲的持续时间为 5 s;脉冲时间间隔应为表 2 规定的约定时间的 20%。

"a"熔断体的试验电流应等于 $k_1 I_n \pm 2\%$;脉冲持续时间应为制造厂规定的过载曲线上与 $k_1 I_n$ 相对应的时间;脉冲时间间隔应为 30 倍脉冲持续时间。

本试验可在降低的电压下进行。

注:若制造厂同意,脉冲时间间隔可以缩短。

熔断体冷却到周围空气温度后,应通以过载试验时的电流。当该电流通过时,熔断体的弧前时间应在制造厂提供的时间-电流带以内。

8.4.3.5 约定电缆过载保护试验(仅对"gG"熔断体)

为了验证熔断体能保护电缆过载,一个熔断体进行下述的约定试验。如 8.4.1 规定,熔断体安装在合适的熔断器支持件或试验底座上,但试验连接导体采用 PVC 绝缘铜导线,导体截面积按表 19 规定选取。熔断器及其连接导体必须用熔断体的额定电流预热,预热时间等于约定时间。

随后试验电流增至 $1.45I_z$(I_z 在表 19 中规定),熔断体应在小于约定时间内熔断。

注:若 $1.45I_z$ 大于约定熔断电流,则不需要进行此试验。

本试验可在降低的电压下进行。

表 19 用于 8.4.3.5 试验表

熔断体的 I_n A	铜导体的标称截面积 mm^2	I_z[a] A
12	1	15
16	1.5	19.5
20 和 25	2.5	27
32	4	36
40	6	46
50 和 63	10	63
80	16	85
100	25	112
125	35	138
160	50	168
200	70	213
250	120	299
315	185	392
400	240	461

[a] 双芯负载导线载流能力 I_z(见 IEC 60364-5-52 的表 A.52-2)。

8.4.3.6 指示装置和撞击器(如有)的动作

指示装置正确动作的验证与分断能力验证(见 8.5.5)结合进行。

撞击器(如有)动作的验证还应以下列电流在另外一个试品上进行:

——对于“g”熔断体,为 I_4(见表 20 和表 21);

——对于“a”熔断体,为 $2k_1I_n$(见图 2);

恢复电压为:

——对于额定电压不超过 500 V 的为 20 V;

——对于额定电压超过 500 V 的为 $0.04U_n$。

恢复电压值可超出 10%。

所有试验中撞击器在以下恢复电压时都应动作:

——至少 20 V。

如果在这些试验的某一项试验中指示装置或撞击器失败,若制造厂能提供证据说明此失败对本型式熔断器来说并非典型,而是由于个别试品缺陷所致,试验才可不被否定。

8.5 分断能力验证

8.5.1 熔断器的布置

试验布置按 8.1.4 的规定。

在接线装置的平面上,沿熔断器接线端子连线的方向,在完整熔断器每边安装长度约 0.2 m 的适当导体。在此距离内,应刚性地固定这些导体。超出此距离,应将导体朝后弯成直角。若使用下续部分标准中规定的试验底座，可认为布置符合要求。

8.5.2 试验电路的特性

试验电路示于图 5。

试验电路应为单相电路，即一只熔断器应在基于其额定电压的某一电压下进行试验。

注：单相试验被认为已给出足够的数据，亦可用于三相电路。

试验电路的电源应有足够的功率以验证规定的特性。

电源应以断路器或其他合适的电器 D 来保护；串联的可调电阻器 R 和可调电抗器 L 应可调节试验回路的特性，电路应以合适的电器 C 来接通。

试验参数示于表 20 和表 21 中。

——对于交流：

若熔断器的额定频率为 50 Hz 或 60 Hz，或者未标明额定频率(见 5.4)，则应在 45 Hz～62 Hz 范围内进行试验；若额定频率为某一其他值，则试验应在该频率下进行，频率的允差为±20%。

对于 No.1 和 No.2 试验，电抗器 L 应为空心电抗器。

电路断开后第一个全半波内的工频恢复电压的峰值及以后相继的 5 个峰值应等于对应表 20 规定的有效值的峰值。

——对于直流：

分断能力试验应在直流下进行。试验电路应为电感性并串有用以调节预期电流的串联电阻。可用合适的电感线圈串并联得到所需的电感值。只要在试验时不饱和，电感线圈可以有铁芯。时间常数应在表 21 所规定的范围内。

电弧最终熄灭后 100 ms 时间内直流恢复电压的平均值应不小于表 21 规定的值。

8.5.3 测量仪器

电流波形必须用接至适当测量装置端子上的示波器中的一个测量电路 O_1 来记录。示波器的另一个测量电路 O_2 应视情况可通过电阻器或变压器在整定试验时与电源接线端子连接，而在以后试验时与熔断器接线端子连接。

No.1 和 No.2 试验时的电弧电压应用有适当灵敏度和频率响应的测量电路(传感器、传输装置和记录仪器)进行测量。如示波器能满足上述要求，即可使用。

8.5.4 试验电路的整定

试验电路(见图 5)应该用与试验电路的阻抗相比其阻抗可忽略的临时连接导体 A 代替被试熔断器来进行整定。

电阻器 R 和电抗器 L 应调整到在规定的瞬间可以达到所要求的电流值，及：

——在交流情况下，工频恢复电压所要求的功率因数。对 690 V 熔断器，工频恢复电压为额定电压的 105^{+5}_{0}%；对全部其他熔断器，工频恢复电压为额定电压的 110^{+5}_{0}%。功率因数由附录 A 规定的方法之一或其他能给出更准确的方法来确定；

——在直流情况下，恢复电压平均值等于被试熔断器额定电压的 115^{+5}_{0}%时所要求的时间常数。

表 20　交流熔断器的分断能力试验参数

<table>
<tr><td colspan="2" rowspan="2"></td><td colspan="5">按 8.5.5.1 规定的试验</td></tr>
<tr><td>No.1</td><td>No.2</td><td>No.3</td><td>No.4</td><td>No.5</td></tr>
<tr><td colspan="2">工频恢复电压</td><td colspan="5">额定电压的 $105^{+5}_{0}\%$,用于 690 V 额定电压熔断器[a]
额定电压的 $110^{+5}_{0}\%$,用于其他额定电压熔断器[a]</td></tr>
<tr><td rowspan="2">预期试验电流</td><td>对“g”熔断体</td><td rowspan="2">I_1</td><td rowspan="2">I_2</td><td>$I_3=3.2I_f$</td><td>$I_4=2.0I_f$</td><td>$I_5=1.25I_f$</td></tr>
<tr><td>对“a”熔断体</td><td>$I_3=2.5k_2I_n$</td><td>$I_4=1.6k_2I_n$</td><td>$I_5=k_2I_n$</td></tr>
<tr><td colspan="2">电流允差</td><td>$^{+10}_{0}\%$[a]</td><td>不适用</td><td>±20%</td><td colspan="2">$^{+20}_{0}\%$</td></tr>
<tr><td colspan="2">功率因数</td><td>预期电流 20 kA 及以下时:
0.2～0.3;
预期电流 20 kA 以上时:
0.1～0.2</td><td>预期电流 20 kA 及以下时:
0.2～0.3;
预期电流 20 kA 以上时:
0.1～0.2</td><td colspan="3">0.3～0.5[b]</td></tr>
<tr><td colspan="2">电压过零后的接通角</td><td>不适用</td><td>0^{+20}_{0}°</td><td colspan="3">不作规定</td></tr>
<tr><td colspan="2">电压过零后的电弧始燃角[c]</td><td>一次试验:
40°～65°;
另二次试验:
65°～90°</td><td>不适用</td><td colspan="3">不适用</td></tr>
</table>

[a] 若制造厂同意,正允差可以超过。

[b] 若制造厂同意,允许功率因数低于 0.3。

[c] 若满足电压过零后电弧始燃角在 40°和 65°之间有困难,则试验应在电压过零后 0^{+10}_{0}°的闭合相角下进行。若此时电压过零后电弧始燃角大于 65°,则认为此试验可代替始燃角为 40°～65°试验的要求。若此时电压过零后电弧始燃角小于 40°,则应按表中规定的始燃角进行三次试验。

I_1:表示额定分断能力的电流(见 5.7)。

I_2:试验时电弧能量近似为最大的电流。

注:若开始燃弧时电流的瞬时值达到预期电流(交流分量有效值)的 $0.60\sqrt{2}$～$0.75\sqrt{2}$ 倍,则认为电弧能量为最大的条件能得到满足。

作为实用指南,I_2 值可能处在对应于半个周波的的弧前时间的电流(对称有效值)的 3～4 倍之间。

I_3、I_4、I_5:验证熔断器在小过电流范围内是否能可靠动作的试验电流。

I_f: 对应于表 2 中约定时间的约定熔断电流(见 8.4.3.1)。

k_2:见图 2 和图 3。

表 21 直流熔断器的分断能力试验参数

	按 8.5.5.1 规定的试验				
	No.1	No.2	No.3	No.4	No.5
恢复电压的平均值[a]	额定电压的 $115^{+5}_{-9}\%$[b]				
预期试验电流	I_1	I_2	$I_3=3.2I_f$	$I_4=2.0I_f$	$I_5=1.25I_f$
电流允差	$^{+10}_{0}\%$[b]	不适用	±20%	$^{+20}_{0}\%$	
时间常数[b]	预期电流 20 kA 以上时:15 ms～20 ms; 预期电流 20 kA 及以下时:$0.5(I)^{0.3}$ ms,允差$^{+20}_{0}\%$[b](I 以 A 为单位)				

[a] 此允差包括纹波。

[b] 若制造厂同意此值可以超过。

I_1:表示额定分断能力的电流(见 5.7)。

I_2:试验时电弧能量近似为最大的电流。

注:若开始燃弧时电流达到预期电流的 0.5～0.8 倍,则认为电弧能量为最大的条件能得到满足。

I_3,I_4,I_5:验证熔断器在小过电流范围内是否能可靠动作的试验电流。

I_f:对应于表 2 中约定时间的约定熔断电流(见 8.4.3.1)。

电流波形上相应于 $0.632I$ 点的横坐标 OA[见图 7a)]代表时间常数值。

当使用铁芯电抗器时,由于铁芯中有剩磁,上述方法可能给出错误的结果。在此情况下,电抗器可通过一串联电阻器在要求的试验电流下激磁,然后电抗器通过试验电路短路以测量电流降至 $0.368I$ 所需的时间,电抗器短路后电源必须立即脱开。

只要能保证试验电路中电压和电流的比例,试验电路可在低电压下整定。

应通过电器 D 的闭合使电路处于准备试验状态。电器 D 的延时应调节到在它断开之前,回路电流大致达到稳定。然后闭合电器 C,电流波形由测量电路 O_1 记录;电器 C 闭合前和电器 D 断开后的电压波形由测量电路 O_2 记录。

应按附录 A 中的举例,从示波图上算出电流值。

8.5.5 试验方法

8.5.5.1 为验证熔断体是否满足 7.5 的要求,若下续部分标准未另作规定,对于交流,必须按表 20 规定的参数进行下述的 No.1～No.5 的试验;对于直流必须按表 21 规定的参数进行下述的 No.1～No.5 的试验(见 8.5.2)。

No.1 和 No.2 试验:

对于每一项试验,所需试品相继进行试验。

对于交流,若 No.1 试验时,No.2 试验的要求在一次或多次试验中得到了满足,则这些试验可作为 No.2 试验的一部分,无需重复。

对于直流,若 No.1 试验时,在电流等于或大于 $0.5I_1$ 时出现电弧,则无需进行 No.2 试验。

对于交流,若符合 No.2 试验要求的预期电流大于额定分断能力,则 No.1 和 No.2 试验应以电流 I_1 在 6 只试品上,在 6 个不同的接通角下进行试验,每次试验时接通角相差约 30°。

为验证熔断器支持件的峰值耐受电流,No.1 试验应在熔断器底座和熔断体(见 8.1.6)配齐的情况下(若有载熔件,则应装上)进行。这些试验的电弧始燃角应在电压过零后 65°和 90°之间。

No.3～No.5 试验：

对其中的每一试验，当进行交流试验时，可以在相对于电压过零的任一瞬间接通电路。

若试验设备不允许电流在全电压下维持所要求的时间，可以用大致等于试验电流值的电流在低电压下预热熔断器。在此情况下，必须在产生电弧之前转换到 8.5.2 所规定的试验电路中去，并且转换时间 t_1(无电流的时间间隔)不得超过 0.2 s，电流重新出现和开始燃弧之间的时间间隔不得小于 $3t_1$。

8.5.5.2 对于三次 No.2 试验中的一次和 No.4 试验，恢复电压应保持在：

——对额定值 690 V 的熔断器为 100^{+10}_{0}%；对全部其他熔断器为 100^{+15}_{0}%；

——对于直流，额定电压的 100^{+20}_{0}%，

时间至少为：

——熔管或填料中不含有机材料的熔断体熔断后，30 s；

——其他熔断体熔断后，5 min。若转换时间(无电压的时间间隔)不超过 0.1 s，允许 15 s 后转换到其他电源上去。

对于其他所有试验，熔断体熔断后，恢复电压应按上述规定的数值保持 15 s。

熔断体熔断后，至少 6 min，最多 10 min (若熔断体的熔管或填料不含有机材料，制造厂同意，时间可以更短)必须测量熔断体触头间的电阻值(见 8.5.8)并作记录。

8.5.6 周围空气温度

若试验结果也将用以验证时间-电流特性(见 8.4.3.3)，则分断能力试验应在(20±5)℃的周围空气温度下进行。

若不能得到上述的温度范围，则允许在−5 ℃～+40 ℃的周围空气温度下进行分断能力试验。但在此情况下，表 20 和表 21 中的 No.4 和 No.5 试验都应在(20±5)℃的周围空气温度下用低电压重复进行，以验证弧前时间-电流特性。

8.5.7 示波图的分析

图 6 和图 7 用举例的方式提供了在不同的情况下分析示波图的方法。

恢复电压应从被试熔断器的示波图上确定，对于交流，按图 6b)和图 6c)计算；对于直流按图 7b)和图 7c)计算。

交流恢复电压应在第二个不受影响的半波峰值和连接它的上一个半波峰值和下一个半波峰值的直线之间测量。

直流恢复电压应测量电弧最终熄灭后在 100 ms 内的平均值。

为了确定预期电流值，需将整定电路时得到的电流波形[交流为图 6a)；直流为图 7a)]与分断试验时所得的电流波形[交流为图 6b)和图 6c)；直流为图 7b)和图 7c)]相比较。

对于交流，预期电流值是整定曲线中对应于开始燃弧瞬间的交流分量有效值。

若电路接通至开始燃弧的时间间隔小于半个波，则预期电流值应在经过半个波时间后进行测量。

对于直流，若不发生截流，则预期电流值应从整定示波图上相应于开始燃弧瞬间测得。若有纹波，应作出有效值曲线，该曲线上相应于开始燃弧瞬间的电流作为预期电流。

若发生截流，则预期电流值是整定示波图上的最大稳定值。若有纹波，应作出有效值曲线，该曲线的最大值作为预期电流。

8.5.8 试验结果的判别

在 No.1 试验和 No.2 试验中，熔断体熔断时出现的电弧电压不得超过 7.5(表 6)规定的数值。

熔断体熔断时还应无外部效应或对完整熔断器的部件造成超过以下规定的损坏。

不应有持续燃弧、飞弧或危及周围的任何火焰喷出。

熔断后熔断器的零部件(除了那些准备在每次熔断后进行更换者外)不应发生妨碍它们继续使用的损坏。

熔断体不应损坏到使其更换困难或者危及操作者的程度。只要熔断体从载熔件或试验底座取出之前保持为一整体,熔断体及其部件可以改变颜色或者出现裂缝。

每次试验(见 8.5.5.2)后,熔断体触头间的电阻用大约为 500 V 的直流电压测量至少应等于:

——对于额定电压不超过 250 V 的熔断体,50 000 Ω;

——对于其他所有情况,100 000 Ω。

8.6 截断电流特性验证

8.6.1 试验方法

若制造厂已规定截断电流特性,则该特性应结合 No.1 试验(见 8.5)的预期电流进行验证,有关数值应从示波图中求得。

8.6.2 试验结果的判别

测得的数值不得超过制造厂规定的数值(见 5.8.1)。

8.7 I^2t 特性和过电流选择性验证

8.7.1 试验方法

制造厂提出的 I^2t 特性应以分断能力试验结果验证之,或基于测量值(考虑到使用条件)计算得出(见附录 B)。

8.7.2 试验结果的判别

测得的熔断 I^2t 值不得超过制造厂规定的值或下续部分标准中规定的值。弧前 I^2t 值应不小于制造厂规定的最小弧前 I^2t 或弧前 I^2t 值应处于表 7 中规定的极限范围内(见 5.8.2 和附录 B)。

利用分断能力试验得到的熔断 I^2t 值按 B.3 中公式可计算其他电压下的熔断 I^2t 值。

8.7.3 熔断体在 0.01 s 时一致性验证

以 I_2 试验得到的弧前 I^2t 值和 0.1 s 时弧前 I^2t 值确定是否符合表 7 的规定。

对于同一熔断体系列较小额定电流的熔断体,I_2 试验的弧前 I^2t 值可按附录 B 中的公式计算。

8.7.4 过电流选择性验证

用时间-电流特性和弧前及熔断 I^2t 值验证熔断体的选择性。

注:在大多数情况下,"gG"和(或)"gM"熔断器间的选择性发生在弧前时间大于 0.01 s 的预期电流值上。符合表 7 规定的弧前 I^2t 值,可认为当弧前时间大于 0.01 s 时额定电流之比为 1.6∶1 的熔断器间的选择性可得到保证。

8.8 外壳防护等级验证

若熔断器装在外壳中,则规定于 5.1.3 的外壳防护等级应按 IEC 60529 规定的条件进行验证。

8.9 耐热性验证

若下续部分标准未另作规定,耐热性应由所有的熔断试验的结果来判定。特别是按 8.3～8.5 和

8.10 的试验结果来判定。

8.10 触头不变坏验证

借助于代表严酷使用条件的试验，来验证长期运行中不受扰动的触头性能不变坏。

8.10.1 熔断器的布置

此试验应在三个试品上进行。试品在试验电路中的安排要互相不受影响。试验布置和模拟熔断体应与验证温升与耗散功率时相同(见 8.1.4,8.3.1,8.3.4.1)。

试品配有准备用于该熔断器支持件的最大额定电流的标准模拟熔断体(见下续部分标准)。

8.10.2 试验方法

试验循环包括与约定时间有关的通电时间与断电时间。通电时间的试验电流与断电时间在下续部分标准中规定。

试品先进行 250 个循环试验。若此试验结果符合要求，则试验结束。若试验结果超出规定的范围，则试验继续进行到 750 个循环。

循环试验开始前，当稳定状态条件达到时，应在额定电流下测量下续部分标准规定的温升和(或)触头的电压降。250 个循环后(如果需要在 750 个循环后)重复测量。

若熔断器太小，在触头处测量不能得出可靠的结果，则在接线端子上测得的数据可作为试验的判据。

8.10.3 试验结果的判别

250 个循环以后，如需要 750 个循环以后，测得的值应不超过下续部分标准中规定的极限值。

8.11 机械试验及其他试验

8.11.1 机械强度

若下续部分标准中未另作规定，熔断器及其部件的机械性能应结合正常使用和安装以及分断能力试验(见 8.5)结果来判定。

8.11.2 其他试验

8.11.2.1 耐应力腐蚀龟裂验证

为了验证含铜量少于 83%的轧制铜合金载流部件不发生应力腐蚀龟裂，应进行以下试验：

把三个试品浸在适当的溶液中 10 min，去掉所有的油脂。熔断体应单独进行试验，而熔断器支持件仅与完整的熔断器一起进行试验。

试品应放在温度为(30±10)℃试验箱中 4 h。

然后，试品放在底部盛有 pH 值为 10～11 的氯化氨溶液的试验箱中 8 h。

对于 1 L 氯化氨溶液，可按下法获得合适的 pH 值：

107 g 氯化氨(分析用 NH_4Cl)以 0.75 L 的蒸馏水混合并加入 30%的氢氧化钠(用分析试剂级 NaOH 和蒸馏水做成)至总容积为 1 L，pH 值不变。必须用玻璃电极测量 pH 值。

试验箱容积与溶液体积之比应为 20∶1。

用干布揩去蓝色薄膜后，用肉眼应看不见试品的裂纹，熔断体的触头端帽用手应不能移去。

8.11.2.2 耐非正常的热和火验证

若下续部分标准中未另作规定,则按以下规定:不是用来将载流部件保持在应有位置上的绝缘材料(陶瓷除外)部件(即使它们与载流部件相接触)按 8.11.2.2.5 的 a)项进行试验。

注:作为熔断器一个部件的外壳应像熔断器一样进行试验,在其余情况下外壳试验应按 IEC 60529 规定进行。

用以保持载流部件和接地电路部件(如有)在应有位置上的绝缘材料(陶瓷除外)部件按 8.11.2.2.5 的 b)项进行试验。

8.11.2.2.1 试验的一般说明

本试验为保证:

——规定的灼热丝环通电加热到有关设备规定的温度后不引起绝缘材料部件的点燃;

——通电加热的灼热丝在一定条件下可能点燃绝缘材料部件,但燃烧时间有限,没有由于火焰或燃烧粒子或从样品上掉下的灼热微粒造成火的蔓延。

试验在一个试品上进行,若对试验结果有怀疑,则应在另外两个试品上再重复进行试验。

8.11.2.2.2 试验装置描述

灼热丝是由镍/铬(80/20)丝组成的特殊的环,在环成型时,要小心防止尖端处形成小裂纹。

采用有包皮的细线热电偶来测量灼热丝的温度。热电偶的外径为 0.5 mm,其中有铬镍线和铝镍线,两线的焊接点在包皮的内部。

带有热电偶的灼热丝如图 8 所示。

包皮金属至少要耐温 960 ℃以上,热电偶放在钻于灼热丝端部的直径为 0.6 mm 的槽孔中,如图 8 中放大图 Z 所示。热电势应符合 GB/T 16839.1,该标准中给出的特性实际是线性的。除非可靠的参考温度由其他方法取得(如用补偿箱的方法),冷联接应保持在融化的冰中。测量热电偶电动势的仪器应为 0.5 级。

灼热丝由电加热,加热顶端至温度 960 ℃所需的电流在 120 A～150 A 之间。

试验装置应设计成能使灼热丝保持在水平面并施加 1 N 力到试品上,当灼热丝和试品在水平方向相对运动越过至少 7 mm 距离的范围内,1 N 力仍应保持。

将一块约 10 mm 厚的白松木板盖以一层薄纸,放在灼热丝与试品的试验位置以下 200 mm 处。

薄纸由 ISO 4046 中 6.86 规定,如一般作为包装精巧物品的薄、软且有相当韧性的纸,它的单位重量在 12 g/m^2～30 g/m^2 之间。

试验装置举例如图 9 所示。

8.11.2.2.3 预处理

试品在温度 15 ℃～35 ℃之间及相对湿度 35%～75%之间的大气中处理 24 h 后开始试验。

8.11.2.2.4 试验程序

试验装置放在基本不通风的暗室中,以便可以看见试验时发生的火焰。

试验开始前,将热电偶校正在 960 ℃温度。这是由在灼热丝端部的上表面安放一张纯度为 99.8%、0.06 mm 厚,2 mm^2 的银箔来实现的。

灼热丝通电加热,当银箔熔化时温度达到 960 ℃,若干时间以后必须重复校正以补偿热电偶和连接线中的蚀变。必须注意保证热电偶能跟随灼热丝顶部由于热伸长而引起的运动。

试品的安装应使与灼热丝端部接触的表面是垂直的。灼热丝的端部施加于试品在正常使用中容易受到热应力作用的部位。

灼热丝的端部接触在截面最薄处，但离开试品上边缘不大于 15 mm，这适用于正常使用时承受热应力的部分未作详细规定的情况。

灼热丝的端部应尽量接触在平的表面上，而不接触在槽、冲落孔、窄槽或尖的边缘。

灼热丝通电加热到规定的温度，由校准过的热电偶进行测量。必须注意确保开始试验前，至少 60 s 内此温度与加热的电流保持恒定，并且在此时间内或校准时试品不受热辐射的影响，例如保证有足够的距离或使用适当的屏幕。

然后使灼热丝的端部与试品相接触并按规定加力，在此期间保持加热电流。此期间后，灼热丝与试品缓慢地分开，要避免试品再被加热或能影响试验结果的空气流通。

当灼热丝端部压及试品时，进入试品的灼热丝端部的运动将被机械地限制至 7 mm。

每次试验后，需要清理灼热丝端部任何残留的绝缘材料，例如用刷子清理。

8.11.2.2.5 严酷度

a) 灼热丝端部的温度以及它施加在试品上的持续时间应分别为：(650±10)℃和(30±1)s；

b) 灼热丝端部的温度以及它施加在试品上的持续时间应分别为：(960±10)℃和(30±1)s。

其他的试验温度由下续部分标准规定。

注：这些数值宜根据 IEC 60695-2-10 至 13 中严酷度表选择。

8.11.2.2.6 观察与测量

对试品施加灼热丝时和以后的 30 s 内，应观察试品、试品周围的部件和放在试品下方的薄纸。

记录试品起燃时间和在灼热丝施加期间或施加后的火焰熄灭时间。

测量并记录最高的火焰高度。起火时，可能产生高的火焰，时间约 1 s，这种火焰不计在内。

火焰的高度是指当灼热丝施加在试品上时，由灼热丝上边缘至可见火焰顶部的垂直距离。

试品符合下列情况之一可以认为经受住灼热丝试验：

——无可见火焰和无持续灼热发光；或

——灼热丝移去后火焰或灼热发光在 30 s 内熄灭。

薄纸不应起火或松木板不应烧焦。

8.11.2.3 耐锈性验证

把要验证的部件浸在适当的去油脂剂中 10 min 将油脂去除，然后把部件浸在温度(20±5)℃的 10%氯化氨溶液中 10 min。

不烘干，但要挥干水滴，然后把部件放在温度为(20±5)℃、空气湿度达到饱和的箱子内 10 min。

部件在温度(100±5)℃的烘箱中干燥 10 min 后，其表面应无锈迹出现。

尖锐边缘上的锈斑和可擦掉的黄色薄膜可忽略不计。

对于小弹簧和受磨损的非易近部件，一层油脂可提供足够的防锈保护。这些部件仅在对油脂层的保护是否有效感到怀疑时才进行本试验，并且试验是在不擦去油脂的情况下进行。

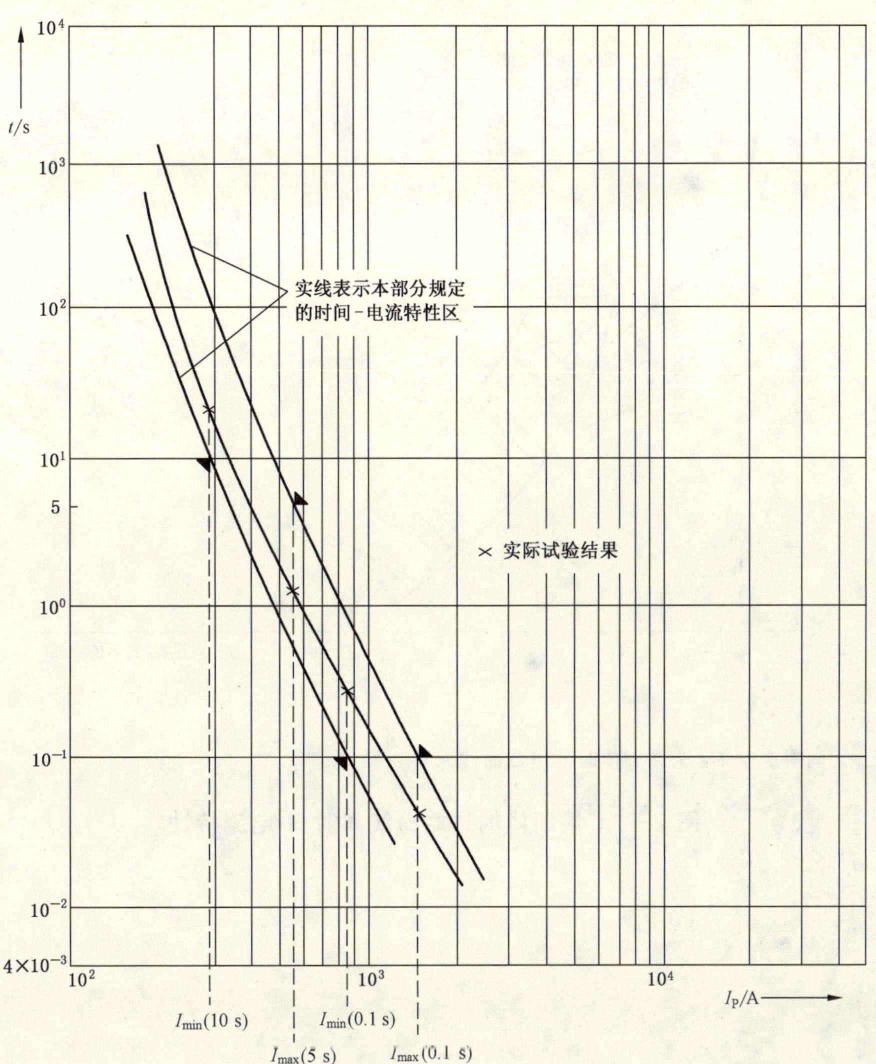

图 1 用“门限”电流试验结果验证时间-电流特性方法的图例

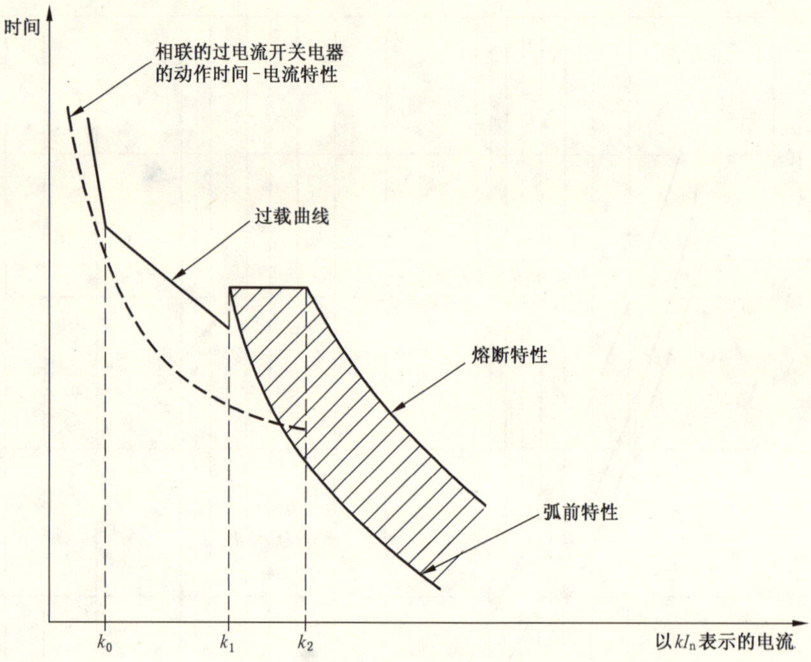

$k_0 I_n$ 与 $k_1 I_n$ 之间对应于 $I^2 t$ 为常数值时的过载曲线。

图 2 "a"熔断体的过载曲线和时间-电流特性

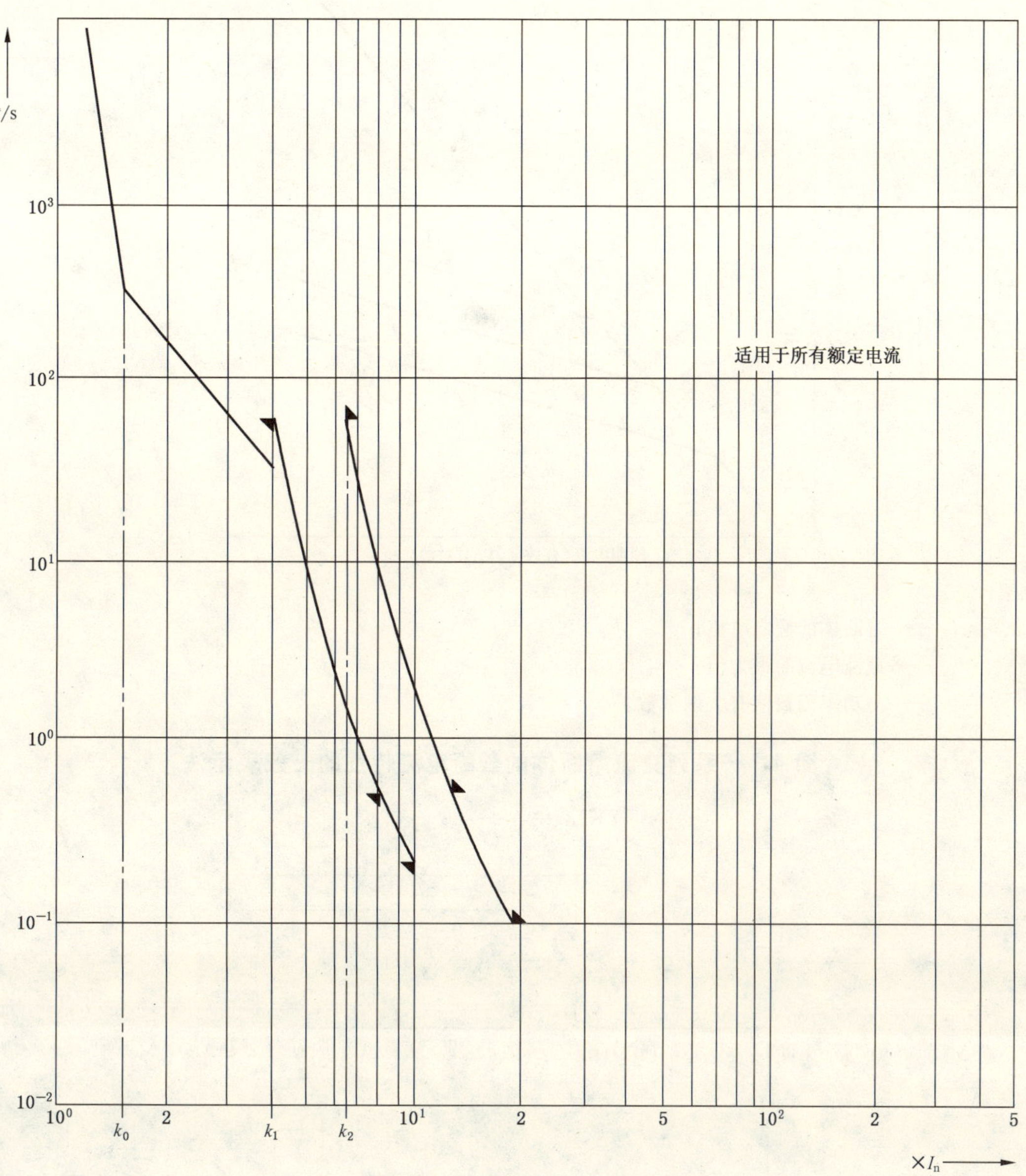

图 3 aM 熔断器时间-电流带

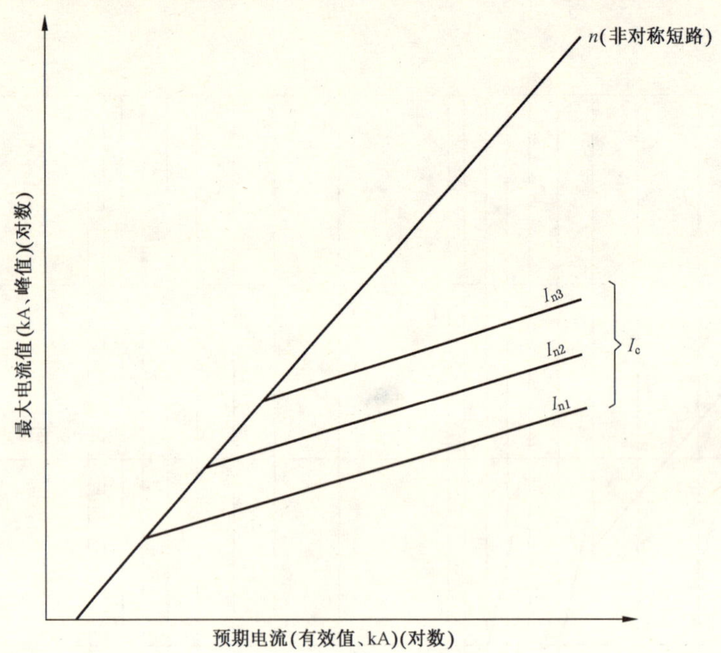

说明：

I_{n1}、I_{n2}、I_{n3}——熔断体的额定电流；

I_c ——截断电流的最大值；

n ——与功率因数值有关的系数。

图 4 一系列交流熔断体的截断电流特性的一般表示法

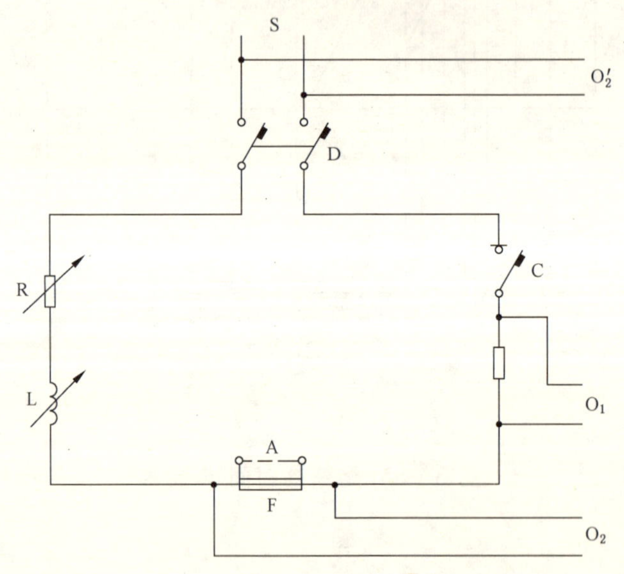

说明：

A ——整定试验用的可拆连接；

C ——闭合电路用的电器；

D ——保护电源用断路器或其他电器；

F ——被试熔断器；

L ——可调电抗器；

O_1 ——记录电流的测量电路；

O_2 ——试验时记录电压的测量电路；

O_2' ——整定时记录电压的测量电路；

R ——可调电阻器；

S ——电源。

图 5 分断能力试验用的典型电路图(见 8.5)

外施整定电压$=B_{00}$

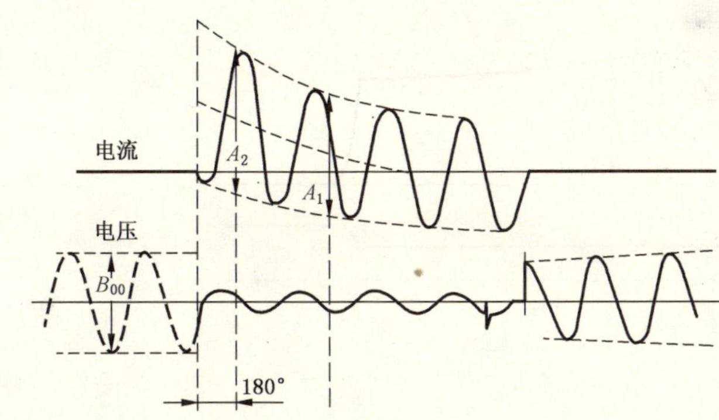

a） 电路整定示波图

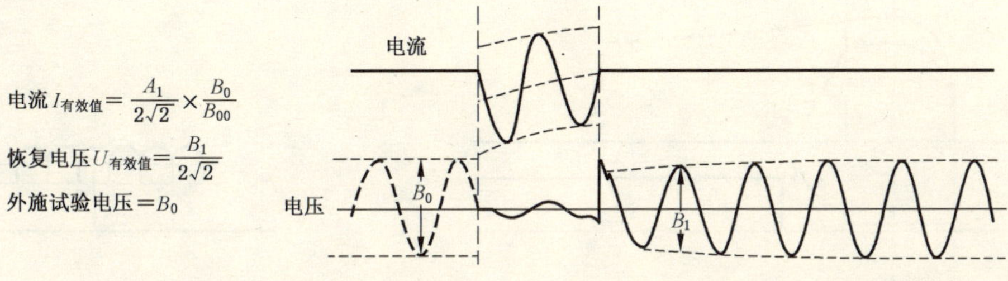

b） 电弧始于接通后 180°电角度之后的分断动作示波图

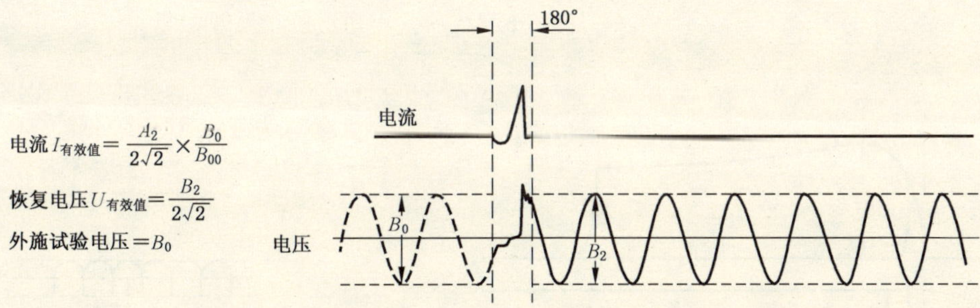

c） 电弧始于接通后 180°电角度之前的分断动作示波图

图 6 交流分断能力试验所得示波图的说明(见 8.5.7)

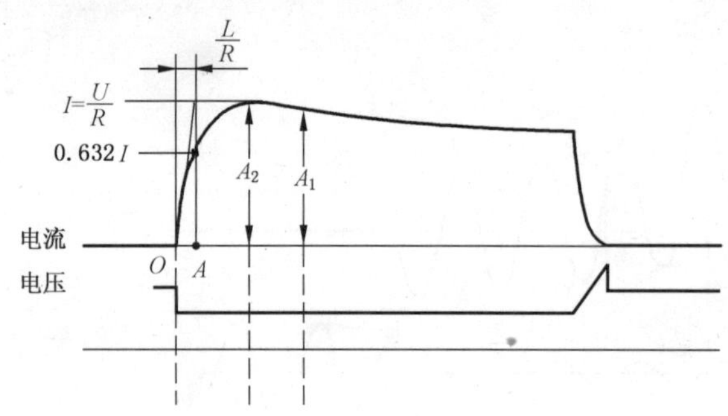

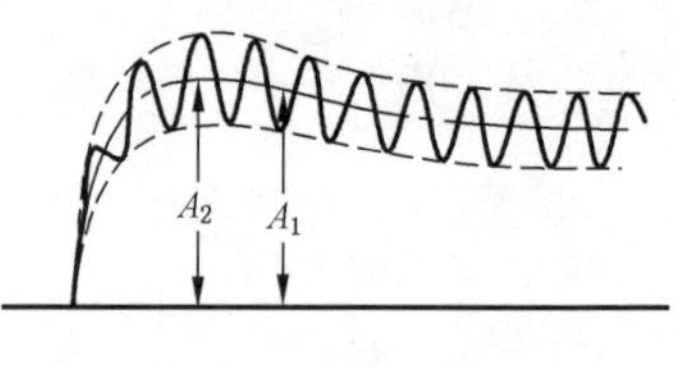

电路整定示波图

当存在纹波时，应测量有效值曲线上 $0.632I$、A_1 和 A_2 的相应值。

a)

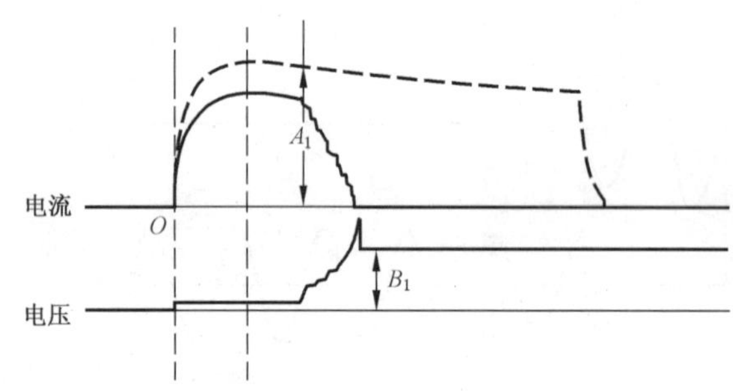

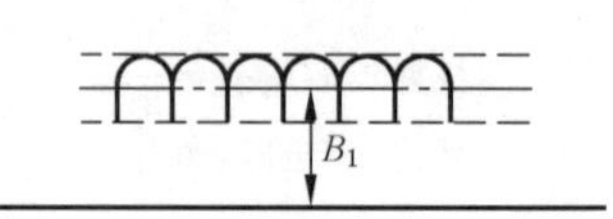

电弧始于电流通过其最大值之后的分断动作示波图

在电压 $U=B_1$ 下，电流 $I=A_1$

当电压不存在稳定值时，应在电弧最终熄灭后的 100 ms 内测量平均值。

b)

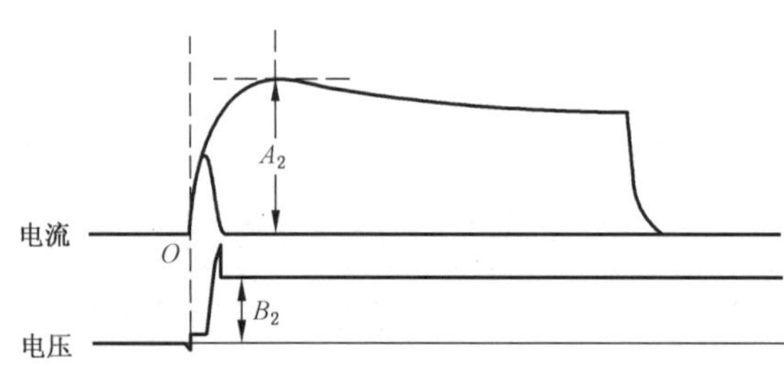

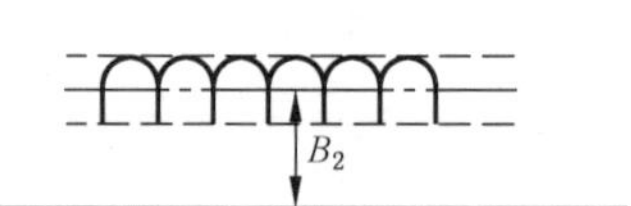

电弧始于电流通过其最大值之前的分断动作示波图

在电压 $U=B_2$ 下，电流 $I=A_2$

当电压不存在稳定值时，应在电弧最终熄灭后的 100 ms 内测量平均值。

c)

图 7　直流分断能力试验所得示波图的说明(见 8.5.7)

单位为毫米

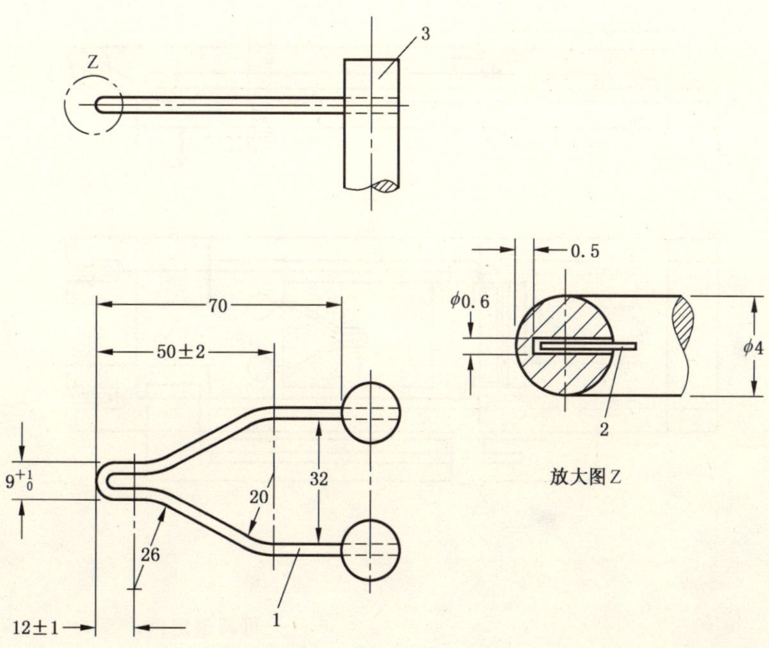

说明：

1——灼热丝硬焊在柱子上；

2——热电偶；

3——柱。

图8 灼热丝和热电偶的位置

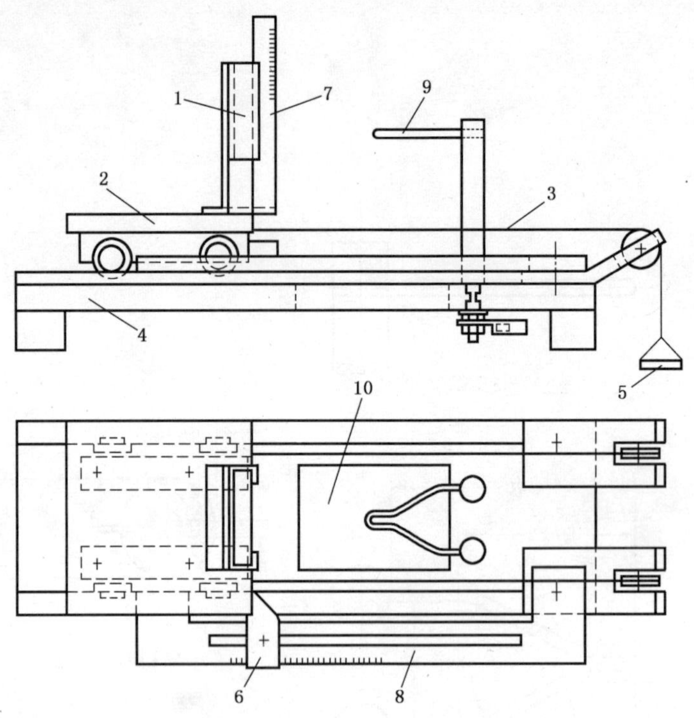

说明：

1 ——夹子位置；
2 ——小车；
3 ——拉紧绳索；
4 ——底板；
5 ——重物；
6 ——可调整定挡；
7 ——测量火焰的标尺；
8 ——测量穿透的标尺；
9 ——灼热丝(图 8)；
10——粒子从样品上落下的底板开孔。

图 9 试验装置(举例)

附 录 A
（资料性附录）
短路功率因数的测量

没有哪种方法能精确地测量短路功率因数，但就本部分而言，可采用下列三个方法中较合适的一个来足够精确地测定试验回路的功率因数。

方法 1：按回路常数计算

功率因数可以利用角 ϕ 的余弦来计算，$\phi=\arctan X/R$，X 和 R 分别为短路时试验回路中的电抗和电阻。

由于现象的瞬变性质，没有精确测定 X 和 R 的方法。但为了满足本部分的要求，可采用下列方法来确定 X 和 R。

试验回路的 R 用直流测量。若回路中包含变压器，则 R 值可根据分别测得的初级回路的电阻 R_1 和次级回路的电阻 R_2，由下式求得：

$$R=R_2+R_1r^2$$

式中 r 是变压器的变比。

X 可按下式计算：

$$\sqrt{R^2+X^2}=E/I$$

比值 E/I（回路阻抗）可从图 A.1 中的示波图求得。

方法 2：按直流分量确定

角 ϕ 可以从短路瞬间和电弧开始瞬间之间非对称电流波形的直流分量曲线来确定。

1） 直流分量公式为：

$$i_d=I_{d0}e^{-Rt/L}$$

式中：

i_d ——任一瞬间的直流分量值；

I_{d0} ——直流分量的初始值；

L/R 回路的时间常数，单位为秒(s)；

t ——i_d 和 I_{d0} 间的时间间隔，单位为秒(s)；

e ——自然对数的底。

时间常数 L/R 可以从上式确定如下：

a） 测量短路瞬间 I_{d0} 值和电弧出现前任何其他瞬间 t 的 i_d 值；

b） i_d 除以 I_{d0} 得出 $e^{-Rt/L}$；

c） 从 e^{-x} 值的表确定相应于 i_d/I_{d0} 之比的 $-x$ 值；

d） x 值代表 Rt/L，x 除以 t 即可求得 R/L。于是可求得 L/R。

2） ϕ 角从下式确定：

$$\phi=\arctan\omega L/R$$

式中 ω 是实际频率的 2π 倍。

用电流互感器测量电流时不应采用此方法。

方法 3：用指示发电机测定

当指示发电机与试验发电机同轴使用时，示波图上指示发电机的电压在相位上可首先与试验发电机的电压比较，然后与试验发电机的电流比较。

根据指示发电机和主发电机电压的相角差和指示发电机的电压与试验发电机电流的相角差就可以求出试验发电机电压与电流间的相角，由此即可求出功率因数。

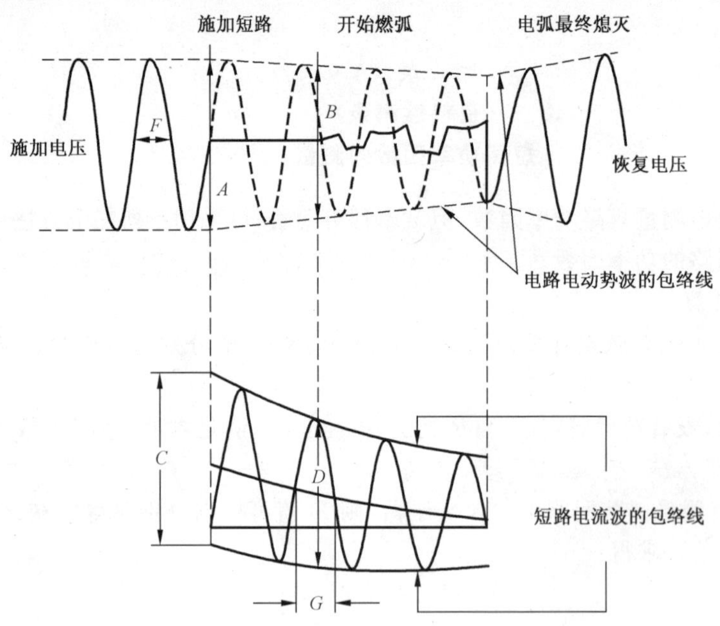

$$电路阻抗=\frac{E}{I}=\frac{B}{D}=\frac{A}{C}\times\frac{F}{G}$$

式中：

E ——燃弧开始时的电路电动势$=\frac{B}{2\sqrt{2}}$，单位为伏特(V)；

I ——分断电流$=\frac{D}{2\sqrt{2}}$，单位为安培(A)；

A ——两倍外施电压峰值，单位为伏特(V)；

C ——在短路开始时电流波形对称分量峰值的两倍，单位为安培(A)；

F ——外施电压波形的半波时间，单位为秒(s)；

G ——燃弧开始时电流波形的半波时间，单位为秒(s)。

图 A.1 电路阻抗的测定(用于按方法 1 计算功率因数)

附　录　B
（资料性附录）
“gG”,“gM”,“gD”和“gN”熔断体弧前 I^2t 值和降低电压下的熔断 I^2t 值的计算

B.1　0.01 s 的弧前 I^2t 值的计算

0.01 s 的弧前 I^2t 值是 0.1 s 的弧前 I^2t 值和试验 No.2 时弧前 I^2t 测量值的函数，可用下列公式近似计算：

$$I^2t_{(0.01\ \mathrm{s})} = F\sqrt{I^2t_{(0.1\ \mathrm{s})} \times I^2t_{(试验\mathrm{No.2})}}$$

$F=0.7$ 用于“gG”和“gM”熔断体；

$F=0.6$ 用于“gD”熔断体；

$F=1.0$ 用于“gN”熔断体。

系数 F 修正在此时间区内的时间-电流特性曲线的曲率。

B.2　试验 No.2 条件下弧前 I^2t 值的计算

对技术要求没规定直接试验的同一熔断体系列中较小额定电流的熔断体，试验 No.2 条件下的弧前 I^2t 值可用下式计算：

$$(I^2t)_2 = (I^2t)_1 \times (A_2/A_1)_2$$

式中：

$(I^2t)_2$——试验 No.2 条件下较小额定电流的熔断体的弧前 I^2t；

$(I^2t)_1$——分断能力试验中在试验 No.2 条件下测得的最大额定电流熔断体的弧前 I^2t；

A_2　——较小额定电流熔断体的熔体的最小截面积；

A_1　——最大额定电流熔断体的熔体的最小截面积。

此计算值可用以计算 0.01 s 的 I^2t 值（见 B.1）。

B.3　降低电压下的熔断 I^2t 值的计算

使用下式可估算较低电压（小于表 20 中试验 No.1 和试验 No.2 测得的电压）下的熔断 I^2t 值：

$$降低电压\ V_r\ 下的熔断\ I^2t = \left\{\frac{试验电压\ V_t\ 下的熔断\ I^2t}{弧前\ I^2t}\right\}^{V_r/V_t} \times 弧前\ I^2t$$

附 录 C
（资料性附录）
截断电流-时间特性的计算

序言

本部分 7.6 规定的截断电流特性是预期电流的函数。

利用下述方法可以计算作为实际弧前时间函数的截断电流特性。

对于每一种熔断体，结果将是不同的，因此，为了能充分互换，计算基以本部分允许的最大 I^2t 值。还应当指出的是：下述方法求得的是弧前时间中的峰值电流，而对于许多熔断器（特别是保护半导体的）在燃弧时间内电流在继续上升，因此下述方法求得的值稍微偏低，与回路条件有关。

尽管如此，下述方法还是一种相当好的近似方法，用户需要时（例如为研究触头熔焊）能用此方法计算这些特性曲线。

C.1 前言

截断电流特性是预期电流的函数，其定义规定于 2.3.7，此特性是 5.8.1 和图 4 的主题，试验规定于 8.6。

提供这种特性不是强制的。

此外，此特性给出的数据一般是不精确的，特别是在限流开始的区间（对于对称动作，弧前时间约 5 ms；对于非对称动作，弧前时间为 10 ms 及以下）。

用户用熔断器来保护承受幅值大时间短的电流（如短路分断前熔断器允许通过的电流）有困难的电器（例如接触器）时，需要准确知道熔断器分断时电流能达到的最大瞬时值，以便熔断器和其他电器能最经济地配合使用。

对于这种使用目的，能准确给出作为实际弧前时间函数的截断电流特性可提供较为有用的数据。

C.2 定义

作为实际弧前时间函数的截断电流特性：

表示对称动作状态下截断电流作为实际弧前时间函数的特性曲线。

C.3 特性

若截断电流特性表示为实际弧前时间的函数，截断电流特性应按对称接通电流计算并按图 C.1 所示以双对数形式表示，以电流为横坐标，以时间为纵坐标。

C.4 试验条件

相应于给定弧前时间的截断电流也与短路的不对称程度有关。由于特性曲线的数目与接通条件一样多，所以需要进行许多次的试验。

对于给定的熔断体，在给定的动作时间范围内，对于每一截断电流值，I^2t 值与短路电流的不对称程度近似无关。

这种性质使下列顺序成为可能：

1） 测量在对称动作状态下作为实际弧前时间函数的截断电流特性；

2） 计算相应于任何不对称度的截断电流特性。

C.5 根据测量值进行的计算

试验特性给出作为弧前时间函数的截断电流。

因短路为对称的，从上述值很容易地计算出焦耳积分的预期短路电流。

符号意义如下：

ω：角频率；

I_p：预期短路电流；

　I_{ps}：对称状态下的预期短路电流；

　I_{pa}：非对称状态下的预期短路电流；

I_c：截断电流；

ϕ：相对于电压的电流相位角；

Ψ：相对于电压自然过零的闭合相角；

R,L：电阻和电感，对称条件；

t_s：对称状态下弧前时间；

t_a：非对称状态下弧前时间。

对称状态下：

(1)　$I_c = I_{ps}\sqrt{2}\sin\omega t_s$

(2)　$\int I_c^2 \mathrm{d}t = 2I_{ps}^2\int_0^{t_s}\sin^2\omega t\ \mathrm{d}t$

按定义：$\Psi=0$

计算与 R,L,ϕ 无关。

非对称状态下：

(3)　$I_a = I_{pa}\sqrt{2}[\sin(\omega t_a + \Psi - \phi)] - \mathrm{e}^{-\frac{Rt_a}{L}}\sin(\Psi - \phi)$

(4)　$\int I^2 \mathrm{d}t = 2I_{pa}^2\int_0^{t_a}[\sin(\omega t + \Psi - \phi) - \mathrm{e}^{-\frac{R_t}{L}}\sin(\Psi - \phi)]^2 \mathrm{d}t$

假定截断电流和焦耳积分在两种条件下一样：

$$I_{ps}\sqrt{2}\sin\omega t_s \approx I_{pa}\sqrt{2}[\sin(\omega t_a + \Psi - \phi) - \mathrm{e}^{-\frac{Rt_a}{L}}\sin(\Psi - \phi)]$$

$$2I_{ps}^2\int_0^{t_a}\sin^2\omega t\,\mathrm{d}t \approx 2I_{pa}^2\int_0^{t_a}[\sin(\omega t + \Psi - \phi) - \mathrm{e}^{-\frac{R_t}{L}}\sin(\Psi - \phi)]^2\mathrm{d}t$$

若已知 7 个值，就能算出其他 2 个值。

从试验和计算获得的截断电流值和焦耳积分有可能计算出对应于非对称状态的弧前时间和预期短路电流。

对于弧前时间为 1 ms～5 ms，此假设近似正确。

对于弧前时间小于 1 ms，给定截断电流作为预期短路电流函数的特性可给出准确的数据。

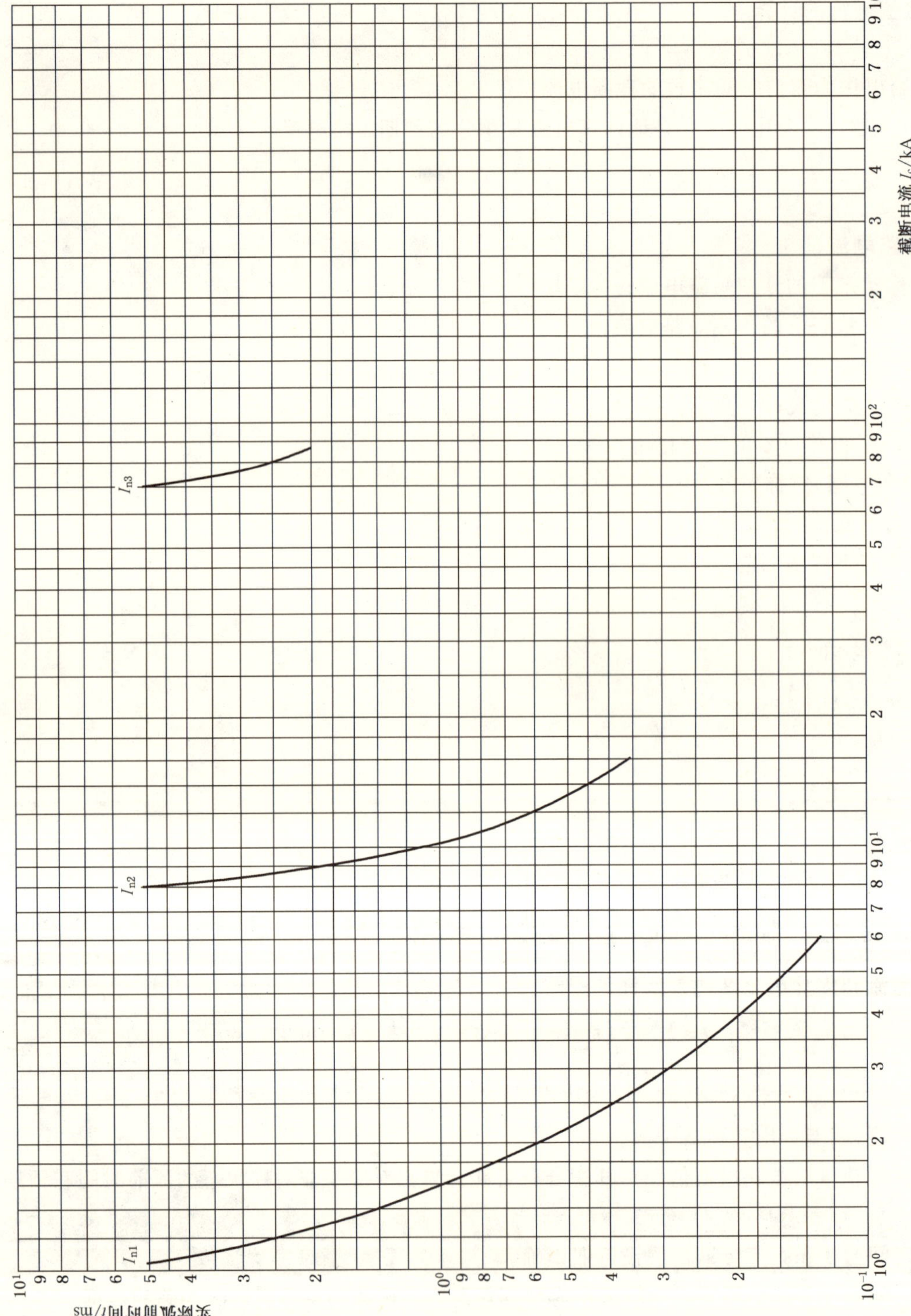

图 C.1 作为实际弧前时间函数的截断电流特性

附 录 D
（资料性附录）
周围温度和环境的改变对熔断体性能的影响

D.1 周围温度升高的影响

D.1.1 对电流额定值的影响

在平均周围温度高于 3.1 规定值下长期满载工作的熔断体可能需要降低电流的额定值，在考虑了所有环境情况之后制造厂和用户对降容系数应取得一致的意见。

D.1.2 对温升的影响

平均周围温度的升高引起较小的温升增加。

D.1.3 对约定熔断电流和约定不熔断电流（I_f 和 I_{nf}）的影响

平均周围温度的增加，使约定熔断和不熔断电流（I_f 和 I_{nf}）减小，但通常减小不多。

D.1.4 由于电动机起动使熔断体周围温度增加的影响

由于电动机起动而引起的熔断体周围平均温度的增加不需要将熔断体降容使用。

D.2 周围空气温度降低的影响

周围空气温度下降低于 3.1 规定值时，允许增大电流额定值，但也可能引起约定熔断电流、约定不熔断电流以及小过电流时的弧前时间的增加。增加的幅度取决于实际的温度和熔断体的设计，在这种情况下应与制造厂协商。

D.3 安装条件的影响

不同的安装条件如：

a） 装在箱中或开启式安装；

b） 安装面的性质；

c） 安装在箱中的熔断器数量；

d） 连接导线的截面和绝缘。

都会影响熔断器的工作条件，应予以考虑。

附 录 E
（规范性附录）
具有连接外部铜导线的无螺纹型接线端子的熔断器底座的特殊要求

E.1 范围

本附录适用于1.1范围内的具有无螺纹接线端子的熔断器底座，无螺纹接线端子的电流不超过63 A，主要用于连接截面积至16 mm^2 的非经加工（见E.2.6）的铜导线。

在本附录中，无螺纹接线端子称为接线端子，而铜导线称为导线。

E.2 术语和定义

作为第2章的补充，下列定义适用：

E.2.1

夹紧装置 clamping units

导线的机械夹紧和电气连接所必须的接线端子部件，包括为保证正确的接触压力所必须的部件。

E.2.2

无螺纹型接线端子 screwless-type terminal

导线的连接和随后的拆卸直接或间接地通过弹簧、楔形块或类似器件经夹紧装置实现的接线端子。

注：示例见图E.2。

E.2.3

通用接线端子 universal terminal

用于连接和拆卸所有型式导线（硬导线和软导线）的接线端子。

E.2.4

非通用接线端子 non-universal terminal

仅用于连接和拆卸某种导线[例如，仅用于硬实心导线或仅用于硬（实心或绞合）导线]的接线端子。

E.2.5

推入接线式接线端子 push-wire terminal

非通用接线端子，其连接通过推入硬（实心或绞合）导线来实现。

E.2.6

非经加工导线 unprepared conductor

切开并剥去插入至接线端子的一定长度上的绝缘的导线。

注1：为插入接线端子而整形或为加强端部而拧线丝的导线认为是非经加工导线。

注2：术语“非经加工导线”指导线未经导线线丝的焊接、使用电缆接头、弯成小圆环等加工处理，但包括导体插入接线端子前的重新整形或为增加软导线端部强度而拧紧导线。

E.6 标志

除了第6章以外，下列要求适用：

- 通用接线端子：

——无标志。

- 非通用接线端子：

——声明用于硬实心导线的接线端子应标志字母“s“或“sol”；

——声明用于硬(实心或绞合)导线的接线端子应标志字母“r”；

——声明用于软导线的接线端子应标志字母“f”。

标志宜位于熔断器底座上，或位于最小的包装单元上或在技术资料中标明。

在熔断器底座上应有合适的标志指示导线插入接线端子前应剥去的绝缘长度。制造厂也应在其技术文件中提供关于可夹紧的最多导线数量的资料。

E.7 设计的标准条件

第 7 章适用，但有以下修正。

E.7.1 包括接线端子的固定连接

接线端子应能承受当设备用于预定的用途时所产生的机械负荷。导线的连接或拆卸应采用下列方法来完成：

——采用一般用途的工具或与接线端子构成整体的合适的装置来打开接线端子并帮助导线的插入或拔出(例如，对通用接线端子)；

或，对硬导线：

——采用简单的插入的方法。拆卸导线时，应除了拉导线外还必须对导线有一个操作。

通用接线端子应能连接硬性(实心或绞合)和软性的非经加工导线。

非通用接线端子应能连接制造厂声明的型式的导线。

通过直观检查和 E.8.1 和 E.8.2 的试验来检验是否符合要求。

E.7.2 可连接导线的尺寸

可连接导线的尺寸如表 E.1 所示。

连接这些导线的能力应通过直观检查和 E.8.1 和 E.8.2 的试验来检验。

表 E.1 可连接的导线

可连接的导线及其理论直径				
公制				
硬导线			软导线	
	实心导线	绞合导线		
mm^2	ϕ/mm	ϕ/mm	mm^2	ϕ/mm
1.5	1.5	1.7	1.5	1.8
2.5	1.9	2.2	2.5	2.3
4.0	2.4	2.7	4.0	2.9
			6.0	3.9
			10	5.1
			16	6.3
注：最大硬导线和软导线的直径依据 IEC 60228(2004)表 1。				

E.7.3 可连接的截面积

被夹紧的标称截面积如表 E.2 的规定。

表 E.2 可连接于接线端子的铜导线的截面积

额定电流 A	被夹紧的标称截面积 mm^2
≤16	1.5～4
>16～32	4～10
>32～63	6～16

通过直观检查和 E.8.1 和 E.8.2 的试验来检验是否符合要求。

E.7.4 导线的插入和拆卸

导线的插入和拆卸应按制造厂的说明书来操作。

通过直观检查来检验是否符合要求。

E.7.5 接线端子设计和结构

接线端子的设计和结构应符合下列要求：

——单独地夹紧每根导线；

——在连接或拆卸的过程中，能同时或分别地连接或拆卸导线；

——避免不适当地插入导线。

应可以可靠地夹紧规定的最大值及以下的任何数量的导线。

通过直观检查和 E.8.1 和 E.8.2 的试验来检验是否符合要求。

E.7.6 抗老化

接线端子应能抗老化。

通过直观检查和 E.8.3 的试验来检验是否符合要求。

E.8 试验

E.8.1 接线端子的可靠性试验

E.8.1.1 无螺纹系统的可靠性

用符合表 E.2 的截面积的铜导线对新的试品各极的 3 个接线端子进行试验。导线的型式应按 E.7.1。

用最小直径的导线连接并随后拆卸 5 次，接着再用最大直径的导线试验 5 次。

除了第 5 次以外，每次试验应使用新的导线。第 5 次试验时把第 4 次插入使用过的导线在同样的位置夹紧。在插入接线端子前，应把硬绞合导线的股线重新整形，并把软导线的线丝拧紧以增加端部强度。

对每次插入，应该把导线尽可能地推入到接线端子中，或把导线这样插入使得其显而易见具有适当的连接。

在每次插入后,插入的导线绕着其轴线在夹紧区域的水平面转过90°,接着把导线拆卸。

在这些试验后,接线端子不应损坏至影响其继续使用。

E.8.1.2 连接的可靠性试验

新试品各极的3个接线端子连接符合表E.2的型式和截面积的新铜导线。

导线的型式应按E.7.1。

在插入接线端子前,硬绞合导线和软导线的股线应重新整形,并应把软导线的线丝拧紧以增加端部强度。

如果是通用接线端子,应不过度用力就可以把导线连接到接线端子中。如果是推入接线式接线端子,用手施加必要的力。

把导线尽可能地推入到接线端子中,或把导线这样插入使得其显而易见具有适当的连接。

在试验后,应没有导线的线丝脱落至接线端子外面。

E.8.2 连接外部导线的接线端子的可靠性试验:机械强度

拉出试验时,新试品各极的3个接线端子连接符合表E.2的型式及最小截面积和最大截面积的新导线。

在插入接线端子前,硬绞合导线和软导线的股线应重新整形,并应把软导线的线丝拧紧以增加端部强度。

然后,对每根导线施加表E.3规定值的拉力。施加拉力时不能用冲击力,时间为1 min,方向为导线的轴线方向。

表E.3 拉力

截面积 mm^2	拉力 N
1.5	40
2.5	50
4.0	60
6.0	80
10	90
16	100

在试验过程中,导线不应滑出接线端子。

E.8.3 循环试验

用符合表17截面积的新的铜导线进行试验。

试验在新的试品(一个试品为一极)上进行,试品的数量按接线端子的型式规定如下:

——用于硬(实心和绞合)导线和软导线的通用接线端子:每种导线3个试品(总共9个试品);

——专门用于实心导线的非通用接线端子:3个试品;

——用于硬(实心和绞合)导线的通用接线端子:每种导线3个试品(6个试品);

注:关于硬导线,宜使用实心导线(如果所在国家没有实心导线,可使用绞合导线)。

——专门用于软导线的非通用接线端子:3个试品。

如图 E.1 规定那样，把具有表 17 规定截面积的导线按正常使用串联连接到 3 个试品中的每个试品。

试品上应有一个孔(或等效的措施)以便测量接线端子上的电压降。

整个试验装置，包括导线，放置在一个初始温度保持在(20±2)℃的加热箱中。

为了在下列所有的电压降试验完成以前避免试验装置的任何移动，建议各极固定在一个公共支架上。

除了在冷却期间以外，对电路通以相应于熔断器底座额定电流的试验电流。

然后，试品承受 192 个温度循环，每个循环约 1 h，具体要求如下：

在约 20 min 的时间内使箱内空气温度升高到 40 ℃，温度保持在该温度值±5 ℃的范围内约 10 min。

然后，把试品在约 20 min 内冷却到约 30 ℃的温度，允许采用强迫冷却。试品保持在该温度约 10 min。如果为测量电压降需要时，允许再降低至(20±2)℃的温度。

在第 192 个循环结束时，在每个接线端子上通以标称电流测得的最大电压降不应超过下列两个值中的较小值：

——22.5 mV；

——或第 24 个循环后测得值的 1.5 倍。

应尽可能地在接近接线端子的接触部位进行测量。

如果测量点不能位于接近接触点的部位，则应从测得的电压降中减去理想测量点和实际测量点之间部分导线内的电压降。

加热箱的温度必须在至少离试品 50 mm 的距离处测量。

试验后，不采用附加的放大手段，通过正常的或校正的视力用肉眼检查，应没有明显的削弱继续使用的变化，例如裂缝、变形或类似的变化。

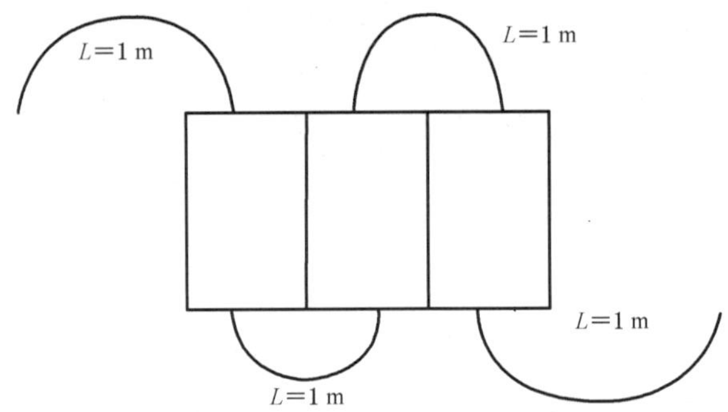

图 E.1 试品连接

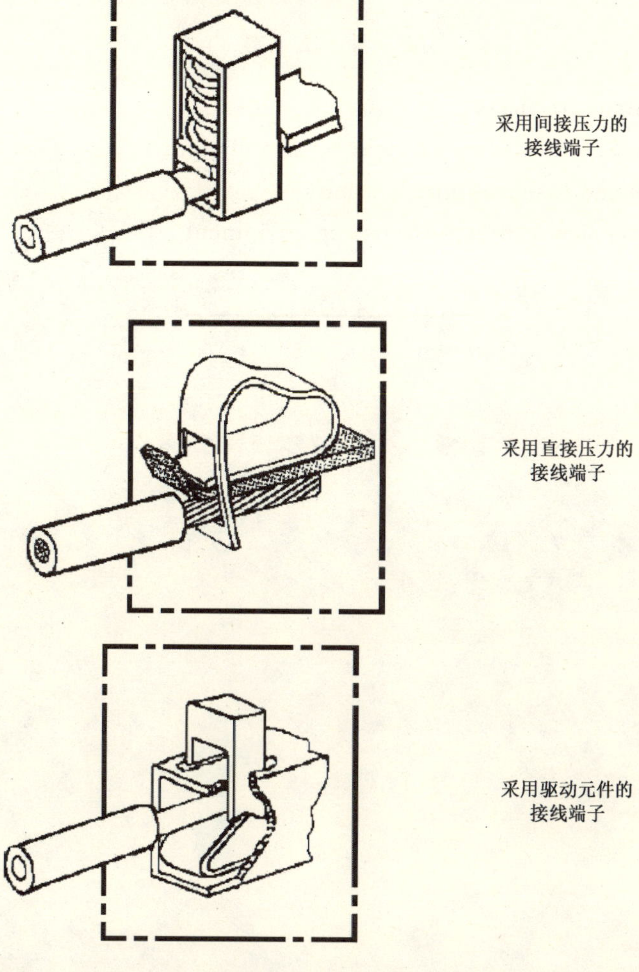

图 E.2 接线端子举例

参 考 文 献

[1] IEC 60127 Miniature fuses

[2] IEC 60947-3:1998 Low-voltage switchgear and controlgear—Part 3:Switches, disconnectors, switch-disconnectors and fuse-combination units

[3] IEC 60417 Graphical symbols for use on equipment

ICS 29.130.01
K 30

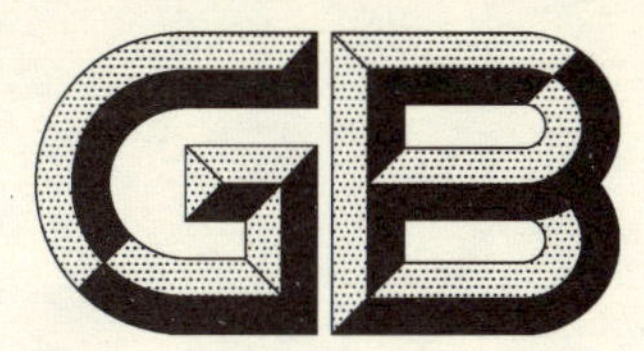

中华人民共和国国家标准

GB 14048.1—2012
代替 GB 14048.1—2006

低压开关设备和控制设备 第1部分：总则

Low-voltage switchgear and controlgear—Part 1：General rules

（IEC 60947-1：2011，MOD）

自2017年3月23日起，本标准转为推荐性标准，编号改为 GB 14048.1—2012。

2012-12-31 发布　　　　2013-12-01 实施

中华人民共和国国家质量监督检验检疫总局
中国国家标准化管理委员会　发布

前　言

本部分中7.1.2、7.1.4、7.1.7、7.1.10、7.2.3、7.2.4(除7.2.4.3外)、7.2.5、7.2.7、7.3、8.2.1.1、8.2.5、8.3.3.4、8.3.3.5、8.3.3.6、8.3.4、8.4及附录K为强制性，其余为推荐性。

GB 14048《低压开关设备和控制设备》分为以下18个部分：

——GB 14048.1　低压开关设备和控制设备　第1部分：总则

——GB 14048.2　低压开关设备和控制设备　第2部分：断路器

——GB 14048.3　低压开关设备和控制设备　第3部分：开关、隔离器、隔离开关以及熔断器组合电器

——GB 14048.4　低压开关设备和控制设备　第4-1部分：接触器和电动机起动器　机电式接触器和电动机起动器(含电动机保护器)

——GB 14048.5　低压开关设备和控制设备　第5-1部分：控制电路电器和开关元件　机电式控制电路电器

——GB 14048.6　低压开关设备和控制设备　第4-2部分：接触器和电动机起动器　交流半导体电动机控制器和起动器(含软起动器)

——GB/T 14048.7　低压开关设备和控制设备　第7-1部分：辅助器件　铜导体的接线端子排

——GB/T 14048.8　低压开关设备和控制设备　第7-2部分：辅助器件　铜导体的保护导体接线端子排

——GB 14048.9　低压开关设备和控制设备　第6-2部分：多功能电器(设备)　控制与保护开关电器(设备)(CPS)

——GB/T 14048.10　低压开关设备和控制设备　第5-2部分：控制电路电器和开关元件　接近开关

——GB/T 14048.11　低压开关设备和控制设备　第6-1部分：多功能电器　转换开关电器

——GB/T 14048.12　低压开关设备和控制设备　第4-3部分：接触器和电动机起动器　非电动机负载用交流半导体控制器和接触器

——GB/T 14048.13　低压开关设备和控制设备　第5-3部分：控制电路电器和开关元件　在故障条件下具有确定功能的接近开关(PDF)的要求

——GB/T 14048.14　低压开关设备和控制设备　第5-5部分：控制电路电器和开关元件　具有机械锁闩功能的电气紧急制动装置

——GB/T 14048.15　低压开关设备和控制设备　第5-6部分：控制电路电器和开关元件　接近传感器和开关放大器的DC接口(NAMUR)

——GB/T 14048.16　低压开关设备和控制设备　第8部分：旋转电机装入式热保护(PTC)控制单元

——GB/T 14048.17　低压开关设备和控制设备　第5-4部分：控制电路电器和开关元件　小容量触头的性能评定方法　特殊试验

——GB/T 14048.18　低压开关设备和控制设备　第7-3部分：辅助器件　熔断器接线端子排的安全要求

本部分是GB 14048《低压开关设备和控制设备》的第1部分。

本部分按照GB/T 1.1—2009给出的规则起草。

本部分修改采用IEC 60947-1:2011《低压开关设备和控制设备　第1部分：总则》。

本部分代替GB 14048.1—2006《低压开关设备和控制设备　第1部分：总则》。

本部分与IEC 60947-1:2011的技术性差异为：

——交流额定电压1 140 V的电器可参照本部分执行，有关电器的性能等要求由制造商和用户协商确定。

——在所采标IEC版本中附录K为空白，但考虑到我国地域广阔，气候条件多变，本部分在附录K中补充规定了低压电器的耐湿性能要求和试验方法。附录K中规定：对于预期用于周围空气温度不超过40 ℃的电器，优先采用高温温度为40 ℃、周期数为6昼夜的严酷等级进行试验；对于预期用于周围空气温度上限值高于40 ℃而不超过55 ℃的电器，按附录Q中的相关规定进行试验。

——为与附录K保持一致，修订附录Q的表Q.1(试验顺序)中A类环境(受温度和湿度影响的受控环境)下试验项目6“湿热试验”的试验条件由“试验Db，2个周期，40 ℃，方法2，无载”修改为“试验Db，2个周期，55 ℃，方法2，无载”。

本部分与GB 14048.1—2006之间的技术性差异为：

——5.1中增加无螺纹型端子的标识要求；7.1.8中增加无螺纹型夹紧件连接和脱开导线的方法；8.2.4中增加无螺纹型夹紧件的电器特性试验和老化试验方法。

——在7.1“结构要求”部分，重新规定7.1.2“材料”方面的要求和相关验证试验。

——8.3.3.4.1“型式试验的介电性能验证”中，将原3)c)试验电压的施加的内容调整到项1)一般试验条件中，只保留“根据上述2)c)的项①、②、③的规定，试验电压应施加5 s。”并增加注：产品标准可以将试验持续时间提高到60 s。

——8.4“EMC试验”中8.4.1.2中根据表23中的具体试验项目增加8.4.1.2.2至8.4.1.2.8条款，具体规定了试验方法及要求，并增加相应试验安装图(图18～图23)。

——附录D标题由“接线端子举例”修改为“夹紧件和夹紧件与连接器件之间的关系的举例”，内容相应改为各类夹紧件示例，并增加夹紧件与连接电器之间的配置图举例。

——修订附录K，推荐采用交变湿热试验来对产品进行耐湿性能考核。

——修订附录M，详细规定热丝引燃试验和电弧引燃试验方法。

——增加附录Q(规范性附录)：特殊试验——湿热、盐雾、振动和冲击。

——增加附录R(资料性附录)：在操作和调整过程中的易近部件介电试验用金属箔的应用。

——增加附录S(规范性附录)：数字输入和输出。

——增加附录T(规范性附录)：电子式过载继电器的扩展功能。

——增加附录U(资料性附录)：控制电路的配置举例。

本部分由中国电器工业协会提出。

本部分由全国低压电器标准化技术委员会(SAC/TC 189)归口。

本部分负责起草单位：上海电器科学研究院。

本部分参加起草单位：上海电器股份有限公司人民电器厂、常熟开关制造有限公司、浙江正泰电器股份有限公司、施耐德电气(中国)投资有限公司、北京ABB低压电器有限公司、德力西电气有限公司、广东珠江开关有限公司、通用电气(中国)研究开发中心有限公司、上海良信电器股份有限公司、人民电器集团有限公司、浙江大华开关厂、上海诺雅克电气有限公司、宁波伊尔特智能电器开关有限公司、贵州长征开关制造有限公司、上海人民企业(集团)有限公司、环宇集团有限公司、杭州之江开关股份有限公司、无锡TCL罗格朗低压电器有限公司、上海精益电器厂有限公司、上海电器设备检测所。

本部分主要起草人：季慧玉、黄兢业、包革、栗惠。

本部分参加起草人：程晓猷、陈建兵、周建兴、李富德、张萍、冯继锋、萧红卫、刘丽萍、黄蓉蓉、卜浩民、张学玲、樊刚、徐泽亮、袁浩梁、黄正乾、张应林、傅凯、戴水东、李丽芳、顾德康。

本部分所代替标准的历次版本发布情况为：

——GB/T 14048.1—1993；

——GB/T 14048.1—2000；

——GB 14048.1—2006。

低压开关设备和控制设备
第1部分：总则

1 基本要求

本部分规定了低压开关设备和控制设备的基本性能的所有规则和要求，以使相应范围内的设备的性能要求和试验获得一致，避免根据不同的标准进行所需试验。

本部分中包含了各类产品标准中所有被认为是基本要求的内容以及具有广泛意义和用途的特定项目，例如：温升、介电性能等。

对各类低压开关设备和控制设备，确定其所有要求和试验只需两个主要标准：

1) 本部分，在各类低压开关设备和控制设备的标准中简称："GB 14048.1"；

2) 相关的产品标准，在下文中称作"有关产品标准"或"产品标准"。

对适用于某一特定的产品标准的基本要求，在产品标准中应明确，并应标出引用GB 14048.1标准的有关条款号，例如：GB 14048.1中7.2.3。

对某一特定的产品标准可不规定基本要求，因此可以省略该项内容（当不适用时），或可以增加某些内容（如认为基本要求在某些情况下不适用时），除非有充分的技术理由，产品标准不允许与基本规则相违背。

注：《低压开关设备和控制设备》所涵盖的产品标准为：

GB 14048.1 低压开关设备和控制设备 第1部分：总则

GB 14048.2 低压开关设备和控制设备 第2部分：断路器

GB 14048.3 低压开关设备和控制设备 第3部分：开关、隔离器、隔离开关以及熔断器组合电器

GB 14048.4 低压开关设备和控制设备 第4-1部分：接触器和电动机起动器 机电式接触器和电动机起动器（含电动机保护器）

GB 14048.5 低压开关设备和控制设备 第5-1部分：控制电路电器和开关元件 机电式控制电路电器

GB 14048.6 低压开关设备和控制设备 第4-2部分：接触器和电动机起动器 交流半导体电动机控制器和起动器（含软起动器）

GB/T 14048.7 低压开关设备和控制设备 第7-1部分：辅助器件 铜导体的接线端子排

GB/T 14048.8 低压开关设备和控制设备 第7-2部分：辅助器件 铜导体的保护导体接线端子排

GB 14048.9 低压开关设备和控制设备 第6-2部分：多功能电器（设备） 控制与保护开关电器（设备）（CPS）

GB/T 14048.10 低压开关设备和控制设备 第5-2部分：控制电路电器和开关元件 接近开关

GB/T 14048.11 低压开关设备和控制设备 第6-1部分：多功能电器 转换开关电器

GB/T 14048.12 低压开关设备和控制设备 第4-3部分：接触器和电动机起动器 非电动机负载用交流半导体控制器和接触器

GB/T 14048.13 低压开关设备和控制设备 第5-3部分：控制电路电器和开关元件 在故障条件下具有确定功能的接近开关（PDF）的要求

GB/T 14048.14 低压开关设备和控制设备 第5-5部分：控制电路电器和开关元件 具有机械锁闩功能的电气紧急制动装置

GB/T 14048.15 低压开关设备和控制设备 第5-6部分：控制电路电器和开关元件 接近传感器和开关放大器的DC接口（NAMUR）

GB/T 14048.16 低压开关设备和控制设备 第8部分：旋转电机装入式热保护（PTC）控制单元

GB/T 14048.17 低压开关设备和控制设备 第5-4部分：控制电路电器和开关元件 小容量触头的性能评定方法 特殊试验

GB/T 14048.18 低压开关设备和控制设备 第7-3部分：辅助器件 熔断器接线端子排的安全要求

1.1 适用范围和目的

本部分适用于(当有关产品标准有要求时)低压开关设备和控制设备(以下简称“电器”),该电器用于连接额定电压交流不超过 1 000 V 或直流不超过 1 500 V 的电路。[1)]

本部分不适用于 GB 7251 规定的低压成套开关设备和控制设备。

本部分的目的是规定电器共有的基本规则和要求,它包括:

——定义;

——特性;

——电器的有关资料;

——正常使用、安装和运输条件;

——结构和性能要求;

——特性和性能验证。

电器中的能够与可编程序控制器(PLC)兼容的数字输入和/或数字输出的相关要求在附录 S 中规定。

1.2 规范性引用文件

下列文件对于本文件的应用是必不可少的。凡是注日期的引用文件,仅注日期的版本适用于本文件。凡是不注日期的引用文件,其最新版本(包括所有的修改单)适用于本文件。

GB/T 156—2007 标准电压(IEC 60038:2002,MOD)

GB 311.1—1997 高压输变电设备的绝缘配合(IEC 60071-1:1993,NEQ)

GB/T 2423.1—2008 电工电子产品环境试验 第 2 部分:试验方法 试验 A:低温(IEC 60068-2-1:2007,IDT)

GB/T 2423.2—2008 电工电子产品环境试验 第 2 部分:试验方法 试验 B:高温(IEC 60068-2-2:2007,IDT)

GB/T 2423.3—2006 电工电子产品环境试验 第 2 部分:试验方法 试验 Cab:恒定湿热试验(IEC 60068-2-78:2001,IDT)

GB/T 2423.4—2008 电工电子产品环境试验 第 2 部分:试验方法 试验 Db:交变湿热(12 h+12 h 循环)(IEC 60068-2-30:2005,IDT)

GB/T 2423.5—1995 电工电子产品环境试验 第 2 部分:试验方法 试验 Ea 和导则:冲击(IEC 60068-2-27:1987,IDT)

GB/T 2423.10—2008 电工电子产品环境试验 第 2 部分: 试验方法 试验 Fc:振动(正弦)(IEC 60068-2-6:1995,IDT)

GB/T 2423.18—2000 电工电子产品环境试验 第 2 部分:试验 试验 Kb:盐雾,交变(氯化钠溶液)(idt IEC 60068-2-52:1996)

GB/T 2900.57—2008 电工术语 发电、输电及配电 运行(IEC 60050-604:1987,MOD)

GB/T 2900.71—2008 电工术语 电气装置(IEC 60050-826:2004,IDT)

GB/T 2900.83—2008 电工术语 电的和磁的器件(IEC 60050-151:2001,IDT)

GB/T 4025—2010 人机界面标志标识的基本和安全规则 指示器和操作器件的编码规则(IEC 60073:2002,IDT)

GB/T 4026—2010 人机界面标志标识的基本和安全规则 设备端子和特定导体终端的标识(IEC 60445:2006,IDT)

---

1) 交流额定电压 1 140 V 的电器可参照本部分执行。有关电器的性能等要求由制造商和用户协商确定。

GB/T 4205—2010 人机界面标志标识的基本和安全规则 操作规则(IEC 60447:2004,IDT)

GB/T 4207—2003 固体绝缘材料在潮湿条件下相比电痕化指数和耐电痕化指数的测定方法(IEC 60112:1979,IDT)

GB 4208—2008 外壳防护等级(IP 代码)(IEC 60529:2001,IDT)

GB/T 4728.7—2008 电气简图用图形符号 第 7 部分:开关、控制和保护器件(IEC 60617 database,IDT)

GB 4824—2004 工业、科学和医疗(ISM)射频设备 电磁骚扰特性 限值和测量方法(IEC CISPR 11:2003,IDT)

GB/T 5169.10—2006 电工电子产品着火危险试验 第 10 部分:灼热丝/热丝基本试验方法 灼热丝装置和通用试验方法(IEC 60695-2-10:2000,IDT)

GB/T 5169.11—2006 电工电子产品着火危险试验 第 11 部分:灼热丝/热丝基本试验方法 成品的灼热丝可燃性试验方法(IEC 60695-2-11:2000,IDT)

GB/T 5169.12—2006 电工电子产品着火危险试验 第 12 部分:灼热丝/热丝基本试验方法 材料的灼热丝可燃性试验方法(IEC 60695-2-12:2000,IDT)

GB/T 5169.16—2008 电工电子产品着火危险试验 第 16 部分:试验火焰 50 W 水平与垂直火焰试验方法(IEC 60695-11-10:2003,IDT)

GB/T 5465.2—2008 电气设备用图形符号 第 2 部分:图形符号(IEC 60417 DB:2007,IDT)

GB 7251.1—2005 低压成套开关设备和控制设备 第 1 部分:型式试验和部分型式试验 成套设备(IEC 60439-1:1999,IDT)

GB/T 11021—2007 电气绝缘 耐热性分级(IEC 60085:2004,IDT)

GB/T 11026(所有部分) 确定电气绝缘材料耐热性的导则[IEC 60216(所有部分)]

GB 13140.3—2008 家用和类似用途低压电路用的连接器件 第 2 部分:作为独立单元的带无螺纹型夹紧件的连接器件的特殊要求(IEC 60998-2-2:2002,IDT)

GB 14048.5—2008 低压开关设备和控制设备 第 5-1 部分:控制电路电器和开关元件 机电式控制电路电器(IEC 60947-5-1:2003,MOD)

GB/T 14048.16—2006 低压开关设备和控制设备 第 8 部分:旋转电机用装入式热保护(PTC)控制单元(IEC 60947-8:2003,IDT)

GB/T 15969.2—2008 可编程序控制器 第 2 部分:设备要求和测试(IEC 61131-2:2007,IDT)

GB 16895.12 建筑物电气装置 第 4 部分:安全防护 第 44 章:过电压保护 第 443 节:大气过电压或操作过电压保护(IEC 60364-4-443,IDT)

GB/T 16927(所有部分) 高电压试验技术[IEC 60060(所有部分)]

GB/T 16935.1—2008 低压系统内设备的绝缘配合 第 1 部分:原理、要求和试验(IEC 60664-1:2007,IDT)

GB/T 16935.3—2005 低压系统内设备的绝缘配合 第 3 部分:利用涂层、罐封和模压进行防污保护(IEC 60664-3:2003,IDT)

GB/T 16935.5—2008 低压系统内设备的绝缘配合 第 5 部分:不超过 2 mm 的电气间隙和爬电距离的确定方法(IEC 60664-5:2007,IDT)

GB/T 17045—2008 电击防护 装置和设备的通用部分(IEC 61140:2001,IDT)

GB/T 17193—1997 电气安装用超重荷型刚性钢导管(IEC 60981:1989,IDT)

GB 17625.1—2003 电磁兼容 限值 谐波电流发射限值(设备每相输入电流≤16 A)(IEC 61000-3-2:2001,IDT)

GB 17625.2—2007 电磁兼容 限值 对每相额定电流≤16 A 且无条件接入的设备在公用低压供电系统中产生的电压变化、电压波动和闪烁的限制(IEC 61000-3-3:2005,IDT)

GB/T 17626.2—2006 电磁兼容 试验和测量技术 静电放电抗扰度试验(IEC 61000-4-2:2001,IDT)

GB/T 17626.3—2006 电磁兼容 试验和测量技术 射频电磁场辐射抗扰度试验(IEC 61000-4-3:2002,IDT)

GB/T 17626.4—2008 电磁兼容 试验和测量技术 电快速瞬变脉冲群抗扰度试验(IEC 61000-4-4:2004,IDT)

GB/T 17626.5—2008 电磁兼容 试验和测量技术 浪涌(冲击)抗扰度试验(IEC 61000-4-5:2005,IDT)

GB/T 17626.6—2008 电磁兼容 试验和测量技术 射频场感应的传导骚扰抗扰度(IEC 61000-4-6:2006,IDT)

GB/T 17626.8—2006 电磁兼容 试验和测量技术 工频磁场抗扰度试验(IEC 61000-4-8:2001,IDT)

GB/T 17626.11—2008 电磁兼容 试验和测量技术 电压暂降、短时中断和电压变化的抗扰度试验(IEC 61000-4-11:2004,IDT)

GB/T 17626.13—2006 电磁兼容 试验和测量技术 交流电源端口谐波、谐间波及电网信号的低频抗扰度试验(IEC 61000-4-13:2002,IDT)

GB/T 17627(所有部分) 低压电气设备的高电压试验技术[IEC 61180(所有部分)]

GB/T 17799.2—2003 电磁兼容 通用标准 工业环境中的抗扰度试验(IEC 61000-6-2:1999,IDT)

GB/T 18213—2000 低频电缆和电线无镀层和有镀层铜导体电阻计算导则(IEC 60344:1980,IDT)

GB/T 18216.2—2002 交流1 000 V和直流1 500 V以下低压配电系统电气安全 防护检测的试验、测量或监控设备 第2部分:绝缘电阻(IEC 61557-2:1997,IDT)

GB/T 20636—2006 连接器件 电气铜导线 螺纹型和非螺纹型夹紧件的安全要求 适用于35 mm^2 以上至300 mm^2 导线的特殊要求(IEC 60999-2:2003,IDT)

GB/T 20641 低压成套开关设备和控制设备空壳体的一般要求(IEC 62208:2002,IDT)

IEC 60028 铜电阻(International standard of resistance for copper)

IEC 60050(441):1984 国际电工词汇(IEV) 第441章:开关设备、控制设备和熔断器(International Electrotechnical Vocabulary(IEV)—Chapter 441:Switchgear,controlgear and fuses)

IEC 60073:2002 人-机界面标志标识的基本和安全规则 指示器和操作器的编码规则(Basic and safety principles for man-machine interface, marking and identification—Coding principles for indicators and actuators)

IEC 60112:2003 固体绝缘材料在潮湿条件下相比电痕化指数和耐电痕化指数的测定方法(Method for the determination of the proof and the comparative tracking indices of solid insulating materials)

IEC 60447:2004 人机界面标志标识的基本方法和安全规则-操作规则(Basic and safety principles for man-machine interface,marking and identification—Actuating principles)

IEC 60981:2004 电气安装用超重荷型刚性钢导管(Extra heavy-duty electrical rigid steel conduits)

IEC 60999-1:1999 连接器件 电气铜导线 螺纹型和无螺纹型夹紧件的安全要求 第1部分:用于0.2 mm^2 以上至35 mm^2 夹紧件导线的通用要求和特殊要求(Connecting devices—Electrical copper conductors—Safety requirements for screw-type and screwless-type clamping units—Part 1:General requirements and particular requirements for clamping units for conductors from 0.2 mm^2 >up to 35 mm^2)

IEC 61000-3-2:2005 电磁兼容 第3部分:限值 第2章:谐波电流发射限值(设备每相输入电流≤16A)[Electromagnetic compatibility(EMC)—Part 3-2:Limits—Limits for harmonic current emissions(equipment input current ≤16 A per phase)]

IEC 61000-4-3:2006 电磁兼容 试验和测量技术 射频电磁场辐射抗扰度试验(Electromagnetic compatibility(EMC)—Part 4-3:Testing and measurement techniques—Radiated,radio-frequency,electromagnetic field immunity test)

IEC 61000-6-2:2005 电磁兼容 通用标准 工业环境中的抗扰度试验[Electromagnetic compatibility(EMC)—Part 6-2:Generic standards—Immunity for industrial environments]

2 术语和定义

下列术语和定义适用于本文件。

注1:本章中所列的大部分定义与IEV(IEC 60050)相同,当为此种情况时,IEV的参考条款号写在定义后的括号中(三组数字中的第一组数字表示IEV章节)。

当IEV的定义修改时,IEV的章节号不标出,但有一解释性注。

注2:额定值、特性和符号的列表见第4章。

2.1 基本术语

2.1.1

开关设备和控制设备 switchgear and controlgear

开关电器以及与其相关联的控制、测量、保护和调节设备的组合的通称。也指由这些电器和设备以及相关联的内连接线、附件、外壳和支持机构件的组合体。(441-11-01)

2.1.2

开关设备 switchgear

主要用于发电、输电、配电和电能转换的开关电器以及与其相关联的控制、测量、保护及调节设备的组合的通称。也指这些电器以及相关联的内连接线、附件、外壳和支持机构件的组合。(441-11-02)

2.1.3

控制设备 controlgear

主要用于控制受电设备的开关电器以及与其相关联的控制、测量、保护及调节设备的组合的通称。也指由这些电器和设备以及相关联的内连接线、附件、外壳和支持机构件的组合体。(441-11-03)

2.1.4

过电流 over-current

超过额定电流的任何电流。(441-11-06)

2.1.5

短路 short circuit

在两个或多个导电部件之间形成偶然或人为的导电路径,使其之间的电位差等于或接近于零。(151-12-04)

2.1.6

短路电流 short-circuit current

由于电路中的故障或错误连接造成的短路所产生的过电流。(441-11-07)

2.1.7

过载 overload

在正常电路中产生过电流的运行条件。(441-11-08)

2.1.8

过载电流 overload current

在电气上尚未受到损伤的电路中的过电流。

2.1.9

周围空气温度 ambient air temperature

在规定的条件下,围绕整个开关电器或熔断器周围的空气温度。(441-11-13)

注:对于有封闭外壳的开关电器或熔断器,此温度是指壳外温度。

2.1.10

导电部分 conductive part

能导电,但不一定承载工作电流的部分。(441-11-09)

2.1.11

外露导电部分 exposed conductive part

容易被操作者触及的导电部件和虽在正常情况下不带电,但在故障情况下可变为带电的部件。(441-11-10)

注:典型的外露导电部件如外壳壁、操作手柄等。

2.1.12

外接导电部分 extraneous conductive part

虽不作为电气装置的部件但容易引入一个电位(通常是地电位)的部分。(826-03-03)

2.1.13

带电部分 live part

正常使用时带电的导体和导电部分,包括中性导体,但按惯例不包括保护中性(PEN)导体。(826-03-01)

注:这一定义不一定包含电击危险。

2.1.14

保护性导体 protective conductor

PE

为了防止电击,采取某些措施把下列部件电气上连接起来所需的导体,所连接部件包括:

——外露导电部件;

——外接导电部件;

——主接地端子;

——接地极;

——电源接地点或人工接地中性点。(826-04-05)

2.1.15

中性导体 neutral conductor

N

连接到系统中性点上并能传输电能的导体。(826-01-03)

注:在某些情况下,中性导体和保护性导体的功能在规定的条件下可合二为一,该导体称为PEN导体(符号PEN)。

2.1.16

外壳 enclosure

能提供一个规定的防护等级来防止某些外部影响和防止接近或触及带电部分和运动部分的部件。

注:这一定义与适用于成套电器的定义IEV 441-13-01相类似。

2.1.17

整体外壳 integral enclosure

构成电器一部分的外壳。

2.1.18

(开关电器或熔断器的)使用类别　utilization category(for a switching device or a fuse)

与开关电器或熔断器完成本身用途所处的工作条件有关的规定要求的组合。该组合选用表征电器实际使用情况的一组特性来表示。(441-17-19)

注：规定的要求包括：接通能力(如适用)、分断能力、其他特性、连接的电路以及有关的使用条件和性能。

2.1.19

隔离(隔离功能)　isolation(isolating function)

出于安全原因，通过把电器或其中一部分与电源分开的办法以达到切断电器一部分或整个电器电源的功能。

2.1.20

电击　electric shock

电流通过人体或动物身体时产生的病理生理学效应。(826-03-04)

2.1.21

制造商　manufacturer

为了本部分的目的，负有如下最终责任的任何人、公司或组织：

——验证符合相关标准；

——依据第5章规定提供产品信息。

注：例如，对于依据元器件供应商的说明装配的"保护式起动器"来讲，制造商将是承担组装的实体。

2.2　开关电器

2.2.1

开关电器　switching device

用于接通或分断一个或几个电路中电流的电器。(441-14-01)

注：一个开关电器可以完成一个或两个操作。

2.2.2

机械开关电器　mechanical switching device

借助可分开的触头的动作闭合和断开一个或多个电路的开关电器。(441-14-02)

注：任何机械开关电器可根据触头断开或闭合所处的介质(例如：空气、SF_6、油)来命名。

2.2.3

半导体开关电器　semiconductor switching device

利用半导体的导电可控性接通和/或阻断电路电流的开关电器。

注：半导体开关电器也用于分断电流，所以此定义与 IEV 441-14-03 的定义不同。

2.2.4

熔断器　fuse

当电流超过规定值足够长的时间，通过熔断一个或几个成比例的特殊设计的熔体分断此电流，由此断开其所接入的电路的装置。熔断器由形成完整装置的所有部件组成。(441-18-01)

2.2.5

熔断体　fuse-link

熔断器动作后要进行更换的熔断器部件(包括熔体)。(441-18-09)

2.2.6

熔体　fuse-element

在超过规定动作电流值一定时间后熔化的熔断体部件。(441-18-08)

2.2.7

熔断器组合电器　fuse-combination unit

由制造商或根据说明书将一个机械开关电器与一个或多个熔断器组装在同一单元内的一种电器组合。(441-14-04)

2.2.8

隔离器　disconnector

在断开位置上符合规定隔离功能要求的一种机械开关电器。

注：此定义与 IEV 441-14-05 定义不同，因为隔离功能要求不仅只限于对隔离距离的要求。

2.2.9

(机械式)开关　switch(mechanical)

在正常的电路条件下(包括过载工作条件)能接通、承载和分断电流，也能在规定的非正常条件下(例如短路条件下)承载电流一定时间的一种机械开关电器。(441-14-10)

注：开关可以接通短路电流，但不能分断短路电流。

2.2.10

隔离开关　switch-disconnector

在断开位置上能满足对隔离器隔离要求的一种开关。(441-14-12)

2.2.11

断路器　circuit-breaker

能接通、承载和分断正常电路条件下的电流，也能在规定的非正常条件下(例如短路条件下)接通、承载一定时间和分断电流的一种机械开关电器。(441-14-20)

2.2.12

(机械式)接触器　contactor(mechanical)

仅有一个休止位置，能接通、承载和分断正常电路条件(包括过载运行条件)下的电流的一种非手动操作的机械开关电器。(441-14-33)

注：接触器可根据提供闭合主触头所需的力的方式来命名。

2.2.13

半导体接触器(固态接触器)　semiconductor contactor(solid-state contactor)

利用半导体开关电器来完成接触器的功能的电器。

注：半导体式接触器可包含机械开关电器。

2.2.14

接触器式继电器　contactor relay

用作控制开关的接触器。(441-14-35)

2.2.15

起动器　starter

起动和停止电机所需的所有开关电器与适当的过载保护电器组合的电器。(441-14-38)

注：起动器可根据提供闭合主触头所需力的方式来命名。

2.2.16

控制电路电器　control circuit device

用于开关设备和控制设备中作控制、信号、联锁等用途的电器。

注：控制电路电器可包括其他标准中涉及的控制电路电器，例如仪器、电压表、继电器等有关电器，而这些电器主要用于规定用途。

2.2.17

(控制和辅助电路的)控制开关　control switch(for control and auxiliary circuits)

用于控制开关设备和控制设备的操作(包括信号、电气连锁)的一种机械开关电器。(441-14-46)

注：控制开关由一个或几个具有共同操作系统的触头元件组成。

2.2.18

指示开关　pilot switch

在规定的操动量下反应而使之动作的一种非人力控制开关。(441-14-48)

注：操动量可为压力、温度、速度、液位、经过时间等。

2.2.19

按钮　push-button

具有用人体某一部分(通常为手指或手掌)施加力而操作的操动器,并具有储能(弹簧)复位的控制开关。(441-14-53)

2.2.20

端子块(排)　terminal block

承载一个或多个相互绝缘的端子组件并被固定在支持件上的绝缘部件。

2.2.21

短路保护电器(SCPD)　short-circuit protective device

用分断短路电流来保护电路或电路部件免受短路电流损坏的电器。

2.2.22

浪涌抑制器　surge arrester

保护电器免受较高的瞬时过电压,并能限制持续电流的持续时间和幅度的一种器件。(604-03-51)

2.3　开关电器的部件

2.3.1

开关电器的极　pole of a switching device

仅与开关电器主电路的一个电气上分开的导电路径相连的电器部件,它不包括那些用来将所有各极固定在一起和使各极一起动作的部件。(441-15-01)

注：如果开关电器只有一个极,可称为单极开关电器。如果有两个以上的极,可称为多极(二极、三极)开关电器,这些极被连在一起或能被连在一起操作。

2.3.2

(开关电器的)主电路　main circuit(of a switching device)

电路中用作闭合或断开电路的开关电器的所有导电部件。(441-15-02)

2.3.3

(开关电器的)控制电路　control circuit(of a switching device)

除主电路外,接入电路中用作开关电器的闭合操作和/或断开操作的开关电器所有导电部件。(441-15-03)

2.3.4

(开关电器的)辅助电路　auxiliary circuit(of a switching device)

除电器的主电路和控制电路外,在电路中使用的开关电器的所有导电部件。(441-15-04)

注：某些辅助电路需完成附加功能,例如信号、连锁等,因此这些辅助电路有可能是另一个开关电器的控制电路的一部分。

2.3.5

(机械开关电器的)触头　contact(of a mechanical switching device)

当接触时构成电路接通的导电部件,操作时由于触头的相对运动而断开或闭合电路,或靠触头的转动或滑动保持电路的接通。(441-15-05)

2.3.6

触头块　contact piece

构成触头的导电部件的一部分。(441-15-06)

2.3.7

主触头 main contact

在闭合位置上承载机械开关电器主电路电流的触头。(441-15-07)

2.3.8

弧触头 arcing contact

旨在其上形成电弧的触头。(441-15-08)

注：弧触头可以兼作主触头，也可以把弧触头设计成一个单独的触头，使它比其他触头后断开和先闭合，以保护其他触头免受伤害。

2.3.9

控制触头 control contact

接在开关电器的控制电路中并由该开关电器用机械方式操作的触头。(441-15-09)

2.3.10

辅助触头 auxiliary contact

接在开关电器辅助电路中并由该开关电器用机械方式操作的触头。(441-15-10)

2.3.11

(机械开关电器的)辅助开关 auxiliary switch(of a mechanical switching device)

具有一个或多个控制和/或辅助触头由开关电器用机械方式操作的开关。(441-15-11)

2.3.12

"a"触头-接通触头 "a"contact-make contact

当机械开关电器的主触头闭合时闭合，主触头断开时断开的控制或辅助触头。(441-15-12)

2.3.13

"b"触头-分断触头 "b"contact-break contact

当机械开关电器的主触头闭合时断开，主触头断开时闭合的控制或辅助触头。(441-15-13)

2.3.14

(电气式)继电器 relay(electrical)

当控制电器的电气输入在电路中满足规定条件时，在电器的一个或多个电气输出电路中使被控量发生预定的阶跃变化的电器。(446-11-01)

2.3.15

(机械开关电器的)脱扣器 release(of a mechanical switching device)

与机械开关电器相连的、用来释放保持机构而使开关电器断开或闭合的电器。(441-15-17)

注：脱扣器可以有瞬时、延时等动作。各种类型的脱扣器定义见2.4.24至2.4.35。

2.3.16

(机械开关电器的)操动系统 actuating system(of a mechanical switching device)

把操动力传递到机械开关电器的触头块上的所有操作部件。

注：操动系统的操作方式可以是机械的、电磁的、液压的、气动的、热动的等。

2.3.17

操动器 actuator

将外部操动力施加到操动系统上的部件。(441-15-22)

注：操动器可以用手柄、手把、按钮、滚轮或柱塞等形式。

2.3.18

位置指示器 position indicating device

表示机械开关电器是否在断开位置、闭合位置或接地位置(如适用)的机械开关电器部件。(441-15-25)

2.3.19

指示灯　indicator light

用亮信息或暗信息来提供光信号的灯。

2.3.20

防跳跃机构　anti-pumping device

在闭合—断开操作之后，只要引起闭合操作的部件保持在闭合位置上，就能防止再次闭合的机构。(441-16-48)

2.3.21

联锁装置　interlocking device

使开关电器的操作取决于设备的一个或多个其他部件的操作位置的装置。(441-16-49)

2.3.22

连接器件　connecting device

由一个(或多个)固定到基座或构成设备的整体式部件的端子组成，用于一根(或多根)导线电气连接的器件。

[IEC 60999-1:1999,3.3]

2.3.23

端子　terminal

由一个或多个夹紧件和绝缘(如必要)构成电器的一个极导电部分，用于与外部线路的电气连接。

[IEC 60999-1:1999,3.2 修改]

2.3.24

螺纹型端子　screw-type terminal

用于连接或拆卸导线，或用于两根或多根导线之间相互连接的端子，这种连接方式可由任何类型的螺栓或螺母直接或间接实现。

注：举例见附录 D。

2.3.25

无螺纹型端子　screwless-type terminal

用于连接或拆卸导线，或用于两根或多根导线之间相互连接的端子，这种连接方式可由弹簧、锲形块、偏心轮或锥体块等直接或间接实现。

注：举例见附录 D。

2.3.25.1

通用端子　universal terminal

能接、拆所有类型(硬或软)导线的端子。

[GB 13140.3—2008,3.101.1]

2.3.25.2

非通用端子　non-universal terminal

仅能接、拆某一种类型导线(例如：仅是实心导线或仅是硬(实心和绞合)导线)的端子。

[GB 13140.3—2008,3.101.2]

2.3.25.3

推线端子　push-wire terminal

将硬(实心或绞合)导线推进端子里进行连接的非通用端子。

[GB 13140.3—2008,3.101.3]

2.3.26

夹紧件 clamping unit

端子中,导线机械夹紧及电气连接所必需的部件,包括保证正常接触压力所必需的部件。

[IEC 60999-1:1999,3.1]

2.3.26.1

通用型夹紧件 universal clamping unit

适用于各种类型的导线。

2.3.26.2

非通用型夹紧件 non-universal clamping unit

仅适用于某种类型的导线,例如:

——仅适用于单芯导线的推线式夹紧件;

——仅适用于硬的单芯或绞合导线的推线式夹紧件。

注:推线式夹紧件通过推入单根硬导线连接。(见7.1.8.1)

2.3.27

未经处理的导线 unprepared conductor

为插入到端子中,割断后并剥去其绝缘的导体。

注:导体的形状易于放入到端子中或将多股导体拧在一起并拧牢端部的这种导体可以认为是未经处理的导体。

2.3.28

经处理的导线 prepared conductor

将多股导线焊在一起或将其端部装上电缆接头、套环等的导体。

2.3.29

多触点触头系统 multiple tip contact system

触头系统中每极包含多于1个触头间隙,每极的触头间隙可串联和(或)并联,并能开闭。

2.3.30

最小截面积 minimum cross-section

制造商规定的适用于端子的可连接导线截面的最小值。

注:制造商可以根据导线的类型声明几种最小截面积,例如,硬线,多股线,带或不带套圈的软线。

2.3.31

最大截面积 maximum cross-section

制造商规定的适用于端子的可连接导线截面的最大值。

注1:制造商可以根据导线的类型声明几种最大截面积,例如,硬线,多股线,带或不带套圈的软线。

注2:当涉及到制造商及其相关产品标准所规定的某些热、机械和电气要求时,可以认为GB/T 14048.7和GB/T 20636中使用的术语"额定截面积"与GB 17464中使用的有关夹紧件的"额定接线能力"是一致的。

2.3.32

电子式控制电磁铁 electronically controlled electromagnet

用有源电子器件的电路控制其线圈的电磁铁。

2.4 开关电器操作

2.4.1

(机械开关电器的)操作 operation(of a mechanical switching device)

电器的动触头从一个位置转换到另一个位置。(441-16-01)

注1:例如对断路器,操作可以是闭合操作或断开操作。

注2:如果有必要区分的话,可分为:电气意义上的操作,例如接通或分断,称作通断操作。机械意义上的操作,例如闭合或断开,称作机械操作。

2.4.2

(机械开关电器的)操作循环　operating cycle(of a mechanical switching device)

从一个位置转换到另一个位置再返回到起始位置的连续操作。如有多个位置,则需要通过其他所有位置。(441-16-02)

2.4.3

(机械开关电器的)操作顺序　operating sequence(of a mechanical switching device)

在规定的时间间隔内完成规定的连续操作。(441-16-03)

2.4.4

人力控制　manual control

由人力参与操作的控制。(441-16-04)

2.4.5

自动控制　automatic control

无人参与而按照预定条件操作的控制。(441-16-05)

2.4.6

就地控制　local control

在被控开关电器上或其近旁操作的控制。(441-16-06)

2.4.7

远距离控制　remote control

在远离被控开关电器处操作的控制。(441-16-07)

2.4.8

(机械开关电器的)闭合操作　closing operation(of a mechanical switching device)

使电器由断开位置转换到闭合位置的操作。(441-16-08)

2.4.9

(机械开关电器的)断开操作　opening operation(of a mechanical switching device)

使电器由闭合位置转换到断开位置的操作。(441-16-09)

2.4.10

(机械开关电器的)肯定断开操作　positive opening operation(of a mechanical switching device)

按规定的要求,当操动器位置与开关电器的断开位置相对应时,能保证全部主触头处于断开位置的断开操作。(441-16-11)

2.4.11

肯定驱动操作　positively driven operation

按规定的要求,用于保证机械开关电器的各辅助触头都分别处于对应于主触头断开或闭合的相对位置的操作。(441-16-12)

2.4.12

(机械开关电器的)有关人力操作　dependent manual operation(of a mechanical switching device)

完全靠直接施加人力的一种操作,操作速度和力取决于操作者的动作。(441-16-13)

2.4.13

(机械开关电器的)有关动力操作　dependent power operation(of a mechanical switching device)

用人力以外的其他能量进行的一种操作,操作的完成取决于能源(螺线管、电力电动机或气动电动机等)供给的连续性。(441-16-14)

2.4.14

(机械开关电器的)储能操作　stored energy operation(of a mechanical switching device)

利用操作前储存于机构本身的并且在预定条件下足以完成操作的能量所进行的操作。(441-16-15)

注：储能操作可分为：

1) 储能方式(弹簧、重力等)；

2) 能量的来源(人力、电力等)；

3) 释能方式(人力、电力等)。

2.4.15

(机械开关电器的)无关人力操作 independent manual operation(of a mechanical switching device)

能源来源于人力，并在一个连续的操作过程中储能和释能的一种储能操作，操作的力和速度与操作者的动作无关。(441-16-16)

2.4.16

(机械开关电器的)无关动力操作 independent power operation(of a mechanical switching device)

储存的能量来源于外部的动力源，在一个连续的操作过程中释放储存能量的储能操作，操作的力和速度与操作者的动作无关。

2.4.17

操动力(力矩) actuating force(moment)

为完成预定操作而需施加到操动器上的力(力矩)。(441-16-17)

2.4.18

恢复力(力矩) restoring force(moment)

为使操动器或触头元件返回到初始位置所需的力(力矩)。(441-16-19)

2.4.19

(机械开关电器或其部件的)行程 travel(of a mechanical switching device or a part thereof)

运动部件上某一点的位移(平移或旋转)。(441-16-21)

注：预行程和超行程等之间是有区别的。

2.4.20

(机械开关电器的)闭合位置 closed position(of a mechanical switching device)

保证电器的主电路中的触头处于预定的通电位置。(441-16-22)

2.4.21

(机械开关电器的)断开位置 open position(of a mechanical switching device)

保证电器的主电路断开触头间满足预定的介质耐受电压要求的位置。

注：上述定义与 IEV 441-16-23 规定要满足介电性能要求不同。

2.4.22

脱扣(操作) tripping(operation)

由继电器或脱扣器引起的机械开关电器的断开操作。

2.4.23

自由脱扣的机械开关电器 trip-free mechanical switching device

在闭合操作后开始进行断开(如脱扣)操作，即使闭合指令仍保持，其动触头还是返回到并保持在断开位置的机械开关电器。

注1：为保证将可能已接通的电流正常分断，可能有必要使触头瞬时达到闭合位置。

注2：由于自由脱扣机械开关电器是自动控制的，IEV 441-16-31 的词句作了补充，增加了“(如脱扣)”。

2.4.24

瞬时继电器或脱扣器 instantaneous relay or release

无任何人为延时动作的继电器或脱扣器。

2.4.25

过电流继电器或脱扣器 over-current relay or release

当继电器或脱扣器的电流超过预定值时，使机械开关电器有延时或无延时地动作的继电器或脱扣器。

注：在某些情况下，预定值取决于电流的上升率。

2.4.26

定时限过电流继电器或脱扣器　definite time-delay over-current relay or release

经一定延时后动作的过电流继电器或脱扣器,其延时动作时间可以调整,但不受过电流值的影响。

2.4.27

反时限过电流继电器或脱扣器　inverse time-delay over-current relay or release

经一定延时后动作的过电流继电器或脱扣器,延时动作时间与所通过的过电流成反比。

注:上述继电器或脱扣器应设计成在较高过电流时延时时间接近规定的最小值。

2.4.28

直接过电流继电器或脱扣器　direct over-current relay or release

直接由开关电器主电路电流激励的过电流继电器或脱扣器。

2.4.29

间接过电流继电器或脱扣器　indirect over-current relay or release

由机械开关电器的主电路电流通过电流互感器或分流器激励的过电流继电器或脱扣器。

2.4.30

过载继电器或脱扣器　overload relay or release

用作过载保护的过电流继电器或脱扣器。

2.4.31

热过载继电器或脱扣器　thermal overload relay or release

取决于流过继电器或脱扣器电流所产生的热效应而反时限动作(包括延时)的继电器或脱扣器。

2.4.32

电磁过载继电器或脱扣器　magnetic overload relay or release

利用流过主电路并用于激励电磁铁线圈的电流所产生的力而动作的过载继电器或脱扣器。

注:上述继电器或脱扣器通常有反时限的时间/电流特性。

2.4.33

分励脱扣器　shunt release

由电压源激励的脱扣器。(441-16-41)

注:电压源可与主电路电压无关。

2.4.34

欠电压继电器或脱扣器　under-voltage relay or release

当继电器或脱扣器的端电压降至预定值以下时,使机械开关电器有延时或无延时断开或闭合的继电器或脱扣器。

2.4.35

逆电流继电器或脱扣器(仅适用直流)　reverse current relay or release(d. c. only)

直流电路中当电流的方向改变并超过预定值时,使机械开关电器有延时或无延时断开的继电器或脱扣器。

2.4.36

(过电流继电器或脱扣器的)动作电流　operating current(of an over-current relay or release)

当电流大于或等于此值时,继电器或脱扣器能动作的电流值。

2.4.37

(过电流或过载继电器或脱扣器的)电流整定值　current-setting(of an over-current or overload relay or release)

与继电器或脱扣器的动作特性有关且用来确定继电器或脱扣器动作的主电路电流值。

注:继电器或脱扣器可有一个以上的电流整定值,整定值可用可调的刻度盘、可更换的加热器等方式确定。

2.4.38

(过电流或过载继电器或脱扣器的)电流整定值范围 current setting range(of an over-current or overload relay or release)

可调整的继电器或脱扣器电流整定值的最大值与最小值之间的范围。

2.5 特性量

2.5.1

标称值 nominal value

用于表示或说明一个元件、电器、设备或系统的量值。(151-16-09)

注:标称值通常是圆整值。

2.5.2

极限值 limiting value

在一个元件、电器、设备或系统规范中,一个量值的最大或最小允许值。(151-16-10)

2.5.3

额定值 rated value

一个元件、电器、设备或系统在规定的工作条件下所规定的一个量值。(151-16-08)(151-04-03)

2.5.4

定额 rating

一组额定值和工作条件。(151-16-11)

2.5.5

(电路及其有关开关电器或熔断器的)预期电流 prospective current(of a circuit and with respect to a switching device or a fuse)

当开关电器的每一极或熔断器被一个阻抗可以忽略不计的导体代替时,电路中可能流过的电流。(441-17-01)

注:用于计算或表示预期电流的方法在有关产品标准中规定。

2.5.6

预期峰值电流 prospective peak current

在电路接通后瞬态期间的预期电流峰值。(441-17-02)

注:此定义假设电流是由一个理想的开关电器接通,即阻抗瞬时地由无穷大变至零,对于有几条电流路径的电路,例如多相电路,此定义进一步假设各极同时接通电流,即使仅考虑一个极的电流。

2.5.7

(交流电路的)预期对称电流 prospective symmetrical current(of an a. c. circuit)

在交流电路接通后瞬态现象消失瞬间起的预期电流。(441-17-03)

注1:对于多相电路,预期对称电流只有一次在一个极上符合无瞬态周期状态。

注2:预期对称电流用有效值(r. m. s)表示。

2.5.8

(交流电路的)最大预期峰值电流 maximum prospective peak current(of an a. c. circuit)

当电流开始发生在导致最大可能值的瞬间的预期电流峰值。(441-17-04)

注:对于多相电路中的多极电器,最大预期峰值电流只考虑一极。

2.5.9

(开关电器的一个极的)预期接通电流 prospective making current(for a pole of a switching device)

在规定的条件下接通时所产生的预期电流。(441-17-05)

注:规定的条件可能与预期电流产生的方式有关,例如利用一个理想的开关电器;或与其产生的预期电流瞬间有关,例如交流电路中导致最大预期电流的瞬间;或与最大上升率有关,这些条件在有关产品标准中规定。

2.5.10

(开关电器的一个极或熔断器的)预期分断电流　prospective breaking current(for a pole of a switching device or a fuse)

相应于分断过程开始瞬间所确定的预期电流。(441-17-06)

注：有关分断过程开始瞬间的规定应在有关产品标准中给出。对于机械开关电器和熔断器，通常是指在分断过程中燃弧产生的瞬间。

2.5.11

(开关电器或熔断器的)分断电流　breaking current(of a switching device or a fuse)

在分断过程中产生电弧的瞬间流过开关电器一个极或熔断器的电流。(441-17-07)

注：对于交流，电流用交流分量对称有效值表示。

2.5.12

(开关电器或熔断器的)分断能力　breaking capacity(of a switching device or a fuse)

在规定的使用和性能条件下，开关电器或熔断器在规定的电压下能分断的预期分断电流值。(441-17-08)

注1：规定的电压和条件见有关产品标准。

注2：对交流，电流用交流分量对称有效值表示。

注3：短路分断能力见2.5.14。

2.5.13

(开关电器的)接通能力　making capacity(of a switching device)

在规定的使用和性能条件下，开关电器能在规定的电压下能接通的预期接通电流值。(441-17-09)

注1：规定的电压和条件见有关产品标准。

注2：短路接通能力见2.5.15。

2.5.14

短路分断能力　short-circuit breaking capacity

在规定的条件下，包括开关电器接线端短路在内的分断能力。(441-17-11)

2.5.15

短路接通能力　short-circuit making capacity

在规定的条件下，包括开关电器接线端短路在内的接通能力。(441-17-10)

2.5.16

临界负载电流　critical load current

在使用条件范围内燃弧时间明显延长的分断电流。

2.5.17

临界短路电流　critical short-circuit current

小于额定短路分断能力，但其电弧能量明显高于额定短路分断能力时电弧能量的分断电流值。

2.5.18

焦耳积分(I^2t)　joule integral(I^2t)

电流的平方在给定时间内的积分。(441-18-23)

$$I^2t = \int_{t_0}^{t_1} i^2\,\mathrm{d}t$$

2.5.19

截断电流(允通电流)　cut-off current(let-through current)

开关电器或熔断器在分断动作中达到的最大瞬时电流值。(441-17-12)

注：当电路电流尚未达到预期电流峰值情况下，开关电器或熔断器分断动作时这一概念特别重要。

2.5.20

时间—电流特性　time-current characteristic

在规定的运行条件下,表示弧前时间或熔断时间为预期电流的函数曲线。(441-17-13)

2.5.21

截断电流特性　cut-off(current) characteristic

允通电流特性　let-through(current) characteristic

在规定的运行条件下,截断电流为预期电流的函数曲线。(441-17-14)

注:在交流情况下,截断电流是任何非对称程度下所能达到的最大值。在直流情况下截断电流是在规定的时间常数下所达到的最大值。

2.5.22

过电流保护电器的过电流保护配合　over-current protective co-ordination of over-current protective devices

两个或多个过电流保护电器串联起来,用以保证过电流选择性保护和/或后备保护。

2.5.23

过电流选择性　over-current discrimination

两个或多个过电流保护装置之间的动作特性的配合。在给定的范围内出现过电流时,指定在这个范围动作的装置动作,而其他装置不动作。(441-17-15)

注:串联选择性和网络选择性是有区别的,串联选择性指不同的过电流保护电器同时通过同一过电流;网络选择性指同一保护电器通过不同大小的过电流。

2.5.24

后备保护　back-up protection

两个串联的过电流保护电器的一种过电流配合。电源侧保护电器(一般是电源侧,但并非一定是电源侧电器)在有/无另一保护电器的帮助下实现过电流保护,并防止另一个保护电器的过负荷。

2.5.25

交接电流　take-over current

对应于两个过电流保护电器的时间—电流特性曲线的交点处的电流值。(441-17-16)

2.5.26

短延时　short-time delay

在额定短时耐受电流范围内动作的故意延时。

2.5.27

短时耐受电流　short-time withstand current

在规定的使用和性能条件下,电路或在闭合位置上的开关电器在指定的短时间内所能承载的电流。(441-17-17)

2.5.28

峰值耐受电流　peak withstand current

在规定的使用和性能条件下,电路或在闭合位置上的开关电器所能承受的电流峰值。(441-17-18)

2.5.29

(电路或开关电器的)限制短路电流　conditional short-circuit current(of a circuit or a switching device)

在规定的使用和性能条件下,由规定的短路保护电器来保护的电路或开关电器在该短路保护电器动作期间所能承受的预期电流。

注1:对于本部分,短路保护电器一般指断路器或熔断器。

注2:上述定义与IEV 441-17-20是有区别的。上述定义已把限流电器的概念扩展到短路保护电器,短路保护电器的功能不仅只局限于限流作用。

2.5.30

(过电流继电器或脱扣器的)约定不脱扣电流 conventional non-tripping current(of an over-current relay or release)

在规定的时间(约定时间)内,继电器或脱扣器能承载而不动作的规定电流值。

2.5.31

(过电流继电器或脱扣器的)约定脱扣电流 conventional tripping current(of an over-current relay or release)

在规定的时间(约定时间)内,引起继电器或脱扣器动作的规定电流值。

2.5.32

(开关电器)外施电压 applied voltage(for a switching device)

在接通电流前,加在开关电器一个极的两端子间的电压。(441-17-24)

注:这一定义适用于单极电器,对于多极电器,外施电压指电器电源端子间的相对相电压。

2.5.33

恢复电压 recovery voltage

在分断电流后,在开关电器的一个极或熔断器的两端子间出现的电压。(441-17-25)

注1:该电压可认为有两个连续的时间间隔,在第一个时间间隔内为瞬态电压,在随后的第二个时间间隔内仅存在稳态恢复电压或工频电压。

注2:上述定义适用于单极电器,对于多极电器,恢复电压指电器电源端子间的相对相电压。

2.5.34

瞬态恢复电压 transient recovery voltage;TRV

在具有显著瞬态特征的时间内的恢复电压。(441-17-26)

注:瞬态电压可以是振荡的或非振荡的或二者的结合,这取决于电路、开关电器或熔断器的特性。瞬态电压包括多相电路的中性点电压偏移。

2.5.35

工频恢复电压 power-frequency recovery voltage

在瞬态电压现象消失后的恢复电压。(441-17-27)

2.5.36

直流稳态恢复电压 d.c. steady-state recovery voltage

在直流电路中瞬态电压现象消失后的恢复电压,如存在波纹,此电压用平均值表示。(441-17-28)

2.5.37

(电路的)预期瞬态恢复电压 prospective transient recovery voltage(of a circuit)

由理想的开关电器分断预期对称电流后的瞬态恢复电压。(441-17-29)

注:上述定义假设对所有要测量预期瞬态恢复电压的开关电器或熔断器用一理想的开关电器所代替,即在零电流(即自然过零)瞬间阻抗立即从零变到无穷大,对于电流能流经几个不同路径的电路,如多相电路,此定义进一步假设由理想开关电器分断电流只在所考虑的一极上发生。

2.5.38

(机械开关电器的)电弧电压峰值 peak arc voltage(of a mechanical switching device)

在规定的条件下,在燃弧期间内出现在开关电器一个极的两端子间的电压最大瞬时值。(441-17-30)

2.5.39

(机械开关电器的)断开时间 opening time(of a mechanical switching device)

开关电器从断开操作开始瞬间到所有极的弧触头都分开瞬间为止的时间间隔。(441-17-36)

注:断开操作开始的瞬间,即发出断开命令的瞬间(例如施加脱扣电流等)在有关产品标准规定。

2.5.40

(一极或熔断器的)燃弧时间　arcing time(of a pole or a fuse)

从开关电器一极或熔断器开始出现燃弧的瞬间起到该极或该熔断器中电弧最终熄灭的瞬间止的时间间隔。(441-17-37)

2.5.41

(多极开关电器的)燃弧时间　arcing time(of a multipole switching device)

从第一个电弧产生的瞬间起到所有极电弧最终熄灭的瞬间止的时间间隔。(441-17-38)

2.5.42

分断时间　break time

从机械开关电器的断开瞬间(或熔断器的弧前时间)开始时起,到燃弧时间结束瞬间止的时间间隔。(441-17-39)

2.5.43

接通时间　make time

从机械开关电器闭合操作开始瞬间起到电流开始流过主电路瞬间止的时间间隔。(441-17-40)

2.5.44

闭合时间　closing time

开关电器从闭合操作开始瞬间起到所有极的触头都接触时瞬间止的时间间隔。(441-17-41)

2.5.45

通断时间　make-break time

对在主电路内电流开始流过的瞬间通电而断开的脱扣器来说,是指从电流开始在开关电器的一个极流过瞬间起到所有极电弧最终熄灭瞬间止的时间间隔。(441-17-43)

2.5.46

电气间隙　clearance

两个导电部件间最短的直线距离。(441-17-31)

2.5.47

极间的电气间隙　clearance between poles

相邻极间的任何导电部件间的电气间隙。(441-17-32)

2.5.48

对地电气间隙　clearance to earth

任何导电部件与任何接地部件或用作接地的部件之间的电气间隙。(441-17-33)

2.5.49

断开触头间的电气间隙(开距)　clearance between open contacts(gap)

在断开位置时机械开关电器一极的触头间或与触头相连的任何导电部件间的总电气间隙。(441-17-34)

2.5.50

(机械开关电器一极的)隔离距离　isolating distance(of a pole of a mechanical switching device)

在满足规定的隔离器安全要求时处于断开位置触头间的电气间隙。(441-17-35)

2.5.51

爬电距离　creepage distance

两导电部件间沿绝缘材料表面的最短距离。

注:两个绝缘材料部件间的接缝认为是表面部分。

2.5.52

工作电压　working voltage

在额定电源电压下可能在任何绝缘端实际出现的最高交流电压有效值或最高直流电压值。

注 1：此定义不考虑瞬态电压。

注 2：开路条件和正常工作条件应考虑在内。

2.5.53

暂态过电压　temporary overvoltage

在一定的位置上的和具有持续相对较长时间(几秒钟)的相对地、相对中性点或相对相过电压。

2.5.54

瞬态过电压　transient overvoltage

本部分瞬态过电压含义有以下几种：

2.5.54.1

通断过电压　switching overvoltage

因特定的通断操作或故障，在系统中的一定位置上出现的瞬态过电压。

2.5.54.2

雷击过电压　lightning overvoltage

因特定的雷击放电，在系统中的一定位置上出现的瞬态过电压(见 GB/T 16927 和 GB 311.1)。

2.5.54.3

功能过电压　functional overvoltage

为了电器的功能所需而有意识地施加的过电压。

2.5.55

冲击耐压　impulse withstand voltage

在规定的试验条件下，不造成击穿的具有一定形状和极性的冲击电压最高峰值。

2.5.56

工频耐压　power-frequency withstand voltage

在规定的试验条件下，不引起击穿的工频正弦电压有效值。

2.5.57

污染　pollution

能影响到介电强度或表面电阻率的任何外部物质条件，如固体，液体或气体(电离气体)。

2.5.58

(环境条件的)污染等级　pollution degree(of environmental conditions)

根据导电的或吸湿的尘埃、游离气体或含盐量和相对湿度的大小以及由于吸湿或凝露导致表面介电强度和/或电阻率下降事件发生的频度而对环境条件作出的分级。

注 1：暴露装置的污染等级可不同于提供外壳或内部加热方法防止其吸湿或凝露的处于宏观环境的装置的污染等级。

注 2：就本部分而言，污染等级指的是微观环境的污染等级。

2.5.59

(电气间隙或爬电距离的)微观环境　micro-environment(of a clearance or creepage distance)

按所考虑的电气间隙或爬电距离处的周围环境条件。

注：电气间隙或爬电距离的微观环境确定对绝缘的影响，而不是电器的环境确定其影响。微观环境可能好于电器的环境或比其差。微观环境包括所有影响绝缘的因素，例如：气候条件、电磁条件、污染的产生等。

2.5.60

(电路或电气系统中的)过电压类别(安装类别)　overvoltage category(of a circuit or within an electrical system)

根据限定(或控制)电路中(或具有不同标称电压的电气系统中)产生的预期瞬态过电压和为限制过电压而采用的有关方法为基础而确定的分类。

注：在一个电气系统中，从一个过电压类别转换到另一个较低的过电压类别是通过采取满足把瞬态过电压降低到较低过电压类别规定值的交接面要求的方法获得的，例如采取能吸收、消耗或转换浪涌电流能量的过电压保护器或串联或并联阻抗组合方式。

2.5.61

绝缘配合　co-ordination of insulation

电气设备的绝缘特性一方面与预期过电压和过电压保护装置的特性有关，另一方面与预期的微观环境和污染保护方式有关。

2.5.62

均匀电场　homogeneous(uniform) field

电极之间的电压梯度基本上恒定的电场，例如两球之间，每一球的半径均大于二者间的距离的电场。

2.5.63

非均匀电场　inhomogeneous(non-uniform) field

电极之间的电压梯度不恒定的电场。

2.5.64

电痕化　tracking

固体绝缘材料表面在电场或电解液的联合作用下逐渐形成导电通路的过程。

2.5.65

相比电痕化指数　comparative tracking index;CTI

材料能经受住50滴试验溶液而没有电痕化的最高电压值，用V表示。

注1：每个试验电压值和CTI应是25的倍数。

注2：上述定义选自GB/T 4207—2003中的2.3。

2.6　试验

2.6.1

型式试验　type test

对按某一设计而制造的一个或多个电器进行的试验，以表明这一电器设计符合一定的规范。

2.6.2

常规试验　routine test

对每个电器在制造中和/或制造后进行的试验，用以判断其是否符合某些标准。

2.6.3

抽样试验　sampling test

从一批电器中随机提取若干个电器所进行的试验。

2.6.4

特殊试验　special test

除型式试验和常规试验外由制造商确定的或根据制造商和用户的协议确定的试验。

2.7　端口

2.7.1

端口　port

专用电器与外部电磁环境的特定接口(见图17)。

2.7.2

外壳端口　enclosure port

电磁场可以辐射穿过或撞击其上的电器的物理边界。

2.7.3

电缆端口 cable port

导体或电缆与电器连接的端口。

注：如用于传输数据的信号端口。

2.7.4

功能接地端口 functional earth port

不同于主端口、信号端口或电源端口的电缆端口，用于与地连接，但不是为了电气安全的目的。

2.7.5

信号端口 signal port

承载传输数据信息的导线或电缆与电器连接的端口。

注：如数据线、通信网络、控制网络。

2.7.6

电源端口(控制电源端口) power port(control supply port)

承载电器或与其相关联电器的动作(功能性)所需主要电源的导线或电缆与电器相连的端口。

2.7.7

主端口 main port

连接至电器主电路一个极上的导线或电缆的端口。

注1：例如接触器的主电路端子。

注2：在某些电器中主端口同时也是电源端口。

3 分类

本章主要根据电器的特性和特点对电器进行分类，这些特性和特点可以由制造商确定，本章所列的项目不需用试验来验证。

在产品标准中，本章不是强制的，但在产品标准中应有这一章以便在需要时列出分类准则。

4 特性

特性(额定值/非额定值)和符号列表

特　　性	符号	条款号
约定封闭发热电流	I_{the}	4.3.2.2
约定自由空气发热电流	I_{th}	4.3.2.1
八小时工作制	—	4.3.4.1
断续工作制	—	4.3.4.3
周期工作制	—	4.3.4.5
额定分断能力	—	4.3.5.3
额定限制短路电流	—	4.3.6.4
额定控制电路电压	U_c	4.5.1
额定控制电源电压	U_s	4.5.1
额定电流	I_n	a
额定频率	—	4.3.3
额定冲击耐受电压	U_{imp}	4.3.1.3
额定绝缘电压	U_i	4.3.1.2

表（续）

特　　性	符号	条款号
额定接通能力	—	4.3.5.2
额定工作电流	I_e	4.3.2.3
额定工作功率	—	4.3.2.3
额定工作电压	U_e	4.3.1.1
额定转子绝缘电压	U_{ir}	[a]
额定转子工作电流	I_{er}	[a]
额定转子工作电压	U_{er}	[a]
额定运行短路分断能力	I_{cs}	[a]
额定短路分断能力	I_{cn}	4.3.6.3
额定短路接通能力	I_{cm}	4.3.6.2
额定短时耐受电流	I_{cw}	4.3.6.1
自耦减压起动器的额定起动电压	—	[a]
额定定子绝缘电压	U_{is}	[a]
额定定子工作电流	I_{es}	[a]
额定定子工作电压	U_{es}	[a]
额定极限短路分断能力	I_{cu}	[a]
额定不间断电流	I_u	4.3.2.4
转子发热电流	I_{thr}	[a]
选择性极限电流	I_s	[a]
定子发热电流	I_{ths}	[a]
交接电流	I_B	2.5.25
短时工作制	—	4.3.4.4
不间断工作制	—	4.3.4.2
使用类别	—	4.4
注：以上所列项目并非全面，可以增减。		
[a] 这些值由产品标准规定。		

4.1 特性概述

电器的特性将在产品标准中规定，特性包括如下内容(如适用)：

——电器的型式(4.2)；

——主电路的额定值和极限值(4.3)；

——使用类别(4.4)；

——控制电路(4.5)；

——辅助电路(4.6)；

——继电器和脱扣器(4.7)；

——与短路保护电器的协调配合(4.8)；

——通断操作过电压(4.9)。

4.2 电器型式

产品标准应规定如下内容(如适用)：

——电器的种类：例如接触器、断路器等；

——极数；

——电流的种类；

——分断时介质类型；

——运行条件(操作方式、控制方法等)。

注：以上所列项目并非全面，可以增减。

4.3 主电路的额定值和极限值

额定值和极限值是由制造商规定的，额定值和极限值应根据 4.3.1 至 4.3.6 及有关产品标准的要求来规定，但不必列出所有的额定值和极限值。

4.3.1 额定电压

电器应规定以下几种额定电压：

注：一定型式的电器可以有一个或多个额定电压或一个额定电压范围。

4.3.1.1 额定工作电压(U_e)

电器的额定工作电压是一个与额定工作电流组合共同确定电器用途的电压值，它与相应的试验和使用类别有关。

对于单极电器，额定工作电压一般规定为跨极二端电压。

对于多极电器，额定工作电压规定为相间电压。

注 1：对于某些电器和特殊用途电器，可采用不同的方法确定 U_e，具体方法在有关产品标准中规定。

注 2：对用在多相电路中的多极电器，应区分以下两点：

a) 用于单一对地故障不会在一极两端出现相间全电压的系统的电器：

——中性点接地系统；

——不接地和用阻抗接地的系统。

b) 用于单一对地故障会在一极两端出现相间全电压的系统(即相接地系统)的电器。

注 3：对于不同的工作制和使用类别，电器可以规定多组额定工作电压和额定工作电流或额定功率组合。

注 4：对于不同的工作制和使用类别，电器可以规定多组额定工作电压和相应的接通和分断能力。

注 5：应注意的是额定工作电压可能与电器内的实际工作电压不同(见 2.5.52)。

4.3.1.2 额定绝缘电压(U_i)

电器的额定绝缘电压是一个与介电试验电压和爬电距离有关的电压值。

在任何情况下最大的额定工作电压值不应超过额定绝缘电压值。

注：若电器没有明确规定额定绝缘电压，则规定的工作电压的最高值被认为是额定绝缘电压值。

4.3.1.3 额定冲击耐受电压(U_{imp})

在规定的条件下，电器能够耐受而不击穿的具有规定形状和极性的冲击电压峰值。该值与电气间隙有关。

电器的额定冲击耐受电压应大于或等于该电器所处的电路中可能产生的瞬态过电压规定值。

注：额定冲击耐受电压优选值见表 12。

4.3.2 电流

电器应规定下列几种电流：

4.3.2.1 约定自由空气发热电流(I_{th})

约定自由空气发热电流是不封闭电器在自由空气中进行温升试验时的最大试验电流值(见

8.3.3.3)。

约定自由空气发热电流值应至少等于不封闭电器在8 h工作制(见4.3.4.1)下最大额定工作电流值(见4.3.2.3)。

自由空气应理解为在正常的室内条件下无通风和外部辐射的空气。

注1:约定自由空气发热电流值并非额定值,不强制在电器上标志。

注2:不封闭电器是指制造商不提供外壳的电器或制造商提供的外壳是构成完整电器的一部分,但该外壳通常不预期单独作为电器的防护外壳。

4.3.2.2 约定封闭发热电流(I_{the})

约定封闭发热电流由制造商规定,用此电流对安装在规定外壳中的电器进行温升试验。有关温升试验见8.3.3.3,如果制造商的样本中规定电器是封闭电器而且通常与一个或几个规定型式和尺寸的外壳结合使用时上述试验必须进行(见注3)。

约定封闭发热电流值应至少等于封闭电器在8 h工作制(见4.3.4.1)下额定工作电流(见4.3.2.3)最大值。

如果电器一般不用在规定的外壳中且约定自由空气发热电流(I_{th})试验已通过,则约定封闭发热电流试验可以不必进行。在这种情况下,制造商应提供约定封闭发热电流值或降容系数(见注1)。

注1:在特定的局部周围环境(直接临近电气设备的环境)空气温度下,制造商可以提供最大额定电流的指导值(例1:AC-1在局部空气温度为40 ℃的环境中I_e=45 A,AC-1在局部空气温度为60 ℃的环境中I_e=40 A;例2:在局部空气温度为40 ℃的环境中I_{th}=200 A,在局部空气温度为60 ℃的环境中I_{th}=150 A),通过公布这些值,制造商可以告知用户这些产品在不受尺寸和外壳类型影响时的使用极限。

注2:约定封闭发热电流不是额定值,可不必标在电器上。

注3:约定封闭发热电流值是对无通风电器而言,试验时采用的外壳宜是制造商规定的实际应用的最小尺寸的外壳。对有通风电器,该值可采用制造商规定数据。

注4:封闭电器是指一般用于规定的型式和尺寸的外壳中的电器或用于多个型式的外壳中的电器。

4.3.2.3 额定工作电流(I_e)或额定工作功率

电器的额定工作电流由制造商规定,额定工作电流的确定应考虑到额定工作电压(见4.3.1.1)、额定频率(见4.3.3)、额定工作制(见4.3.4)、使用类别(见4.4)和外壳防护的型式(如有)。

对于直接开闭单独电动机的电器,额定工作电流指标可在考虑额定工作电压的条件下由该电器所控制的电动机的最大额定输出功率指标代替或补充。制造商应规定工作电流与工作功率(如有)间的关系。

4.3.2.4 额定不间断电流(I_u)

额定不间断电流是由制造商规定的电器能在不间断工作制下(见4.3.4.2)承载的电流值。

4.3.3 额定频率

用于设计电器且与其他特性值有关的电源频率。

注:同一电器可以有一组额定频率或额定频率范围,也可交直流两用。

4.3.4 额定工作制

正常条件下额定工作制有如下几种:

4.3.4.1 8 h工作制

电器的主触头保持闭合且承载稳定电流足够长时间使电器达到热平衡,但达到8 h必须分断的工作制。

注 1：该工作制是确定电器的约定发热电流 I_{th} 和 I_{the} 的基本工作制。

注 2：上述分断意指由电器操作分断电流。

4.3.4.2 不间断工作制

没有空载期的工作制，电器的主触头保持闭合且承载稳定电流超过 8 h（数周、数月甚至数年）而不分断。

注：该工作制区别于 8 h 工作制，因为氧化物和灰尘堆积在触头上可导致触头过热。因此电器用于不间断工作制时应考虑采用降容系数或采用特殊设计（例如用银或银基触头）。

4.3.4.3 断续周期工作制或断续工作制

此工作制指电器的主触头保持闭合的有载时间与无载时间有一确定的比例值，此两个时间都很短，不足以使电器达到热平衡。

断续工作制是用电流值、通电时间和负载因数来表征其特性，负载因数是通电时间与整个通断操作周期之比，通常用百分数表示。

负载因数的标准值为：15%，25%，40%和 60%。

根据电器每小时能够进行的操作循环次数，电器可分为如下等级：

级别	每小时操作循环次数
1	1
3	3
12	12
30	30
120	120
300	300
1 200	1 200
3 000	3 000
12 000	12 000
30 000	30 000
120 000	120 000
300 000	300 000

对于每小时操作循环次数较高的断续工作制，制造商应规定实际操作循环次数（如已知）或根据制造商规定的操作循环次数来给出额定工作电流值，并应满足下式：

$$\int_0^T i^2\,\mathrm{d}t \leqslant I_{th}^2 \times T \quad 或 \quad I_{the}^2 \times T$$

式中：

T——整个操作循环时间。

注：上述公式没有考虑通断时电弧能量。

用于断续工作制的开关电器可根据断续周期工作制的特征标明。

例如：在每 5 min 有 2 min 流过 100 A 电流的断续工作制可表示为：100 A，12 级，40%。

4.3.4.4 短时工作制

短时工作制是指电器的主触头保持闭合的时间不足以使其达到热平衡，有载时间间隔被无载时间隔开，而无载时间足以使电器的温度恢复到与冷却介质相同的温度。

短时工作制的通电时间的标准值为:3 min、10 min、30 min、60 min和90 min。

4.3.4.5 周期工作制

周期工作制指无论稳定负载或可变负载总是有规律的反复运行的一种工作制。

4.3.5 正常负载和过载特性

电器在正常负载和过载条件下应考虑以下基本要求。

注:如适用,4.4中规定的使用类别可以包括过载条件下的相应的性能要求。

具体要求见7.2.4。

4.3.5.1 耐受通断电动机的过载电流能力

用于通断电动机的电器应能耐受起动和加速电动机至正常转速产生的热应力和操作过载产生的热应力。

满足上述条件的具体要求在有关产品标准中规定。

4.3.5.2 额定接通能力

电器的额定接通能力是指在规定的接通条件下电器能良好接通的电流值,该值由制造商规定。

应规定的接通条件为:

——外施电压(见2.5.32);

——试验电路的特性。

应根据有关的产品标准规定且考虑额定工作电压和额定工作电流来确定电器的接通能力。

注1:如适用,有关产品标准应规定额定接通能力和使用类别的关系。

对于交流,额定接通能力用电流(假设为稳态)的对称分量有效值(r.m.s)表示。

注2:对于交流,在电器的主触头闭合后第一个半波的电流峰值(峰值的大小取决于电路的功率因数和闭合瞬间的电压相位)可能明显大于接通能力中所用的稳态条件下的电流峰值。

无论固有的直流分量多少,只要在有关产品标准规定的功率因数范围内,电器应能接通等于定义其额定接通能力的交流分量电流。

4.3.5.3 额定分断能力

电器的额定分断能力是指在规定的分断条件下能良好分断的电流值,该值由制造商规定。

应规定的分断条件为:

——试验电路的特性;

——工频恢复电压。

应根据有关产品标准的规定及考虑额定工作电压和额定工作电流来确定额定分断能力。

电器应能分断小于和等于其额定分断能力的任何电流值。

注1:开关电器可能有多个分断能力,每一分断能力对应一个工作电压和一个使用类别。

对于交流,额定分断能力用电流对称分量有效值(r.m.s)表示。

注2:如果适用的话,有关产品标准应规定额定分断能力与使用类别的关系。

4.3.6 短路特性

电器在短路条件下应考虑以下基本要求。

4.3.6.1 额定短时耐受电流(I_{cw})

电器的额定短时耐受电流是在有关产品标准规定的试验条件下电器能够无损地承载的短时耐受电

流值，该值由制造商规定。

4.3.6.2 额定短路接通能力(I_{cm})

电器的额定短路接通能力是在额定工作电压、额定频率、规定的功率因数(交流)或时间常数(直流)下由制造商对电器所规定的短路接通能力电流值。在规定的条件下，它用最大预期峰值电流表示。

4.3.6.3 额定短路分断能力(I_{cn})

电器的额定短路分断能力是在额定工作电压、额定频率和规定的功率因数(交流)或时间常数(直流)下由制造商对电器所规定的短路分断能力电流值。在规定的条件下，它用预期分断电流值(对交流，交流分量有效值)表示。

4.3.6.4 额定限制短路电流

电器的额定限制短路电流是在有关产品标准规定的试验条件下，用制造商指定的短路保护电器进行保护的电器，在短路保护电器动作时间内能够良好地承受的预期短路电流值，该值由制造商规定。

指定的短路保护电器的具体要求应由制造商规定。

注 1：对交流，额定限制短路电流用交流分量有效值(r. m. s)表示。

注 2：短路保护电器可以构成电器的一部分或为一个独立单元。

4.4 使用类别

电器的使用类别确定电器的用途，有关产品标准应规定使用类别。使用类别用以下一个或多个使用条件来表征：

——电流，用额定工作电流的倍数表示；

——电压，用额定工作电压的倍数表示；

——功率因数或时间常数；

——短路性能；

——选择性；

——其他使用条件(如适用)。

低压开关设备和控制设备的使用类别的举例见附录 A。

4.5 控制电路

4.5.1 电气或电子控制电路

电气和电子控制电路的特性：

——电流种类；

——额定频率或直流；

——额定控制电路电压 U_c(交流，直流)；

——额定控制电源电压 U_s(交流，直流)，如适用；

——外部控制电路电器的类型(触头、传感器、光耦合器、有源电子器件等)；

——功耗。

注 1：在电气控制电路中额定控制电路电压 U_c 和额定控制电源电压 U_s 是有区别的，U_c 是电路中接通触头(a 触头)(见 2.3.12)两端出现的电压，U_s 是施加到电器控制电路输入端的电压。由于控制电路中有内置变压器、整流器、电阻等，U_s 可能与 U_c 不同。

注 2：在电子控制电路中额定控制电路电压 U_c 和额定控制电源电压 U_s 是有区别的，U_c 是电路中控制输入信号两端的电压，U_s 是施加到电器控制电路电源端子处的电压。由于控制电路中有内置变压器、整流器、电阻、电子电路等，U_s 可能与 U_c 不同。

额定控制电路电压和额定频率（如适用）决定控制电路的工作和温升特性参数。正确的工作条件是控制电源电压值既不应小于85%额定控制电源电压（当控制电路通过最大电流时），也不应超过110%额定控制电源电压。

如果电子式控制电磁铁的电子部分是电器的一个固有功能，那么电子部分可以作为一个完整的部分或一个独立的部分。在这两种情况下，都应在电子部分按正常使用条件安装的情况下对电器进行试验。

附录U给出了不同电路配置的举例和说明。

控制电路电器的额定值和特性应满足GB 14048.5—2008（见第1章注）的要求。

4.5.2 压缩空气源控制电路（气动的或电控气动的电器）

压缩空气源控制电路的特性：

——额定压强及其极限值；

——在大气压力下，每次闭合和断开操作所需的空气量。

气动或电控气动电器的额定压缩空气源的压强是指决定气动控制系统工作特性的压强。

4.6 辅助电路

辅助电路的特性为每个电路中的触头（a触头，b触头等）数量和种类及其额定值，额定值见GB 14048.5—2008。

辅助触头和辅助开关的特性应满足GB 14048.5—2008（见第1章注）的要求。

4.7 继电器和脱扣器

在有关产品标准中应规定继电器和脱扣器的下述特性（如适用）：

——继电器或脱扣器的型式；

——额定值；

——电流整定值或电流整定范围；

——时间/电流特性（时间/电流特性表示方法见4.8）；

——周围空气温度的影响；

——附录T给出的扩展功能。

4.8 与短路保护电器（SCPD）的协调配合

制造商应规定与电器配合使用的SCPD或用在电器内部的SCPD（当有这种情况时）的型式和特性以及在额定工作电压下适用于电器（包括SCPD）的最大预期短路电流。

注：GB/Z 25842.1中给出了与SCPD配合的使用导则。

4.9 通断操作过电压

当有关产品标准有要求时，制造商应规定由开关电器操作引起的通断过电压最大值。

该值应不超过额定冲击耐受电压值（见4.3.1.3）。

5 产品的有关数据和资料

5.1 资料的内容

如果有关产品标准有要求的话，制造商应规定下列有关资料：

标识方面：

——制造商的名称或商标；

——产品的设计型号或系列号；

——符合的产品标准号(如制造商认为符合)。

特性方面：

——额定工作电压(见 4.3.1.1 及 5.2 的注)；

——在电器额定工作电压下的使用类别和额定工作电流(或额定工作功率或额定不间断电流)(见 4.3.1.1、4.3.2.3、4.3.2.4 和 4.4)。某些情况下，还应提供校正电器所处的基准环境空气温度值；

——额定频率，例如：50 Hz，50 Hz/60 Hz，和/或标明"d.c."或符号⎓；

——额定工作制，并标明间断工作制级别(如有)(见 4.3.4)；

——额定接通和/或分断能力。这两个指标可用使用类别代替(如适用)；

——额定绝缘电压(见 4.3.1.2)；

——额定冲击耐受电压(见 4.3.1.3)；

——继电器或脱扣器特性(4.7)；

——通断操作过电压(见 4.9)；

——额定短时耐受电流及其持续时间(如适用)(见 4.3.6.1)；

——额定短路接通和/或分断能力(如适用)(见 4.3.6.2 和 4.3.6.3)；

——额定限制短路电流(如适用)(见 4.3.6.4)；

——IP 代号，对有外壳的封闭电器而言(见附录 C)；

——污染等级(见 6.1.3.2)；

——短路保护电器的型式和最大值(如适用)；

——防电击的保护等级(见 GB/T 17045)(如适用)；

——额定控制电路电压，电流种类和频率；

——额定控制电源电压，电流种类和频率(如果控制线圈的电压与额定控制电源电压不同时)；

——压缩空气的额定压缩空气源压强和压力变化极限(对压缩空气控制电器)；

——隔离的适用性；

——导体插入端子之前应剥掉的绝缘的长度；

——允许夹入导体的最大根数。

对于非通用的无螺纹型端子：

——"s"或"sol"标志表示端子适用于单芯硬导线；

——"r"标志表示端子适用于硬的(单芯和绞合)导线；

——"f"标志表示端子适用于软导线。

对于电子式控制电磁铁，仍须提供其他信息，例如控制电路的配置(见 4.5 及附录 U)。

注：以上所列项目并非全面，可以增减。

5.2 标志

5.1 中规定的有关资料，如需要标志在电器上，则有关产品标准应做相应的规定。

标志应不易磨灭和易于识别。

为了尽可能从制造商获得全部资料，制造商的名称或商标及产品的设计型号或系列号必须标在电器上，最好是在铭牌上(如有)。

注：在美国和加拿大，额定工作电压 U_e 可以按如下方式标注：

a) 用于三线四线系统的电器，标注相对地电压值和相间电压值，如 277/480 V；

b) 用于三线三线系统的电器，标注相间电压值，如 480 V。

电器上还应标志下列数据且在安装后是易见的：

——操动器的运动方向（见 7.1.5.2）（如适用）；

——操动器位置标记（见 7.1.6.1 和 7.1.6.2）；

——合格标记或认证标志（如适用）；

——对于微型电器，则标以符号、颜色代号或字母代号；

——端子的识别和标志（见 7.1.8.4）；

——IP 代号和电击防护等级（当适用时）（尽可能标在电器上）；

——隔离适用性（当适用时），其隔离功能符号见 GB/T 4728.7—2008 中 S00220，其相应的符号为：

隔离用断路器：

隔离开关：

上述符号应达到：

a) 清楚和明显；

b) 当电器按使用要求安装且操动器可以接近时符号应是可见的。

无论电器是不封闭的还是封闭的（根据 7.1.11 的规定），上述要求均适用。

如果上述符号作为线路图的一部分，且该线路图仅用于标志隔离的适用性，则上述要求同样适用。

对于电子式控制电磁铁，除 5.1 给出的信息外，仍需其他信息（见 4.5 和附录 U）。

对于非通用型无螺纹端子，应在电器上加以“s”，“sol”，“r”或“f”标志，如果空间不够，应在最小包装单元或产品技术资料里注明。

在一组端子排列在一起的情况下，允许电器上加以单个标志即可。

5.3 安装、操作和维修说明

制造商在其文件或样本（如有）中应规定电器在运行期间和出现故障后的安装、操作和维修条件。

制造商在其文件中还应规定电器涉及 EMC（如有）时需要采取的措施。对只适用于环境 A（见 7.3.1）的电器，制造商应在其文件作如下警告：

> **警告**
>
> **本产品适用于环境 A。在环境 B 中使用本产品会产生有害电磁干扰，在此情况下用户需采取适当防护措施。**

如有需要，电器的运输、安装和操作说明书中应指明电器进行适当的和正确的安装、运输和操作的方法。

上述文件应指明推荐使用的范围和维修次数（如有）。

注：本部分包括的电器不一定设计成可维修的电器。

6 正常的使用、安装和运输条件

6.1 正常使用条件

满足本部分规定的电器应能在如下条件下运行。

注：非标准使用条件要求见附录 B。非标准使用条件可按制造商和用户的协议确定。

6.1.1 周围空气温度

周围空气温度不超过＋40 ℃，且其 24 h 内的平均温度值不超过＋35 ℃。

周围空气温度的下限为－5 ℃。

对不具有外壳的电器，周围空气温度是指存在其周围的空气温度。对具有外壳的电器，周围空气温度是指外壳周围的空气温度。

注 1：对于使用在周围空气温度高于＋40 ℃（例如在锻压车间、锅炉房、热带国家）或低于－5 ℃（例如－25 ℃，该要求是按 GB 7251.1 对用于户外的低压成套开关设备和控制设备提出的）的电器应根据有关产品标准（如适用时）或根据制造商和用户的协议进行设计和使用。制造商样本中给出的数据可以代替上述协议。

注 2：有关产品标准应明确某些型式的电器（例如：断路器或起动器的过载继电器）的周围空气温度。

6.1.2 海拔

安装地点的海拔不超过 2 000 m。

注：对用于海拔高于 2 000 m 的电器，需要考虑到空气冷却作用和介电强度的下降。对用于上述条件下运行的电气设备应根据制造商和用户的协议进行设计或使用。

6.1.3 大气条件

6.1.3.1 湿度

最高温度为＋40 ℃时，空气的相对湿度不超过 50％，在较低的温度下可以允许有较高的相对湿度，例如＋20 ℃时达 90％。对由于温度变化偶尔产生的凝露应采取特殊的措施。

注：6.1.3.2 中规定的污染等级更加精确地描述了环境条件。

6.1.3.2 污染等级

污染等级（2.5.58）与电器使用所处的环境条件有关。

注 1：电气间隙或爬电距离的微观环境确定对电器绝缘的影响，而不是电器的环境确定其影响。电气间隙或爬电距离的微观环境可能好于或差于电器的环境。微观环境包括所有影响绝缘的因素，例如：气候条件、电磁条件、污染的产生等。

对用在外壳中的电器或本身带有外壳的电器，其污染等级可选用壳内的环境污染等级。

为了便于确定电气间隙和爬电距离，微观环境可分为 4 个污染等级（不同污染等级的电气间隙和爬电距离见表 13 和表 15）。

污染等级 1：

无污染或仅有干燥的非导电性污染。

污染等级 2：

一般情况仅有非导电性污染，但是必须考虑到偶然由于凝露造成短暂的导电性。

污染等级 3：

有导电性污染，或由于凝露使干燥的非导电性污染变为导电性的。

污染等级 4：

造成持久性的导电性污染，例如由于导电尘埃或雨雪所造成的污染。

工业用电器的标准污染等级：

除非其他有关产品标准另有规定，工业用电器一般适用于污染等级 3 的环境。但是，对于特殊的用途和微观环境可考虑采用其他的污染等级。

注 2：电器微观环境的污染等级可能受外壳安装方式的影响。

家用及类似用途电器的标准污染等级：

除非其他有关产品标准另有规定，家用及类似用途的电器一般用于污染等级 2 的环境。

6.1.4 冲击和振动

电器所能承受的标准冲击和振动条件正在考虑中。

6.2 运输和储存条件

如果电器的运输和储存条件，例如温度和湿度，不同于6.1中规定的条件，制造商和用户应达成一个特殊协议。除非另有规定，下列温度范围适用于运输储存：－25 ℃至＋55 ℃之间，短时间内，(24 h内)可达＋70 ℃。

处于极端温度下而不操作的电器不应承受不可逆的损坏，在置于正常条件下电器应能按规定正常操作。

6.3 安装

电器应按制造商的说明书安装。

7 结构和性能要求

7.1 结构要求

7.1.1 一般要求

具有外壳的电器(如有外壳的话，外壳可作为电器的一部分或独立外壳)应设计成能耐受安装和正常使用时所产生的应力，此外电器还应具有耐非正常热和火的能力及耐湿性能。

具有独立外壳的电器，其外壳材料灼热丝试验要求在相关标准中规定，如GB/T 20641。

注：在产品寿命的各个阶段，将产品对自然环境的影响减小到最小的必要性已被公众所认可。GB 14048系列产品基于环境方面的考虑见附录O。

7.1.2 材料

7.1.2.1 一般要求

在电的作用下可能受到热应力影响的绝缘材料部件，在非正常热和火的作用下不应产生不利的影响。

制造商应规定使用下列何种试验方法，7.1.2.2或7.1.2.3。

7.1.2.2 灼热丝试验

材料的验证试验可按下述适当的方式进行：

a) 在电器上进行试验；

b) 在从电器上取下的部件上进行试验；

c) 在具有适当厚度的相同材料的任意部件上进行试验；

d) 提供绝缘材料供应商出具的满足GB/T 5169.12要求的数据。

电器的材料应具有相应的耐非正常热和火的能力。

制造商应说明采用上述哪种试验，a)、b)、c)或d)。

如果具有相同截面积的同一种材料已满足8.2.1规定的试验要求，则可不必重复进行这些试验。

在电器上进行的材料试验应采用GB/T 5169.10和GB/T 5169.11规定的成品的灼热丝试验方法进行试验。

用于固定载流部件所使用的绝缘材料部件应满足8.2.1.1.1规定的灼热丝试验，试验温度根据绝缘材料部件预期的着火危险性应选择850 ℃或960 ℃。产品标准应根据GB/T 5169.11—2006附录A的规定选择适用于产品的相应的温度值。

除上述规定的绝缘材料部件外，其他绝缘材料部件应满足8.2.1.1.1规定的灼热丝试验要求，温度值为 650 ℃。

注：对于 GB/T 5169.11 规定的小的绝缘材料部件，有关产品标准可以规定其他的试验要求（例如针焰试验，见 IEC 60695-2-2）。对于其他情况，如金属部件大于绝缘材料部件（如端子排）时，也可采用该方法。

7.1.2.3 基于可燃性类别的试验

对于绝缘材料部件，根据可燃性类别，可采用 8.2.1.1.2 规定的热丝引燃和电弧引燃（如适用）方法进行试验。

在材料上进行的试验应根据附录 M 的规定进行。与材料可燃性类别有关的热丝引燃（HWI）和电弧引燃（AI）试验要求应符合表 M.1 或表 M.2 的规定。

作为选择之一，制造商可以提供从绝缘材料供应商处获得的可以证明满足附录 M 要求的材料的数据资料。

7.1.3 载流部件及其联接

载流部件应具有适合其预定用途所必需的机械强度和载流能力。

电气连接的接触压力不应通过绝缘材料（但陶瓷或性能更适宜的其他材料除外）来传递，除非金属部件有足够的弹性来补偿绝缘材料任何可能发生的收缩和变形。

可采用目测和相关产品标准中执行的试验顺序进行验证。

注：在美国，仅在下述情况下允许使用其接触压力通过绝缘材料而非陶瓷传递的夹紧件：

1） 夹紧件是端子块的一部分；

2） 温度测试证明绝缘材料和端子的温度未超过相应产品标准规定的温度极限；和

3） 夹紧件中采用弹性金属材料补偿了因绝缘材料变形而造成的压力的减小。

7.1.4 电气间隙和爬电距离

电器按本部分 8.3.3.4 要求进行电气间隙和爬电距离的测量，其最小值如表 13 和表 15 所示。

电器的介电性能要求在 7.2.3 中列出。

在其他情况下电气间隙和爬电距离的最小值也可按有关产品标准确定。

7.1.5 操动器

7.1.5.1 操动器的绝缘

电器的操动器应与带电部件绝缘，电气绝缘按额定绝缘电压和额定冲击耐受电压（如适用）确定。此外：

——如果操动器由金属制成，则它应良好地接至保护导体，除非它装有附加的可靠绝缘。

——如果操动器由绝缘材料制成或用绝缘材料覆盖，一旦绝缘损坏将使内部金属部件有可能触及，则内部金属部件也应与带电部件绝缘，其电气绝缘按额定绝缘电压确定。

7.1.5.2 操动器的运动方向

操动器的运动方向应符合 GB/T 4205 的要求。对于不能符合 GB/T 4205 规定的电器，例如电器具有特殊用途或电器具有不同的安装位置，这些电器应明确无误的标明 | 和 ○位置和运动方向。

7.1.6 触头位置指示

7.1.6.1 指示方法

当电器带有指示其闭合和断开位置的装置时，这些位置都应明显而清楚地指示出来。位置指示器

(2.3.18)可用作指示装置。

注：对具有外壳的电器，位置指示可以从外部看得见或看不见。

有关产品标准可规定电器是否具有位置指示器。

如果采用符号，则根据 GB/T 5465.2 的规定，采用下述符号分别表示电器的闭合和断开位置：

| 闭合(电源)

○ 断开(电源)

对于用两个按钮来操作的电器，只允许作断开操作的按钮采用红色或标有符号“○”。

红色不能用于其他按钮。

其他按钮、指示灯式按钮和指示灯的颜色应符合 IEC 60073 的规定。

7.1.6.2 用操动器来指示触头位置

用操动器来指示触头位置，当释放时操动器应自动地占据或停留在对应于动触头的位置，在这种情况下，操动器应有 2 个对应于动触头的不同休止位置，但对于自动断开，操动器可以保持在第 3 个不同位置。

7.1.7 适用于隔离的电器的附加要求

7.1.7.1 附加结构要求

注 1：在美国，不认可符合这些要求的电器能保证自身隔离性能。隔离功能和程序在相关的联邦法规和维护标准中规定。

适用于隔离的电器在断开位置(见 2.4.21)时必须具有符合隔离功能(见 7.2.3.1 和 7.2.7)要求的隔离距离，并应提供一种或几种方法显示主触头的位置：

——用操动器的位置；

——独立的机械式指示器；

——所有主动触头可视。

电器提供的每种指示方式有效性和机械强度应根据 8.2.5 的规定验证。

当制造商规定或提供在断开位置锁定电器的方式时，在断开位置的锁定只能在主触头处于断开位置时是可能的，这一结构方式应根据 8.2.5 的规定进行验证。

电器应设计成操动器、前面板或盖板的安装能确保正确指示触头位置和锁定的方式(如提供的话)。

注 2：对于特殊用途也允许在闭合位置上锁扣。

注 3：如果辅助触头用于联锁用途，制造商应提供辅助触头和主触头的动作时间。更详细的要求可在有关产品标准中规定。

指示的断开位置是确保触头间符合规定隔离距离的唯一位置。

对于具有其他位置(如脱扣位置、备用位置)的电器，这些位置指示的都不是断开位置，这些位置都应该清楚的识别。这些位置的标志不应用符号“|”或“○”表示。

任何具有唯一休止位置的操动器，该休止位置不适合用作指示主触头的位置。

7.1.7.2 对与接触器或断路器具有电气联锁要求的适用于隔离的电器的补充要求

如果适用于隔离的电器具有用于与接触器或断路器电气联锁的辅助触头，且该电器用于电动机电路，本部分规定如下要求(用于 AC-23 使用类别的电器除外)：

根据制造商要求，适用于隔离的电器辅助触头应满足 GB 14048.5 的要求。

适用于隔离的电器辅助触头的断开与其主触头的断开之间应有足够的时间间隔，以确保与其联锁的接触器或断路器在适用于隔离的电器主触头断开之前分断电流。

除非制造商的技术文件另有规定，当适用于隔离的电器根据制造商的说明书操作时，其主触头断开与辅助触头断开的时间间隔不应小于 20 ms。

适用于隔离的电器应根据制造商说明书在无载条件下验证其辅助触头断开瞬间与主触头断开瞬间的时间间隔。

在闭合操作过程中，适用于隔离的电器的辅助触头应在其主触头闭合后闭合或同时闭合。

也可用一个中间位置(适用于隔离的电器的接通和断开状态之间)来提供一个适当的断开时间间隔。在此位置，联锁用辅助触头断开而其主触头保持闭合。

7.1.7.3 具有在断开位置锁定装置的适用于隔离的电器的补充要求

适用于隔离的电器锁定装置应设计成不能与安装的相应挂锁一起移去。当适用于隔离的电器仅具有一个挂锁时，操作其操动器不应使其断开触头间的电气间隙小于 7.2.3.1 b)的规定。

此外，也可设计一个挂锁装置防止接近适用于隔离的电器的操动器。

验证用锁定装置锁住适用于隔离的电器的操动器是否满足要求应采用以下方法：用一个制造商规定的挂锁或一个相当的量规(在适用于隔离的电器的操动器处于最不利的条件下)模拟锁扣，将 8.2.5.2.1规定的力 F 施加到操动器上，操作该电器从断开位置向闭合位置运动。当力 F 施加时，在适用于隔离的电器的断开触头间施加试验电压，应能承受表 14 规定的额定冲击耐受电压。

7.1.8 端子

7.1.8.1 端子的结构要求

端子所有的接触部件和载流部件都应由导电的金属制成，并应有足够的机械强度。

端子的连接应该用螺钉、无螺纹型或其他等效方法与导体连接以保证维持必要的接触压力。

端子的结构应能在适合的接触面间压紧导体，而不会对导体和端子有任何显著的损伤。

端子应设计成不允许导体移动或其移动不应有害于电器的正常运行及不应使绝缘电压值下降至低于额定值。

如使用需要，端子和导体之间可仅通过铜导体的电缆接线片连接。

注 1：可与电器端子直接相连的端子连接片的全部尺寸示例见附录 P。

除非制造商另有规定，无螺纹型夹紧件应能夹紧表 1 所示的硬导线和软导线。

在无螺纹型夹紧件上，连接和脱开导线的方法如下：

——通用型夹紧件要先用一般工具或与夹紧件成一整体的合适的器件来打开，然后再插入或拔出导线；

——推线型夹紧件只需将导线简单插入来连接导线，脱开导线必须进行一项操作，而不能只靠拉拔导线来脱开。允许使用一般工具或与夹紧件成一整体的合适的器件打开夹紧件，便于导线的插入和拔出。

端子的举例见附录 D。

如果适用的话，结构要求应通过 8.2.4.2，8.2.4.3 和 8.2.4.4 的试验来验证。

注 2：北美国家对适用于铝导线的端子及其识别标识有特殊要求。

7.1.8.2 端子连接导线的能力

制造商应规定端子适用联接的导线的类型(硬线或软线，单芯线或多股线)，最大和最小导线截面以及同时能接至端子的导线根数(如适用)。端子能够联接的最大截面导线应不小于 8.3.3.3 温升试验所规定的导线截面，可用于端子的导体应是同一类型(硬线或软线，单芯线或多股线)，而相同导线类型的最小截面应至少要比温升试验规定的小两个等级的标准截面尺寸(如表 1 相应栏中所列值)。

注 1：在不同的产品标准中，可以要求导线截面小于规定的最小截面。

注 2：由于考虑电压降和其他因素，产品标准可以要求接至端子的导线截面大于温升试验所规定的截面积。导线截面与额定电流之间的关系可以在有关产品标准中规定。

圆铜导线(公制尺寸和 AWG/kcmil 尺寸)截面积的标准值见表 1,表中列出 ISO 公制尺寸和 AWG/kcmil 尺寸之间的近似关系。

7.1.8.3 端子的连接

用于连接外部导线的端子在安装时应容易进入并便于接线。

端子紧固用螺钉和螺母除固定端子本身就位或防止其松动外,不应作为固定其他任何零部件之用。

7.1.8.4 端子的识别和标志

除非产品标准另有规定,端子根据 GB/T 4026 和附录 L 的要求,其标志应清楚和永久地识别。

专门用于中性线的端子按 GB/T 4026 的要求应标以字母"N"来识别。

保护接地端子的识别按 7.1.10.3 的规定。

7.1.9 具有中性极电器的附加要求

当电器有一个极专门用于中性极时,此极的标志应能清楚的识别,并以字母"N"代表(见 7.1.8.4)。

可以通断的中性极不允许比其他极先分断后接通。

如果一个具有短路分断和接通能力的极(见 2.5.14 和 2.5.15)被用作中性极,则所有极(包括中性极)要同时动作。

注:中性极可以装备过电流脱扣器。

对约定发热电流(自由空气或封闭发热电流,见 4.3.2.1 和 4.3.2.2)不超过 63 A 的电器,其所有极的约定发热电流值应相同。

约定发热电流较大的电器,其中性极的约定发热电流可以与其他极不同,但不小于其他极的约定发热电流的 1/2 或 63 A(二者取较大者)。

7.1.10 保护性接地要求

7.1.10.1 结构要求

对外露的导体部件(如底板、框架和金属外壳的固定部件),除非它们不构成危险,否则都应在电气上相互连接并连接到保护接地端子上,以便连接到接地极或外部保护导体。

电气上连续的正规结构部件能满足此要求,并且此要求对单独使用的电器和组装在成套装置中的电器都适用。

注:如有必要,可以在有关产品标准中规定要求和试验。

如果外露的导体部件可以触及的面积不大,或用手不能握住,或尺寸很小(大约 50 mm×50 mm),或设置在不会触及带电部件之处,则可以认为它们不构成危险。

例如螺钉、铆钉、铭牌、变压器铁芯、开关电器的电磁铁和脱扣器的某些部件,不管它们的尺寸如何,都认为不构成危险。

7.1.10.2 保护接地端子

保护接地端子应设置在容易接近便于接线之处,并且当罩壳或任何其他可拆卸的部件移去时其位置仍应保证电器与接地极或保护导体之间的连接。

保护接地端子应具有适当的抗腐蚀措施。

在电器具有导体构架、外壳等的情况下,如有必要应提供相应的措施,以保证电器的外露导体部件和连接电缆的金属护套之间有电气上的连续性。

保护接地端子不应兼作它用,但在指定连接到接地中性线(PEN)导体(见 2.1.15 中注)的情况下,则 PEN 端子既作保护接地之用又应作中性线端子之用。

7.1.10.3 保护接地端子的标志和识别

保护接地端子的标志应能清楚而永久的识别。

根据 GB/T 4026—2004 中 5.3 的规定，保护接地端子应采用颜色标志（绿—黄的标志）或适用的 PE、PEN 符号来识别，或用图形符号标志在电器上。

根据 GB/T 5465.2 规定，采用的图形符号：

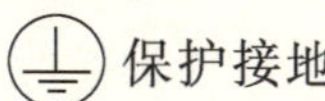
保护接地

注：以前推荐的符号⏚应逐步改用上述符号来代替。

7.1.11 电器外壳

电器提供的外壳和预期用于电器的外壳应符合以下要求。

7.1.11.1 外壳的设计

外壳应设计成当外壳打开且其他保护措施（如有）移去时，在按制造商规定进行安装和维修中需要接近的所有部件都能容易接近。

为了接纳外部导体从进口孔进入壳内，在外壳内应有足够的空间以确保导体可靠连接到端子上。

金属外壳的固定部分应与电器的其他外露导电部件在电气上连接并连接到接地端子上，使它们能良好地接地或接到保护导体上去。

外壳的可拆卸金属部分当它就位时不应与带有接地端子的部件绝缘。

外壳的可拆卸部分应采取措施稳固地固定在其固定部分上，必须采取措施防止因电器的操作或振动的影响而导致偶然松动或分离。

当外壳设计成允许不使用工具可打开其罩壳时，应提供措施防止紧固件的失落。

整体外壳被认为是电器不可移除的部件，它应作为电器不可分离的部分。

如果电器的外壳装有按钮，则按钮应从外壳的内部拆除。如从电器的外壳外部拆除，则需要专用工具。

7.1.11.2 外壳的绝缘

为了防止金属外壳与带电部件之间的意外接触，如果外壳部分或全部衬垫了绝缘材料，则此绝缘材料应牢固地固定在外壳上。

7.1.12 封闭电器的防护等级

封闭电器的外壳防护等级及有关试验要求见附录 C。

7.1.13 导线管的拔出、扭转和弯曲

电器的聚酯外壳，无论是电器的一部分或独立的部分，如果具有连接重负荷的螺纹式导线管孔（刚性螺纹式金属导线管符合 GB/T 17193 的要求），则该外壳应耐受安装导线管时产生的应力（拔出、扭转、弯曲）。

应采用 8.2.7 规定的试验方法验证外壳是否满足要求。

7.2 性能要求

除非有关产品标准另有规定，以下要求适用于新的完好的电器。

7.2.1 动作条件

7.2.1.1 动作条件的一般要求

电器的操作应按制造商的说明书或有关产品标准的要求进行，尤其是人力操作电器，其接通和分断能力可能与操作者的操作技巧熟练程度有关。

7.2.1.2 动力操作电器的动作范围

除非产品标准另有规定，电磁操作和电控气动操作的电器在周围空气温度为－5 ℃至＋40 ℃范围内、在控制电源电压为额定值 U_s 的 85％至 110％范围内均应可靠吸合。此动作范围适用于交流或直流。

除非另有规定，气动和电控气动电器在施加气压范围为额定气压的 85％至 110％范围内均应可靠吸合。

在规定的动作范围条件下，额定值的 85％应该是下限值，而额定值 110％是上限值。

注：对锁扣式电器，其动作值由制造商与用户协商。

电磁操作和电控气动操作电器的释放电压应不高于 75％额定控制电源电压 U_s，对交流在额定频率下其释放电压应不低于 20％U_s，或对直流应不低于 10％U_s。

具有电子式控制电磁铁的电器释放和完全断开的极限值是：

——直流：额定控制电源电压 U_s 的 75％～10％；

——交流：额定控制电源电压 U_s 的 75％～20％，或如果制造商有规定，可为额定控制电源电压 U_s 的 75％～10％。

除非另有规定，电控气动和气动电器应在 75％至 10％额定气压下断开。

在规定的动作(释放)范围条件下，20％或 10％额定控制电源电压 U_s(对交流或直流情况下)应该是上限值，而 75％额定控制电源电压 U_s 是下限值。

对动作线圈而言，当线圈电路的电阻等于－5 ℃下所得的阻值时上述释放电压极限值适用。可用在正常周围温度下测得的电阻值为基础进行计算来验证。

在特殊应用时需要规定释放时间，在这种情况下进行本条款验证试验时应测量释放时间。

7.2.1.3 欠电压继电器和脱扣器的动作范围

a) 动作电压

欠电压继电器或脱扣器与开关电器组合在一起，当外施电压下降，甚至缓慢下降至额定电压的 70％至 35％范围内，与开关电器组合一起的欠电压继电器和脱扣器应动作，使电器断开。

注：零电压(失压)脱扣器是一种特殊型式的欠电压脱扣器，其动作电压是在额定(电源)电压的 35％至 10％之间。

当外施电源电压低于欠电压继电器或脱扣器的额定电压的 35％时，欠电压继电器或脱扣器应防止电器闭合。当电源电压等于或高于其额定电压的 85％时，欠电压继电器和脱扣器应保证电器能闭合。

除非产品标准另有规定，外施电源电压的上限值应是欠电压继电器或脱扣器额定值的 110％。

以上数据适用于直流，也适用于在额定频率下的交流。

b) 动作时间

对于延时欠电压继电器或脱扣器，其延时的测定应从电压达到动作值瞬时开始，至继电器或脱扣器操动电器的脱扣器件(脱扣机构)动作瞬时为止。

7.2.1.4 分励脱扣器的动作范围

当分励脱扣器的电源电压(在脱扣动作期间测得)保持在额定控制电源电压 U_s 的 70％和 110％之

间时(交流在额定频率下),在电器的所有工作条件下分励脱扣器应脱扣,使电器断开。

7.2.1.5 电流动作继电器和脱扣器的动作范围

电流动作继电器和脱扣器的动作范围应在有关产品标准中规定。

注:术语"电流动作继电器和脱扣器"包括过电流继电器或脱扣器、过载继电器或脱扣器、逆电流动作继电器和脱扣器等。

7.2.2 温升

在按 8.3.3.3 指定的条件下进行试验时测量电器各部件的温升,其值不应超过本条规定。

注 1:正常使用条件下的温升可能与试验值有所差异,这取决于安装条件和连接导体的尺寸。

注 2:表 2 和表 3 所列的温升极限适用于全新的和完好的条件下进行试验的电器。产品标准对不同的试验条件和小尺寸(容积)的器件可以规定不同温升值,但不可超过上述温升值 10 K。

7.2.2.1 端子

端子的温升不应超过表 2 中的规定值。

7.2.2.2 易接近部件

易接近部件的温升不应超过表 3 中规定值。

注:其他部分的温升极限见 7.2.2.8。

7.2.2.3 周围空气温度

表 2 和表 3 所列的温升极限仅适用于周围空气温度保持在 6.1.1 所规定的范围内。

7.2.2.4 主电路

电器的主电路应能承载其约定发热电流,按 8.3.3.3.4 进行试验时,其温升不超过表 2 和表 3 规定的极限值。

7.2.2.5 控制电路

电器的控制电路,包括用作闭合和断开的控制电路器件,应按 4.3.4 额定工作制根据 8.3.3.3.5 规定进行温升试验,其温升不超过表 2 和表 3 规定的极限值。

7.2.2.6 线圈和电磁铁的绕组

在主电路通电的条件下,线圈和电磁铁的绕组应按 8.3.3.3.6 规定施加其额定电压进行试验,其温升不超过 7.2.2.8 规定的极限值。

注:本条不适用于脉动操作线圈,其操作条件由制造商规定。

7.2.2.7 辅助电路

电器的辅助电路包括辅助开关,应能承载其约定发热电流,按 8.3.3.3.7 进行试验时,其温升不超过表 2 和表 3 规定的极限值。

注:如果辅助电路作为主电路的组合部件,则其试验应随主电路同时进行试验,但应通以实际使用电流。

7.2.2.8 其他部分

试验中测定的温升不应削弱产品的性能。对于塑料和绝缘材料,制造商应表明其符合绝缘耐热分级(例如用 GB/T 11026 规定的方法确定),或符合 GB/T 11021 的规定。

7.2.3 介电性能

介电性能依据 GB/T 16935.1 和 GB/T 17045 制定。通过使用涂层来减小电气间隙和爬电距离要求见 GB/T 16935.3；等于或小于 2 mm 的电气间隙和爬电距离要求见 GB/T 16935.5。

a) 下列要求提供了电器在其安装环境条件下达到绝缘配合的方式。

b) 电器应能耐受如下电压：

——根据附录 H 规定，采用过电压类别确定的额定冲击耐受电压(见 4.3.1.3)；

——根据表 14 规定，适用于隔离电器触头间的冲击耐受电压；

——工频耐受电压。

注：电源系统的标称电压与电器的额定冲击耐受电压的关系见附录 H。

对于规定了额定工作电压(见 4.3.1.1 的注 1 和注 2)的电器，其额定冲击耐受电压应不低于该电器所使用点线路的电源系统标称电压所对应于附录 H 的额定冲击耐受电压和相应的过电压类别所对应的额定冲击耐受电压。

c) 本条规定的要求采用 8.3.3.4 规定的方法验证。

7.2.3.1 冲击耐受电压

1) 主电路的冲击耐受电压

a) 从带电部件至接地部件和极与极之间的电气间隙应承受表 12 所列对应额定冲击耐受电压的试验电压的考核。

b) 断开触头间的电气间隙应承受：

——在有关产品标准中规定的冲击耐受电压(如适用)；

——对具有隔离功能的电器，表 14 所列的对应于额定冲击耐受电压的试验电压。

注：与上述 a)和/或 b)电气间隙有关的电器的固体绝缘应承受 a)和/或 b)规定的冲击电压(如适用)。

2) 辅助电路和控制电路的冲击耐受电压

a) 直接从主电路引入额定工作电压的辅助电路和控制电路，带电部件与接地部件之间以及极间的电气间隙应能耐受表 12 中规定的与辅助电路/控制电路的额定冲击耐受电压和主电路过电压类别(见 7.2.3.1 中 1)的注)相对应的试验电压。

b) 不直接从主电路引入额定电压的辅助电路和控制电路，其过电压能力可以不同于主电路，这类电路的电气间隙和有关的固体绝缘无论是交流还是直流，都应承受附录 H 规定的适当电压。

7.2.3.2 主电路、辅助电路和控制电路的工频耐受电压

a) 工频试验电压应在下列情况下采用：

——介电试验作为型式试验，用于验证电器的固体绝缘；

——用于电器试验后的故障判别依据，在电器的分断试验和短路试验后进行介电性能验证；

——在耐湿试验后进行介电性能验证；

——常规试验。

b) 介电性能的型式试验

介电性能试验作为型式试验项目应根据 8.3.3.4 的规定进行。

对于隔离电器其最大泄漏电流应按 7.2.7 和 8.3.3.4 规定验证。

c) 分断试验和短路试验后的介电性能验证

介电性能验证作为电器分断试验和短路试验后的故障判别依据，是在工频电压下根据 8.3.3.4.1 中 4)的规定验证。

对于隔离电器其最大泄漏电流应符合 7.2.7 的规定并按 8.3.3.4 进行验证，其值不应超过有关产品标准的规定。

d) 耐湿试验后的介电性能验证

见附录 K。

e) 常规试验中的介电性能验证

常规试验中的介电性能试验作为检验电器的材料和加工质量缺陷判别依据，在工频电压下根据 8.3.3.4.2 中 2）的规定进行。

7.2.3.3 电气间隙

电气间隙应使电器有足够的能力来承受 7.2.3.1 要求的额定冲击耐受电压。

电气间隙应大于表 13 对应于情况 B（均匀电场）（2.5.62）所列之值，并按 8.3.3.4.3 规定以抽样试验来验证。如果与额定冲击耐受电压和污染等级有关的电气间隙大于或等于表 13 情况 A（非均匀电场）所列之值，则不需进行试验。

测量电气间隙的方法见附录 G。

7.2.3.4 爬电距离

a) 确定尺寸

对于污染等级 1 和 2，爬电距离应不小于关联的电气间隙（按 7.2.3.3 要求选定）。对于污染等级 3 和 4 而言，爬电距离应不小于情况 A 的电气间隙，为了减少由于过电压引起的破坏性放电的危险，即使按 7.2.3.3 的规定允许电气间隙小于情况 A 所规定之值，但电器的最小爬电距离应不小于情况 A 规定的最小电气间隙。

测量爬电距离的方法见附录 G。

爬电距离值应与 6.1.3.2 指定的污染等级相对应或与有关产品标准规定的污染等级相对应，并与在表 15 中列出的额定绝缘电压或实际工作电压下相应材料组别相对应。

按相比电痕化指数（CTI，见 2.5.65）之值的范围，材料组别可划分如下：

——材料组别Ⅰ　$600 \leqslant CTI$

——材料组别Ⅱ　$400 \leqslant CTI < 600$

——材料组别Ⅲa　$175 \leqslant CTI < 400$

——材料组别Ⅲb　$100 \leqslant CTI < 175$

注 1：CTI 值是按 GB/T 4207 规定的方法所测得的值，供绝缘材料使用。

注 2：对于无机绝缘材料，例如玻璃或陶瓷，它们不起痕，爬电距离不需要大于关联的电气间隙，但破坏性放电的危险必须考虑。

b) 筋的使用

不管筋的数量有多少，如果采用筋的最小高度为 2 mm 时，则爬电距离能减少至表 15 之有关值的 0.8 倍。筋的最小底宽由机械要求确定（见附录 G.2）。

c) 特殊应用

用于某些特殊场合的电器，如使用在必须考虑绝缘故障而引起严重后果的电器应利用表 15 的一个或多个影响因素（距离、绝缘材料、微观环境中的污染），以便取得比表 15 规定的额定绝缘电压更高的绝缘电压。

7.2.3.5 固体绝缘

固体绝缘应根据 8.3.3.4.1 中 3）的规定采用工频电压试验或对直流电器采用直流电压试验进行验证。

固体绝缘尺寸的确定原则和直流试验电压正在考虑中。

7.2.3.6 分离电路间的间距

确定分离电路间的电气间隙、爬电距离和固体绝缘，应该采用最高电压额定值（额定冲击耐受电压确定电气间隙和关联的固体绝缘，额定绝缘电压或实际工作电压确定爬电距离）。

7.2.3.7 具有保护性隔离的电器的要求

具有保护性隔离的电器的要求见附录 N。

7.2.4 在空载、正常负载和过载条件下接通、承载和分断电流的能力

7.2.4.1 接通和分断能力

电器在有关产品标准规定的条件下应能接通和分断正常负载和过载电流而不发生故障，接通和分断所要求的使用类别和操作次数应在有关产品标准中规定（见 8.3.3.5 的一般试验条件）。

7.2.4.2 操作性能

与电器操作性能有关的试验是用来验证电器在对应于规定使用类别的条件下能够接通、承载和分断其主电路的电流而不发生故障的试验。

操作性能的具体要求和试验条件应在有关产品标准中规定，并可涉及以下两点：

——空载操作性能是在控制电路通电而主电路不通电的条件下进行试验，目的是验证电器的闭合和断开操作符合控制回路规定的上限和下限的外施电压和/或气压的操作条件。

——有载操作性能是验证电器应接通和分断对应于有关产品标准规定的使用类别下的电流和操作次数。

如果相关产品标准有规定，则有载和空载操作性能验证可组合在同一顺序试验中进行。

7.2.4.3 寿命

注：选用术语“寿命 durability”代替“耐久性 endurance”，以表示电器在修理或更换部件前能完成的操作循环次数的期望值，另外术语“耐久性”也通常用于涉及 7.2.4.2 中规定的操作性能，所以本部分中不采用术语“耐久性”，以免混淆两种概念。

7.2.4.3.1 机械寿命

关于电器的抗机械磨损能力，可用有关产品标准规定的空载操作循环（即主触头不通电流）次数来表征，该次数是电器在需要修理或更换任何机械部件前能达到的机械寿命次数，如果电器设计成可维修的，则按制造商的说明书进行正常的维护是允许的。

每次操作循环包括一次闭合操作伴随着一次断开操作。

试验时电器应按制造商的说明书安装。

有关产品标准应规定电器无载操作循环次数的优先值。

7.2.4.3.2 电寿命

电器的抗电磨损能力用有关产品标准规定的使用条件下的有载操作循环次数来表征，该次数是电器在需要修理或换部件前能达到的电寿命次数。

有关产品标准应规定电器的有载操作循环次数优先值。

7.2.5 接通、承载和分断短路电流能力

电器应制造成能够承受在有关产品标准规定的条件下承载短路电流引起的热效应、电动力效应和

电场强度效应。特别指出的是应验证电器按 8.3.4.1.8 规定进行试验时应满足相应的要求。

电器可能在下列情况下承受短路电流：

——在接通电流时；

——在闭合位置承载电流时；

——在分断电流时。

电器的接通、承载和分断短路电流能力用以下一个或几个参数来确定：

——额定短路接通能力(见 4.3.6.2)；

——额定短路分断能力(见 4.3.6.3)；

——额定短时耐受电流(见 4.3.6.1)；

——在电器与短路保护电器(SCPD)配合的情况下：

a) 额定限制短路电流(见 4.3.6.4)；

b) 其他配合型式，在有关产品标准单独规定。

按照上述 a)和 b)中额定值和极限值，制造商应规定电器保护所需 SCPD 的型式和特性(例如额定电流、分断能力、截断电流、I^2t 等)。

7.2.6 通断操作过电压

产品标准应规定电器的通断操作过电压(如适用)。

如产品标准有规定，则应明确试验程序和试验要求。

7.2.7 隔离电器的泄漏电流

对于额定工作电压 U_e 高于 50 V 的隔离电器应验证其泄漏电流，在每一断开触头间测量泄漏电流。

电器在施加试验电压为 1.1U_e 时，其泄漏电流不应超过以下规定的允许值：

——新的电器每极的允许泄漏电流为 0.5 mA；

——按有关产品标准的要求接通和分断试验后的电器，每极的允许泄漏电流为 2 mA。

对于任何情况，隔离电器在 1.1U_e 下的极限泄漏电流不应超过 6 mA。验证上述要求的试验方法应在有关产品标准中规定。

7.3 电磁兼容性(EMC)

7.3.1 一般要求

对属于本部分范围内的产品，应考虑在下述两种电磁环境条件中使用，它们是：

a) 环境 A；

b) 环境 B。

环境 A 主要与低压非公用电网或工业电网/场所/建筑有关，它包括有较高的骚扰源。

注 1：环境 A 适合 GB 4824 中的 A 类设备。

环境 B 主要与低压公用电网有关，例如：民用、商用、轻工业场所/建筑。此种环境中不含有较高骚扰源，如弧焊机。

注 2：环境 B 适合 GB 4824 中的 B 类设备。

本部分所指的电子线路不包含那些全部由无源电子元件(如：二极管、电阻、变阻器、电容、浪涌抑制器、电感)组成的电子线路。

7.3.2 抗扰度

7.3.2.1 无电子线路电器的抗扰度

在正常使用条件下，无电子线路的电器对电磁骚扰是不敏感的。因此，此类电器不需要进行抗扰度试验。

7.3.2.2 具有电子线路电器的抗扰度

具有电子线路的电器对电磁骚扰应有良好抗扰性。

验证符合上述要求的一致性试验见 8.4。

详细性能标准应根据表 24 的验收标准在相关产品标准中规定。

7.3.3 发射

7.3.3.1 无电子线路电器的发射

对无电子线路电器而言,电磁骚扰只是在电器开关操作瞬间时偶然产生,骚扰的持续时间是毫秒级。

上述发射频率、水平及影响是属于低压装置正常电磁环境的组成部分。

因此,这些电器的电磁发射已符合要求,不需进行电器的发射验证试验。

7.3.3.2 具有电子线路电器的发射

7.3.3.2.1 高频发射极限

具有电子线路(例如:与开关电源、具有高频时钟微处理器连接线路)的电器可能产生不间断的电磁骚扰。

对这类电器,参照 GB 4824(环境 A 和环境 B),其发射应不超过有关产品标准规定的极限。

试验只在控制电路和/或辅助电路含有超过 9 kHz 基本开关频率的电子元件时进行。

产品标准应规定具体试验方法。

7.3.3.2.2 低频发射极限

对产生低频谐波(如适用)的电器要求见 GB 17625.1。

对产生低频电压波动(如适用)的电器要求见 GB 17625.2。

8 试验

8.1 试验的分类

8.1.1 一般规定

试验应证明电器符合本部分(如适用)及有关产品标准规定的要求。

试验如下:

——型式试验(见 2.6.1)应在每一特定电器的典型试品上进行;

——常规试验(见 2.6.2)应在按本部分(如适用)和有关产品标准制造的电器的每一单独的产品上进行;

——抽样试验(见 2.6.3),当有关产品标准有此要求时进行,对电气间隙的抽样试验见 8.3.3.4.3。

根据有关产品标准的要求,上述试验可由试验程序(顺序)组成。

对于在产品标准中规定了试验顺序,某些试验项目的试验结果不受顺序试验中前面试验的影响并且对规定的顺序试验中的后续试验无影响,则这些试验项目可根据制造商的规定在顺序试验中省略,并在单独的新的试品上进行试验。

如适用,产品标准应规定此类试验。

试验可由制造商选择在工厂内或任何适合的试验室进行。

当适合时，电器的特殊试验(见 2.6.4)可根据有关产品标准及制造商与用户的协议进行。

8.1.2 型式试验

型式试验旨在验证电器的设计是否符合本部分(如适用)和有关产品标准的要求。

型式试验可以由以下验证项目组成：

——结构要求；

——温升；

——介电性能(见 8.3.3.4.1，如适用)；

——接通和分断能力；

——短路接通和分断能力；

——动作范围；

——操作性能；

——封闭电器的防护等级；

——EMC 试验。

注：以上所列项目并非全面，可以增减。

在有关产品标准中应规定该电器需进行的型式试验项目、获得的试验结果以及试验程序(顺序)和试品数量(如有关系)。

8.1.3 常规试验

常规试验旨在检查电器的材料和加工质量的缺陷，并检测电器的固有功能。常规试验应在每台产品上进行。

常规试验包括：

a) 功能试验；

b) 介电试验。

常规试验的细节和试验条件应在有关产品标准中规定。

8.1.4 抽样试验

如果工程和统计分析表示常规试验没有必要在每台产品上进行，而可由抽样试验来代替，则在有关产品标准中应予以规定。

抽样试验包括：

a) 功能试验；

b) 介电试验。

抽样试验同样是用来验证电器规定的性能或特性，这些规定可由制造商提出或是由制造商和用户协商。

8.2 验证结构要求

有关结构要求的验证见 7.1，包括：

——材料；

——电器结构；

——封闭电器的外壳防护等级；

——端子的机械和电气性能；

——操动器；

——位置指示器件(见 2.3.18)。

8.2.1 材料

8.2.1.1 抗非正常热和火试验

8.2.1.1.1 灼热丝试验(在电器上进行)

灼热丝试验应在 7.1.2.2 规定的条件下根据 GB/T 5169.10 和 GB/T 5169.11 规定进行。

对本试验而言,保护导体不认为是承载电流部件。

注:如果试验必须在试品上的多个地方进行,要注意保证前面试验引起的材料损坏不应影响后续试验。

8.2.1.1.2 火焰试验、电热丝引燃试验和电弧引燃试验(在材料上进行)

应选择合适的试品进行下述试验:

a) 火焰试验,根据 GB/T 11020 进行;

b) 电热丝引燃(HWI)试验,见附录 M;

c) 电弧引燃(AI)试验,见附录 M;

d) 项试验只在与燃弧部件或连接松动的带电部件距离 13 mm 内的材料上进行。如果电器用于接通和分断试验,与燃弧部件距离 13 mm 内的这部分材料不需进行这项试验。

8.2.2 电器的结构

8.2 中包含的内容。

8.2.3 封闭电器的外壳防护等级

封闭电器的外壳防护等级见附录 C。

8.2.4 端子的机械和电气性能

本条不适用于铝端子,也不适用于连接铝导体的端子。

8.2.4.1 试验的一般条件

除非制造商另有规定,每一试验应在完好的和新的端子上进行。

当采用圆铜导线进行试验时,应采用符合 IEC 60028 规定的铜线。

当采用扁铜导体进行试验时,铜导体应具有以下特性:

——最小纯度:99.5%;

——极限抗张强度:200 N/mm^2～280 N/mm^2;

——维氏硬度:40～65。

8.2.4.2 端子的机械强度试验

试验应采用具有最大截面的合适型号的导体来进行试验。

7.1.8.1 中的无螺纹型夹紧件用最大截面积的导线进行试验。

每个端子应接上和拆下导体 5 次。

对螺纹型端子,拧紧力矩应按表 4 规定或 110%的制造商规定的力矩(取其大者)来进行试验。

试验应在 2 个紧固部件上分别进行。

具有六角头也可用螺丝刀拧紧的螺钉,并且表 4 第Ⅱ和第Ⅲ列之值不同,则试验应进行 2 次,首先按表 4 第Ⅲ列规定力矩施加至六角头螺钉上来进行试验,然后在另一组试品上按表 4 第Ⅱ列规定的力矩用螺丝刀拧紧螺钉进行第二次试验。

如果表第Ⅱ和第Ⅲ列之值相同，只需进行螺丝刀拧紧试验。

每次拧紧的螺钉或螺母松掉后，应采用新的导体来进行下一次拧紧试验。

在试验中，紧固部件和端子不应松掉并且不应有会影响其进一步使用的损坏，例如螺纹滑牙或者螺钉头的槽、螺纹、垫圈、镫形件的损坏。

8.2.4.3 导线的偶然松动和损坏试验（弯曲试验）

本试验用于连接未经处理的圆铜导线的端子，连接导线的根数、截面和类型（软线和/或硬线，多股线和/或单芯线）由制造商规定。

注：用于扁铜导体的端子试验可由供需双方协商。

用 2 个新试品进行以下试验：

a) 用最小截面导线及其允许的最多根数连接至端子进行试验；

b) 用最大截面导线及其允许的最多根数连接至端子进行试验；

c) 用最小和最大截面导线及其允许的最多根数连接至端子进行试验。

预期要连接软线或硬线（多股线和/或单芯线）的端子应采用每种类型导线在不同的试品组上进行试验。

预期将软线和硬线（多股线和/或单芯线）一起接入的端子应进行上述 c)项规定的试验。

试验应在合适的试验设备上进行，规定的导线根数应连接至端子。试验导线长度应比表 5 规定的高度 H 长 75 mm。紧固螺钉应拧紧，施加的拧紧力矩按表 4 的规定或制造商规定的力矩，被试电器应按图 1 所示固定。

按以下程序试验，使每根导线承受圆周运动的考核：

被试导体的末端应穿过压板中合适尺寸的衬套孔，压板处于电器端子向下高度 H 之处，高度 H 值见表 5。除被试导线外其余导线均应弄弯，以免影响试验结果。衬套应处在水平位置的压板中，且压板与导线同轴。衬套作圆周运动应使衬套中心在水平面上围绕压板中心画一直径为 75 mm 的圆，运动速度为 8 r/min～12 r/min。表 5 中端子出口至衬套的上表面距离应是高度 H，允差为±15 mm。衬套应加润滑油，以防止绝缘导线的弯曲、扭转或自转。表 5 规定的质量挂在导线的末端。试验应连续旋转 135 转。

试验过程中，导线应既不脱出端子又不在夹紧件处折断。

弯曲试验后应把被试电器上每根经过弯曲试验的导线立即进行 8.2.4.4 规定的拉出试验。

8.2.4.4 拉出试验

8.2.4.4.1 圆铜导线的拉出试验

8.2.4.3 的试验后，应将表 5 规定的拉力作用到进行过 8.2.4.3 试验的导线上。

本试验的紧固被试导线的螺钉不应再拧紧。

拉力应沿导线轴向方向平稳的持续作用 1 min，拉力不应突然施加。

试验过程中，导线应既不脱出端子又不在夹紧件处折断。

8.2.4.4.2 扁铜导线拉出试验

适当长度的导线固定在端子上，将表 6 规定的拉力平稳的作用 1 min，拉力方向与导体插入方向相反。拉力不应突然施加。

试验过程中，导线应既不脱出端子又不在夹紧件处折断。

8.2.4.5 最大截面的未经处理的圆铜导线的接入能力试验

8.2.4.5.1 试验程序

试验采用表7规定的A型或B型模拟量规进行。

量规的测量截面应能穿进端子的孔中，在量规重力的作用下插入端子的底部(见表7的注)。

作为选择，试验也可以通过插入制造商推荐的具有最大额定截面积的导线、其直径符合表7a中规定的理论直径、在去除其绝缘层且重新处理导线末端之后进行。导线被剥去的一端应无需过度用力就能完全进入夹紧件的孔径中。

注：制造商可以规定试验方法。

8.2.4.5.2 模拟量规的尺寸

模拟量规的结构见图2。

尺寸 a 和 b 及允差见表7。模拟量规的测量部分应用量规钢制成。

8.2.4.6 矩形截面扁导体的接入能力试验

正在考虑中。

8.2.4.7 无螺纹型夹紧件的电气特性

IEC 60999-1:1999 中 9.8 和 GB/T 20636—2006 中 9.8 适用。

注1：施加的试验电流是在产品标准中规定的 I_{th} 或 I_{the}。

具体试验要求在产品标准中规定。

注2：产品标准要考虑具体试验要求的实用性。

8.2.4.8 无螺纹型夹紧件的老化试验

IEC 60999-1:1999 中 9.10 和 GB/T 20636—2006 中 9.10 适用。

注1：施加的试验电流是在产品标准中规定的 I_{th} 或 I_{the}。

具体试验要求在产品标准中规定。

注2：产品标准要考虑具体试验要求的实用性。

8.2.5 验证指示隔离电器主触头位置机构的有效性

对于验证7.1.7要求的主触头位置指示机构的有效性，在进行完电器的操作性能型式试验和特殊的寿命试验(如进行)后，所有指示主触头位置的方法，仍应保持正确的功能。

8.2.5.1 电器试验的条件

用于试验的电器的条件应在有关产品标准中规定。

8.2.5.2 试验方法

8.2.5.2.1 有关人力和无关人力操作

应在操动器末端测量把电器操作到断开位置所需要的力。试验用新的干净的试品进行，测量力 F 应取三次连续操作所获得的最大力的平均值，力 F 用于确定表17中的试验力。

对闭合位置上的电器，应把被认为试验最严酷的一极的动静触头固定在一起，例如焊在一起。

操动器应施加 $3F$ 的操动力，但该试验力不应小于表17相应类型操动器所规定的最小试验力，也不应大于表 17 相应类型操动器所规定的最大试验力。

电器具有一个以上串联触头系统时，所有串联的触头系统应保持在闭合位置。

在多触点触头系统中，为了确保试验力在施加时触头不分开，最小数量的并联触头触点应固定在一起来保持触头系统的闭合。

保持触头闭合的合适的方法及触头的数量由制造商规定，触头的数量及方法应记录在报告中。

试验力应无冲击地施加到操动器的末端，试验力施加的持续时间为 10 s。试验力的方向是使电器的触头断开。

试验力的方向在整个试验过程中必须保持不变，如图 16 所示。

按 8.2.5.3.1 规定进行验证试验。

8.2.5.2.2 有关动力操作

电器处于闭合位置时，在试验中承受最严酷考核一极的触头的固定的和移动的部分应固定在一起，例如焊在一起。

电器具有一个以上串联触头系统时，所有串联的触头系统应保持在闭合位置。

在多触点触头系统中，为了确保试验力在施加时触头不分开，最小数量的并联触头触点应固定在一起来保持触头系统的闭合。

保持触头闭合的合适的方法及触头的数量由制造商规定，触头的数量及方法应记录在报告中。

提供操动器动力的电源电压应为正常额定值的 110%，施加电源电压以便打开电器的触头系统。

对电器的试验应进行 3 次，每次试验时间为 5 s，每次间隔 5 min。只有相应的由动力操作的保护器对此时间有限制时，该时间可以缩短。

动力操作的验证方法见 8.2.5.3.2。

注：在美国和加拿大，不认可符合这些要求的电器能保证自身隔离性能。

8.2.5.2.3 无关动力操作

电器处于闭合位置时，在试验中承受最严酷考核一极的触头的固定的和移动的触头应固定在一起，例如焊在一起。

电器具有一个以上触头系统串联时，每个触头系统应保持在闭合位置。

在多触点触头系统中，为了确保试验力在施加时触头不分开，最小数量的并联触头触点应固定在一起来保持触头系统的闭合。

保持触头闭合的合适的方法及触头的数量由制造商规定，触头的数量及方法应记录在报告中。

动力操作系统储存的能量应释放，以便打开电器的触头系统。

通过释放储存能量的方式，对电器进行 3 次打开试验。

其验证方法见 8.2.5.3.2。

注：在美国和加拿大，不认可符合这些要求的电器能保证自身隔离性能。

8.2.5.3 电器试验时和试验后条件

8.2.5.3.1 有关人力和无关人力操作的电器

试验后，当操动力不再施加，操动器处于自由状态时，不能用任何一种方式指示电器的断开位置。同时电器不能有任何影响其正常使用的损坏。

当电器在断开位置具有锁扣方式时，在施加操动力时电器不能被锁住。

8.2.5.3.2 有关动力和无关动力操作

在试验期间和试验后，不能用任何一种方式指示电器的断开位置。同时电器不能有任何影响其正常使用的损坏。

当设备在断开位置配有锁定装置时，在试验过程中设备不能被锁定。

8.2.6 空白

8.2.7 金属导线管的拉出试验、弯曲试验和扭转试验

试验应在适当尺寸(长 300 mm±10 mm)的金属导线管上进行。

电器的聚酯外壳应按制造商的说明，以试验考核最严酷的方式安装。

试验应在同一导线管通道上进行，该通道口应是考核最严的。

试验应根据 8.2.7.1、8.2.7.2 和 8.2.7.3 的顺序进行。

8.2.7.1 拉出试验

将导线管向通道口方向旋转，旋转力不能突然施加，施加的力矩为表 22 规定值的 2/3。之后，拉导线管 5 min，拉力不应突然施加。

除非有关产品标准另有规定，施加的拉力应符合表 20 的规定。

试验后，导线管在通道口上的位移不应超过导线管一节螺纹的深度。同时，导线管不应有明显影响电器外壳进一步使用的损坏。

8.2.7.2 弯曲试验

应缓慢施加弯曲力矩至导线管的自由端(力不能突然施加)。

当在每 300 mm 长的导线管产生 25 mm 的偏移或弯曲力矩已达到表 21 规定的值时，保持该值 1 min。之后，在相反的方向重复该试验。

试验后，不应有明显影响电器外壳进一步使用的损坏。

8.2.7.3 扭转试验

导线管应按表 22 的规定力矩进行扭转试验，力矩不能突然施加。

对不具备预组装导线管通道的外壳，扭矩试验不必进行，这表明导线管通道口是先与导线管机械联接后再与外壳联接。

对具有可连接 16 H 及以下规格的单根导线管的外壳，扭转力矩可减小到 25 N·m。试验后，导线管应可以旋出，并不应有明显影响电器外壳进一步使用的损坏。

8.3 验证性能要求

8.3.1 试验顺序

如适用，有关产品标准应规定进行电器试验的试验顺序。

8.3.2 一般试验条件

注：根据本部分要求进行试验的电器不排除在成套装置的使用中需增加附加试验，例如根据 GB 7251.1 的要求增加附加试验。

8.3.2.1 一般要求

被测电器的所有基本特性应与其型式设计相一致。

除非有关产品标准另有规定，每项试验无论是单项试验还是顺序试验都应在完好的电器上进行。

除非另有规定，试验采用的电流种类应与预期使用情况一致，在交流情况下还应规定相同的额定频

率和相数。

凡本部分未规定的试验参数值，应在有关产品标准中规定。

如果为了便于试验而采用提高试验严酷度的方法，例如为了缩短试验时间而采用较高的操作频率进行试验，则仅在制造商同意的情况下方可进行，而试验结果应认为是有效的。

根据制造商的说明书和6.1规定的环境条件，被试电器应如正常使用情况一样接线和完整安装在其固有支架或等效的支架上。

施加到电器端子螺钉上的拧紧力矩应按制造商说明书的规定，如说明书中无此规定，则按表4规定施加拧紧力矩。

具有整体外壳(见2.1.17)的电器应完整的安装，正常工作中关闭的孔，试验时应关闭。

预期使用在单独外壳中的电器，应在制造商规定的最小外壳中进行试验。

注：单独外壳是仅为容纳一台电器而设计和确定尺寸的外壳。

其他所有电器应在自由空气中进行试验。如果电器也可用在规定的单独外壳中，且在自由空气中做过试验，则这类电器应增加一个在制造商规定的最小外壳中的附加试验，规定的试验要求应在产品标准中明确并应记录在试验报告中。

如果电器也可用在规定的单独外壳中，且全部试验是在制造商规定的最小外壳中进行，则该电器在自由空气中的试验不必进行，条件是外壳为裸金属、无绝缘。具体细节，包括外壳的尺寸，应记录在试验报告中。

对在自由空气中进行试验的电器，除非产品标准另有规定，涉及电器接通和分断能力及短路性能的试验时，在电器周围的各点应设置金属丝网模拟有一电源可能发生击穿现象，丝网的布置及距离由制造商规定。具体细节，包括电器至丝网的距离应记录在试验报告中。

金属丝网特性要求应包括：

——结构：金属丝编制网；或

打孔金属板；或

拉制的金属板；

——材料：钢；

——材料厚度或直径：最小1.5 mm；

——开孔面积与全部面积之比：0.45～0.65；

——网孔面积：不超过30 mm^2；

表面处理：裸露或镀金属；

——电阻：熔断元件的电阻应包括在电路预期故障的电流计算中，见8.3.3.5.2中g)项和8.3.4.1.2中d)项，电阻值从电弧喷射在金属网上可能达到的最远点测得。

除非另有规定，试验时不允许维修和更换零部件。

电器在试验前可以空载操作几次。

除非本部分或有关产品标准另有规定，在试验中，机械开关器件的操动系统应如同在制造商规定的预定的使用情况下一样的操作，并应在控制参数(例如电压、气压)的额定值下操作。

8.3.2.2 试验参数

8.3.2.2.1 试验参数值

所有试验应按有关产品标准中有关的表和数据确定的试验参数进行试验，而试验参数应与制造商规定的额定值相对应。

8.3.2.2.2 试验参数的允差

除非有关条款另有规定，记录在试验报告中的试验参数的允差应在表8规定的允差范围之内。然而经制造商同意，试验可以在比规定的要求严酷的条件下进行。

8.3.2.2.3 恢复电压

a) 工频恢复电压

对所有分断能力和短路分断能力试验，工频恢复电压值应为额定工作电压值 1.05 倍，该额定工作电压值由制造商规定或在有关产品标准中规定。

注 1：根据 GB/T 156，规定工频恢复电压为 1.05 倍额定工作电压值及表 8 中试验参数的允差，被认为包括了在正常工作条件下电源系统的电压变化。

注 2：可以要求增高外施电压，但未经制造商同意预期接通峰值电流不应超过规定值。

注 3：在制造商同意下，可以增高工频恢复电压的上限值(8.3.2.2.2)。

b) 瞬态恢复电压

瞬态恢复电压在有关产品标准提出要求时其值按 8.3.3.5.2 确定。

8.3.2.3 试验结果的评定

有关产品标准应规定试验中电器的特性和试验后电器的条件，而对短路试验见 8.3.4.1.7 和 8.3.4.1.9。

8.3.2.4 试验报告

应提供给制造商证明符合相关产品标准型式试验的书面报告。试验布置的详情，如外壳的尺寸和型式(如有)、导体的尺寸、带电部件至外壳或接地部件之间的距离、操动系统的操作方式等，应在试验报告中列出。

试验值和试验参数应作为试验报告的主要内容。

8.3.3 空载、正常负载和过载条件下的性能

8.3.3.1 验证动作条件的一般要求

试验按 7.2.1.1 的规定进行，验证电器是否满足动作性能要求。

8.3.3.2 验证动作范围

8.3.3.2.1 动力操作电器的动作范围

应验证电器在控制参数的极限范围内能否正确地断开和闭合，控制参数，如电压、电流、气压和温度，应在有关产品标准中规定。除非另有规定，试验在主电路不通电的情况下进行。

具有电子式控制电磁铁的动力操作电器，交流条件下，如果制造商规定电器释放电压极限值的范围为额定控制电源电压 U_s 的 75%～10%，则电器还应进行如下的电容性释放试验：

电源电路(电压为 U_s)中串入电容 C，连接导体的总长度小于等于 3 m。电容被一个阻抗可忽略的开关短路。电源电压调到 110%的 U_s。

当开关打到断开位置时，应验证电器的释放。

电容的取值应该为

$$C(\mathrm{nF}) = 30 + 200\ 000/(f \times U_s)$$

式中：

f ——额定频率最小值(Hz)；

U_s——额定电源电压 U_s 的最大值。

例如，对于额定电压为 12 V～24 V，频率为 50 Hz 的线圈，电容为 196 nF(U_s 取最大值)。

试验电压是所声明的额定电源电压范围U_s的最大值。

注：计算电容器的大小，用以模拟长 100 m 截面积为 1.5 mm^2 的电缆，该电缆连接到具有 1.3 mA 漏电流的静态输出端。

8.3.3.2.2 继电器和脱扣器的动作范围

继电器和脱扣器的动作范围应符合 7.2.1.3，7.2.1.4 和 7.2.1.5 的要求，并应按有关产品标准规定试验顺序进行验证。

欠压继电器和脱扣器的动作范围见 7.2.1.3。

分励脱扣器的动作范围见 7.2.1.4。

电流动作继电器和脱扣器的动作范围见 7.2.1.5。

8.3.3.3 温升试验

8.3.3.3.1 周围空气温度的测量

在试验周期的最后 1/4 时间内应记录周围空气温度。测量时至少用两个温度检测器（如温度计或热电偶），均匀分布在被试电器的周围，放置在被试电器高度的 1/2 处离开被试电器的距离约为 1 m。温度检测器应保证免受气流、热辐射影响和由于温度迅速变化产生的显示误差。

试验中，周围空气温度应在＋10 ℃～＋40 ℃之间，其变化应不超过 10 K。

如果周围空气温度的变化超过 3 K，应按电器的热时间常数用适当的修正系数对测得的部件温升予以修正。

8.3.3.3.2 部件温度的测量

除线圈外，电器的所有部件应用合适的温度检测器来测量其可能达到最高温度的不同位置上各点，这些点应记录在试验报告中。

油浸式电器的油温测量，可以用温度计测量油的上部温度作为油的温度。

温度测量选用的温度检测器应不会影响被测量部件的温升。

试验中，温度检测器与被试部件的表面应保证良好的热传导。

电磁铁线圈的温度测量一般应采用电阻变化确定温度的方法，只有在电阻法难以实行时，例如测量电子式控制电磁铁，才允许用其他方法。当使用不同于电阻法的测量方法测量温度时，允许的温升极限应作相应调整。产品标准中应规定测量方法和温升极限值。

在有电子式控制电磁铁的情况下，采用电阻变化确定线圈温度的方法不适用。在这种情况下，其他方法是允许的，例如：热电偶或其他合适的方法。当使用不同于电阻法的测量方法测量温度时，允许的温升极限应作相应调整。产品标准中应规定测量方法和温升极限值。

温升试验开始前线圈的温度与周围介质温度的差异不应超过 3 K。

线圈的热态温度 T_2 可以用以下公式从冷态温度 T_1 和热态电阻 R_2 与冷态电阻 R_1 之比值的函数得到，

$$T_2=\frac{R_2}{R_1}(T_1+234.5)-234.5$$

式中：

T_1，T_2——用摄氏温度（℃）表示；

R_1，R_2——用欧姆（Ω）表示。

试验应进行到足以使温升达到稳定值时为止，但不超过 8 h。当每小时温升变化不超过 1 K 时，可认为温升达到稳定状态。

8.3.3.3.3 部件的温升

部件的温升是按 8.3.3.3.2 测得的该部件温度与按 8.3.3.3.1 测得的周围空气温度之差。

8.3.3.3.4 主电路的温升

被试电器应按 8.3.2.1 的规定安装，并应防止外来非正常的加热或冷却的影响。

电器具有构成整体所必须的外壳和预定仅使用在规定型式外壳中的电器应在其外壳中以约定自由空气发热电流或封闭发热电流进行试验。外壳上不应有非正常的通风孔。

预期用于几种型式外壳中的电器，应在制造商规定的合适的最小外壳中进行温升试验或不带外壳进行温升试验。如果电器在不带外壳的情况下进行试验，则制造商还应规定约定封闭发热电流值(4.3.2.2)。并应为此进行必要的验证。

对多相电流试验，各相电流应平衡，每相电流在±5%的允差范围内，多相电流的平均值应不小于相应的试验电流值。

除非有关产品标准另有规定，主电路的温升试验应按 4.3.2.1 和 4.3.2.2 的规定通以约定自由空气发热电流或(和)约定封闭发热电流，试验可在任何合适的电压下进行。

当主电路、控制电路和辅助电路间的热交换显著时，应同时进行 8.3.3.3.4、8.3.3.3.5、8.3.3.3.6 和 8.3.3.3.7 规定的试验，详细要求应在产品标准中规定。

为了便于试验，在制造商的同意下，直流电器可以用交流电流进行试验。

具有各极相同的多极电器用交流电流进行试验时，如果电磁效应能够忽略，经制造商同意，可以将所有极串联起来通以单相交流电流进行试验。

具有中性极与其他各极不同的四极电器，温升试验可以按如下方式进行：

——在三个相同的极上通以三相电流进行试验；

——中性极与邻近极串联起来通以单相电流进行试验，试验值按中性极的约定发热电流(自由空气或封闭发热电流)确定(见 7.1.9)。

具有短路保护装置的电器应根据有关产品标准的要求进行温升试验。

除非有关产品标准另有规定，试验终了，主电路的不同部件的温升应不超过表 2 和表 3 规定值。

温升试验用导体应根据试验电流(由约定自由空气发热电流或约定封闭发热电流确定)按以下规定选取：

1) 试验电流值不大于 400 A：

   a) 连接导线应采用单芯聚氯乙烯(PVC)绝缘铜导线，其截面按表 9 的规定。

   b) 连接导线应置于大气中，导线之间的间距约等于电器端子间的距离。

   c) 单相或多相试验，从电器一个端子至另一端子或至试验电源或至星形点的连接导线长度规定如下：

   ——截面为 35 mm^2(或 AWG2)及以下，长度 1 m；

   ——截面大于 35 mm^2(或 AWG2)，长度 2 m。

2) 试验电流值大于 400 A，但不超过 800 A：

   a) 连接导线应采用单芯聚氯乙烯(PVC)绝缘铜导线，导线截面积见表 10，或采用等效铜排，见表 11，由制造商推荐。

   b) a)中规定的连接导体之间的间隔距离应与电器端子间的距离近似相同，铜排应涂黑色无光漆。每个端子接有多个并联导线应捆在一起，并应排列成相互间约有 10 mm 的空气间隙。每个端子接多个铜排，铜排隔开间距应近似等于铜排的厚度。如果规定的铜排尺寸不适合端子或难以获得，则可采用截面近似相同和冷却面积近似相同或较小的其他尺寸的铜排。铜导体或铜排不应叠加组成规定的尺寸。

c) 单相或多相温升试验，从电器的端子至另一端子或至试验电源的任何试验连接导体之间的最小长度为 2 m，而至星形接点之间的最小长度可以减少到 1.2 m。

3) 试验电流值大于 800 A，但不超过 3 150 A：

a) 连接导体应是铜排，其尺寸在表 11 中规定。如果电器的设计规定仅用电缆连接，则电缆的截面和尺寸应由制造商规定。

b) 连接铜排之间的间隔距离应与电器端子间的距离近似相同，铜排应涂黑色无光漆。每个端子连接多根并联铜排，铜排隔开间距应近似等于铜排的厚度。如果规定的铜排尺寸不适合端子或难以获得，则可采用截面近似相同和冷却面积近似相同或较小的其他尺寸的铜排。铜排不应叠加组成规定的尺寸。

c) 单相或多相温升试验，从电器的端子至另一端子或至试验电源的任何试验连接导体之间的最小长度为 3 m，但如果连接导体在电源端的温升低于连接导体长度中间（约长度的 1/2 处）的温升，且温差不超过 5 K，则连接导体的长度允许减少到 2 m，端子连接至星形接点的最小长度为 2 m。

4) 试验电流大于 3 150 A：

温升试验的所有有关项目，如电源的类型、相数和频率（如有）、试验连接导体的尺寸和根数及其布置等，都应由制造商和用户双方商定，并应详细记录在试验报告中。

8.3.3.3.5 控制电路的温升试验

控制电路的温升试验应采用规定的电流种类，在交流情况下应在额定频率下进行，控制电路应在其额定电压下进行试验。

预定持续运行的控制电路，温升试验应进行足够长的时间直至温升达到稳定值。

断续周期工作制的控制电路应按有关产品标准的规定进行温升试验。

试验终了，除非有关产品标准另有规定，控制电路不同部位的温升应不超过 7.2.2.5 的规定值。

8.3.3.3.6 电磁铁线圈的温升

线圈和电磁铁应按 7.2.2.6 规定的条件进行温升试验。

温升试验应进行足够长的时间直至温升达到稳定值。

应在主电路和电磁铁线圈都达到热平衡时测量温升。

预定用于断续周期工作制的电器，其线圈和电磁铁应按有关产品标准的规定进行温升试验。

试验终了，不同部位的温升应不超过 7.2.2.6 的规定值。

8.3.3.3.7 辅助电路的温升试验

辅助电路的温升试验应在 8.3.3.3.5 规定的同样条件下进行，但可以在任意合适的电压下进行试验。

试验终了，辅助电路不同部位的温升应不超过 7.2.2.7 的规定值。

8.3.3.4 介电性能的验证

8.3.3.4.1 型式试验的介电性能验证

1) 介电性能验证的一般条件

被试电器应符合 8.3.2.1 规定的一般要求。

如果电器不使用在外壳中，试验时应把电器安装在金属板上，并应将正常工作中连接至保护接地的所有外露导电部件（框架等）接至金属板。

当电器的基座为绝缘材料，电器的金属部件应联接到电器正常安装条件规定的固定连接点上，这些部件应被看作是电器框架的一部分。

由绝缘材料制成的电器的操动器和构成电器整体所需的非金属外壳（不附加另外的外壳）应包以金属箔，并应接至框架或安装板上，金属箔仅应包覆在电器在操作和调整过程中可能被标准试指触及的所有部件表面上。如果附加外壳的存在使标准试指无法触及电器的整体外壳的绝缘部件，则电器的绝缘外壳不需覆盖金属箔。

注1：上述规定是指在电器操作或调整过程中操作者易于接近的部件，例如：按钮的操动器。附录R给出了在操作和调整过程中的易近部件上使用金属箔的导则。

当电器的介电性能与电器的引线绝缘层或特殊绝缘的使用有关，则在进行介电性能试验时应考虑这些引线绝缘层和特殊绝缘的使用。

注2：半导体器件的介电性能试验正在考虑中。

对于相间的介电试验，所有相间的电路在试验时要断开。

注3：本试验目的是仅用于验证功能绝缘。

当电器线路包含有电机、仪表、瞬动开关、电容器、固态电子器件等，且这些器件的相关规范规定的介电试验电压低于本部分的规定值时，则在进行电器规定的介电性能试验之前，将这些器件与电器分开。

在断开通常接至主电路的控制电路时，保持主触头闭合的方法应在试验报告中说明。

对于相和地之间的介电试验，所有电路在试验时应连接。

注4：本试验的所有电路连接都考虑了相和地绝缘间的防电击保护功能。

在绝缘试验中，印制电路板和多触点连接器模块可以断开或用模拟试品代替。本试验不适用于下列附件：该类附件在出现绝缘故障情况时，电压可以传到未连接至机架的易接近部件或电压可以从高压侧传到低压侧，如辅助变压器、测量装置、脉冲变压器，这类附件的绝缘强度等同于主回路。

2） 冲击耐受电压的验证

a） 一般要求

电器应符合7.2.3.1规定的要求。

电器绝缘的验证应采用额定冲击耐受电压进行。

如果电器的某些部分其介电性能受海拔影响较小（如：联接器、密封部分），则其绝缘验证可选择无海拔修正系数的额定冲击耐受电压进行试验。然后将这些部件断开，而电器的其他部分应该选择有海拔修正系数的额定冲击耐受电压进行试验。

电气间隙大于或等于表13情况A之值时可以参照附录G规定的测量方法进行验证。

b） 冲击试验电压

试验电压按7.2.3.1的规定。

装有过电压抑制装置的电器，试验电流的能量应不超过过电压抑制装置的能量规定值。过电压抑制装置的额定值必须适合于使用。

注1：这一额定值正在考虑中。

试验设备应校准产生GB/T 17627中规定的1.2/50 μs波形。然后将输出连接至试品上，每一极性各施加5次，最小时间间隔为1 s。被试电器对波形的影响（如有）可以忽略。

如果在试验顺序过程中要求重复进行介电试验，则有关产品标准应规定介电试验条件。

注2：试验设备的举例正在考虑中。

c） 试验电压的施加

被试电器按上述a）项规定方式安装和准备，试验电压按如下方法施加：

① 触头处于所有正常工作位置，主电路所有端子连接在一起（包括接至主电路的控制电

路和辅助电路)和外壳或安装板之间。

② 触头处于所有正常工作位置,主电路每极与其他连接在一起并接至外壳或安装板的极之间。

③ 正常工作不接至主电路的每个控制电路和辅助电路与以下部位之间:

——主电路;

——其他电路;

——外露导体部分;

——外壳或安装板。

以上部位任何合适者可以连接在一起。

④ 对隔离电器,主电路电源端的端子连接在一起,负载端的端子连接在一起。

试验电压应施加在电器触头处于断开位置的电源端子和负载端子之间,试验电压应按 7.2.3.1 1) b)的规定。

对不具有隔离功能的电器,断开位置触头间的试验要求应在有关产品标准中规定。

d) 试验结果的判别

试验过程中应无非故意的击穿放电。

注 1:故意击穿放电是一个例外情况,例如:瞬态过电压抑制措施;

注 2:术语"击穿放电(disruptive discharge)"与绝缘在电应力作用下的故障现象有关,在这种情况下放电使被试绝缘完全短路,并使电极间电压降低至零或接近零;

注 3:术语"击穿跳火(sparkover)"用于击穿放电发生在气体或液体的介质中;

注 4:术语"闪络(flashover)"用于击穿放电发生在气体或液体的介质表面;

注 5:术语"击穿(puncture)"用于击穿放电发生在贯穿固体介质中;

注 6:击穿放电发生在固体介质中使之永久失去介电强度,在气体和液体介质中其失去介电强度可能是暂时的。

3) 固体绝缘的工频耐受电压的验证

a) 一般要求

本试验是验证固体绝缘及固体绝缘耐受暂态过电压的能力。

达到表 12A 中的值即认为具备了耐受暂时过电压的能力(见表 12A 脚注 b)。

b) 试验电压

试验电压的波形应为正弦波,频率应在 45 Hz 至 65 Hz 之间。

注:"实际中的正弦波"是指峰值和有效值之间的比率是$\sqrt{2}\pm3$ %。

试验所用的高压变压器在输出电压调整到相应的试验电压后,将输出端子短路时,其输出电流至少为 200 mA。

当输出电流小于 100 mA 时,过电流继电器应不脱扣。

试验电压值如下:

① 对主电路、控制电路和辅助电路,按表 12A 的规定,试验电压测量的不准确度不应超过规定值的±3%;

② 如果不能施加交流试验电压(如由于 EMC 滤波器件),可应用表 12A 第 3 列中的直流试验电压值。试验电压测量的不准确度不应超过规定值的±3%。

c) 试验电压的施加

根据上述 2)c)的项①、②、③的规定,试验电压应施加 5 s。

注:产品标准可以将试验持续时间提高到 60 s。

d) 试验结果的判别

试验时,电器应无内部或外部的绝缘闪络和击穿或任何破坏性放电现象的发生,但辉光放电是允许的。

连接在相和地之间的元器件在试验过程中也许被损坏,但这种损坏不应导致电器处于危险状态。产品标准可以给出详细判别标准。

注:对地电压等级依据 GB/T 16935.1 在最差的环境条件下(通常在实际中不出现)选取。

4) 电器分断试验和短路试验后工频耐受电压试验

a) 一般要求

电器应保持电流分断试验和短路试验时的安装方式。在实际试验中如不能实现,可以把电器与试验电路断开或把电器移开,但必须注意的是这一做法不应影响试验结果。

b) 试验电压

上述 3)b)适用,但试验电压值为 $2U_e$,最小值为 1 000 V(有效值)。

如果交流电压试验不适用,则直流试验电压的最小值为 1 415 V。U_e 为进行上述分断试验和/或短路试验的试验值。

注:如产品标准有要求时,应按此规定。

c) 试验电压的施加

上述 3)c)的规定适用。根据 8.3.3.4.1 的 1)对金属箔的应用不作要求。

d) 试验结果的判别

上述 3)d)的规定适用。

5) 耐湿性能试验后的工频耐受电压验证

见附录 K。

6) 直流耐受电压的验证

正在考虑中。

7) 爬电距离的验证

应测量极与极之间、不同电压的电路导体之间和带电导体部件与外露导电部件之间的最小爬电距离。所测得的与相应的材料组别和污染等级有关的爬电距离应满足 7.2.3.4 的要求。

8) 隔离电器的泄漏电流验证

试验方法应在有关产品标准中规定。

8.3.3.4.2 常规试验的介电性能验证

1) 冲击耐受电压验证

试验应按 8.3.3.4.1 的 2)规定进行,试验电压应不小于额定冲击耐受电压(不需海拔系数修正)的 30%或 2 倍的额定绝缘电压,二者取其大者。

2) 工频耐受电压的验证

a) 试验电压

试验设备应与 8.3.3.4.1 中 3)b)的规定相同,但试验设备的过电流继电器整定值为 25 mA。如果制造商同意,出于安全原因,可以采用具有较低整定电流或小容量的试验设备,但试验设备的短路电流应至少是过电流继电器标称整定值的八倍,例如:对于具有 40 mA 短路电流的变压器,过电流继电器应整定在电流不大于 5 mA±1 mA。

注 1:应考虑电器的容量。

试验电压值为 $2U_e$,最小值为 1 000 V(有效值)。

注 2:在多值情况时,U_e 指设备上标注的或制造商文件中规定的最高值。

b) 试验电压的施加

8.3.3.4.1 中 3)c)的规定适用,但试验电压仅施加 1 s。

作为替代的方法,如果认为电器的绝缘可以承受等效的介电应力,则可以采用简化的试验程序。

c) 试验结果的判别

试验设备的过电流继电器应不动作。

3) 冲击耐受电压和工频耐受电压的混合试验

产品标准可以规定用一个工频耐受电压试验代替上述1)和2)的试验,条件是正弦波电压的峰值应与1)和2)(两者取大者)的规定相对应。

4) 常规试验的介电性能试验不需要使用8.3.3.4.1中1)规定的金属箔。

8.3.3.4.3 验证电气间隙的抽样试验

1) 一般要求

本试验是用来验证电器的电气间隙是否符合设计要求,并仅适用于电气间隙小于表13情况A规定的电器。

2) 试验电压

试验电压应与额定冲击耐受电压相对应。

有关产品标准应规定抽样方案和程序。

3) 试验电压的施加

8.3.3.4.1中2)c)的要求适用,但金属箔不必覆盖在操动器和外壳上。

4) 试验结果的判别

试验时不应发生破坏性放电。

8.3.3.4.4 具有保护性隔离的电器的试验

具有保护性隔离的电器的试验方法见附录N。

8.3.3.5 接通和分断能力试验

8.3.3.5.1 一般试验条件

接通和分断能力验证试验应按8.3.2规定的一般试验条件进行。

除非另有规定,每相电流的误差应符合表8的规定。

四极电器应按三极电器进行试验,不用极(电器具有中性极则为中性极)接至框架。如果所有极都相同,则3个相邻极的试验就足以代表所有极的接通和分断能力试验。如果有不同极,则在中性极及相邻极间进行附加试验,按图4,在相电压和对应于中性极额定电流的试验电流下进行试验,其余不用的2极接至框架。

在正常负载和过载条件下的分断能力试验,瞬态恢复电压值应在有关产品标准中规定。

8.3.3.5.2 试验电路

a) 单极、双极、三极和四极的电器接通和分断能力试验电路图如下:

——单极电器的单相交流或直流试验电路图(图3);

——双极电器的单相交流或直流试验电路图(图4);

——三极或三个单极电器的三相交流试验电路图(图5);

——四极电器的三相四线交流试验电路图(图6)。

试验所用的电路图应记录在试验报告中。

b) 电器的电源端(进线端)的预期短路电流应不小于10倍的试验电流或50 kA,二者取其小者。

c) 试验电路由电源、被试电器D和负载电路组成。

d) 负载电路应由电阻器串联空芯电抗器组成,且任何相的空芯电抗器应并联分流电阻,分流值约为通过电抗器的电流的 0.6%。

如果对瞬态恢复电压有规定的话，则用并联电阻和电容取代 0.6%分流电阻跨接在负载上，完整的试验电路图见图 8。

注：对于直流接通和分断能力试验，当时间常数 $T=L/R>10$ ms，可以用铁芯电抗器与电阻器串联组成负载电路。如有必要，用示波器校验时间常数 $T=L/R$ 为规定值（允差 0～+15%），而要求达到 95%稳定电流的时间 $T_{0.95}$ 等于 $3\times L/R$，其允差为±20%。

如果对瞬态浪涌电流有规定的话，例如：AC-5b、AC-6a、AC-6b 和 DC-6 等使用类别，则不同型式的负载及其构成的电路应由有关产品标准规定。

e) 在规定试验电压下，调整负载应达到以下要求：

——有关产品标准规定的电流值和功率因数或时间常数 T 或 $T_{0.95}$；

——工频恢复电压；

——如有要求的话，瞬态恢复电压的振荡频率 f 和过振荡系数 γ。

系数 γ 是瞬态恢复电压最大峰值 U_1 和电流过零瞬间工频恢复电压分量的瞬时值 U_2 之比（见图 7）。

f) 试验电路应仅有一点接地，接地点可以是负载端的星形点或电源端的星形点。接地点的位置应记录在试验报告中。

注：R 和 X 的联接顺序（见图 8A 和图 8b）在试验电路调整和试验之间不应改变。

g) 在正常运行中的电器所有接地部件（包括外壳或金属丝网）应与地绝缘，并应接至图 3、图 4、图 5 和图 6 中的指定点。

为了检测故障电流，在电器的接地部件与接地指定点之间应接入熔断元件 F，熔断元件采用直径 ϕ0.8 mm，长度至少 50 mm 铜丝或等效的熔断体。

熔断元件电路中的预期故障电流应为 1 500(1±10%)A，但下述注 2 和注 3 的规定除外。如有必要的话，应采用限制电流的电阻器。

注 1：直径 ϕ0.8 mm 的铜丝通过频率在 45 Hz 至 67 Hz 间的 1 500 A 电流时，大约在半个周波间会熔化（或对直流约 0.01 s）；

注 2：在供电系统中，具有人为中性点的情况下，经制造商同意，可以允许有较小的预期故障电流，应采用较小直径的铜丝（见下表）；

铜丝直径 mm	熔断元件电路中预期故障电流 A
0.1	50
0.2	150
0.3	300
0.4	500
0.5	800
0.8	1 500

注 3：熔断元件的电阻值见 8.3.2.1。

8.3.3.5.3 瞬态恢复电压特性

为了模拟包含单独电动机负载（感性负载）的电路条件，负载电路的振荡频率应调整到按以下公式所得之值：

$$f=2\,000I_c^{0.2}U_e^{-0.8}\pm10\%$$

式中：

f ——振荡频率，kHz；

I_c ——分断电流，A；

U_e ——额定工作电压，V。

而过振荡系数 γ 应调整为如下值：

$$\gamma = 1.1 \pm 0.05$$

为了获得所需要的电抗值，若采用几个电抗器并联，则各个并联电抗器的瞬态恢复电压应具有同一振荡频率，即并联的电抗器具有实际上相同的时间常数。

电器的负载端子连接至可调负载电路的端子应尽可能靠近，调整应在连接线固定下来的情况下进行。

由于瞬态恢复电压的特性与试验电路的接地点有关，本部分在附录 E 中给出了两种调整负载电路的方法。

8.3.3.5.4　空白

8.3.3.5.5　接通和分断能力试验过程

被试电器的试验操作次数、接通和分断的倍数及环境条件应在有关产品标准中规定。

8.3.3.5.6　接通和分断能力试验中和试验后电器的状态

电器试验中和试验后的判别要求应在有关产品标准中规定。

8.3.3.6　操作性能试验

操作性能试验用来验证电器符合 7.2.4.2 的要求。试验电路应符合 8.3.3.5.2 和 8.3.3.5.3 的规定。

详细的试验条件应在有关产品标准中规定。

8.3.3.7　寿命试验

寿命试验用来验证电器在修理或更换部件之前所能完成的操作循环次数。

寿命试验作为电器在批量生产条件下统计寿命的基础。

8.3.3.7.1　机械寿命试验

机械寿命试验时电器的主电路应无电压或电流。如果正常运行中规定要加润滑剂，则试验前可以加润滑剂。

控制电路应施加其额定电压和额定频率(如适用)。

气动和电控气动电器应施加额定气压的压缩空气。

人力操作电器应按正常情况进行操作。

电器的操作循环次数应不小于有关产品标准规定的次数。

对装有断开继电器或脱扣器的电器，由继电器或脱扣器完成的断开操作的总次数应在有关产品标准中规定。

试验结果的评定应在有关产品标准中规定。

8.3.3.7.2　电寿命试验

根据有关产品标准的规定，除了主电路通以电流以外，其他条件与 8.3.3.7.1 相同。

试验结果的评定应在有关产品标准中规定。

8.3.4 短路条件下的性能试验

本条规定的试验条件是为了验证7.2.5规定的额定值和极限值。附加要求,例如试验过程、操作和试验顺序、试验后电器的条件以及电器与短路保护电器(SCPD)的协调配合试验等,应在有关产品标准中规定。

8.3.4.1 短路试验的一般条件

8.3.4.1.1 一般要求

8.3.2.1规定的一般要求适用,控制机构应按有关产品标准规定的条件操作。如果机构是电动的或气动控制的,则应施加有关产品标准规定的最小电压或最小气压。当在上述条件下操作时应验证电器在无载情况下能正确地动作。

附加的试验条件可以在有关产品标准中规定。

8.3.4.1.2 试验电路

a) 图9、图10、图11和图12列出了用于以下试验的电路图:

——单极电器的单相交流或直流试验电路图(图9);

——双极电器的单相交流或直流试验电路图(图10);

——三极电器的三相交流试验电路图(图11);

——四极电器的三相四线交流试验电路图(图12)。

采用电路的详图应记录在试验报告中。

注:对与短路保护电器配合方面,有关产品标准应规定试验中电器和短路保护电器之间的布置图。

b) 试验中,电源S供电给由电阻器 R_1、电抗器X和被试电器D组成的电路。

在所有情况下,电源应有足够的容量以保证制造商规定的电器特性能够得到验证。

试验电路的电阻器和电抗器应能调整到满足规定的试验条件。电抗器X应是空芯的,应与电阻器 R_1 串联,电抗值应由各个电抗器串联耦合得到。只有当并联的电抗器具有实际上相同时间常数的条件下,才允许电抗器并联。

当具有大型空芯电抗器试验电路的瞬态恢复电压特性不能代表通常使用条件的情况下,除非制造商和用户另有协议,在每相空芯电抗器上应并联电阻,这一电阻应分流约0.6%通过电抗器的电流。

c) 在试验电路中(图9、图10、图11和图12),电阻器和电抗器应在试验中连接在电源S和被试电器D之间。闭合电器A和电流传感器(I_1,I_2,I_3)的位置可以与图9、图10、图11和图12的规定有差异。闭合电器A可以设置在电路的低压侧或选择设置在初始侧。在后一种情况下,试验站已经证明短路变压器剩磁不会导致电压波形变形。被试电器与试验电路之间的连接应在有关产品标准中规定。

当进行试验的电流小于额定值时,要求的附加阻抗应连接在电器的负载端和短路点之间。然而也可连接在电器的电源端,这应在试验报告中记录。

上述规定不必在短时耐受电流试验中采用(见8.3.4.3)。

除非制造商与用户已达成特殊协议,并详细记录在试验报告中,否则试验电路图应采用图9、图10、图11和图12。

试验电路中应有一点接地也仅允许一点接地,接地点可以是短路连接点、电源中性点或任何其他合适点,接地方法应记录在试验报告中。

d) 在正常运行中的电器所有接地部件(包括外壳或金属丝网)应与地绝缘,并应接至图9、图10、

图 11 和图 12 中的指定点。

为了检测故障电流，在电器的接地部件与接地指定点之间应接入熔断元件 F，熔断元件采用直径 ϕ0.8 mm，长度至少 50 mm 铜丝或等效的熔断体。

熔断元件电路中的预期故障电流应为 1 500(1±10%)A，但下述注 2 和注 3 的规定除外。如有必要的话，应采用限制电流的电阻器。

注 1：直径 ϕ0.8 mm 的铜丝通过频率在 45 Hz 至 67 Hz 间的 1 500 A 电流，大约在半个周波时间熔化(对直流约 0.01 s)；

注 2：在供电系统中，具有人为中性点的情况下，经制造商同意，可以允许有较小的预期故障电流，应采用较小直径的铜丝(见下表)；

铜丝直径 mm	熔断元件电路中预期故障电流 A
0.1	50
0.2	150
0.3	300
0.4	500
0.5	800
0.8	1 500

注 3：熔断元件的电阻值见 8.3.2.1。

8.3.4.1.3 试验电路的功率因数

对交流，试验电路的每相功率因数必须按规定的方法予以确定，其方法应在试验报告中说明。

附录 F 中列出了两种功率因数确定方法。

多相电路的功率因数应认为是各相功率因数的平均值。

功率因数应按表 16 选定。

不同相的功率因数最大值和最小值与平均值之差应保持在±0.05 范围内。

8.3.4.1.4 试验电路的时间常数

对直流，试验电路的时间常数按附录 F 的 F.2 方法确定。

时间常数应按表 16 选定。

8.3.4.1.5 试验电路的调整

试验电路整定时采用阻抗值可忽略的临时连接线 B 代替被试电器，连接线 B 尽可能靠近端子连接，该端子用来连接被试电器。

对交流，调整电阻器 R_1 和电抗器 X，以便在外施电压下获得等同于额定短路分断能力的电流值和 8.3.4.1.3 规定的功率因数。

为了从整定波形上确定被试电器的短路接通能力，必须调整电路以便保证其中一相达到预期接通电流。

注：外施电压是开路电压，应产生规定的工频恢复电压(见 8.3.2.2.3 注 1)。

对直流，调整电阻器 R_1 和电抗器 X，以便在试验电压下获得等同于额定短路分断能力的最大电流值和 8.3.4.1.4 规定的时间常数。

试验电路在所有极同时通电，记录电流波形曲线的时间至少为 0.1 s。

对直流开关电器，在整定电流波形曲线达到峰值之前分断其触头的情况下，可用附加纯电阻接入电路中进行整定波形记录，确定以 A/s 表示的电流上升率与规定的试验电流和时间常数的电流上升率相同即可(见图 15)。附加电阻应该使整定电流波形曲线的峰值至少等于分断电流的峰值。在实际试验中,此电阻应拆除(见 8.3.4.1.8 中 b))。

8.3.4.1.6 试验过程

试验电路按 8.3.4.1.5 的规定整定后,用被试电器及其连接电缆(如有)取代临时连接线。

在短路条件下的电器性能试验应按有关产品标准规定的要求进行。

8.3.4.1.7 短路接通和分断试验中电器的状况

电器的极间或极与框架之间不应发生电弧也不应有闪络,检测电路(见 8.3.4.1.2)中的熔断元件 F 应不熔断。

有关产品标准可以规定附加要求。

8.3.4.1.8 记录波形图的说明

a) 外施电压和工频恢复电压的确定

从被试电器进行分断试验所记录的波形图确定外施电压和工频恢复电压,交流按图 13 确定,直流按图 14 确定。

电源侧的电压应在所有极电弧熄灭后和电压高频分量已衰减后的第一个完全周波中测量(见图 13)。

如果需获得更多的参数(如跨接各单极的电压、燃弧时间、电弧能量、通断操作过电压等),可以借助跨接在各极间的附加传感器获得。在此情况下,各组测量电路中与每极触头并联的电阻应不小于 100 Ω/V(跨接在各单独极的电压有效值),该值应记录在试验报告中。

b) 预期分断电流的确定

用电路整定中记录的整定电流波形曲线和电器分断试验中记录的波形曲线进行比较确定预期分断电流(见图 13)。

对交流,预期分断电流的交流分量等于对应于电弧触头分开瞬间的整定电流波形上的交流分量有效值(其值对应于图 13 a)中的 $A_2/2\sqrt{2}$)。预期分断电流应是各相预期电流的平均值,其允差按表 8 的规定。任何相的预期电流应在±10%额定值范围内。

注:如果制造商同意,每相电流可以在±10%的平均电流值范围内。

对直流,电器在电流达到最大值之前分断,则预期分断电流值等于从整定电流曲线确定的最大值 A_2。电器在电流超过最大值之后分断,则预期分断电流等于 A 值[见图 14 a)和 b)]。

对直流电器按 8.3.4.1.5 的要求进行试验,当进行试验电路整定的整定电流 I_1 小于额定分断电流时,如果实际分断电流 I_2 大于 I_1,则认为试验无效。应在电路整定到整定电流 I_3 大于 I_2 后再次进行试验(见图 15)。

从对应于整定电路的电阻器 R_1,计算出试验电路的电阻 R,应能确定预期分断电流 $A_2=U/R$。用以下公式得到试验电路的时间常数。

$$T=A_2/(\mathrm{d}i/\mathrm{d}t)$$

允差见表 8。

c) 预期接通电流峰值的确定

预期接通电流峰值从整定电流波形中确定,对于交流其值应取对应于图 13 a)中的 A_1,对于直流取对应于图 14 中的 A_2。在三相试验的情况下,预期接通电流峰值应取波形中的三个 A_1 值的最大者。

注:对单极电器试验,从整定电流波形上确定的预期电流峰值可以与试验的实际接通电流峰值有差异,这主要取决于接通瞬间(接通相角)。

8.3.4.1.9 **试验后电器的条件**

在上述试验后，电器应符合有关产品标准的规定。

8.3.4.2 **短路接通和分断能力**

电器的额定短路接通能力和分断能力验证试验过程应在有关产品标准中规定。

8.3.4.3 **额定短时耐受电流的承载能力试验**

电器应处于闭合位置进行试验，预期电流等于额定短时耐受电流，并在相应的工作电压和8.3.4.1规定的一般条件下进行试验。

若试验站用额定工作电压进行本试验有困难的话，则可在任何合适的较低的电压下进行试验，在此情况下实际试验电流等于额定短时耐受电流 I_{cw}，有关试验的情况应记录在试验报告中。然而如果试验中发生触头瞬时分离，则应在额定工作电压下重新进行试验。

对本试验，如果电器有过电流脱扣器，在试验中有可能动作，为此在试验时应使脱扣器失效。

a) 交流试验

试验应在电器的额定频率下进行，频率允差±25%，功率因数根据表16所对应的额定短时耐受电流确定。

整定电流值是所有相交流分量有效值的平均值(见4.3.6.1)，平均值应等于额定值，允差见表8的规定。

每相的电流应是额定值的±5%。

当试验在额定工作电压下进行时，则整定电流是预期电流。

当试验在任何较低的电压下进行，则整定电流是实际试验电流。

通电时间应达到规定时间，在此时间内交流分量的有效值应保持恒定。

注：如果试验站的试验条件不能满足上述试验要求，根据制造商和用户的协议，每相试验电流可以在平均电流的±10%范围内。

电流在第一个周波中最大峰值应不小于 n 倍额定短时耐受电流，对应于该电流值的 n 值按表16选择。

当试验站的特性不能满足上述要求时，允许作以下适当变更，但应满足如下要求：

$$\int_0^{t_{试验}} i_{试验}^2 \mathrm{d}t \geqslant I^2 \times t_{短时}$$

式中：

$t_{试验}$——试验的通电时间；

$t_{短时}$——规定的通电时间；

$i_{试验}$——交流分量不是恒定或其有效值大于等于额定短时耐受电流 I_{cw} 时的试验整定电流；

I ——假定交流分量恒定时的实际试验整定电流。

如果试验站的短路电流的衰减使在通电起始没有过高的电流就不能得到规定时间的额定短时耐受电流，则试验时电流的有效值允许下降至低于规定值，通电时间适当增加，但最大峰值电流应不小于规定值。

如果为了得到规定的电流峰值，而电流的有效值必须增加至规定值以上，则试验时间应相应减少。

b) 直流试验

通电时间应为规定时间，从电流波形记录中确定的平均值应至少等于规定值。

当试验站的特性在通电起始没有过高的电流就不能达到以上要求的规定时间的额定短时耐受

电流，则试验时电流允许下降至低于规定值，通电时间适当增加，但最大电流值应不小于规定值。

如果试验站不能进行上述直流试验，则在制造商与用户的同意下，可以用交流试验代替直流试验。但应采取适当的防护措施，例如电流的峰值应不超过允许电流。

c) 试验中和试验后电器的状况

试验中电器的状况应在有关产品标准中规定。

试验后，要求电器用正常操动方式操作应能正常动作。

8.3.4.4 短路保护电器和额定限制短路电流的配合试验

试验的条件和过程（如适用）应在有关产品标准中规定。

8.4 EMC试验

电器的抗扰度和发射试验是型式试验，应按制造商安装说明书规定的相应的运行和环境条件进行试验。

试验应根据相关EMC标准进行，但产品标准应规定其特定试验条件（如使用外壳）和必要的附加措施（如停留时间的应用）来验证产品的性能。

8.4.1 抗扰度试验

8.4.1.1 无电子线路的电器的抗扰度试验

不需进行验证试验，见7.3.2.1。

8.4.1.2 具有电子线路的电器的抗扰度试验

8.4.1.2.1 一般要求

使用全部由无源电子元件组成的电子线路的电器不需进行试验。

产品性能标准应以表24的验收标准为基础，在产品标准中列出。

8.4.1.2.2 静电放电

除非产品标准中另有规定的试验等级和判别标准，本试验应按照表23的规定的值根据GB/T 17626.2的要求进行，试验应在每一测量点重复10次，每两次脉冲之间的时间间隔最小为1 s。

试验装置应按照图18布置。

8.4.1.2.3 射频电磁场辐射

除非产品标准中另有规定的试验等级和判别标准，本试验应按照表23的规定的值根据GB/T 17626.3的要求进行。

试验装置应按照图19布置。

本试验分两步进行：第一步（步骤1）试品在全频率范围内进行抗误动作试验。第二步（步骤2）试品在各个频率点进行正确动作试验。

对第一步，频率应按GB/T 17626.3—2006第8章的要求在80 MHz～1 000 MHz和1 400 MHz～2 000 MHz范围内扫描。除非产品标准另有规定，否则对每个频率的幅度调制波的停顿时间应在500 ms～1 000 ms之间，步长为先前频率的1%，实际停顿时间应记录在试验报告中。

对第二步，在离散频率下验证功能特性，试验应根据相关产品标准的规定进行。

8.4.1.2.4 电快速瞬变/脉冲群(EFT/B)

除非产品标准中另有规定的试验等级和/或重复频率以及判别标准,本试验应按照表 23 规定的值在重复频率为 5 kHz 下根据 GB/T 17626.4 的要求进行。

对于除信号端口外的所有端口,试验装置应按照图 20 布置。

对信号端口,试验应采用容性耦合夹连接导线,EFT 发生器和容性耦合夹之间电缆的长度最大为 1 m。

8.4.1.2.5 浪涌

本试验应按照表 23 的规定的值根据 GB/T 17626.5 的要求进行,同时考虑 GB/T 17799.2—2003 的表 2 和表 3 中脚注 d 的内容。

应施加正负两极性脉冲,相角为 0°和 90°和 270°。

每极性和每相角各施加 5 个脉冲群,两个脉冲之间间隔约 1 min。

对于每一相使用同样电路配置的三相电器,仅需在一相上进行试验即可。

8.4.1.2.6 射频场感应的传导骚扰

本试验应按照表 23 的规定的值根据 GB/T 17626.6 的要求进行,试品应在自由空气中进行试验。

电源线应通过适当的耦合—去耦网络 M1、M2 或 M3 注入骚扰。

信号线应通过耦合—去耦网络注入骚扰。若不可行,可采用电磁夹。

特定的试验装置应按图 21 或图 22 布置,详细内容记录在试验报告中。

试验分两步进行:第一步(步骤 1)在整个频率范围内对试品进行抗误动作试验,第二步(步骤 2)试品在离散频率下进行正确动作试验。

对第一步,频率应按 GB/T 17626.6—2008 第 8 章的要求在 150 kHz～80 MHz 的范围内扫描。除非产品标准另有规定对每个频率的幅度调制波的停顿时间应在 500 ms～1 000 ms 之间,步长为先前频率的 1%,实际停顿时间应记录在试验报告中。

对第二步,在离散频率下验证功能特性,试验应根据相关产品标准的规定进行。

8.4.1.2.7 工频磁场

本试验仅适用于在相关产品标准中规定的含有易受工频磁场影响装置的电器。

试验方法应按照 GB/T 17626.8 进行,除非试品仅用于专用外壳中,试品放置在自由空气中。试验等级在表 23 中给出,磁场应在 3 个正交轴上(见图 23)施加在试品上。

8.4.1.2.8 电压暂降和中断

本试验仅适用于在相关产品标准中规定的在电压暂降和中断情况下易产生误动作的电器。

试验方法应按照 GB/T 17626.11 进行,试品应采用由试品制造商规定的最短的电源电缆连接至试验发生器上。如果电缆长度没有规定,则应该是适用于试品的尽可能短的电缆。试验等级在表 23 中给出,给出的百分比是额定工作电压的百分比。

8.4.2 发射试验

8.4.2.1 无电子线路的电器的发射试验

不需进行验证试验,见 7.3.3.1。

8.4.2.2 具有电子线路的电器的发射试验

产品标准应规定试验方法的具体细节,见 7.3.3.2。

表 1　圆铜导线的额定截面积及 mm² 和 AWG/kcmil 尺寸之间的近似关系

（见 7.1.8.2）

额定截面积 mm²	AWG/kcmil 尺寸	公制尺寸 mm²
0.2	24	0.205
0.34	22	0.324
0.5	20	0.519
0.75	18	0.82
1	—	—
1.5	16	1.3
2.5	14	2.1
4	12	3.3
6	10	5.3
10	8	8.4
16	6	13.3
25	4	21.2
35	2	33.6
—	1	42.4
50	0	53.5
70	00	67.4
95	000	85
—	0 000	107.2
120	250 kcmil	127
150	300 kcmil	152
185	350 kcmil	177
—	400 kcmil	203
240	500 kcmil	253
300	600 kcmil	304
注：当出现“—”时，也作为考虑连接能力（见 7.1.8.2）的一个规格。		

表 2　端子的温升极限

（见 7.2.2.1 和 8.3.3.3.4）

端子材料	温升极限[a,c] K
裸铜	60
裸黄铜	65
铜（或黄铜）镀锡	65
铜（或黄铜）镀银或镀镍	70
其他金属	[b]

[a] 在实际使用中外接导体不应显著小于表 9 和表 10 规定的导体，否则会促使端子和电器内部部件温度较高，并导致电器损坏。为此在未得到制造商同意的情况下不应采用这种导体。

[b] 温升极限是按使用经验或寿命试验来确定，但不应超过 65 K。

[c] 产品标准对不同试验条件和小尺寸器件可以规定不同的温升值，但不应超过本表规定的 10 K。

表 3　易接近部件的温升极限

（见 7.2.2.2 和 8.3.3.3.4）

易接近部件	温升极限[a] K
人力操作部件：	
金属的	15
非金属的	25
可触及但不能握住的部件：	
金属的	30
非金属的	40
正常操作时不触及的部件：[b]	
外壳接近电缆进口处外表面：	
金属的	40
非金属的	50
电阻器外壳的外表面	200[b]
电阻器外壳通风口的气流	200[b]

[a] 产品标准对不同的试验条件和小尺寸器件可以规定不同的温升值，但不应超过本表规定的 10 K。

[b] 应防止电器与易燃材料接触或与人的偶然接触。如果制造商有此规定，则 200 K 的极限可以超过。确定安装位置和提供防护措施以免发生危险是安装者的责任。制造商应根据 5.3 的规定提供适当的信息。

表 4　验证螺纹型端子机械强度的拧紧力矩

（见 8.2.4.2 和 8.3.2.1）

螺纹直径 mm		拧紧力矩 N·m		
米制标准值	直径范围	Ⅰ	Ⅱ	Ⅲ
1.6	$\phi \leqslant 1.6$	0.05	0.1	0.1
2.0	$1.6 < \phi \leqslant 2.0$	0.1	0.2	0.2
2.5	$2.0 < \phi \leqslant 2.8$	0.2	0.4	0.4
3.0	$2.8 < \phi \leqslant 3.0$	0.25	0.5	0.5
—	$3.0 < \phi \leqslant 3.2$	0.3	0.6	0.6
3.5	$3.2 < \phi \leqslant 3.6$	0.4	0.8	0.8
4	$3.6 < \phi \leqslant 4.1$	0.7	1.2	1.2
4.5	$4.1 < \phi \leqslant 4.7$	0.8	1.8	1.8
5	$4.7 < \phi \leqslant 5.3$	0.8	2.0	2.0
6	$5.3 < \phi \leqslant 6.0$	1.2	2.5	3.0
8	$6.0 < \phi \leqslant 8.0$	2.5	3.5	6.0
10	$8.0 < \phi \leqslant 10.0$	—	4.0	10.0
12	$10 < \phi \leqslant 12$	—	—	14.0
14	$12 < \phi \leqslant 15$	—	—	19.0
16	$15 < \phi \leqslant 20$	—	—	25.0
20	$20 < \phi \leqslant 24$	—	—	36.0
24	$24 < \phi$	—	—	50.0

第Ⅰ列：适用于拧紧时不突出孔外的无头螺钉和不能用刀口宽度大于螺钉根部直径的螺丝刀拧紧的其他螺钉。

第Ⅱ列：适用于用螺丝刀拧紧的螺钉和螺母。

第Ⅲ列：适用于不可用螺丝刀来拧紧的螺钉和螺母。

表 5 圆铜导体拉出和弯曲试验数值

（见 8.2.4.4.1）

导体截面		衬套孔直径[a b]	高度[a]	质量	拉力
mm²	AWG/kcmil	mm	mm	kg	N
0.2	24	6.5	260	0.2	10
0.34	22	6.5	260	0.2	15
0.5	20	6.5	260	0.3	20
0.75	18	6.5	260	0.4	30
1.0	—	6.5	260	0.4	35
1.5	16	6.5	260	0.4	40
2.5	14	9.5	280	0.7	50
4.0	12	9.5	280	0.9	60
6.0	10	9.5	280	1.4	80
10	8	9.5	280	2.0	90
16	6	13	300	2.9	100
25	4	13	300	4.5	135
—	3	14.5	320	5.9	156
35	2	14.5	320	6.8	190
—	1	15.9	343	8.6	236
50	0	15.9	343	9.5	236
70	00	19.1	368	10.4	285
95	000	19.1	368	14	351
—	0 000	19.1	368	14	427
120	250 kcmil	22.2	406	14	427
150	300 kcmil	22.2	406	15	427
185	350 kcmil	25.4	432	16.8	503
—	400 kcmil	25.4	432	16.8	503
240	500 kcmil	28.6	464	20	578
300	600 kcmil	28.6	464	22.7	578

[a] 允差：高度为 $H\pm15$ mm；衬套孔直径±2 mm。

[b] 如果规定的衬套孔直径不足以容纳散导线则可以用一个较大孔径的衬套。

表 6 扁铜导体拉出试验数值

（见 8.2.4.4.2）

扁导体的最大宽度 mm	拉力 N
12	100
14	120
16	160
20	180
25	220
30	280

表 7　最大导线截面和相应的模拟量规

（见 8.2.4.5.1）

导线截面		模拟量规　（见图 2）					
软线 mm²	硬线(实心或多股的) mm²	型式 A			型式 B		a 和 b 的允差 mm
		标号	直径 a mm	宽度 b mm	标号	直径 a mm	
1.5	1.5	A1	2.4	1.5	B1	1.9	$^{0}_{-0.05}$
2.5	2.5	A2	2.8	2.0	B2	2.4	
2.5	4	A3	2.8	2.4	B3	2.7	
4	6	A4	3.6	3.1	B4	3.5	$^{0}_{-0.06}$
6	10	A5	4.3	4.0	B5	4.4	
10	16	A6	5.4	5.1	B6	5.3	
16	25	A7	7.1	6.3	B7	6.9	$^{0}_{-0.07}$
25	35	A8	8.3	7.8	B8	8.2	
35	50	A9	10.2	9.2	B9	10.0	
50	70	A10	12.3	11.0	B10	12.0	$^{0}_{-0.08}$
70	95	A11	14.2	13.1	B11	14.0	
95	120	A12	16.2	15.1	B12	16.0	
120	150	A13	18.2	17.0	B13	18.0	
150	185	A14	20.2	19.0	B14	20.0	
185	240	A15	22.2	21.0	B15	22.0	$^{0}_{-0.09}$
240	300	A16	26.5	24.0	B16	26.0	

注：对丁导体截面不同丁上表的实心或多股的导体，可以用适当截面的未经处理的导线作为模拟量规，插入力应不大丁 5 N。

表 7a　导线截面积和直径之间的对应关系

导线截面 mm²	最大导体的理论直径						
	公制			AWG/kcmil			
	硬线		软线 mm	硬线			软线
	实心线 mm	多股线 mm		量规	实心线[b] mm	类别 B 多股线[b] mm	类别 I.K.M 多股线[c] mm
0.2	0.51	0.53	0.61	24	0.54	0.61	0.64
0.34	0.63	0.66	0.8	22	0.68	0.71	0.80
0.5	0.9	1.1	1.1	20	0.85	0.97	1.02
0.75	1.0	1.2	1.3	18	1.07	1.23	1.28

表 7a（续）

导线截面 mm²	最大导体的理论直径						
	公制			AWG/kcmil			
	硬线		软线 mm	硬线			软线
	实心线 mm	多股线 mm		量规	实心线[b] mm	类别 B 多股线[b] mm	类别 I.K.M 多股线[c] mm
1.0	1.2	1.4	1.5	—	—	—	—
1.5	1.5	1.7	1.8	16	1.35	1.55	1.60
2.5	1.9	2.2	2.3[a]	14	1.71	1.95	2.08
4	2.4	2.7	2.9[a]	12	2.15	2.45	2.70
6	2.9	3.3	3.9[a]	10	2.72	3.09	3.36
10	3.7	4.2	5.1	8	3.43	3.89	4.32
16	4.6	5.3	6.3	6	4.32	4.91	5.73
25		6.6	7.8	4	5.45	6.18	7.26
35		7.9	9.2	2	6.87	7.78	9.02
50		9.1	11.0[a]	0		9.64	12.08
70		11.0	13.1[a]	00		11.17	13.54
95		12.9	15.1[a]	000		12.54	15.33
—		—	—	0 000		14.08	17.22
120		14.5	17.0[a]	250		15.34	19.01
150		16.2	19.0[a]	300		16.80	20.48
185		18.0	21.0[a]	350		18.16	22.05
—		—	—	400		19.42	24.05
240		20.6	24.0[a]	500		21.68	26.57
300		23.1	27.0[a]	600		23.82	30.03

注：最大硬线和软线的直径根据 GB/T 3956 和 GB/T 18213 中的表 1 和表 3 确定。对于 AWG 电线，根据 ASTM B172-71[1]，ICEA 出版物 S-19-81[2]，ICEA 出版物 S-66-524[3] 和 ICEA 出版物 S-66-516[4] 确定。方括号中的数字参见参考文献。

[a] 根据 GB/T 3956，该尺寸仅适用于第 5 种软铜导体。

[b] 标称尺寸＋5％。

[c] I，K，M 中任一最大尺寸＋5％。

表 8 试验参数的允差

（见 8.3.4.3 a）

所有试验		空载、正常负载和过载条件下的试验		短路条件下的试验	
电流	$^{+5\%}_{0}$	功率因数	±0.05	功率因数	$^{0}_{-0.05}$
电压 （包括工频恢复电压）	$^{+5\%}_{0}$	时间常数	$^{+15\%}_{0}$	时间常数	$^{+25\%}_{0}$
		频率	±5%	频率	±5%

注 1：表中给定的允差不适用于动作范围，最大和/或最小动作极限在产品标准中规定。

注 2：制造商和用户双方同意，在 50 Hz 下进行的试验可以认为允许在 60 Hz 条件下运行。反之亦然。

表 9 试验电流为 400 A 及以下的试验铜导线

（见 8.3.3.3.4）

试验电流范围[a] A		导线尺寸[b,c,d]	
		mm^2	AWG/kcmil
0	8	1.0	18
8	12	1.5	16
12	15	2.5	14
15	20	2.5	12
20	25	4.0	10
25	32	6.0	10
32	50	10	8
50	65	16	6
65	85	25	4
85	100	35	3
100	115	35	2
115	130	50	1
130	150	50	0
150	175	70	00
175	200	95	000
200	225	95	0 000
225	250	120	250 kcmil
250	275	150	300 kcmil
275	300	185	350 kcmil
300	350	185	400 kcmil
350	400	240	500 kcmil

[a] 试验电流应大于第一栏的第一个数值，并应小于或等于第二个数值。

[b] 为了便于试验，在制造商的同意下，可以采用较小试验电流规定的导体。

[c] 表中列出了公制和 AWG/kcmil 制的尺寸变换和铜排的 mm 和 inches 的尺寸变换。公制和 AWG/kcmil 制对照表见表 1。

[d] 按试验电流范围规定的两种导体的任一种都可以采用。

表 10 试验电流大于 400 A 而不超过 800 A 的试验铜导线

(见 8.3.3.3.4)

试验电流范围[a] A		导线[b,c,d]			
		公制		kcmil	
		根数	尺寸 mm²	根数	尺寸 kcmil
400	500	2	150	2	250
500	630	2	185	2	350
630	800	2	240	3	300

[a] 试验电流应大于第一栏的第一个数值,并应小于或等于第二个数值。

[b] 为了便于试验,在制造商的同意下,可以采用较小试验电流规定的导体。

[c] 表中列出了公制和 AWG/kcmil 制的尺寸变换和铜排的 mm 和 inches 的尺寸变换。公制和 AWG/kcmil 制对照表见表 1。

[d] 按试验电流范围规定的两种导体的任一种都可以采用。

表 11 试验电流大于 400 A 而不超过 3 150 A 的试验铜排

(见 8.3.3.3.4)

试验电流范围[a] A		铜排[b,c,d,e,f]		
		根数	尺寸 mm	尺寸 inches
400	500	2	30×5	1×0.250
500	630	2	40×5	1.25×0.250
630	800	2	50×5	1.5×0.250
800	1 000	2	60×5	2×0.250
1 000	1 250	2	80×5	2.5×0.250
1 250	1 600	2	100×5	3×0.250
1 600	2 000	3	100×5	3×0.250
2 000	2 500	4	100×5	3×0.250
2 500	3 150	3	100×10	6×0.250

[a] 试验电流应大于第一栏的第一个数值,并应小于或等于第二个数值。

[b] 为了便于试验,在制造商的同意下,可以采用较小试验电流规定的导体。

[c] 表中列出了公制和 AWG/kcmil 制的尺寸变换和铜排的 mm 和 inches 的尺寸变换。公制和 AWG/kcmil 制对照表见表 1。

[d] 按试验电流范围规定的两种导体的任一种都可以采用。

[e] 铜排采用其长边处于垂直位置的布置。如果制造商同意,铜排可采用置其长边呈水平位置的布置。

[f] 在采用四根铜排时,应分成二组,一组二根,每组中心间的距离不大于 100 mm。

表 12　冲击耐受电压

额定冲击耐受电压 U_{imp} kV	试验电压和相应的海拔 $U_{1.2/50}$ kV				
	海平面	200 m	500 m	1 000 m	2 000 m
0.33	0.35	0.35	0.35	0.34	0.33
0.5	0.55	0.54	0.53	0.52	0.5
0.8	0.91	0.9	0.9	0.85	0.8
1.5	1.75	1.7	1.7	1.6	1.5
2.5	2.95	2.8	2.8	2.7	2.5
4	4.8	4.8	4.7	4.4	4
6	7.3	7.2	7	6.7	6
8	9.8	9.6	9.3	9	8
12	14.8	14.5	14	13.3	12

注：表 12 适用均匀电场，情况 B(见 2.5.62)。

表 12A　与额定绝缘电压对应的介电试验电压

额定绝缘电压 U_i V	交流试验电压(r.m.s) V	直流试验电压[b,c] V
$U_i \leqslant 60$	1 000	1 415
$60 < U_i \leqslant 300$	1 500	2 120
$300 < U_i \leqslant 690$	1 890	2 670
$690 < U_i \leqslant 800$	2 000	2 830
$800 < U_i \leqslant 1\ 000$	2 200	3 110
$1\ 000 < U_i \leqslant 1\ 500$[a]	—	3 820

[a] 仅适用于直流。

[b] 试验电压值依据 GB/T 16935.1—2008 中 4.1.2.3.1 第 3 段。

[c] 直流试验电压仅在交流试验电压不适用时使用，见 8.3.3.4.1 3)b)②规定。

表 13　空气中最小电气间隙

<table>
<tr><th rowspan="4">额定冲击耐受电压 U_{imp}
kV</th><th colspan="8">最小电气间隙/mm</th></tr>
<tr><th colspan="4">情况 A　非均匀电场条件(2.5.63)</th><th colspan="4">情况 B　均匀电场条件(2.5.62)</th></tr>
<tr><th colspan="4">污染等级</th><th colspan="4">污染等级</th></tr>
<tr><th>1</th><th>2</th><th>3</th><th>4</th><th>1</th><th>2</th><th>3</th><th>4</th></tr>
<tr><td>0.33</td><td>0.01</td><td rowspan="3">0.2</td><td rowspan="4">0.8</td><td rowspan="5">1.6</td><td>0.01</td><td rowspan="3">0.2</td><td rowspan="5">0.8</td><td rowspan="6">1.6</td></tr>
<tr><td>0.5</td><td>0.04</td><td>0.04</td></tr>
<tr><td>0.8</td><td>0.1</td><td>0.1</td></tr>
<tr><td>1.5</td><td>0.5</td><td>0.5</td><td>0.3</td><td>0.3</td></tr>
<tr><td>2.5</td><td>1.5</td><td>1.5</td><td>1.5</td><td>0.6</td><td>0.6</td></tr>
<tr><td>4</td><td>3</td><td>3</td><td>3</td><td>3</td><td>1.2</td><td>1.2</td><td>1.2</td></tr>
<tr><td>6</td><td>5.5</td><td>5.5</td><td>5.5</td><td>5.5</td><td>2</td><td>2</td><td>2</td><td>2</td></tr>
<tr><td>8</td><td>8</td><td>8</td><td>8</td><td>8</td><td>3</td><td>3</td><td>3</td><td>3</td></tr>
<tr><td>12</td><td>14</td><td>14</td><td>14</td><td>14</td><td>4.5</td><td>4.5</td><td>4.5</td><td>4.5</td></tr>
</table>

注：空气中最小电气间隙是以 1.2/50μs 冲击电压为基础，其气压为 80 kPa 相当于 2 000 m 海拔处正常大气压。

表 14 隔离电器断开触头间的试验电压

额定冲击耐受电压 U_{imp}/kV	试验电压和相应的海拔 $U_{1.2/50}$ kV				
	海平面	200 m	500 m	1 000 m	2 000 m
0.33	1.8	1.7	1.7	1.6	1.5
0.5	1.8	1.7	1.7	1.6	1.5
0.8	1.8	1.7	1.7	1.6	1.5
1.5	2.3	2.3	2.2	2.2	2
2.5	3.5	3.5	3.4	3.2	3
4	6.2	6.0	5.8	5.6	5
6	9.8	9.6	9.3	9	8
8	12.3	12.1	11.7	11.1	10
12	18.5	18.1	17.5	16.7	15

表 15 最小爬电距离

电器的额定绝缘电压或工作电压，交流有效值或直流[b,c] V	电器承受长期应力的最小爬电距离													
	印制线路材料													
	污染等级													
	1	2	1	2			3				4			
	材料组别													
	全部 mm	全部(除Ⅲb) mm	全部 mm	Ⅰ mm	Ⅱ mm	Ⅲ mm	Ⅰ mm	Ⅱ mm	Ⅲa mm	Ⅲb mm	Ⅰ mm	Ⅱ mm	Ⅲa mm	Ⅲb mm
10	0.025	0.04	0.08	0.4	0.4	0.4	1	1	1		1.6	1.6	1.6	
12.5	0.025	0.04	0.09	0.42	0.42	0.42	1.05	1.05	1.05		1.6	1.6	1.6	
16	0.025	0.04	0.1	0.45	0.45	0.45	1.1	1.1	1.1		1.6	1.6	1.6	
20	0.025	0.04	0.11	0.48	0.48	0.48	1.2	1.2	1.2		1.6	1.6	1.6	
25	0.025	0.04	0.125	0.5	0.5	0.5	1.25	1.25	1.25		1.7	1.7	1.7	
32	0.025	0.04	0.14	0.53	0.53	0.53	1.3	1.3	1.3		1.8	1.8	1.8	
40	0.025	0.04	0.16	0.56	0.8	1.1	1.4	1.6	1.8		1.9	2.4	3	
50	0.025	0.04	0.18	0.6	0.85	1.2	1.5	1.7	1.9		2	2.5	3.2	
63	0.04	0.063	0.2	0.63	0.9	1.25	1.6	1.8	2		2.1	2.6	3.4	
80	0.063	0.1	0.22	0.67	0.95	1.3	1.7	1.9	2.1		2.2	2.8	3.6	
100	0.1	0.16	0.25	0.71	1	1.4	1.8	2	2.2		2.4	3	3.8	
125	0.16	0.25	0.28	0.75	1.05	1.5	1.9	2.1	2.4		2.5	3.2	4	
160	0.25	0.4	0.32	0.8	1.1	1.6	2	2.2	2.5		3.2	4	5	
200	0.4	0.63	0.42	1	1.4	2	2.5	2.8	3.2		4	5	6.3	
250	0.56	1	0.56	1.25	1.8	2.5	3.2	3.6	4		5	6.3	8	
320	0.75	1.6	0.75	1.6	2.2	3.2	4	4.5	5		6.3	8	10	[a]
400	1	2	1	2	2.8	4	5	5.6	6.3		8	10	12.5	
500	1.3	2.5	1.3	2.5	3.6	5	6.3	7.1	8		10	12.5	16	
630	1.8	3.2	1.8	3.2	4.5	6.3	8	9	10		12.5	16	20	
800	2.4	4	2.4	4	5.6	8	10	11	12.5		16	20	25	
1 000	3.2	5	3.2	5	7.1	10	12.5	14	16		20	25	32	
1 250			4.2	6.3	9	12.5	16	18	20		25	32	40	
1 600			5.6	8	11	16	20	22	25		32	40	50	
2 000			7.5	10	14	20	25	28	32		40	50	63	
2 500			10	12.5	18	25	32	36	40		50	63	80	
3 200			12.5	16	22	32	40	45	50		63	80	100	
4 000			16	20	28	40	50	56	63		80	100	125	
5 000			20	25	36	50	63	71	80		100	125	160	
6 300			25	32	45	63	80	90	100		125	160	200	
8 000			32	40	56	80	100	110	125		160	200	250	
10 000			40	50	71	100	125	140	160		200	250	320	

表 15（续）

<table>
<tr><td rowspan="5">电器的额定绝缘电压或工作电压，交流有效值或直流[b,c]
V</td><td colspan="14">电器承受长期应力的最小爬电距离</td></tr>
<tr><td colspan="2">印制线路材料</td><td colspan="12"></td></tr>
<tr><td colspan="2"></td><td colspan="12">污染等级</td></tr>
<tr><td>1</td><td>2</td><td>1</td><td colspan="3">2</td><td colspan="4">3</td><td colspan="4">4</td></tr>
<tr><td colspan="14">材 料 组 别</td></tr>
<tr><td></td><td>全部
mm</td><td>全部
(除Ⅲb)
mm</td><td>全部
mm</td><td>Ⅰ
mm</td><td>Ⅱ
mm</td><td>Ⅲ
mm</td><td>Ⅰ
mm</td><td>Ⅱ
mm</td><td>Ⅲa
mm</td><td>Ⅲb
mm</td><td>Ⅰ
mm</td><td>Ⅱ
mm</td><td>Ⅲa
mm</td><td>Ⅲb
mm</td></tr>
<tr><td colspan="15">注 1：绝缘在实际工作电压 32 V 及以下不会产生电痕化，但需考虑电解腐蚀的可能性，因此规定最小爬电距离。
注 2：表中电压值按 R_{10} 系数选定。</td></tr>
<tr><td colspan="15">[a] 该区域的爬电距离尚未确定，因此材料组别Ⅲb一般不推荐用在污染等级 3、电压 630 V 以上和污染等级 4。
[b] 作为例外，额定绝缘电压 127 V、208 V、415/440 V、660/690 V 和 830 V 的爬电距离可采用相应的较低的电压值 125 V、200 V、400 V、630 V 和 800 V 的爬电距离。
[c] 对应 250 V 的爬电距离值可用于 230(1±10%)V 标称电压。</td></tr>
</table>

表 16　对应于试验电流的功率因数、时间常数和电流峰值与有效值的比率 n

（见 8.3.4.3 a)）

试验电流 I A	功率因数	时间常数 ms	n
$I\leqslant$1 500	0.95	5	1.41
1 500<$I\leqslant$3 000	0.9	5	1.42
3 000<$I\leqslant$4 500	0.8	5	1.47
4 500<$I\leqslant$6 000	0.7	5	1.53
6 000<$I\leqslant$10 000	0.5	5	1.7
10 000<$I\leqslant$20 000	0.3	10	2.0
20 000<$I\leqslant$50 000	0.25	15	2.1
50 000<I	0.2	15	2.2

表 17　操动器试验力

（见 8.2.5.2.1）

操动器的型式[a]	试验力[a]	最小试验力 N	最大试验力 N
按钮(a)	3F	50	150
单指操作(b)	3F	50	150
两指操作(c)	3F	100	200
单手操作(d 和 e)	3F	150	400
双手操作(f 和 g)	3F	200	600
[a] F 是在新试品上的正常操作所需的力，试验力应为 3F，按照规定的最大值和最小值按图 16 所示施加。			

表 18 空白

表 19 空白

表 20 导线管拉出试验的试验值

(见 8.2.7.1)

导线管型号 见 GB/T 17193	导线管直径		拉出力 N
	内径 mm	外径 mm	
12 H	12.5	17.1	900
16 H～41 H	16.1～41.2	21.3～48.3	900
53 H～155 H	52.9～154.8	60.3～168.3	900

表 21 导线管弯曲试验的试验值

(见 8.2.7.2)

导线管型号 见 GB/T 17193	导线管直径		弯曲力矩 N·m
	内径 mm	外径 mm	
12 H	12.5	17.1	35[a]
16 H～41 H	16.1～41.2	21.3～48.3	70
53 H～155 H	52.9～154.8	60.3～168.3	70
[a] 对于仅用于引入导线而不用于引出导线的导线管，其试验值可减少到 17 N·m。			

表 22 导线管扭转试验的试验值

(见 8.2.7.1 和 8.2.7.3)

导线管型号 见 GB/T 17193	导线管直径		弯曲力矩 N·m
	内径 mm	外径 mm	
12 H	12.5	17.1	90
16 H～41 H	16.1～41.2	21.3～48.3	120
53 H～155 H	52.9～154.8	60.3～168.3	180

表 23 EMC 试验——抗扰度

(见 8.4.1.2)

试验种类	所要求的试验水平
静电放电抗扰度试验 GB/T 17626.2	8 kV/空气放电 或 4 kV/接触放电

表 23（续）

<table>
<tr><th>试验种类</th><th colspan="2">所要求的试验水平</th></tr>
<tr><td>射频电磁场辐射抗扰度试验 80 MHz～1 GHz
GB/T 17626.3</td><td colspan="2">10 V/m</td></tr>
<tr><td>射频电磁场辐射抗扰度试验 1.4 GHz～2 GHz
GB/T 17626.3</td><td colspan="2">3 V/m</td></tr>
<tr><td>射频电磁场辐射抗扰度试验 2 GHz～2.7 GHz
GB/T 17626.3</td><td colspan="2">1 V/m</td></tr>
<tr><td>电快速瞬变脉冲群抗扰度试验
GB/T 17626.4</td><td colspan="2">2 kV/5 kHz 对电源端
1 kV/5 kHz 对信号端</td></tr>
<tr><td>1.2/50 μs～8/20 μs 浪涌抗扰度试验[a]
GB/T 17626.5</td><td colspan="2">2 kV(线对地)
1 kV(线对线)</td></tr>
<tr><td>射频传导抗扰度试验(150 kHz～80 MHz)
GB/T 17626.6</td><td colspan="2">10 V</td></tr>
<tr><td>工频磁场抗扰度试验[b]
GB/T 17626.8</td><td colspan="2">30 A/m</td></tr>
<tr><td>电压暂降抗扰度试验(50 Hz/60 Hz)
GB/T 17626.11[e]</td><td>2 类[c,d,e]
0% 持续时间 0.5 周期和 1 周期
70% 持续时间 25/30 周期</td><td>3 类[c,d,e]
0% 持续时间 0.5 周期和 1 周期
40% 持续时间 10/12 周期
70% 持续时间 25/30 周期
80% 持续时间 250/300 周期</td></tr>
<tr><td>短时中断抗扰度试验
GB/T 17626.11</td><td>2 类[c,d,e]
0% 持续时间 250/300 周期</td><td>3 类[c,d,e]
0% 持续时间 250/300 周期</td></tr>
<tr><td>电源谐波抗扰度试验
GB/T 17626.13</td><td colspan="2">无要求[f]</td></tr>
<tr><td colspan="3">注：性能标准依据表 24 的验收标准在相关的产品标准中给出。</td></tr>
</table>

[a] 当二次线路(与主交流电路隔离)不受瞬态过电压影响时，相关应用见 GB/T 17626.5 中 7.2 和 8.2(不适用于低压直流输入、输出端口(≤60 V))。

[b] 仅适用于含有易受工频磁场影响元件的电器(见 8.4.1.2.7)。

[c] 给出的百分比是指额定工作电压的百分比，如 0%表示 0 V。

[d] 类别 2 一般适用于商用环境的公共耦合点和工业环境的内部耦合点。

类别 3 仅适用于工业环境中的内部耦合点。在连接有下列设备时应认为是这类环境：大部分负荷经换流器供电；现场有焊接设备；频繁启动的大型电动机或变化迅速的负荷。

产品标准应规定适用类别。

[e] 斜线前的值用于 50 Hz 试验，斜线后的值用于 60 Hz 试验。

[f] 要求待制定。

表 24 存在电磁干扰时的验收标准

项　目	验收标准 （试验中应执行的标准）		
	A	B	C
全部性能	工作特性无明显变化 按预期计划执行	性能暂时降低或丧失，但能自恢复	性能暂时降低或丧失，需操作者干预或系统复位[a]
电源和控制电路运转	无不正确运转	性能暂时降低或丧失，但能自恢复[a]	性能暂时降低或丧失，需操作者干预或系统复位[a]
显示器和控制面板运转	显示信息无变化 仅 LED 有轻微的光亮度变化或轻微字符移动	暂时的可视变化或信息丢失 非预想 LED 照明显示	停机或显示死机 有明显的或显示错误信息和/或非法操作模式 不能自恢复
信息处理和传感功能	与外部设备进行无干扰通信和数据交换	临时干扰通信，有内、外部设备的错误报表	信息的错误处理 数据和/或信息丢失 通信有错误 不能自恢复
[a] 特殊要求应在产品标准中规定。			

单位为毫米

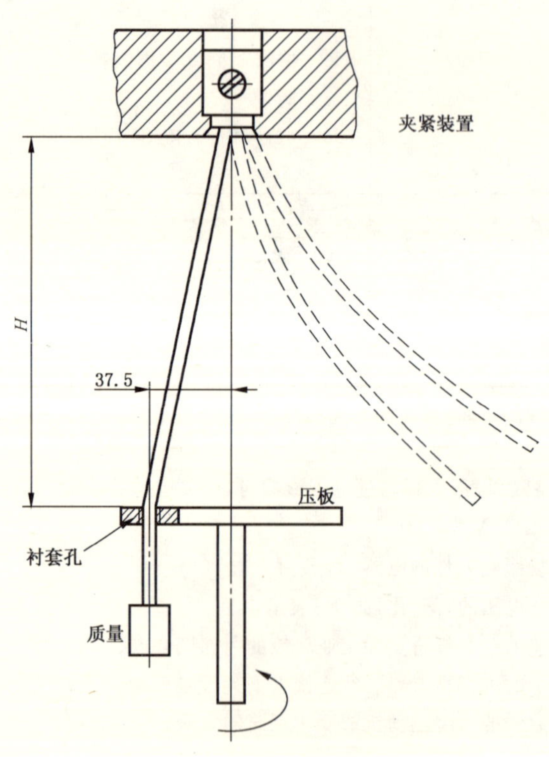

图 1 弯曲试验的试验设备

（见 8.2.4.3 和表 5）

单位为毫米

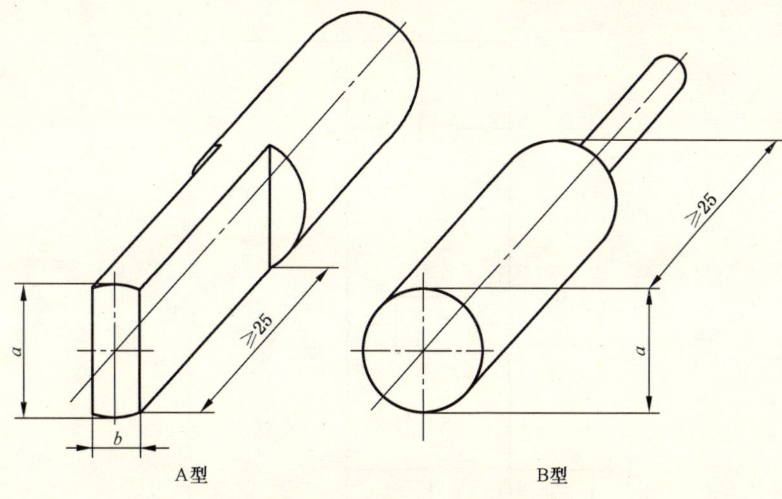

图 2 A 型和 B 型模拟量规

(见 8.2.4.5.2 和表 7)

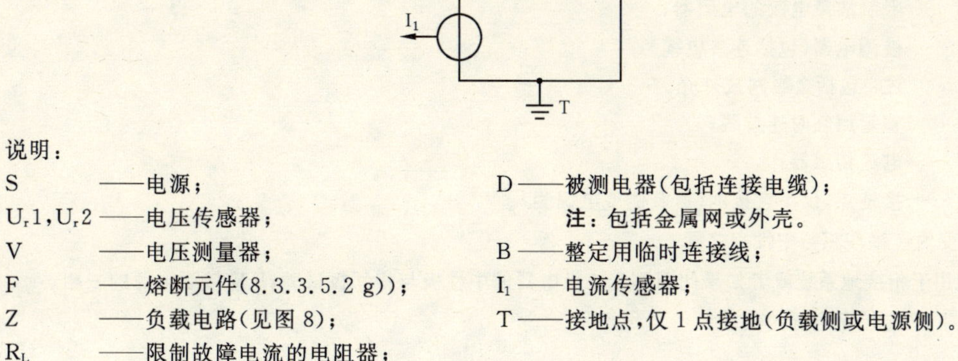

说明：

S ——电源；

U_r1,U_r2 ——电压传感器；

V ——电压测量器；

F ——熔断元件(8.3.3.5.2 g))；

Z ——负载电路(见图 8)；

R_L ——限制故障电流的电阻器；

D——被测电器(包括连接电缆)；

注：包括金属网或外壳。

B——整定用临时连接线；

I_1——电流传感器；

T——接地点，仅 1 点接地(负载侧或电源侧)。

图 3 单极电器验证单相交流或直流接通和分断能力的试验电路图

(见 8.3.3.5.2)

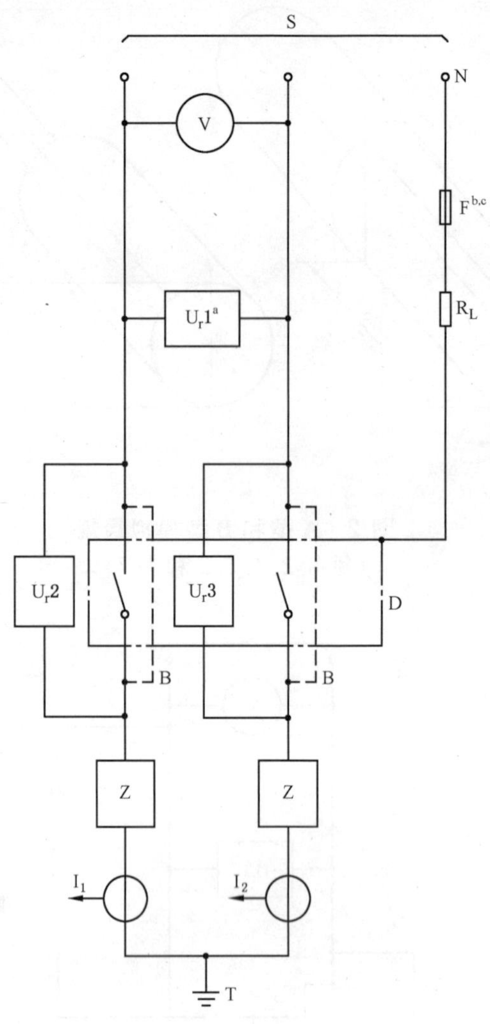

说明：

S ——电源；

U_r1,U_r2,U_r3——电压传感器；

V ——电压测量器；

N ——电源中性点(或人为中性点)；

F ——熔断元件(8.3.3.5.2g))；

Z ——负载电路(见图 8)；

R_L ——限制故障电流的电阻器；

D ——被测电器(包括连接电缆)；

注：包括金属网或外壳。

B ——整定用临时连接线；

I_1,I_2 ——电流传感器；

T ——接地点,仅 1 点接地(负载侧或电源侧)。

[a] U_r1 可以改变为连接在相与中性点之间。

[b] 在电器指定用于相接地系统或者如果此图用于 4 极电器的中性极与相邻极试验,F 应接至电源的一相。

[c] 直流的情况下,F 应接至电源的负端。

图 4　双极电器验证单相交流或直流接通和分断能力的试验电路图

(见 8.3.3.5.2)

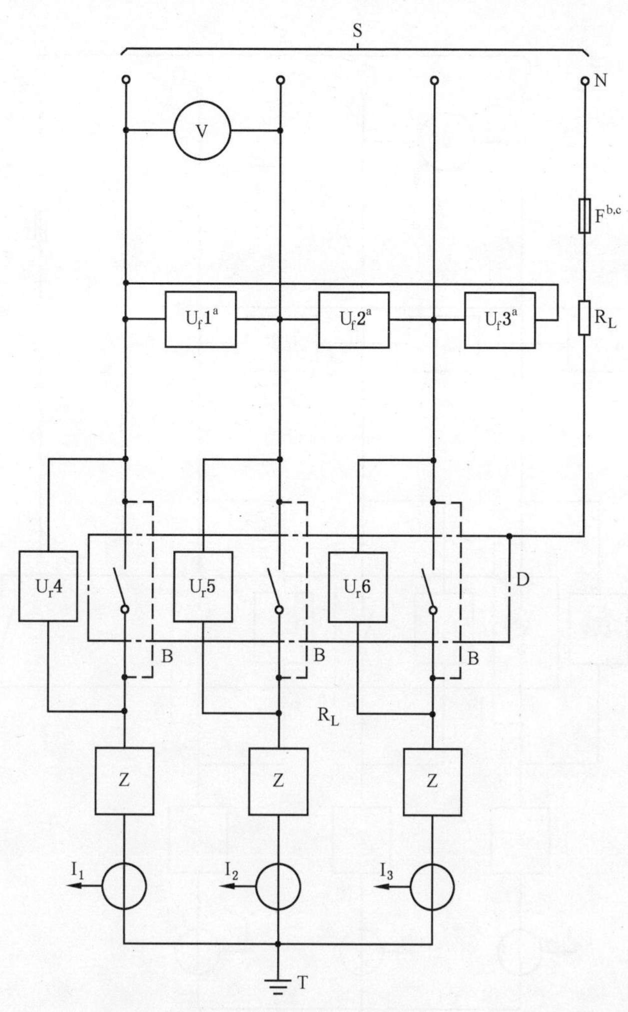

说明：

S ——电源；

U_r1,U_r2,U_r3 U_r4,U_r5,U_r6——电压传感器；

V ——电压测量器；

N ——电源中性点(或人为中性点)；

F ——熔断元件(8.3.3.5.2 g))；

Z ——负载电路(见图 8)；

R_L ——限制故障电流的电阻器；

D ——被测电器(包括连接电缆)；

注：包括金属网或外壳。

B ——整定用临时连接线；

I_1,I_2,I_3 ——电流传感器；

T ——接地点,仅 1 点接地(负载侧或电源侧)。

[a] U_r1,U_r2,U_r3 可以改变为连接在相与中性点之间。

[b] 在电器指定用于相接地系统或者如果此图用于 4 极电器的中性极与相邻极试验,F 应接至电源的一相。直流的情况下,F 应接至电源的负端。

[c] 在美国和加拿大,F 的连接方式如下：

——当电器设备标以单个电压值 U_e 时,连接至电源的一相上；

——当电器设备标以双电压值(见 5.2 注)时,连接至中性点。

图 5 三极电器验证接通和分断能力的试验电路图

(见 8.3.3.5.2)

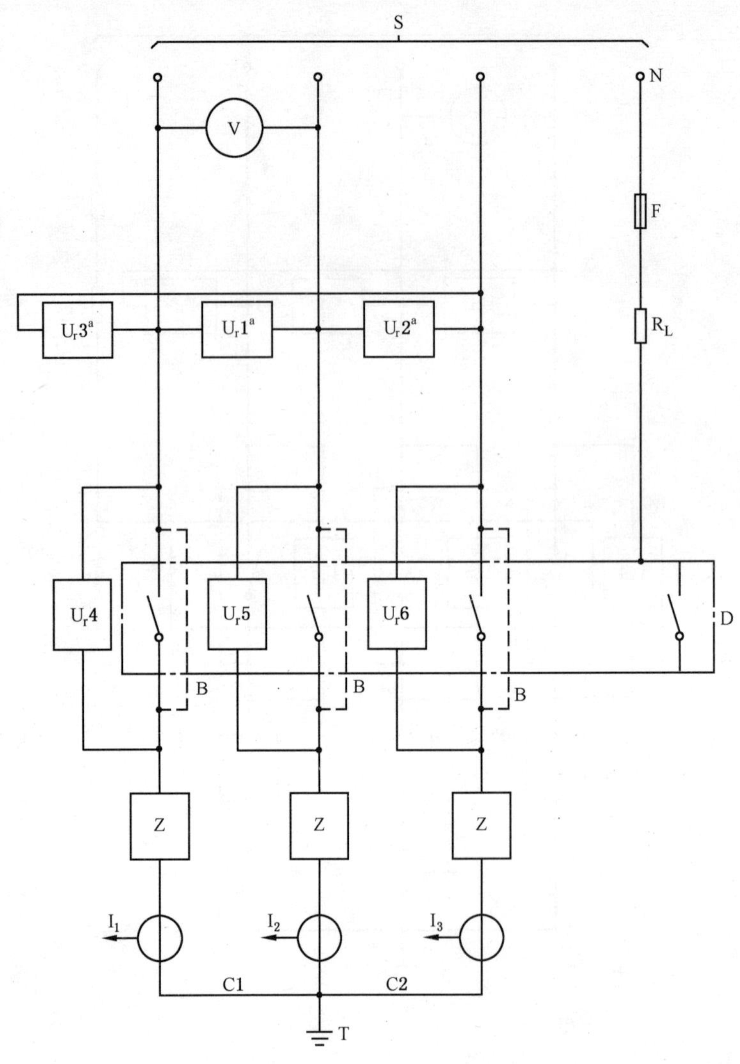

说明：

S ——电源；

U_r1，U_r2，U_r3 U_r4，U_r5，U_r6——电压传感器；

V ——电压测量器；

N ——电源中性点（或人为中性点）；

F ——熔断元件（8.3.3.5.2g））；

Z ——负载电路（见图 8）；

R_L ——限制故障电流的电阻器；

D ——被测电器（包括连接电缆）；

注：包括金属网或外壳。

B ——整定用临时连接线；

I_1，I_2，I_3 ——电流传感器；

T ——接地点，仅 1 点接地（负载侧或电源侧）。

[a] U_r1，U_r2，U_r3 可以改变为连接在相与中性点之间。

图 6 四极电器验证接通和分断能力的试验电路图

（见 8.3.3.5.2）

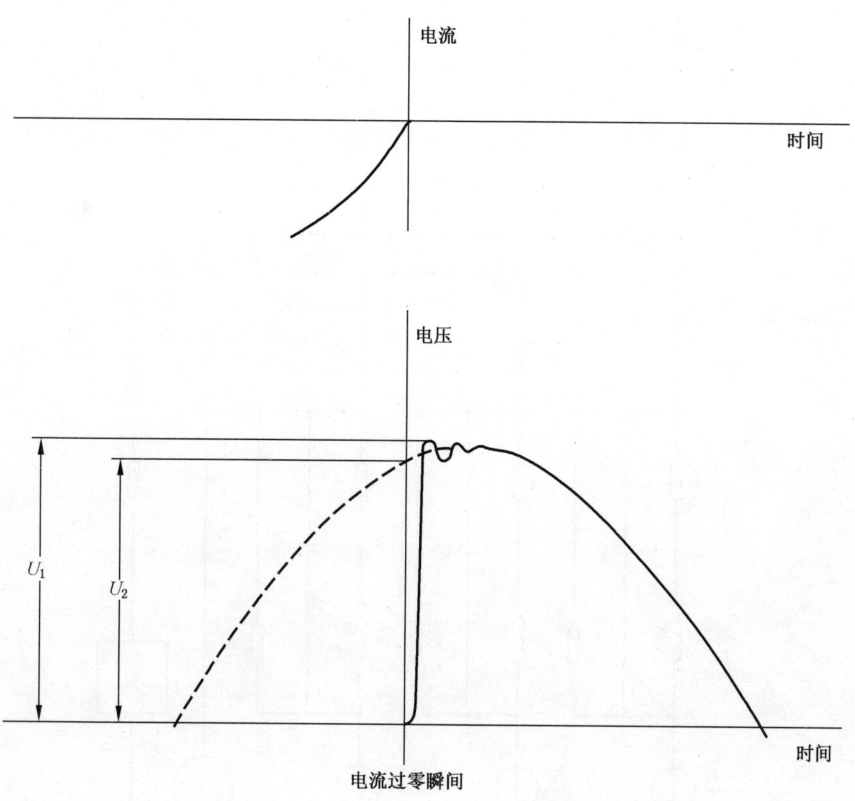

图7　在理想条件下,首先熄弧触头两端的恢复电压的简单示意图

(见8.3.3.5.2 e))

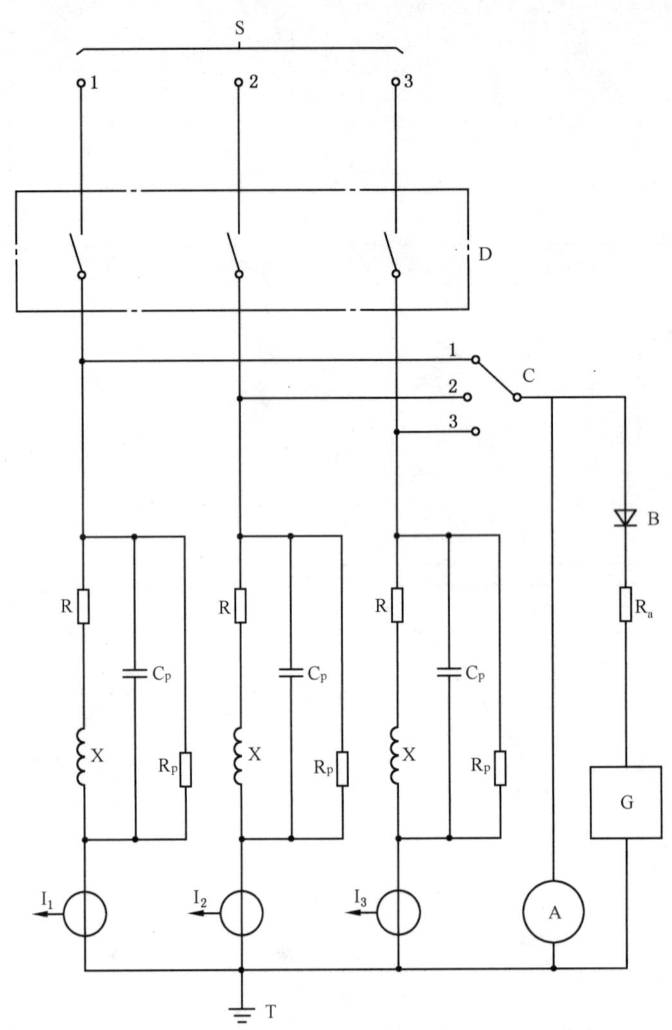

说明：

S ——电源；

D ——被试电器；

C ——调整相的选择开关；

B ——二极管；

A ——记录仪；

R_a ——电阻器；

G ——高频发生器；

R ——负载电路电阻器；

X ——负载电路电抗器(8.3.3.5.2 d))；

R_p ——并联电阻器；

C_p ——并联电容器；

I_1，I_2，I_3 ——电流传感器。

高频发生器(G)和二极管(B)的有关位置应如图所示，只能在如图所示的位置接地。

图 8a 负载电路调整方法原理图：负载星形点接地

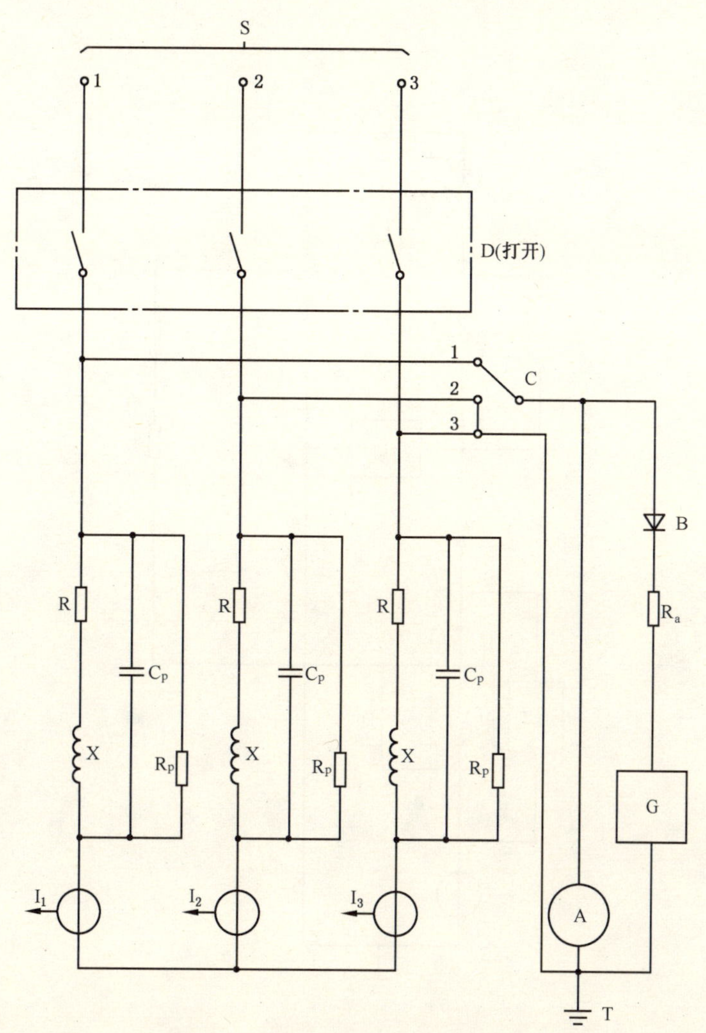

说明：

S ——电源；

D ——被试电器；

C ——调整相的选择开关；

B ——二极管；

A ——记录仪；

R_a ——电阻器；

G ——高频发生器；

R ——负载电路电阻器；

X ——负载电路电抗器(8.3.3.5.2 d))；

R_p ——并联电阻器；

C_p ——并联电容器；

I_1,I_2,I_3 ——电流传感器。

高频发生器(G)和二极管(B)的有关位置应如图所示。在试验中，只能在如图所示的位置接地。

图中，1、2 和 3 三个位置表示相 1 与并联的相 2 和相 3 串联的连接方式。

图 8b 负载电路调整方法原理图：电源星形点接地

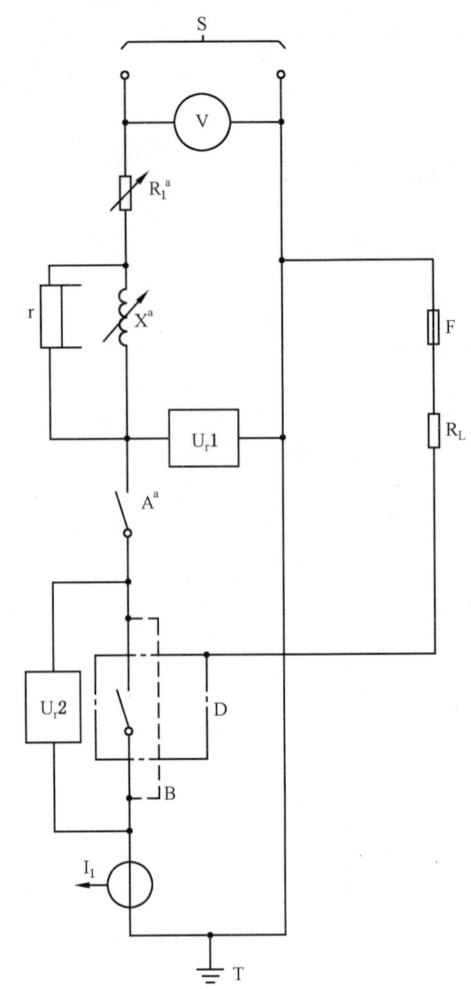

说明：

S ——电源；

U_r1，U_r2 ——电压传感器；

V ——电压测量器；

A ——闭合电器；

R_1 ——可调电阻器；

F ——熔断元件(8.3.4.1.2 d))；

X ——可调电抗器；

R_L ——限制故障电流电阻器；

D ——被测电器(包括连接电缆)；

注：包括金属网或外壳。

B ——整定用临时连接线；

I_1 ——电流传感器；

T ——接地点—仅1点接地(负载侧或电源侧)；

R ——分流电阻器(8.3.4.1.2 b))。

[a] 可调负载 X 与 R_1 可以设置在电源电路的高压侧也可在电路的低压侧。

图9 单极电器验证单相交流或直流短路接通和分断能力的试验电路图

(见8.3.4.1.2)

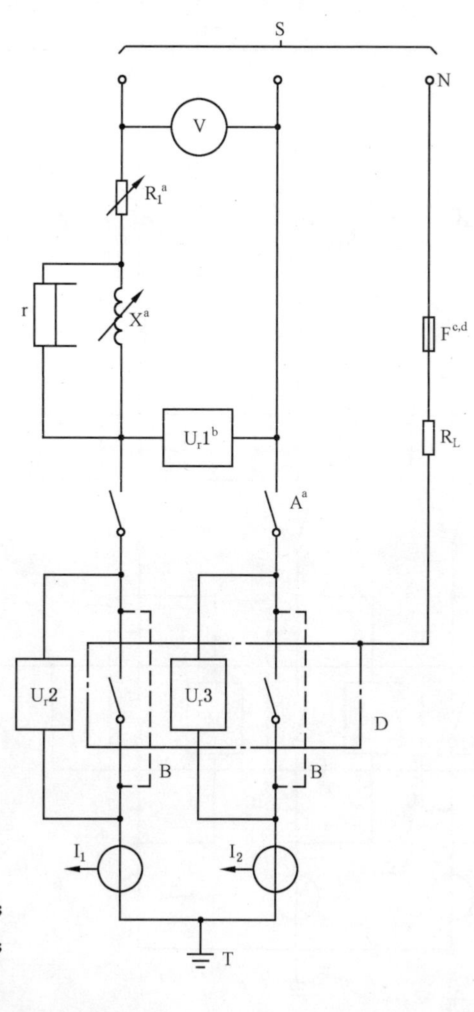

说明：

S ——电源；

U_r1,U_r2,U_r3——电压传感器；

V ——电压测量器；

A ——闭合电器；

R_1 ——可调电阻器；

N ——电源中性点(或人为中性点)；

F 熔断元件(8.3.4.1.2 d))；

X 可调电抗器；

R_L ——限制故障电流电阻器；

D ——被测电器(包括连接电缆)；

注：包括金属网或外壳。

B ——整定用临时连接线；

I_1,I_2 ——电流传感器；

T ——接地点，仅1点接地(负载侧或电源侧)；

r ——分流电阻器(8.3.4.1.2 b))。

[a] 可调负载X与R_1可以设置在电源电路的高压侧也可在电路的低压侧。

[b] U_r1可以改变为连接在相与中性点之间。

[c] 在电器指定用于相接地系统或者如果此图用于4极电器的中性极与相邻极试验，F应接至电源的一相。直流的情况下，F应接至电源的负端。

[d] 在美国和加拿大，F的连接方式如下：

——当电器设备标以单个电压值U_e时，连接至电源的一相上；

——当电器设备标以双电压值(见5.2注)时，连接至中性点。

图10 双极电器验证单相交流或直流短路接通和分断能力的试验电路图

(见8.3.4.1.2)

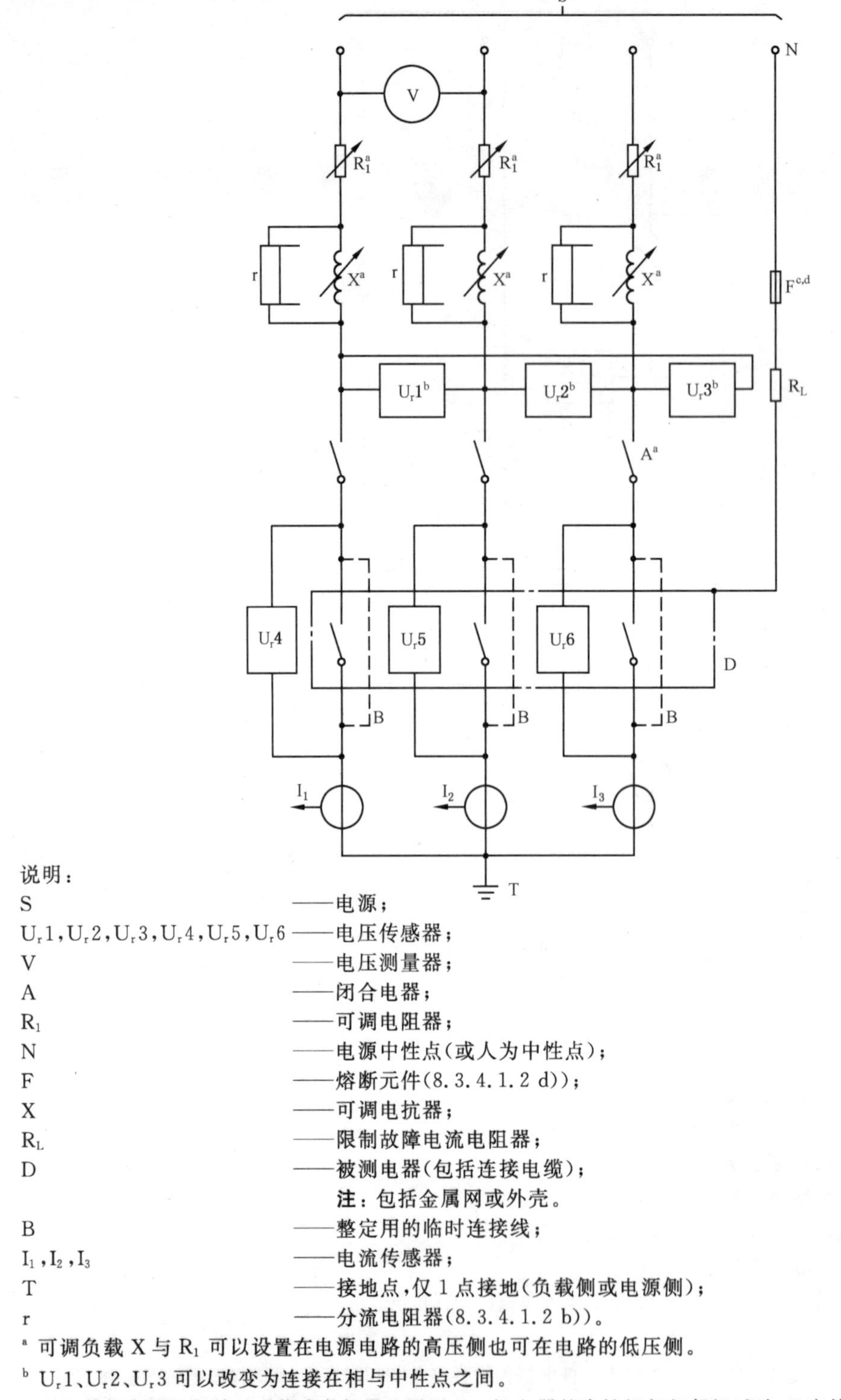

说明：

S ——电源；

U_r1，U_r2，U_r3，U_r4，U_r5，U_r6 ——电压传感器；

V ——电压测量器；

A ——闭合电器；

R_1 ——可调电阻器；

N ——电源中性点(或人为中性点)；

F ——熔断元件(8.3.4.1.2 d))；

X ——可调电抗器；

R_L ——限制故障电流电阻器；

D ——被测电器(包括连接电缆)；

注：包括金属网或外壳。

B ——整定用的临时连接线；

I_1，I_2，I_3 ——电流传感器；

T ——接地点，仅1点接地(负载侧或电源侧)；

r ——分流电阻器(8.3.4.1.2 b))。

[a] 可调负载 X 与 R_1 可以设置在电源电路的高压侧也可在电路的低压侧。

[b] U_r1、U_r2、U_r3 可以改变为连接在相与中性点之间。

[c] 在电器指定用于相接地系统或者如果此图用于4极电器的中性极与相邻极试验，F应接至电源的一相。直流的情况下，F应接至电源的负端。

[d] 在美国和加拿大，F的连接方式如下：

——当电器设备标以单个电压值 U_e 时，连接至电源的一相上；

——当电器设备标以双电压值(见5.2注)时，连接至中性点。

图 11　三极电器验证短路接通和分断能力的试验电路图

(见 8.3.4.1.2)

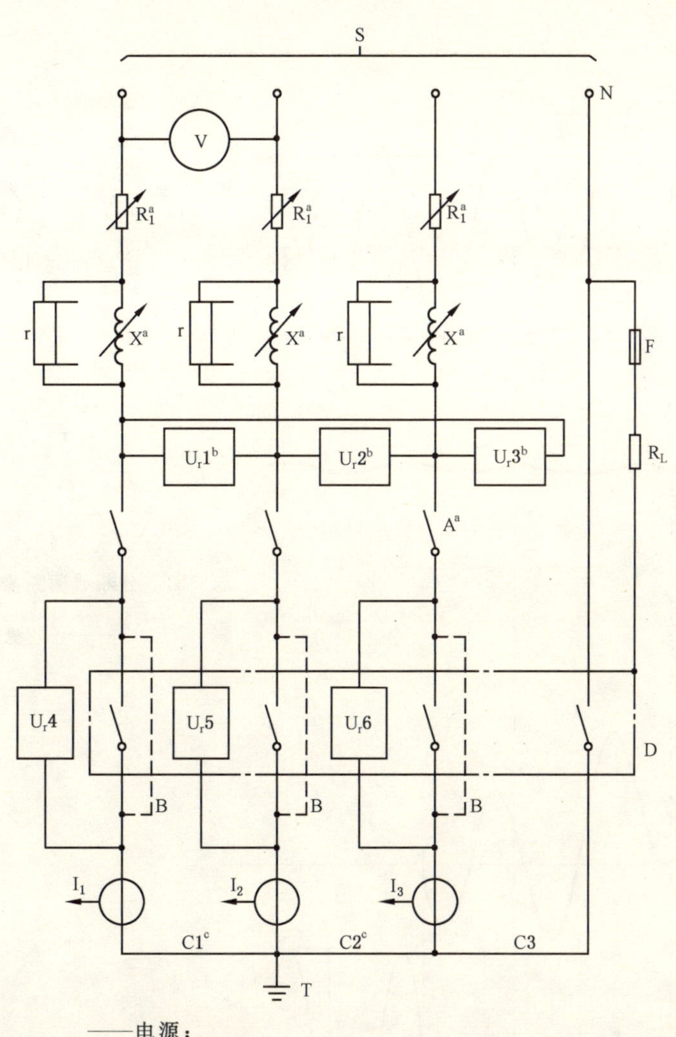

说明：

S ——电源；

U_r1、U_r2、U_r3、U_r4、U_r5、U_r6 ——电压传感器；

V ——电压测量器；

R_1 ——可调电阻器；

N ——电源中性点；

F ——熔断元件(8.3.4.1.2 d))；

X ——可调电抗器；

R_L ——限制故障电流电阻器；

A ——闭合电器；

D ——被测电器(包括连接电缆)；

注：包括金属网或外壳。

B ——整定用的临时连接线；

I_1，I_2，I_3 ——电流传感器；

T ——接地点——仅 1 点接地(负载侧或电源侧)；

r ——分流电阻器(8.3.4.1.2 b))。

[a] 可调负载 X 与 R_1 可以设置在电源电路的高压侧也可在电路的低压侧。

[b] U_r1、U_r2、U_r3 可以改变为连接在相与中性点之间。

[c] 如果要求在中性极与相邻极间进行附加试验，则连接线 C1 和 C2 拆除。

图 12　四极电器验证短路接通和分断能力的试验电路图

(见 8.3.4.1.2)

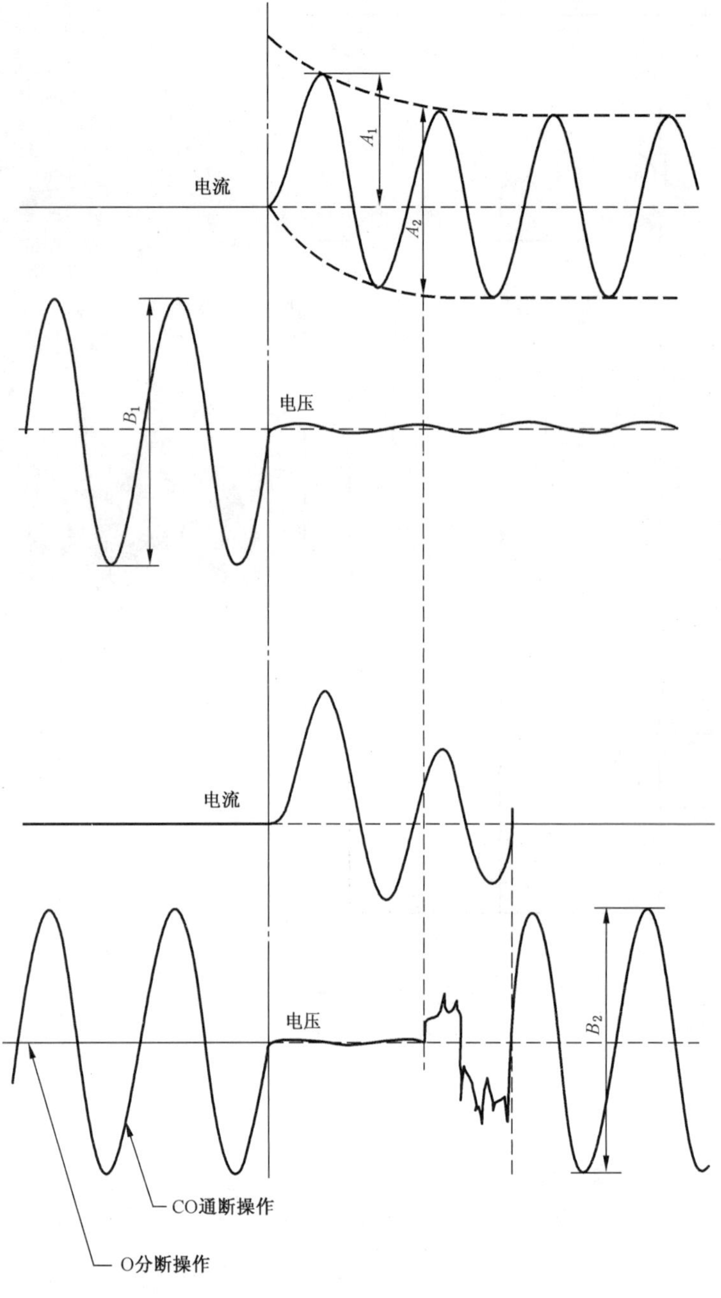

a) 电路的整定

A_1 ——预期峰值接通电流；

$\frac{A_2}{2\sqrt{2}}$——预期对称分断电流(有效值)；

$\frac{B_1}{2\sqrt{2}}$——外施电压(有效值)。

b) 分断或通断操作

$\frac{B_2}{2\sqrt{2}}$——电源电压(有效值)。

接通能力(峰值)$=A_1$(见 8.3.4.1.8b)、c))

分断能力(有效值)$=\frac{A_2}{2\sqrt{2}}$(见 8.3.4.1.8b)、c))

注 1： 试验电流产生后，电压波形的幅值与接通闭合电器、可调阻抗、电压传感器的位置有关，并按试验电路图而变化。

注 2： 假定整定波和试验时接通是同一瞬间。

图 13　单极电器在单相交流短路接通和分断试验波形记录的实例

(见 8.3.4.1.8)

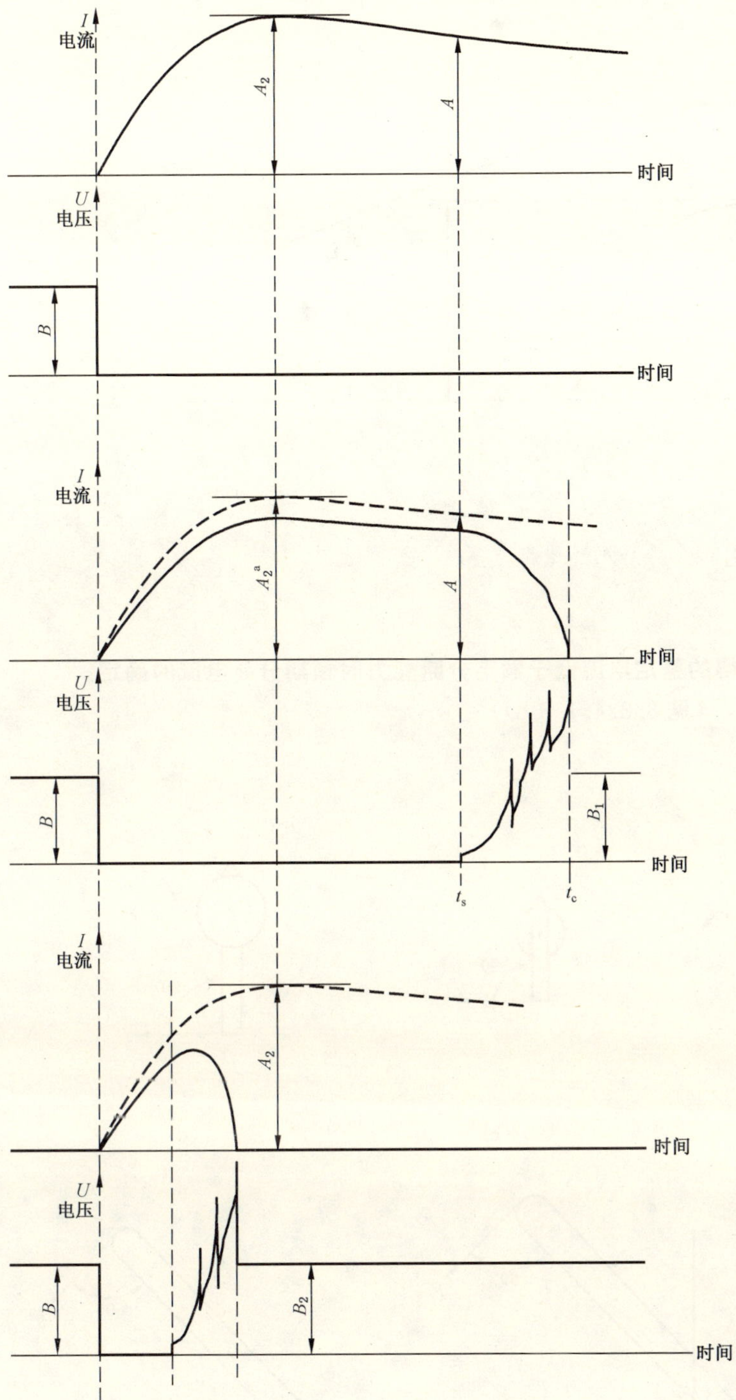

a) 电路的整定

A_2——预期峰值接通电流。

b) 当电流已过其最大值后分断的示波图

短路分断能力：

在电压 $U=B_1$ 下，电流 $I=A$；

短路接通能力：

在电压 $U=B$ 下，电流 $I=A_2$。

c) 当电流达到其最大值前分断的示波图

短路分断能力：

在电压 $U=B_2$ 下，电流 $I=A_2$；

短路接通能力：

在电压 $U=B$ 下，电流 $I=A_2$。

[a] IEC 60947-1:2011 中未标出。

图 14 验证直流短路接通和分断能力

（见 8.3.4.1.8）

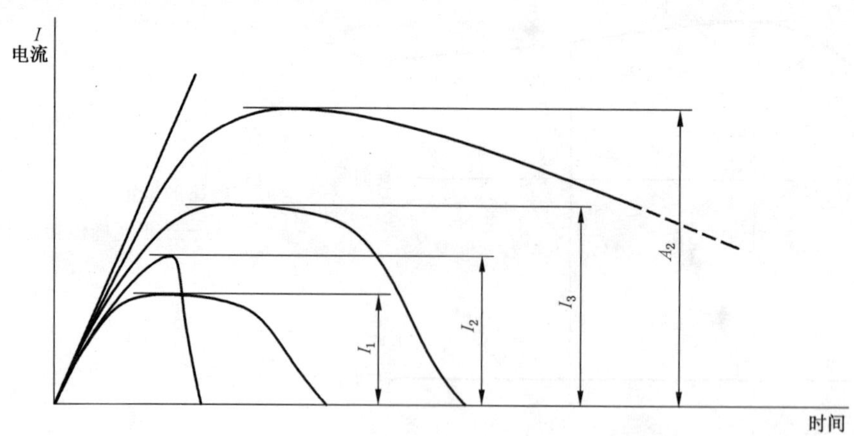

说明：

I_1 ——第一次整定电流；

I_2 ——实际分断电流；

I_3 ——第二次整定电流；

A_2 ——分断能力。

图 15 第一次试验电路整定所得的整定电流低于额定分断能力时预期分断电流的确定

（见 8.3.4.1.8 b)）

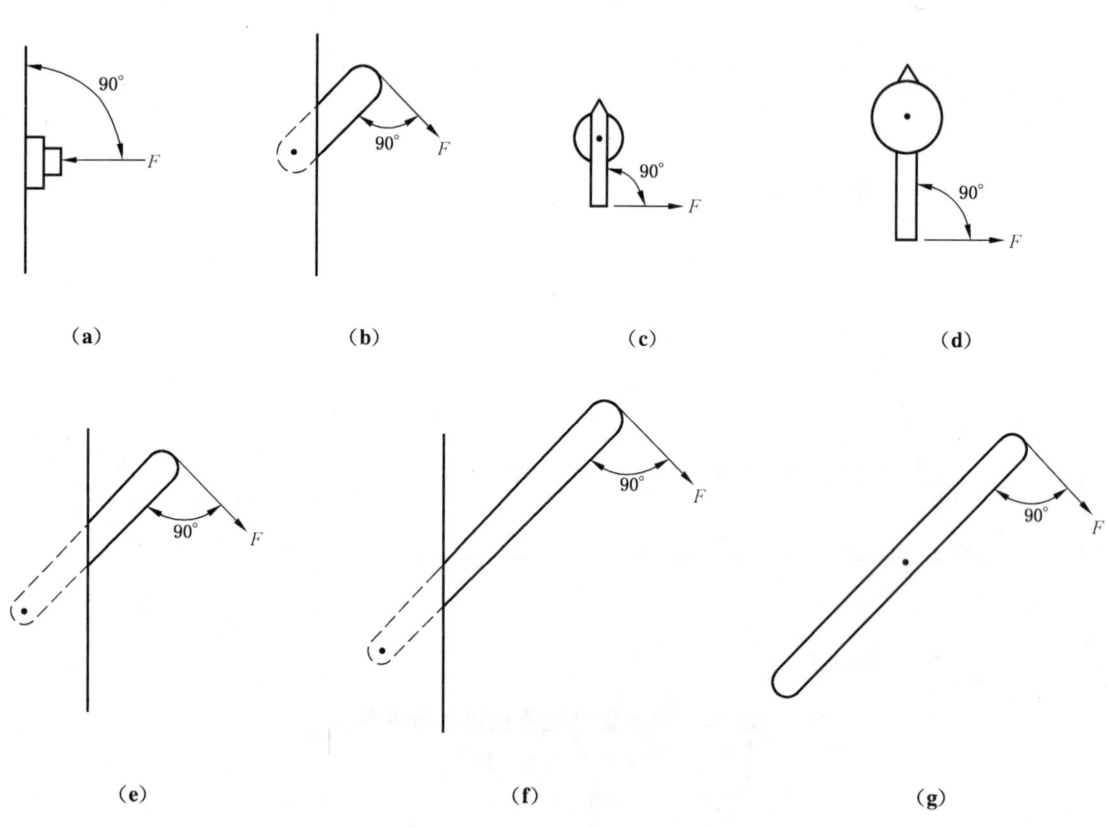

图 16 操动器试验力

（见 8.2.5.2.1 和表 17）

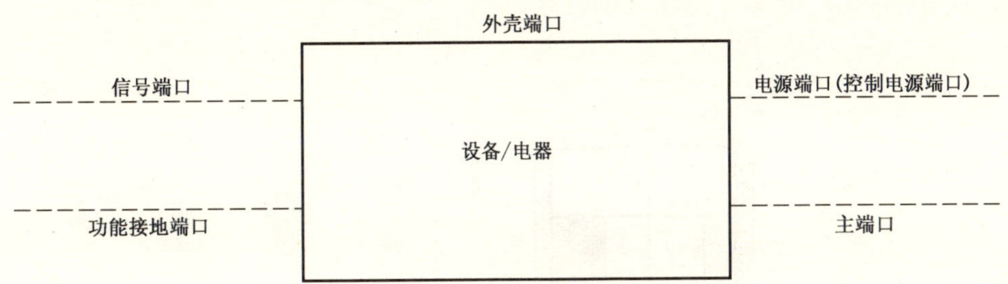

图 17 端口举例

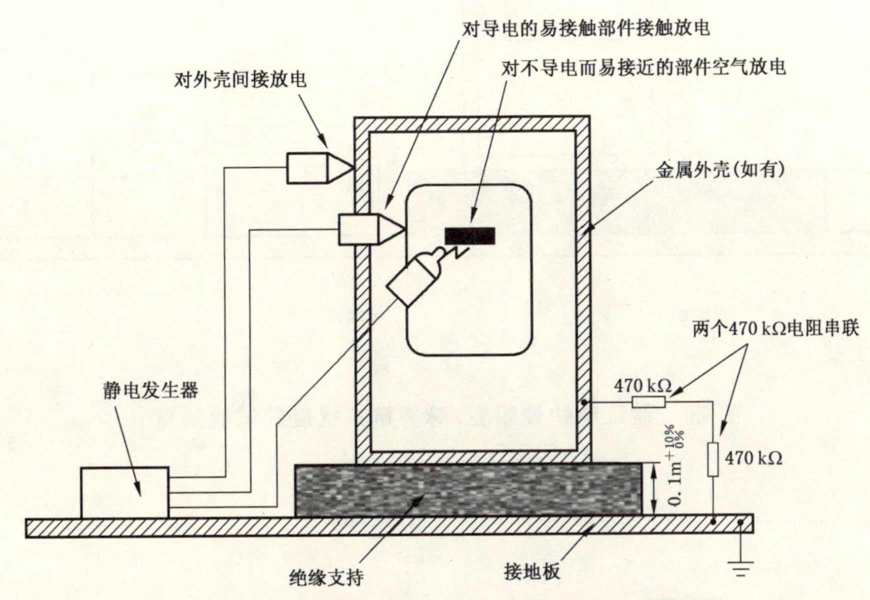

图 18 验证静电放电抗扰度的试验装置

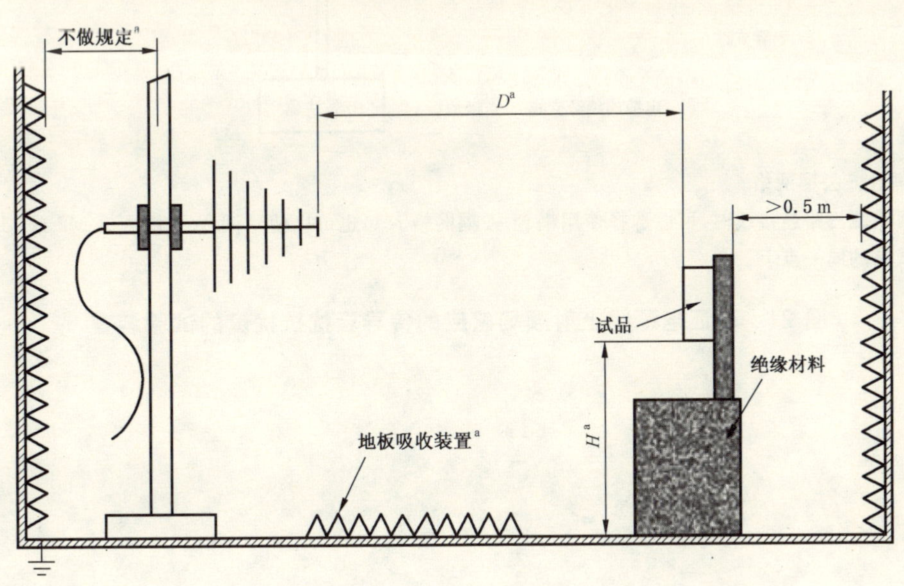

[a] 见 GB/T 17626.3—2006。

图 19 验证射频电磁场辐射抗扰度的试验装置

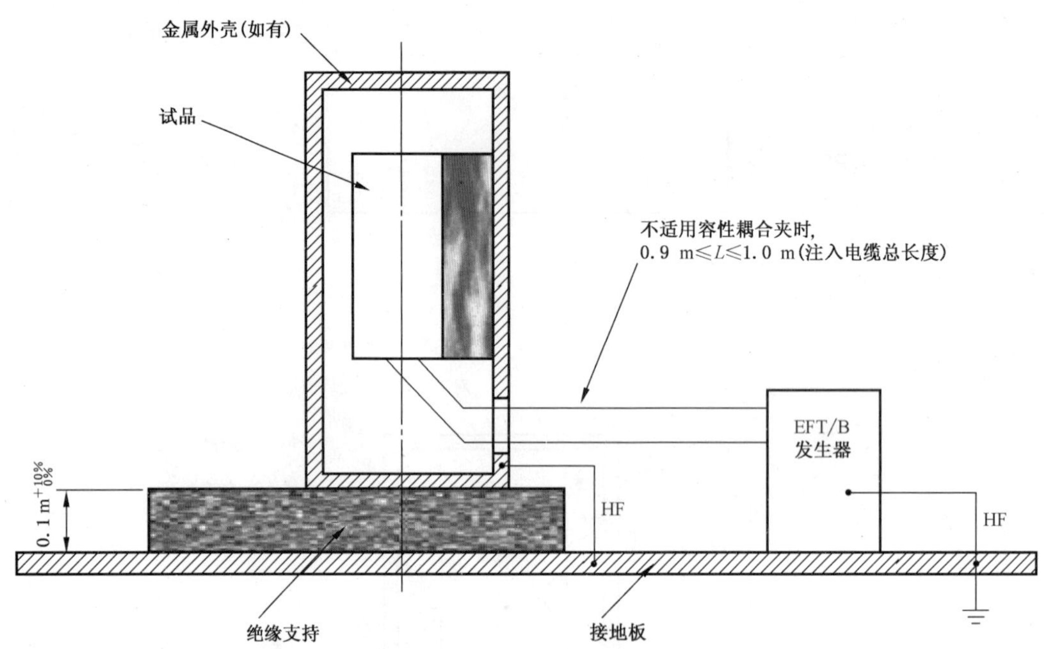

注：HF 高频连接。

图 20　验证电快速瞬变/脉冲群抗扰度的试验装置

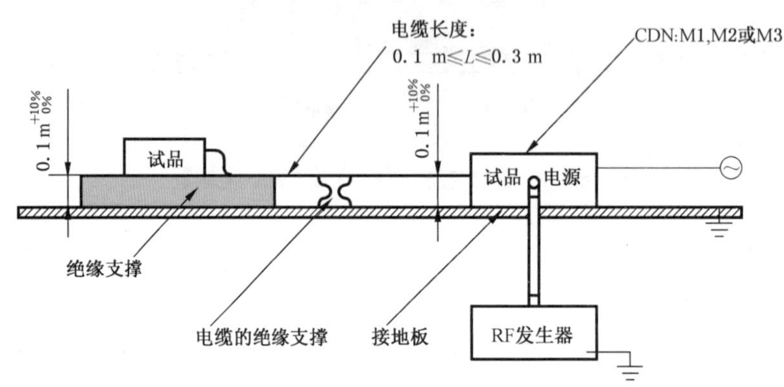

CDN——耦合—去耦网络。

注：在有两路或三路连接线时，可以选择使用耦合-去耦网络 M1，也可以使用耦合-去耦网络 M2 或 M3(如适用)，连接在试品的同一点上。

图 21　验证电源线上射频场感应的传导骚扰抗扰度的试验装置

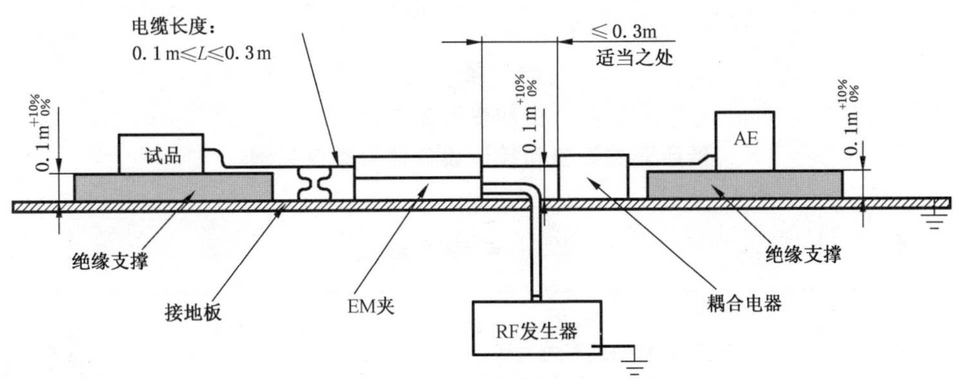

AE ——辅助装置；
EM夹——电磁夹。

图22 验证当CDN不适用时在信号线上由射频场感应的传导干扰抗扰度的试验装置示例

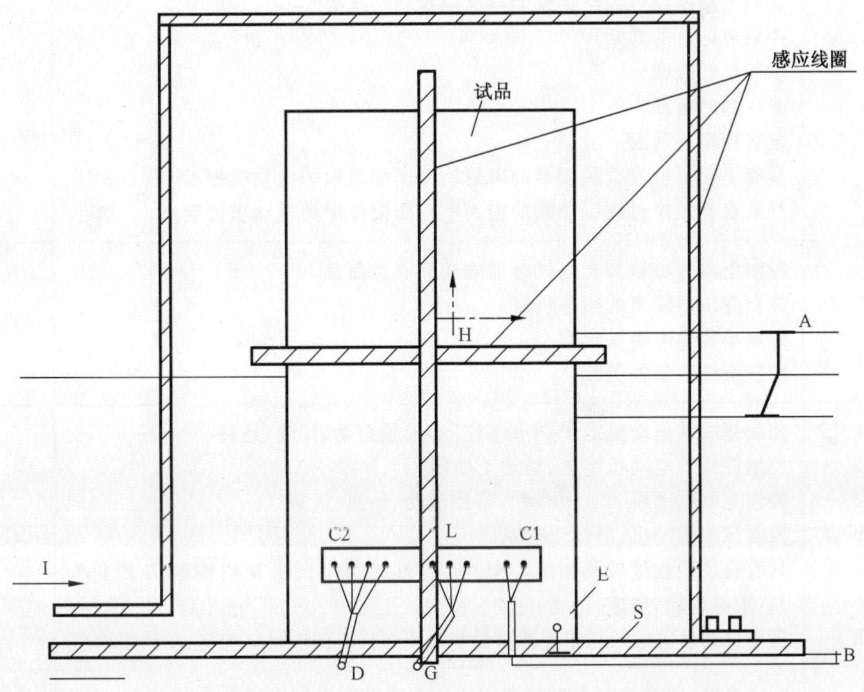

说明：
A ——安全接地；
D ——至信号源，模拟器；
I ——感应电流；
B ——至电源；
E ——接地端；
L ——通信线路；
C1——电源电路；
G ——至试验发生器；
S ——绝缘支撑；
C2——信号电路；
H ——磁场强度。

图23 验证工频磁场抗扰度的试验装置

附 录 A
（资料性附录）
低压开关设备和控制设备使用类别举例

电流种类	类别	典型用途	有关产品标准
交流	AC-20 AC-21 AC-22 AC-23	在空载条件下闭合和断开 通断电阻负载，包括适当的过载 通断电阻电感混合负载，包括通断适中的过载 通断电动机负载或其他高电感负载	GB 14048.3
	AC-1 AC-2 AC-3 AC-4 AC-5a AC-5b AC-6a AC-6b AC-8a AC-8b	无感或微感负载、电阻炉 绕线式电动机：起动、分断 笼型电动机：起动，运转中分断 笼型电动机：起动、反接制动与反向运转[a]、点动[b] 控制放电灯的通断 白炽灯的通断 变压器的通断 电容器组的通断 具有手动复位过载脱扣器的密封制冷压缩机中的电动机控制 具有自动复位过载脱扣器的密封制冷压缩机中的电动机控制	GB 14048.4
	AC-12 AC-13 AC-14 AC-15	控制电阻性负载和光电耦合器隔离的固态负载 控制变压器隔离的固态负载 控制小容量电磁铁负载 控制交流电磁铁负载	GB 14048.5
	AC-52a AC-52b AC-53a AC-53b AC-58a AC-58b	控制绕线式电动机定子：8 h工作制，带载起动、加速、运转 控制绕线式电动机定子：断续工作制 控制笼型电动机：8 h工作制，带载起动、加速、运转 控制笼型电动机：断续工作制 具有自动复位过载脱扣器的密封制冷压缩机中的电动机控制：8 h工作制，带载起动、加速、运转 具有自动复位过载脱扣器的密封制冷压缩机中的电动机控制：断续工作制	GB 14048.6
	AC-40 AC-41 AC-42 AC-43 AC-44 AC-45a AC-45b	配电电路，包括由组合电抗器组成的电阻性和电感性混合负载 无感或微感负载、电阻炉 绕线式电动机：起动、分断 笼型电动机：起动，运转中分断 笼型电动机：起动、反接制动与反向运转[a]、点动[b] 控制放电灯的通断 白炽灯的通断	GB 14048.9
	AC-12 AC-140	控制电阻性负载和带光频隔离器的固态负载 控制小型电磁铁负载，承载（闭合）电流≤0.2 A，如接触器式继电器	GB/T 14048.10
	AC-31 AC-32 AC-33 AC-35 AC-36	无感或微感负载 阻性和感性的混合负载，包括中度过载 电动机负载或包含电动机、电阻负载和30%及以下白炽灯负载的混合负载 放电灯负载 白炽灯负载	GB/T 14048.11

表（续）

电流种类	类别	典型用途	有关产品标准
交流	AC-7a AC-7b	家用电器和类似用途的低感负载 家用的电动机负载	GB 17885
	AC-51 AC-55a AC-55b AC-56a AC-56b	无感或微感负载、电阻炉 控制放电灯的通断 白炽灯的通断 变压器通断 电容器组的通断	GB/T 14018.12
交流和直流	A B	无额定短时耐受电流要求的电路保护 具有额定短时耐受电流要求的电路保护	GB 14048.2
直流	DC-20 DC-21 DC-22 DC-23	在空载条件下闭合和断开 通断电阻性负载，包括适当的过载 通断电阻电感混合负载，包括适当的过载(例如并激电动机) 通断高电感负载(例如串激电动机)	GB 14048.3
	DC-1 DC-3 DC-5 DC-6	无感或微感负载、电阻炉 并激电动机的起动、反接制动或反向运转[a]、点动[b]、电动机的动态分断 串激电动机的起动、反接制动或反向运转[a]、点动[b]、电动机的动态分断 白炽灯的通断	GB 14048.4
	DC-12 DC-13 DC-14	控制电阻性负载和光电耦合器隔离的固态负载 控制电磁铁负载 控制电路中有经济电阻的电磁铁负载	GB 14048.5
	DC-40 DC-41 DC-43 DC-45 DC-46	配电电路，包括由组合电抗器组成的电阻性和电感性混合负载 无感或微感负载、电阻炉 并激电动机：起动、反接制动与反向运转[a]、点动[b]、直流电动机的动态分断 串激电动机：起动、反接制动与反向运转[a]、点动[b]、直流电动机的动态分断 白炽灯的通断	GB 14048.9
	DC-12 DC-13	控制电阻性负载和光电耦合器隔离的固态负载 控制电磁铁负载	GB/T 14048.10
	DC-31 DC-33 DC-36	阻性负载 电动机负载或包含电动机的混合负载 白炽灯负载	GB/T 14048.11

[a] 反接制动与反向运转意指当电动机正在运转时通过反接电动机原来的联接方式，使电动机迅速停止或反转。

[b] 点动意指在短时间内激励电动机一次或重复多次，以此使被驱动机械获得小的移动。

附 录 B
（资料性附录）
电器在实际运行条件不同于正常使用条件时的适应性

如果电器的实际运行和使用条件与本部分规定的条件不同时，用户应提出电器在该条件下使用时与标准条件的差异，并与制造商协商电器在该条件下使用的适应性。

B.1 与正常使用条件不同的使用条件举例

B.1.1 周围空气温度

预期周围空气温度范围可能低于－5 ℃或高于＋40 ℃。

B.1.2 海拔

电器安装处的海拔高于 2 000 m。

B.1.3 大气条件

电器安装处的大气相对湿度可能大于 6.1.3 的规定值或大气中含有过量的灰尘、酸性物质、腐蚀气体等。

电器安装在近海处。

B.1.4 安装条件

电器安装在一个移动部件上，或电器的支持件处于长期或短期的倾斜位置(例如安装在轮船上)，或电器在使用中受到非正常的冲击或振动。

B.2 与其他电器的联接

用户应向制造商说明与其他电器联接部件的尺寸和型式，以便制造商能提供满足本部分和/或有关产品标准规定的安装和温升条件的外壳和端子，并在外壳中提供敷设导体的空间(当需要时)。

B.3 辅助触头

用户应规定满足信号、联锁及类似功能所要求使用的辅助触头的数量和型式。

B.4 特殊用途

用户应向制造商说明可能用于本部分和/或有关产品标准规定以外的特殊用途。

附 录 C
（规范性附录）
封闭电器的外壳防护等级

对制造商规定了IP代码的封闭电器和具有整体外壳的电器应满足GB 4208—2008规定的要求，同时还应符合如下的修正和补充要求。

注：图C.1给出了进一步了解GB 4208—2008规定的IP代码的图表。

GB 4208—2008中适用于封闭电器的有关条款详述将在本附录中具体明确。

本部分的条款号与GB 4208—2008标准的条款号一一对应。

C.1 适用范围

本附录适用于额定电压不超过1 000 V（交流）或1 500 V（直流）的封闭式开关设备和控制设备（下称“电器”）的外壳防护等级。

C.2 目的

除GB 4208—2008中第2章适用外，本附录增加了附加要求。

C.3 定义

GB 4208—2008中第3章适用，但定义（3.1）“外壳”除外，该定义修改如下，注1和注2保留。

能提供一个规定的防护等级来防止某些外部影响和防止接近或触及带电部分和运动部分的部件。

注：本部分2.1.16规定的定义与应用于成套电器的IEV 441-13-01定义相类似。

C.4 标识

GB 4208—2008中第4章适用，但字母H、M和S除外。

C.5 第一位特征数字所表示的防止接近危险部件和防止固体异物进入的防护等级

GB 4208—2008中第5章适用。

C.6 第二位特征数字所表示的防止水进入的防护等级

GB 4208—2008中第6章适用。

C.7 附加字母所表示的防止接近危险部件的防护等级

GB 4208—2008中第7章适用。

C.8 补充字母

GB 4208—2008 中第 8 章适用，但字母 H、M 和 S 除外。

C.9 IP 代码的标识举例

GB 4208—2008 中第 9 章适用。

C.10 标志

GB 4208—2008 中第 10 章适用，并补充如下：

如指定 IP 代码只用于一种安装位置，则应采用 ISO 7000 中的 0623 符号来标明，该符号位于 IP 代码后面，用于规定电器的这个安装位置，例如垂直：

C.11 试验一般要求

C.11.1 GB 4208—2008 中 11.1 适用。

C.11.2 GB 4208—2008 中 11.2 适用，并补充如下：

所有试验应在无电的状态下进行。

某些器件(如按钮的外露表面)可通过目测检验。

试品的温度与实际环境温度之差不应超过 5 K。

对安装在已具有 IP 代码的空的外壳内的电器(见 GB 4208—2008 中 10.5)，补充如下要求：

a) 对于 IP1X 至 IP4X 和附加字母 A 至 D

用目测方法进行验证，应满足制造商说明书的要求。

b) 对于 IP6X 防尘试验

用目测方法进行验证，应满足制造商说明书的要求。

c) 对于 IP5X 防尘试验和 IPX1 至 IPX8 防水试验

封闭电器只要求在灰尘和水的进入可能影响电器的运行时进行验证。

注：IP5X 防尘和 IPX1 至 IPX8 防水试验，允许一定量的灰尘和水进入，但不能对电器产生有害的影响。每个内部电器的布置应另外考虑。

C.11.3 GB 4208—2008 中 11.3 适用，并补充如下要求：

泄水孔和通风口应如同正常使用一样打开。

C.11.4 GB 4208—2008 中 11.4 适用。

C.11.5 如果空外壳是作为封闭电器的一个部件，GB 4208—2008 中的 11.5 适用。

C.12 第一位特征数字所表示的对接近危险部件防护的试验

GB 4208—2008 中第 12 章适用，但 12.3.2 除外。

C.13 第一位特征数字所表示的防止固体异物进入的试验

GB 4208—2008 中第 13 章适用,并补充如下要求:

C.13.4 第一位特征数字为 5 和 6 的防尘试验

防护等级 IP5X 的封闭电器应根据 GB 4208—2008 中 13.4 种类 2 进行试验。

注 1:特定产品标准中防护等级 IP5X 的电器可以根据 GB 4208—2008 中 13.4 种类 1 进行试验。

防护等级 IP6X 的封闭电器应根据 GB 4208—2008 中 13.4 种类 1 进行试验。

注 2:根据本部分,防护等级 IP5X 的封闭电器一般认为符合防尘试验要求。

C.13.5.2 第一位特征数字为 5 的接受条件

本附录增加下述内容:

对灰尘的沉积是否会对电器的正常功能和安全产生影响有疑问时,应按下述方法进行电器的预处理和介电试验:

防尘试验后,采用 GB/T 2423.3 规定的试验 Ca:恒定湿热试验方法在下述条件下验证预处理:

为了便于进行灰尘沉积验证试验,应把不借助工具可打开的罩壳和/或可移动部件移开。

在将电器放置在试验箱中进行试验之前,应把其放在具有正常环境温度处至少 4 h。

试验时间为连续 24 h。

在试验结束后,15 min 内把电器从试验箱中拿出,进行工频介电试验,试验时间为 1 min,电压值为 $2U_e$(最大 U_e 值,至少 1 000 V)。试验电压的施加和验收标准应按照 8.3.3.4.1 中 3)c)和 3)d)的要求。

C.14 第二位特征数字所表示的防水进入的试验

C.14.1 试验方法

GB 4208—2008 中 14.1 适用。

C.14.2 试验条件

GB 4208—2008 中 14.2 适用。

C.14.3 接受条件

GB 4208—2008 中 14.3 适用,并补充如下:

电器应进行工频介电试验,试验时间为 1 min,电压值为 $2U_e$(最大 U_e 值,至少 1 000 V)。试验电压的施加和验收标准应按照 8.3.3.4.1 中 3)c)和 3)d)的要求。

C.15 附加字母所表示的接近危险部件防护的试验

GB 4208—2008 中第 15 章适用。

C.16 对有关产品标准的要求

有关产品标准应根据 GB 4208—2008 附录 B 的规定制定具体的技术细节(作为指南),同时考虑在本附录 C 中规定的补充要求。

图 C.1 给出了 IP 代码的表示内容的进一步描述。

C.1a 第一位数字			
防止固体异物进入			防止人体接近危险部件
IP	要求	举例	
0	无防护		无防护
1	直径 50 mm 的球形物体不得完全进入,不得触及危险部件	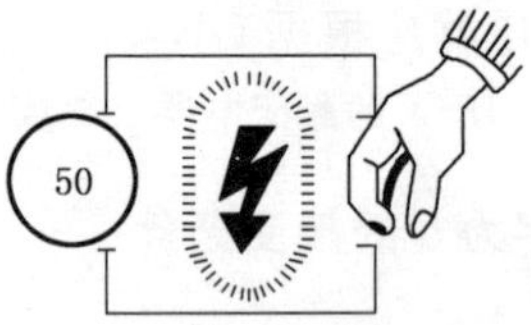 50	手背
2	直径 12.5 mm 的球形物体不得完全进入,试指应与危险部件有足够的间隙	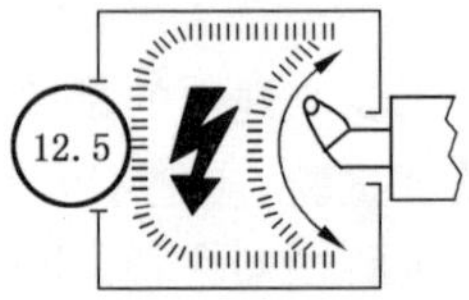 12.5	手指
3	直径 2.5 mm 的试具不得进入		工具
4	直径 1.0 mm 的试具不得进入		金属线
5	允许有限的灰尘进入(没有有害的沉积)		金属线
6	完全防止灰尘进入		金属线

图 C.1 IP 代码

C.1b 第二位数字			
防止进水造成有害影响			防水
IP	简述	举例	
0	无防护		无防护
1	防止垂直下落滴水，允许少量水滴入		垂直滴水
2	防止当外壳在15°范围内倾斜时垂直下落滴水，允许少量水滴入		与垂直面成15°滴水
3	防止与垂直面成60°范围内淋水，允许少量水进入		少量淋水
4	防止任何方向的溅水，允许少量水进入		任何方向的溅水
5	防止喷水，允许少量水进入	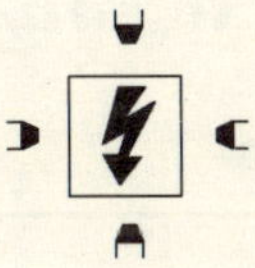	任何方向的喷水
6	防止强烈喷水，允许少量水进入	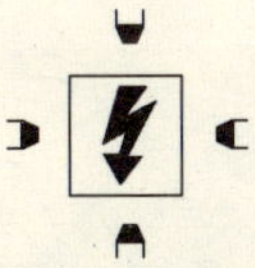	任何方向的强烈喷水
7	防止15 cm—1 m深的浸水影响	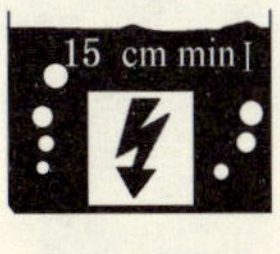 15 cm min	短时间浸水
8	防止在有压力下长期浸水		持续浸水

图 C.1（续）

C.1c 附加字母(可选择)			
IP	要求	举例	防止人体接近危险部件
A 用于第一位 数字为 0	直径 50 mm 的球形物体进入到隔板,不得触及危险部件		手背
B 用于第一位 数字为 0、1	试指进入最大为 80 mm 不得触及危险部件	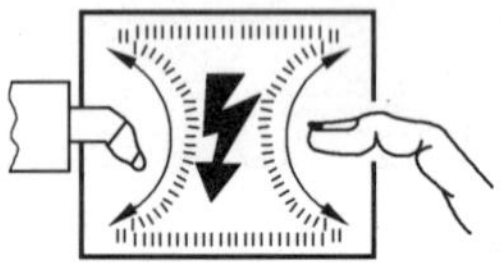	手指
C 用于第一位 数字为 1、2	当挡盘部分进入时,直径为 2.5 mm,长为 100 mm 的金属线不得触及危险部件		工具
D 用于第一位 数字为 2、3	当挡盘部分进入时,直径为 1.0 mm,长为 100 mm 的金属线不得触及危险部件	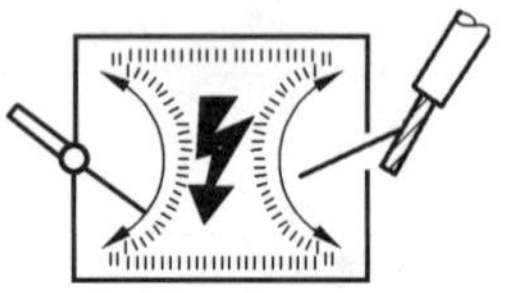	金属线

图 C.1(续)

附 录 D
（资料性附录）
夹紧件和夹紧件与连接器件之间的关系的举例

D.1 夹紧件在连接电器内

夹紧件在连接电器内的配置图见图D.1[1)]。

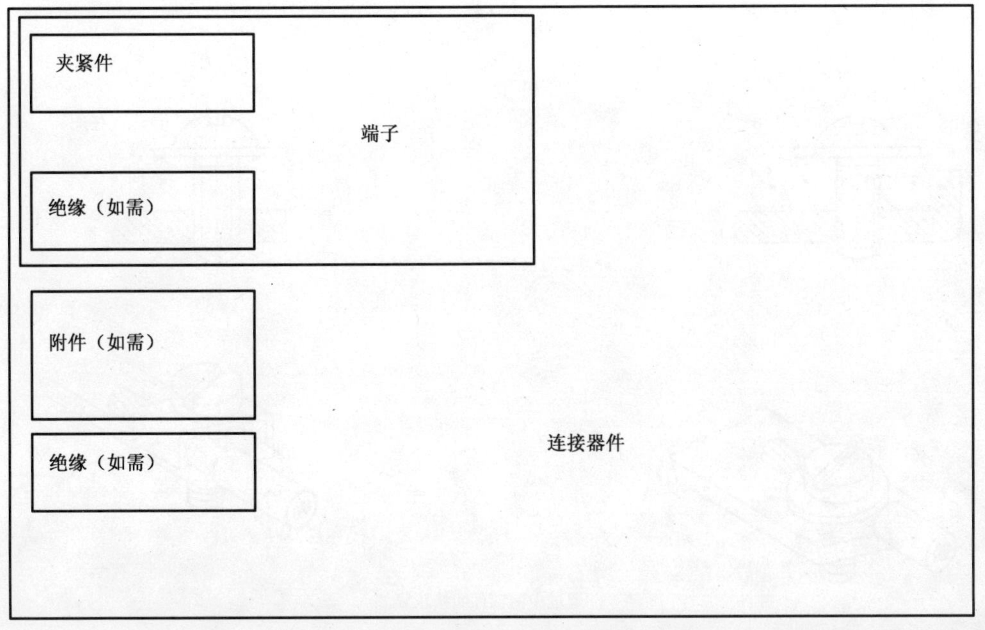

图D.1 夹紧件在连接电器内

1) 采标说明：
本附录图编号与IEC 60947-1不同。

D.2 夹紧件举例

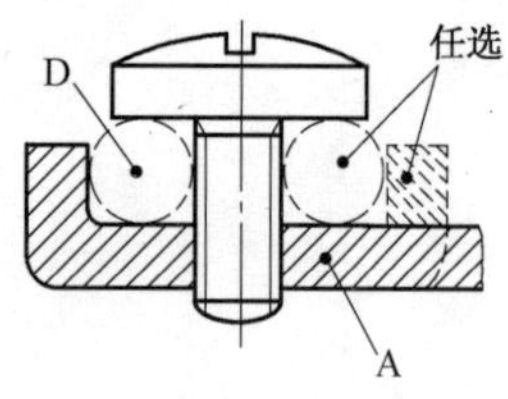

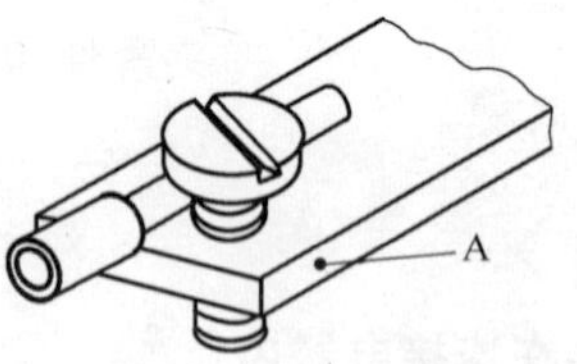

通过螺钉头直接压紧

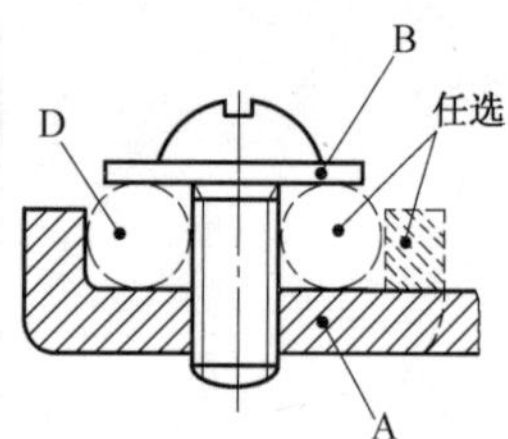

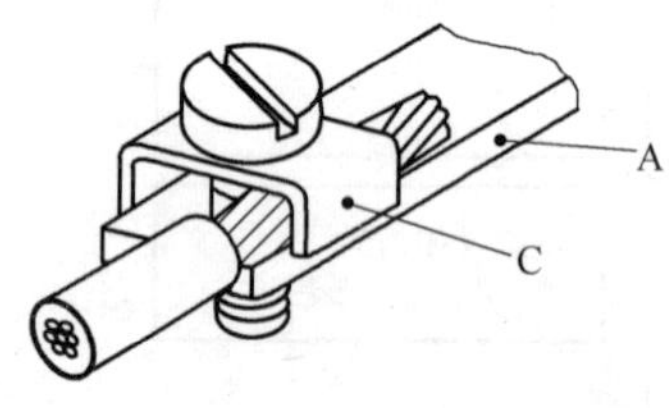

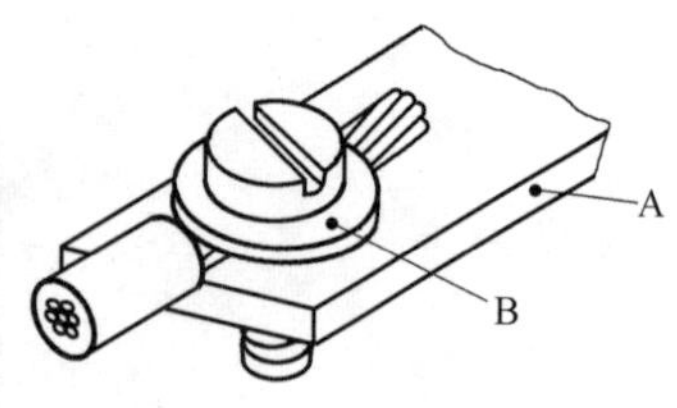

通过中间部件间接压紧

说明：

A——固定部件；

B——垫圈或夹板；

C——防松部件；

D——导体空间。

注：上述例子并不禁止把导体分开放置在螺钉的两边。

螺钉型夹紧件：是一种将导体压紧在一个或多个螺钉头下的夹紧件，其压紧力可直接由螺钉头施加或通过中间部件（例如：垫圈，压板或防松部件）施加。

图 D.2 螺钉型夹紧件

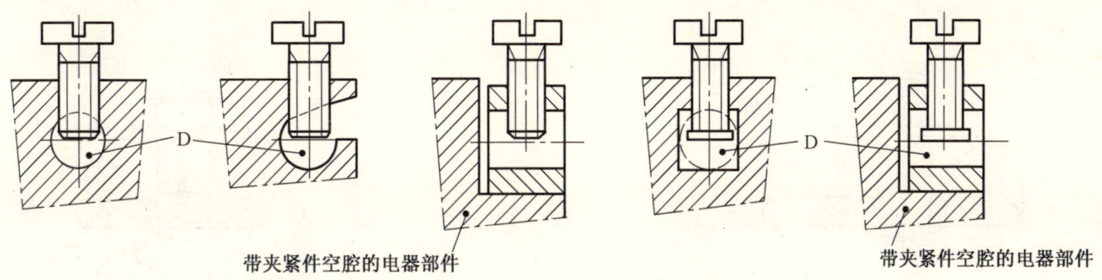

无压板的夹紧件　　　　具有压板的夹紧件

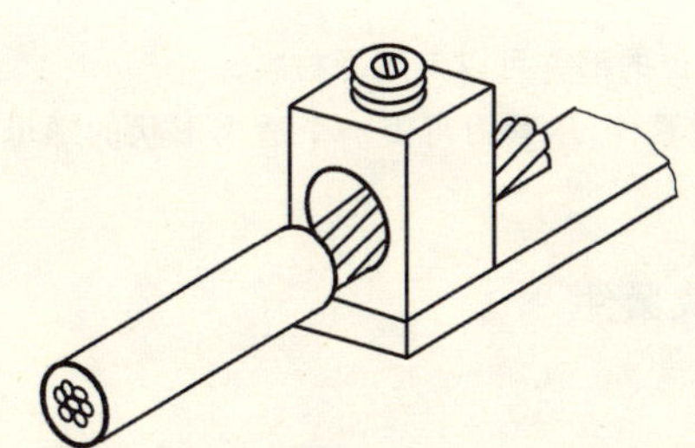

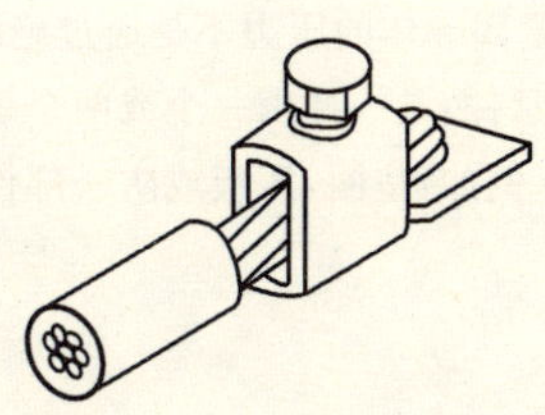

直接施加压力的夹紧件

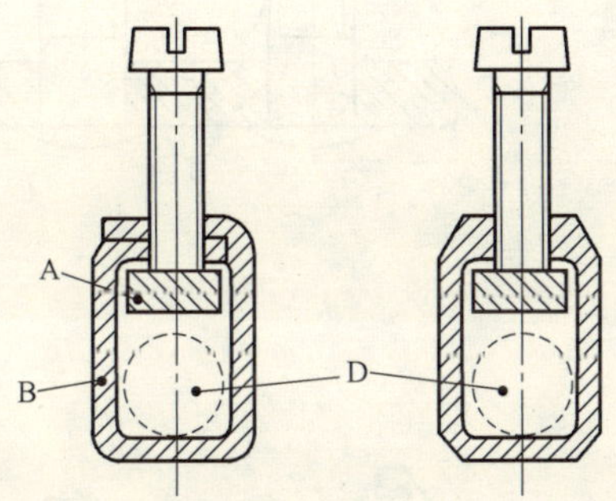

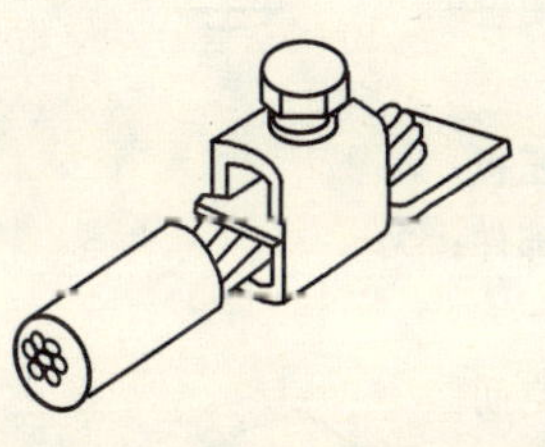

间接施加压力的夹紧件

说明：

A ——固定部件；

B ——夹紧件本体；

D ——导体空间。

柱式夹紧件：是一种将导体插入到孔中或空间中，导体由一个或多个螺钉的底部压紧的夹紧件，压紧力可用螺钉底部直接施加或由中间部件施加，中间部件的压力是由螺钉的底部施加的。

图 D.3　柱式夹紧件

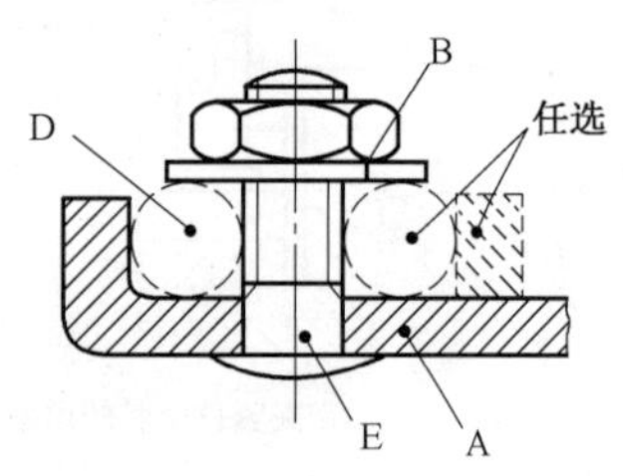

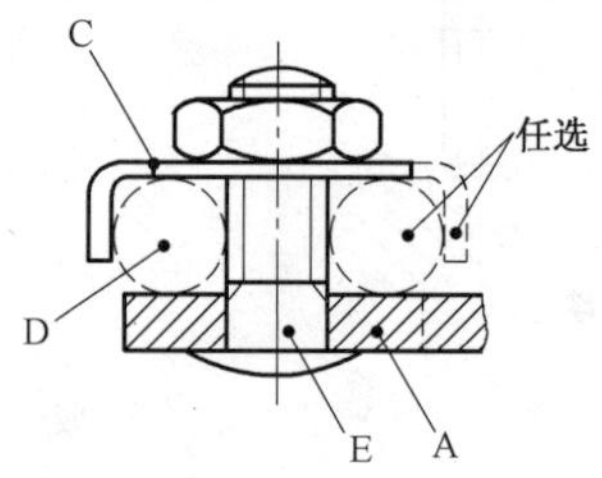

说明：

A ——固定部件；

B ——垫圈或夹板；

C ——防松部件；

D ——导体空间；

E ——螺栓。

注：只要紧固导体的压力不是通过绝缘材料传递的，则导体定位的部件可以是绝缘材料。

螺栓型夹紧件：是一种由一个或两个螺母压紧导体的螺纹型夹紧件，压紧力可由一个适当形状的螺母直接施加，或通过中间部件(例如：垫圈，压板或防松部件)施加。

图 D.4　螺栓型夹紧件

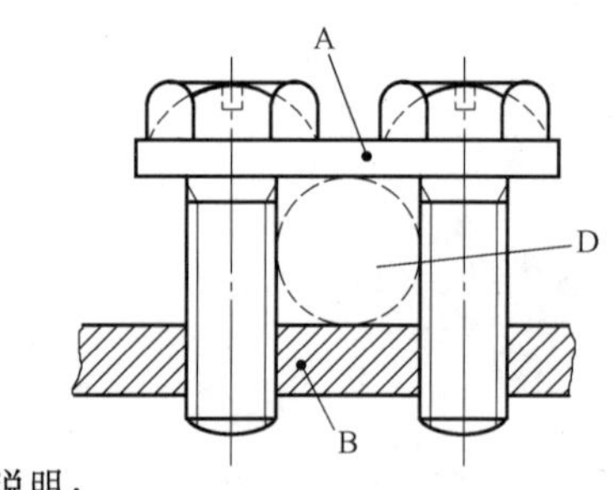

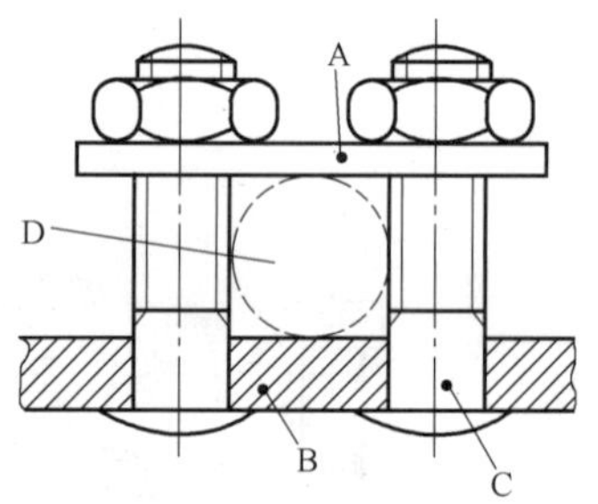

说明：

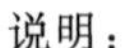

A ——鞍型压板；

B ——固定部件；

C ——螺栓；

D ——导体空间。

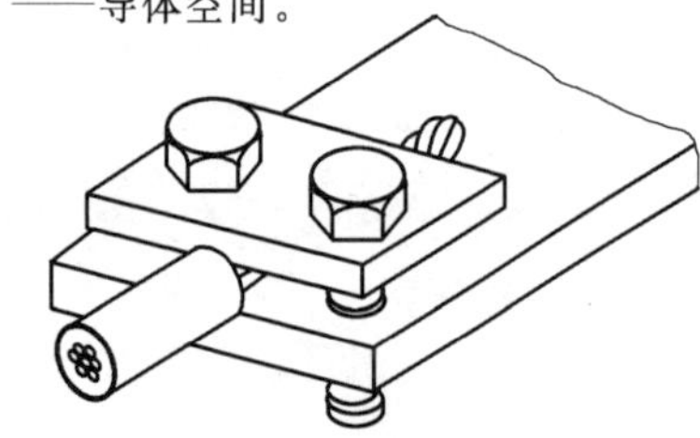

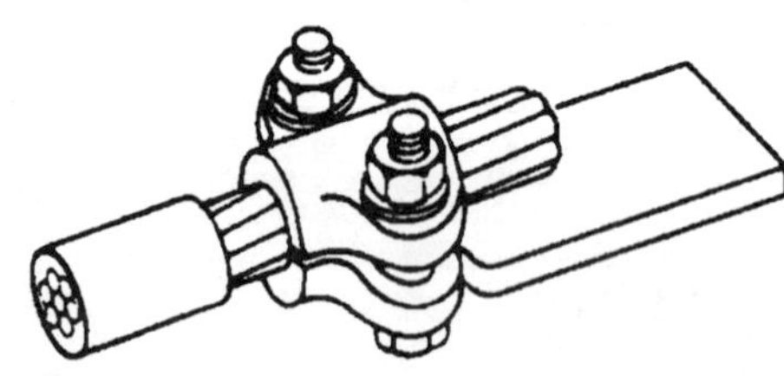

鞍形夹紧件：是一种借助两个或多个螺母或螺钉由鞍形压板压紧导体的螺纹型夹紧件。

图 D.5　鞍形夹紧件

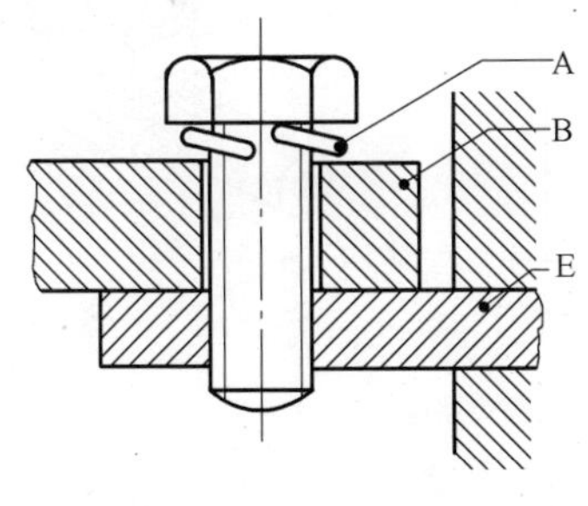

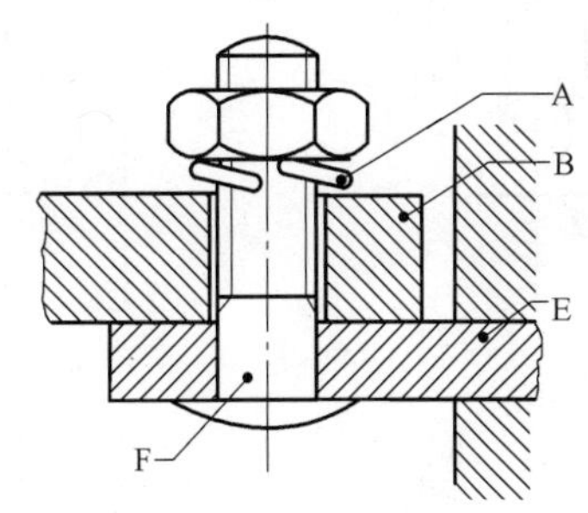

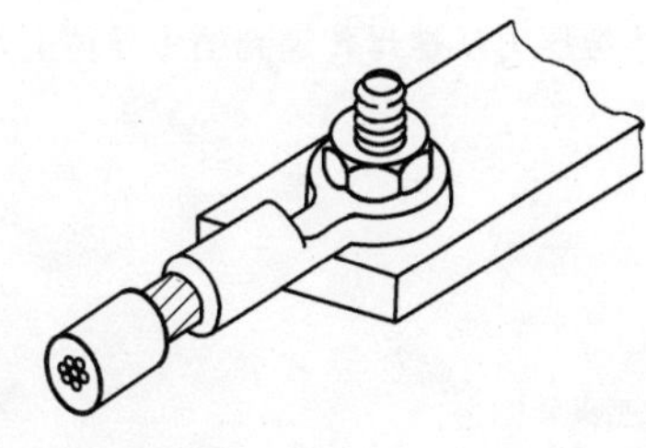

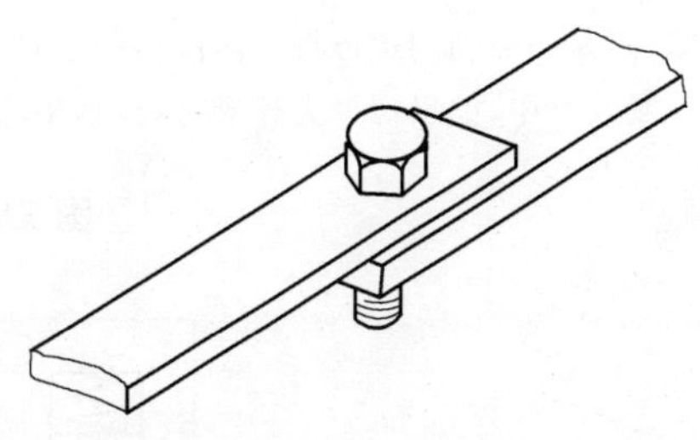

说明：

A ——弹簧垫圈；

B ——电缆接线片或接线排；

E ——固定部件；

F ——螺栓。

接线片式夹紧件：是一种利用螺钉或螺母压紧电缆接线片或接线杆的螺钉夹紧件或螺栓夹紧件。

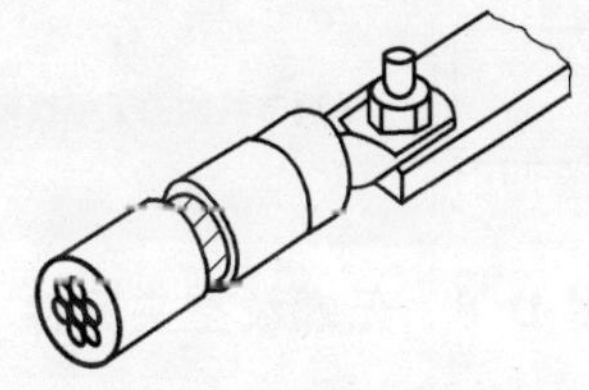

电缆接线片的全部尺寸示例见附录 P。

图 D.6　接线片式夹紧件

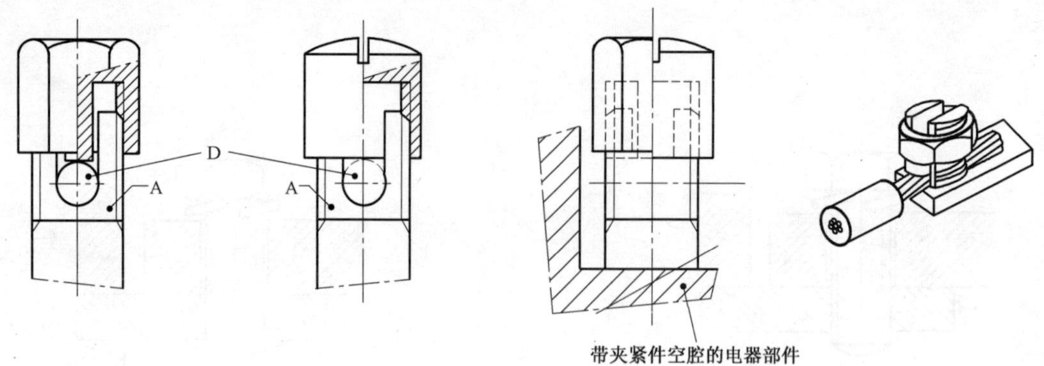

说明：

A ——固定部件；

D ——导体空间。

罩式夹紧件：是一种利用螺母将导体压在一个具有螺纹的螺杆内的槽中的螺纹型夹紧件，导体靠螺母下的一个适当形状的垫圈压紧在槽中，如果螺母为杯形螺母，靠中心销或用相同效用的方法把压力从螺母传递到槽中导体上。

图 D.7 罩式夹紧件

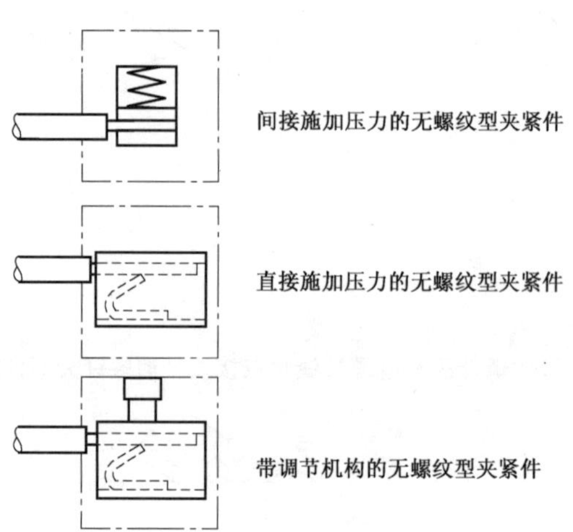

图 D.8 无螺纹型夹紧件

附　录　E
（资料性附录）
调整负载电路方法的说明

为了调整负载电路以获得规定的特性，在实际试验中可以采用几种方法。下面介绍一种方法。

原理图见图 8。

瞬态恢复电压的振荡频率 f 和 γ 主要取决于负载电路的固有振荡频率及其阻尼。因为这些数值和外部施加电路的电压及频率无关，因此可用一交流电源供电给负载电路进行调整，该电源的电压和频率可不同于用以试验的电器的电源的电压和频率。电流过零时电路由一个二极管分断，恢复电压的振荡波形可在阴极射线示波器上显示出来，其示波器扫描频率应与电源频率相同（见图 E.1）。

为了进行可靠的测量，负载电路由高频信号发生器 G 供电，高频信号发生器应提供一个适合二极管的电压，选取发生器的频率等于：

a)　试验电流小于等于 1 000 A 为 2 kHz；

b)　试验电流高于 1 000 A 为 4 kHz。

与发生器串联的有：

——对上述 a）和 b）两种情况，分别具有电阻值 R_a 大于负载电路阻抗的降压电阻（$R_a \geqslant 10\ Z$，此处 $Z=\sqrt{R^2+(\omega L)^2}$，式中 $\omega=2\pi\times 2\ 000\ \mathrm{s}^{-1}$ 或 $\omega=2\pi\times 4\ 000\ \mathrm{s}^{-1}$。

——瞬时截止的开关二极管 B，一般为用于计算机的二极管，例如正向额定电流不超过 1 A 的扩散结硅开关二极管。

由于发生器产生高频值，负载电路实际上是纯电感性的。因此在电流过零瞬间，负载电路两端的外施电压为其峰值。为保证负载电路元件是适合的，必须在屏幕上进行检验，使瞬态电压曲线在其起始点上（图 E.1 中 A 点）具有实际上为水平的切线。

实际的系数 γ 是 U_{11}/U_{12} 的比值，U_{11} 是屏幕上的读数，U_{12} 是 A 点的纵坐标与高频发生器不再供电给负载电路时波形的纵坐标之间的读数（见图 E.1）。

若在没有并联电阻 R_p 或并联电容 C_p 的负载电路中观察瞬态电压时，则可在屏幕上读到负载电路的固有振荡频率。应注意示波器的电容或引线不应影响负载电路的共振频率。

如果固有振荡频率超过所需 f 值的上限，则可并联适当值的电容 C_p 和 R_p 来获得适当的频率值和系数 γ。电阻 R_p 应是非电感性的。

由于负载电路的特性与电路的接地点有关，本附录推荐两种负载电路的调整方法：

a)　对于接地点位于负载端星形点的情况：三相负载电路的每一相应单独进行调整，见图 8a；

b)　对于接地点位于电源端星形点的情况：三相负载电路中的一相与并联的另外两相串联后进行电路的调整，见图 8b。

注 1：高频发生器产生的频率愈高，则在屏幕上愈容易观察并改善结果。

注 2：可采用其他的确定频率和系数 γ 的方法（如用方波电流供给负载电流）。

注 3：对于负载联接成星形的试验电路，如果在调整电路与试验之间短接负载的方式不变（接地或悬空），则 R 的两端或 X 的两端都可以联接。

注 4：必须注意的是，对高频发生器接地点的泄漏电容量不应对电路的实际振荡频率有任何影响。

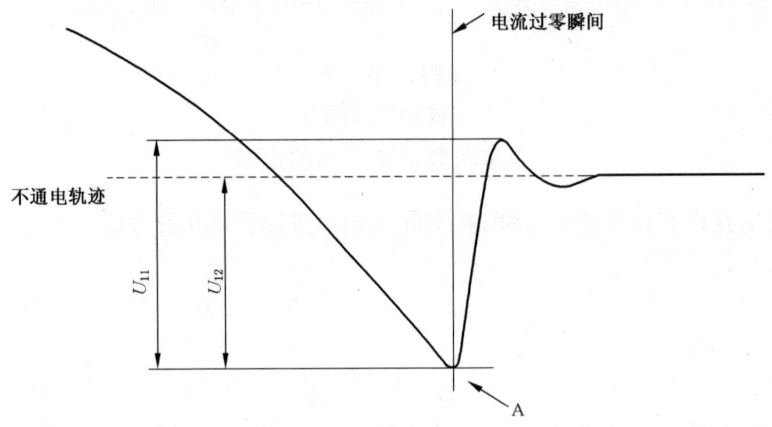

图 E.1 确定系数 γ 实际数值的方法

附 录 F
(资料性附录)
短路功率因数或时间常数的确定

目前尚无精确的方法确定短路功率因数或时间常数,但为了本部分的需要,可以用以下的方法之一确定试验电路的功率因数或时间常数。

F.1 短路功率因数的确定

方法1——根据直流分量确定功率因数或时间常数

根据短路瞬间和触头分开瞬间的非对称电流波形的直流分量曲线可确定相角 ϕ,其方法如下:

1) 用直流分量公式确定时间常数 L/R。

直流分量公式为:

$$i_{\mathrm{d}} = I_{\mathrm{do}} \mathrm{e}^{-Rt/L}$$

式中:

i_{d} ——在瞬间 t 时的直流分量值。

I_{do} ——开始瞬间的直流分量值。

L/R ——电路的时间常数,s。

t ——从开始瞬间算起的时间,s。

e ——自然对数的底。

时间常数 L/R 可按下述方式确定:

a) 测量短路瞬间的 I_{do} 值和触头分开前另一瞬间 t 时的 i_{d} 值;

b) 用 i_{d} 除以 I_{do},确定 $\mathrm{e}^{-Rt/L}$;

c) 根据 e^{-x} 值表确定与 $i_{\mathrm{d}}/I_{\mathrm{do}}$ 之比相应的 $-x$ 值。

x 值代表 Rt/L,由此得到 L/R 值。

2) 用 ϕ—arctg$\omega L/R$ 确定

根据 ϕ—arctan$\omega L/R$ 确定相角 ϕ,其中 ω 等于实际频率的 2π 倍。

当用电流互感器测量电流时不应采用本方法,除非有适当的措施消除如下两点引起的误差:

——互感器的时间常数和它的初级线路负载;

——瞬时磁通与可能的剩磁叠加产生的磁饱和。

方法2——用辅助发电机确定功率因数或时间常数

当辅助发电机与试验发电机同轴运行时,首先可在波形图上比较辅助发电机和试验发电机电压相位,然后比较辅助发电机电压与试验发电机的电流相位。

用辅助发电机电压和主发电机电压间的相角差和辅助发电机电压与试验发电机电流的相角差可求出试验发电机电压和电流的相角,由此可确定功率因数。

F.2 短路时间常数的确定(波形图法)

电路校正波形图上升曲线上相应于纵坐标 $0.632A_2$ 的横坐标即为时间常数值(见图14)。

附 录 G
（资料性附录）
电气间隙和爬电距离的测量

G.1 基本要求

在例1至例11中规定的槽的宽度 X 基本上适用于以污染等级为函数的所有例子，如下表：

污染等级	槽宽度的最小值 mm
1	0.25
2	1.0
3	1.5
4	2.5

对于承载触头的固定的和移动的绝缘材料间的爬电距离，具有相对运动的绝缘材料间无最小 X 值的要求（见图G.2）。

如果有关的电气间隙小于3 mm，槽最小宽度可以减小至该电气间隙的的三分之一。

测量电气间隙和爬电距离的方法示于以下例1至例11中，这些举例对气隙与槽之间或绝缘型式之间没有区别。

而且：

——假定任意角被宽度为 X mm 的绝缘联接在最不利的位置下桥接（见例3）；

——当横跨槽顶部的距离为 X mm 或更大时，沿着槽的轮廓测量爬电距离（见例2）；

——当运动部件处于最不利的位置时，测量运动部件之间的电气间隙和爬电距离。

G.2 筋的使用

由于筋受污染物的影响小以及筋的干透效果较好，筋的使用大大地减少了泄漏电流的形成。因此假设筋的最小高度为2 mm时，爬电距离可以减少至规定值的0.8倍。

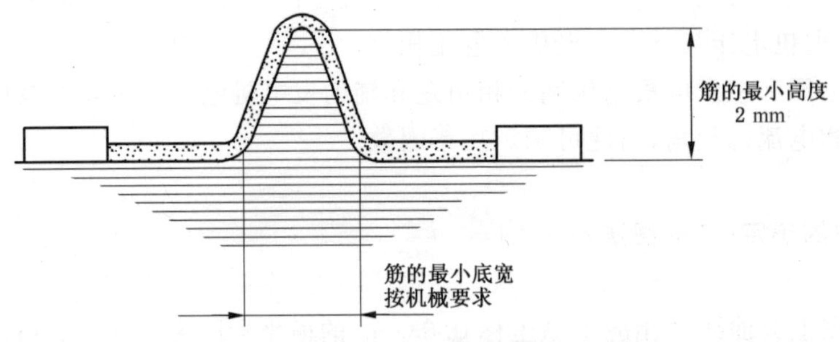

图 G.1 筋的测量

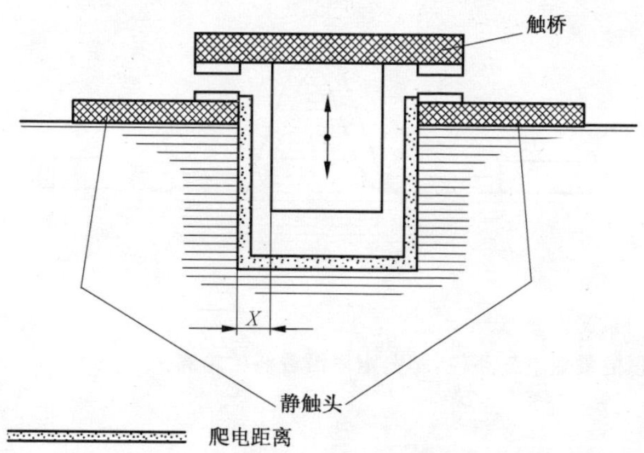

图 G.2　触头支持用固定的和移动的绝缘件间的爬电距离

示例 1：

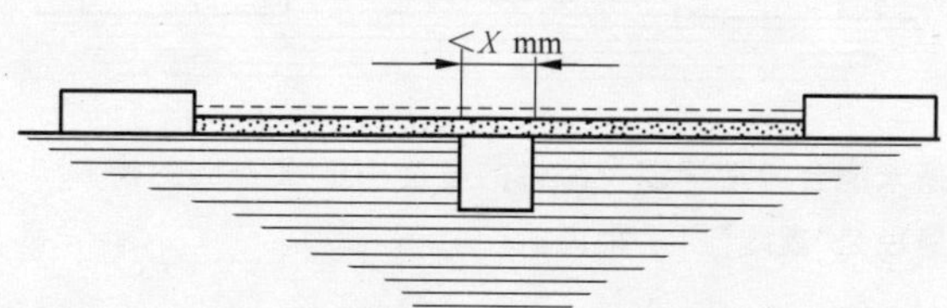

条件：该爬电距离路径包括宽度小于 X mm 而深度为任意的平行边或收敛形边槽。

规则：爬电距离和电气间隙如图所示，直接跨过槽测量。

示例 2：

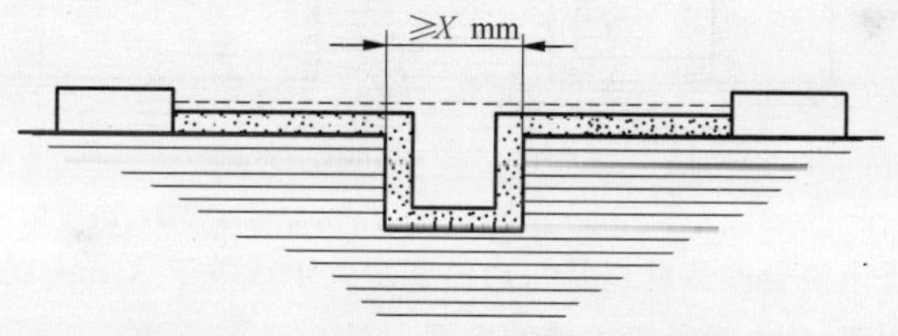

条件：爬电距离路径包括任意深度且宽度大于或等于 X mm 的平行边槽。

规则：电气间隙是"虚线"的距离，爬电距离路径沿槽的轮廓。

示例 3：

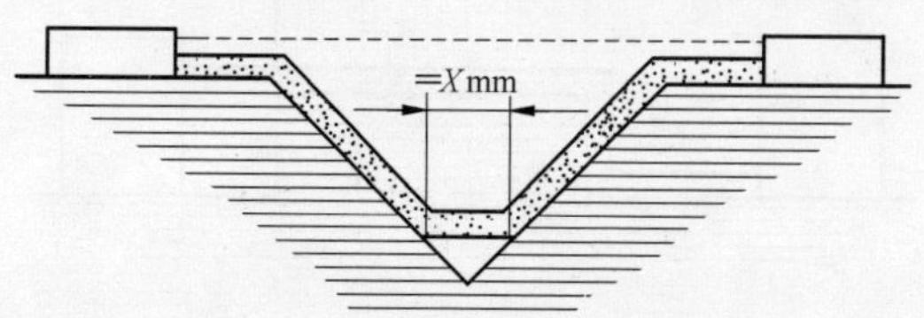

条件：爬电距离路径包括宽度大于 X mm 的 V 形槽。

规则：电气间隙是"虚线"的距离，爬电距离路径沿着槽的轮廓但被 X mm 联结把槽底"短路"。

---------电气间隙　　　　爬电距离

示例 4：

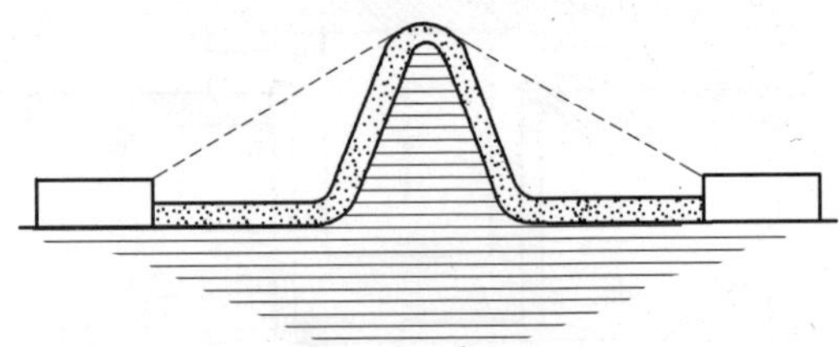

条件：爬电距离路径包括一条筋。

规则：电气间隙是通过筋顶的最短空气路径，爬电距离沿着筋的轮廓。

示例 5：

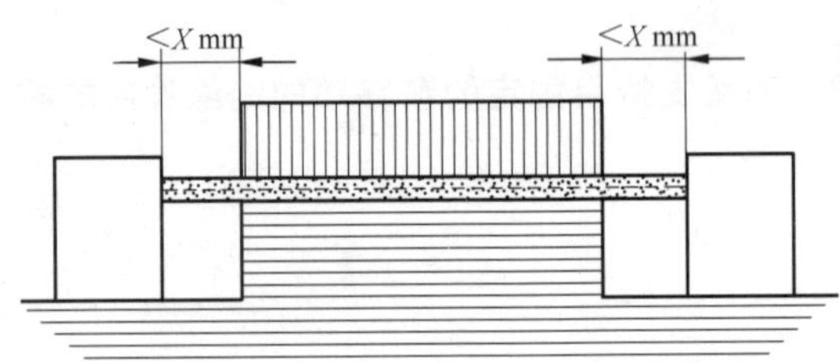

条件：爬电距离路径包括一条未浇合的接缝以及每边的宽度小于 X mm 的槽。

规则：爬电距离和电气间隙路径是“虚线”所示距离。

示例 6：

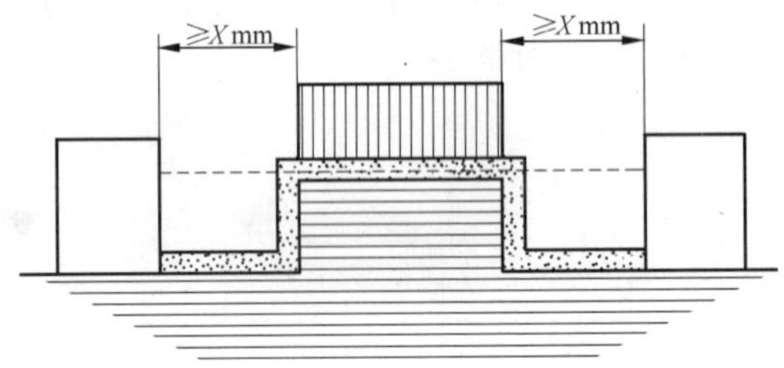

条件：爬电距离路径包括一条未浇合的接缝以及每边的宽度大于或等于 X mm 的槽。

规则：电气间隙为“虚线”的距离，爬电途径沿着槽的轮廓。

示例 7：

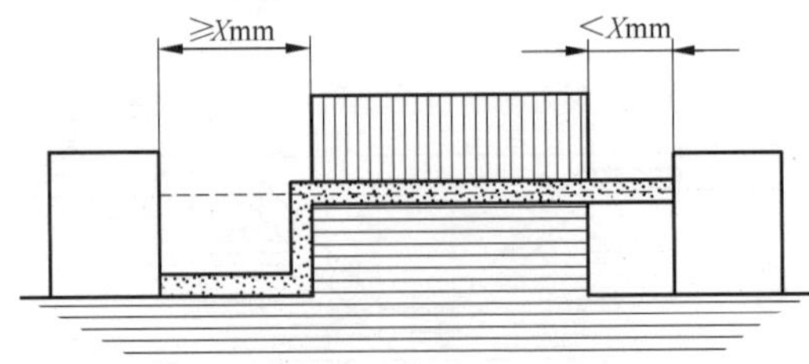

条件：爬电距离路径包含一条未浇合的接缝以及一边宽度小于 X mm 而另一边宽度大于或等于 X mm 的槽。

规则：电气间隙和爬电距离路径如图所示。

---------- 电气间隙　　　　爬电距离

示例 8：

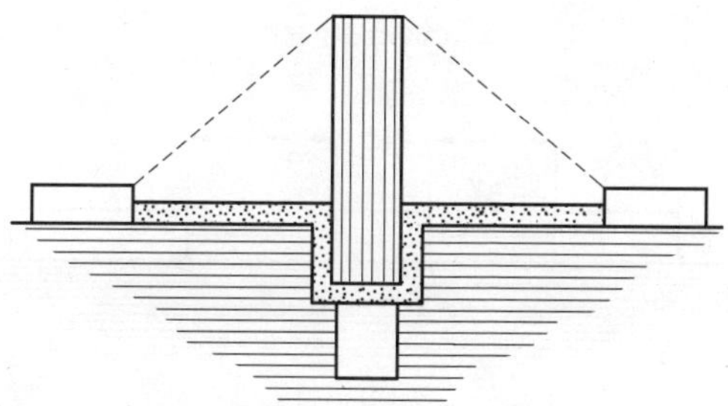

条件：穿过一条未浇合的接缝的爬电距离小于通过隔板的爬电距离。

规则：电气间隙是通过隔板顶部的最短直接空气路径。

示例 9：

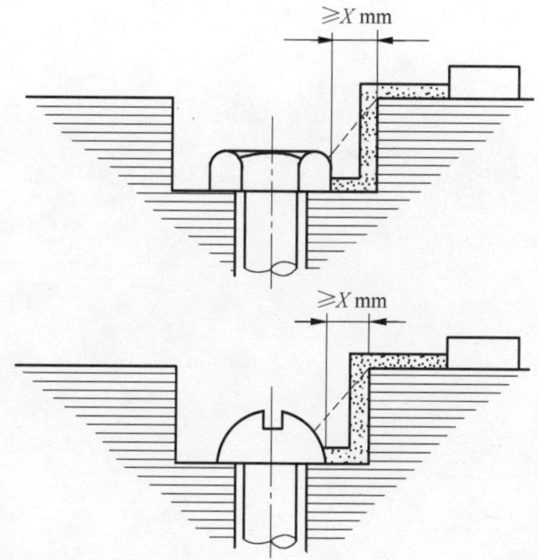

条件：螺钉头与凹壁之间的间隙足够宽应加以考虑。

规则：电气间隙和爬电距离路径如图所示。

示例 10：

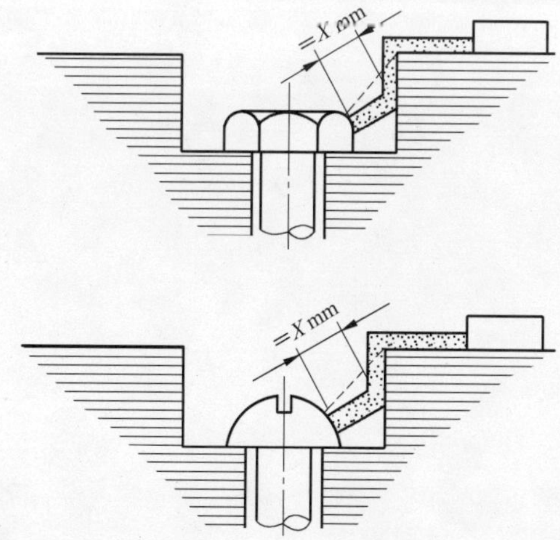

条件：螺钉头与凹壁之间的间隙过分窄小而不被考虑。

规则：当螺钉头到壁的距离为 X mm 时的测量爬电距离。

---------- 电气间隙　　　　爬电距离

示例 11：

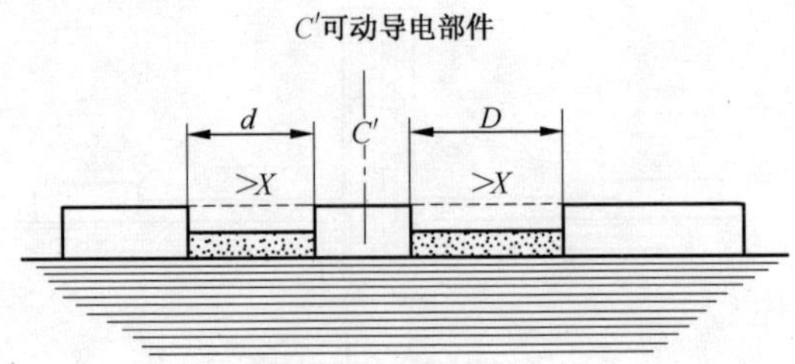

电气间隙为 $d+D$ 的距离，爬电距离也为 $d+D$

---------电气间隙　　　　爬电距离

附 录 H
（资料性附录）
电源系统的标称电压与电器的额定冲击耐受电压的关系

本附录给出了如何选择电气系统或其中一部分的电路内使用的电器的有关数据。

表 H.1 提供了电源系统标称电压与相应的电器额定冲击耐受电压关系的实例。

表 H.1 给出的额定冲击耐受电压值是基于浪涌抑制器的性能特征。

应该认识到控制表 H.1 数值相应的过电压也可在电源系统适当的条件下取得，例如存在适当的阻抗或电缆馈线。

当控制过电压是采用浪涌抑制器以外的方法时，在 GB 16895.12 中给出了电源系统标称电压与电器额定冲击耐受电压之间的关系指南。

表 H.1 按 IEC 60099-1 规定的浪涌抑制器进行过电压保护时，电源系统的标称电压与电器的额定冲击耐受电压的对应关系

额定工作电压对地最大值	电源系统的标称电压(≤电器的额定绝缘电压)				在海拔 2 000 m 处额定冲击耐受电压优先值 (1.2/50 μs)kV			
					过电压类别			
					Ⅳ	Ⅲ	Ⅱ	Ⅰ
交流有效值或直流,V	交流有效值,V	交流有效值,V	交流有效值或直流,V	交流有效值或直流,V	电源进线点(进线端)水平	配电电路水平	负线(装置电器)水平	特殊保护水平
50	—	—	12.5,24,25 30,42,48	60～30	1.5	0.8	0.5	0.33
100	66/115	66	60	—	2.5	1.5	0.8	0.5
150	120/208 127/220	115,120,127	110,120	220～110,240～120	4	2.5	1.5	0.8
300	220/380,230/400 240/415,260/440 277/480	220,230 240,260 277	220	440～220	6	4	2.5	1.5
600	347/600,380/660 400/690,415/720 480/830	347,380,400 415,440,480 500,577,600	480	960～480	8	6	4	2.5
1 000	—	660 690,720 830,1 000	1 000	—	12	8	6	4

附 录 I
空 白

附 录 J
（资料性附录）
涉及制造商与用户的协议条款

注：对本附录而言：

——“协议”包括非常广泛的内容；

——“用户”包括试验站。

标准条款号	条款内容及名称
2.6.4	特殊试验。
6.1	非标准使用条件见附录 B。
6.1.1	用于环境温度高于+40 ℃或低于−5 ℃范围的电器，见注 1。
6.1.2	用于海拔高于 2 000 m 的电器，见注。
6.2	如运输和储存时的条件不同于本条款规定时。
7.2.1.2	锁扣机械的操作极限。
7.2.2.1(表 2)	连接导体的截面积明显小于表 9 和表 10 所列要求时的使用。
7.2.2.2(表 3)	制造商应提供电阻器外壳温升极限数据。
7.2.2.6	脉动操作线圈的工作条件(由制造商确定)。
7.2.2.8	绝缘材料满足 GB/T 11021 和/或 GB/T 11026(由制造商说明)。
8.1.1	特殊试验。
8.1.4	抽样试验。
8.2.4.3	扁铜导体的弯曲试验。
8.3.2.1	为了方便试验提高试验的严酷度。 预期用于多种型式或尺寸外壳中的电器在最小外壳中试验。
8.3.2.2.2	较严酷的试验(与制造商协商。) 在 50 Hz 条件下试验合格的电器也可用于 60 Hz(或相反)，见表 8 注 2
8.3.2.2.3	增加工频恢复电压的上限(与制造商协商)，见注 3。
8.3.3.3.4 主电路的温升试验	用交流电源试验直流电器(与制造商协商)。 用单相电流试验多极电器。 试验电流高于 3 150 A 时的导线连接。 横截面积小于表 9、表 10 和表 11 规定值导体的使用(与制造商协商)，见表 9、表 10 和表 11 注中的注 2。
8.3.3.4.1	工频电压或直流电压下的介电试验(与制造商协商)。
8.3.3.5.2(注 3) 8.3.4.1.2(注 3)	a) 预期故障电流小于 1 500 A 的认可条件(与制造商协商)。 b) 在短路试验时的试验电路，分流空芯电抗器的电阻不同于 b)规定时。 c) 短路试验时的试验电路图不同于图 9、图 10、图 11 或图 12 时。
8.3.4.3	提高试验电流 I_{cw} 值。 验证直流电器承载交流 I_{cw} 的能力。

附 录 K
（规范性附录）
耐湿性能及其要求

K.1 电器耐湿性能

电器应具有适应在正常工作条件中可能发生的湿度作用的能力，因此应验证电器适应潮湿环境的能力。本部分推荐采用交变湿热试验对产品进行耐湿性能考核。

K.1.1 试验 Db：交变湿热试验（GB/T 2423.4）

电器以凝露为主要受潮机理或呼吸作用能加快水气进入电器时，宜采用交变湿热试验。试验时温度、湿度在每个周期中交替地作“高温高湿”和“低温高湿”的变化，试验严酷等级由高温温度和周期数来决定，高温温度为 40 ℃，周期数为 2、6、12、21、56 昼夜；高温温度为 55 ℃时周期数分为 1、2、6 昼夜。

对于预期用于周围空气温度不超过 40 ℃的电器，优先采用高温温度为 40 ℃、周期数为 6 昼夜的严酷等级进行试验。对于预期用于周围空气温度上限值高于 40 ℃而不超过 55 ℃的电器，按附录 Q 中的相关规定进行试验。

K.2 被试电器的试前条件

除非另有规定，电器如有出口孔或敲落孔的话，应把出口孔或至少一个敲落孔打开。不借助工具能拆卸的部件应拆卸并与主部件一起承受潮湿试验，如盖罩等都应打开。被试电器（试品）在放入湿热试验室（或箱）以前应存放在室温条件下不少于 4 h。

K.3 试验方法

交变湿热试验室（箱）的要求见 GB/T 2423.4—2008 中第 4 章。条件试验见 GB/T 2423.4—2008 中第 7 章，降温时相对湿度应选用不低于 95%，在条件试验结束前（“低温高湿”阶段）1 h 或 2 h 中验证试品工频耐压。

K.4 试验结果的判定

a) 结束前，按 $2U_e$，不小于 1 000 V，进行 1 min 的工频耐压试验，应无绝缘击穿闪络现象；
b) 试验后，被试电器进行外观检查，应无影响其继续使用的变化；
c) 如有关产品标准有要求的话，试验后试品应进行动作条件的复验或其他性能要求的复验。

附　录　L
（规范性附录）
端子的标志和识别数码

L.1　总则

给开关电器端子做出识别标志的目的是为了提供每个端子的功能信息，或它相对于其他端子的位置，或为了其他用途。

端子的标志适用于由制造商提供的开关电器。标志应是明确的，每个标志只能出现一次，但结构上相连的两个端子处可以有相同的标志。

一个线路元件的不同端子的标志应表明他们具有相同的电流路径。

阻抗的端子标志是字母数字混合的标志，用一个或二个字母表示功能，接下来是数字。字母应是大写的罗马字母，数字是阿拉伯数字。

对于触头元件端子，端子之一用奇数标志，相同触头元件的其他端子用相邻的较高的偶数标志。

如果元件的输入和输出端子要明确的做出识别标志，则应选择较低的数码作为输入端子标志（输入端子为11和输出端子为12，输入为A1和输出为A2）。

注1：下述L.2和L.3所涉及的电器根据GB/T 4728.7也规定了图形符号。这些符号不用于电器上的端子标志。

注2：本附录的图例所表示的端子的位置不包含电器本身的端子实际位置的任何信息。

对于下列章条和示例中未涵盖的低压开关设备，制造商可以依据本章的规则选择一个合适的端子标识。

L.2　阻抗的端子的标志（字母数字）

L.2.1　线圈

L.2.1.1　电磁操动线圈的两个端子应标志为A1和A2。

A1　A2

L.2.1.2　对于有抽头的线圈，抽头的端子标志应为连续的序号A3，A4等。

A1　A2
A3

A1　A2
A3

L.2.1.3　对于具有双绕组的线圈，第一个绕组的端子的应标志A1和A2，第二个绕组端子应标志B1和B2。

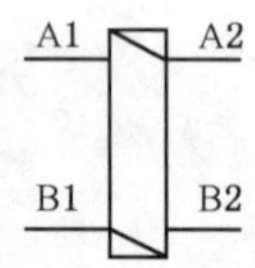

L.2.2 电磁脱扣器

L.2.2.1 分励脱扣器

分励脱扣器的两个端子应标志 C1 和 C2。

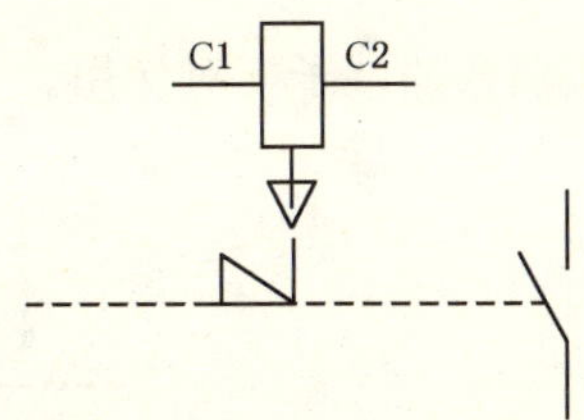

注：对于具有两个分励脱扣器的电器(例如具有不同额定值的脱扣器)，第二个脱扣器的端子推荐标志 C3 和 C4。

L.2.2.2 欠压脱扣器

仅作为欠压脱扣器使用的线圈的端子应标志 D1 和 D2。

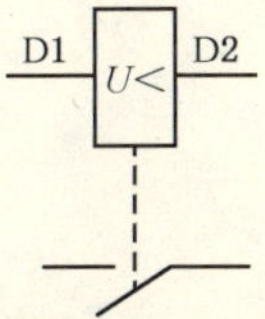

注：对于具有两个分励脱扣器的电器(例如具有不同额定值的脱扣器)，第二个脱扣器的端子推荐标志 D3 和 D4。

L.2.3 联锁电磁铁线圈

联锁电磁铁线圈的两个端子应标志 E1 和 E2。

E1 E2

L.2.4 指示灯器件

指示灯器件的两个端子应标志 X1 和 X2。

X1 X2

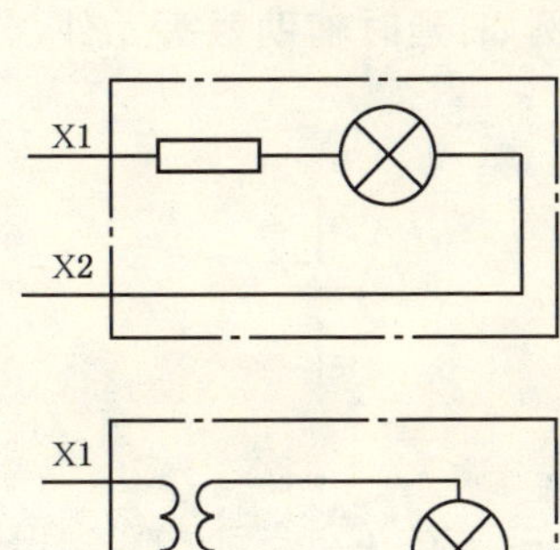

注：术语“指示灯器件”包括电阻器或变压器。

L.3 具有双位置开关电器触头元件的端子标志(数字)

L.3.1 主电路的触头元件(主触头元件)

主开关元件的端子应标以单个数字。

每个标志了奇数的端子应与标志相应偶数的端子配对使用。

示例:

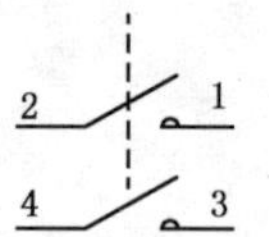

两个主触头元件

五个主触头元件

当开关电器具有多于5个主触头元件时,字母数字标志应根据GB/T 4026确定。

L.3.2 辅助电路的触头元件(辅助触头元件)

辅助触头元件的端子应采用双位数标识:

——个位上的数字是功能数;

——十位上的数字是顺序号。

L.3.2.1 功能数字

L.3.2.1.1 功能数字1和2用于分断触头元件,功能数字3和4用于接通触头元件(接通触头元件,分断触头元件的定义见GB/T 2900.18)。

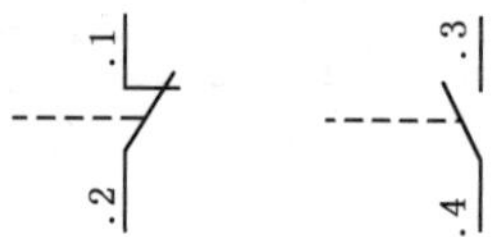

转换触头元件端子功能数字标志为1、2和4。

L.3.2.1.2 具有特殊功能的辅助触头,例如:延时辅助触头元件,分别标志功能数字,5和6为分断触头元件,7和8为接通触头元件。

延时闭合的分断触头

延时闭合的接通触头

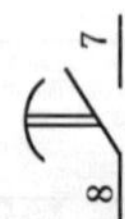

具有特殊功能的转换触头元件的端子标志的功能数字为 5、6 和 8。

示例：双向延时转换触头

L.3.2.2 顺序号

L.3.2.2.1 属于同一触头元件的端子应标志相同的顺序号。具有相同功能的不同的端子应标志不同的顺序号。

示例：

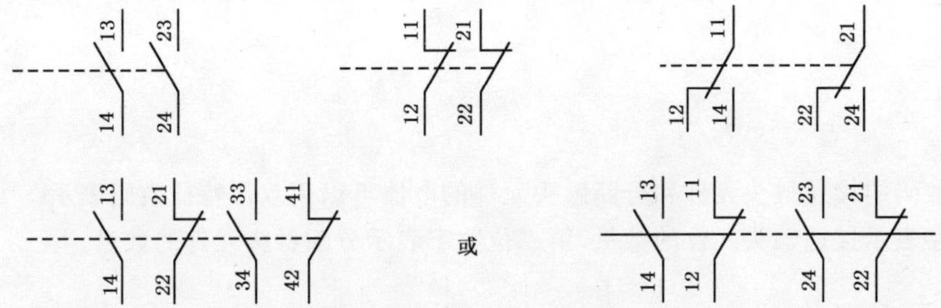

L.3.2.2.2 如果制造商提供了附加的信息或用户给出这一数码，则顺序号可以省略。

示例：

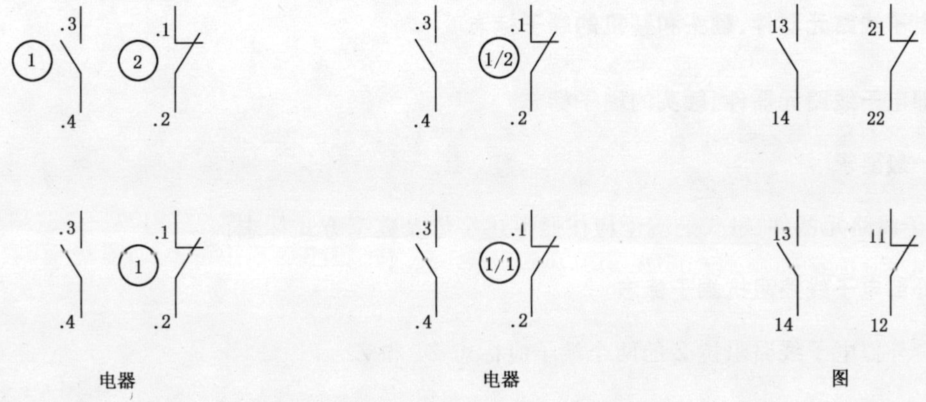

注：举例中的圆点只是表示一种关系，不需要在实际中使用。

L.4 过载保护电器的端子的标志

主电路过载保护电器的端子的标志应与主开关元件采用相同的标识方法。

示例：

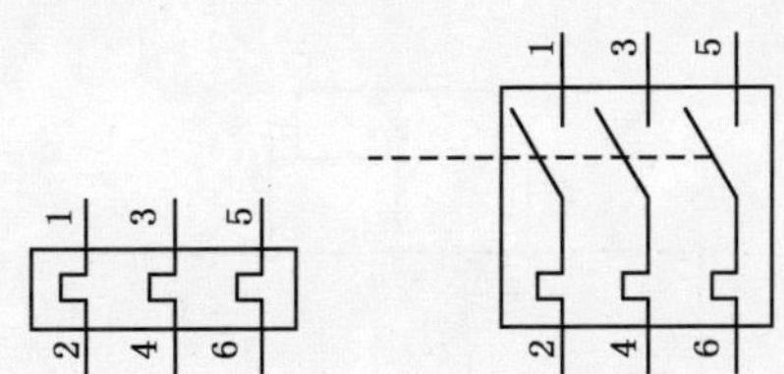

过载保护电器辅助触头元件的端子的标志与具有特殊功能的触头元件采用相同的标识方法(L.3.2.1.2)。但顺序号为9。

如果需要第二个顺序号,应采用数字0。

示例:

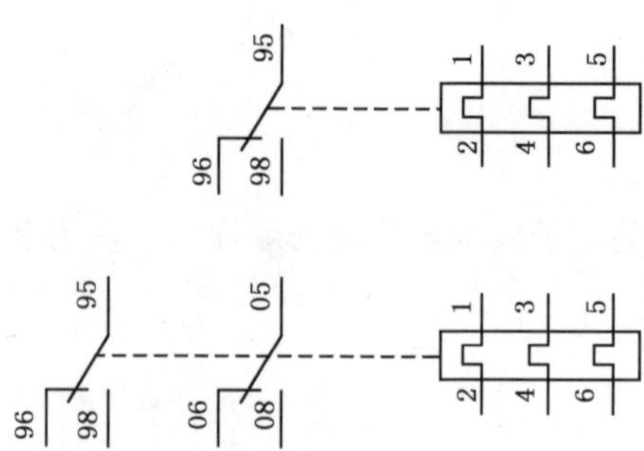

L.5 特征数码

具有固定数码的接通触头元件和分断触头元件的电器可以用双位特征数码表示。

第一位数字表示接通触头元件的数量,第二位数字表示分断触头元件的数量。

特征数码 31

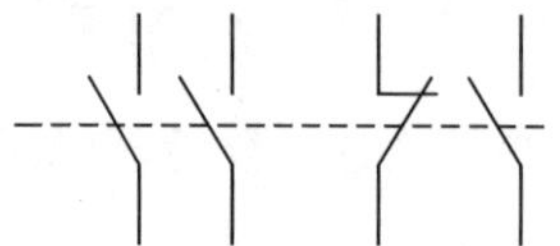

L.6 外部电子线路元器件、触头和整机的端子标志

L.6.1 外部电子线路元器件、触头的端子标志

L.6.1.1 一般要求

外部电子线路元器件、触头的端子应按照下述字母及数字方式标志:

L.6.1.2 外部电子线路阻抗端子标志

L.6.1.2.1 外部电子线路阻抗Z的两个端子应标志Z1和Z2。

示例:

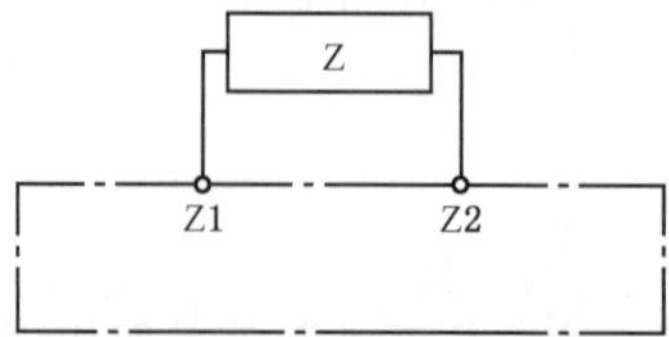

L.6.1.2.2 对于带有抽头的阻抗Z,抽头的端子应依次标志为Z3,Z4等。

示例:

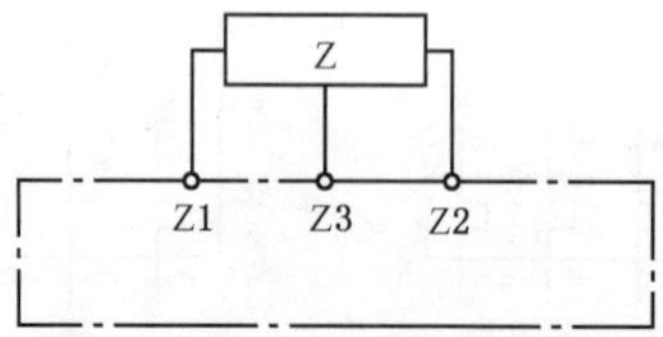

L.6.1.2.3 在多于一个阻抗的电路里，端子应使用字母 Z 和 2 位数字编号，第 1 个数字为顺序号。

示例：

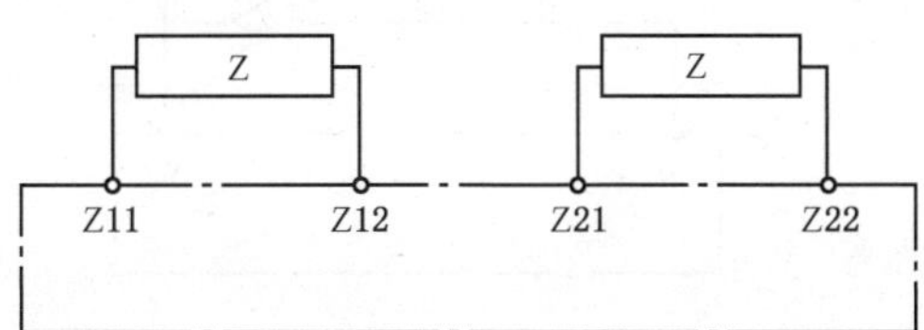

L.6.1.2.4 对于特殊应用，如控制系统中的旋转电机用装入式热保护调节器，端子编号规则 T1，T2，…或 1T1，2T2，… 和 2T1，2T2，… 在 GB/T 14048.16 中规定。

L.6.1.3 外部连接触头的端子标志

L.6.1.3.1 用于外部连接的接通或分断触头或一组触头的两个端子应标志 Y1 和 Y2。

示例 1：

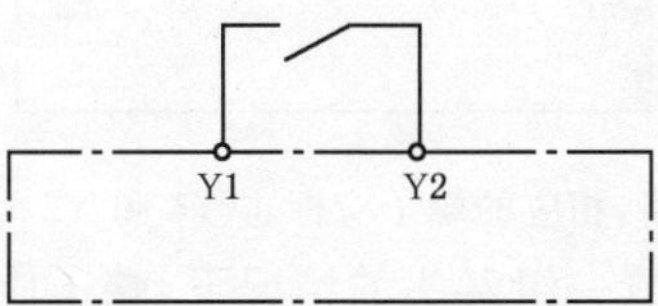

示例 2：

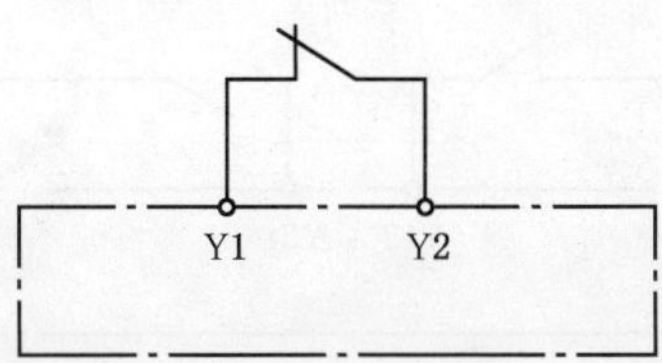

示例 3：

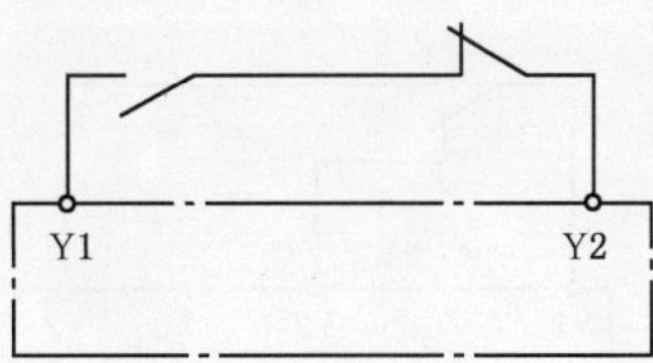

示例 4：

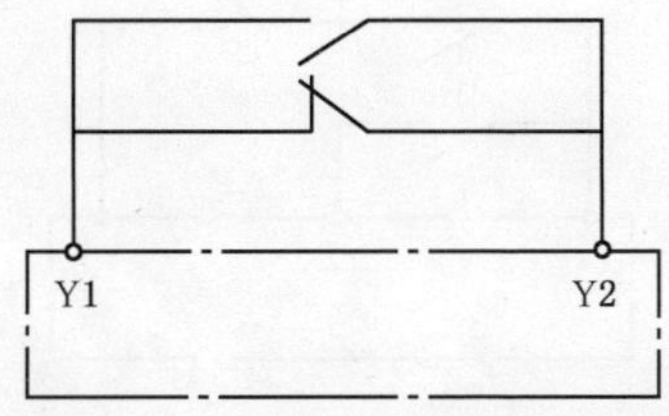

示例 5：

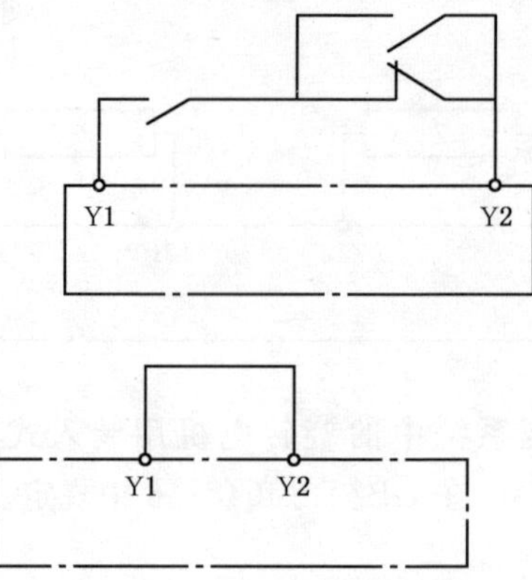

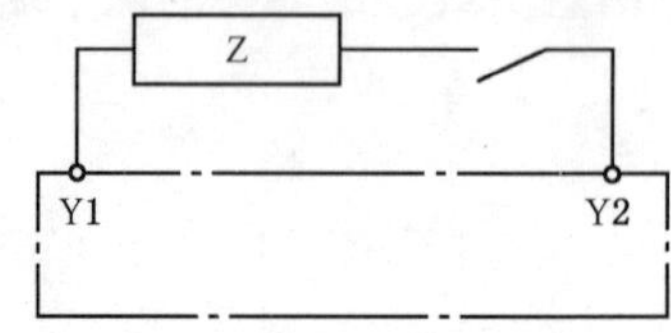

注 1：两个端子之间的桥接当作为一个永久闭合的触头，相应的端子应标志 Y1 和 Y2。

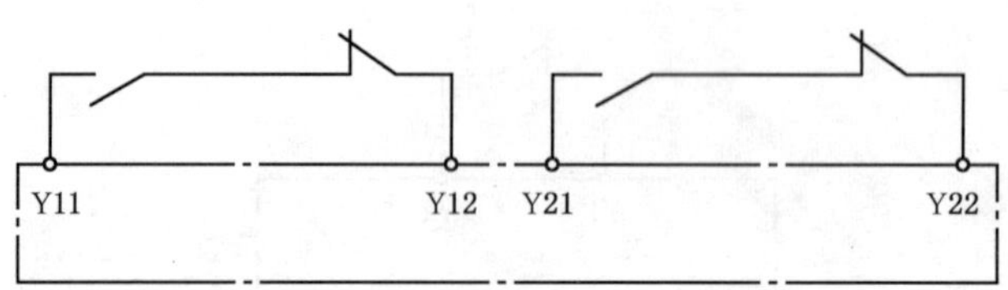

注 2：对于包含阻抗和触头的外部电路，相应的端子应标志 Y1 和 Y2。

L.6.1.3.2　在电路中多于一个触头或一组触头的情况下，端子应使用字母 Y 和 2 位数字编号，第 1 个数字为顺序号。

示例：

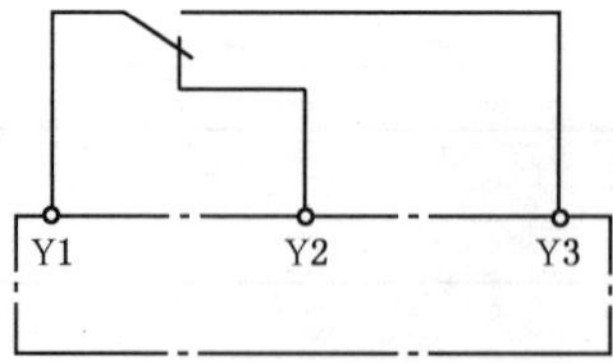

L.6.1.3.3　用于连接几个同时动作的触头所需的 3 个端子（如组成转换触头），Y1，Y2 和 Y3，Y1 用于标志共用触头。

示例 1：

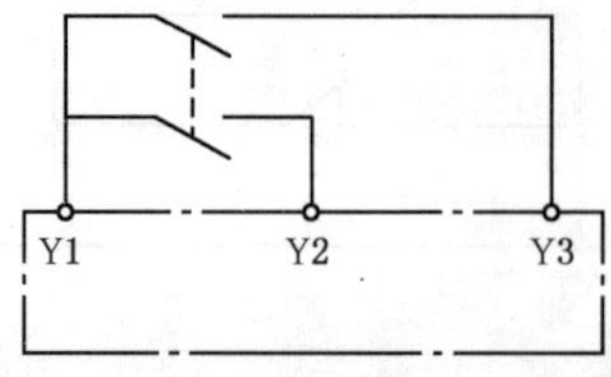

示例 2：

L.6.2 外部整机端子标志

为了说明与总则的关联,给出下列 4 例整机端子标志方法。

示例 1:

开关电器具有:

——两个控制电源端子 A1 和 A2;

——与外部可变电阻相连的两个端子 Z1 和 Z2;和

——用于内部转换延时触头的 3 个端子 15,16 和 18。

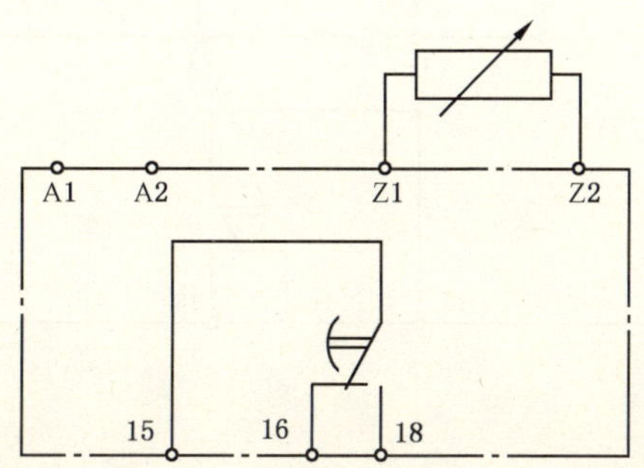

示例 2:

开关电器具有:

——两个控制电源端子 A1 和 A2;

——与两个外部阻抗相连的 4 个端子(Z11 和 Z12 连接可变电阻,Z21 和 Z22 连接电容);和

——用于内部转换延时触头的 3 个端子 15,16 和 18。

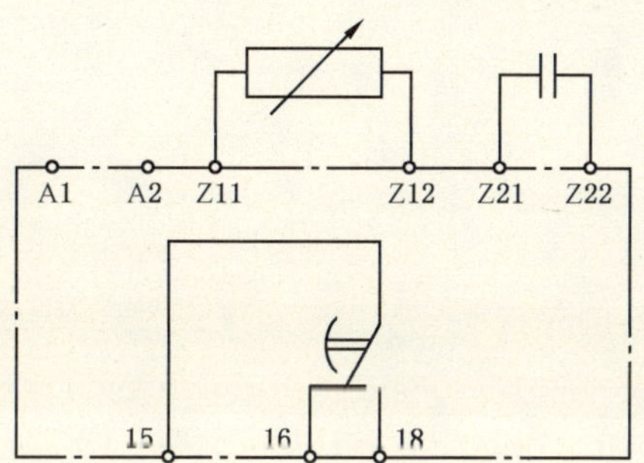

示例 3:

开关电器具有:

——两个控制电源端子 A1 和 A2;

——与外部触头组相连的两个端子 Y11 和 Y12,

——用于连接外部转换触头的 3 个端子 Y21,Y22 和 Y23;和

——内部转换触头用的 3 个端子 11,12 和 14。

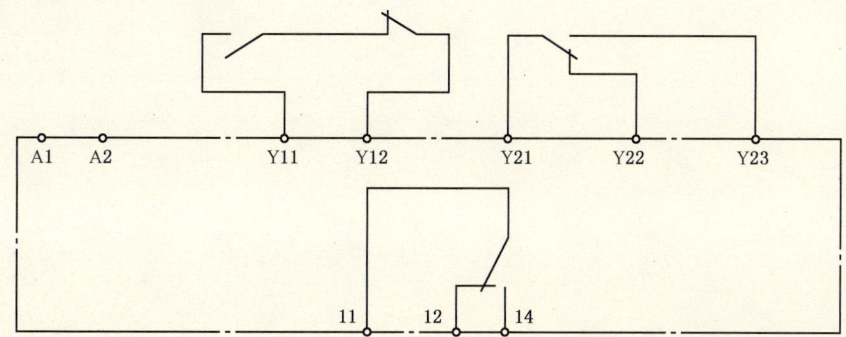

示例 4：

开关电器具有：

——两个控制电源端子 A1 和 A2；

——外部桥接用的两个端子 Y1 和 Y2；

——与外部抽头电阻相连的 3 个端子 Z1,Z2 和 Z3；和，

——内部延时转换触头用的 3 个端子 15,16 和 18。

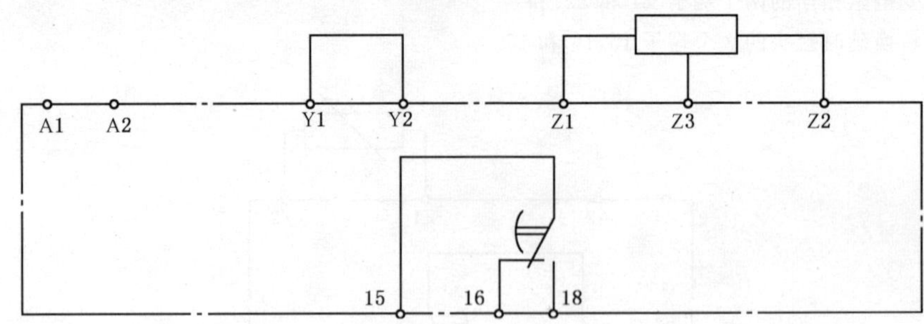

附 录 M
（规范性附录）
易燃性试验

M.1 热丝引燃试验(HWI)

M.1.1 试验样品

每种材料用5件样品进行试验。

长方形条状样品长应为125 mm±5 mm，宽为13 mm±0.5 mm，并且厚度均匀，材料的厚度由材料制造商规定。该试验方法适用于厚度在0.25 mm～6.4 mm的模压或薄片材料。

材料的各边应无毛刺、飞边等，拐角的半径不应超过1.3 mm。

M.1.2 试验装置的说明

样品应固定在一个固定装置上，该装置具有两个相距70 mm的支柱支撑水平放置的试品，试品距离固定装置底部中心约60 mm(见图M.1)。

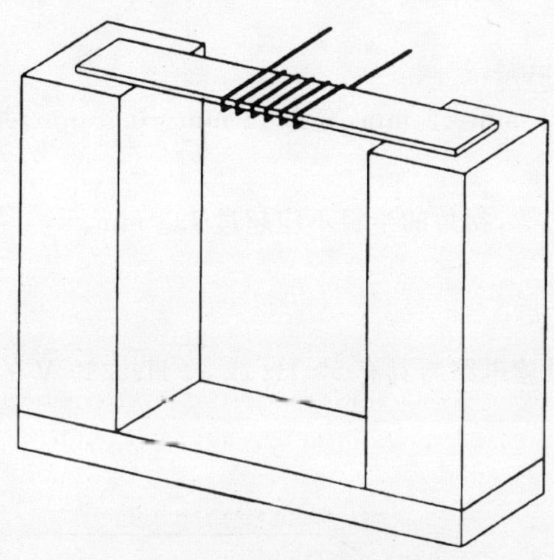

图 M.1 热丝引燃试验装置

应采用直径约为0.5 mm、长(250±5)mm、冷电阻约为5.28 Ω/m的镍铬(80%镍、20%铬，无铁)，长度与质量的比率为580 m/kg的电阻丝。试验之前，电阻丝应以直线长度的方式接到可调节的电源上，该电源被调节到在8 s至12 s内使电阻丝内的功率损耗为0.26 W/mm。

冷却后，电阻丝应当被绕在试样上5整圈，各圈之间的距离(6.35±0.05)mm。应使用专用绕线工具，将线均匀绕在试品的中间，绕线力为(5.4±0.02)N。

电阻丝的末端应连接到可调电源上。

电源电路频率应维持在48 Hz至62 Hz，功率因数为整功率因数或接近整功率因数，电路应有足够的容量来保持整条加热线长度的线功率密度至少为0.31 W/mm。在60 A，1.5 V时，电源电路的功率密度大概为0.3 W/mm。电源电路应能平滑、持续调节功率等级，并能在±2%范围内测量功率。

M.1.3 预处理

试验之前，试验样品应保持干燥、塑压状态，或者，如果上述不可行，试验样品应放在空气循环箱中，在(70±2)℃下干燥 168 h，然后放置在硅胶或其他干燥剂上冷却最少 4 h。之后样品立即放置在(23±2)℃、相对湿度(50±5)%的环境条件下至少 40 h。

M.1.4 试验程序

开始试验，接通电路电源使得通过电阻丝的电流产生的线功率密度为 0.26 W/mm。

持续加热直到试验样品引燃。当燃烧发生，断开电源并记录引燃时间。引燃是指燃烧(产生气体并伴有发光现象)的初始阶段。如果在 120 s 时间内不引燃，结束试验。对于穿过电阻丝绕组被熔化但不燃烧的试样，当试样不再与所有 5 圈加热电阻丝紧密接触时结束试验。试验应在其余的试验样品上重复进行。

每个试验样品的厚度和引燃时间或熔化时间应记录下来。

试验结果是给定的已测厚度的材料的平均引燃时间，以秒记录。

M.2 电弧引燃试验(AI)

M.2.1 试验样品

每种材料用 5 件样品进行试验。

长方形条状样品长应为 125 mm±5 mm，宽为 13 mm±0.5 mm，并且厚度均匀，材料的厚度由材料制造商规定。

材料的各边应无毛刺、飞边等，拐角的半径不应超过 1.3 mm。

M.2.2 试验装置的说明

试验在一对电极下进行，试验电路与具有 50 Hz 或 60 Hz、230 V 的交流电源连接(见图 M.2)，电路中应具有可变的感性阻抗。

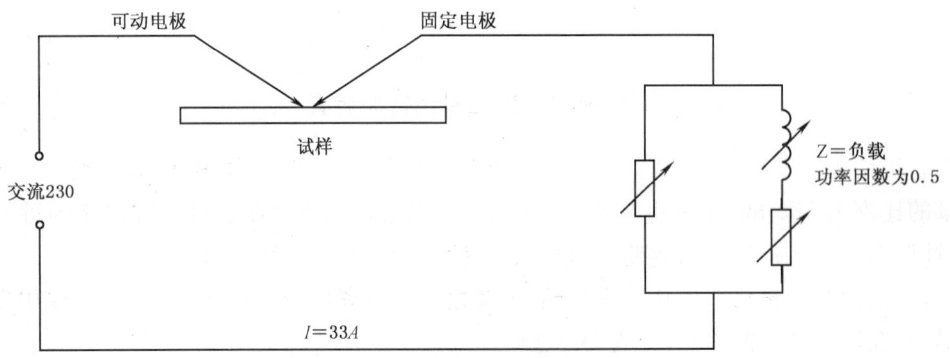

图 M.2 电弧引燃试验电路图

一个电极应是固定的，另一个电极应是可以移动的。固定的电极由一个铜导体制成，并应具有一个水平对称的总角度为 30°的凿状横刃。固定电极的全长应约为 152 mm，直径为 3.2 mm。

可移动电极应是一个直径 3.2 mm，全长约为 152 mm 的不锈钢圆棒(X8CrNiS18-9)，具有一个 60°角的圆锥头，该电极可在自身的轴线方向移动。两个电极顶尖的曲线弧度的半径在开始试验时不应超过 0.1 mm。电极应相对放置在同一垂直面上，与水平方向成 45°角，样品轴与垂直面直交。

将电极短路时，调整可变的感性负载，使在功率因数为 0.5 时电流为 32.5 A。

M.2.3 预处理

除非另有规定，样品无需预处理。

M.2.4 试验程序

被试样品应水平放置在空气中，在两个电极接触时可以触及试品的表面。可移动电极应采用人力或其他可控方式使其沿自身的轴线向后移动，与固定的电极分开，使电路断开。之后，放低电极重新接通电路，以产生一系列电弧，其速度为大约每分钟产生 40 个电弧。电极的分开速度为(254±25)mm/s。试验进行到样品发生燃烧，在样品上产生一个孔，或进行 200 个试验循环为止。

如果在样品上产生一个孔或发生燃烧时，另外一组 3 个样品应进行试验，但电极在距离样品表面 1.6 mm 处接触。如果这些再发生燃烧或产生一个孔，另外一组 3 个样品应进行试验，但电极在距离样品表面 3.2 mm 处接触。

引燃电弧的平均数和每组样品的厚度应记录在试验报告中。

M.3 HWI 和 AI 要求

与材料可燃性类别有关的电热丝引燃(HWI)和电弧引燃(AI)试验值见表 M.1 或表 M.2 规定。每一栏表征与可燃性类别有关的 HWI 和 AI 的最低性能值。

注：作为选择之一，制造商可以提供从绝缘材料供应商处获得的可以证明满足附录 M 要求的材料的数据资料。

表 M.1 固定载流部件所需材料的 HWI 和 AI 特性

可燃性类别 (GB/T 5169.16)	V-0	V-1	V-2	HB
部件厚度[a] mm	任意[b]	任意[b]	任意[b]	任意[b]
引燃时间最小值 HWI/s	7	15	30	30
引燃电弧的最小次数 AI	15	30	30	60
注 1：灼热丝试验温度同表 M.1 无直接对应关系。 注 2：制造商可自己选择任一可燃性类别，但 HWI 和 AI 的要求都要满足，如适合。				
[a] 根据 8.2.1.1.2。 [b] 根据实际应用中的最小厚度。				
例：任何厚度的具有可燃性类别 V-1 的材料必须具有至少 15 s 的 HWI 值和至少 30 个电弧的 AI 值，如适合。				

表 M.2 表 M.1 范围之外的材料的 HWI 和 AI 特性

可燃性类别 (GB/T 5169.16)	V-0	V-1	V-2	HB
部件厚度 mm	任意[a]	任意[a]	任意[a]	任意[a]
引燃时间最小值 HWI/s	—	—	7	7
引燃电弧的最小次数 AI	—	—	15	15

[a] 根据实际应用中的最小厚度。

附 录 N
（规范性附录）
具有保护性隔离的电器的性能要求和试验方法

本附录适用于这样的电器，它的一个或多个电路能用于SELV(PELV)电路[1)]（电器本身不属于Ⅲ类设备——见GB/T 17045—2008中7.4)。

N.1 一般要求

本附录的目的是尽实际可能统一具有保护性隔离[该隔离施加在用于SELV(PELV)电路的部件与其他电路的部件之间]的低压开关设备和控制设备的所有规则和要求，以使相应范围内的设备的性能要求和试验获得一致，避免根据不同的标准进行所需试验。

N.2 定义

N.2.1

功能绝缘 functional insulation

导体部分之间仅适用于设备特定功能所需的绝缘。

N.2.2

基本绝缘 basic insulation

设置在带电部分上，作为触电基本保护的绝缘。

注：基本绝缘不适用于专门用作功能目的的绝缘(见N.2.1)。

N.2.3

附加绝缘 supplementary insulation

在配备基本绝缘的前提下，再采用附加绝缘，是为了防止在基本绝缘失效时，引起触电事故。

N.2.4

双重绝缘 double insulation

由基本绝缘和附加绝缘组成的绝缘。

N.2.5

加强绝缘 reinforced insulation

能提供与双重绝缘相等的防触电等级的绝缘。

注：加强绝缘可以有许多层次组成，而这些层次不能按基本绝缘或附加绝缘单独进行试验。

N.2.6

（电气）防护分隔 (electrically) protective separation

借助于下列方法将一个电气回路与另一个电气回路分隔：

---

1) 采标说明：

以下术语IEC 60947-1:2011中未给出：

(1) 保护特低电压电路 PELV(protective extra low voltage)circuit

是指一个接地电路，该电路的交流电压不超过50 V或直流无波动电压不超过120 V，其电源必须由安全绝缘的变压器或同等设备来提供。

(2) 安全特低电压电路 SELV(safety extra low voltage)circuit

是指一个次级电路，该电路应如此设计或被保护，使得在正常和单相故障条件下，其电压不超过安全电压。

——双重绝缘;或

——基本绝缘和电气保护屏蔽;或

——加强绝缘。

[IEV 195-06-19]

N.2.7

SELV 电路　SELV circuit

在下列情况下,电压不能超过特低电压的电气回路:

——在正常的情况下;和

——包括其他电气回路接地故障在内的单一故障情况下。

注:该定义采用 GB/T 17045 中 SELV 系统的定义。

N.2.8

PELV 电路　PELV circuit

在下列情况下,电压不能超过特低电压的电气回路:

——在正常的情况下;和

——在单一故障情况下,但其他电气回路发生接地故障时除外。

注:该定义采用 GB/T 17045 中 PELV 系统的定义。

N.2.9

稳态接触电流和电荷的限制　limitation of steady-state touch current and charge

对电击防护是通过电气回路或设备的设计,使正常和故障条件下的稳态接触电流和电荷都被限制在危险水平之下。

[IEV 826-03-16 修订]

N.2.10

保护阻抗器　protective impedance device

其阻抗和结构能保证将稳态接触电流和电荷限制在危险水平之下的元件和元件组合。

N.3　性能要求

N.3.1　一般要求

除非有关产品标准另有规定,本附录规定如下基本要求:

——本附录为达到保护性隔离所考虑的唯一方法是基于在 SELV(PELV)电路与其他电路之间采用双重绝缘(或加强绝缘)。如果隔离电路之间连接有任何元件,该元件应符合 GB/T 17045—2008 中 5.3.4 关于保护阻抗器的要求(见图 N.1);

——正常情况下开关设备和控制设备爬电距离尺寸的确定已考虑了其灭弧罩中产生的电弧对绝缘的影响,因此不需进行特殊的验证;

——局部的放电影响不必考虑。

N.3.2　介电性能要求

N.3.2.1　爬电距离

验证 SELV(PELV)电路与其他电路间的爬电距离应大于或等于 2 倍基本绝缘要求的爬电距离值,该值根据表 15 和具有最高额定的电压的电路电压值确定。

注:此要求符合 GB/T 16935.1 中的规定。

爬电距离根据 N.4.2.1 的规定验证。

N.3.2.2　电气间隙

SELV(PELV)电路与其他电路间的电气间隙应能耐受附录 H 规定的额定冲击电压。对于规定的使用类别，该电压与基本绝缘有关，电压值应选择对应的系列数值中高一个等级的数值(或等于基本绝缘要求的 160%对应的额定冲击电压)，具体要求见 GB/T 16935.1—2008 中 3.1.5。试验方法见 N.4.2.2。

N.3.3　结构要求

结构措施考虑以下几个方面：

——所采用的材料的老化；

——热应力和机械故障的危险性将影响电路间的绝缘；

——在电路的联接线偶然断开的情况下，不同电路间的电气接触的危险性。

N.4.3 中列举了几个必须考虑的结构上可能出现的危险情况。

N.4　试验要求

N.4.1　一般要求

本试验一般作为型式试验。对于结构设计，由于产品的使用条件对用作保护性隔离的绝缘可能产生影响，因此制造商或有关产品标准可以把下述试验全部或部分作为常规试验。

验证试验应在 SELV(PELV)电路与其他电路间进行，例如：主电路、辅助电路和控制电路。

试验应在电器运行的所有状态下进行，如：打开、闭合、脱扣位置。

N.4.2　介电性能试验

N.4.2.1　爬电距离的验证

爬电距离的验证方法见附录 G 和 8.3.3.4.1。

N.4.2.2　电气间隙的验证

N.4.2.2.1　被试电器的条件

试验应在被试电器按实际使用情况安装和接线条件下进行，试验应在新的和干燥的电器上进行。

N.4.2.2.2　试验电压的施加

对试验中的每个电路，外部的端子应全部连接在一起。

N.4.2.2.3　冲击试验电压

试验中施加的冲击电压波形为 1.2/50 μs，具体要求见 8.3.3.4.1。试验电压值根据 N.3.2.2 选择。

N.4.2.2.4　试验

采用 N.4.2.2.3 规定的试验电压验证电气间隙，试验应至少每个极性进行三次，时间间隔 1 s。具体试验要求见 8.3.3.4.1。

如果电器的电气间隙大于或等于表 13 中对应的试验电压下确定的电气间隙值，则冲击耐受电压试验可不进行。

N.4.2.2.5 试验结果的判别

当试验电压施加时，如无击穿或闪络现象，则试验通过。

N.4.3 结构措施举例

结构措施在下列几种可能出现单一机械故障的情况下采用，例如：弯曲的焊接脚、脱焊点或断开的线圈(绕组)、螺钉松脱和掉落，这些故障的产生不应影响电器绝缘满足基本绝缘的要求，绝缘的设计不考虑上述两种或多种故障同时出现。

采用结构措施的举例：

——足够的机械稳定性；

——机械挡板；

——采用拧紧螺钉；

——对元件进行灌装或注塑；

——在接头上套上绝缘套管；

——避免在相邻的导体处具有锐角。

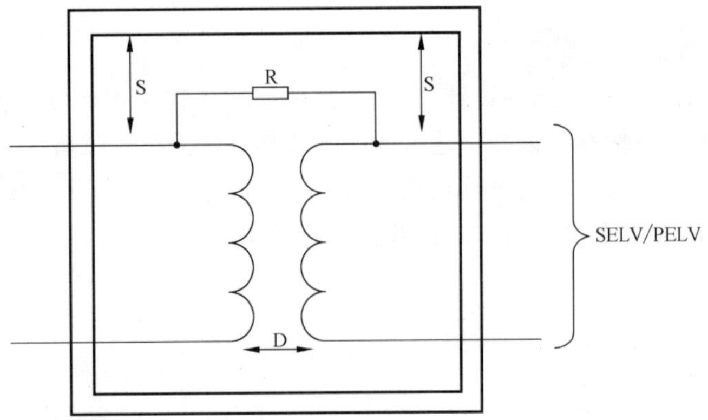

说明：

D——电路(包括 SELV/PELV 电路)间的双重(或加强)绝缘；

R——符合保护阻抗器要求的元件；

S——基本绝缘。

图 N.1 连接隔离电路的元件应用举例

附 录 O
(资料性附录)
环 境 因 素

导言

在产品寿命的各个阶段,从获取原料、生产制造、销售、使用、再利用、再循环到处理,将产品对自然环境的影响减到最小的必要性已被世界上大部分国家所认可。在设计阶段作出的选择在很大程度上决定了产品寿命的每个阶段将会产生什么样的影响。然而,有相当多的障碍使选择最佳环境选项的任务变得困难,例如通过选择设计选项来减小对环境的影响可能会导致用更多的能量效率换取较低的循环率。

新产品和新材料的不断出现使得对环境影响的评估更加复杂,因此必须搜集更多其他的数据来评估这种新产品和新材料在整个生命周期中对环境的影响。而且,目前可得到的现有材料对环境影响的数据资料非常少。但现有的数据资料可作为改善产品对环境影响的依据。生命周期评价(LCA)和环境设计(DFE)或环境意识设计(ECD)在这方面提供了有用的附加工具。

直到得到更多数据,制造商能够在更广的范围内确定特殊设计选择和依据。这样做可扩大这方面的知识领域并且对产品寿命终结(EOL)时的回收和处理有帮助。

应注意本附录仅在现有技术水平下适用。随着更多研究和分析的不断完善,将会积累更多生命周期数据资料和更好更健全的环境选择。目前,建议以专业判断的眼光、合理的批评态度慎重地使用本附录。

O.1 范围

本附录旨在对 GB 14048 系列中产品考虑对“自然”环境方面产生影响的环境因素提供帮助。

注 1:本附录不适用于包装。

本附录中使用的术语“环境”不同于在国家标准中采用的电工产品环境条件方面环境的术语。

注 2:关于环境条件对产品性能的影响,可参考 IEC 60068、IEC 60721 和 IEC 导则 106。

O.2 定义

本附录中以下定义适用:

O.2.1

环境 environment

组织运行活动的外部存在,包括空气、水、土地、自然资源、植物、动物、人以及它们之间的相互关系。

注 1:在本部分中,“组织”包含由该组织产生的产物。

注 2:在本部分中“环境”并不涉及影响某些电工产品的周围大气(如温度或湿度),也不涉及商业环境。它仅用作“生态环境”的同义词。(GB/T 20877—2007,定义 3.3)

O.2.2

组织 organization

具有自身职能和行政管理的公司、商行、企事业单位、政府机构、社团或其他结合体,或上述单位中具有自身职能和行政管理的一部分,无论其是否有法人资格,公营或私营。

注:对于拥有一个以上运行单位的组织,可以把一个运行单位视为一个组织,(GB/T 24001—2004,定义 3.16)

O.2.3

生命周期 life cycle

产品系统中前后衔接的一系列阶段，从原材料的获取或自然资源的生成，直至最终处置。(GB/T 20877—2007,定义 3.8)

O.2.4

生命周期评价 life cycle assessment;LCA

收集和检测原料、能量及相关环境(影响直接可归于一个经济系统贯穿其生命周期的机能)的输入和输出的系统程序。

(GB/T 20877—2007,定义 3.9)

O.2.5

环境因素 environmental aspect

一个组织的活动、产品或服务中能与环境发生相互作用的要素。

注 1：重要环境因素是指具有或能够产生重大环境影响的环境因素。

注 2：例如，在许多情况下，能耗是电气或电子产品的主要环境因素。

(GB/T 20877—2007,定义 3.4)

O.2.6

环境影响 environment impact

全部或部分地由组织的活动、产品或服务给环境造成的任何有害或有益的变化。

注：某一产品的能耗可以通过产生能量的过程产生多种环境影响，例如导致温室效应或酸化环境。

(GB/T 20877—2007,定义 3.5)

O.2.7

生命周期理念 life cycle thinking;LCT

在整个产品生命周期内，考虑所有相关的环境因素。

(GB/T 20877—2007,定义 3.10)

O.2.8

回收 recycling

在生产过程中对废物进行再处理，以达到原来用途或其他用途要求，但不包括能量回收。

(GB/T 20877—2007,定义 3.16)

O.2.9

可回收性 recyclability

物质或材料以及由此制成的零件或产品具有可回收的特性。

注：产品的可回收性不仅取决于产品中所含材料的可回收性，产品结构和输送供给系统也是极其重要的因素。

(GB/T 20877—2007,定义 3.15)

O.2.10

寿命终止 end of life;EOL

产品在终止预期使用达到的一种状态。

(GB/T 20877—2007,定义 3.1)

O.2.11

环境设计 design for environment;DFE

在现有技术和经济条件下，设计一个产品使其生态特性最优化的系列程序。

注：将环境特性集成到产品设计和开发中时，多种术语应用其中，如环境设计、生态设计、环境意识设计等。

O.2.12

有害物质 hazardous substance

对人类或环境能够立即或延期产生有害影响的物质。

注：有害物质对环境所产生有害影响的危险性不仅取决于物质本身的有害程度，而且还取决于有害物的数量和其释放的可能性。因此，对危险的评定必须考虑到所有因素和整个产品的生命周期。

(GB/T 20877—2007，定义 3.6)

O.2.13

能量回收 energy recovery

利用可燃性废弃物直接焚烧，同时进行热回收，作为产生能量的手段。焚烧过程中可以加入或不加入其他的废料。

(GB/T 20877—2007，定义 3.2)

O.3 一般性考虑

应检查下列可导致产品生命周期对环境影响最小化的因素：

——节约材料；

——有效利用能量和资源；

——减少释放物和废物；

——产品的材料用量(包括包装材料)最小化；

——减少不同材料品种；

——替代或减少有害物质的使用；

——再使用/翻修部件或元件；

——技术更新的可能性；

——可维修性、拆卸性和可回收性方面的设计；

——表面涂层或其他材料结合对可回收性的影响；

——标注；

——为用户提供足够的环境说明/信息。

O.4 应考虑的输入和输出

O.4.1 一般原则

图 O.1(基于 ISO/TC207/WG1 的工作)介绍了产品环境生命周期的主要阶段，产品功能，产品设计，性能和其他外部考虑的相关性。环境标准的主要目标也被列出，即材料和能量的消耗、影响环境的排放、分解、再循环能力。在产品生命周期的每一个阶段都应考虑原料和能量平衡。当以上数据可利用时，研究将从始至终包含整个生命周期。图 O.1 也阐明了产品的改进过程将引起的污染预防和资源节约。

O.4.2 输入和输出

产品环境影响在很大程度上取决于在产品整个生命周期中所使用的输入和产生的输出。改变任何一个单一输入，无论是改变所用的原料或能量还是改变单一输出，都会影响其他的输入和输出(见图 O.1)。

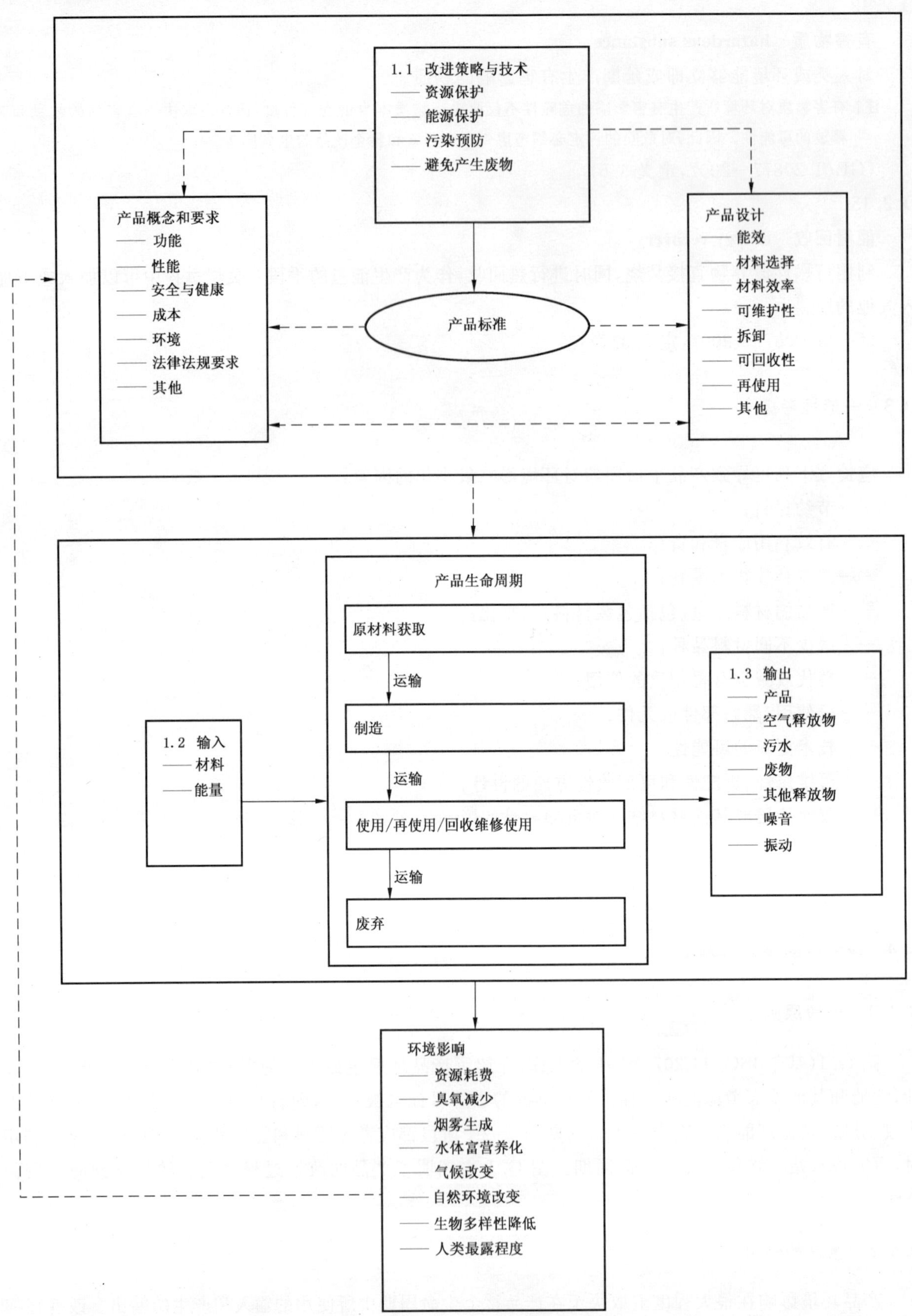

图 O.1 产品标准中的规定和在产品生命周期中与产品相关的环境影响之间的关系框架

O.4.3 输入

输入可分为原料输入和能量输入两大类。

O.4.3.1 产品开发中原料输入的使用应予以考虑。这些影响能够导致可恢复和不可恢复资源损耗、土地的有害使用、环境或人类暴露在有害原料中。原料输入还能够导致废物产生、大气排放、污水排放和其他排放物。与原料获得、制造、运输(包括包装和存储),使用/维护、再使用/再循环、产品处置有关联的原料输入能够引起各种环境影响。

O.4.3.2 在产品生命周期的大部分阶段都需要能量输入。能源包括矿物燃烧、核能、回收的废物、水力发电、地热、太阳能、风能和其他能源。每种能源都会产生其自身的一系列环境影响。

O.4.4 输出

O.4.4.1 产品生命周期中产生的输出包括产品本身、中间产物和副产品、排入空气中的释放物、排入水中的污染物、废料以及其他排放物。

O.4.4.2 空气释放物包括排入空气中的气体、蒸汽或颗粒状排放物。具有毒性、腐蚀性、可燃性、爆炸性、酸性或带气味的排放物对植物、动物、人类、建筑物等都会产生有害影响,或者引起其他环境影响,如减少同温层的臭氧量或形成烟雾。空气释放物排放既有从某一点的排放,也有从漫射源的排放;既有经过处理后的排放,也有未经过处理的排放;既有生产正常运行中的排放,也有生产事故情况下的排放。

O.4.4.3 污水排放包括往地表水和地下水排放的各种物质。排放物中含有富营养的、有毒性的、腐蚀性、放射性、残留、聚集的或缺氧的物质;这些物质会增加有害的环境影响,其中包括对各种水生动植物的生态环境污染和不合需要的富营养作用。污水既有从某一点的排放,也有从漫射源的排放;既有经过处理后的排放,也有未经处理的排放;既有生产正常运行中的排放,也有事故情况下的排放。

O.4.4.4 废料包括固体、液体材料或要废弃的产品。在产品生命周期所有阶段都会产生废料。废料要经过循环、处理、回收和进一步的输入输出的处理工艺,因此,会对环境造成有害影响。

O.4.4.5 其他的排放物还可能包括排入土壤的释放物、噪声和振动、辐射和废热。

O.5 产品设计和开发过程中考虑环境因素时采用的方法

鉴别和评价产品标准中的规定是如何影响由产品引起的环境影响相当复杂,需要仔细考虑,可能还要与专家商讨。某些可使用的方法与技术正在逐渐成熟,这有助于促进将环境因素纳入到产品设计和开发中。这些方法和技术有助于重大设计项目的开发、决策、经营与经济因素结合考虑,下面列举一些可供使用的方法:

a) 产品环境因素的分析:LCA(生命周期评价)和基于公制(例如重量、能耗、体积)的环境基准。

b) 产品环境策略确定:定性决策手段,如生态模型、清单、Pareto 图、SWOT 分析(优势、劣势、机会、威胁),蛛网图及组合图。

c) 将环境因素输入到产品特性中:如 QFD(品质因素分析)和 FMEA(故障模型与影响分析)技术。

当选用上述方法时,有助于在将环境因素纳入产品设计与开发中时形成基本的产品相关因素理念。

O.6 相关的 ISO 技术委员会

TC61	塑料制品
TC79	轻金属及其合金
TC122	包装

TC146	空气质量
TC147	水质量
TC190	土壤质量
TC200	固体废弃物
TC203	技术能量系统
TC205	建筑物环境设计
TC207	环境管理
SC1	环境管理系统
SC2	环境审核和相关环境调整
SC3	环境分类
SC4	环境性能评估
SC5	生命周期评定
SC6	术语和定义
WG1	产品标准中的环境方面

O.7 环境影响评定(EIA)法则指南

正在考虑中。

O.8 环境设计法则指南

正在考虑中。

O.9 参考文献

IEC Guide106:1996 设备额定性能规定的环境条件指南
GB/T 20877—2007 电工产品标准中引入环境因素的导则(IEC 109:2003,IDT)
IEC 60068(全部):环境试验
IEC 60721(全部):环境条件分类
GB/T 24040—1999 环境管理 生命周期评价 原则与框架(ISO 14040:2006,IDT)

附 录 P
（资料性附录）
与铜导体相连的低压开关设备和控制设备的端子接线片

表 P.1 与铜导体相连的低压开关设备和控制设备的端子接线片示例

导线截面积 mm^2		尺寸(见图 P.1) mm						装配螺栓的间隙孔
软线	实芯和多股硬线	*L* 最大值	*N* 最大值	*W* 最大值	*W* 量规	*Z* 最大值	*M* 最小值	*H*
6	10	22	6	10		12	6	M5
10	16	26	6	10		12	6	M5
16	25	28	6	10		12	6	M5
25	35	33	7	12	12.5	17	7	M6
35	50	38	7	12	12.5	17	7	M6
50	70	41	7	12	12.5	17	7	M6
70	95	48	8.5	16	16.5	20	8.5	M8
95	120	51	10.5	20	20.5	25	10.5	M10
120	150	60	10.5	20	20.5	25	10.5	M10
150	185	72	11	25	25.5	25	11	M10
185	240	78	12.5	31	32.5	31	12.5	M12
240	300	89	12.5	31	32.5	31	12.5	M12
300	400	105	17	40	40.5	40	17	M16
400	500	110	17	40	40.5	40	17	M16
注：电缆接线片的其他不同尺寸也允许使用。								

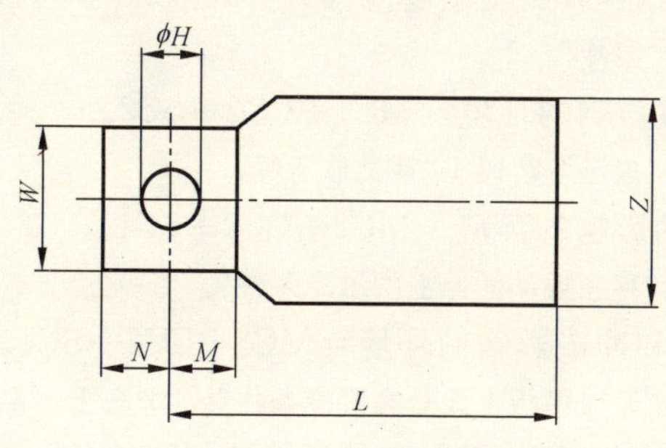

图 P.1 尺寸

附 录 Q
（规范性附录）
特殊试验——湿热、盐雾、振动和冲击

Q.1 导言

本附录的目的在于确定低压开关设备和控制设备在某些特定的、不同于6.1中描述的正常工作条件的气候状况下工作的要求。

本附录阐述了试验条件、试验顺序及要获得的试验结果。

下列特殊试验应由制造商规定或由制造商和用户（见2.6.4）协商一致确定。作为特殊试验，如果电器适用于6.1中描述的正常工作条件，则电器可不必满足符合此附录的相关试验要求，如果电器制造商宣称产品适用于本附录规定的气候条件，或用户要求电器使用在本附录规定的气候条件下，则需要按照本附录规定进行相关试验。

Q.2 设备分类

设备分类基于六组由不同环境因素（温度、湿度、振动、冲击、盐雾）组合而成的环境试验。

——温度和湿度试验范围：

CC1：−5 ℃～+55 ℃（范围1：干热试验温度+55 ℃/湿热试验+40 ℃/冷态试验−5 ℃）。

CC2：−25 ℃～+70 ℃（范围2：干热试验温度+70 ℃/湿热试验+55 ℃/冷态试验−25 ℃）。

——振动和冲击试验：

MC1：无振动。

MC2：振动。

MC3：振动加冲击。

——盐雾：

SC1：无盐雾。

SC2：有盐雾（试验按GB/T 2423.1进行）。

将上述环境因素组合可以得到六类环境类别A，B，C，D，E和F：

——A：受温度和湿度影响的受控环境（试验温度范围：−5 ℃～+55 ℃）＝MC1+CC1+SC1。

注1：该环境状况可描述为“潮湿”。

——B：受温度和湿度影响的环境（试验温度范围：：−25 ℃～+70 ℃）＝MC1+CC2+SC1。

注2：该环境状况可描述为“湿冷”。

——C：受温度、湿度、和盐雾影响的环境＝MC1+CC2+SC2。

注3：该环境状况可描述为“咸湿”或“码头”等类似场所。

——D：受温度、湿度、和振动影响的环境＝MC2+CC2+SC1。

注4：该环境状况可描述为“存在振动的船上的湿冷条件”。

——E：受温度、湿度、振动、和冲击影响的环境＝MC3+CC2+SC1。

注5：该环境状况可描述为“开放甲板上无盐雾湿冷条件”或“非海上严酷环境”。

——F：受温度、湿度、振动、冲击、和盐雾影响的环境＝MC3+CC2+SC2。

注6：该环境状况可描述为“开放甲板上湿冷咸条件”或“海上严酷环境”。

Q.3 试验

Q.3.1 一般试验条件

除非有另外说明，否则 8.3.2 适用，并补充以下内容：

该类试验验证设备在特定试验条件下实现所需功能的能力；设备所需实现的功能在试验顺序中给出。

设备应在断开位置进行试验(如合适)、试验前设备应在正常环境条件下放置至少 24 h。正常环境条件具体为：

——温度：25 ℃±10 ℃；

——相对湿度：60%±30%；

——气压：96 kPa±10 kPa。

在试验箱内进行试验时，线缆长度至少应为 5 cm；若设备有外壳，则线缆外露于外壳外的长度至少应为 5 cm，线缆穿越外壳的操作方法应按制造商规定进行。

在制造商允许的条件下，可使用截面积小于 8.3.3.3.4 中表 9、表 10、表 11 规定值的线缆。对于具有高额定电流值的设备，如果试验在恒温恒湿箱内进行，可忽略线缆连接的影响。

注：鉴于 6.1.4 中正常工作条件下的"冲击和振动"一节仍在考虑中，本附录不预先判定最终确定的正常工作条件下的冲击和振动要求，待到 6.1.4 完成后，本附录将做相应修正。

Q.3.2 试验顺序

在选定所要求的试验环境之后，按表 Q.1 中给出的顺序进行试验。也可参见表 Q.1 的脚注。

表 Q.1 试验顺序

环境	受温度和湿度影响的受控环境	受温度和湿度影响的环境	受温度、湿度和盐雾影响的环境	受温度、湿度和振动影响的环境	受温度、湿度、振动和冲击影响的环境	受温度、湿度、振动、冲击和盐雾影响的环境
分类	A	B	C	D	E	F
温度范围	−5 ℃/+55 ℃	−25 ℃/+70 ℃	−25 ℃/+70 ℃	−25 ℃/+70 ℃	−25 ℃/+70 ℃	−25 ℃/+70 ℃
1 试验前测绝缘电阻及目测检查	[a]	[a]	[a]	[a]	[a]	[a]
2 振动试验	N. A.	N. A.	N. A.	振动 GB/T 2423.10—2008 试验 Fc[b]	振动 GB/T 2423.10—2008 试验 Fc[b]	振动 GB/T 2423.10—2008 试验 Fc[b]
3 冲击试验	N. A.	N. A.	N. A.	N. A.	GB/T 2423.5—1995 试验 Ea[c]	GB/T 2423.5—1995 试验 Ea[c]
4 验证操作性能	N. A.	N. A.	N. A.	根据产品标准[d]	根据产品标准[d]	根据产品标准[d]
5 高温试验	GB/T 2423.2—2008 试验 Bd,16 h,55 ℃[e]	GB/T 2423.2—2008 试验 Bd,16 h,70 ℃[e]	GB/T 2423.2—2008 试验 Bd,16 h,70 ℃[e]	GB/T 2423.2—2008 试验 Bd,16 h,70 ℃[e,f]	GB/T 2423.2—2008 试验 Bd,16 h,70 ℃[e,f]	GB/T 2423.2—2008 试验 Bd,16 h,70 ℃[e,f]
6 湿热试验	交变湿热 GB/T 2423.4—2008 试验 Db,2 个周期, 55 ℃,方法 2,无载	交变湿热 GB/T 2423.4—2008 试验 Db,2 个周期, 55 ℃,方法 2[g]	交变湿热 GB/T 2423.4—2008 试验 Db,2 个周期, 55 ℃,方法 2,无载	交变湿热 GB/T 2423.4—2008 试验 Db,2 个周期, 55 ℃,方法 2[g]	交变湿热 GB/T 2423.4—2008 试验 Db,2 个周期, 55 ℃,方法 2[g]	交变湿热 GB/T 2423.4—2008 试验 Db,2 个周期, 55 ℃,方法 2[g]
7 恢复	在正常大气条件下 24 h 内恢复至常态[h]	在正常大气条件下 24 h 内恢复至常态[h]	在正常大气条件下 24 h 内恢复至常态[h]	在正常大气条件下 24 h 内恢复至常态[h]	在正常大气条件下 24 h 内恢复至常态[h]	在正常大气条件下 24 h 内恢复至常态[h]
8 绝缘电阻	[i]	[i]	[i]	[i]	[i]	[i]

表 Q.1（续）

环境	受温度和湿度影响的受控环境	受温度和湿度影响的环境	受温度、湿度和盐雾影响的环境	受温度、湿度和振动影响的环境	受温度、湿度、振动和冲击影响的环境	受温度、湿度、振动、冲击和盐雾影响的环境
分类	A	B	C	D	E	F
9 低温试验	GB/T 2423.1—2008 试验 Ab 或 Ad，此取决于产品的热损失是否大于 5 K。试验室温度应从初始温度降低至－5 ℃；此温度应维持在±3 ℃范围内持续 16 h。	GB/T 2423.1—2008 试验 Ab 或 Ad，此取决于产品的热损失是否大于 5 K。试验室温度应从初始温度降低至－25 ℃；此温度应维持在±3 ℃范围内持续 16 h。	GB/T 2423.1—2008 试验 Ab 或 Ad，此取决于产品的热损失是否大于 5 K。试验室温度应从初始温度降低至－25 ℃；此温度应维持在±3 ℃范围内持续 16 h。	GB/T 2423.1—2008 试验 Ab 或 Ad，此取决于产品的热损失是否大于 5 K。试验室温度应从初始温度降低至－25 ℃；此温度应维持在±3 ℃范围内持续 16 h。	GB/T 2423.1—2008 试验 Ab 或 Ad，此取决于产品的热损失是否大于 5 K。试验室温度应从初始温度降低至－25 ℃；此温度应维持在±3 ℃范围内持续 16 h。	GB/T 2423.1—2008 试验 Ab 或 Ad，此取决于产品的热损失是否大于 5 K。试验室温度应从初始温度降低至－25 ℃；此温度应维持在±3 ℃范围内持续 16 h。
10 恢复	在正常大气条件下 24 h 内恢复至常态[h]	在正常大气条件下 24 h 内恢复至常态[h]	在正常大气条件下 24 h 内恢复至常态[h]	在正常大气条件下 24 h 内恢复至常态[h]	在正常大气条件下 24 h 内恢复至常态[h]	在正常大气条件下 24 h 内恢复至常态[h]
11 绝缘电阻	[i]	[i]	[i]	[i]	[i]	[i]
12 介电试验	8.3.3.4.1 项 3)	8.3.3.4.1 项 3)	8.3.3.4.1 项 3)	8.3.3.4.1 项 3)	8.3.3.4.1 项 3)	8.3.3.4.1 项 3)
13 验证操作性能	根据产品标准[d]	根据产品标准[d]	根据产品标准[d]	根据产品标准[d]	根据产品标准[d]	根据产品标准[d]
14 盐雾	N. A.	N. A.	GB/T 2423.18—2000 试验 Kb，严酷度 2[j]	N. A.	N. A.	GB/T 2423.18—2000 试验 Kb，严酷度 1[j]
15 绝缘电阻	N. A.	N. A.	[i]	[i]	[i]	[i]

表 Q.1（续）

环境	受温度和湿度影响的受控环境	受温度和湿度影响的环境	受温度、湿度和盐雾影响的环境	受温度、湿度和振动影响的环境	受温度、湿度、振动和冲击影响的环境	受温度、湿度、振动、冲击和盐雾影响的环境
分类	A	B	C	D	E	F
16 验证操作性能	N. A.	N. A.	根据产品标准[d]	N. A.	N. A.	根据产品标准[d]
17 目测检查	N. A.	N. A.	[k]	N. A.	N. A.	[k]

N. A.：不适用。

注 1：上述分类不同于 IEC 60721-3 中的分类。

注 2：脚注“a”和“i“的值不同于 IEC 60092-504。

[a] 绝缘电阻应在各电路间及各电路与地间测得，试验设备符合 GB/T 18216.2 的要求。（某些部件，如暂态抑制装置在设备测试期间可能被要求与设备断开连接）

额定工作电压最大值	直流测试电压	最小绝缘电阻
≤65 V	2×电源电压（最小 24 V）	10 MΩ
>65 V	500 V	100 MΩ

[b] 振动试验用参数

——频率为 2^{+3}_{0} Hz 至 13.2 Hz 时，位移为±1 mm；频率为 13.2 Hz 至 100 Hz 时，加速度为±0.7 g；

——持续时间（在无共振条件下）：90 min，30 Hz；

——持续时间（在每一共振频率且 Q≥2 时）：90 min；

——在振动试验中，应验证操作条件；

——试验应在三组相互垂直的位面上进行；

——作为指导，推荐 Q 不超过 5；

——临界频率是谐振频率的范围，无中断时，放大因数大于 2；

——如果在 0.8～1.2 倍的临界频率范围内（扫频）有多个共振频率，试验持续时间应为 120 min，此时加速度为 0.7 g。

试验结果：在振动试验中，触头非故意断开和闭合时间大于 3 ms 被认为试验失败，除非制造商在其说明书或目录中规定了更长时间的值。

规定的中断时间（弹跳）也许会使一些设备出现问题（如由于高速输入引起的 PLC 监测问题），因此试验时可采取适当措施。

表 Q.1（续）

[c] 三次正向和反向冲击，在每一方向沿着三组正交轴向：

——脉冲波形：半个正弦波；

——峰值加速度：150 m/s^2；（此值产品委员会可考虑规定不同的值，如合适）

——脉冲持续时间：11 ms。

试后根据第 4 项的验证证明产品标准中相关的运行特性并未改变。

[d] 本试验意在检查电器是否能确保其最低的操作特性，应在产品标准中规定。

[e] 相关产品标准中应规定电器在预处理、测试和功能性试验中的动作性能。试品的恢复应在正常大气条件下根据产品标准的规定放置(1～2)h 或更长时间。GB/T 2421—1999(标准环境条件)中 5.3 适用。

[f] 试验 5～试验 17 可以在新的试品上进行。所有试品应按照 1、15、16 项的规定进行适当的初始和最后检测。所用试品的数量应在试验报告中说明。

[g] 功能性试验应在试验温度下第 1 个周期的最初的 2 h 内及第 2 个周期的最后 2 h 内进行。

[h] 相关产品标准可以规定其他恢复时间。

[i] 应在恢复时间过后的 1 h 之内进行绝缘电阻试验。绝缘电阻应在各电路间及各电路与地间测得，试验设备符合 GB/T 18216.2 的要求。（某些部件，如暂态抑制装置在设备测试期间可能被要求与设备断开连接）

额定工作电压最大值	直流测试电压	最小绝缘电阻
≤65 V	2×电源电压(最小 24 V)	1 MΩ
＞65 V	500 V	10 MΩ

[j] 盐雾试验后恢复：GB/T 2423.18—2000 中第 10 章适用，并增加下列要求：

经过洗涤之后，由制造商决定电器在自由空气中 24 h 或在＋55 ℃±2 ℃温度中 1 h 风干，然后在可控的恢复条件下(GB/T 2423.1—2008 中 5.4.1)存贮，存贮时间不少于 1 h 但不超过 2 h。

对于某些产品，洗涤可能削弱产品的操作。在这种情况下，产品标准中应规定相关措施。

[k] 目测检查：

具有功能性或安全作用的机械部件应检查氧化情况 旋转针轴、磁铁、铰链、锁等。此外，对用户用于维修的可移动的部件进行目测检查。标识应保持清晰。

允许下列有限的损坏：

——电磁线路中有铁斑痕迹；

——螺钉上出现腐蚀斑点；

——铜合金的电气触头支撑件上出现铜绿；

——涂层片上有白色腐蚀斑点。

无论产品是否通过试验，相关产品标准中都可以补充规定相关安全的判别标准。

附 录 R
（资料性附录）
在操作和调整过程中的易近部件介电试验用金属箔的应用

引言

许多国家在电气设备工作状态时对使用者和其他人员的健康和人身安全的影响方面建立了众多法律法规。设备需要遵循一系列的安全准则，下列列项给出了对开关设备和控制设备及其运行时适用的一些安全准则的例子。

a） 当为实现低压开关设备和控制设备的某些控制功能而要触及设备内部部件时必须排除可能存在的危险性。可通过事先将开关设备和控制设备置于锁定状态或保证操作表面外部（封闭外壳或设备）和内部（敞开外壳或设备）防护等级不低于 GB 4208 中的 IP XXB 来排除危险。

或，若上一措施无法实现，

b） 可通过使用屏风挡板或障碍物使得操作人员避开危险。

或，若上一措施无法实现，

c） 可为操作人员装备防护工具以确保安全，但这是一道不得已的最后防线，其不适用于本部分。

确保安全性的较理想途径是保证低压开关设备和控制设备在操作表面上的防护等级不低于 IP XXB。或者在开关设备和控制设备的设计和建构中保证设备内的控制部件处于一个安全的、不存在危险带电部件的位置。应当注意的是基本安全标准（见 GB/T 17045 中 8.1.2）只是设定了设备的电击防护的最低 IP XXB 防护等级。

注：本附录 R 与 GB 4208 之间在金属箔的使用方面存在一定差异。

R.1 目的

本附录的目的在于确定放置金属箔的位置以检验设备在介电试验中是否符合要求。

本附录中的描述未覆盖产品领域的所有情况，相关产品标准可以更精确地规定某些产品正常工作和安装的条件。（例如操作手柄位于外壳外面，而其他部件位于外壳里面）

制造商应给定附加信息以供试验站进行相应试验（例如对于一个在安装时没有附加外壳的设备，施加金属箔的位置不局限于在操作和调整设备时可触及的部分）。

R.2 设备分区

R.2.1 一般要求

为确定介电试验中操作和调整设备时设备的可触及部分，本部分定义了 3 个区以便施加金属箔：

a） 手动操作和调整工具；

b） 在正常操作和调整时需触及的非手持式部分；

c） 正常操作和调整时无需触及的部分。

注：这与温升极限试验方法类似。

如必要，产品标准会给出其他附加信息。

R.2.2 对正常工作和调整时可触及部分施加金属箔的方法

除非产品标准中有其他规定，只有正常工作和调整时设备的可触及部分被纳入考虑。

位于外壳外部的设备部件需施加金属箔(见图 R.1)。

金属箔按如下说明施加在一个几何区域内(见图 R.2,图 R.3 及图 R.4):

a) 在一个由操动器或/和调整工具的所有边缘向外延伸 30 mm 所形成的平面所围成的区域内,金属箔应施加在该区域厚度达到 80 mm 的所有表面上。

b) 在一个由操动器或/和调整工具的所有边缘向外延伸 100 mm 所形成的平面所围成的区域内,金属箔应施加在该区域厚度达到 25 mm 的所有表面上。

金属箔不应沉积到任何孔穴中。(见图 R.3)

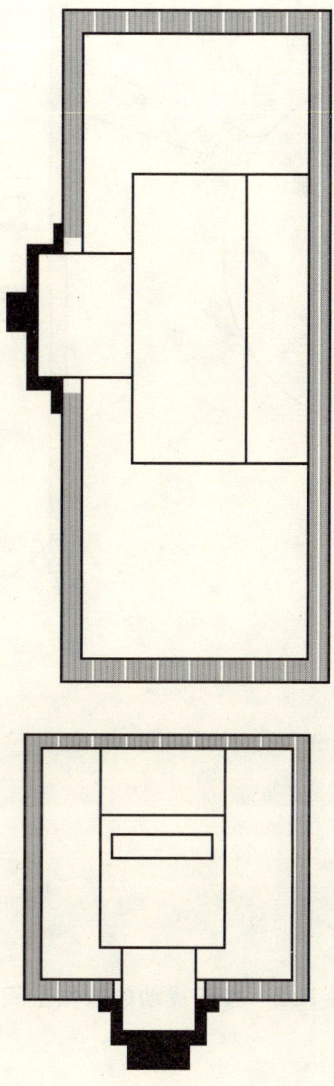

图 R.1 外壳外操作机制

长度单位为毫米

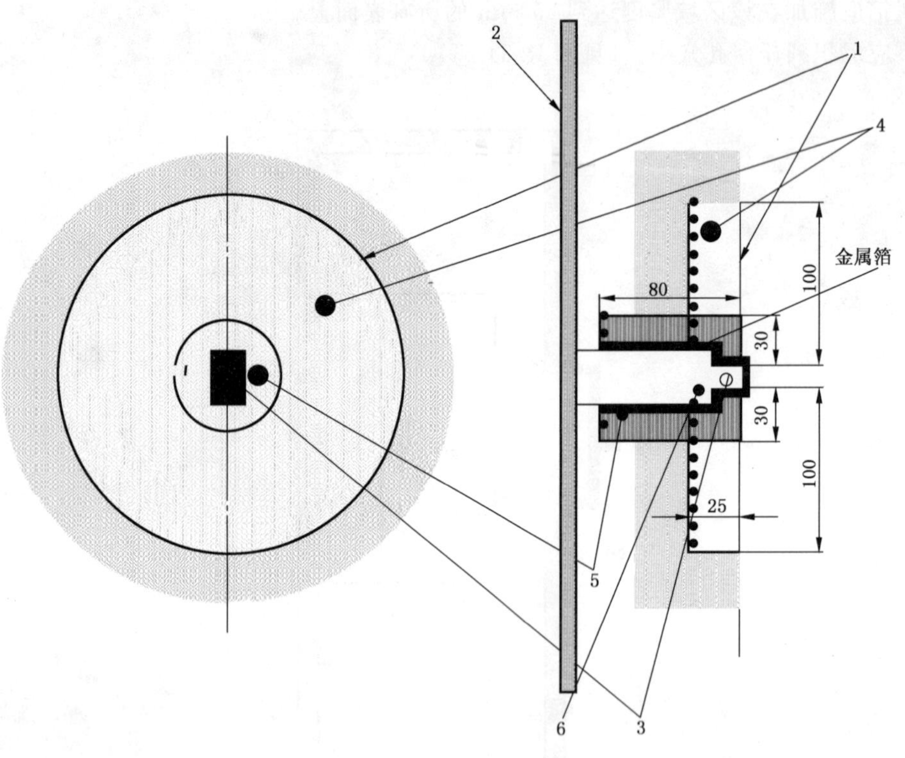

■■■■ 或 ■■■■■■ 金属箔

说明：

1——由操动器表面确定的基准区；

2——安装平板；

3——按钮；

4——手保护区；

5——手指保护区；

6——开关插孔。

图 R.2 按钮操动的操作空间

长度单位为毫米

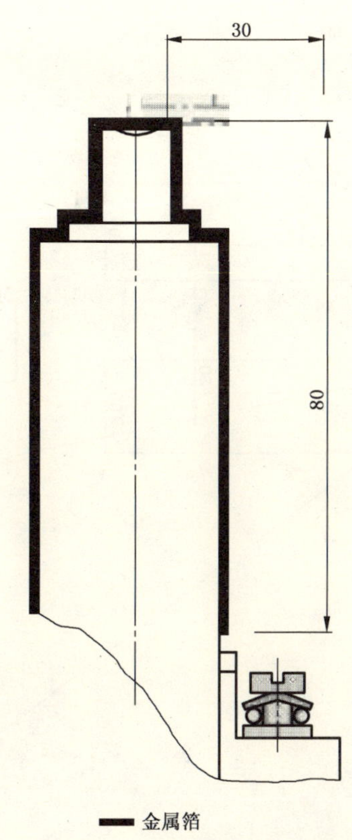

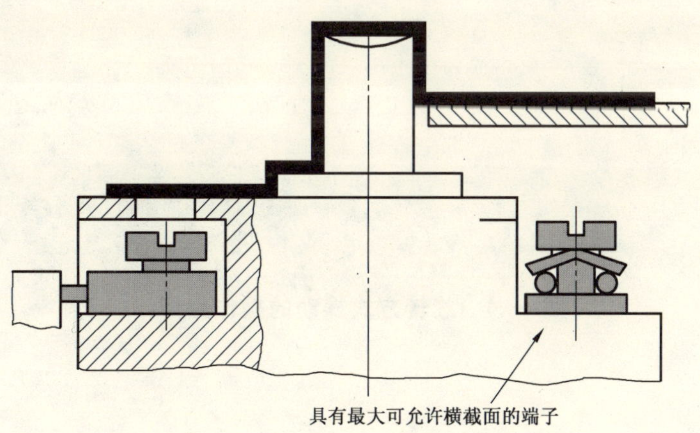

注：某些时候，设备表面上的一些手指不可穿越的孔穴可不施加金属箔，是否施加具体应由制造商确定。

图 R.3　按钮附近（约 25 mm）的危险带电部件指状受保护区域举例

长度单位为毫米

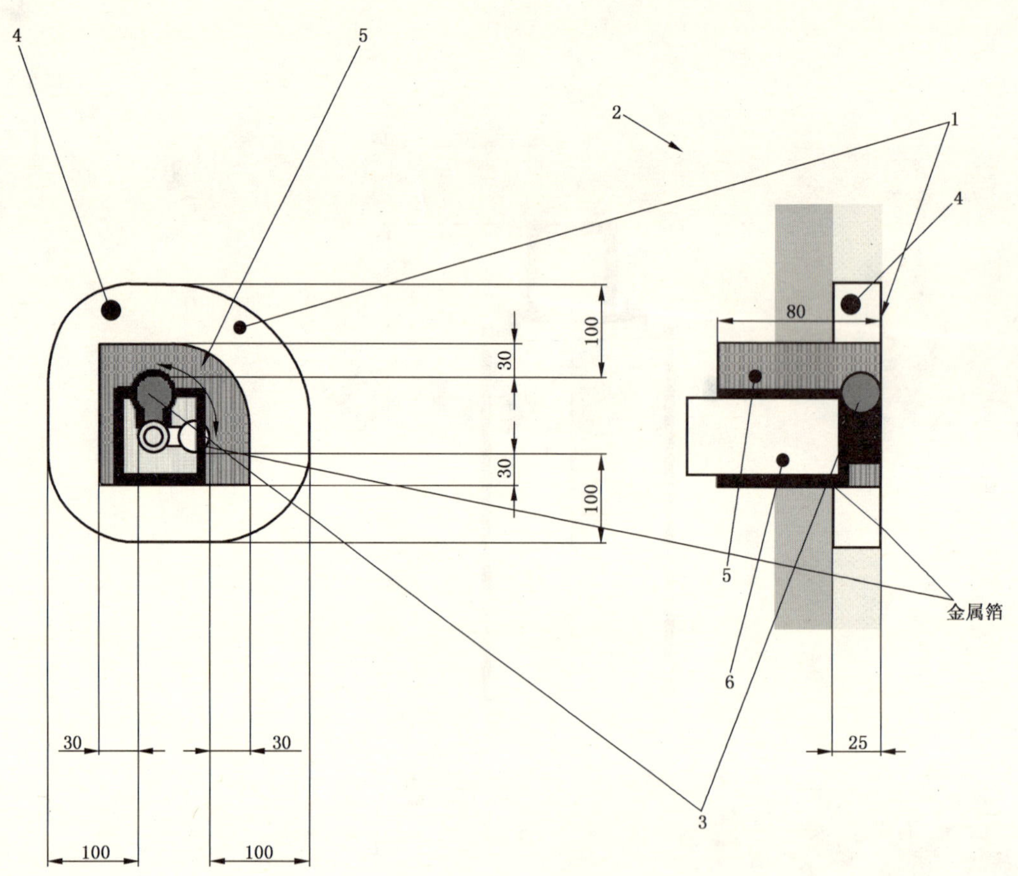

■ 金属箔

说明：

1——基准区；

2——安装平板；

3——锁扣；

4——手保护区；

5——手指保护区；

6——开关插孔。

图 R.4 旋转方式操动的操作空间

附 录 S
（规范性附录）
数字输入和输出

S.1 范围

本附录旨在涵盖与可编程序控制器（PLC）相容的开关设备和控制设备的数字输入和输出。本文件的依据为GB/T 15969.2的相关章节。

S.2 定义

下列定义适用于本附录。

S.2.1

一类数字输入 digital input，type 1

用于检测机械式接触开关元件（如继电器触点、按钮、开关等）信号的器件。它把一个两态信号转换成一个单比特二进制数。

注：一类数字输入不适用于固态器件，如传感器、接近开关等。

S.2.2

二类数字输入 digital input，type 2

用于检测固态开关元件（如两线接近开关）信号的器件，它把一个两态信号转换成一个单比特二进制数。

注1：这里所指的两线接近开关是按GB/T 14048.10设计的。

注2：这类数字输入也可用于一类数字输入。

S.2.3

数字输出 digital output

把一个单比特二进制数转换成一种两态信号的器件。

S.2.4

电流阱 current sinking

接收电流的作用。

S.2.5

电流源 current sourcing

提供电流的作用。

S.3 功能要求

S.3.1 额定值和工作范围

由外部供电的I/O模块应如表S.1所示。

表 S.1 输入电源的额定值及工作范围

<table>
<tr><th colspan="2">电压</th><th colspan="2">频率</th><th colspan="2">推荐使用(R)</th><th rowspan="2">规范的条款和注[c]</th></tr>
<tr><th>额定
(U_e)</th><th>容差
(最小/最大)</th><th>额定
(F_n)</th><th>容差
(最小/最大)</th><th>电源</th><th>I/O 信号</th></tr>
<tr><td>DC 24 V
DC 48 V
DC 125 V</td><td>−15%/+20%</td><td></td><td></td><td>R
R
—</td><td>R
R
—</td><td>[a]
[a,b]
—</td></tr>
<tr><td>AC 24 V(r.m.s)</td><td rowspan="9">−15%/+10%</td><td rowspan="9">50 Hz 或 60 Hz</td><td rowspan="9">−6%/+4%</td><td>—</td><td>—</td><td>(见注)</td></tr>
<tr><td>AC 48 V(r.m.s)</td><td>—</td><td>—</td><td>(见注)</td></tr>
<tr><td>AC 100 V(r.m.s)</td><td>R</td><td>R</td><td>—</td></tr>
<tr><td>AC 110 V(r.m.s)</td><td>R</td><td>R</td><td>—</td></tr>
<tr><td>AC 120 V(r.m.s)</td><td>R</td><td>R</td><td>(见注)</td></tr>
<tr><td>AC 200 V(r.m.s)</td><td>R</td><td>R</td><td>—</td></tr>
<tr><td>AC 230 V(r.m.s)</td><td>R</td><td>R</td><td>(见注)</td></tr>
<tr><td>AC 240 V(r.m.s)</td><td>R</td><td>R</td><td>—</td></tr>
<tr><td>AC 400 V(r.m.s)</td><td>R</td><td>—</td><td>(见注)[d]</td></tr>
<tr><td colspan="7">注:这些额定电压可参考 GB 156 确定。</td></tr>
<tr><td colspan="7">[a] 除电压容差外,还可允许存在一个峰值是额定电压值 5%的交流分量。绝对限值如下:对于 DC24 V 是 DC30/19.2 V;对于 DC48 V 是 DC60/38.4 V。
[b] 如果有可能使用二类数字输入,则见表 S.2 中注[e]。
[c] 对于那些在表中没有给出的输入电压如 DC110 V 等,本表中给出的容差及其注[a] 也适用。这些电压容差应被用来计算 S.2 中的输入限值,运用 S.6 中的等式计算。
[d] 三相供电。</td></tr>
</table>

S.3.2 数字 I/O

S.3.2.1 概述

图 S.1 给出了一些 I/O 参数定义的图释。

数字 I/O 应符合下列要求:

数字输入应符合 S.3.2.2 中给出的标准额定电压的要求。

数字输出,交流应符合 S.3.2.3.2 中给出的标准额定电压的要求,直流应符合 S.3.2.4.2 中给出的标准额定电压的要求。

通过正确选择上述数字 I/O,应能使其与其他输入和输出互联,以实现正确运行(必要时附加的外部负载应由制造商规定)。

电路应符合电气间隙和爬电距离的要求,以及相间电压对应介电试验的要求。

注:本部分没有涉及某些应用需要的电流源输入和电流阱输出,在使用时应特别注意。在使用正逻辑电流阱输入和电流源输出的场合,任何对参考电位的短路和断路都被输入和负载解释为“断开状态”;在使用电流阱输出和电流源输入的场合,接地故障被理解为“导通状态”。(见图 S.1)

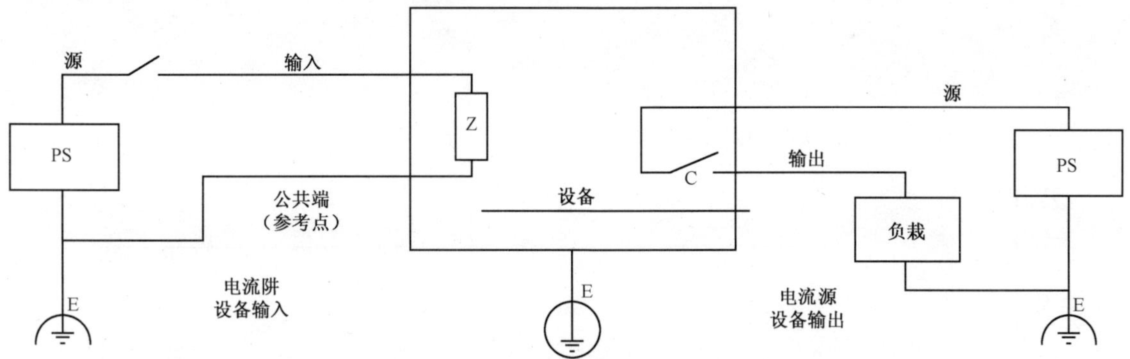

C ——输出；机械或固态触点（如继电器干触点，双向晶体管、晶体管或类似器件）；

E ——接地；此处显示的接地为原始状态，具体应用中接地应由各国规章和/或应用需要确定；

Z ——输入；输入阻抗；

PS——外部电源。

注：某些应用中输入、输出和设备可以仅用一个电源共用端。

图 S.1　I/O 参数

S.3.2.2　数字输入（电流阱）

S.3.2.2.1　概述

对本条的要求依据 S.4.2 进行验证。

S.3.2.2.2　术语（U/I 工作区）

图 S.2 用图示法表示了本部分中用以说明电流阱数字输入电路特性的各种限制和工作范围。

工作区由“导通区”、“过渡区”、“关断区”组成。脱离“关断区”必须使电流大于 I_{Tmin}，同时电压大于 U_{Tmin}；在进入“导通区”之前，必须使电流大于 I_{Hmin}，同时电压大于 U_{Hmin}。所有输入 U-I 曲线应保持在这些边界条件内。低于零电压的区是直流输入“关断区”的有效部分。

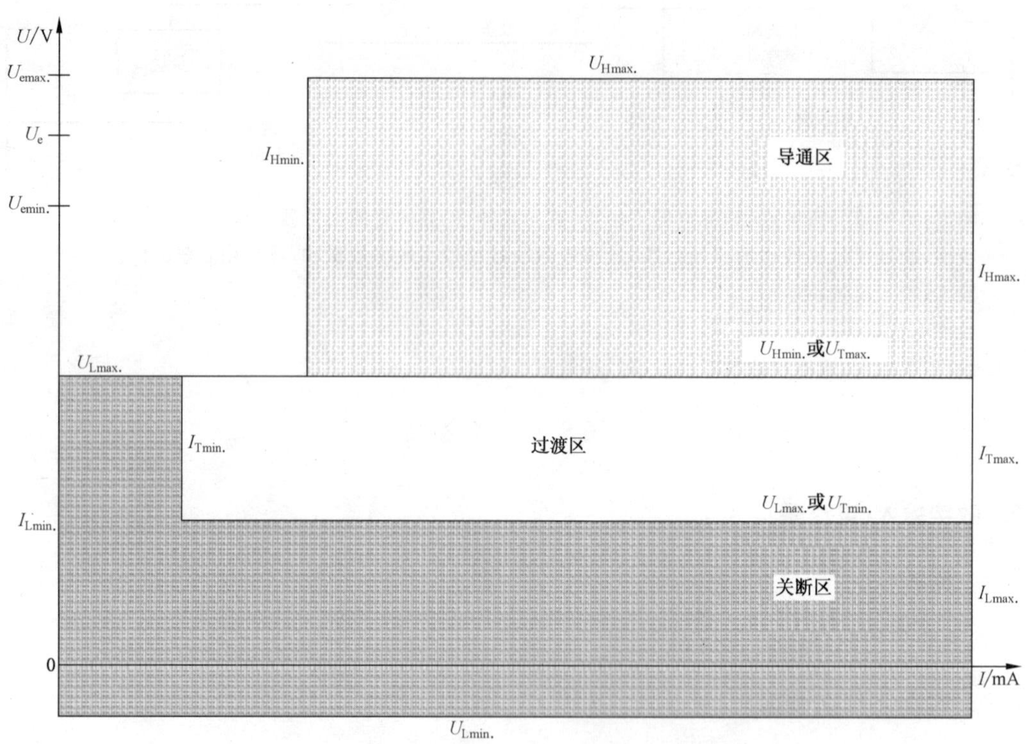

U_{Hmax}和U_{Hmin}是导通状态(1 状态)的电压极限值；
I_{Hmax}和I_{Hmin}是导通状态(1 状态)的电流极限值；
U_{Tmax}和U_{Tmin}是过渡状态(通或断)的电压极限值；
I_{Tmax}和I_{Tmin}是过渡状态(通或断)的电流极限值；
U_{Lmax}和U_{Lmin}是关断状态(0 状态)的电压极限值；
I_{Lmax}和I_{Lmin}是关断状态(0 状态)的电流极限值；
U_{Lmax}在I_{Tmin}以下与I_{Hmin}相等，在I_{Tmin}以上与U_{Tmin}相等；
U_e、U_{emax}，和U_{emin}是外部电源的额定电压及其上下极限值。

图 S.2 电流阱输入的 *U-I* 工作区

S.3.2.2.3 数字输入(电流阱)的标准工作范围

电流阱数字输入应在表 S.2 给出的限值之内工作。

表 S.2　数字输入(电流阱)的标准工作范围

额定电压 U_e	额定频率 F_n Hz	限值形式	第 1 类限值[g]						第 2 类限值[g](见注)						脚注
			状态 0		过渡状态		状态 1		状态 0		过渡状态		状态 1		
			U_L V	I_L mA	U_T V	I_T mA	U_H V	I_H mA	U_L V	I_L mA	U_T V	I_T mA	U_H V	I_H mA	
DC 24 V	—	最大	15/5	15	15	15	30	15	11/5	30	11	30	30	30	a,b,d,e
		最小	−3	ND	5	0.5	15	2	−3	ND	5	2	11	6	
DC 48 V	—	最大	34/10	15	34	15	60	15	30/10	30	30	30	60	30	a,b,d
		最小	−6	ND	10	0.5	34	2	−6	ND	10	2	30	6	
AC 24 V r.m.s	50/60	最大	14/5	15	14	15	27	15	10/5	30	10	30	27	30	a,c
		最小	0	0	5	1	14	2	0	0	5	4	10	6	
AC 48 V r.m.s	50/60	最大	34/10	15	34	15	53	15	29/10	30	29	39	53	30	a,c
		最小	0	0	10	1	34	2	0	0	10	4	29	6	
AC 100 V AC 110 V AC 120 V r.m.s	50/60	最大	79/20	15	79	15	$1.1U_e$	15	74/20	30	74	30	$1.1U_e$	30	a,c,d,f
		最小	0	0	20	1	79	2	0	0	20	4	74	6	
AC 200 V AC 230 V AC 240 V r.m.s	50/60	最大	164/40	15	164	15	$1.1U_e$	15	159/40	30	159	30	$1.1U_e$	30	a,c,d,f
		最小	0	0	40	2	164	3	0	0	40	5	159	7	

注：依据 GB/T 14048.10 与二线接近开关的兼容性能够与第 2 类兼容。(见脚注[c])

ND=未定义。

[a] 所有逻辑信号都是正逻辑。开路输入应被理解为 0 状态信号。求本表中各值所使用的公式、假设及附注见 S.6。

[b] 给出的各电压极限值包括所有的交流电压分量。

[c] 静止开关可能影响输入信号的真谐波的总有效值,因而影响输入接口与接近开关的兼容性,特别是第 2 类的交流 24 V 有效值。具体要求见 S.3.1。

[d] 建议作一般用途和供今后设计使用。

[e] 连接到二线接近开关的第 2 类 DC24 V 输入,其最小外部电源电压应高于 DC20 V,或 U_{Hmin} 低于 DC11 V,以保证有足够的安全余量。

[f] 随着当前技术的进步以及鼓励设计出与所有常用额定电压兼容的单一输入模块,极限值是绝对的并与额定电压无关(U_{Hmax}除外),根据 S.6 中的公式,分别为 AC100 V 有效值和 AC200 V 有效值。

[g] 见 S.2.1,S.2.2,及 S.2.3 中的定义。

S.3.2.2.4　补充要求

每一输入信道都应设有一个指示灯或类似器件,当指示器通电时表示输入为 1 状态。

S.3.2.3 交流电流(电流源)的数字输出

S.3.2.3.1 概述

对本条的要求依据 S.4.3 进行验证。

S.3.2.3.2 额定值和工作范围(交流)

数字交流输出应符合表 S.3 给出的额定值的要求,输出电压由制造商根据 S.3.1 规定。

表 S.3 交流电流源数字输出的额定值和工作范围

额定电流(1 状态)	I_e/A	0.25	0.5	1	2	注
1 状态下的电流范围 (在最大电压处连续)	最小值(mA) 最大值(A)	10 [5] 0,28	20 0,55	100 1,1	100 2,2	a,b a
1 状态下的电压降 U_d ——无保护输出 ——保护和耐短路	U_d 最大值(V) 最大值(V)	— 3 5	— 3 5	— 3 5	— 3 5	— a a
0 状态下的漏电流 ——固态输出 ——机电式输出	 最大值(mA) 最大值(mA)	— 5[3] 2,5	— 10 2,5	— 10 2,5	— 10 2,5	— a,b,c a,c
暂时过载的重复率(见图 S.3) ——固态输出 ——继电器输出	工作周期时间(s) 最大值 最大值	— 1 10	— 2 10	— 2 10	— 2 10	

[a] 电流与电压有效值。

[b] 方括号里的数字适用于没有 RC 网络或等效浪涌抑制器的模块,所有的其他值适用于带抑制器的模块。

[c] 固态输出的漏电流大于 3 mA,意味着要使用附加外部负载来驱动第二类数字输入。

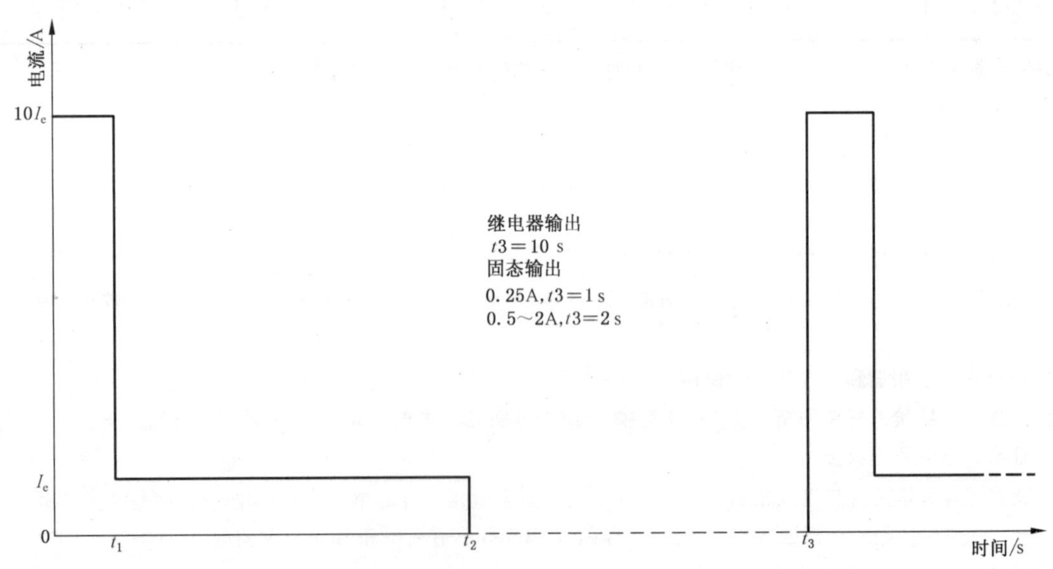

t_1 ——在 F_n 时的 2 个周期(F_n=额定电网频率);

t_2 ——导通时间;

t_3-t_2 ——关断时间(关断时间=导通时间);

t_3 ——工作时间。

图 S.3 交流数字输出的暂时过载波形图

S.3.2.3.3 补充要求

S.3.2.3.3.1 输出指示器

每一输出信道都应设有一个指示灯或类似器件，当指示器通电时表示输出为1状态。

S.3.2.3.3.2 保护输出

制造商指定的需受保护的输出：

——该输出应能承受所有输出电流稳态值大于1.1倍额定值的输出，和/或有关的保护器件应能正常工作，以保护这样的输出。

——在复位或单独更换保护器件后，如合适，设备应恢复正常工作。

——可以在以下三种类型中选择重启功能选项：

- 自动重启保护输出：在消除过载后自动恢复的保护输出；
- 受控重启保护输出：通过信号(例如，远程控制)重新复位的保护输出；
- 手动重启保护输出：靠人为动作恢复的保护输出(保护可是熔断器、电子联锁等)。

对本条的要求依据S.4.3.2进行验证。

注1：在过载状态下持续工作会影响模块的工作寿命。

注2：保护输出不一定保护外部接线。需要时，用户自己负责提供保护。

S.3.2.3.3.3 耐短路输出

制造商指定的需耐短路的输出：

——对于所有大于 I_{emax} 且不超过2倍额定值 I_e 的输出电流，输出应能工作并耐暂时过载。这种暂时过载的量值由制造商规定。

——对于所有可能超过20倍 I_e 的输出电流，保护器件应能工作。在复位或单独更换保护器件后，设备应恢复正常工作。

——对于在2倍至20倍 I_e 范围内的输出电流，或暂时过载超出了制造商所规定的限值(如上述列项1))的输出电流，模块可能需要修理或更换。

对本条的要求依据S.4.3.2进行验证。

S.3.2.3.3.4 无保护输出

对于制造商指定的无保护输出，如果制造商建议采用外部保护器件，则输出应满足对耐短路输出所规定的所有要求。

S.3.2.3.3.5 机电式继电器输出

根据GB 14048.5—2008，在AC-15使用类别(耐久性等级：0.3)规定的负载条件下，机电式继电器输出应能完成至少30万次动作。

如果继电器部件已被证明符合GB 14048.5的要求，就不需要做型式试验。

S.3.2.4 直流电源(电流源)的数字输出

S.3.2.4.1 一般要求

对本条的要求依据R.4.3进行验证。

S.3.2.4.2 额定值和工作范围(直流)

数字输出应符合表S.4给出的额定值的要求，输出电压由制造商依据S.3.1规定。

表 S.4　直流电流源数字输出的额定值和工作范围(直流)

1 状态的额定电流	I_e(A)	0.1	0.25	0.5	1	2	注
最大连续电压下 1 状态的电流范围	最大(A)	0.12	0.3	0.6	1.2	2.4	
电压降,U_d 无保护输出 保护和耐短路	U_d 最大(V)	— 3 3	— 3 3	— 3 3	— 3 3	— 3 3	— — [a]
0 状态的漏电流	最大(mA)	0.1	0.5	0.5	1	1	[b,c]
暂态过载	最大(A)	见图 S.2 或按制造商规定					

[a] 对 1 A 和 2 A 额定电流,如果具有反相保护,则允许电压下降 5 V。这使输出与相同的额定电压的一类输入不相容。

[b] 如果没有附加的外部负载,得出的直流输入与直流输出之间的相容性如下:

额定输出电流 I_e(A):	0.1	0.25	0.5	1	2
一类:	是	是	是	否	否
二类:	是	是	是	是	是

[c] 加上适当的外部负载,所有直流输出可成为与所有一类直流输入、二类直流输入相容。

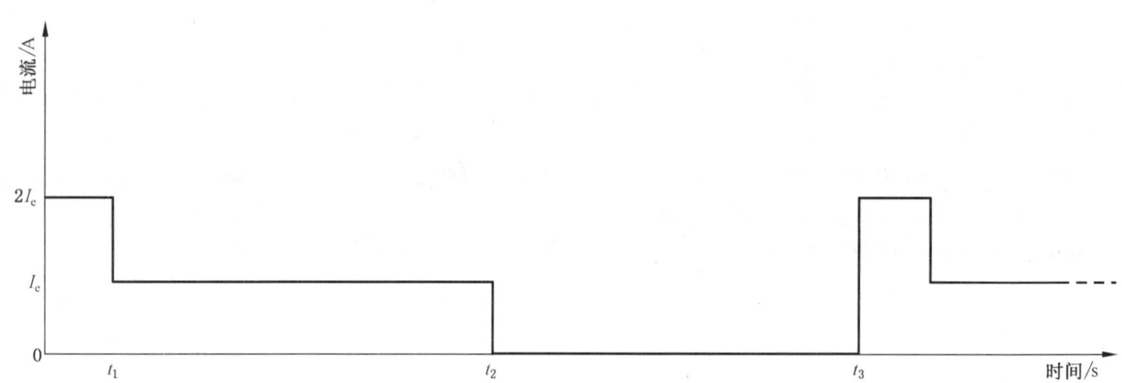

t_1　——浪涌时间=10 ms;
t_2　——导通时间;
t_3-t_2 ——关断时间(关断时间=导通时间);
t_3　——工作时间=1 s。

图 S.4　直流数字输出的暂时过载波形图

S.3.2.4.3　补充要求

除去以下方面以外,其他要求与 S.3.2.3.3 中对交流电流源输出规定的要求相同。

——保护输出:限值是 $1.2I_e$,而不是 $1.1I_e$。

——机电式继电器输出:以 DC-13 替代 AC-15。

S.4 输入/输出要求的验证

S.4.1 概述

本文对试验程序不作详细规定。详细步骤应由用户和制造商协商确定,但不得使 S.4.4 中所规定的条件受到削弱。

虽然对试验程序没有作出详细规定,但应完成所提及的所有试验。

除非本条中另有规定,所有试验均应在同一个 I/O 信道上进行两次:

——第一次试验:在最低工作温度上进行;

——第二次试验:在最高工作温度上进行。

只需要对每种类型的一个数字输入进行试验。

S.4.2 数字输入的验证

S.4.2.1 工作范围试验

应进行满足所有要求的验证。

试验程序:按制造商与用户共同协商的程序。

S.4.2.2 信号极性反向试验(耐受试验)

试验程序:应在数字输入端施加反转极性信号 10 s。

验证:

设备应满足 S 4.4 中的要求。

S.4.3 数字输出的验证

S.4.3.1 工作范围试验

应进行满足所有要求的验证。

试验程序:

电流范围:按用户与制造商的协商。

电压降:按用户与制造商的协商。

漏电流:不得拆除用于输出保护的器件/电路。

暂态过载:按 GB 14048.5—2008,(AC-15 或 DC-13,如合适)。对于耐短路保护输出,电流值应为 $2I_e$~$20I_e$(按 S.3.2.3.3.3 中的要求)。

S.4.3.2 保护输出、无保护输出和耐短路输出的试验

表 S.5 数字输出的过载试验和短路试验

参考试验	无
试品配置	按照制造商的规范
安装/支撑的细则	按照制造商的规范
加载	试验中只需对每一类型中的一个 I/O 信道进行检查
初始测量	见 S.4.4

表 S.5（续）

试验说明	A	B	C	D	E
预期电流($k \times I_e$)	1.2/1.3[a]	1.5	2	5	21
试验持续时间(min)	5	5	5	5	5
试验次序 第一批(在 T_{min} 处) 第二批(在 T_{max} 处)	— 1 6	— 2 7	— 3 8	— 4 9	— 5 10
两次试验的时间间隔	10 min≤时间间隔≤60 min				
施加保护输出试验	是	是	是	是	是
耐短路输出	否	否	是[b]	否	是[d]
无保护输出[c]	否	否	是[b]	否	是[d]
测量和验证	见 S.3.2.3.3 和 S.3.2.4.3 中的要求				
在过载期间 紧接在过载后	见 S.4.4 见 S.4.4				
在过载后的正确重新设置	见 S.4.4				

[a] 1.2 用于交流输出，1.3 用于直流输出。

[b] 电流范围在 $2I_e$～$20I_e$ 时，模块可能需要修复或更换。

[c] 应安装由制造商提供的或指定的保护器件。

[d] 保护器件应动作。若用于下面的试验，则应重新设置或更换保护器件。

S.4.3.3 信号极性反向试验(耐受试验)

如果设备设计有防止信号极性反向的措施，则可不做本试验，而用合适的外观检查来代替。

试验程序：

应在数字直流输出端施加反极性信号 10 s。

验证：

设备应满足 S.4.4 中的要求。

S.4.4 设备特性

数字 I/O 应满足所有 S.3.2 中的要求。

数字 I/O 的特性在功能方面应与预期一致，如合适，产品标准可以规定补充要求。

EMC 要求的验证应按 8.4 进行。关于抗扰度，表 23 中的值适用。

S.5 制造商提供的一般信息

S.5.1 关于数字输入(电流阱)的信息

制造商应提供以下信息：

整个工作区的 U-I 特性曲线，容差或类似参数；

从 0 状态转换到 1 状态和从 1 状态转换到 0 状态的数字输入延时；

信道之间存在的公共点；

输入端连接错误导致的影响；

在正常工作条件下，信道与其他线路(包括地)之间，信道与信道之间的隔离电位；

输入类型(第一类或第二类)；

直观指示器的监视点和二进制状态；

带电插/拔输入模块时的影响；

在互联输入与输出时附加的外部负载(若需要)；

信号评定的说明(例如静/动态评定，中断释放等)；

根据电缆型号和电磁兼容性而推荐的电缆和导线的长度；

端子的排列；

外部连接的典型示例。

S.5.2 关于交流数字输出(电流源)的信息

制造商应提供交流数字输出方面的以下信息：

保护类型(即保护输出，耐短路输出，无保护输出)；和

对保护输出：超过 1.1I_e 的工作特性，包括保护器件通电时的电平，电流的其他行为特性及其使用的时间；

对耐短路输出：更换或复位保护器件所需要的信息；

对无保护输出：如果需要，应说明由用提供的保护器件的要求；

从 0 状态转换到 1 状态和从 1 状态转换到 0 状态的数字输出延时；

换流特性及有关过零点电压的转换电压；

信道之间存在的公共点；

端子的排列；

外部连接的典型示例；

输出的数量及类型(例如：NO/NC 触点、固态、独立的隔离信道等)；

对于机电式继电器，额定电流与电压应符合 S.3.2.3.3.5；

其他负载(如白炽灯)的输出额定值；

为防止因电感逆转产生的电压峰值而接入输出电路的阻尼网络的特性；

外部保护网络的类型(若需要)；

输出端连接错误导致的影响；

在正常工作条件下，信道与其他线路(包括地)之间，信道与信道之间的隔离电位；

信道内直观指示器的监视点(例如 MPU 侧和负载侧)；

更换输出模块的推荐步骤；

工作方式(即闩锁和非闩锁方式)；

多路过载对隔离的多信道模块的影响。

S.5.3 关于直流数字输出(电流源)的信息

关于制造商提供的直流数字输出的信息应与 S.5.2 中所规定的关于交流数字输出的信息相同。但是，过零点电压的转换要求不适用。对于机电式继电器输出，用 DC-13 代替 S.3.2.3.3.5 中的 AC-15。

S.6 数字输入标准工作范围公式

以下公式被用来生成表 S.2(对于某些例外，在注中予以解释)。

直流公式

$U_{\text{Hmax}}=1.25U_e$

$U_{\text{Hmin}}=0.8U_n-U_d-1\ \text{V}$

$U_{\text{Tmax}}=U_{\text{Hmin}}$

$U_{\text{Lmax}}=U_{\text{Hmin}}$ 当 $I\leqslant I_{\text{Tmin}}$ 时

$U_{\text{Tmin}}=0.2U_n$

$U_{\text{Lmax}}=U_{\text{Tmin}}$ 当 $I\leqslant I_{\text{Tmin}}$ 时

$U_{\text{Lmin}}=-3\ \text{V}$(DC 24 V)

$U_{\text{Lmin}}=-6\ \text{V}$(DC 48 V)

$I_{\text{Lmin}}=$ND(未定义)

1 类输入:

$I_{\text{Hmax}}=I_{\text{Tmax}}=I_{\text{Lmax}}=15\ \text{mA}$

$I_{\text{Hmin}}\approx I_{\text{Tmin}}+1\ \text{mA}$

$I_{\text{Tmin}}\approx U_{\text{Hmax}}IZ$

$U_d=3\ \text{V}$(表 T.4)

2 类输入:

$I_{\text{Hmax}}=I_{\text{Tmax}}=I_{\text{Lmax}}=30\ \text{mA}$

$I_{\text{Hmin}}=I_m+1\ \text{mA}=6\ \text{mA}$

$I_{\text{Tmin}}=I_r=1.5\ \text{mA}$

$U_d=$(d.c.)8 V

交流公式

$U_{\text{Hmax}}=1.1U_e$

$U_{\text{Hmin}}=0.85U_n-U_d-1\ \text{V}$(注 1.注 2)

$U_{\text{Tmax}}=U_{\text{Hmin}}$

$U_{\text{Lmax}}=U_{\text{Hmin}}$ 当 $I\leqslant I_{\text{Tmin}}$ 时

$U_{\text{Tmin}}=0.2U_n$ (注 1)

$U_{\text{Lmax}}=U_{\text{Tmin}}$ 当 $I>I_{\text{Tmin}}$ 时

$U_{\text{Lmin}}=0$

$I_{\text{Lmin}}=0$

1 类输入:

$I_{\text{Hmax}}=I_{\text{Tmax}}=I_{\text{Lmax}}=15\ \text{mA}$

$I_{\text{Hmin}}=I_{\text{Tmin}}+1\ \text{mA}(U_e\leqslant 120\ \text{V(r.m.s.)})$或

$I_{\text{Hmin}}\approx I_{\text{Tmin}}+2\ \text{mA}(U_e>120\ \text{V(r.m.s.)})$

$I_{\text{Tmin}}\approx U_{\text{Hmax}}IZ$ (注 5)

$U_d=5\ \text{V}$(表 T.3) (注 3)

2 类输入:

$I_{\text{Hmax}}=I_{\text{Tmax}}=I_{\text{Lmax}}=30\ \text{mA}$

$I_{\text{Hmin}}=I_m+1\ \text{mA}=6\ \text{mA}$

$I_{\text{Tmin}}=I_r=3\ \text{mA}$ (注 4)

$U_d=$a.c. 10 V(r.m.s.) (注 4)

注 1:为使各种电源电压相容,对所有的交流 100/110/120 V(r.m.s.)和所有的交流 200/220/230/240 V(r.m.s.)输入,已选择 U_n 分别为交流 100 V(r.m.s.)和交流 200 V(r.m.s.)。

注 2:假定连接线有 1 V 电压降(交流或直流)。

注 3:U_d,直流或交流数字输出的最大压降。

注 4:I_r,U_d 和 I_m 的值符合 GB/T 14048.10 中所采用的相应值。

注 5:Z=经验的最坏情况继电器触点,开路触点阻抗=100 kΩ。

附 录 T
（规范性附录）
电子式过载继电器的扩展功能

T.1 范围

T.1.1 一般要求

本附录预期用于覆盖不直接与过载保护相关的电子式过载继电器的扩展功能。扩展功能也可能包括部分控制功能，控制功能在考虑中。

注：具有扩展功能的电子式过载继电器在该领域内也有其他的名称，例如“电动机管理系统”，“电动机保护器”等。

本附录只适用于交流电路中使用的电子式过载继电器。

T.1.2 接地故障保护功能

使用可检测接地故障电流的电器作为保护系统。这种电器常与电子式过载继电器配合使用或作为一个内置部件使用以检测设备接地故障电流，可以提供附加的保护防止由于过流保护功能无法检测的连续性的接地故障引起火灾和其他危险。不考虑由于存在直流分量而引起的故障。

注：本附录所指的接地故障保护不适用于电击保护。

T.2 定义

下列定义适用于本附录。

T.2.1

具有接地故障保护功能的电子式过载继电器 electronic overload relay with ground/earth fault detection function

根据规定的要求，当主电路中电流的矢量和超过规定值时动作的多极电子式继电器。

T.2.2

具有电流或电压不平衡保护功能的电子式过载继电器 electronic overload relay with current imbalance detection function

根据规定的要求，当电流或电压幅值不平衡时动作的电子式过载继电器。

T.2.3

具有反相保护功能的电子式过载继电器 electronic overload relay with phase reversal detection function

根据规定的要求，当起动器线路侧的相序不正确时动作的多极电子式过载继电器。

T.2.4

具有过电压保护功能的电子式过载继电器 electronic overload relay with over-voltage detection function

根据规定的要求，当电压超过规定值时动作的电子式过载继电器。

T.2.5

禁止保护电流 （I_{ic}） inhibit current（I_{ic}）

故障电流超过该保护设定值，开关电器不应被触发断开。

T.2.6

具有欠功率保护功能的电子式过载继电器 electronic overload relay with under-power detection function

根据规定的要求，当功率值低于规定值时动作的电子式过载继电器。

T.3 电子式过载继电器的分类

a) 电流和电压不平衡继电器或脱扣器；
b) 过电压继电器或脱扣器；
c) 接地故障保护继电器或脱扣器；
d) 反相保护继电器或脱扣器。

T.4 接地故障继电器的型式

CI-A 和 CI-B 型：CI 型电子式过载继电器在所有水平的故障电流情况下都能断开开关设备；

CII-A 和 CII-B 型：CII 型电子式过载继电器在大于设定电流水平 I_{ic}(禁止保护电流)的情况下不能断开开关设备。

注 1：CII 型(-A 或-B)的典型用途就是与分断能力低于最大预期故障电流的开关电器配合使用。禁止保护电流设定值 I_{ic} 根据开关电器的最大分断能力可调。

注 2：根据动作特性 A 型(CI 或 CII)与 B 型(CI 或 CII)是不同的(见表 T.1)。

表 T.1 接地故障继电器的动作时间

型　　式	接地故障电流设定值倍数	动作时间 T_p ms
CI-A 和 CII-A	≤0.9 1.1	不动作 $10<T_p\leqslant 1\,000$[a]
CI-B 和 CII-B	≤0.75 1.25	不动作 $10<T_p\leqslant 5\,000$[a]
[a] 试验应在测试电流小于禁止保护电流(I_{ic})的情况下进行，见 T.6.1。		

T.5 性能要求

T.5.1 接地故障继电器的动作限值

接地故障继电器与开关电器配合使用时，应该在表 T.1 给定的条件下动作使得开关电器断开。对于接地故障电流设定值为一个范围的继电器，继电器的动作限值应在最小设定值和最大设定值下验证。

T.5.2 CII(-A 和-B)型接地故障继电器的动作限值

T.5.1 适用并补充如下：

与开关电器配合使用时，当任意一相的故障电流达到或超过设定的禁止保护电流 I_{ic}(见 T.4)的 95%，CII 型接地故障继电器不应使开关电器动作；当任意一相的故障电流为小于或等于 75% I_{ic} 时，CII 型接地故障继电器应动作并使得开关电器断开。

T.5.3 电压不平衡继电器的动作限值

当电压不平衡度大于电压不平衡度设定值的1.2倍时，电压不平衡继电器应能动作并使得相关的开关电器在不超过120%的设定时间内断开，且应能防止开关电器闭合。

T.5.4 反相继电器的动作限值

当起动器电源侧的电压相序与预定的电压相序一致时，反相继电器应允许相关开关电器闭合。交换两相的顺序后，反相继电器应能防止开关电器闭合。

T.5.5 电流不平衡继电器的动作限值

当电流不平衡度大于电流不平衡度设定值的1.2倍时，与开关电器配合使用的电流不平衡继电器应能动作并使得开关电器在80%～120%设定时间内断开，电流不平衡度(定义见式(T.1))是相对于平均电流 I_{avg} 的最大偏移量与平均电流之间的比值。产品标准中规定的一般脱扣要求保持不变。

$$\text{Ratio}=\frac{\underset{i=1}{\overset{n}{\text{Max}}}\left|I_{i}-I_{avg}\right|}{I_{avg}} \qquad \cdots\cdots(\text{T.1})$$

$$I_{avg}=\frac{\sum_{i=1}^{n}I_{i}}{n} \qquad \cdots\cdots(\text{T.2})$$

式中：

n——相数；

I_i——每一相的电流有效值。

T.5.6 过电压继电器和脱扣器的动作限值

a) 动作电压

当电源电压大于设定值或在规定时间内持续大于继电器或脱扣器额定电压的110%时，过电压继电器应动作并使得开关电器断开，且应能防止开关电器闭合。

b) 动作时间

对于延时过电压继电器，延时时间的测量应从电压达到动作值瞬间起至继电器动作使开关电器开始脱扣的瞬间止。

T.6 试验

T.6.1 CI和CII(-A和-B)型接地故障继电器的动作限值

动作限值见T.5.1，按如下规定进行验证：

对于接地故障电流可调的继电器，试验应在最小和最大电流设定值进行。试验电路按照图T.1或者使用电子控制电流源来产生故障电流、在任意方便的电压和电流条件下进行。

试验电路应根据适用情况，在表T.1规定的每一个接地故障动作电流值下进行校准，开关S1处于闭合位置，闭合开关S2就会迅速建立接地故障电流。

对于CII型接地故障继电器，禁止电流应至少比最大接地故障电流整定值大30%。

T.6.2 CII(-A和-B)型接地故障继电器禁止保护功能的验证

对于接地故障电流可调的继电器，试验应在最低的设定值进行。

对于禁止保护电流 I_{ic} 可调的继电器，试验应分别在最小和最大的 I_{ic} 设定值进行。

注：禁止保护电流值应设定为大于最小接地故障电流。

调整阻抗 Z 可使流过电路的电流等于：

a） 95%的禁止保护电流 I_{ic}

开关 S1 处于闭合位置，闭合开关 S2 建立试验电流。

过载继电器不应使得开关电器断开。

b） 75%的禁止保护电流 I_{ic}

开关 S1 处于闭合位置，闭合开关 S2 建立接地故障试验电流。

过载继电器应使开关电器断开。

每一相应单独试验。

T.6.3 电流不平衡继电器

电流不平衡继电器的动作限值按照 T.5.5 进行验证。

T.6.4 电压不平衡继电器

电压不平衡继电器的动作限值按照 T.5.3 进行验证。

T.6.5 反相继电器

反相继电器的动作限值按照 T.5.4 进行验证。

T.6.6 过电压继电器

过电压继电器的动作限值按照 T.5.6 进行验证。

T.7 常规试验和抽样试验

具有扩展功能的电子式过载继电器，除了进行 8.1.3 或 8.1.4 的试验之外，还应该按照 T.5 的要求进行附加试验以验证其相关的附加功能。

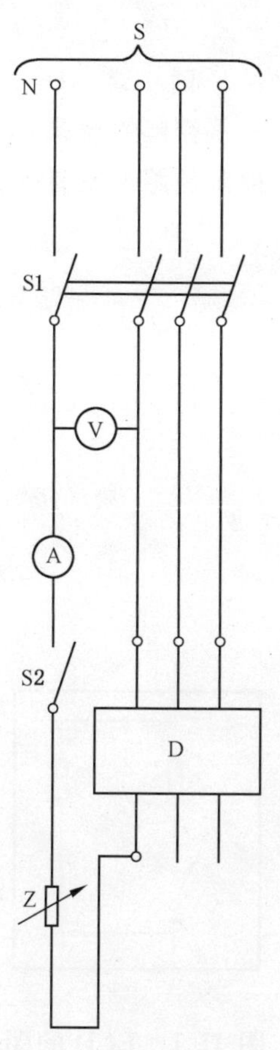

说明：

S ——电源(仅在必要时为三相)；

N ——中性线；

S1 ——多极开关；

V ——电压表；

A ——电流表；

S2 ——单极开关；

D ——被试过载继电器；

Z ——可调阻抗。

图 T.1 验证电子式接地故障电流保护过载继电器动作特性的试验电路

附 录 U
（资料性附录）
控制电路的配置举例

U.1 外部控制电器(ECD)

U.1.1 定义

外部控制电器

ECD

影响电器控制的任何外部元件。

U.1.2 ECD 的图示

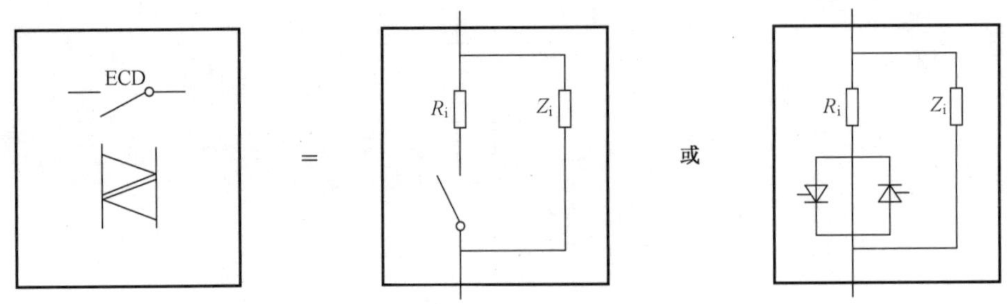

图 U.1 ECD 的图示

U.1.3 ECD 的参数

——R_i:内阻;

——Z_i:内部泄漏阻抗。

注:如果 ECD 是机械按钮,则 R_i 常常可以忽略,Z_i 可看作无穷大。

U.2 控制电路的配置

U.2.1 具有外部控制电源的电器

U.2.1.1 单电源和控制输入

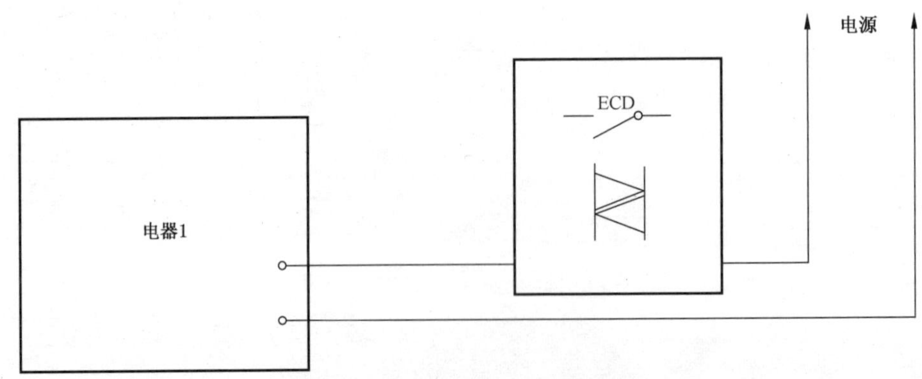

图 U.2 单电源和控制输入

U.2.1.2 独立电源和控制输入

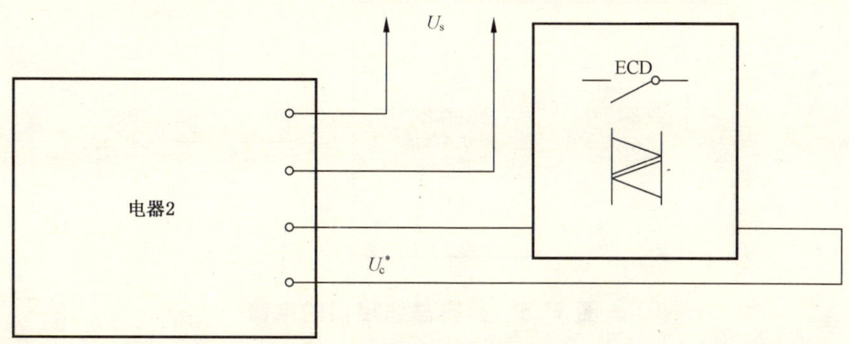

* 处于断开状态。

图 U.3 独立电源和控制输入

U.2.2 具有内部控制电源和控制输入的电器

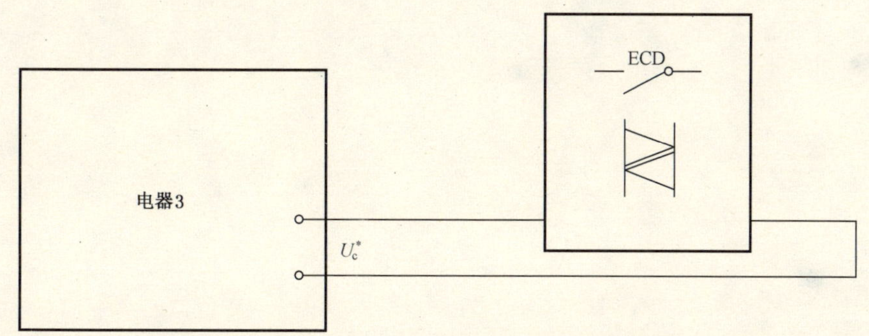

* 处于断开状态。

图 U.4 具有内部控制电源和控制输入的电器

U.2.3 具有多个外部控制电源的电器

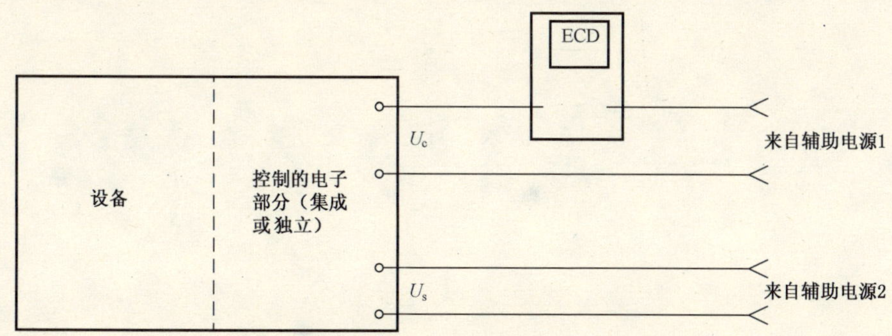

图 U.5 具有多个外部控制电源的电器

U.2.4 具有总线接口的电器(可以与其他的电路配置组合)

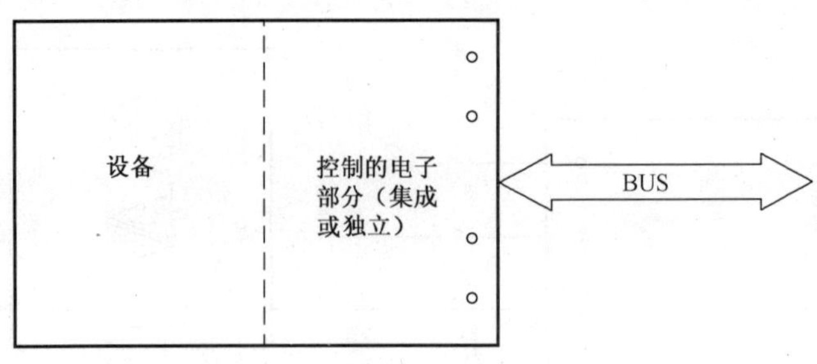

图 U.6 具有总线接口的电器

参 考 文 献

[1] ASTM B 172-71(Re-approved 1985)—*Standard specification for rope—Lay-stranded copper conductors having bunch-stranded members, for electrical energy*

[2] ICEA Publication S-19-81(6th edition)/NEMA Publication WC 3-1980—*Rubber insulated wire and cable for the transmission and distribution of electrical energy*

[3] ICEA Publication S-66-524(2nd edition)/NEMA Publication WC 7-1982—*Cross-linked thermosetting polyethylene insulated wire and cable for the transmission and distribution of electrical energy*

[4] ICEA Publication S-68-516/NEMA Publication WC 8-1976—*Ethylene propylenerubberinsulated wire and cable for the transmission and distribution of electrical energy*

[5] IEC 60947-7-1 低压开关设备和控制设备 第7-1部分:辅助器件 铜导体的端子排

[6] GB/Z 25842.1 低压开关设备和控制设备 过电流保护电器 第1部分:短路定额的应用(IEC/TR 61912-1,IDT)

[7] GB 17464—1998 连接器件 连接铜导线用的螺纹型和无螺纹型夹紧件的安全要求(IEC 60999:1990,IDT)

[8] IEC 60092-504:1974 船上电气设备 第504部分:特性 控制与仪器

[9] IEC 60099-1 电涌放电器 第1部分:用于交流电系统的非线性电阻型有隙电涌放电器

[10] IEC 60695-2-2 电工电子产品着火危险试验 第2部分:试验方法 第2篇:针焰试验

[11] IEC 60721-3 电工电子产品应用环境条件 第3部分:环境参数组分类及其严酷程度分级

[12] ISO 7000 工业设备用图形符号 索引和一览表

[13] GB/T 3956—2008 电缆的导体

ICS 29.120.50
K 31

中华人民共和国国家标准

GB/T 15576—2008
代替 GB/T 15576—1995

低压成套无功功率补偿装置

Low-voltage reactive power compensation assemblies

2008-06-30 发布　　　　2009-04-01 实施

中华人民共和国国家质量监督检验检疫总局
中国国家标准化管理委员会　发布

前言

本标准代替 GB/T 15576—1995《低压无功功率静态补偿装置总技术条件》。

本标准是依据近年低压成套无功功率补偿装置的发展及低压成套设备标准 GB 7251.1—2005 的要求，对 GB/T 15576—1995 进行修改编制而成。本标准与 GB/T 15576—1995 相比，除在文字上有部分改动，一些章条有增加及修改，涉及到的主要技术差异如下：

——原集中补偿装置额定短时耐受电流分为 80 kA、50 kA、30 kA、15 kA，改为补偿装置的补偿容量不小于 150 kvar 时装置的额定短时耐受电流应不小于 15 kA；

——原放电设施应保证电容器断电后，从额定电压峰值放电至 50 V，历时不大于 1 min，改为 3 min；

——原验证预期短路时试验电源电压应等于 1.1 倍额定工作电压，改为按 GB 7251.1—2005 8.2.3 的试验方法进行，预期短路时试验电源电压为 1.05 倍额定工作电压；

——6.10.1 中增加对非自动控制投切的设备，宜装有过电流保护；

——增加 6.3 装置防护等级的最低要求；

——增加 7.10 噪声测试(仅适用于有抑制谐波或滤波功能的装置)；

——增加 7.9 电磁兼容性试验；

——增加 7.14 动态响应时间试验(适用于半导体电子开关和复合开关)；

——增加 7.15 缺相保护试验(仅适用于有缺相保护的装置)；

——增加 7.16 抑制谐波或滤波功能验证(仅适用于有抑制谐波或滤波功能的装置)；

——增加 7.17 基本环境试验(仅适用于户外型装置)。

本标准由中国电器工业协会提出。

本标准由全国低压成套开关设备和控制设备标准化技术委员会归口。

本标准起草单位：天津电气传动设计研究所、中国电力科学研究院、深圳市华冠电气有限公司、深圳市奇辉电气有限公司、天津市津开电气有限公司、深圳市宝安任达电器实业有限公司、瑞安市工泰电器有限公司、川开电气有限公司、厦门 ABB 低压电器设备有限公司、西安中舰配电节能研究院、北京中煤电气有限公司、天津天传电控配电有限公司、杭州乾龙伟业电器成套有限公司、广州白云电器设备有限公司、成都市产品质量检测所、天津市三源电力设备制造有限公司、上海安科瑞电气有限公司、指月集团有限公司、临海市电力实业公司电力设备厂、指明电气有限公司、北京京仪敬业电工集团有限公司、国网武汉高压研究所、宁夏力成电气集团有限公司、浙宝电气(杭州)集团有限公司、广东必达电器有限公司、余姚市电力设备修造厂、华鹏集团有限公司、杭州杭开电气有限公司、深圳市力量科技有限公司、吉林龙鼎电气股份有限公司、北京国电康能科技有限公司。

本标准主要起草人：陈雪梅、张庆、邓宏芬、黄冠、陈彦武、孙泽林、王富敏、蔡甫寒、焦安举、刘阳、岳振华、徐华云、李乾伟、张宇怀、冯永翔、董伟、李文权、王培波、罗正阳、汤珍敏、王博、乔清博、刘晓军、林必宝、邢志刚、陈少华、夏惠钧、陈云华、寿萍、林川、李岩、李志宏、李达。

本标准所替代标准的历次版本发布情况为：

——GB/T 15576—1995。

低压成套无功功率补偿装置

1 范围与目的

本标准规定了低压成套无功功率补偿装置术语和定义、技术和试验要求。

本标准适用于额定交流电压不超过1 000 V(或1 140 V),频率不超过1 000 Hz的低压成套无功功率补偿装置(以下简称装置)。

2 规范性引用文件

下列文件中的条款通过本标准的引用而成为本标准的条款。凡是注日期的引用文件,其随后所有的修改单(不包括勘误的内容)或修订版均不适用于本标准,然而,鼓励根据本标准达成协议的各方研究是否可使用这些文件的最新版本。凡是不注日期的引用文件,其最新版本适用于本标准。

GB/T 4025 人-机界面标志标识的基本和安全规则 指示器和操作器的编码规则(GB/T 4025—2003,IEC 60073:1996,IDT)

GB 4208 外壳防护等级(IP代码)(GB 4208—2008,IEC 60529:2001,IDT)

GB 7251.1—2005 低压成套开关设备和控制设备 第1部分:型式试验和部分型式试验成套设备(IEC 60439-1:1999,IDT)

GB 7947 导体的颜色或数字标识(GB/T 7947—1997,idt IEC 60446:1989)

GB 10229 电抗器(GB/T 10229—1988,eqv IEC 60289:1987)

GB/T 10233—2005 低压成套开关设备和电控设备基本试验方法

GB/T 12747.1 标称电压1 kV及以下交流电力系统用自愈式并联电容器 第1部分:总则——性能、试验和定额——安全要求——安装和运行导则(GB/T 12747.1—2004,IEC 60831-1:1996,IDT)

GB/T 14549—1993 电能质量 公用电网谐波

GB/T 20641 低压成套开关设备和控制设备空壳体的一般要求(GB/T 20641—2006,IEC 62208:2002,IDT)

JB/T 2436.1 导线用铜压接端头 第1部分:0.5~6.0 mm^2 导线用铜压接端头

JB/T 2436.2 导线用铜压接端头 第2部分:10~300 mm^2 导线用铜压接端头

JB/T 3085 电气传动控制装置的产品包装与运输规程

JB/T 9663 低压无功功率自动补偿控制器

3 术语和定义

GB 7251.1—2005确定的以及下列术语和定义适用于本标准。

3.1

低压成套无功功率补偿装置 low-voltage reactive power compensation assembly

由一个或多个低压开关设备、低压电容器和与之相关的控制、测量、信号、保护、调节等设备,由制造商完成所有内部的电气和机械的连接,用结构部件完整地组装在一起的一种组合体。

3.2

集中补偿装置 integrative compensation assembly

将低压成套无功功率补偿装置安装在变电所对无功功率进行集中补偿的装置。

3.3

分组补偿装置　paragraph compensation assembly

将低压成套无功功率补偿装置安装在功率因数较低的用电单元或母线上对供配电系统中的一部分(区域)无功功率进行分段(区域)补偿的装置。

3.4

末端补偿装置　terminal compensation assembly

将低压成套无功功率补偿装置直接安装在感性用电设备附近对无功功率进行补偿的装置。

3.5

涌流　transient inrush current

电容器投入瞬间产生的最大瞬态电流。

3.6

动态响应时间　dynamic response time

T

从系统的无功变化达到设定值时刻起到装置输出无功时的时间间隔。

3.7

基波(分量)　fundamental (component)

对发生畸变的工频交流量进行傅立叶级数分解,得到与工频相同的频率分量。

3.8

谐波(分量)　harmonic (component)

对周期性交流量进行傅立叶级数分解,得到的为基波频率大于1的整数倍的频率分量。

3.9

谐波次数　harmonic order

h

谐波频率与基波频率的整数比。

3.10

谐波含量(电压或电流)　harmonic content (for voltage or current)

从周期性交流量中去掉基波分量后所得的量。

3.11

谐波含有率　harmonic ratio;HR

周期性交流量中含有的第 h 次谐波分量的方均根值与基波分量的方均根值之比(用百分数表示)。第 h 次谐波电压含有率以 HRU_h 表示,第 h 次谐波电流含有率以 HRI_h 表示。

3.12

总谐波畸变率　total harmonic distortion;THD

周期性交流量中的谐波含量的方均根值与其基波分量的方均根均值之比(用百分数表示)。电压总谐波畸变率以 THD_u 表示,电流总谐波畸变率以 THD_i 表示。

3.13

额定容量　rated capacity

电容器组的额定容量(或标称容量)。

4　装置的分类

4.1　按使用场所划分

a)　户外型;

b)　户内型。

4.2 按安装的部位划分

a) 集中补偿;

b) 分组补偿;

c) 末端补偿。

4.3 按补偿相数划分

a) 分相补偿;

b) 三相补偿;

c) 混合补偿(单相、三相混合补偿)。

4.4 按投切电容器的元件类型划分

a) 机电开关(例:接触器);

b) 半导体电子开关(例:晶闸管);

c) 复合开关(半导体电子开关和机电开关并联的组合体)。

4.5 按有无抑制谐波或滤波功能划分

a) 无抑制谐波或滤波功能;

b) 有抑制谐波功能:装置投入运行不能使系统谐波含量增加;

c) 有滤波功能:装置投入运行使系统谐波含量减少。

5 使用条件

5.1 正常使用条件

5.1.1 周围空气温度

5.1.1.1 户内装置的周围空气温度

周围空气温度应不超过+40 ℃,而且在 24 h 内其平均温度不超过+35 ℃。

周围空气温度的下限为−5 ℃。

5.1.1.2 户外装置的周围空气温度

周围空气温度应不超过+40 ℃,而且在 24 h 内其平均温度不超过+35 ℃。

周围空气温度的下限为−25 ℃。

注:严寒地区为−50 ℃,如在严寒地区使用装置,制造商与用户之间需要达成一个专门的协议。

5.1.2 大气条件

5.1.2.1 户内装置的大气条件

空气清洁,在最高温度为+40 ℃时,其相对湿度应不超过 50%。在较低温度时,允许有较大的相对湿度。例如:+20 ℃时相对湿度为 90%。但应考虑到由于温度的变化,有可能会偶尔产生适度的凝露。

5.1.2.2 户外装置的大气条件

最高温度为+25 ℃时,相对湿度短时可高达 100%。

5.1.3 污染等级

如果没有其他规定,装置一般在污染等级 3 环境中使用。而其他污染等级可以根据特殊用途或微观环境考虑采用。

注:装置的微观环境污染等级可能受外壳内安装结构的影响。

5.1.4 海拔

安装场地的海拔应不超过 2 000 m。

注:对于在海拔高于 1 000 m 处使用的电子设备,有必要考虑介电强度的降低和空气冷却效果的减弱。打算在这些条件下使用的电子设备,建议按照制造商与用户之间的协议进行设计和使用。

5.1.5 安装地点条件

装置安装地点的系统电压波动范围不超过额定工作电压的±10%,无抑制谐波或滤波功能的装置电压总谐波畸变率不大于5%。

注1：使用条件不符合上述要求或特殊使用条件的用户可与制造厂协商解决；

注2：在安装地点的电压为1.1倍的电容器额定电压的情况下，谐波量不使电容器的电流大于其额定电流的1.3倍。

5.2 特殊使用条件

如存在与5.1不符合或符合GB 7251.1—2005中6.2所述任何一种特殊使用条件，应遵守适用的特殊要求或制造商与用户之间应签订专门的协议。如果存在这类特殊使用条件的话，用户应向制造商提出。

5.3 运输、存放条件

如果运输、存放的条件，例如温度和湿度条件与5.1中的规定不符时，应由用户与制造商签订专门的协议。

如果没有其他的规定，适用于运输和存放过程的温度范围在－25 ℃～＋55 ℃之间，且在短时间内（不超过24 h）可达到＋70 ℃。

装置在未运行的情况下经受上述极限温度后，不应遭受任何不可恢复的损坏，然后在规定的条件下应能正常工作。

6 技术要求

6.1 结构

6.1.1 装置的外壳应符合GB/T 20641的要求。装置应由能承受一定的机械、电气和热应力的材料构成，应能够承受元件安装或短路时可能产生的电动力和热应力。同时不因装置的吊装、运输等情况影响装置的性能，在正常使用条件下应经得起可能会遇到的潮湿影响。

注：对于有抑制谐波或滤波功能的装置的壳体考虑因滤波电容器、滤波电抗器、大功率电力电子投切开关等重量的增加，应采取必要措施保证壳体的承重能力和机械强度。

6.1.2 装置的门应能在不小于90°的角度内灵活启闭。

6.1.3 装置壳体的外表面，一般应喷涂无眩目反光的覆盖层，表面不应有起泡、裂纹或流痕等缺陷。

6.1.4 装置的所有金属紧固件均应有合适的镀层，镀层不应脱落、变色及生锈。

6.1.5 装置的焊接件应焊接牢固，焊缝应均匀美观，无焊穿、裂纹、咬边、残渣、气孔等现象。

6.1.6 装置内母线的相序排列从装置正面观察，相序标识及排列一般应符合表1的规定，接地线为黄绿双色。

表1 相序标识及排列

相　序	标　识	垂直排列	水平排列	前后排列
L1相	L1或黄色	上	左	远
L2相	L2或绿色	中	中	中
L3相	L3或红色	下	右	近
中性线	N	最下	最右	最近

注：特殊情况下，相序排列与表1不符应有明显的标识。

6.2 元器件及辅件的选择与安装

6.2.1 装置内安装的所有独立的电器元件及辅件（例如：电容器、投切开关、无功功率自动补偿控制器、电抗器、绝缘支撑件等）应符合本标准和相关元器件自身标准（例如：自愈式电容器应符合GB/T 12747.1、电抗器应符合GB 10229、无功功率自动补偿控制器应符合JB/T 9663的规定）。电容器应保证在1.1倍的额定电压下长期运行，通常元器件及辅件的选择应满足1.3倍电容器额定电流条件下连续运行，但应考虑电容器最大电容量可达1.10 C_n，这时电容器的最大电流可达1.43倍额定电流，则元器件及辅件的选择应满足 1.43 倍电容器额定电流条件下连续运行。所有电器元件及辅件应满足使用的技术要求，并按照其制造商的说明书进行安装。

对于滤波电容器的最大允许电流由电容器制造商提供。

注：若不满足上述要求则该电器元件、辅件应按其各自的产品标准进行型式试验、出厂试验。

6.2.2 电器元件的布置应整齐、端正，便于安装、接线、维修和更换，应设有与电路图一致的符号或代号；所有的紧固件都应采取防松措施，暂不接线的螺钉也应拧紧。

6.2.3 需要在装置内部操作，调整和复位的元件应易于操作。

与外部连线的接线座应固定在装置安装基准面上方至少 0.2 m 高度处。

仪表的安装高度不宜高出装置安装基准面 2 m。

操作器件(如手柄、按钮等)的安装高度，其中心线不宜高于装置基准面 2 m。紧急操作器件宜装在距装置安装基准面的 0.8 m～1.6 m 范围内。

6.2.4 指示灯及按钮

装置中所选用的指示灯和按钮的颜色应符合 GB/T 4025 的规定。

6.2.5 母线及绝缘导线

6.2.5.1 装置中所选用的导线及母线的颜色应符合 GB 7947 的规定。

6.2.5.2 装置中的连接导线，应具有与额定工作电压相适应的绝缘。

6.2.5.3 主电路母线的截面积按该电路的额定工作电流选择；支路导线的载流量按电容器的最大工作电流选择，例如：安装在无谐波场所的装置，电容器支路导线的载流量一般为不小于电容器额定电流的 1.5 倍；辅助电路导线的截面积应不小于 1.0 mm^2 的铜芯多股绝缘导线；电流测量回路的导线截面积应不小于 2.5 mm^2。

6.2.5.4 装置的绝缘导线应选用多股绝缘导线，采用冷压接端头连接。冷压接端头及压接技术、压接工具等应符合 JB/T 2436.1 及 JB/T 2436.2 的规定。

6.2.5.5 母线的材料、连接和布置方式以及绝缘支持件应具有承受装置的短时耐受电流能力。

6.2.5.6 装置的布线应整齐美观，不应贴近具有不同电位的裸露带电部件或有尖角的边缘进行敷设，布线时应采用适当的支撑固定或装入行线槽内。

6.2.5.7 连接安装在门上的电器元件的导线，设计时应考虑门启闭时不使这些导线承受过度的张力或遭受任何机械损伤。

6.2.5.8 通常，一个连接端子只连接一根导线，必要时允许连接两根导线，但应采取适当措施。对于有三个及以上补偿支路的装置，应设置汇流母线或汇流端子，采用由主母线向补偿支路供电的方式连接。

6.3 装置的防护等级

对户内使用的装置防护等级应不低于 IP20，户外装置防护等级应不低于 IP44。当装置采用通风孔散热时，通风孔的设置不应降低装置的防护等级。

6.4 噪声(适用于有抑制谐波和滤波功能的装置)

有抑制谐波和滤波功能的装置在正常工作时产生的噪声，应不大于声压级 70 dB(A 声级)。

6.5 温升

温升限值按照 GB 7251.1—2005 中 8.2.1 规定的方法验证，装置的温升限值应不超过表 2 的规定。

表 2 温升限值

部 位	温升/K
内装元件	根据不同元件的有关要求，或(如有的话)根据制造厂的说明书，考虑装置内的温度
用于连接外部绝缘导线的端子 内装元件与母线连接处	70

表 2（续）

部　　位	温升/K
母线固定连接处： 　裸铜-裸铜 　铜搪锡-铜搪锡 　铜镀银-铜镀银	 60 65 70
操作手柄： 　金属的 　绝缘材料的	 15 25
可接近的外壳和覆板： 　金属表面 　绝缘表面	 30 40

6.6 电气间隙和爬电距离

6.6.1 装置内的电器元件应符合各自标准的规定，在正常使用条件下，应保持其电气间隙和爬电距离。

6.6.2 装置的不同极性的裸露带电体之间，以及它们与地之间的电气间隙和爬电距离应不小于表 3 的规定。

表 3 电气间隙和爬电距离

额定绝缘电压 U_i/V	电气间隙/mm	爬电距离/mm
$U_i \leqslant 60$	5	5
$60 < U_i \leqslant 300$	6	10
$300 < U_i \leqslant 690$	10	14
$690 < U_i \leqslant 800$	16	20
$800 < U_i \leqslant 1\ 000$(或 1 140)	18	24

6.7 装置的介电性能

6.7.1 绝缘电阻验证

应用电压至少为 500 V 的绝缘测量仪器进行绝缘测量。

如果带电体之间、带电体与裸露导电部件之间、带电体对地的绝缘电阻不小于 1 000 Ω/V(标称电压)，则此项试验通过。

6.7.2 工频耐压试验电压

主电路和与主电路直接连接的辅助电路应能耐受表 4 规定的工频耐压试验电压。

表 4 试验电压值

额定绝缘电压 U_i/V	试验电压(交流方均根值)/V
$U_i \leqslant 60$	1 000
$60 < U_i \leqslant 300$	2 000
$300 < U_i \leqslant 690$	2 500
$690 < U_i \leqslant 800$	3 000
$800 < U_i \leqslant 1\ 000$(或 1 140)	3 500

不与主电路直接连接的辅助电路应能耐受表 5 规定的工频耐压试验电压。

表 5 不由主电路直接供电的辅助电路试验电压值

额定绝缘电压 U_i/V	试验电压(交流方均根值)/V
$U_i \leqslant 12$	250
$12 < U_i \leqslant 60$	500
$U_i > 60$	$2U_i + 1\,000$,但不小于 1 500

6.8 短路耐受强度和短路保护功能

装置的短路耐受强度应符合 GB 7251.1—2005 中 7.5 的规定。装置应能够耐受短路电流所产生的热应力和电动应力,对于无功补偿容量不小于 150 kvar 的装置,其主电路的额定短时耐受电流应不小于 15 kA。

装置应具有短路保护功能,任何一条输出支路发生短路时,安装在该故障支路中的器件应将故障电路断开,而不影响其他支路正常工作,应确保保护系统的选择性。

6.9 安全防护

6.9.1 对直接接触的防护可以依靠装置本身的结构措施,也可依靠装置在安装时采取的附加措施,制造商应在使用说明书中提供这种资料。

6.9.2 对间接接触的防护应采用装置内的保护电路。保护电路可通过单独装设保护导体来实现,也可利用装置的结构部件(如外壳、框架等)来实现。

6.9.3 装置的金属壳体、可能带电的金属件及要求接地的电器元件的金属底座(包括因绝缘损坏可能会带电的金属件)、装有电器元件的门、板、支架与主接地点间应保证具有可靠的电气连接,其与主接地点间的电阻值应不大于 0.1 Ω。

6.9.4 装置内保护电路的所有部件的设计应保证它们足以耐受装置在安装场所可能遇到的最大热应力和电动应力。

6.9.5 保护导体(PE)的截面积应不小于表 6 中给出的值。中性导体电流不超过相电流的 30%时,表 6 也可以用于 PEN 导体,铜 PEN 导体的最小截面积应为 10 mm^2。

注:如果按表 6 选择的导线不是标准尺寸时,应采用最接近的较大的标准截面积的保护导体。当相导线与保护导线的材料不同时,应进行修正,使之达到同一种材料的导电效果。保护导体的最小截面积应不小于 2.5 mm^2。

表 6 保护导体的截面积(PE、PEN)

相导线的截面积 S/mm^2	相应保护导体的最小截面积 S_P(PE、PEN)/mm^2
$S \leqslant 16$	S
$16 < S \leqslant 35$	16
$35 < S \leqslant 400$	$S/2$
$400 < S \leqslant 800$	200
$800 < S$	$S/4$

6.9.6 当装置的框架或外壳作保护电路的一部分时,其导电能力至少应等效于表 6 规定的相应最小截面积。

6.9.7 为便于识别,保护导体的颜色应采用黄绿双色,黄绿双色除作为保护导体的识别颜色外,不应用于其他用途。

6.9.8 装置的放电设施应保证电容器断电后,从额定电压峰值放电至 50 V 的时间不大于 3 min。电容器未放电前,接触会造成危险,应装有警告标志。

6.9.9 外接保护导体的端子应有标注,其图形符号为 ⏚。如果外部保护导体与能明显识别的带有黄绿双色的内部保护导体连接时,则不要求此符号。

6.10 装置的控制和保护

6.10.1 并联电容器与其他大多数电器不同,总是在满负荷下运行。如在运行中电压、电流和温度超过了规定值,就会缩短电容器的寿命,甚至造成电容器故障,所以应设有适当的保护及符合规定的投切控制。对自动控制投切的设备,应设有工频过电压保护;对非自动控制投切的设备,宜装有过电流保护,但应保证过电流未排除前不得再投入,以防止反复投切造成事故。由于影响电容器质量、寿命的因素较多,在使用中应符合相关标准、制造厂说明书的要求。采用无功功率补偿控制器控制电容器的投切,可按循环投切或编码投切等方式进行控制,但应符合相关规定,保证装置正常工作。

6.10.2 采用机电开关投入电容器时,应保证每一组电容器在自动投入过程中,其端子间的电压不高于电容器额定电压的10%(例如:当电容器再次投入时有一定的延时时间)。

6.10.3 装置应设有瞬态过电压保护,装置的瞬态过电压是指通断操作过电压和雷击过电压,为了保证装置的可靠运行,应将这种过电压限制在 $2\sqrt{2}$ 倍的额定电压以下。

6.10.4 应采取措施限制电容器投入瞬间所产生的涌流,采用半导体电子开关及复合开关投切电容器的涌流应限制在该组电容器额定电流的5倍以下,采用机电开关投切电容器的涌流应限制在该组电容器额定电流的100倍以下。

6.10.5 多于2条补偿支路的三相补偿装置宜设有缺相保护。缺相保护应保证当主电路缺相或支路缺相时,将全部或缺相支路电容器切除。

6.10.6 装置的工频过电压保护

对自动控制投切的装置,应设有工频过电压保护,保护动作电压至少在1.1～1.2倍装置的额定电压间可调。当装置的过电压达到设定值,应在1 min内将电容器组全部切除,通常采用逐组切除。

6.11 单台电动机的补偿

6.11.1 对单台电动机过多的补偿,在电源切除而电动机尚未停止转动时,易因自激起发电机作用,而将出现过电压。因此,补偿电流(即电容器的电流)应不超过电动机励磁电流的0.9倍。

6.11.2 对电动机回路的技术要求

电动机为不可逆连续工作制,且无大的冲击性负载。

电动机在断电后仍在转动或产生相当大的反电动势时,不应再起动。

星-三角、自耦减压启动装置中避免使用使电容器开路的转换线路。

6.12 电磁兼容性(EMC)

装置的电磁兼容性(EMC)按GB 7251.1—2005中7.10的规定执行,如果满足7251.1—2005中7.10.2中的a)、b)则可不做EMC试验。

6.13 装置的动态响应时间

装置的动态响应时间应满足系统的要求。

采用半导体电子开关或复合开关投切的装置,其动态响应时间应不大于1 s。

6.14 有抑制谐波或滤波功能装置的要求

有抑制谐波或滤波功能装置,应满足制造商规定的装置抑制谐波或滤谐波的技术参数。

由于不同的用电场所谐波不同,用户要求也不同,制造商应根据用电场所的谐波参数,依据GB/T 14549—1993中公用电网谐波电压(相电压)限值的规定(见6.14.1)及公用电网谐波电流允许值的规定(见6.14.2),与用户协商确定装置抑制谐波或滤谐波的技术参数,以满足用户的要求。

6.14.1 公用电网谐波电压(相电压)限值

用户接入公用电网(公共连接点)的全部用户向该点注入的谐波电压(相电压)不应超过表7中规定的限值。

表 7　公用电网谐波电压(相电压)限值

电网标称电压/kV	电压总谐波畸变率/%	各次谐波电压含有率/%	
		奇次	偶次
0.38	5.0	4.0	2.0
6	4.0	3.2	1.6
10			
35	3.0	2.4	1.2
66			
110	2.0	1.6	0.8

6.14.2　公用电网谐波电流允许值

用户接入公用电网(公共连接点)的全部用户向该点注入的谐波电流分量(方均根值)不应超过表 8 中规定的允许值。

表 8　谐波电流允许值

标准电压/kV	基准短路容量/MVA	谐波次数及谐波电流允许值/A																							
		2	3	4	5	6	7	8	9	10	11	12	13	14	15	16	17	18	19	20	21	22	23	24	25
0.38	10	78	62	39	62	26	44	19	21	16	28	13	24	11	12	9.7	18	8.6	16	7.8	8.9	7.1	14	6.5	12
6	100	43	34	21	34	14	24	11	11	8.5	16	7.1	13	6.1	6.8	5.3	10	4.7	9.0	4.3	4.9	3.9	7.4	3.6	6.8
10	100	26	20	13	20	8.5	15	6.4	6.8	5.1	9.3	4.3	7.9	3.7	4.1	3.2	6.0	2.8	5.4	2.6	2.9	2.3	4.5	2.1	4.1
35	250	15	12	7.7	12	5.1	8.8	3.8	4.1	3.1	5.6	2.6	4.7	2.2	2.5	1.9	3.6	1.7	3.2	1.5	1.8	1.4	2.7	1.3	2.5
66	500	16	13	8.1	13	5.4	9.3	4.1	4.3	3.3	5.9	2.7	5.0	2.3	2.6	2.0	3.8	1.8	3.4	1.6	1.9	1.5	2.8	1.4	2.6
110	750	12	9.6	6.0	9.6	4.0	6.8	3.0	3.2	2.4	4.3	2.0	3.7	1.7	1.9	1.5	2.8	1.3	2.5	1.2	1.4	1.1	2.1	1.0	1.9

当电网公共连接点的最小短路容量不同于表 8 基准短路容量时，按式(1)修正换算表 8 中的谐波电流允许值：

$$I_h = \frac{S_{k1}}{S_{k2}} I_{hp} \quad \cdots\cdots(1)$$

式中：

S_{k1}——公共连接点的最小短路容量，单位为兆伏安(MVA)；

S_{k2}——基准短路容量，单位为兆伏安(MVA)；

I_{hp}——表 8 中的第 h 次谐波电流允许值，单位为安(A)；

I_h——短路容量为 S_{k1} 时的第 h 次谐波电流允许值，单位为安(A)。

6.14.3　通电操作试验要求

a)　有抑制谐波功能的装置，应根据装置提供的抑制谐波技术参数，通以适量谐波以验证装置的抑制谐波单元通电工作正常，装置投入后系统的谐波电流含量不应增加；

b)　有滤波功能的装置，应根据装置提供的滤谐波技术参数，通以适量谐波以验证装置的滤波单元通电工作正常，装置投入后系统的电流谐波含量至少应减少到规定值的 50%。

7　试验方法

7.1　一般检查

7.1.1　按 6.1 的规定检查装置的结构。

7.1.2 按6.2的规定检查装置电器元件及辅件的选择和安装。

7.1.3 按6.2.5的规定检查装置的母线与绝缘导线。

7.1.4 按6.6的规定检查装置的电气间隙和爬电距离。

7.1.5 按6.9的规定检查装置的安全防护。

7.1.6 按6.10.1、6.10.2、6.10.3的规定检查装置的控制和保护。

7.1.7 按6.9.9、6.2.2、6.9.8、9.1的规定检查标识和铭牌。

7.2 通电操作试验

试验前需先检查装置的内部连线，当所有接线正确无误后，在通以额定电压的85%和110%的条件下，各操作5次，所有电器元件的动作符合电路图的要求，各个电器元件动作灵活。

有抑制谐波或滤波功能装置还应符合6.14.3的要求。

符合以上规定，则此项试验通过。

7.3 温升试验

温升试验时，周围空气温度在+10 ℃～+40 ℃范围内，应对电容器单元施加工频交流电压，在整个试验过程中，电压值应使电容器支路的电流不小于其额定电流。试验时装置的防护等级应满足规定的要求。

试验时应有足够的时间使温度上升达稳定值，一般当温度变化不超过1 K/h时，即认为温度稳定，然后测取各部分温升。测量可用温度计或热电偶。

测取温升时，需测量装置的周围空气温度，此测量应在试验周期的最后四分之一期间内进行。至少应该用两个温度计或热电偶均匀布置在装置的周围，在高度约等于装置的二分之一，距装置1 m远的地方安装，然后取它们读数的平均值，即为装置的周围空气温度。测量时应防止空气流动和热辐射对测量仪器的影响。

试验结果若温升不超过表2的规定，则温升试验通过。

7.4 机械操作试验

装置手动操作的部件，型式试验的操作次数应不少于50次，出厂试验不少于5次。同时，应检查与这些动作相关的机械连锁机构的操作。如果器件、连锁机构等的工作条件未受影响，而且所要求的操作力与以前一样，则此项试验通过。

7.5 介电强度试验

7.5.1 试验包括以下内容：

——绝缘电阻验证；

——工频耐压试验。

试验前应将消耗电流的器件(如线圈、测量仪器)、半导体器件和不能承受试验电压的元件(如电容器等)断开或旁路。

7.5.2 绝缘电阻验证

应用电压至少为500 V的绝缘测量仪器进行绝缘测量。测量的部位：

a) 相间；

b) 相导体与裸露导电部件之间。

每条电路的绝缘电阻至少为1 000 Ω/V(标称电压)，则此项试验通过。

7.5.3 工频耐压试验

按6.7.2规定施加试验电压，试验电压应施加于：

a) 装置的所有带电部件与裸露导电部件之间。

b) 每个极与为此试验被连接到装置相互连接的裸露导电部件上的所有其他极之间。

c) 带电部件与绝缘材料制造或覆盖的手柄之间。

介电试验是在带电部件和用金属箔裹缠整个表面的手柄之间施加表4规定的1.5倍试验电压

值。进行该试验时，框架不应当接地。也不能同其他电路相连接。

d) 用绝缘材料制造的外壳，还应进行一次补充的介电试验。在外壳的外面包覆一层能覆盖所有的开孔和接缝的金属箔，试验电压则施加于这层金属箔和外壳内靠近开孔和接缝的相互连接的带电部件以及裸露导电部件之间。对于这种补充试验，其试验电压应等于表 4 中规定数的 1.5 倍。

开始施加时的试验电压应不超过试验电压的 50%。然后在几秒钟之内将试验电压平稳增加至试验电压值并保持 5 s。出厂试验耐压时间为 1 s。

交流电源应具有足够的功率以维持试验电压，可以不考虑漏电流。此试验电压应为正弦波，频率在 45 Hz～62 Hz 之间。

在试验过程中，没有发生击穿或放电现象，则此项试验通过。

7.6 保护电路有效性验证

7.6.1 装置的裸露导电部件和保护电路之间的有效连接验证

检查保护接地措施是否完整，各连接处的连接情况是否良好。

应验证装置的不同裸露导电部件是否有效地连接在保护电路上，进线保护导体和相关的裸露导电部件之间的电阻不应超过 0.1 Ω。

应使用电阻测量仪器进行验证，此仪器可以使至少 10 A 交流或直流电流通过电阻测量点之间 0.1 Ω 的阻抗，试验时间限制在 5 s。

7.6.2 通过试验验证保护电路的短路强度

一个单相试验电源，一极连接在一相的进线端子上，另一极连接到进线保护导体的端子上。如成套装置带有单独的保护导体，应使用最近的相导体。对于每个有代表性的出线单元应进行单独试验，即用螺栓在单元的对应相的出线端子和相关的出线保护导体之间进行短路连接。

试验中的每个出线单元应配有保护装置，该保护装置可使单元通过最大峰值电流和 I^2t 值。此试验允许用装置外部的保护器件来进行。

对于此试验，装置的框架应与地绝缘。试验电压应等于额定工作电压的单相值。所用预期短路电流值应是装置三相短路耐受试验的预期短路电流值的 60%。

此试验的所有其他条件应同 GB 7251.1—2005 的 8.2.3.2 相似。

7.7 防护等级试验

按照 GB 4208 规定的方法进行验证，装置的防护等级应不低于 6.3 的规定。

7.8 短路强度试验和短路保护功能验证

做本项试验时，应将电容器拆除。

装置的短路耐受强度和短路保护功能试验方法及要求按 GB 7251.1—2005 中 8.2.3 的规定进行。应满足 6.8 的规定。

试验后，导线不应有任何过大的变形，只要电气间隙和爬电距离仍符合 6.6 的规定，母排的微小变形是允许的。同时，导线的绝缘和绝缘支撑部件不应有任何明显的损伤痕迹，也就是说，绝缘物的主要性能仍保证装置的机械性能和电气性能满足本标准的要求。

检测器件不应指示出有故障电流发生。

导线的连接部件不应松动，而且导线不应从输出端子上脱落。

在不影响防护等级，电气间隙不减小到小于规定数值的条件下，外壳的变形是允许的。

母排电路或装置框架的任何变形影响了抽出式部件或可移式部件的正常插入的情况，应视为故障。

在有疑问的情况下，应检查装置的内装元件的状况是否符合有关规定。

另外，在试验之后，被试装置应能承受按 6.7.2 规定的介电试验电压值，试验耐压时间为 5 s。试验在如下部位进行：

a) 在所有带电部件与装置的框架之间；

b) 在每一极和与装置的框架连接的所有其他极之间。

在试验过程中，不应有击穿放电。

7.9 电磁兼容性试验(EMC)

按 GB 7251.1—2005 中 8.2.8 的规定进行 EMC 试验。

7.10 噪声测试

试验方法按 GB/T 10233—2005 中 4.13 的规定，噪声应不超过 6.4 的规定，则噪声试验通过。

7.11 工频过电压保护试验

给装置接上电源，并将电容器投切开关闭合，调整电源电压至设定值，过电压保护器件应将电容器支路断开。

做本项试验时，根据电容器情况，考虑安全，可以先将电容器拆除，然后再给装置接上电源。

装置符合 6.10.6 的规定，则此项试验通过。

7.12 放电试验

放电试验在不同容量的电容器上进行，用直流法将电容器充电至额定电压峰值，然后接通放电设备，符合 6.9.8 规定的要求，则此项试验通过。

7.13 涌流试验

涌流试验应检测投入最后一组电容器时电路中的涌流值。试验时，先将其余电容器全部通以额定电压，待它们工作稳定后再投入最后一组电容器，检测该最后一组电容器的涌流值。随机投入试验应不少于 20 次(或在峰值时投入，试验 3 次)，如果最大涌流值不大于 6.10.4 规定值，则此项试验通过。

7.14 动态响应时间检测

首先将装置放在自动工作状态，给装置施加额定电压，在主电路中投入大于设定值的感性负荷，检测感性负荷电压的变化，并记录该时刻为 T_1，同时检测电容器投入的电流变化，记录补偿电容器输出电流发生变化的时刻 T_2，则 T_2-T_1 为装置的动态响应时间 T。试验做 3 次取最长时间 T 值。

若 T 满足 6.13 的规定，则此项试验通过。

7.15 缺相保护试验(仅适用于有缺相保护的装置)

首先将装置电容器全部投入运行，将主电路或支路的任何一相断开，装置的工作状态符合 6.10.5 的规定，则此项试验通过。

7.16 抑制谐波或滤波功能验证

测量谐波的方法、数据处理及测量仪器的要求应满足 GB/T 14549—1993 附录 D 的要求。

试验在有谐波源的条件下进行，谐波源为有谐波产生的用电系统，也可以是有谐波产生的谐波发生设备。谐波源及其参数可与制造商协商确定。分别检测并记录抑制谐波或滤波功能单元投入运行之前及抑制谐波功能单元或滤波功能单元投入运行之后的谐波电压值或/和谐波电流值。抑制谐波功能单元或滤波功能单元投入运行之后的谐波电压值或/和谐波电流值符合 6.14 的规定，则此项试验通过。

7.17 基本环境试验(仅适用于户外型装置)

7.17.1 环境温度性能试验

环境温度性能试验是考核装有电子器件的户外型无功功率补偿装置在规定的环境空气温度上限和下限情况下长期运行的可靠性。

将装置分别置于规定的最高环境空气温度+40 ℃±3 ℃和最低环境空气温度－25 ℃±3 ℃的条件下，然后给装置接通电源，待装置内部元件的温升达到稳定值后(但不少于 4 h)，观察装置的动作功能，若这些功能均准确无误，则此项试验通过。

7.17.2 耐老化验证[仅适用于外壳是由绝缘(合成材料)及绝缘和金属混合组成的补偿装置]

按 GB/T 20641—2006 中 9.11 的规定进行耐老化验证。

7.17.3 耐腐蚀验证

按 GB/T 20641—2006 中 9.12.1b)的规定进行耐腐蚀验证。

8 检验规则

8.1 出厂试验

出厂试验是用来检查装置在设计、制造工艺上的缺陷和对某些需要调整的电器元件进行电器参数的调整。出厂试验应在每台装配完成后的装置上进行。

8.2 型式试验

型式试验是对产品进行全面的性能和质量检验以验证该产品是否符合本标准的要求。型式试验产品应是经过出厂试验合格后的产品。全部型式试验可在一台装置样品上或在按相同设计的装置的多个部件上进行。型式试验应包括所有出厂试验的项目。

8.3 装置的外壳、电器及独立元件的试验

装置的外壳及装置内装的开关器件、元件应符合其各自标准，并且是按照制造商的说明书进行安装的，则不要求进行型式试验或出厂试验，否则应按其标准进行型式试验或补充试验。

8.4 检验项目

装置的出厂试验、型式试验项目见表9。

表9 出厂试验、型式试验检验项目

序号	试验项目	依据标准条款	检验分类	
			型式试验	出厂试验
1	一般检查	7.1	√	√
2	通电操作试验	7.2	√	√
3	温升试验	7.3	√	
4	机械操作试验	7.4	√	√
5	介电强度试验	7.5	√	√
6	保护电路有效性试验	7.6	√	仅7.6.1
7	防护等级试验	7.7	√	
8	短路强度试验和短路保护功能验证	7.8	√	
9	电磁兼容(EMC)试验	7.9	√	
10	噪声测试	7.10	√	
11	工频过电压保护试验	7.11	√	√
12	放电试验	7.12	√	
13	涌流试验	7.13	√	
14	动态响应时间检测	7.14	√	
15	缺相保护试验	7.15	√	√
16	抑制谐波或滤波功能验证	7.16	√	
17	基本环境试验	7.17	√	

9 标志、铭牌、文件资料、包装

9.1 标志、铭牌、文件资料

9.1.1 标志

在装置内部，应能辨别出单独的电路及电器元件。电器元件所用的标记应与随同装置一起提供的电路图上的标记一致。

9.1.2 铭牌

每台装置应配备一至数个铭牌，铭牌字迹应清晰，安装应坚固、耐久，其位置应该是在装置安装好后，易于看见的地方。

a) 制造商(生产厂)或商标；

注：制造商是对完整的成套设备承担责任的机构。

b) 型号或其他标记，据此可以从制造商得到有关的资料；

c) 执行标准；

d) 额定电压；

e) 制造日期；

f) 出厂编号；

g) 额定容量(或标称容量)；

h) 额定频率；

i) 防护等级；

j) 户内使用、户外使用；

k) 外形尺寸，其顺序为高度、宽度(或长度)、深度；

l) 额定电流；

m) 短路耐受强度；

n) 重量。

a)和 g) 项的资料应在铭牌上标出。

h)～n) 项的数据，如果适用的话，可以在铭牌上给出，也可以在制造商的技术文件中给出。

9.1.3 文件资料

制造厂应按每批产品的类型，随附下列文件资料：

a) 装箱文件资料清单；

b) 安装与使用说明书；

c) 电路图；

d) 产品合格证明书。

在技术文件中规定装置电气元件的安装、操作和维修条件。

如果有必要，装置的运输、安装和使用说明书上应指出某些方法，这些方法对合理地、正确地安装、交付使用与操作装置是极为重要的。

如果电器元件的安装排列使电路的识别不很明显，则应提供有关资料，诸如接线图或接线表。

9.2 包装与运输

装置的包装与运输应符合 JB/T 3085。

ICS 29.200
K 81

中华人民共和国国家标准

GB/T 17478—2004
代替 GB 17478—1998

低压直流电源设备的性能特性

Low-voltage power supply devices, d. c. output—Performance characteristics

(IEC 61204:2001, MOD)

2004-05-14 发布　　2005-02-01 实施

中华人民共和国国家质量监督检验检疫总局
中国国家标准化管理委员会　发布

前　言

本标准修改采用 IEC 61204:2001《低压直流电源设备的性能特性》。除此之外,引用了 IEC 60478-1:1974 和 IEC 60478-2:1986 相关条款,补充了一些术语,分别作为附录 E 和附录 F。

本标准与 IEC 61204:2001 的差别主要是编辑格式(章条号)有所不同。其他属于 IEC 61204:2001 的编辑性差错修改,均用脚注说明。

本标准代替 GB 17478—1998《低压直流电源设备的特性和安全要求》。由于 IEC 61204:2001 取消了"安全要求"内容,故本标准作为推荐性标准。

本标准与 GB 17478—1998 相比主要变化如下:

——按 GB/T 1.1—2000 调整了编排格式;

——源频率范围增加了 4 档;

——原第 4 章"安全要求"中只保留了"保护装置要求"部分;

——原第 5 章"干扰要求"中只保留了"音频噪声要求" 部分。

本标准的附录 A、附录 B、附录 C 和附录 D 为规范性附录,附录 E 和附录 F 为资料性附录。

本标准由中国电器工业协会提出。

本标准由全国电力电子学标准化技术委员会归口。

本标准负责起草单位:西安西电电力整流器有限责任公司。

本标准参加起草单位:西安电力电子技术研究所。

本标准主要起草人:吴文科、陆军、蔚红旗、周观允、古俊宏。

本标准于 1998 年 8 月首次发布,本次为第一次修订。

低压直流电源设备的性能特性

1 范围

本标准规定了输出直流电压在250 V以下，功率小于30 kW，由600 V以下交流或直流源电压供电的低压电源设备(包括开关型)确定技术要求的方法。该电源在Ⅰ类设备中使用，或者在有足够电气、机械保护条件下独立运行。

本标准适用于有任何输出路数，由交流或直流供电的所有类型的电源以及为其他未知应用定制的产品。

对于那些作为已有专门产品标准的设备的一部分而开发的电源，这些专门产品标准同样适用于这类电源；尤其当产品标准不足以覆盖这些电源的某些性能特性时，补充采用本标准可作为一种有用的选择。

本标准允许规定满足特定用途的电源设备所需的性能水平的技术参数，建立与该类设备有关的基本定义，并确定具体的技术要求。这些使制造商及用户能够根据规定的技术要求，选择和确定其电源设备的适用范围。

2 规范性引用文件[1)]

下列标准所包含的条文，通过在本标准中引用而构成为本标准的条文。本标准出版时，所示版本均为有效。所有标准都会被修订，使用本标准的各方应探讨使用下列标准最新版本的可能性。

GB 156—1993 标准电压(neq IEC 60038:1983)

GB/T 2423.1—2001 电工电子产品环境试验 第2部分:试验方法 试验A:低温(idt IEC 60068-2-1:1990)

GB/T 2423.2—2001 电工电子产品环境试验 第2部分:试验方法 试验B:高温(eqv IEC 60068-2-2:1974)

GB/T 2423.3—1993 电工电子产品基本环境试验规程 试验Ca:恒定湿热试验方法(eqv IEC 60068-2-3:1969)

GB/T 2423.5—1995 电工电子产品环境试验 第2部分:试验方法 试验Ea和导则:冲击(idt IEC 60068-2-27:1987)

GB/T 2423.6—1995 电工电子产品环境试验 第2部分:试验方法 试验Eb和导则:碰撞(idt IEC 60068-2-29:1987)

GB/T 2423.10—1995 电工电子产品环境试验 第2部分:试验方法 试验Fc和导则:振动(正弦)(idt IEC 60068-2-6:1982)

GB/T 3859.1—1993 半导体变流器 基本要求的规定(eqv IEC 146-1-1:1991)

GB/T 3859.2—1993 半导体变流器 应用导则(eqv IEC 146-1-2:1991)

GB/T 3907—1983 工业无线电干扰基本测量方法

GB/T 4798.1—1986 电工电子产品应用环境条件 贮存

GB/T 4798.2—1996 电工电子产品应用环境条件 运输(neq IEC 60721-3-2:1997)

GB/T 4942.2—1993 低压电器外壳防护等级(eqv IEC 60947-1:1988)

1) IEC 61204:2001中所引用的IEC 60801-4、IEC 60478-3、IEC 60478-5，未在正文中出现，可能是编辑性差错，故在本标准中未予以引用。

GB/T 16935.1—1997 低压系统内设备的绝缘配合 第一部分：原理、要求和试验(idt IEC 60664-1:1992)

IEC 60478-1:1974 直流输出的稳定电源 第一部分：术语和定义

IEC 60478-2:1986 直流输出的稳定电源 第二部分：特性和性能

IEC 60478-4:1976 直流输出的稳定电源 第四部分：除射频干扰外的试验

IEC 60651:1979 声级计

IEC 60950:1999 信息技术设备的安全

MIL-HDBK-217E:1974 电子设备可靠性预测

3 定义

除本标准重新定义的项目外，IEC 60950:1999 和 IEC 60478-1:1974 中的定义适用于本标准，参见附录 E[2)]。

4 性能特性的表示

特性的详细说明见 5.1～10.1，性能指标见 IEC 60478-2:1986 表Ⅲ[3)]，参见附录 F。

性能数值定义为测量值的最大变化(非典型的)量。如果不另作说明，测量值可正可负。注意，对多台设备的测量变化 1%，意味着各被测量值之间最大差值可达 2%。

如果不另作规定，性能参数均在＋25℃下测量。

有关性能特性的试验遵循 IEC 60478-2:1986 表Ⅲ的规定。如有特别说明与本标准表 1 或 IEC 60478-2:1986 表Ⅲ所述发生矛盾，则应优先使用本标准。

表 1 表示的性能特性说明了一个典型应用。表中，本标准条文的内容是强制性的，没有标明性能数值的表示不作要求，括号内标示性能的字母代码是可选择的。

表 1 性能特性的表示[4)]

本标准章条号	规定量	性能数值
5.1	额定输出功率 总输出功率	主输出:5 V 150 A 辅助输出 1: 12 V 15 A 辅助输出 2: 24 V 8 A 1 000 W(＋50℃时)
5.2	工作环境温度范围	低:0℃ (D) 高:＋50℃ (D) (超过＋50℃且在＋70℃以下的部分，其额定值按 2.5%/℃降额)，内部风扇强迫冷却
5.3	贮存环境温度范围	－40℃～＋85℃ (A)

2) 由于 IEC 60478-1 与 IEC 60950 目前尚无相应的国家标准。为了使用方便，本标准将 IEC 60478-1:1974 译文置于附录 E(资料性附录)。

3) 为了使用方便，IEC 60478-2:1986 表Ⅲ所示的性能指标，译文置于附录 F(资料性附录)。

4) IEC 61204:2001 表 1 中的 5.2 和 5.4，其正文部分无此内容，可能是编辑性差错，故本表中未列入。

表 1（续）

本标准章条号	规定量	性能数值			
5.4	源电压和频率	低:88 V～132 V	(C)		
		高:176 V～264 V	(C)		
		频率范围:48 Hz～63 Hz	(B)		
5.5	源电流				
	真实方均根值	输入 88 V:20 A;输入 176 V:10 A			
	重复峰值	输入 88 V:50 A;输入 176 V:25 A			
	冲击峰值	30 A			
	谐波畸变因数	0.65			
	功率因数	0.65			
	效率	70%			
5.6	源调整率	主输出		辅助输出	
		0.1%	(A)	0.1%	(A)
5.7	负载变化	0%～100%	(A)	0%～100%	(A)
	负载调整率	0.2%	(A)	0.2%	(A)
5.8	固有误差	不适用		不适用	
5.9	输出电压的可调性				
	范围	80%～120%		80%～120%	
	分辨率	1%		1%	
5.10	周期性和随机性偏差				
	a) 源频率	0.1%	(A)	0.1%	(A)
	b) 开关频率	0.5%	(A)	0.5%	(A)
	c) 总计(30 MHz)	1%	(B)	1%	(B)
5.11	互作用效应(交叉调整率)	0.2%	(A)	0.2%	(A)
	负载变化	0%～100%	(A)	0%～100%	(A)
5.12	温度系数	0.02%/℃	(B)	0.02%/℃	(B)
5.13	维持时间	20 ms	(A)	不适用	
5.14	起动时间	1 s	(D)	1 s	(D)
5.15	开通(关断)过冲	无过冲	(A)	无过冲	(A)
5.16	对负载电流变化的瞬态响应				
	电压偏差	5%	(B)	—	
	恢复时间	1 ms	(A)	—	
	负载变化	50%～100%	(D)	—	
5.17	输出过电压保护	110%～130%			(E)
	电子抑制				(B)
5.18	输出过电流保护	恒电流			(A)
5.19	平均无故障时间(MTBF)	65 000h MIL-HDBK-217E,+25℃,Gb			

表 1（续）

本标准章条号	规定量	性 能 数 值
6	保护装置要求[5)]	热保护 输入过电流保护
8.1	远程控制(遥控)	电阻控制　　　(A)和 电压控制　　　(B)
8.2	遥感	500 mV　　　(A)
8.3	结构特性	203 mm×127 mm×300 mm
8.4	串联运行	250 V
8.5	并联运行	均流　　　(A)

5 性能

5.1 额定输出功率和总输出功率

设备的输出电压和性能水平应对其每一个参数作出规定。对于多路输出电源，应说明每一路输出的性能水平。

制造商或用户应确认或规定，设备输出电压的变化范围遵守 5.2～5.18 的规定。适当场合，所说明的设备输出水平是指在电源电压、负载和温度的最不利组合之下的输出水平。

对于多路输出电源，制造商或用户应确认或规定可调输出的最小负载，此时，要求其他各参数保持在技术条件之内。即使是固定输出，每路输出的性能及其极性也应分别说明或规定。

如果负载由用户规定，则在性能测量时应使用这些负载的额定值。在多路负载情况下，测量输出应在最大值，其他输出应在额定输出负载的 50%，电源输入电压应是额定值。

制造商或用户应确认或规定在 5.2 中优先选取的高环境温度下的总输出功率。

5.2 工作环境温度范围

应规定设备工作的温度范围，并优先选取下列范围中的一种。在给定最高温度、最大额定功率输出和在海拔至 2 000 m 自然冷却(自然风冷)的最不利环境条件下，制造商应确认电源能够连续运行无降额。温度升高时，输出电流和输出功率的降额应明确标示。如果电源采用强迫风冷或传导冷却，那么运行条件应明确规定，且设备应在此冷却条件下进行试验。

环境温度定义为电源耗散最大功率时的最终稳态温度。对于对流冷却，此温度在电源下面 50 mm 处测量；对于强迫风冷，此温度在进风口处测量。

低温：A　　−40℃　　　高温：　A　　+85℃

B　　−25℃　　　　　　　B　　+70℃

C　　−10℃　　　　　　　C　　+55℃

D　　0℃　　　　　　　　D　　+50℃

E　　+5℃　　　　　　　 E　　+40℃

5.3 贮存和运输环境温度范围

制造商应确认设备贮存和运输的温度范围。

A：−40℃～+85℃；B：−25℃～70℃。

---

5) IEC 61204:2001 表 1 中的“4 安全要求”，其正文部分无此内容，可能是编辑性差错，本表依正文内容该为“保护装置要求”。

如果由于存在凝露的危险，在使用前需要进行预先处理时，制造商应明确说明需采取的措施。

制造商应确认设备贮存的相对湿度范围。

A：10%～100%；B：5%～95%；C：5%～85%；D：20%～75%。

制造商应根据 GB/T 4798.2—1996 中表 1 确定设备运输时的相对湿度范围。

5.4 源电压和频率

应确定设备可接受的源电压值的范围，优先选择下面给出的值中一个或几个。

制造商和(或)用户应确定是否需要自动电压选取。

GB 156—1993 的定义适用。

优先的源电压范围：

——单相交流(a.c.)：宽值范围：A　85 V～264 V。

低值范围：B　85 V～132 V；

C　88 V～132 V；

D　93 V～132 V；

E　90 V～110 V。

高值范围：B　170 V～264 V；

C　176 V～264 V；

D　187 V～264 V；

E　195 V～264 V；

F　207 V～253 V。

频率范围：A　48 Hz～440 Hz；

B　48 Hz～63 Hz；

C　45 Hz～55 Hz；

D　55 Hz～65 Hz；

E　49 Hz～51 Hz；

F　59 Hz～61 Hz。

以上这些值都含有允差，如果需要手动调节范围，应以明确规定。

——三相交流(a.c.)：优先选用 GB 156—1993 的规定值。

——直流(d.c.)：优先选用 GB 156—1993 的规定值。

允许采用其他的值和范围，但应明确规定并经用户和供货商双方同意。另一种办法是可以规定标称输入电压和允差。

5.5 源电流

在标称和最不利的条件下规定以下参量：

a) 源电流的方均根值(r.m.s.)[6)]；

b) 源重复峰值电流(仅适用于交流电源)；

c) 冲击峰值电流[7)]；

d) 源电流波形的谐波畸变因数(THD)；

e) 功率因数(输入 W/输入 VA)[6)](仅对交流源)；

f) 效率。

如果最不利条件不包括最大负载，则应规定实际负载。

按 IEC 60478-4:1976 中第 12 章对所规定的性能进行验收检验。

6) 在非正弦波的情况下，应注意使用能给出真实方均根值读数的测量仪器。

7) 测量冲击峰值电流时，在开关接通后的 1 ms 内，流入 EMI 抑制电容器的充电电流忽略不计。

5.6 源效应(源调整率)

源电压和频率在规定范围内,设备在规定输出电压和各输出负载为最大负载50%时的调整率应予规定,并规定为下列优先值之一:

A 0.1%;

B 0.2%;

C 0.5%;

D 1%;

E 不规定。

按IEC 60478-4:1976中第2章对所规定的性能进行验收检验。

5.7 负载效应(负载调整率)

对于每路输出,在规定的负载范围内和在最不利的电源电压下,负载调整率应以规定,并选择下列优先值之一:

负载调整率	负载变化
A 0.2%	A 0%~100%
B 0.5%	B 10%~100%
C 1%	C 25%~100%
D 5%	D 50%~100%
E 10%	

如果调整率是非线性的,则推荐以图表形式给出被测量量之间的关系。

试验在以下两种不同负载设定下进行:

设定1:所有输出为100%满载,若超过总功率额定值时使用设定1a;

设定1a:除一路负载改变外,其余所有输出为满载的50%或为达到满功率而百分数相等的负载;

设定2:除一路负载改变外,其余所有输出为最小负载。

按IEC 60478-4:1976中第1章对规定的性能进行验收检验。

5.8 输出电压允差(固有误差)——固定输出

在标称源电压和每路输出在半额定负载下,输出电压允差应根据以下给出的优先值之一确定:

A 0.5%

B 1%

C 2%

D 5%

E 10%

按IEC 60478-4:1976中图6的试验线路对所规定的性能进行检验。

5.9 输出电压的可调性

每路可调输出的调节范围和分辨率应在标称源电压和半额定负载的条件下确定。

如果调节一路输出将影响别路输出,则应予以说明。

5.10 周期性和随机性偏差

每路输出的纹波和噪声性能应予以标示并规定,并选择下列优先值之一:

A 0.5%(峰-峰值);

B 1%(峰-峰值);

C 2%(峰-峰值);

D 5%(峰-峰值);

E 10%(峰-峰值)。

应给出以下三个频段的周期性和随机性变化:

a) 低频噪声：

仅对源频率及其谐波(仅对交流源)；

b) 开关噪声：

仅对开关频率及其谐波；

c) 包括尖峰脉冲的总频段(测量设备的带宽应规定)。

按附录A的方法检验所规定的性能，值得注意的是附录A所示的方法和定义与IEC 60478-4:1976的不同。

如果特殊加权在诸如通讯领域中适用，则其测量方法和详细结果应加入上述说明之中。

5.11 互作用效应(交叉调整率)

在规定的负载范围内，对多路输出电源，若一路输出的负载变化引起其他各路电压变化则应予以说明，并选取下列优先值之一：

交叉调整率	负载变化
A 0.2%	A 0%～100%
B 2%	B 10%～100%
C 5%	C 25%～100%
D 10%	D 50%～100%
E 20%	

互作用效应考虑以下两种情况：

情况1：所有输出为100%满载，若超过总功率额定值时使用情况1 a；

情况1a：除一路负载改变外，其余所有输出为满载的50%或为达到满功率而百分数相等的负载；

情况2：除一路负载改变外，其余所有输出为最小负载。

按IEC 60478-4:1976中第1章对所规定的性能进行验收检验。

5.12 温度系数

温度系数应标示并规定选取下列优先值之一：

A 0.01%/℃；

B 0.02%/℃；

C 0.05%/℃。

实际应用中温度系数是一可控参数，推荐采用输出电压随温度而变化的图形。

按IEC 60478-4:1976中第6章检验规定性能。

5.13 维持时间(关断衰减时间)

从标称输出电压和输出功率起，在最低10%的源电压下，在所规定的范围内的输出电压维持时间应予以标明。对于直流输入，应规定实际的维持时间。对于交流输入，维持时间规定为下列时间中的一种：

A 从下一个过零点开始大于20 ms；随后电源电压中断；

B 从下一个过零点开始20 ms；

C 从下一个过零点开始10 ms；

D 小于10 ms。

按IEC 60478-4:1976中图6的试验线路在规定的条件下对所规定的性能进行检验。

5.14 起动时间(开通延迟时间)

源接通后，输出电压进入规定电压带所用的时间应予以规定，并规定为下列优先值之一：

A 0.1 s；

B 0.2 s；

C 0.5 s；

D　1.0 s；

E　2.0 s；

F　5.0 s。

按 IEC 60478-4:1976 中的第 7 章检验规定的性能。

5.15　开通(关断)过冲

在标称输入、标称功率下的开关通、断时的输出电压过冲的峰值应予以规定。

A　无过冲；

B　1%；

C　5%。

在任何时候，如果输出极性变化，制造商应明确地标示。

制造商应确认，任何负载和源电压从零到规定的最大值的任一点上都不存在过电压。

如果输出的上升和下降是按顺序控制的，则应规定定时顺序和负载。

5.16　对负载电流变化的瞬态响应

电源输出终端每一路输出的瞬态响应予以规定，并选取表 2 所给的优先值之一。图 1 和图 2 说明了由于负载电流(用额定值 I_m 的百分率表示)变化 I_X 而引起的最大输出电压偏差 V_m(用百分率表示)。

当输出电压返回到 5.7 所规定的负载调整范围内(图 1 和图 2 中 C 区内的 V_r)时，时间 T_R 被定义为电源的总瞬态恢复时间。区域 C 中的特性可能是阻尼、临界阻尼或振荡。

表 2　瞬态响应优选值

电压偏差 V_m	恢复时间 T_R	负载电流变化 I_X
A　2%	A　1 ms	A　100%～0%　0%～100%
B　5%	B　5 ms	B　100%～10%　10%～100%
C　10%	C　20 ms	C　100%～25%　25%～100%
D　20%	D　50 ms	D　100%～50%　50%～100%

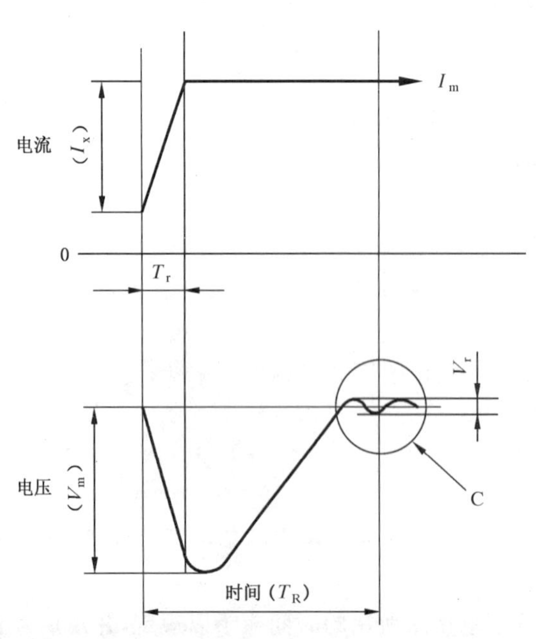

图 1　输出端施加阻性负载

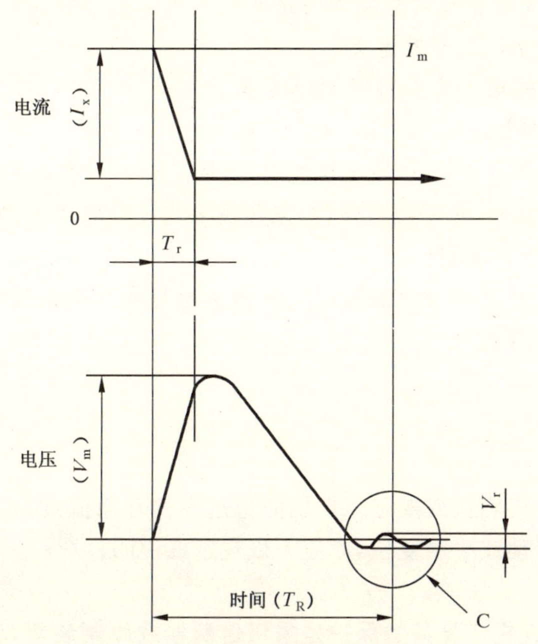

图 2 输出端切除阻性负载

测量方法应当考虑传输线影响、感性负载、di/dt 等。

按 IEC 60478-4:1976 中的第 7 章检验规定的性能。

负载电流变化的上升时间 T_r 和下降时间 T_f 应该小于规定的总恢复时间 T_R 的十分之一。

5.17 输出过电压保护

如果具有防止电源发生内部故障的过电压保护，则应对每路输出作出规定，并优先选用下列数值之一。制造商应确认在任何时间、任何负载下，输出电压均不超过规定的最大值。

A 110%～120%；

B 115%～125%；

C 110%～130%；

D 150%最大；

E 无规定。

制造商或用户应规定或标示过电压保护线路是：

A 跨接在输出端的分流式保护电路；

B 电子抑制；

C 抑制和再投方式。

定义见附录 B。

应规定电源能够吸收外部供给的最大连续电流。

按 IEC 60478-4:1976 中第 16 章检验规定的性能。

5.18 输出过电流保护

制造商应确认过电流保护是：

A 恒定电流；

B 折返电流；

C 电流跳闸；

D 仅保护短路(对连续过载不起保护作用)；

E 抑制和再投方式。

对于A、B、C三种情况，应规定最大电流和短路电流。推荐采用附录C给出的图形形式。注意，这些定义不同于IEC 60478-1：1974所用的定义。

按IEC 60478-4：1976中的第1章检验规定的性能。

5.19 平均无故障时间(MTBF)

在标称输入、标称输出功率和+25℃环境温度下，采用元器件计数法和国际公认的故障率图形(如同MIL-HDBK-217E给出的情形，良好接地条件)来预测平均无故障时间(MTBF)。

资料来源和参考条件应予以说明。

此外，通过在预期条件下的预期寿命试验的统计推论可得到平均无故障时间(MTBF)。在这种情况下，所有结果和可信度应加以说明。

6 保护装置要求

6.1 热保护

如有保护，制造商或用户应确认或规定保护能防止过高的环境温度和冷却风机堵转的影响。冷却风机切断以后，如果系统需自动或手动复位，亦应予以规定或说明。

6.2 输入过电流保护

制造商或用户亦应确认或规定设备的保护是采用熔断器或跳闸装置，比如空气断路器、热开关等，或在它们都不能保护的情况下，应由设计提供的输入电流限流来保护。

制造商应提供要求的外部熔断器或空气断路器的型式和额定值。

制造商或用户还应确认或规定由于熔断器或空气断路器跳闸引起的任何线路故障不会使保护接地的保护作用失效。

7 音频噪声要求

制造商应明确规定设备工作时，在音频频段内噪声的频率和声级。

由风扇及其产生的气流的声级亦应规定。

按IEC 60478-4：1976中第17章，使用IEC 60651：1979论述的设备检验规定的性能。

8 附加要求

8.1 远程控制(遥控)

应说明是否对每一路输出都可实施远程控制，并将其规定为下列优选方法之一：

A 电阻控制(Ω/V)；

B 电压控制(V/V)；

C 数字控制。

在情形C中，接口型式和通讯协议应予以明确说明。

对所标示的性能进行检查和测量。

8.2 遥感

应说明是否对每一路输出都可实施遥感，并说明每一条直流输出导线的最大总电压降，将其规定为下列优选值之一：

A 500 mV；

B 250 mV。

对开路传感连接(A)和反向传感连接(B)的设备特性应予以说明。

对说明的性能进行检查和测量。

8.3 结构特性

除了重量以外，设备的尺寸和允差，以及所要求的安装和连接方法应予以标示。

按所标示的性能进行验收检验和测量。

8.4 串联运行

在输出端和机壳之间的最大连续电压应由制造商说明，如果允许任何特殊的串联运行条件，制造商亦应予以说明。

8.5 并联运行

运行性能应为下列之一：

A 当并联的冗余设备故障时，仍维持均流；

B 只要所有的设备都工作，则均流；

C “主—从”运行；

D 非独立的强制均流。

详细说明见附录D。

应给出连线图，并且如果需要任何调整时应予说明。如果需要减少总的负载或重新整定电流限值时，应作出规定。

8.6 监视和控制信号

监视和控制信号的定时和电压水平应予以规定，在电源接通和关断之后，所有这些信号应处于正常工作状态而不出现任何误动作。

9 试验要求

9.1 概述

制造商应确认“除电源承受第5章～第8章所规定的试验外”，设备在规定运行条件下，在经受9.2所给出的试验后，仍符合5.4～5.10和第6章的性能。

9.2 环境试验

制造商或用户应确认或规定能够完成GB/T 2423相关部分中所明确的试验内容(比如：Ad、Ea、Fc等项)及严酷水平。

9.2.1 低温

设备在运行时，应按GB/T 2423.1—2001中第2部分 试验方法：试验A要求进行低温试验。

9.2.2 干热

设备在运行时，应按GB/T 2423.2—2001中第2部分 试验方法：试验B要求进行高温试验。

9.2.3 湿热

设备在运行时，应按GB/T 2423.3—1993试验Ca要求进行恒定湿热试验。

9.2.4 冲击

设备应按GB/T 2423.5—1995试验Ea要求进行冲击试验(设备不运行)。

9.2.5 碰撞

设备应按GB/T 2423.6—1995试验Eb要求进行碰撞试验(设备不运行)。

9.2.6 振动

设备应按GB/T 2423.10—1995试验Fc要求进行振动(正弦)试验(设备不运行)。

10 标志和说明

制造商应提供设备所有必要的技术数据、安装和使用说明，并应确认设备的标志符合IEC 60950：1999中1.7的规定。

检查是否符合要求。

附　录　A
（规范性附录）
周期性和随机性偏差的试验方法

A.1　概述

对于5.10a)常规的低频测量，单端方法已足够。使用这种方法测得的任何开关噪声或高频噪声应不予以考虑。

测量开关和高频含量使用下列方法之一。

A.2　仪器

A.2.1　差分试验法

差分试验方法的试验引线如图A.1所示。

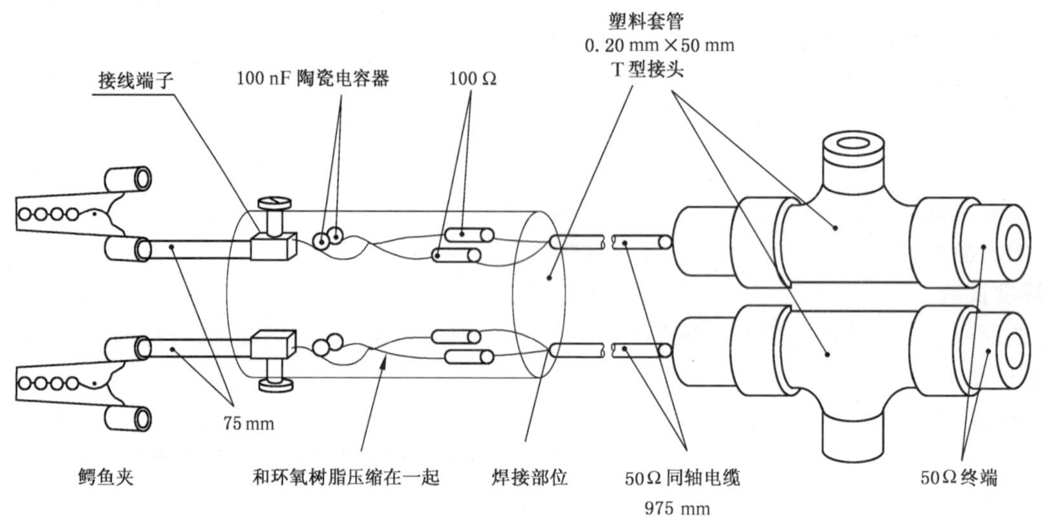

注：适配器和连接器型式是非强制性的。

图 A.1　差分试验探测器

被试电源通过差分引线连接到具有足够带宽和足够共模抑制比(CMRR)的示波器(如图A.2所示)。示波器应通过接地板接地。

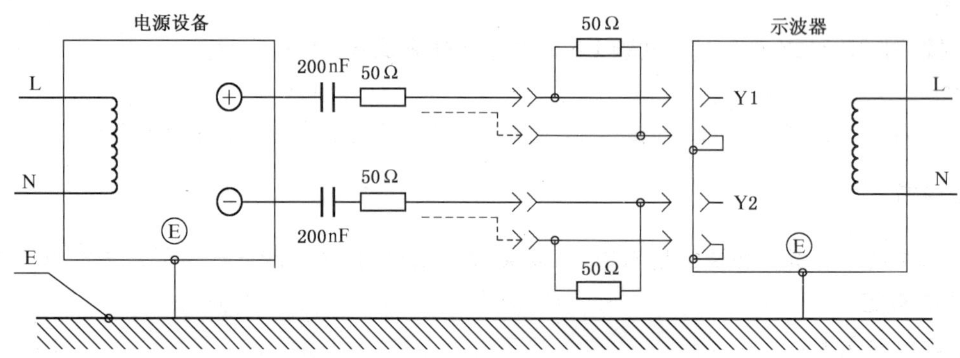

图 A.2　差分试验电路配置

这种测量方法使得电源设备终端噪声电压产生 2:1 的衰减，所使用的元件使低频(50 Hz)衰减。

同轴电缆外试验引线的长度有严格要求，并应尽量短(实心镀锡铜线推荐长度为 10 mm)。

注 1：不强制使用 BNC-T 型接头和 50 Ω 连接器。也可使用其他形式的 50 Ω 连接器。

注 2：同轴电缆屏蔽层不得接在电缆的电源装置端，因为任何连接都会导致对地电流通过屏蔽层流通并且造成错误的测量。

A.2.2 电流探测器试验方法

试验布局如图 A.3 所示。

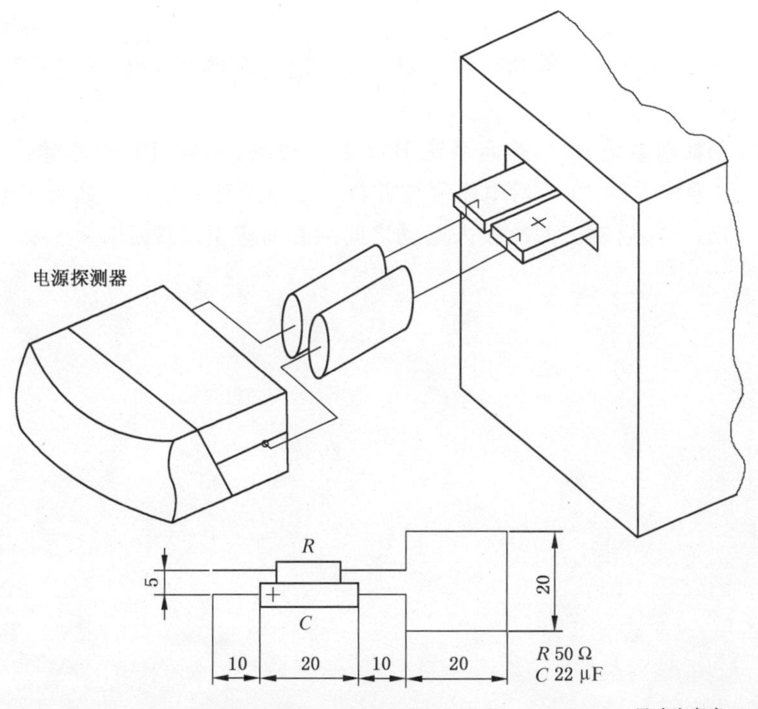

图 A.3 电流探测器试验电路配置

这种测量方法的优点是：测量点电绝缘，从而消除接地回路效应。

应该考虑电流/电压转换因数。它取决于 R 值、电流探测器转换增益和示波器的电压灵敏度。本试验线路应具有最小电感，使得磁场干扰减至最小。电阻器和电容器均为无感结构，电容器的电压额定值应足以适应电源设备输出电压，且要保证极性正确。应注意，使用显示值时低频噪声(5.10a)将被衰减。如果电阻器的额定功率足够大，则不需要电容器。

A.3 步骤

A.3.1 差分试验方法

步骤如下：

如果需要，把两个探测器连接到同一个电源设备的端子上(电源设备开机)平衡 Y1 和 Y2 的增益，并调节增益至显示最小幅度。将示波器通道选择器置于 Y1-Y2 上，测量电源正负端子之间的差分噪声电压。

A.3.2 电流探测器试验方法

在计算电源纹波电压时要特别谨慎，因为不仅示波器的电压灵敏度，而且 R 值和电流探测器转换增益上都存在误差。例如使用图 A.3 所示的电路参数，如果示波器显示 5 mV 的峰-峰电压，电流探测器转换增益为 2 mA/mV 时，则电源设备端子上的实际纹波为 5 mV×2 mA/mV×5 Ω=50 mV。

附　录　B
（规范性附录）
输出过电压保护

以下系统已被公认：

B.1　如 IEC 60478-1:1974 中定义的跨接在输出端的分流式保护电路。

B.2　电子抑制

系统发生过电压时，向电源提供的功率被抑制。而输出电容器不放电，任何外部电流源也不短路。

B.3　抑制和“再投”系统

其工作类似于电子抑制系统 B.2，然而系统 B.2 是自锁的，并且只有中断输入才能复位。在系统 B.3 中，经过一段时间（通常大约 10 s）后电路复位并再启动重新建立输出。如果过电压条件仍然存在，系统仍将受到抑制，然后再次启动。两次投入起动之间的时间应予以规定。

附 录 C
(规范性附录)
过电流保护特性

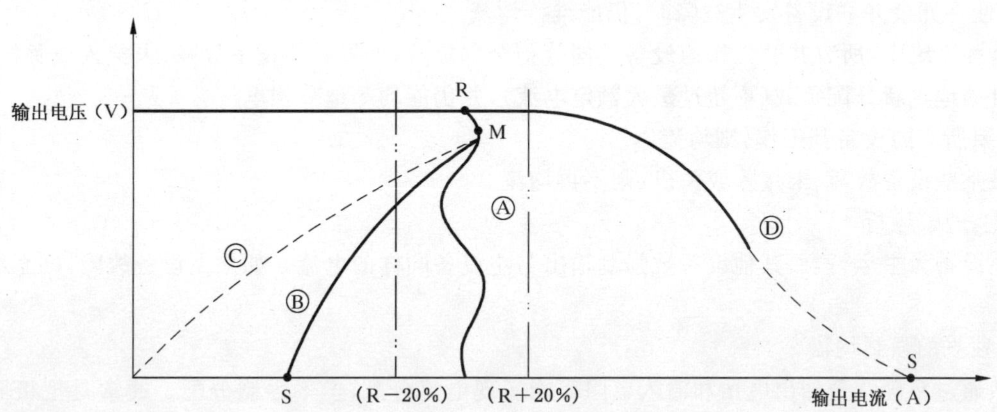

R——额定电流;

M——最大限制电流;

S——短路电流;

A——恒电流特性(电流在R的20%内);

B——折返电流特性;

C——跳闸电流特性;

D——短路耐受特性。

图 C.1 过电流保护特性

附 录 D
（规范性附录）
并 联 运 行

D.1 即使在冗余并联设备发生故障时，仍能维持均流

在这种系统中，所有并联工作的设备共同分担全部负载，如果有些设备故障、未接入或关机，剩余的设备将自动地重新分配负载（不超过最大额定电流），并仍能均等地分担电流。

D.2 只要所有的设备都工作，则均流

如果某些设备故障、未接入或关机，则不再均流。

D.3 “主—从”运行

一个设备为主运行，而其他设备被强制输出与主设备同样的电流。如果主设备故障，则系统也就出现故障。

D.4 非独立的强制均流

虽然通过精确调节输出电压和输入电阻等能实现电流分配，但不强制分配。通常是把极限电流设置到与额定电流相同值并减小总负载。

附 录 E
（资料性附录）
术 语[8)]

E.1 一般术语 general terms(IEC 60478-1:1974 中 2)

E.1.1 源 sourse(IEC 60478-1:1974 中 2.1)

电能的来源点，在本标准中描述电源设备的输入。

E.1.2 影响量 influence quantity (IEC 60478-1:1974 中 2.2)

来自电源设备外部而影响其性能的任何量。

E.1.3 稳定 stabilization (IEC 60478-1:1974 中 2.3)

依靠电源设备内部措施来减小影响量变化对其输出量影响的一种作用。

E.1.4 稳定电源 stabilized power supply (IEC 60478-1:1974 中 2.4)

从源取得电能，以稳定形态提供至一对或几对输出端子的设备。

E.1.4.1 恒压电源 constant voltage power supply (IEC 60478-1:1974 中 2.4.1)

就影响量而言，指能稳定输出电压的电源。

E.1.4.2 恒流电源 constant current power supply (IEC 60478-1:1974 中 2.4.2)

就影响量而言，指能稳定输出电流的电源。

E.1.4.3 恒压/恒流电源 constant voltage/current power supply (IEC 60478-1:1974 中 2.4.3)

根据负载条件而定其作为恒压电源或恒流电源运行的一种电源。

E.1.5 交叉区 crossover area (IEC 60478-1:1974 中 2.5)

输出量值的范围，工作方式在其中发生改变。

注 1：在此区域内输出量不便定义。

注 2：若无其他规定，交叉区以负载效应带或允差带的重叠给出。

E.1.5.1 交叉点 crossover point (IEC 60478-1:1974 中 2.5.1)

指描述两个稳定输出量标称值的两条线的交点，通常为交叉区的中点。

E.1.5.2 可调交叉 adjustable crossover (IEC 60478-1:1974 中 2.5.2)

恒压/恒流电源的一个特点。由此，两种稳定输出量的标称值能在其电源额定值范围内独立调节。

E.1.6 控制 control (IEC 60478-1:1974 中 2.6)

通过可变元件或信号来确定电源设备的输出，其相应值可以连续改变或步进改变。

E.1.6.1 本机控制 local control (IEC 60478-1:1974 中 2.6.1)

通过与电源设备组装在一起的控制元件来确定电源设备的输出。

E.1.6.2 遥控 remote control (IEC 60478-1: 1974 中 2.6.2)

通过外部控制量来调节电源设备的输出量。

注：通常根据提供的信号或信号量来命名其特定的遥控方式，例如：

——电阻控制；

——电压控制；

——电流控制；

——数字控制。

E.1.7 遥感 remote sensing (IEC 60478-1:1974 中 2.7)

利用电源设备上附加采样端子，使电源设备直接从远端负载上采样监控其稳定输出量的一种方法。

8) 本附录是引用 IEC 60478-1:1974 的部分译文。

注：把连接负载导线上的电压降通过取样电路补偿到规定的限值内。

E.1.8 基准源 reference source（IEC 60478-1:1974 中 2.8）

一种电量的源，其电量值在闭环稳定中起基准作用。

E.1.9 功率因数 power factor（IEC 60478-1:1974 中 2.9）

源的有功功率与源的表观功率之比。

E.1.9.1 位移因数 displacement factor（IEC 60478-1:1974 中 2.9.1）

源基波有功功率与源基波表观功率之比。

注：位移因数也等于源电压和源电流二者基波分量所形成的相角的余弦函数值。

E.1.10 冲击电流 inrush current（IEC 60478-1:1974 中 2.10）

当电源接通时，电源设备输入电流的最大瞬时值。

E.1.11 源畸变 source distortion（IEC 60478-1:1974 中 2.11）

源电压或源电流与具有相同方均根值的理想正弦波电压或电流的偏差。

注：源畸变能用下列量来表示：

——总谐波含量；

——单个谐波含量；

——瞬时幅值偏差，其变化率及持续时间。

E.1.11.1 源电流畸变 source current distortion（IEC 60478-1:1974 中 2.11.1）

由电源设备对源呈现的随时间变化的阻抗而引起的源电流的畸变。

E.1.11.2 源电压畸变 source voltage distortion（IEC 60478-1: 1974 中 2.11.2）

未接入电源设备时，源电压存在的畸变。

E.1.11.3 源电压总畸变 total source voltage distortion（IEC 60478-1:1974 中 2.11.3）

源电流畸变与源阻抗的相互作用而引起的源电压总畸变。

E.1.12 电压不对称 voltage unbalance（IEC 60478-1: 1974 中 2.12）

在多相系统中，至少有一个相电压或线电压的方均根值与其他明显地不一致的状态。

注：不对称度可以用国际电工辞汇中所定义的量来表示，如用对称分量。

E.1.13 效率 efficiency（IEC 60478-1: 1974 中 2.13）

总输出有功功率对输入有功功率之比。

E.1.13.1 系统效率 system efficiency（IEC 60478-1:1974 中 2.13.1）

当输入功率包括运行所必要的各种辅助装置工作所需要的功率时的效率。

E.1.14 变流因数 conversion factor（IEC 60478-1:1974 中 2.14）

直流电压平均值和直流电流平均值的乘积对交流侧功率之比。

E.2 有关物理及环境方面的术语 terms related physical environmental aspects（IEC 60478-1: 1974 中 3）

E.2.1 环境温度 ambient temperture（IEC 60478-1: 1974 中 3.1）

电源设备所处的媒质温度，通常为电源设备周围的空气温度。

E.2.2 冷却媒质温度 cooling medium temperature（IEC 60478-1:1974 中 3.2）

与电源设备相接触的冷却媒质温度，例如，在空气冷却情况下，即为空气进口处空气本身的温度。

E.2.3 热平衡 thermal equilibrium（IEC 60478-1:1974 中 3.3）

电源设备内部的温度无明显变化的状态。

E.2.4 对机架电容 capacitance to frame（IEC 60478-1:1974 中 3.4）

在规定的端子与公共点(如机架，保护端或地)之间所测得的电容。

E.2.4.1 对源端子电容 capacitance to source terminals（IEC 60478-1:1974 中 3.4.1）

在规定的源端子与输出端子之间所测得的电容

注：有时称为“泄漏电容或转移电容”。

E.2.5 绝缘电阻 insulation resistance (IEC 60478-1：1974 中 3.5)

在相互绝缘的任何规定点之间所测得的电阻。

E.2.5.1 绝缘试验电压 insulation test voltage (IEC 60478-1：1974 中 3.5.1)

施加于规定点之间，并能维持一段规定持续时间而不发生击穿或闪络情况的交流或直流电压。

E.2.6 绝缘电压 isolation voltage (IEC 60478-1：1974 中 3.6)

当输出端，输入端或控制输入端处于悬浮的情况下，在指定端子之间可永久维持的最大电压。

E.2.7 共模输出 common mode output (IEC 60478-1：1974 中 3.7)

无意传输给连接于悬浮输出端和公共点(如机架、底板、地或屏蔽物)之间的外部阻抗的电能量。共模输出用共模电流和共模导纳来表示。

E.3 有关静态运行的术语 terms related to static operation(IEC 60478-1：1974 中 4)

在其他量保持恒定的情况下，由于一种或多种影响量的稳态变化而引起电源输出变化的稳态或非瞬态部分的有关术语。

E.3.1 稳态值 steady-state value (IEC 60478-1：1974 中 4.1)

在所有非重复瞬态值已衰减至可忽略的量级之后继续存在的量值。

注 1：若无其他规定，就直流输入值或输出值而言的稳态值应理解为平均值。

注 2：若无其他规定，有关交流稳态值应理解为方均根值。

E.3.2 标称值 nominal value (IEC 60478-1：1974 中 4.2)

仅名义上存在的值，并非实际值。例如：在电源具有校准输出控制的情况下，其标称输出为控制设置的指示值。对固定输出的电源设备，其标称输出则为铭牌上所标示的输出值。

对交流输入线电压，其标称值通常为设计中心值。例如：115(1±10%) V 线电压的标称值为 115 V。在远程控制情况下，其标称值则为远控系数所预测的输出值。

E.3.3 误差 error (IEC 60478-1：1974 中 4.3)

对电源设备而言，误差指稳定输出量的实际值减去其额定值或预置值。

E.3.3.1 固有误差 intrinsic error (IEC 60478-1：1974 中 4.3.1)

在基准条件下确定的误差。

E.3.3.2 工作误差 operating error (IEC 60478-1：1974 中 4.3.2)

在额定工作条件下确定的误差。

E.3.4 输出效应 output effect (IEC 60478-1：1974 中 4.4)

在所有其他影响量均保持恒定，由一种或几种影响量的稳态值发生规定变化所引起的稳定输出量(电压、电流或功率)稳态值的变化。

注 1：输出效应可以用绝对值或相对值或两者的组合来表示。以百分比给其数值，则为标称值的百分比。

注 2：术语“输出效应”仅用于稳态条件，而“过冲”之类的特殊术语则指定为瞬态。

E.3.4.1 单独效应 individual effect (IEC 60478-1：1974 中 4.4.1)

当所有其他影响量均保持恒定，而由一种影响量发生规定变化而引起的稳定输出量值的变化。

E.3.4.2 互作用效应 interaction effect (IEC 60478-1：1974 中 4.4.2)

多路输出稳定电源的一个输出量由于负载或该电源另一路输出的其他输出量之一发生规定变化而产生的效应。

E.3.4.3 复合效应 combined effect (IEC 60478-1：1974 中 4.4.3)

由下列任意两种或两种以上的影响量在其额定使用范围内同时发生任何变化所引起的稳定输出量稳态值的最大变化。

——负载；

——源电压；

——源频率；

——环境温度。

按上述定义，复合效应不包括周期性和随机性偏差、漂移、调整偏差及调整效应。

E.3.4.4 源电压与负载的复合效应 combined source voltage and load effect（IEC 60478-1:1974 中 4.4.4）

源电压和负载条件在其各自额定使用范围内同时发生任何变化所引起的最大效应（见图 E.1）。

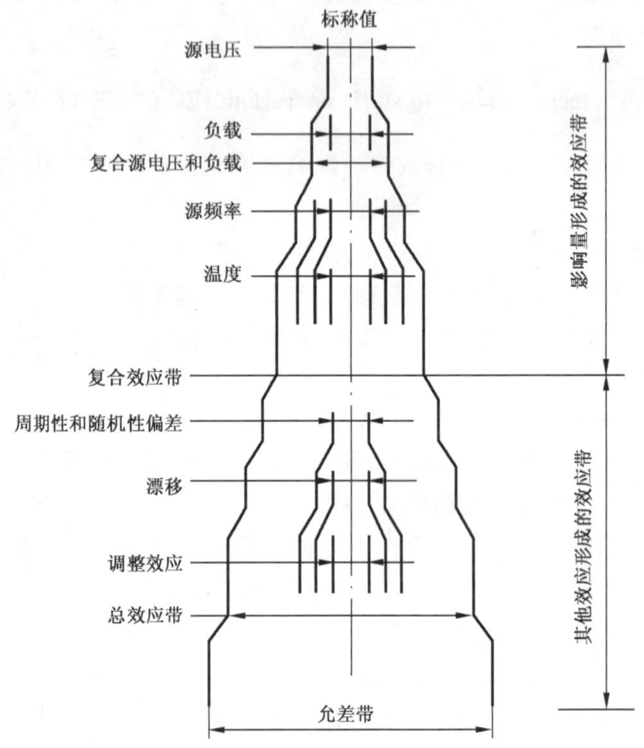

图 E.1 效应带与允差带的关系（IEC 60478-1:1974 中图 4）

E.3.5 效应带 effect band（IEC 60478-1:1974 中 4.5）

所有其他影响量均保持恒定，而由一种或几种影响量值发生任何变化所形成的稳定输出量稳态值范围。

注：源电压与负载复合效应可等同于或不同于源电压效应与负载效应的和。后者是可能的，因为负载效应与源电压有关，而源电压效应与负载条件有关。

E.3.5.1 标称效应带 nominal effect band（IEC 60478-1:1974 中 4.5.1）

所有其他影响量均保持恒定，而由一种或多种影响量在其各自额定使用范围内发生任何变化所形成的稳定输出量稳态值范围。

E.3.5.2 单独效应带 individual effect band（IEC 60478-1:1974 中 4.5.2）

所有其他影响量均保持恒定，而由一种影响量在其额定使用范围内发生任何变化所形成的稳定输出量稳态值范围。

E.3.5.3 复合效应带 combined effect band（IEC 60478-1:1974 中 4.5.3）

与几种影响量对稳定输出量的复合效应相应的稳态值范围（见图 E.1）。

E.3.5.4 源电压和负载的复合效应带 combined source voltage and load effect band（IEC 60478-1:1974 中 4.5.4）

与源电压和负载对稳定输出量的复合效应相应的稳态值范围。

E.3.6 输出效应系数(比率) output effect coefficient(ratio) (IEC 60478-1:1974 中 4.6)

所有其他影响量均保持恒定,而由一种影响量的每一单位变化引起的输出量值的最大变化。

注:温度系数为最常用的输出效应系数。

E.3.7 周期性和随机性偏差 periodic and random deviation(PARD) (IEC 60478-1:1974 中 4.7)

在规定的带宽内,所有影响量和控制量均保持恒定,直流输出量对其平均值的周期性和随机性偏差。

注 1:在规定带宽内,可用方均根值和(或)峰-峰值来表示。

注 2:在波形不对称的情况下,可引用峰值图。

E.3.7.1 估量噪声电压 psophometric voltage (IEC 60478-1:1974 中 4.7.1)

其定义为考虑到人的听觉而采用的某一指定频率的加权系数的有效噪声电压。

E.3.8 漂移 drift (IEC 60478-1:1974 中 4.8)

在所有影响量和控制量均保持恒定的情况下,在预热时间和漂移测量期间,随预热时间之后的一段指定时间中输出量的最大变化。

注:漂移包括在整个带宽内从零频(直流)到一指定上限频率的周期性和随机性偏差。漂移的指定上限频率应与PARD的下限频率相同。因此,在恒定运行条件下的所有偏差应用技术文件加以说明。

E.3.9 调整效应 settling effect (IEC 60478-1:1974 中 4.9)

在一种影响量发生初始变化之后,一个输出量的相对缓慢变化,它作为附加的输出效应。

注:这种调整通常伴随着电源设备内部热平衡的逐步重新建立(见图 E.2)。

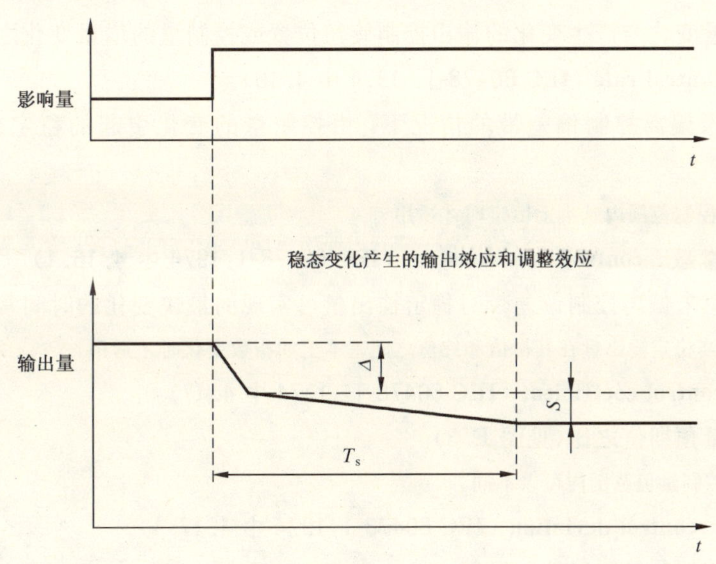

Δ——输出效应;

S——调整效应;

T_S——调整时间。

图 E.2 调整效应(IEC 60478-1:1974 中图 1)

E.3.10 总效应 total effect (IEC 60478-1:1974 中 4.10)

所有影响量在其额定使用范围内同时发生任何变化所引起的稳定输出量稳态值的最大变化。总效应也包括周期性和随机性偏差、漂移和调整效应。

E.3.11 总效应带 total effect band (IEC 60478-1:1974 中 4.11)

所有影响量在其额定使用范围内同时发生变化所引起的电源设备输出量稳态值的范围。

E.3.12 允差带 tolerance band（IEC 60478-1：1974 中 4.12）

处于工作误差限值之间的稳定输出量稳态值的范围(见图 E.1)。

注 1：允差带表示稳定输出量对其额定值或预置值的容许偏差。

注 2：若不需要细分输出效应和固有误差，则给出允差带是有用的。

E.3.13 调整时间 settling time（IEC 60478-1：1974 中 4.13）

影响量或输出设置值变化与输出量仅仅由于漂移或周期性和随机性偏差产生变化的点之间的时间间隔。

E.3.13.1 起动时间 start-up time（IEC 60478-1:1974 中 4.13.1）

电源设备接通后所规定的初始调整时间。

E.3.13.2 预热时间 warm-up time（IEC 60478-1:1974 中 4.13.2）

从电源设备接通到符合所有性能指标所需的时间间隔。

E.3.14 设置范围 setting range（IEC 60478-1:1974 中 4.14）

稳定输出量值可以调节的整个范围。

E.3.14.1 控制范围 control range（IEC 60478-1：1974 中 4.14.1）

符合电源设备技术规范的那部分设置范围。

E.3.15 不连续控制分辨率 discontinuous control resolution（IEC 60478-1：1974 中 4.15）

在不连续控制情况下(如采用开关、可调线绕电阻器)，由可再现的控制元素最小步进所产生的稳定输出量值的最大增量。

E.3.15.1 增量控制系数 incremental control coefficient（IEC 60478-1:1974 中 4.15.1）

稳定输出量的增量变化与产生变化的输出控制旋钮位置或控制量的增量变化之比。

E.3.16 控制速率 control rate（IEC 60478-1：1974 中 4.16）

在稳定输出量值未偏离控制偏差带的情况下，由控制量的变化引起的稳定输出量变化的最大速率。

注：它仅在整个输出控制范围内基本上恒定时才适用。

E.3.16.1 控制时间常数 control time constant（IEC 60478-1:1974 中 4.16.1）

表征稳定输出量值未偏离控制偏差带时稳定输出量可实现的最快变化的时间常数。

注：控制时间常数仅当稳定输出量在其初值和终值之间基本上如指数变化时才适用。

E.3.17 控制系数 control coefficient（IEC 60478-1：1974 中 4.17）

控制量值与输出量预期值之比(见图 E.3)。

注:控制系数在整个控制量值范围内可以不同。

E.3.17.1 控制偏差 control deviation（IEC 60478-1:1974 中 4.17.1）

输出量的实际值与控制量除以控制系数之差。

注：控制偏差包括非线性、斜率误差和偏差效应。

E.3.17.2 控制偏差带 control deviation band（IEC 60478-1：1974 中 4.17.2）

由控制偏差所形成的输出量容许值的范围(见图 E.3)。

E.3.18 负载特性 load characteristic（IEC 60478-1：1974 中 4.18）

输出电压值与规定电流种类的输出电流值之间的函数关系。

E.3.19 恒压/恒流交叉 constant voltage/constant current crossover（IEC 60478-1:1974 中 4.19）

一种电源的特性。即当输出电流达到预置值时，该电源运行方式从电压稳定状态自动地转换为电流稳定状态；反之亦然。

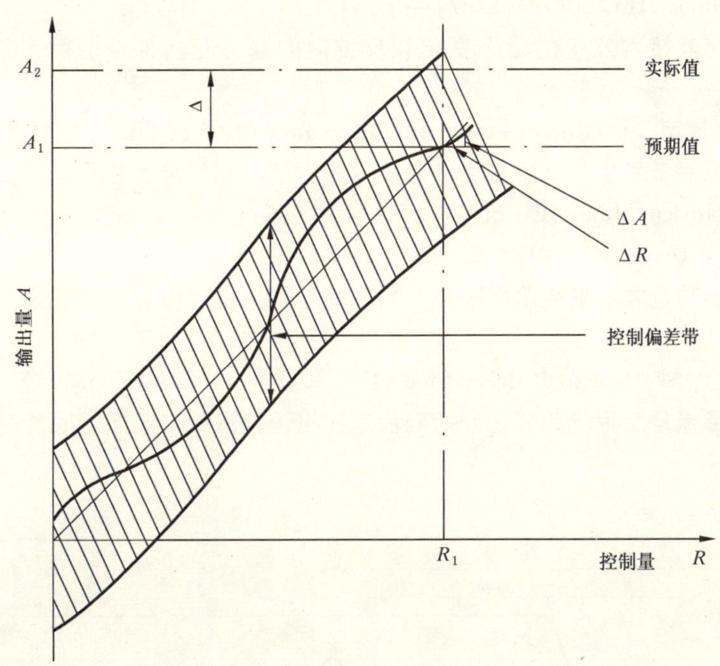

α——控制系数$=R_1/A_1$；

Δ——控制偏差$=A_2-A_1$；

φ——增量控制系数$=\Delta A/\Delta R$。

图 E.3 控制量与输出量的关系(IEC 60478-1:1974 中图 3)

E.4 有关动态运行的术语 terms related to dynamic operation (IEC 60478-1:1974 中 5)

由影响量发生变化,或者遥控或本机控制设置发生变化所产生的电源输出变化动态(或非稳态)部分的有关术语。形容词"控制"作为一个前缀,可用来表明其后者所产生的特殊现象,例如控制过冲幅度。

E.4.1 瞬态恢复带 transient recovery band (IEC 60478-1:1974 中 5.1)

以输出量终值为中心值的、或存在一个允差带的情况下以标称值为中心值的稳定输出量值的范围。

若无其他规定,在影响量发生变化的情况下,瞬态恢复带的宽度等于其关联的效应带。

若无其他规定,在控制量发生变化的情况下,瞬态恢复带的宽度等于控制偏差带。当规定了允差带时,允差带即为瞬态恢复带。

E.4.1.1 瞬态起始带 transient initiation band (IEC 60478-1:1974 中 5.1.1)

以初值为中心值的稳定输出值的范围。其宽度与瞬态恢复带宽度相同。当规定了允差带时,允差带即为瞬态起始带。

E.4.2 过冲 overshoot (IEC 60478-1:1974 中 5.2)

稳定输出量超出与其接着发生的稳态变化同方向的瞬态恢复带外的瞬态偏移。

随后在相反方向产生的偏移则称为负过冲(见图 E.4)。

E.4.2.1 过冲幅值 overshoot amplitude (IEC 60478-1:1974 中 5.2.1)

最大过冲峰值与瞬态恢复带或允差带的中心值之差的绝对值。

E.4.2.2 开通(关断)过冲 turn-on (turn-off) overshoot (IEC 60478-1:1974 中 5.2.2)

由于源功率的施加(切除)或由电源设备的源输入开关的接通(断开)所引起的过冲。

E.4.2.3 开通(关断)输出极性变换 turn-on(Turn-off)polarity reversal (IEC 60478-1: 1974 中 5.2.3)

由于源功率的施加(切除)或由电源设备的源输入开关的接通(断开),输出端极性所产生的瞬态变换。

E.4.3　下冲　undershoot（IEC 60478-1:1974 中 5.3）

稳定输出量超出与其接着发生的稳态变化相反方向的瞬态起始带外的瞬态偏移（见图 E.4a 和 E.4b）。

E.4.4　最大输出变化速率　maximum output rate of change（IEC 60478-1:1974 中 5.4）

由影响量和(或)控制量发生变化所产生的输出量相对于时间的最大变化速率。

E.4.5　瞬态时间　transient time（IEC 60478-1:1974 中 5.5）

E.4.5.1　恢复时间　recovery time（IEC 60478-1:1974 中 5.5.1）

从多种控制量或影响量之一发生阶跃变化开始到稳定输出量返回并保持在瞬态恢复带内时的时间间隔。

E.4.5.1.1　瞬态延迟时间　transient delay time（IEC 60478-1:1974 中 5.5.1.1）

从多种控制量或影响量发生阶跃变化开始到稳定输出量偏离瞬态起始带时的时间间隔。

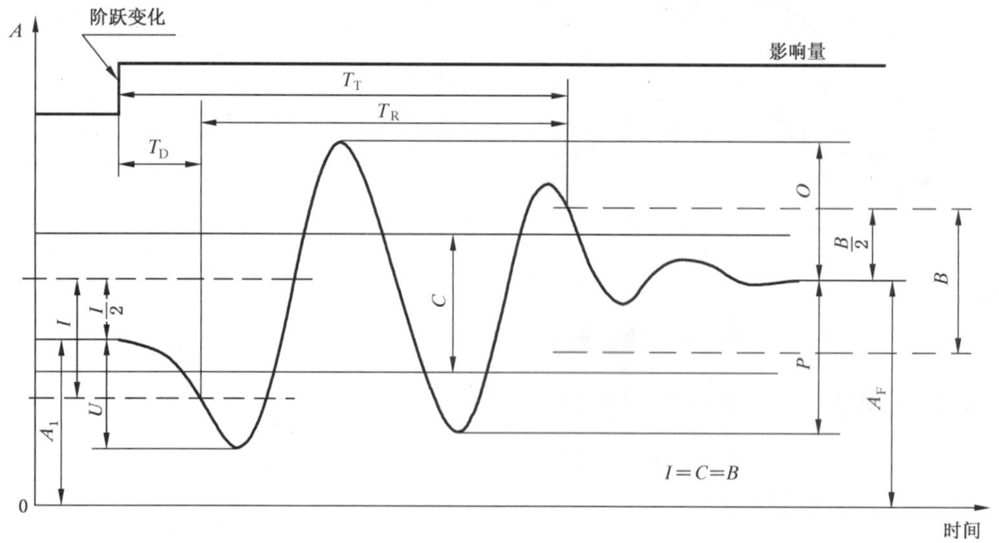

图 E.4a　规定了瞬态起始带和瞬态恢复带时的瞬态术语
（IEC 60478-1:1974 中图 2A）

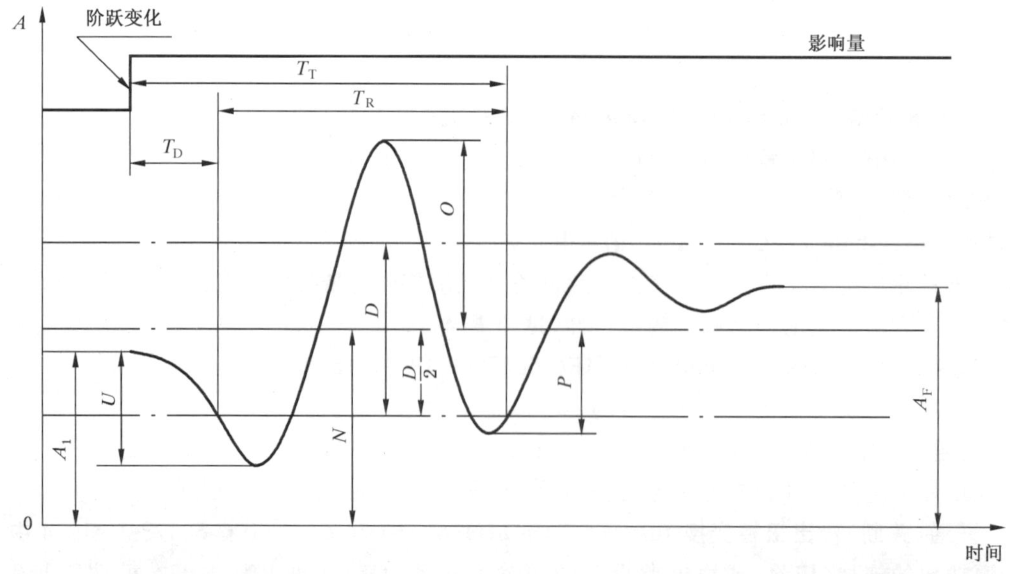

图 E.4b　规定了允差带时的瞬态术语(IEC 60478-1:1974 中图 2B)

图中：A——总输出量；

A_I——输出量初值；

A_F——输出量终值；

B——瞬态恢复带；

C——输出效应带；

I——瞬态起始带；

D——允差带宽度；

N——标称值；

O——最大过冲幅值；

P——负过冲幅值；

T_D——瞬态延迟时间；

T_T——总瞬态恢复时间；

T_R——瞬态恢复时间；

U——下冲幅值。

E.4.5.1.2 瞬态恢复时间 transient recovery time（IEC 60478-1：1974 中 5.5.1.2）

从瞬态延迟时间结束起到稳定输出量返回并保持在瞬态恢复带内时的时间间隔。

E.4.5.2 开通延迟时间 turn-on delay time（IEC 60478-1：1974 中 5.5.2）

从源功率的施加到稳定输出量初次进入输出效应带时的时间间隔。

E.4.5.3 开通恢复时间 turn-on recovery time（IEC 60478-1：1974 中 5.5.3）

从开通延迟时间终止到稳定输出量返回并保持在瞬态恢复带内时的时间间隔。

E.4.5.4 关断衰减时间 turn-off decay time（IEC 60478-1：1974 中 5.5.4）

从源功率的切除到输出电压降低至规定值时的时间间隔。

E.4.6 输出阻抗 output impedance（IEC 60478-1：1974 中 5.6）

输出端的正弦电压与正弦电流的复数比。其中一个量由另一个量和外部因素所决定。

注：输出阻抗是频率的函数。

E.4.6.1 输出电阻 output resistance（IEC 60478-1：1974 中 5.6.1）

直流输出电压的增量变化与直流输出电流的增量变化之比。其中一个量由另一个量和外部因素所决定。

E.4.6.2 输出电容 output cpacitance（IEC 60478-1：1974 中 5.6.2）

电源设备不通电时存在于输出端之间的电容。

E.5 有关两台或多台电源组合运行的术语 terms related to combined operation of two or more power supplies（IEC 60478-1：1974 中 6）

E.5.1 电源的组合运行 combined operation of power supplies（IEC 60478-1：1974 中 6.1）

为了扩大单台电源的输出能力，可将两台或两台以上电源连接起来作为组合运行方式。输出端以外的端子常常可互连在一起，例如可构成由一台电源（主动）来控制其他电源（从动）的运行方式。

E.5.2 从属运行 slave operation（IEC 60478-1：1974 中 6.2）

将两台或两台以上稳定电源互连在一起，通过单独控制主电源实现该组合协调控制设备的一种方法。这类组合的特点是从所有单元获得基本成比例的输出。

E.5.2.1 从属跟踪运行 slave tracking operation（IEC 60478-1：1974 中 6.2.1）

两台或两台以上电源（含有一个公共输出端）与一台或多台从动电源（其输出总是与主单元的输出

保持相等或成比例)互连的运行方式。

注：就公共输出端而言，从动电源的极性可以和主电源相同或相反，在后者情况下其结构有时称为“互补跟踪”。

E.5.3 并联运行 parallel operation（IEC 60478-1：1974 中 6.3）

将两台或两台以上电源的所有正输出端连接在一起、所有负输出端连接在一起的运行方式，从而，使得其总负载电流等于所有电源输出电流之总和。

E.5.3.1 规定负载分配比例的并联运行 parallel operation with specified load sharing（IEC 60478-1：1974 中 6.3.1）

将两台或两台以上电源并联连接，总负载按指定比例在电源之间分配。

E.5.3.2 从属并联运行 slave parallel operation（IEC 60478-1：1974 中 6.3.2）

将一台主电源与一台或多台从动电源(其输出电流总是与主单元的输出电流相等或成比例)并联的运行方式。

E.5.4 串联运行 series operation（IEC 60478-1：1974 中 6.4）

将两台或两台以上电源其中一个电源的正输出端与另一个电源的负输出端连接的运行方式，从而，其电源的输出电压都相加起来。

E.5.4.1 规定负载分配比例的串联运行 series operation with specified load sharing（IEC 60478-1：1974 中 6.4.1）

将两台或两台以上电源串联连接，总电压按指定比例在电源之间分配。

E.5.4.2 从属串联运行 slave series operation（IEC 60478-1：1974 中 6.4.2）

将一台主电源与一台或多台从动电源(其输出电压总是与主单元的输出电压相等或成比例)串联的运行方式。

E.6 保护术语 protection terms（IEC 60478-1：1974 中 7）

E.6.1 分流式保护电路 crowbar protection circuit（IEC 60478-1：1974 中 7.1）

能迅速将低阻分流器跨接于电源设备输出端，从而起到使输出电压降至低值作用的保护电路。

E.6.1.1 跳闸保护电路 trip protection circuit（IEC 60478-1：1974 中 7.1.1）

在发生过载时能断开输出的一种保护电路。

E.6.2 复位 reset（IEC 60478-1：1974 中 7.2）

排除故障后通过此动作使电源恢复工作。复位可分为自动或手动。

E.6.3 过电流保护 over-current protection（IEC 60478-1：1974 中 7.3）

保护电源设备和(或)与其连接的设备，以防止输出电流过大(包括短路电流)。

注：稳定电源可防止无限持续时间过电流或有限持续时间过电流(即绝对过流保护或有限过流保护)。

E.6.4 过电压保护 over-voltage protection（IEC 60478-1：1974 中 7.4）

保护电源设备和(或)与其连接的设备，以防止输出电压过高(包括开路电压)。

E.6.5 欠压保护 under-voltage protection（IEC 60478-1：1974 中 7.5）

保护电源设备和(或)与其连接的设备，防止输出电压过低。

注：可由断开负载实现。

E.6.6 反向电压保护 reverse voltage protection（IEC 60478-1：1974 中 7.6）

保护电源设备，防止反向电压引入输出端。

E.6.7 反向电流保护 reverse current protection（IEC 60478-1：1974 中 7.7）

保护电源设备，防止由负载把电流反馈进电源设备。

E.6.8 过热保护 over-temperature protection（IEC 60478-1：1974 中 7.8）

保护电源设备或其部件，防止其温度超过规定值。

E.6.9 限流 current limiting(IEC 60478-1:1974 中 7.9)

将恒压电源设备的输出电流限制到某个预定的最大值(固定的或可调的)，而当过载或短路排除以后能自动将输出电压恢复到正常值的一种作用。有三种限流类型(见图 E.5)：

a) 恒压/恒流交叉；

b) 输出电压随电流增大而降低(或称自动限流)；

c) 输出电压和输出电流随负载电阻减小都降低(或称折返限流或逆转限流)。

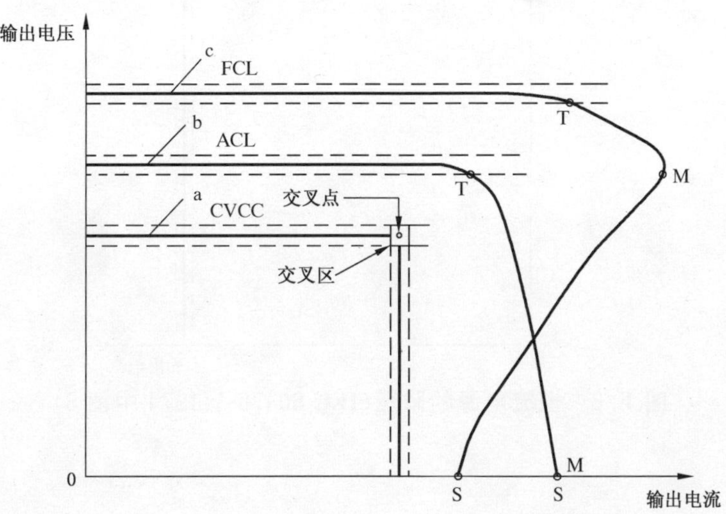

CVCC——恒压/恒流；

ACL——自动限流；

FCL——折返限流；

T——限流门槛；

M——最大极限电流；

S——短路电流

注：虚线表示效应带的限值。

图 E.5 限流类型(IEC 60478-1:1974 中图 5)

E.6.9.1 限流门槛 current limited threshold(IEC 60478-1: 1974 中 7.9.1)

稳定输出量随负载电阻减小而减小至即将超出规定的负载效应带或允差带时的输出电流值。

E.6.9.2 最大极限电流 maximum limited current(IEC 60478-1:1974 中 7.9.2)

在限流工作状态时，电源设备输出电流的最大稳态值。

注：在某些情况下，这个输出电流值可限制于有限的持续时间。

E.6.9.3 短路电流 short-circuit current(IEC 60478-1:1974 中 7.9.3)

在输出端短路时，恒压电源设备供给的稳态电流值。

E.6.10 限压 voltage limiting(IEC 60478-1:1974 中 7.10)

将恒流电源设备的输出电压限制到某个预定值的最大值(固定的或可调的)，而当恢复到正常的负载条件以后能自动将输出电流恢复到正常值的一种作用。有两种限压类型(见图 E.6)：

a) 恒压/恒流交叉；

b) 输出电流随电压增高而减小(或称自动限压)。

E.6.10.1 限压门槛 voltage limiting threshold(IEC 60478-1:1974 中 7.10.1)

恒流电源的稳定输出电流随负载电阻增加而减小至超出规定的负载相关效应带或允差带时的输出

电压值。

E.6.10.2 开路电压 open circuit voltage(IEC 60478-1:1974 中 7.10.2)

不连负载时,恒流电源设备输出端的电压。

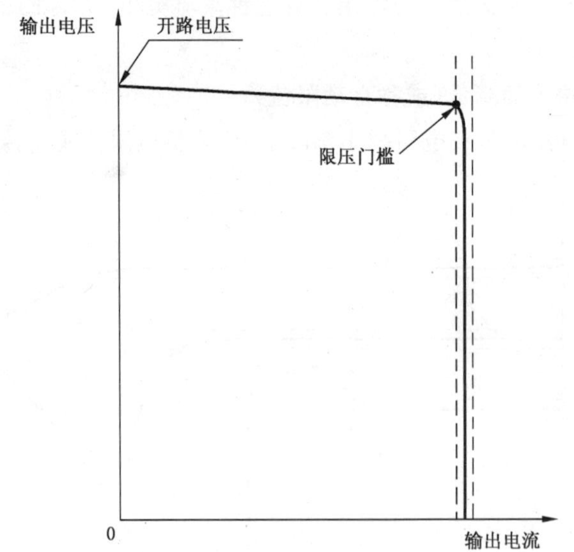

图 E.6 恒流电源的限压(IEC 60478-1:1974 中图 6)

附 录 F
（资料性附录）
性能额定值[9)]

表 F.1 性能额定值

本标准章条号	IEC 60478-2 章条号	规定量	规定数据	适用条件	参考	
					试验[a]	定义[b]
F.1	1	与源有关的量				
F.1.1	1.1	冲击电流	最大瞬时值，典型的瞬态持续时间	额定条件：最大瞬时峰值源电压降至小于额定峰值的10%	67到71	E.1.10
F.1.2	1.2	额定源电流	典型值：交流为方均根值，直流为平均值	额定条件		—
F.1.3	1.3	效率	单元或系统效率，典型值	基准条件和在控制范围限值的算术平均值		E.1.13
F.1.4	1.4	功率因数	典型值	—		E.1.9
F.1.5	1.5	源电流的相对谐波含量	最大百分数值	额定条件：源电压的相对谐波含量小于5%		E.1.11.1
F.1.6	1.6	直流源电流的纹波	最大方均根值或峰-峰值	额定条件：叠加在源电压上的纹波小于方均根值的3%，或小于峰-峰值的10%		—
F.2	2	与稳态条件有关的量				
F.2.1	2.1	负载效应[c]	最大值，表示为稳定输出量的百分数和(或)绝对值	额定条件	7到13	E.3.4.3
F.2.2	2.2	源电压效应[c]			15到20	E.3.4.3
F.2.3	2.3	源频率效应			53到57	E.3.4.3
F.2.4	2.4	温度效应[c,d]			37到41	E.3.4.3
F.2.5	2.5	温度系数[c,d]			37到41	—
F.2.6	2.6	其他单独效应			53到57	E.3.4.1
F.2.7	2.7	复合效应[e]			58到62	E.3.4.3
F.2.8	2.8	总效应[e]			63到66	E.3.10
F.2.9	2.9	允差带[e]				E.3.12
F.2.10	2.10	PARD——周期性和随机性偏差	最大方均根值和（或）峰-峰值	额定条件：考虑的频率范围20 Hz～10 MHz	21到25	E.3.7

9） 本附录是引用IEC 60478-2:1986表Ⅲ。

表 F.1（续）

本标准章条号	IEC 60478-2 章条号	规定量	规定数据	适用条件	参考	
					试验[a]	定义[b]
F.2.11	2.11	漂移[c]	最大值：时间间隔和上限频率	基准条件：考虑的频率范围 0 Hz～20 Hz；时间间隔 8 h	26 到 30	E.3.8
F.2.12	2.12	输出电容	标称值	—	—	E.4.6.2
F.2.13	2.13	调整效应[f]	最大值：承受变化的影响量	额定条件	51.2	E.3.9
F.2.14	2.14	调整时间[f]			51.3	E.3.13
F.3	3	与动态条件有关的量				
F.3.1	3.1	最大过冲幅值	最大值：承受阶跃变化的量；阶跃变化的幅值和方向	额定条件：考虑的频率范围：0 Hz～10 MHz	42 到 47	E.4.2.1
F.3.2	3.2	最大输出变化速率				E.4.4
F.3.3	3.3	瞬态延迟时间	最大值：承受阶跃变化的量，阶跃变化的幅值和方向；恢复带的宽度，除非等于相应的效应带或除非总效应带或允差作为恢复带			E.4.5.1.1
F.3.4	3.4	瞬态恢复时间				E.4.5.1.2
F.3.5	3.5	恢复时间				E.4.5.1
F.3.6	3.6	开通延迟时间	最大值	基准条件		E.4.5.2
F.3.7	3.7	开通恢复时间				E.4.5.3
F.3.8	3.8	关断衰减时间		基准条件：衰减终止在最大额定值的 1%		E.4.5.4
F.3.9	3.9	开通（关断）过冲		基准条件		E.4.2.2
F.3.10	3.10	开通（关断）输出极性变换				E.4.2.3
F.3.11	3.11	起动时间				E.3.13.1
F.3.12	3.12	预热时间				E.3.13.2
F.3.13	3.13	输出阻抗	作为频率的函数典型值		31 到 36	E.4.6
F.4	4	有关控制的量				

表 F.1(续)

本标准章条号	IEC 60478-2章条号	规定量	规定数据	适用条件	参考	
					试验[a]	定义[b]
F.4.1	4.1	设置范围	稳定输出量上限最大值和下限最小值	极限条件(如有):否则为额定条件	98到101	E.3.14
F.4.2	4.2	控制范围		额定条件		E.3.14.1
F.4.3	4.3	不连续控制分辨率	典型值	基准条件:稳定输出量的整个控制范围		E.3.15
F.4.4	4.4	增量控制系数				E.3.15.1
F.4.5	4.5	控制系数	标称值		—	E.3.17
F.4.6	4.6	控制偏差带	输出量的上限值和下限值作为控制量的函数		98到101	E.3.17.2
F.4.7	4.7	控制速率	最大值			E.3.16
F.4.8	4.8	控制时间常数				E.3.16.1
F.4.9	4.9	固有误差				E.3.3.1
F.5	5	有关极限条件的量				
F.5.1	5.1	限流门槛	最小值:设置范围(如有)	极限条件(如有):否则,用额定条件(除不稳定输出量)	84到92	E.6.9.1
F.5.2	5.2	限压门槛				E.6.10.1
F.5.3	5.3	最大极限电流	最大值:设置范围(如有):除了无穷大,则为极限运行的最大持续时间	极限条件(如有):否则,为额定条件(除稳定输出量整个设置范围)		E.6.9.2
F.5.4	5.4	最大极限电压				—
F.5.5	5.5	短路电流				E.6.9.3
F.5.6	5.6	开路电压				E.6.10.2
F.5.7	5.7	峰值短路电流	最大值			—
F.5.8	5.8	峰值开路电压				—
F.5.9	5.9	交叉区	放宽的负载效应带或允差带的位置和大小	额定条件		E.1.5

表 F.1(续)

本标准章条号	IEC 60478-2章条号	规定量	规定数据	适用条件	参考	
					试验[a]	定义[b]
F.5.10	5.10	过电流保护	保护器件;复位跳闸门槛的典型值;设置范围;跳闸余量;跳闸延迟;过冲;运行最大持续时间	极限条件(如有);否则,为额定条件(除不稳定输出量)	84 到 92	E.6.3
F.5.11	5.11	过电压保护				E.6.4
F.5.12	5.12	反向电流保护	输出端电压和(或)反向电流的最大值和持续时间	额定条件及不通电条件		E.6.7
F.5.13	5.13	反向电压保护	输出端电流和(或)反向电压的最大值和持续时间			E.6.6
F.6	6	其他				
F.6.1	6.1	绝缘电压	最大值;所考虑的端子	额定条件	—	E.2.6
F.6.2	6.2	绝缘电阻	最小值;所考虑的端子;试验电压	不通电条件		E.2.5
F.6.3	6.3	绝缘试验电压	最大(方均根值);持续时间		—	E.2.5.1
F.6.4	6.4	对源端子电容	最大值;所考虑的端子		72 到 75	E.2.4.1
F.6.5	6.5	对机架电容			76 到 79	E.2.4
F.6.6	6.6	共模电流	最大值;所考虑的端子	基准条件	80 到 83	E.2.7
F.6.7	6.7	声级	A 声级(见 IEC 60651 精密声级计);最大值;话筒的位置	额定条件	93 到 97	—
F.6.8	6.8	电磁干扰发射	射频传导干扰的输入/输出最大值	额定条件;所考虑的频率范围至 30 MHz	IEC 60478-3	—
F.6.9	6.9	冷却媒质温度	冷却介质温升的最大值	额定条件	—	E.2.2

a 采用的 IEC 60478-4:1976 的章条号。

b 采用的本标准的章条号。

c 只有当总效应和(或)允差带不作规定时才是强制性的。

d 只要求 2.4 或 2.5。

e 只有当负载效应、源电压效应和温度效应或温度系数其一不作规定时,才是强制性的。只要求 2.8 或 2.9。

f 只有当调整效应未包括在单独效应和(或)漂移中才是强制性的。

前　言

本标准是根据电力工业部1992年电力行业标准计划项目的安排，由全国高电压试验技术分标委会负责制定。

本标准是根据国际电工委员会第42技术委员会制定的标准IEC 1180-1:1992《低压电气设备的高电压试验技术　第一部分：定义和试验要求》制定的。在技术内容上与国际标准IEC 1180-1等效，编写规则上与之相同。

根据GB/T 1.1的规定，保留了该国际标准的前言(IEC前言)，同时增加了《前言》。为了使国际标准转化为本国家标准时，符合GB/T 1.1标准格式的规定，章节及条号上与国际标准稍有改变。

本标准的附录A和附录B是提示的附录。

本标准由电力工业部提出。

本标准由全国高电压试验技术及绝缘配合标准化技术委员会归口。

本标准起草单位：电力部武汉高压研究所。

本标准主要起草人：朱同春、蔡爱姣、钟连宏。

IEC 前言

1）IEC 在技术问题上的正式决定或协议，是由代表了对此特别关切的所有国家委员会的技术委员会准备的。它们尽量表达国际间在所涉及问题上的一致意见。

2）这些决定或协议，采用推荐标准的形式以便国际上使用，并在此意义上为各国委员会所接受。

3）为了促进国际上的统一，IEC 希望所有的国家委员会在本国条件允许的范围内，尽可能采用 IEC 推荐标准的文本作为国家标准。IEC 推荐标准和相应的国家标准之间的任何区别，应尽可能清楚地在国家标准中说明。

本标准由 IEC 第 42（高电压试验技术）技术委员会准备。

本标准的文本根据下列文件：

六月法则	表决报告
42(CO)49	42(CO)51

投票批准本标准的全部资料可以在上表指出的表决报告中查到。

中华人民共和国国家标准

低压电气设备的高电压试验技术 第一部分:定义和试验要求

GB/T 17627.1—1998
eqv IEC 1180-1:1992

High-voltage test techniques for low-voltage equipment
Part 1:Definitions,test and procedure requirements

1 范围

1.1 主题内容

本标准规定了对试验程序和试品的一般要求,试验电压和电流的产生及测量方法、试验程序、试验结果的评估方法和试验是否合格的判据。还规定了与试验有关的术语。

1.2 适用范围

本标准适用于额定电压交流 1 kV 及以下和直流 1.5 kV 及以下设备的下列试验:

a) 直流电压绝缘试验;

b) 交流电压绝缘试验;

c) 冲击电压绝缘试验;

d) 冲击电流试验;

e) 上述各项试验的合成试验。

2 引用标准

下列标准所包含的条文,通过在本标准中引用而构成为本标准的条文。本标准出版时,所示版本均为有效。所有标准都会被修订,使用本标准的各方应探讨使用下列标准最新版本的可能性。

GB/T 813—1989 冲击试验用示波器和峰值电压表(neq IEC 790:1984)

GB/T 2900.19—1994 电工术语 高电压试验技术和绝缘配合

GB/T 7354—1987 局部放电测量(neq IEC 270:1981)

GB/T 16927.1—1997 高电压试验技术 第一部分 一般试验要求(eqv IEC 60-1:1989)

GB/T 16927.2—1997 高电压试验技术 第二部分 测量系统(eqv IEC 60-2:1994)

GB/T 17627.2—1998 低压电气设备的高电压试验技术 第二部分:测量系统和试验设备 (eqv IEC 1180-2:1994)

3 定义

3.1 冲击技术和绝缘

3.1.1 冲击 impulse

试验时施加的非周期性瞬态电压或电流。它通常迅速上升至峰值然后较缓慢地降到零。

3.1.2 部分击穿 partial breakdown

当冲击施加到固体绝缘时可能产生这种现象。它表示为在冲击电压作用下前期发生的冲击电压波形的阶跃性降低,或有关设备标准所述的其他现象。这表明绝缘有渐进性损坏。

国家质量技术监督局 1998-12-14 批准 1999-12-01 实施

3.1.3 电气间距 clearance

两导电部分间的最短空气距离。

3.1.4 爬距 creepage distance

在两导电部分之间沿绝缘材料表面的最短距离。

3.1.5 固体绝缘 solid insulation

在两导电部分之间的固体绝缘材料。

3.2 与破坏性放电和试验电压有关的特性

3.2.1 破坏性放电 disruptive discharge

固体、液体、气体介质及组合介质在电压作用下产生放电，放电完全桥接被试绝缘，电极间的电压迅速下降到零或接近于零的现象。

注

1 试品暂时由火花或电弧短接的非持续破坏性放电可能发生，在这些情况下，试品两端的电压瞬时降到零或接近于零，根据试验回路和试品的特性，绝缘强度可能恢复并可能允许试验电压达到更高的值，这些情况也应称为破坏性放电，除非有关设备标准另有规定。

2 有些非破坏性放电称为“局部放电”，参见 GB/T 7354。

3 在气体或液体介质中发生的破坏性放电使用术语“火花放电”。沿绝缘介质表面发生的破坏性放电使用术语“闪络”。在固体介质中发生的破坏性放电使用术语“击穿”。

3.2.2 试验电压的特性 characteristics of the test voltage

为了定义不同类型的试验电压，本标准规定的那些特性。

3.2.2.1 试验电压的预期特性 prospective characteristics of the test voltage

如果没有破坏性放电发生或限压装置不发生动作时所得到的电压特性。

3.2.2.2 试验电压的实际特性 actual characteristics of the test voltage

在试验期间，试品两端所呈现的特性。

3.2.2.3 试验电压值 value of the test voltage

各种波形的试验电压值分别在 6.1.1，7.1.3，8.1.1.1 中规定。

3.2.3 破坏性放电电压 disruptive discharge voltage

引起破坏性放电的试验电压值。对于不同试验的规定参见 6.3.2，7.3.2，8.5.3。

3.2.4 耐受电压 withstand voltage

耐压试验中，表征试品绝缘特性所规定的电压值。除另有规定外，耐受电压是对标准参考大气条件而言（见 5.1）。

3.2.5 确保破坏性放电电压 assured disruptive discharge voltage

表征与破坏性放电试验有关的特性所规定的预期电压值。除另有规定外，确保破坏性放电电压是对标准参考大气条件而言（见 5.1）。

4 对试验程序和试品的一般要求

4.1 对试验程序的一般要求

对于特定类型试品的试验程序，例如所用的极性，用两种极性试验时电压极性的顺序，加压次数及加压间隔时间，调整及预调整等应由有关设备标准规定，并考虑下列因素：

a）试验结果所要求的准确度；

b）被观察现象的随机性和被测特性与极性的关系；

c）重复加压时绝缘逐渐劣化的可能性。

4.2 试品的一般布置

试验时，试品应是完整地安装上对绝缘有影响的所有部件并按照类似设备的规定工艺处理。

除有关设备标准另有规定外，试品应是干燥、清洁的，并处于稳定的环境条件中，如果有关设备标准没有其他规定，试验应在环境温度下进行，加压的程序在本标准的有关条件中规定。

5 大气条件

5.1 标准参考大气条件

标准参考大气条件为：

温度：$t_0=20$℃；

气压：$P_0=101.3$ kPa。

5.2 大气条件修正系数

外绝缘破坏性放电电压与试验时的大气条件有关。通常在空气中给定路径的破坏性放电电压随着空气密度的增加而升高。当相对湿度约大于75%时，破坏性放电电压变得不规则，特别是闪络发生在绝缘表面时。

利用修正系数可将给定条件（温度 t，压力 P）下所测得的破坏性放电电压换算到标准大气条件（t_0，P_0）下的电压值。反之，也可将标准参考大气条件下规定的试验电压值换算到试验时环境条件下的试验电压值。

破坏性放电电压值正比于空气密度修正系数 k。

除有关设备标准另有规定外，在外绝缘试验期间所施加的电压值可以由规定的耐受电压值 U_0 乘以 k 得到：

$$U=U_0\cdot k$$

反之，测量到的破坏性放电电压 U 除以 k 可以校正到标准参考大气条件下的电压值 U_0：

$$U_0=U/k$$

试验报告应包括试验时的实际大气条件（温度、气压、相对湿度）的记录和所使用的修正系数。

空气密度修正系数 k 取决于相对空气密度：

$$k=\frac{P}{P_0}\cdot\frac{273+t_0}{273+t},\left(0.9\leqslant\frac{P}{P_0}\leqslant 1.1\right)$$

式中：t——试验时大气温度，℃；

P——试验时大气气压，kPa。

注

1 当气压比值超出这个范围时参照有关设备标准。

2 当修正系数 k 与1有很大差别，并且涉及到空气间隙和固体绝缘时，由有关设备标准规定必要的试验程序来确保绝缘上施加到规定的电压值。

6 直流电压试验

6.1 直流电压试验的定义

6.1.1 试验电压值

算术平均值。

6.1.2 纹波

为与直流电压的算术平均值的周期性偏差。纹波幅值是指最大值和最小值之差的一半，纹波系数则是纹波幅值与算术平均值之比值。

6.2 试验电压

6.2.1 对试验电压的要求

6.2.1.1 电压波形

除在有关设备标准中另有规定外，施加到试品上的试验电压应为纹波系数不大于3%的直流电压。

要注意到接入试品和试验条件可能影响纹波系数。

6.2.1.2 容许偏差

如果有关设备标准没有其他规定，规定和测量到的试验电压值之间容许有±3%的偏差。

注：容许偏差为规定值和实际测量值之间的偏差。它与测量误差不同，测量误差是指测量值和真值之间的偏差。

6.2.2 试验电压的产生和测量

试验电压一般由整流装置产生。对试验电源的要求很大程度上取决于试品的类型和试验条件，这些要求主要由电源可提供的试验电流值和性质所决定。

电源的特性应该满足在相当短的时间内对试品电容充电的要求，当试品电容很大时，也允许长达几分钟的充电时间，电源（包括储能电容）还应能供给泄漏和吸收电流以及任何内部和外部的局部放电电流，试验中电压降不应超过5%。

试验电源的特性和测量系统的校验应按照GB/T 17627.2中的要求来进行验证。

6.3 试验程序

6.3.1 耐受电压试验

对试品施加电压时应从足够低的电压值开始，以防止操作瞬变过程引起的过电压的任何影响，然后应缓慢地升高电压以便能在仪表上准确读数，但也不能太慢，以免造成接近试验电压时试品上承受电压时间过长。

对于型式试验，若试验电压达75%以上，以每秒5%试验电压的速率上升，通常可以满足上述要求。将试验电压保持到规定时间后，切断充电电源，通过适当电阻由滤波电容器和试品放电来降低电压。试验持续时间由有关设备标准考虑达到稳态电压分布的时间来规定。达到稳态的时间取决于试品部件的电阻和电容。

电压极性或每种极性下电压的施加顺序以及上述条款中规定的偏差应由有关设备标准规定。

如果试品上没有破坏性放电发生，则试验满足要求，除非有关设备标准中另有规定。

6.3.2 确保破坏性放电电压

如果所记录的破坏性放电电压值或者在规定的加压次数中每一次记录的破坏性放电电压均不高于规定的确保放电电压值，则认为试验通过。

7 交流电压试验

7.1 交流电压试验的定义

7.1.1 峰值

最大值。

7.1.2 方均根值（有效值）

一个完整周期内电压值平方的平均值的平方根。

7.1.3 试验电压值

峰值除以$\sqrt{2}$。

注：在有些设备中，可能要求测量试验电压的方均根值，而不是峰值，因为有些情况下方均根值是重要的，例如涉及到热效应时。

7.2 试验电压

7.2.1 对试验电压的要求

7.2.1.1 电压波形

试验电压频率一般为45 Hz～65 Hz的交流电压，这通常称为工频试验电压。按有关设备标准的规定，特殊试验要求的频率也可以远低于或高于上述范围。

试验电压的波形应接近正弦波，正、负半波应近似一致。如果峰值与方均根值之比处在$\sqrt{2}\pm0.07$的范围内，则可以认为满足要求。

7.2.1.2 容许偏差

如果有关设备标准无另外规定，规定的试验电压值与试验电压的测量值之间的允许偏差为±3%。

注：容许偏差指规定值与实测值之间的允许差别，它与测量误差不同，测量误差是指测量值与真值之间的差别。

7.2.2 试验电压的产生和测量

7.2.2.1 一般要求

试验回路中的试验电压应足够稳定，它不应受泄漏电流的影响。

7.2.2.2 对试验回路的要求

在试验电压下，试品上的预期短路电流对于型式试验至少应为0.1 A(方均根值)。

发生器特性根据GB/T 17627.2中的要求进行验证。

注

1 可以通过直接记录试品上的电压来验证电压的稳定性。

2 当大电容负载限制交流试验电压时，可以允许用直流试验来代替交流电压(见6.2)。有关设备标准应规定等效直流试验电压值。

7.2.2.3 试验电压的测量

测量系统的校验应按照GB/T 17627.2的要求来进行。

7.3 试验程序

7.3.1 耐受电压试验

对试品施加电压时，应从相当低的数值开始，以防止操作瞬变过程而引起的过电压影响，然后应缓慢地升高电压，以便于从仪表上读数，但也不能太慢，以免造成接近试验电压时试品上承受电压时间过长。当施加电压超过75%试验电压后，只要以每秒约5%试验电压的速率升压，一般可以满足要求。将试验电压保持规定时间后，然后迅速降低，但不能突然切断，以免可能出现瞬变过程而导致故障或造成不正确的试验结果。

试验电压加压时间由有关设备标准规定，并且在规定45 Hz～65 Hz范围内与频率无关。

只要在试品上没有发生破坏性放电，则认为试验通过。除非有关设备标准另有规定。

7.3.2 确保放电电压试验

如果所记录的破坏性放电电压或在规定的加压次数中每一次记录的放电电压值都不高于规定的确保放电电压，则认为试验通过。

8 冲击电压试验

8.1 冲击电压的定义

8.1.1 通用性定义

这些定义适用于没有振荡或过冲的冲击，或者通过振荡和过冲画出的平均曲线。

8.1.1.1 试验电压值

对于没有振荡的冲击而言，它指峰值。

对于有振荡或过冲的标准冲击，其峰值的确定参见8.2.2。

对于其他冲击波形，有关的设备标准应按照试验类型和试品种类来规定如何确定试验电压值。

8.1.1.2 波前时间 T_1

冲击峰值的30%和峰值的90%(图1中 A,B 两点)时刻之间的时间间隔 T 的1.67倍。

8.1.1.3 视在原点 O_1

超前相当于 A 点时间 $0.3T_1$ 的瞬间。它为通过 A,B 点所画直线与时间轴的交点。

8.1.1.4 半峰值时间 T_2

冲击的视在原点 O_1 和电压减小到峰值一半的瞬间之间的时间间隔(见图1)。

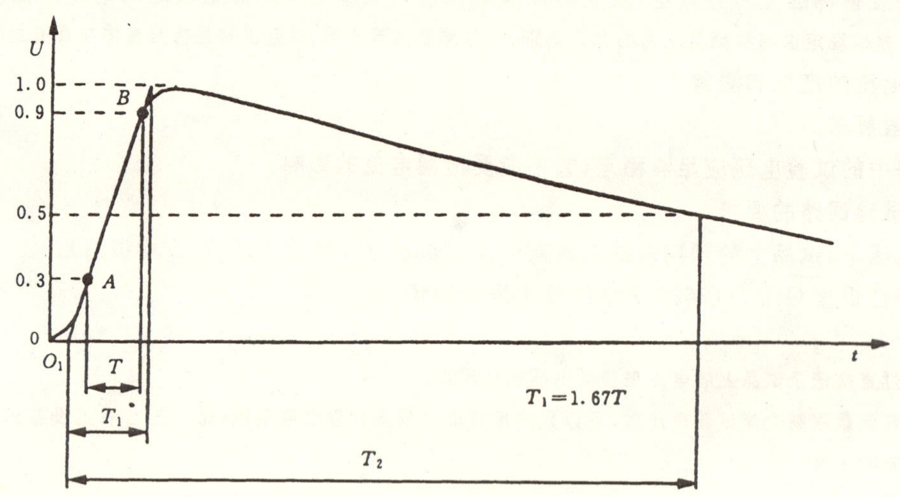

图 1 冲击电压波形的确定

8.2 试验电压

8.2.1 标准冲击

标准冲击全波是指波前时间为 1.2 μs，半峰值时间为 50 μs，它以 1.2/50 μs 冲击表示。其他波形由有关设备标准规定。

8.2.2 标准冲击的容许偏差

如果有关设备标准未作另外的规定，标准冲击规定值与实际测量值之间的容许偏差如下：

峰值：±3%；

波前时间：±30%；

半峰值时间：±20%。

注

1 峰值、波前时间、半峰值时间的容许偏差是指规定值与实测值之差。它不同于测量误差，测量误差是指测量值和真值之差。

对于某些试验回路，在冲击的峰值处可能发生振荡或过冲(图 2 a)～d))。如果振荡频率不超过 0.5 MHz，或过冲的持续时间不超过 1 μs，允许作平均曲线，如图 2a)～d)。测量时，该平均曲线的最大幅值可作为试验电压值的峰值。由于负载特性可能得到其他波形时，其处理方法由有关设备标准规定。

对峰值附近的冲击和振荡只要其单个波峰的幅值不超过峰值的 5%，则是允许的。在通用的冲击发生器回路中，在冲击电压不超过 90%峰值的波前部分的振荡对试验结果的影响一般可忽略不计。冲击一般应是单向的，参见注 2。

2 在特殊情况下，象对低阻抗试品(例如大电容器)的试验，不可能将冲击波形调节到规定的容许偏差范围内，保持振荡和过冲在规定的极限内，或防止极性改变。这些情况应由有关设备标准处理。

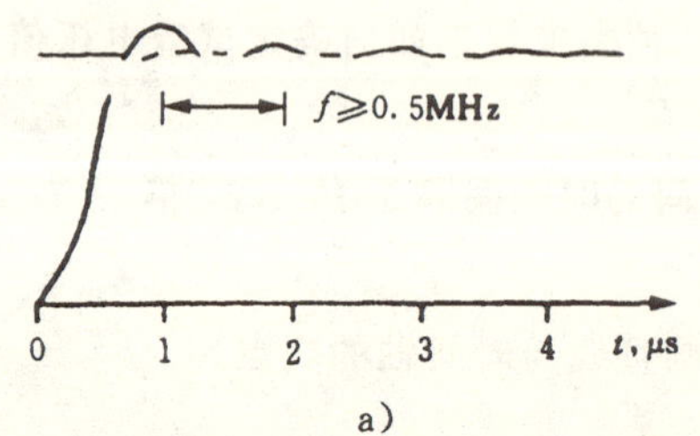

a)

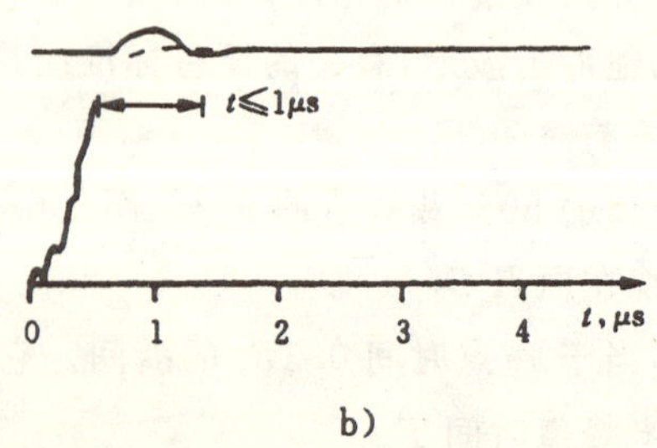

b)

图 2 具有振荡或过冲的冲击波形

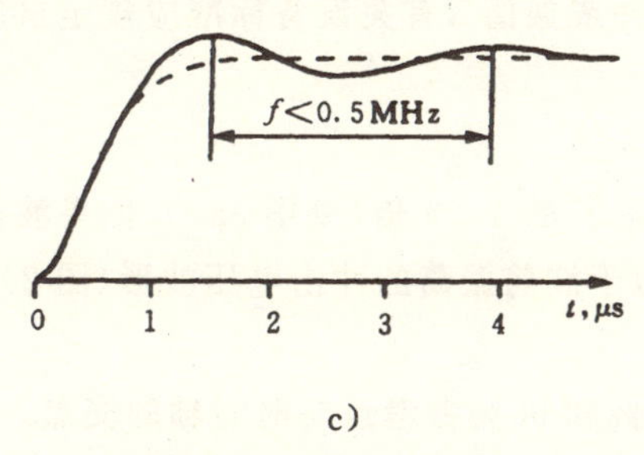

c)

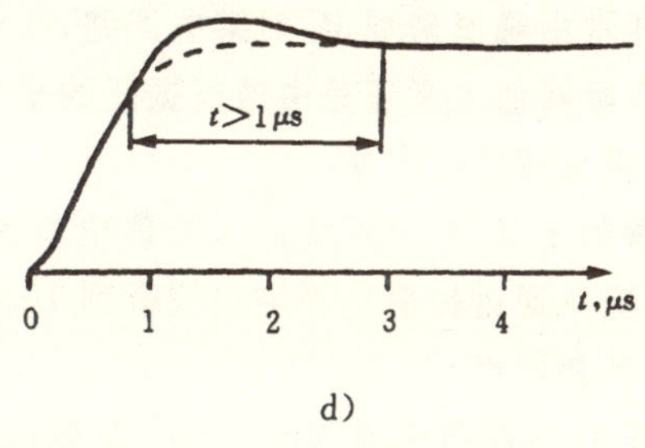

d)

a),b)由平均值确定试验电压值　　c),d)由峰值确定试验电压值

图 2（完）

8.3　试验电压的产生

试验电压一般用冲击电压发生器产生。一般是由直流电源对电容器充电，然后由接有试品的回路串联放电。

冲击发生器的特性应按照 GB/T 17627.2 中的要求进行验证。有关设备标准应该规定发生器的常规输出阻抗(见 10.1.1.2)。

8.4　试验电压和冲击波形的测量

测量应该在接有试品的回路中进行。然而，当试品的阻抗对试验电压的波形和幅值的影响可忽略时，测量也可在不接试品的冲击发生器回路中进行。同一设计和相同尺寸的许多产品在相同条件下试验时，波形只需校验一次。

测量系统根据 GB/T 17627.2 中的要求进行校验。

注

1　根据回路参数计算来确定波形是不可靠的。

2　当大电容负载无法得到所规定的允许偏差内的冲击波形时，可以用直流电压试验来代替(见第 6 章)。有关设备标准应规定直流试验电压值和持续时间。

8.5　试验程序

8.5.1　冲击波形的校验

使用认可的测量系统进行测量，施加到试品上的冲击电压波形应在不低于 50%试验电压的条件下进行。

8.5.2　耐受电压试验

除有关设备标准另有规定之外，施加五次具有规定波形和极性的额定冲击电压。如果没有发生破坏性放电或局部击穿，则认为试验通过。

有关设备标准应规定识别和评估局部击穿的判据。

8.5.3　确保破坏性放电试验

除有关设备标准另有规定之外，施加五次规定波形和极性的额定确保破坏性放电电压，如果每次加压都发生破坏性放电，则试验通过。

有关设备标准也可以对特殊试品规定其他程序。

9　冲击电流试验

9.1　冲击电流试验定义

9.1.1　冲击电流

采用两种类型冲击电流：第一种类型在短时间内波形从零到峰值，然后降到零，它近似为指数型式或重阻尼型正弦曲线，这类波形由波前时间 T_1 和半峰值时间 T_2 规定；第二种类型为近似矩型，它由峰值持续时间和总的持续时间来规定。

9.1.2 试验电流值

这通常由峰值来规定，对某些回路，在电流上可能存在过冲或振荡，有关设备标准应规定试验电流值应由实际峰值定义还是由通过振荡的平均曲线来定义。

9.1.3 视在波前时间 T_1

该参数定义为10%和90%峰值电流瞬间之间的时间间隔 T 的1.25倍(见图3a))，如果波前存在振荡，则应从通过振荡的平均曲线得到10%和90%的值，类似于波前振荡的冲击电压波形(图2)。

9.1.4 视在原点 O_1

超前10%峰值电流瞬间 $0.1T_1$ 的瞬间，它为通过波前10%和90%参考点与时间轴的交点。

9.1.5 半峰值时间 T_2

它为视在参数，定义为视在原点和电流降到峰值的一半的瞬间之间的时间间隔。

9.1.6 矩形波冲击电流峰值的持续时间 T_d

它为视在参数，定义为电流大于90%峰值的时间。

9.1.7 矩形波冲击电流的总的持续时间 T_t

它为视在参数，定义为电流大于10%峰值的时间(图3b)，如果在波前存在振荡，应作平均曲线，以便确定在10%值的时间。

9.2 试验电流

9.2.1 标准冲击电流

相应于9.1.1中规定的第一种类型的标准冲击电流有三种：

1/20冲击波，波前时间1 μs，半峰值时间20 μs；

8/20冲击波，波前时间8 μs，半峰值时间20 μs；

30/60冲击波，波前时间30 μs，半峰值时间60 μs；

矩形波冲击电流的峰值持续时间 T_d 为300 μs、500 μs、1 000 μs。

9.2.2 容许偏差

如果有关设备没有规定，则在标准冲击电流的规定值与实际记录值之间容许存在如下的偏差：

对于1/20、8/20、30/60冲击电流：

峰值：±10%；

波前时间 T_1：±20%；

半峰值时间 T_2：±20%。

如果冲击峰值附近的单个振荡峰值不大于5%的峰值，则允许小的过冲或振荡。电流降到零以后的极性反转应不大于峰值的20%。

对矩形波冲击电流：

峰值：+20%、-0%

峰值持续时间 T_d：+20%、-0%

容许有过冲或振荡，只要它们的单个峰值不大于峰值的10%，矩形波冲击电流总的持续时间应大于峰值持续时间的1.5倍，极性反转应限于峰值的10%。

注：峰值、波前时间和半峰值时间的容许偏差为规定值与测量到的实际记录之间的容许偏差。这不同于测量误差，后者为实际记录到的值与真值之间的差。

9.2.3 试验电流的测量

试验电流的测量系统应符合GB/T 17627.2的要求。

9.2.4 冲击电流试验期间电压的测量

如果有关设备标准中作出要求，在冲击大电流试验期间对试品端的电压应通过GB/T 17627.2规定的冲击电压测量的认可程序的测量系统来测量。

注：冲击电流可能在电压测量回路感应出一定的电压，造成明显的误差，作为校核，推荐连接分压器与试品带电端

的引线应从连接点解开并接到试品的接地端，但应保持近似相同的回路。另外，试品可以短接或用金属导线代替。当在这些条件下发生器发生放电时，测量到的电压与试品两端电压相比应是可以忽略的。至少在对于估价试验结果是重要的这一部分冲击时间内应可忽略。

9.3 试验程序

冲击电流试验是用于一个宽广的范围并且通常涉及到非线性条件，因此有关设备标准应规定。

——电流幅值

——冲击数

——极性

——波形

——相继冲击之间的时间间隔

——校验程序

——验收判据

注：当负荷为非线性时，应考虑规定的波形应在回路中的试品上得到或在冲击发生器终端短路时得出。

10 合成试验

10.1 合成试验的定义

包括限压装置的设备绝缘只能用冲击电压进行试验，因为“等价”的工频或直流电压可能损坏这些限压装置并且不能代表运行情况。

对这样的设备的试验目的是

——校核加到被试整体组装好的设备上的试验电压未超出规定值。

——校核试品对耐受电压的耐受能力。

——校核包括限压装置在内的设备耐受额定通流容量的能力，因为标准冲击电压发生器的通流容量一般是不足够的，因此必须由冲击电流或由主电源馈电。

10.1.1 定义

10.1.1.1 专用冲击发生器

在空载条件下输出规定的冲击电压波形，在短路条件下输出规定的冲击电流波形的冲击发生器。

10.1.1.2 冲击发生器视在阻抗

冲击发生器的开路输出电压峰值和短路电流峰值之比。

注：电压和电流波形在不同负荷条件通常有不同的峰值。

10.1.1.3 视在耐受电压

用规定的能量施加到包括限压装置的试品而不发生损坏的预期试验电压。

10.2 用专用冲击发生器进行的试验

专用冲击发生器可以单独使用或与主电源以及任何合适的电源联合使用。

10.2.1 试验电压和电流

10.2.1.1 专用冲击发生器的标准冲击

标准冲击由开路条件下的输出电压和短路条件下的输出电流来表征。开路输出电压的视在波前时间为1.2 μs，视在半峰值时间为50 μs，短路输出电流的视在波前时间为8 μs，视在半峰值时间为20 μs。

其他波形可由有关设备标准规定。

10.2.1.2 空载冲击电压的容许偏差

如果有关设备标准未作规定，对于标准冲击电压的规定值与空载条件下记录到的那些值之间容许如下偏差：

峰值：±3%；

波前时间：±30%；

半峰值时间：±20%。

注：容许偏差为峰值、波前时间和半峰值时间的规定值与测量到的实际值之间容许的偏差。它不同于测量误差，后者为测量到的实际值与真值之间的偏差。

在峰值附近的过冲和振荡是可以允许的，只要它们的单个峰值不大于峰值的5%。在通常使用的冲击发生器回路中，在电压不超过90%峰值的波前部分的振荡一般对试验结果的影响是可以忽略的。冲击电压应该是单向的。

10.2.1.3 短路冲击电流的容许偏差

如果有关设备标准未作规定，标准冲击电流与短路条件下实际测量得到的冲击电流之间容许如下偏差：

峰值：±10%；

波前时间：±20%；

半峰值时间：±20%。

允许有小的过冲和振荡，只要在冲击峰值附近的单个振荡峰值不大于峰值的5%，电流降到零以后，极性的反转应不大于峰值的30%。

10.2.1.4 冲击发生器视在阻抗的容许偏差

冲击发生器的视在阻抗必须在规定值的±15%之内。

10.2.2 试验电压和电流的产生

冲击通常由直流电压对电容器充电然后向包括试品的回路放电而产生。

有关设备标准应规定冲击发生器的视在阻抗，优选值为2 Ω～12 Ω。

10.2.3 专用冲击发生器特性的检验

专用发生器输出电压和电流的峰值、时间参数，过冲或振荡应用按GB/T 17627.2检验过的测量系统。

冲击电压的检验应用不与试品连接的冲击发生器来进行，因为试品的阻抗对试验电压的幅值和波形有明显影响。

冲击电流的检验应在冲击发生器终端短路的情况下进行。

注

1 根据试验回路参数的计算来确定冲击波形是不准确的。

2 当测量冲击电流时，短路连接线应尽可能的短，最好短于1 m。

10.2.4 试验电压和电流的测量

试验电压和电流的峰值、时间参数、过冲或振荡的测量应用按GB/T 17627.2校验过的测量系统来进行。

注：如果在冲击电流测量期间也需测量试品两端的电压，则应注意9.2.4“注”中的事项。

10.3 单独用专用冲击发生器的程序

10.3.1 设备的准备

除有关设备标准另有规定外，被试设备应与运行条件时一样完整。

10.3.2 冲击试验顺序

冲击试验顺序应在额定冲击耐压值的大约30%处开始施加冲击，然后继续递增，其增量、时间间隔、冲击数应由有关设备标准规定，直到达到100%额定冲击的耐压值。

注1 试品可以包含带间隙的避雷器，这种情况下避雷器动作时，在较低冲击水平时加到设备上的电压可能高于较高冲击水平时叠加在设备上的电压。

每个极性施加五次冲击，专用冲击发生器的空载电压等于试品的额定耐压值。

注2 当施加相继的冲击时，应注意确保时间间隔足以保证不超过试品的热容量耐受能力。

10.3.3 试验结果的评估

如有关设备标准所规定，试验结果的评估通常包括试品功能特性的校核。

10.4 用专用冲击发生器和主电源的试验程序

该试验是模拟运行条件的试验，在试品上施加一定数量的冲击，同时用规定频率、电压和阻抗的电源加压，附录A给出了可以使用的一种典型的试验回路。

10.4.1 设备的准备

除有关设备标准另有规定外，被试设备应与运行情况一样完整。

10.4.2 冲击试验顺序

冲击应与主电源相应同步，冲击应在工频电压峰值处发生，并为相同极性，相位容许偏差为±10°，每一种极性的五次冲击，预期幅值等于额定冲击耐压值，当冲击不同步时，则应施加多次冲击直到每个极性有三个冲击是在上述容许偏差的相角内触发。如果不知道相位关系，则每个极性随机施加20次冲击。

10.4.3 试验结果的评价

实际试验电压和试验电流的测量应在被试设备端进行。

每个极性至少应记录一次实际的试验电压和电流的波形，记录应包括施加冲击之前或之后至少各一个完整周波的工频电压。

试验结果的评价通常应包括完成试验后，试品的功能特性，这由有关设备标准规定。

主电源的跳闸是故障的一种指示，其他故障的指示可以由有关设备标准规定。

10.5 用常规的1.2/50冲击发生器和主电源的试验程序

按照试品的要求，有关设备标准可以考虑专用冲击发生器不合适而用常规的1.2/50冲击电压发生器代替，这种情况下，试品的某些特性将无法校核。

试品的准备，试验顺序和试验结果的评估按照10.2。

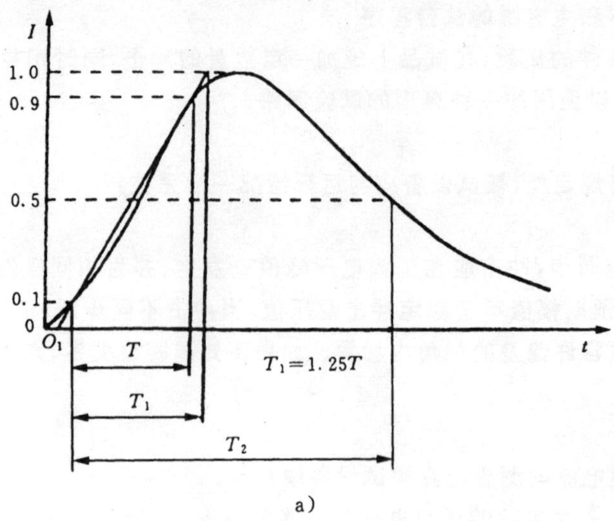

a)

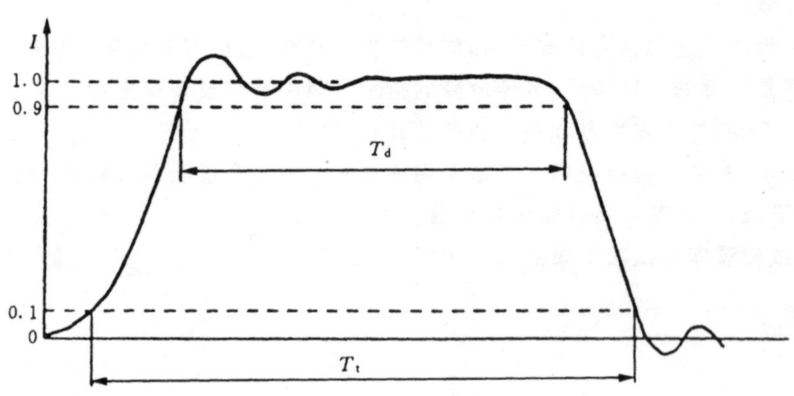

b)

a) 指数形；b) 矩形

图 3 冲击电流波形

附　录　A

（提示的附录）

合成试验的布置

当用冲击发生器及电网电源进行合成试验时，可用图 A1 所示的试验布置。

必须用滤波器使冲击电压向主电源的传输在 10 kHz 时减少大约 20 倍，但允许工频短路电流馈送到试品，为此一般可用每支路 100 μH 的电感 L_f 和大约 20 μF 的电容器。

C_p 为耦合电容，它的电容量至少应为试品有效电容的 20 倍，但同时不应使冲击时间特性增加大于 20%，该电容器的目的是为了将加到冲击发生器的工频电压到可接受的水平以免损坏冲击发生器，一般认为 10 μF 的电容量是合适的。

工频电网电源阻抗，包括 L_f 不应大于 (0.5+j0.25)Ω。

图 A1 适用于单相试验，关于三相回路的布置由有关设备标准规定。

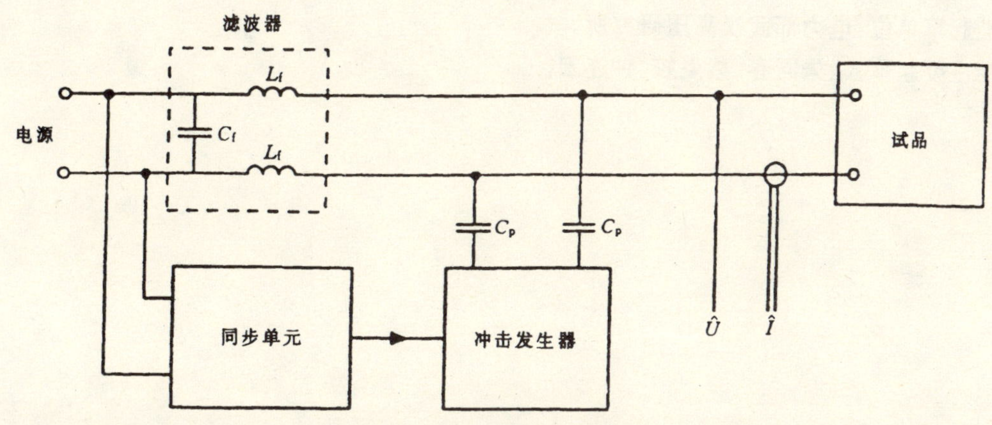

图 A1　合成试验布置

附　录　B

（提示的附录）

试验报告中应给出的资料

试验报告中应包括下述资料，有关标准另有规定附外：

1. 试验的说明
2. 参考标准和/或试验技术条件
3. 大气条件
4. 电流/电压源的特性
5. 试验布置
6. 试验程序
7. 测量和其他规则
8. 试验评估

前　言

本标准是根据电力工业部1992年电力行业标准计划项目的安排，由全国高电压试验技术分标委会负责制定的。

本标准是根据国际电工委员会第42技术委员会制定的标准IEC 1180-2:1994《低压电气设备的高压试验技术　第二部分:测量系统和试验设备》制定的。在技术内容上与国际标准IEC 1180-2等效，编写规则上与之相同。

根据GB/T 1.1的规定，保留了该国际标准的前言(IEC前言)，同时增加了《前言》。为了使国际标准转化为本国家标准时，符合GB/T 1.1标准格式的规定，章节及条号上与国际标准稍有改变。

本标准由电力工业部提出。

本标准由全国高电压试验技术及绝缘配合标准化委员会归口。

本标准起草单位:电力部武汉高压研究所。

本标准主要起草人:朱同春、蔡爱姣、钟连宏。

IEC 前言

1）IEC（国际电工委员会）是由所有国家电工委员会（IEC 国家委员会）组成的广泛的标准化组织。IEC 的目的是促进在电气和电工领域中有关标准化问题的国际合作。最终，结合其他工作，IEC 出版国际标准。它们的准备工作委托技术委员会进行，对此感兴趣的国家委员会可以参加准备工作。与 IEC 有联系的国际的，政府的和非政府的组织也参加准备工作。根据 IEC 与国际标准化组织（ISO）之间协议的规定，IEC 与 ISO 紧密合作。

2）IEC 在技术问题上的正式决定或协议，是由代表了对此特别关切的所有国家委员会的技术委员会准备的。它们尽量表达国际间在所涉及的问题上的一致意见。

3）这些决定或协议，采用推荐的形式并出版成标准，技术报告或导则以便国际上使用，并在此意义上为国家委员会接受。

4）为了促进国际上的合作，IEC 国家委员会应最大可能地应用 IEC 国际标准作为国家或地区标准。国家或地区标准与 IEC 标准之间的任何区别应在国家或地区标准中清楚地说明。

5）IEC 不对任何宣称符合 IEC 标准的设备提供标志来表明它的认可和承担责任。

国际标准 IEC 1180-2 由 IEC 第 42 技术委员会（高电压试验技术）所准备。

标准文本根据下述文件：

标准草案	表决报告
42(CO)53	42(CO)

投票批准本标准的全部资料可以在上表指出的文件中找到。

中华人民共和国国家标准

低压电气设备的高电压试验技术 第二部分:测量系统和试验设备

GB/T 17627.2—1998
eqv IEC 1180-2:1994

High-voltage test techniques for low-voltage equipment
Part 2:Measuring system and test equipment

1 范围

本标准规定了对于低压设备进行高压绝缘试验的试验设备的特性试验程序。它包括直流、交流、冲击电压、冲击电流试验以及冲击电压和冲击电流的合成试验。为了确保绝缘试验符合 GB/T 17627.1 对电压、电流波形和幅值的要求,本标准规定了检验程序。

试验设备由电压/或电流发生器和测量系统组成。本标准适用于由电压或电流发生器及用合适屏蔽防止外部干扰的测量系统组成的设备,本标准不适用于无屏蔽部件或与长引线连接构成的设备。对这一类设备应在使用地点与所使用部件一起校验,这类设备的校验程序参见 GB/T 16927.2《高电压试验技术　第二部分:测量系统》。

2 引用标准

下列标准所包含的条文,通过在本标准中引用而构成为本标准的条文。本标准出版时,所示版本均为有效。所有标准都会被修订,使用本标准的各方应探讨使用下列标准最新版本的可能性。

GB/T 2900.19—1994　电工术语　高电压试验技术和绝缘配合

GB/T 16927.1—1997　高电压试验技术　第一部分　一般试验要求(eqv IEC 60-1:1989)

GB/T 16927.2—1997　高电压试验技术　第二部分　测量系统(eqv IEC 60-2:1994)

GB/T 17627.1—1998　低压电气设备的高电压试验技术　第一部分　定义和试验要求(eqv IEC 1180-1:1992)

3 定义

下列定义适用本标准。

3.1 试验设备　test equipment

产生和测量本标准所应用的试验电压和电流所需要的整套装置。

3.2 标准测量系统　reference measuring system

具有足够的准确度和稳定性适合于认可其他测量系统的测量系统,对其他测量系统的认可是通过对规定波形和范围的电压和电流的同时比对测量来进行的。

注:不确定度由本标准第 9 章给出。

3.3 测量误差　measuring error

试验设备的测量值和标准测量系统给出的值(标准值)之差。它通常表示为标准值的百分数。

3.4 常规输出阻抗(冲击电压发生器)　conventional output impedance

$[(V_\infty-V_R)/V_R]R$ 之值,V_∞为开路峰值输出电压,V_R 为电阻负载 R 上的电压,R 值应保证

国家质量技术监督局 1998-12-14 批准　　1999-12-01 实施

$$0.4V_{oc} \leqslant V_R \leqslant 0.6V_{oc}$$

注：冲击发生器视在阻抗见 GB/T 17627.1—1998 的 10.1.1.2。

4 校验试验设备的一般条件

4.1 大气条件

校验时的大气条件为：

温度范围：15℃～35℃；

大气压力：86 kPa～106 kPa；

相对湿度：25%～75%。

应记录试验期间实际的大气条件。

4.2 试验布置和接线

试验设备应用额定频率的电压供电，并加压至额定电压±10%。

被校设备和参考测量系统之间的连接线应是直接的并尽可能短。对于冲击试验，引线长度应为 1 m（允许误差+0.5 m，－1 m）。标准测量系统与接地部分（物体）的距离至少应等于它的高度或者应该屏蔽。

注：如供电电压低于额定电压可能减少试验设备的最大输出电压。

4.3 比较试验程序

比较试验是将标准测量系统与被校试验设备并联或串联并同时测量，测量应在试验设备的最低工作值和大约 20%、50%、100%额定工作值下进行。应在上升和下降两种情况下读数。

4.4 负载影响

每一次比较试验首先用最小负载（只用标准测量系统本身），然后用试验设备制造厂允许的最大负载重复进行试验。

4.5 频率检验

应定期进行频率检验，至少每年一次。检验按 4.4 进行，除非有关标准另有规定。

5 直流电压发生器特性的检验

5.1 纹波系数的测量

在制造厂规定的最大电流和最小电压下在纯电阻性负载条件下纹波系数应在 GB/T 17627.1—1998 的 6.2.1.1 中所规定的限值内。

5.2 测量误差

测量误差的允许范围为标准测量系统测得的电压值的±3%。

5.3 电压调整

发生器的内阻抗应该保证在达到稳定条件后空载及满载条件下输出电压之差与空载条件下输出电压之比不大于 5%。

6 交流电压发生器特性的检验

6.1 电压波形

试验设备的输出电压的峰值和真正的方均根值应和与其并联的标准测量系统同时测量和读数，峰值与方均根值的比值应处于 $\sqrt{2}\pm0.07$ 的范围内（见 GB/T 17627.1—1998 的 7.2.1.1）。

注

1 这可以用一个转换装置和两个测量仪器来完成。

2 许多仪器并不指示真正的方均根值。

6.2 测量误差

测量误差允许为标准测量系统测得的电压值的±3%。

6.3 最小试验电压

在试验设备输出端跨接一个电流表，调节试验设备的控制整定直到电流表读数为0.1 A方均根值，注明该控制整定值。然后拆除电流表，在该控制整定值下测量试验设备的开路电压。这给出了能符合本标准要求的最低试验电压。

7 冲击电压发生器特性的检验

7.1 电压波形

如果对每一种试验条件，发生器和测量系统都不改变，则不必对每个负荷条件验证波形。只要按适当的时间间隔按照下列程序校验试验设备波形就足够了。

电压波形应用校验过的示波器或数字记录仪来验证，在最大和最小负荷条件下应符合GB/T 17627.1—1998中8.2.2所规定的容许偏差，遵照4.3中给出的程序。该程序应对每个电压水平和两种极性进行。

注：必须施加一次以上冲击来建立一致的工作状况。

7.2 测量误差

测量误差允许为标准测量系统测得的电压值的±5%。

如果测量时间参数，测量误差允许为标准测量系统测量值的±20%。

注：本程序可以与电压波形的测量同时进行。

7.3 常规输出阻抗

试验设备在一电压控制整定值下，在开路条件测量输出峰值电压V_0，电阻性负载应连接到试验设备的输出端，使得输出峰值电压V_R在相同的控制整定值处在开路峰值电压的40%和60%之间。试验设备的常规输出阻抗Z_{IG}由下式给出：

$$Z_{IG}=\frac{V_0-V_R}{V_R}\cdot R$$

这样计算到的常规输出阻抗应在有关设备标准规定的限值之内。

注

1 试验设备的实际阻抗不同于上述计算值，常规输出阻抗用于比较目的。

2 当连接阻性负载R时，冲击波形将改变(特别是半波时间将减小)。

3 V_0应大于V_{max}的30%。

8 冲击电流发生器特性的检验

8.1 电流波形

如果对每次试验条件，发生器和测量系统都不改变，则不必对每种负载条件检验波形，只要按下列程序中合适的时间间隔来校验试验设备波形就足够了。

试验设备的输出端应直接与标准测量系统连接，引线应尽可能的短，电流波形应用校验过的示波器或数字记录仪，按4.3中给出的程序来验证并应符合GB/T 17627.1—1998中9.2.2所规定的容许偏差。

8.2 测量误差

测量误差允许为标准测量系统测得的电流值的±5%。

如果测量时间参数，测量误差允许为标准测量系统测量值的20%。

注：本程序可与电流波形测量同时进行。

9 专用冲击电压发生器特性的检验

9.1 波形和允许测量误差

专用发生器应选作为冲击电压发生器按6.1、6.2来校核，但只在最小工作负载下进行，然后作为冲击电流发生器按7.1、7.2来校核，控制整定值不变。电压和电流波形应在GB/T 17627.1—1998中10.2.1.2，10.2.1.3所规定的限值内。

9.2 视在阻抗

根据按前述条文作出的测量，峰值电压与峰值电流的比值应在每个控制整定值得出，这样得到的几个值的平均值应在GB/T 17627.1—1998中10.2.1.4所规定的容许偏差限值内。平均值为专用冲击发生器的视在阻抗。

10 标准测量系统的要求

10.1 直流电压

直流电压标准测量系统在使用范围内的总的不确定度应在±2%之内。3%以内的纹波系数应对测量准确度没有影响。

10.2 交流电压

交流电压标准测量系统在使用范围内的总的不确定度应在±2%之内。

10.3 雷电冲击电压

全波冲击电压标准测量系统在使用范围内对于峰值总的不确定度应在±3%以内，时间参数的总的不确定度应在±10%之内。

10.4 冲击电流

冲击电流的标准测量系统在使用范围内对于峰值总的不确定度应在±3%以内，时间参数的总的不确定度应在±10%之内。

10.5 比较测量

应该与能溯源到国家测量标准认证的标准测量系统进行比较试验来表明标准测量系统的特性能满足要求。

ICS 29.240.10
K 30

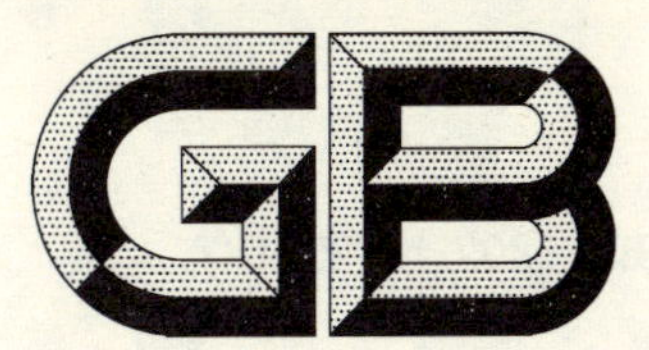

中华人民共和国国家标准

GB 18802.1—2011
代替 GB 18802.1—2002

低压电涌保护器(SPD)
第1部分:低压配电系统的电涌保护器
性能要求和试验方法

Low-voltage surge protective devices—
Part 1:Surge protective devices connected to low-voltage power distribution systems—
Requirements and tests

(IEC 61643-1:2005,MOD)

自2017年3月23日起,本标准转为推荐性标准,编号改为GB/T 18802.1—2011。

2011-12-30 发布　　2012-12-01 实施

中华人民共和国国家质量监督检验检疫总局
中国国家标准化管理委员会　发布

前　言

本部分的全部技术内容为强制性。

GB/T 18802《低压电涌保护器(SPD)》系列标准的结构及名称如下：

——GB 18802.1　低压配电系统的电涌保护器(SPD)　第1部分　性能要求和试验方法

——GB/T 18802.12　低压配电系统的电涌保护器(SPD)　第12部分　选择和使用导则

——GB/T 18802.21　低压电涌保护器　第21部分：电信和信号网络的电涌保护器(SPD)　性能要求和试验方法

——GB/T 18802.22　低压电涌保护器　第22部分：电信和信号网络的电涌保护器(SPD)　选择和使用导则

——GB/T 18802.311　低压电涌保护器元件　第311部分气体放电管(GDT)规范

——GB/T 18802.321　低压电涌保护器元件　第321部分雪崩击穿二极管(ABD)规范

——GB/T 18802.331　低压电涌保护器元件　第331部分金属氧化物压敏电阻(MOV)规范

——GB/T 18802.341　低压电涌保护器元件　第341部分电涌抑制晶闸管(TSS)规范

——本部分为 GB/T 18802 的第1部分。

本部分修改采用 IEC 61643-1:2005《低压电涌保护器　第1部分：连接低压配电系统的电涌保护器性能要求和试验方法》(英文版)。

本部分按照 GB/T 1.1—2009 给出的规则起草。

本部分与 IEC 61643-1:2005 的差异如下：

——本部分取消了 3.4 电压开关型 SPD 和 3.5 电压限制型 SPD 中的另一种称呼。

——本部分对图示的序号做了编辑性的调整，图示序号按出现的顺序依次递增。

——本部分在 7.7 中的一般要求中增加注"用作指示装置或者类似功能的 SPD 在试验时可断开"。

——本部分取消了 IEC 61643-1:2005 中表 11x，只规定了我国的过载特性电流系数 K 的选取值。

——本部分对短路耐受能力试验中的试验电压 U_c 改为 U_{cs}，因为试验电压需要考虑制造厂推荐的最大过电流保护元件的额定电压。修改的依据 EN 61643-11:2002+A11:2007 和 IEC 61643-11(CD)。

——对本部分中出现的符号进行汇总。

本部分与 GB 18802.1—2002 的主要区别：

——本部分在第3章定义中，对冲击电流 I_{imp}、最大持续工作电压 U_c、1.2/50 冲击电压和 8/20 冲击电流等定义做了修改和完善。增加了新的定义：多极 SPD、总放电电流 I_{total} 和电源系统的最大持续工作电压 U_{cs}。取消了暂时过电压(TOV)故障性能的定义。用暂时过电压试验值 UT 代替了暂时过电压(TOV)特性。

——本部分增加了多极 SPD 的类型，并对此类型 SPD 的参数要求、性能要求以及试验方法相应进行了规定。

——本部分在标识要求中，取消了标称额定频率的标识，增加了产品试验类别的一种标识方法，对标称放电电流 I_n 的标志要求做了调整。

——本部分对于 TOV 特性，明确了高(中)压系统的故障引起的 TOV 和低压系统故障引起的 TOV 的试验方法。同时增加了高(中)压系统的故障引起的 TOV 下 SPD 的试验电路图以及 SPD 端子上预期电压的相应时序图，合格判别标准分为 TOV 故障模式和耐受模式，合格判别要求相应变化。

——本部分中对产品需进行的型式试验项目更明确。每一试验项目均明确标明“应试验”或“不适用”或“不是强制性试验”来替代原来的“按需进行”。

——本部分对Ⅰ类冲击电流试验的试验参数的获得时间做了调整同时放宽了电荷量 Q 的允差。

——本部分在确定电压保护水平的试验中，对于Ⅰ类和Ⅱ类试验的 SPD，试验流程顺序进行了调整。

——本部分在测量限制电压的试验方法中，对于仅包含电压限制元件的 SPD，试验简化，只需在 I_n 或 U_{oc}下进行试验。

——本部分对仅连接在中线和保护接地间的且续流大于 500 A 的 SPD，在动作负载试验时，规定了工频电源的预期短路电流至少为 100 A。

——本部分的短路耐受能力试验增加了低短路电流试验和 I_{fi}低于声明的短路耐受能力的 SPD 的补充试验。

——本部分的热稳定试验的合格判别标准中，从考核的表面温度改为表面温升。

本部分代替 GB 18802.1—2002《低压配电系统的电涌保护器(SPD)　第 1 部分：性能要求和试验方法》。

本部分由中国电器工业协会提出。

本部分由全国避雷器标准化技术委员会(SAC/TC 81)归口。

本部分负责起草单位：上海电器科学研究所(集团)有限公司、西安高压电器研究院有限责任公司。

本部分参加起草单位：上海市防雷中心、浙江雷泰电气有限公司、杭州易龙电气技术有限公司、南京菲尼克斯电气有限公司、常州创捷防雷电子有限公司、四川中光防雷科技有限责任公司、施耐德电气(中国)投资有限公司、北京 ABB 低压电器有限公司、德和盛电气(上海)有限公司、天津市中力防雷技术有限公司、魏德米勒电联接贸易(上海)有限公司、杭州之江开关股份有限公司、上海西岱尔电子有限公司、南京秦淮东风电气有限公司。

本部分主要起草人：尹天文、王碧云、王新霞、周积刚。

本部分参加起草人：赵洋、郑雷鸣、易秀成、徐祝勤、束静、王德言、刘振良、刘丽萍、童静、孙巍巍、陶俊、吴玲娟、王辉、侯敖根。

本部分所代替标准的历次版本发布情况为：

——GB 18802.1—2002。

根据中华人民共和国国家标准公告(2017 年第 7 号)和强制性标准整合精简结论，本标准自 2017 年 3 月 23 日起，转为推荐性标准，不再强制执行。

引 言

本部分阐述了电涌保护器(SPD)的性能试验。

有三种类别的试验。

Ⅰ类试验用于模拟部分导入雷电流的冲击。符合Ⅰ类试验方法的SPD通常推荐用于高暴露地点，例如:由雷电防护系统保护的建筑物的电缆入口。

Ⅱ类或Ⅲ类试验方法试验的SPD承受持续时间较短的冲击。这些SPD通常推荐用于较少暴露的地点。

所有SPD在试验时应尽可能视作一个“黑盒子”。制造厂所采用的评估技术可列入试验中，使得所采用的试验方法是最合适的。

第12部分阐述SPD在实际情况中的选择和使用导则。

低压电涌保护器(SPD)
第1部分:低压配电系统的电涌保护器
性能要求和试验方法

1 总则

1.1 适用范围

本部分适用于对间接雷电和直接雷电效应或其他瞬态过电压的电涌进行保护的电器。这些电器被组装后连接到交流额定电压不超过1 000 V(有效值)、50/60 Hz或直流电压不超过1 500 V的电路和设备。

本部分规定这些电器的特性、标准试验方法和额定值,这些电器至少包含一用来限制电压和泄放电涌电流的非线性的元件。

1.2 规范性引用文件

下列文件对于本文件的应用是必不可少的。凡是注日期的引用文件,仅注日期的版本适用于本文件。凡是不注日期的引用文件,其最新版本(包括所有的修改单)适用于本文件。

GB 2099.1—2008 家用和类似用途插头插座 第1部分:通用要求(mod IEC 60884-1:2006)

GB/T 4207—2003 固体绝缘材料在潮湿条件下相比电痕化指数和耐电痕化指数的测定方法(idt IEC 60112:1979)

GB 4208—2008 外壳防护等级(IP代码)(idt IEC 60529:2001)

GB/T 5013(全部) 额定电压450/750 V及以下橡皮绝缘电缆(idt IEC 60245)

GB/T 5023(全部) 额定电压450/750 V及以下聚氯乙烯绝缘电缆(idt IEC 60227)

GB/T 5169.10—2006 电工电子产品着火危险试验 第10部分:灼热丝/热丝基本试验方法 灼热丝装置和通用试验方法(idt IEC 60695-2-10:2000)

GB 14048.1—2006 低压开关设备和控制设备 第1部分:总则(mod IEC 60947-1:2001)

GB 14048.5—2008 低压开关设备和控制设备 第5-1部分:控制电路电器和开关元件机电式控制电路电器(mod IEC 60947-5-1:2003)

GB 16895.22—2004 建筑物电气装置 第5-53部分:电气设备的选择和安装——隔离、开关和控制设备 第534节:过电压保护电器(idt IEC 60364-5-53:2001)

GB/T 16927.1—1997 高电压试验技术 第1部分:一般试验要求(eqv IEC 60060-1:1989)

GB/T 16935.1—2008 低压系统内设备的绝缘配合 第1部分:原理、要求和试验(idt IEC 60664-1:1992)

GB/T 17627.1—1998 低压电气设备的高电压试验技术 第1部分:定义和试验要求(eqv IEC 61180-1:1992)

GB/T 18802.12—2006 低压配电系统的电涌保护器(SPD) 第12部分:选择和使用导则(idt IEC 61643-12:2002)

GB/T 21714.1—2008 雷电防护 第1部分:总则(IEC 62305-1:2005,IDT)

IEC 60999(全部) 连接器件——用于电气铜导体——螺钉型和无螺钉型夹紧件的安全要求

2 使用条件

2.1 正常使用条件

2.1.1 频率：电源的交流频率在 48 Hz 和 62 Hz 之间。

2.1.2 电压：持续施加在 SPD 的接线端子间的电压不应超过其最大持续工作的电压。

2.1.3 海拔：海拔不应超过 2 000 m。

2.1.4 使用和储存温度：

——正常范围为－5 ℃～＋40 ℃；

——极限范围为－40 ℃～＋70 ℃。

2.1.5 湿度-相对湿度：在室温下应在 30％和 90％之间。

2.2 异常使用条件

对置于异常使用条件下的 SPD，在设计和使用中可能需要作特殊考虑，并应提请制造厂重视。

对置于日光或其他射线下的户外型 SPD，可能需要附加技术要求。

3 术语和定义

下列术语和定义适用于本文件。

3.1

电涌保护器(SPD)　surge protective device

用于限制瞬态过电压和泄放电涌电流的电器，它至少包含一非线性的元件。

3.2

一端口的 SPD　one-port SPD

SPD 与被保护电路并联。一端口可以具有分开的输入和输出端，在这些端子之间没有特殊的串联阻抗。

3.3

二端口的 SPD　two-port SPD

有二组端口即输入和输出接线端子的 SPD，在输入和输出端子之间有特殊的串联阻抗。

3.4

电压开关型 SPD　voltage switching type SPD

没有电涌时具有高阻抗，当对电涌电压响应时能突变成低阻抗的 SPD。电压开关型 SPD 常用的元件有放电间隙、气体放电管、晶闸管(可控硅整流器)和双向三极晶闸管。

3.5

电压限制型 SPD　voltage limiting type SPD

没有电涌时具有高阻抗，但是随着电涌电流和电压的上升，其阻抗将持续地减小的 SPD。常用的非线性元件是压敏电阻和抑制二极管。

3.6

复合型 SPD　combination SPD

由电压开关型元件和电压限制型元件组成的 SPD。其特性随所加电压的特性可以表现为电压开关型、电压限制型或两者皆有。

3.7

保护模式　modes of protection

SPD 保护元件可以连接在相对相、相对地、相对中线、中线对地及其组合。这些连接方式称作保护模式。

3.8

标称放电电流　nominal discharge current

I_n

流过 SPD 具有 8/20 波形的电流峰值，用于Ⅱ类试验的 SPD 分类以及Ⅰ类、Ⅱ类试验的 SPD 的预处理试验。

3.9

冲击电流　impulse current

I_{imp}

由三个参数来定义：电流峰值 I_{peak}、电荷量 Q 和比能量 W/R。

注：用于Ⅰ类试验的 SPD 分类。

3.10

Ⅱ类试验的最大放电电流　maximum discharge current for class Ⅱ test

I_{max}

流过 SPD，具有 8/20 波形电流的峰值，其值按Ⅱ类动作负载试验的程序确定。I_{max}应大于 I_n。

3.11

最大持续工作电压　maximum continuous operating voltage

U_c

可连续地施加在 SPD 保护模式上的最大交流电压有效值或直流电压。

3.12

待机功耗　standby power consumption

P_c

SPD 按制造厂的说明连接，施加平衡电压和平衡相角的最大持续工作电压(U_c)并且不带负载时 SPD 所消耗的功率。

3.13

续流　follow current

I_f

冲击放电电流以后，由电源系统流入 SPD 的电流。续流与持续工作电流 I_c 有明显区别。

3.14

额定负载电流　rated load current

I_L

能提供给连接到 SPD 保护输出端的负载的最大持续额定交流电流有效值或直流电流。

3.15

电压保护水平　voltage protection level

U_p

表征 SPD 限制接线端子间电压的性能参数，其值可从优先值的列表中选择。该值应大于限制电压的最高值。

3.16

限制电压　measured limiting voltage

施加规定波形和幅值的冲击时，在 SPD 接线端子间测得的最大电压峰值。

3.17

残压　residual voltage

U_{res}

放电电流流过 SPD 时，在其端子间产生的电压峰值。

3.18

暂时过电压试验值　temporary overvoltage test value

U_T

施加在 SPD 上并持续一个规定时间的试验电压，以模拟在 TOV 条件下的应力。

3.19

二端口 SPD 的负载端电涌耐受能力　load-side surge withstand capability for a two-port SPD

二端口 SPD 输出端子耐受其下游负载侧产生的电涌的能力。

3.20

电压降(用百分数表示)　(in percent)voltage drop

$$\Delta U=[(U_{输入}-U_{输出})/U_{输入}]\times 100\%$$

式中：

$U_{输入}$——输入电压；

$U_{输出}$——同一时刻在连接额定阻性负载条件下测量的输出电压，该参数仅适用于二端口 SPD。

3.21

插入损耗　insertion loss

在给定频率下，连接到给定电源系统的 SPD 的插入损耗定义为：电源线上紧靠 SPD 接入点之后，在被试 SPD 接入前后的电压比，结果用分贝表示。

注：其要求和试验正在考虑中。

3.22

1.2/50 冲击电压　1.2/50 voltage impulse

视在波前时间为 1.2 μs，半峰值时间为 50 μs 的冲击电压。

注 1：波前时间根据 GB/T 16927.1 的定义为 $1.67\times(t_{90}-t_{30})$，其中 t_{90} 和 t_{30} 指波形上升沿中峰值的 90％和 30％的点。

注 2：半峰值时间指视在原点至下降沿中峰值的 50％点之间的时间。视在原点指波形的上升沿中经过峰值的 30％和 90％二点画的直线与 $U=0$ 直线的交点。

3.23

8/20 冲击电流　8/20 current impulse

视在波前时间为 8 μs，半峰值时间为 20 μs 的冲击电流。

注 1：波前时间根据 GB/T 16927.1 的定义为 $1.25\times(t_{90}-t_{10})$，其中 t_{90} 和 t_{10} 指波形上升沿中峰值的 90％和 10％的点。

注 2：半峰值时间指视在原点至下降沿中峰值的 50％点之间的时间。视在原点指波形上升沿中经过峰值的 10％和 90％二点画的直线与 $I=0$ 直线的交点。

3.24

复合波　combination wave

复合波由冲击发生器产生，开路时施加 1.2/50 冲击电压，短路时施加 8/20 冲击电流。提供给 SPD 的电压、电流幅值及其波形由冲击发生器和受冲击作用的 SPD 的阻抗而定。开路电压峰值和短路电流峰值之比为 2 Ω；该比值定义为虚拟阻抗 Z_f。短路电流用符号 I_{sc}表示。开路电压用符号 U_{oc}表示。

3.25

热崩溃　thermal runaway

当 SPD 承受的功率损耗超过外壳和连接件的散热能力，引起内部元件温度逐渐升高，最终导致其损坏的过程。

3.26

热稳定 thermal stability

在引起 SPD 温度上升的动作负载试验后，在规定的环境温度条件下，给 SPD 施加规定的最大持续工作电压，如果 SPD 的温度能随时间而下降，则认为 SPD 是热稳定的。

3.27

劣化 degradation

由于电涌、使用或不利环境的影响造成 SPD 原始性能参数的变化。

3.28

短路电流耐受能力 short-circuit withstand

SPD 能够承受的最大预期短路电流值。

3.29

SPD 的脱离器 SPD disconnector

把 SPD 从电源系统断开所需要的装置（内部的和/或外部的）

注：这种断开装置不要求具有隔离能力，它防止系统持续故障并可用来给出 SPD 故障的指示。可具有多于一种的脱离器功能，例如过电流保护功能和热保护功能。这些功能可以组合在一个装置中或由几个装置来完成。

3.30

外壳防护等级（IP 代码） degrees of protection provided by enclosure（IP code）

外壳提供的防止触及危险的部件、防止外界的固体异物进入和/或防止水的进入壳内的防护程度（见 GB 4208）。

3.31

型式试验 type tests

一种新的 SPD 设计开发完成时所进行的试验，通常用来确定典型性能，并用来证明它符合有关标准。试验完成后一般不需要再重复进行试验，除非当设计改变以致影响其性能时，才需重新做相关项目试验。

3.32

常规试验 routine tests

按要求对每个 SPD 或其部件和材料进行的试验，以保证产品符合设计规范。

3.33

验收试验 acceptance tests

经供需双方协议，对订购的 SPD 或其典型试品所做的试验。

3.34

去耦网络 decoupling network

在 SPD 通电试验时，用来防止电涌能量反馈到电网的装置。有时称“反向滤波器”。

3.35 冲击试验的分类

3.35.1

Ⅰ类试验 class Ⅰ test

按 3.8 定义的标称放电电流 I_n，3.22 定义的 1.2/50 冲击电压和 3.9 定义的Ⅰ类试验的最大冲击电流 I_{imp}进行的试验。

3.35.2

Ⅱ类试验 class Ⅱ test

按 3.8 定义的标称放电电流 I_n，3.22 定义的 1.2/50 冲击电压和 3.10 定义的Ⅱ类试验的最大放电

电流 I_{max}进行的试验。

3.35.3

Ⅲ类试验　class Ⅲ test

按 3.24 定义的复合波(1.2/50,8/20)进行的试验。

3.36

过电流保护　overcurrent protection

位于 SPD 外部的前端,作为电气装置的一部分的过电流器件(如断路器或熔断器)。

3.37

剩余电流装置(RCD)　residual current device (RCD)

在规定的条件下,当剩余电流或不平衡电流达到给定值时能使触头断开的机械开关电器或组合电器。

3.38

电压开关型 SPD 的放电电压　sparkover voltage of a voltage switching SPD

在 SPD 的间隙电极之间,发生击穿放电前的最大电压值。

3.39

Ⅰ类试验的比能量 W/R　specific energy W/R for class Ⅰ test

冲击电流 I_{imp}流过 1 Ω 单位电阻时消耗的能量。它等于电流平方对时间的积分 $W/R=\int i^2\,dt$。

3.40

供电电源的预期短路电流　prospective short-circuit current of a power supply

I_p

在电路中的给定位置,如果用一个阻抗可忽略的连接短路时可能流过的电流。

3.41

额定断开续流值　follow current interrupting rating

I_{fi}

SPD 本身能断开的预期短路电流。

3.42

残流　residual current

I_{PE}

SPD 按制造厂的说明连接,施加最大持续工作电压(U_c)时,流过 PE 接线端子的电流。

3.43

状态指示器　status indicator

指示 SPD 工作状态的装置。

注:这些指示器可以是本体的可视和/或音响报警,和/或具有遥控信号装置和/或输出触头能力。

3.44

(告警)输出端子　output contact

包含在与主电路分开的电路里并与 SPD 脱离器或状态指示器连接的触头。

3.45

系统的标称交流电压　nominal a.c. voltage of the system

U_0

系统标称的相对中性线的电压(交流电压的有效值)。

3.46

多极 SPD　multipole SPD

多于一种保护模式的 SPD,或者电气上相互连接的作为一个单元供货的 SPD 组件。

3.47

总放电电流　total discharge current

I_{total}

在总放电电流试验中，流过多极 SPD 的 PE 或 PEN 导线的电流。

注 1：这个试验的目的是用来检查多极 SPD 的多种保护模式同时作用时发生的累积效应。

注 2：I_{total}与根据 GB/T 21714 系列标准用作雷电保护等电位连接的Ⅰ级试验 SPD 特别有关。

3.48

电源系统的最大持续工作电压　maximum continuous operating voltage of the power system

U_{cs}

SPD 在其使用的位置上可能持续承受的最大交流有效值电压或直流电压。

注：这里已考虑了电网电压的调整和/或电网电压的正、负偏差。它也被称为“系统电压实际最大值”并直接与 U_0 有关。

4　分类

制造厂应按照下列参数对 SPD 分类。

4.1　端口数

4.1.1　一端口

4.1.2　二端口

4.2　SPD 的设计类型

4.2.1　电压开关型

4.2.2　电压限制型

4.2.3　复合型

4.3　SPD 的Ⅰ、Ⅱ和Ⅲ类试验

Ⅰ、Ⅱ和Ⅲ类试验要求的试验项目见表 1。

表 1　Ⅰ、Ⅱ和Ⅲ类试验

试　　验	试 验 参 数	试验程序(见分条款)
Ⅰ类	I_{imp}	7.1.1
Ⅱ类	I_{max}	7.1.2
Ⅲ类	U_{oc}	7.1.4

4.4　使用地点

4.4.1　户内

4.4.2　户外

注：对仅按户外使用制造和分类的，并且安装在伸臂范围以外 SPD，一般不需要满足与周围环境保护有关的所有技术要求。

4.5 易触及性

4.5.1 易触及的

4.5.2 不易触及的(碰不到的)

注:碰不到的是指不使用工具或其他设备不会碰到带电部件。

4.6 安装方式

4.6.1 固定的

4.6.2 移动的

4.7 SPD 的脱离器

4.7.1 脱离器的位置

4.7.1.1 内部的

4.7.1.2 外部的

4.7.1.3 二者都有(一部分内部和一部分外部)

4.7.2 保护功能

4.7.2.1 热保护

4.7.2.2 泄漏电流保护

4.7.2.3 过电流保护

注:脱离器不是必需的。

4.8 过电流保护

4.8.1 规定的过电流保护

4.8.2 不规定的过电流保护

4.9 按 GB 4208 的 IP 代码的外壳防护等级

4.10 温度范围

4.10.1 正常的温度范围

4.10.2 极限的温度范围

4.11 系统

4.11.1 交流,频率在 48 Hz～62 Hz 之间

4.11.2 直流

4.11.3 交流和直流

4.12 多极 SPD

5 标准额定值

5.1 Ⅰ类试验的冲击电流 I_{imp} 优选值

峰值 I_{peak}　1、2、5、10、20 和 25 kA。

电荷量 Q　0.5、1、2.5、5、10 和 12.5 As。

5.2 Ⅱ类试验的标称放电电流 I_n 优选值

0.05、0.1、0.25、0.5、1.0、1.5、2.0、2.5、3.0、5.0、10、15、20 kA。

5.3 Ⅲ类试验的开路电压 U_{oc} 优选值

0.1、0.2、0.5、1、2、3、4、5、6、10、20 kV。

5.4 电压保护水平 U_p 优选值

0.08、0.09、0.10、0.12、0.15、0.22、0.33、0.4、0.5、0.6、0.7、0.8、0.9、1.0、1.2、1.5、1.8、2.0、2.5、3.0、4.0、5.0、6.0、8.0、10 kV。

5.5 交流有效值或直流的最大持续工作电压 U_c 的优选值

42、52、63、75、95、110、130、150、175、220、230、240、255、260、275、280、320、335 350、385、420、440、460、510、530、600、635、660、690、800、900、1 000、1 500、1 800、2 000 V。

6 技术要求

6.1 一般要求

6.1.1 标识

制造厂至少应提供下列信息。试验按照第 7 章进行。

a) 制造厂名或商标和型号；

b) 安装位置类别；

c) 端口数量；

d) 安装方法；

e) 最大持续工作电压(每种保护模式有一个电压值)；

f) 制造厂声明的每种保护模式的试验类别和放电参数，并相互靠近打印这些参数；

——Ⅰ类试验："Ⅰ类试验"和"I_{imp}"及以 kA 为单位数值，或者"T1"(T1 在方框内)和"I_{imp}"及以 kA 为单位数值；

——Ⅱ类试验："Ⅱ类试验"和"I_{max}"及以 kA 为单位数值，或者"T2"(T2 在方框内)和"I_{max}"及以 kA 为单位数值；

——Ⅲ类试验："Ⅲ类试验"和"U_{oc}"及以 kV 为单位数值，或者"T3"(T3 在方框内)和"U_{oc}"及以 kV 为单位数值。

g) Ⅰ类和Ⅱ类的标称放电电流 I_n(每种保护模式有一个电流值)；

h) 电压保护水平 U_p(每种保护模式有一个电压值)；

i) 额定负载电流 I_L(如果需要)；

j) 外壳防护等级(当 IP>20 时);
k) 短路电流耐受能力;
l) 过电流保护推荐的最大额定值(如果适用时);
m) 脱离器动作指示(如果有的话);
n) 正常使用的位置(如果重要时);
o) 接线端的标志 (如果需要);
p) 安装说明(例如,连接至低压系统、机械尺寸、导线长度等);
q) 电流类型:交流频率或直流,或二者都行;
r) 仅用于Ⅰ类试验的比能量 W/R(根据 7.1.1);
s) 温度范围;
t) 额定断开续流值 (除电压限制型 SPD 外);
u) 外部 SPD 脱离器的技术要求应由制造厂规定;
v) 残流 I_{PE}(可选的);
w) 承受暂时过电压 (TOV)特性;
x) 多极 SPDs 的总放电电流 I_{total}(如果制造厂声明)。

6.1.2 标志

6.1.1 中的标识 a)、e)、f)、g)、h)、j)、l)、o)和 q)必须位于 SPD 的本体上,或持久地标贴在 SPD 本体上。

标志应不易磨灭且易识别,不应标在螺钉和可拆卸的垫圈上。通过 7.2 的试验来检验其是否符合要求。

注:如果受空间限制,制造厂名称或商标和型号应标在电器上,其他标志可标在小包装上。

6.2 电气性能要求

6.2.1 电气连接

接线端子应设计成能连接制造厂规定的最小和最大截面的电缆。

每项试验必须采用最严酷的配置(如按不同试验采用最大或最小截面(见第 7 章))。SPD 应具有接线端子,可以用螺钉、螺母、插头、插座或等效的方法进行电气连接。按 7.3 进行检查。

6.2.2 电压保护水平 U_p

SPD 的限制电压不应超过由制造厂规定的电压保护水平。通过 7.5 的试验来检验其是否符合要求。

6.2.3 Ⅰ类冲击电流试验

当制造厂声明满足Ⅰ类试验要求时,SPD 应按该要求进行试验。通过 7.6.5 的试验来检验其是否符合要求。

6.2.4 Ⅱ类标称放电电流试验

当制造厂声明满足Ⅱ类试验要求时,SPD 应按该要求进行试验。通过 7.6.5 的试验来检验其是否符合要求。

6.2.5 Ⅲ类复合波试验

当制造厂声明满足Ⅲ类试验要求时,SPD 应按该要求进行试验。通过 7.6.7 的试验来检验其是否符合要求。

6.2.6 动作负载试验

在施加最大持续工作电压 U_c 时，SPD 应能承受规定的放电电流而使其特性没有不可接受的变化。通过 7.6 的试验检验其是否符合要求。

6.2.7 SPD 的脱离器

SPD 可带 SPD 脱离器(可以是内部或者外部的，或两者都有)。它们的动作应有指示。

注：与 SPD 无关的安装要求，可能要求附加的和/或较低额定值的过电流保护装置。

在 7.7 和 7.8.3 的型式试验程序中 SPD 脱离器应与 SPD 一起试验，除了在 7.7.1 动作负载试验过程中不进行试验的 RCD 以外。

通过 7.7 和 7.8.3 的试验来检验其是否符合要求。

6.2.8 电气间隙和爬电距离

SPD 应具有足够的电气间隙和爬电距离。按 7.9.5 进行试验。

6.2.9 耐电痕化

使载流部件保持在其位置上所必需的绝缘材料应是耐电痕化材料，或它们应有足够的尺寸。按 7.9.6 进行试验。

6.2.10 介电强度

考虑到绝缘损坏和防止直接接触，SPD 的外壳应有足够的介电强度。按 7.9.8 进行试验。

6.2.11 短路耐受能力

过载(短路)的 SPD 应能承受在运行中可能发生的电源短路电流。按 7.7.3 试验。

6.2.12 状态指示器的动作

一般要求

在整个型式试验过程中，指示器所显示的状态应清晰地给出与指示器连接部分的状态的标志。对带有规定的中间状态指示的 SPD，不能认为中间状态是指示器的故障。当有多于一种状态指示方式时，例如本机的和遥控的指示，则每种型式的指示均应检查。制造厂应给出关于指示器功能以及状态指示变化后所采取措施的信息。

状态指示器可由两部分组成，这两部分由一个耦合机构连接，耦合机构可以是机械的、光学的、音响的和电磁的等。在更换 SPD 时，被更换的这一部分，应如上述试验，在更换 SPD 时不更换的另一部分至少应能增加 50 次操作。

注：耦合机构操作状态指示器不更换部分的动作可用其他方法来模拟，例如，一个分开的电磁铁或弹簧，而不用操作 SPD 的可更换部分零件的方法。

当对所采用的指示型式有合适的标准时，状态指示器的非更换部分应符合这个标准，除了指示器仅需要 50 次操作试验外。

6.2.13 分开电路之间的隔离

当 SPD 包含一个与主电路电气上隔离的电路时，制造厂应提供关于电路之间隔离和绝缘耐受电压的信息，及制造厂声明符合的有关标准。

如果有两个以上的电路时，应对每个电路的组合进行说明。

分开电路之间的隔离和介电强度应按制造厂的说明进行试验。

6.3 机械性能要求

SPD应提供适当的安装方式以确保机械稳定性。按7.9.2试验。

6.3.1 一般要求

SPD应具有接线端子，可用以下方法进行电气连接：

——螺钉接线端子；

——螺母；

——插头；

——插座；

——无螺纹接线端子；

——绝缘刺穿连接；

——或等效的方法。

6.3.2 机械连接

a) 接线端子应固定在SPD上，即使夹紧螺钉或锁紧螺母拧紧或拧松时，也不应使其松动。应使用工具拧松夹紧螺钉或锁紧螺母。

b) 插头和插座应符合国家标准的要求，GB 2099.1的有关条款适用。

c) 螺钉、载流部件和连接

1) 无论是电气的还是机械的连接，应能承受正常使用时产生的机械应力。

安装SPD时使用的螺钉不应是螺纹切削式自攻螺钉。

通过直观检查和7.3.2.1的试验来检验其是否符合要求。

2) 电气连接的设计应使得接触压力不是通过绝缘材料(除陶瓷、纯净云母或其他具有相当性能的材料)传递，除非在金属部件中具有足够的弹性以补偿绝缘材料任何可能的收缩或屈服变形。

通过直观检查其是否符合要求。

就几何尺寸的稳定性来考虑材料的适用性。

3) 载流部件和连接件，包括用作保护导体的部件(如有的话)应采用：

- 铜；或者
- 含铜量至少为58%的合金(冷加工零件)，或含铜量至少为50%的合金(其他零件)；或者
- 耐腐蚀性能不低于铜，并且具有合适的机械性能的其他金属或适当涂层的金属。

确定耐腐蚀性能的新的要求和合适的试验尚在考虑中。这些要求应允许使用其他适当涂层的材料。

本条款中的要求不适用于触头、磁路、加热元件、双金属片、限流材料、分流器、电子装置元件以及螺钉、螺母、垫圈、夹紧板和接线端子类似部件。

d) 连接外部导体的螺钉接线端子

1) 连接外部导体的接线端子应保证其连接的导体永久保持必须的接触压力。

这些装置可以是插入式或是螺栓接入式。

在预期的使用条件下，应能方便地接近接线端子。

通过直观检查和7.3.2.2.2的试验来检验其是否符合要求。

2） 接线端子中用于紧固导体的部件不应用作固定其他任何元件，尽管它们是用来固定接线端子或阻止其转动。

通过直观检查和7.3.2.2.2的试验来检验其是否符合要求。

3） 接线端子应具有足够的机械强度。用于紧固导体的螺钉和螺母应具有公制ISO的螺纹或节距和机械强度均类似的螺纹。

通过直观检查和7.3.2.1、7.3.2.2的试验来检验其是否符合要求。

SI、BA和UN螺纹可以暂时使用，因为它们在螺距和机械强度方面与公制的ISO螺纹实际上是等效的。

4） 接线端子应设计成使得其紧固导体时不会过度损坏导体。

通过直观检查和7.3.2.2.2的试验来检验其是否符合要求。

5） 接线端子的设计应使其能可靠地把导体夹紧在金属表面之间。

通过直观检查和7.3.2.1、7.3.2.2.1的试验来检验其是否符合要求。

6） 接线端子的设计或布局应使其在拧紧紧固螺钉或螺母时实心硬导线和绞合导线的线丝不能滑出接线端子。

本要求不适用于接线片式接线端子。

通过直观检查和7.3.2.2.3的试验来检验其是否符合要求。

7） 接线端子应这样固定或定位，当紧固螺钉或螺母拧紧或拧松时，接线端子不应从SPD的固定位置上松脱。

这些要求不是指接线端子应如此设计以至必须阻止其转动或位移，但是对任何移动必须加以充分地限制以防止不符合本部分要求。

要符合下列要求，使用密封化合物或树脂就认为足以防止接线端子松动：

- 密封化合物或树脂在正常使用时不遭受压力；和
- 在本部分规定的最不利的条件下，接线端子达到的温升不影响密封化合物或树脂的效果。

通过直观检查、测量和7.3.2.1的试验来检验其是否符合要求。

8） 用于连接保护导体的接线端子的紧固螺钉或螺母应具有足够的可靠性以防止意外的松动。

通过手动试验来检验其是否符合要求。

e） 用于连接外部导体的无螺纹接线端子

1） 接线端子应设计成如下结构：

- 每个导体被单独地紧固。当连接或断开导体时能同时或者分别地连接或断开；
- 能可靠地紧固允许的最大值及以下的任何数量的导体。

通过直观检查和7.3.3的试验来检验其是否符合要求。

2） 接线端子应设计成在其紧固导体时不会对导体造成过度的损坏。

通过直观检查来检验其是否符合要求。

f） 绝缘穿刺连接外部导体

1） 绝缘穿刺连接应具有可靠的机械连接。

通过直观检查和7.3.4的试验来检验其是否符合要求。

2） 产生接触压力的螺钉不应再用作固定其他任何部件，即使它们是用来固定SPD或者限制其转动也不行。

通过直观检查来检验其是否符合要求。

3） 螺钉不应采用软金属或容易蠕变的金属。

通过直观检查来检验其是否符合要求。

6.3.3 耐腐蚀金属

夹紧件,除了夹紧螺钉、锁紧螺母、止推垫圈、导线和类似的零件,应用耐腐蚀金属制成,例如铜、黄铜等(参见 IEC 60999)。

6.4 环境要求

SPD 应设计成在正常使用的环境条件下能满意地使用。通过 7.9.9 的试验来检验其是否符合要求。户外型 SPD 应装有玻璃、上釉的陶瓷或其他类似材料制作的耐气候防护罩,以防止紫外线辐射、腐蚀和电痕化。

在任何两个不同电位的部件之间应有足够的表面爬电距离。

6.5 安全要求

SPD 在按照推荐的正常使用条件下的运行应是安全的。

6.5.1 防直接接触

当易触及的 SPD 的最大持续工作电压 U_c 高于交流有效值或直流电压 50 V 时,这些要求是有效的。

为防直接接触(导电部件的不易接触),SPD 应设计成按正常使用条件安装后其带电部件是不易触及的。按 GB 4208 和本部分 7.4 的试验方法进行验证。

除了 SPD 分类为不易触及的以外,SPD 应设计成按正常使用安装和接线后,带电部件应不易触及,即使把不用工具可拆卸的部件拆卸后也应符合要求。

通过直观检查和 7.4.1 的试验(如果需要)来检验其是否符合要求。

接地端子和所有与其相连的易接触的部件之间的连接应是低阻抗的。通过 7.4.2 的试验来检验其是否符合要求。

6.5.1.1 机械强度

SPD 与防直接接触有关的所有部件应有足够的机械强度。通过 7.9.2 的试验来检验其是否符合要求。

6.5.1.2 耐热

SPD 与防直接接触有关的所有部件应有足够的耐热性。通过 7.9.3 的试验检验其是否符合要求。

6.5.1.3 绝缘电阻

SPD 应有足够的绝缘电阻。通过 7.9.7 的试验检验其是否符合要求。

6.5.2 阻燃

用绝缘材料制成的外部零件应阻燃或自熄。通过 7.9.4 的试验检验其是否符合要求。

6.5.3 待机功耗 P_c

对所有的 SPD,应按制造厂的说明连接,在 SPD 的最大持续工作电压(U_c)下及不带负载的条件下测量 P_c。测得的待机功耗应小于或等于制造厂的声明值。

6.5.4 残流 I_{PE}

对所有带有 PE 端子的 SPD,应按制造厂的说明连接,在 SPD 的最大持续工作电压(U_c)下及不带

负载的条件下测量 I_{PE}。测得的残流应小于或等于制造厂的声明值。

6.5.5 在暂时过电压下的特性

SPD 应能承受 TOV 电压而性能不发生变化，或按 7.7.4 和 7.7.6 所述的方式失效。

注：7.7.4 和 7.7.6 的试验不考虑电涌同时发生 TOV 故障的可能性。

6.5.5.1 高(中)压系统的故障引起的 TOV

连接至 PE 端并用于配电系统的 SPD 应按 7.7.4 和表 B.1 在 U_T 下进行试验。

6.5.5.2 由低压系统的故障或干扰引起的 TOV

如果 U_c 高于或等于 U_T，无需进行本试验。

所有其他的 SPD 应进行试验，采用表 B.1 规定的 TOV 电压 U_T 或者制造厂按 6.1.1w)要求声明的 TOV 电压，两者取较大值。应按 7.7.6 进行试验。

6.5.6 总放电电流 I_{total}

只有在制造厂按 7.9.10 声明总放电电流时，才进行本试验。

6.6 对二端口和输入/输出分开的一端口的 SPD 的附加试验要求

6.6.1 电压降百分比

由制造厂规定电压降百分比并按照 7.8.1 试验。

6.6.2 额定负载电流 I_L

由制造厂规定额定负载电流并按照 7.8.2 试验。

6.6.3 负载侧的电涌耐受能力

当制造厂规定负载侧电涌耐受能力值时，应按 7.8.4 进行试验。

6.6.4 过载特性

SPD 不应被正常使用中出现的过载损坏或造成性能的改变。

按 7.8.5 检查是否符合本要求。

7 型式试验

型式试验按表 2 进行，每个试验系列用 3 个试品。在任何试验系列中，试验按表 2 规定的次序进行，试验系列的次序可改变。

如果所有试品通过试验系列，那么 SPD 的设计对这个试验系列是合格的。在试验系列中有两个或多个试品没有通过试验，则 SPD 不符合本部分。

如果有一个试品没有通过一项试验，该试验项目及同一试验系列中前面几项可能影响该试验结果的试验项目，应用 3 个新试品重新进行试验，但是这一次不允许有任何试品试验失败。

如果制造厂同意，3 个一组试品可以用于多于一个试验系列。

如果 SPD 是某一产品中的一个独立部分，而该产品符合其他的国家标准，则该国家标准的要求适用于产品中不属于 SPD 的那些部分。

7.1 一般试验程序

如果没有其他规定，试验程序的参考标准是 GB/T 17627.1。

除非另有规定，本部分给出的交流值是有效值。

SPD 应按照制造厂的安装程序安装和进行电气连接。不应采用外部冷却或加热。

当没有其他规定时，试验应在大气中进行，周围温度应是 20 ℃±15 ℃。

如果没有其他规定，对所有试验中要求的电源电压 U_c，它的试验电压公差为 $U_{c}{}_{-5}^{\,0}\%$。

当制造厂把电缆作为整体供货的 SPD 试验时，完整长度的电缆应作为被试 SPD 的一部分。

试验期间不允许对 SPD 进行维护或拆卸。所有 SPD 脱离器应按制造厂的要求选择和连接（如果适用时）。对于有一种以上保护模式的 SPD（见 3.7），且制造厂规定了每一保护模式的电压保护水平，则应对每种模式进行试验，试验值按制造厂规定，每次试验使用新的试品。对每个给定保护模式，保护元件电路相同的三相 SPD，三相的每相试验可满足 3 个试品的试验要求。

应该注意，进行冲击试验和测量时，需要良好的试验技术以确保记录正确的试验值。

如果制造厂对外部的 SPD 脱离器按供电电源的预期短路电流规定了不同的要求，则应对每个要求的 SPD 脱离器和相应预期短路电流的组合进行所有相关的试验程序。

表 2　适用于 SPD 的型式试验要求

试验系列	试验项目	分条款	易触及						不易触及		
			固定式			移动式			固定式		
			试验级别								
			Ⅰ	Ⅱ	Ⅲ	Ⅰ	Ⅱ	Ⅲ	Ⅰ	Ⅱ	Ⅲ
1	标识和标志	6.1.1/6.1.2/7.2	Y	Y	Y	Y	Y	Y	Y	Y	Y
	接线端子和连接	6.2.1/6.3/7.3	Y	Y	Y	Y	Y	Y	Y	Y	Y
	防直接接触试验	6.5/7.4	Y	Y	Y	Y	Y	Y	—	—	—
	待机功耗和残流	6.5.3/6.5.4/7.7.5	Y	Y	Y	Y	Y	Y	Y	Y	Y
2	保护水平	6.2.2/7.5									
	确定开关元件存在	7.5.1	N	N	N	N	N	N	N	N	N
	残压	7.5.2	Y	Y	—	Y	Y	—	Y	Y	—
	波前放电电压	7.5.3	Y	Y	—	Y	Y	—	Y	Y	—
	用复合波测限制电压	7.5.4/7.5.5	—	—	Y	—	—	Y	—	—	Y
	确定续流大小	7.6.2	N	N	N	N	N	N	N	N	N
3	动作负载试验	6.2.6/7.6									
	预处理试验	7.6.4/7.7.1	Y	Y	—	Y	Y	—	Y	Y	—
	Ⅰ级和Ⅱ级动作负载试验	6.2.3/6.2.4/7.6.5/7.6.6/7.7.1	Y	Y	—	Y	Y	—	Y	Y	—
	Ⅲ级动作负载试验	6.2.5/7.6.7/7.7.1	—	—	Y	—	—	Y	—	—	Y
4	Ⅰ级和Ⅱ级总放电电流	6.5.6/7.9.10	N	N	—	N	N	—	N	N	—
5	热稳定性试验	6.2.7/7.7.2	Y	Y	Y	Y	Y	Y	Y	Y	Y

表 2（续）

<table>
<tr><td rowspan="4">试验系列</td><td rowspan="4">试 验 项 目</td><td rowspan="4">分条款</td><td colspan="6">易触及</td><td colspan="3">不易触及</td></tr>
<tr><td colspan="3">固定式</td><td colspan="3">移动式</td><td colspan="3">固定式</td></tr>
<tr><td colspan="9">试验级别</td></tr>
<tr><td>Ⅰ</td><td>Ⅱ</td><td>Ⅲ</td><td>Ⅰ</td><td>Ⅱ</td><td>Ⅲ</td><td>Ⅰ</td><td>Ⅱ</td><td>Ⅲ</td></tr>
<tr><td>6[a]</td><td>短路电流耐受能力试验</td><td>6.2.7/6.2.11/7.7.3</td><td>Y</td><td>Y</td><td>Y</td><td>Y</td><td>Y</td><td>Y</td><td>Y</td><td>Y</td><td>Y</td></tr>
<tr><td rowspan="2">7[a]</td><td>TOV 试验</td><td>6.2.7/6.5.5/7.7.6</td><td>Y</td><td>Y</td><td>Y</td><td>Y</td><td>Y</td><td>Y</td><td>Y</td><td>Y</td><td>Y</td></tr>
<tr><td>TOV 试验</td><td>6.2.7/6.5.5/7.7.4</td><td>Y</td><td>Y</td><td>Y</td><td>Y</td><td>Y</td><td>Y</td><td>Y</td><td>Y</td><td>Y</td></tr>
<tr><td rowspan="10">8</td><td>软电缆和电线其连接</td><td>7.9.1</td><td>—</td><td>—</td><td>—</td><td>Y</td><td>Y</td><td>Y</td><td>—</td><td>—</td><td>—</td></tr>
<tr><td>机械强度</td><td>6.3/6.5.1.1/7.9.2.1</td><td>Y</td><td>Y</td><td>Y</td><td>Y</td><td>Y</td><td>Y</td><td>Y</td><td>Y</td><td>Y</td></tr>
<tr><td>机械强度</td><td>6.3/6.5.1.1/7.9.2.2</td><td>—</td><td>—</td><td>—</td><td>Y</td><td>Y</td><td>Y</td><td>—</td><td>—</td><td>—</td></tr>
<tr><td>绝缘电阻</td><td>6.5.1/7.9.7</td><td>Y</td><td>Y</td><td>Y</td><td>Y</td><td>Y</td><td>Y</td><td>Y</td><td>Y</td><td>Y</td></tr>
<tr><td>介电强度</td><td>6.2.10/7.9.8</td><td>Y</td><td>Y</td><td>Y</td><td>Y</td><td>Y</td><td>Y</td><td>Y</td><td>Y</td><td>Y</td></tr>
<tr><td>环境、IP 代码</td><td>6.4/6.5.1/7.9.9</td><td>Y</td><td>Y</td><td>Y</td><td>Y</td><td>Y</td><td>Y</td><td>Y</td><td>Y</td><td>Y</td></tr>
<tr><td>耐热试验</td><td>6.5.1.2/7.9.3</td><td>Y</td><td>Y</td><td>Y</td><td>Y</td><td>Y</td><td>Y</td><td>Y</td><td>Y</td><td>Y</td></tr>
<tr><td>电气间隙和爬电距离</td><td>6.2.8/7.9.5.1</td><td>Y</td><td>Y</td><td>Y</td><td>Y</td><td>Y</td><td>Y</td><td>Y</td><td>Y</td><td>Y</td></tr>
<tr><td>耐非正常热和火</td><td>6.5.2/7.9.4</td><td>Y</td><td>Y</td><td>Y</td><td>Y</td><td>Y</td><td>Y</td><td>Y</td><td>Y</td><td>Y</td></tr>
<tr><td>耐电痕化</td><td>6.2.9/7.9.6</td><td>Y</td><td>Y</td><td>Y</td><td>Y</td><td>Y</td><td>Y</td><td>Y</td><td>Y</td><td>Y</td></tr>
<tr><td rowspan="6">9</td><td colspan="11">二端口 SPD 及输入/输出端分开一端口 SPD 的附加试验</td></tr>
<tr><td>电压降百分比</td><td>6.6.1/7.8.1</td><td>Y</td><td>Y</td><td>Y</td><td>Y</td><td>Y</td><td>Y</td><td>Y</td><td>Y</td><td>Y</td></tr>
<tr><td>额定负载电流</td><td>6.6.2/7.8.2</td><td>Y</td><td>Y</td><td>Y</td><td>Y</td><td>Y</td><td>Y</td><td>Y</td><td>Y</td><td>Y</td></tr>
<tr><td>负载侧的电涌耐受能力</td><td>6.6.3/7.8.4</td><td>N</td><td>N</td><td>N</td><td>N</td><td>N</td><td>N</td><td>N</td><td>N</td><td>N</td></tr>
<tr><td>过载特性</td><td>6.6.4/7.8.5</td><td>N</td><td>N</td><td>N</td><td>N</td><td>N</td><td>N</td><td>N</td><td>N</td><td>N</td></tr>
<tr><td>负载侧短路耐受能力试验</td><td>6.2.7/7.8.3</td><td>Y</td><td>Y</td><td>Y</td><td>Y</td><td>Y</td><td>Y</td><td>N</td><td>N</td><td>N</td></tr>
<tr><td rowspan="3">10</td><td colspan="11">附加检查和试验</td></tr>
<tr><td>状态指示器动作</td><td>6.2.12</td><td>Y</td><td>Y</td><td>Y</td><td>Y</td><td>Y</td><td>Y</td><td>Y</td><td>Y</td><td>Y</td></tr>
<tr><td>分开电路之间的隔离</td><td>6.2.13</td><td>Y</td><td>Y</td><td>Y</td><td>Y</td><td>Y</td><td>Y</td><td>Y</td><td>Y</td><td>Y</td></tr>
<tr><td colspan="12">注：Y:应试验;N:不是强制性试验;—:不适用。</td></tr>
<tr><td colspan="12">[a] 本试验系列需要的试品可能多于一套。</td></tr>
</table>

7.1.1 Ⅰ类冲击电流试验

冲击试验电流 I_{imp} 由其峰值 I_{peak}、电荷量 Q 和比能量 W/R 参数来确定。冲击试验电流的峰值 I_{peak} 应在 50 μs 内达到，电荷量 Q 转移应在 10 ms 内发生，比能量 W/R 应在 10 ms 内释放。

表 3 给出了一定的 I_{peak}(kA)值相对应的 Q(As)值和 W/R(kJ/Ω)值。

表 3 中的 I_{peak}(kA)、Q(As)和 W/R(J/Ω)的关系如下：

$$Q = I_{peak} \times a$$

式中：

$a=5\times10^{-4}$ s。

$$W/R=I_{peak}^{2}\times b$$

式中：

$b=2.5\times10^{-4}$ s。

电流峰值 I_{peak} 和电荷量 Q 的允差是：

——I_{peak}　±10%；

——Q　±20%；

——W/R　±35%。

表 3　Ⅰ级试验参数

I_{peak} （在 50 μs 内） kA	Q （在 10 ms 内） As	W/R （在 10 ms 内） kJ/Ω
20	10	100
10	5	25
5	2.5	6.25
2	1	1
1	0.5	0.25
注：冲击试验符合上述参数的可能方法之一 GB/T 21714.1—2008 中规定的 10/350 波形。		

7.1.2　Ⅰ类和Ⅱ类标称放电电流试验

标准电流波形是 8/20。电流波形的允许误差如下：

——峰值　±10%；

——波前时间　±10%；

——半峰值时间　±10%。

允许冲击波上有小过冲或振荡，但其幅值应不大于峰值的 5%。在电流下降到零后的任何极性反向的电流值应不大于峰值的 20%。

对于二端口电器，反向电流的幅值应小于 5%，使它不至于影响限制电压。

流过 SPD 电流的测量精度应为±3%。

7.1.3　Ⅰ类和Ⅱ类冲击电压试验

标准电压波形是 1.2/50。电压波形的允许误差如下：

——峰值　±3%；

——波前时间　±30%；

——半峰值时间　±20%。

在冲击电压的峰值处可以发生振荡或过冲。如果振荡的频率大于 500 kHz 或过冲的持续时间小于 1 μs，应画出平均曲线，从测量的要求来讲，曲线的最大幅值确定了试验电压的峰值。

冲击电压上升部分的振幅不允许超过峰值的 3%。

在 SPD 接线端子上测量电压的精度应为±3%。测量设备整个带宽至少应为 25 MHz，并且过冲应小于 3%。

试验发生器的短路电流应小于 20%的标称放电电流 I_n，但要确保电压开关元件在试验中导通。

7.1.4　Ⅲ类复合波试验

复合波发生器的标准冲击波的特征用开路条件下的输出电压和短路条件下的输出电流来表示。开路电压的波前时间为 1.2 μs,半峰值时间为 50 μs。短路电流的波前时间为 8 μs,半峰值时间为 20 μs。

注:为进一步了解本条款,参见 IEEE C62.45。

在发生器没有反向滤波器时测量下列值。

开路电压 U_{oc} 的允许误差如下:

——峰值　　　　±3%;

——波前时间　　±30%;

——半峰值时间　±20%。

只要单个波峰幅值小于峰值的 5%,允许在邻近峰值处有电压过冲或振荡。通常使用的冲击发生器电路中,在电压不超过峰值 90% 的波的前沿部分振荡一般不会影响试验结果,因此可以被忽略。电压波形应基本上是单向的。

短路电流的允许误差如下:

——峰值　　　　±10%;

——波前时间　　±10%;

——半峰值时间　±10%。

只要波峰处单个波峰的幅值小于峰值的 5%,电流过冲或振荡是允许的。在电流下降到零后的任何极性反向的电流应小于峰值的 20%。

对于二端口 SPD,反向电流幅值应小于 5%,不至于使它影响限制电压。

发生器的虚拟阻抗标称值为 2 Ω,虚拟阻抗定义为开路电压 U_{oc} 的峰值和短路电流 I_{sc} 的峰值之比。

开路电压的峰值和短路电流的峰值的最大值分别为 20 kV 和 10 kA。在这些值(20 kV/10 kA)以上,应进行Ⅱ类试验。

按图 1 或图 2,插入去耦网络(反向滤波器)。此电路配置仅用于确定 SPD 的限制电压。

表 4 所示的波形参数的允许误差,应在 SPD 所连接的端口处满足,其电路见图 1 和图 2。在确认波形时,把 L、N 和 PE 导体连接在一起模拟线路阻抗。

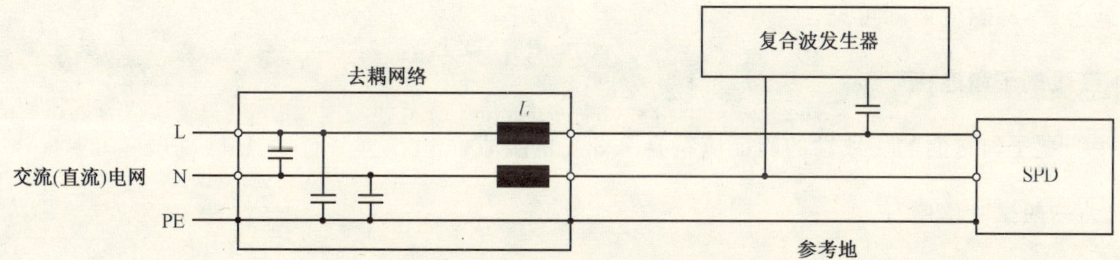

图 1　用于单相电源去耦网络的示例

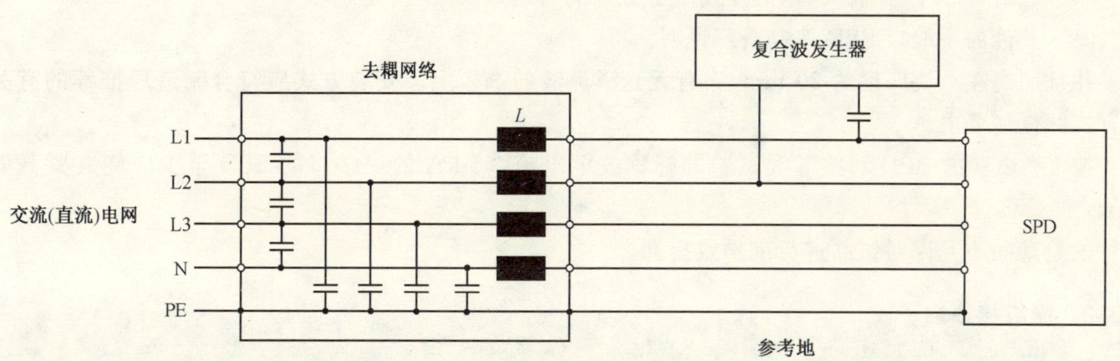

图 2　用于三相电源去耦网络的示例

表 4 Ⅲ类试验波形参数的允许误差

	开路电压 U_{oc}	短路电流 I_{sc}
峰值	±3%	U_{oc}/2 Ω±10%
波前时间	1.2±30%	8±10%
半峰值时间	50±20%	20±10%
注：本表包括去耦网络的作用(反向滤波器)。		

7.1.5 户外型和安装在伸臂距离以外的 SPD 试验

对于户外型和安装在伸臂距离以外的 SPD，仅在 7.7 和 7.8 的试验时要求使用覆盖薄纸或纱布的立方体形的木盒，如果制造厂声明符合这些条款。

相关资料应在试验报告中说明。

7.2 标识和标志

7.2.1 标识和标志的检验

标识和标志的检验应分别通过直观检查来校核 6.1.1 和 6.1.2 的技术要求。

7.2.2 标志的耐久性试验

除了用压印、模压和雕刻方法制造外，应对所有型式的标志进行本试验。

试验时，用手拿一块浸湿水的棉花来回擦 15 s，接着再用一块浸湿脂族已烷溶剂(芳香剂的容积含量最多为 0.1%，贝壳松脂丁醇值为 29，初沸点近似为 65 ℃，密度为 0.68 g/m^3)的棉花擦 15 s。

试验后，标志应清晰可见。

7.3 接线端子和连接

接线端子和它们的一致性的验证应符合 7.3.1 的要求。

7.3.1 一般试验程序

按制造厂推荐的要求安装 SPD，并且防止外部过度的加热或冷却。

除非另有规定，SPD 的接线端子(每种结构用 3 个试品)应按下列要求连接导体：

——二端口 SPD 和输入/输出接线端子分开的一端口 SPD 按表 6；

——其他的一端口 SPD 按制造厂说明。

并且固定在一块厚度约 20 mm，涂有无光泽黑漆的木板上。安装方式应符合制造厂推荐的有关安装方式的任何要求。

按Ⅰ类试验的 SPD 和按Ⅱ类试验的标称放电电流≥5 kA 的一端口的 SPD 至少应能夹紧截面为 4 mm^2 的导体。

试验期间不允许对试品进行维护或拆卸。

7.3.2 螺钉接线端子

7.3.2.1 螺钉、载流部件和连接的可靠性试验

通过直观检查其是否符合要求，但对 SPD 接线所使用的螺钉，还需进行下列试验：

表 5　螺钉的螺纹直径和施加的扭矩

标称螺纹直径 mm	扭矩 Nm		
	Ⅰ	Ⅱ	Ⅲ
$d \leqslant 2.8$	0.2	0.4	0.4
$2.8 < d \leqslant 3.0$	0.25	0.5	0.5
$3.0 < d \leqslant 3.2$	0.3	0.6	0.6
$3.2 < d \leqslant 3.6$	0.4	0.8	0.8
$3.6 < d \leqslant 4.1$	0.7	1.2	1.2
$4.1 < d \leqslant 4.7$	0.8	1.8	1.8
$4.7 < d \leqslant 5.3$	0.8	2.0	2.0
$5.3 < d \leqslant 6.0$	1.2	2.5	3.0
$6.0 < d \leqslant 8.0$	2.5	3.5	6.0
$8.0 < d \leqslant 10.0$	—	4.0	10.0

拧紧和拧松螺钉：

——10 次(对于与绝缘材料螺纹啮合的螺钉)；

——5 次(所有其他情况)。

与绝缘材料螺纹啮合的螺钉或螺母，每次应完全旋出然后再旋入，除非螺钉的结构阻止螺钉旋出。

应采用合适的螺丝起子或扳手施加表 5 所示的扭矩进行此试验。

拧紧螺钉不能采用冲击力。

每次拧松螺钉时，要移动导体。

第Ⅰ栏数值适用于螺钉拧紧时，不露出孔外的无头螺钉和其他不能用刀口宽于螺钉直径的螺丝刀拧紧的螺钉。

第Ⅱ栏数值适用于用螺丝刀拧紧的其他螺钉。

第Ⅲ栏数值适用于除用螺丝刀之外的工具来拧紧的螺钉和螺母。

如果六角头螺钉带有可用螺丝刀来紧固的槽口，以及第Ⅱ和Ⅲ栏的数值不同时，应做二次试验，第一次对六角头施加第Ⅲ栏规定的扭矩，然后对另一个试品用螺丝刀施加第Ⅱ栏规定的扭矩。如果第Ⅱ栏和第Ⅲ栏的数值相同，则仅用螺丝刀进行此试验。

在试验过程中，螺钉拧紧的连接不应松动，并且不应有妨碍 SPD 继续使用的损坏，诸如螺钉断裂或螺钉头上的槽、螺纹、垫圈或螺钉夹头损坏。

此外，直观检查外壳和盖不应损坏。

7.3.2.2　连接外部导体的接线端子的可靠性试验

通过直观检查和 7.3.2.2.1、7.3.2.2.2 和 7.3.2.2.3 的试验来检验其是否符合要求。

采用合适的螺丝刀或扳手施加表 5 规定的扭矩进行试验。

7.3.2.2.1　接线端子连接 7.3.1 规定的最小和最大截面积的，实心或多股绞合铜导体中最不利的一种导体。

表 6 螺钉型端子或无螺钉端子能连接的铜导体截面积

二端口的 SPD 或输入/输出接线端子分开的一端口的 SPD 的最大持续负载电流[a] A	能夹住的标称截面范围(单个导体)	
	ISO mm²	AWG 接线端子
I≤13	1～2.5	18～14
13<I≤16	1～4	18～12
16<I≤25	1.5～6	16～10
25<I≤32	2.5～10	14～8
32<I≤50	4～16	12～6
50<I≤80	10～25	8～3
80<I≤100	16～35	6～2
100<I≤125	25～50	4～1

[a] 对电流额定值小于或等于 50 A 的接线端子的结构要求能夹紧实心导体及硬性绞合导体;也允许使用软性导体。然而,对截面积为 1 mm²～6 mm² 的导体的接线端子,允许其结构仅能夹紧实心导体。

导体插入接线端子至规定的最短距离,如果没有规定距离,则插入至刚好露出另一端止,并且是处于最容易使得导线松脱的位置。

然后用表 5 相应栏目中规定值的三分之二的扭矩拧紧紧固螺钉。

接着对每根导线施加表 7 规定的拉力,拉力单位 N。施加拉力时应无冲击,时间为 1 min,方向为导线的轴向方向。

在试验过程中,插入接线端子中的导体应没有可以觉察的移动。

表 7 拉力(螺钉型端子)

接线端子能连接导体的截面积 mm²	≤4	≤6	≤10	≤16	≤50
拉力 N	50	60	80	90	100

7.3.2.2.2 接线端子连接 7.3.1 规定的最小和最大截面积的铜导体,实心或绞合导体中采用最不利的一种。并且用表 5 相应栏目中规定值的三分之二的扭矩拧紧接线端子螺钉。然后拧松接线端子螺钉,接着对导体可能受到接线端子影响的部分进行检查。

导体不应有过度的损坏或导线被切断的现象。

如果导体上有深的或尖锐的压痕,则认为是过度损坏。

在试验过程中,接线端子不应松动,也不能有妨碍接线端子继续使用的损坏,诸如螺钉断裂或螺钉头上的槽、螺纹、垫圈或螺钉夹头损坏。

7.3.2.2.3 接线端子连接表 8 所示结构的硬性多股绞合铜导体。

在导体插入接线端子前,可对导体的线丝进行适当的整形。

导体插入至接线端子底部或刚好从接线端子另一边露出,并且是处于最可能使线丝松脱的位置。然后用表 5 相应栏目中规定值的三分之二的扭矩拧紧紧固螺钉或螺母。

试验结束后,应无导体的线丝从 SPD 的接线端子中脱出。

表 8 导体尺寸

能被夹紧的标称截面范围 mm²	绞合导体	
	导线股数	每股导线直径 mm
1～2.5[a]	7	0.67
1～4[a]	7	0.85
1.5～6[a]	7	1.04
2.5～10	7	1.35
4～16	7	1.70
10～25	7	2.14
16～35	19	1.53
25～50	正在考虑中	正在考虑中
[a] 如果接线端子仅用来夹紧实心导体时(见表 6 注),不进行此试验。		

7.3.3 无螺钉接线端子

拉力试验

通过以下的试验来检验其是否符合要求。

接线端子连接 7.3.1 规定的型式及最小和最大截面积的新导体,实心导体或绞合导体采用最不利的一种。

然后对每根导线施加表 9 所示的拉力。施加拉力时应无冲击,时间为 1 min,方向为导线的轴向方向。

在试验过程中,插入接线端子中的导线应没有移动或任何损坏的迹象。

7.3.4 绝缘穿刺连接

7.3.4.1 用于单芯导体的 SPD 的接线端子的拉力试验

通过以下的试验来检验其是否符合要求。

接线端子连接 7.3.1 规定的最小和最大截面积的新的导体,实心或绞合导体中采用最不利的一种。

按表 5 规定的扭矩拧紧螺钉(如果有的话)。

连接和拆卸导体 5 次,每次使用新的导体。在每次接线后对导线施加表 9 规定的拉力,施加拉力时应无冲击,时间为 1 min,方向为导线的轴向方向。

表 9 (无螺钉接线端子)拉力

截面积 mm²	0.5	0.75	1.0	1.5	2.5	4	6	10	16	25	35
拉力 N	30	30	35	40	50	60	80	90	100	135	190

在试验过程中,插入接线端子中的导线应没有移动或任何损坏的迹象。

7.3.4.2 用于多芯电缆或电线的 SPD 的接线端子的拉力试验

按 7.3.4.1 对用来夹紧多芯电缆或电线的 SPD 的接线端子进行拉力试验,拉力应施加在全部多芯电缆或电线上而不是单芯线上。

按下面的公式计算拉力：

$$F = F(x)\sqrt{n}$$

式中：

F ——施加的全部力；

n ——多芯电缆的芯数；

$F(x)$ ——按单根导体的截面作用于一根芯线上的力(见表9)。

在试验过程中，电缆或电线不应滑出接线端子。

7.3.5 螺母、插头、插座

通过直观检查和安装试验来检验其是否符合要求。

7.4 直接接触防护试验

7.4.1 绝缘部件

试品按正常使用条件安装，连接7.3.1规定的最小截面积的导体进行试验，然后用7.3.1规定的最大截面积的导体重复试验。试验按7.3.1进行。

标准试指(按GB 4208)放在每个可能接触到的位置。

对于插入式SPD(不使用工具就可更换)，当插头部分地插入或全部插入插座时，试指放在每个可能接触到的位置。

使用一个电压不低于40 V和不高于50 V的电气指示器来显示与有关部件接触。

7.4.2 金属部件

当SPD按正常使用条件接线和安装后，易触及的金属零件必须通过一个低阻抗的连接件与地相连，除了用于固定基座和盖或插座盖板并与带电部件绝缘的小螺钉和类似零件。

依次在接地端子和每个易触及的金属部件之间通以1.5倍额定负载电流或25 A，两者选较大值(交流电源的空载电压不超过12 V)。

测量接地端子和易触及的金属部件之间的电压降，并根据电流和电压降计算电阻。

电阻不应超过0.05 Ω。

注：应注意试验时，在测量电极的顶部与金属零件之间的接触电阻不会影响试验结果。

7.5 确定限制电压

按表10和流程图3，对不同类型的SPD进行试验，确定其限制电压。

表10 确定测量限制电压需进行的试验

	Ⅰ类	Ⅱ类	Ⅲ类
7.5.2试验	√	√	
7.5.3试验	√[a]	√[a]	
7.5.4试验			√
[a] 按7.5.1仅对电压开关型SPD进行试验。			

试验时，采用下列规定的试验条件：

a) 所有一端口的SPD应不通电试验。所有二端口的SPD是通电试验，其电源电压在U_c时的标称电流至少5 A，除非制造厂能证明在电器通电或不通电时，其限制电压值没有差别。

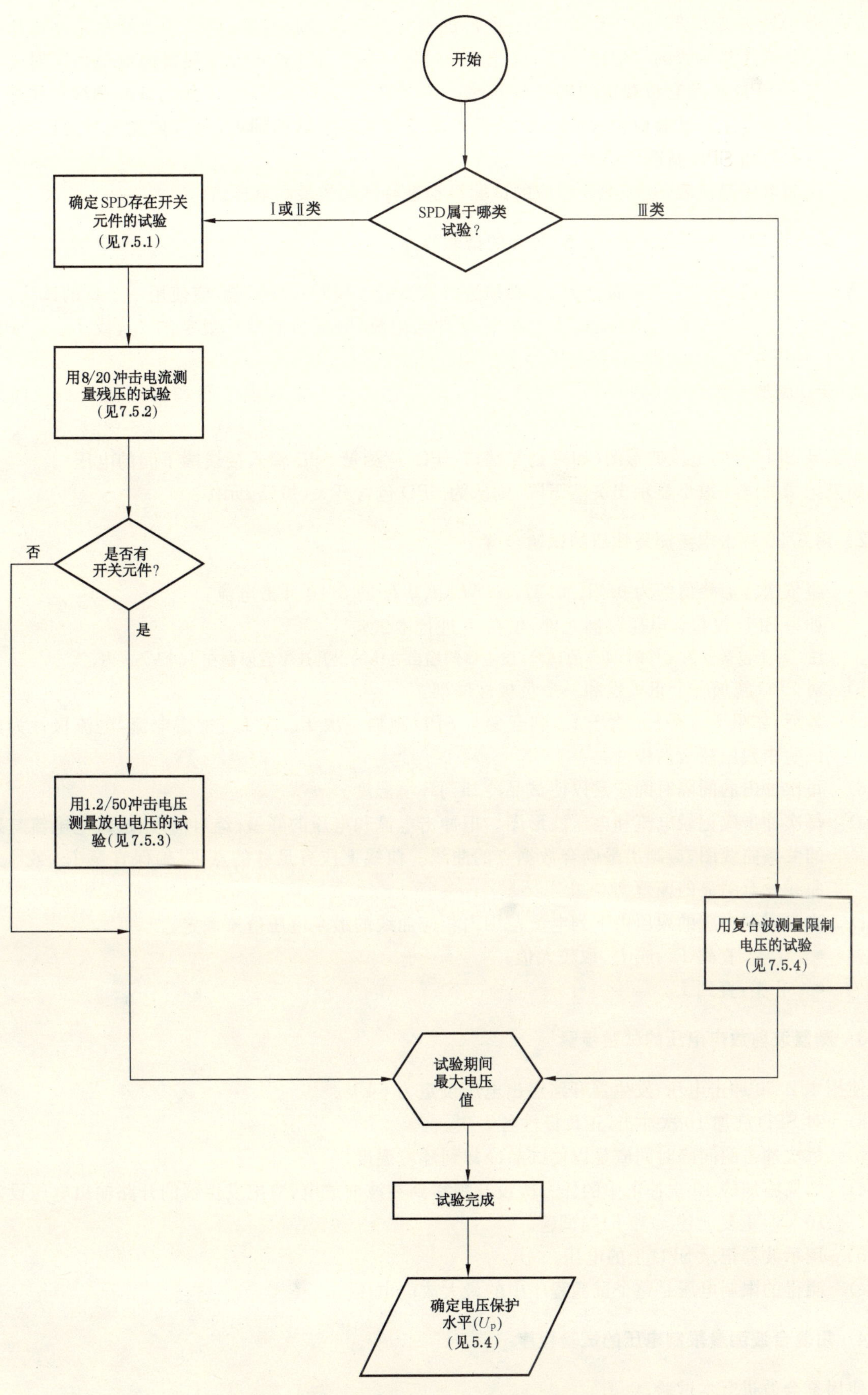

图3 确定电压保护水平 U_p 的试验流程图

b) 对于具有接线端子的一端口 SPD,进行试验时没有外接脱离器,在端子上测量限制电压。对于具有连接导线的一端口 SPD,应在其外接导线长度为 150 mm 下测量限制电压。对于二端口的 SPD 和具有负载接线端子分开的一端口的 SPD,在 SPD 的负载端口或负载接线端子测量限制电压。试验应包含所有和 SPD 串联及与负载并联的辅助部件,如脱离器、灯、指示器、熔断器和 SPD 制造厂说明的其他部件。

c) 限制电压是按表 10 和图 3 相应的试验级别进行试验的最高电压值。

7.5.1 确定在 SPD 中存在开关(短路)元件的试验程序

只有当不知道 SPD 的内部设计时,才必须进行这试验。仅对这项试验,应使用一个新的试品。

SPD 的Ⅰ类试验和Ⅱ类试验,采用 8/20 标准冲击电流,幅值为制造厂规定的 I_{max} 或 I_{peak}。SPD 的Ⅲ类试验,采用复合波发生器,开路电压等于制造厂规定的 U_{oc}。

对 SPD 施加一次冲击(如果是二端口 SPD,应对它的输入接线端子间和输出接线端子间施加冲击)。

应记录 SPD 上的电压波形图(如果是二端口 SPD,应测量 SPD 输入接线端子间的电压)。

如果记录的电压波形显示出突然下降,则认为 SPD 包含开关(短路)元件。

7.5.2 用 8/20 冲击电流测量残压的试验步骤

a) 应依次施加峰值约为 $0.1I_n$、$0.2I_n$、$0.5I_n$、$1.0\ I_n$ 的 8/20 冲击电流。

如果 SPD 仅包含电压限制元件,仅在 I_n 进行本试验。

注:对于包含开关元件的 SPD 的试验,发生器的输出电压的上升速率宜限制在 10 kV/μs 内。

b) 对 SPD 施加一个正极性和一个负极性序列。

c) 最后,如果 I_{max} 或 I_{peak} 大于 I_n,则至少对 SPD 施加一次 I_{max} 或 I_{peak} 冲击电流,电流极性为前面试验中残压较大的极性。

d) 每次冲击的间隔时间应足以使试品冷却到环境温度。

e) 每次冲击应记录电流和电压波形图。把冲击电流和电压的峰值(绝对值)绘成放电电流与残压的关系曲线图,应画出最吻合数据点的曲线。曲线上应有足够的点,以确保直至 I_{max} 或 I_{peak} 的曲线没有明显的偏差。

f) 决定限制电压的残压由下列电流范围内相应曲线的最高电压值来确定:

- Ⅰ类:直到 I_{peak} 或 I_n,取较大值;
- Ⅱ类:直到 I_n。

7.5.3 测量波前放电电压的试验步骤

使用 1.2/50 冲击电压,发生器开路输出电压设定为 6 kV。

a) 对 SPD 施加 10 次冲击,正负极性各 5 次。

b) 每次冲击的间隔时间应足以使试品冷却到环境温度。

c) 如果施加的 10 次冲击中的任一次没有观察到在波前放电,应把发生器的开路输出电压设定为 10 kV,重复上述 a)和 b)的试验。

d) 用示波器记录 SPD 上的电压。

e) 测得的限制电压是整个试验程序中的最大放电电压。

7.5.4 用复合波测量限制电压的试验程序

使用复合波进行本试验。

a) 复合波应施加在通电的 SPD 上,其电源电压为 U_c。

b) 对规定仅用于交流电源系统的SPD,在正弦电压的90°±10°相位处施加正极性冲击,在270°±10°相位处施加负极性冲击。

c) 对规定用于直流系统的SPD,施加正负极性的冲击。SPD应施加U_c的直流电压。

d) 每次冲击的间隔时间应足以使试品冷却到环境温度。

e) 设定复合波发生器的电压,使输出的开路电压为制造厂对SPD规定U_{oc}的0.1、0.2、0.5和1.0倍。

如果SPD仅包括电压限制元件,仅需要在U_{oc}下进行本试验。

f) 用上述这些发生器的整定值,每种幅值对SPD施加4次冲击,正负极性各2次。

g) 每次冲击时,应用示波器记录从发生器流入SPD的电流和在SPD输出端口的电压。

h) 测得的限制电压是在整个试验程序中记录的最大峰值电压。

7.5.5 复合波试验(7.5.4)中不用去耦网络时的替代试验

带有电抗元件的二端口SPD会与反向滤波器的电抗元件产生相互作用,这可能产生限制电压偏低的假象。在这种情况下的试验应采用图4所示的替代试验方法。

对带有电抗元件的二端口SPD,除了7.5.4之外,还应采用下列试验程序。

a) 试验发生器应按图4设置。

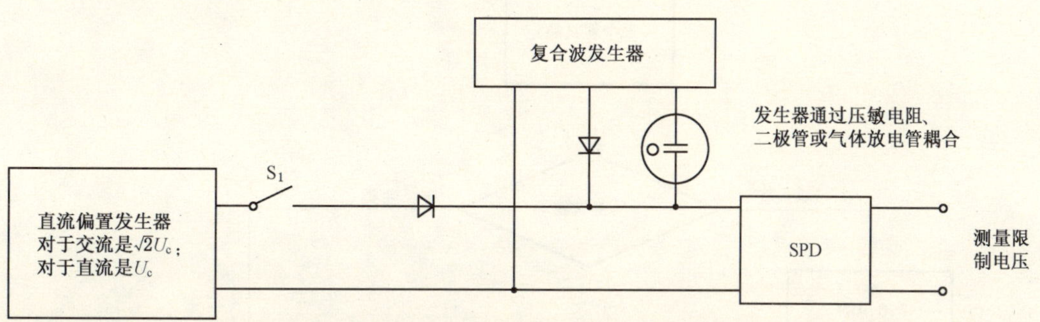

图4 测量限制电压的替代试验

b) 对于交流SPD,通过一个二极管对其施加$\sqrt{2}U_c$的直流电压,对于直流SPD,通过一个二极管对其施加U_c的直流电压。按图4通过一个二极管、气体放电管或压敏电阻施加冲击。

c) 在S_1闭合至少100 ms后,才能施加冲击。施加冲击后,在10 ms内切断直流电压。

d) 把SPD与发生器的连接反向,进行相反极性的试验。

e) 每次冲击的间隔时间应足以使试品冷却到周围环境温度。

f) 设定复合波发生器的电压,使输出的开路电压为制造厂对SPD规定的U_{oc}的0.1、0.2、0.5和1.0倍。

g) 用上述这些发生器的整定值,每种幅值对SPD施加4次冲击,正负极性各2次。

h) 每次冲击时,应用示波器记录从发生器流入SPD的电流和在SPD输出端口的电压。

i) 测得的限制电压是整个试验程序中在SPD的输出端记录的最大电压幅值。

7.6 动作负载试验

这些试验仅适用于交流的SPD(用于直流的SPD正在考虑中)。见动作负载试验的流程图(如图5所示)。

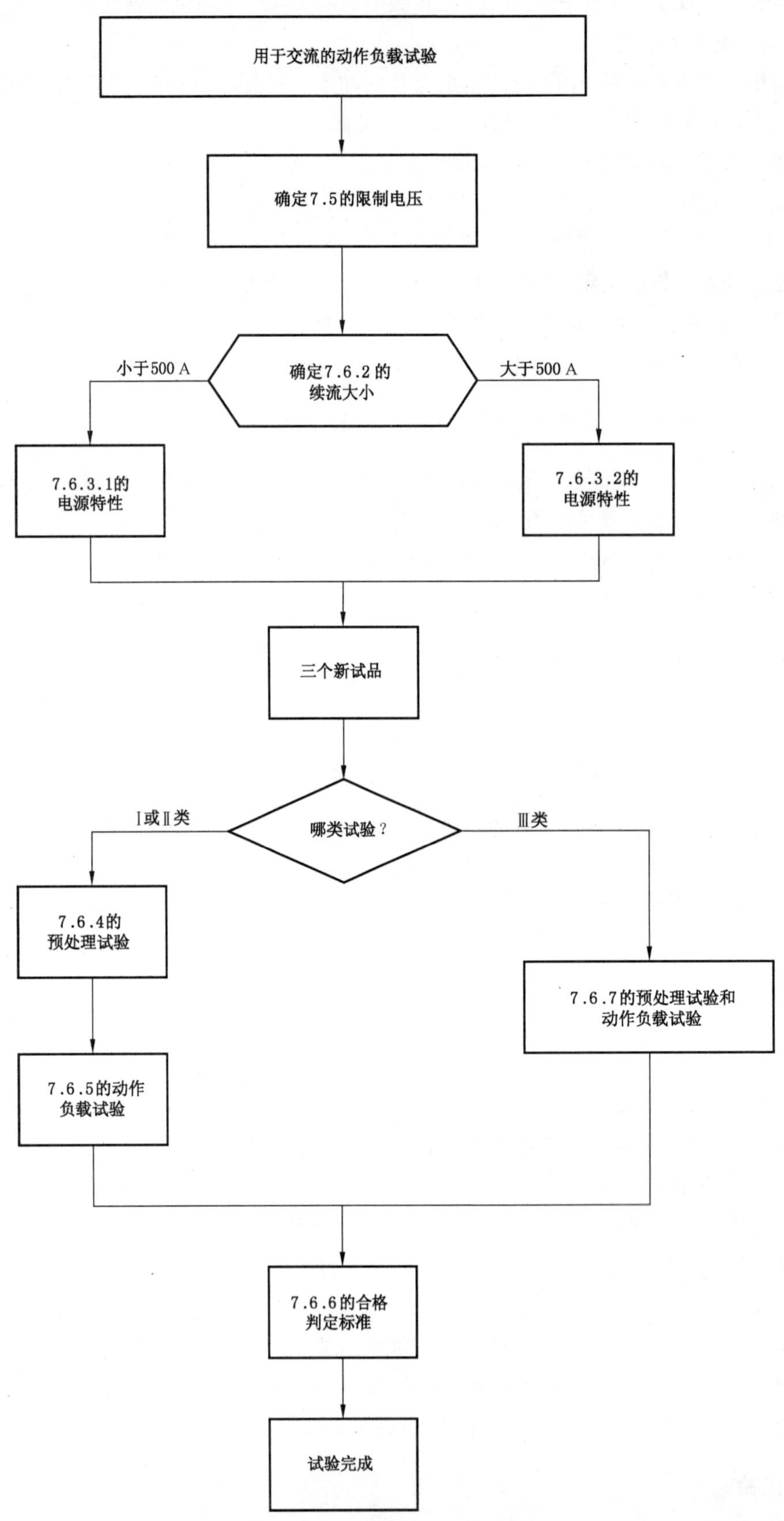

图 5　动作负载试验的流程图

7.6.1 一般要求

本试验是通过对 SPD 施加规定次数和规定波形的冲击来模拟其工作条件，试验时用符合 7.6.3 要求的交流电源对 SPD 施加最大持续工作电压 U_c。

试验应在 3 个未做过任何试验的新的试品上进行。

首先，应用 7.5 的试验确定限制电压。

为避免试品的过载，7.5.2 的试验仅在 I_n 下进行，7.5.4 和 7.5.5 的试验仅在 U_{oc} 下进行。

7.6.2 确定续流大小的预备性试验

预备性试验是用来确定续流的峰值是大于还是小于 500 A。

如果知道 SPD 的内部设计和续流的峰值，不需要进行预备性试验。

a) 试验应用另外一个试品进行。

b) 预期短路电流 I_p 应大于或等于 1.5 kA，功率因数 $\cos\varphi=0.95^{\ 0}_{-0.05}$。

c) 试品被连接到一个具有正弦交流电压的工频电源。在接线端子间测量工频电压的最大值，应等于最大持续工作电压 $U_{c\,{}^{\ 0}_{-5}}$%。交流电源的频率应符合 SPD 的额定频率。

d) 应用 8/20 冲击电流或复合波触发续流。

e) 峰值应相当于 I_{max} 或 I_{peak} 或 U_{oc}。

f) 冲击电流的起始位置是在工频电压峰值前 60°。它的极性应与冲击电流产生时工频电压半波的极性相同。

g) 如果在此同步点没有续流，为了确定续流是否产生，则必须每滞后 10°施加 8/20 冲击电流，以确定是否产生续流。

7.6.3 预处理工频电源特性

7.6.3.1 续流小于 500 A 的 SPD

试品应连接到工频电源。电源的阻抗应这样，在续流流过时，从 SPD 的接线端子处测量的工频电压峰值的下降不能超过 U_c 峰值的 10%。

7.6.3.2 续流大于 500 A 的 SPD

试品应与工频电压为 U_c 的电路连接，试验电路的预期短路电流应等于制造厂按表 11 规定的额定断开续流值 I_{fi} 或 500 A，二者取较大值。

对于仅连接在中线和保护接地间的 SPD，预期短路电流至少为 100 A。

7.6.4 Ⅰ类和Ⅱ类的预处理试验

对本试验，施加 15 次 8/20 正极性的冲击电流，分成 3 组，每组 5 次冲击。试品与 7.6.3 的电源连接。每次冲击应与电源频率同步。从 0°角开始，同步角应以 30°±5°的间隔逐级增加。试验如图 6 所示。

当 SPD 按Ⅰ类试验时，施加的冲击电流值等于 I_{peak} 或 I_n，二者取较大值。

当 SPD 按Ⅱ类试验时，施加的冲击电流值等于 I_n。

两次冲击之间的间隔时间为 50 s～60 s，两组之间的间隔时间为 25 min～30 min。

两组冲击之间，试品无需施加电压。

每次冲击应记录电流波形，电流波形不应显示试品有击穿或闪络的迹象。

7.6.5 Ⅰ类和Ⅱ类的动作负载试验

SPD 施加电压 U_c，电源的标称电流容量至少为 5 A。试验时，对 SPD 通以冲击电流，逐级增加直至 I_{peak}(按 3.9)或 I_{max}(按 3.10)。

为证明热稳定，每次冲击后工频电压保持 30 min，在施加 U_c 电压的最后 15 min，如果电流 I_c 的阻性分量峰值或功耗稳定地降低，则认为 SPD 是热稳定的。

对通电的试品，应按下列方式在相应于工频电压的正峰值时，施加正极性的冲击电流：

a) 用 0.1 I_{peak}(或 I_{max})电流冲击一次，检查热稳定性，冷却至环境温度。

b) 用 0.25 I_{peak}(或 I_{max})电流冲击一次，检查热稳定性，冷却至环境温度。

c) 用 0.5 I_{peak}(或 I_{max})电流冲击一次，检查热稳定性，冷却至环境温度。

d) 用 0.75 I_{peak}(或 I_{max})电流冲击一次，检查热稳定性，冷却至环境温度。

e) 用 1.0 I_{peak}(或 I_{max})电流冲击一次，检查热稳定性，冷却至环境温度。

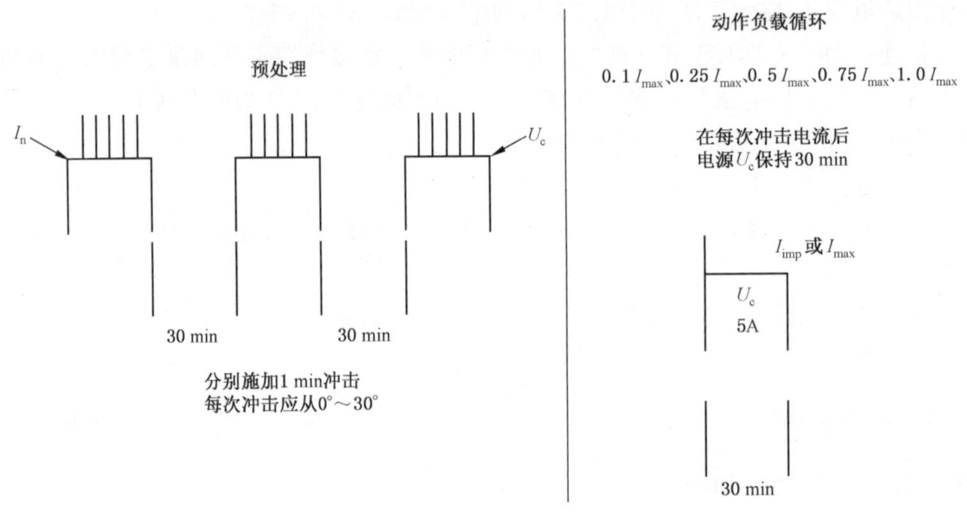

图 6 预处理和动作负载循环试验程序

7.6.6 合格标准

如果每次动作负载试验冲击后任何续流能自熄并达到热稳定，则 SPD 通过试验。电压和电流波形图及目测检查试品应没有击穿或闪络的现象，在试验过程中不应发生机械损坏。

用标称电流能力至少为 5 A 的、电压为 U_c 的电源供电，对 SPD 应再施加一次 I_n 或 U_{oc}的冲击，在冲击后，保持 U_c 30 min。SPD 应达到热稳定。

一旦达到热稳定，进行下列测试：

——测量流过试品的电流，其阻性分量(在正弦波的峰值处测量)不应超过 1 mA；或

——待机功耗增加不应超过 7.7.5 测量值的 20%。

在这整个试验程序后以及试品冷却到接近环境温度以后，应重复试验程序开始时所进行的测量限制电压试验。如果试验前和试验后所测量的电压值小于或等于 U_P，则 SPD 通过试验。

7.6.7 Ⅲ类动作负载试验

对于Ⅲ类 SPD 的动作负载试验，采用 7.6.3 的工频电源电压。

SPD 通过耦合电容器连接到复合波发生器(见 7.1.4)。SPD 连接点处的参数应符合表 4 所示的波形参数的误差。U_{oc}的值由制造厂规定。

按7.6.4的试验程序,对SPD进行预处理试验。对本试验,标称放电电流用U_{oc}值替代。

冲击电流应在对应半波的峰值时开始,并和工频电压相同极性。

按7.6.5用复合波发生器进行动作负载试验,发生器开路电压整定值如下:

a) 用0.1 U_{oc}进行一正一负的冲击,检查热稳定性,冷却至环境温度。

b) 用0.25 U_{oc}进行一正一负的冲击,检查热稳定性,冷却至环境温度。

c) 用0.50 U_{oc}进行一正一负的冲击,检查热稳定性,冷却至环境温度。

d) 用0.75 U_{oc}进行一正一负的冲击,检查热稳定性,冷却至环境温度。

e) 用1.0 U_{oc}进行一正一负的冲击,检查热稳定性,冷却至环境温度。

如果满足7.6.6的合格标准,则SPD已通过试验。

7.7 SPD的脱离器和SPD过载时的安全性能

这些试验仅适用于在交流电源系统使用的SPD,用于直流电源系统的SPD的试验正在考虑中。

一般要求

这些试验应在每个SPD上进行。对SPD的每种保护模式进行试验,每次使用新的试品。

注:用作指示装置或者类似功能的SPD在试验时可断开。

7.7.1 SPD脱离器的耐受动作负载试验

在动作负载试验(见7.6)时试验SPD脱离器。试验时,制造厂规定的脱离器不应动作;试验后,脱离器应处在正常工作状态。

本条中的“正常工作状态”表示脱离器没有可见的损坏并且仍能运行。可用手动方式(有可能时)或用单纯的电气试验来检查能否运行,由制造厂和实验室协商确定。

7.7.2 SPD的热稳定试验

7.7.2.1 耐热试验

SPD在环境温度为80 ℃±5 K的加热箱中保持24 h。试验时,SPD的内部脱离器不应动作。

7.7.2.2 热稳定试验

仅包含电压开关型元件的SPD不进行本试验。

试验要求

本试验应在每种保护模式上进行。如果某些保护模式具有相同的电路,可以在代表最薄弱配置的保护模式上进行一个单独的试验。本试验程序有以下二种不同的设计:

——仅包括电压限制的元件的SPD。在这种情况下,采用下列本条款项a)的试验程序;

——包括电压限制的元件和电压开关元件的SPD。这种情况下列本条款项b)的试验程序适用。

试品准备

任何与电压限制元件串联连接的电压开关元件应采用一根铜线短路,铜线的直径应使其在试验时不熔化。

具有不同的非线性元件并联连接的SPD,必须对SPD的每个电流路径进行试验,试验时拆开/断开其余的电流路径。如果相同型式和参数的元件并联连接,它们应作为一个电流路径进行试验。

制造厂应提供按上述要求准备的试品。

a) 没有开关元件与其他元件串联的SPD的试验程序

试验试品应连接到工频电源。

电源电压应足够高使SPD有电流流过。对于该试验,电流调整到一个恒定值。试验电流的误差为

±10%。试验从 2 mA 的有效值开始。

如果已知，起始点可从 2 mA 变化到相应于元件最大功耗的电流。

然后，试验电流以 2 mA 或先前调节的试验电流 5%的步幅(两者取较大值)增加。

每一步保持到达到热平衡状态(即 10 min 内温度变化小于 2 K)。

连续监测 SPD 最热点的表面温度(仅对易触及的 SPD)和流过 SPD 的电流。最热点可以通过初始试验确定，或进行多点监测以确定最热点。

如果所有的非线性元件断开，则试验终止。试验电压不应再增加，以避免任何脱离器故障。

试验时，如果 SPD 端子间的电压跌到低于 U_c，则停止调节电流，电压调回 U_c 并保持 15 min。为此，不需要再进行连续的电流监测。电源应具有短路电流能力，在任何脱离器动作前它不会限制电流。最大可达到的电流值不应超过制造声明的短路耐受能力。

b) 有开关元件与其他元件串联的 SPD 的试验程序

SPD 采用电压为 U_c 的工频电源供电，电源应具有短路电流能力，在任何脱离器动作前它不会限制电流。最大可达到的电流值不应超过制造厂声明的短路耐受能力。

如果没有明显的电流流过，应接着进行 a)试验程序。

注："没有明显的电流"的含义是指 SPD 没有进入导通转换的突变状态(即 SPD 保持热稳定)。

合格判别标准

如果脱离器动作，SPD 应有明显的、有效和永久断开的迹象。为了验证该要求，应采用等于 U_c 的工频电压施加 1 min，流过的电流不应超过 0.5 mA(有效值)。

户内型 SPD：

试验时表面温升应小于 120 K。在脱离器动作 5 min 后，表面温升不应超过周围环境温度 80 K。

在试验过程中，应没有固体材料喷溅。

户外型 SPD：

应没有燃烧的迹象，并没有固体材料喷溅。

易触及的 SPD：

试后，对防护等级大于或等于 IP20 的 SPD，使用标准试指施加 5 N 的力(见 GB 4208)不应触及带电部件，除了 SPD 按正常使用安装后在试验前已可触及的带电部分外。

7.7.3 短路耐受能力

本试验不适用于下列 SPD：

——分类为户外使用，并且安装在伸臂距离以外的 SPD；或

——在 TN 系统和/或 TT 系统中仅用于连接 N-PE 的 SPD。

试验要求

工频电源特性：

由制造厂按表 11 给定 SPD 接线端子上的预期短路电流和功率因素。试验电压调整到 U_{cs}。

表 11 预期短路电流和功率因数

$I_p{}^{+5}_{0}\%$ kA	$\cos\varphi_{-0.05}^{0}$
$I_p \leqslant 1.5$	0.95
$1.5 < I_p \leqslant 3.0$	0.9
$3.0 < I_p \leqslant 4.5$	0.8
$4.5 < I_p \leqslant 6.0$	0.7

表 11（续）

$I_p{}^{+5}_{0}\%$ kA	$\cos\varphi_{-0.05}^{0}$
$6.0<I_p\leqslant10.0$	0.5
$10.0<I_p\leqslant20.0$	0.3
$20.0<I_p\leqslant50.0$	0.25
$50.0<I_p$	0.2
注：恢复电压按 GB 14048.1。	

SPD本身及其脱离器应放在一个正方形木盒内，木盒侧面离 SPD 外表面 500 mm±50 mm。盒的内表面用薄纸或纱布覆盖。盒的一面（不是底面）保持打开，以便能按制造厂的说明连接电源电缆。

注 1：薄纸：薄、软和有一定强度的纸，一般用于包裹易碎的物品，其质量在 12 g/m² 和 25 g/m² 之间。

注 2：纱布：重约 29 g/m²～30 g/m²，并且每平方厘米有 13×11 条编织物。

试验试品应按制造厂出版的说明书安装，并且连接 7.3.1 的最大截面积的导线，在盒内的电缆保留的最大长度为每根 0.5 m。

试品准备

具有并联连接的非线性元件并包含一个或多个 3.4 和 3.5 所述的非线性元件的 SPD，对每个电流路径应按下述的方式分别准备 3 个一组的试品。

在 3.4 和 3.5 中所述的的电压限制元件和电压开关元件应采用适当的铜块（模拟替代物）来代替，以确保内部连接，连接的截面和周围的材料（例如，树脂）以及包装不变。

应由制造厂提供按上述要求准备的试品。

试验程序

本试验应对两个不同的试验配置进行试验，对每个配置 a）和 b）采用一组单独准备的试品。

a） 声明的短路耐受能力试验

试品连接至具有符合声明的短路耐受能力的预期短路电流及符合表 11 的功率因数、电压为 U_c 的工频电源。

在电压过零后的 45°电角度和 90°电角度处接通短路进行二次试验。如果可更换的或可重新设定的内部或外部的脱离器动作，每次应更换或重新设定相应的脱离器。如果脱离器不能更换或重新设定，则试验停止。

b） 低短路电流试验

将试品接到电压为 U_{cs} 的工频电源上，电源的预期短路电流应为产品的最大过电流保护额定电流值（如果制造厂声明）的 5 倍，其功率因数按表 11 规定，通电时间为 5 s±0.5 s。如果制造厂没有要求有外部的过电流保护，采用 300 A 的预期短路电流。在电压过零后的 45°电角度处接通短路电流进行一次试验。

合格判别标准

在上述两个短路试验期间，薄纸或纱布不应燃烧。

此外，在短路耐受能力试验时，电源短路电流应由制造厂所要求的一个脱离器（内部的或外部的）断开。

未经其他的国家标准验证的内部的和/或专用的脱离器需进行：

如果脱离器动作，应有明显的、有效的和永久断开的迹象，为了验证该要求，应采用等于 U_c 的工频电压施加 1 min,流过的电流不应超过 0.5 mA(有效值)。

易触及的 SPD:

试后,对防护等级大于或等于 IP20 的 SPD,使用标准试指施加一个 5 N 的力(见 GB 4208)不应触及带电部件,除了 SPD 按正常使用安装后在试验前已可触及的带电部分外。

7.7.3.1 I_{fi}低于声明的短路耐受能力的 SPD 的补充试验

重复 7.7.3 的试验,但电压开关元件不短路。用一个正向的电涌电流(8/20 或其他合适的波形)在正半波的电压过零后的 30°～40°电角度处触发 SPD 接通短路。电涌电流应足够高以产生续流,但任何情况下均不应超过 I_n。

为确保在触发电涌下外部脱离器不动作,所有的外部脱离器应如图 6a 所示与工频电源串联放置。

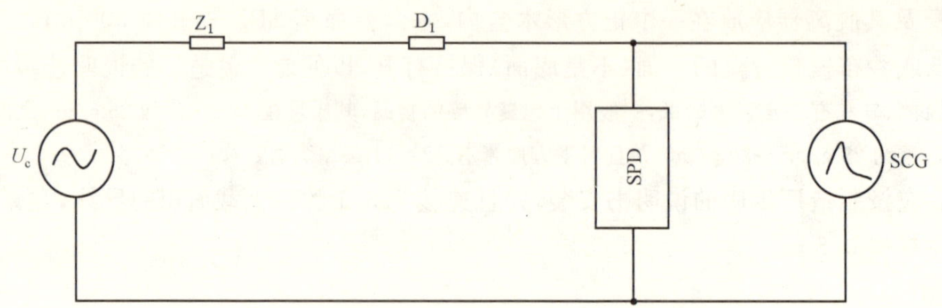

说明:

Z1——按表 11 调节预期短路电流的阻抗;

D1——外部 SPD 脱离器;

SCG——带耦合装置的电涌电流发生器。

图 6a I_{fi}低于声明的短路耐受能力的 SPD 的试验电路

7.7.4 在高(中)压系统的故障引起的暂时过电压(TOV)下试验

应采用新的试品并按制造厂说明的正常使用条件安装,单相或多相试品连接至图 7 的试验电路或等效的电路。

试品被放置在如 7.7.3 所述的正方形木盒内。盒的内表面覆盖薄纸或纱布。盒的一面(不是底面)应保持打开,以便按制造厂说明连接电源电缆。

注 1:薄纸:薄、软和有一定强度的纸,一般用于包裹易碎的物品,其质量在 12 g/m² 和 25 g/m² 之间。

注 2:纱布:重约 29 g/m²～30 g/m²,并且每平方厘米有 13×11 条编织物。

7.7.4.1 试验程序

在施加其值为 U_{cs} 的试验电源电压后,通过闭合 S1 在 L1 相的 90°电角度处对试验试品施加 $U_{T}{}_{-5}^{\ 0}\%$。在 200 ms$_{\ 0}^{+10}\%$后,S2 自动闭合,通过短路 TOV 变压器(T2)的二次绕组把 SPD 的 PE 端子连接至中性线(经过限流电阻 R_2),这将使保护 TOV 变压器的熔断器 F2 动作。

电源 U_{cs}的预期短路电流应等于制造厂声明的最大过电流保护的额定电流的 5 倍,如果没有声明最大过电流保护,则为 300 A。电流允许误差为$_{\ 0}^{+10}\%$。

TOV 变压器输出的预期短路电流应通过 R_2 调节至 300 A$_{\ 0}^{+10}\%$。

中性线接地的 SPD 例外,U_{cs}施加到试品上保持 15 min 不断开,直至开关 S1 重新断开。

允许采用其他的试验电路,只要它们确保对 SPD 有相同的应力。

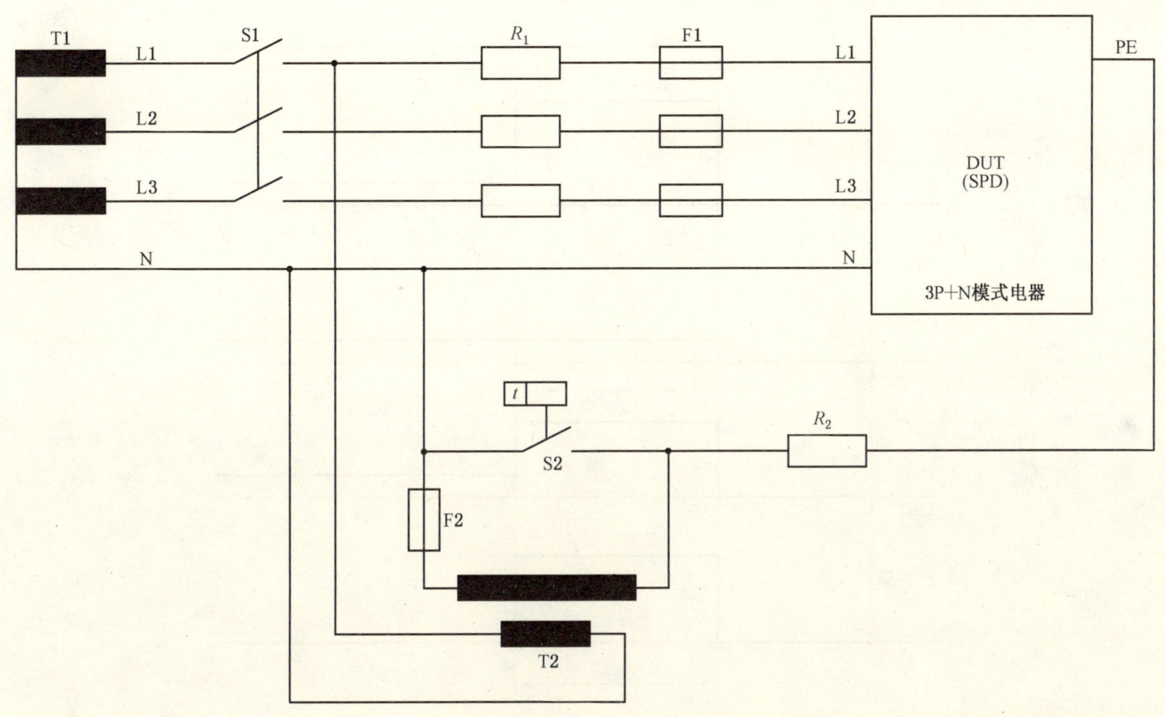

说明：

S1——主开关；

S2——定时开关，在主开关闭合 200 ms 后闭合；

F1——按制造厂的说明推荐的最大过电流保护；

F2——TOV 变压器保护熔断器(需要耐受 300 A 持续 200 ms)；

T1——二次绕组电压为 U_{cs} 的电源变压器；

T2——TOV 变压器，一次绕组电压为 U_{cs}，二次绕组电压为 1 200 V；

R_1——调节 U_{cs} 电源的预期短路电流的限流电阻；

R_2——调节 TOV 电路的预期短路电流至 300 A 的限流电阻(约 4 Ω)；

DUT——被试装置。

图 7 在高(中)压系统故障引起的 TOV 下试验 SPD 时采用的电路示例以及 SPD 端子上预期电压的相应时序图

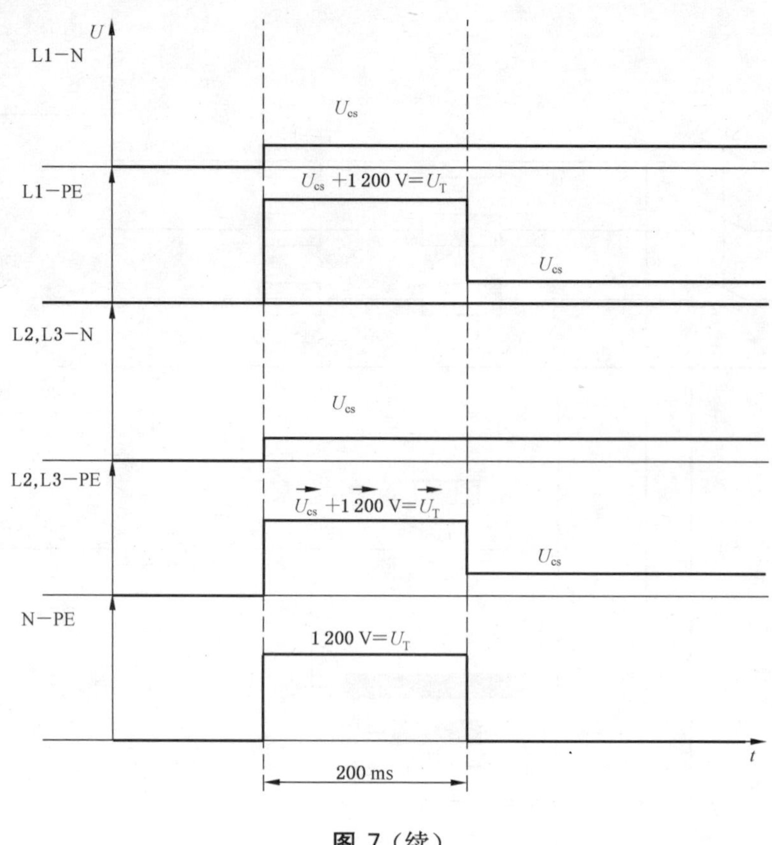

图 7（续）

7.7.4.2 合格判别标准

在试验过程中，薄纸或纱布不应燃烧。

对防护等级大于或等于 IP20 的 SPD，使用标准试指施加一个 5 N 的力（参见 GB 4208）不应触及带电部件，除了 SPD 按正常使用安装后在试验前已可触及的带电部分外。

a) TOV 故障模式

如果制造厂声明 TOV 故障模式，应满足下列附加的合格判别标准：

如果脱离器动作，SPD 上应有明显的、有效和永久断开的迹象。为了检查这一要求，施加等于 U_c 的工频电压 1 min，流过的电流不应超过 0.5 mA 有效值。

b) TOV 耐受模式

如果制造厂声明 TOV 耐受能力，应满足下列附加的合格判别标准：

注：这包括了对连接在 GB 16895.22，第 534 节的图 B.2 中位置 4a 的 N 和 PE 之间的 SPD 的要求。

- 在施加 U_{cs} 期间（在施加 U_T 后），SPD 应保持热稳定。如果在施加电压 U_{cs} 的全部时间内流过 SPD 的电流或其功耗不再增加，则认为 SPD 是热稳定状态。
- 然后把试品连接至 U_c，试验变压器至少应具有 200 mA 的短路电流能力。
  测量流过试品的电流，其阻性分量（在正弦波的峰值处测量）不应超过 1 mA。
  或待机功耗增加不应超过 7.7.5 测量值的 20%。
- 试品冷却到接近环境温度后，用 7.5 规定的试验确定测量限制电压，以检查是否保持制造厂规定的电压保护水平。7.5.2 的试验仅在 I_n 下进行，以及 7.5.4 和 7.5.5 的试验仅在 U_{oc} 下进行。辅助电路，如状态指示器，应处在正常工作状态。
  “正常工作状态”表示脱离器无可见的损坏，并且仍能运行。可用手动方式（有可能时）或用单纯的电气试验来检查能否运行，由制造厂和实验室协商确定。
- 目测检查试品不应出现任何损坏的迹象。

7.7.5　待机功耗和残流试验

SPD 按制造厂的说明连接到最大持续工作电压(U_c)的电源，测量 SPD 消耗的视在功率(伏安)，测量流过 PE 端子的残流。

注 1：如果制造厂允许 SPD 安装有几种配置，本试验应对每种配置进行。

注 2：应测量真有效值电流。

7.7.6　在低压系统故障引起的 TOV 下试验

7.7.6.1　试验程序

应采用新的试品并按制造厂说明的正常使用条件安装。试品连接至图 8 的试验电路。

试品被放置在如 7.7.3 所述的立体体形木盒内。盒的内表面覆盖薄纸或纱布。盒的一面(不是底面)应保持打开，以便按制造厂的说明连接电源电缆。

注 1：薄纸：薄、软和有一定强度的纸，一般用于包裹易碎的物品，其质量在 12 g/m² 和 25 g/m² 之间。

注 2：纱布：重约 29 g/m²～30 g/m²，并且每平方厘米有 13×11 条编织物。

试品应连接到 $U_{T}{}_{-5}^{\ 0}\%$的工频电压，持续时间为 $t_T=5s_{-5}^{\ 0}\%$，电压 U_T 如表 B.1 所示，或制造厂按 6.1.1 声明的较高的 TOV 电压。该电压源应能输出一个足够高的电流，以确保在试验过程中 SPD 端子上的电压不会跌落到 U_T的 95%以下，或能输出声明的 SPD 的短路耐受能力，两者取较小值。

紧接着在施加 U_T 后，应在试品上施加等于 $U_{cs}{}_{-5}^{\ 0}\%$并具有同样电流能力的电压 15 min。试验周期之间的时间间隔应尽可能短，并且在任何情况下不应超过 100 ms。

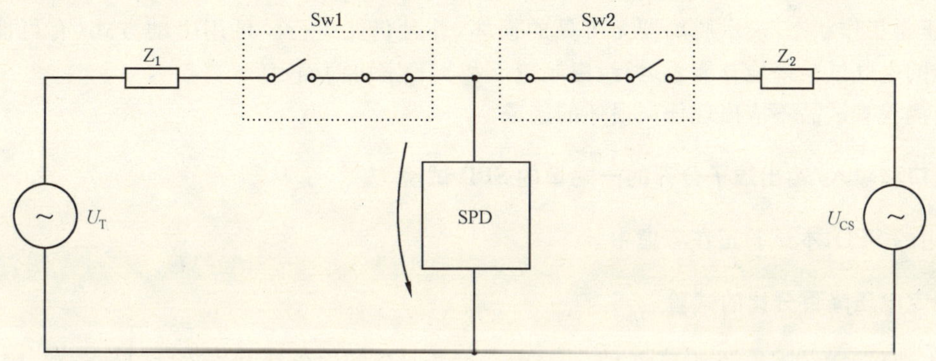

说明：

$t_1=0$, $t_2=5\ s_{-5}^{\ 0}\%$ } U_T按附录 B 的表 B.1；

$t_2 \leqslant t_3 < (t_2+100\ ms)$, $t_4=15\ min_{\ 0}^{+5}\%$ } $U_{cs}{}_{-5}^{\ 0}\%$。

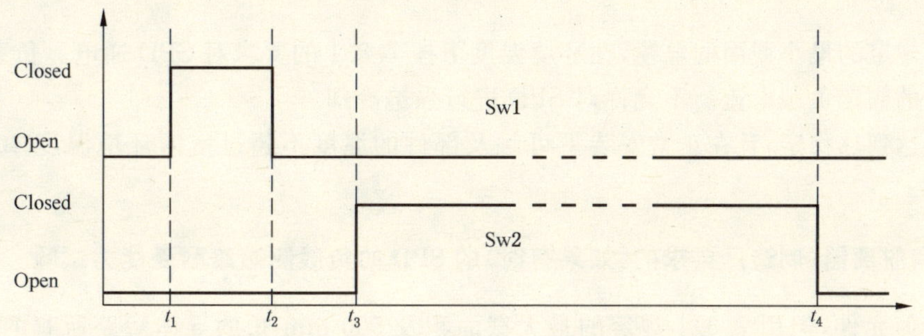

图 8　在低压系统故障引起的 TOV 下进行试验的电路示例及相应的时序图

7.7.6.2 合格判别标准

在试验过程中，薄纸或纱布不应着火。

对防护等级大于或等于 IP20 的 SPD，使用标准试指施加 5 N 的力(见 GB 4208)不应触及带电部件，除了 SPD 按正常使用安装后在试验前已可触及的带电部分外。

a) TOV 故障模式

如果制造厂声明 TOV 故障模式，应满足下列附加的合格判别标准：

如果脱离器动作，SPD 上应有明显的、有效和永久断开的迹象。为了检查这一要求，施加等于 U_c 的工频电压 1 min，流过的电流不应超过 0.5 mA 有效值。

b) TOV 耐受模式

如果制造厂声明 TOV 耐受能力，应满足下列附加的合格判别标准：

- 在施加 U_{cs} 期间(在施加 U_T 后)，SPD 应保持热稳定。如果在施加电压 U_{cs} 的全部时间内流过 SPD 的电流或其功耗不再增加，则认为 SPD 是热稳定状态。
- 然后把试品连接至 U_c，试验变压器至少应具有 200 mA 的短路电流能力。
  测量流过试品的电流，其阻性分量(在正弦波的峰值处测量)不应超过 1 mA。
  或待机功耗增加不应超过 7.7.5 测量值的 20%。
- 试品冷却到接近环境温度后，用 7.5 规定的试验确定测量限制电压，以检查是否保持制造厂规定的电压保护水平。7.5.2 的试验仅在 I_n 下进行，以及 7.5.4 和 7.5.5 的试验仅在 U_{oc} 下进行。辅助电路，如状态指示器，应处在正常工作状态。
  “正常工作状态”表示脱离器无可见的损坏，并且仍能运行。可用手动方式(有可能时)或用单纯的电气试验来检查能否运行，由制造厂和实验室协商确定。
- 目测检查试品不应出现任何损坏的迹象。

7.8 二端口和输入/输出端子分开的一端口的 SPD 试验

直流用的 SPD，本试验正在考虑中。

7.8.1 确定电压降百分比的试验

在输入端施加电压 U_c，并应恒定在 −5% 内。试验时使额定负载电流流过阻性负载，同时在连接负载时测量输入和输出电压。使用下列公式确定电压降百分比。

$$\Delta U\% = [(U_{输入} - U_{输出})/U_{输入}] \times 100\%$$

应记录该值并符合制造厂的规定。

7.8.2 额定负载电流(I_L)

用 7.3.1 规定的最小截面的电缆，在环境温度下按 7.8.1 的要求对 SPD 通电。负载电流应整定为制造厂所规定的额定负载电流。不允许对 SPD 进行强迫冷却。

如果外壳达到热稳定，且在正常安装下可触及部件的温度不超过室内环境温度 40 K(见 2.1)，则 SPD 试验合格。

7.8.3 连接有脱离器(制造厂要求的，如果有时)的 SPD 的负载侧短路耐受能力试验

不短路任何元件，但用 7.3.1 规定的最大截面积及 500 mm 长的导体短路所有的负载端子，重复 7.7.3 的试验。

合格判别标准

试验时，电源的短路电流应在 5 s 内断开。试验过程中，薄纸或纱布不应燃烧，此外，应不会对人员

或设备产生爆炸或其他危险。

可触及 SPD

试验后，IP 等级等于或大于 IP2X 的 SPD，用标准试指施加一个 5 N 的力(参见 GB 4208)不应触及带电部件。如果没有内部的脱离器动作，SPD 应满足 7.4.1 和 7.5 的要求。如果一个 SPD 内部的脱离器动作，应有明显的、有效和永久断开的迹象。

在检查断开时，采取下列步骤：

a) 确认输出端没有电压；

b) 在相应的输入端子和输出端子间施加等于 2 倍 U_c 的工频电压 1 min，不应有超过 0.5 mA(有效值)的电流流过。

试验应包括所有制造厂声明的与 SPD 串联的辅助部件。

7.8.4 负载侧电涌耐受能力

对本试验进行：

——15 次 8/20 电流波冲击；

——或 15 次复合波冲击，开路电压为 U_{oc}。

对试品的输出端口施加等于制造厂规定的负载侧电涌耐受能力值的冲击，冲击分成 3 组，每组 5 次。用标称电流至少为 5 A 的电源对 SPD 施加 U_c。每次冲击应与电源频率同步，同步角应从 0°角开始，以 30°±5°的间隔逐级增加。

两次冲击之间的间隔时间为 50 s～60 s，两组之间的间隔时间为 25 min～30 min。

整个试验过程中，试品应施加电压。应记录输出端子上的电压。

合格判别标准

如果满足 7.6.6 的判别标准，则 SPD 通过试验。

7.8.5 过载性能

本试验在所有的二端口 SPD 上进行。对一端口 SPD，仅在输入和输出端子间连接线的截面积小于试验规定的导线时才应进行本试验。

试验在环境温度下进行，并且试品应避免异常的外部加热或冷却。

试验电路和步骤应如 7.8.2 所述，除了电路不是主电路和本试验不计温升外。

进行试验时不连接任何外部过电流保护装置(内部可移除的过电流保护装置用一个阻抗可忽略不计的连接代替)。

如果制造厂规定了最大过电流保护，SPD 应通以等于最大过电流保护 K 倍的电流负载 1 h。对于保护装置如果是断路器，K 值取 1.45，如果是熔断器，K 值取 1.6。

注：如果制造厂没有规定保护装置的型式(断路器或熔断器)，用较高的系数 K 进行试验。

如果制造厂没有规定最大过电流保护，SPD 应通以 1.1 倍额定负载电流 1 h，或至内部的脱离器动作。如果在 1 h 内没有脱离器动作，每小时将先前的试验电流增加至 1.1 倍继续试验，直至内部脱离器动作。

合格判别标准

在试验过程中，可接触的表面的温升应总是低于 60 K。

a) 没有内部脱离器动作

- 目测检查试品不应出现任何损坏的迹象。
- 对防护等级大于或等于 IP20 的 SPD，使用标准试指施加 5 N 的力(参见 GB 4208)不应触及带电部件，除了 SPD 按正常使用安装后在试验前已可触及的带电部分外。
- 然后把试品连接至 U_c，试验变压器至少应具有 200 mA 的短路电流能力。测量流过试品的电流，其阻性分量(在正弦波的峰值处测量)不应超过 1 mA。或

- 待机功耗增加不应超过 7.7.5 测量值的 20%。
- 试品冷却到接近环境温度后，用 7.5 规定的试验确定测量限制电压，以检查是否保持制造厂规定的电压保护水平。7.5.2 的试验仅在 I_n 下进行，以及 7.5.4 和 7.5.5 的试验仅在 U_{oc} 下进行。辅助电路，如状态指示器，应处在正常工作状态。

注："正常工作状态"表示脱离器无可见的损坏，并且仍能运行。可用手动方式(有可能时)或用单纯的电气试验来检查能否运行，由制造厂和实验室协商确定。

b) 任何内部脱离器动作

- 对防护等级大于或等于 IP20 的 SPD，使用标准试指施加 5 N 的力(见 GB 4208)不应触及带电部件，除了 SPD 按正常使用安装后在试验前已可触及的带电部分外。
- SPD 上应有明显的、有效和永久断开的迹象。为了检查这一要求，施加等于 U_c 的工频电压 1 min，流过的电流不应超过 0.5 mA 有效值。
- 在试验过程中及试验后，应没有燃烧的迹象，并没有固体材料喷溅。

7.9 附加试验

整个 7.9 是安全条款。在有些国家，可使用其他的国家规程。在适用的情况下，这些试验适用于直流的 SPD。

7.9.1 带有软电缆和电线的移动式 SPD 及其连接

7.9.1.1 移动式的 SPD 应提供有电线固定装置，以便使连接至接线端子或端头处的导线免受应力(包括扭绞)，并使导线绝缘层免受磨损。

导线护套(如有的话)应夹紧在电线固定装置上。

通过直观检查来检验其是否符合要求。

7.9.1.2 导线定位的有效性可采用图 9 所示的设备进行下列试验来检验。

单位为毫米

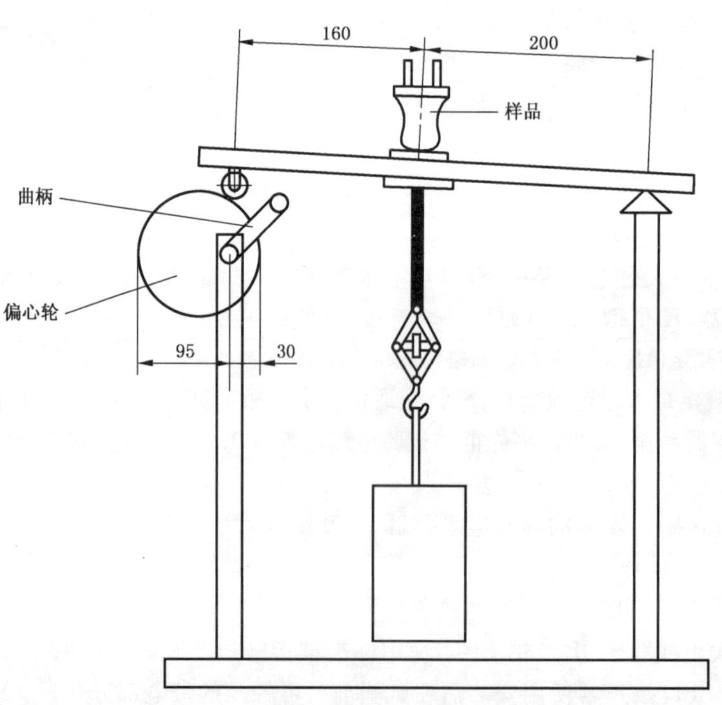

图 9 电缆保持力的试验装置

不可拆线的SPD按供货状态进行试验；试验在新的试品上进行。

可拆线的SPD用制造厂规定的标称截面的电缆进行试验。

可拆线的SPD的软电缆导体或电线的导体插入接线端子，螺钉拧紧至刚好使导体不易移位为止。

电线固定装置按正常方法使用，夹紧螺钉（如有的话）用表12规定的三分之二的扭矩拧紧。

表12　夹紧螺钉的紧固要求

标称螺纹直径 mm	扭矩 Nm		
$d\leqslant 2.8$	0.2	0.4	—
$2.8<d\leqslant 3.0$	0.25	0.5	—
$3.0<d\leqslant 3.2$	0.3	0.6	—
$3.2<d\leqslant 3.6$	0.4	0.8	—
$3.6<d\leqslant 4.1$	0.7	1.2	1.2
$4.1<d\leqslant 4.7$	0.8	1.8	1.2
$4.7<d\leqslant 5.3$	0.8	2.0	1.4

试品重新组装后，各组成部分均应配合得恰到好处，且不可能把电缆或电线再明显地推入试品。

试品放置在试验装置上，使进入试品处的电缆或电线的轴线处于垂直位置。

然后用以下的拉力对电缆或电线拉100次：

——60 N，如果额定电流不大于16 A和额定电压小于或等于250 V；

——80 N，如果额定电流不大于16 A和额定电压大于250 V；

——100 N，如果额定电流大于16 A。

施加拉力时应基本上无冲击，每次时间为1 s。

应注意，同时对软电缆的所有部分（芯线、绝缘和护套）施加相同的拉力。

试后，电缆或电线不应移动2 mm以上。对于可拆线SPD，在接线端子中导线端部不应有明显移位；对于不可拆线SPD，电气连接不应断开。

为了测量纵向位移，在试验开始前，当电缆或电线承受拉力时在其离试品或电缆护套端部大约20 mm处做一标记。对于不可拆线SPD，如果试品或电缆护套没有明确的端部，则在试品本体上做一附加标记。

试验后，在电缆或电线承受拉力时，测量电缆或电线上标记相对于试品或电缆护套的位移。

7.9.1.3　不可拆线的SPD应提供符合GB/T 5023和GB/T 5013的软电缆或电线，其导体截面积应适合于SPD及有关器件的最大额定值。

通过直观检查、测量和检查软电缆或电线符合GB/T 5023和GB/T 5013（适用时）来检验是否符合要求。

7.9.1.4　不可拆线SPD的设计应能防止软电缆或电线在进入SPD时受到过度弯曲。

防止过度弯曲的护套应采用绝缘材料制成，并采用可靠的固定方法。

螺旋状的金属弹簧，无论是裸金属还是覆盖有绝缘材料，均不应用作电线护套。

通过直观检查和用图10的试验装置进行弯曲试验来检查其是否符合要求。

试验在新的试品上进行。

试品固定在试验装置的摆动机构上。当它在中间位置时，进入试品处的软电缆或电线的轴线处于垂直位置，并通过摆动轴。

SPD应这样定位，通过调节摆动机构的固定部件与摆动轴之间的距离，使试验装置的摆动机构在整个摆动过程中电线所作的横向移动最小。

为了通过实验易于找出在试验时电线横向移动最小的安装位置，弯曲装置的构造应能使安装在摆动机构上 SPD 的各种不同支架易于调节。

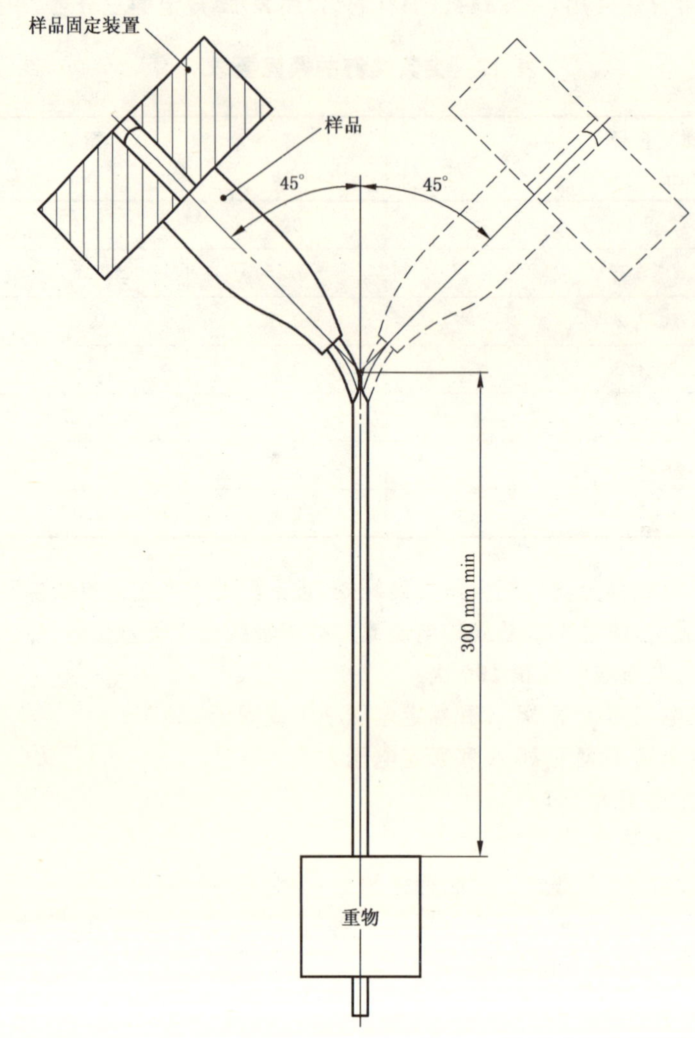

图 10 弯曲试验装置

电缆或电线加重物作负载，所加的力为：

——20 N，用于电缆或电线的标称截面积超过 0.75 mm^2 的 SPD；

——10 N，用于其他 SPD。

导体通以 SPD 额定电流或下列电流，两者中取较小者：

——16 A，用于电缆或电线的标称截面超过 0.75 mm^2 的 SPD；

——10 A，用于电线的标称截面积为 0.75 mm^2 的 SPD；

——2.5 A，用于电线的标称截面小于 0.75 mm^2 的 SPD。

导线间的电压等于试品的额定电压。

摆动机构在 90°的角度（垂直轴线两边各 45°）内摆动，弯曲的次数是 10 000 次，弯曲的速率是每分钟 60 次。

向前摆动一次或向后摆动一次均为一次弯曲。

带圆截面电缆或电线的试品弯曲 5 000 次后，在摆动机构内转过 90°，带扁平电线的试品仅在与包含导体轴线的平面垂直的方向进行弯曲。

在弯曲试验时：

——电流不得中断；

——导体之间不得短路。

如果电流达到SPD的试验电流2倍时，则认为软电缆或电线导体之间发生了短路。

试品通以额定电流的试验电流时，每个触点与对应导体间的电压降不应超过10 mV。

试验后，护套(如有的话)不应与本体分开，电缆或电线的绝缘不应有磨损现象，导体的断线丝不应刺穿绝缘以致于变成易触及的。

7.9.2 机械强度

7.9.2.1 SPD应具有足够的机械强度，以使其能承受安装和使用过程中遭受的机械应力。

通过下列试验来检验其是否符合要求：

用图11所示的撞击试验装置对试品进行撞击试验。

单位为毫米

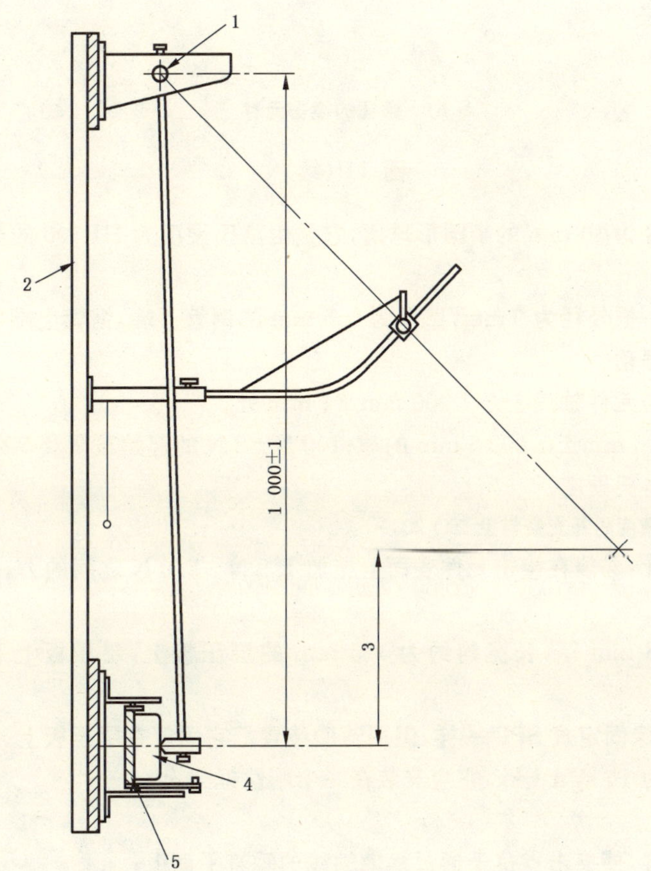

说明：

1——摆；

2——框架；

3——下落高度；

4——试品；

5——安装架。

a) 试验装置

图11 撞击试验装置

单位为毫米

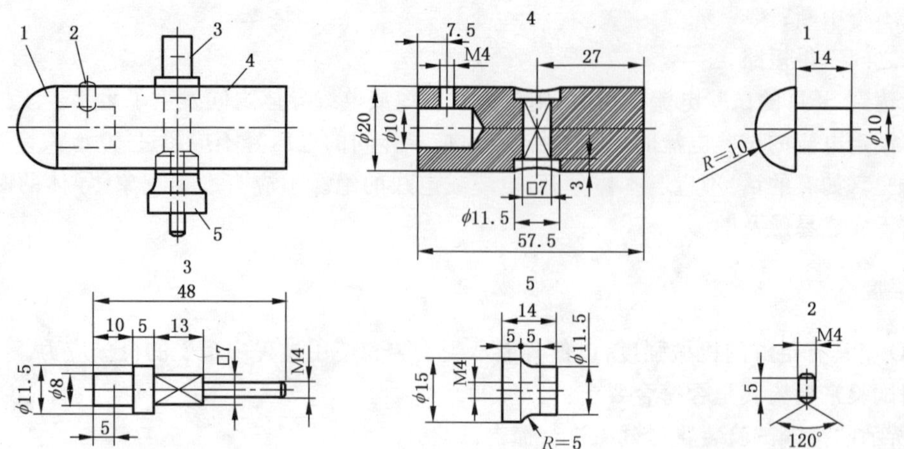

部件的材料：

1——聚酰胺；

2,3,4,5——Fe360 钢。

b） 摆锤的撞击元件

图 11（续）

撞击元件有一个半径为 10 mm 的半圆形球面，它是由洛氏硬度为 HR100 的聚酰胺材料制成，质量为 150 g±1 g。

它被刚性地固定在一根外径为 9 mm，壁厚为 0.5 mm 的钢管下端，钢管上端可在转轴上转动，使它只能在一个垂直平面上摆动。

转轴的轴线是在撞击元件轴线上方 1 000 mm±1 mm 处。

用一个直径为 12.700 mm±0.002 5 mm 的球；100 N±2 N 的起始载荷及 500 N±2.5 N 的过负荷来确定撞击元件头部的洛氏硬度。

注：关于确定塑料洛氏硬度的补充资料见 ISO 2039-2。

试验装置应这样设计：必须在撞击元件表面上施加 1.9 N～2.0 N 之间的力，才能将钢管保持在水平位置。

将试品安装在一块 8 mm 厚，长宽均约为 175 mm 的层压板上，层压板上下两边固定在刚性托架上。

移动式 SPD 的试验像固定式 SPD 一样，但用辅助装置把它固定在层压板上。

安装支架的质量应为 10 kg±1 kg，它应安装在一个刚性框架上。

安装支架应设计为：

——试品能这样放置，使撞击点位于通过枢轴轴线的垂直平面上；

——试品能够在水平方向移动，并且能绕着一根与层压板表面垂直的轴线转动；

——层压板能绕着一根垂直轴线转动。

嵌入式 SPD 安装在一个铁树木或类似机械特性的材料制成的基座的凹槽内，再整个固定在层压板上（SPD 不在其相应的安装盒中试验）。

如果使用木板，则木板纤维的方向应垂直于撞击的方向。

螺钉固定的嵌入式 SPD，应用螺钉固定在嵌入基座的凸缘上。卡爪固定的嵌入式 SPD 应用卡爪固定在基座上。

在撞击实施前，应用表 12 规定值三分之二的扭矩把底座和盖子的固定螺钉拧紧。

试品应这样安装使得撞击点位于通过枢轴轴线的垂直平面上。

使撞击元件从表13规定的高度落下。

下落高度取决于试品离安装表面最突出部分，并施加在试品的所有部分，除A部分以外。

下落高度是摆释放时测试点位置与撞击瞬间测试点位置之间的垂直距离。测试点是标志在撞击元件表面上的一点，该点是通过钢管摆的轴线和撞击元件的轴线的交点并垂直于该两轴线构成的平面的直线与撞击元件表面的交点。

试品受到的撞击是均匀的分布在试品上。敲落孔不施加撞击。

表13　用于撞击要求的落下距离

下落高度 mm	受撞击的外壳部件	
	普通 SPD	其他 SPD
100	A和B	A和B
150	C	C
200	D	D

注：A—前面部件，包括凹进部分。
B—正常安装后，从安装表面突出小于15 mm(从墙算起的距离)的部件，除了上面的A部分。
C—正常安装后，从安装表面突出大于15 mm而小于25 mm(从墙算起的距离)的部件，除了上面的A部分。
D—正常安装后，从安装表面突出大于25 mm(从墙算起的距离)的部件，除了上面的A部分。

施加下列撞击：

——对于A部件，撞击5次，1次在中心。试品水平移动后：在中心和边缘间薄弱的点各1次；然后把试品绕它的垂直于层压板的轴线转过90°之后，在类似的点各1次。

——对于B(适用时)，C和D部件，4次撞击：

- 在层压板转过60°后，在试品的一侧面撞击1次，保持层压板的位置不变，试品绕它的垂直于层压板的轴线转过90°之后，在试品的另一侧面撞击1次；
- 把层压板往相反方向转过60°，对试品的其他两侧面各撞击1次。

试验后，试品应无本部分含义内的损坏。尤其是带电部件应不易被标准试验指触及。

对于外表的损坏以及不导致爬电距离或电气间隙减少的小的压痕和不会对防触电保护或防止水的有害进入产生不利影响的小碎片均可忽略不计。

不采用附加的放大手段的条件下，正常或校正视力所不可见的裂缝，玻璃纤维增强模塑件及类似材料表面的裂缝可以忽略不计。

7.9.2.2　移动式SPD在图12所示滚筒中试验。

可拆线SPD连接制造厂规定的软电缆或电线，自由长度大约为100 mm。

用表12规定值三分之二的扭矩拧紧接线端子的螺钉和装配螺钉。

不可拆线的SPD按供货状态进行试验，软电缆或电线截短至露出SPD约100 mm长。

试品从500 mm高度下落至3 mm厚的钢板上，落下次数为：

——1 000，如果试品质量(不带电缆或电线)不超过100 g；

——500，如果试品质量(不带电缆或电线)超过100 g，但不超过200 g；

——100，如果试品质量(不带电缆或电线)超过200 g。

滚筒以每分钟5次的速率旋转，使试品每分钟下落10次。每次仅一个试品在滚筒里进行试验。

试后，试品应没有损坏，尤其是：

——任何部件不应分离或松动；

——应不可能触及任何带电部件，即使用标准试验指施加不超过10 N的力也不应触及。

在试后检查中，对软电缆或电线的连接应特别注意。只要电击保护不受影响，允许有小的碎片碎裂。

不减小爬电距离或电气间隙的外观损害和小的凹痕可忽略不计。

用 7.5 的试验确定测量限制电压。

仅在 I_n 下进行 7.5.2 的试验，仅在 U_{oc} 下进行 7.5.4 和 7.5.5 的试验。

对 7.5.3 的试验，应采用 10 次测量峰值的最大值。

如果测量限制电压低于或等于 U_P，则试品通过试验。

然后，试品连接至额定频率和最大持续工作电压 U_c 的电源，试验变压器至少应具有 200 mA 的短路电流能力，除非制造厂提出另外的电流值。

施加该电源时：

- 流过试品电流的阻性分量（在正弦波峰值处测量）不应超过 1 mA；
- 或待机功耗增加不应超过 7.7.5 测量值的 20%。

单位为毫米

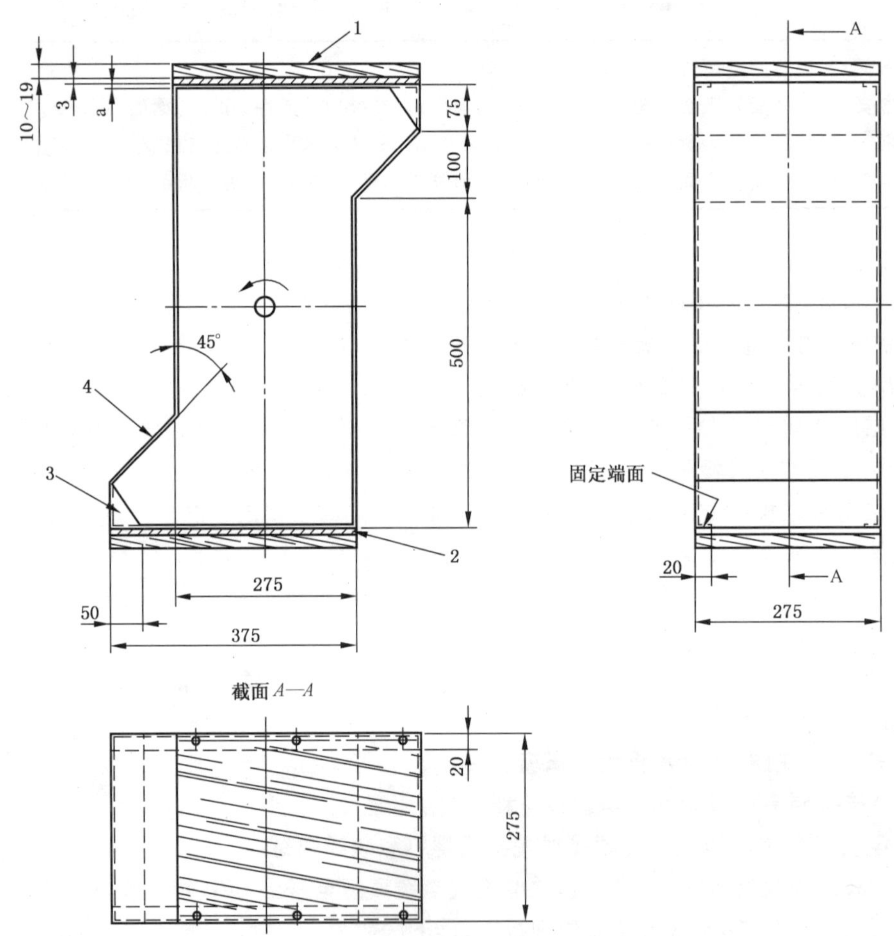

说明：

1——木块；

2——钢；

3——橡皮；

4——塑料薄板。

a 旋转筒的本体由 1.5 mm 厚的钢板制成。

图 12 滚筒

7.9.3 耐热

7.9.3.1 SPD在温度为100 ℃±2 K的加热箱中保持1 h。内部组装的任何密封化合物不应流出。冷却后,试品按正常使用条件安装,应不可能触及任何带电部件,即使用标准指施加一个不超过5 N的力也不可触及。

即使SPD的脱离器断开,也可认为SPD已通过试验。

7.9.3.2 SPD中用绝缘材料制成的外部零件用图13a)和图13b)所示的试验装置进行球压试验。

绝缘材料制成的把载流部件和接地电路的部件保持在其位置上必须的外部零件,在一个温度为125 ℃±2 K的加热箱中进行试验。

绝缘材料制成的不是把载流部件和接地电路的部件保持在其位置上必须的外部零件,即使这些零件与它们相接触,试验在70 ℃±2 K的加热箱中进行。

把试品适当地固定,使其表面处于水平位置,把一个直径5 mm的钢球用20 N的力压此表面。1 h后,把钢球从试品上移开,然后把试品浸入冷水中使其在10 s内冷却至环境温度。

测量由钢球形成的压痕直径不应超过2 mm。

注:陶瓷材料的部件不进行本试验。

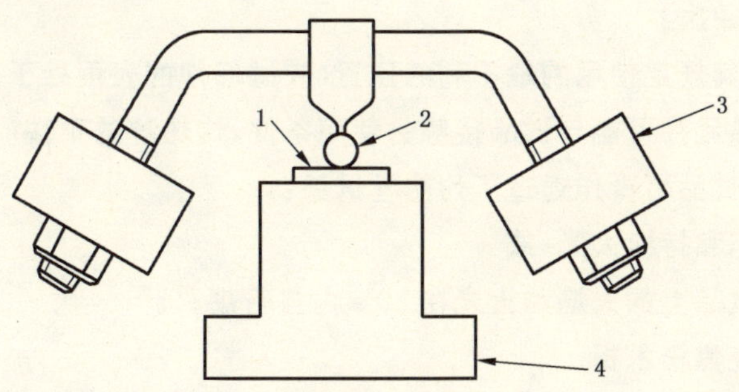

说明:

1——试品;

2——压力球;

3——重物;

4——试品支架。

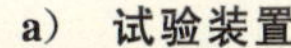

a) 试验装置

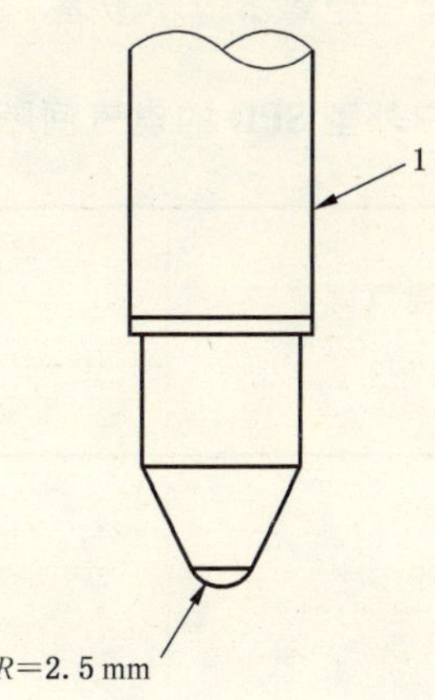

说明:

1——载荷杆。

b) 试验装置的载荷杆

图13 球压试验装置

7.9.4 耐非正常热和耐燃

灼热丝试验应按 GB/T 5169.10 中第 4 章至第 10 章在下列条件下进行：

——对于 SPD 中用绝缘材料制成的把载流部件和保护电路的部件保持在位置上必须的外部零件，试验应在 850 ℃±15 K 温度下进行。

——对于所有由绝缘材料制成的其他零件，试验应在 650 ℃±10 K 温度下进行。

就本试验而言，平面安装式 SPD 的基座可看作是外部零件。

对陶瓷材料制成的部件不进行本试验。

如果绝缘件是由同一种材料制成，则仅对其中一个零件按相应的灼热丝试验温度进行试验。

灼热丝试验是用来保证电加热的试验丝在规定的试验条件下不会引燃绝缘部件，或保证在规定的条件下可能被加热的试验丝点燃的绝缘材料部件在一个有限的时间内燃烧，而不会由于火焰或燃烧的部件或从被试部件上落下的微粒而蔓延火焰。

试验在一台试品上进行。

在有疑问的情况下，可再用两台试品重复进行此项试验。

试验时，施加灼热丝一次。

试验期间，试品处于其规定使用的最不利的位置(被试部件的表面处于垂直位置)。

考虑加热元件或灼热元件可能与试品接触的使用条件，灼热丝的顶端应施加在试品规定的表面上。

如果符合下列条件，试品可看作通过了灼热丝试验：

——没有可见的火焰和持续火光；或

——灼热丝移开后试品上的火焰和火光在 30 s 内自行熄灭。

不应点燃薄棉纸或烧焦松木板。

7.9.5 验证电气间隙和爬电距离

确定电气间隙和爬电距离时，不考虑放电间隙电极之间的距离。

7.9.5.1 户外型 SPD

带电部件和地之间的电气间隙和爬电距离不应小于表 14 规定的值。

表 14 户外型 SPD 的电气间隙和爬电距离

SPD 最大持续工作电压 V	最小电气间隙 mm	绝缘材料的爬电距离[a] mm	
		CTI≥600	400≤CTI≤600
<450	3	6	7.5
450～600	5.5	12	15.5
600～1 200	8	20	25
1 200～1 500	10	30	40

注：这些值是基于 GB/T 16935.1，海拔高度低于 2 000 m，污染等级 4 和非均匀电场条件。相比电痕化指数(CTI)值按 GB/T 4207—2003 方法 A。

[a] 如果污染等级低于 4 或通过污染试验，可以采用其他值。

7.9.5.2 户内型 SPD

电气间隙和爬电距离不应小于表 15 规定的值。

表 15 户内型 SPD 的电气间隙和爬电距离

SPD 持续工作电压	<100 V	100 V~200 V	200 V~450 V	450 V~600 V	600 V~1 200 V	1 200 V~1 500 V
电气间隙 mm						
1) 不同极的带电部件之间;	1	2	3	5.5	8	12
2) 带电部件与						
—安装 SPD 时必须拆卸的固定盖的螺钉或其他工件之间;	1	2	3	5.5	8	12
—安装表面[b];	2	4	6	11	16	24
—安装 SPD 的螺钉或其他工件之间[b];	2	4	6	11	16	24
—壳体之间[a,b];	1	2	3	5.5	8	12
3) 脱离器机构的金属部件与						
—壳体之间[a];	1	2	3	5.5	8	12
—安装 SPD 的螺钉或其他工具	1	2	3	5.5	8	12
爬电距离/mm						
4) 不同极的带电部件之间;	1	2	3	5.5	8	12
5) 带电部件与						
—安装 SPD 时必须拆卸的固定盖的螺钉或其他工件之间;	1	2	3	5.5	8	12
—安装 SPD 的螺钉或其他工件之间[b];	2	4	6	11	16	24
—壳体之间[a]	1	2	3	5.5	8	12

[a] 定义见 7.9.7.2。

[b] 如果 SPD 的带电部件与金属隔板或 SPD 安装平面之间的电气间隙和爬电距离仅与 SPD 的设计有关，使得 SPD 在最不利的条件下(甚至在金属外壳内)安装，其电气间隙和爬电距离也不会减少时，则采用第一和第四行的值就足够了。

7.9.5.2.1 试验:测量

不接导体以及连接制造厂规定的最大截面积的导体时，测量电气间隙和爬电距离。

假定螺母和非圆头螺钉拧紧在最不利的位置，如果有隔板，电气间隙沿着隔板测量;如果隔板由不连接在一起的两部分组成，电气间隙通过分隔的间隙测量。绝缘材料制成的外部零件的槽和孔的爬电距离测量至可触及表面覆盖的金属箔之间的距离:测量时金属箔不能压入孔内。用试验指(见 7.9.1)将它推进角落和类似的地方。

如果在爬电距离路径上有槽，只有在槽宽至少为 1 mm 时，才把槽的轮廓计入爬电距离;槽小于 1 mm，仅考虑其宽度。

如果隔板由不粘合在一起的两部分组成，爬电距离通过分开的间隙测量。如果带电部件与隔板相应表面之间的空气间隙小于 1 mm，仅考虑通过分隔表面的距离，把它看作爬电距离。否则，把整个距离，即空气间隙和通过分隔表面的距离之和看作电气间隙。如果金属部件被至少 2 mm 厚自硬性的树脂覆盖，或如果能承受 7.9.8 的试验电压的绝缘覆盖，则不需要测量爬电距离和电气间隙。

7.9.5.2.2 填充物不应满过槽孔的边缘，而应牢固地附着在槽孔壁及其中的金属物上。

试验：目检和不使用工具试图剥离填充物。

7.9.6 耐电痕化

对陶瓷制作的绝缘材料，或爬电距离至少等于7.9.5规定值的2倍时，本试验不适用。

试验采用GB/T 4207—2003溶液A，试验电压为175 V。

7.9.7 绝缘电阻

本试验不适用于具有与保护接地连接的金属外壳的SPD。

7.9.7.1 试品按以下要求准备：

试品如有附加的进线孔，则全部打开；如有敲落孔，则打开其中一个孔。把不借助工具就能拆卸的盖和其他部件取下，如有必要同样进行耐潮试验。潮湿处理应在相对湿度保持为91%～95%的潮湿箱中进行。放置试品处的空气温度保持在温度变化在1 K内的20 ℃～30 ℃之间的任一合适温度。试品在放入潮湿箱之前，应预热至T ℃和(T+4) ℃温度之间。

试品应在潮湿箱中保持2 d(48 h)。

注1：大多数情况下，试品在进入潮湿箱前应在所要求的温度下至少保持4 h，即能达到这个温度。

注2：潮湿箱中放置硫酸钠(Na_2SO_4)或硝酸钾(KNO_3)的饱和水溶液，并使其与箱内空气有一个足够大的接触面，就可获得91%～95%的相对湿度。

7.9.7.2 潮湿试验后经30 min～60 min，施加500 V的直流电压60 s后测量绝缘电阻。

把被拆下的部件重新装好后，在潮湿箱或在使试品达到规定温度的房间里进行测量。

按下列要求进行测量：

a) 在所有互相连接的带电部件和SPD易偶尔接触的壳体之间。

本试验术语"壳体"包括：

——所有容易触及的金属部件和按正常使用安装后可触及的绝缘材料表面覆盖的金属箔；

——安装SPD的平面，如有必要，该表面可覆盖金属箔；

——把SPD固定在支架上的螺钉和其他工件。

对于这些测量，金属箔应这样覆盖，使可能存在的模铸件也受到有效的试验。

连接至PE的保护元件在本试验时可断开。

b) 在SPD主电路的带电部件和辅助电路的带电部件(如果有的话)之间。

绝缘电阻应不低于：

5 MΩ——对于a)项的测量结果，

2 MΩ——对于b)项的测量结果。

7.9.8 介电强度

户外使用的SPD在接线端间试验，内部部件拆下。在本试验过程中，按GB/T 16927.1—1997的9.1对SPD喷水。

户内型SPD按7.9.7.2的a)和b)所述进行试验。

按表16用交流电压对SPD进行试验。开始时电压不超过所要求的交流电压的一半，然后在30 s内增加至全值，并保持1 min。

不应发生闪络和击穿，然而如果在放电时电压的变化小于5%，可允许局部放电。

试验用电源变压器应设计成在开路的接线端子间调整到试验电压后，如把接线端子短路，至少应流过200 mA的短路电流。过电流继电器(如有的话)只有当试验电流超过100 mA时才动作。测量试验电压的装置应具有±3%的精度。

辅助电路按GB 14048.5进行试验。

表 16 介电强度

SPD 持续工作电压 V	交流试验电压 kV
U_c 至 100	1.1
U_c 至 200	1.7
U_c 至 450	2.2
U_c 至 600	3.3
U_c 至 1 200	4.2
U_c 至 1 500	5.8

7.9.9 防止固体物进入和水的有害进入

按照 GB 4208 进行试验和校核 IP 代码。

7.9.10 多极 SPD 的总放电电流试验

试验要求

试验发生器的一端连接至多极 SPD 的 PE 或 PEN 端子。其余的每个端子通过一个串联的典型的阻抗(由一个 30 mΩ 的电阻和一个 25 μH 的电感组成)连接至发生器的另外一端。

注 1：这些阻抗模拟至电源系统的连接，并且不宜被测量系统增加，例如分流器。

注 2：本试验的配置不代表所有系统的配置。特殊的配置或应用可能需要其他的试验程序。

如果满足表 17 均衡电涌电流的误差，可使用较小的阻抗。

注 3：均衡电涌电流是总的放电电流除以 N，N 表示带电端子(相线和中性线)的数量。

表 17 均衡电涌电流的误差

试验类别	均衡电流和误差	
Ⅰ级试验	$I_{peak(1)}=I_{peak(2)}=I_{peak(N)}=I_{peak}/N$ $Q_{(1)}=Q_{(2)}=Q_{(N)}=Q(I_{total})/N$ $W/R_{(1)}=W/R_{(2)}=W/R_{(N)}=W/R(I_{total})/N^2$	±10% ±20% ±35%
Ⅱ级试验	$I_{8/20(1)}=I_{8/20(2)}=I_{8/20(N)}=I_{total}/N$	±10%

试验程序

多极 SPD 应采用制造厂声明的总放电电流 I_{total} 进行一次试验。

合格判别标准

- 将试品按每种模式连接至 U_c，试验变压器至少应具有 200 mA 的短路电流能力。
  测量流过试品的电流，其阻性分量(在正弦波峰值处测量)不应超过 1 mA。
  或待机功耗增加不应超过 7.7.5 测量值的 20%。
- 试品冷却到接近环境温度后，用 7.5 规定的试验确定测量限制电压，以检查是否保持制造厂规定的电压保护水平。仅在 I_n 下进行 7.5.2 的试验。辅助电路，如状态指示器，应处在正常工作状态。
- 目测检查试品不应出现任何损坏的迹象。

8 常规试验和验收试验

8.1 常规试验

应进行适当的试验来验证 SPD 能满足其性能要求。制造厂应规定试验方法。

检查 I_c 值应小于制造厂在规定的 U_c 下确定的规定值。

8.2 验收试验

验收试验按制造厂和用户的协议进行。当用户在购货协议中规定了验收试验时，应抽取最接近并小于 SPD 供货数量立方根的整数进行下列试验。任何试品数量或试验型式的变更应由制造厂和用户协商。

如果没有其他规定，规定下列试验作为验收试验：

a) 按 7.2 的规定，验证标识；

b) 按 7.2 的规定，验证标志；

c) 验证电气参数(例如 7.5 的测量限制电压)。

附 录 A
（资料性附录）
应用Ⅰ级试验时对 SPD 的考虑

分析 SPD 的应力，应考虑直接雷电流在建筑物设施内的分布。

为了确定配备外部防雷系统的建筑遭到直接雷电时通过 SPD 的电流分布，通常采用接地体的欧姆电阻就足够精确，例如，建筑物、管道接地、配电系统接地等。图 A.1 为电流分布的典型例子。

在不可能单独估算（例如计算）的场合，可以假定总雷电流 I 的 50%流入考虑的建筑物防雷系统的接地端。另外 50%电流，称为 I_s，在进入建筑物的设施中分配，例如，外部导电部件、电源线和通信线等。流过每个设施的电流值称为 I_i：

$$I_i = I_s / n$$

式中：n 是设施的数量。

在估算非屏蔽电缆中每个导线的电流（称为 I_v）时，用导线的根数 m 除电缆电流 I_i，即：

$$I_v = I_i / m$$

至于屏蔽电缆，通常大部分电流通过屏蔽层。优选值 I_{peak} 相当于 I_v。

注 1：架空线上直接雷击可以用类似的方法考虑。

注 2：GB/T 21714.1—2008 中的试验参数代表了雷电的威胁。

注 3：GB/T 21714.1—2008 的表 C.1 与本部分表 3 不同，因为 W/R 不是对试验 SPD 密切有关的参数。

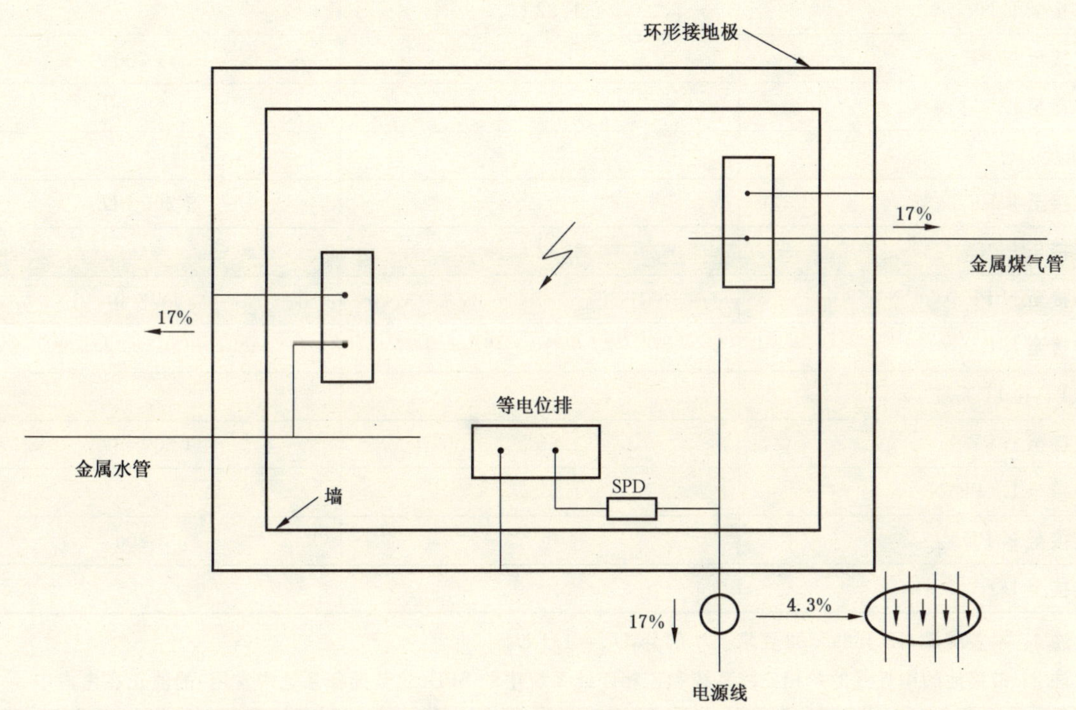

图 A.1 一般雷电流的分布

附 录 B
（规范性附录）
TOV 值

试验程序与 SPD 按制造厂规定的安装说明在低压电源设备系统中预期使用模式有关，见表 B.1。

表 B.1 TOV 试验值

使用模式	TOV 试验值 U_T V	
SPD 连接至	5 s(低压系统的故障) (6.5.5.2 的要求和 7.7.6.1 的试验)	200 ms(高压系统的故障) (6.5.5.1 的要求和 7.7.4.1 的试验)
TN-系统		
连接至 L-(PE)N 或 L-N	1.32 U_{cs}	
连接至 N-PE		
连接至 L-L		
TT-系统		
连接至 L-PE	1.55 U_{cs}	1 200+U_{cs}
连接至 L-N	1.32 U_{cs}	
连接至 N-PE		1 200
连接至 L-L		
IT-系统		
连接至 L-PE		1 200+U_{cs}
连接至 L-N	1.32 U_{cs}	
连接至 N-PE		1 200
连接至 L-L		
TN，TT 和 IT 系统		
连接至 L-PE	1.55 U_{cs}	1 200+U_{cs}
连接至 L-(PE)N	1.32 U_{cs}	
连接至 N-PE		1 200
连接至 L-L		

注 1：本表满足 GB 16895.22 要求。本部分，U_{cs}=1.1 U_0

注 2：带接地的中性线的单相三线系统和三相四线系统中的 SPD(北美设备系统中常用)的值正在考虑中。

附 录 C
（规范性附录）
符号汇总表

符 号	含 义	定义/条款
一般符号		
SPD	电涌保护器	3.1
P_c	待机功耗	3.12
TOV	暂时过电压	3.18
IP	外壳防护等级	3.30
RCD	剩余电流装置	3.37
W/R	Ⅰ类试验的比能量	3.39
[T1],[T2],and/or [T3]	Ⅰ,Ⅱ和/或Ⅲ类试验产品记号	6.1.1
电压相关符号		
U_c	最大持续工作电压	3.11
U_p	电压保护水平	3.15
U_{res}	残压	3.17
U_o	系统的标称交流电压	3.45
U_{cs}	电源系统的最大持续工作电压	3.48
电流相关符号		
I_n	标称放电电流	3.8
I_{imp}	冲击电流	3.9
I_{max}	Ⅱ类试验的最大放电电流	3.10
I_f	续流	3.13
I_L	额定负载电流	3.14
I_p	供电电源的预期短路电流	3.40
I_{fi}	额定断开续流值	3.41
I_{PE}	残流	3.42
I_{total}	在总放电电流试验中，流过多极 SPD 的 PE 或 PEN 导线的电流	3.47

参 考 文 献

[1] GB 4943—2001 信息技术设备的安全(idt IEC 60950-1:1999)

[2] GB 11032—2000 交流无间隙金属氧化物避雷器(eqv IEC 60099-4:1991)

[3] GB 16916.1—2003 家用和类似用途的不带过电流保护的剩余电流动作断路器(RCCB) 第1部分:一般规则(IEC 61008-1:1996,MOD)

[4] GB/T 16927.2—1997 高电压试验技术 第二部分:测量系统(eqv IEC 60060-2:1994)

[5] GB/T 17627.1—1998 低压电气设备的高电压试验技术 第一部分:定义和试验要求(eqv IEC 61180-1:1992)

[6] GB/T 21714.1—2008 雷电防护 第1部分:总则(idt IEC 62305-1:2006)

[7] IEEE C62.45:1992 IEEE关于连接至低压交流电路的设备的试验导则

[8] ISO 2039-2:1987 塑料-硬度测定 第2部分:洛氏硬度

ICS 29.240.10
K 30

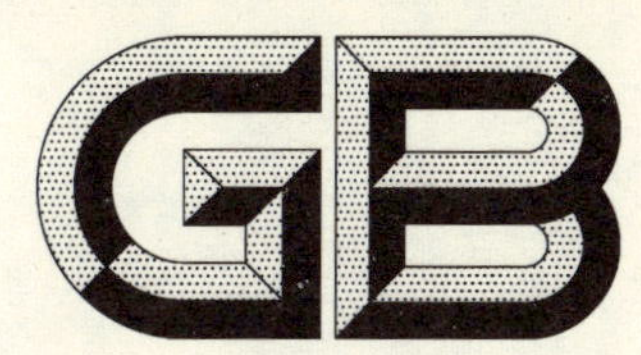

中华人民共和国国家标准

GB/T 18802.12—2014/IEC 61643-12:2008
代替 GB/T 18802.12—2006

低压电涌保护器(SPD)
第12部分:低压配电系统的电涌保护器选择和使用导则

Low-voltage surge protective devices—Part 12:Surge protective devices connected tolow-voltage power distribution systems—Selection and application principles

(IEC 61643-12:2008,IDT)

2014-06-24 发布 2015-01-22 实施

中华人民共和国国家质量监督检验检疫总局
中国国家标准化管理委员会 发布

前　言

GB/T 18802《低压电涌保护器(SPD)》分为以下几个部分：

——GB 18802.1　低压电涌保护器(SPD)　第1部分：低压配电系统的电涌保护器　性能要求和试验方法；

——GB/T 18802.12　低压电涌保护器(SPD)　第12部分：低压配电系统的电涌保护器　选择和使用导则；

——GB/T 18802.21　低压电涌保护器　第21部分：电信和信号网络的电涌保护器(SPD)　性能要求和试验方法；

——GB/T 18802.22　低压电涌保护器　第22部分：电信和信号网络的电涌保护器(SPD)　选择和使用导则；

——GB/T 18802.311　低压电涌保护器元件　第311部分：气体放电管(GDT)规范；

——GB/T 18802.321　低压电涌保护器元件　第321部分：雪崩击穿二极管(ABD)规范；

——GB/T 18802.331　低压电涌保护器元件　第331部分：金属氧化物压敏电阻(MOV)规范；

——GB/T 18802.341　低压电涌保护器元件　第341部分：电涌抑制晶闸管(TSS)规范。

本部分为GB/T 18802的第12部分。

本部分代替GB/T 1.1—2009给出的规则起草。

本部分代替GB/T 18802.12—2006《低压配电系统的电涌保护器(SPD)　第12部分：选择和使用导则》。

本部分与GB/T 18802.12—2006相比，除编辑性修改外主要技术变化如下：

——调整了规范性引用文件；

——增加了6个名词术语；

——增加了本部分所用符号一览表；

——对标准正文的条款及部分图例进行了修订；

——增加了附录M～附录P。

本部分使用翻译法等同采用IEC 61643-12:2008《低压电涌保护器　第12部分：低压配电系统的电涌保护器　选择和使用导则》。

与本标准中规范性引用的国际文件有一致性对应关系的我国文件如下：

——GB 16916.1—2003　家用和类似用途的不带过电流保护的剩余电流动作断路器(RCCB)　第1部分：一般规则(IEC 61008-1:1996,MOD)

——GB 16917.1—2003　家用和类似用途的带过电流保护的剩余电流动作断路器(RCBO)　第1部分：一般规则(IEC 61009-1:1996,MOD)

——GB/T 16927.1—2011　高电压试验技术　第1部分：一般定义及试验要求(IEC 60060-1:2010 MOD)

——GB 18802.1—2011　低压电涌保护器(SPD)　第1部分：低压配电系统的电涌保护器　性能要求和试验方法(IEC 61643-1:2005,MOD)

——GB/T 28547—2012　交流金属氧化物避雷器选择和使用导则(IEC 60099-5:2000,NEQ)

本部分由中国电器工业协会提出。

本部分由全国避雷器标准化技术委员会(SAC/TC 81)归口。

本部分主要起草单位:西安高压电器研究院有限责任公司、上海电器科学研究院、上海市防雷中心。

本部分参与起草单位:深圳市盾牌防雷技术有限公司、华为技术有限公司、四川中光防雷科技股份有限公司、德力西电气有限公司、北京突破电气有限公司、魏德米勒电联接(上海)有限公司、艾默生网络能源有限公司、深圳市铁创科技发展有限公司、施耐德电气(中国)有限公司上海分公司。

本部分主要起草人:王新霞、颜沧苇、赵洋、周岐斌、黄勇、马勍、王碧云、常超、郭亚平、戴传友、雷成勇、倪向宇、杨建峰、陶俊、孟奇、何亨文、刘振良。

本部分所代替标准的历次版本发布情况为:

——GB/T 18802.12—2006。

引　言

0.1　总则

本部分中提到的电涌保护器(SPD)是在规定条件下,用来保护电力系统和设备免受各种瞬态过电压(例如雷电过电压和操作过电压)和冲击电流损坏的一种保护电器。

应依据环境条件及设备和SPD可接受的失效率来选择SPD。

本部分对用户提供有关SPD选择和使用的典型资料。

本部分参照GB/T 21714.1—2008～GB/T 21714.4—2008和GB 16895,所提供的资料是用来评估在低压系统使用SPD的必要性。这些标准提供SPD选择和配合的资料,同时考虑其使用的所有环境条件。例如:被保护的设备和系统性能、绝缘水平、过电压、安装方法,SPD的安装位置、SPD的配合、失效模式和设备损坏后果。

本部分也提供进行风险分析的导则。

GB/T 16935.1—2008提供了产品绝缘配合的指导要求。GB 16895提供安全(火、过流和电击)和安装需要。

GB 16895对SPD安装者提供直接资料。IEC/TR 62066提供了更多有关电涌保护的科学背景资料。

0.2　理解本部分内容的说明

下列章节总结了本部分的结构,并且提供了每一章节和附录所含资料的摘要。主要章节提供了有关选择和使用SPD要素的基本资料。需要对第4章～第7章所提供的资料有更详细了解的读者,可查阅相应的附录。

第1章规定了本部分的范围。

第2章列出了本部分可以找到附加说明的引用标准。

第3章提供了理解本部分所用的定义。

第4章介绍了与SPD有关的系统和设备的参数,另外还讲述了由雷电产生的电应力,以及由电网本身产生的暂时过电压和操作过电压引起的电应力。

第5章列举了选择SPD所使用的电气参数及其相关说明,这些参数涉及的数据在IEC 61643-1中给出。

第6章是本部分的核心,讲述了来自电网的电应力(在第4章论述)和SPD特性(在第5章论述)之间的关系。它描述了SPD的安装模式如何影响其保护性能,给出了选择SPD的不同步骤,包括在一个装置中使用多个SPD之间的配合问题(附录F中详细给出了配合的要点)。

第7章是风险分析的简介(考虑何时使用SPD是有益的)。

第8章是信号和电源线之间的配合(正在考虑中)。

附录A论述了投标需要的资料并解释了IEC 61643-1中采用的试验程序。

附录B提供了SPD两个重要参数之间的关系示例,即ZnO压敏电阻的U_c和U_p,同时还列举了U_c和电网标称电压之间关系的示例。

附录 C 补充了第 4 章给出的低压系统中电涌电压的资料。

附录 D 论述了不同接地系统之间的雷电流分配的计算。

附录 E 论述了由高压系统故障引起的暂时过电压的计算。

附录 F 为第 6 章中关于一个系统使用多个 SPD 时配合原则的补充资料。

附录 G 给出了本部分使用的具体示例。

附录 H 给出了风险分析应用的具体示例。

附录 I 是第 4 章中有关系统电应力的补充资料。

附录 J 是第 5 章中 SPD 选择标准的补充资料。

附录 K 是第 6 章中关于在各种低压系统中 SPD 应用的补充资料。

附录 L 是第 7 章中关于风险分析中所使用的参数的补充资料。

附录 M 讨论了抗扰度与绝缘耐受的不同之处。

附录 N 是在一些国家中配电盘上安装 SPD 的实际示例。

附录 O 讨论了当设备具有信号端口和电源端口时的配合问题。

附录 P 提供了短路后备保护和电涌耐受相关信息。

低压电涌保护器(SPD)
第12部分:低压配电系统的电涌保护器
选择和使用导则

1 范围

GB 18802的本部分适用于连接到交流50 Hz～60 Hz、电压不超过1 000 V,或直流电压不超过1 500 V的SPD的选择、运行、安装位置和配合原理。

注1:对特殊应用,如电力牵引等需提出附加要求。

注2:应注意GB 16895和GB/T 21714.4—2008也适用。

注3:本部分只论述SPD,而不涉及含在设备内部的SPD元件。

2 规范性引用文件

下列文件对于本文件的应用是必不可少的。凡是注日期的引用文件,仅注日期的版本适用于本文件。凡是不注日期的引用文件,其最新版本(包括所有的修改单)适用于本文件。

GB 4208—2008　外壳防护等级(IP代码)(IEC 60529:2001,IDT)

GB/T 16895.10—2010　低压电气装置　第4-44部分:安全防护　电压骚扰和电磁骚扰防护(IEC 60364-4-44:2007,IDT)

GB 16895.21—2011　低压电气装置　第4-41部分:安全防护　电击防护(IEC 60364-4-41:2005,IDT)

GB 16895.22—2004　建筑物电气装置　第5-53部分:电气设备的选择和安装　隔离、开关和控制设备　第534节:过电压保护电器(IEC 60364-5-53:2001 A1:2002,IDT)

GB/T 16935.1—2008　低压系统内设备的绝缘配合　第1部分:原理、要求和试验(IEC 60664-1:2007,IDT)

GB 17464—2012　连接器件　电气铜导线　螺纹型和无螺纹型夹紧件的安全要求　适用于0.2 mm^2 以上至35 mm^2(包括)导线的夹紧件的通用要求和特殊要求(IEC 60999-1:1999 Ed.2,IDT)[1)]

GB/T 17626.5—2008　电磁兼容　试验和测量技术　浪涌(冲击)抗扰度试验(IEC 61000-4-5:2005,IDT)

GB/T 18802.21—2004　低压电涌保护器　第21部分:电信和信号网络的电涌保护器(SPD)——性能要求和试验方法(IEC 61643-21:2000,IDT)[1)]

GB/T 18802.22—2008　低压电涌保护器　第22部分:电信和信号网络的电涌保护器(SPD)　选择和使用导则(IEC 61643-22:2004,IDT)[1)]

GB/T 21714.1—2008　雷电防护　第1部分:总则(IEC 62305-1:2006,IDT)

GB/T 21714.2—2008　雷电防护　第2部分:风险管理(IEC 62305-2:2006,IDT)

GB/T 21714.4—2008　雷电防护　第4部分:建筑物内电气和电子系统(IEC 62305-4:2006,IDT)

IEC 60060-1　高电压试验技术　第1部分:一般定义和实验要求(High-voltage test techniques—Part 1:General definitions and test requirements)

1)　IEC原文中遗漏,本次国家标准修订补充列出。

IEC 60099-5 避雷器 第5部分:选择和使用导则(Surge arresters—Part 5: Selection and application recommendations)[2)]

IEC 61008-1 家用和类似用途的不带过电流保护的剩余电流动作断路器(RCCB) 第1部分:一般规则(Residual current operated circuit-breakers without integral overcurrent protection for household and similar uses(RCCBs)—Part 1:General rules)

IEC 61009-1 家用和类似用途的带过电流保护的剩余电流动作断路器(RCBOs) 第1部分:总则(Residual current operated circuit-breakers with integral overcurrent protection for household and similar uses (RCBOs)—Part 1: General rules)

IEC 61643-1 低压电涌保护器(SPD) 第1部分:低压配电系统的电涌保护器 性能要求和试验方法(Low-voltage surge protective devices—Part 1:Surge protective devices connected to low-voltage power distribution systems—Requirements and tests)

3 术语和定义、缩略语

3.1 术语和定义

IEC 61643-1 界定的以及下列术语定义适用于本文件。

3.1.1

电涌保护器 surge protective device

SPD

用于限制瞬态过电压和泄放电涌电流的电器,它至少包含一个非线性的元件。

[IEC 61643-1,定义 3.1]

3.1.2

持续工作电流 continuous operating current

I_c

在最大持续工作电压(U_c)下,流过 SPD 每种保护模式的电流值。

3.1.3

最大持续工作电压 maximum continuous operating voltage

U_c

可连续地施加在 SPD 保护模式上的最大交流电压有效值或直流电压。

[IEC 61643-1,定义 3.11]

3.1.4

电压保护水平 voltage protection level

U_p

表征 SPD 限制接线端子间电压的性能参数,其值可从优选值的列表中选择。该值应大于限制电压的最高值。

[IEC 61643-1,定义 3.15]

3.1.5

限制电压 measured limiting voltage

U_m

施加规定波形和幅值的冲击时,在 SPD 接线端子间测得的最大电压峰值。

[IEC 61643-1,定义 3.16]

---

2) IEC 原文中遗漏,本次国家标准修订补充列出。

3.1.6

残压　residual voltage

U_{res}

放电电流流过 SPD 时,在其端子间产生的电压峰值。

[IEC 61643-1,定义 3.17]

3.1.7

SPD 暂时过电压试验值　temporary overvoltage test value of the SPD

U_T

施加在 SPD 上并持续一个规定时间的试验电压,以模拟在 TOV 条件下的应力。

注 1:采纳 IEC 61643-1 中 3.18,并增加注 2。

注 2:U_T 是制造厂宣称的电压值,在该电压下,SPD 在给定时间内具有规定的特性(这表示施加暂时过电压后性能无变化,或者这种故障对人、设备或装置无伤害)。

3.1.8

电力系统暂时过电压　temporary overvoltage value of the power system

U_{TOV}

在电网给定区域,持续时间相对较长的工频过电压。TOV 是由 LV 系统($U_{TOV(LV)}$)或 HV 系统($U_{TOV(HV)}$)内部故障产生的过电压。

注:暂时过电压,典型持续时间可达几秒钟,通常是由开关操作或故障(例:甩负荷、单相接地故障等)引起的和/或由非线性(铁磁共振效应、谐波等)引起的。

3.1.9

标称放电电流　nominal discharge current

I_n

流过 SPD 具有 8/20 波形的电流峰值,用于Ⅱ类试验的 SPD 分类以及Ⅰ类、Ⅱ类试验的 SPD 的预处理试验。

[IEC 61643-1,定义 3.8]

3.1.10

冲击电流　impulse current

I_{imp}

由三个参数来定义:电流峰值 I_{peak}、电荷量 Q 和比能量 W/R。其试验应根据动作负载试验的程序进行,用于Ⅰ类试验的 SPD 分类试验。

[IEC 61643-1,定义 3.9]

3.1.11

复合波　combination wave

复合波由冲击发生器产生。开路时施加 1.2/50 冲击电压,短路时施加 8/20 冲击电流。提供给 SPD 的电压、电流幅值及其波形由冲击发生器和受冲击作用的 SPD 的阻抗而定。开路电压峰值和短路电流峰值之比为 2 Ω;该比值定义为虚拟阻抗 Z_f。短路电流用符号 I_{sc}表示。开路电压用符号 U_{oc}表示。

[IEC 61643-1,定义 3.24]

3.1.12

8/20 冲击电流　8/20 current impulse

视在波前时间为 8 μs,半峰值时间为 20 μs 的冲击电流。其中:

——波前时间根据 IEC 60060-1 的定义为 1.25×($t_{90}-t_{10}$),t_{90} 和 t_{10} 指波形上升沿中峰值的 90%和 10%的点。

——半峰值时间指视在原点至下降沿中峰值的 50%点的之间时间。视在原点指波形上升沿中经过峰值的 10%和 90%二点画的直线后与 $I=0$ 直线的交点。

[IEC 61643-1,定义 3.23]

3.1.13

1.2/50 冲击电压　1.2/50 voltage impulse

视在波前时间为 1.2 μs,半峰值时间为 50 μs 的冲击电压,其中:

——波前时间根据 IEC 60060-1 的定义为 1.67×($t_{90}-t_{30}$),其中 t_{90} 和 t_{30} 指波形上升沿中峰值的 90%和 30%的点。

——半峰值时间指视在原点至下降沿中峰值的 50%点之间的时间。视在原点指波形的上升沿中经过峰值的 30%和 90%二点画的直线与 $U=0$ 直线的交点。

[IEC 61643-1,定义 3.22]

3.1.14

热崩溃　thermal runaway

当 SPD 承受的功率损耗超过外壳和连接件的散热能力,引起内部元件温度逐渐升高,最终导致其损坏的过程。

[IEC 61643-1,定义 3.25]

3.1.15

热稳定　thermal stability

在引起 SPD 温度上升的动作负载试验后,在规定的环境温度条件下,给 SPD 施加规定的最大持续工作电压,如果 SPD 的温度能随时间而下降,则认为 SPD 是热稳定的。

[IEC 61643-1,定义 3.26]

3.1.16

SPD 的脱离器　SPD disconnector

把 SPD 从电源系统断开所需要的装置(内部的和/或外部的)。

注:这种断开装置不要求具有隔离能力,它防止系统持续故障并可用来给出 SPD 故障的指示。

可具有多于一种的脱离器功能,例如过电流保护功能和热保护功能。这些功能可以组合在一个装置中或由几个装置来完成。

[IEC 61643-1,定义 3.29]

3.1.17

型式试验　type tests

一种新的 SPD 设计开发完成时所进行的试验,通常用来确定典型性能,并用来证明它符合有关标准。试验完成后一般不需要再重复进行试验,除非当设计改变以致影响其性能时,才需重新做相关项目试验。

[IEC 61643-1,定义 3.31]

3.1.18

常规试验　routine tests

按要求对每个 SPD 或其部件和材料进行的试验,以保证产品符合设计规范。

[IEC 61643-1,定义 3.32]

3.1.19

验收试验　acceptance tests

经供需双方协议,对订购的 SPD 或其典型样品所做的试验。

[IEC 61643-1,定义 3.33]

3.1.20

外壳防护等级(IP 代码)　degrees of protection provided by enclosure (IP code)

外壳提供的防止触及危险的部件、防止外界的固体异物进入和/或防止水的进入壳内的防护程度(见 GB 4208—2008)。

[IEC 61643-1,定义 3.30]

3.1.21

电压降(用百分数表示)　voltage drop (in per cent)

$$\Delta U = [(U_{输入} - U_{输出})/U_{输入}] \times 100\%$$

式中:

$U_{输入}$——输入电压;

$U_{输出}$——同一时刻在连接额定阻性负载条件下测量的输出电压,该参数仅适用于二端口 SPD。

[IEC 61643-1,定义 3.20]

3.1.22

插入损耗　insertion loss

在给定频率下,连接到给定电源系统的 SPD 的插入损耗定义为:电源线上紧靠 SPD 接入点之后,在被试 SPD 接入前后的电压比,结果用分贝表示。

注:其要求和试验正在考虑中。

[IEC 61643-1,定义 3.21]

3.1.23

二端口 SPD 的负载端电涌耐受能力　load-side surge withstand capability for a two-port SPD

二端口 SPD 输出端子耐受其下游负载侧产生的电涌的能力。

[IEC 61643-1,定义 3.19]

3.1.24

耐受短路电流　short-circuit withstand

SPD 能够承受的最大预期短路电流值。

注 1:采纳 IEC 61643-1 中 3.28,并增加注 2。

注 2:本定义指直流和 50/60 Hz 交流。对二端口 SPD 或输入/输出分开的一端口 SPD,两种耐受短路电流可以定义为:一种相当于内部短路电流(内部带电部分旁路),另一种相当于直接在输出端的外部短路电流(负载失效)。在 IEC 61643-1 中,耐受短路电流试验仅为内部短路,外部短路试验待定。

3.1.25

一端口 SPD　one-port SPD

SPD 与被保护电路并联。一端口能分开输入端和输出端,在这些端子之间没有特殊的串联阻抗。

注 1:采纳 IEC 61643-1 中 3.2,并增加注 2。

注 2:图 1 为一些典型的一端口 SPD 和一端口 SPD 的示意图(图 1c)。一端口 SPD 可并联,如图 1a;或和电源线连接,如图 1b。第一种情况是负载电流不流过 SPD。第二种情况是负载电流流过 SPD 且在负载电流作用下,它的温度会上升,相关的最大允许负载电流或许同一个二端口 SPD 一样。图 3b 和 3d 为各种类型的一端口 SPD 对复合波发生器施加的 8/20 冲击的响应波形。

3.1.26

二端口 SPD　two-port SPD

有两组输入和输出接线端子的 SPD，在这些端子之间有特殊的串联阻抗。

注 1：采纳 IEC 61643-1 中 3.3，并增加注 2。

注 2：输入端限制电压可能比输出端电压高。因此，被保护设备应和输出端相连接。图 2 为典型的二端口 SPD。图 3e 和图 3f 为二端口 SPD 对复合波发生器施加的 8/20 冲击的响应波形。

3.1.27

电压开关型 SPD　voltage switching type SPD

没有电涌时具有高阻抗，当对电涌电压响应时能突变成低阻抗的 SPD。

注 1：电压开关型 SPD 常用的元件有放电间隙，气体放电管(GDT)，晶闸管(可控硅整流器)和三端双向可控硅开关元件。

注 2：采纳 IEC 61643-1 中 3.4，并增加注 3。

注 3：电压开关型元件有不连续的 *U-I* 特性，图 3c 为典型的电压开关型 SPD 对复合波发生器施加的冲击的响应波形。

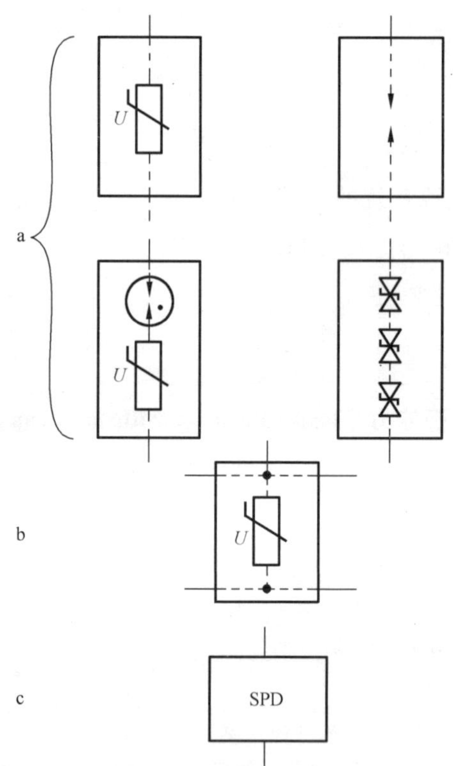

说明：

a ——口 SPD；

b ——输入/输出分开的一端口 SPD；

c ——一端口 SPD 的通用符号。

图 1　一端口 SPD 的示例

a

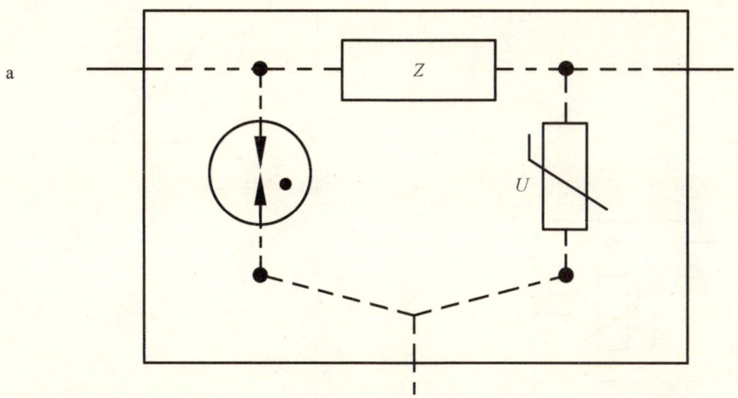

b

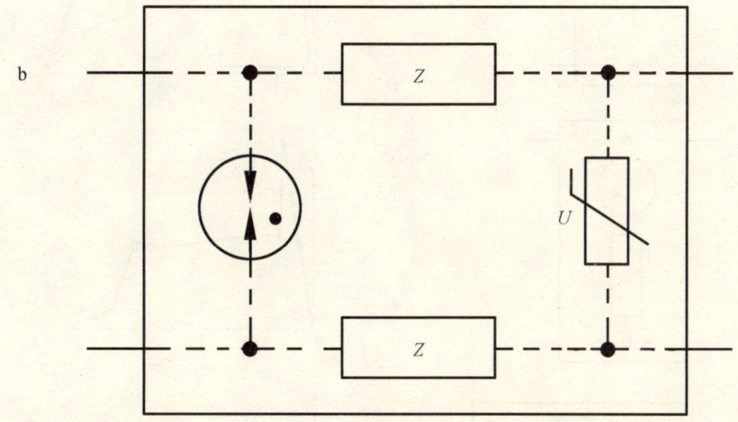

c

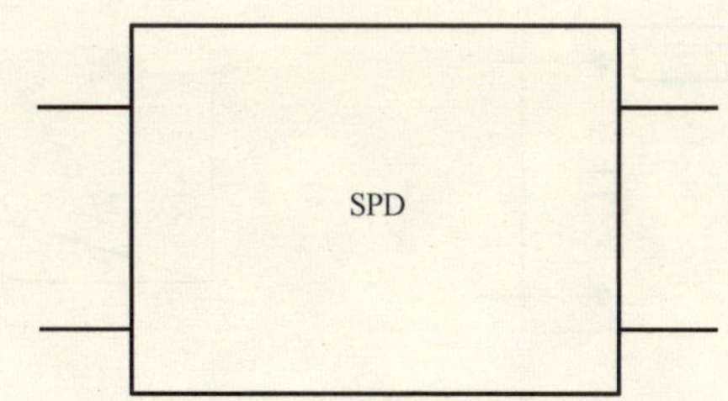

说明：

a——三端子二端口 SPD；

b——四端子二端口 SPD；

c——二端口 SPD 的通用符号；

Z——输入端和输出端之间的串联阻抗。

图 2　二端口 SPD 的示例

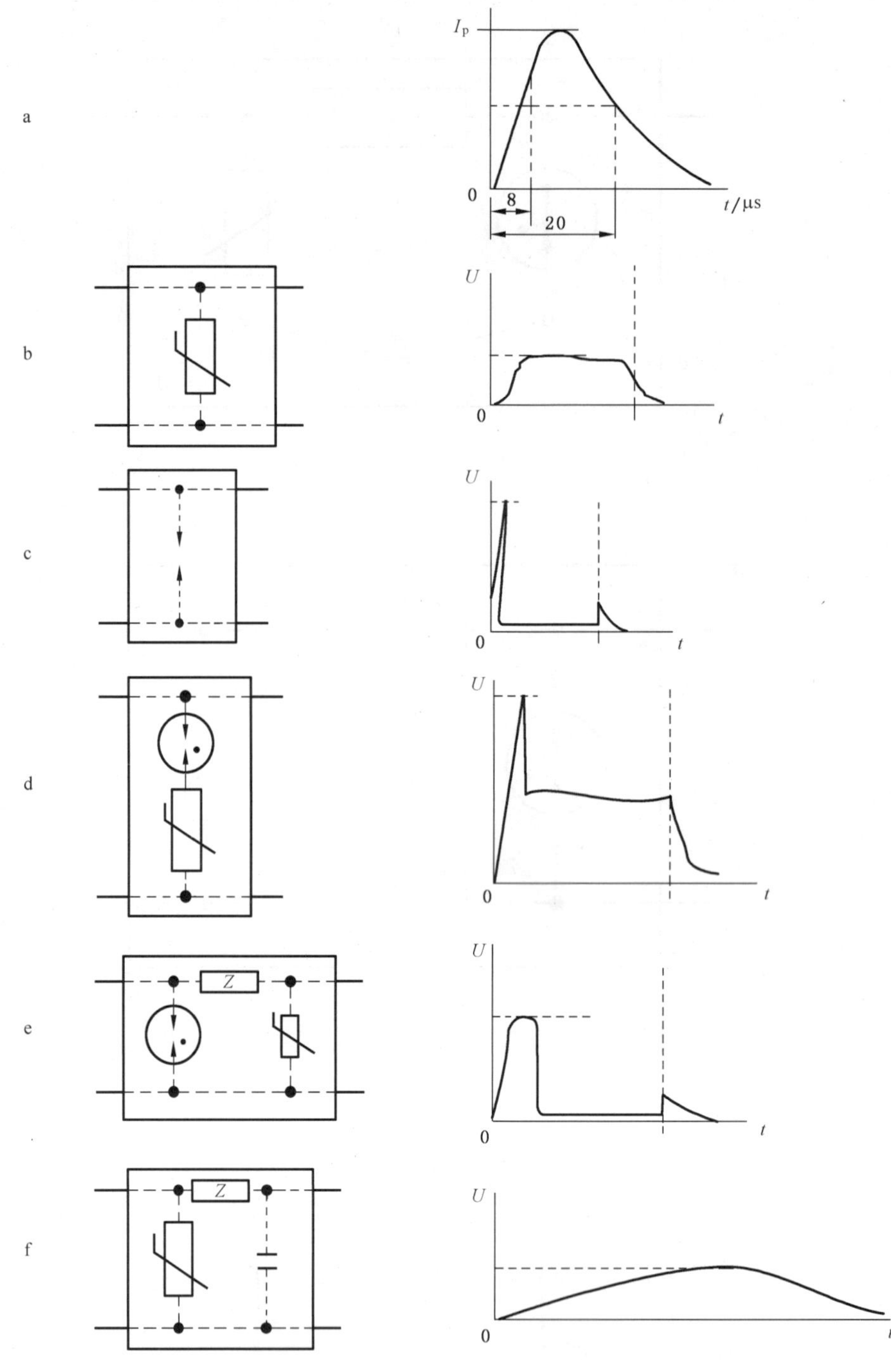

说明：

a——施加的电流波；

b——电压限制型 SPD 的响应；

c——电压开关型 SPD 的响应；

d——复合型一端口 SPD 的响应；

e——复合型二端口 SPD 的响应；

f——带滤波器的二端口电压限制型 SPD 的响应。

注：电压水平仅是示意而不是实际值。

图 3　一端口和二端口 SPD 对复合波冲击的响应波形[3)]

3）IEC 原文中 8/20 波形有误，本次国家标准中已改正。

3.1.28

电压限制型 SPD　voltage limiting type SPD

没有电涌时具有高阻抗,但是随着电涌电流和电压的上升,其阻抗将持续地减小的 SPD。

注 1:常用的非线性元件是:ZnO 压敏电阻和抑制二极管。这类 SPD 有时也称作"箝位型 SPD"。

注 2:采纳 IEC 61643-1 中 3.5,并增加注 3。

注 3:电压限制型元件具有连续的 *U-I* 特性,图 3b 是一个典型的电压限制型 SPD 对复合波发生器产生的冲击的响应。

3.1.29

复合型 SPD　combination type SPD

由电压开关型元件和电压限制型元件组成的 SPD,其特性随所加电压的特性可以表现为电压开关型、电压限制型或两者皆有。

注 1:采纳 IEC 61643-1 中 3.6,并增加注 2。

注 2:图 3d 和图 3e 是不同典型的复合型 SPD 对复合波冲击的响应。

3.1.30

保护模式　modes of protection

SPD 保护元件可以连接在相对相、相对地、相对中线、中线对地及其组合。这些连接方式称作保护模式。

[IEC 61643-1,定义 3.7]

3.1.31

续流　follow current

I_f

冲击放电电流以后,由电源系统流入 SPD 的电流。续流与持续工作电流 I_c 有明显区别。

[IEC 61643-1,定义 3.13]

3.1.32

Ⅱ类试验最大放电电流　maximum discharge current for class Ⅱ test

I_{max}

流过 SPD,具有 8/20 波形电流的峰值,其值按Ⅱ类动作负载的程序确定。I_{max} 大于 I_n。

[IEC 61643-1,定义 3.10]

3.1.33

劣化　degradation

由于电涌,使用或不利环境的影响造成 SPD 原始性能参数的变化。

注 1:采纳 IEC 61643-1 中 3.27,并增加注 2。

注 2:劣化是对 SPD 在设计寿命期内环境耐受能力的一种测量方法,劣化用两种型式试验方法考核,一个是动作负载试验,另一个是老化试验,两个方法也可以结合起来进行。

动作负载试验是对 SPD 施加规定次数规定电流波形的试验,SPD 性能变化的允许范围见 IEC 61643-1。

老化试验是在特定温度下,在一个规定时间内,对 SPD 施加规定幅值的电压,本部分给出了 SPD 性能允许变化范围(该试验待定)。

根据以下内容确定 SPD 预期使用寿命:

——替代方式;

——使用场合和可行性;

——可接受的失效率;

——运行经验。

3.1.34

剩余电流装置　residual current device

RCD

在规定的条件下,当剩余电流或不平衡电流达到给定值时能使触头断开的机械开关电器或组合电器。

[IEC 61643-1,定义 3.37]

3.1.35

系统标称电压　nominal voltage of the system

系统或设备标明的电压,某些工作特性与该电压有关(如 230/400 V)。

注 1:在系统标称条件下,供电端的电压可能不同于标称电压,由供电系统的偏差来决定,本部分允许有±10%的偏差。

注 2:相对地系统标称电压称为 U_n。

注 3:系统标称的相对中性线的电压称为 U_0。

3.1.36

冲击试验分类　impulse test classification

3.1.36.1

Ⅰ类试验　class Ⅰ test

按 3.1.9 定义的标称放电电流(I_n)、3.1.13 定义的 1.2/50 冲击电压和 3.1.10 定义的Ⅰ类试验的最大冲击电流 I_{imp}进行的试验。

3.1.36.2

Ⅱ类试验　class Ⅱ test

按 3.1.9 定义的标称放电电流(I_n)、3.1.13 定义的 1.2/50 冲击电压和 3.1.32 定义的Ⅱ类试验的最大放电电流 I_{max}进行的试验。

3.1.36.3

Ⅲ类试验　class Ⅲ test

按 3.1.11 定义的复合波(1.2/50,8/20)进行的试验。

注:采纳 IEC 61643-1 中 3.35。

3.1.37

额定负载电流　rated load current

I_L

能提供给连接到 SPD 保护输出端的负载的最大持续额定交流电流有效值或直流电流。

注 1:采纳 IEC 61643-1 中 3.14,并增加注 2。

注 2:仅适合输入/输出分开的 SPD。

3.1.38

过电流保护　overcurrent protection

位于 SPD 外部的前端,作为电气装置的一部分的过电流器件(如断路器或熔断器)。

[IEC 61643-1,定义 3.36]

3.1.39

SPD 安装点电力系统最大持续工作电压　maximum continuous operating voltage of the power system at the SPD location

U_{cs}

在 SPD 安装点,SPD 可能受到的最大工频电压有效值或直流电压。

注 1:仅考虑了电压调节和电压降低或升高,U_{cs} 也称为视在最大系统电压,与 U_0 有直接联系(见图 6)。

注 2:该电压不考虑谐振、失效、TOV 或瞬态条件。

3.1.40

电压开关型 SPD 的放电电压　sparkover voltage of a voltage-switching SPD

在 SPD 的间隙电极之间,发生击穿放电前的最大电压值。

注 1:采纳 IEC 61643-1 中 3.38,并增加注 2。

注 2:电压开关型 SPD 可以基于元件(例如硅元件)而不仅是间隙。

3.1.41

雷电保护系统 lightning protection system;LPS

用来保护建筑物及其内部设备免受雷击影响的完整系统。

3.1.42

多用途 SPD multiservice SPD

在同一外壳内具有两种或更多保护功能的电涌保护器,例如,在电涌条件下,可对电源、电信和信号提供保护,这些保护共用一个参考点。

3.1.43

残流 residual current

I_{PE}

SPD 按制造厂的说明连接,施加最大持续工作电压(U_c)时,流过 PE 接线端子的电流。

[IEC 61643-1,定义 3.42]

3.1.44

供电电源的预期短路电流 prospective short-circuit current of a power supply

I_p

在电路中的给定位置,如果用一个阻抗可忽略的连接短路时可能流过的电流。

[IEC 61643-1,定义 3.40]

3.1.45

额定断开续流值 follow current interrupting rating

I_{fi}

SPD 本身能断开的预期短路电流。

[IEC 61643-1,定义 3.41]

3.1.46

Ⅰ类试验的比能量 specific energy for class Ⅰ test

W/R

冲击电流 I_{imp} 流过 1 Ω 单位电阻时消耗的能量。

3.1.47

额定冲击耐受电压 rated impulse withstand voltage

U_W

由设备制造单位对设备或设备的一部分规定的冲击耐受电压,它代表了设备的绝缘耐受过电压的能力。

注:本部分仅考虑在带电导线和接地之间耐受电压。

3.2 本部分所用符号及缩略语一览表

符 号	
E_{max}	最大能量耐受
I_c	持续工作电流
I_f	续流
I_{fi}	额定断开续流值
I_{imp}	Ⅰ类试验冲击电流
I_L	额定负载电流

符　号	
I_{max}	Ⅱ类试验的最大放电电流
I_n	标称放电电流
I_p	供电电源的预期短路电流
I_{peak}	冲击电流峰值
I_{PE}	残流
I_{sc}	CWG 的短路电流
N_g	落雷密度
N_k	雷暴日水平
U_c	最大持续工作电压
U_{cs}	电源系统的最大持续工作电压
U_m	限制电压
U_n	系统的相对地的标称电压
U_0	系统标称的相对中性线的电压
U_{oc}	Ⅲ类试验开路电压
U_p	电压保护水平
U_{ref}	ZnO 压敏电阻的参考电压
U_{res}	残压
U_T	暂时过电压
U_{TOV}	电力系统暂时过电压
$U_{TOV(HV)}$	高压系统内的网络暂时过电压
$U_{TOV(LV)}$	低压系统内的网络暂时过电压
U_W	耐受电压
ΔU	压降(用百分数表示)
Z_f	虚拟阻抗

缩写列表	
ABD	雪崩击穿二极管
dB	分贝
CWG	复合波发生器
EMC	电磁兼容性
GDT	气体放电管
HV	高压
IP	外壳防护等级
L	电感

缩写列表	
LPS	雷电防护系统
LPZ	雷电防护区
LTE	通过能量
LV	低压
MEB	总等电位连接
MOV	金属氧化物压敏电阻
HVA	高压A(中压,<50 kV)
MV	中压
PE	保护地线
Q	冲击电流的电荷量
RCD	剩余电流装置
TOV	暂时过电压
SPD	电涌保护器
W/R	比能量
ZnO	氧化锌

4 被保护的系统和设备

当评估使用SPD的设施时,需要考虑两方面因素:

——使用SPD的低压配电系统的特性,包括预期过电压、电流的类型和水平;

——被保护设备的特性。

4.1 低压配电系统

低压配电系统由系统接地的型式(TN-C、TN-S、TN-C-S、TT、IT)和标称电压(见3.1.35)来表示,可能产生各种型式的过电压和过电流,本部分将过电压分为三类:

——雷电过电压;

——操作过电压;

——暂时过电压。

4.1.1 雷电过电压和电流

大多数情况下,雷电冲击强度是选择SPD试验类型和相关电流或电压值(I_{imp}、I_{max}和U_{oc}见IEC 61643-1)的主要因素。

要选择合适的SPD,需要评估雷电涌的波形和电流(电压)幅值,确定SPD的电压保护水平是否足以保护在这种环境中的设备是相当重要的。

对于建筑物的雷电防护系统,有关雷电流的幅值和波形的说明参见GB/T 21714.1—2008。

注:例如,雷电频繁区域安装的SPD要求耐受Ⅰ类或Ⅱ类试验。

一般来说,建筑物外部的电气装置受到的雷电冲击较高(例如,架空线遭受直击雷或雷电感应的情况),在建筑物外部,从装置的入口到内部电路,雷电冲击逐渐减小,这是由回路配置和阻抗变化引起的。

雷电防护的必要性取决于:

——当地落雷密度 N_g(建筑物所在地区年平均落雷密度,每年每平方公里的雷闪次数),现代的雷电定位系统可以提供相当精确的 N_g 数据;

——电力设备的外露部分,包括内部设备。一般认为地下系统比架空线系统暴露少。

即使由地下电缆供电,也可推荐使用 SPD 进行保护。为了确定是否需要电涌保护器,应考虑以下几方面:

——装置的附近有无雷电保护系统;

——电缆的长度是否足以提供网络的架空线到装置之间足够的距离(衰减);

——连接到装置的变压器的 MV(中压)侧的架空线易出现高的雷电过电压;

——在高土壤电阻率地区的地下电缆可能受到直击雷的影响;

——当由电缆供应电力的建筑物的规模和高度增大到一定程度,受到直击雷的危险性将显著增加,其他进(出)线(电话线、天线系统等)受到的直击雷将影响电力系统和设备;

——存在其他架空设施。

当许多建筑物由同一个电源系统供电时,没有安装 SPD 的建筑物的电力系统可能会产生较高的过电压。

对于外部具有雷电防护系统,内部具有 SPD 保护的建筑物,(在建筑物有直击雷的情况下),使用直流接地电阻值(例如:建筑物和配电系统、管等的接地)进行计算,用以确定通过 SPD 分配的电流值,一般认为是充分的。

GB/T 21714.1—2008 附录 E 给出了不同的雷击点(直击建筑物或其附近,直击导线或其附近)和不同情况下电流幅值和波形的估算值,该值是雷电保护水平的函数。

更多关于雷电冲击的资料见附录 C 和附录 I。

4.1.2 操作过电压

操作过电压的电流和电压的峰值通常比雷电过电压小,但持续时间较长。在某种情况下,在建筑物的内部深处或者接近操作过电压源的地方,操作过电压高于雷电过电压,需要知道操作过电压的能量,以便选择合适的 SPD。操作电涌(包括由于故障和熔断器动作产生的暂态电涌)的持续时间,会比雷电电涌持续的时间长得多。

通常情况下,SPD 额定参数的选择基于雷电冲击的强度。

更多关于操作冲击的资料见附录 C 和附录 I。

4.1.3 暂时过电压 U_{TOV}

4.1.3.1 概述

SPD 在其寿命期内可能会受到比电力系统最大持续工作电压高的暂时过电压 U_{TOV} 的影响。

暂时过电压有两个要素:幅值和时间。过电压持续时间主要取决于电力系统的接地情况(包括高压电力系统和接有 SPD 的低压系统)。在确定暂时过电压时,应考虑系统的最大持续工作电压(U_{cs})。

更多关于暂时过电压的资料见附录 E 和附录 I。

4.1.3.2 标准值

GB/T 16895.10—2010 给出了低压电网中预期的 U_{TOV} 的最大值(这些值的详细计算参见附录 E)。

较低的 U_{TOV} 取决于许多因素,如 SPD 的安装位置、电网型式等。

表 1 给出了变压器安装点(见表 1 的注 2)用户侧设备处 U_{TOV} 最大值(见图 4)。

表 1　GB/T 16895.10—2010 给出的最大 TOV 值

U_{TOV}发生处	系　　统	$U_{TOV(HV)}$最大值
相-地	TT、IT	U_0＋250 V，持续时间＞5 s
		U_0＋1 200 V，持续时间≤5 s
中线-地	TT、IT	250 V，持续时间＞5 s
		1 200 V，持续时间≤5 s
以上数值是与高压电网故障有关的极端值，可根据附录 E 按电力系统类型计算出		
U_{TOV}发生处	系　　统	$U_{TOV(HV)}$最大值
相-中线	TT 和 TN	$\sqrt{3}\times U_0$
以上数值与低压系统的中线断线有关		
相-地	IT 系统 （TT 系统见注 1）	$\sqrt{3}\times U_0$
以上数值与低压系统的相导线意外接地有关		
相-中线	TT、IT 和 TN	$1.45\times U_0$，持续时间≤5 s
以上数值与相线和中线短路有关		
注 1：在 TT 系统中，持续时间≤5 s 时，已证明也会出现这样高的 TOV，详见附录 E。GB/T 16895.10—2010 中无相关规定。 注 2：在变压器安装点，最大的 TOV 值可能与上表不同（高或低）。详见附录 E。 注 3：选择 SPD 时不考虑中线断线。		

更进一步的资料详见附录 E。

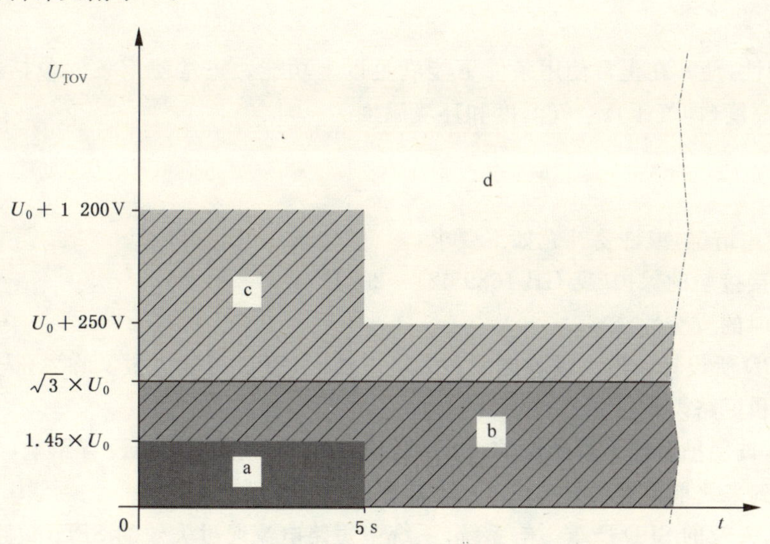

说明：

a ——LV 装置故障（短路）时，TT、TN 和 IT 系统中相对中线间的 $U_{TOV(LV)}$ 区域；

b ——LV 装置故障（单相导体意外接地）时，IT 系统（TT 见表 1 中注 1）相和地之间 $U_{TOV(LV)}$ 区域和 LV 装置故障时（中线断线）TT 和 TV 系统相和中线之间 $U_{TOV(LV)}$ 区域；

c ——HV 系统产生故障时，TT 和 IT 系统中在用户的装置相和地之间最大 $U_{TOV(HV)}$ 值区域；

d ——未定义区域。

图 4　依据 GB/T 16895.10—2010 的 U_{TOV} 最大值

4.2 被保护设备的特性

瞬态条件下被保护设备的特性由以下两种试验确定：

——依据 GB/T 16935.1—2008 对设备进行冲击耐受试验，该试验仅为绝缘配合试验，试验期间设备不施加工作电压；

——依据 GB/T 17626.5—2008 对设备进行冲击抗扰度试验，该试验评估设备抗冲击干扰能力，对于不同级别，采用复合波发生器(1.2/50,8/20)进行试验，试验能够发现施加工作电压时设备产生的故障、缺陷和失效。

通过被使用设备在瞬态环境条件下的冲击耐受试验和冲击抗扰度试验的比较，确定了 SPD 的潜在需求，更进一步的资料详见附录 M。

注：所选择的 SPD 的保护水平 U_p 应比设备冲击耐受水平低，或者在某些情况下，设备持续运行是关键的，U_p 低于设备的冲击抗扰性。U_p 的选择应依据 6.2.2 和 6.2.5。另外，由于受试设备和发生器的可能的相互作用，设备的抗扰度不仅是 U_p，也是施加电涌波形的函数。

5 电涌保护器

5.1 SPD 基本功能

本部分考虑的 SPD 安装在被保护设备的外部。

其功能如下：

——电力系统无电涌时，SPD 不应对其所应用的系统工作特性有明显影响；

——电力系统出现电涌时，SPD 呈现低阻抗，电涌电流主要通过 SPD 泄放，把电压限制到其保护水平，电涌可能引起工频续流通过 SPD；

——当电力系统出现电涌时，SPD 在电涌过后及熄灭任何可能出现的工频续流以后，恢复到高阻抗状态。

规定 SPD 的特性，使其在正常使用条件下能满足以上功能。正常使用条件包括：电力系统电压频率、负载电流、海拔高度(即气压)、空气湿度和环境温度。

5.2 附加要求

根据 SPD 的应用情况，或许要补充如下要求：

——SPD 免直接接触的保护(见 GB 16895.21—2011)；

——SPD 失效时的安全性。

当电涌大于 SPD 所设计的最大吸收能量和放电电流时，SPD 可能失效。在本部分中，SPD 的失效模式分为开路模式和短路模式。

在开路模式下，被保护系统不再受保护，由于失效的 SPD 对系统几乎没有影响，所以难以被发现。为保证下一个电涌到来之前更换失效的 SPD，就需要有一个指示功能。

在短路模式下，失效的 SPD 严重影响系统，系统中短路电流通过失效的 SPD，短路电流导通时使能量过度释放可能引起火灾，IEC 61643-1 短路电流耐受能力试验就涵盖了该问题，如果被保护系统没有合适的装置将失效的 SPD 从系统中脱离，使用具有短路失效模式的 SPD 需配备一个合适的脱离器。

5.3 SPD 分类

5.3.1 SPD：分类

电涌保护器依照 IEC 61643-1 分类如下：

端口数:一或二;

设计类型:电压开关型、电压限制型、复合型;

Ⅰ、Ⅱ、Ⅲ类试验;

使用地点:户内或户外;

可触及性:可触及的、不可触及的;

安装模式:固定的或可移动的;

脱离器:位置(外部的、内部的、内外都有、没有)和保护功能(热、泄漏电流、过电流);

过电流保护:规定或不规定;

SPD 外壳提供的防护等级(IP 代码);

温度范围:正常范围或超过正常范围的。

依据定义,户外是指封闭空间以外,这类 SPD 易受外部环境条件影响。户内指封闭空间以内。这类 SPD 易受户内环境条件影响。不可触及的指不用工具或其他设备就不能接触到带电部件。

以上选择与制造工艺有关,由制造厂规定。

5.3.2 典型设计和布局

SPD 的主要保护元件分为两类:

——限压型元件:ZnO 压敏电阻、雪崩二极管或抑制二极管等;

——开关型元件:空气间隙、气体放电管、晶闸管(可控硅整流器)、三端双向可控硅开关等。

基于这些元件,典型 SPD 设计分类如下(见图 5):

——仅电压限制型元件(图 5a):限压型 SPD;

——仅电压开关型元件(图 5b):开关型 SPD;

——限压型和开关型元件组合(图 5c 和图 5d):复合型 SPD。

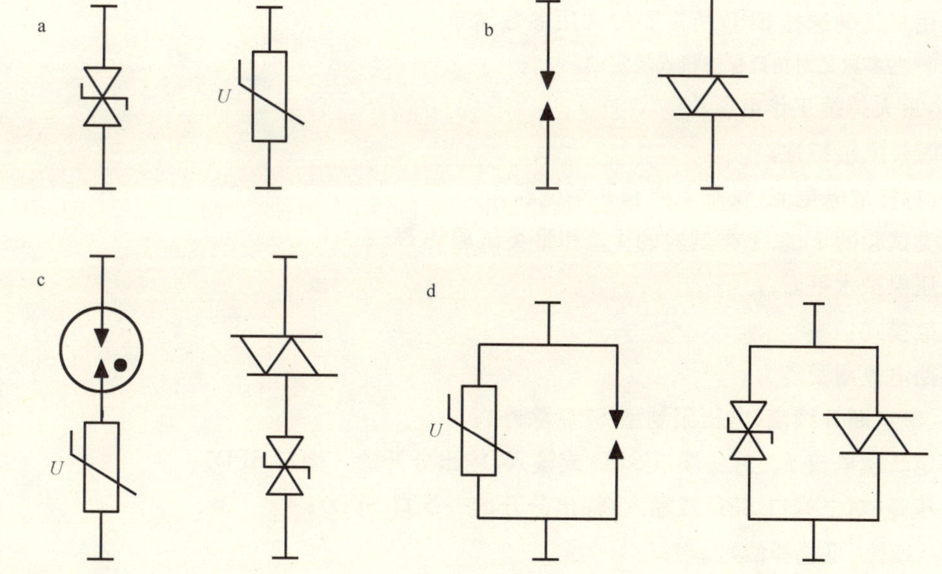

说明:

a——限压型元件;

b——开关型元件;

c——限压型和开关型元件串联;

d——限压型和开关型元件并联。

图 5 元件及组件示例

不是所有的SPD都是基本元件的简单排列，可以增加指示器、脱离器、熔断器、电感、电容和其他元件。

此外，SPD可设计为：一端口SPD(见3.1.25)和二端口SPD(见3.1.26)。

5.4 SPD特性

5.4.1 IEC 61643-1规定的使用条件

正常使用条件：

——频率主要在48 Hz和62 Hz之间的交流电源或直流电源；

——海拔不超过2 000 m；

——工作温度：正常范围为－5 ℃～＋40 ℃，极限范围为－40 ℃～＋70 ℃；

——室温条件下相对湿度在30%～90%之间。

注1：用户决定SPD的使用场所(户内、户外等)，并确定环境温度条件是在正常范围内或在扩展范围内。

注2：IEC 61643-1也给出了最大持续工作电压的数值。见本部分6.2.1。

注3：通常产品的存储温度范围大于工作温度的范围。

异常使用条件：

对处于异常使用条件下的SPD，在设计和使用时需要作特殊考虑，并应引起制造厂重视。

阳光辐射：大多数SPD不经受阳光辐射，通常型式试验不考虑阳光辐射，对于暴露于阳光辐射下的SPD应考虑并且要进行相应的试验。

注4：通常，SPD外壳的防护等级应高于IP2X，某些场合(例如，户外型SPD)可能使用其他防护等级。

5.4.2 选择SPD所需的参数清单

以下是用户正确选择SPD所需要的常用参数清单：

注：其中一些参数是对指定保护模式规定的。

a) U_c：最大持续工作电压；

b) 暂时过电压特性；

c) I_n：标称放电电流(仅对Ⅰ类和Ⅱ类试验)；

d) Ⅱ类试验的I_{max}、Ⅰ类试验的I_{imp}和Ⅲ类试验的U_{oc}；

e) 电压保护水平U_p；

f) 失效模式；

g) 短路电流耐受能力；

h) I_{fi}：额定断开续流(电压限制型SPD除外)；

i) 额定负载电流I_L(对二端口SPD或输入/输出分开的一端口SPD)；

j) 电压降(对二端口SPD或输入/输出分开的一端口SPD)；

k) I_{PE}：残流(可选择的)。

图6给出U_p、U_o、U_c和U_{cs}之间关系。

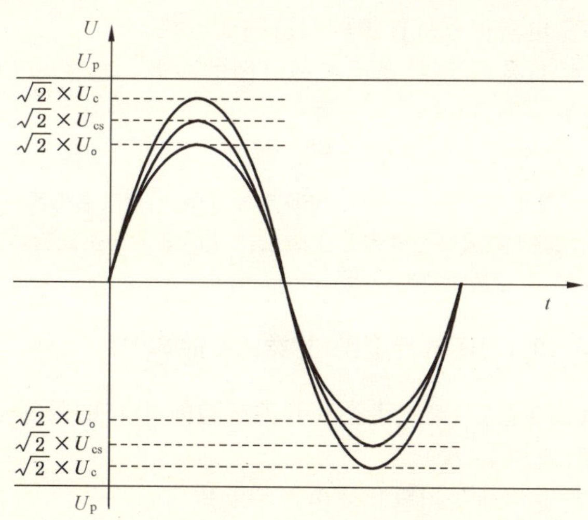

图6 U_p、U_o、U_c 和 U_{cs}之间关系

5.5 SPD 特性的补充资料

5.5.1 与工频电压有关的资料

5.5.1.1 U_c 和 I_c：最大持续工作电压和持续工作电流

在正常条件下 U_c 的选择应使 SPD 的特性(老化、热崩溃等)在正常条件下变化最小。

I_c 是指施加 U_c 时通过 SPD 的电流值。流过接地端(PE)的电流就称为残流 I_{PE}。在选择 SPD 时要考虑残流 I_{PE}，以避免过电流保护器或其他保护器(例如，RCD)误动作(见 GB 16895.22—2004)。

关于系统的配置如何影响过电流保护器或其他保护器工作的进一步资料见附录 J。

5.5.1.2 暂时过电压特性

用几组工频(或直流)过电压-时间(几秒以下)关系的数值足以表征 SPD 的暂时过电压的特性。

SPD 应耐受 TOV 试验而其特性没有发生不可接受的变化，或者以可接受的方式失效。

按照 GB 16895.22—2004 规定，安装的 SPD 应能耐受由低压系统故障引起的 TOV(见表 5 中持续时间为 5 s 的 TOV 值)。按照 CT2 连接方式(见图 11)安装在中性线和 PE 间的 SPD 也应能耐受由高压系统故障引起的 TOV(见表 5 中持续时间为 200 ms 的 TOV 值)。

IEC 61643-1 所考虑的 TOV 持续时间限于 200 ms 和 5 s，这两个持续时间所对应的试验电压值为 U_T。

制造厂应按照 IEC 61643-1 的规定提供产品的在暂时过电压下的特性。

注：在要求 SPD 保持与被保护设备保持协调的前提下，可能很难选择既有高暂时过电压耐受能力又有低电压保护水平的 SPD。

用户可通过比较 SPD 在暂时过电压下耐受特性和电力系统产生的暂时过电压(U_{TOV})来选择最合适的 SPD。表 5 给出了 SPD 试验用的标准值。

5.5.2 与电涌电流相关的资料

下面讨论的内容与电压、电流和电涌波形的时间特性有关。根据 SPD 预期承受能力，采用不同的电涌波形和幅值水平进行试验。

在 IEC 61643-1 的引言中给出了选择 SPD 合适试验类别的导则，规定如下：

——Ⅰ类试验用于模拟部分传导雷电流冲击的情况。符合Ⅰ类试验方法的 SPD 通常推荐用于高暴露地点，例如：由雷电防护系统保护的建筑物的进线。

——Ⅱ类或Ⅲ类试验方法试验的 SPD 承受较短时间的冲击。这些 SPD 通常被推荐用于较少暴露于直接受冲击的地方。

选择 SPD 时应考虑其试验类别和规定的冲击幅值。

注 1：Ⅱ类试验对 SPD 施加外加电流。Ⅲ类试验对 SPD 施加电压，所产生的电流与 SPD 的特性有关。

注 2：标注在 SPD 铭牌上的试验类别通过方框内的 T 表示："T1"表示Ⅰ类试验，"T2"表示Ⅱ类试验，"T3"表示Ⅲ类试验，或者用文字写出"试验类别"。

5.5.2.1 标称放电电流 I_n(8/20)(对于进行Ⅰ类、Ⅱ类试验的 SPD)

此电流用来作为一个试验参数，以确定Ⅰ类和Ⅱ类试验的 SPD 的限制电压。此电流也用于Ⅰ类和Ⅱ类动作负载试验的预处理(施加 15 次)。

I_n 较 I_{max} 低，并相当于装置中预期相当频繁出现的电流。

I_n 优选值：0.05 kA、0.1 kA、0.25 kA、0.5 kA、1.0 kA、1.5 kA、2.0 kA、2.5 kA、3.0 kA、5.0 kA、10 kA、15 kA 和 20 kA。

5.5.2.2 I_{imp} 和 I_{max}(对于进行Ⅰ类和Ⅱ类试验的 SPD)

I_{imp} 和 I_{max} 分别为Ⅰ类和Ⅱ类动作负载试验的试验参数。这些参数与最大放电电流值有关。在系统中安装 SPD 的场所，很少出现预期最大放电电流。I_{max} 用于Ⅱ类试验而 I_{imp} 用于Ⅰ类试验。

根据 IEC 61643-1，I_{imp}(I_{peak}、Q)优选值见表 2。

表 2 I_{imp} 的优选值

I_{peak}/kA	Q/C	W/R/(kJ/Ω)
20	10	100
12.5	6.25	39
10	5	25
5	2.5	6.25
2	1	1
1	0.5	0.25

注 1：通常 I_{imp} 比 I_n 的波形更长。

注 2：10/350 波形是满足表 2 要求的一种示例波形。

5.5.3 与电压保护水平相关的资料

5.5.3.1 限制电压的测量

a) Ⅰ类和Ⅱ类试验

限制电压的测量可由两个试验来确定：

——使用 8/20 波形测量各种电流值下的残压；

——使用 1.2/50 波形测量放电电压。

限制电压是下列电压的最高值：

——或者对应下列电流范围的残压；

Ⅰ类试验，从 $0.1\times I_n$ 直到 I_{peak} 或 I_n，取其中较高值；

Ⅱ类试验，从 $0.1\times I_n$ 直到 $1.0\times I_n$。

——或者用 1.2/50 波形测得的波前放电电压。

- 对于具有限压型元件的 SPD

图 7 给出了 ZnO 压敏电阻 U_{res}-I 的典型曲线。图中说明在 I_{max}下 SPD 的残压也应考虑。如果该残压比电压保护水平高，特别是比被保护设备的冲击耐受电压还高时，虽然 SPD 能承受这样的电应力，但设备将不被保护。因此应适当地选择 SPD 的电压保护水平和冲击电流耐受能力。

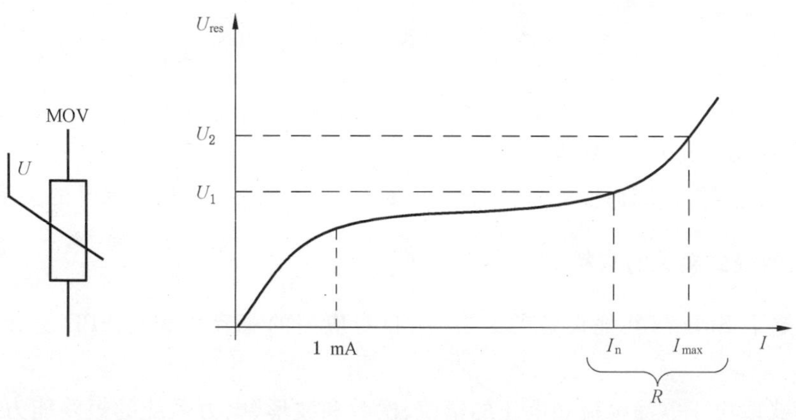

说明：

U_1——I_n 下的残压；

U_2——I_{max}下的残压；

R ——几 kA 电流的范围。

图 7 ZnO 压敏电阻 U_{res}-I 典型曲线

- 对于具有限压开关型元件的 SPD

具有火花间隙的器件(气体放电管等)的冲击放电电压与所施加的瞬态过电压的上升率(dU/dt)有关。

一般来说，瞬态电压上升率(dU/dt)增加会导致冲击放电电压增加。在规定的 dU/dt 下，冲击放电电压是一个统计值，因此测量值具有一定的分散性(见图 8)。

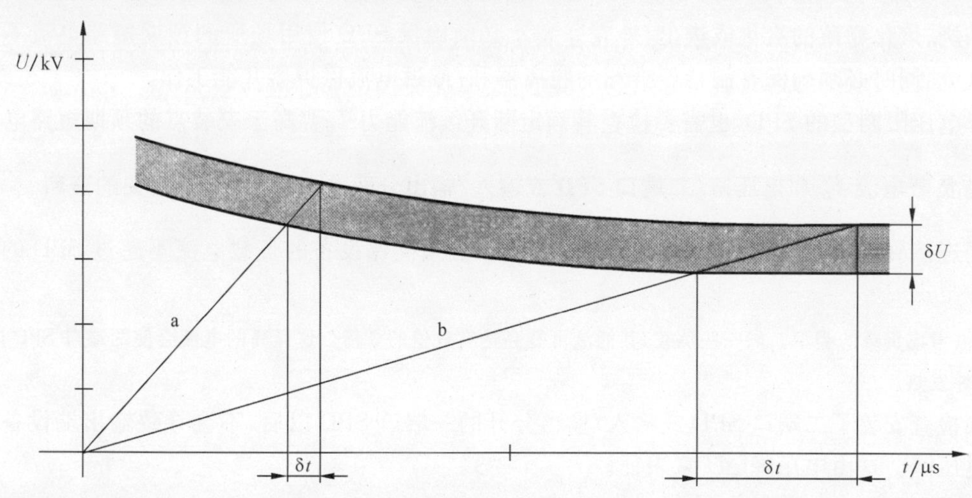

说明：

a ——较高上升率——10 kV/μs；

b ——较低上升率——1 kV/μs；

δt ——放电时间分布；

δU——放电电压分布。

图 8 放电间隙典型曲线

b) Ⅲ类试验

按Ⅲ类试验的 SPD,采用复合波发生器。试验过程中测量的最大值作为限制电压值。

5.5.3.2 电压保护水平 U_p

U_p 由制造厂提供。按定义,该值应等于或大于实测限制电压的最高值,制造厂确定该值时应考虑制造偏差。

电压保护水平优选值:0.08 kV、0.09 kV、0.10 kV、0.12 kV、0.15 kV、0.22 kV、0.33 kV、0.4 kV、0.5 kV、0.6 kV、0.7 kV、0.8 kV、0.9 kV、1.0 kV、1.2 kV、1.5 kV、1.8 kV、2.0 kV、2.5 kV、3.0 kV、4.0 kV、5.0 kV、6.0 kV、8.0 kV、10 kV。

附录 B 给出了典型的系统标称电压与 ZnO 压敏电阻 SPD 的电压保护水平的关系。

5.5.4 与 SPD 失效模式相关的资料

失效模式决定了 SPD 与其他设备的兼容性、自身应用的兼容性和与 SPD 连接的其他电器的兼容性。

SPD 失效模式取决于电涌电流和电压的幅值、次数和波形、电力系统的短路能力和失效时 SPD 上施加的电压值。本部分认为 SPD 有两种失效模式:

——短路或低阻抗;

——开路或高阻抗。

有时,SPD 在某一时段处于一个不确定状态,该状态吸收能量,并最终导致(自身或与脱离器或过电流保护)开路或短路状态。本部分认为,这个状态是暂时的,不予讨论。

关于系统配置如何影响过电流或其他保护装置动作的详细资料见附录 J。

失效模式的 SPD 特性变化不予考虑,但在 5.5.7 中解释。

5.5.5 与短路耐受能力相关的资料

SPD 本身或与其脱离器和过电流保护器一起能够耐受制造厂宣称的短路耐受电流,且试验过程中不应有燃烧、熔化物质的炭化或迸出、外壳开裂。必须确保 SPD 使用场所的预期短路电流不高于其短路耐受电流,同时必须确保有制造厂推荐的脱离器和/或过电流保护器并能工作。

对非电压限制型的 SPD,也需要检查其额定断开续流能力 I_{fi} 要高于安装点的预期短路电流 I_p。

5.5.6 与负载电流 I_L 和电压降(二端口 SPD 或输入/输出分开的一端口 SPD)相关的资料

对于连接到电源的二端口 SPD 和一端口 SPD,必须确保设备的负载电流不超过 SPD 的额定负载电流 I_L。

注: 需考虑负载的类型。如一些负载,其涌流可能高达有效值的 3 倍。这样高的电流会使两端口 SPD 内串联的元件发热。

必须检查安装了二端口 SPD 或输入/输出分开的一端口 SPD 以后,不会导致输出端设备出现不可接受的电压降。这由电压降 ΔU 来表征。

5.5.7 与 SPD 特性变化相关的资料

某些 SPD 在受到高于标准试验规定的电应力时,可能处于一个中间状态。在这种情况下,SPD 的某些特性可能偏离设计值,例如,U_p、I_n、I_c 等,尤其是并联带电部件的 SPD,在承受电涌以后,带电部件中的一个可能会断开。这时,用户可能不知道这些特性变化。在设计 SPD 时应避免任何这种中间状态,除非出现这种状态时有一个清晰的指示。

6 SPD 在低压配电系统的应用

6.1 SPD 的安装和保护效果

当对风险分析(见第 7 章)完成之后,就可以规定系统的电应力(见第 4 章)及 SPD 的特性(见第 5 章)。

SPD 在配电系统中应用时,可采用图 9 的流程图。

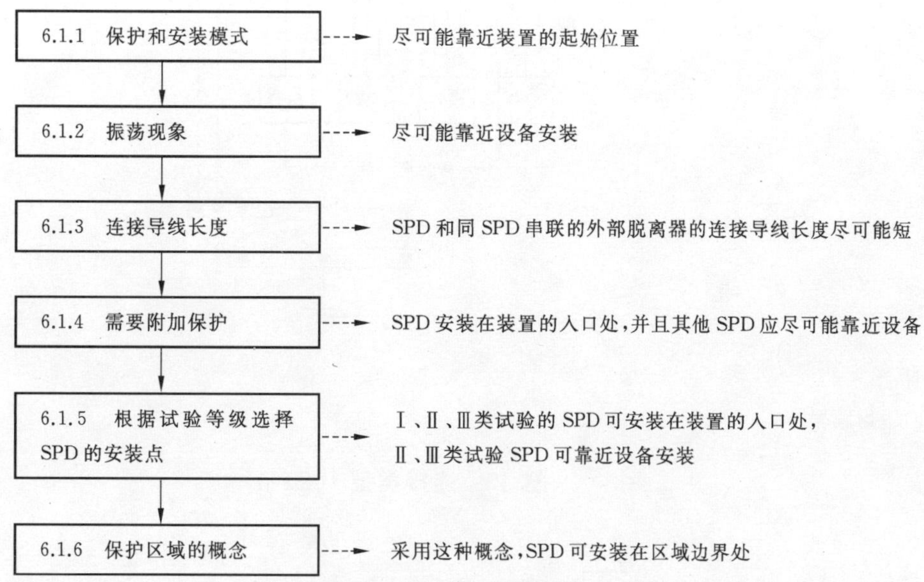

图 9 SPD 应用的流程图

SPD 实际安装示例见附录 N。

在入口处,可根据侵入的电涌应力选择符合Ⅰ类、Ⅱ类或Ⅲ类试验要求的 SPD。考虑电涌电流所引起的电应力大小是正确选择 SPD 的关键。特别当存在雷电防护系统时,可参见 GB/T 21714 系列标准中的附加说明。依据Ⅱ类试验和Ⅲ类试验测试的 SPD 也适用于被安装在靠近保护设备的位置。

6.1.1 可能的保护模式及安装

当要保护的设备有足够的过电压耐受能力或其靠近主配电盘,使用一个 SPD 可能就足够了。在这种情况下,SPD 的安装应尽可能靠近被保护装置的起始点。在这个位置,SPD 应该有足够的冲击耐受能力。图 K.1～图 K.5 给出了在不同系统类型上位于被保护装置的起始点的 SPD 的典型连接。图 K.5 为一个 TN C-S 系统中的具体示例。

位于或靠近被保护装置的起始点的 SPD 应至少被连接在以下几点之间:

a) 如果在或接近被保护装置的起始点处中性线和 PE 有直接连接,或没有中性线:

在每条相线和总接地端子之间或保护导线之间,以连接线较短为优先原则;

注 1:在 IT 系统上,连接中性线和 PE 的阻抗不认为是一个连接。

b) 如果在或接近被保护装置的起始点处中性线和 PE 没有直接连接:

连接类型 1(CT1)——在每条相线和总接地端子之间或保护导线之间,在中性线和总接地端子之间或保护导线之间,以连接线较短为优先原则,见图 10。

连接类型 2(CT2)——在每条相线和中性线之间,在中性线和总接地端子或保护导线之间,以连接线较短为优先原则,见图 11。

注 2:如果某根相线接地,其即被认为相当于 b)款中的中性线。

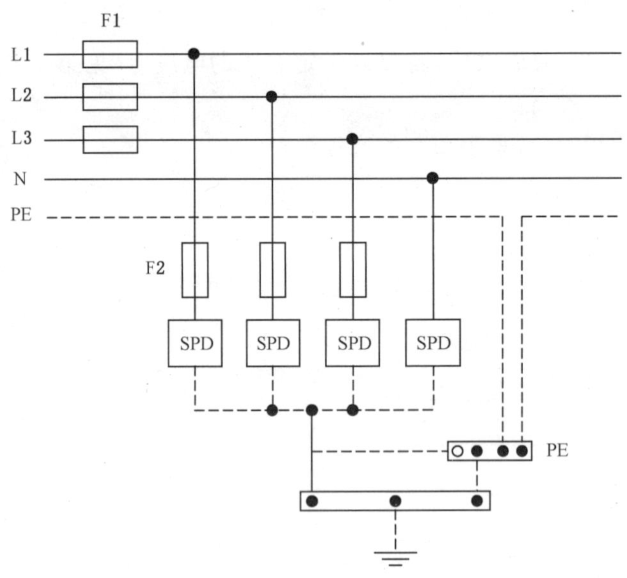

说明:

F1——熔断器。

图 10 连接类型 1(CT1)

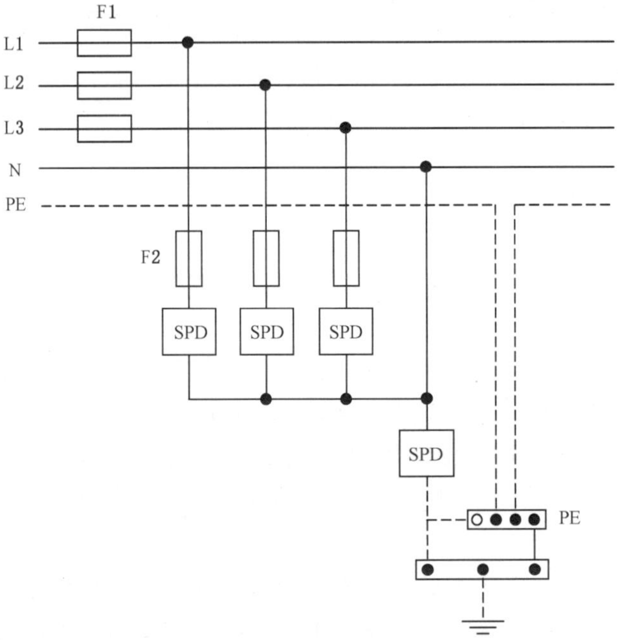

说明:

F1——熔断器。

图 11 连接类型 2(CT2)

表 3 列出了各种低压系统可能需要的保护模式。

注 3：如果在相同导线上连接有两个以上的 SPD，有必要确保它们之间的协调。

注 4：保护模式的数量取决于被保护设备的类型(例如，如果设备没有接地，相线对地或中心线对地的保护可能就没有必要)，由各种保护模式下设备的耐受能力、电气系统的结构、接地以及侵入电涌的特点而定。例如，一般在相线/中性线和 PE 导线之间或在相线和中性线之间施加保护一般就足够了，而不用再在相线和相线之间施加保护。

注 5：安装在供电部门计量表前的 SPD 装置必须经供电部门同意。

表 3　各种 LV 系统可能的保护模式

SPD 连接位置	SPD 安装位置的系统结构							
	TT		TN-C	TN-S		IT 带中线		IT 不带中线
	安装方式			安装方式		安装方式		
	CT1	CT2		CT1	CT2	CT1	CT2	
相和中线之间	+	*	NA	+	*	+	*	NA
相和 PE 之间	*	NA	NA	*	NA	*	NA	*
中线和 PE 之间	*	*	NA	* 见注 1	* 见注 2	*	*	NA
相和 PEN 之间	NA	NA	*	NA	NA	NA	NA	NA
相相之间	+	+	+		+	+	+	+

*：必须的；

NA：不适用；

+：可选的，除了必须的 SPD 以外；

CT：连接类型。

注 1：当 SPD 和 PE-N 等电位体之间距离过短(典型的不足 10 m)时，可以不安装 SPD。

注 2：采用 CT2 连接方式时，比较设备的耐受电压 U_W 应与串联的两个 SPD(L-N、N-PE)的保护水平相比较，这可能不同于两个 SPD 的 U_P 的简单相加。

建议进入被保护结构的电力和信号网络互相接近并将其互相联结在一个共用的等电位排上。这对于非屏蔽材料建造的结构(木、砖、混凝土等)特别重要。

更进一步的资料见附录 K。

6.1.2　振荡现象对保护距离的影响

当 SPD 被用来保护特定设备或当 SPD 装在主配电盘上而不能为某些设备提供足够的保护时，SPD 应尽可能地靠近被保护设备。如果 SPD 和被保护设备之间的距离太长，设备端产生的振荡电压值普遍高至两倍的 U_p，在一些情况下，甚至超过这个水平。因此尽管装有 SPD，振荡现象仍能引起被保护设备失效(见图 K.8～图 K.10)，适合的距离(称为保护距离)取决于 SPD 型式、系统类型、侵入电涌的陡度和波形及连接的负载。实际上，如果设备的阻抗高或设备内部断开，就有可能产生两倍的振荡电压。图 10 给出了在这种条件下，振荡现象产生两倍电压的示例。

一般情况下，距离不到 10 m 的震荡可以被忽略。有时设备有内部保护元件(例如，ZnO 压敏电阻)，这将显著降低即使在长距离上的震荡。在最后这种情况中需要注意避免出现 SPD 和设备内部保护元件的配合问题。

注：由于雷电流在 SPD 和被保护设备之间的回路上直接感应引起的电压，保护距离可能要缩短。

更进一步资料见附录 K。

6.1.3 连接导线长度的影响

为了实现最佳的过压保护，SPD 的连接导线应尽可能短。长的连接导线将使 SPD 的保护能力降低。因此，可能需要选择一个有更低电压保护水平的 SPD 来提供有效的保护。传送至设备的残压为 SPD 的残压和沿导线感应电压降之和，这两个电压可能并不在同一时刻到达峰值，但出于实用目的，可以简单地相加；图 10 给出在冲击放电电流下，连接导线的电感对各 SPD 连接点测得电压的影响。

一般来说，假定导线的电感是 1 μH/m。当冲击波上升率为 1 kA/μs 时，电感沿导线长度的电压降大约为 1 kV/m。而且，如果 di/dt 的陡度更大，电压降值会更高。

最好尽可能地使用图 12 中的方案 b，这种方案的电感效应将会显著降低。当不能使用方案 b 时，可以应用使用了绞合导线的方案 c。尽可能避免使用方案 a，因为增加 SPD 连接导线的长度会降低过电压保护的有效性。当 SPD 连接导线的长度尽可能地短(总引线的长度最好不要超过 0.5 m)以及没有形成任何环路的情况下，使用方案 a 才可能获得最佳电压保护。

注： 如果导线相互紧靠而使回流路径导体与入流导体产生磁耦合，其电感将降低(见图 12 中方案 c)。

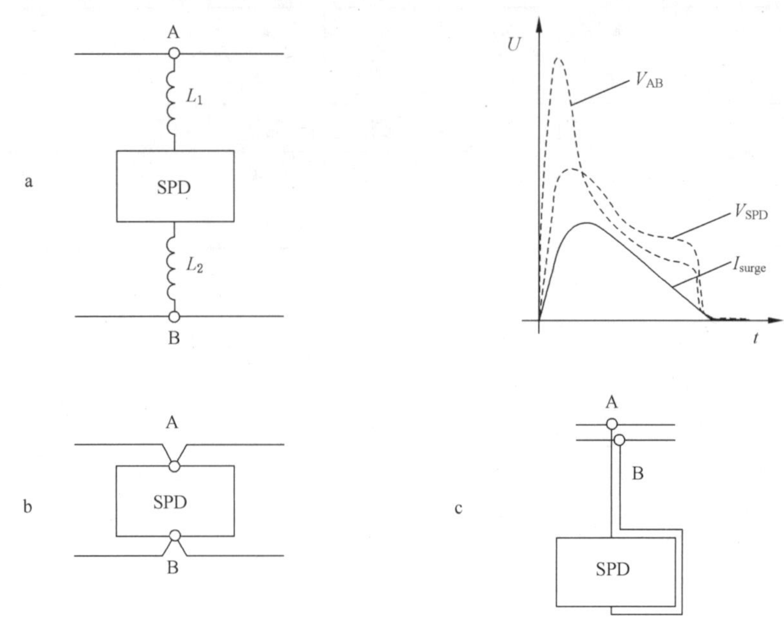

说明：

a L_1、L_2——导线 l_1、l_2 的相应电感；

I_{surge} ——电涌电流-时间的曲线；

V_{SPD} ——通过电涌时，SPD 端子间的电压；

V_{AB} ——A 点和 B 点之间通过电涌时的电压 $=V_{SPD}+$ 电感 (L_1+L_2) 上的电压降；

特别是当 L_1 或 L_2 较大时，应避免采用这种形式；

b 推荐首选形式；

c 当 b 方式不适合时，可采用这种方式。

图 12 SPD 连接导线长度的影响

进一步资料见附录 K。

6.1.4 附加保护的必要性

在一些情况下，一个 SPD 就能满足条件，例如，建筑物进线处电应力较低时，将 SPD 安装在电源进线处效果更好(见 6.1.1)。

在一些特殊情况下，可能需要在尽可能靠近被保护的设备处增加附加的保护器件，例如：

——存在很敏感的设备(电子设备，计算机)；

——位于入口处的SPD和被保护设备之间的距离过长(见6.1.2)；

——由雷电冲击和内部干扰源引起的建筑物内部的电磁场。

有必要考虑系统中需保护的最敏感设备的电压耐受值(U_W，见GB/T 16935.1—2008)，或者设备的抗冲击水平，尤其当该设备的持续运行是非常关键时。下文所示的例子中设备不是很关键，可仅考虑U_W，在最靠近设备处安装的SPD电压保护水平U_{p2}应至少比该设备的电压耐受值低20%。如果安装在入口处的SPD的保护水平(U_{p1})包含在6.1.2所描述的效果中，由于SPD和设备之间的距离导致终端设备上的电压低于$0.8\times U_W$，那么在该设备的附近不需要再加装SPD(见图13)。

进一步资料见K.1.2和图K.9。

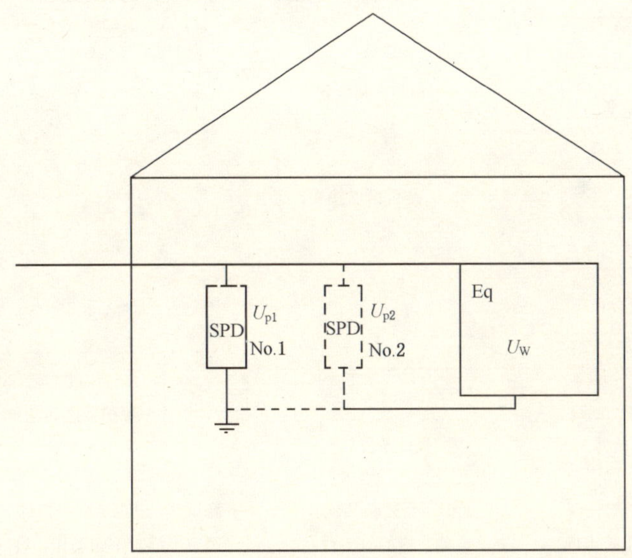

说明：

如果$U_{p1}\times k<0.8\times U_W$，仅需要SPD No.1(安装在进线处)；

如果$U_{p1}\times k>0.8\times U_W$，除SPD No.1外还应安装SPD No.2($U_{p2}<0.8\times U_W$)；

Eq是被保护设备，其耐受电压U_W的定义见GB/T 16935.1—2008；

k是可能产生振荡的系数($1<k<2$，见6.1.2)。

图13 附加保护的必要性

注：GB/T 17626.5—2008定义的设备抗扰度不同于GB/T 16935.1—2008定义的耐受电压(U_W)。其原因是GB/T 17626.5—2008使用复合波发生器进行试验，且部分的电涌电流可能流过设备(尤其是设备呈现低阻抗时)，在这种情况下，要求适当地进行配合(见6.2.6)。附录M给出了抗扰度和绝缘耐受之间对比的附加信息。应该注意的是，尽管GB/T 16935.1—2008描述了如何获得U_W，但是获得每一种类型的设备在实际情况下的U_W值可能比较困难。

在建筑物内操作电涌可产生潜在的损坏，在这种情况下可能需要附加的SPD。

在同一电路中使用两个SPD时，两者之间应该可以协调。

6.1.5 根据试验类别选择SPD的位置

应依照侵入电应力不同，来选取符合Ⅰ类、Ⅱ类或Ⅲ类试验要求的SPD。考虑包含于电涌中的电应力因素是正确选择SPD的关键。Ⅱ类、Ⅲ类试验的SPD也适用于靠近被保护设备安装。

6.1.6 保护区域概念

若是为了设计及合理应用电涌保护器，有必要考虑保护区域的梯度，详见 GB/T 21714.4—2008。

这一概念假定：由配电系统的分合或直击雷和感应雷引起的传导危险参数从未保护环境传至被保护的敏感设备时逐级减小（每一级之间的距离由 6.1.2 决定）。

关于建筑物中配电系统细分的保护区域以及 SPD 的安装位置的示例见图 K.11。

6.2 SPD 的选择

SPD 的选择依据图 14 中从 6.2.1～6.2.6 六个步骤。

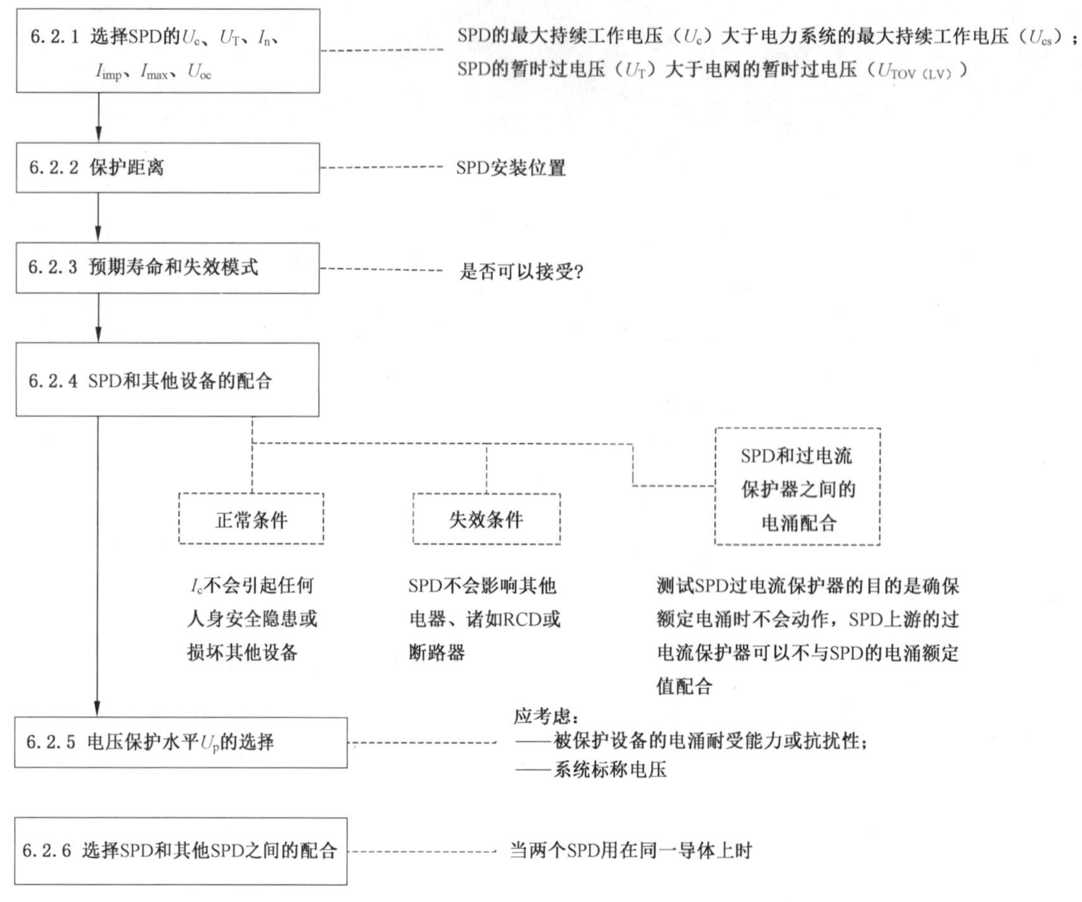

图 14 选择 SPD 的流程图

6.2.1 选择 SPD 的 U_c，U_T、I_n、I_{imp}、I_{max}、U_{oc}

6.2.1.1 SPD 的最大持续工作电压 U_c

SPD 的 U_c 值应该满足以下准则：

U_c 应该比系统中可能产生的最大持续工作电压 U_{cs}（$=k \times U_0$）要高（见附录 J，建议值见附录 B）。

$$U_c > U_{cs}$$

注：另外，对于 IT 系统，U_c 应该足够高能耐受首次故障状态。表 4 给出的值已覆盖这种故障状态。

具体要求如下（见 GB/T 16895.22—2004）：

表 4 对于各种电力系统推荐的 U_c 最小值

SPD 连接位置	配电网的系统结构				
	TT	TN-C	TN-S	IT 带中线	IT 不带中线
相和中线之间	$1.1\times U_0$	NA	$1.1\times U_0$	$1.1\times U_0$	NA
相和 PE 之间	$1.1\times U_0$	NA	$1.1\times U_0$	$\sqrt{3}\times U_0$ (见注 3)	线对线电压 (见注 3)
中线和 PE 之间	U_0 (见注 3)	NA	U_0 (见注 3)	U_0 (见注 3)	NA
相和 PEN 之间	NA	$1.1\times U_0$	NA	NA	NA

注 1：NA 表示不适用。

注 2：U_0 是低压系统的相电压。

注 3：这是最严重故障情况下的值，因此没有考虑 10%公差。

注 4：在扩展的 IT 系统中，需要更高的 U_c 值。

6.2.1.2 SPD 的暂时过电压的评估 U_T

U_T 的值应该高于由于低电压系统出现故障在被保护装置上预期出现的暂时过电压(TOV)，如图 15 所示。

$$U_T > U_{TOV(LV)}$$

注 1：持续时间超过 5 s 的 $U_{TOV(LV)}$ 应被认为是最大持续工作电压 U_c。如在 IT 系统中，接地故障将会持续很长时间(几个小时)，则连接在相和地之间 SPD 的 U_c 值至少等于最大的系统相-相电压($U_0\times\sqrt{3}$)。

注 2：表 5 满足 GB/T 16895.22—2004 给出的要求。因此，$U_{cs}=1.1\times U_0$。

注 3：没有按照相关安装规则的不同电网和接地可能与表 5 中给出的值不同。

表 5 典型的 TOV 试验值

实际应用	TOV 试验值 U_T/V	
持续时间	5 s	200 ms
SPD 连接到：		
TN 系统		
L－(PE)N 或 L－N	$1.32\times U_{cs}$	
N－PE		
L－L		
TT 系统		
L－PE	$1.55\times U_{cs}$	$1\,200+U_{cs}$
L－N	$1.32\times U_{cs}$	
N－PE		1 200
L－L		

表 5（续）

实际应用	TOV 试验值 U_T/V	
持续时间	5 s	200 ms
IT 系统		
L—PE		1 200+U_{cs}
L—N	1.32×U_{cs}	
N—PE		1 200
L—L		
TN、TT 和 IT 系统		
L—PE	1.55×U_{cs}	1 200+U_{cs}
L—(PE)N	1.32×U_{cs}	
N—PE		1 200
L—L		

在 TOV 的幅值很高的情况下，可能很难找到一个可以对设备提供电涌保护的 SPD，如果发生的概率足够低，可以考虑使用一个不能耐受 TOV 过压的 SPD，在这种情况下，必须使用合适的脱离设备。

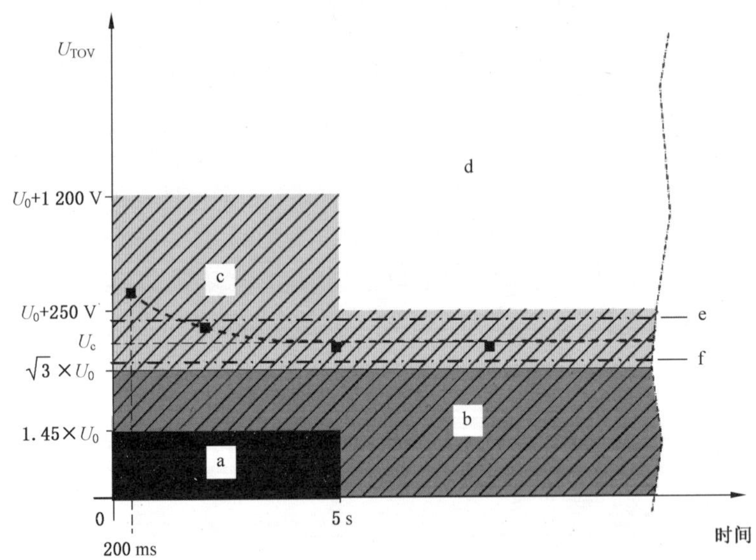

说明：

a ——LV 装置故障时（短路），在 TT、TN 和 IT 系统相-中线之间的 $U_{TOV(LV)}$ 区域；

b ——LV 装置故障时（偶然接地），IT(TT) 系统相-地之间的 $U_{TOV(LV)}$ 作用区域和 TT 和 LV 装置故障（中线断线），TN 系统相-中线之间 $U_{TOV(LV)}$) 的区域；

c ——在 HV 系统发生故障时，在 TT 和 IT 系统中，用户端相-地之间的 $U_{TOV(HV)}$ 最大值；

d ——未定义区域；

e ——$U_{TOV(LV)}$ 用于使用在 3W+G（三线+地线）、单相和 120/240 V 的系统上的 SPD；

f ——$U_{TOV(LV)}$ 用于使用在 4W+G（四线+地线）、三相和 120/208 V、277/480 V、347/600 V 系统上的 SPD。

注：北美用 e 和 f。

■ SPD 的 U_T 值。

图 15 U_T 和 U_{TOV}

注 4：如图 15 所示，可根据下列特性选择一个 SPD：

$$U_T = U_c \geqslant U_{TOV(LV)max}$$

尤其是在 IT 系统中的情况。

当选择的 SPD 的电压保护水平满足要求时，还应该考虑其在各种 TOV 情况下的特性（耐受特性或故障模式）。

如果发生的概率足够低，可以使用不能耐受 TOV 应力，但可以用 IEC 61643-1 规定的形式失效的 SPD，以达到所需的保护水平。

如果故障模式不能接受，在选择电压保护水平可满足要求的 SPD 前，应采取额外的措施来限制各种 TOV。

6.2.1.3 I_n，I_{max}，I_{imp}

I_n与保护水平 U_p 有关，I_{max}和 I_{imp}则由安装点需要耐受的能量来决定。

选择 SPD 的能量耐受（根据试验类别选择 I_{imp}、I_{max}或 U_{oc}）必须基于风险分析（见第 7 章）。它比较了电涌发生的概率、被保护设备的价格和可接受的事故率。当使用多个 SPD 时，需完成配合分析。

注 1：如果有必要的话，可选用比 5.5.2.1 和 5.5.2.2 提供的优选值更高的值。

如果需要 SPD 来保护雷电电涌，在被保护设施起始点处每种所需保护模式的额定放电电流 I_n 应不小于 8/20，5 kA。

依据连接类型 2 的安装（见图 11），在被保护设施起始点处连接在中性线和 PE 之间的电涌保护器的额定放电电流 I_n，在三相系统中应不小于 8/20，20 kA，在单相系统中应该不小于 8/20，10 kA。

如果有可能发生直击雷的雷电保护系统需要 SPD 时，应评估雷电冲击电流（见附录 I）。对于这个评估，安装在 SPD 上游的部件（熔断器，电线截面等）应该考虑，因为这些部件可能限制了整个系统的过载能力，因此也限制了 SPD 上的最大应力。如果可能没办法评估，每种所需的保护模式的 I_{imp}值不得小于 12.5 kA。

根据类型 2 的安装，连接在中性线和 PE 之间的电涌保护装置的雷电脉冲电流的计算应该与 GB/T 21714.4—2008 一致。如果不能估计电流值，I_{imp}的值在三相系统中应该不小于 50 kA，在单相系统中应该不小于 25 kA。

注 2：进一步的信息参见 GB/T 21714.1—2008 附录 E。

当用同一个 SPD 来防护雷电电涌和直击雷时，I_n 和 I_{imp}的评定应该与上面的值相一致。

附加 SPD 的 I_n 和 I_{max}选择应基于 6.2.6 中的配合规则。

注 3：一般情况下，I_n 已经足够表征Ⅱ类试验 SPD 的特性，I_{max}仅用于特殊情况。I_{max}给出了能量耐受的指标，因此给出了特定位置上的预期寿命的指示。

6.2.2 保护距离

为了决定 SPD 的位置（在入口处、靠近设备等），有必要知道保护距离，也就是 SPD 和 SPD 能提供充分保护的被保护设备之间的可接受的距离。

这一距离取决于 SPD 的特性（U_p 等）、SPD 在建筑物中的安装（导线长度等）以及系统特性（导线的长度和类型等），还有设备的特性（过电压耐受能力等）。更进一步的解释见 6.1.2 和 6.1.3，其均对所包括的现象作了详述。

注：要设计保护区域，必须注意到 SPD 和被保护设备之间的保护距离（见 6.1.6）。

6.2.3 预期寿命和失效模式

6.2.3.1 预期寿命与实际寿命

SPD 的预期寿命主要取决于超过 SPD 最大放电能力的电涌发生的概率。

SPD 的实际寿命可能会短于或长于预期寿命，这取决于电涌实际发生的频度。

例如，某个 SPD 的最大放电流通过是通过适当的风险评估后确定，但安装好后很快就遭受了超过 I_{max}值的电涌时，SPD 就可能出现故障。在这种情况下，它的实际寿命就会非常短。这种极端的情况表明制造者给出的任何预期寿命仅是一个统计数据，它绝不可能成为实际寿命的保证。

考虑到预期寿命仅是一种可能性。当异常电涌电流出现时，如果 SPD 的 I_{max}远低于冲击电流时，就会造成破坏，即使这种情况发生在安装后的几秒内。这种情况下，I_{max}比异常电涌电流低 10 倍或仅低 2 倍已经无关紧要。可是在一个特定的应用情况下，指定的较高 I_{max}的 SPD 的预期寿命总是长于那些类似的但 I_{max}较低的 SPD，只要不超过 SPD 耐受的极限值。

选择 SPD 的要点归纳如下：

——应考虑 U_{TOV}，预期的电涌和其他 SPD 之间的必要配合。

——当 SPD 失效时不会引起像着火或电击这样的危险。

6.2.3.2 失效模式

失效模式本身取决于电涌和过电压的类型。如果想避免供电受干扰或中断，SPD 有必要和任何上一级的后备保护器件相配合。

6.2.4 SPD 和其他设备的配合

参阅 GB 16895 有关本条款的叙述。

6.2.4.1 正常状态

持续工作电流(I_c)不得造成任何人身安全方面的危害(间接接触等)或干扰其他设备(例如 RCD)。

注 1：I_c 应比 RCD 的 1/3 的额定剩余续流($I_{\Delta n}/3$)小，SPD 和其他设备的积累效应也应考虑；

注 2：如果 SPD 安装在 RCD、熔断器或断路器的负载侧上，那么 SPD 对该电器在故障跳开、误动作及由于电涌产生的冲击损坏方面不能提供任何保护。

6.2.4.2 故障状态

SPD 可安装必要的脱离器，以便不干扰其他保护设备，如 RCD、熔断器和断路器。

SPD 耐受的短路电流(SPD 故障的情况下)和保护装置规定的相关的过载电流(内部或外部)应等于或高于安装点上预期的最大短路电流，SPD 制造商应考虑保护装置规定的最大过载电流。

此外，当制造商已经声明额定断开续流值时，它的值应等于或高于安装点上预期的短路电流。

当 SPD 连接在 TT 或 TN 系统的中性线和 PE 之间时，其动作后会流过工频续流(例如，火花间隙)，该类 SPD 的额定断开续流值 I_{fi}应大于或等于 100 A。

在 IT 系统中，连接在中性线和 PE 之间的 SPD 的额定断开续流值应与连接在相线和中性线之间的 SPD 的值相同。

6.2.4.3 SPD 和 RCD 或过电流保护器，如熔断器或断路器之间的电涌配合

在网络中使用的过电流保护器和漏电保护器 RCD 的耐受能力不作规定，除了 S 型 RCD 根据自己的标准(IEC 61008-1 和 IEC 61009-1)规定，应耐受 3 kA 8/20 的电流而不断开。

当 SPD 和过电流保护器或 RCD 配合时，在标称放电电流 I_n 下，建议过电流保护器或 RCD 应不动作。

然而，当电流比 I_n 大时，过电流保护器动作是可以的。对于可复位过电流保护器，例如一个断路器，不应被这种电涌损坏。

在这种情况下，由于这种过电流保护器的响应特性，即使过电流保护器动作，全部的电涌都将流过 SPD。因此，SPD 应具有足够的能量耐受能力。由于这种现象引起的 RCD 或过电流保护器的动作被认为不是 SPD 的失效，因为这种装置仍被保护。如果用户不接受供电中断，应使用特别的配置或过电流保护器。

注 1：在能遭受大电流的地方，例如雷电保护系统或架空线，如果 I_n 大于过电流保护器所在位置的实际耐受能力，过电流保护器件动作电流可比 I_n 低。在这种情况下，SPD 标称放电电流的选择仅取决于电涌性能。

注 2：如果一个电压开关型 SPD 产生放电，电力供应服务的质量可能会降低。通常，续流会引起一个过电流保护器的动作，除非电压开关型 SPD 是自熄型，否则需要和上一级的 SPD 过电流保护器配合。

6.2.5 电压保护水平 U_p 的选择

在选择 SPD 合适的电压保护水平值时，应考虑被保护设备的电涌耐受（或关键设备的冲击抗扰度）和系统的标称电压。电压保护水平值越低，其保护性能越好。考虑到 U_c 和 U_T 的限制，SPD 的劣化和与其他 SPD 配合，见 6.1.2 和 6.1.3。

电压限制型 SPD 的电压保护水平与规定的Ⅰ类试验中的 I_n 和 I_{peak} 及Ⅱ类试验中的 I_n 有关。Ⅲ类试验中电压保护水平由组合波测试确定（U_{oc}）。

电压开关型 SPD 或复合型 SPD 的电压保护水平也和放电电压有关。

6.2.6 选择 SPD 和其他 SPD 之间的配合

6.2.6.1 概述

如上所述，某些应用场合需要两个（或更多）SPD 以便使被保护设备的电应力减到一个可接受的值（较低的电压保护水平），并且减低该建筑物内的瞬态电流。

依据两个 SPD 的能量耐受值，为了获得可接受的电应力分配，有必要进行配合。

图 16 给出了示例。

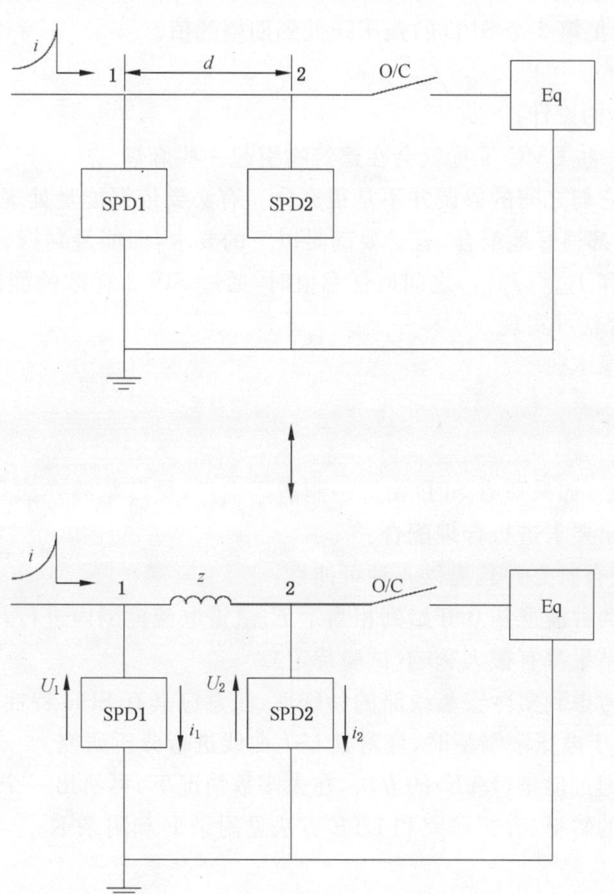

说明：

Eq ——正常工作时的被保护设备；

O/C——开路（设备从供电系统断开）；

i ——侵入电涌。

图 16 两个 SPD 的典型应用——电路图

两个 SPD 之间的阻抗 Z(通常是一个电感)是一个物理阻抗(插在导线上的特殊元件,可促进两个SPD 之间能量的分配)或代表两个 SPD 之间电缆长度的电感(通常我们认为 1 μH/m)。当 Z 代表一个物理阻抗,导线的电感可以忽略,因为和 Z 比较起来,导线的电感很低。Z 代表两种情况,并用图解的方式表示在图 16 中。

注 1:图 16 显示了设备没有连接的最严重的情况。没有任何的电流流过设备,两个 SPD 分配了所有的压力。如果电涌来自于 SPD 的终端和负载之间,应该需要进一步考虑。

注 2:本示例中连接导线被忽略。实际上,它们对两个 SPD 之间的电应力分配可能有影响。

注 3:在导线进出比较紧密的地方,回路比较小,那么其电感比 1 μH/m 小,可低至 0.5 μH/m。

注 4:1 μH/m 的值已经包含了进出线导线电感。

6.2.6.2 配合问题

配合问题可初步归纳为以下问题:当进入电涌电流为 i 时,其中有多少流入 SPD1,有多少流入SPD2? 此外,两个 SPD 能否耐受这些电应力?

如果两个 SPD 之间的距离相对于电涌持续时间很短,那么电感的影响可忽略,则 SPD2 可能承担较多的电应力。

选择合适的 SPD 应考虑两个 SPD 之间的阻抗,把 i_2 的值降低到可接受的水平,以达到良好的配合。当然,这个工作也能把第 2 个 SPD 的残压降低到期望的值。

应避免以下配合:

——SPD2 过于安全的设计;

——如果 i_2 过高,一些 EMC 干扰就会在建筑物引起一些麻烦。

可是依据电流处理它们之间的协调并不是很充分。有必要依据能量处理它们之间的协调。

为了确保两个 SPD 都很好地配合,有必要满足以下的要求,即能量判据。

如果电涌电流在 0 和 $I_{\max1}$(I_{peak1})之间取任意值时,通过 SPD2 耗散的能量小于或等于其最大能量耐受值($E_{\max2}$),能量配合就可实现。

更多的信息参考附录 K。

6.2.6.3 应用情况

配合研究可能会复杂,如果所有 SPD 由同一制造厂生产,最简单的办法是根据所选的 SPD 之间的距离或阻抗向制造厂提出要求进行合理配合。

否则,有必要进行配合研究并且提供 4 种可能性:

——用长波和短波两种波形从 0 开始到相当于 $E_{\max1}$ 雷电流范围内进行几次试验,要记住每一部件的公差对试验结果都有很大影响(试验待定);

——进行模拟时应考虑到实际安装线路的特殊性,注意应具有 SPD 特性的精确数据;

——当两个 SPD 属于电压限制型时,应对其 U-I 曲线进行分析研究;

——使用另一种叫通过能量(LTE)的方法,在大多数情况下,可给出一个保守的结果。

更多有关这种现象的解释、分析研究和 LTE 方法见附录 F 和附录 K。

6.3 辅助器件的特性

6.3.1 切断装置

一个单独的脱离器可能具有 3 个基本的脱离功能(热保护、短路保护和间接接触保护),或者有必要使用 1~3 个脱离器。

它们被安装在 SPD 里面或与 SPD 连接。通过系统的后备保护来考虑某些功能,后备保护安装在SPD 的指定位置处,脱离器是装在 SPD 回路中还是主要连接线上,取决于与过电流保护器的配合,也取决于是否需要持续保护还是持续供电两者之间的平衡(见J.2)。

可能也需要脱离器具有一些其他的功能,例如在很高的暂时过电压的情况下。

脱离器可能是一个熔断器、断路器、RCD或一个具有这些用途的器件。

6.3.2 事件计数器

这种计数器通常能给出检测到的电涌次数,有时也能给出有关电涌幅值和波形的信息。事件计数器也可用来判断SPD安装位置的严酷程度或是否需要更换。一些复杂的事件计数器给出了一些统计数据,例如发生的频率、时间和日期及所含的能量等。

注1:用户应该知道起始水平太低就会存在一个危险,即由这种器件给出的信息可能是错误的。

注2:目前没有IEC标准含有这种器件。

6.3.3 状态指示器

连接在脱离器上的状态指示器是用来为用户提供SPD的有关信息,根据其结构显示SPD是在工作状态还是已经失效。它可用来提醒用户更换SPD。一些状态指示器是在线的,一些是远距离的,它们可提供电的、可视的或听得见的报警。

7 风险分析

可进行两种类型的风险分析:基本分析是用来确定是否需要使用SPD,第二种类型的分析用来确定设备入口处或紧靠设备处SPD的能量耐受值(其他SPD的能量耐受值可通过SPD间的配合的研究确定)(见附录L)。

是否使用SPD的决定取决于范围很大的参数,这些参数由用户来决定,应考虑的参数列于附录L。如果确定使用SPD,就应根据暴露水平确定SPD的安装位置和等级。

GB/T 21714.2—2008给出了在雷电电涌情况下进行风险评估的一种方法。在一些情况下,可使用基于GB/T 21714.2—2008的简化方法。例如GB/T 16895.10—2010中的例子,见附录H。

注:当需要进行一个完整建筑物的分析时,尤其不仅要考虑进线,而且要考虑建筑物自身和内部时,建议使用GB/T 21714.2—2008。

8 信号和电源线之间的配合

正在考虑中。

附 录 A
（资料性附录）
需方和供方给出的典型资料及试验程序的解释

A.1 需方给出的资料

A.1.1 系统数据：

——U_0、U_{cs}；

——频率；

——暂时过电压 U_{TOV}；

——被保护设备的绝缘水平；

注：用户应知道绝缘耐受水平随过电压的陡度和持续时间而变化。例如：耐受 4 kV 1.2/50 的器件仅能耐受 1 kV 较长波的电压。

——在 SPD 安装点，系统的短路电流；

——配电系统的类型（IT，TT，TN 等）。

A.1.2 SPD 应用需考虑：

a) 连接：
- 相对地；
- 中线对地；
- 相对中线；
- 相对相。

b) 被保护设备的类型：
- 变压器；
- 电机；
- 包括电子器件；
- 其他设备；
- 电缆（型号和长度）等。

c) SPD 和被保护设备之间导线的最大长度（保护距离）。

注：保护距离应尽可能短。

d) SPD 和所有导线（相，中线，地）之间从 SPD 顶端算起的最大导线长度。

A.1.3 SPD 的特性：

——最大持续工作电压 U_c；

——电压保护水平 U_p；

——试验类别：Ⅰ类、Ⅱ类和Ⅲ类；

——SPD 失效情况下耐受的短路电流；

——SPD 安装环境（户外、户内等）；

——端口数量；

——外壳防护等级（IP 代码）；

——标称放电电流 I_n（Ⅰ类和Ⅱ类试验）；

——最大持续负载电流（如果需要）；

——I_{imp}、I_{max} 或 U_{oc}（分别为Ⅰ类、Ⅱ类和Ⅲ类试验）；

——TOV 特性 U_T；
——失效模式。
二端口 SPD 附加特性：
——最大持续负载电流(如果需要)I_L；
——电压降百分数。

A.1.4 附加设备和安装：
——安装类型；
——安装方位；
——如果需要，可安装 SPD 脱离器；
——连接导线的截面。

A.1.5 任何特殊的非正常条件：
例如很频繁地动作。

A.2 供方应给的资料

所有条款来自 A.1.4 和 A.1.5。
另外，依赖于下述技术：
——TOV 特性 U_T；
——残压-电流的曲线；
——可能的安装、钻孔位置、绝缘基座、支撑；
——SPD 端子的类型和允许的导线尺寸；
——尺寸和重量。

A.3 用于 IEC 61643-1 试验程序的解释

A.3.1 依据Ⅰ类和Ⅱ类试验来确定 SPD 的 U_{res}

测量残压时要求使用 8/20 波形发生器，该发生器序列幅值为 $0.1\times I_n$、$0.2\times I_n$、$0.5\times I_n$、$1.0\times I_n$ 和 $2\times I_n$，并且有两种极性。最后，至少一种冲击 I_{max} 或 I_{peak}(如果 I_{max} 或 I_{peak} 比 I_n 要高)被加到 SPD 的电极上，产生比先前试验更高的残压。

第一序列在一个极性上，第二序列在相反的极性上，以便检查 SPD 是否有累积效应。

因为是作为比较值来使用，无论是Ⅰ类试验还是Ⅱ类试验，波形总为 8/20。常用的选择 SPD 的方法是比较它的保护特性和被保护设备的冲击耐受电压。对Ⅰ类试验，典型的波形是由 I_{peak} 和 Q 所定义的 I_{imp}，但是它的波形和 8/20 波形在电流上升率方面不同。因此，8/20 波形被用作比较 SPD 保护性能的一般依据。

在 $0.1\times I_n\sim2\times I_n$ 之间可使用很多值，因为有必要找出任何可能产生的盲点(盲点就是较低的电流值产生一个较高的残压值)。应注意在 I_n 时的残压值是一个常规值，该值也可能不是最高值(例如，如果 SPD 有盲点)，这一点很重要。

铭牌上打印的 U_p 值不足以用来做绝缘配合和 SPD 之间的配合。残压的曲线或图表应由制造厂在技术文件中提供。

在 I_n 和 I_{max} 或 I_{peak} 之间应做足够的测量(至少一次)，以便用足够的点给出残压和 I_{max} 或 I_{peak} 的曲线。

A.3.2 用于U_{res}评价的冲击波形

8/20 波形用于一端口 SPD 试验时，允许电流过冲量为 5%，这种过冲量对一端口 SPD 的U_{res}无影响。

而对于二端口 SPD，通常有一些串联阻抗，例如，去耦电感。另外，在设备电感边上的并联电容产生一个低通滤波器作用。在这种情况下，过冲波将根据过冲幅值有效地改变U_{res}。由于这个原因，二端口 SPD 试验时，允许的过冲量限制在 5% 以内。

A.3.3 反向滤波器对U_{res}确定的影响

当一个反向滤波器和二端口器件一起使用时，其相互作用使得U_{res}产生偏移，并且可能产生一个误导。

以低通滤波器形式的二端口器件在施加脉冲波尾时将产生峰值U_{res}。同样，反向滤波器将起作用并且在脉冲波尾时反向储能。这种组合波和电压的峰值依赖于试验时反向滤波器和器件的参数。

为了确定最坏情况下U_{res}的值，试验脉冲应采用交流系统最大值，并且还应是同极性。即使在这种情况下，试验条件下器件内部所有元件均处于U_{max}。U_{res}值是U_{max}和由于施加的脉冲产生增大的电压的总和。这个值由电压为U_{max}的二极管的直流电压决定。在二极管和二端口器件之间施加脉冲。取决于二端口器件的设计，有必要提供一个交流电源来起动内部工作或提供一个诊断器件。

注：这项试验不适合含有隔离变压器的 SPD。

A.3.4 SPD 的动作负载试验

动作负载试验由预处理试验和动作负载试验组成。预处理试验的目的是为了确保器件在冲击应力下无劣化。动作负载试验的目的是确保器件在运行条件下的热稳定性。

无论是Ⅰ类试验还是Ⅱ类试验，试验的严酷程度取决于I_{imp}(各自的I_{max})的幅值以及I_n与I_{imp}之间的比值。在I_{imp}(各自的I_{max})给定的情况下，比值越大则越严格，对于Ⅲ类试验，试验的严酷程度与U_{oc}有关。

预处理试验是指对 SPD 施加 15 次波形为 8/20 的标称放电电流，模拟其使用中预期的最小电应力。

Ⅲ类试验的预处理试验与Ⅰ类和Ⅱ类试验相同，除了用制造商宣称的U_{oc}来代替标称放电电流，并且试验中用到复合波发射器。预处理试验所施加的电压为U_c。每个冲击与 50/60 Hz 之间保持同步，从 0°角开始叠加冲击，每次冲击增加 30°，这样做的原因是一些 SPD，例如火花间隙，对这些角度敏感，特别是对工频续流敏感。Ⅲ类试验适当的耦合是很重要的，它决定于发生器的结构和施加的U_c能起到避免电涌流入发生器的作用。

15 次冲击被分成 3 组，每组 5 次。两组间的间隔时间(30 min)应足以使试品冷却。

预处理试验后，为了找出可能的盲点，应在以下电流值追加冲击：$0.1\times I_{imp}$(或I_{max})、$0.25\times I_{imp}$(或I_{max})、$0.5\times I_{imp}$(或I_{max})、$0.75\times I_{imp}$(或I_{max})和I_{imp}(或I_{max})。每次冲击之间有一个热冷却。盲点对应于一个比I_{imp}(或I_{max})低的电流值，这个电流值能使在I_{imp}(或I_{max})正常工作的 SPD 失效。典型的示例是在一个 ZnO 压敏电阻上，并联一个火花间隙，如果间隙不击穿，全部电涌便加在 ZnO 压敏电阻上，而 ZnO 压敏电阻或许不能耐受和间隙相同的电应力，导致失效。

Ⅲ类试验的动作负载试验需要使用一个开路电压为U_{oc}的复合波发生器。

A.3.5 TOV 失效试验

这是一个强制性试验。这个试验是考虑在 HV 系统发生故障产生的 TOV 时，提供 SPD 失效模式的信息。这个试验只适用于 TT 或 IT 系统，并且不适用于那些连接在相与中性点或者相与相之间的

SPD。TOV 的工作条件在表 1 中被描述。

注：虽然这个试验根据 IEC 61643-1 是非强制性的，但在 GB/T 16895.22—2004 中，这个试验是需要进行的。

SPD 是包围在一个木制的立方体盒子中。试验本身将会产生一个持续 200 ms 的 TOV。持续时间限定在 200 ms 是模拟故障的切除时间。发生器的短路电流能力设置为 300 A 以模仿典型情况。试验过后，SPD 可能失效但并不引起其他危害。

A.3.6 Ⅰ类、Ⅱ类和Ⅲ类试验在试验环境上的不同之处

Ⅰ类试验是模拟部分传导雷击电流冲击的情况。Ⅰ类试验的 SPD 通常用于与雷电保护系统相连接的大电流保护区域。这些 SPD 通过连接 LPS 和电源线来实现他们之间的等电位。Ⅰ类试验所使用的脉冲电流持续时间比Ⅱ类和Ⅲ类试验长的多。

Ⅱ类和Ⅲ类试验模拟感应过电压、远距离的雷击电压和操作过电压。根据Ⅱ类和Ⅲ类的 SPD 试验并不用来连接 LPS 实现等电位。

对于Ⅰ类和Ⅱ类试验，有特定的电流通过 SPD，而Ⅲ类试验中通过 SPD 的电涌电流的大小则决定于 SPD 的性质。

Ⅲ类试验是通过发电机的开路电压 U_{oc}来确定的。而短路电流 I_{sc}则由 U_{oc}和 2 Ω 的虚拟阻抗得到的。发生器阻抗模拟了装置的阻抗。Ⅲ类试验的最大电流是 10 kA，研究显示，入口处的绝缘击穿电压水平限制了进入装置的电涌水平。这些 SPD 将装入设备中。对于Ⅲ类试验，试验中通过 SPD 的电流会较短路电流 I_{sc}低，原因是 SPD 拥有与短路不同的特性。

A.3.7 短路耐受能力试验与过电流保护(如果有)的配合

该试验提供 SPD 在故障状况下，内部的连接是否具有承受短路电流的能力，而不至于造成火灾、爆炸或闪络之类的灾害。

短路水平耐受值是由厂家提供的。

该试验的目的是为了检查 SPD 内部连接的性能。为了实现这个目的，保护元件(MOV、GDT、间隙等)用与试品体积相似的仿制品代替，以确保与原样品一致的特性。由于 SPD 具与保护装置并联，短路电流试验的次数应与并联电流路径的数相等，每不同的电流路径都按照其对应的短路电流容量进行试验。这样试验的目的是为了模拟少数元件失效的所有可能的失效条件。

短路电流应该在 5 s 内终止。5 s 被认为是具有代表性的最大的故障切除时间。

附 录 B
（资料性附录）
在某些系统中 U_c 和标称电压之间的关系示例及 ZnO 压敏电阻 U_p 和 U_c 之间的关系示例

B.1 U_c 和系统标称电压之间的关系

表 B.1 给出了 U_c 和系统标称电压之间的关系。

表 B.1 U_c 和系统标称电压之间的关系

依据 GB/T 16935.1—2008 的系统标称电压		GB/T 16895.22—2004 给出的 U_c 值示例			
三相四线制，中线接地	三相三线制或三相四线制，中线不接地	在 TN 系统[a]中，SPD 安装在相和 PE 或 PEN 之间或在 TT 系统[a]中 SPD 安装在相和中线之间 U_c 最小值	在 TT 系统[a]中 SPD 安装在相和地之间或中线和地之间 U_c 最小值	在 IT 系统中 SPD 安装在相和地之间或中线和地之间 U_c 最小值	在 TT、TN 或 IT 系统中，SPD 安装在相和相之间 U_c 最小值
TT 和 TN 系统	IT 系统	电压调整率等于 10%的情况	$1.5\times U_0$ 的值已被使用的情况	$\sqrt{3}\times U_0$ 的值已被使用的情况	电压调整率等于 10%的情况
V	V	V	V	V	V
120/208		132	180		229
127/220	220	140	191	220	242
	230,240			240	264
	260,277,347			347	382
220/380,230/400	380,400	253	345	400	440
240/415,260/440	415	286	390	415	484
277/480	440,480	305	416	480	528

[a] 在某些情况下可能需要较高的值(例如，在 TT 系统中中线断线)。

B.2 ZnO 压敏电阻 U_p 和 U_c 之间的关系

在描述 SPD 的特性方面，U_p/U_c 之值是一个重要参数，这个比值取决于所使用的元件。表 B.2 给出了 ZnO 压敏电阻元件的 U_p/U_c 的典型值，该值与元件的大小及所施加的电流 I_n 有关。

表 B.2　ZnO 压敏电阻的 U_p/U_c

I_n(8/20) kA	等效直径 mm	U_p/U_c
1	14	3.3
2.5	20	3.8
5	32	4.1
10	40	4.6
20	60	4.6

更低和更高的比值可通过其他技术获得。制造厂可提供它们特殊产品的比值。

注：其他参数(例如电涌耐受)也随生产工艺的不同而发生变化。

附 录 C
（资料性附录）
环境—LV 系统中的电涌电压

C.1 概述

三种情况会引起低压系统中产生电涌过电压：

——自然现象，如雷击，通过直击或感应产生过电压；

——人为因素，如在输变电系统或低压系统终端用户进行的负载或电容器操作；

——非人为因素，如电力系统的故障和恢复或电力系统与信号/通信系统不同系统之间互相作用产生的过电压。

本部分中考虑的冲击过电压是超过两倍峰值工作电压(2.0 p.u.)，持续时间从微秒级到毫秒级。低于两倍峰值工作电压的过电压或者由于电力设备的操作及设备的损坏引起的持续时间较长的过电压同样不在考虑范围内。因为普通的电涌保护器不对这类低幅值和持续时间长的电涌起作用，它们需用与本部分讨论所不同的保护方式进行保护。

本附录介绍和总结了 IEC/TR 62066 中低压系统的电涌电压的重要信息，方便使用本标准。

C.2 雷电过电压

雷电是不可避免的事件，它会通过几种机理影响低压系统（包括电力系统和信号/通信系统）。最明显的干扰是系统受到直击雷。但其他耦合机理也会引起系统电压升高，在此将讨论引起低压系统过电压的三种耦合方式。在讨论过电压时，也考虑与过电压相关的过电流情况，由过电压引起的初始电流也是本附录一个重要方面，三种类型如下：

a) 直击于电力系统，发生于 MV/LV 配电变压器的原边侧、LV 配电系统（架空的或隐埋的），同时也侵入到个别建筑物中；

b) 非直接闪络：雷击附近物体，通过感应耦合或公用路径耦合在 LV 配电系统中产生过电压。虽然非直接闪络产生的过电压和电流低于直接闪络所产生的过电压和电流，但其出现的频率更大；

c) 直击到防雷系统或最终用户建筑物的外部（建筑物的钢件及水管、暖气管、升降梯等非电气部分），这会产生两种影响：一是雷电流通过建筑物外部产生感应耦合；二是雷电流从建筑物注入到 LV 系统，从而不可避免地在 LV 系统中导体和地或装置等电位排之间要用 SPD。对一个闪络，在最终用户使用电器时出现的过电压将反映耦合路径的性能，例如闪络点和终端用户之间的距离及接地情况、接地电阻、SPD 的数量及配电系统的分支。

C.2.1 由 MV 传输到 LV 系统的电涌

在 MV 系统中，由于雷击发生的过电压注入到 LV 配电系统有两种不同的方式：

——通过 MV/LV 变压器的电容和电感耦合；

——通过接地耦合。

传递的电涌幅值依赖于很多参数：

——LV 接地方式(TT、TN、IT)；

——LV 线路和负载的特性；

——LV 过电压保护装置；

——MV 和 LV 接地间的耦合状况；

——变压器的结构。

如果雷电直击 MV 线路，避雷器动作或火花间隙击穿使电涌电流转移到接地系统，并且在 MV 和 LV 系统之间产生阻性的耦合，从而导致过电压进入 LV 系统中。根据接地阻抗的不同，通过变压器的过电压幅值可能远高于容性耦合的情况。

在 TN 系统中，如果用户装置内的中性点接地，将会产生轻度的过电压。值得注意的是，这种类型的电阻耦合可以通过在变压器的 LV 侧安装一个独立的接地系统来避免。

通过容性耦合和感性耦合输入到 MV/LV 侧的过电压其典型的取值是相和中性线间相对地电压的 2%，是相和地间电压的 8%。这些值对于负载 LV 电路是相对典型的。当变压器的 LV 侧开路或者轻载时，这个值会显著的升高，决定于 LV 系统。

感应雷在 MV 系统中产生的电涌(通常小于 1 kA)比直击雷要小得多，并且实际中过电压输入到 LV 系统仅仅是通过容性耦合，其值不会超过几千伏。在这种情况下，LV 系统(至少是在距离雷击不远的部分)所直接感应的过电压一般比从 MV 侧输入的要高。如果有一个 SPD 动作或者放电发生，电流将会较小，相应的阻性耦合的情况也被忽略。

C.2.2 直击于 LV 配电系统引起的过电压

由于雷电流通道的有效阻抗较高，因此实际上可认为雷电流为一理想的电流源。因此，产生的过电压由雷电流通道的瞬态有效阻抗的大小决定。

导线遭受雷击，第一时刻的电压取决于导线的特征阻抗(电涌阻抗)，电流(I)最初分为两部分，且电涌电压(U)为：

$$U = Z \times I/2$$

式中：

U ——电涌电压；

Z ——线路的电涌阻抗；

I ——电涌电流。

假设电流为 10 kA，电涌路径阻抗为 400 Ω 时，很显然，预期的电涌电压为 2 000 kV。因此，大多数情况下闪络通常会在导线和地之间发生。发生闪络后，有效阻抗以一定数量下降，其下降程度取决于接地电阻。假设雷电流为 10 kA，阻抗低至 10 Ω 时，导线上电压为 100 kV。

在架空线与电缆联合系统中，由于电缆电涌路径阻抗比架空线低，从而其产生过电压略有降低，其降低程度依电流持续时间和系统的对地电容量而定。然而降低的程度不能完全避免低压系统中超过标称绝缘水平的过电压。因此，直击雷将会对系统造成损坏。

C.2.3 LV 配电系统中的感应过电压

由于闪络会使电磁场发生改变，电涌被引入到离闪络点相当大范围内的架空线上。可从下面公式粗略估计导线上产生的过电压(U)：

$$U = 30 \times k \times (h/d) \times I$$

式中：

I ——雷电流；

h ——导线离地高度；

k ——系数，取决于雷电流反击的速率；

d ——发生闪络点到导线距离。

参数 k 的变化很小(1.0～1.3)。

对于电流为 30 kA 的中等程度的雷电流，当架空线距地面高度为 5 m，1 km 范围内的瞬时过电压将超过 5 kV。在这种情况下，即使距离为 10 km 时，100 kA 的电流产生的电压为 1.8 kV。

C.2.4 雷击防雷系统或一个邻近的区域而引起的过电压

当雷击建筑物，该建筑物采用 LV 配电系统并联供电方式时，雷电流通过可利用的不同路径流入大地。这些路径本地接地点(建筑物接地)，同样也包含通过金属相连接的远距离接地，主要是电缆馈线。

来自于雷电保护系统接闪端的电涌电流通过引下线输入接地系统。这样，雷电流至少被分成了两部分，一部分流入建筑物的接地系统，另一部分通过电缆线路流向远方接地(电流通常也可能沿着其他路径，例如金属管道和其他传导装置)，电流的分配与阻抗成反比，冲击电流起始阶段，电流的分配取决于电感的分配，随后电流变化率低时，电流的分配取决于电阻的分配。

当几个建筑物电气上有连接时，有效电阻值降低，雷电流从建筑物本身输入到 LV 系统的电流将随着连接到一起的建筑物的数量的增加而增加。

不同国家，中性点的连接方式不同，所以雷电流的传播方式也不尽相同。在设计系统时应该考虑这些不同。

在可以利用的路径中，电流的传播将会引起过电压，特别是在导线和接地之间。取决于 LV 装置的设置以及 SPD 的使用与否，这些过电压可以被放大或者降低。试验结果基本符合先前的叙述，并且显示出了入端中点接地的优越性，以及考虑阻抗、电感和相互之间耦合的重要性。

同样值得注意的是，由于直击雷落在建筑物或某部分上而导致的接地点电位上升，超过了低压装置的绝缘耐受水平，从而引起闪络，同时应注意，过电压将会传播到与其连接在同一个的低电压配电网的相邻建筑物(设备)，除非该建筑物(设备)安装有等电位的 SPD 装置。

同样的，即使一个建筑物没有直接遭受雷击也可能产生过电压，这是通过配电网络传播所导致。除此之外，如果已经给出了一个地域的雷电密度，现有的高大建筑物虽然降低了雷击直击附近低矮建筑物的概率，但却不可避免地增加了传导过电压的概率。

接地体和导线之间的过电压作用在与其连接设备的绝缘上，这些设备通常都会根据 GB/T 16935.1—2008 具有足够的耐受水平。电力设备的工作元器件会承受到导线之间出现的过电压。乍一看上去，最坏的情况可能是过电压施加到电力设备的工作元器件，这可能也是正常的情况。然而，对地过电压会带来一些问题，它不仅作用于电力设备绝缘，而且会改变电力系统和可能连接到设备的通讯系统之间的参考电位。

C.3 操作过电压

操作冲击产生的过电压、电流及其持续时间通常比雷电冲击产生的电压、电流及持续时间低。然而，在某些情况下，特别是在建筑物内部或接近操作过电压起始处，操作冲击产生的电应力将会高于雷电冲击产生的电应力。必须知道操作冲击产生的能量，以便选择合适的 SPD。包括故障和熔断器瞬态动作在内的操作持续时间比雷电冲击持续时间更长。

通常在一个电气装置内任何开关动作、故障开始、中断等，总会伴随着暂时过电压的产生。在一个系统中发生的突变将会引起高频阻尼振荡(由网络的谐振频率决定)，直到系统再次稳定到一个新的状态。

操作过电压的幅值取决于许多参数，如回路类型、操作种类(关、开、重燃)、负载、断路器或熔断器。

操作产生的振荡频率由系统特性和谐振特性决定，在这种情况下，可能引起很高的过电压。通常，操作与系统工频发生谐振的可能性很小，然而，如果系统开关频率特性接近系统中一个或多个谐振频率，将会发生瞬态谐振。

C.3.1 综述

操作电涌的典型波形取决于低压装置的响应。在大多数情况下，会产生鸣震波，其频率通常为每微秒几十万赫兹。上升最大速率为每微秒几千伏。电涌持续时间范围较大。如果由熔断器动作引起的操作过电压被排除，典型的持续时间(到半峰值)从 1 μs～50 μs。统计显示，产生高幅值和持续时间很长(大于 100 μs)的电涌的可能性较低。

C.3.2 断路器和开关操作

断路器和开关广泛用于每个电气装置和控制设备中，以便在过载或短路情况下断开电气设备或由开关控制设备动作来对电气设备进行保护和控制。开关操作的频率依其使用的场合而定，在工业上其使用频率较高，在家庭中其使用频率相对较低。

阻性负载的操作电流是在电气设备的额定电流范围内。而对于使用开关模式进行供电的设备，设备的操作电流高于额定电流。因此，如对于一个功率为 100 W 的电视机，其额定电流为 0.4 A，而涌入的电流约为 20 A，高达 50 倍。

无论对于手动开关或电动开关，每次操作过程中都会产生电弧。由于电感和电容相互作用使电压发生改变，从而引起高频振荡。该振荡会使线路之间以及线路与地之间的电压改变，电气设备绝缘总电压由导体部分和其他回路承担。与经由公共配电网进入用户的过电压相比，由用户装置开关操作引起的过电压不经过衰减，其瞬态幅值反而会更高一些。

C.3.2.1 在用户室内的断路器和开关操作

与合闸相比，分闸会产生更高幅值的电压。在分闸时，在负载侧比在线路侧有更高的电涌幅值。无论如何，这点对于设备的设计，尤其是绝缘方面的设计是个关键的问题。如果有与其并联的设备，该设备也将承受电应力。由于线路侧与整个系统及其他设备相联，故与负载侧相比，线路侧的过电压更应考虑。

C.3.2.2 在供电系统(LV 和 HV)中断路器和开关的操作

在每一个供电系统中，电气设备上都能观察到瞬态过电压。在地下供电系统中，几乎所有的瞬态过电压都是机械操作引起的。

在高压和低压装置中，具有电感性的设备，如变压器、阻抗线圈、接触器线圈和继电器等与电源并联，设备的操作都会引起振荡，产生高达几千伏的过电压。因为有线路的自感，这种情况也存在于纵向电感线圈中，例如，导体线圈和纵向阻抗线圈中，或系统自身的开断中。

在电源侧，操作过电压由开关操作、旋转电机的刷状电弧、电机或变压器负载突然下降以及功率因数补偿电容器组的操作引起。

在极少数情况下，这种过电压的频率和能量比雷电过电压在低压装置上的频率和能量要高。

低压电源操作引起的瞬态过电压，幅值可能达到数千伏。低压系统操作时，一定条件下，过电压最大值可以被限制，可通过电源系统安装保护电器来限制过电压，预期最大幅值为 6 kV 的电压，一般不超过低压用户内部装置耐受值。

与操作过电压对应的另一些现象是高压供电系统发生短路和接地故障。接地故障可以在无故障导线上引起线—地过电压，范围在线电压之间。而且，同时也产生瞬态过电压，这种瞬态过电压会从高压电源侧传递到低压电源侧。

C.3.3 熔断器动作(限流熔断器)

熔断器广泛被用于配电系统和电力装置，用来保护过流并断开短路回路。例如，如果熔断器动作，配电系统断开一个短路的回路，该动作产生近似于三角波的一个过电压，频率相对较低。过电压发生在系统的线线间，也可能出现在线和保护地线之间，取决于接地的中性导体，或者取决于一个IT系统，或者取决于接地电容。因此，该过电压也作用于裸露导电部件绝缘和其他回路。当然，相对于由动作电流开断引起的过电压，这种过电压很少发生。过电压通过母线也会传输到同一配电系统的其他用电设备中。

和开关动作引起的其他电涌相比，熔断器动作引起电涌的概率较少。但此时断开短路的回路，可能产生强烈的电涌，影响因素主要有短路电流的上升率、熔断器的额定电流及特性、回路的电感。

由安装在靠近母线排的熔断器断开配电系统馈线的短路是非常重要的，因为由熔断器动作产生的过电压会影响到与同一母线排相连的其他一些用电设备。实际的统计情况表明，在低压公共供电系统中，发生此种故障是非常少见的。然而，当考虑工业配电系统时，这种类型的故障具有一定的代表性，发生此种短路并非少见。

附 录 D
（资料性附录）
部分雷电流计算

根据图 D.1，一个带有 LPS 系统的建筑物遭受雷击。雷击电流 I_L 将会沿着避雷针流入被击建筑物的接地系统。这将导致电压潜在升高，继而产生闪络或者 SPD 的动作，所以雷电流 I_L 部分进入了系统的 4 条线路中。

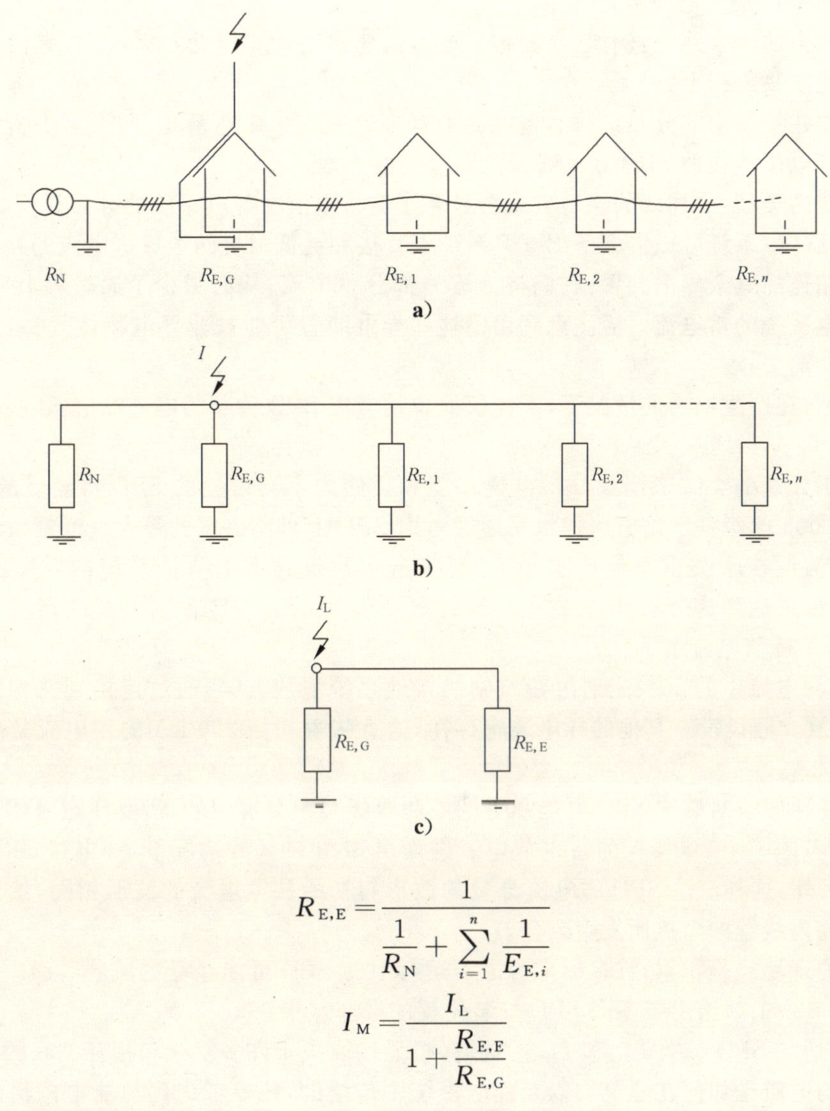

$$R_{E,E}=\frac{1}{\frac{1}{R_N}+\sum_{i=1}^{n}\frac{1}{E_{E,i}}}$$

$$I_M=\frac{I_L}{1+\frac{R_{E,E}}{R_{E,G}}}$$

说明：

R_N ——中线接地电阻；

$R_{E,G}$——被击建筑物的接地电阻；

$R_{E,i}$ ——第 i 个建筑物接地电阻；

$R_{E,E}$——除建筑物的接地电阻以外的总接地电阻；

I_L ——被击建筑物的雷电流；

I_M ——进入电源系统的雷电流。

注： 这种计算，临近建筑物的接地电阻 $R_{E,E}$ 等于或小于建筑物雷击的接地电阻 $R_{E,G}$。

图 D.1 进入配电系统部分雷电流总和的简易计算

经过分配的部分电流 I_m 会在系统和设施中产生过电压，并作用在绝缘和相连的仪器设备上。因此，不仅受到雷击的建筑物有危险，与建筑物相邻的建筑物或设施也存在危险。

简化网络[图 D.1 b)和 c)]可用于简单计算流入配电系统的部分电流 I_m。

注：该计算只对能量分配有效(雷电流的波尾)。

SPD 在电涌的条件下承受的应力是许多复杂且相关联的参数的函数，包括：

——建筑物中 SPD 的位置：它们位于主配电盘或者是二级配电盘的设施内，甚至是在最后一级用户的设备前边；

——SPD 上游的元件：例如熔断器、导线横截面积等，都可能会限制整个系统的电涌承受能力和 SPD 所承受的最大电应力；

——设备与雷击的耦合路径：例如，是经过雷电直击建筑物的雷电防护系统，还是由于附近的雷击感应到建筑物配线上；

——雷电流在建筑物中的分布：例如，雷电流中有多少进入了接地系统，剩下多少雷电流通过配电系统和等电位连接的 SPD 寻找路径流向远处的大地；

——配电系统的类型：中性线的接地方式会显著影响雷电流在配电系统的分布。例如，中性线多重接地的 TN-C 系统可提供一条比 TT 系统更直接和更低阻抗的泄放雷电流的路径；

——与设备相连的其余导电装置：它们将分流一部分雷电流，从而减少了通过等电位连接 SPD 而流入配电系统的雷电流。应注意到由于这些导电装置可能被非导电物体代替，这部分分流功能可能会消失；

——波形类型：在产生电涌的情况下，不能仅简单地考虑 SPD 传导的电流峰值，还必须考虑电涌的波形。

人们已经做了大量的尝试来定量分析电气环境和设施内不同位置的 SPD 将经受的“威胁等级”。GB/T 21714.4—2008 已经基于雷电保护水平通过考虑 SPD 上可能出现的最大电涌幅值来阐述这个问题。例如，该标准假设在Ⅰ类雷电保护水平下，直接击中建筑物雷电防护系统的雷电流幅值可高达 10/350 200 kA。如果达到这个水平，它发生的统计概率仅为 1%。换言之，99%的情况下放电电流将小于假设的 200 kA 峰值电流水平。

另外，假定电涌电流中的 50%是通过建筑物的接地系统泄放，50%通过连接到三相四线配电系统的等电位 SPD 泄放。假设没有其他的导电装置存在，这意味着初始 200 kA 的雷电流分配到每个 SPD 中的电流都是 25 kA。

电流分布的简化假设对确定 SPD 可能承受的威胁等级是十分有用的，但要注意考虑假设条件。在上述例子中，已经考虑一个 200 kA 的雷电放电。进而可知在 99%的情况下，等电位 SPD 的威胁水平将小于 25 kA。另外，这种流过 SPD 的电流分量的波形与初始放电电流的波形相同，然而实际电流波形可能由于建筑物内线缆的阻抗而发生改变。

基于长时间的现场经验积累，许多标准考虑了运行中的 SPD 可能经受的威胁等级。例如 IEEE 标准 C 62.41.1 和 C 62.41.2，给出了不同 SPD 安装位置的暴露水平。

从上可知，合适的 SPD 参数 I_{max} 和 I_{imp} 的选取，很显然取决于许多复杂和相互关联的参数。用户不仅要考虑到注入的电流是如何在建筑物以及配电系统中传播的，还要考虑到与放电电流的幅值和波形相关的概率统计问题。

必须注意到，通过电力线路、电话线以及数据线进入建筑物的电涌对建筑物内电子系统造成破坏的概率远大于雷电直击建筑物本身造成破坏的概率。

有些建筑物没有或可能不需要 LP 系统，这样的话，也许不需要高电流的Ⅰ类 SPD，而采用低保护水平 U_p 的Ⅱ类 SPD。

由于上述问题的复杂性，应牢记选择 SPD 最重要的一点是在预期电涌发生时 SPD 限制电压的性能，而不是其所能耐受的能量大小(I_{imp}、I_{max} 和 U_{oc})。一个具有低限制电压的 SPD，可以确保对设备提供足够的保护，而一个具有高耐受能量的 SPD 仅能延长其运行寿命。

附 录 E
（资料性附录）
由高压系统和地之间故障引起低压系统的 TOV

E.1 概述

在 HV/LV 变压器高压侧发生故障时（例如，变压器内部失效或一个间隙放电，见注），就会有电流 I_m 流过变压器的接地电阻 R。由于接地电阻与低压网络的连接，一个高 $U_{TOV(HV)}$ 会出现在低压网络，持续时间等于高压网络故障清除的时间（大约 10 ms 到数小时）。

注：变压器 LV 侧暂时过电压，可能来自于：

——HV 裸露的导电部分的电位极度提升导致 HV 和 LV 之间的绝缘损坏；

——HV/LV 变压器的内部故障或者高压导线掉落在低压线导致 HV 和 LV 直接接触；

——通过接地连接之间的耦合导致在 LV 中性点和 LV 导线上，甚至在用户接地连接或者附近通信系统上产生过电压。

潜在的暂时过电压情况更详细的讨论见 GB/T 16895.10—2010，在这种情况下，连接在带电导线和地之间的 SPD 会过载而无法承受这种电应力。以下 TT 系统的示例就说明了这一点，此种情况也发生在 TN 或 IT 系统（见下面其他的示例）。

E.2 TT 系统的示例——可能的暂时过电压的计算

E.2.1 高压系统由接地故障引起的低压装置可能出现的电应力

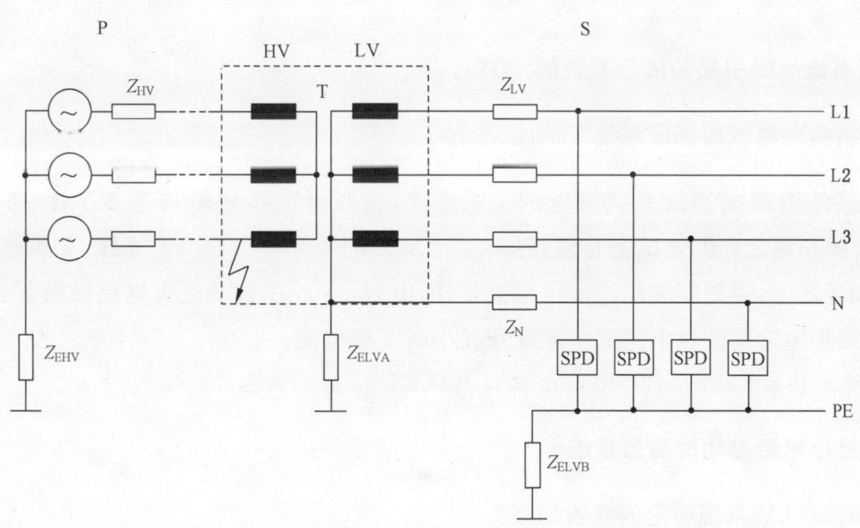

说明：

P ——HV 系统；

S ——LV 系统；

T ——变压器。

图 E.1 由高压系统接地故障引起的暂时工频过电压

阻抗的定义：

Z_{EHV}——高压系统的接地网阻抗(取决于高压系统星形点的处理)；

Z_{ELV}——低压系统的接地网阻抗(为 Z_{ELVA}与 Z_{ELVB}之和)；

Z_{LV}、Z_{N}——线路阻抗、中线阻抗。

如果变压器低压侧的星形点接地(如图 E.1),HV 系统的接地故障就会影响 LV 系统的电压。而且,即使两个变压器星形点的公共接地线不存在,接地故障(变压器的一个气隙被击穿或者是内部故障)也会引起 LV 星形点电压上升。高压系统的接地电流流经阻抗 Z_{ELVA}引起变压器星形点电压上升。因此,Z_{ELVA}和接地电流值决定 LV 系统的暂时工频过电压。

E.2.2 高压系统的特性

E.2.2.1 带有限制接地电流的高压系统

由于 HV 系统采用了消弧线圈接地,接地电流被限制到 I_{earth}=5 A～10 A,以保证电弧自己熄灭。

阻抗 Z_{ELV}=100 Ω～500 Ω,因此,高压系统接地阻抗残压和接地电流仅由 Z_{EHV}决定,与短路功率、接地阻抗 Z_{LVA}和 Z_{LVB}无关。

E.2.2.2 中线低阻接地的高压系统

对于完全地下系统,接地电流的限制已不再有接地电流自熄的机会(在电缆中绝缘故障损坏绝缘)。因此,高压系统会随中线低阻接地,其动作次数增多。通常,接地电阻应将接地短路电流限制到 I_{earth}≈2 A。

对于额定电压为 U_{n}=20 kV 的 HV 系统,此时适合这种要求的接地电阻为 Z_{EHV}≈5 Ω,小电站的变压器常常无昂贵的过电流保护,因此,熔断器用于断开短路电流,断开时间取决于熔断器的额定电流,大约为 100 ms。

E.2.3 由高压系统故障引起的低压系统的 TOV

E.2.3.1 有限制接地电流的高压系统

由有限制接地电流的高压系统供电的 LV 系统,变压器的接地阻抗为 2.5 Ω～5 Ω。接地电流 I_{earth}=50 A,中线和地之间的电压上升到 $U_{TOV(HV)}$=125 V～250 V。在 TT 系统,如果装有过电压保护元件,在中线和地之间,通过安装的过电压保护元件,由 $U_{TOV(HV)}$引起的最大电流被限制到小于 50 A 以下。因此在中线和地之间的放电间隙应能断开较小的工频电流。

注：在某些地区,接地电阻 Z_{ELVA}的阻值高达 10 Ω,所以其 $U_{TOV(HV)}$可高达 500 V。

E.2.3.2 中线经小电阻接地的高压系统

假设典型的 20 kV 系统给定的参数如下：

Z_{EHV}=5 Ω,$P_{short\ ciruit}$=100 MVA,U_{n}=20 kV。

其 LV 系统特性为：

Z_{ELVA}=1 Ω,U_{n}=230 V。

Z_{ELVB}=5 Ω,Z_{LV}=Z_{N}=150 mΩ。

在 Z_{ELVA}产生的 TOV 为 $U_{TOV(HV)}$≈1 200 V。

通过安装在中线和地之间的过电压保护元件的最大电流取决于 Z_{ELVA}与 Z_{ELVB}和 Z_{N} 之和的比值,

在本例中，可以计算的电流≈200 A。

E.2.4 结论

——具有限制接地电流的高压系统引起的 LV 系统暂态工频过电压 $U_{TOV(HV)}$≈250 V，时间不确定；

——因 $U_{TOV(HV)}$ 引起的通过中线和地之间的过压元件最大电流是 50 A；

——中线经低阻接地的高压系统引起 LV 系统暂时过电压可上升到 $U_{TOV(HV)}$≈1 200 V；

——通过接在中线和地之间的过压元件由 $U_{TOV(HV)}$ 引起的电流，取决于配电变压器接地阻抗与配电变压器外面的 LV 系统中线接地阻抗之比值，该电流在数百安范围内。

E.3 根据 GB/T 16895.10—2010 确定的暂时过电压的值

在特殊应用时，用户需要知道关于暂时过电压的系统参数，以便评估设备保护和 SPD 潜在失效之间的最佳平衡。IEC 61643-1 论述了这一点，并且可选择的暂时过电压试验被推荐在 SPD 上进行，以便检查如果 SPD 损坏，不会导致一个危险的情况。

$U_{TOV(HV)}$ 的值取决于故障电流 I_m 和变压器的接地电阻 R。在多点接地系统，该电阻为从故障点观察到的接地网络的电阻。其最大值由 GB/T 16895.10—2010 定义为：

$U_0 + 250$ V r.m.s，持续时间超过 5 s

这种情况涉及 HV 系统较长的断开时间，例如，高压系统中电感接地。

注：在某些地区，其值高达 U_0+500 V，持续时间超过 5 s。

$U_0 + 1\ 200$ V r.m.s，持续时间到 5 s

这种情况涉及 HV 系统较短的断开时间，例如高压系统固定接地。

下列符号适用于本附录(直接来自于 GB/T 16895.10—2010)：

I_m：在高压系统中，流过配电变压器裸露导体接地电极的接地故障电流；

R：配电变压器裸露导体接地电极的电阻；

U_0：低压系统的线—中线电压；

U_f：LV 系统裸露导体部件和地之间的故障电压；

U_1：配电变压器 LV 设备的电压；

U_2：用户系统 LV 设备的电压。

条款 E.3 和图 E.11 的计算来自于 GB/T 16895.10—2010。图 E.2～图 E.10 说明的是在美国使用的典型情况。

U1
U2
HV
LV
L1
L2
L3
PEN
Im
R
U1=U0
U2=U1=U0
Uf=R×Im
Uf
TN—a
U1
U2
HV
LV
L1
L2
L3
PEN
Im
R
RB
Uf
U1=R×Im+U0
U2=U0
Uf=0
TN—b

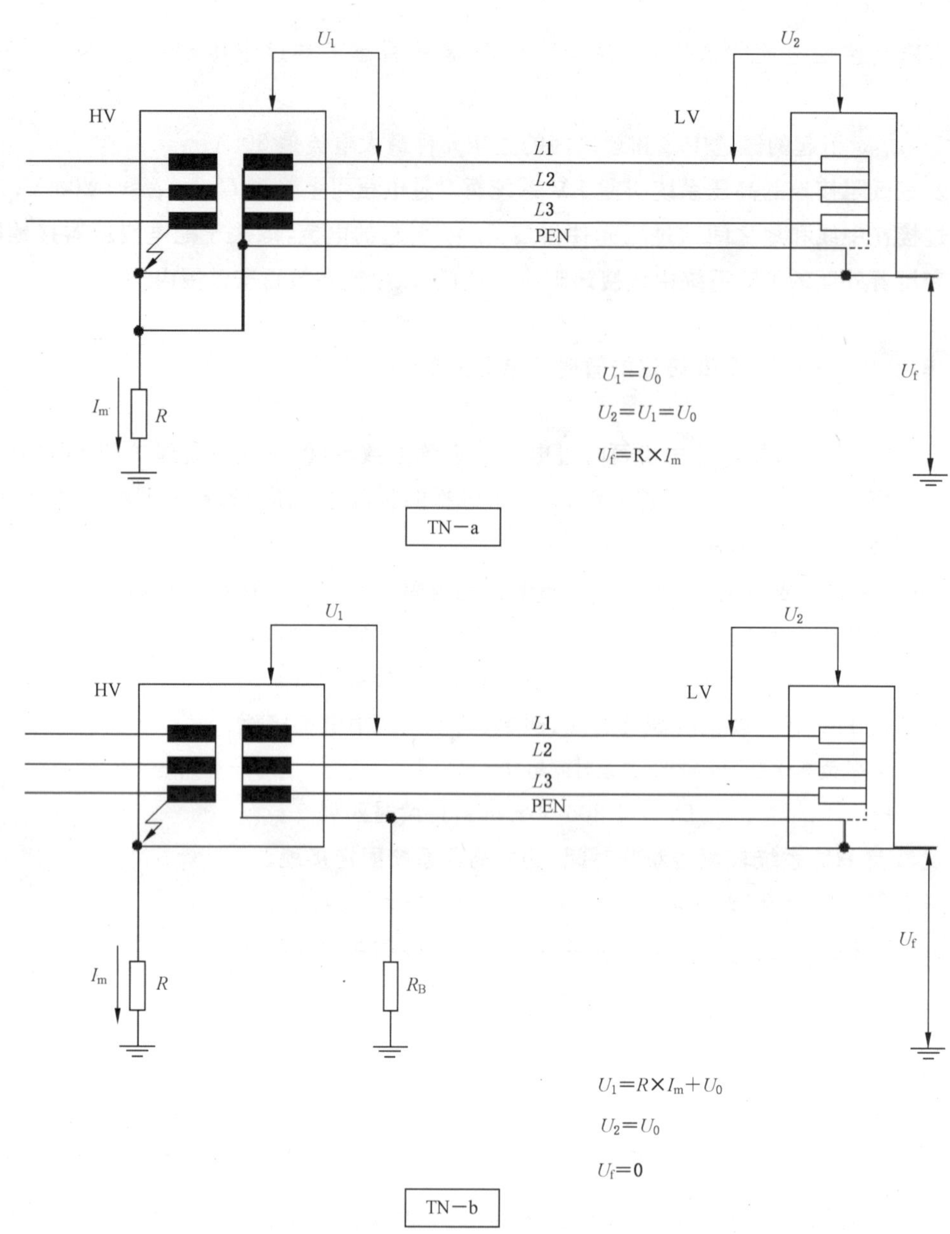

图 E.2 TN 系统

U1
U2
HV
LV
L1
L2
L3
N
U1=U0
U2=R×Im+U0
Uf=0
Im
R
RA
Uf
TT—a
U1
U2
HV
LV
L1
L2
L3
N
Im
R
RB
RA
Uf
U1=R×Im+U0
U2=U0
Uf=0
TT—b

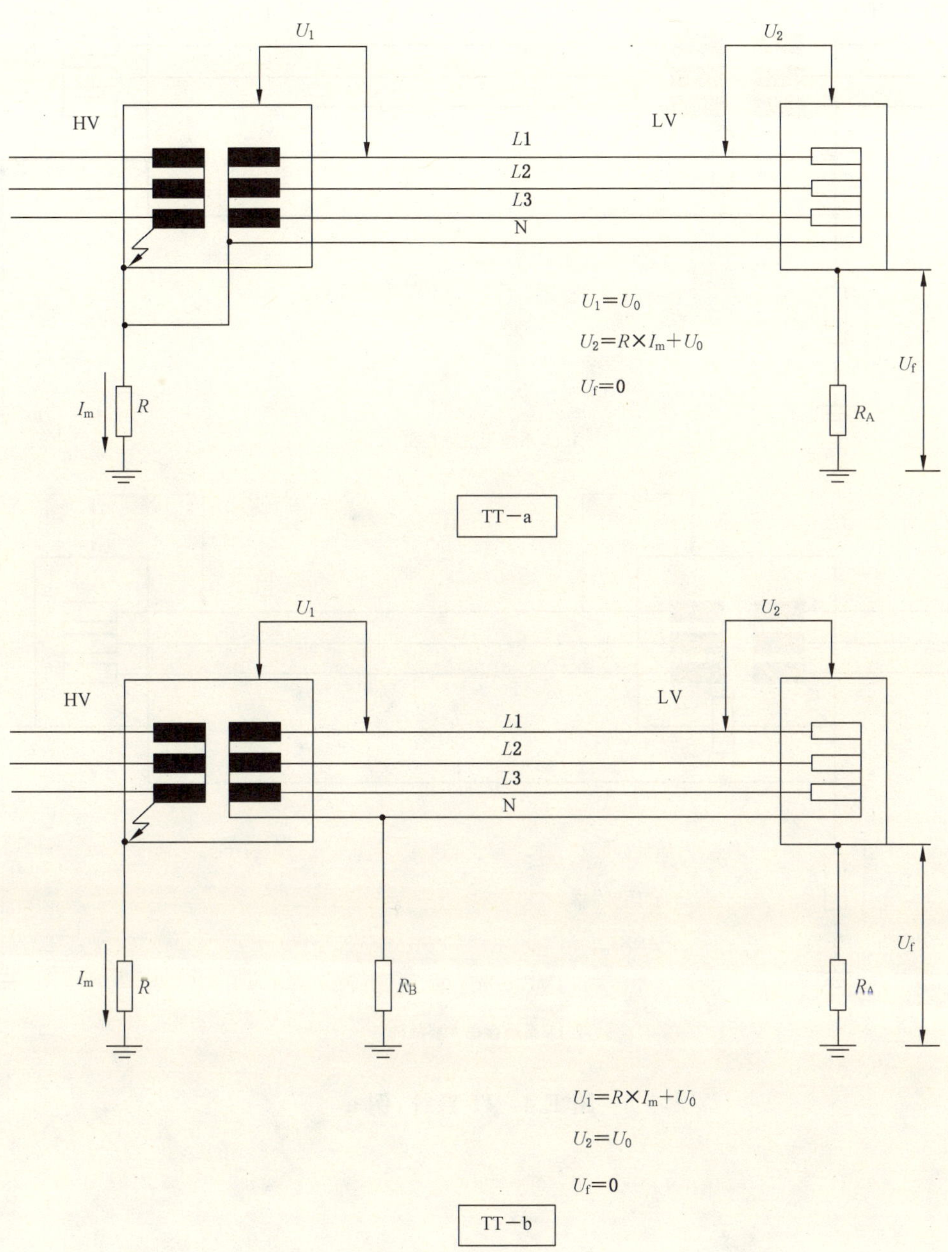

图 E.3 TT 系统

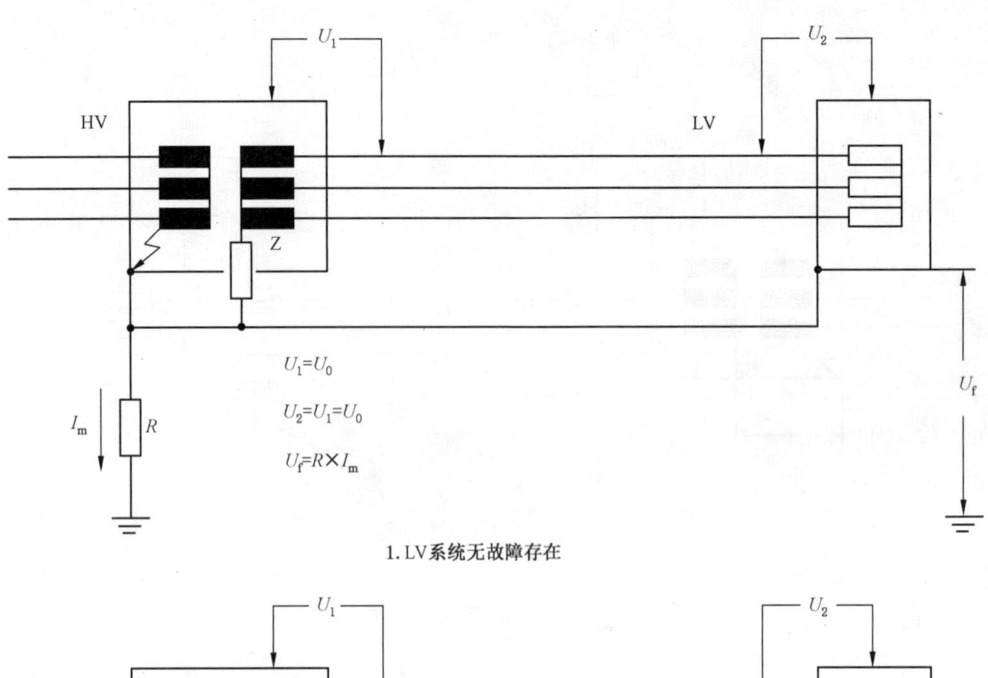

1. LV系统无故障存在

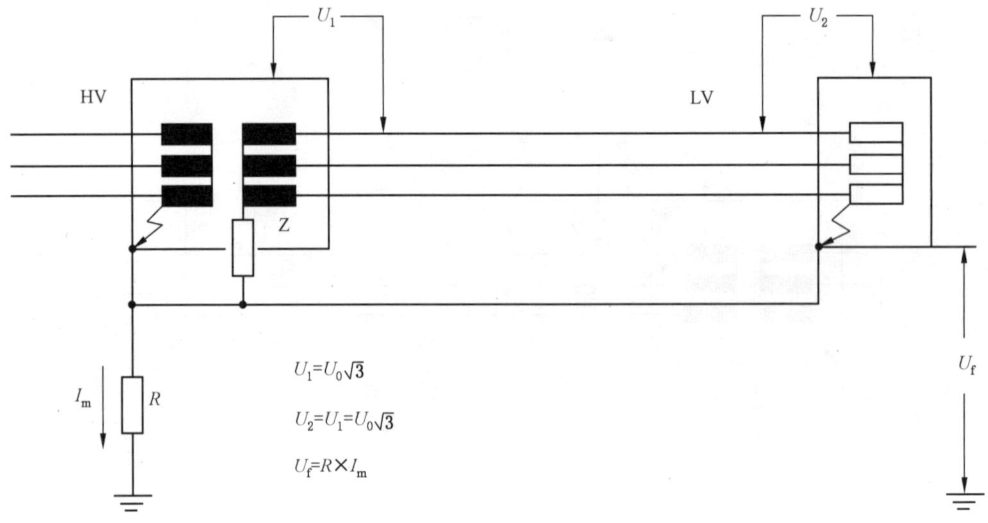

2. LV系统存在主要故障

图 E.4　IT 系统,例 a

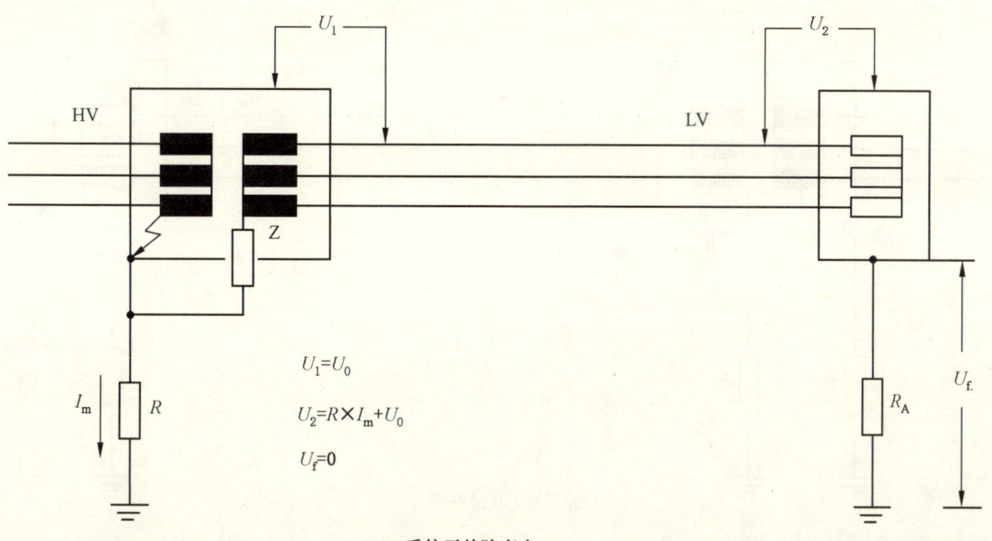

1. LV系统无故障存在

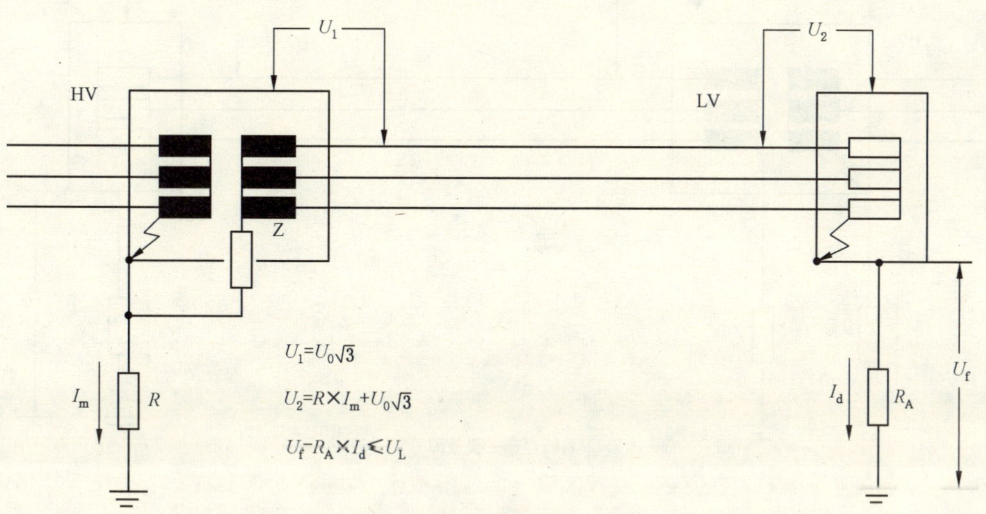

2. LV系统存在主要故障

图 E.5　IT 系统，例 b

U1
U2
HV
LV
U1=R×Im+U0
U2=U0
Uf=0
Im
R
Z
RA
Uf
1. LV系统无故障存在
U1
U2
HV
LV
U1=R×Im+U0√3
U2=U0√3
Uf=RA×Id≤UL
Im
R
Z
Id
RA
Uf
2. LV系统存在主要故障

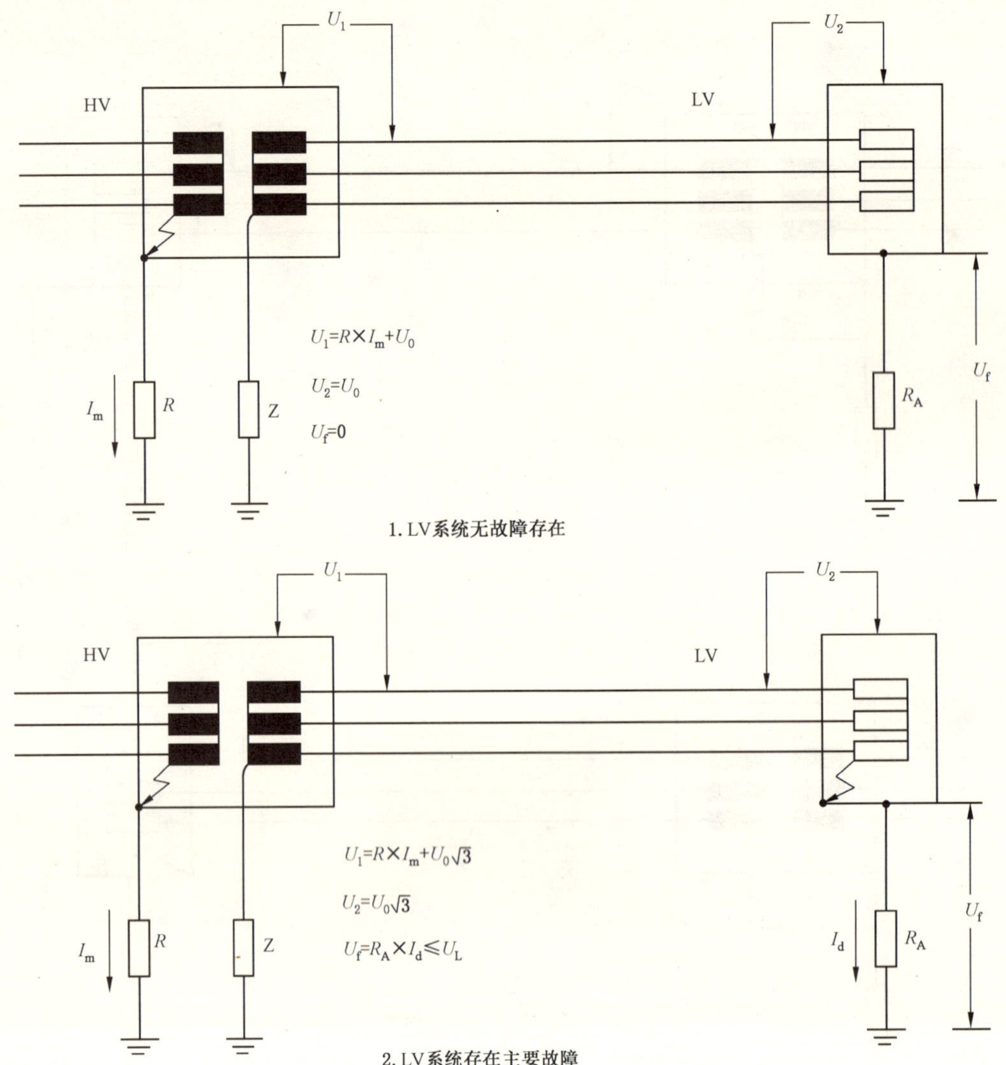

图 E.6 IT 系统，例 c1

U_1
U_2
HV
LV
$U_1=R\times I_m+U_0$
$U_2=U_0$
$U_f=0$
I_m
R
R_A
U_f
1. LV系统无故障存在
U_1
U_2
HV
LV
$U_1=R\times I_m+U_0\sqrt{3}$
$U_2=U_0\sqrt{3}$
$U_f=R_A\times I_d\leq U_L$
I_m
R
I_d
R_A
U_f
2. LV系统存在主要故障

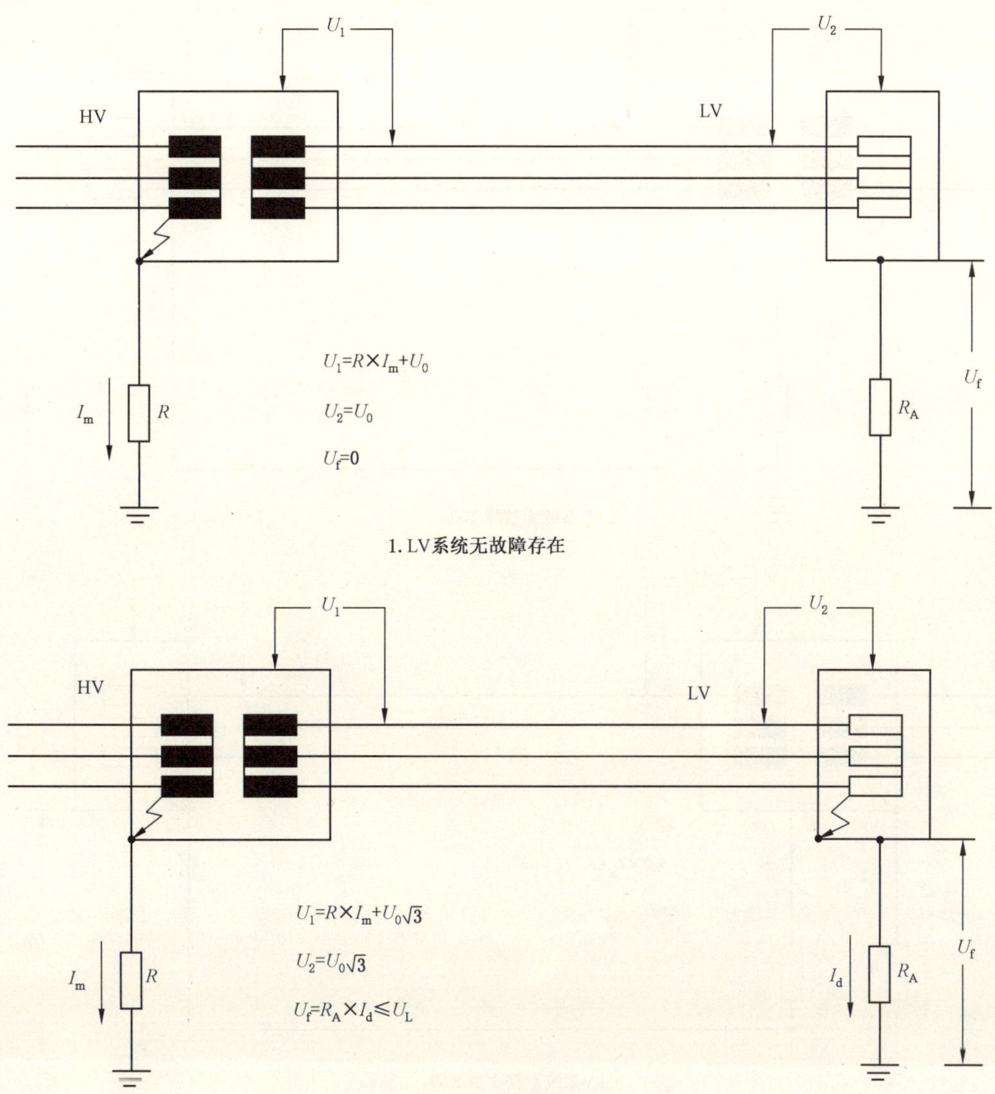

图 E.7 IT 系统,例 c2

HV
LV
U_1
U_2
$U_1=R\times I_m+U_0$
$U_2=U_0$
$U_f=0$
I_m
R
Z
U_f
1. LV系统无故障存在
HV
LV
U_1
U_2
$U_1=R\times I_m+U_0\sqrt{3}$
$U_2=U_0\sqrt{3}$
$U_f=0$
I_m
R
Z
U_f
2. LV系统存在主要故障

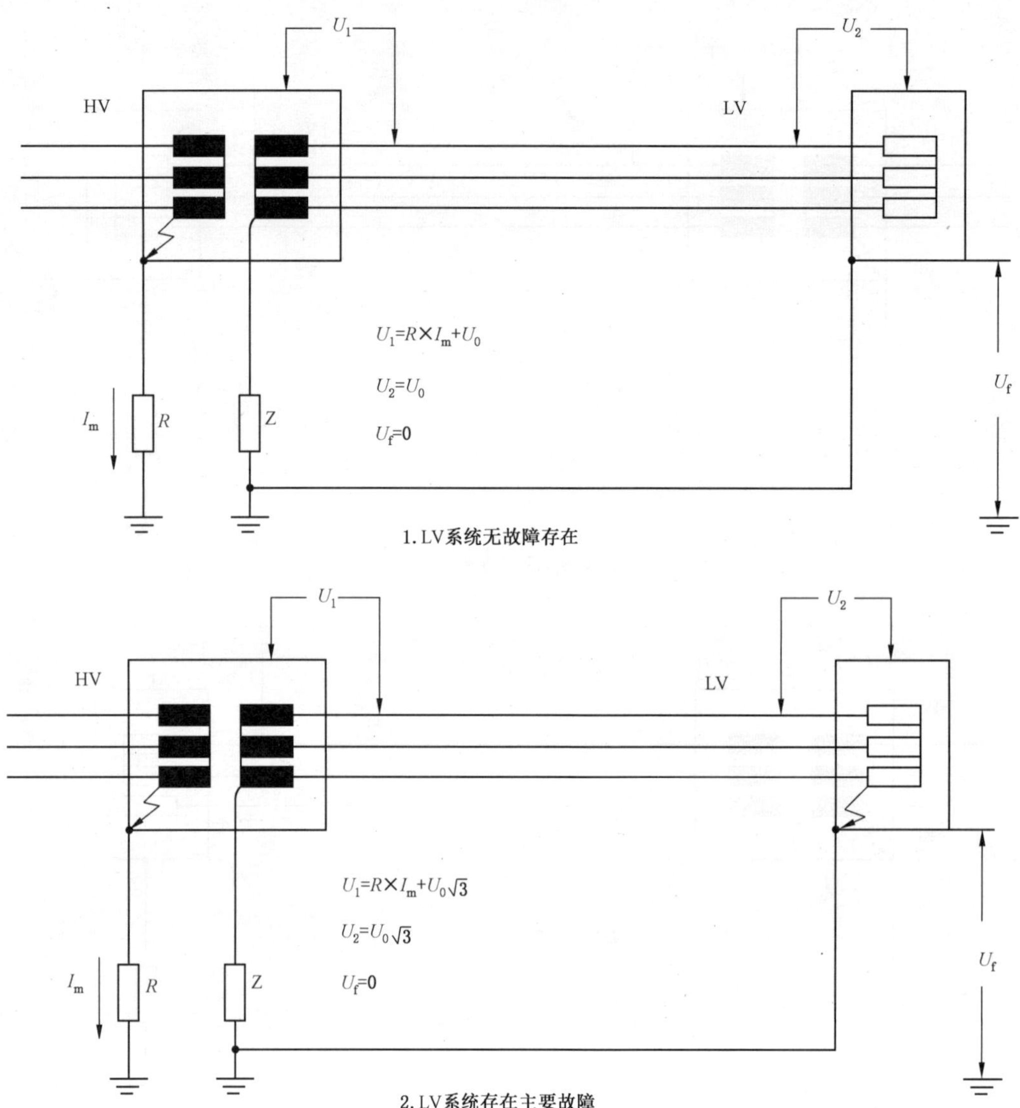

图 E.8　IT 系统，例 d

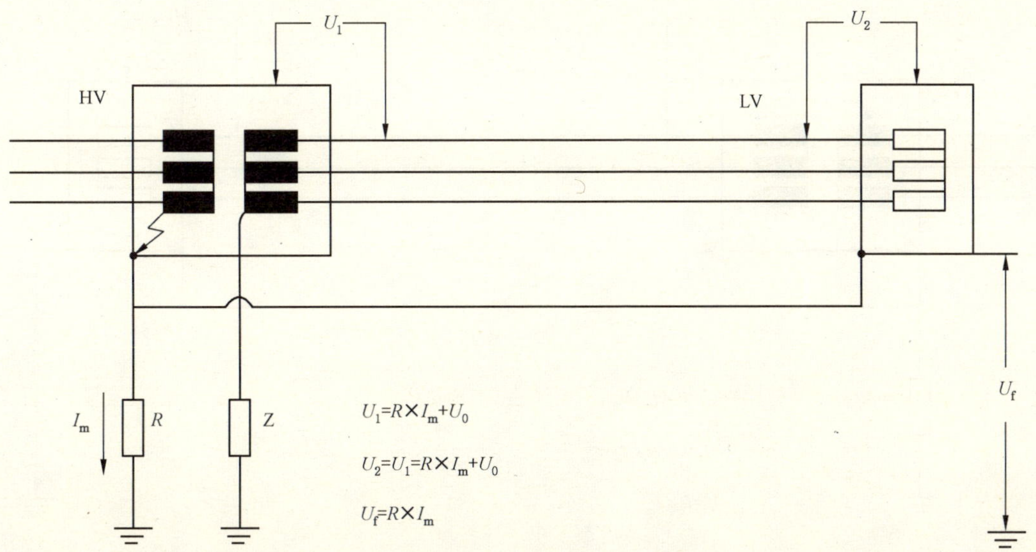

1. LV系统无故障存在

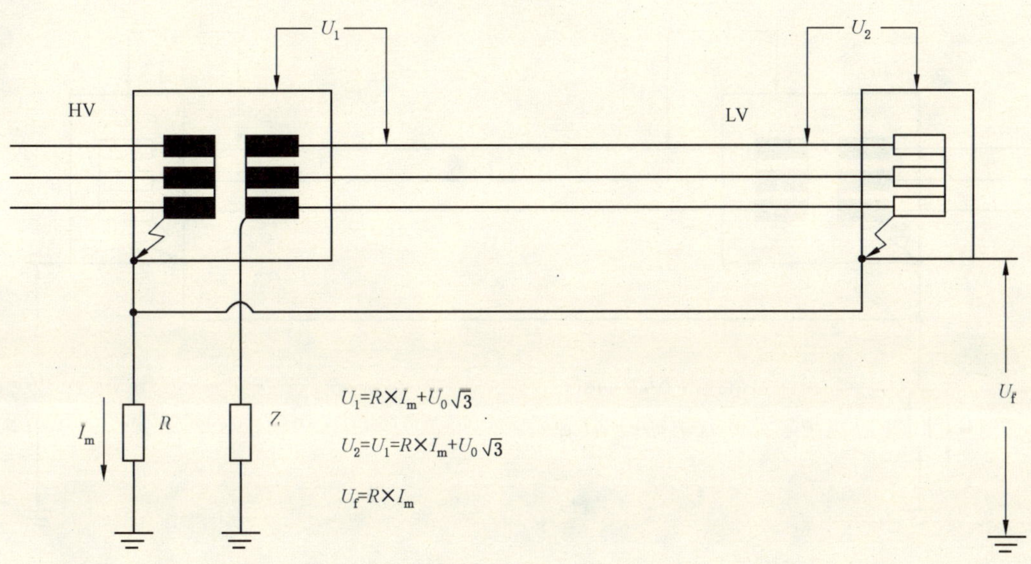

2. LV系统存在主要故障

图 E.9 IT 系统，例 e1

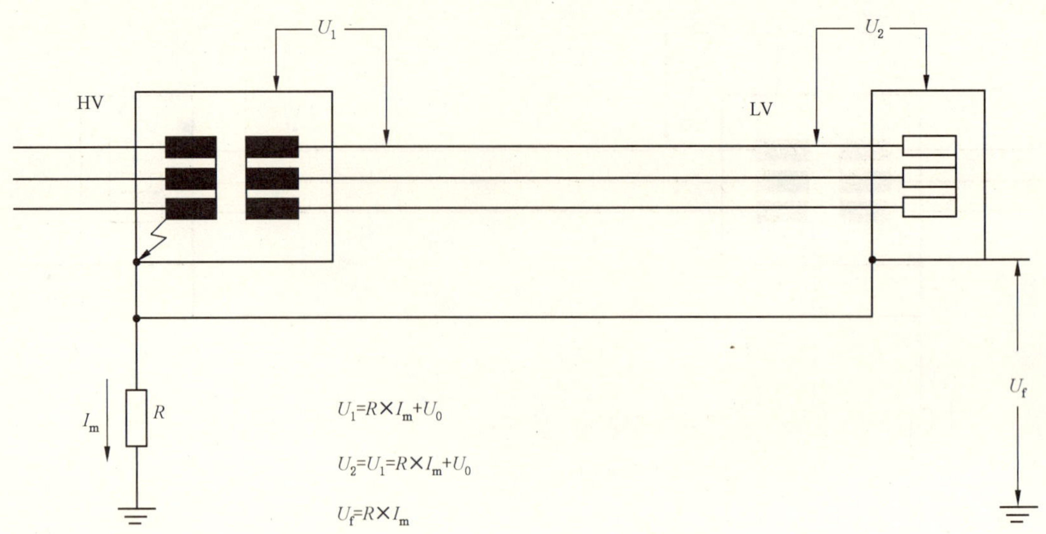

1. LV系统无故障存在

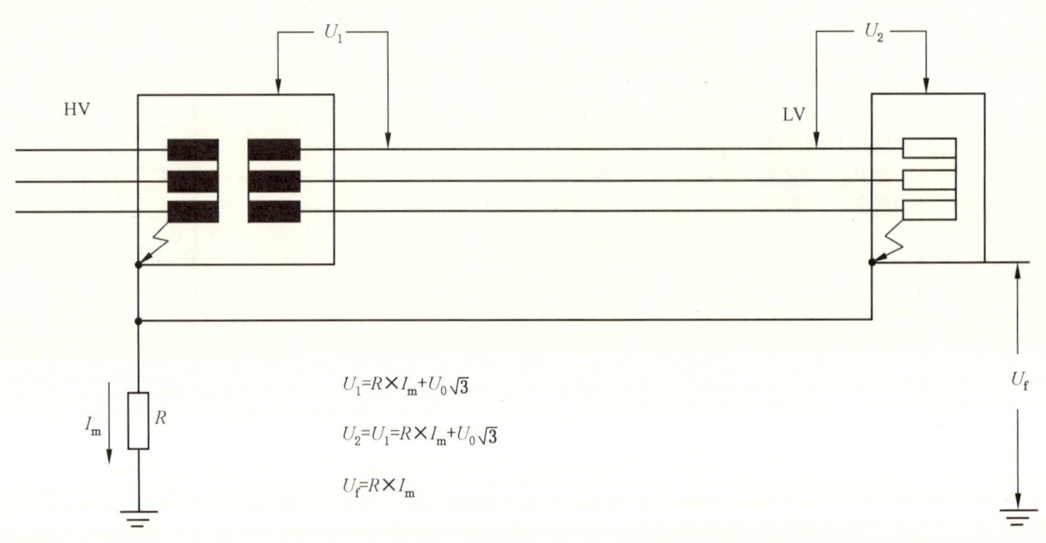

2. LV系统存在主要故障

图 E.10 IT 系统，例 e2

E.4 美国 TNC-S 系统暂时过电压值

下面的讨论基于图 E.11。该图所示为配电变压器高压侧故障时的工频续流的分配。在本例中，假定变压器和用户引入线的接地电阻是 15 Ω。

$U_1=U_0$，这里 U_0 是二次侧最大工作电压。

Z_L 是变压器和用户配电柜之间的导线的阻抗。

电表间隙具有 1 500 V～2 500 V 的冲击放电电压。

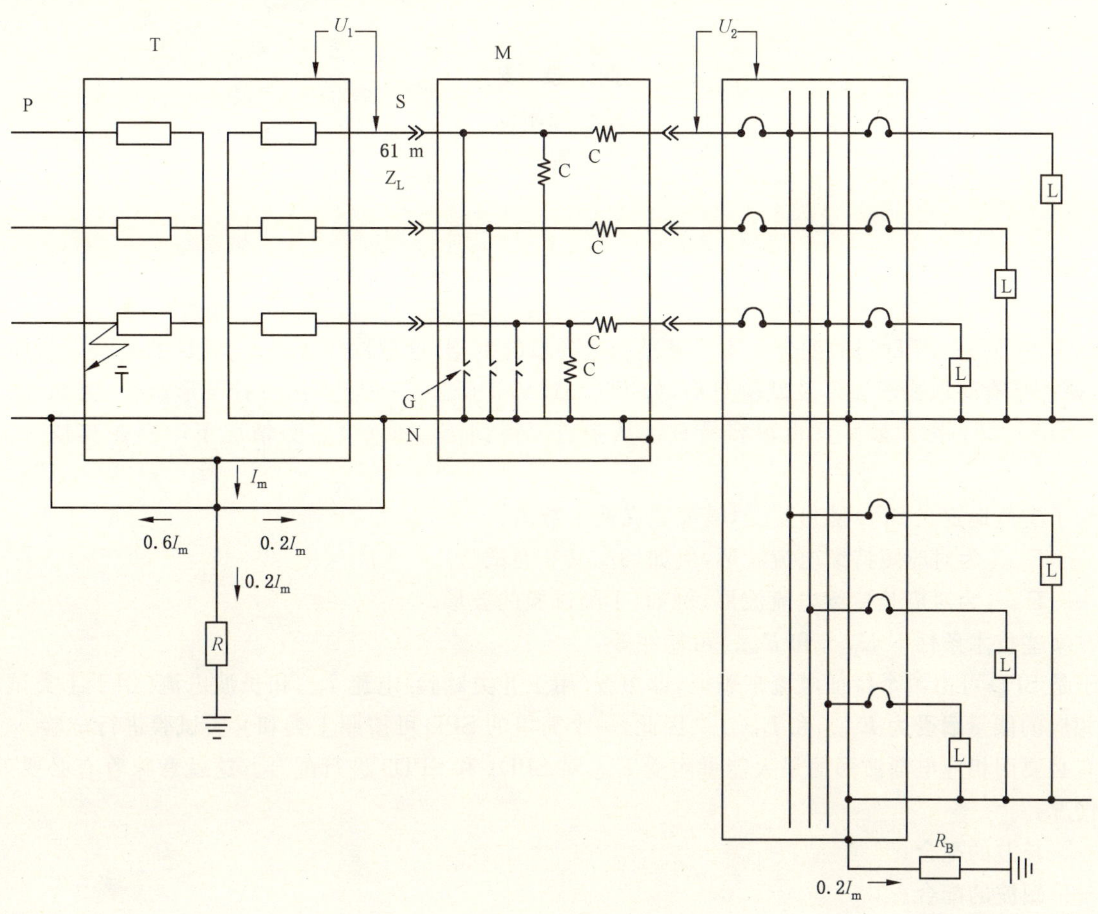

说明：

P——HV；

S——LV；

T——变压器；

M——电表；

C——线圈；

G——放电间隙；

L——负载。

图 E.11　美国 TN-C-S 系统

以北美 23 kV/13.2 kV Y 型配电回路典型情况为实例，其最大的故障电流(I_m)为 10 kA。阻抗(Z_L)为 0.041 Ω 的典型三绕组次级导体用于 3 kVA～25 kVA 三相安装的单相架空线配电变压器。距离大约 60 m 的 4/0 AWG(根据 GB 17464—2012，其等效值为 25 mm²)铜用于计算。故障电流分配的假设是基于计算和在阶段故障条件下，现场测量多点接地配电回路。

例如，$U_0=132$ V；$U_1=U_0=132$ V；

$U_2=U_0+0.2\times I_m\times Z_L=132+0.2\times 10\ 000\times 0.04=214$ V。

虽然这表明过电压是系统正常电压的 1.78 倍(1.78 p.u)，如果假定 $R\gg R_B$，则表明，在上述同样故障条件下，所得到的值 $U_2=294$ V 或者是系统正常电压的 2.45 倍(2.45 p.u.)，其暂时过电压(TOV)将持续到由熔断器熔断或前方的断路器断开或自动重合闸而清除故障。这些器件将根据故障隔离器件的特性在 0.016 s～1.5 s 之间动作。降低用户导线的长度和减小故障电流可以降低严酷的条件。

该示例虽然表明一次故障能产生 2.45 倍系统正常电压的过电压，但这是极少见的情况。配电回路有 10 kA 的故障电流是非常罕见的。大部分的故障电流小于 4 kA，因此，TOV 将会大大减少。较长距离的二次侧用户是不常见的，较短距离的用户过电压较低。通常二次侧用户不超过 30 m，因此，如果故障电流是 4 kA，并且二次侧用户小于 30 m，其 TOV 大约是 1.24 倍的系统标称电压或者是 148.4 V。

附　录　F
（资料性附录）
配合规则和原则

F.1　概述

如6.2.6所述，SPD间的配合是为了满足能量要求的判据，这取决于下一个SPD的最大能量耐受。然而，该能量有时取决于波形及试验类别，如IEC 61643-1所述。一般仅用一种波形试验（例如Ⅱ类试验波形为8/20）。因此最好且也很容易直接从制造厂得到E_{max}值（大多数情况下印刷在其技术文件中）。

为了满意地定义SPD能量耐受，需要定义两个数值：

——$E_{max\ S}$为对应短持续电流波形，例如，8/20（Ⅱ类试验）；

——$E_{max\ L}$为对应长持续电流波形，例如，Ⅰ类试验的波形。

在某些技术条件下$E_{max\ S}$和$E_{max\ L}$可能相等。

于是SPD可由两个特征电流来表征，即短波（用于Ⅱ类试验）电流I_{max}和长波电流（用于Ⅰ类试验）I_{imp}，相应的能量耐受为$E_{max\ S}$和$E_{max\ L}$。因此，一个简单的SPD可按照Ⅰ类和Ⅱ类试验进行试验。

有必要用相应电涌波形的最大能量耐受E_{max}对SPD1和SPD2进行配合。这就意味着有必要处理两种情况：

——长波的配合；

——短波的配合。

通常，短波形配合比较容易完成。

注：对于开关型SPD，有必要考虑长波前时间。该项工作在IEC/TC 81中待定。

F.2　分析研究：用于两个基于ZnO压敏电阻的SPD的配合简例

F.2.1　概述

下面的考虑仅适用于进行Ⅰ类和Ⅱ类试验的一端口限压型SPD，其$U_{res}(I)$的曲线已知。该曲线用8/20波测量，并由制造厂在SPD技术文件中给出。Ⅲ类试验和二端口SPD需特殊考虑（待定）。

下面的示例有助于理解配合的过程。首先，SPD1和SPD2是由ZnO压敏电阻组成，才可能进行分析研究。应注意，这种分析研究仅基于电流分配。为了确保满足能量判据，或许要另外进行计算，这通常很困难。

——如果两个ZnO压敏电阻片直径相同（因而有相同的标称放电电流I_n和相同的能量耐受；相同的I_{max}和I_{imp}），但有不同的电压保护水平U_{p1}和U_{p2}（不同的厚度），则有下面的计算公式：

$$I_{n1}=I_{n2}$$

$$I_{max1}=I_{max2}$$

$$I_{imp1}=I_{imp2}$$

那么$U_{res}(I)$可能的曲线如图F.1所示。如果$U_{p1}>U_{p2}$，此时，曲线a对应于SPD1，曲线b对应于SPD2。

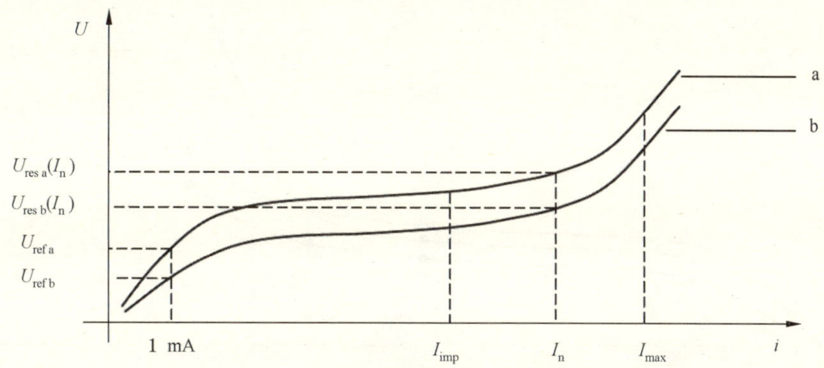

图 F.1 具有相同的标称放电电流的两个 ZnO 压敏电阻

如果 l 大于数米(典型的在 5 m～10 m),通常用短波进行配合。

在长波情况下,去耦合效应降低,因此,SPD2 应耐受总的侵入电涌,SPD2 能耐受与相同设计的 SPD1 相同的电应力。

如果 $U_{p1}<U_{p2}$,此时曲线 a 对应于 SPD2,曲线 b 对应于 SPD1,大部分电流将流过 SPD1。这时,通过第二个 SPD 的电流小于侵入电流。

在上述两种情况下,两个 SPD 具有相同的通流能力,能满足能量判据。

讨论第一种情况是为了解释原理,尽管很少能获得具有相同的能量耐受能力的两个 SPD。

——如果两个 ZnO 压敏电阻有不同的标称放电电流:

对应于此的实际应用情况是 $I_{n1}>I_{n2}$ 和 $E_{max1}>E_{max2}$。此外,SPD1 和 SPD2 还具有 $U_{res1}(I_{n1})>U_{res2}(I_{n2})$的特性。因此,$U_{res}(I)$曲线如图 F.2 所示,图中未表明阻抗,因为很难对它进行分析研究。此时,图 F.2 可以看作为短波配合,大部分电流将流过第一个 SPD。但确定长波配合较为困难。要用一个长波波形且幅值比两条曲线交叉点(见图 F.2)低的侵入电流值进行配合,很难完成。如 U_{res2} 曲线所示,大部电流都通过 SPD2,因为在这个电流水平下,U_{res2} 的曲线比 U_{res1} 的低。为此有必要在两个 SPD 之间加入一个电感。

因此,有必要在 I 从 $0.1\times I_{n2}\sim I_{max1}$ 之间比较 $U_{res}(i)$-I 曲线,而不是比较由制造厂在技术文件中给出的 $U_{res1}(I_{n1})$和 $U_{res2}(I_{n2})$(分别与 U_{p1} 和 U_{p2} 对应),以检查它们是否彼此相交。交点(如果有)的电流值 I_{cr}应尽可能低。

此时,能量判椐实现的概率很高,较低的 I_{cr} 成功的概率更大。如果有任何疑问,通过第二个 SPD 的能量计算是必要的,应考虑 SPD 之间的阻抗和长波。这种能量计算不易用分析方法来做。

如果因为信息不充分而无法得到这些曲线,或者由于需要简单而快速的结果,则有必要在同一水平比较曲线 U_{res1} 和 U_{res2}。此时,较易且较佳的配合条件是 $U_{res1}(I_{n1})<U_{res2}(I_{n2})$。当然,保守的曲线(如图 F.2 所示)适合这种情况,但是这种 ZnO 压敏电阻或许有不必要的裕度。此外,该 ZnO 压敏电阻在耐受来自于网络暂时过电压时可能会有问题。

即使第二个 SPD 电流较低,也不可能满足长波下的能量判椐,有必要计算通过第二个 SPD 的能量。而且,检查被保护设备是否仍能被保护也是必要的(因为 ZnO 压敏电阻的非线性,SPD2 中低电流也可能引起高电压)。

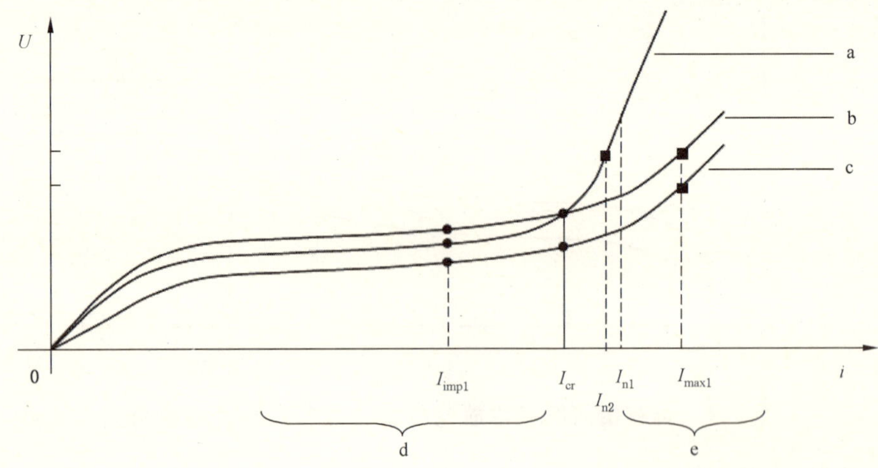

说明：

a——SPD2 对应曲线；

b——SPD1 对应曲线(与 SPD2 曲线相交)；

c——SPD1 对应保守曲线(与 SPD2 曲线不相交)；

d——长波电涌电流范围；

e——短波电涌电流范围。

图 F.2 具有不同标称放电电流的两个 ZnO 压敏电阻

F.2.2 结论

任何情况下，需要配合的两个 ZnO 压敏电阻，应按下列 5 个步骤进行：

a) 确认在没有任何 SPD 的情况下可能出现的过电压，应区分长波和短波；

b) 选择合适 SPD1 以耐受这种过电压，如果从步骤 a)得不到信息，用一个有足够裕度的 SPD(见第 7 章)，并从厂方得到 I_{max1} 和 I_{imp1} 的值，然后把这些值与步骤 a)中所给数据综合考虑；

c) 然后根据保护特性的期望选择 SPD2；

d) 比较曲线 $U_{res}(I)$中 I 的值，从 $0.1 \times I_{n2} \sim I_{max1}$ 的部分，决定交叉点 I_{cr}，如果 I_{cr} 足够小，(典型值为 $0.1 \times I_{n2}$)，就不必计算第二个 SPD 中的能量。无论 SPD 之间的距离如何，能量配合都可满足。如有任何疑问，考虑 SPD 之间的阻抗，计算通过第二个 SPD 中的能量并检验能量配合判据，如果得不到这样的曲线，则用下列简化方法选择 SPD2；

若 SPD2 有相同的标称放电电流：$U_{res1}(I_n) < U_{res2}(I_n)$；

若 SPD2 有较小的标称放电电流：$U_{res1}(I_{n2}) < U_{res2}(I_{n2})$；

最好再计算 SPD2 中的能量，以验证能量判据且检查设备仍能得到保护。

e) 重复各步骤直到步骤 c)，给出一个满意的结果。

注 1：小电流下的电压值(通常称参考电压)不适合配合。

注 2：在任何情况下(有或无 ZnO 压敏电阻)，考虑 EMC(电磁兼容)要求流过 SPD2 的电流应尽可能小。

注 3：$U_{res}(I)$是最大值曲线，有必要考虑由于制造公差带来的曲线变化范围。

注 4：前面的研究可以被推广到两个以上的 SPD。

F.3 分析研究：带空气间隙的 SPD 和带 ZnO 压敏电阻的 SPD 间的配合

F.3.1 概述

另一个常用情况是用间隙代替 SPD1，SPD2 为 ZnO 压敏电阻，见图 F.3。当在 SPD2 过载之前，就发生火花放电,这样的情况下就完成配合了。

在火花放电前,有

$$U_1 = U_{\mathrm{res2}}(i) + L \times \mathrm{d}i/\mathrm{d}t$$

通常,当 $U_{\mathrm{res2}}(i)$ 的值未知,下列公式给出一个保守的结论:

$$U_1 = U_{\mathrm{ref2}}(i) + L \times \mathrm{d}i/\mathrm{d}t$$

U_{ref2} 是 ZnO 压敏电阻 2 的参考电压,参考电压是电阻片的特性参数,它非常接近 $U-I$ 特性曲线的拐点电压。

只要 U_1 超过间隙动态放电电压(U_{dyn})时,配合便完成了,并且只有很小一部分电流流经第二个 SPD。这取决于 ZnO 压敏电阻(SPD2)的特性、间隙(SPD1)的动态放电电压、侵入电涌的上升率和幅值、i 及 SPD 之间的距离 d(电感 L、阻抗 Z 的阻性分量 R 可忽略)。

F.3.2 间隙和 ZnO 压敏电阻间的去耦电感估算值计算示例

如一个现代蜂窝式通讯基站,由于内部物理空间的限制,其后方 SPD 的 MOV 可将瞬态电压降到远低于前方 SPD 的间隙的触发电压,这将阻止间隙动作,并允许所有故障能量到达 SPD 的 MOV。在较大的空间里,SPD 之间的电缆距离要长一些,这样可提供足够大的电感而使间隙放电。

总是存在这样的可能性:侵入的瞬态电涌可通过并联回路进行疏散,使得电压降低到不足以使间隙放电的程度。这时,下游的 SPD 应具有足够的额定通流能力,独自吸收所有能量。

当有很高的能量时,间隙不动作将使过高的能量到达下游的的 SPD,并将使之破坏。级间配合可通过两者之间足够的串联去耦电感来保证在超过下游 SPD 所承受能量范围之上的所有过电压能量下间隙能够动作来实现。

要求确保配合的电感值可经过简单计算得到。首先,要知道间隙的参数,火花间隙典型的放电电压低于 4 kV,时间在 200 ns 以内。

其次,下游的 SPD 参数应知道,一个交流 275 V 的典型部件,大约 430 V 开始限制电压,在 8/20 的 Ⅱ 类试验时,I_n 为 5 kA。

然而应该知道,间隙是按 Ⅰ 类试验,采用 10/350 波或等效长尾波。下游 SPD 的峰值电流必须降格至能承受这类脉冲带来的额外能量。降格因数假设为 4∶1,因此,峰值电流额定值将从 5 kA 降至 1.25 kA,10 μs 上升时间将产生 125 A/μs 的 $\mathrm{d}i/\mathrm{d}t$。

确保间隙的可靠动作的电感值可以用如下公式计算:

$$U = L \times \mathrm{d}i/\mathrm{d}t + I \times R$$

式中:

U ——火花间隙放电电压;

$\mathrm{d}i/\mathrm{d}t$ ——脉冲的上升率;

$I \times R$ ——下游 SPD 的电压降(注意 R 是非线性值)。

由上式可得出

$$L = \frac{U - I \times R}{\mathrm{d}i/\mathrm{d}t}$$

假定间隙在 200 ns 内放电,通过后方的 SPD 的电流为:

$$I = 0.2/10 \times 1\,250\ \mathrm{A} = 25\ \mathrm{A}$$

电压 $I \times R$ 在 600 V 时:

$$L = \frac{4\,000 - 600}{125 \times 10^{-6}}$$

或 $$L = 27.2\ \mu\mathrm{H}$$

电感可以是一个单一的集中电感，或是 27.2 m 长的电力电缆并假定其电感为 1 μH/m，或者是一段电缆和小电感的组合。

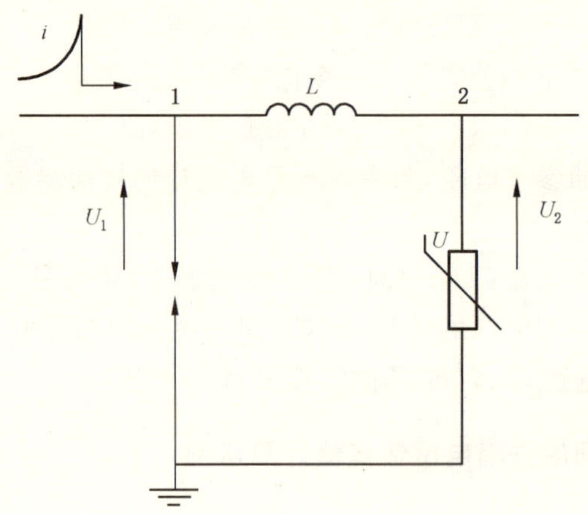

说明：

L——电感。

图 F.3 带间隙的 SPD 和带 ZnO 压敏电阻的 SPD 的配合示例

通过这个示例，可以获得设计这种配合的一般条件。

F.3.3 结论

若选择带间隙的 SPD1，则 SPD2 必须满足以下要求。

——与Ⅰ类试验波形有关的侵入电涌：

$$U_{dyn} < U_{ref2} + L \times I_{peak2}/10$$

——与Ⅱ类试验波有关的侵入电涌：

$$U_{dyn} < U_{ref2} + L \times I_{peak2}/8$$

这些规则给出一个的结果偏于保守。当必须采用一个较小值的 L 时，需用计算机模拟来检查配合是否实现。

注：其他情况可给出更严格的结果。尤其是用正待考虑的长波，IEC/TC 81 目前正在研究更长的波前时间：100 μs。

F.4 分析研究：两个 SPD 的常规配合

通过对两个 ZnO 压敏电阻或间隙-ZnO 压敏电阻的研究，证明了配合问题的复杂性。考虑到 $u-i$ 曲线不易获知，而实际中存在较大偏差，分析研究仅采用简单的示例。当通过第二个 SPD 的能量必须考虑时，进行模拟是更容易的。上述分析方法的主要目的在于让用户更好地理解这一现象。

无论 SPD 技术如何，上述所给出的一般性规则尤其是 6.2.6 中所述能量判据仍可利用。

为达到一个可接受的配合，通常要求制造厂或用户进行模拟或试验，或使用下述简化的方法。

有可能在设备中安装了一个特性未知的 SPD。因为设备在其寿命内可变化，应该注意在缺少配合时该 SPD 不会过载。

F.5 能量通过方法

F.5.1 概述

如 GB/T 21714.4—2008 所述，标准冲击参数的配合是选择和配合 SPD 的过程，这种方法的主要优点是可把 SPD 看成是一个黑箱(见图 F.4)。这里,对于在输入端口给定的电涌,不但开路电压,而且输出电流(例如进入短路)均可确定(“允许能量通过”原则)。输出特性转化成等值“2 Ω-复合波”电应力(开路电压 1.2/50,短路电流 8/20),这种方法的优点是对 SPD 的内部设计不必具备专门的知识。

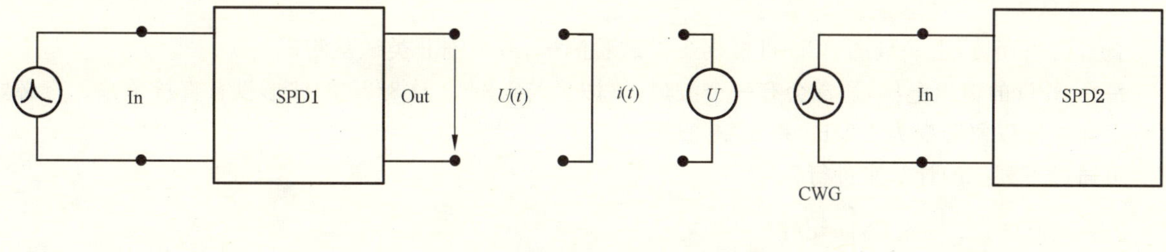

转换为类似的标准冲击-1，2/50，8/20 with z_i=2 Ω
U_{oc}SPD1/输出≤U_{oc}SPD2/输入

说明:
U ——负载电压。

图 F.4 LTE—标准脉冲参数的配合方法

配合方法的目的是将 SPD2 的输入值(如放电电流)和 SPD1 的输出值(如保护电压水平)进行比较。

对于分级保护,必须考虑能够通过下级 SPD 放电(而没有损坏)的等效输入综合冲击应等于或高于前级 SPD 的等效输出综合冲击。

为了可靠的配合,等效综合冲击应由最坏情况决定(I_{max}、U_{max}、允许通过能量)。

设计去耦合元件的最严情况是短路回路,但对于配合的目的而言,是太严酷了。比较实际的作法是在其中引入一个“负载侧电压”(以下称为“反电压”)。

火花间隙下游的 SPD 通常包含 ZnO 压敏电阻,这样一个 SPD 的残压在任何情况下都比一个系统标称电压的峰值要高(例如,在一个交流系统中标称电压为 240 V,其峰值电压为 $\sqrt{2}\times 240=340$ V,低于安装的 SPD 的参考电压)。这个系统标称电压的峰值相应于 SPD 的最小残压,因此系统标称电压峰值可看成最小的反电压。用短路代替一个假设的反电压,会导致选出的去耦合元件尺寸过大。

注 1:在 SPD1 的特性与 SPD2 的特性差别很大时,这种方法可提供较理想的结果。当 SPD1 的特性与 SPD2 的特性差别很大时,以致于在 SPD2 上的电涌状态是类似侵入电流状态。例如在一个火花间隙和 MOV 配合时,即满足上述状态。

注 2:使用该方法的限制条件如下:

——为了确保得到一个保守的结果,在这个方法中去耦合元件应作为第二个 SPD 的一部分;

——为了确保得到一个保守的结果,当次级 SPD 包括一个开关元件时,反电压取为 0;

——由于该方法无法真实确切地模拟开关元件,当第二个 SPD 包括一个开关元件时,有可能结果偏低;在这种情况下,应谨慎使用这种方法;

——侵入到装置入口的电涌的波形,必须把电流波和电压波看成是同样波形(10/350 或 8/20),电涌电流的幅值通常是可知的,而电涌电压幅值的大小取决于系统的波阻抗;

——研究必须考虑 SPD 特性曲线的公差。

F.5.2 方法

下面讨论的方法可给出两个 SPD 之间去耦合元件(阻抗)的保守值。这意味着,如果这样的阻抗装在两个 SPD 之间,配合将比计算预期的要好。

方法:基础的方法是把每个 SPD 的输出表示为一个等值的复合波发生器,由空载电压 U_{oc} 1.2/50 和一个短路电流 I_{sc} 8/20 决定,发生器的阻抗为 2 Ω($U_{oc}=2\times I_{sc}$)。

根据Ⅲ类试验的 SPD 试验,已由这样一个 CWG(复合波发生器)测试。对于Ⅱ类试验的 SPD 的试验,有必要认为 $I_{sc}=I_{max}$。

就直击雷而言,上一级的 SPD 可根据Ⅰ类试验测试,或根据Ⅱ类试验测试。

每个 SPD 的输出电压,通常会有一个波形,该波形与 1.2/50 及 8/20 的波形没有直接关系。有必要规范实际波形以便转变为 1.2/50 和 8/20 波形。

可通过下列值的计算来进行:

u 的峰值 $=\widehat{u}$,$\int u\mathrm{d}t$ 和 $\int u^2\mathrm{d}t$;

i 的峰值 $=\widehat{i}$,$\int i\mathrm{d}t$ 和 $\int i^2\mathrm{d}t$ 。

注:公式和表格中的单位应该一致。

这些值用于表 F.1。

表 F.1

电压	$\widehat{u}$	$\int u\mathrm{d}t$	$\sqrt{\int u^2\mathrm{d}t}$
电 流	$\widehat{i}$	$\int i\mathrm{d}t$	$\sqrt{\int i^2\mathrm{d}t}$

同样的表格,对幅值为 1 V(表 F.2)的 CWG 是:

表 F.2

电压	1	70×10^{-6}	6×10^{-3}
电流	0.5	12×10^{-6}	2×10^{-3}

因此,用表 F.1 中每个单元除以表 F.2 中相应的值,得到表 F.3。

表 F.3

电压	$\widehat{u}$	$\int u\mathrm{d}t/(70\times10^{-6})$	$\sqrt{\int u^2\mathrm{d}t(6\times10^{-3})}$
电流	$\widehat{i}\times2$	$\int i\mathrm{d}t/(12\times10^{-6})$	$\sqrt{\int i^2\mathrm{d}t(2\times10^{-3})}$

表 F.3 中给出了 $U_{oc(CWG)}$ 的 最大值,与 CWG 的 U_{oc} 等效的值相当于 SPD 的输出。

一旦下级的 SPD 用一个开路电压为 $U_{oc\ test}$的 CWG 按照Ⅲ类试验进行了试验,(或在Ⅱ类试验时用一个等效的 CWG),就可以立刻说配合是否满意。只要核实 $U_{oc\ test}>U_{oc\ CWG}$就足够了。

当输入参数给定时,SPD 的输出值可用模拟软件来计算。不必每次进行计算,由于这些值可由制造厂来计算。对每一个产品,对一个给定的电应力,制造厂可算出等效 CWG 脉冲的输出(I_{imp}对Ⅰ类试验或 I_{max}对Ⅱ类试验或 $U_{oc\ max}$对Ⅲ类试验),同时应注意 SPD 特性曲线的公差和任何盲点(有时,SPD 输出端的最重要的应力不是由 I_{imp}、I_{max}和 $U_{oc\ max}$的最大值决定,而是由较低的值决定)。

附　录　G
（资料性附录）
应用示例

注：本附录为SPD在家庭、工业设施以及无线塔上的应用提供了假设的系统。本附录仅在有限的情况下，为演示本部分包含的应用准则，试图提供有关SPD选择的资料，而不是给出所有设备或系统中的唯一配置。

G.1　家庭的应用

MV电网：架空线10 km。

LV电网(230/400 V)：架空线1 000 m，地下电缆200 m。

N_g：2次/km^2/年（见4.1.1）。

被保护建筑物位置：平原。

电气装置的构成：由一个S型RCD在入口处保护（耐受3 kA 8/20，见6.2.4.3），装置入口处短路电流为3 kA，在房子入口处（地面）有一个主配电盘和在第一层有辅助配电盘。

被保护建筑物接地电阻：50 Ω。

LV网的接地系统：TT系统；配出一相和中线。

被保护电器的特性：电气洗衣机、电脑、入口处的警报器、录像机和电视机等。

根据风险分析（见第7章），使用SPD可能有好处（N_g的较高值，变压器MV和LV侧的架空线电子电器等）。

由于是架空线，中等强度的雷电流预期为⇨入口处每根导线标称放电电流（I_n）≥5 kA 8/20。

入口处，警报器需要保护（敏感元件）⇨ U_p≤1.5 kV。这可由一台一端口SPD完成，它由Ⅱ类试验来测试，U_p=1.5 kV。

入口处，短路电流3 kA(r.m.s)⇨SPD的短路耐受电流≥3 kA r.m.s（见5.5.4）。对此，制造厂建议使用一个熔断器或者一个有短路断开特性的RCD断路器（后备保护）。如果入口处用的是一个S型RCD，当侵入的电涌超过3 kA 8/20时，就不能保证入口处保护的连续性。

由于有RCD存在，不需要附加的间接接触保护。在SPD内有一个热脱离器。

由于是一个TT系统，为避免相与中线之间产生太高的过电压，建议一个SPD有三种保护模式（相对中线、中线对地及相对地，见6.1.1）。

其他需要保护的电器仅需要在相与中线之间保护，因为它们不接地。除非出于安全目的把洗衣机接地，在这种情况下，相与地和中线与地之间的保护可能是必需的。

注：若电视天线接地，则需额外增加保护。

在入口处SPD和其他电器之间的距离，尤其在第一层，是很长的（分别为10 m和20 m），紧靠被保护电器的其他SPD是必须的(6.1.2)。一个应该靠近洗衣机安装，一个靠近录像机机和电视机。另一个接在第一层的配电盘上，也可直接与电脑插头相连（计算机与配电盘之间的距离很小）。

其他的SPD可认为电涌电流较低，I_n=2 kA，Ⅱ类试验已经足够。在制造厂的资料中建议U_p=0.8 kV。

20 m的距离足够使装在入口处的SPD与第一层的SPD之间产生解耦，但10 m的距离对入口处SPD和其他地面上的SPD由于低的U_p值=0.8 kV，不足以充分解耦。对其他地面上的SPD最好选择另一个U_p的SPD，例如U_p=1.5 kV。

对这些SPD，安装处短路电流较低，制造厂已安装了必要的脱离器（热敏式和短路式）。见图G.1。

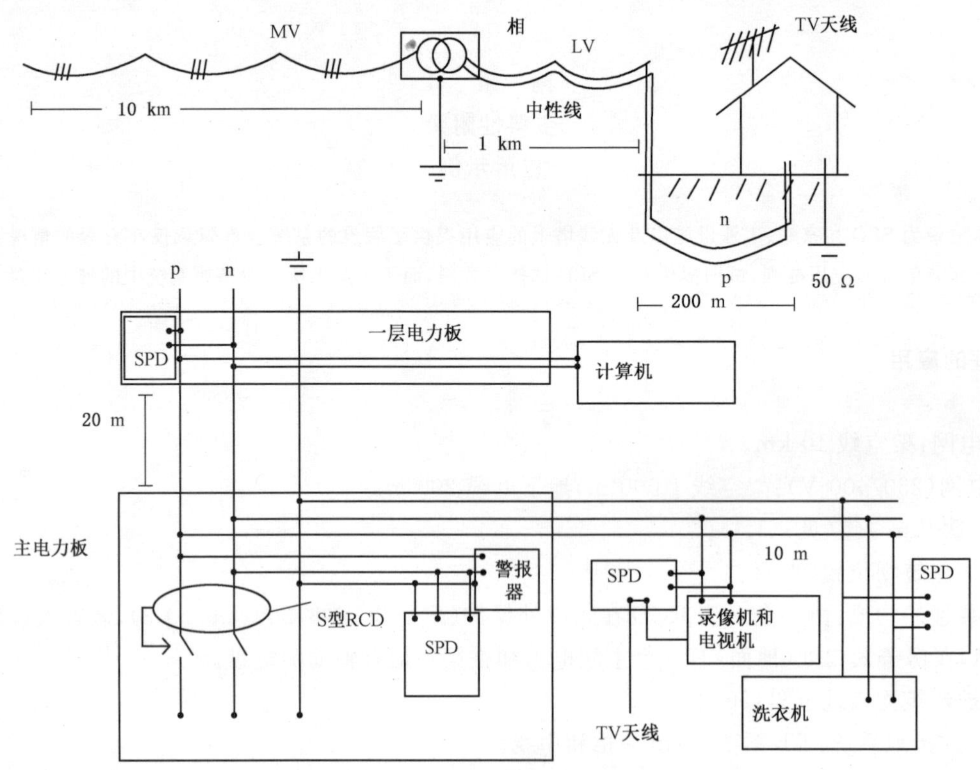

图 G.1 家庭的安装

G.2 工业应用

MV 网:架空线路 10 km。

LV(230/400 V)电网:2 根 100 m 长的地下电缆。

N_g:0.5 次/(km^2 · a)(见 4.1.1)。

被保护建筑物的位置:平原。

电气装置的构成:MV/LV 变压器在主建筑 MB 内部。

LV :TN-C 配电系统为主体建筑 MB 中的主配电盘 MDB 提供三相电。以 TN-C 系统和 TN-C-S 系统分别为独立建筑物 B1 和建筑物 B2 提供三相电。B1 和 B2 与主体建筑 MB 都相距约 100 m。

被保护的设备:

主建筑 MB——电源(MV/LV 变压器)向工业制造设备供电,包括空调、工厂照明、工业电动机控制器、变速驱动以及数控(CNC)机床。

建筑物 B1——一般的办公设备,包括影印机、传真机、局域网、离 DB1 很近的电话交换机(PABX)。

建筑物 B2——过程控制设备,包括用于工厂管理的可编程逻辑控制器(PLC)、管理控制和数据采集系统(SCADA)、称重设备、监视器、一般距 DB2 50 m。

建筑物的接地:主体建筑 MB 的接地电阻测量是 11 Ω,建筑物 B1 和 B2 的接地电阻分别是 49 Ω 和 51 Ω,当通过 TN-C 系统的 PE 导体连接时,整个接地系统的接地电阻大约是 7 Ω。MB、B1 和 B2 建筑物中分别设有 EB,EB1 和 EB2 等电位连接排。

风险分析(见第 7 章):虽然设备未暴露在直击雷影响的区域内,但是 MV/LV 变压器的 MV 侧需要用 MV 避雷器进行防护(因为 MV/LV 变压器必须使用 MV 架空线路)。因为变压器的地电位上升,电涌电流也可以流过当地接地系统,所以需要在建筑物 B1 和 B2 的入口处和变压器的 LV 侧安装

LV SPD。

保护原则:在风险分析中对这种需要连续工作的工业设备分类为典型的具有“重要性”的对象。这样用一套分布式电涌保护,既为主配电盘 MDB 提供了入口点保护,也为建筑物 B1 和 B2 中的独立配电盘 DB1 和 DB2 提供保护。

主建筑:主配电盘内的 SPD 连接到各相和主等电位排 EB 之间。这些 LV SPD 应该用Ⅱ类试验进行测试。例如,一个标称放电电流 I_n 为 10 kA(与 MV 避雷器 I_n 相同),其电压保护水平 $U_{p1} \leqslant 1.2$ kV 的 SPD,可安装在该位置以确保与后级 SPD 协调。

SPD 的短路耐受能力(以及开关型 SPD 的额定断开续流)需和 MDB 处的预期短路电流配合。这通过安装脱离器来实现,脱离器是由制造厂商指定的外部串联连接过流装置(如熔断器、断路器等),或者是 SPD 内部的脱离器。

在建筑物内部有许多不同类型的具有不同电压耐受能力的设备,包括敏感性设备(根据 GB/T 16935.1—2008电压耐受能力 $U_W = 1.5$ kV)。这种设备离安装在设备入口处的 SPD 相距 30 m。这可能会导致电压振荡(见 6.1.4)。

在这样情况下,设备的最大电压可能达到 $2 \times U_{p1}$,其中 U_{p1} 是入口处 SPD 的保护水平。在这样的一个例子里,描述了一种最严酷的情况,按照 6.1.4,U_{p1} 应小于 1.5 kV×0.8/2(即 600 V)。由于可能存在的 TOV,如此低的保护水平会增加 SPD 失效的概率。于是设计者宁愿选择有更高 U_p 的 SPD(对 TOV 不够敏感的),例如 $U_{p1} = 2.5$ kV 的 SPD。这种情况下,在设备的前端可能需要一个附加的 $U_{p2} \leqslant$ 1 200 V($0.8 \times U_W$)的 SPD。由于已经很接近这种敏感性设备性能,不需要再除以 2。

若使用的是较低电压保护水平 U_{p1}($U_{p1} \leqslant 600$ V)的 SPD,不需要再使用第二级的 SPD。这个过程强调的是设备的电压耐受 U_W(绝缘配合)。

可能需要较低电压保护水平 U_p(如果使用的是两级 SPD,则为 U_{p2}:如果使用的是单级 SPD,则为 U_{p1})用以避免设备故障(见 6.1.4,考虑了冲击抗扰度)。

连接在 SPD1 和 EB 之间的线路长度不满足 6.1.3 的规定。由于这个原因,需要在 SPD1 和 PEN 之间附加一个导体。而 SPD2 和 PEN 之间的线路能满足 6.1.3 的规定,因而不需要附加导体。

数据和控制回路的保护应符合 GB/T 18802.22—2008。

建筑物 1:建筑物 B1 和主体建筑 MB 之间的给定距离是 100 m,在各相和等电位排之间安装Ⅱ类试验的 SPD(SPD3)。假定安装的 SPD 的标称放电电流 I_n 为 5 kA,电压保护水平 $U_p \leqslant 1$ kV(根据安装在 B1 内的敏感性设备,$U_p \leqslant 1$ kV 是必要的。因为建筑物很小,而设备离 DB1 很近,不需要考虑 2 倍电压效应,见 6.1.4)。这部分强调的是设备的电压耐受 U_W(绝缘配合)。可能需要较低的电压保护水平 U_p 以避免设备的故障。

连接到 SPD3 和 EB1 之间的线路长度满足 6.1.3 的规定,因而不需要附加导体。

数据和控制回路的保护应符合 GB/T 18802.22—2008。

建筑物 2:B1、B2 和主体建筑 MB 之间都相距 100 m,因而在各相和 PE 导体/排、PEN 导体/排之间都需安装 SPD(SPD4)。这些 LV SPD 应通过Ⅱ类试验测试。假定 SPD 的标称放电电流 I_n 为 5 kA,电压保护水平 $U_p \leqslant 1.2$ kV。

在建筑物内部有许多不同类型的具有不同电压耐受能力的设备,包括敏感性设备(根据 GB/T 16935.1—2008 电压耐受能力 $U_W = 1.5$ kV)。这种设备离安装在设备入口处的 SPD 相距 50 m。这会导致振荡(见 6.1.4)。在这种最严酷的情况下,设备的最大电压水平可能是 $2 \times U_{p1}$,其中 U_{p1} 是入口处 SPD 的保护水平。按照 6.1.4,U_{p1} 应该小于 1.5 kV×0.8/2(即 600 V)。应像建筑物 1 一样考虑暂时过电压。入口处 SPD(SPD4)的电压 U_{p1} 可能高达 1.2 kV。这种情况下,需要在设备 Eq 前端安装一个 U_{p2} 小于或等于 1 200 V($0.8 \times U_W$)的 SPD(SPD5)。若使用的 SPD 的 $U_{p1} \leqslant 600$ V,则不需要使用第二级的 SPD。这部分强调的是设备的电压耐受 U_W(绝缘配合)。可能需要较低电压保护水平 U_p(如果使用的是两级 SPD,则为 U_{p2};如果使用的是单级 SPD,则为 U_{p1})用以避免设备故障(见 6.1.4 的注)。

若需在可移动设备附近安装一个附加的 SPD(SPD5),则这个 SPD 应能在各相与中线之间以及中线与 PE 级之间提供保护。这要求是考虑设备距离在 DB2 中与 NPE 等电位联结点达到 50 m 而引起中线的电位上升的风险,见图 K.5。

SPD4 和 EB2 之间线路长度以及连接 SPD5 中线到 PE 级之间的线路长度满足 6.1.3 的规定,因而不需要另外的导体。

数据和控制回路的保护应符合 GB/T 18802.22—2008。

见图 G.2 和图 G.3。

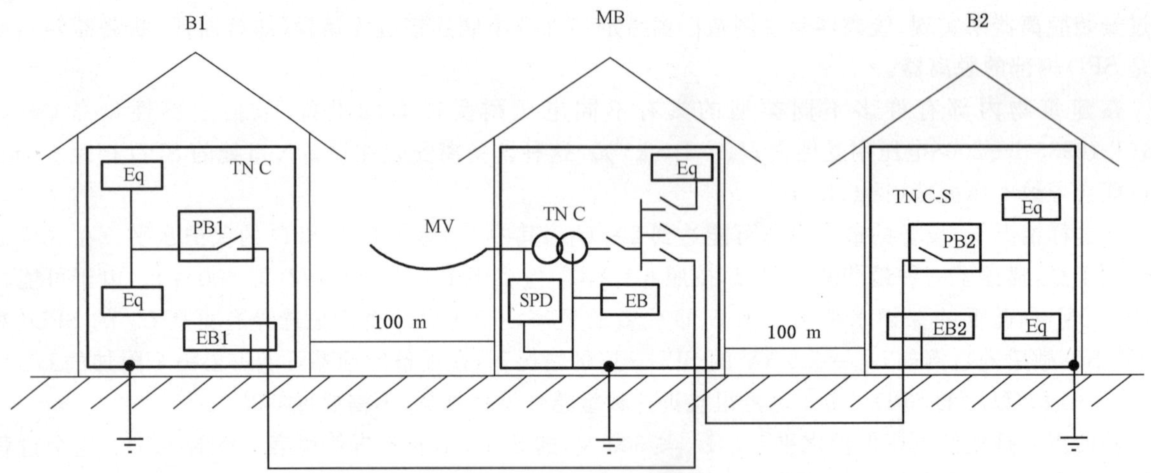

说明:

B1、B2——建筑物 1、2;

MB ——主体建筑;

EB ——等电位连接;

DB ——配电盘;

Eq ——负载设备。

图 G.2 工业装置

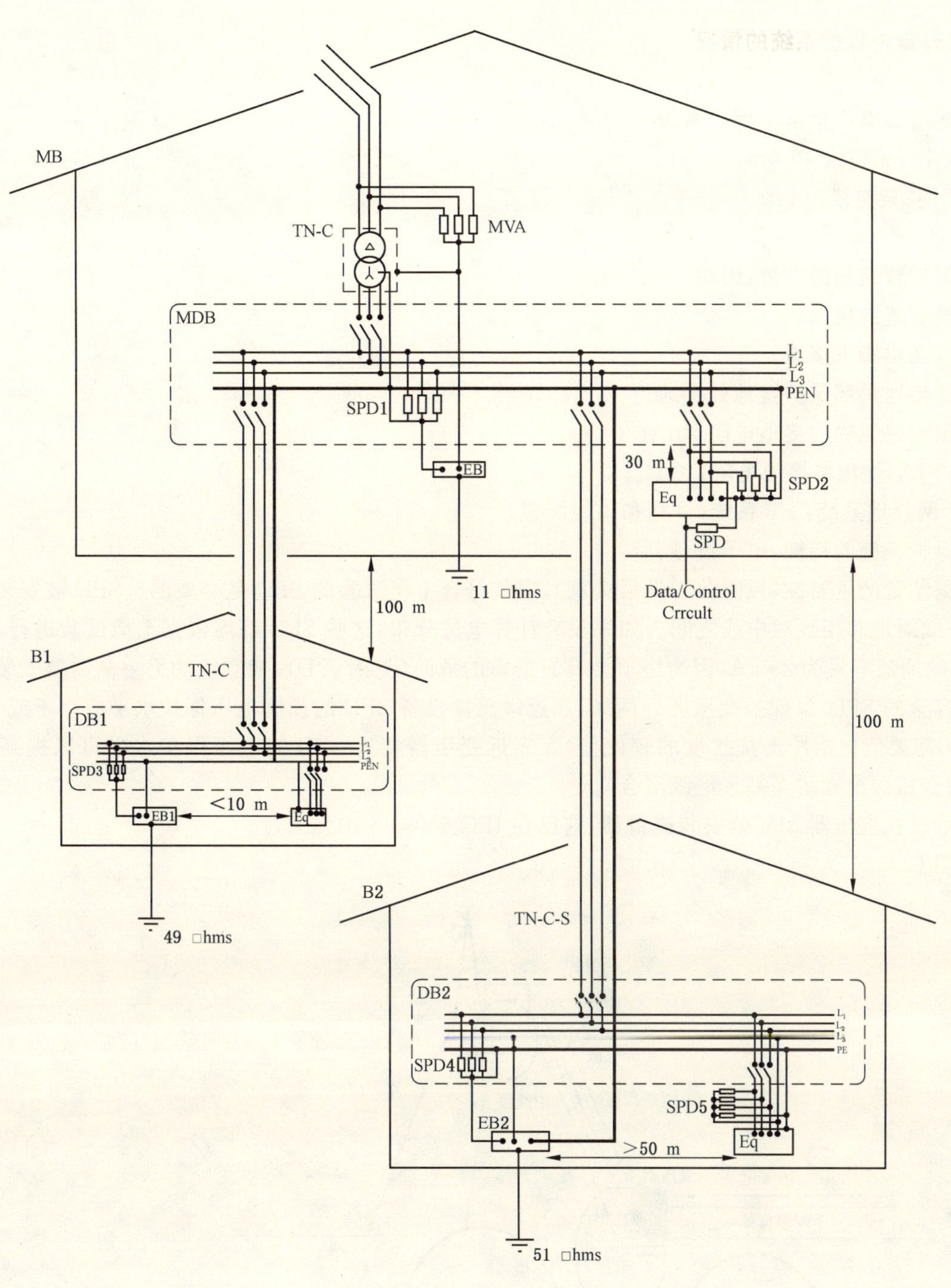

说明：

B1、B2——建筑物1、2；

MB ——主建筑；

EB ——等电位连接；

MDB ——主配电盘；

Eq ——负载设备；

DB ——配电盘；

MVA ——中压避雷器。

图 G.3 工业装置电路

G.3 具有雷电保护系统的情况

无线塔装有一个雷电保护系统。

MV 网:架空线 10 km。

LV 网:架空线 500 m。

N_g:6 次/(km^2·a)。

被保护建筑物的位置:山顶。

电气装置的构成。

中线在山脚下接地。

设备接地局部保护接地处接地。

被保护建筑物的接地电阻:10 Ω。

MV/LV 变压器接地电阻:10 Ω。

LV 网接地系统:TT 系统;一相和中线配置。

被保护设施的特性:电子设备。

根据装置的重要性(风险分析见第 7 章),安装符合Ⅰ类试验的 SPD 是必要的。SPD 被安装在相线对地,中线对地和相线对中线之间。如果没有计算电流分布,这些 SPD 都需依据Ⅰ类试验进行测试,并且 SPD 的通流容量为 25 kA,因为塔顶会有直击雷的危险(见附录 D),架空线的另一侧需要安装具有相同通流容量的 SPD,以保护变压器。例如,靠近敏感性设备 SPD 的预期电压保护水平应小于或等于 1.5 kV(可能需要能包括冲击抗扰度的较低值)。靠近变压器端的 SPD 的电压保护水平可以提高到6 kV(典型的变压器绝缘耐受基于绝缘配合)。

也可以在变压器 MV 侧安装避雷器,这已在 IEC 60099-5 中强调过。

见图 G.4。

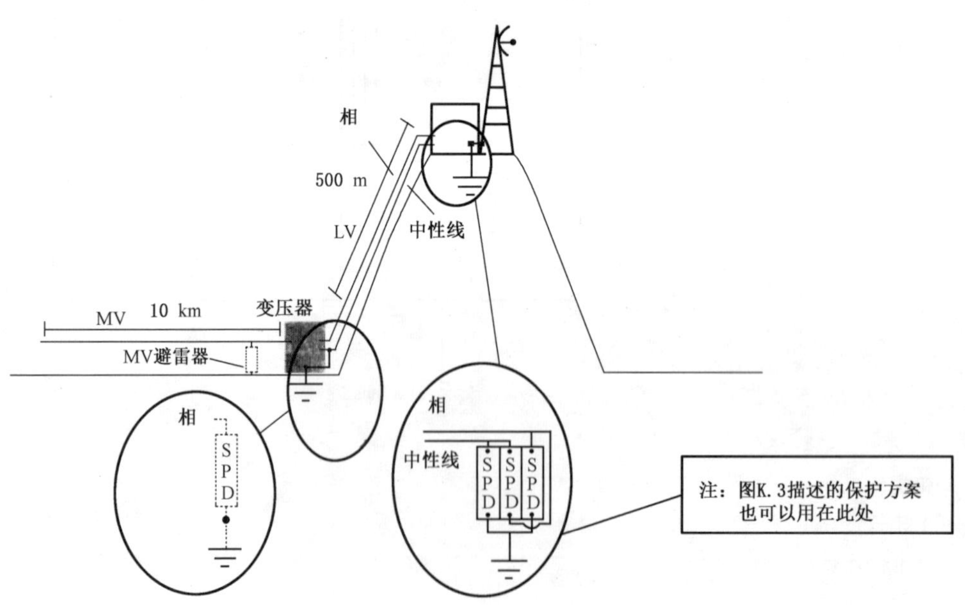

图 G.4 一个雷电保护系统示例

附 录 H
（资料性附录）
风险分析的应用示例

GB/T 16895.10—2010 描述的简化风险分析方法如下，基本有两种情况：

——在年均雷暴日大于 25 d 的区域，且设施包含架空线路或由架空线路供电，应在入口处安装 SPD。

——如果上述的条件有一条不满足（例如年均雷暴日小于 25 d 或地下电缆）时，按下列几种情况考虑雷击损害后果：

- A：与人身安全相关的（雷击直接影响生命，如安全设施、医院的医疗设备）；
- B：与公共设施相关的（失去对大量人群的服务或国家文物损失，如 IT 中心、博物馆）；
- C：与商业或工业活动相关的（生产损失、经济损失等，如旅馆、银行、工厂、商业市场、农场）；
- D：与人群相关的（对雷击人身安全没有直接影响，如大的住宅、教堂、办公楼、学校）；
- E：与个人相关的（对雷击人身安全没有直接影响，如住宅、小办公室）。

A～C 的情况应在设施入口处安装 SPD。

D～E 的情况应根据计算结果安装 SPD。按下面的计算公式来确定惯用长度 d。

如果 $d > d_c$，推荐采用保护。

d：所考虑的建筑物的电源线的惯用长度，单位为 km，最大值为 1 km。这段距离与第一个节点相关，节点处至少有两个分叉线，在这里电应力减小了。在连接盒处安装的 SPD 也认为是一个节点。

d_c：临界长度；

D 中的 $d_c=1/N_g$，以 km 为单位；

E 中的 $d_c=2/N_g$，以 km 为单位。

这里 N_g 是地面落雷密度。

注：每年 25 个雷暴日相当于每年每平方公里 2.24 的雷闪次数，可由下面的公式推导出来：

$$N_g=0.04T_d^{\ 1.25}$$

式中：

T_d——每年的雷暴日。

$$d=d_1+d_2/4+d_3/4$$

一般 d 小于 1 km。

式中：

d_1——连接到建筑物的 LV 架空线长度，小于 1 km；

d_2——建筑物未屏蔽的 LV 地下电缆长度，小于 1 km。考虑到地下电缆的阻尼效应，需除以 4。在架空线—地下线缆的连接处通常安装 SPD，这样减小电应力的倍数可能大于 4 倍；

d_3——建筑物的 HV 架空线长度，小于 1 km。考虑到变压器的衰减效应，需除以 4。根据对一些变压器的试验结果，这个数字是相对保守的。

HV 地下电缆的长度可以忽略。

屏蔽的 LV 地下电缆长度可以忽略。

以下给出了这种方法的应用以及确定 d 的示例。

下图中的粗虚线表示地面。它上方的线表示架空线，下方的线表示地下电缆。方框代表所考虑的建筑物，两个圆形符号代表变压器。

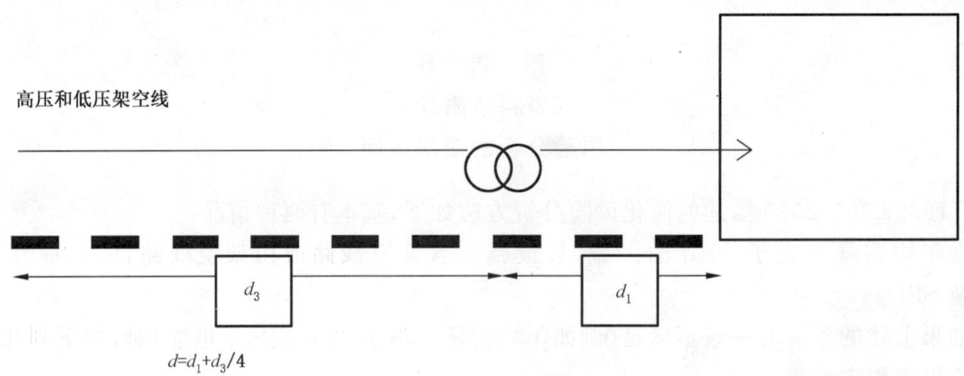

建筑由 LV 架空线供电,配电变压器离建筑物的距离小于 1 km。

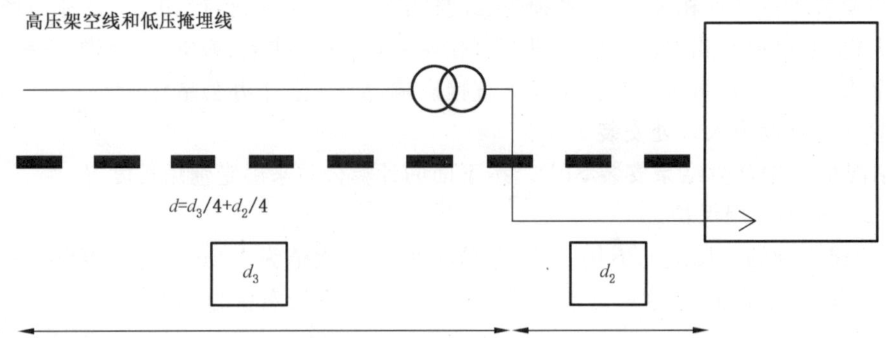

建筑由 LV 地下电缆供电,配电变压器离建筑物的距离小于 1 km。

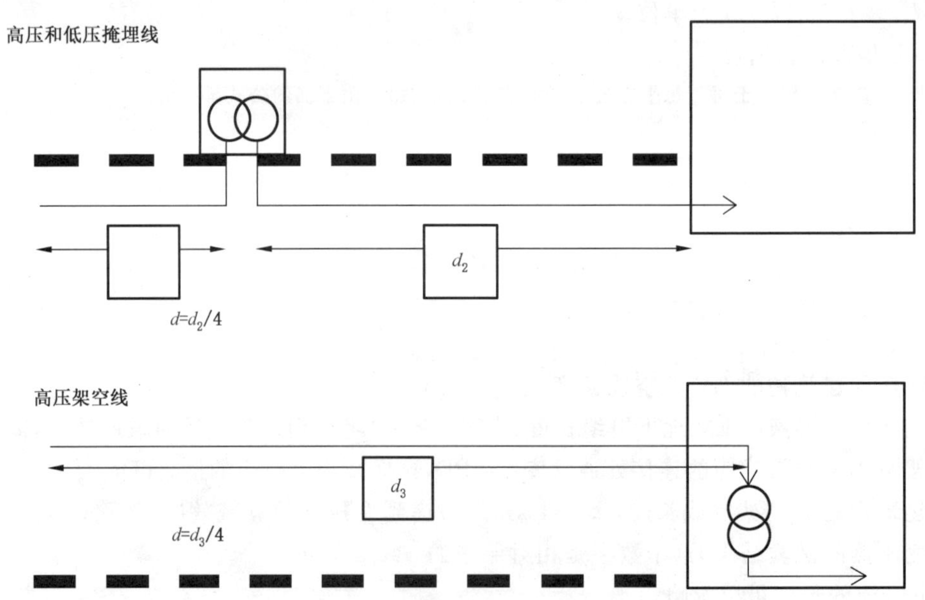

建筑由 LV 地下电缆供电,配电变压器位于建筑物内。

示例1：博物馆。将HV/LV变压器和博物馆电气入口用500 m长的地下电缆连接起来，给博物馆供电。雷暴日为20 d。

即使使用了地下电缆且雷暴日低于25 d，由于属于情况B，仍推荐安装SPD。

示例2：将HV/LV变压器和电气入口用200 m长的架空线连接起来给私人住宅供电。雷暴日为27 d。

由于连接了LV架空线以及雷暴日大于25 d，推荐安装SPD。

示例3：雷暴日为20 d的学校(根据$N_g=1.7$)。这由直接位于建筑物内部的HV变压器供电，HV架空线750 m长。属于情况D。

雷暴日小于25 d，需根据实际长度d的计算来评估使用SPD。

$$d=d_1+d_2/4+d_3/4=0+0+0.187\ 5=0.187\ 5$$

$$d_c=1/N_g=0.59$$

由于$d<d_c$，所以不需要安装SPD。

示例4：雷暴日为20 d的教堂(根据$N_g=1.7$)。由将HV变压器和教堂电气入口处用500 m长的架空线供电，HV架空线长2 km，属于情况D。

雷暴日小于25 d，需根据实际长度d的计算来评估是否使用SPD。

$d=d_1+d_2/4+d_3/4=0.5+0+0.25=0.75$ （d_3限制在1 km之内）

$d_c=1/N_g=0.59$

由于$d>d_c$，所以推荐安装SPD。

示例5：雷暴日为20 d的小办公室(根据$N_g=1.7$)。这段距离不清楚。属于情况E。

雷暴日小于25 d，需根据实际长度d的计算来评估是否使用SPD。由于距离未知，所以采用最严酷的情况进行计算。如$d_1=1$ km，$d_2=1$ km，$d_3=1$ km，则

$d=d_1+d_2/4+d_3/4=1+0.25+0.25=1.5$ （根据规定，限制在1 km之内）

$d_c=1/N_g=0.59$

由于$d>d_c$，所以推荐安装SPD。

附 录 I
（资料性附录）
系统电应力

注：本附录是第4章的扩充，如果信息与前面的特定条款有关，会标识在后面的[]中。

I.1 雷电过电压和电流[4.1.1]

I.1.1 影响SPD需要的配电系统方面的因素

GB/T 16895.10—2010中443说明，若装置采用地下电缆或架空线供电但雷暴日在25 d以下时，没有必要用SPD，除非按装置用途考虑的允许风险值非常低。

选择导则是考虑一般情况的装置，如果正在考虑的装置的具体因素是异常的，可能对于电涌保护有更大的需求。上述因素在I.1.1.1和I.1.1.2中考虑到了。

应该进行基于侵入电涌的可能性和保护与结果之间的经济平衡进行的风险分析。

GB/T 16895.10—2010中443关于风险分析正在修订。

I.1.1.1 雷击活动

决定雷击于装置时危险程度的最重要的数据是当地落雷密度 N_g。当 N_g 未知时，从雷暴日水平（从雷区分布图中得出每年雷暴日的 N_k 数）可得到粗略的估计，可用特定公式 $N_g=0.04\times N_k^{1.25}$ 来计算。

N_g 提供了关于雷电活动的精确估计的高度地方化的信息，从而使在特定的地点和沿着进入电气装置通道的风险得到精确估计。同时它也考虑了由于年份和电涌的大小而引起的变化。决定 N_k 时这些因素未包括在内，因此，$N_k=25$ 就不能用于决定SPD是否需要。

I.1.1.2 装置的暴露

采用地下电缆供电时，电缆并不总能够保护设备，尤其是直击雷或雷击其附近时，这在GB/T 16895.10—2010中并没有考虑。这就是为什么地下电缆供电不能单独用来决定SPD的需求的原因。

I.1.2 建筑物内部电涌电流的分配

图I.1给出了雷直击于建筑物的情况下电涌电流分配的典型示例。更详细的情况见附录D。

注1：雷电冲击电流包括两个关键参数，第一个是快速上升时间，用于决定由于电感效应引起的电压值。第二个是长持续时间，主要与冲击能量有关。高频效应在后一阶段没有体现，因此可用欧姆律电阻来计算电流分布。

在单独估算（例如，通过计算）是不可能的情况，假设50%的总雷电流（I）通过给定建筑物的雷电保护系统的接地端入地，剩余50%电流（I_s）分散在进入建筑物服务管线中，如外部的导电部分，电源和通信线等。在每个设备中流动的电流值（I_i）可用 $I_i=I_s/n$ 来估计，n 为设备个数。

对单个导体中流过电流的估计为 I_V。在没有屏蔽的电缆中，电缆电流 I_i 根据导体数 m 来分配。$I_V=I_i/m$。

在电缆有屏蔽层的情况下，两端必须直接接地或经过SPD接地，在这种情况下，电缆中大部分的雷电流流入屏蔽层（通常50%），小部分雷电流进入内部导体，在所有情况下SPD应尽可能安装在屏蔽层的连接点附近。

注2：SPD的 I_{peak} 或 I_{max} 的优选值对应于 I_V。

注 3：雷直击架空线的情况可用一个相似的方法来考虑。

注 4：括号中的值是在没有金属管时使用的。

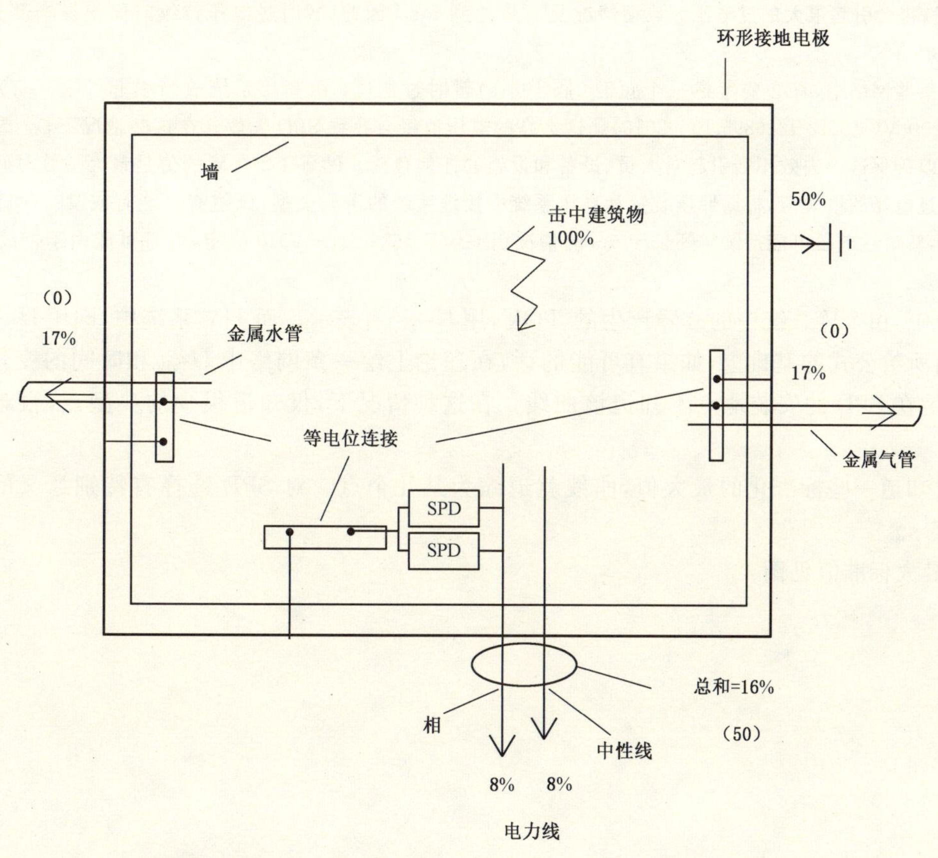

注：当未用金属管时采用括号中数值。

图 I.1　进入外部设施(TT 系统)的雷电流分配示例

图 I.1 给出了典型情况，即 50% 的总电流通过建筑物接地流入地下，而另外 50% 通过外部设施分流。

I.2　操作过电压[4.1.2]

由操作电涌引起的过电压的更多资料可参照 C.3。

I.3　暂时过电压 U_{TOV}[4.1.3]

在 LV 系统由于故障引起的暂时过电压可通过两个参数定义：

——k_1 是最大电压和系统标称电压之比，通常在 1.05～1.1，这包含了电压水平的正常调节。

$$U_{cs}=k_1\times U_0$$

——k_2 是系统最大过电压和电力系统的 U_{cs} 之比。当一个三相低压系统故障时，非故障相电压可升至额定值的 1.25 倍到理论上的 $\sqrt{3}$ 倍。

注 1：在单相、三线(分相)系统，k_2 可高至 2。

总的暂时过电压可表示为：

$$U_{TOV(LV)}=k_1\times k_2\times U_0=k_2\times U_{cs}$$

注 2：暂时过电压通常由事故引起，比如低压配电系统的故障，电容器动作和电动机停机、起动，这些过电压是短时的。由三相供电系统故障引起的暂时过电压持续时间从 0.05 s 到最大 5 s。单相电动机起动，若中线连接不好，将会引起很大的过电压。典型情况是它将达到 5 s。因此，暂时过电压持续时间根据本部分来选择，从 0.05 s～5 s；

注 3：在某些网络中，有必要考虑一个短时（低于 5 s）暂时过电压，由高压系统故障引起（$U_{TOV(HV)}$），它为 U_0 + 1 200 V（见 GB/T 16895.10—2010）。这么高的电压值将会导致 SPD 失效。在这些情况下，就要做适当的试验以确保这一失效不会引起对人员、设备和设施的任何危险。U_0 + 1 200 V 的值是最大持续时间为 5 s 的暂时过电压的最大值，根据低压装置和高压系统中接地系统的不同类型，此值有可能有或没有（见附录 E）。另外，暂时过电压可能持续时间长于 5 s 的情况由 GB/T 16895.10—2010 决定，而且可能由于持续时间长导致失效。

本部分中，由 LV 系统中的故障产生的 TOV，用 $U_{TOV(LV)}$ 表示。而 HV 系统中，则用 $U_{TOV(HV)}$ 表示。

在上面所给公式的基础上，如果有可能的话，在理论上绘一条网络中 U_{TOV} 和时间的变化曲线。实际上，尤其是在 SPD 的安装地点不知道该曲线。在这种情况下，仅知道很少的典型点，很难绘制上述曲线。

通常仅知道一些标准化的最大值，曲线就退缩为某几个点。对 SPD 选择有特别意义的时间值为 200 ms 和 5 s。

U_{TOV} 最大标准值见图 4。

附　录　J
（资料性附录）
选择 SPD 的判据

注：本附录是第 5 章的扩充，如果信息与前面的特定条款有关，会标识在后面的[]中。

J.1　U_T 暂时过电压特性[5.5.1.2]

SPD 暂时过电压 U_T 的典型曲线见图 J.1。

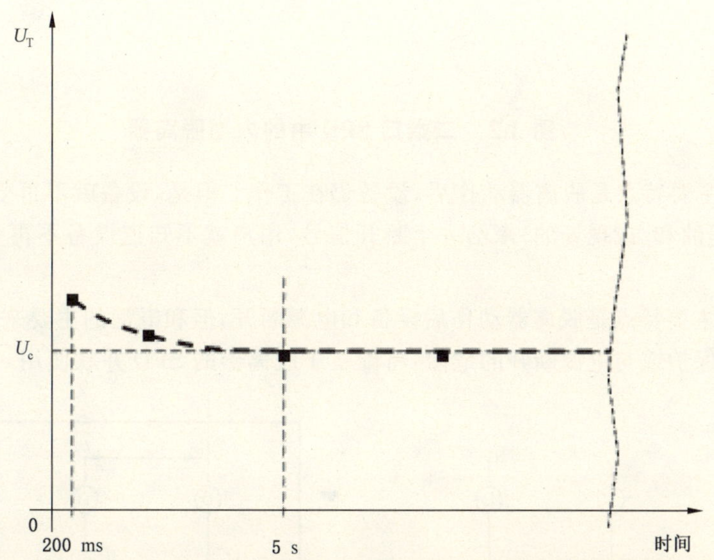

注：暂时过电压可能有几秒的持续时间，当暂时过电压持续时间超过 5 s 时被认为是对 SPD 的永久作用，对时间超过 5 s 的曲线对应值相当于 U_c 的恒定值。

图 J.1　SPD 的 U_T 典型曲线

J.2　SPD 失效模式[5.5.4]

如 5.5.4 所讨论的那样，当 SPD 处于失效模式时，失效模式对装置的影响必须考虑。

若一个 SPD 的失效模式是开路（由 SPD 本身的一个非线性元件提供，或与 SPD 串联的内部或外部脱离器提供，且与供电系统是断开的），这样就保证了在 SPD 失效时供电的连续性。然而在系统后备保护动作之前，必须特别注意 SPD 的断开能力，仔细研究 SPD 脱离器及后备保护之间的配合。

对二端口 SPD 或与干线相连的一端口 SPD，如图 J.2 中分别所示的情况 a 和 b，该 SPD 的内部脱离器依据其 SPD 中的位置决定了其能否提供连续供电。

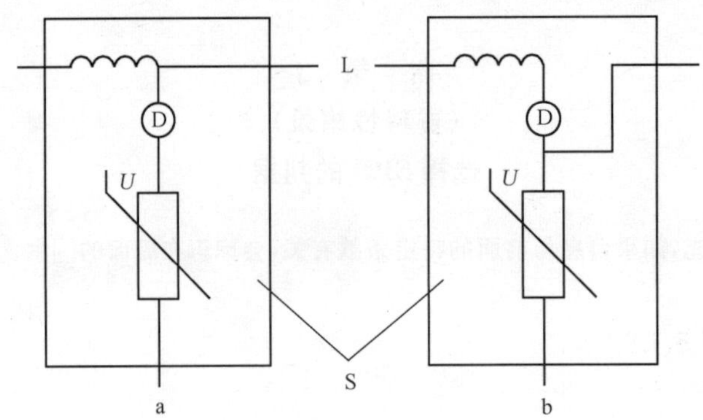

说明：

D——脱离器；

S——SPD；

L——连接线。

图 J.2 二端口 SPD 中的内部脱离器

在情况 a 时的主要特点是脱离器动作后，设备仍在工作。但是，设备就不再受到保护了。若未用一个故障指示器(远程的和/或现场的)来给一个断开信号，用户就不知道设备不再受保护，这样将更易受到侵入电涌。

在情况 b 时的主要特点是脱离器动作后设备和电源断开，但和电涌的主要来源也断开了。

为了减少缺乏保护或与电源断开的危险，将配备了脱离器的 SPD 并联使用，如图 J.3 所示。

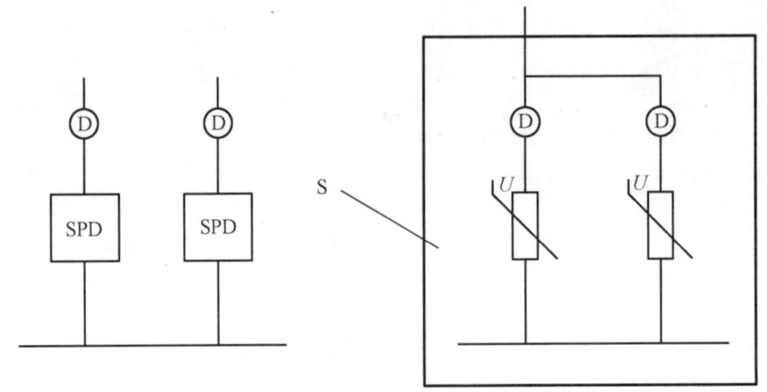

说明：

D——脱离器；

S——包括两个保护元件(ZnO 压敏电阻)和两个脱离器的完整的 SPD。

图 J.3 并联 SPD 的使用

若 SPD 的失效模式属于短路模式(由于 SPD 自己或是由于附加电器)，引起后备保护跳闸，其状况与上述情况 b 类似。

除非制造厂表明了一个特定的失效模式，可假定 SPD 可能是上述任意失效模式。为了得到失效模式的单一模式(短路或开路条件)，就要用一个附加电器(如用一个过流脱离器，见图 J.3)。

在 SPD 失效时，存在一个暂时的、不确定的状态，为了得到 SPD 失效后的确定状态(开路或短路)，需要采用附加电器(如热熔式脱离器)。

注：GB 16895.21—2011 描述了安全应用准则。

附 录 K
（资料性附录）
SPD 的应用

注：本附录是第 6 章的扩充，如果信息与前面的特定条款有关，会标识在后面的[ ]中。

K.1 SPD 的安装和保护效果[6.1]

K.1.1 保护和安装的可能模式[6.1.1]

图 K.1～K.5 给出了各种接地的替代选项（见 5a 和 5b）

注 1：最好的是使用两种方式来保持较低的保护水平和在安装时的最小应力。SPD 应保持共同接地点与 PE 连接线尽可能的短。

合理的安装应遵循以下 5 个步骤：

注 2：下面的步骤适用于连接在线或中线与地之间的 SPD，其他的 SPD 可能需要另外的规则。

a) 确定放电电流路径。

b) 标识设备端子上能产生附加电压降的导线[图 K.6a）和 K.6b）]。

注 3：在图 K.6 中，U_{res} 是 SPD 根据类别Ⅰ和类别Ⅱ试验得到的残压或限制电压。

c) 合理安排每一设备导线的路径，从而避免产生不必要的电感耦合，见图 K.6c）、图 K.6d）和图 K.7。

注 4：如果不可能有一个单独的接地点，就必须装两个 SPD，像图 K.6d）。

d) 设备和 SPD 之间应等电位联接。

e) 应依据配合的需求选择 SPD。

应采取措施降低装置未保护部分和保护部分的电感耦合，通过分离施感源和干扰电路、限制回路面积和选择一定回路角度都可以减少互感（见图 K.7），当电流传输线是回路面积的一部分，使其靠近电缆能够降低感应电压[见图 K.7a）]。

通常，较好的方法是将保护线从非保护线中单独分离出来，采取措施避免电源和通信电缆之间的瞬态交叉干扰[见图 K.7b）]。

图 K.7 是考虑 EMC 方面的 SPD 安装。

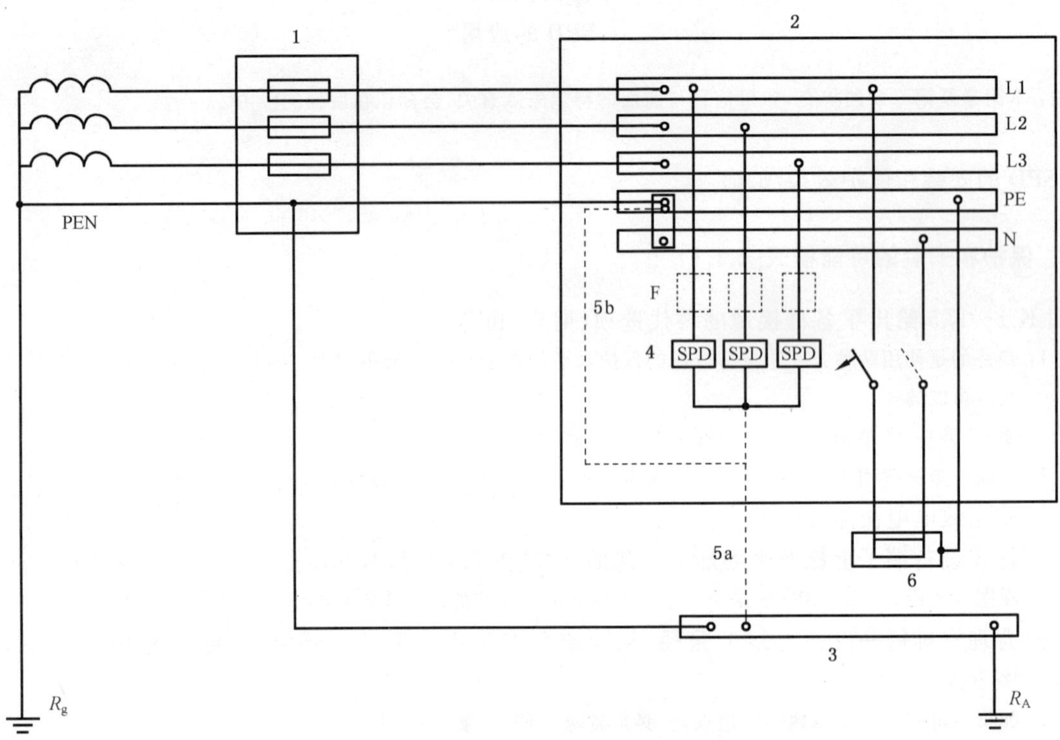

说明：

1 ——装置的电源入口；

2 ——配电盘；

3 ——总接地端子或排；

4 ——电涌保护器；

5 ——SPD 的接地，5a 或 5b 处；

6 ——被保护设备；

F ——SPD 制造厂要求装设的保护器(例如熔断器、断路器、RCD)；

R_A——装置的地电极(接地电阻)；

R_g——供电系统的地电极(接地电阻)。

图 K.1 SPD 在 TN 系统中的安装

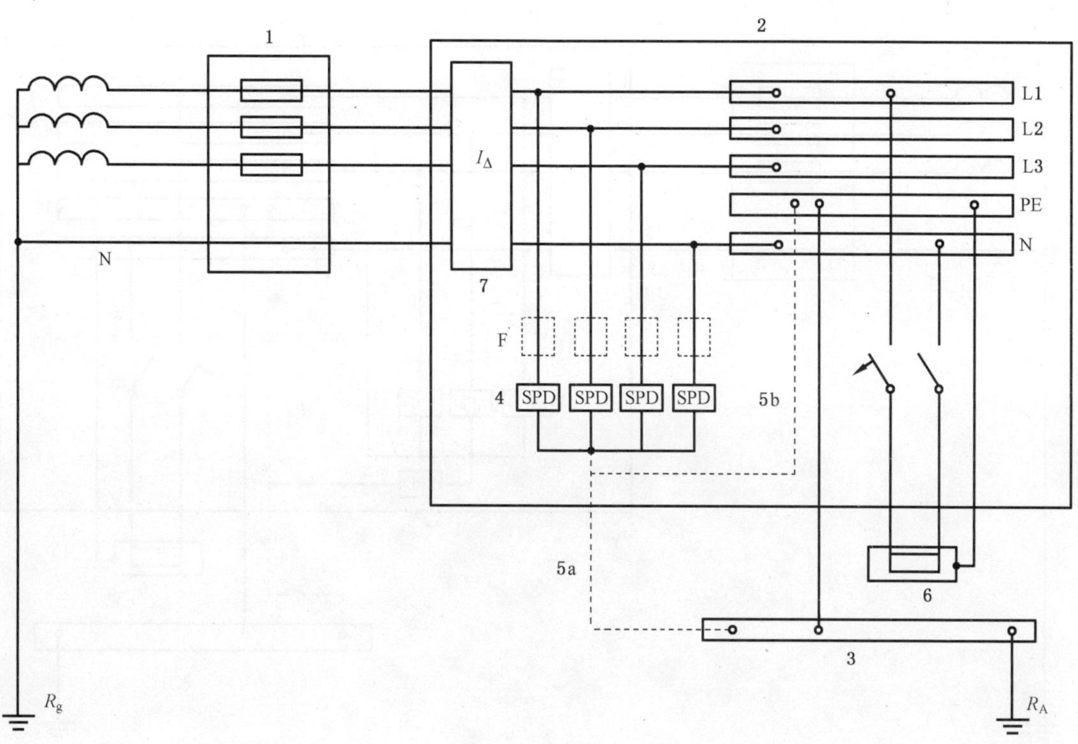

说明：

1 ——装置的电源入口；

2 ——配电盘；

3 ——总接地端子或排；

4 ——电涌保护器；

5 ——SPD 的接地，5a 或 5b 处；

6 ——被保护设备；

7 ——剩余电流保护装置(RCD)；

F ——SPD 制造厂要求装设的保护器(例如，熔断器、断路器、RCD)；

R_A——装置的地电极(接地电阻)；

R_g——供电系统的地电极(接地电阻)。

a） 连接类型 1

图 K.2 SPD 在 TT 系统中的安装

(SPD 在 RCD 的后方)

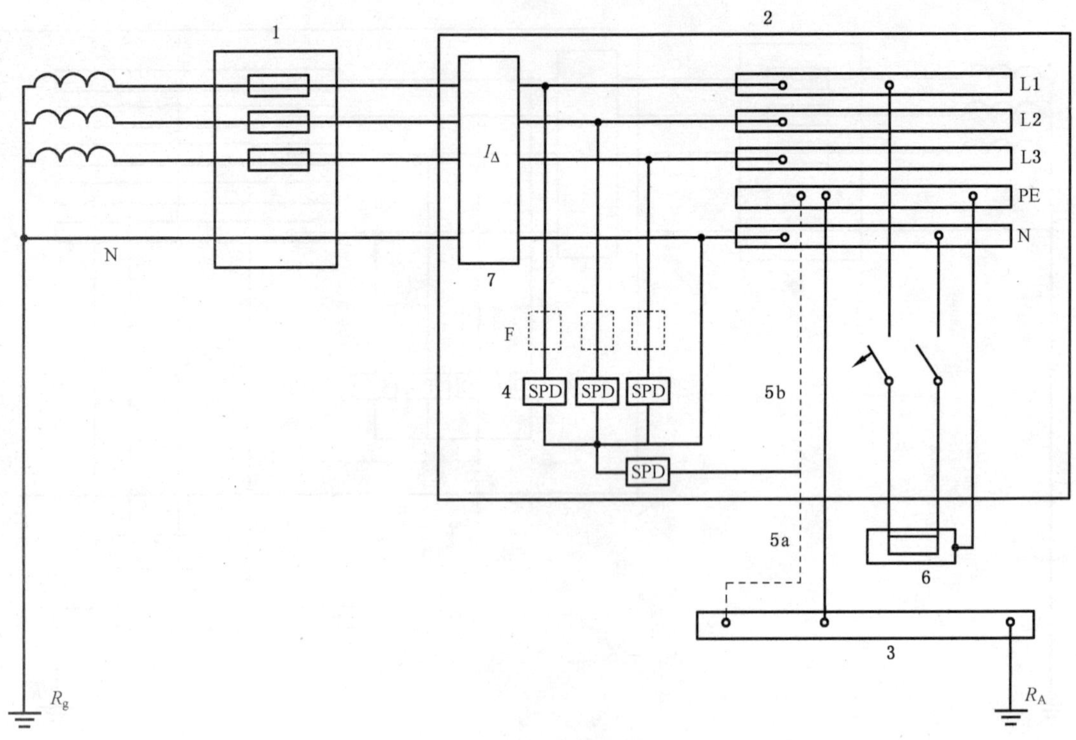

说明：

1 ——装置的电源入口；

2 ——配电盘；

3 ——总接地端子或排；

4 ——电涌保护器；

5 ——SPD 的接地，5a 或 5b 处；

6 ——被保护设备；

7 ——剩余电流保护装置(RCD)；

F ——SPD 制造厂要求装设的保护器(例如，熔断器、断路器、RCD)；

R_A——装置的地电极(接地电阻)；

R_g——供电系统的地电极(接地电阻)。

b) 连接类型 2

图 K.2 (续)

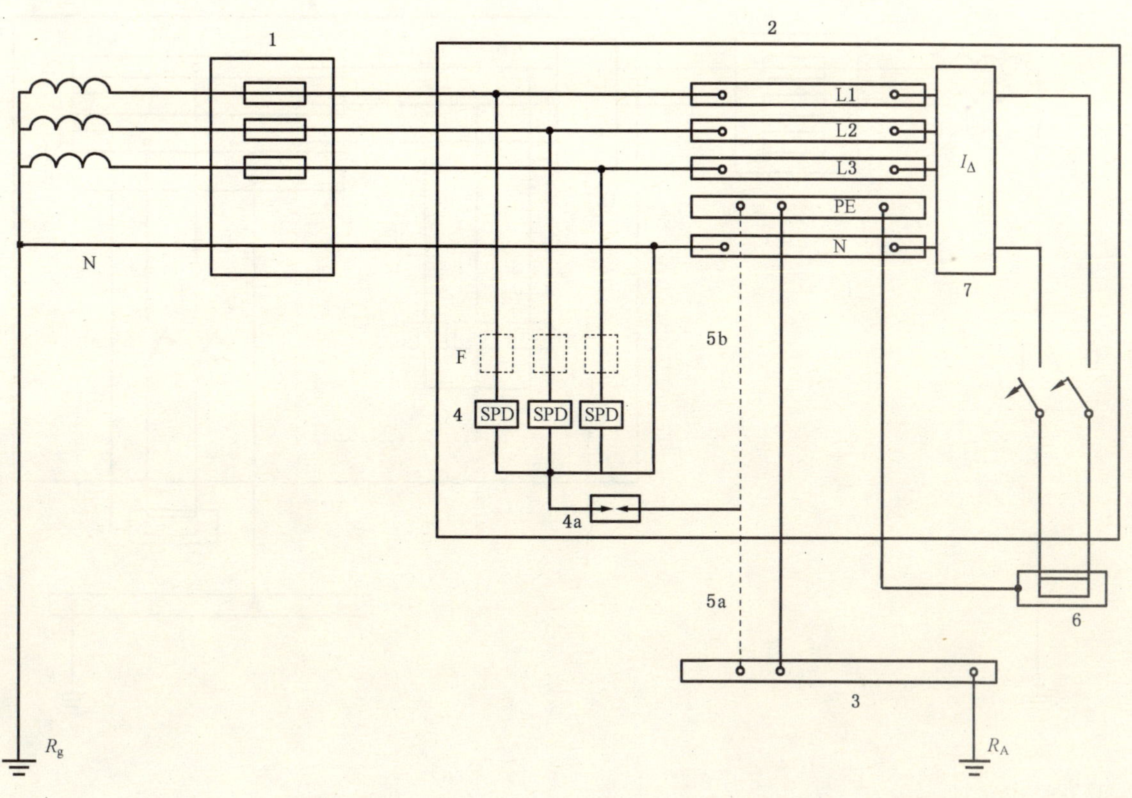

说明：

1 ——装置的电源入口；

2 ——配电盘；

3 ——总接地端子或排；

4 ——电涌保护器；

4a ——依照 GB 16895.22—2004 所述的 SPD 或火花间隙；

5 ——SPD 的接地，5a 或 5b 处；

6 ——被保护设备；

7 ——剩余电流装置(RCD)；

F ——SPD 制造厂要求装设的保护器(例如，熔断器、断路器、RCD)；

R_A——装置的地电极(接地电阻)；

R_g——供电系统的地电极(接地电阻)。

图 K.3 SPD 在 TT 系统中的安装(SPD 装在 RCD 的前方)

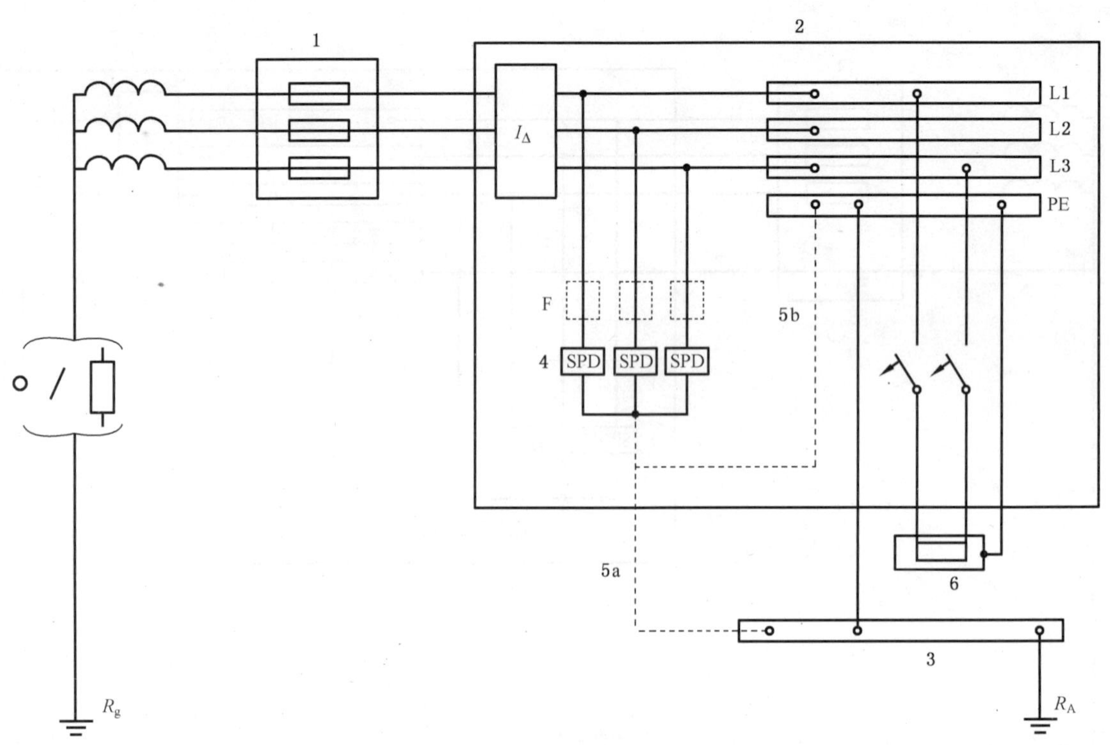

说明：

1 ——装置的电源入口；

2 ——配电盘；

3 ——总接地端子或排；

4 ——电涌保护器；

5 ——SPD 的接地，5a 或 5b 处；

6 ——被保护设备；

7 ——剩余电流保护装置(RCD)；

F ——SPD 制造厂要求装设的保护器(例如，熔断器、断路器、RCD)；

R_A——装置的地电极；

R_g——供电系统的地电极；

O/——开路或阻抗。

图 K.4 SPD 在没有中线 IT 系统中的安装

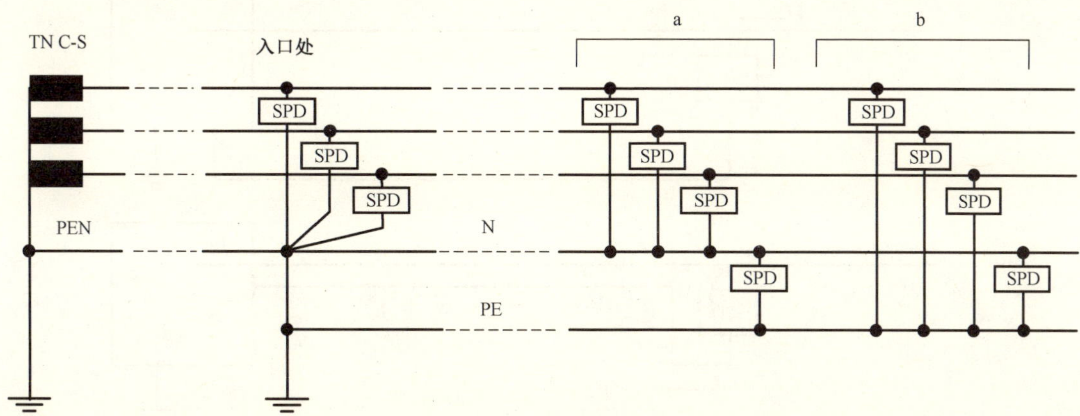

说明：

如果设备和安装入口处之间的距离太大(见 6.1.4),可能要连接额外的 SPD：

a——连接 L-N 和 N-PE 间的 SPD；

b——连接到 L-PE 和 N-PE 间的 SPD。

图 K.5 在 TN C-S 系统中装置进线处 SPD 的具体安装模式

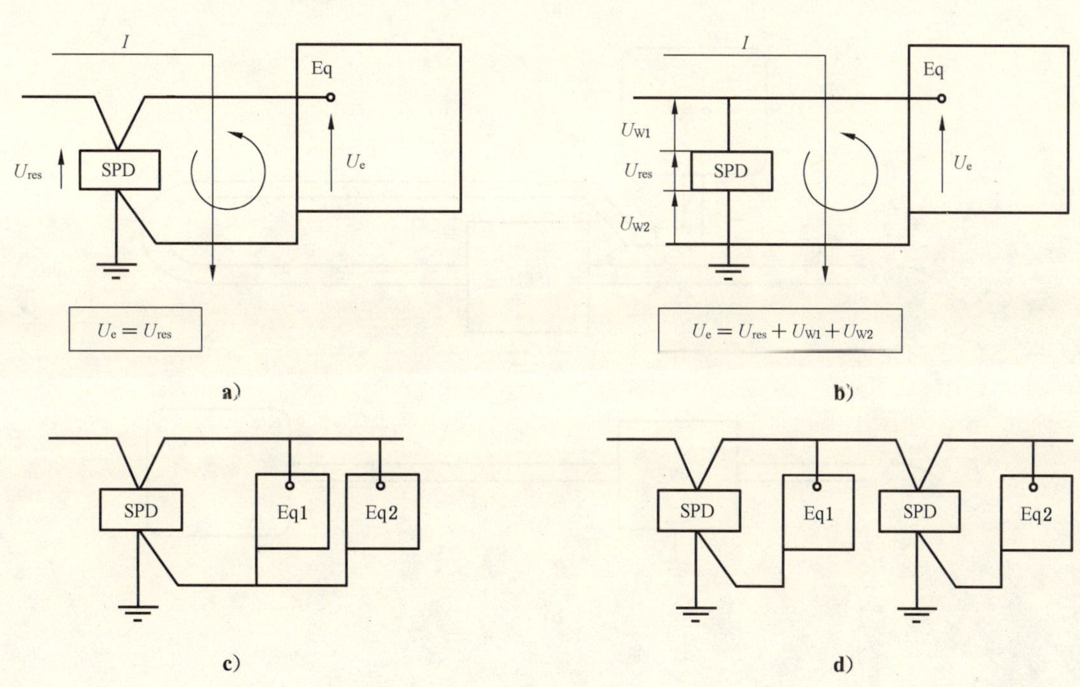

说明：

Eq——设备；

a)、c)、d)接线图是可接受的；

假如 U_{W1} 和 U_{W2} 电压足够低，b)的接线图也是可以接受的。

注：当电流 I 流过 SPD，由于电流进入导线和电极形成的回路产生磁场，它将会产生感应电压加到 SPD 上，这个合成电压将会出现在设备端子上。

图 K.6 安装一端口 SPD 的通用方法

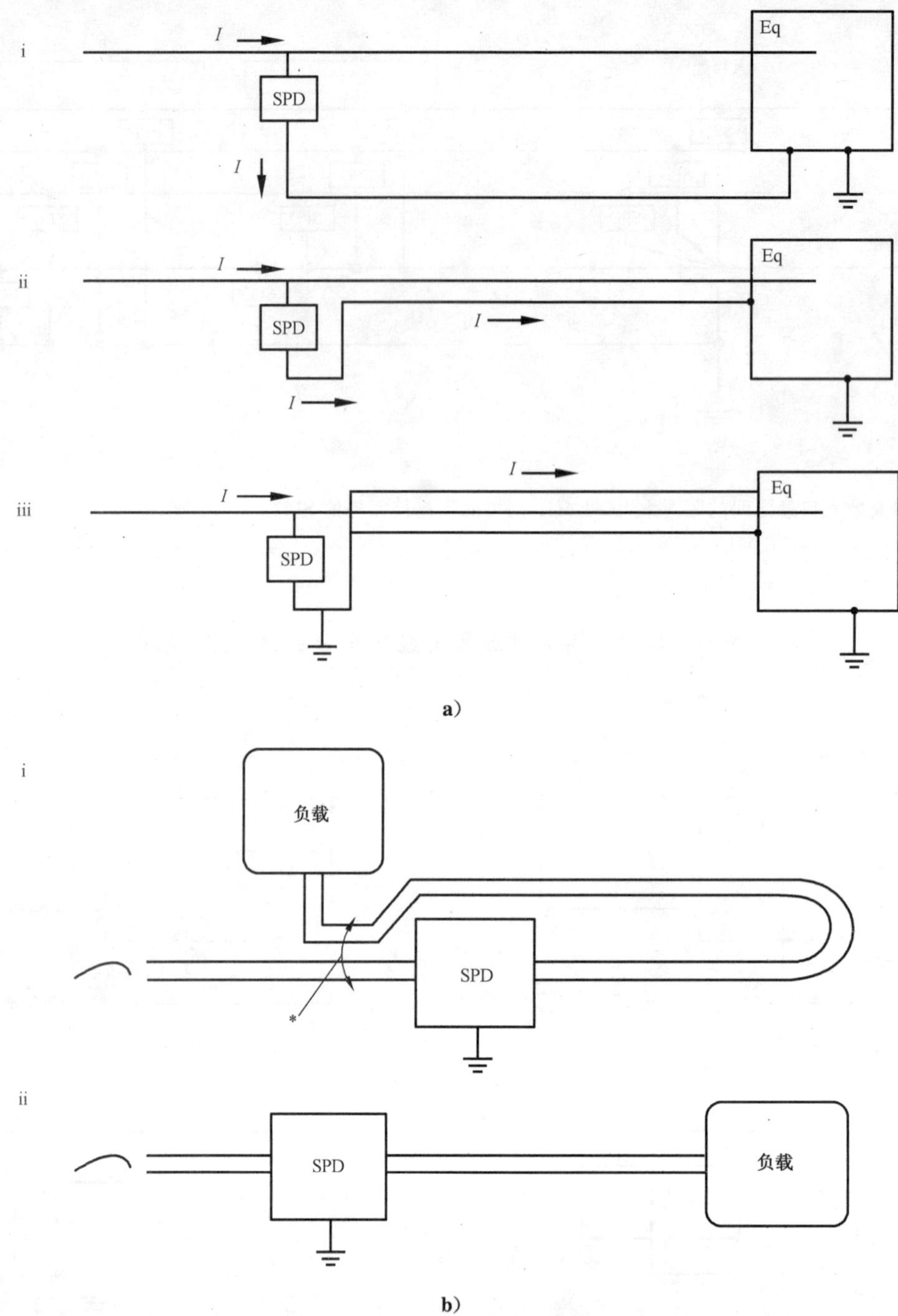

说明：

a) 电磁耦合：

i 不好的方法——巨大的回路面积会由 di/dt 引起 dϕ/dt 增高；

ii 较好的方法——小的回路面积，dϕ/dt 较低；

iii 最好的方法——电缆的屏蔽使屏蔽内部 dϕ/dt≈0。

b) 感应耦合：

i 不好的安装模式——感应将发生在 * 处；

ii 好的安装模式——SPD 将电缆前、后端很好地隔离开。

图 K.7 关于 EMC 方面 SPD 可接受的和不可接受的安装示例

K.1.2 振荡现象对保护距离的影响[6.1.2]

通常,使用一个靠近保护设备的 SPD 是不够的。由于 EMC 原因,SPD 最好安装在装置入口处(它可以较好的转移电流,以避免由于电涌电流引起的电磁干扰),以保护装置(避免导体间闪络等),如果设备不在安装在入口处 SPD 的保护距离之内,必要的话,需要在靠近设备处安装另一个 SPD。同时有必要研究两者之间的配合(见 6.2.6)。

需要附加的 SPD 的原因是由电涌冲击引起的振荡或行波可能会比出现在被保护设备处的预期电压要高得多。图 K.8 就是这种系统物理的和电的表述。

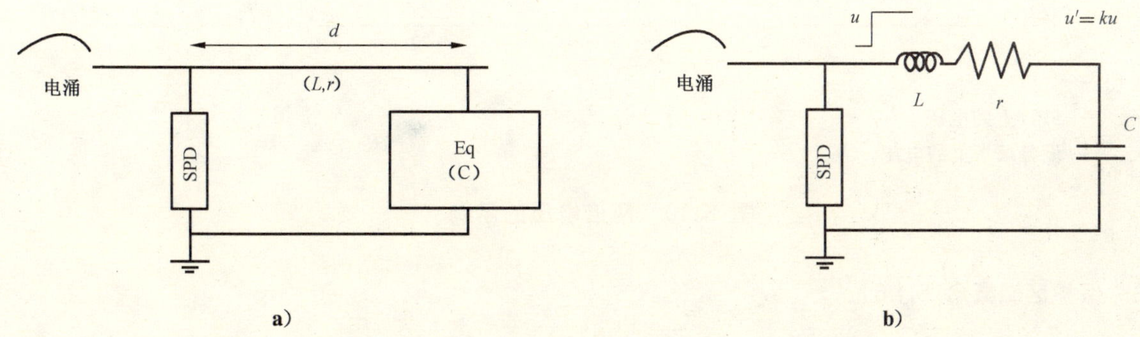

图 K.8 SPD 保护设备的物理和电的等效图

设备上出现的电压取决于电涌的频率和导体的长度。取决于 r 值,L 和 C 之间的振荡将设备端电压从 U' 提升到 kU。k 值取决于许多参数,实际上,当设备是一个高阻抗回路时,k 小于 2。

图 K.9 给的电路相当运用一个 5 kA 8/20 的脉冲电源加在 ZnO SPD 上,它与一个具有 5 nF 负载电容的设备是分开的。对这个电路进行了模拟,产生的响应见图 K.10。它展示了被保护设备端电压如何会较在 SPD 上的过电压高两倍。

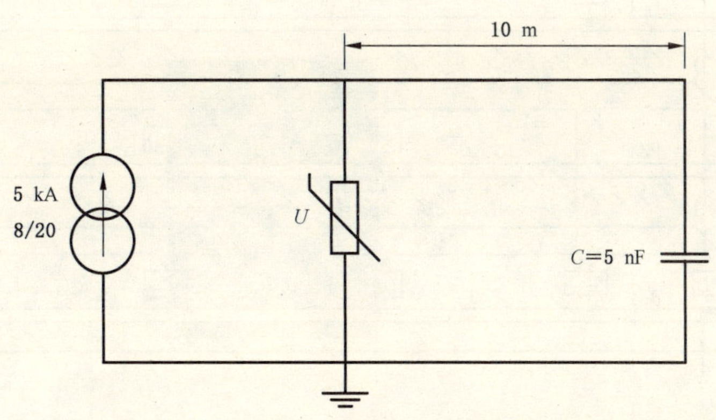

图 K.9 介于 ZnO SPD 和被保护设备之间可能的振荡

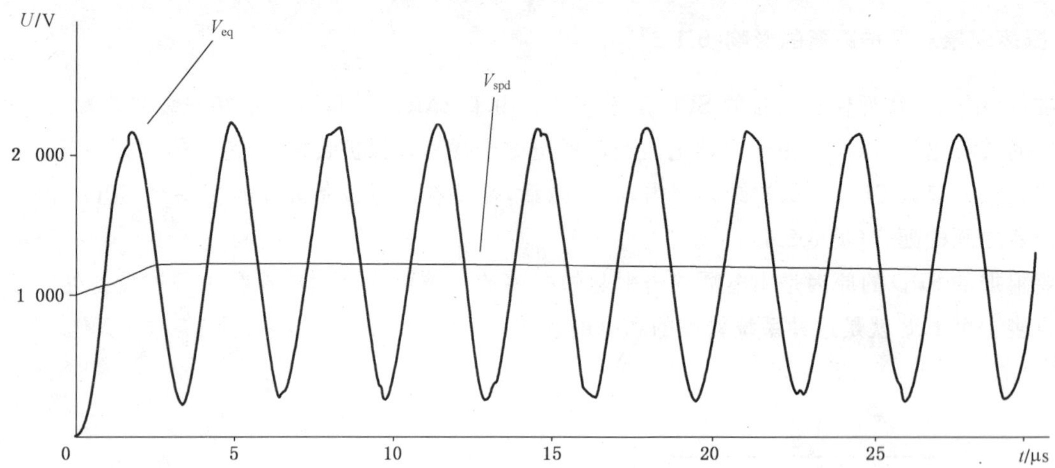

说明：

V_{spd}——SPD 上的电压；

V_{eq}——设备端子上的电压。

图 K.10 两倍电压的示例

K.1.3 保护区域概念[6.1.6]

图 K.11 根据 GB/T 21714.4—2008 直击雷防护要求，展示一个保护区内建筑配电系统和防雷保护电器的详细分布。

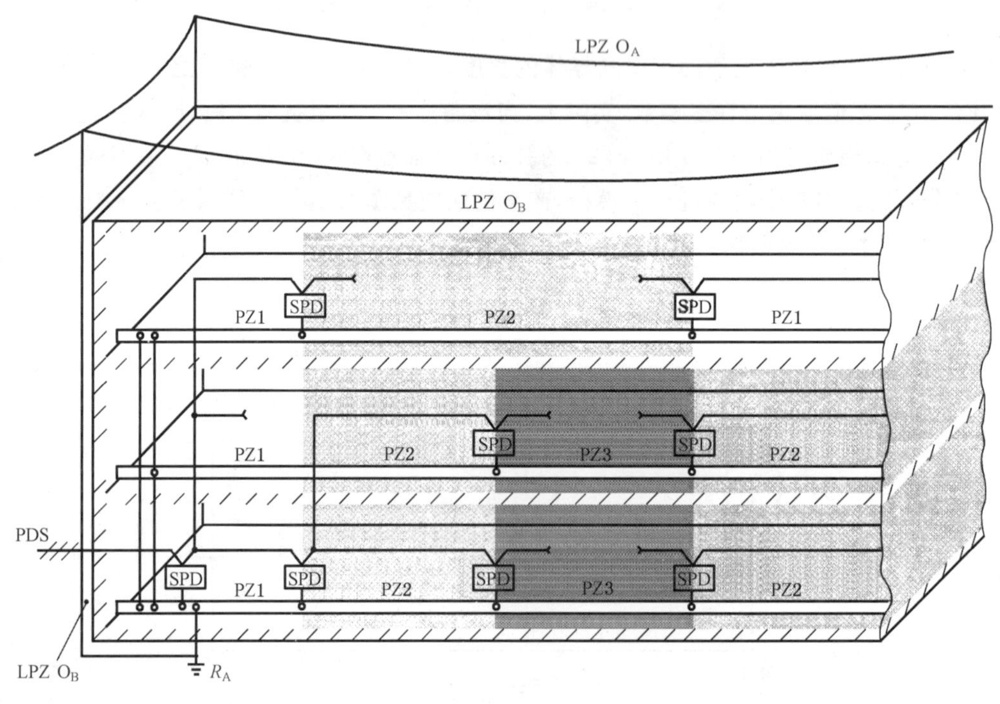

说明：

LPZ——雷电保护区；

PZ——保护区；

PDS——电力配电系统；

SPD——电涌保护器。

图 K.11 建筑物内部保护区的细分

保护区定义如下：

——雷电保护区 O_A(GB/T 21714.4—2008)

遭受直击雷的区域，因此可能会承担全部雷电流。在此区域出现的电磁场。

——雷电保护区 O_B(GB/T 21714.4—2008)

不会遭受直击雷的区域，但会出现未衰减的电磁场。可能传导未衰减的雷电流和操作电涌电流。

——保护区 1

遭受到部分直击雷的区域，传导的雷电流和/或操作电流跟保护区 O_A 或 O_B 相比是较小的。

——保护区 2

跟保护区 1 相比其残余雷电流和/或操作电涌电流有所减小。

——保护区 3

振荡引起的电涌、耦合电磁场和内部操作电涌相对保护区 2 有所减小。

在保护区边界安装 SPD 将使传导来的威胁参数降低，SPD 之间的配合按 6.2.6 进行。这些电器的性能参数应和装置安装点的传导来的威胁参数相配合(见 6.2.1 和 6.1.5)。

注：假如根据 GB/T 21714.4—2008 要用Ⅰ类试验的 SPD，则它应当安装在保护区 1 和 LPE OB 区的边缘。

根据 6.1.4 每安装一个 SPD，就创建了一个新的保护区。

K.2 SPD 的选择

K.2.1 U_c 的选择[6.2.1]

对大多数 SPD 来说，当暂时过电压持续时间超过 5 s 时，应当被视为永久性电压。因此，U_c 的选择应根据正常条件和超过 5 s 的故障条件(暂时过电压)来确定。

a) 正常条件

1) 相线和中线之间

在相线和中线之间 SPD 的 U_c 应比 U_{cs} 高(通常为 $1.10\times U_0$，即 10% 的电压调整率，假如考虑由于 SPD 的老化和其他不正常状况，再增加 5% 的系数，则应取 $1.15\times U_0$)。

2) 相线之间

相间 SPD 的 U_c 应比 U_{cs} 高(即为 $1.10\times\sqrt{3}\times U_0$)。

注 1：在某些情况下，根据电压调整限度(例如在巨大建筑，电压调整以入户表计为准)，U_{cs} 可能大于上述限值(分别为 10% 和 $10\%\times\sqrt{3}$)。

有时电压调整波动较小(如 5%)，这种情况下，取较低的值就足够(例如，U_c 可能仅比 $1.05\times U_0$ 高(相应于 $1.05\times\sqrt{3}\times U_0$)。

3) 相地之间或中线与地之间

- 对 TT 和 TN 系统，介于相和地或中线和地之间的 SPD 的 U_c 应比 U_{cs} 高(通常 $1.10U_0$)；
- 对 IT 系统，见下面所述的不正常条件：

注 2：假如电压来自一个二次带中间抽头的变压器，则 U_c 有两个值，一个 U_c 为 $1.0\times U_{cs}$，另一个为 $\sqrt{3}/2\times U_{cs}$。

由于存在谐波，工作电压的峰值也会增高，因此有必要提高 U_c 的值，使其比没有谐波时 U_c 的值高。

b) 非正常条件(故障条件)

有时在选择接在相和地之间 SPD 的 U_c 时，有必要考虑到具体的故障条件，这样做可以避免当系统故障时，损坏过多的 SPD。对于 IT 系统，注意这种故障条件是很重要的。

TT 和 TN 系统在接地故障条件下，相和地间的电压可能会超过 U_{cs}，这是由于高压系统或低压系统的故障条件下，电压最大幅值取决于接地情况。与此相关的资料见 4.1.3.2。那么 U_c 的选择就应根据故障条件下的实际电压值。它不可能用一个足够高的 U_c 去保证系统故障时不损坏 SPD，因为这样的话，保护水平将会很差。一般情况下，合适的 U_c 值比 $1.5U_0$ 高，与系统布局无关。

对于 IT 系统的接地故障，相和地之间的电压为 $\sqrt{3}\times U_0$，这种故障在低压系统中由于持续时间较长可能被当做一个永久状况考虑。

此种状况，建议 U_c 高于相-相电压。

SPD 的 U_c 和电力系统标称电压之间的关系示例见附录 B。

K.2.2 配合问题[6.2.6.2]

为了较好地解释这个问题，图 K.12 是一个典型的用电感分隔两个 ZnO 压敏电阻的配合示例。SPD2 具有较低的 U_p 和 I_n 值。由于电感的作用，在电涌波前大部分电涌电流都流过了 SPD1，SPD2 的电流将逐渐增加，增长快慢与电感和 SPD2 的特性给出的时间常数有关。这样，越来越多的总电流将随着时间的推移流过 SPD2。

图 K.12 表示的是全电流和通过 SPD1 和 SPD2 的电流和 SPD1 和 SPD2 上的电压。

——在这个应用中最大能量耐受 E_{max} 是指 SPD 能够耐受而不劣化的最大能量，它能通过试验结果获得（Ⅰ类试验 I_{imp} 或 Ⅱ类试验 I_{max} 的动作负载试验中的能量测量）或根据制造厂资料如 I_{max}（Ⅱ类试验）或 I_{peak}（Ⅰ类试验），$U_{res}(I_{max})$ 或 $U_{res}(I_{peak})$ 计算得出。

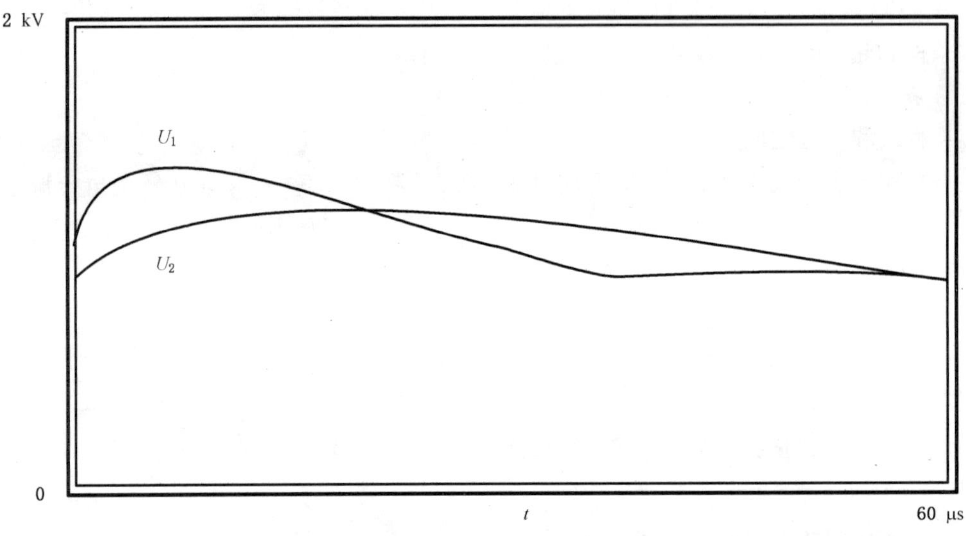

说明：

U_1——第一级 SPD 端残压；

U_2——第二级 SPD 端残压。

a） ZnO 压敏电阻残压

图 K.12 两级 ZnO 压敏电阻的配合

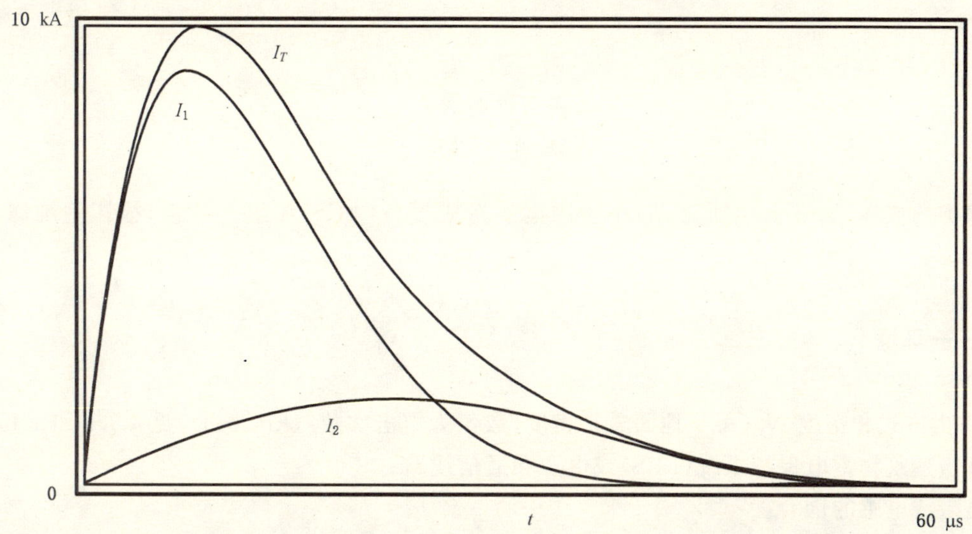

说明:

I_T ——总电流;

I_1 ——第一级 SPD 端电流;

I_2 ——第二级 SPD 端电流。

b) 两级 ZnO 压敏电阻之间电流分配

图 K.12(续)

两个 SPD 之间的线路距离为 d,其相对应的阻抗 Z 可以当作一个去耦元件。

——对于限压型 SPD,去耦合阻抗通常仅影响短波(如 8/20)。对长波(如 10/350)这种由于线路造成的去耦阻抗几乎没有影响。可能需要附加的去耦元件来提供适当的协调。

——如果前级 SPD 是开关型,必须考虑下列两种特性:

- 可能会有一个盲点,该处电流低于 I_{imp},间隙端子间电压很低,以至于间隙不放电,因此它就不能保护第二个 SPD,间隙在电涌波前时段放电是很重要的;
- 对长波前时间,去耦合元件所起作用不如在 8/20 或 10/350 下有效,日前 TC 81 正在研究长波前时间情况。

通常有必要处理两种电涌的配合问题:

——长波电涌的配合(例如对Ⅰ类试验);

——短波电涌的配合(例如对Ⅱ类试验)。

注:应当强调,两个配合的 SPD 最大能量耐受至少等于两个 SPD 中较低的能量耐受值。当一个新 SPD(SPD2)连接到一个已有 SPD(SPD1)的系统时,必须保障两者正确配合。

K.2.3 应用情况[6.2.6.3]

在一个装置中,整体配合总是比上述简单示例复杂的多,事实上:

——导线长度或像脱离器这样的附加器件的存在可给系统叠加一个电感。多个 SPD 之间电流的分配也需要研究⟹需要了解实际的安装方案。

——因 SPD 中元件性能的差异可导致在任何特定电流下残压的实际值不确定。另外,通常从制造厂中获得的值是保护水平 U_p,使用时应考虑一个裕度,即:实际电压可比标称值低约 25%。

——对长波和短波,SPD 的能量耐受 E_{max} 是不同的。通常,这个值仅由试验类别给出(Ⅰ类⟹长波,Ⅱ类⟹短波)。有时,能量耐受没有明确给出,需要计算。

附　录　L
（资料性附录）
风险分析

如果保护的成本（如下E组所定义）小于因电涌造成设备（如下A组～D组）损坏的维修，建议使用SPD。

L.1　A组——环境

A1　雷击方式和密度 N_g（每年地面着雷密度，数值为雷击次数/($km^2 \cdot a$)，见4.1.1和1.1）

——直击建筑物雷电保护系统（LPS）或电源和通信线路；

——电阻或电感的耦合。

风险分析需要考虑所有类型的直击和绕击雷引起的感应能量，包括进入雷电保护系统、电力线，金属电话线、数据电缆、射频电缆、波导管和进入非电力导体如水管。假若无金属导体穿过保护区，光纤电缆通常不受影响。

A2　电源——开关方式及频率

接近或在同一回路上的作为电源开断的电子设备，如发动机控制器，同样会因瞬态载荷可能会损坏或劣化，另外，由于电源使用的操作，系统故障或负载处的内部干扰也会产生瞬态过电压。

A3　暴露和与周围建筑的LPS的耦合

损坏会通过雷电流瞬态偶合施加到周围建筑或设施的LPS，包括地电位升高伴随着电流的消耗。通常，通过电缆线路来分配能量，并不受用户控制，能量的消耗是与当地网络接地电阻的大小有关。

A4　设施或建筑物的位置

——地形；

——相邻建筑和树的屏蔽作用。

在小丘或高山上面或旁边的设施比在山谷或较低位置相同的设施更容易遭受直击雷，类似地，装在高通讯塔上的装置同样有引雷危险，较小和较低位置的设施更容易得到相邻较高的物体的保护，然而这种保护不能阻止能量通过电缆进入设施。

L.2　B组——设备和设施

B1　设备冲击耐受种类和抗扰水平

制造厂可以对电的和电子设备设计不同的冲击电压耐受水平。越低的保护水平，危险就越大。除非制造厂另有建议，否则最好的办法是假定设备没有任何专门的抗扰措施。正确的保护设计是希望最大能量转移到在电缆入口处和最少的能量向前传送到设备。

B2　接地系统

——接地电阻和阻抗；

——布局和邻近；

——联接到另一个接地系统。

最重要的是通过电流或SPD接地棒组成的等电位接地系统。

分开的接地系统应慎重考虑。

B3　电力系统布局

——架空的；

——地下的；

——两者都有。

虽然埋设LV电缆比架空线有较少雷击危险，但雷直击地下电缆附近时也能引起较大的过电压，高阻值的土壤中尤为明显。设计者应考虑埋设电缆的长度，无论是电缆离雷击位置有一定架空距离，还是离MV电力公用网络有一定的架空距离。对于LV和MV电力线，总长度和重量是一个相关的参数，较长较高的线遭受雷击的危险更大，并会将雷电能量传入设施或建筑物。

L.3 C组——经济和服务中断

C1 服务劣化或服务损耗

破坏和损坏使业务难以进行。服务劣化可能有一个定性要素，即对直接的财政损失是额外的。例如：大范围使用自动化和计算机化是解决人工操作的一个办法，但实际上是不可能的。

C2 工作损耗

这包括设备、计算机、通讯和信息技术系统无效服务的实时费用及营业税收和/或商业生产力有关的损失。临界系统例如紧急装置，某个中央信息系统可以有与工作损耗有关的非常高的直接或间接的费用。

商业企业系统停工时，会损失收入，在期望时间内修复和恢复操作将依靠职员的能力、备用品、程序和信息。

C3 设备或设施的修理和替换

物理损坏的花费包括设备替换和直接、间接的重新安装费。设备部件的逐渐劣化可能会由于低幅值持续脉冲引起设备表面随机故障。在失效时不可能立即伴随或有直接的雷电冲击或者操作事件。用于例行的或预防的保养维修费用的增加归结为这种累积作用。

C4 紧急措施

当出现设备损坏或人身伤害时应采用紧急措施，例如消防车、救护车或警察等，公司、个人或社会团体会遭受损失。火警系统和紧急通信系统的损坏必定降低这种装置的效率。通常，要求紧急措施的保护处在一个高水平。

L.4 D组——安全

使用SPD时应考虑由绝缘损坏引起的人身安全问题。

设计者和安装者都应以人的安全为本，每个国家都应意识到职业健康和安全制度的重要性。

L.5 E组——保护的成本

——装置的设计；

——材料和电器；

——SPD的安装。

保护的成本包括SPD、工程设计、管理和电力装置。

GB/T 21714.2—2008提出了雷电电涌风险评估的方法。由设备开关操作产生的电涌的风险评估方法正在考虑中。

附 录 M
（资料性附录）
抗扰度与绝缘耐受

GB/T 17626.5—2008 描述了用来测试电子设备和电子系统对于电涌电压和电流的抗扰度的试验。这些被测试的设备或系统被当作是一个黑盒子，测试的结果根据以下标准进行判定：

a） 性能正常。

b） 功能的暂时丧失或者不需要操作人员就能恢复的性能暂时退化。

c） 功能的暂时丧失或者需要操作人员才能恢复的性能暂时退化。

d） 设备的永久损伤引起的功能丧失（意味着测试失败）。

然而，GB/T 17626.5—2008 的测试探究了相对较低的电涌对电子设备和电子系统的全部影响，包括设备与系统的永久损伤和破坏。还有一些其他的相关测试标准，这些标准没有这么关注功能的暂时性丧失，却更关注设备的实际损伤或破坏。GB/T 16935.1—2008 关注低压系统中的设备的绝缘配合，IEC 61643-1 是低压配电系统的电涌保护器测试标准。另外，这两个标准都关注暂时过电压对设备的影响。GB/T 17626.5—2008 和 GB 17626 系列中的其他标准并不考虑暂时过电压对设备和系统的影响。

永久性的损伤往往是不允许的，因为它会导致系统的停机并花费昂贵的修理或者更换费用。这种类型的故障往往是因为电涌保护不充分或者没有电涌保护，并因此导致高电压或者过电流侵入设备的电路中，造成运行的突然中断、组件故障、永久的绝缘击穿以及起火、冒烟或者电击的危险。然而，任何的功能丧失或设备和系统的性能退化也是不希望发生的，特别是在电涌影响下必须运行的关键设备或系统。

对于在 GB/T 17626.5—2008 中所描述的测试，施加电压测试水平的幅值（安装类别）和得到的电涌电流和对设备的响应有着直接的影响。简而言之，电涌电压等级越高，功能丧失或退化的可能性就越高，除非设备已经设计有合适的抗电涌能力。

为了测试用于低压电力系统中电涌保护器（SPD），IEC 61643-1 的Ⅲ类试验指定了一个带有 2 Ω 虚拟阻抗的组合波发生器，能产生一个 8/20 的短路电流波形和一个 1.2/50 的开路电压波形。GB/T 17626.5—2008 使用相同的组合波发生器来对加电设备和系统进行抗冲击测试，但使用不同的耦合元件，有时也串联一个额外的阻抗。这个标准的电压测试水平（安装类别）的含义和 IEC 61643-1 的开路电压 U_{oc}的峰值是等效的。这个电压决定发生器端口的短路电流的峰值。由于测试方法的不同，测试结果不能直接进行比较。

设备或系统的抗电涌能力可以通过内置的电涌保护元件或电涌保护器（SPDs），或者外部的 SPD 获得。选择 SPD 最重要的准则之一为 IEC 61643-1 所定义和描述的电压保护水平 U_p。这个参数应该与 GB/T 16935.1—2008 中设备的耐受电压 U_W 相配合，而且应该是在特定条件下所测试的 SPD 端子间所期望的最大电压值。在这个标准中 U_p 只是用来与设备的耐压 U_W 相配合。在相关电应力下电压保护水平的值应该低于在 GB/T 17626.5—2008 中测试的设备的相关电应力下的电压抗冲击等级的值，但是现在不能进行阐述，因为在两个标准之间的波形并不具有可比性。

总体上说，GB/T 17626.5—2008 中设备的抗冲击等级要比 GB/T 16935.1—2008 中的绝缘耐受等级低，然而要考虑 GB/T 16895.10—2010 中暂时过电压对有过低防护等级的 SPD（或内置的冲击防护元件）的影响。因此，非常有必要选择一个用来防护设备发生故障，保持设备在电涌影响下正常运行和耐受大部分暂时过载状况的 SPD。

附 录 N
（资料性附录）
在一些地区中配电盘上安装SPD的示例

图 N.1～图 N.5 描绘了一些国家中配电盘上的 SPD 的典型安装。正如本部分的前述，确保导线最短和 SPD 的耐受短路电流与配电盘安装位置的预期短路电流 I_{sc} 相适应是十分重要的。

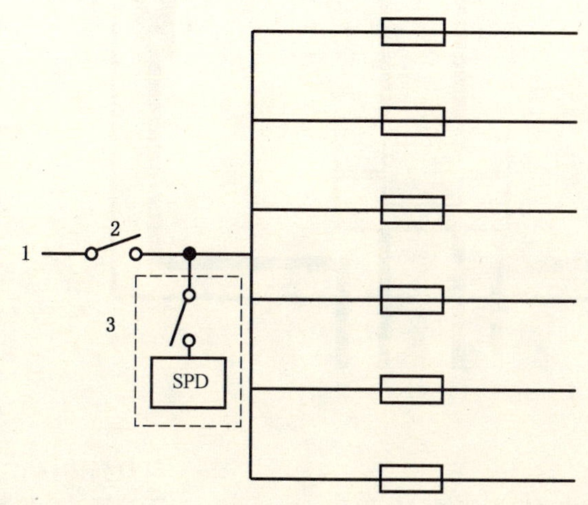

说明：

1——供电进线；

2——主开关（在某些国家叫隔离开关）；

3——SPD 及其脱离器（可能安装在 SPD 内部）。

图 N.1 通过单独隔离开关（可安装在 SPD 壳体内）连接至总开关负载侧的 SPD 的电路图

使用这样的一个脱离器是很实用的，因为它不用断开主开关就可以把 SPD 脱离出来，例如当进行装置的绝缘耐受试验（一些国家也称作闪络试验）时 SPD 就需要被脱离出来。

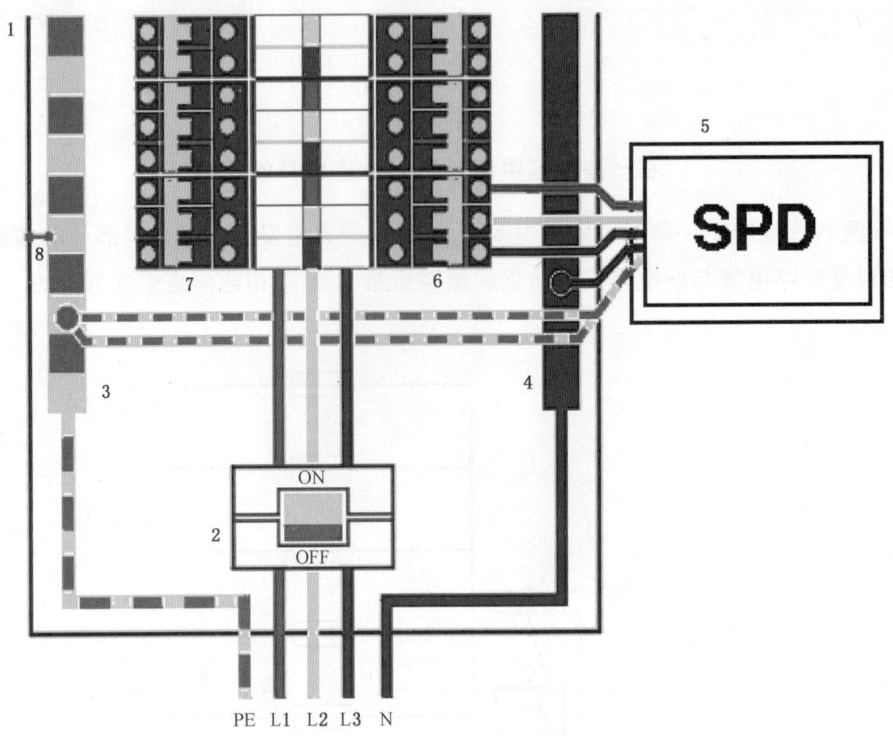

说明：

1——配电盘；

2——主开关(主隔离开关或主电路断路器(MCB))；

3——主接地端；

4——中性点端子；

5——SPD 壳体；

6——下端第一个熔断器盒；

7——可选择的下端第一个熔断器盒；

8——配电箱底座的交联。

图 N.2 与最近的可用 MCB 相连接的 SPD 连接至输入电源(在英国常见的典型 TNS 装置)

MCB 也提供了一种非常方便的方式来保护 SPD，同时也提供了一种隔离的方式。如果配电盘上没有足够的空间，那么考虑到电气安全，SPD 可安装在一个分开的壳体内。这个壳体应该直接安装在配电盘旁边，从而确保连接导线尽可能短。制造一个附加的接地线来进一步最小化连接导线上的电压降。

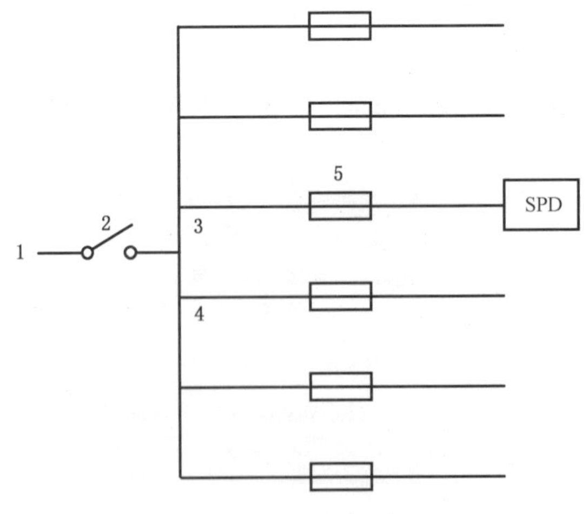

说明：

1——输入电源；

2——主开关(主隔离开关或主电路断路器，MCB)；

3——下端第一个熔断器盒；

4——可选择的下端第一个熔断器盒；

5——熔断器(或 MCB)。

图 N.3 在单相电路中 SPD 通过熔断器(或 MCB)并联在配电盘的第一条外接电路上的接线图

使用合适的熔断器(或 MCB)对于 SPD 的安装和使用都是非常方便的,因为它允许不断开主开关就可以将 SPD 脱离,例如 SPD 需要脱离出来进行绝缘耐受试验。熔断器的规格选择不应削弱 SPD 的冲击电流耐受能力,并与输入电源熔断器相配合。

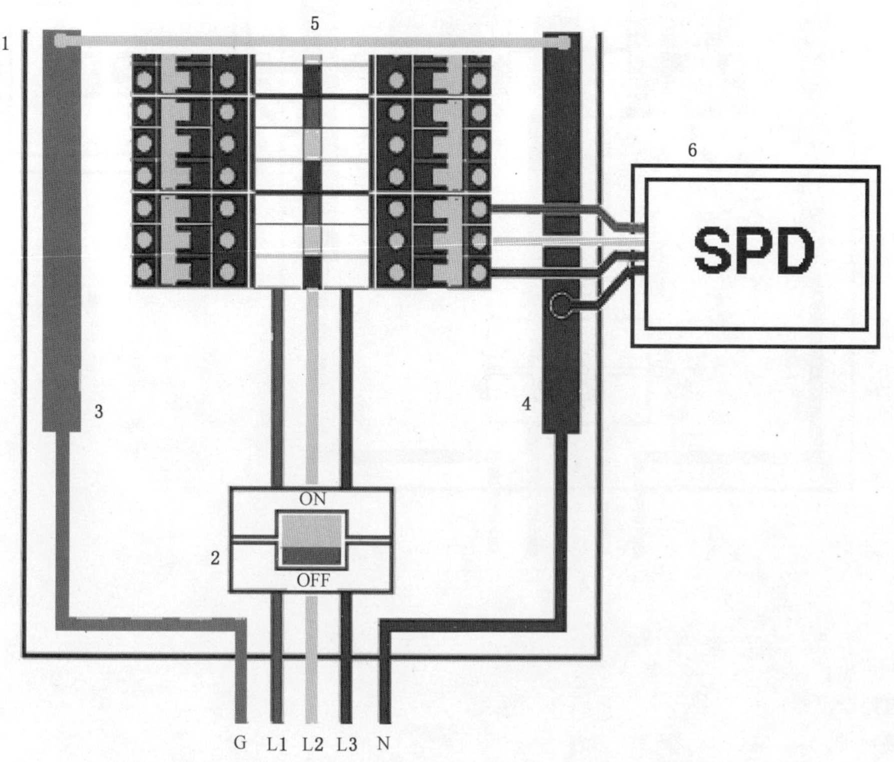

说明:

1——主配电盘;

2——主电路断路器;

3——主接地排;

4——中性线排;

5——G-N(PE-N)连接点;

6——SPD 壳体。

图 N.4　SPD 与输入电源上最近的可用断路器相连接(美国三相 4W+G,TN-C-S 装置)

MCB 的负载端也提供了一个非常方便的连接点来通过熔断器连接 SPD。这样的布置也提供了维护中的一种隔离方式。如果配电盘内没有足够的空间,那么考虑到电气安全,SPD 可安装在一个单独的壳体内。这个壳体应该直接安装在配电箱旁边,从而保证连接的导线尽可能短。

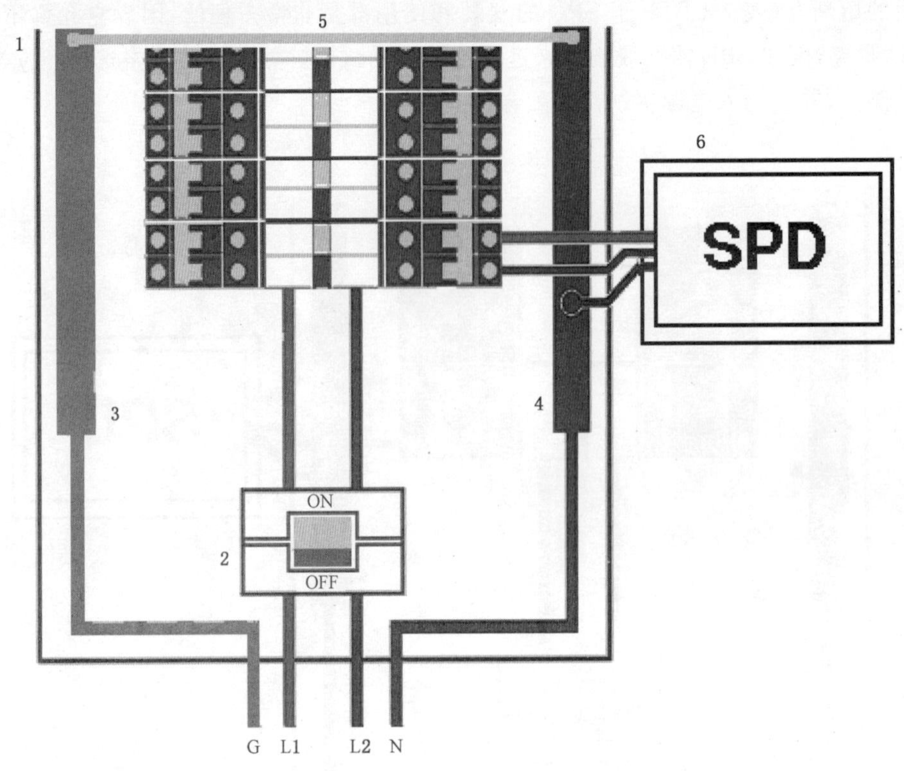

说明：

1——主配电箱；

2——主电路断路器；

3——主接地排；

4——中性线排；

5——G-N(PE-N)连接点；

6——SPD 壳体。

图 N.5　SPD 与输入电源上最近的可用断路器相连接(美国单相(分离的)3W+G，120/240 V 系统——居民住宅和小型办公室的典型应用)

MCB 的负载端也提供了一个非常方便的连接点来通过限流熔断器连接 SPD。这样的布置也提供了维护中的一种隔离方式。如果配电盘内没有足够的空间，那么考虑到电气安全，SPD 可安装在一个单独的壳体内。这个壳体应该直接安装在配电箱旁边，从而保证连接的导线尽可能短。

在美国，根据国家电气规程(NEC)，NEC 定义的 SPD 的额定短路电流必须与在安装处预期故障电流相配合。

附　录　O
（资料性附录）
当设备具有信号端口和电源端口时的配合

为了描述当保护一个具有两种端口的设备的 SPD 未配合时可能出现的问题，举一个安装有调制解调器的个人计算机为例予以说明。

一个典型的系统可能由未配合的子系统组合而成，这些子系统因为电涌保护未配合而存在风险。尽管每个电源和通信系统可能包括了电涌保护，但是在电涌保护系统之间流动的电涌电流可能会造成个人计算机的电源和通信端口之间的电位差。取决于个人计算机/调制解调器的性能和抗冲击能力，该电位差有可能会导致个人计算机/调制解调器的损坏或者引起设备的操作失败。

第一个例子展示了问题是怎么发生的。这个例子是基于电源和远程通信系统。

在图 O.1 中一台个人计算机配备了一个调制解调器，调制解调器是通过连接一个包括接地导线的三线插座的支路供电。这个接地导线建立了电源面板上的底座的稳定参考电位。调制解调器的远程通信端口连接在自身位置处的一个金属通讯插座。这个插座连接着一个远程通信界面终端。这个终端面板一般位于建筑物的入口处并包含了远程通讯的 SPD。

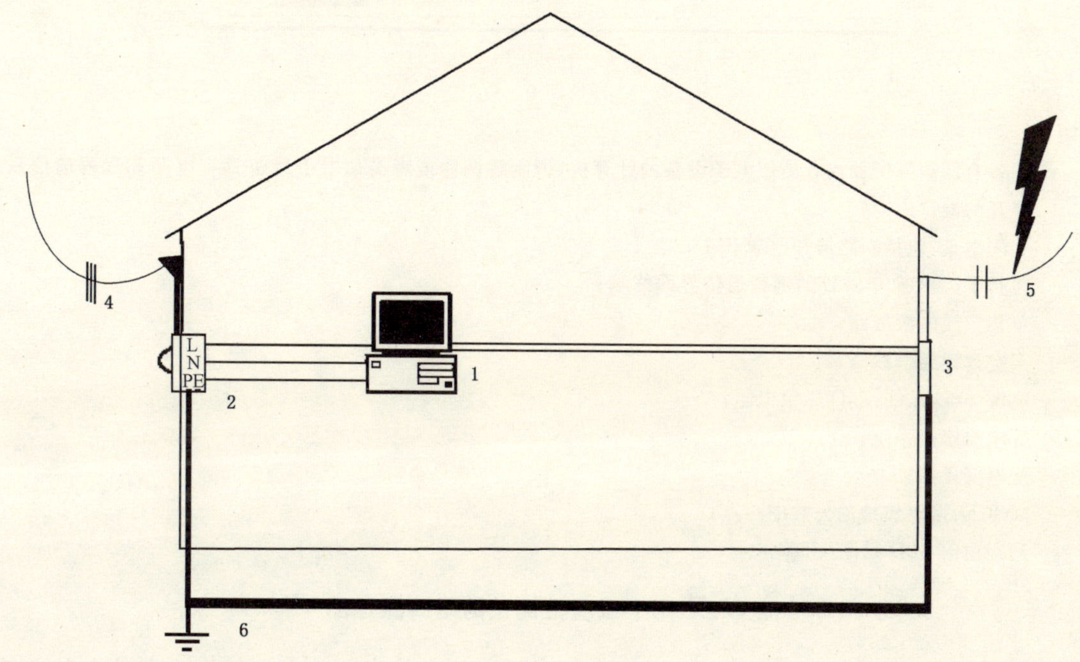

说明：
1——带调制解调器的电脑或有分开的电源端和通信端的类似装置；
2——主配电盘，包括断路器和电源 SPD；
3——包含电信 SPD 的电信接口终端；
4——单相，3 线电源线；
5——架空电信线路；
6——等电位连接系统。

图 O.1　美国电源和通信系统，带调制解调器的 PC 的例子

为了展示为电涌保护配合的效果和提出的解决方案的好处，在房间布线系统的全尺寸复制品上进行测量，包括在图 O.2 中展示的电源、通讯和等电位连接系统。通讯线以典型的方式进行走线，与等电位连接系统保持一定的距离。

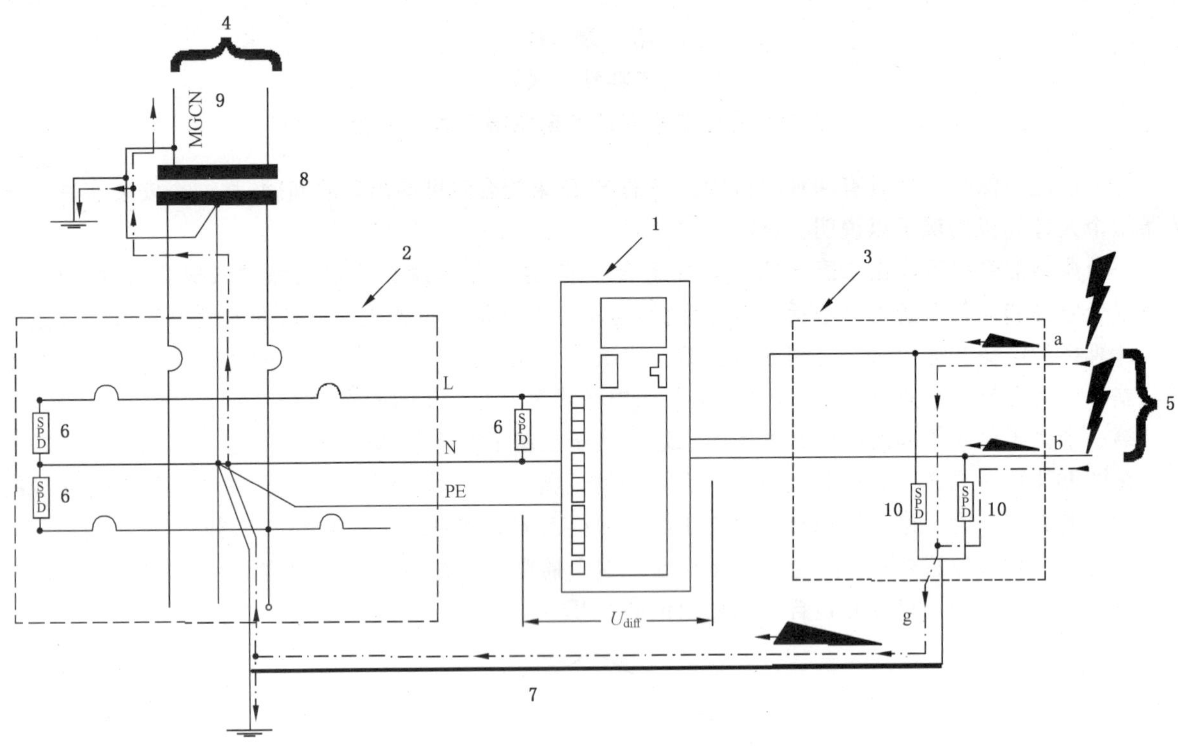

说明：

1 ——配备有调制解调器或者类似电子设备的计算机，调制解调器或者类似电子设备具有电源和远程通信系统有分开的端口；

2 ——主配电盘，包括断路器和电源 SPD；

3 ——包括了远程通信 SPD 的远程通信界面终端；

4 ——单相三线电源线路；

5 ——架空远程通信线路；

6 ——电源 SPD 元件：ZnO 压敏电阻；

7 ——等电位连接系统；

8 ——配电变压器；

9 ——MGCN：多点接地的公共中性点；

10——远程通信 SPD 元件：GDT。

图 O.2 用于试验性测试的电路原理图

图 O.2 给出了由于在电信接口部分的气体放电管动作，在通信电路中如何产生了一个电涌，导致产生加在 PC 上一个电压（电位差）U_{diff}。正如所看到一样，当电信接口部分的气体放电管动作时，电涌电流流入等电位接地系统，导致在通讯端口和 PC 电源端口之间产生了电位差。这是由于电涌电流 I_{surge} 流过水管时，水管电感 L 产生了电位差。产生的压降可以用以下公式计算：

$$U = R \times I_{surge} + L \times dI_{surge}/dt$$

式中：

dI_{surge}/dt ——流经水管的电流的时间变化率；

L ——水管电感加通信端口和等电位接地系统之间的接地电缆的电感。

图 O.3 显示了当从通信接口注入通讯业标准指定的冲击时得到的记录。对于 75 A/μs 的电涌电流变化率，回路中可感应得到峰值为 4.3 kV 的电压。这个感应电压会出现在个人计算机的两个端口之间（但是当然不能将计算机用于试验，这个回路应保持开路以便进行测量，没有必要把个人计算机放在试验中的危险情况中)。

注:8/20 不是在通讯业使用的唯一标准脉冲。ITU 利用 10/700 电压脉冲和 5/300 的电流脉冲(100 A),这可产生 10 A/μs 的电流变化率为。GB/T 18802.21 也使用许多不同的波形。

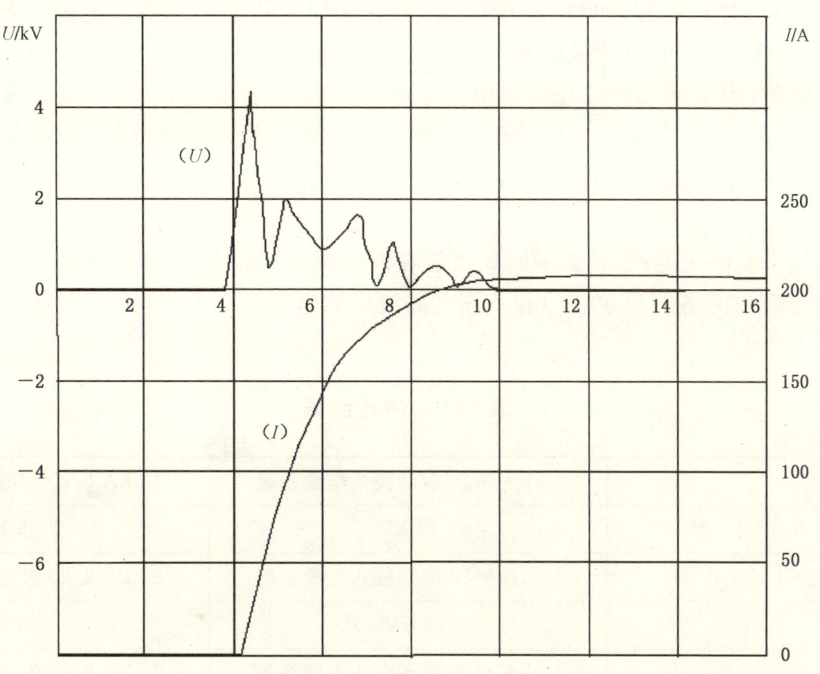

说明:

I ——通讯 SPD 上的电流:50 A/div,di/dt=75 A/μs;

U——通讯端口和保护接地导线(PE)之间的电压:2 kV/div,最大 4.3 kV。

水平时基:2 μs/div。

图 O.3 电涌过程中个人计算机/调制解调器的参考点之间所记录的电压

图 O.4 中描述了第二种实例。这描述一个电源(TT、相和中性点)提供了连接通讯线路的装置。对于两个网络等电位连接到本地的接地点,SPD 被安装在这些线路的入口处。为了研究这种情况,对个实际的事例进行了仿真。这个事例中,两个连接点是不同的,而且被一个电感(相当于这两点之间的距离)所分开。另一个 SPD(二极管)也被直接连接在设备前面的通讯线路上。L2 是气体放电管 GDT 和二极管之间的距离,L1 是通讯线路连接点和电源线连接点之间的距离。

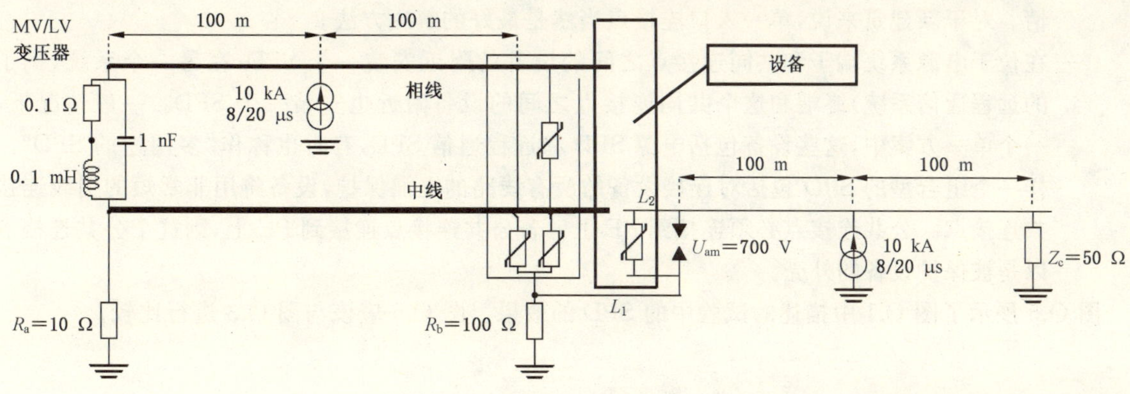

图 O.4 用于仿真的典型的 TT 系统

电涌电流对图 O.2 中远程通讯电路的影响已经通过计算机仿真进行了分析，而且已经得到了与实际测试相同的结果。变压器的高频模型和线路(两条线路都是 200 m)上的传播效应都被采用。电源的 SPD 是 ZnO 压敏电阻类型(限压元件)，远程通信线路的 SPD 是一个气体放电管(开关元件)。

接地阻抗 R_b 和气体放电管的放电电压(U_{am})是这次研究用到的参数。电源的 SPD(三种保护模式)标称放电电流为 10 kA 的，电压保护水平为 1.5 kV。

可得到以下结果：当 $L_1=L_2=10$ m，雷电击中电力网络时，长度为 L_1 的导线上有 12.5 kV 的电压降，当雷电击中通讯网络时，会有 35 kV 的压降。这个压降水平足以导致设备内产生闪络。

因此，即使两个网络都被 SPD 保护并且这两个网络都被连接到相同的接地系统上，也可能发生内部闪络。

为了使这些结果能够更通用，仿真的时候也要在两个网络上添加一些负载，结果是相同的。另外，也进行带有其他类型的网络(TN 和 IT)和不同电涌波形的仿真。

结果被归纳在表 O.1 中。

表 O.1 仿真结果

TN 系统	10 kA 8/20 浪涌侵入电源系统	10 kA 8/20 浪涌侵入通信线路
L_1 上的电压降	12 kV	35 kV
IT 系统，中相阻抗＝1 000 Ω	10 kA 8/20 浪涌侵入电源系统	10 kA 8/20 浪涌侵入通信线路
L_1 上的电压降	8 kV	35 kV
TT 系统	10 kA 8/20 浪涌侵入电源系统	10 kA 8/20 浪涌侵入通信线路
L_1 上的电压降	8 kV	23 kV

可以看出，关于设备闪络风险的结果与所有类型的电源系统相同。设备的最大耐受能力通常为 2.5 kV 左右，所以轻微冲击(只有 10 kA)产生的电压(8 kV～35 kV)大大超过了电涌耐受能力。

注： 10 kA 10/350 对于通讯线路来讲是不切实际的。当冲击电流为 2 kA 时，线路就会融化，通讯网络的测量值大约为 100 A，但是使用 10 kA 的值主要用于电源方面和通讯方面的比较。

合理的解决方法

为了避免以上的问题，有两种可能的解决方法：

——找到电缆线路的另一种路径，从而减少各种的线路(上述例子中所描述的远程通信和电源线)之间的回路尺寸，同时也降低了电感 L。但是对于已经存在的建筑物来说，不是一件简单的事情。对于新建筑来说，单一入口连接点当然是最好的解决方法。

——在位于电源系统端子和共同连接点之间的设备的附近安装一个 SPD，在另一个系统(例子中的远程通信系统)终端和这个共同连接点之间的设备附近也安装一个 SPD。一般情况下，在一个单一方案中，这些设备包括电源 SPD 和远程通信 SPD，有时也称作“多用途的 SPD”。这样一个组合型的 SPD 包括对连接设备的所有线路的电涌保护，设备将用非常短的引线连接公共连接点。公共连接点必须连接到 PE 上。若公共连接点连接到 PE 上，则这个公共连接点可以是被保护设备的外壳。

图 O.5 展示了图 O.1 中描述的试验中的 SPD 的效果。图 O.5 应该与图 O.3 进行比较。

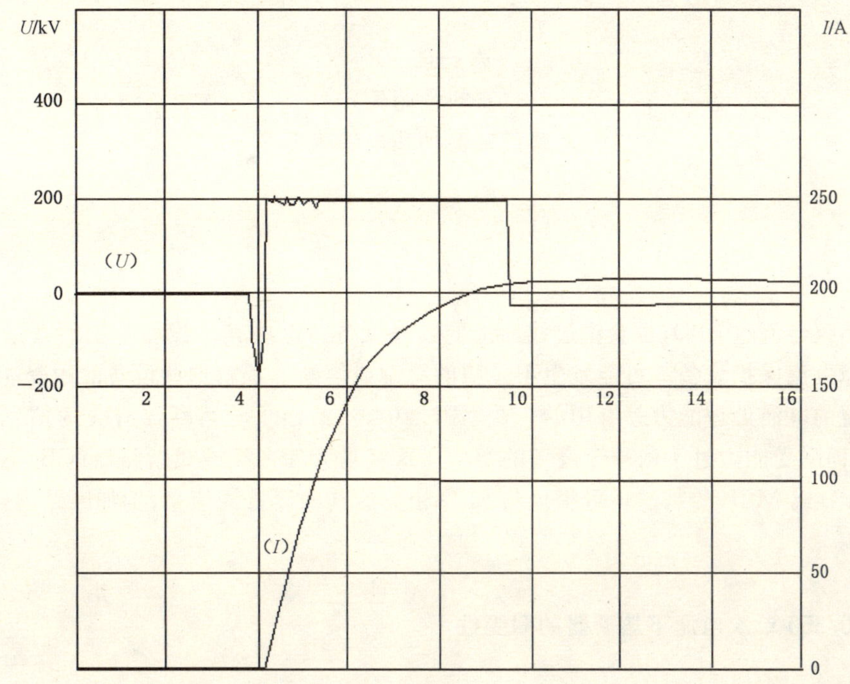

说明：

I——侵入电信 SPD 的电流　di/dt=75 A/μs；

U——保护体(PE)和电信端口之间的电压：200 V/div　最大 200 V。

水平扫描：2 μs/div。

图 O.5　多用途 SPD 应用于图 O.1 的电路时的电压和电流波形

附　录　P
（资料性附录）
短路后备保护和电涌耐受

P.1　简介

电涌电流不仅会流过SPD,也会流过线路上的其他设备。这些其他设备包括后备过流保护设备和其他类型的故障电流保护设备。可能发生不希望的跳闸或熔断。了解这些设备的耐受能力对于防止这些元件限制装置的电涌处理能力是有用的。在本附录中,只给出了与熔断器有关的信息。对于其他的技术,实际的电涌耐受能力过于依赖于设备的类型。这就是为什么机械式断路器(CB)不在本附录的考虑之中,但是SPD或MCB的制造厂可提供与SPD相关的其他设备的信息,例如断路器(MCB,MCCB,RCD等)。

P.2　8/20和10/350单次电涌下熔断器的耐受性

用I^2t进行波形计算并且与熔断器生产厂商提供的I^2t(1 ms)比较,是推测熔断器单次电涌耐受能力的一种可能的方法。

通过知道冲击的峰值就能够估算出冲击的I^2t,见以下公式:

——对于10/350波

$$I^2t=256.3\times I_{\text{crest}}^2$$

——对于8/20波

$$I^2t=14.01\times I_{\text{crest}}^2$$

这里,I_{crest}的单位为kA,I^2t的单位为$A^2\cdot s$。

例如:

——为了耐受8/20,9 kA电涌电流的单次冲击,后备保护熔断器必须有一个最小的弧前值,该值必须大于:

$$I^2t=14.01\times 9^2=1\ 134.8\ A^2\cdot s$$

注:对于32 A的gG型圆管式熔断器的典型弧前值为1 300 $A^2\cdot s$。

——为了耐受10/350,5 kA的冲击电流的单次冲击,后备保护熔断器必须有一个最小的弧前值,该值必须大于:

$$I^2t=256.3\times 5^2=6\ 407.5\ A^2\cdot s$$

注:对于63 A的gG型NH熔断器的典型弧前值为6 500 $A^2\cdot s$。

——一个具有24 000 A^2t的弧前值的新熔断器(100 A gG型圆管式熔断器)能够耐受的8/20单次冲击电流为:

$$I_{\text{crest}}=\sqrt{\frac{24\ 000}{14.01}}=41.4\ kA$$

P.3　预处理和动作负载试验的熔断器影响因素(降低系数)

在IEC 61643-1中描述的试验方法中,熔断器不仅要耐受单次冲击,还要耐受一个完整的序列(预处理试验和动作负载试验)。这些冲击能够降低熔断器的性能,从而降低了它们相对于单次冲击下的耐受能力(见 P.2)。

为了能够通过所有的预处理试验和动作负载试验,试验显示中要在单次冲击耐受值的基础上乘以 0.5～0.9 的降低系数。

需要考虑的三个主要因素:

——I_n 与 I_{max} 或 I_{imp} 之间的比例

预处理试验预处理是在 I_n(15 次冲击)下进行,而动作负载试验是在 I_{max} 或 I_{imp}(0,1;0,25;0,5;0.75 和 1 倍 I_{max} 或 I_{imp})的情况下进行。如果 I_n 值低于 I_{max} 或 I_{imp} 的峰值,由在 I_n 下进行的预处理试验引起的老化与 I_{max} 或 I_{imp} 应力相比可以忽略。相反,如果 I_n 值接近或者高于 I_{max} 或 I_{imp} 的峰值,预处理试验的冲击不能够被忽略。

——与熔断器单次冲击耐受能力相比的绝对值

当 I_n、I_{max} 或 I_{imp} 值接近最大值 I_{crest}(见图 O.2)时,每次冲击熔断器性能就会降低;反之,如果它们与最大值 I_{crest} 相差比较大,影响就可以被忽略。

——熔断器的偏差

熔断器生产厂家应该根据熔断器标准给出产品的偏差。这个偏差与真实的电涌耐受能力无关,也不能用于与之相关的计算。

P.4 熔断器单次冲击耐受能力降低系数估计范围的特殊示例

一个圆管式柱状 100 A 的 gG 熔断器假设能有 41.4 kA 8/20 波形的单次冲击耐受。

对于一个具有 I_{max}=40 kA 和 I_n=20 kA 的Ⅱ类试验的 SPD,经验显示这个熔断器不能够通过全部的预处理试验和动作负载试验。

正确的后备熔断器应是一个熔断值最小为 40 000 $A^2 \cdot s$ 的 125 A gG 的熔断器。从 P.2 中可以看出,一个最小熔断值为 40 000 $A^2 \cdot s$ 的熔断器能够耐受 53.4 kA,8/20 波单次冲击。

在这个示例中,熔断器的单次 8/20 冲击电流耐受最大值和通过全部测试的实际耐受值的比例为 0.75。

在表 P.1 中,给出了一些遵循相同的分析得出的特征值,其中对于Ⅱ类试验 SPD,I_{max} 是 I_n 的两倍;对于Ⅰ类试验 SPD,I_n 等于 I_{imp}。

表 P.1 单次冲击耐受能力和通过全部预处理/动作负载试验的耐受能力的比值的示例

熔断器的典型额定电流/A	典型弧前值,由 P.2 中的简化公式得到的电流峰值和实际试验值							
	Cyl gG				NH gG			
	弧前值	计算值	试验值	比率	弧前值	计算值	试验值	比率
	I^2t/($A^2 \cdot s$)	8/20	8/20		I^2t/($A^2 \cdot s$)	10/350	10/350	
25	800	7.6	5	0.66				
32	1 300	9.6	7	0.73				
40	2 500	13.4	10	0.75				
50	4 200	17.3	15	0.87				
63	7 500	23.1	17	0.73				
80	14 500	32.2	25	0.78				
100	24 000	41.4	30	0.72	20 000	8.8	5	0.57

表 P.1（续）

熔断器的典型额定电流/A	典型弧前值，由 P.2 中的简化公式得到的电流峰值和实际试验值							
	Cyl gG				NH gG			
	弧前值	计算值	试验值	比率	弧前值	计算值	试验值	比率
	I^2t/(A^2·s)	8/20	8/20		I^2t/(A^2·s)	10/350	10/350	
125	40 000	53.4	40	0.75	33 000	11.3	7	0.62
160					60 000	15.3	10	0.65
200					100 000	19.75	15	0.76
250					200 000	27.93	20	0.72
315					300 000	34.21	25	0.73

参 考 文 献

注:与引用相关的条款标识在下面的[ ]中。

[1] IEC 60038,IEC standard voltages.

[2] IEC 60364-4-42,Electrical installations of buildings—Part 4-42:Protection for safety—Protection against thermal effects.

[3] IEC 60364-4-43,Electrical installations of buildings—Part 4-43:Protection for safety—Protection against overcurrent.

[4] IEC 60999-1,Connecting devices—Electrical copper conductors—Safety requirements for screw-type and screwless-type clamping units—Part 1:General requirements and particular requirements for clamping units for conductors from 0,2 mm^2 up to 35 mm^2(included).

[5] IEC/TR 61000-5-6:2002,Electromagnetic compatibility (EMC)—Part 5-6:Installation and mitigation guidelines—Mitigation of external EM influences,under consideration.

[6] IEC/TR 62066:2002,Surge overvoltages and surge protection in low-voltage a.c.power systems—General basic information.

[7] IEEE C62.41.1,IEEE guide on the surge environment in low-voltage (1 000 V and less) AC power circuits.

[8] IEEE C62.41.2,IEEE recommended practice on characterization of surges in low-voltage (1 000 V and less) AC power circuits.

[9] IEC 61643-21,Low-voltage surge protective devices—Part 21:Surge protective devices connected to telecommunications and signalling networks—Performance requirements and testing methods.

[10] IEC 61643-22,Low-voltage surge protective devices—Part 22:Surge protective devices connected to telecommunications and signalling networks—Selection and application principles.

[11] Sharing of the current in case of direct strike to the structure [Annex I,I.1.2]

A.ROUSSEAU, P. AURIOL, A. RAKOTOMALALA, Lightning distribution through earthing systems,Hobart Lightning Protection Workshop,1992.

H.ALTMAIER,D.PELZ,K.SCHEIBE,Computer simulation of surge voltage protection in low voltage systems,ICLP,1992.

[12] Temporary overvoltages [4.1.3]:

M. CLEMENT, J. MICHAUD, Overvoltages on the low voltage distribution networks, CIRED,1993.

[13] Surge coordination between SPDs and RCDs or overcurrent devices [6.2.4.3]:

J.SCHONAU,F.NOACK,R.BROCKE,Coordination of fuses and overvoltages protection devices in low voltage mains.Fifth International Conference on Electrical Fuses and their Applications,1995.

[14] Coordination of SPDs [6.2.6]:

P. HASSE, P. ZAHLMANN, J. WIESINGER, W. ZISCHANK, Principle for an advanced coordination of surge protective devices in low voltage systems,ICLP 1994.

A.ROUSSEAU,T.PERCHE,Coordination of surge arresters in the low voltage field,INTELEC, 1995.F.MARTZLOFF,J.S.LAI,Coordinating cascaded surge protective devices:high-low versus low-high,IEEE IAS,1991.

J.HUSE et al.,Coordination of surge protective devices in power supply systems:need for a secondary protection,ICLP,1992.

[15] Risk analysis [Clause 7]:

A.ROUSSEAU,Choice of low voltage surge arresters based on risk analysis,Power Quality,1995.

General advice on protection of electronic equipment within or on structures against lightning, BS6651 Informative Appendix C,British Standards Institution,1992.

[16] Information [Annex A]:

IEC 60099-4:2004,Surge arresters—Part 4:Metal-oxide surge arresters without gaps for a.c.systems,1998.

[17] Environment [Annex C]:

IEEE Recommended practice on surge voltages in low-voltage a.c.power circuits C 62-41,1991.

[18] Application principles [Annex G]:

IEC 60099-5,Surge arresters—Part 5:Selection and application recommendations,1995.

[19] IEC 62305-3,Protection against lightning—Part 3:Physical damages to structures and life hazard.

ICS 29.240.10
K 30

中华人民共和国国家标准

GB/T 18802.21—2016/IEC 61643-21:2012
代替 GB/T 18802.21—2004

低压电涌保护器　第21部分：电信和信号网络的电涌保护器(SPD)性能要求和试验方法

Low-voltage surge protective devices—Part 21: Surge protective devices connected to telecommunications and signaling networks—Performance requirements and testing methods

(IEC 61643-21:2012,IDT)

2016-02-24 发布　　2016-09-01 实施

中华人民共和国国家质量监督检验检疫总局
中国国家标准化管理委员会　发布

前　言

GB/T 18802《低压电涌保护器(SPD)》共分为以下几个部分:

——GB 18802.1　低压电涌保护器(SPD)　第1部分:低压配电系统的电涌保护器　性能要求和试验方法

——GB/T 18802.12　低压电涌保护器(SPD)　第12部分:低压配电系统的电涌保护器　选择和使用导则

——GB/T 18802.21　低压电涌保护器　第21部分:电信和信号网络的电涌保护器(SPD)　性能要求和试验方法

——GB/T 18802.22　低压电涌保护器　第22部分:电信和信号网络的电涌保护器(SPD)　选择和使用导则

——GB/T 18802.31　低压电涌保护器:特殊应用(含直流)的电涌保护器　第31部分:用于光伏系统的电涌保护器(SPD)性能要求和试验方法

——GB/T 18802.311　低压电涌保护器元件　第311部分:气体放电管(GDT)规范

——GB/T 18802.321　低压电涌保护器元件　第321部分:雪崩击穿二极管(ABD)规范

——GB/T 18802.331　低压电涌保护器元件　第331部分:金属氧化物压敏电阻(MOV)规范

——GB/T 18802.341　低压电涌保护器元件　第341部分:电涌抑制晶闸管(TSS)规范

本部分为GB/T 18802的第21部分。

本部分按照GB/T 1.1—2009给出的规则起草。

本部分代替GB/T 18802.21—2004《低压电涌保护器　第21部分:电信和信号网络的电涌保护器(SPD)　性能要求和试验方法》。

本部分代替GB 18802.12—2004。

本部分与GB 18802.12—2004相比,主要技术变化如下:

——引言中将"保护装置"修改为"保护元件",将"IEC 61643-22"修改成为"GB/T 18802.22";

——统一将全文中的"浪涌"修改为"电涌",将"限压"修改为"电压限制",将"限流"修改为"电流限制";

——将表1中对SPD的要求细化为4个试验系列及其对应的分条款,将"有/无"要求修改为"适用/不适用/可选",并通过附注说明部分试验的注意事项;

——第2章"规范性引用文件"的修改如下,其中部分引用国家标准的变化是由于与其对应的IEC标准非等同采用:

- 将GB/T 5169.11—1997、GB/T 14733.2—1993和GB/T 14733.7—1993变更为GB/T 5169.11—2006、GB/T 14733.2—2008、GB/T 14733.7—2008;
- 删除了GB/T 2423.4—1993、GB 4208—1993、GB 4943—2011、GB/T 16896.1—1997、GB/T 16927.1—1997、GB/T 17626.5—1999、GB/T 17627.1—1998、GB 18802.1—2002;
- 增加了GB/T 18802.22—2008、IEC 60060-1:1989、IEC 60068-2-30:1980、IEC 60529、IEC 60950-1:1999、IEC 60999-1、IEC 61000-4-5、IEC 61083-1、IEC 61180-1:1992、IEC 61643-1、IEC 61643-11:2011、ITU-T K.44:2011、ITU-T K.55、ITU-T K.82、ITU-T O.9:1999;

——第3章列出的术语和定义修改如下:

- 修改了"最大中断电压""电涌保护器""限压""限流""不可自恢复的限流""可自恢复限流"

"自恢复限流""限压型 SPD""电压开关型 SPD""冲击耐受能力"的定义;

- 增加了"总放电电流""电涌(电信)""标称放电电流""额定电涌电流""冲击放电电流"的定义;

——第 4 章修改了"4.1 使用条件"中的"温度和湿度"的范围,增加了"4.1.2 特殊的使用条件",修改了"4.2 测试温度和测试湿度",修改了"4.3 SPD 测试"的部分内容;

——第 5 章增加了"5.1.1 标识和编制文件"的内容,完善了"5.1.2 标志"的要求,修改了"5.2.1.1 最大持续运行电压"的要求,将"5.3.4 防止触电"修改为"防直接接触",将"5.3.5 防火"修改为"阻燃",将"5.4.1 耐高温和高湿度的能力"修改为"高温高湿度耐受能力";

——第 6 章的修改如下:

- 在"6.1 标志"试验中,增加了浓度不低于 85%的正己烷可作为试剂;
- 在"6.2.1 限压试验"中,增加了试验电压的允差,纹波、频率的指标要求,规定了共模试验的强制性和差模试验的可选性。修改了"6.2.1.2 绝缘电阻""6.2.1.3 冲击限制电压""6.2.1.4 冲击复位时间""6.2.1.5 交流耐受试验""6.2.1.7 过载故障模式"的试验内容。增加了"6.2.1.6.1多端子 SPD 的附加试验"。修改了表 3 的内容;
- 在"6.2.2 限流试验"中,增加了在直流和交直流下的测量要求;
- 在"6.2.3 传输特性试验"中,修改了"纵向平衡试验"和"误码率(BER)"的试验内容;
- 在"6.3 机械特性试验"中,将"6.3.4 防止触电"和"6.3.5 防火试验"分别修改为"6.3.4 防直接接触"和"6.3.5 阻燃试验";
- 在"6.4 环境试验"中,将"6.4.1 耐高温和高湿度的试验"修改为"高温高湿度耐受试验",并规定了试验温度和湿度的允差范围;

——将"6.5 验收试验"修改为第 7 章;

——增加了图 16"有公共电流通路的多端子 SPD 的示例";

——删除了附录 B 的内容,增加了附录 B(空缺)、附录 C(空缺),附录 D,附录 E,附录 F 和附录 G。

本部分为等同采用 IEC 61643-21:2012《低压电涌保护器　第 21 部分:电信和信号网络的电涌保护器(SPD)　性能要求和试验方法》。

与本部分中规范性引用的国际文件有一致性对应关系的我国文件如下:

——GB/T 17627.1—1998 低压电器设备的高压试验技术　第 1 部分:定义、试验和程序要求(IEC 61180-1-1992,MOD)。

本部分由中国电器工业协会提出。

本部分由全国避雷器标准化技术委员会(SAC/TC 81)归口。

本部分主要起草单位:上海市防雷中心、西安高压电器研究院有限责任公司、上海电器科学研究院。

本部分参加起草单位:贵阳高新益舸电子有限公司、上海雷迅防雷技术有限公司、莱茵检测认证服务(中国)有限公司、菲尼克斯亚太电气(南京)有限公司、四川中光防雷科技股份有限公司、艾默生网络能源有限公司、深圳市盾牌防雷技术有限公司、华为技术有限公司、北京 ABB 低压电器有限公司、深圳市铁创科技发展有限公司、魏德米勒电联接(上海)有限公司、施耐德电气(中国)有限公司上海分公司、德力西电气有限公司、西安神电电器有限公司、上海联电实业有限公司、德和盛电气(上海)有限公司、北京突破电气有限公司。

本部分主要起草人:周歧斌、程文怡、颜沧苇、费自豪、张锦旸、黄勇、赵洋、赵新华、徐祝勤、雷成勇、孟奇、王新霞、郭亚平、戴传友、刘丽萍、何亨文、陶俊、刘振良、倪向宇、王炯祺、吴蕴岭、杨建峰。

本部分所代替标准的历次版本发布情况为:

——GB/T 18802.21—2004。

引　言

本部分旨在确定用于保护电信和信号系统(如低压数据回路、音频电路和报警电路)的电涌保护器(SPD)的要求。电信和信号系统可能会直接或通过感应而遭受雷电和电力线路故障的影响,致使系统承受足以造成损坏的过电压或过电流或者两者同时作用。电涌保护器(SPD)就是防止系统免遭由于雷电和电力线路故障产生的过电压和过电流作用的一种保护装置。本部分描述了试验项目和要求,根据这些试验和要求建立了对SPD进行试验和确定其性能的方法。

本部分中的SPD包括仅有过电压保护功能的元件和过电压过电流组合的保护元件。仅有过电流保护元件的SPD不是本标准的内容,但附录A中包含了仅含有限流保护元件的SPD。

一个SPD可以由几个过电压和过电流保护元件组成,但所有SPD的试验是以"黑箱"为基础,即,以SPD的端子数确定其试验程序,而不是由SPD内部的保护元器件数量决定。在1.2中给出了SPD的结构示意图。对于多路的SPD,每一路可以单独地进行试验,也可以根据需要同时对所有线路进行试验。

本部分的试验条件和试验要求的范围很宽,在使用时由用户自主决定。但1.3中给出了本部分中有关各类SPD的要求。本部分是一个性能标准,只对SPD能力提出要求,有关故障率及其解释由用户考虑。关于SPD的选用原则将包括在GB/T 18802.22中。

如果SPD是一个单元件器件,则它须满足有关标准以及本部分的要求。

低压电涌保护器　第21部分：电信和信号网络的电涌保护器(SPD)性能要求和试验方法

1　总则

1.1　范围

本部分适用于对受到雷电或其他瞬态过电压直接或间接影响的电信和信号网络进行防护的电涌保护器(以下称为SPD——Surge protective device)。

这些SPD的作用是对连接到系统标称电压最高为交流1 000 V(有效值)、直流1 500 V的电信网络和信号网络的现代电子设备进行保护。

1.2　SPD的结构

本部分所述SPD的结构如图1所示。每种SPD由一个或几个电压限制元件组成,并可能包含电流限制元件。

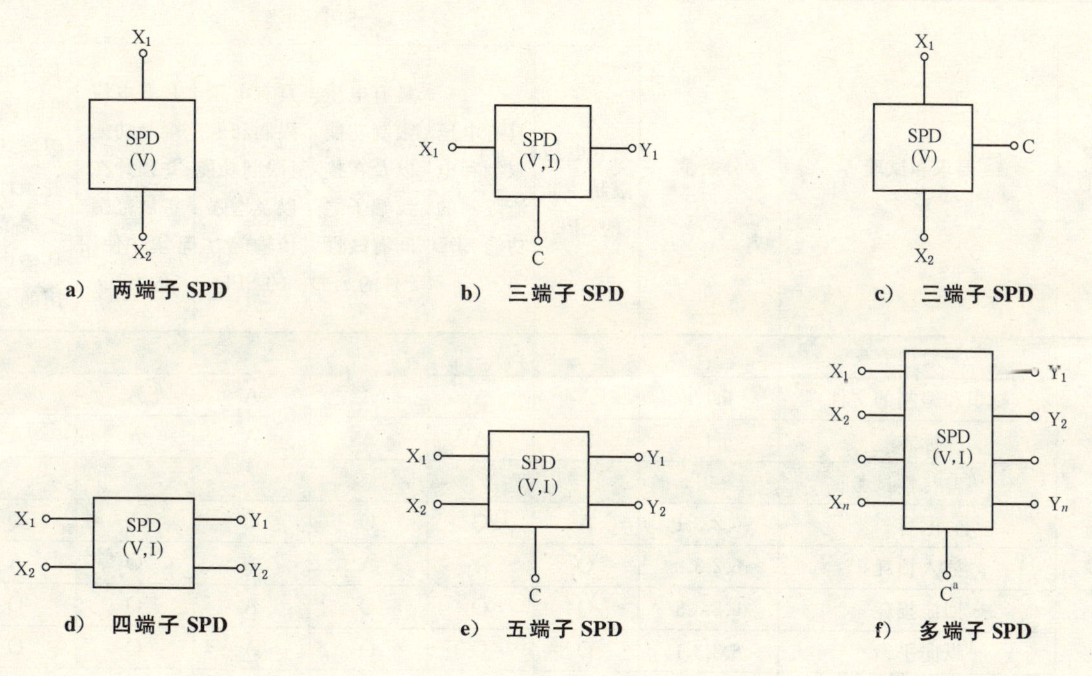

说明：

V　——电压限制元件；

V,I　——电压限制元件或电压限制元件与电流限制元件的组合；

$X_1, X_2 \cdots X_n$　——线路端子；

$Y_1, Y_2 \cdots Y_n$　——被保护的线路端子；

C　——公共端子。

[a] 可能不提供公共端子C。

图1　SPD的结构示意图

1.3 本部分的使用

本部分考虑两类基本的SPD。

第1类SPD内至少包含一个电压限制元件,但没有电流限制元件。图1中各种结构的SPD都属于这种类型。这些SPD应满足5.1、5.2.1和5.3的要求(见表1)。图1b)、1d)、1e)和1f)所示的SPD的线路接线端子和对应的被保护的线路接线端子之间可包含有一个线性元件。这样的SPD也应满足5.2.2中适用的要求。

第2类SPD内装有电压限制元件和电流限制元件。图1b)、1d)、1e)和1f)所示的SPD的结构形式适用于同时包含电压限制元件和电流限制元件的SPD。这样的SPD也应满足5.1、5.2.1、5.2.2和5.3的要求(见表1)。只包含电流限制元件的保护装置的结构见附录A。

根据应用情况SPD还需满足一些附加的要求,在5.2.3和5.4中阐述了这些附加要求(见表1)。

根据SPD在通信和信号网络中的应用情况,在5.2.3中提出了这些SPD可能需要符合的传输特性试验。根据预计的SPD的用途,应从5.2.3中选择适用的传输特性试验。表1对如何选择适用的传输特性试验提供了一般性的指导。

在5.4中提出了当SPD只在如4.1所述的不受控制的环境中使用时的环境要求。经过用户和制造商协商之后SPD应满足这些要求。表1给出了各种类型的SPD应满足的要求的示例。

表1 SPD的一般要求

试验系列[d]	要求和试验	分条款	SPD的类型					
			只有电压限制功能的SPD	具有电压限制和电流限制的功能SPD	具有电压限制功能以及在接线端子之间有线性元件的SPD	具有电压限制和电流限制功能以及增强传输能力的SPD	只有电压限制功能并预计在扩展范围环境中使用的SPD	具有电压限制、电流限制功能并预计在扩展范围环境中使用的SPD
1	一般检查	6.1						
	标识和编制的文件	6.1.1	A	A	A	A	A	A
	标志	6.1.2	A	A	A	A	A	A
	传输特性试验	6.2.3						
	电容	6.2.3.1	A	O	O	O	A	O
	插入损耗	6.2.3.2	O	A	A	A	O	A
	回波损耗	6.2.3.3	O	O	O	A	O	O
	纵向平衡	6.2.3.4	O	O	O	A	O	O
	误码率(BER)	6.2.3.5	O	O	O	O	O	O
	近端串扰(NEXT)	6.2.3.6	O	O	O	A	O	O
	机械特性试验	6.3						
	接线端子和连接器	6.3.1	A	A	A	A	A	A
	一般试验程序	6.3.1.1	A	A	A	A	A	A
	带有螺钉的接线端子	6.3.1.2	A	A	A	A	A	A
	无螺钉的接线端子	6.3.1.3	A	A	A	A	A	A
	绝缘穿刺的连接	6.3.1.4	A	A	A	A	A	A

表 1（续）

试验系列[d]	要求和试验	分条款	SPD的类型					
			只有电压限制功能的SPD	具有电压限制和电流限制的功能SPD	具有电压限制功能以及在接线端子之间有线性元件的SPD	具有电压限制和电流限制功能以及增强传输能力的SPD	只有电压限制功能并预计在扩展范围环境中使用的SPD	具有电压限制、电流限制功能并预计在扩展范围环境中使用的SPD
1	设计使用单芯导线的SPD端子的拉脱试验	6.3.1.4.1	A	A	A	A	A	A
	设计使用多芯电缆的SPD端子的拉脱试验	6.3.1.4.2	A	A	A	A	A	A
	机械强度（安装）	6.3.2	A	A	A	A	A	A
	防止固体异物和水分的有害进入	6.3.3	A	A	A	A	A	A
	防止直接接触	6.3.4	A	A	A	A	A	A
	阻燃试验	6.3.5	A	A	A	A	A	A
	环境试验	6.4						
	高温高湿度耐受试验	6.4.1	O	O	O	O	A	A
	冲击电涌下的环境循环试验	6.4.2	O	O	O	O	A	A
	交流电涌下的环境循环试验	6.4.3	O	O	O	O	A	A
2	电压限制试验	6.2.1						
	最大持续运行电压(U_c)	6.2.1.1	A	A	A	A	A	A
	绝缘电阻	6.2.1.2	A	A	A	A	A	A
	冲击耐受试验[a]	6.2.1.6	A	A	A	A	A	A
	冲击限制电压[b]	6.2.1.3	A	A	A	A	A	A
	开关型冲击复位试验	6.2.1.4	A	A	A	A	A	A
	交流耐受试验[a]	6.2.1.5	O	O	O	O	O	O
	盲点试验	6.2.1.8	A	A	A	A	A	A
	过载故障模式	6.2.1.7	O	O	O	O	O	O
3	电流限制试验	6.2.2						
	额定电流	6.2.2.1	A[e]	A	A	A	A[e]	A
	串联电阻	6.2.2.2	N.A.	A	A	A	N.A.	A
	电流响应时间	6.2.2.3	N.A.	A	N.A.	A[c]	N.A.	A[c]
	电流恢复时间	6.2.2.4	N.A.	A	N.A.	A[c]	N.A.	A[c]
	最大中断电压	6.2.2.5	N.A.	A	N.A.	A[c]	N.A.	A[c]
	动作负载试验	6.2.2.6	N.A.	A	N.A.	A[c]	N.A.	A[c]

表 1（续）

试验系列[d]	要求和试验	分条款	SPD的类型					
			只有电压限制功能的SPD	具有电压限制和电流限制的功能SPD	具有电压限制功能以及在接线端子之间有线性元件的SPD	具有电压限制和电流限制功能以及增强传输能力的SPD	只有电压限制功能并预计在扩展范围环境中使用的SPD	具有电压限制、电流限制功能并预计在扩展范围环境中使用的SPD
3	交流耐受试验[a]	6.2.2.7	N.A.	A	N.A.	A[c]	N.A.	A[c]
	冲击耐受试验[a]	6.2.2.8	N.A.	A	N.A.	A[c]	N.A.	A[c]
4	验收试验	6.5	O	O	O	O	O	O

注：A　适用

N.A.不适用

O　可选

[a] 对每类冲击试验，应用一组新试品进行。

[b] 允许在进行冲击耐受试验 6.2.1.6 时，同时测量冲击限制电压 6.2.1.3。

[c] 若端子间有线性元件，则试验不适用。

[d] 每一系列的试验在三个试品上进行。

[e] 只适用于四端子和五端子 SPD[见图 1d)和图 1e)]。

2 规范性引用文件

下列文件对于本文件的应用是必不可少的。凡是注日期的引用文件，仅注日期的版本适用于本文件。凡是不注日期的引用文件，其最新版本（包括所有的修改单）适用于本文件。

GB/T 5169.11—2006　电工电子产品着火危险试验第 11 部分：灼热丝/热丝基本试验方法　成品的灼热丝可燃性试验方法(IEC 60695-2-1/1:2000,IDT)

GB/T 14733.2—2008　电信术语　传输线和波导[IEC 60050(726):1982,IDT]

GB/T 14733.7—2008　电信术语　振荡、信号和相关器件[IEC 60050(702):1992,IDT]

GB/T 18802.22—2008　低压电涌保护器　第 22 部分：电信和信号网络的电涌保护器(SPD)选择和使用导则 (IEC 61643-22:2004,IDT)

IEC 60060-1:1989　高电压试验技术　第 1 部分：一般试验要求(High-voltage test techniques—Part 1: General definitions and test requirements)

IEC 60068-2-30:1980　电工电子产品基本环境试验规程试验　第 2 部分：试验 Db 交变湿热试验方法[Environmental testing—Part 2: Tests—Test Db and guidance: Dampheat, cyclic (12+12-hour cycle)]

IEC 60529　外壳防护等级(IP 代码)[Degrees of protection provided by enclosures (IP code)]

IEC 60950-1:1999　信息技术设备安全　第 1 部分：通用要求(Safety of information technology equipment)

IEC 60999-1　连接器件　铜导线　螺纹型和无螺纹型夹紧件的安全要求　第 1 部分：0.2 mm^2 到

35 mm² 导线用夹紧件的一般要求和特殊要求[Connecting devices-Electrical copper conductors-Safety requirements forscrew-type and screwless-type clamping units-Part 1: General requirements and particularrequirements for clamping units for conductors from 0,2 mm² up to 35 mm²(included)]

IEC 61000-4-5 电磁兼容 试验和测量技术 浪涌(冲击)抗扰度试验[Electromagnetic compatibility (EMC)—Part 4: Testing and measurementtechniques-Section 5-Surge immunity test]

IEC 61083-1 高电压冲击测量仪器和软件 第1部分:对仪器的要求(Digital recorders for measurementsin high voltage impulse tests—Part 1:Requirements for digital recorders)

IEC 61180-1:1992 低压电气设备的高电压试验技术 第1部分:定义和试验要求(High-voltage test techniques for low-voltage equipment—Part 1:Definitions, test and procedure requirements)

IEC 61643-1 低压配电系统的电涌保护器(SPD) 第1部分:性能要求和试验方法(Surge protective devices connected to low-voltage power distribution systems—Part 1: Performance requirements and testing methods)

IEC 61643-11:2011 低压电涌保护器(SPD) 第11部分:低压电源系统的电涌保护器—性能要求和试验方法(Surge protective devices connected to low-voltage power distributionsystems—Part 1: Performance requirements and testing methods)

ITU-T K.44:2011 对于暴露在过压和过流状态中的通信设备的抵抗力测试 基本建议(Resistibility tests for telecommunication equipmentexposed to overvoltages and overcurrents—Basic Recommendation)

ITU-T K.55 IDC终端的过电压和过电流要求[Overvoltage and overcurrent requirements for insulation displacement connectors (IDC) terminations]

ITU-T K.82 具有测试端口或SPD接点的终端模型的过电压和过电流要求(Characteristics and ratings of solid-state, self-restoringovercurrent protectors for the protection of telecommunications installations)

ITU-T 0.9:1999 评价对地不平衡度的测量装置

3 术语和定义

下列术语和定义适用于本文件。

3.1

型号 model number

在SPD上及其文件中用于识别SPD的代码。

3.2

优选值 preferred values

供各项试验优先选用的参数值。优选值的意义在于使用这些参数值促进了一致性和提供了在各种保护器件之间进行比较的手段。这些优选值也为使用电信和信号网络电涌保护器的用户和制造商提供了一种有益的、共同的工程语言。但对于特殊用途,可要求使用不同于表中所列的优选值。

3.3

过载故障模式 overstressed fault mode

模式1 SPD的电压限制部分已断开,电压限制功能不再存在,但是线路仍可运行;

模式2 SPD的电压限制部分已被SPD内部一个很小的阻抗所短路,线路不可运行,但是设备仍受到一个短路电路的保护;

模式3 SPD的电压限制部分网络侧内部开路,线路不运行,但是设备仍然受到开路保护。

3.4

保护 protection

阻止过强的干扰电能量穿过所设计的接口的方法和措施。

3.5

电流响应时间 current response time

在特定的电流和特定的温度下电流限制元件动作所需要的时间。

3.6

最大持续运行电压 maximum continuous operating voltage

U_c

可连续施加在SPD端子上,且不致引起SPD传输特性降低的最大电压(直流或交流有效值)。

3.7

最大中断电压 maximum interruption voltage

可施加在SPD电流限制元件上,且不致引起SPD特性降低的最大电压(直流或交流有效值)。该电压可等于或高于SPD的最大持续运行电压U_c,取决于SPD内部电流限制元件的配置。

3.8

电涌保护器 surge protective device

SPD

当由电涌引起的电压超过预定的电压水平时,用于限制指定端口电压的器件。

注1:可包含辅助功能,如限制终端电流的电流限制功能。

注2:通常,保护电路中至少包含一个非线性的电压限制元件。

注3:电涌保护器(SPD)是一个具有连线端子连接到电路导体的完整装配。

3.9

电压限制 voltage limiting

SPD降低所有超过预定电压值的一种功能。

3.10

电流限制 current limiting

SPD降低超过预定电流值的一种功能,至少包含一个非线性电流限制元件。

3.11

总放电电流 I_{Total} total discharge current I_{Total}

在总放电电流试验中,流过多端子SPD接地端(公共端子C)的电流。

注:也称之为"总电涌电流"。

3.12

可人工恢复电流限制 resettable current limiting

SPD在动作后可人工恢复电流限制的功能。

3.13

可自恢复电流限制 self-resettable current limiting

在干扰电流消失后,SPD能自动恢复电流限制的功能。

3.14

限压型SPD voltage clamping type SPD

这种SPD在无电涌出现时呈高阻抗,当电涌电压超过其阈值水平时,其阻抗会随着电流增大而不断降低。

注:电压限制型SPD常用元件有:压敏电阻(如MOV)和雪崩击穿二极管(ABD)。

3.15

电压开关型 SPD　voltage switching type SPD

这种 SPD 在无电涌出现时呈高阻抗，当电涌电压超过其阈值水平时，其突变为极低阻抗。

注：电压开关型 SPD 常用元件有：放电间隙、气体放电管(GDT)、电涌抑制晶闸管(TSS)。

3.16

电压保护水平　voltage protection level

U_p

表征一个 SPD 限制其两端电压的特性参数。该电压值大于冲击限制电压的最大实测值，由制造商确定。

3.17

多级 SPD　multi-stage SPD

具有不止一个电压限制元件的 SPD。这些电压限制元件可以是被一系列元件在电气上分离开，也可以不是。这些电压限制元件可以是开关型的，也可以是限压型的。

3.18

盲点　blind spot

高于最大持续运行电压 U_c，但可引起 SPD 不完全动作的工作点。所谓 SPD 的不完全动作是指一个多级 SPD 在冲击试验时不是所有各级都能动作。这可造成 SPD 中的一些元件遭受过载。

3.19

交流耐受能力　a.c.durability

表征 SPD 容许通过规定幅值的交流电流，并耐受规定次数的特性。

3.20

冲击耐受能力　impulse durability

表征 SPD 容许通过规定波形、峰值和次数的冲击电流的特性。

3.21

电流恢复时间　current reset time

一个自恢复电流限制器恢复到正常或静止状态所需要的时间。

3.22

额定电流　rated current

一个电流限制型 SPD 在不引起电流限制元件的阻抗产生变化的能持续流过的最大电流。

注：这也适用于线性串联元件。

3.23

绝缘电阻　insulation resistance

SPD 指定的端子之间施加最大持续运行电压 U_c 时呈现的电阻。

3.24

回波损耗　return loss

反射系数倒数的模，一般以分贝(dB)来表示。

注：当阻抗可以确定时，回波损耗(单位：dB)由下式给出：

$$20\lg \mathrm{MOD}[(Z_1+Z_2)/(Z_1-Z_2)]$$

式中：

Z_1——不连续处之前的传输线的特性阻抗或源的阻抗；

Z_2——不连续处之后的阻抗或从源和负荷之间的结合处看进去的负荷阻抗(GB/T 14733.7—2008)。

3.25

误码率　bit error ratio；BER

在给定时间间隔内，误码数与所传递的总码数之比。

3.26

插入损耗 insertion loss

由于在传输系统中插入一个 SPD 所引起的损耗。它是在 SPD 插入前传递到后面的系统部分的功率与 SPD 插入后传递到同一部分的功率之比。插入损耗通常用分贝(dB)来表示。(GB/T 14733.2—2008)。

3.27

近端串扰(NEXT) near-end crosstalk

串扰在被干扰的通道中传输,其方向与该通道中电流传输的方向相反。被干扰通道的端部基本上靠近产生干扰的通道的激励端,或与之重合。

3.28

纵向平衡(模拟音频电路) longitudinal balance(analogue voice frequency circuits)

组成一个线对的两根导线在电气上的对地对称。

3.29

纵向平衡(数据传输) longitudinal balance(date transmission)

一平衡电路中两个及两个以上导线的对地(或公共点)阻抗相似性的量度。该术语用来表示对共模干扰的敏感度。

3.30

纵向平衡(通信和控制电缆) longitudinal balance(communication and control cables)

骚扰的对地共模电压(纵向的)V_s(r.m.s.)与受试 SPD 的合成差模电压(金属线的)V_m(r.m.s.)之比,以分贝(dB)来表示。

注:以 dB 表示的纵向平衡值由下式给出:$20\lg(V_s/V_m)$,式中的 V_s 和 V_m 是以同一频率测量的。

3.31

纵向平衡(电信) longitudinal balance(telecommunications)

骚扰的共模电压(纵向的)V_s 与受试 SPD 的合成差模电压(金属线的)V_m 之比,以分贝(dB)来表示。

3.32

电涌(电信) surge (telecommunications)

从外部电源耦合在电信线路上的暂时的过电压或过电流,或两者兼有。

注 1:典型的电源是雷电和 AC/DC 电力系统。

注 2:电气耦合有以下一种或几种方式:电场、磁场、电磁场、传导。

3.33

标称放电电流 nominal discharge current

I_n

流过 SPD 具有 8/20 波形电流的峰值。

3.34

额定电涌电流 rated surge current

I_{SM}

流过 SPD 具有规定波形冲击电流的最大值。

3.35

冲击放电电流 impulse discharge current

I_{imp}

流过 SPD 具有 10/350 波形放电电流的峰值。

4 使用条件和测试条件

4.1 使用条件

4.1.1 正常使用条件

4.1.1.1 大气压力和海拔高度

大气压力 80 kPa～106 kPa。与之对应的海拔高度为 2 000 m～－500 m。

4.1.1.2 环境温度

正常范围：－5 ℃～＋40 ℃

注 1：该温度范围适用于户内型 SPD。对应的规范为 IEC 60364-5-51 的 AB4。

扩展范围：－40 ℃～＋70 ℃

注 2：该温度范围适用于安装在无气象防护措施位置的户外型 SPD，对应规范在 IEC 60721-3-3 的 3K7 类中。

存储温度范围：－40 ℃～＋70 ℃

注 3：所有超出值由制造商规定。

4.1.1.3 相对湿度

正常范围：5％～95％

注 1：该范围适用于户内型 SPD。对应的规范为 GB/T 16895.18 的 AB4。

扩展范围：5％～100％

注 2：该范围适用于安装在无气象防护措施位置的户外型 SPD(如未将 SPD 放在一个防风雨的外壳中)。

4.1.2 特殊的使用条件

处于以上正常使用条件以外的情况下的 SPD，在设计和应用时可能需要特别的考虑，并应提请制造商注意。

4.2 测试温度和测试湿度

SPD 应在温度为 25 ℃±10 ℃，相对湿度为 25％～75％的环境下测试。

如果制造商或用户要求，SPD 应在预期使用温度范围的极限温度下进行测试，依应用情况而定。所选的温度范围可比 4.1 的整个温度范围要窄。

对于特定的 SPD 工艺，可以预先知道所选择温度范围中只有一个极限温度代表最不利测试条件。在这种情况下只应在代表最不利测试条件的极限温度下试验。对同样的 SPD 工艺，在进行第 6 章中所述的各种测试时，这个极限温度可能不同。

当要求在极限温度下测试时，SPD 应有足够的时间逐渐地加热或冷却到极限温度，以免其受到热冲击。除非另有规定，最少应用 1 h 的时间。在试验前，应使 SPD 在规定的温度下保持足够的时间，以达到热平衡。除非另有规定，最少应用 15 min 的时间。

4.3 SPD 测试

在测试本部分所包括的 SPD 时，应使用这些 SPD 在现场安装时使用的连接器或接线端子。另外，应在这些 SPD 的连接器或接线端子处进行测量。对于那些带有接线座或插头的 SPD，其接线座或插头应是测试的一部分。

当应用在通信系统中，ITU－T 在 K 系列的保护支架(K.65)和终端模块(K.55)标准中给出了要求。

在用接线座进行试验时，应尽量靠近用于外部连接的 SPD 底座（端子模快）的端部进行测量。用于测量的波形记录仪器应符合 IEC 61083-1 中有关测量的专门规定。

注：对于波形记录仪器的设置，见附录 D。

图 1c)，1e)和 1f)中的 SPD 都可有一个总放电电流 I_{Total} 的公共电流通路（包括保护元件或仅内部连接），制造商应说明这个公共电流通路的最大总放电电流值。该电流值可能比每个线路端子的最大载流能力的 n 倍要小，n 等于线路端子的个数。

有关试品的抽样数量和允许的故障率等要由用户和制造商之间进行协商。

4.4 波形允许误差

波形参数 A/B 的定义遵照 IEC 60060-1:1989 的规定（也请见 IEC 61000-4-5），A 是波前时间（单位：μs），B 是半峰值时间（单位：μs）。表 2 列出了本部分所用波形的允许误差。

表 2 波形参数允许误差

波形参数	1.2/50 或 10/700 开路电压	8/20 或 5/320 短路电流	其他波形
峰值	±10%	±10%	±10%
波前时间	±30%	±20%	±30%
半峰值时间	±20%	±20%	±20%

5 要求

5.1 一般要求

下列要求适用于本部分包括的所有 SPD。

5.1.1 标识和编制的文件

a)～o)各项所列出的数据应标记在 SPD 上（按 5.1.2 所述），或编入在有关的文件中以及标注在包装盒上。在说明书中应对所用的任何缩略语加以说明。按第 6 章对 SPD 进行的各项试验的试验条件应在编制的文件中说明。

a) 制造商名称或商标；
b) 制造日期或产品序列号；
c) 型号；
d) 使用条件；
e) 最大持续运行电压 U_c（交流和/或直流）；
f) 额定电流；
g) 电压保护水平 U_p；
h) 冲击复位（如适用时）；
i) 交流耐受能力；
j) 冲击额定值（根据表 3 分类和对应的参数，如 C2:2 kV/1 kA）；
k) 过载故障模式；
l) 传输特性（对应于 SPD 预期的应用）；
m) 附加信息（如适用时）：

- 可替换元件
- 使用放射性同位素
- “i_n”和“交流过载电流”，如要求进行冲击过载试验(见 6.2.1.7)
- 电涌电流，如 I_{SM}，I_n，I_{imp}，I_{Total}

n) 串联电阻(如适用时)；

o) SPD 的类别和额定值(当类别印刷在 SPD 上，建议在类别上加方框，如[C2])。

5.1.2 标志

SPD 应清晰标记 5.1.1 中的以下几项：a)制造商名称或商标，b)生产过程的可追溯标记 c)型号和 e)最大持续运行电压。标志的材料在正常使用时应耐磨损，耐溶蚀。标志可在壳体的下方，但应让最终用户容易看到(如不使用工具)。在编制的文件中或包装上应有特殊处理的全部说明。按 6.1.2 进行符合性检查。

5.2 电气特性要求

在按第 6 章的各条款试验时，SPD 应满足下列要求。

5.2.1 电压限制要求

对只包含有电压限制元件的 SPD 应符合 5.2.1 中的所有要求。对既含有电压限制元件又含有电流限制元件的 SPD，应符合 5.2.1 中的所有要求以及 5.2.2 中所有适用的要求。

当 SPD 的线路端和被保护的线路端之间包含有线性元件时，该 SPD 应符合 5.2.2 中适用的要求。

5.2.1.1 最大持续运行电压(U_c)

制造商应规定适用于交流或直流电路中的 SPD 的最大持续运行电压。

应按 6.2.1.1 进行符合性检查。

5.2.1.2 绝缘电阻

这个特性应由制造商规定。应按 6.2.1.2 进行符合性检查。

5.2.1.3 冲击限制电压

在表 3 规定的试验条件下，SPD 应限制规定的冲击电压。测得的限制电压不应超过规定的电压保护水平 U_p。见 IEC 61180-1:1992。

表 3 冲击限制电压和冲击耐受能力试验用的电压和电流波形

<table>
<tr><th>类别</th><th>试验类型</th><th>开路电压 [a]</th><th>短路电流</th><th>最小试验次数</th><th>被试验的端子</th></tr>
<tr><td>A1</td><td>很慢的上升率</td><td>≥1 kV
上升率
0.1 kV/μs～100 kV/s</td><td>10 A，
≥1 000 μs(持续时间)</td><td>不适用</td><td rowspan="2">X_1—C
X_2—C
X_1—X_2 [b]</td></tr>
<tr><td>A2</td><td>AC</td><td colspan="2">从表 5 中选择试验项目</td><td>单次循环</td></tr>
</table>

表 3（续）

类别	试验类型	开路电压[a]	短路电流	最小试验次数	被试验的端子
B1	慢的上升率	1 kV 10/1 000	100 A,10/1 000	300	X_1—C X_2—C X_1—X_2[b]
B2		1 kV～4 kV, 10/700	25 A～100 A,5/320	300	
B3		≥1 kV, 100 V/μs	10 A～100 A,10/1 000	300	
C1	快的上升率	0.5 kV～2 kV 1.2/50	0.25 kA～<1 kA 8/20	300	
C2		2 kV～10 kV, 1.2/50	1 kA～<5 kA 8/20	10	
C3		≥1 kV 1 kV/μs	10 A～100 A 10/1 000	300	
D1	高能量	≥1 kV	0.5 kA～2.5 kA 10/350	2	
D2		≥1 kV	0.6 kA～2.0 kA 10/250	5	

注：表 3 所列的值是最低要求。

[a] 如果被试的 SPD 动作，使用的开路电压可与 1 kV 不同。

[b] 如有需要时，才进行端子 X_1—X_2 的试验。

为验证 U_p，必须施加一种上述 C 类波形的冲击。施加 5 次正极性和 5 次负极性冲击。

对于冲击耐受测试，必须施加一种上述 C 类波形的冲击，A1、B 和 D 类是可选的。

B1、B2、C1、C2 和 D2 类是电压驱动试验，因此“短路电流”这一栏显示的是在被测试品连接点处的预期短路电流。B3、C3 和 D1 类是电流驱动试验，因此要求的测试电流通过被测试品来调节，不应超过表 2 中给出的最大波形允差。对于电压驱动试验，所使用的发生器的有效输出阻抗，对于 B1 类应为 10 Ω，对于 B2 类为 40 Ω，对于 C1、C2 和 D2 类为 2 Ω。

5.2.1.4 冲击复位

本要求仅适用于开关型 SPD。在施加按表 3 选取的冲击波后，SPD 应能灭弧或恢复到它的静止状态。在施加这个冲击波期间，应把按表 4 选取的电压施加到 SPD 上。除非另有规定，SPD 应在 30 ms 或更短的时间内恢复到它的高阻抗状态。

表 4 冲击复位试验用的电源电压和电流

电源开路电压[b]/V	电源短路电流/mA
12	500
24	500
48	260
97	80
135	200[a]

[a] SPD 与由 135 Ω～150 Ω 的电阻和 0.08 μF～0.1 μF 的电容组成的串联支路相并联。

[b] 允差（包括纹波）+/−1%。

5.2.1.5 交流耐受能力

按 6.2.1.5 采用从表 5 选取的电流进行试验后，SPD 应满足 5.2.1 和 5.2.2(如适用时)中相关的要求。

表 5 交流耐受试验电流优选值

48 Hz～62 Hz 每个被试验端子上的短路电流[a](有效值)/A	试验持续时间/s	试验次数[b]	试验端子
0.1	1	5	X_1—C X_2—C X_1—X_2^c
0.25	1	5	
0.5	1	5	
0.5	30	1	
1	1	5	
1	1	60	
2	1	5	
2.5	1	5	
5	1	5	
10	1	5	
20	1	5	

[a] 表 5 所列的值为最低要求。
[b] 在其他标准(如 ITU-T 的 K 系列标准)中试验次数可能不同。
[c] 如有需要时，才应试验端子 X_1—X_2。

5.2.1.6 冲击耐受能力

按 6.2.1.6 采用从表 3 选取的电流和电压波形进行试验后，SPD 应满足 5.2.1 和 5.2.2(如适用时)中相关的要求。

5.2.1.7 过载故障模式

当按 6.2.1.7 对 SPD 进行试验时，不应引起火灾、爆炸或触电危险，不应放出有毒烟气。

制造商应提供导致出现如 6.2.1.7 所述故障模式的冲击电流(8/20)值和交流电流值。

5.2.1.8 盲点

如果从制造商那里得不到有关盲点的资料，或者希望对制造商的数据加以验证，则应按 6.2.1.8 所述的方法对多级 SPD 进行试验。

5.2.2 电流限制要求

当 SPD 由电压限制元件和电流限制元件组合而成时，电流限制元件应符合 5.2.2 中所有适用的要求。对线路端子间接有线性元件(例如电阻器、电感器)的 SPD，应符合 5.2.2.1，5.2.2.2，5.2.2.7 和 5.2.2.8 的要求。

5.2.2.1 额定电流

制造商应规定额定电流。为了确认这个额定电流的值，应按 6.2.2.1 试验 SPD。在做试验时，不应引起 SPD 的电流限制元件运行特性的改变。

5.2.2.2 串联电阻

制造商应规定串联电阻的阻值及允许偏差。为了确认串联电阻的阻值,应按 6.2.2.2 对 SPD 进行试验。

5.2.2.3 电流响应时间

当按 6.2.2.3 试验时,电流限制元件应在不超过制造商规定的响应时间内动作。表 6 给出了试验电流的优选值。见 ITU-T 的 K.30。

表 6 测量响应时间的试验电流

试验电流/A
1.5×额定电流
2.1×额定电流
2.75×额定电流
4.0×额定电流
10.0×额定电流

5.2.2.4 电流恢复时间

装有一个及以上的可自恢复电流限制元件的 SPD 应按 6.2.2.4 进行试验。除非另有规定,恢复时间或电流限制元件返回到它们的静止状态所需要的时间应小于 120 s。

这个要求不适用于装有可人工恢复电流限制元件的 SPD。

5.2.2.5 最大中断电压

本要求只适用于装有可自恢复或可人工恢复电流限制元件的 SPD。SPD 的制造商应规定这些电流限制元件的最大中断电压。最大中断电压按 6.2.2.5 进行试验来核实。在试验之后,电流限制元件的工作特性不应降低。

5.2.2.6 动作负载能力

本要求只适用于装有可自恢复或可人工恢复电流限制元件的 SPD。SPD 应能承受重复施加的最大中断电压。应从表 7 中选择足以使电流限制元件动作的电流。在经过这些试验之后,电流限制元件应满足 5.2.2.3 和 5.2.2.4 的要求。

表 7 动作负载试验电流的优选值

电流(直流或有效值)/A	试验次数
0.5	60
1	10
3	5
5	5
10	3

5.2.2.7 交流耐受能力

SPD 应能承受反复施加的规定的电流，表 8 显示了交流电流的优选值。在经过这些试验之后，SPD 内的电流限制元件应满足 5.2.2.1，5.2.2.2 和 5.2.2.3 的要求。

表 8 交流试验电流的优选值

<table>
<tr><th>48 Hz～62 Hz
短路电流(有效值)/A</th><th>试验持续时间/s</th><th>试验次数</th><th>试验端子</th></tr>
<tr><td>0.25</td><td>1</td><td>5</td><td rowspan="8">X_1—C
X_2—C
X_1—X_2</td></tr>
<tr><td>0.5</td><td>1</td><td>5</td></tr>
<tr><td>0.5</td><td>30</td><td>1</td></tr>
<tr><td>1</td><td>1</td><td>5</td></tr>
<tr><td>1</td><td>1</td><td>60</td></tr>
<tr><td>2</td><td>1</td><td>5</td></tr>
<tr><td>2.5</td><td>1</td><td>5</td></tr>
<tr><td>5</td><td>1</td><td>5</td></tr>
</table>

5.2.2.8 冲击耐受能力

SPD 应能承受规定次数和规定峰值的冲击电流的作用，表 9 显示出了优选值。按 6.2.2.8 施加这些冲击电流之后，SPD 的电流限制元件应满足 5.2.2.1，5.2.2.2 和 5.2.2.3 的要求。

表 9 冲击电流的优选值

<table>
<tr><th>开路电压</th><th>短路电流</th><th>试验次数</th><th>试验端子</th></tr>
<tr><td>1 kV</td><td>100 A，10/1 000</td><td>30</td><td rowspan="5">X_1—C
X_2—C
X_1—X_2</td></tr>
<tr><td>1.5 kV，10/700</td><td>37.5 A，5/320</td><td>10</td></tr>
<tr><td>最大中断电压</td><td>25 A，10/1 000</td><td>30</td></tr>
<tr><td>最大中断电压</td><td>ITU-T K.44 中的
图 A.3-1(R＝25 Ω)</td><td>10</td></tr>
<tr><td>4 kV，1.2/50</td><td>2 kA，8/20</td><td>10</td></tr>
</table>

5.2.3 传输特性要求

除了 5.2.1 和 5.2.2 的要求以外，SPD 视其在电信和信号系统中的应用情况(例如，声音、数据和图象)，还可能需要符合 5.2.3 的特定的要求。表 1 给出了选择合适的传输特性试验的指南。

5.2.3.1 电容

制造商应说明指定端子之间的电容的值。应按 6.2.3.1 进行试验来确认。

5.2.3.2 插入损耗

应按 6.2.3.2 试验 SPD，以确定因 SPD 插入到试验系统中而引起发生器和测量设备之间的电压降低。

5.2.3.3 回波损耗

应按 6.2.3.3 试验 SPD。这将确定在规定的频率范围内由于 SPD 插入到匹配的传输线引起返回到信号源的信号的总量。

5.2.3.4 纵向平衡

应按 6.2.3.4 试验 SPD。该试验确定平衡电路中使用的 SPD 可接受最小的纵向平衡值。应在所考虑应用的频率范围内测量纵向平衡。

5.2.3.5 误码率(BER)

应按 6.2.3.5 试验 SPD。该试验确定了是否因 SPD 插入而在数字传输系统中引起误码。

5.2.3.6 近端串扰(NEXT)

应按 6.2.3.6 试验 SPD。该试验确定了由于 SPD 的插入而引起的从一个回路耦合到另一个回路的信号的总量。

5.3 机械特性要求

SPD 应符合下列的机械特性要求。然而,某些机械要求可由国家法规代替。

5.3.1 接线端子和连接器

a) 接线端子和连接器应固定在 SPD 上,即使在拧紧和旋松夹紧螺钉或锁紧螺母时,接线端子和连接器也不应松动。应使用工具来拧紧和旋松夹紧螺钉或锁紧螺母。

b) 螺钉、载流部件和连接件

   1) 无论是电气连接还是机械连接,都应能承受正常使用情况下出现的、以及大电流冲击产生的机械应力。

      安装时不要使用自攻丝型的螺钉固定 SPD。

      通过直观检查和按 6.3.1.2 进行试验来验证其是否符合要求。

   2) 在设计电气连接时,除非金属部件具有足够的弹性以补偿绝缘材料的任何可能的收缩或变形,接触压力不应通过绝缘材料来传递(陶瓷、纯云母或其他具有同样特性的材料除外)。

      通过直观检查来验证其是否符合要求。

      根据几何尺寸大小来考虑材料的适用性。

   3) 载流部件和连接件,包括用于接地的导体(如有的话)的材料应是:

      ——铜;

      ——对于冷加工零件,是至少含铜 58%的合金;

      ——对于非冷加工零件,是至少含铜 50%的合金,或是耐腐蚀性不比铜差并具有同样合适机械特性的其他金属或适当镀复层的金属。

   在 IEC 61643-1 中包含有关于特殊接线端子的机械连接的要求。

c) 外部连接件用的无螺钉型接线端子

   1) 接线端子的设计和制造,应:

      ——每根导线是单独被夹紧的,且这些导线可同时或各自分别地接入或拆除;

      ——可牢固地夹紧所提供最大数目的导线。

   2) 接线端子的设计和制造,应使其在夹紧导线时不会过度地损伤导线。

通过直观检查来验证其是否符合要求。

d) 绝缘穿刺连接外部导线

1) 绝缘穿刺的连接应为可靠的机械连接。

通过直观检查和按 6.3.1.4 进行试验来验证其是否符合要求。

2) 对于产生接触压力的螺钉不应再作为固定其他的元件之用，尽管它们可固定 SPD 或者防止其转动。

通过直观检查来验证其是否符合要求。

3) 不应用软金属或容易塑性变形的金属制造螺钉。

通过直观检查来验证其是否符合要求。

e) 耐腐蚀金属

除了夹紧螺钉外，锁紧螺母、夹卡、止推垫圈、金属线和类似的零件，夹紧件应由耐腐蚀的金属制造（见 IEC 60999-1:1999）。

5.3.2 机械强度（安装）

应为 SPD 提供保证其机械稳定性的合适的安装措施。

5.3.3 防止固体异物和水分的有害进入

在设计 SPD 时，应考虑其在 4.1 所述的使用条件下令人满意地运行。安装在户外的 SPD 应装在由玻璃、上釉陶瓷或其他可接受的能防止紫外线辐射、耐腐蚀、耐电蚀和耐漏电起痕材料制成的防护罩内，以避免天气的影响和防止固体异物进入。

任何两个具有不同电位的部件之间应具有足够的表面爬电距离。

5.3.4 防直接接触

为防止直接接触（及带电部件不可触及），SPD 的设计应保证在使用场所安装时，带电部件不能被接触到。这个要求适用于最大持续运行电压 U_c 超过交流 50 V（有效值）或直流 71 V 的可触及的 SPD。

除了不可触及类的 SPD 外，其他 SPD 的设计，都应考虑它们在按正常使用情况接线和安装时，即使把一些不借助工具就可以移动的部件移走之后，带电部件仍是不可触及的（按 6.3.4 的绝缘部件试验进行检查）。

接地的端子之间的连接线，以及所有连接到这些端子的可触及的部件，应具有低的电阻（见 IEC 60529）。

5.3.5 阻燃

外壳的绝缘部件应是不易燃的，或是能自熄灭的。

在有些国家，可采用国家法规中的有关规定。

5.4 环境要求

只在 4.1 所述不受控制的环境中使用的 SPD，应符合由用户和制造商之间协商确定的下列环境要求。

5.4.1 高温高湿度耐受试验

应把 SPD 暴露在温度为 80 ℃、相对湿度为 90% 的环境中。暴露的持续时间应从表 15 中选择。仅针对预计在不受控制的环境中使用的 SPD，按 6.4.1 进行试验。在试验之后，SPD 的电压限制元件应满足 5.2.1.2 和 5.2.1.3 的要求。如果受试 SPD 装有电流限制元件，则这些元件应满足 5.2.2.2 和 5.2.2.3

的要求。

如果除了 U_c 之外，SPD 的制造系列号相同，以及除了与规定的 SPD 的 U_c 相配合的电压限制元件和电流限制元件的额定电压有变化外，所使用的部件是相同的，那么应只对有最高的电压保护水平的 SPD 进行试验。

5.4.2 冲击电涌下的环境循环试验

SPD 应在高湿度和传导冲击电流的条件下经受温度循环试验。应从表 16 中选取温度循环的类型。

在循环试验期间和试验之后，SPD 的电压限制元件应满足 5.2.1.2 和 5.2.1.3 的要求。如果受试 SPD 装有电流限制元件，则这些元件应满足 5.2.2.2 和 5.2.2.3 的要求。

试验仅针对使用于不受控制的环境中的 SPD，试验应按 6.4.2 进行。

如果除了 U_c 之外，SPD 的制造序列号相同，以及除了与规定的 SPD 的 U_c 相配合的电压限制元件和电流限制元件的额定电压有变化外，所使用的元件是相同的，那么只应对有最高的电压保护水平的 SPD 进行试验。

5.4.3 交流电涌下的环境循环试验

在高湿度和传导交流电流的条件下，SPD 应经受温度循环试验。这些电流和它们的持续时间应从表 5 中选取。温度循环的类型应从表 16 中选取。

在循环试验期间和试验之后，SPD 的电压限制元件应满足 5.2.1.2 和 5.2.1.3 的要求。

试验仅针对使用于不受控制的环境中的 SPD，试验应按 6.4.3 进行。

如果除了 U_c 之外，SPD 的制造系列号相同，以及除了与规定的 SPD 的 U_c 值相配合的电压限制元件和电流限制元件的额定电压有变化外，所使用的元件是相同的，那么只应对有最高的电压保护水平的 SPD 进行试验。

6 型式试验

6.1 一般检查

6.1.1 标识和编制的文件

经过检查，标志和编制的文件应满足 5.1.1 的要求。

6.1.2 标志

对标志牌应进行检查验证。除了用压制、模制以及雕刻方法制造的标志牌以外，所有其他各种类型的标志牌应进行下列验证检验。

该检验是用手把一块用水浸透的棉花擦拭标志 15 s，然后再用一块浸湿已烷溶剂（芳香剂的容积含量最多为 0.1%、贝壳松脂丁醇值为 29、初始沸点近似为 65 ℃、比重为 0.68 g/cm^3）的棉花擦拭 15 s。试验后，标志应清晰可见。

做为替代方案，也允许使用最低为 85%正己烷的试剂级己烷。

注：该“正己烷”的化学系统命名法为“正常”或直链烃。该溶剂可进一步被确定为 ACS（美国化学学会）认证的试剂级已烷（CAS＃110-54-3）。

6.2 电气特性试验

6.2.1 电压限制试验

如果没有其他规定，对所有试验中要求的电源电压 U_c 或最大中断电压，其试验电压允差为＋0/

−5%。如果为直流，最大纹波不应超过5%。如果为交流，试验应在50 Hz或60 Hz下进行，除非制造商有其他规定。

共模试验(X_1—C，X_2—C)是所有电压限制试验必须的，差模试验(X_1—X_2)是可选的。

注：测量U_p的基本电路见资料性附录F。

6.2.1.1 最大持续运行电压(U_c)

应在按6.2.1.2测试绝缘电阻的期间对U_c进行验证。

6.2.1.2 绝缘电阻

应按两种极性分别各测一次一对端子的绝缘电阻。试验电压应等于最大持续运行电压U_c。如果SPD的U_c有直流值和交流值，SPD应用直流测量；如果SPD的U_c只有交流值，也采用直流测量，其直流电压根据$U_{dc}=U_{c\ ac}\times\sqrt{2}$来计算。对于有极化结构(依赖于极性)的直流SPD，试验应仅在单极下进行。应测量流过被测端子间的电流。

绝缘电阻等于装置端子间施加的试验电压除以测量电流。绝缘电阻应等于或高于制造商给定的值。

6.2.1.3 冲击限制电压

试验SPD时，应把从表3中C类选取的冲击电压施加到适当的端子上。应根据冲击耐受试验(见6.2.1.6)确定的SPD通流容量选择电流水平。应使用相同的冲击进行冲击限制电压和冲击耐受试验。表3所列的值都是最低要求，其他电涌电流额定值可以在相关ITU-T K标准中查找。

注1：对于A、B、D类，测试冲击限制电压U_p不是必须的。

施加正、负极性冲击各五次，所使用的冲击发生器应具有从表3中选取的开路电压和短路电流。

在不带负载的情况下，测量每次冲击的限制电压。在适当的端子上测得的最大电压不应超过规定的电压保护水平U_p。在两次冲击试验之间应允许有充分的时间，以防止热量积累。不同的SPD存在不同的热特性，因此在两次冲击之间需要有不同的时间。

注2：详细的冲击记录仪器的设置信息可参阅附录D。

如有需要，可在图1c)和1e)所示的X_1—X_2端子上施加冲击。

对图1c)和1e)所示的SPD应分别或同时以相同的极性对每对端子(X_1—C和X_2—C)进行试验。

带有公共电流通路的SPD(参见4.3)，试验时还应测量没有施加冲击的线路端子上的电压，其值不应超过电压保护水平U_p。

6.2.1.4 冲击复位试验

SPD应按图2所示进行接线。冲击复位电压和电流值应从制造商的参数表中选取，或根据制造商的说明从表4中的电压/电流组合中选取。这些电源表征了常用的系统值。交流SPD须用交流进行测试，直流SPD须用直流进行测试，交/直流两用的SPD须用直流。根据直流SPD的结构，测试可仅在单极性上进行。如果进行交流试验，冲击发生器必须和交流电源同步(通常在30°和60°相位角)。

应从表3的B1或C1中选取冲击电压和冲击电流的波形，开路电压的峰值应足够大，以保证SPD的电压限制元件能动作。冲击电压的极性与电压源的极性相同。冲击复位时间定义为从施加冲击时开始至SPD返回到它的高阻抗状态的一段时间。

应施加一个正极性冲击和一个负极性冲击，每次冲击间隔的时间不大于1 min，并应测量每次冲击的恢复时间。

注：当直流电源和冲击发生器的极性反转时，去耦装置(图2)中二极管的极性须反转。

6.2.1.5 具有电压限制功能 SPD 的交流耐受试验

SPD 应按图 3 所示进行接线。应从表 5 选取交流短路电流。在两次试验之间应有足够的时间防止受试器件热量积累，施加电流要达到规定的次数。施加的交流试验电压应足够大，以使 SPD 电压限制元件完全导通。在试验前和完成施加要求次数的交流电流之后，SPD 应满足 5.2.1.2、5.2.1.3、5.2.1.4（如适用时）和 5.2.2.2 的要求。

从表 5 中选取的电流应施加到合适的端子上。

如制造商或顾客有需要，可另外在如图 1c)、1e) 和 1f) 所示 SPD 的 X_1—X_2 端子上施加电流。

对测试图 1c)、1e) 和 1f) 所示的 SPD，可分别对每对端子（X_1—C 和 X_2—C）进行试验。

对具有公共电流通路的 SPD 的试验见 4.3。否则，对多端子 SPD 分别在每个线路端子与公共端子之间进行试验。

6.2.1.6 具有电压限制功能 SPD 的冲击耐受试验

应使用从表 3 中 C 类选取的冲击对 SPD 进行试验，并施加到从表 3 选择的合适的端子上。应使用与 6.2.1.3 的冲击限制电压试验相同的冲击。可用从 A1、B、C 和 D 类中选取的，以及在 SPD 文件中列出的其他冲击进行附加的试验。然而，这些试验是可选的，只有对适用的 SPD 才做这些试验。

SPD 应按图 4 所示进行接线。施加冲击电流要达到表 3 所规定的最少次数。在两次试验之间要有足够的时间，以防止试品的热量积累。对一种极性的试验次数应为规定次数的一半，接着对相反极性做剩下的一半次数的试验。或者，对一半的试品做一种极性的试验，而另一半试品做相反极性的试验。在试验前和完成规定次数的试验之后，SPD 应满足 5.2.1.2、5.2.1.3（每种极性做一次冲击）、5.2.1.4（如适用时）和 5.2.2.2（如适用时）的要求。

如有需要，可在图 1c) 和 1e) 所示 SPD 的 X_1—X_2 端子上施加冲击电流。

对图 1c) 和 1e) 所示的 SPD，可分别对每对端子（X_1—C 和 X_2—C）进行试验。对图 1f) 所示的 SPD，如果所有的端子对公共端都有相同的保护电路，选择两个端子作为代表性的样品就足够了。

6.2.1.6.1 多端子 SPD 的附加试验

如果制造商声称总放电电流，则应根据以下内容重复 6.2.1.6 的试验。

如果 SPD 的总放电电流能力等于单根线路冲击电流能力（如总放电电流＝10 kA，单根线路放电电流＝10 kA），则不需要进行该试验。

多端子 SPD（图 1c，图 1f，图 1e）的总放电电流可能流过公共元件并连接到接地端。图 16 显示了两个例子。所有被保护线路的放电电流等于总放电电流除以线数。同时施加冲击是为证明公共电流路径有足够的通流能力。试验后 SPD 不应损坏。该试验也证明 SPD 的内部连接有足够的通流能力。

耦合网络不应显著影响到试验冲击。C1 类和 C2 类试验冲击的 8/20 波形的波前和半峰值时间的允差为±30％。

注：如果无法达到上述的波形参数，可使用制造厂提供的改动过的 SPD 进行试验，其中图 16 所示的星形保护电路的每个“独立保护单元”被短路。试验期间，所有的输入端 X_1 到 X_n 都连接在一起。

6.2.1.7 过载故障模式

SPD 应经受冲击过载和交流过载电流。对图 1c)、1e) 和 1f) 所示的 SPD 进行试验时，可分别对每对端子（X_1—C 和 X_2—C）进行试验。对于 1f) 所示的 SPD，选择两个端子进行试验。应采用不同的试品进行冲击电流和交流电流试验。

为确定 SPD 是否进入如 3.3 所述的可接受的过载故障模式，应根据使用情况进行绝缘电阻试验、限制电压试验和串联电阻试验。SPD 应在安全的情况下达到过载故障模式，而不会引起火灾、爆炸、触电危险或释放有毒烟气。

注 1：对于多级 SPD，允许有不同的失效模式（例如 X_1—C 可具有模式 2，X_1—X_2 可具有模式 1）。

冲击过载电流试验

SPD 应按图 4 所示进行接线。应将制造商规定的 8/20 μs 冲击电流 i_n 按如下公式施加到 SPD 上：

$$i_{\text{test}} = i_n(1+0.5N)$$

试验序号是从 $N=0$ 开始（$i_{\text{test}}=i_n$）。对后续的每一个试验，N 增加 1。序号最大为 $N=6$。如果在这些试验之后，SPD 没有进入过载状态，则应利用交流电流进行过载故障模式试验。

注 2：如果 i_n 超过组合波发生器的输出能力，应使用 8/20 冲击电流发生器。流过 SPD 的电流峰值应调整到指定和计算的冲击电流 i_n 值。

交流过载电流试验

SPD 应按图 3 所示进行接线。交流过电流试验值应由制造商规定。电流应施加 15 min。开路电压（50 Hz 或 60 Hz）的幅值应足够高，以使 SPD 完全导通。

注 3：调整得到的测试电流即电源的短路电流。

6.2.1.8 盲点试验

为了确定在多级 SPD 中是否存在盲点，应使用一个新试品进行下列的试验：

a) 选取在确定 U_p 时使用过的相同的冲击波形（见 6.2.1.3），在施加冲击期间，用示波器测量冲击限制电压和电压波形图。

b) 把开路电压降低至 a）中使用的电压值的 10%，同时用示波器监视施加到 SPD 的正极性冲击限制电压。限制电压波形应与 a）中的不同。如果不是这样，就选取一个较低的开路电压值。但是，该电压应大于最大持续运行电压 U_c。

c) 施加 a）中使用的电压值的 20%、30%、45%、60%、75%和 90%的正极性冲击，同时连续地监视冲击限制电压的波形。

d) 在某一百分数的开路电压处，当冲击限制电压波形回到 a）中所确定的波形时，停止改变电压。

e) 把开路电压减少 5%，再做试验。以后每次把开路电压减少 5%，直到获得 b）中记录的波形。

f) 用此开路电压值，施加两次正极性冲击和两次负极性冲击。

在进行了 a）～f）项的试验之后，SPD 应满足 5.2.1.2 的要求。

6.2.2 电流限制试验

6.2.2.1 额定电流

SPD 应按图 5 所示进行连接。电源应能提供要求的额定电流。频率应为 0 Hz（直流）、50 Hz 或 60 Hz。交流 SPD 应用交流测试，直流 SPD 应用直流测试，交直流 SPD 应用直流测试。

在额定电流试验期间，电流限制功能（若有的话）应不起作用。对各种结构的 SPD，应通过调节电阻 R_s 或 R_{s1} 和 R_{s2} 来施加试验电流。接受试验的电流限制功能通过额定电流的时间最少应达 1 h。在试验期间内，可接触的部件不应过热（见 IEC 60950-1 中的 4.5.1）。

6.2.2.2 串联电阻

SPD 应按图 5 所示进行连接。试验电源电压应为 U_c。频率应为 0 Hz（直流）、50 Hz 或 60 Hz。交流 SPD 应用交流测试，直流 SPD 应用直流测试，交直流 SPD 应用直流测试。

应通过调节电阻 R_s 或 R_{s1} 和 R_{s2} 使试验电流等于额定电流。电阻由 $(e-IR_s)/I$ 确定，式中 e 是电源电压，I 是用图 5 中电流表测量的额定电流。

6.2.2.3 电流响应时间

SPD应按图5所示连接。试验电源电压应为U_c。频率应为0 Hz(直流)、50 Hz或60 Hz。交流SPD应用交流测试,直流SPD应用直流测试,交直流SPD应用直流测试。

应参照4.2在适当的温度下进行测试。两次测试之间应有足够的时间间隔,以确保在下一次测试前,试品冷却至试验温度。或者,为避免等待试品冷却时间,可用不同的试品进行试验。可通过调节R_s或R_{s1}和R_{s2}来得到如表6中所需的预期测试电流。对每一次试验电流应记录电流限制功能的响应时间。响应时间是指从加电开始,直到电流减少至10%的额定电流为止的一段时间。如果预期试验电流超过电流限制元件的最大通流容量,那么最大试验电流应等于电流限制元件的最大通流容量。

6.2.2.4 电流恢复时间

SPD应按图5所示进行连接。试验电源电压应为U_c。频率应为0 Hz(直流)、50 Hz或60 Hz。交流SPD应用交流测试,直流SPD应用直流测试,交直流SPD应用直流测试。

对于每一种SPD结构,可通过调节电阻R_s或R_{s1}和R_{s2}使起始负载电流等于额定电流。应让SPD稳定在额定电流。稳定之后,应调小电阻R_s或R_{s1}和R_{s2}使负载电流增加到能使SPD的电流限制元件动作的电流值。当试验电流下降到小于额定电流的10%后维持该试验状态15 min。

然后,再把电阻R_s或R_{s1}和R_{s2}增加到它们的初始值。应当记录使负载电流恢复到90%的额定电流时所用的时间,这个时间应小于120 s。根据应用的情况,对于自恢复电流限制功能,也可在电流低于额定电流的情况下进行试验。对于可自恢复的电流限制元件,电源电流被遮断的时间应小于120 s。此后对于可恢复的电流限制功能应通过5 min的额定电流,以保证电流限制功能恢复到其初始状态。

6.2.2.5 最大中断电压

SPD应按图5所示进行接线。试验电压应为制造商规定的最大中断电压。频率应为0 Hz(直流)、50 Hz或60 Hz。交流SPD应用交流测试,直流SPD应用直流测试,交直流SPD应用直流测试。

应调节电阻R_s或R_{s1}和R_{s2}的值使得SPD的电流限制元件动作,并在该状态下应保持1 h。SPD的电流限制功能应满足5.2.2.2、5.2.2.3和5.2.2.4的要求。

6.2.2.6 动作负载试验

SPD应按图5所示进行接线。试验电压应为制造商规定的最大中断电压。频率应为0 Hz(直流)、50 Hz或60 Hz。交流SPD应用交流测试,直流SPD应用直流测试,交直流SPD应用直流测试。

对于每一种SPD结构,利用短接来临时代替SPD,应借助调节电阻R_s或R_{s1}和R_{s2}把负荷电流调整为从表7中选取的值,所选用的值足够使电流限制功能启动。在SPD插入到电路中之后,注入试验电流,直到电流减少到低于10%的额定电流时为止。

SPD动作后,把电源断开至少2 min,或者直到电流限制元件恢复到它的初始状态时为止。这种循环(施加试验电流,紧接着停电一段时间)应重复进行,直到达到表7列出的次数为止。

在最后一次循环之后,SPD应满足5.2.2.2、5.2.2.3和5.2.2.4的要求。

6.2.2.7 具有电流限制功能SPD的交流耐受试验

SPD应按图6所示进行接线。应从表8选取交流短路电流值。试验次数要达到规定的次数。在两次试验之间要有足够的时间,以防止试品的热量积累。交流电源电压的峰值不应超过制造商规定的最大中断电压。在试验前和完成注入要求次数的交流电流之后,SPD应满足5.2.2.1、5.2.2.2和5.2.2.3的要求。电流可注入到从表8选择的合适的端子上。如果需要对三端子和五端子SPD进行试验时,电流可注入到 X_1—X_2 端子上。在试验三端子和五端子SPD时,可同时或分别地以相同的极性来试验未受保护侧的每对端子(X_1—C和 X_2—C)。

6.2.2.8 具有电流限制功能SPD的冲击耐受试验

SPD应按图7所示进行接线。应从表9选择冲击电压和冲击电流。试验次数要达到规定的次数。在两次试验之间要有足够的时间,以防止试品的热量积累。对一种极性的试验次数应为规定次数的一半,接着对相反极性做另一半次数的试验。或者,对一半的试品做一种极性的试验,而另一半试品做相反极性的试验。在试验前和完成规定次数的试验之后,SPD应满足5.2.2.1、5.2.2.2、5.2.2.3的要求。

应从表9中选取冲击电流并注入到合适的端子上。对三端子和五端子SPD进行试验时,电流可注入到 X_1—X_2 端子上。在试验三端子和五端子SPD时,可同时或分别地以相同的极性来试验未受保护的每对端子(X_1—C和 X_2—C)。

在试验时,可要求用小电流熔断器把 I^2t 水平降到SPD的额定值之内。电子限流器(例如以电弧方式工作的气体放电管)可设计成随最小保护的负荷阻抗或电压动作。如有需要,这种电子限流器应增加到试验电路中。

6.2.3 传输特性试验

6.2.3.1 电容

SPD的电容用信号发生器测量,其选定的测量的频率为1 MHz,电压为1 V(有效值),每次测量一对端子,所有未参与测量的端子连接在一起,并在信号发生器处接地。不应施加直流偏置。应注意某些SPD的电容是与偏置电压有关的。在某些应用中,这种偏置电压可只出现于一对通信线的一条线上,从而导致电容明显不平衡。

6.2.3.2 插入损耗

插入损耗以dB表示,它是利用长度最长为1 m,并具有合适的特性阻抗的导线来测量的。利用图8的电路进行测量。先采用短接来代替SPD,然后再插入SPD分别进行测量,测量值用分贝表示。插入损耗是两个测量值之间的差。表10列出了特性阻抗、频率范围和电缆的类型。推荐的试验电平是−10 dBm。

在传输的频率范围内,测得的图8中平衡—不平衡转换器和测试导线的综合损耗不应超过3 dB。应在SPD预定使用的传输应用频率范围内测量和记录插入损耗。

表10 图8的标准参数

频率范围	特性阻抗 Z_0/Ω	电缆类型
300 Hz～4 kHz	600	双绞线
4 kHz～250 MHz	100、120或150	双绞线
≤1 GHz	50或75	同轴电缆
>1 GHz	50	同轴电缆

6.2.3.3 回波损耗

回波损耗以 dB 表示,它是利用长度最长为 1 m,并具有合适的特性阻抗的导线来测量的。利用图 9 的电路采用短接线来代替 SPD,然后再插入 SPD 分别进行测量,测量值用分贝表示。表 10 列出了特性阻抗、频率范围和电缆的类型。推荐的试验电平是－10 dBm。

将信号施加到 SPD 上,在施加信号的端子上测量由于阻抗不连续而被反射回来的反射信号。应在 SPD 预定使用的传输应用频率范围内测量和记录回波损耗。

6.2.3.4 纵向平衡试验/纵向转换损耗试验(LCL)

以下公式中计算出的纵向平衡相当于 ITU-T 0.9(03.1999)标准中的纵向转换损耗(LCL)。

图 10 显示出了三端子、四端子和五端子 SPD 平衡试验的接线。对于四端子和五端子 SPD 应采用开关 S1 断开和闭合两种情况来进行试验。纵向平衡是施加的纵向电压 V_s 与受试 SPD 的合成电压 V_m 之比,以分贝为单位,用下式表示:

$$纵向平衡(dB)=20\log(V_s/V_m)$$

式中信号 V_s 和 V_m 有相同的频率。

由于高频范围要求更高的准确性,需要用不平衡变压器来装配 SPD,而不是用图 10 所示的电阻。横向阻抗 Z_1 和纵向阻抗 Z_2 的测试电桥配置,并不代表所有的实际情况。预期的传输特性值及其限制,如频率范围和电压,终止阻抗和测量频率的特殊情况,在相关 ITU-T 资料中有给出。在 190 kHz 不同频率范围内的阻抗值如表 11 所示。除非另有规定,试验应在递增频率下进行,如对模拟电路的 SPD,可在频率为 200 Hz、500 Hz、1 000 Hz 和 4 000 Hz 处进行试验。对 ISDN 数字电路的 SPD 可在5 kHz、60 kHz、160 kHz 和 190 kHz 处进行试验。测量安排的固有的纵向平衡应超出 SPD 的极限设置 20 dB。如果 SPD 的纵向平衡值受到直流偏置电压的影响,那么在每个 SPD 端子处施加适当的直流偏压进行试验。测量准备要求在 ITU-T 的 0.9 中给出。

表 11 纵向平衡试验的阻抗值

f/kHz	电路类型	Z_1^a/Ω	Z_2^b/Ω
≤4	模拟电路	300	150
≤190	ISDN 数字电路	55 或 67.5	20～40
高达 30 MHz	ADSL2＋;VDSL	67.5	20～40

[a] 测试设定的和实际的纵向平衡间的真正差异,在某种程度上取决于终端输入阻抗,因此这一分析适用于几乎所有合理的输入阻抗。对于指定 Z_1 和 Z_2 的详细信息,见相关产品标准。

[b] Z_2 应等于 Z_1 的一半。

当纵向转换损耗取决于 SPD 的串联匹配电阻时,纵向平衡值可规定为串联电阻最大偏差的欧姆值或串联电阻之间差值的百分数。

6.2.3.5 误码率(BER)

误码率(BER,见图 11),即用误码数目除以总码数,可以用来判定通信或数据存储产品的性能。比如,在传输 100 000 个码中有 2.5 个不正确,其误码率即为 2.5 除以 10^5 或 2.5 $\times10^{-5}$。不同传输速率的测试时间如表 12 中显示。

误码率测试是用来测量插入 SPD 后造成的变化(如果有的话)。误码率测试在 ITU-T 的 G 系列标准中描述。(如 ISDN ITU-T G.821, ADSL2 ITU-T G.992.3,VDSL ITU-T G.993.1 等)

表 12 BER 试验的测试时间

伪随机位模式(R)	试验时间
R<64 kbit/s	1 h
64 kbit/s≤R<1 554 kbit/s	30 min
R≥1 554 kbir/s	10 min

6.2.3.6 近端串扰(NEXT)

串扰是按图 12 在一个短的、端部接到 SPD 的平衡试验导线上测量的。一个平衡的输入信号施加到被 SPD 干扰的一条线路上,而在靠近试验导线端部测量被干扰线路上的感应信号。推荐的试验信号是−10 dBm。

在传输频率范围内,平衡-不平衡转换器和试验导线综合的测量损耗不应超过 3 dB。应在 SPD 使用的传输频率范围内测量和记录近端串扰。

6.3 机械特性试验

6.3.1 接线端子和连接器

应验证组装在一起的端子是否满足 5.3.1 的要求。

6.3.1.1 一般试验程序

按制造商的建议安装 SPD,并防止 SPD 受到外部过热和过冷的影响。

除非另有规定,在采用最严格接线配置(例如最大或最小截面积)的导线连接到 SPD 的端子上时:

——对既有线路端子又有被保护的线路端子的 SPD,应符合表 13;

——对其他的 SPD,应按照制造商的说明书。

应把被试验的 SPD 固定在一块厚度约为 20 mm、刷有黑漆的暗色木板上。固定的方法应符合制造商建议的有关安装措施的要求。试验期间,不允许维修或拆卸试品。

表 13 铜导线连接的截面积(用于螺钉型端子和无螺钉型端子)

SPD 的最大额定电流/A	被夹紧导线标称截面积的范围	
	mm^2	AWG-端子规格
≤1	0.1～1	26～18
>1 和≤13	1～2.5	18～14
>13 和≤16	1～4	18～22

6.3.1.2 带有螺钉的接线端子

通过直观检查其是否符合要求。对接在 SPD 的螺钉经过下面的试验进行检查。

拧紧和旋松螺钉:

——与绝缘材料螺纹相啮合的螺钉,10 次;

——对其他所有的情况,5 次。

旋入绝缘材料螺纹的螺钉或螺母每次要完全旋出之后再旋入。要使用合适的测试螺钉起子或扳手,并施加制造商所建议的力矩进行测试。拧紧螺钉时不应用力过猛。每次旋松螺钉后,要将导线取出。

试验时。螺钉连接件不应松动和发生诸如螺钉断裂、螺钉头部槽口、螺纹、垫圈和U形卡损坏等，这将影响SPD今后的使用。

此外，不要损坏外壳和盖板。

6.3.1.3 无螺钉型的接线端子

通过下述试验检查符合性。

对两端口SPD，在接线端子上接入的新导线的类型和最大、最小截面积按表13选取；对一端口SPD，按制造商提出的值选取。

沿每根导线轴向施加如表14所示的拉力，持续时间为1 min。施力时不要用力过猛。

在试验期间，接线端子上的导线不应移动或有任何损坏的迹象。

表14 无螺钉型接线端子的拉力

截面积/mm^2	0.5	0.75	1.0	1.5	2.5	4
拉力/N	30	30	35	40	50	60

6.3.1.4 绝缘穿刺的连接

6.3.1.4.1 设计使用单芯导线的SPD端子的拉脱试验

通过下述试验检查符合性。

按6.3.1.1规定把最小或最大横截面积的新铜导线(无论是实心线还是绞股线，以最不利者为准)接入到端子上。如有螺钉的话，按制造商的建议拧紧。

导线接入和拆卸5次，每次都要用新导线。在每次接入之后，沿导线轴向施加一个表14中给出的拉力达1 min，加力时不要过猛。

在试验期间，接线端子上的导线不应移动或有任何损坏的迹象。

6.3.1.4.2 设计使用多芯电缆的SPD端子的拉脱试验

按6.3.1.4.1对设计使用多芯电缆的SPD端子进行拉脱试验。只是拉力不是施加在单根缆芯上，而是施加在整个多芯电缆上。按下式计算拉力：

$$F = F(x)\sqrt{n}$$

式中：

F ——施加的总力；

n ——缆芯的根数；

$F(x)$ ——以单根导线截面积计的单根缆芯受到的拉力(见表14)。

在试验时，电缆不应滑脱出端子。

6.3.2 机械强度(安装)

应通过检查证实SPD在安装和使用期间具有承受外力的合适机械强度。

6.3.3 防止固体异物和水分的有害进入

按IEC 60529进行试验，检查IP码。

6.3.4 防直接接触

a) 绝缘部件

试品按正常使用情况安装，并接有最小截面积的导线。另外还要用最大截面积的导线重做试验。(见表 13)。在每个可能的位置按 IEC 60529 采用标准试指进行试验。

对于插入式 SPD(不用工具就可改变其接线)，当插头部分地插入或全部插入插座时，在每个可能的位置采用标准试指进行试验。用验电指示器(电压大于 40 V 和小于 50 V)显示与有关部件的接触情况。

b) 金属部件

当 SPD 按正常使用情况安装和接线时，除用以固定底座、外壳和盖板与带电部件绝缘的小螺钉等物件外，可触及的金属部件应通过一个低阻连接线与大地连接。

将等于 1.5 倍额定电流或 25 A 的电流(取较大者，电流由空载电压不超过 12 V 的交流电源产生)依次施加在接地端子与各个可触及的金属部件之间。测量接地端子与可触及的金属部件之间的电压降，并根据电流和电压降计算电阻，电阻值不应超过 0.05 Ω。

注：应注意测量探头的尖端与被试的金属部件之间的接触电阻不得影响试验结果。

6.3.5 阻燃试验

在下列条件下，按照 GB/T 5169.11－2006 中第 4 章～第 10 章进行灼热丝试验。

——在 850 ℃±15 ℃的温度下，对 SPD 中用绝缘材料制成的把载流部件和保护电路的部件保持在位置上必须的外部零件进行试验；

——在 650 ℃±10 ℃的温度下，对所有由绝缘材料制成的其他零件进行试验。

对于本试验而言，平面安装式的 SPD 的基座可看作是外部零件。对由陶瓷材料制成的部件不进行本试验。如果绝缘件是由同一种材料制成，则仅对其中一个零件按相应的灼热丝试验温度进行试验。

灼热丝试验是用来保证电加热的试验丝在规定的试验条件下不会引燃绝缘部件，或保证在规定的条件下可能被加热的试验丝点燃的绝缘材料部件在一个有限的时间内燃烧，而不会由于火焰或燃烧的部件或从被试部件上落下的微粒而蔓延火焰。

试验在一台试品上进行。如有疑问，可再用两台试品重复此项试验。试验期间，试品处于其规定使用的最不利的位置(被试部件的表面处于垂直位置)。

考虑到在规定的使用条件下发热的元件可能与试品接触的情况，灼热丝的顶端应施加在试品规定的表面上。

如果试品上没有可见的火焰和持久火光，或在灼热丝移走之后，试品上的火焰和火光在 30 s 内自行熄灭，薄棉纸不应着火或松木板不应被烤焦，则试品被认为通过了灼热丝试验。

6.4 环境试验

6.4.1 高温高湿度耐受试验

SPD 应按表 15 选取的时间持续暴露在高温度和高湿度的环境中，其温度为 80 ℃±2 K，相对湿度为 90%～96%。

应利用图 13 合适的试验电路对 SPD 进行试验。在整个试验过程中，应由交流或直流电源给 SPD 供电。电源电压应等于 5.2.1.1 规定的最大持续运行电压，该电源应有足够电流容量供 SPD 试品汲取电流。经试验之后，应把 SPD 冷却到 23 ℃±2 ℃的环境温度。

表 15 耐受高温度和高湿度试验测试持续时间的优选值

测试持续时间/天	测试持续时间/天
10	30
21	56

6.4.2 冲击电涌下的环境循环试验

SPD应暴露在无凝露的循环环境中，其循环的持续时间与表16中选取的循环相对应。在试验期间，应使用具有表3规定特性的冲击发生器施加从表3中C类中选取的足够大的开路电压。

当选择循环A时，在连续的5天循环中每天施加两次冲击电流，随后两天不施加冲击电流。而在选择循环B时，在温度循环的第一天和最后一天，每天应各施加两次冲击电流。在做冲击电流试验时，在表16给出的温度上限 T_1 时施加一次冲击，在表16给出的温度下限 T_2 时施加另一次冲击。应在温度上限或下限的恒定段中心前后1 h的范围内施加冲击。在同一天施加的冲击电流应具有相同的极性，但随后一天应采用相反的极性。该程序应重复进行，直到环境循环完成。

应采用图13合适的试验电路对SPD进行试验。在整个循环中应由直流电源供电。该直流电源的正、负电压值不应超过5.2.1.1规定的额定电压。在施加冲击电流时，不应给SPD供直流电。

在每次施加冲击电流期间，应测量冲击限制电压。在每次冲击试验后的1 h之内应测量绝缘电阻。如果在已知SPD对直流电源的极性敏感的情况下，应测试正、负极性下的绝缘电阻。

在环境循环结束后的1 h内，SPD应满足5.2.1.2和5.2.1.3的要求。

表 16 环境循环试验中温度和持续时间的优选值

循环类型	温度上限(T_1)/℃	温度下限(T_2)/℃	持续时间(周期)/天
循环A-图14	32±2	4±2	30
循环B-图15 (根据IEC 60068-2-30中6.3.3修改2)	40或55±2	25±3	5

6.4.3 交流电涌下的环境循环试验

SPD应暴露在无凝露的循环环境中，其循环的持续时间与表16中选取的循环相对应。在试验期间，应使用具有足够大开路电压的交流电压发生器，其短路电流从表5中选取。

当选择循环A时，在连续的5天循环中每天施加两次电涌电流，随后两天不施加交流电涌电流。而在选择循环B时，在温度循环的第一天和最后一天，每天应施加两次交流电涌电流。每天两次交流电涌电流，一次按表16给出的温度上限 T_1 时施加，另一次按表16给出的温度下限 T_2 时施加。应在温度上限或下限的恒定段中心前后1 h的范围内施加交流电涌。该程序应重复进行，直到环境循环完成。

应采用图13合适的试验电路对SPD进行试验。在整个循环中应由直流电源供电。该直流电源的正、负电压值不应超过5.2.1.1规定的额定电压。在施加交流电流时，不应给SPD供直流电。

在每次施加电流期间，应测量交流限制电压。在每次交流电涌试验后的1 h之内应测量绝缘电阻。如果在已知SPD对直流电源的极性敏感的情况下，应测试正、负极性下的绝缘电阻。

在环境循环结束后的1 h内，电压限制功能应满足冲击限制电压和绝缘电阻的要求。

7 验收试验

验收试验按制造商和用户之间的协议进行。

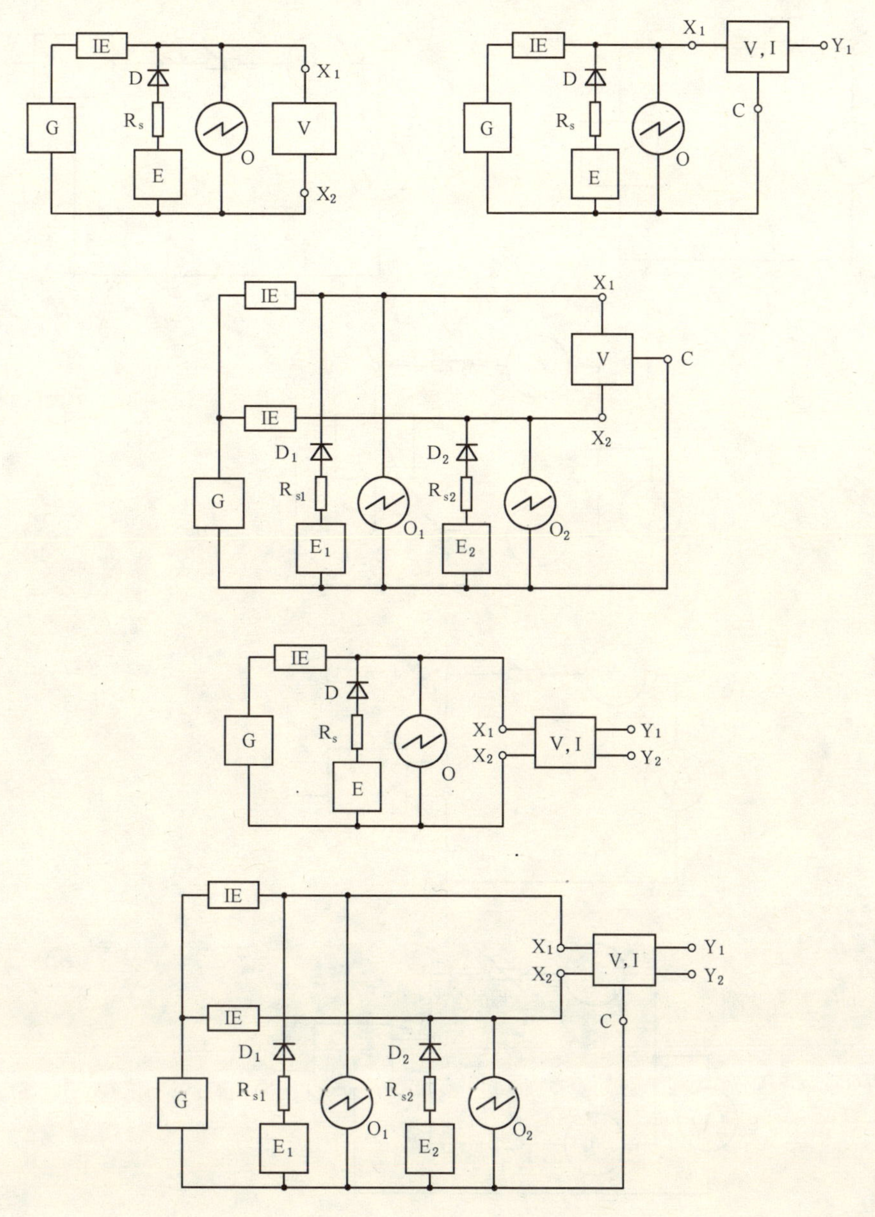

说明：

O、O_1、O_2 ——示波器；

E、E_1、E_2 ——直流或交流电压源；

G ——冲击发生器；

IE ——隔离单元；

R_s、R_{s1}、R_{s2} ——无感电源电阻；

D、D_1、D_2 ——用于直流电源的二极管，用于交流电源的去耦元件；

V ——电压限制元件；

V、I ——电压限制元件或电压限制元件与电流限制元件的组合；

X_1、X_2 ——线路端子；

Y_1、Y_2 ——被保护的线路端子；

C ——公共端子。

图 2 冲击复位时间的试验电路

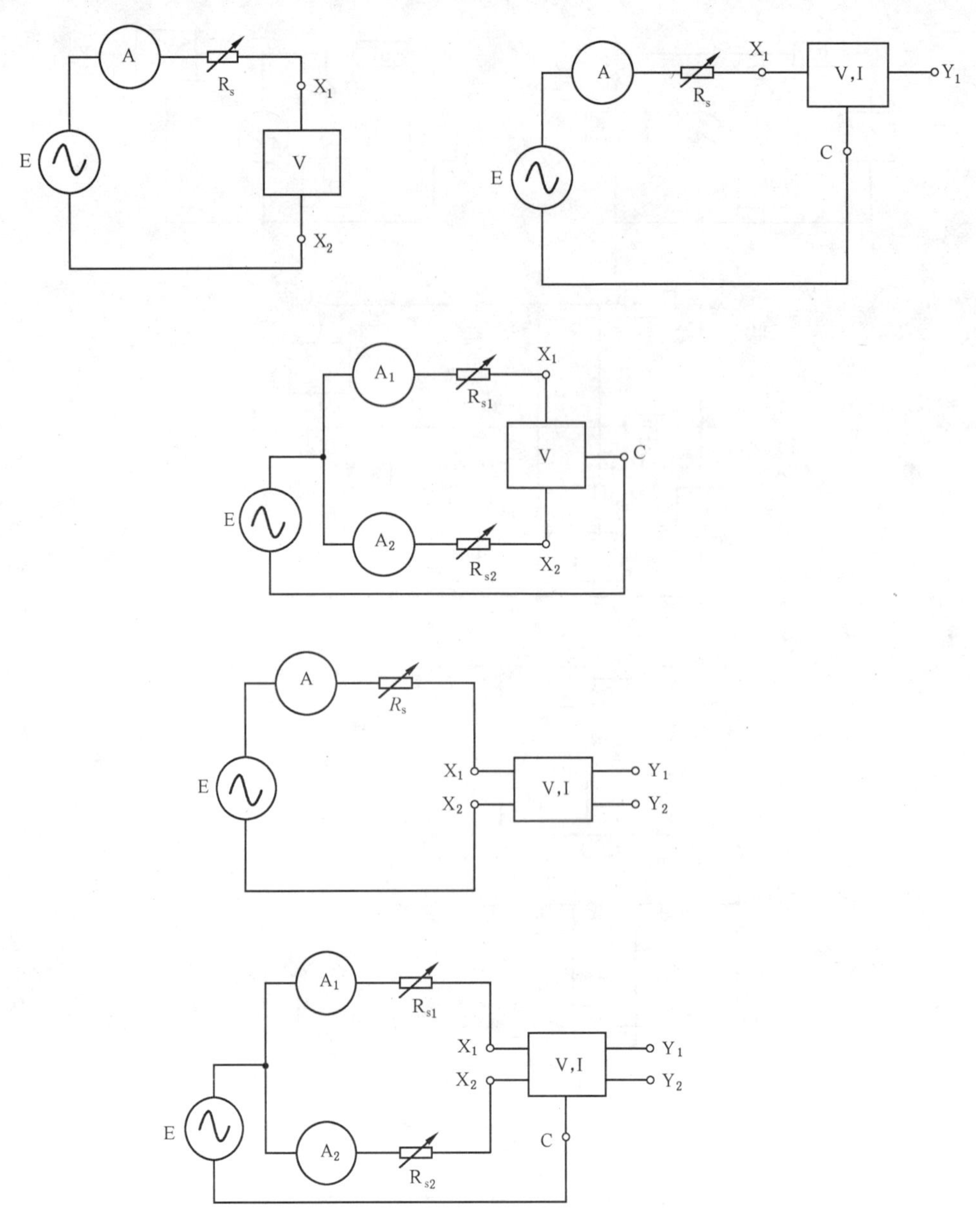

说明：

A, A_1, A_2 ——电流表；

E ——交流电压源；

R_s, R_{s1}, R_{s2} ——无感电源电阻；

V ——电压限制元件；

V,I ——电压限制元件或电压限制元件与电流限制元件的组合；

X_1, X_2 ——线路端子；

Y_1, Y_2 ——被保护的线路端子；

C ——公共端子。

图 3　交流耐受试验和过载故障模式的试验电路

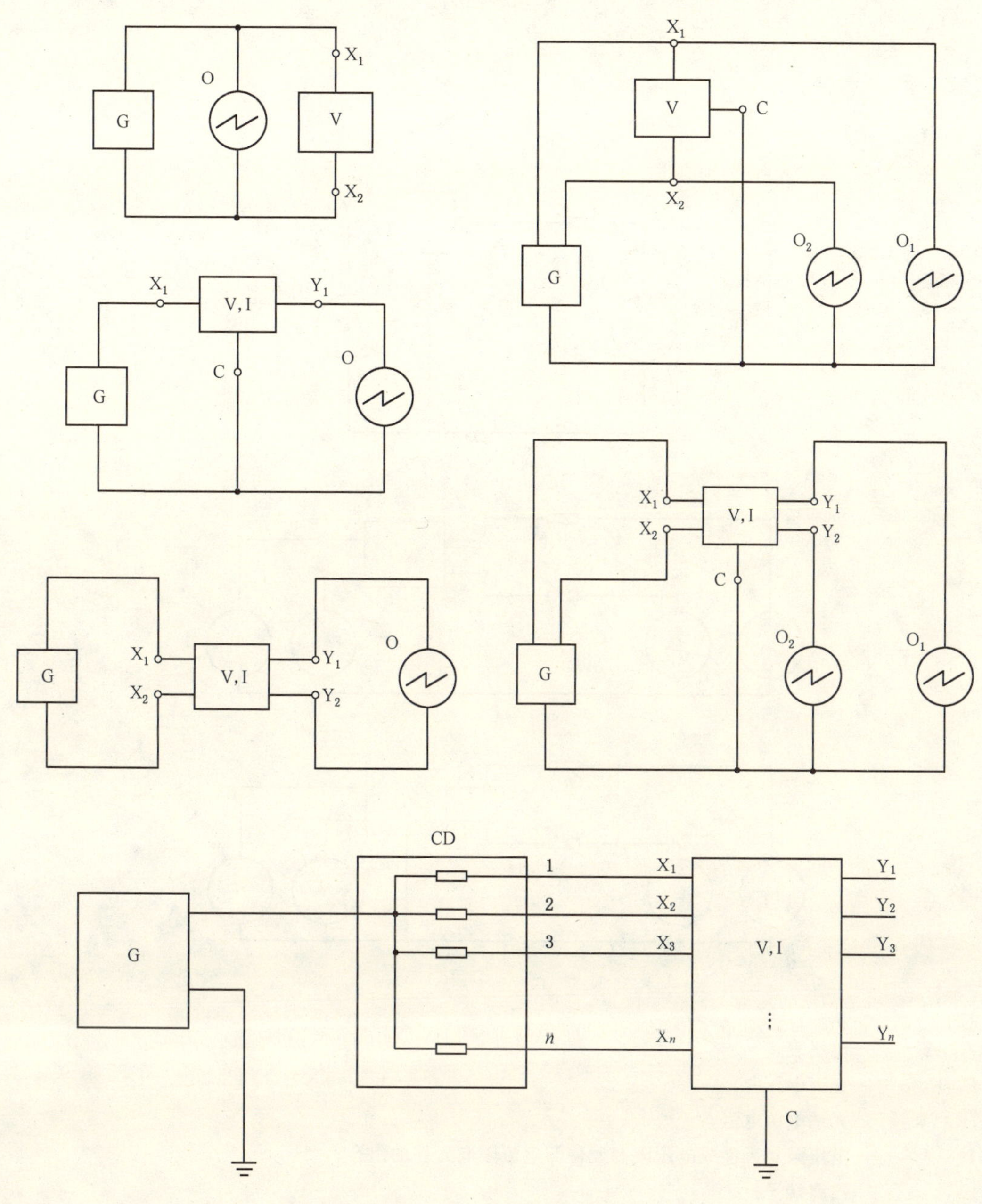

说明：

O,O_1,O_2——示波器,用于冲击耐受试验期间监视 U_p；

G——冲击发生器；

CD——分流元件；

V——电压限制元件；

V,I——电压限制元件或电压限制元件与电流限制元件的组合；

X_1,X_2——线路端子；

Y_1,Y_2——被保护的线路端子；

C——公共端子。

图 4　冲击耐受试验和过载故障模式的试验电路

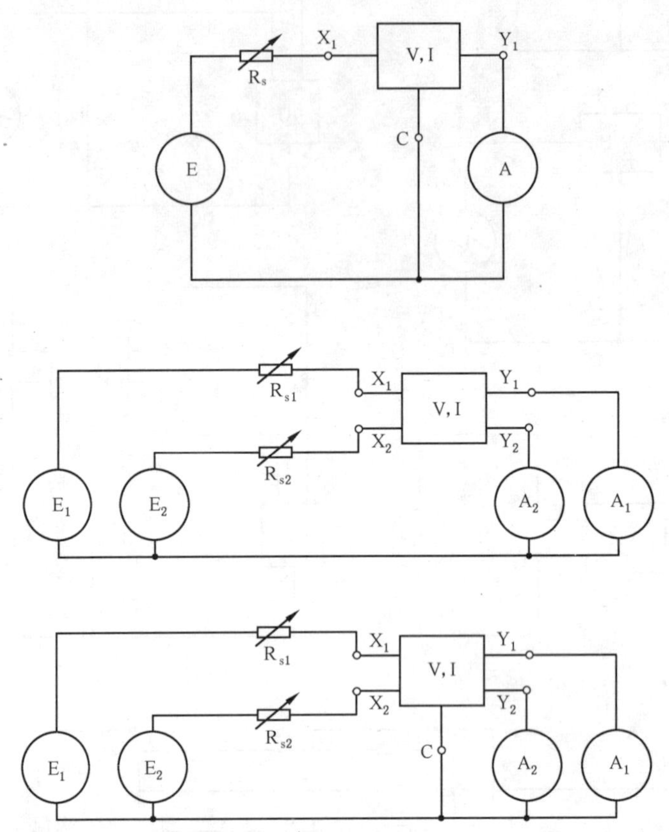

说明：

A,A_1,A_2 ——电流表；

E,E_1,E_2 ——交流电压源；

R_s,R_{s1},R_{s2} ——无感电源电阻；

V,I ——电压限制元件或电压限制元件与电流限制元件的组合；

X_1,X_2 ——线路端子；

Y_1,Y_2 ——被保护的线路端子；

C ——公共端子。

图 5 检验额定电流、串联电阻、响应时间、电流恢复时间、最大中断电压和动作负载的试验电路

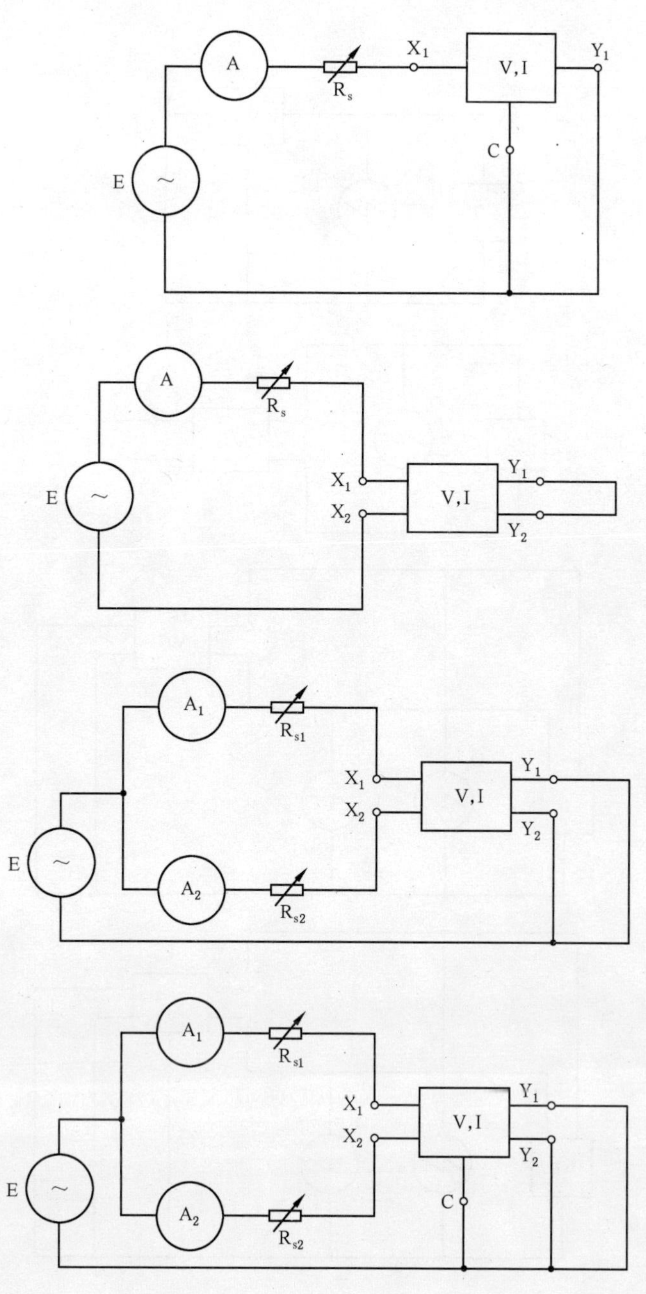

说明：

A,A_1,A_2 ——电流表；

E ——交流电压源；

R_s,R_{s1},R_{s2} ——无感电源电阻；

V,I ——电压限制元件或电压限制元件与电流限制元件的组合；

X_1,X_2 ——线路端子；

Y_1,Y_2 ——被保护的线路端子；

C ——公共端子。

图 6 交流耐受试验电路

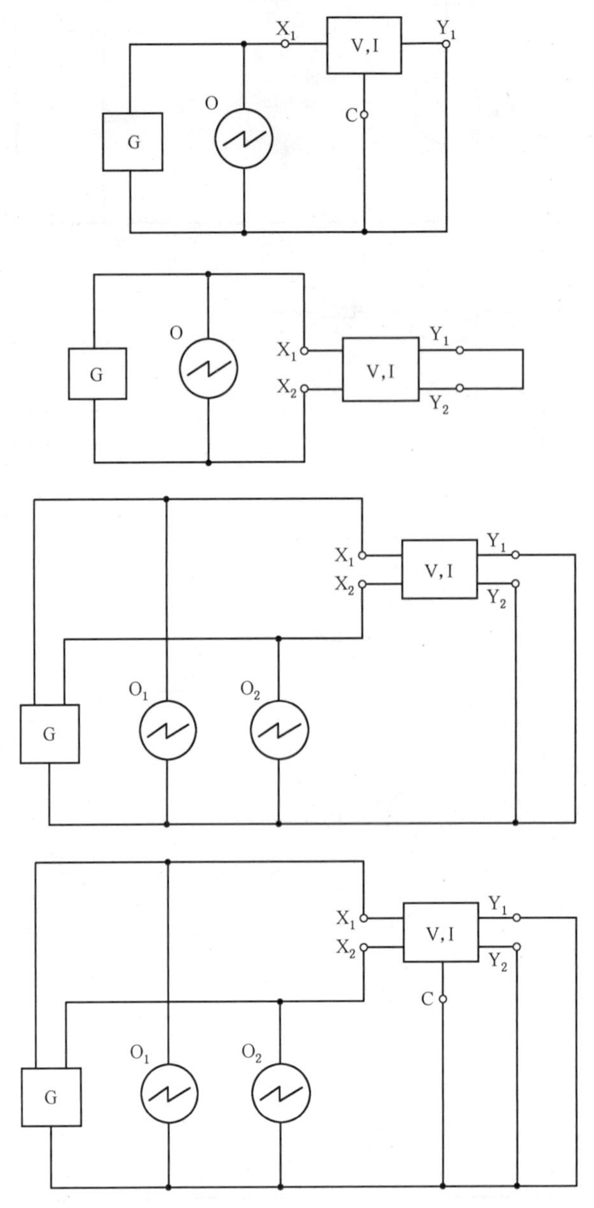

说明：

O,O_1,O_2——示波器；

G ——冲击发生器；

V,I ——电压限制元件或电压限制元件与电流限制元件的组合；

X_1,X_2 ——线路端子；

Y_1,Y_2 ——被保护的线路端子；

C ——公共端子。

图 7 冲击耐受试验电路

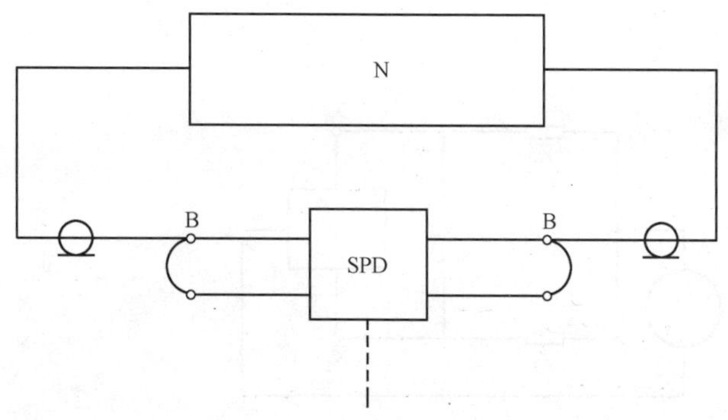

说明：

N——网络分析仪；

B——平衡-不平衡转换器。

图 8 插入损耗试验电路

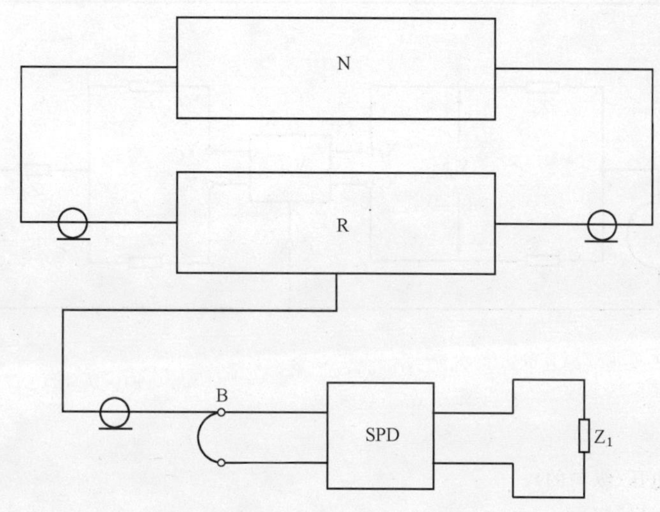

说明：

N——网络分析仪；

R——反射电桥；

B——平衡-不平衡转换器；

Z_1——终端阻抗 100 Ω 或 120 Ω 或 150 Ω。

图 9 回波损耗试验电路

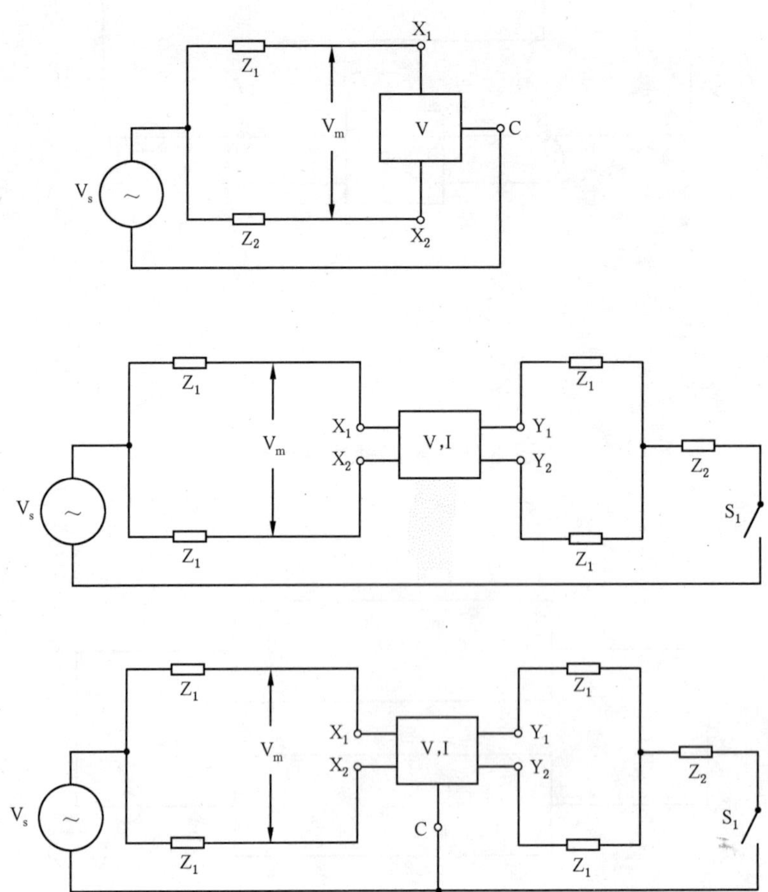

说明：

V_s ——干扰共模电压(纵向的)；

V_m ——差模电压(导线间)；

Z_1,Z_2 ——终端阻抗；

V ——电压限制元件；

V,I ——电压限制元件或电压限制元件与电流限制元件的组合；

X_1,X_2 ——线路端子；

Y_1,Y_2 ——被保护的线路端子；

C ——公共端子。

图 10 纵向平衡试验电路

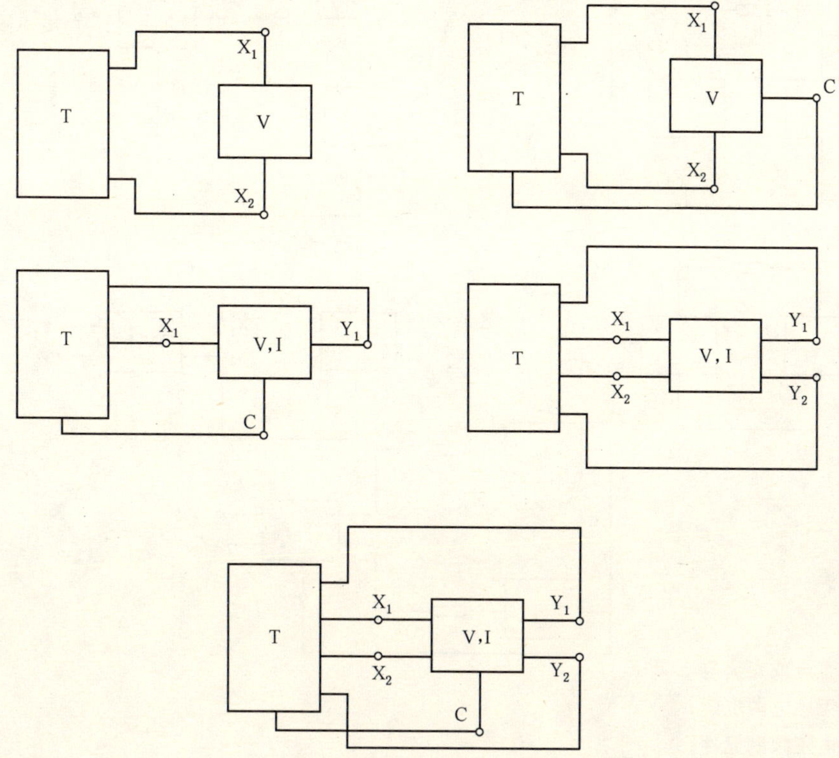

说明：

T ——BER 检测器；

V ——电压限制元件；

V,I ——电压限制元件或电压限制元件与电流限制元件的组合；

X_1,X_2——线路端子；

Y_1,Y_2——被保护的线路端子；

C ——公共端子。

图 11　检验误码率的试验电路

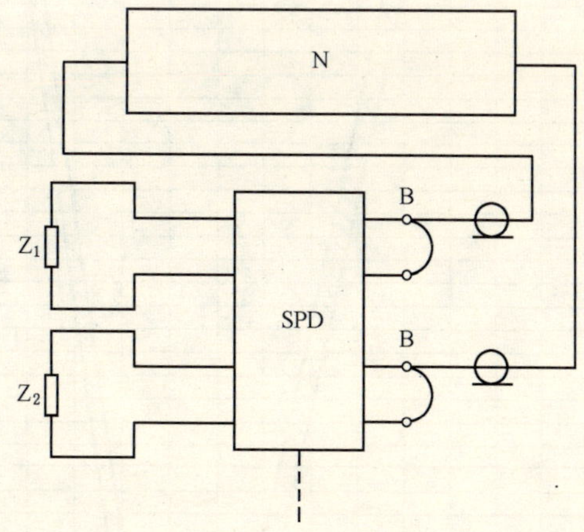

说明：

N ——网络分析仪；

B ——平衡-不平衡转换器；

Z_1,Z_2 ——终端阻抗。

图 12　近端串扰试验电路

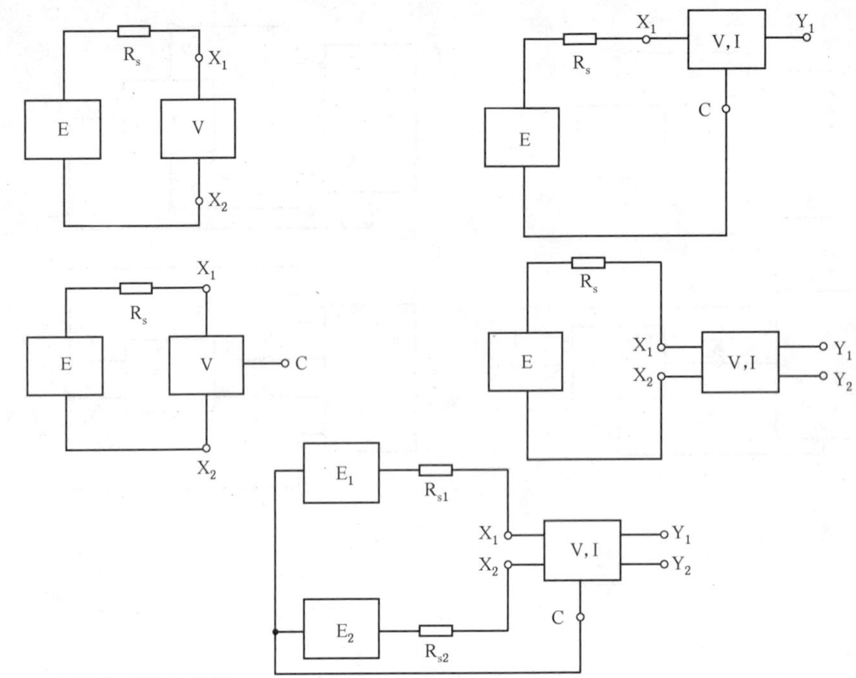

说明：

E, E_1, E_2 ——直流或交流电压源；

R_s, R_{s1}, R_{s2}——无感电源电阻；

V ——电压限制元件；

V, I ——电压限制元件或电压限制元件与电流限制元件的组合；

X_1, X_2 ——线路端子；

Y_1, Y_2 ——被保护的线路端子；

C ——公共端子。

图 13　高温/高湿度耐受试验和环境循环试验电路

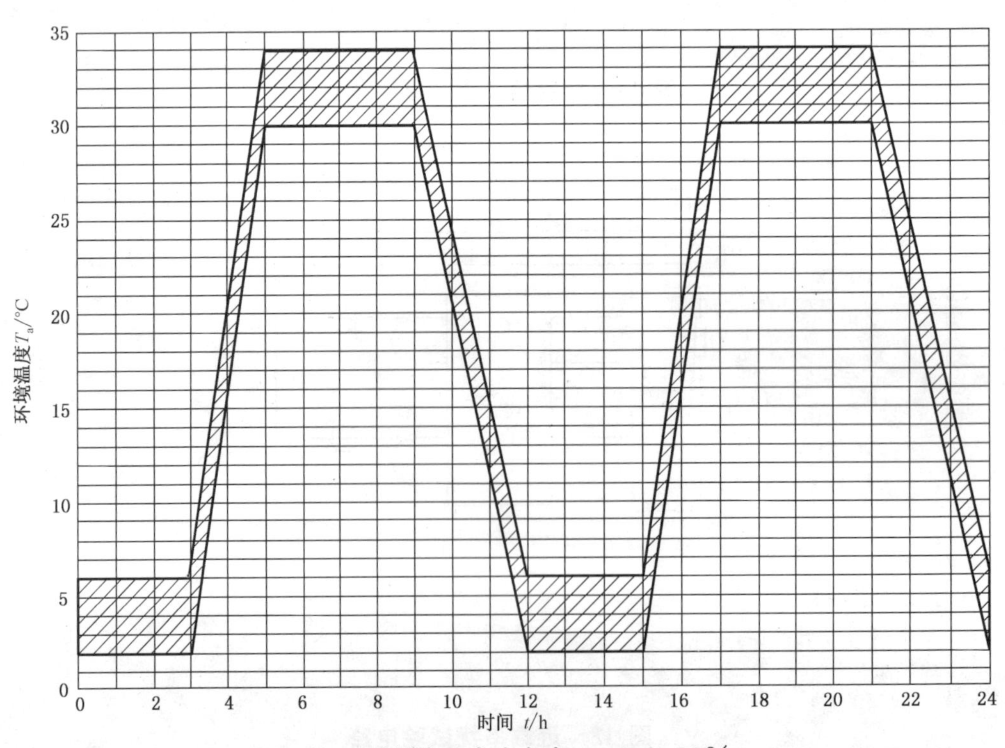

图 14　环境循环试验方案 A，RH≥90%

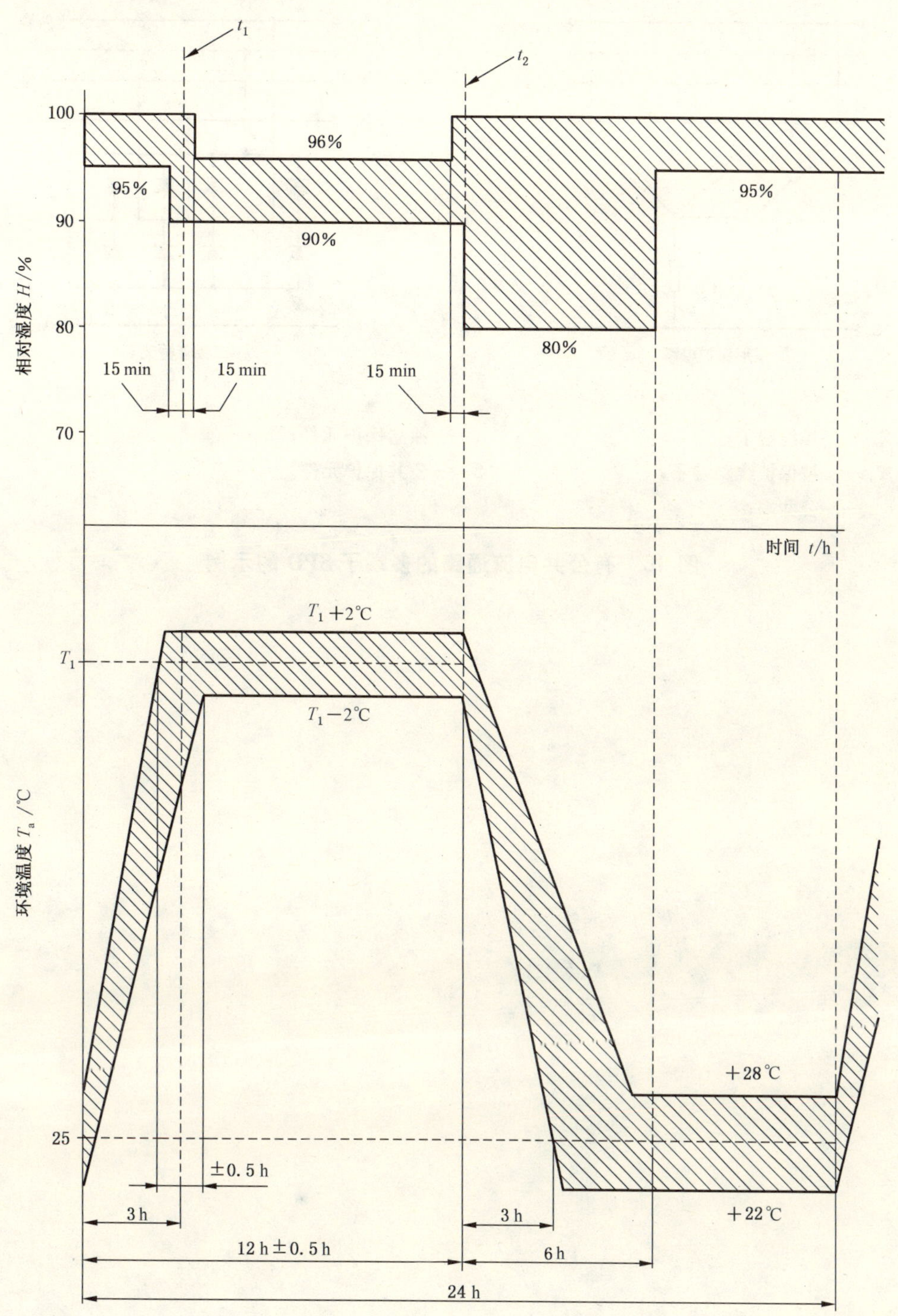

说明：

T_1——上限温度，+40 ℃或+55 ℃；

t_1 ——温度上升结束的时间；

t_2 ——温度下降开始的时间。

图 15 环境循环试验方案 B

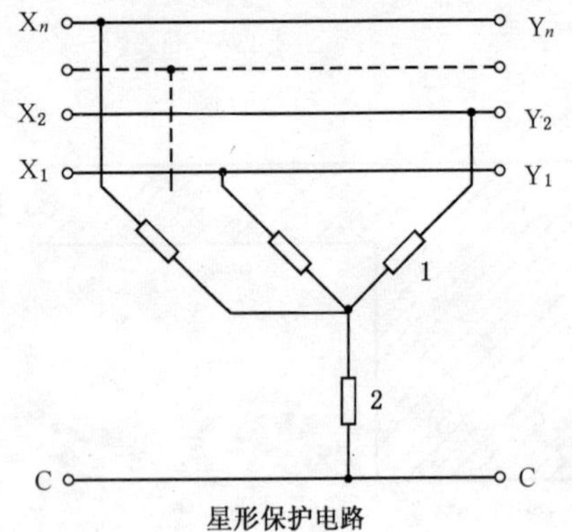

星形保护电路

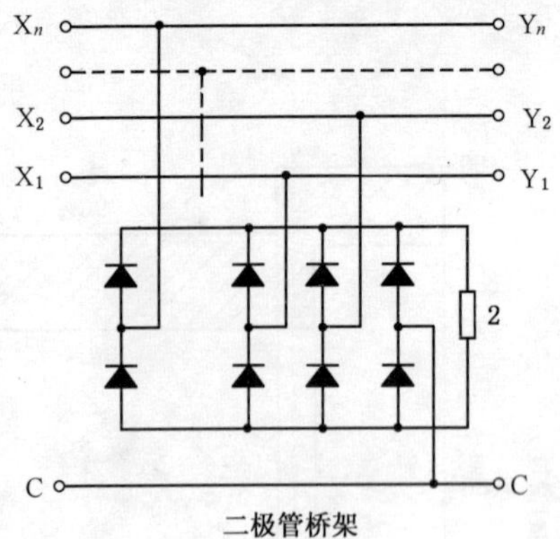

二极管桥架

说明：

X_1，X_2，X_n ——接线端子；

Y_1，Y_2，Y_n ——被保护线路端子；

C ——公共端；

1——独立保护元件；

2——公共保护元件。

图 16　有公共电流通路的多端子 SPD 的示例

附 录 A
（资料性附录）
只带有电流限制元件的保护器件

图 A.1 显示了只带有电流限制元件的保护器件的结构。应按 5.2.2 中适用的要求对这种器件进行试验。按 6.2.2 试验时所用的电压源的电压应小于或等于制造商规定的最大中断电压。视其应用情况，电流保护器件也应按 6.3 进行试验和按 6.2.3 选择试验。

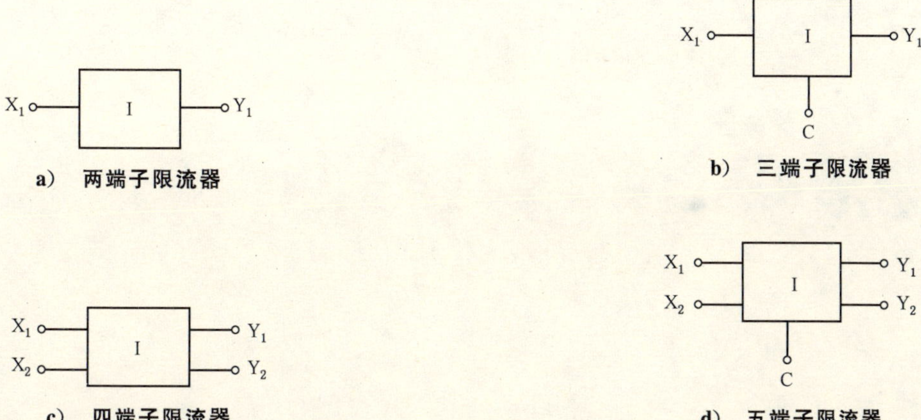

a） 两端子限流器

b） 三端子限流器

c） 四端子限流器

d） 五端子限流器

说明：

I ——电流限制元件；

X_1,X_2 ——线路端子；

Y_1,Y_2 ——被保护的线路端子；

C ——公共端子。

图 A.1 只带有电流限制元件的保护器件的结构

附 录 B
空缺

附 录 C
空缺

附 录 D
（资料性附录）
测量精度

IEC 61083-1 规定了模拟式和数字式的脉冲记录仪器，如带探针的数字示波器。模拟式记录器的上升时间应比信号上升时间快 5 倍，以确保在所显示的上升时间中，偏差小于 2%。数字式记录器的采样时间至少为 30/TX，其中 TX 是所需测量的时间间隔。在只要求冲击参数被分析的试验中，推荐使用额定分辨率为全偏差的 0.4%（即 2^{-8} 的全偏差）或精度更高的仪器。在相关需要比对记录结果的测试中，应使用额定分辨率为全偏差的 0.2%（即 2^{-9} 的全偏差）或精度更高的仪器。IEC 61083-1 也提出了某些特定波形的额外精度参数。

附 录 E
(资料性附录)
允通电流 I_p 的测定

测定 SPD 输出端的最大允通电流 I_p 时，其输入端需接受从表 3 选择的规定冲击测试。应测量短路的输出电流波形(图 E.1 到 E.6)，如果所测得的波形与表 3 给出波形一致，则 I_p 值即为测得电流的峰值。如果所测得的波形偏离表 3 中的指定波形，则假设从图 1 b)到图 1 f)，所测得的最大电流即相当于 I_p。在图 1a)中，I_p 等于发生器的短路电流。要得到一个配合的准确计算，有必要使用允通能量(LTE)方法(见 GB/T 18802.12 条款 F.5 或 IEC 62305-4 条款 C.4)。

允通电流 I_p 的测定用来计算 SPD 的配合性(见 GB/T 18802.22 图 E.1)。

如果规定了多个测试脉冲，应在每个测试冲击中显示 U_p 和 I_p 的最大值。根据 SPD 的类型(见 1.2)来选择以下 a)、b)或 c)试验。

a) 测试脉冲的非对称性以确定差模 I_p(见图 E.1)，在 SPD 的输入端施加测试脉冲。

b) 测试脉冲的非对称性以确定共模 I_p(见图 E.2)，在 SPD 的输入端施加测试脉冲。

c) 测试脉冲的对称性以确定差模 I_p(见图 E.3)，在 SPD 的输入端用均流器(1∶2)施加测试脉冲。

d) 测试脉冲的非对称性以确定差模 I_p(见图 E.4)，在 SPD 的输入端施加测试脉冲。

e) 测试脉冲的对称性以确定共模 I_p(见图 E.2)，在 SPD 的输入端用均流器(1∶2)施加测试脉冲。

f) 测试脉冲的对称性以确定差模 I_p(见图 E.3)，在 SPD 的输入端用均流器(1∶n)施加测试脉冲。

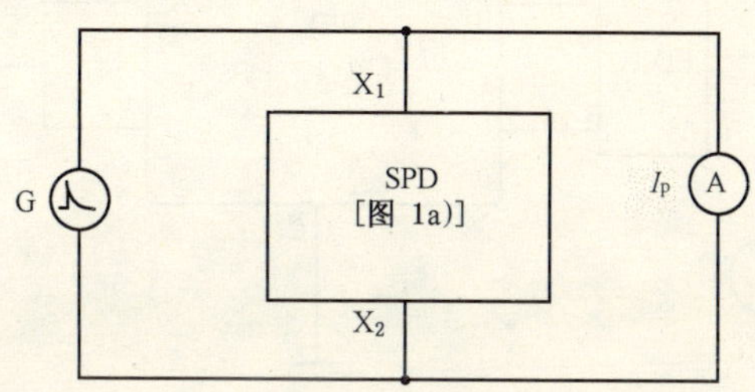

注：I_p 值等于发生器的冲击电流。

图 E.1 差模允通电流的测定

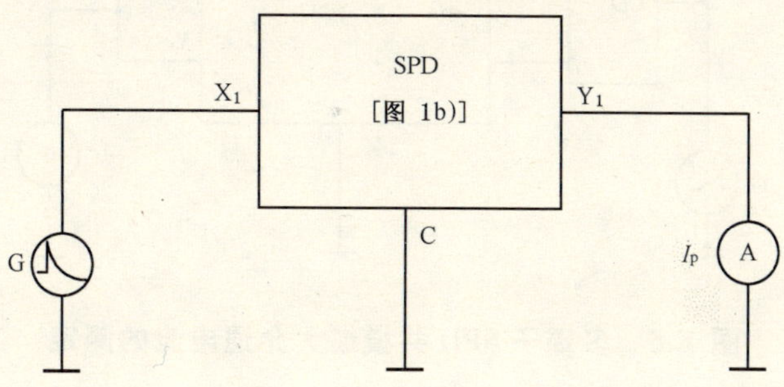

图 E.2 共模允通电流的测定

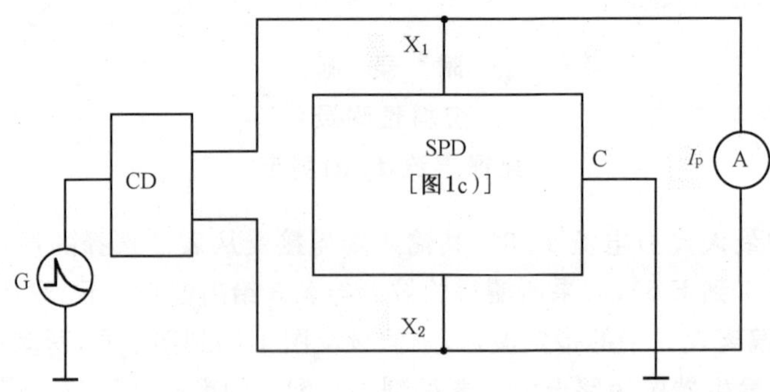

图 E.3　差模允通电流的测定

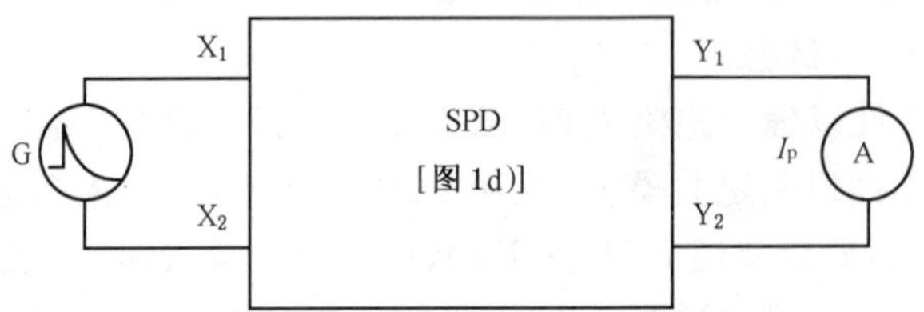

图 E.4　差模允通电流的测定

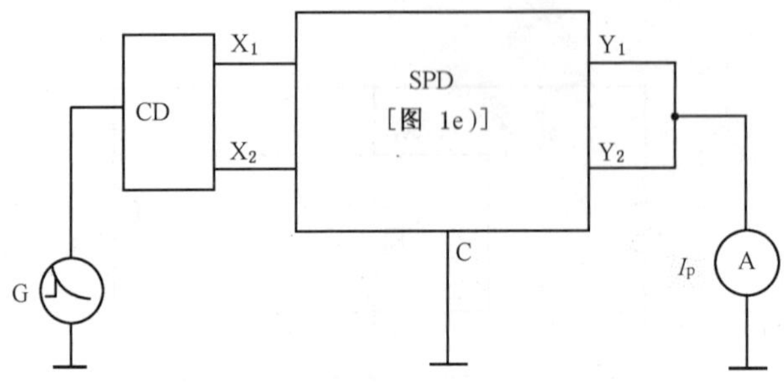

图 E.5　共模最大允通电流的测定

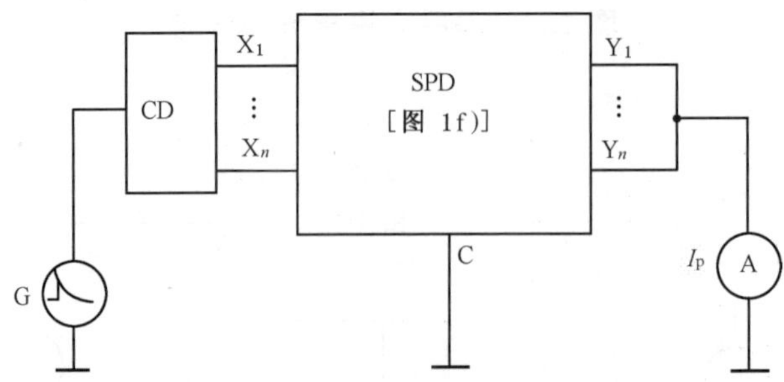

图 E.6　多端子 SPD 共模最大允通电流的测定

附 录 F
（资料性附录）
测量 U_p 的基本电路

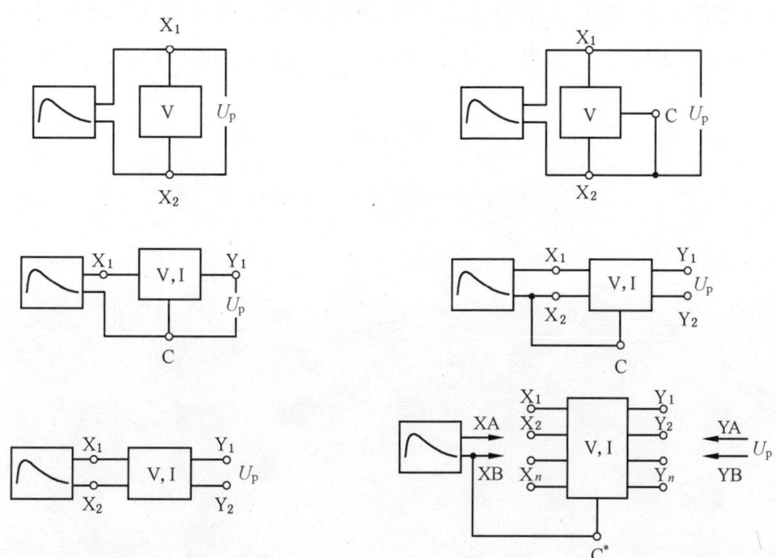

注 1：XA 和 XB 为冲击电流发生器的连接端，它们依次连接到由端子 X_1，X_2 到端子 X_n 的端子对。

注 2：YA 和 YB 连接到与测试的 X 端子对相对应的 Y 端子对来测量 U_p。

注 3：可能连接到 C 端子来进行 ITU-T 的试验设置。

图 F.1 图 1 中 SPD 的差模 U_p 测量

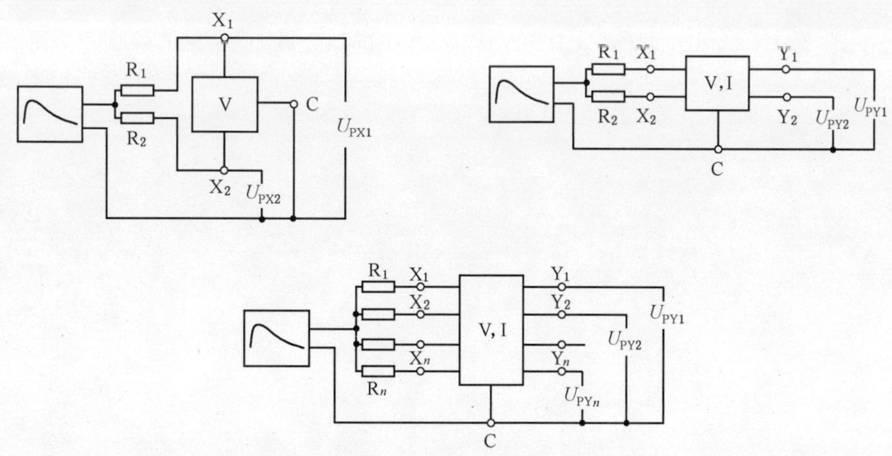

注：R_1 到 R_n 是冲击电流的分流电阻（可能是内部的或外部的）。

图 F.2 对 C 端子的 SPD 共模 U_p 测量的 ITU-T 试验设置

附　录　G
（资料性附录）
电信系统的特别抵抗性

当无法安装总线 SPD，或者无法实现总线 SPD 和电信系统的连接时，就要求特别的抵抗性。例如，ITU-T K.44 要求一个开路电压为 13 kV，短路电流为 325 A 的 B2 类的冲击。

参 考 文 献

[1] IEC 60060-2:1994, High-voltage test techniques—Part 2: Measuring systems

[2] IEC 60068-1:1988, Environmental testing—Part 1: General and guidance

[3] IEC 60068-2-38:1974, Environmental testing—Part 2: Tests—Test Z/AD: Composite temperature/humidity cyclic test

[4] IEC 60364-5-51:2005, Electrical installations of buildings—Part 5-51: Selection and erection of electrical equipment—Common rules

[5] IEC 60664-1, Insulation coordination for equipment within low-voltage systems—Part 1: Principles, requirements and tests

[6] IEC 60664-2-1:2011, Insulation coordination for equipment within low-voltage systems — Part 2-1: Application guide—Explanation of the application of the IEC 60664 series, dimensioning examples and dielectric testing

[7] IEC 60721-3-3:1994, Classification of environmental conditions—Part 3: Classification of groups of environmental parameters and their severities—Section 3: Stationary use at weatherprotected locations

[8] IEC 61180-1, High-voltage test techniques for low-voltage equipment—Part 1- Definitions, test and procedure requirements

[9] IEC 61643-12, Low-voltage surge protective devices—Part 12: Surge protective devices connected to low-voltage power distribution systems—Selection and application principles

[10] IEC 62305-4, Protection against lightning—Part 4: Electrical and electronic systems within structures

[11] ISO/IEC 11801:1995, Information technology—Generic cabling for customer premises

[12] IEEE C62.36:1994, IEEE Standard Test Methods for Surge Protectors Used in Low-Voltage Data, Communications, and Signaling Circuits (ANSI)

[13] IEEE C62.64:1997, IEEE Standard Specifications for Surge Protectors Used in Low-Voltage Data, Communications, and Signaling

[14] ITU-T Recommendation K.12:1995, Characteristics of gas discharge tubes for the protection of telecommunications installations

[15] ITU-T Recommendation K.20:1996, Resistibility of telecommunication switching equipment to overvoltages and overcurrents

[16] ITU-T Recommendation K.21:1996, Resistibility of subscriber's terminals to overvoltages and overcurrents

[17] ITU-T Recommendation K.28:1993, Characteristics of semi-conductor arrester assemblies for the protection of telecommunications installations

[18] ITU-T Recommendation K.30:1993 Positive temperature coefficient(PTC)thermistors

[19] ITU-T Recommendation K.45:2008, Resistibility of telecommunication equipment installed in the access and trunk networks to overvoltages and overcurrents

ICS 29.240.10
K 30

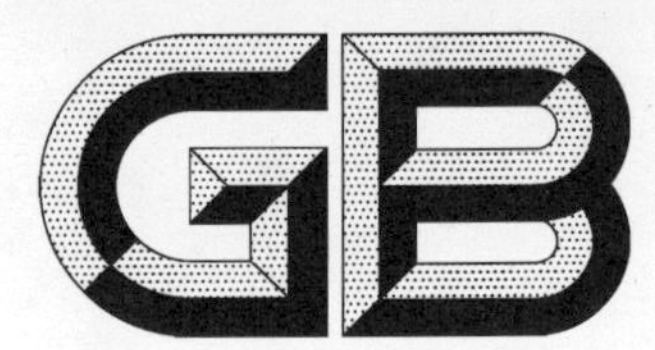

中华人民共和国国家标准

GB/T 18802.22—2008/IEC 61643-22:2004

低压电涌保护器 第22部分:电信和信号网络的电涌保护器(SPD) 选择和使用导则

Low-voltage surge protective devices—Part 22:surge protective devices connected to telecommunications and signalling networks—Selection and application principles

(IEC 61643-22:2004,IDT)

2008-12-31 发布 2009-11-01 实施

中华人民共和国国家质量监督检验检疫总局
中国国家标准化管理委员会 发布

前　言

GB/T 18802 系列国家标准等同采用 IEC 61643 系列标准，目前已经转化为我国国家标准的有：

——GB 18802.1—2002　低压配电系统的电涌保护器(SPD)　第 1 部分：性能要求和试验方法；

——GB/T 18802.12—2006　低压配电系统的电涌保护器(SPD)　第 12 部分：选择和使用导则；

——GB/T 18802.21—2004　低压电涌保护器　第 21 部分：电信和信号网络的电涌保护器(SPD)——性能要求和试验方法；

——GB/T 18802.22—2008　低压电涌保护器　第 22 部分：电信和信号网络的电涌保护器(SPD)选择和使用导则；

——GB/T 18802.311—2007　低压电涌保护器元件　第 311 部分：气体放电管(GDT)规范；

——GB/T 18802.321—2007　低压电涌保护器元件　第 321 部分：雪崩击穿二极管(ABD)规范；

——GB/T 18802.331—2007　低压电涌保护器元件　第 331 部分：金属氧化物压敏电阻(MOV)规范；

——GB/T 18802.341—2007　低压电涌保护器元件　第 341 部分：电涌抑制晶闸管(TSS)规范。

本部分是 GB/T 18802 的第 22 部分，等同采用 IEC 61643-22:2004，除有编辑性修改外，也更正了 IEC 61643-22:2004 中的错误。

本部分的附录 A、附录 B、附录 C、附录 D、附录 E 均为资料性附录。

本部分由中国电器工业协会提出。

本部分由全国避雷器标准化技术委员会归口。

本部分主要起草单位：西安电瓷研究所、上海电器科学研究所(集团)有限公司。

本部分参与起草单位：南京菲尼克斯电气有限公司、南通信达电器有限公司、广东省佛山科星电子有限公司。

本部分主要起草人：程文怡、尹天文。

引　　言

本部分是电信和信号SPD及其与电源线路的SPD组合在同一个外壳中的组件应用于电信和信号线路的导则。定义、要求和试验方法在GB/T 18802.21—2004中给出。确定使用SPD是基于对所述及的网络和系统中可预见的风险分析。因为电信和信号系统可能需要长距离的线路，无论是地下线路或架空线路可能遭受到雷电、电力线路故障和电源线路或负载线路开闭产生的过电压的严重影响，如果这些线路没有保护，则对信息技术设备(ITE)产生的风险也可能是严重的。其他可能影响决定使用SPD的因素有当地的规程和保险条款。本部分为评估是否需要SPD、SPD的选择、安装和规格，以及为达到SPD之间和SPD与安装在电信和信号线路中的ITE之间的配合等提供了指南。

SPD的配合确保SPD之间以及SPD和被保护的ITE之间的相互作用能实现。SPD的配合要求前级SPD的电压保护水平(U_P)和允通电流(I_P)不超过后接SPD或ITE的耐受能力。

一般来说，最接近电涌冲击源的SPD转移了大部分的电涌，下级的SPD将转移剩下的或残余的电涌。系统中SPD的配合受到SPD和被保护设备的操作以及连接SPD的系统特性的影响。

在试图达到适当的配合时，应检查下列的变化因素：

——电涌冲击的波形(脉冲或交变)；

——设备耐受过电压/过电流而不损坏的能力；

——安装，例如SPD之间或SPD和ITE之间的距离；

——SPD的限压水平和响应时间。

SPD的性能及其与其他SPD的配合可能受到先前遭受过的瞬态冲击的影响。对达到SPD极限能力的瞬态冲击，这种影响尤其明显。如果对所考虑的SPD处理电涌的大小和严酷性有较大的疑问，建议使用具有较高能力的SPD。

配合不好的一个直接影响可能是最接近电涌源的SPD被旁路，产生的后果是使得后级的SPD不得不承受全部电涌，这可能导致该SPD损坏。

缺乏配合也可能导致设备损坏，严重时可能导致火灾危险。

用于本部分的SPD的设计有几种技术，这些技术在标准正文中阐明，也在资料性附录A和附录B中说明。

低压电涌保护器
第22部分:电信和信号网络的
电涌保护器(SPD) 选择和使用导则

1 范围

GB/T 18802的本部分适用于系统标称电压不超过交流1 000 Vr.m.s和直流1 500 V的电信和信号网络中电涌保护器(SPD)的选择、运行、安装和配合等的导则。

本部分也适用于组合在同一个外壳中用于信号线路和电源线路保护的SPD。

2 规范性引用文件

下列文件中的条款通过GB/T 18802的本部分的引用而成为本部分的条款,凡是注日期的引用文件,其随后所有的修改单(不包括勘误的内容)或修订版均不适用于本部分,然而,鼓励根据本部分达成协议的各方研究是否可使用这些文件的最新版本。凡是不注日期的引用文件,其最新版本适用于本部分。

GB/T 17626.5—2008 电磁兼容 试验和测量技术 浪涌(冲击)抗扰度试验(IEC 61000-4-5:2005,IDT)

GB 18802.1—2002 低压配电系统的电涌保护器(SPD) 第1部分:性能要求和试验方法(IEC 61643-1:1998,IDT[1)])

GB/T 18802.21—2004 低压电涌保护器 第21部分:电信和信号网络的电涌保护器(SPD)——性能要求和试验方法(IEC 61643-21:2000,IDT)

GB/T 19271.1—2003 雷电电磁脉冲的防护 第1部分:通则(IEC 61312-1:1995,IDT)

GB/T 19271.2—2005 雷电电磁脉冲的防护 第2部分:建筑物的屏蔽、内部等电位连接及接地(IEC/TS 61312-2:1999,IDT)

ITU-T K.31:1993 用户建筑物内电信装置的连接结构和接地

3 术语和定义

下列术语和定义适用于本部分。

3.1

耐受能力 resistibility

SPD或信息技术设备(ITE)耐受过电压或过电流而不损坏的能力。

注:本定义引自IEC 61663-2:2001[1][2)] 并按其应用做了修改。设备在过电压/过电流期间可能失去某些功能,但在过电压或过电流作用过后应恢复正常工作。

3.2

多通道SPD multiservice surge protective device

一个SPD保护两个或多个服务设施,如电源、电信和信号,其封装于一个外壳中并在电涌时提供各服务设施之间的基准等电位连接。

---

1) IEC 61643-1新的版本目前正在考虑中。

2) 方括号中的数字查阅参考文献。

4 技术说明

下面是各种电涌保护元件技术的简要说明,更详细的描述见附录 A 和 B。

4.1 电压限制器件

这些并联连接的 SPD 元件是非线性元件,通过提供低阻抗分流通道而限制超过规定的过电压。该电压 U_{C1} 的选择应大于系统正常运行电压最大峰值。在系统最大运行电压时,SPD 漏电流应不影响系统正常运行。

可采用多个元件组成一个组件。元件串联后将增高组件的电压保护水平。元件并联后可增加组件的通流容量,但应注意确保并联元件间的电流均流。

有些技术,例如金属氧化物压敏电阻,其所具有的伏安特性对正极性和负极性电压本质上就是对称的,这类器件归类为双向对称型。当器件正负极性伏安特性虽有相同的基本波形但其特征值却显著不同时,则归为双向非对称型。

其他技术,例如 PN 半导体结,其伏安特性对正极性和负极性电压本质上就是不同的。

4.1.1 箝位型

这类 SPD 元件的伏安特性是连续的,通常这意味着对于大多数电压冲击而言,被保护设备将承受 SPD 阀值以上的电压。因此,这类 SPD 元件在过电压过程中将吸收相当大的能量。

4.1.2 开关型

这类 SPD 元件的伏安特性是不连续的,在某一规定的电压值,它们转换至低压状态。在该低压状态,其吸收的能量相比于其他“箝位”在规定的保护水平的 SPD 要低。

由于该开关型元件动作,被保护设备承受的高于系统正常电压时间是很短暂的。如果系统的运行电压和电流超过开关型元件的恢复特性,则这些元件仍处于导通状态,需要采取合适的 SPD 选型及电路设计使其在正常系统电压和电流下恢复至高阻状态。

4.2 电流限制器件

为了限制过电流,保护器件应切断或减小流过被保护负载的电流,限制过电流的方法有三种:切断、衰减或分流。过电流保护所使用的技术大多数是热驱动方式,这导致动作响应时间相对较长。在过电流保护动作之前,负载可能还有 SPD 应具有相应的耐受电涌的能力。

4.2.1 电流切断型

这类器件使 SPD 或 ITE 电涌电流的通道开路(见图 B.1)。载流电路的突然开路通常会产生电弧,尤其当电流处于峰值时。这种电弧必须加以控制以保证安全。电流切断后需要进行维护以恢复运行。熔断器是电流切断型的一个例子。

4.2.2 电流衰减型

这类器件通过有效地接入一个与负载串联的电阻减少电流流过(见图 B.2),自热式正温度系数(PTC)热敏电阻是用作这种作用的电流衰减型的一个例子。过电流使 PTC 热敏电阻发热,这将导致热敏电阻温度超过其临界温度(典型值为 120 ℃)。因此,热敏电阻的电阻值从欧姆级变为数百千欧级,从而减小了电流。在变为高电阻后,较小的电流仍维持 PTC 热敏电阻的温度,使 PTC 热敏电阻仍保持在高电阻状态。为保持温度,热敏电阻需要的典型功耗约为 1 W,例如交流 200 V 过电压时为 5 mA,如果系统工作电压和电流不超过 PTC 复位的特性,冲击过后 PTC 将冷却并恢复至低阻状态。

4.2.3 电流分流型

这类器件跨接在网络上,在安装点处可有效地设置一个短路(见图 B.3)。电压限制器或负载电流传感器的温升可引起该动作。负载虽然被保护,但网络馈线中的电涌电流却相同或更大。动作以后,可能需要进行维护使之恢复运行。

5 选用 SPD 的参数和 GB/T 18802.21—2004 中相应的试验

本条款讨论 SPD 的参数及其与 SPD 的运行及与相连的 SPD 网络的正常运行有关的问题。这些参数可用于SPD之间互相比较的基础，也可为信号系统和电源系统的SPD选型提供指南。这些参数值可从SPD制造商和供应商处得到。这些参数的验证，或当供应商不能提供这些参数时，应采用GB/T 18802.21—2004所述的试验和方法进行验证。

5.1 受控的和非受控的环境

SPD参数应适用于预期的环境。

5.1.1 受控环境

温度范围：−5 ℃～40 ℃

相对湿度范围：10%～80%

大气压力范围：80 kPa～106 kPa

受控环境是一幢建筑物或其他基础设施的受管理环境中的一种。受控环境至少应是自然冷热的环境，并受到保护而不受极端的自然环境的影响。

5.1.2 非受控环境

温度范围：−40 ℃～70 ℃

相对湿度范围：5%～96%

大气压力范围：80 kPa～106 kPa

5.2 可能影响系统正常运行的SPD参数

用于保护电信和信号系统，且有电压限制功能的或既有电压限制功能又有电流限制功能的SPD的工作的基本特性如下：

——最大持续工作电压U_C；

——电压保护水平U_P；

——冲击复位；

——绝缘电阻(泄漏电流)；

——额定电流。

SPD应符合特定的技术要求。某些SPD参数会影响网络的传输特性，这些参数列表如下：

——电容；

——串联电阻；

——插入损耗；

——回波损耗；

——纵向平衡；

——近端串扰(NEXT)。

因此，SPD应按GB/T 18802.21—2004中选取的试验项目进行试验。附录D给出了有关信息技术及其某些传输特性的资料，这些是系统应用SPD时应予以考虑的。

6 风险管理

考虑到过电压和过电流的概率，信息技术系统(ITS)保护措施(例如，SPD保护)的必要性应建立在风险评估的基础之上。信息技术系统所有部分的评估应获得对整个网络的配合良好的保护。这就要考虑客户和网络运营商服务损失的后果、系统的重要性(例如，医院、交通控制)、在特定位置的电磁环境(损坏的概率)和修复的成本等。

决定安装保护措施应根据下列条件评估：

——建筑物内、外网络损坏的风险；

——允许的损坏风险。

对建筑物及其内部网络，用户应分析这两个参数。对于建筑物外部的网络，网络运营商应对它们分析。因为风险因素的权重可以导致在运营商网络和私人网络之间连接处的保护结果不同(见图1，“NT”点)，表1给出了保护措施的管理职责的一般性看法。

表 1 保护方案的管理职责

IT 系统	职　责
建筑物内部设施;私人网络	用户
建筑物外部设施;运营商网络	网络运营商
运营商网络和私人网络的连接区(NT)	网络运营商或用户
信息技术设备 ITE	用户(见注)
基于风险评估的附加保护措施	用户
注:电信设备的耐受能力要求在 ITU-T K 系列中给出,可参考 IEC 61663-2:2001[1],它们由 ITE 制造商根据市场需求来履行。	

6.1 风险分析

风险分析需考虑下面的电磁现象:

——电源感应;

——雷电放电;

——地电位升高;

——电源碰触。

6.2 风险鉴定

风险鉴定需考虑如下几个经济因素,如:

——成本(没有足够保护的设备的高修复成本相对于有足够保护的设备的无修复成本,损坏性电磁现象的发生概率);

——预期的使用;

——设备内的保护措施;

——服务的连续性;

——设备的可服务性(设备安装在难以到达的地区,例如,在高山上)。

6.3 风险处理

风险处理考虑减少整个通信网络的损坏,即各类公共的和私人的网络,包括各种传输设备或终端设备。SPD 的安装应接受网络运营商、网络管理局和系统制造商的要求与限制(见图 1)。有关风险管理的更多信息见附录 E。

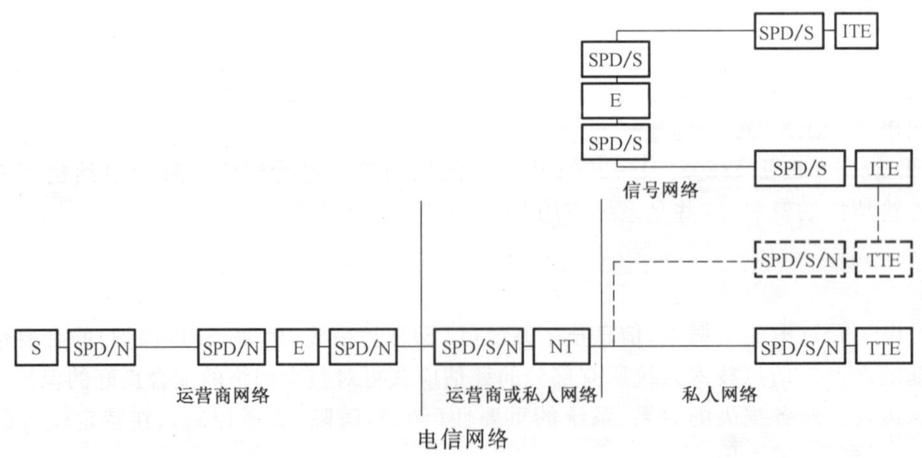

注:

SPD/N——网络运营商/当局所规定的 SPD 要求/规约;

SPD/S——系统制造商可能规定的 SPD 要求/规约;

SPD/S/N——可能由系统制造商和网络运营商/当局规定的 SPD 要求/规约;

S——交换中心;

E——设备(例如,多路转换器);

NT——网络终端;

ITE——信息技术设备或过程控制;

TTE——电信终端设备。

图 1 电信和信号网络的 SPD 安装

7 SPD 的应用

7.1 概论

当考虑 SPD 在电信和信号网络中的应用时，重要的是确定可能的过电压和过电流的来源以及它们的能量如何耦合至网络。耦合情况如图 2 所示，这可看作为降低能量耦合到网络的方法。

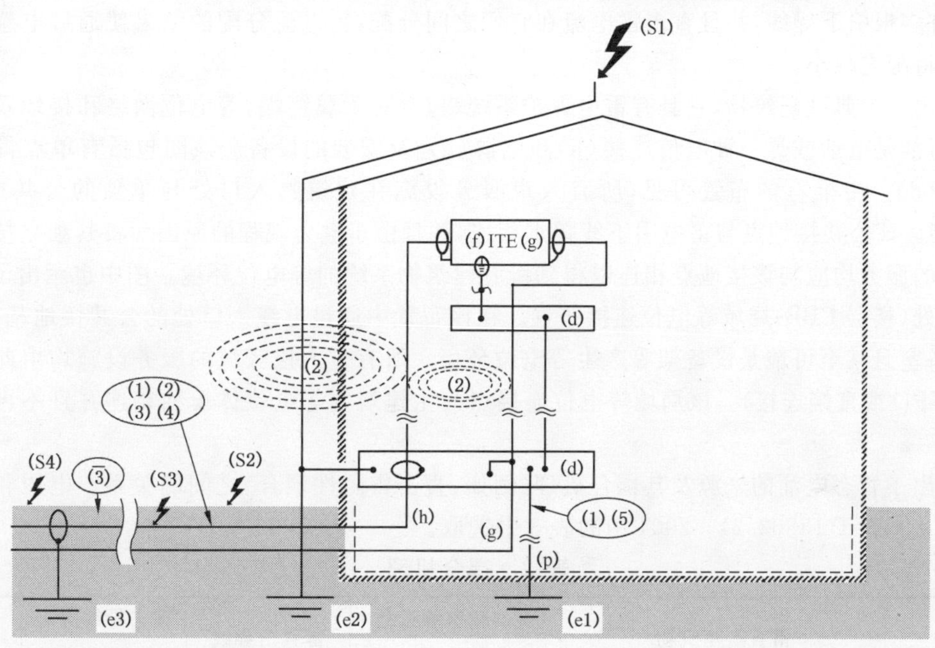

注：

(d)——等电位连接体(EBB)；

(e1)——建筑物接地；

(e2)——雷电保护系统接地；

(e3)——电缆屏蔽接地；

(f)——信息技术/电信接口；

(g)——电源接口；

(h)——信息技术/电信线路或网络；

(p)——接地电极；

(S1)——建筑物直击雷；

(S2)——建筑物近区雷；

(S3)——雷直击电信线/电源线；

(S4)——雷击电信线/电源线的近区；

(1)…(5)——耦合机理，见表 2。

图 2 耦合机理

7.2 耦合机理

对电信和信号系统构成威胁的主要暂态源是雷电和电源系统。耦合的方式包括直击雷和电源系统的直接耦合以及与两个源头的电容耦合、电感耦合和辐射耦合。第四种耦合机理是地电位升高，这也来源上述两个源头。

保护措施应与被保护系统相配合。一栋建筑物中任何需要保护的地方，都应安装等电位连接体(EBB)。进一步的重要措施是将所有从设备至建筑物 EBB 的等电位连接体阻抗减至最小。如果使用了电缆的金属屏蔽层，则它应是连续的，即金属屏蔽层应沿电缆长度方向贯通所有接头、再生器等。在电缆的终端它也应与 EBB 相连，最好直接相连或通过 SPD 相连(以避免腐蚀问题)。另一种保护措施是用足够的 SPD 提供入户服务，以使暂态过电压和过电流减小到与系统兼容的水平。SPD 应尽可能位于靠近建筑物公共入口,例如所有入户服务通过的进户入口箱。如果被保护设备和电缆入口之间要求有一定的距离,应特别注意把设备等电位体阻抗和 SPD 等电位体阻抗减至最小。

图 2 描述了雷电和交流电源的能量耦合至装有暴露设备的建筑物的方式。应注意直击雷会导致需要耐受能力更高的 SPD(见表 2),但这种情况是最不常见的。第 6 章中关于风险管理的资料对理解该图和表的内容提供指导。为了简化起见,该图中举例说明的是直击雷沿单根引下线下行的情况。实际上,系统有许多根引下导线,并且直击雷电流在它们之间分配,雷电流分配的结果使通过电感耦合产生的电涌电压将随之减小。

图 3 示出一个典型建筑物,它具有雷电保护系统(包含有附属终端,等电位网络和接地系统),入户服务设施[可能是电话或另一种电信连接(h)和电源(g)]及安装的设备。该图包括有单点雷电保护等电位连接体(d)。由推荐的布置可见,所有入户服务设施在建筑物入口处与单独的公共接地点(主 EBB)相连接。该公共接地点与雷电引下线单点相连,并且由于电力规程的原因而将其独立接地。所有进入建筑物的服务均应与该接地点相连以得到所有建筑物系统的等电位环境。图中也示出了在建筑物设备或其近处(楼层 EBB)局域等电位连接布置。在该布置中通过电缆入口处的公共接地基准点,使每个楼层、设备室且甚至可能是设备架等产生等电位环境。所有进入该区域的服务设施均由此基准点接地(或通过 SPD 或直接连接)。该局域等电位连接点与主建筑物等电位体单独相连并且不再独立与地相连。

表 2 示出了暂态电涌的来源及其耦合机理(例如:直击雷阻性耦合)之间的关系。电压和电流波形及试验项目从 GB/T 18802.21—2004 中的表 3 中选取。

表 2 耦合机理

电涌源	雷直击建筑物 (S1)		雷击建筑物近处的地面 (S2)	雷直击导线 (S3)	雷击导线附近地面 (S4)[b]	交流影响
耦合	电阻性 (1)	电感性 (2)	电感性[a] (2)	电阻性 (1,5)	电感性 (3)	电阻性 (4)
电压波形(μs)	—	1.2/50	1.2/50	—	10/700	50/60 Hz
电流波形(μs)	10/350	8/20	8/20	10/350[d] 10/250	5/300	—
优选的试验项目[c]	D1	C2	C2	D1,D2	B2	A2
注:(1)~(5)见图 2,耦合机理。						

a 也适用于邻近供电网络开关操作的容性/电感性耦合。

b 由于远处距离增加使耦合效应场显著减小,直击雷可忽略不计。

c 见 GB/T 18802.21—2004 中表 3。

d IEC TC 81 将该模拟直击雷冲击试验表述为峰值电流和总电荷,能够达到这些参数的典型波形是双指数冲击,在这个例子中采用 10/350 波形。

7.3 电涌保护器(SPD)的应用、选择和安装

7.3.1 SPD 的应用要求

SPD 应符合 GB/T 18802.21—2004 和与被保护系统有关的技术规范。

应用于公共电源系统的 SPD,可能要采用其他的或附加的要求,在下面的分条款中不再叙述。以下各分条款涉及 SPD 在建筑物内部信息技术系统中的应用。

7.3.1.1 减小雷电效应的 SPD 的选用

SPD 通过吸收或反射能量来限制电涌的动作,SPD 特性应由制造商根据 GB/T 18802.21—2004 表 3 进行规定,包括峰值冲击电流和波形的详细情况(例如 5kA(8/20))。

当确定保护措施时，应考虑每个不同保护位置(见图3)的保护要求。雷电防护区级联时应在防护区接口处使用保护器(雷电防护区，参考GB/T 19271.1—2003)。对于雷电保护系统(LPS)，区级概念尤为适用。例如，位于建筑物的入口处的第一级保护水平(j，m)，主要保护使装置不被损坏。该级保护应按此设计并取额定参数，该保护的输出具有一个降低的能量，此输出又成为后面一级保护的输入。下级的保护水平(k，l及n，o)进一步将电涌水平降低至随后的下级保护或设备可以接受的值(也可见7.3.1.2)。

图3是与GB/T 19271.1—2003和ITU-T K.31：1993相一致的星型配置示例。

根据过电压/过电流水平及SPD特性，建筑物内的设备也可由单个SPD保护。数个保护水平可通过一个SPD中的保护电路的组合而确定。根据设备位置，一种SPD可用于建筑中的多个区域。

当存在串接级联的SPD时，应考虑第9章的配合条件。

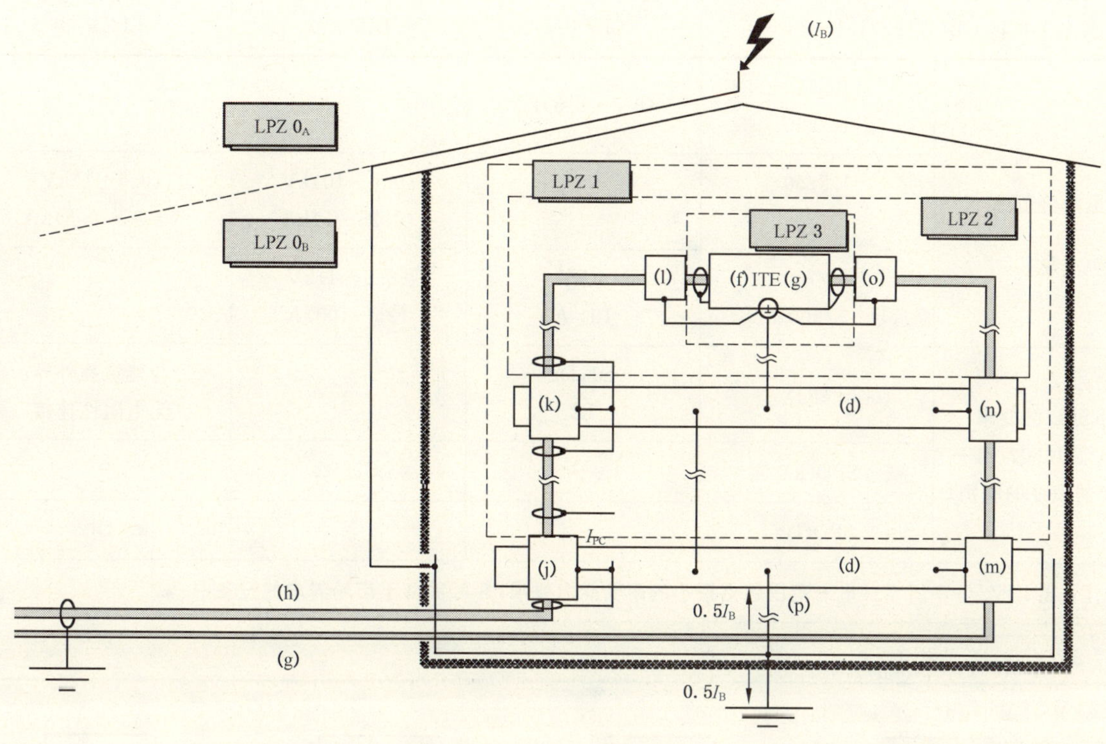

注：

(d)——雷电防护区(LPZ)边界的等电位连接体(EBB)；

(f)——信息技术/电信接口；

(g)——电源接口/电源线；

(h)——信息技术/电信线路或网络；

I_{PC}——雷电流的部分电涌电流；

I_B——GB/T 19271.1—2003的直击雷电流，其通过不同耦合路径在建筑物内产生的雷电局部电流I_{PC}；

(j，k，l)——按表3的SPD(也可见GB/T 18802.21—2004表3)；

(m，n，o)——按GB/T 18802.1—2002试验类别Ⅰ类、Ⅱ类和Ⅲ类的SPD；

(P)——接地导体；

LPZ 0_A…LPZ 3——按GB/T 19271.1—2003的雷电防护区0_A…3。

图3　雷电保护原理的配置示例

7.3.1.2　降低瞬变的SPD的选用

SPD应按第7.3.1.1级联的防护区和表3的保护水平选用(对于配合参考第9章)。为此目的，保护器件的选用方法是SPD的限制电压标称值U_P小于下级SPD或ITE可耐受的电压值(见图4)。

表3中关于雷电防护区的选择是假设防护区接口LPZ 0/LPZ 1的总雷电流的各分量通过SPD(j)

由电阻耦合进入信息技术系统(局部雷电流 I_{PC})。这样在信息技术系统传播产生的雷电波形并将受到系统接线和 SPD 动作的影响。如果 SPD(j)的保护水平高于设备耐受水平,就再安装一个具有合适的保护水平的附加 SPD,且能与 SPD(j)相配合,另外一种方法,就是采用一个具有合适保护水平的 SPD 取代 SPD(j)。

由雷击的电磁效应或预先安装的限制类器件(SPD)允许通过的瞬间感应的电涌电流用 8/20 雷电流来表示。

靠近信息技术/电信线路的附近但又远离连接在这些线路的 ITE 的雷击所产生的电压,用 10/700 冲击波来表示(参考 GB/T 18802.21—2004 表 9)。

表 3 根据 GB/T 19271.1—2003 和 GB/T 17626.5—1999 且用于防护区接口的 SPD 额定值的选型推荐

雷电保护区 GB/T 19271.1—2003		LPZ 0/1	LPZ 1/2	LPZ 2/3
电涌值范围	10/350 10/250	(0.5～2.5)kA	—	—
	1.2/50 8/20	—	(0.5～10)kV (0.25～5)kA	(0.5～1)kV (0.25～0.5)kA
	10/700 5/300	4 kV 100 A	(0.5～4)kV (25～100)A	—
对 SPD 的要求(GB/T 18802.21—2004 的表 3 的类别)	SPD(j)[a]	D1,D2 B2	—	与建筑物外界无电阻性连接
	SPD(k)[a]	—	C2/B2	—
	SPD(l)[a]	—	—	C1
注:在 LPZ2/3 中所示的电涌范围包括最小的耐受能力要求,并可贯彻于市场需求的设备中。				
[a] SPD(j,k,l),见图 3。				

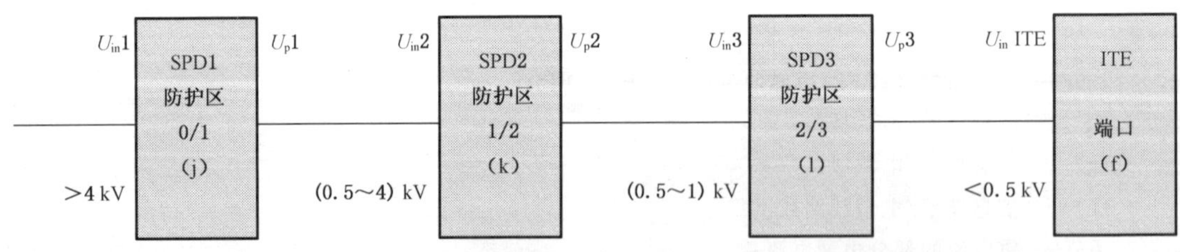

图 4 雷电保护区(图 3)配置示例

一般来说,为达到设备保护所需 SPD 的数量决定于安装 SPD 处 LPZ 分界面的数量。设备的保护也可采用单个 SPD,它采用了 7.3.1.1 中所述的组合保护电路。

串接级联保护装置从(j)至 SPD3(l)之间的配合条件应根据第 9 章考虑。

7.3.1.3 限制低频电涌电压的 SPD 的选择

电信线路容易受到电源线故障过电压的影响的区域,线路与局部地电位间的电压应通过连接在线路导线与接地端子间的 SPD 来限制。在考虑保护装置的击穿电压和该保护器导线对地联接阻抗时,应选择终端设备的介电强度。应从产品系列/产品标准中选择恰当的要求,即 ITU-T 建议 K.20、K.21 和 K.45[2-4]。保护电信线路免受工频电涌的影响,可通过电压限制型或开关型 SPD 而获得。

7.3.1.4 SPD与被保护系统限制电压的兼容性

确保SPD的差模和共模限制电压的技术要求与系统的保护设备相匹配(见图5)是很重要的。

为达到系统兼容性,与SPD有关的技术要求(见5.2)应从制造商处获得。

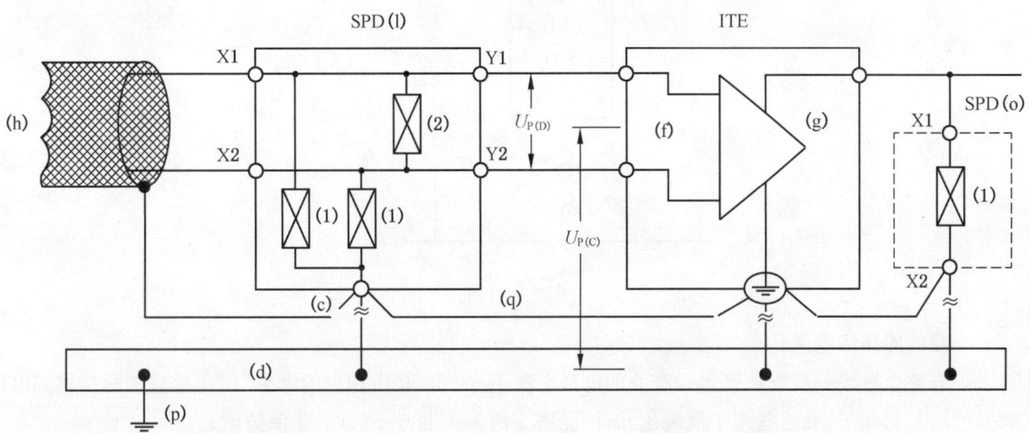

注:

(c)——SPD连接点,通常指SPD中所有共模、电压限制型电涌电压元件参考点;

(d)——等电位连接体(EBB);

(f)——信息技术/电信接口;

(g)——供电电源接口;

(h)——信息技术/电信线路或网络;

(l)——按表3的SPD(也可见GB/T 18802.21—2004表3);

(o)——按GB/T 18802.21—2004的电源线的SPD;

(p)——接地导体;

(q)——必要连接(尽可能短);

$U_{P(C)}$——共模,电压限制至保护水平;

$U_{P(D)}$——差模,电压限制至保护水平;

X1,X2——SPD端子,在这些端子间分别接有限制元件(1,2),SPD非保护侧与之相连;

Y1,Y2——SPD保护侧端子;

(1)——按IEC 61643-300系列标准中限制共模电压的电涌电压保护元件[22-25];

(2)——按IEC 61643-300系列标准中限制差模电压的电涌电压保护元件[22-25]。

图5 ITE数据(f)和电源输入电压(g)的共模电压和差模电压的保护方法示例

7.3.2 SPD安装布线

安装应把在导线/连接线上的线电压降至最小。

下述的方法与SPD低保护水平U_P共同构成了防止任何由于不正确布线(耦合,环,电缆电感)引起的在限压过程中附加电压升高的基本规则,从而得到有效的电压限制效果。

有效的电压限制效果通过下列方式达到:

——尽可能靠近设备安装SPD(见7.3.2.2);

——避免长导线并减小SPD端子X1,X2(见图6)与被保护区域之间的不必要的弯曲。图7对应的安排是最佳的。

7.3.2.1 两端子SPD

图6和图7表示两种可行的安装两端子SPD的方法,第二种安装方式去除了保护器导线长度的附加影响。

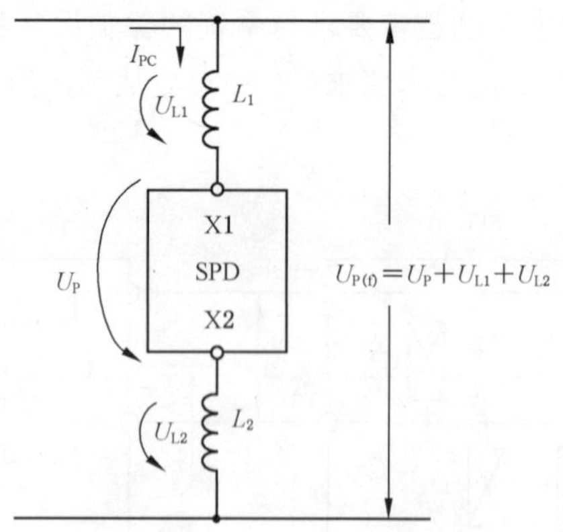

注：

L_1,L_2——导线的导体电感；

U_{L1},U_{L2}——与整个导线长度或长度单元有关的电涌电流 I_{PC} 的 di/dt 在相应的电感"L"上感应的标准模式电压；

X1,X2——SPD 的端子，在这些端子间限压元件(见图 5 的 1,2)位于 SPD 的非保护侧；

I_{PC}——雷电流局部电涌电流；

$U_{P(f)}$——在 ITE 输入端(f)由保护水平 U_P 及保护电器与被保护设备间连接导体上的电压降产生的电压(实际保护水平)。应注意，在 SPD 开始导通前 U_{L1} 及 U_{L2} 等于零，对于开关型 SPD，当 SPD 导通时 U_P 为残压；

U_P——SPD 输出端电压(保护水平)。

图 6 导线电感引起的 U_{L1} 和 U_{L2} 对保护水平 U_P 的影响

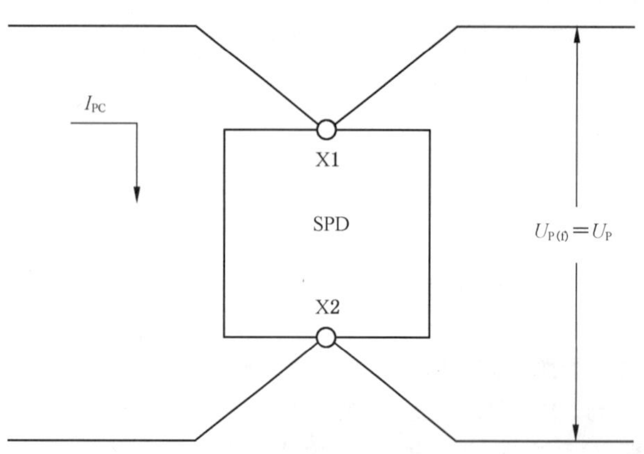

注：

X1,X2——SPD 端子，在这些端子间限压元件(见图 5)位于 SPD 的非保护侧；

I_{PC}——雷电流局部电涌电流；

$U_{P(f)}$——在设备输入端(f)由保护水平 U_P 及保护器件与被保护设备间连接导线产生的电压(实际保护水平)；

U_P——SPD 输出端电压(保护水平)。

图 7 通过把导线连接至公共点去除保护单元的电压 U_{L1} 和 U_{L2}

7.3.2.2 三端子、五端子或多端子 SPD

有效的限制电压输出需要系统特定的研究并考虑保护器件与 ITE 之间各种状况。

附加措施：

——不要将至保护端口的电缆与至非保护端口的电缆布置在一起；

——不要将至保护端口的电缆与接地导体(p)布置在一起；

——SPD 保护侧至被保护 ITE 的连接应尽可能短，或采取屏蔽。

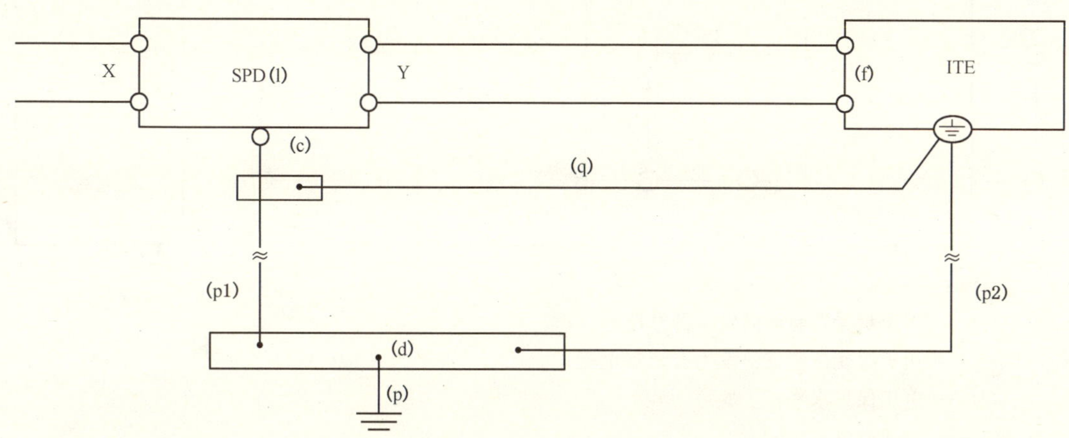

注：

(c)——SPD 公共参考端，SPD 内的所有共模、限压型电涌电压元件通常以此为参考点；

(d)——等电位连接体(EBB)；

(f)——信息技术/电信接口；

(l)——根据表 3 的 SPD(也见 GB/T 18802.21—2004 表 3)；

(p)——接地导体；

(p1,p2)——接地导体(尽可能短)，对于远程供电 ITE，(p2)可能不存在；

(q)——必要接线(尽可能短)；

X,Y——SPD 端子，在这些端子间限压元件(1,2,见图 5)位于 SPD 的非保护侧。

图 8 使保护水平最少受干扰影响的 ITE 与三、五或多端子 SPD 的必要安装条件

7.3.2.3 雷电感应过电压对建筑物内部系统的影响

建筑物内部可能存在雷电感应过电压，可通过 7.2 中所述的机理，耦合进入内部网络。这类过电压通常是共模的，但也可能以差模形式出现，这类过电压会造成绝缘击穿和/或 ITE 元件损坏。

为限制过电压影响，应按图 5 安装 SPD。

其他可采取的措施如下：

——SPD 与 ITE 间的等电位连接(q)以减小共模电压(见图 8)；

——采用双绞线以减小差模电压；

——采用屏蔽线以减小共模电压；

——关于各种回路的计算方法，见 GB/T 19271.2—2005 附录 B。

8 多通道电涌保护器

这类器件在一个单独的外壳中包含有一个组合保护电路，至少具有两种不同功能，它限制设备电涌电压并为不同服务设施提供等电位连接。组合保护器件的电涌电压保护电路应符合 GB 18802.1—2002 对电源电路的要求，并符合 GB/T 18802.21—2004 电信/信号电路的要求。

这类器件的特定试验正在考虑之中。

9 SPD/ITE 的配合

为确保在过电压情况下两个串接级联的 SPD 或一个 SPD 与一个被保护的 ITE 间的配合，在所有已知和额定条件下 SPD1 的输出保护水平不应超过 SPD2 或 ITE 输入的耐受水平。

如果满足下面的判据，则两个串接级联 SPD 就达到配合：

$U_P < U_{IN}$ 并 $I_P < I_{IN}$(图 9)。如果不能达到这些配合条件，可通过一个去耦元件来实现配合。这个去耦元件可能需要通过测量来确定。

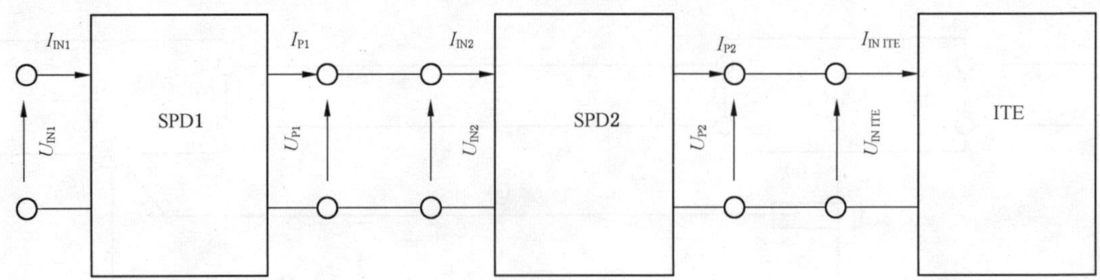

注：

U_{IN2};$U_{IN\ ITE}$——用于耐受性验证的发生器开路电压；

I_{IN2};$I_{IN\ ITE}$——用于耐受性验证的发生器短路电流；

U_P——电压保护水平；

I_P——允通电流。

图9 两个SPD的配合

因为SPD至少包含一个非线性限压器件，保护端开路输出的电压是试验发生器所施加的(开路)过电压的畸变形式。这使SPD的配合不可能被当做“黑匣子”那样进行一般的描述。使用制造商推荐的SPD是最安全的。制造商有能力评估如何取得配合或如何由试验确定配合。为使SPD与ITE配合，需要ITE制造商提供的技术要求/资料/试验报告。

附 录 A
（资料性附录）
电压限制器件

A.1 电压箝位器

这类并联连接的箝位 SPD 元件是非线性元件，通过提供低阻通道以泄流，限制超过规定值的过电压。

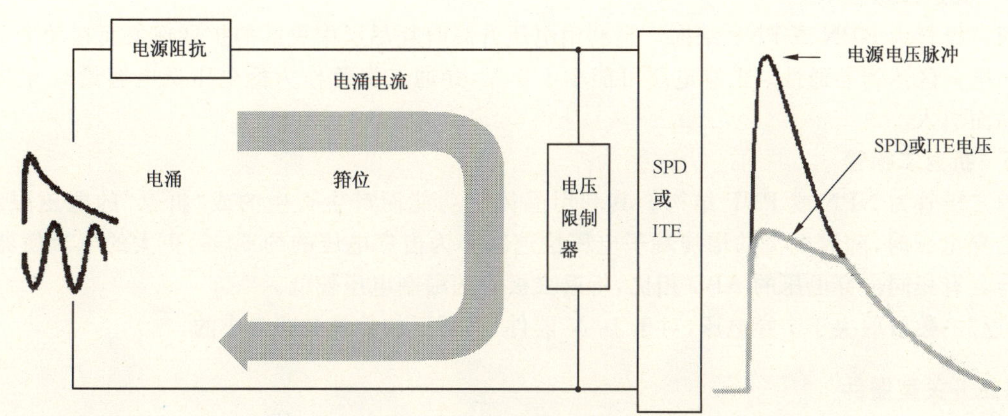

图 A.1 电压箝位器件电路图

A.1.1 金属氧化物压敏电阻（MOV）

金属氧化物压敏电阻是由金属氧化物制造的非线性电阻器。在大部分电压限制范围内，MOV 的电压随电流非线性地增加。在最大电流水平处，材料体积电阻起主导作用，使其实际上为线性特性。

当 U_C 约为 5 V 及以上时，MOV 元件有效，通常误差约±10%。大电流冲击时，MOV 的限制电压可显著增加，这对串接级联 SPD 的配合有益，但下游设备有可能承受高电压。

MOV 响应时间短，使其适合于快速暂态电压。其还具有较大的热容量，并能吸收相当高的能量。承受多次额定电流冲击或承受数次超过器件额定值的冲击将使 MOV 劣化。劣化的表现是 U_C 降低，使用这些器件时应予考虑。

MOV 元件呈高电容量，这使其在高频应用中受到限制。

A.1.2 硅半导体

这类 SPD 元件由单个或多个 PN 结构成。

通常，这类 SPD 元件能量处理能力较低且对温度敏感。它们用于需要快速限压的场合时，其限压值为 1 V 及以上。

A.1.2.1 正向偏压 PN 结

正向偏压 PN 结的正向电压（V_f）约 0.5 V。在电压限制的大多数范围内，二极管电流随外加电压快速增加。大电流时，正向电压 V_f 可增加至 10 V 或更高。

在施加电压迅速上升的情况下，二极管可呈现一些电压过冲。该过冲电压（正向恢复电压，V_{frm}）可大于大电流正向电压。在正向偏压极性下，二极管具有相对较高的电容量。该电容量取决于信号和直流偏压水平。如果二极管用于反向偏压，电容量则减小。因为串联的缘故，用于较高工作电压而串联组装的器件使用时也可明显地降低电容量。

A.1.2.2 雪崩击穿二极管（ABD）

ABD 为反向偏压 PN 结，其阈值电压或击穿电压范围为 7 V 及以上。在工作电流的大多数范围内，典型 ABD 端子电压不随电流变化。

ABD 的响应时间非常短，使其适合于限制快速上升的暂态电压。ABD 的电容量与击穿电压成反比，也与施加电压成反比，不论其为信号电压还是直流工作电压。

单结 ABD 是单向的。为制造双向器件，第二个反极性 ABD 与第一个 ABD 相串联。对任一极性，该器件当作与一个正向偏压二极管相串联的雪崩 ABD。该两器件可集成为一个片式单个 NPN 或 PNP 结构。

A.1.2.3 齐纳二极管

反向偏压 PN 结为齐纳击穿时，其击穿电压约为 2.5 V～5.0 V。与 ABD 不同，齐纳管端子电压随电流显著增加，其增量可为击穿电压的二倍。

A.1.2.4 穿通二极管

穿通二极管为 NPN 或 PNP 结构。它利用电压升高时耗尽层中央区的扩展现象而在两个 PN 结之间的空间电荷区达到导通性。击穿电压可能小于 1 V，穿通二极管作为低电压低电容量时齐纳二极管的替代品而引入。

A.1.2.5 折返二极管

折返二极管为 NPN 或 PNP 结构。其利用晶体管功能而产生再生的或“折返”的电压限制特性。当达到击穿电压时，随着电流的增加端子电压快速减小为击穿电压的约 60%，更大的电流使器件电压增大。与具有相同击穿电压的 ABD 相比，折返二极管的限制电压较低。

“折返”的数量取决于击穿电压，对于 10 V 器件，其折返的数量是非常小的。

A.2 电压开关型器件

这类并联连接的开关型 SPD 元件是非线性元件，通过提供低阻通道泄流来限制超过规定值的过电压。

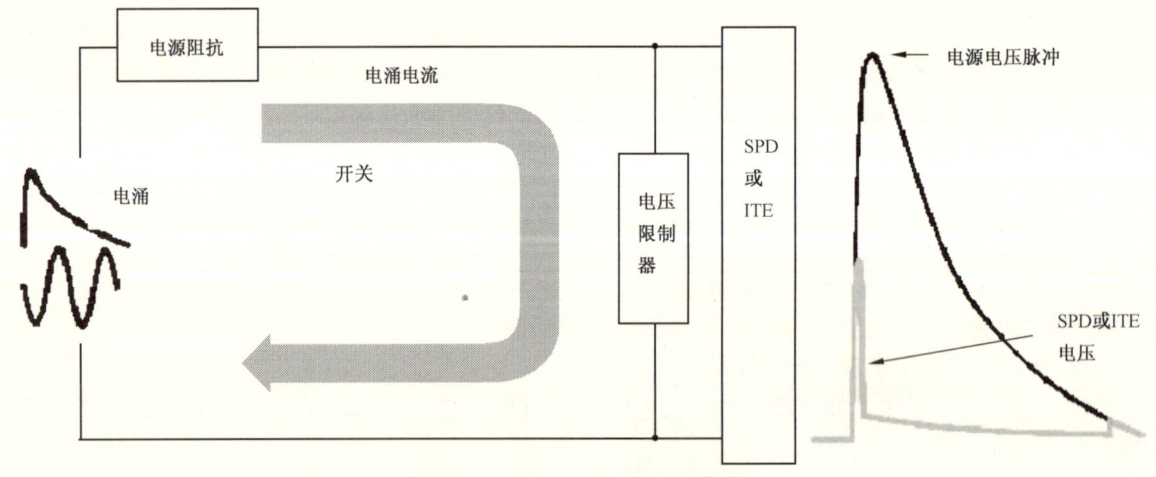

图 A.2 电压开关器件电路图

A.2.1 气体放电管(GDT)

气体放电管由装在陶瓷或玻璃圆柱管内的两个或多个金属电极组成，电极由间隙隔开，间隙的距离为 1 mm 或更小。放电管内部填充高于或低于大气压的惰性混合气体。当放电管间隙两端的电压缓慢上升到一个主要由电极的间距、气体压力和气体混合物而决定的数值时，则发生电离过程。该过程迅速导致电极间隙间形成电弧，并且装置的残压降低为典型值 30 V 以下。电离过程发生的电压定义为器件放电(击穿)电压。

如果外施电压(如瞬态电压)上升很快，电离/电弧形成所需的时间可允许瞬态电压超过上节中所要求的击穿电压。该电压被称为冲击击穿电压，其通常为外施电压(瞬态电压)上升速率的正函数。

因为开关动作和刚性结构，气体放电管的载流能力大于其他 SPD 元件。许多类型的气体放电管能够容易地承载高达 8/20，峰值为 10 kA 的电涌电流。

气体放电管的结构使其电容量很小，通常小于 2PF，这使其广泛应用于高频电路。

当 GDT（气体放电管）工作时，其可产生能够影响敏感电子的高频幅射。因此，将 GDT 回路放置在与电子器件有一定距离是明智的，距离取决于电子器件的敏感性和电子器件的屏蔽程度。另一种避免影响的方法是将 GDT 放置在一个屏蔽外壳内。

A.2.2　空气间隙

这类 SPD 元件的工作原理与气体放电管类似。所不同的是其结构，如其名称所示，实际上间隙电极间的气体为周围的空气，结构的差异包括一个非常小的间隙，通常其数量级为 0.1 mm，并且电极不是金属电极而是碳电极。周围空气中的尘埃和潮气及电弧产生的石墨尘埃一起很快地减小此类器件的使用寿命。同时，尘粒能够实际上桥接间隙从而引起电阻的变化，这可在通信时产生杂音。

因为大气压空气被用做气体介质，这类元件最小的实际击穿电压的典型值为 350 V，而气体放电管的约为 70 V。由于间隙距离小，空气间隙的冲击系数或冲击击穿电压与击穿电压的比值要小于气体放电管。现在仍有数百万此类器件在使用，并仍在大量生产。

A.2.3　晶闸管电涌限制器（TSS）——固定电压型（自门型）

固定电压晶闸管电涌限制器（TSS）利用内层 NP 结的击穿电压以设定阀值电压（见 A.1.2.2，A.1.2.3和 A.1.2.5），该电压在 TSS 制造过程中设置。大于一定的击穿电流时，NPNP 结构重生并转换至低电压状态。击穿电压的峰值被称为转折电压（$V_{(BO)}$）。为使 TSS 关断，被保护系统所提供的电流必须小于 TSS 的保持电流，通常要小数百毫安。所有 TSS 参数都对温度敏感，因此使用采用该技术的 SPD 时应予考虑。

双向 TSS 元件可是对称的，也可是非对称的。单向 TSS 元件仅在一种极性下动作。对于另一种极性，TSS 可阻塞电流通过，或者当集成并联有二极管（PN 结）时导通大电流。这类单向型器件对某些应用是有益的。

TSS 的多个 PN 结的确减小了总电容，数十至数百 PF 很普通。对于所有的 PN 结器件，电容量都取决于直流偏压和信号幅值。击穿电压与电流升速有关。工频电压被用来确定慢速的转折电压。对于快速的上升速度，冲击转折电压可能高 10%～20%。

当 TSS 动作时，可产生高频振荡，这可能影响敏感电子器件，当使用这种形式保护时，应注意把耦合至临近电子器件的干扰减至最小。

A.2.4　晶闸管电涌限制器（TSS）——门极型

电压控制 TSS 在 NPNP 结构的中央 P 区或 N 区应用门极连接。设置 TSS 的阀值电压为其近似值。这种型式的 TSS 使用在要求将过电压限制到接近基准值的场合，外部基准可以是电子设备的电源电压。P 门型提供负保护电压，而 N 门型提供正保护电压。双向和单向装置均有效用。

附　录　B
（资料性附录）
电流限制器件

B.1　电流切断器件

这类器件是串联元件，可导通正常状态的回路电流。过电流使该器件开路，中断电流流通。该类器件通常是不可恢复的。

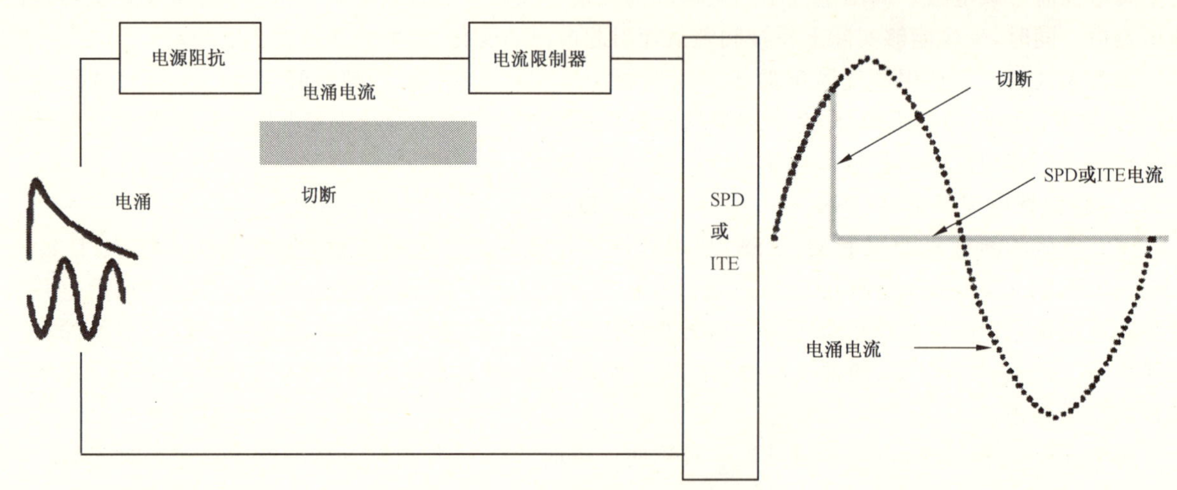

图 B.1　切断器件电路图

B.1.1　可熔断电阻器

这类器件为线性电阻器，并具有过电流熔断功能。熔断功能可直接与电阻器技术合为一体，或作为集成器件的一个分离元件。

B.1.1.1　厚膜电阻

该器件由在陶瓷基体上沉积电阻性迹道而制成。利用激光修迹以精确调整电阻值。某些情况下，基体的一侧可有两个功率电阻，匹配于平衡线路之应用，而另一侧可能有一个供其他系统使用的电阻阵列。

厚膜电阻的热质量和排列意味着其电阻对冲击能量不敏感。该器件主要用于长期交流过电流下的电流切断。有时称它们为脉冲吸收电阻器。

交流过电流时发热使陶瓷基体产生严重热梯度。如果该梯度过大，基体断裂或粉碎，从而击破电阻迹道并切断流过的电流。

在某些场合下，为减小长期熔断电流特性而增加一个串联的钎焊合金热熔丝。

B.1.1.2　线绕可熔断电阻器

该器件为线绕电阻器，常为无感缠绕，其与熔丝或可焊弹簧或引线等形成一体。

B.1.2　熔断器

熔断器是保护电路过电流的自动断开的元件。电流的切断是因为流过电流的熔丝的熔化。熔断器的熔解可导致瞬态电压。

B.1.3　热熔断器

该器件有时称为热切断器（TCO），通过环境温升切断电流而提供过负荷保护，它们有不可恢复型和可恢复型。

B.2 电流衰减器件

该器件是可导通正常电流的串联元件，过电流使其电阻增大，从而减小了通流。

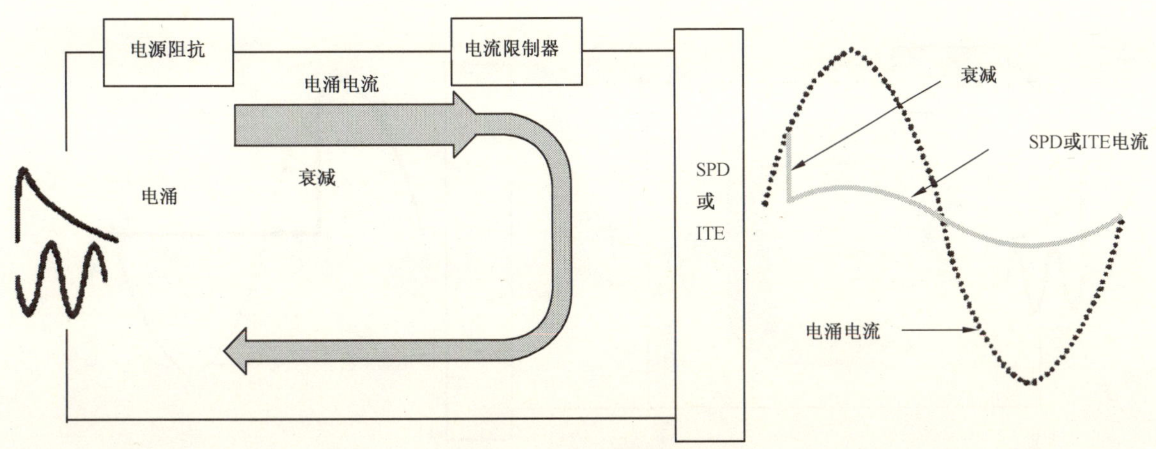

图 B.2 电流衰减器电路

正温度系数热敏电阻(PTC)，是常用的电流衰减器件。PTC 为电阻元件，当其本体温度增大到超过某特定的突变温度(典型温度为 130 ℃)时，其电阻增加很多数量级。当冷却至参考温度(通常为 25 ℃)时，PTC 的电阻减小至与突变前相似之值。PTC 通常用于直接(本征)加热模式；回路电流通过 PTC 引起器件发热和温升。来自冲击电流的发热通常太小而不足引起 PTC 突变。较大的电流使发生突变的时间较短(PTC 响应时间)，当突变时，高 PTC 电阻使回路电流减小至低值。如果电源电压足够，PTC 将保持在高电压低电流受激状态。当干扰电压取消后，PTC 将冷却并逆变为小电阻值。PTC 的额定值为最大(未受激)冲击电流和(受激)电压，超过该范围 PTC 可被损坏。

B.2.1 聚合物 PTC(正温度系数电阻器)

这种典型的 PTC 常由聚合物混合导电材料(常为石墨)而制成，其典型的电阻常用值为 0.01 Ω～10 Ω，未受激电阻随温度变化而呈一合理常数。受激并冷却后，电阻可比初始值高 10%～20%，受激后 PTC 的电阻变化的偏差将改变系统线路平衡值。该变化应按最小平衡要求来评估。

聚合物 PTC 的热容量小于陶瓷 PTC。这使其突变时间更短。

B.2.2 陶瓷 PTC

这种典型的 PTC 常由铁电半导体材料制成，其电阻常用值为 10 Ω～50 Ω，在大多数未受激温度区，电阻随温度升高而略有减小，受激并冷却后，电阻恢复至初始值附近，使其适合应用于平衡线路。

冲击时陶瓷 PTC 有效电阻随电压降低，可能减至零电流值的 70%。

B.2.3 电子限流器

该串联电子器件对阀值以下的电流呈小电阻，之后则转变为高电阻状态，在某些方面，该限制器的功能类似于 PTC 热敏电阻，但做为电子电路，其有几个不同的性能。

——不需要电源来维持它的高阻态，并且被保护 ITE 被有效地脱离；

——由过电流直接激发，而不是温升，响应时间为毫秒数量级，并在冲击和交流脉冲时均可减小电流；

——元件特性不受多重冲击影响；

——快速响应时间确保串接级联 SPD 和 SPD 与 ITE 在冲击和交流电涌条件下的自动配合，此外，地电势升高冲击的传播被阻断。

主要元件参数包括常态电阻，阀值电流，响应时间和高阻态的最大耐受电压。

B.3 电流分流器

有效地分流使负载短路，动作的发生原因是器件的温升或负载电流的传感。

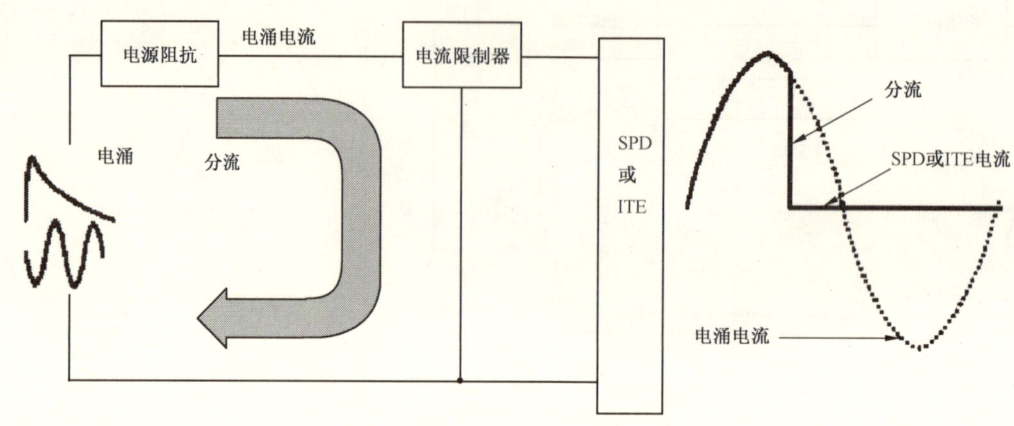

图 B.3 分流器电路图

B.3.1 热线圈

热线圈是热激活的机械装置，与被保护线路串联，其功能是对地分流，从而阻止这部份电流通过被保护设备。通常其结构为用焊料将接地触头保持在非工作位置。热源，一般为一个电阻线圈和一个弹簧，迫使接地触头在焊料熔化时接地。

热源是流经电阻线圈的不需要的电流。通信型热线圈的电阻一般为 4.0 Ω，也有用 21 Ω 和 0.4 Ω。当热线圈接地触头关闭时(动作时)，接地触头的安排应使电流可以通过旁路该线圈而直接接地。

热线圈通常为单次动作器件，除了更换含有热线圈的 SPD，没有其他的办法使线路恢复至工作状态。热线圈已被设计成可手动复原，不需要更换 SPD。其应用一般严格限制在经常发生 50 Hz 或 60 Hz电源系统的感应电流场合。

也可能构造电流中断型热线圈，过电流时可造成开路。

B.3.2 电流动作型门极晶闸管

电流动作型 TSS 有一个门级联结于 NPNP 结构的中央 P 区或 N 区。门极及其相邻的保护端子与回路相串联，使回路电流通过该门。当回路电流超过门极电流触发值时，发生开关操作并分流总电流。在触发电流值下，门极与相邻保护端子的电势差约为 0.6 V。

实际上，门电流触发值可小于正常回路电流。为避免过早触发，在门极与恰当的主端子间连有小电阻(通常为 1 Ω～10 Ω)，通过旁路一部分该电阻的电流可增加回路开关电流。

电流操作型 TSS 元件可作成单双极性电流的开关，P 门极 TSS 仅能对正极性门电流操作，N 门极 TSS 仅能对负极性门电流操作。P 门极与 N 门极组合的 TSS 对两种极性的门极电流均可操作。

电流操作型 TSS 被用于需要快速分流时。当超过电流触发值时，在数微秒内就分流，雷电冲击及交流过电流均可被过电流保护。快速分流通常使后继的负载自动保护配合。此类电流操作型 TSS 兼有固定电压 TSS 的功能，可提供过压和过流保护之组合。

B.3.3 热开关

该开关为热驱动机械器件，安装于电压限制器件(通常为 GDT)，常为非恢复器件。有三种通用的激活技术：熔化塑料绝缘子，熔化焊料片或脱离装置。

——塑料熔化开关含有一个塑料绝缘体，它将电压限制器金属导体与弹簧触头片隔开。当塑料熔化时，弹簧使两导体接触并短接电压限制器。

——焊料片开关含有弹簧机构，它通过焊料片将导线与地线隔开。当热过载时，焊料片熔化并短接电压限制器。

——典型的脱离开关常用弹簧组，其通过焊接保持在开放状态，并当开关温度达到时使电压限制器短接，当焊料熔化时，开关释放且短接电压限制器。

当承受持续电流时，电压限制器过热负荷引起的温升导致熔融。当开关操作时，其短接电压限制器，通常是接地，并使电涌电流先流过电压限制器。

附 录 C
（资料性附录）
风 险 管 理

C.1 雷电放电的风险

C.1.1 风险估算

雷电造成的可能破坏的风险评估包括对拟安装点的下列数量的评估：

——落雷密度；

——土壤电阻率；

——安装状态（掩埋，天馈线，屏蔽或非屏蔽电缆）；

——被保护设备的耐受性。

评估完成后将确定是否需要保护措施，如 SPD。

如果需要，方案的选择应建立在初始的和得到的资料及维护成本等的基础上。进一步的信息和计算方法在参考文献中论述。

C.1.2 风险分析

风险分析的目的是减小预期雷电破坏风险（R_p），使其等于或小于容许破坏风险（R_a）。

然而，如果 $R_p>R_a$，需要采取保护措施以减小 R_p。

破坏风险是指那些引起电信和信号线路（如绝缘击穿）和相连的设备损坏的风险：

——R_{pi}是影响电信和信号线路非直击雷风险；取决于落雷密度，线路长度，绝缘材料，土壤电阻率和屏蔽效果；

——R_{ps}是雷直击建筑物的风险，该建筑物中有电信和信号线路通过或为这些线路的终端；取决于雷直击建筑物年平均次数，直击雷电流峰值及其发生的概率；

——R_{pd}和 R_{pa}是雷直击地下电缆或天馈电线的风险，取决于落地雷密度，安装条件，环境因素，线路长度，土壤电阻率和电缆的屏蔽效果。

预期破坏风险 R_a 是估算的预期年破坏频度与预期用户服务下线小时数之总和：

$$R_p = R_{pi} + R_{ps} + R_{pd} + R_{pa}$$

C.1.3 风险评估

风险评估涉及电缆的损坏风险，诸如绝缘的穿孔或导体的熔融和/或与电缆相连的设备的损坏风险，这导致服务的中断或低于可接受水平的劣化。

C.1.3.1 风险判据

电缆和与之相连设备的最小耐受特性应设为风险判据。

——任意两个金属导体之间最小电缆耐受性假定如下：

- 纸绝缘电缆为 1.5 kV；
- 塑料绝缘电缆（含端头块）为 5 kV。

——电信或信号线沿线或终端所连的设备预期耐受如下最小冲击共模过电压：

- 按 ITU-T Rec. K.20 对电信中枢终端设备的要求为 1 kV 10/700 μs ；
- 按 ITU-T Rec. K.21 和 K.45 对用户建筑物终端或沿线设备的要求为 1.5 kV 10/700 μs 。

——所有其他情况（信号网络），应适用通用 EMC 标准和合适的产品标准。

C.1.3.2 评估程序

保护必要性的评估程序如图 C.1 所示，如下：

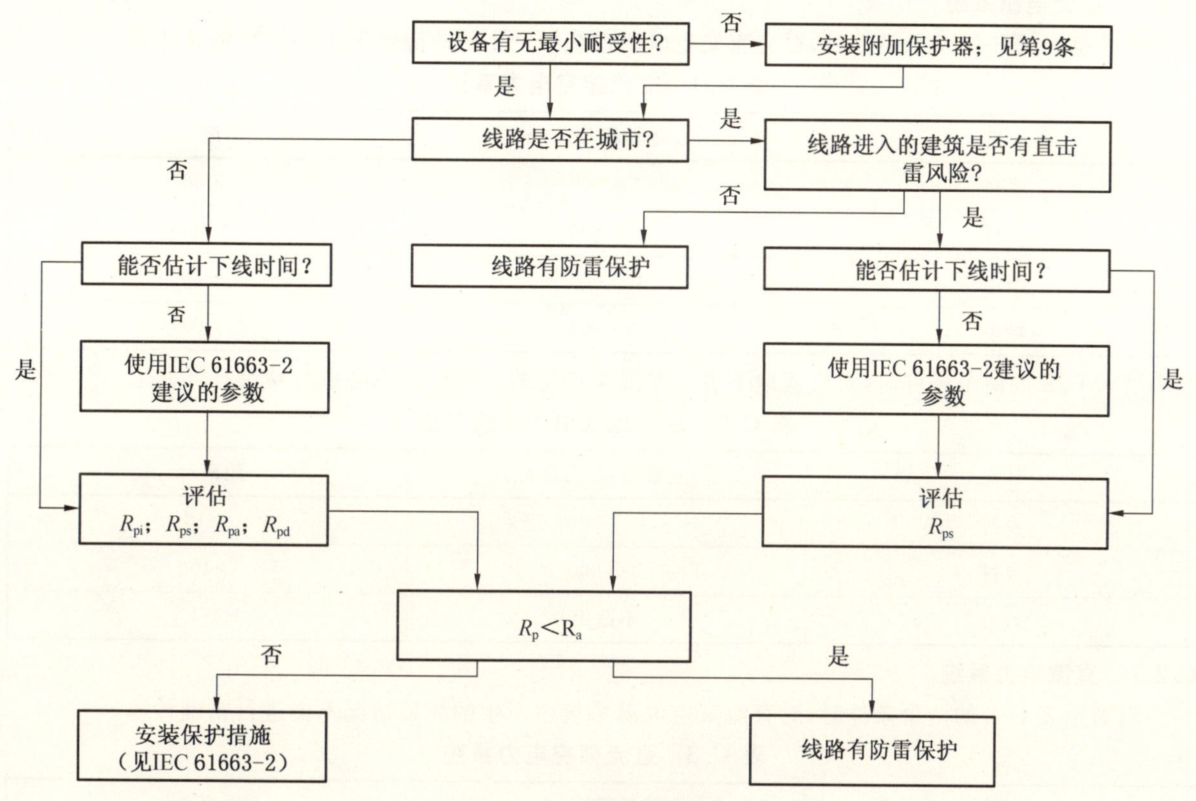

图 C.1 风险评估程序

C.1.4 风险处理

对于电信或信号线路，可考虑下列保护措施，也可以进行组合：

——使用 SPD；

——用地下电缆代替天馈电缆来安装，即改善不同线路段的安装因数；

——屏蔽，即改善线路的屏蔽因数。选用屏蔽线代替非屏蔽线，更换屏蔽因数已减小的电缆；

——增加电缆耐受性，例如选择塑缆以代替纸缆，并与 SPD 组合使用；

——线路冗余。

利用上述保护措施减小破坏风险；

——电缆绝缘；

——与电信或信号线路相连的设备。

当不同线路区段的电缆型号和安装条件不能改变时，使用 SPD 乃是保护设备唯一有效的方法。

C.2 电源线故障的风险

电源线系统（供电电源和牵引系统）的故障对电信和信号网络的过电压风险取决于：

——电信或信号线至电源线的距离；

——土壤电阻率；

——电压等级和电源系统的类型。

电源系统接地故障造成电源线过大的不平衡电流流过电源线，在相邻的并行电信和信号线路上感应过电压。过电压可升高至数千伏且延续 200 ms～1 000 ms（有时更长久），这由电源线所用的故障清除系统而定。

电源线路故障的过电压计算方法在 GB/T 18802.12—2006 的附录 E 中给出。

C.2.1 交流电源系统

当满足表C.1的两个条件时，对交流架空电源系统中产生的故障情况不必进行精确计算。

表C.1 交流架空电力系统

环境	土壤电阻率/Ωm	距离/m
乡村	≤3 000	>3 000
乡村	>3 000	>10 000
城市	≤3 000	>300
城市	>3 000	>1 000

当满足表C.2的两个条件时，对交流地下电力电缆中产生的故障情况不必进行精确计算。

表C.2 交流地下电力电缆系统

环境	土壤电阻率/Ωm	距离/m
乡村	≤3 000	>10
乡村	>3 000	>100
城市	不适用	>1

C.2.2 直流电力系统

当满足表C.3的两个条件时，对直流架空电源系统中产生的故障情况不必进行精确计算。

表C.3 直流架空电力系统

环境	土壤电阻率/Ωm	距离/m
乡村	≤3 000	>400
乡村	>3 000	>700
城市	≤3 000	>40
城市	>3 000	>70

当满足表C.4的两个条件时，对直流地下电力电缆中产生的故障情况不必进行精确计算。

表C.4 直流地下电力电缆系统

环境	土壤电阻率/Ωm	距离/m
乡村	≤3 000	>10
乡村	>3 000	>100
城市	不适用	>1

C.3 地电位升高

正在考虑中。

附　录　D
（资料性附录）
与IT系统有关的传输特性

附录D提供了在选用SPD时必须予以考虑的有关IT系统传输特性的数据。取决于其应用，SPD可用GB/T 18802.21—2004中的相应试验方法进行试验。SPD安装可能要受到来自网络运营商、网络管理局和系统制造商的附加技术要求和/或限制条件的限制（见第6章）。

D.1　电信系统

表D.1　数据网络端电信系统传输特性

系　统	比特率/(kbit/s)	带宽/kHz	信　道	标　准	Z/Ω	最大许可衰减/dB（在kHz下）	备　注
模拟		(0.025) 0.3～ 3.4(16)		ETSI ETS 300 001[5]， TBR 21[6]， TBR 38[7]	Z （复数）	各种	
PCM11	784	0～>600	11×64 kbit/s+ 1×64 kbit/s 信号传输	ETSI TS 101 135[8]	135	31/150	
ISDN PMXA	2 048	0-～5 000	30×64 kbit/s		130	40/1 000	此传输系统尚未有有效国际标准。 ITU-T G.703[9]为用户端规范 (6dB@1 MHz)
ISDN-BA	160	0-～120	2×64 kbit/s+ 1×16 kbit/s	ITU-T G.961[10] ETSI TS 102 080 附录 B[11]	150	32/40	EURO-ISDN ISDN-BA 与 Euro-ISDN之间物理层没有差异；然而，协议中第2层和第3层有差异
PCM2A， PCM4	160 192	～120～80	PCM4： 4×32 kbit/s PCM2： 2×64 kbit/s	ITU-T G.961[10] ETSI TS 102 080，附录B 附录 A[11]	150 135	32/40 36/40	根据ETSI 102 080附录A和附录B[11]，两个系统均允许使用2B1Q和4B3T线路码
SDSL	192～ 2 312	各种，直至 ～800	各种	ETSI TS 101 524[12]	135	各种	
HDSL	784，1 568 或 2 312	0～>1 000	12～32× 64 kbit/s	ETSI TS 101 135[8]	135	31，27 或 22/150	
ADSL	32～ 8 192	138～ 1 104	各种	ETSI TS 101 388[13]； ITU-T G.992.1 附录 B[14]	100	各种	
VDSL	2-～ 30 000	138(1 104) ～12 000	各种	ETSI TS 101 270-1[15]； ETSI TS 101 270-2[16]	135	各种	

D.2 信号,测量和控制系统

表 D.2 用户端 IT 系统传输特性

系　统	比特率/Mbit/s	等级	近端串扰[a]/dB	标　准	Z/Ω	最大许可衰减/dB(在 kHz 下)	备　注
千兆比特以太网(1 000 Base T)	1 000	D(5e)	30.1@100 MHz	EN 50173-1[17]	100	24@100 MHz	最大长度 100 m ACR[a][dB]6.1 @100 MHz
以太网(100 Base T)	100	D(5)	27.1@100 MHz	ISO/IEC 8802-5[18]	100	24@100 MHz	最大长度 100 m
ATM	155	D(5)	27.1@100 MHz	EN 50173-1[17]	100	24@100 MHz	最大长度 100 m
令牌环	16	C(3)	19.3@ 16 MHz	ISO/IEC 8802-5[18] EN 50173-1[17]	150	14.9@16 MHz	最大长度 100/150 m

[a] 信道特性。

在 EN 50173 中所述的更多传输参数如下所示:

回波损耗,PSNEXT,PSACR,ELFEXT 及 PSELFEXT7.2.2:测量和控制。

D.3 有线电视系统

表 D.3 有线电视系统传输特性

系　统	带宽/MHz	回波损耗/dB (f>50 MHz)	系统出口(用户端)在 50 MHz 时的最小回波损耗/dB	标　准	Z/Ω	在 450 MHz 下最大许可衰减/(dB/100 m)(依照电缆类型)	备　注
宽带电视分配网络	47～450	从≤24 dB～1dB/倍频至≤26dB～1dB/倍频(依照电缆类型)	≤20 dB～1.5 dB/倍频	国家标准(DE)	75	2.9 dB 4.1 dB 6.2 dB 12.2 dB	在系统出口端载波信号水平为 47 dB(最小)～77 dB(最大)
宽带电视分配网络	47～862	从≤24dB～1dB 倍频至≤26dB～1dB/倍频(依照电缆类型)	待定	国家标准 EN 50083-1[19]	75	2.9 dB 4.1 dB 6.2 dB 12.2 dB	

附 录 E
（资料性附录）
SPD/ITE 的配合

第 9 章讨论的因素不可能给出一个“黑匣子”式 SPD 的配合的通用方法。对于用户来说，最安全的方法是按照制造商的推荐选用合适的 SPD。制造商了解 SPD 电路，能够计算是否已配合好或是否必须进行试验。如果用户了解 SPD 电路，他也能够计算配合是否良好。由于在一般性分析中要涉及如此多的配置，这里不包含这类计算。

下面对“黑匣子”式 SPD 配合的分析以线性假设为基础，这种设计是保守的和非优化的。这种方法假设来自制造商或试验的 SPD 电气参数是有效的。某些类型的 SPD 需要对共模和差模过电压条件进行试验，这种方法有三个步骤：

——确定 SPD2 输入端耐受电压和电流波形；

——确定 SPD1 输出保护电压和电流波形；

——比较 SPD1 和 SPD2 参数。

保护端开路输出电压 U_p 的试验方法在 GB/T 18802.21—2004 第 5.2.1.3 中描述。GB/T 18802.21—2004 未来的修改件将描述保护短路输出电流 I_P 的试验方法。

E.1 确定 U_{IN} 和 I_{IN}

SPD1 和 SPD2 的配合可按 GB/T 18802.21—2004 进行。

如果从 ITE 制造商或相关 ITE 产品标准中得到的 $U_{IN\ ITE}$ 和 $I_{IN\ ITE}$ 有效的话，SPD2 与 ITE 间的配合是可能的。假设 ITE 能耐受在额定条件下 SPD2 产生的保护水平 U_{P2} 和 I_{P2}，ITE 的阻抗在保护条件下可能变化很大，因此应在开路和短路条件下考虑 SPD2 输出端的极端负载。

SPD2 在额定冲击值下试验时，电压和电流耐受波形将在 SPD2 的输入端产生变化。对于每一个额定条件都有两套波形：其一为开路输出，而另一种为短路输出，配合验证步骤示于图 E.1。

E.2 确定 SPD1 的输出保护电压和电流波形

SPD1 的目的是增加系统的耐受能力，应用与 SPD2 相同的试验进行额定值试验，但试验电压等级更高。当 SPD1 在额定冲击下试验时，在其输出端将产生电压电流保护波形。每种额定条件有两套波形：其一为开路输出而另一种为短路输出。在较低的电压下检查 SPD1 是可取的，从而确保在额定条件下产生的保护水平是能够达到的最大值。

为确保两个串接级联 SPD 在过电压条件下的配合，在任何已知的和额定条件下，SPD1 的输出保护水平应不超过 SPD2 的输入耐受水平（见图 E.1）。

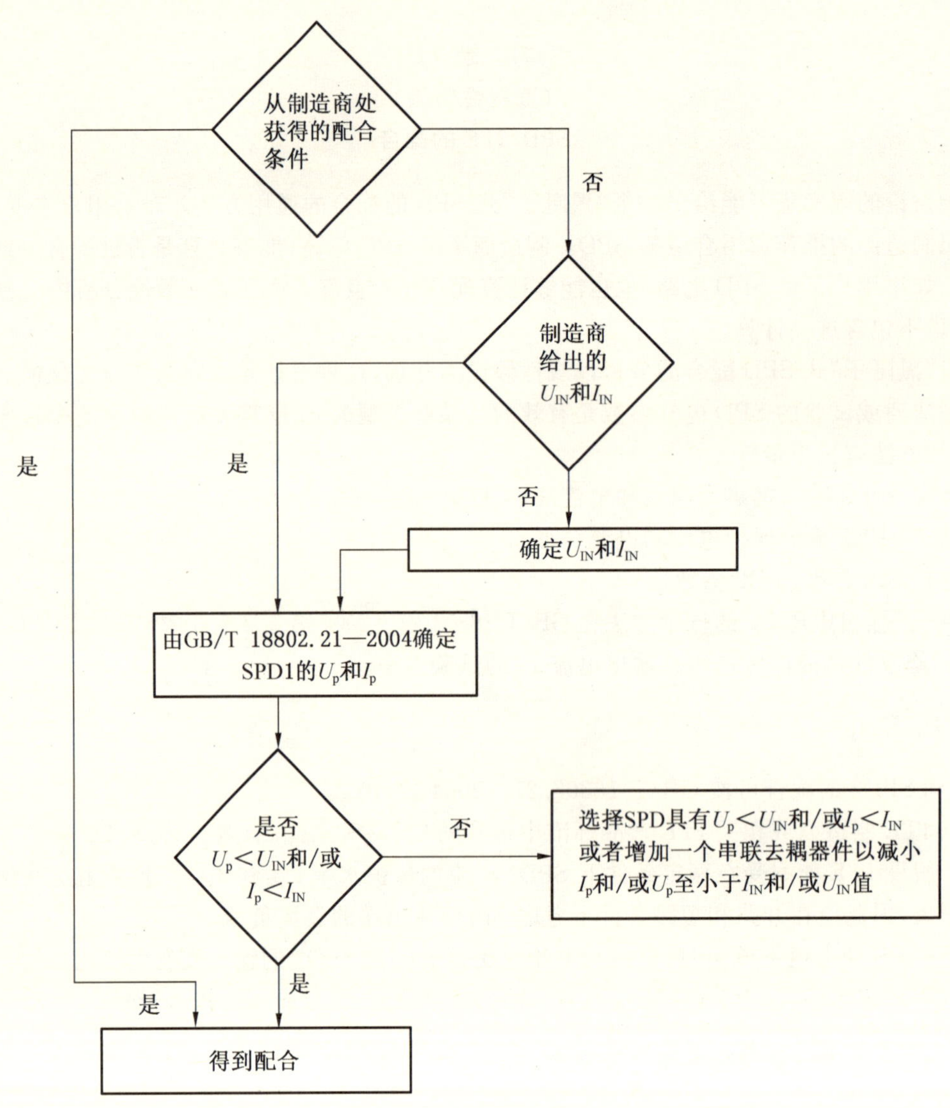

图 E.1 配合验证步骤

E.3 SPD1 与 SPD2 参数比较

如果下列所有条件满足则得到了配合：

——$U_P<U_{IN}$；

——$I_P<I_{IN}$；

——U_P 波形被 U_{IN}波形覆盖；

——I_P 波形被 I_{IN}波形覆盖。

如果保护波形被相应的耐受性波形所覆盖，那么就得到了时间配合。在波形的峰值和时间上也得到了配合。然而，某些元件对变化率敏感(例如，TSS 有 di/dt 额定值)，配合结果可能失败。此细节超出本方法的范围。

E.4 试验验证配合的必要性

下列的所有条件需要对 SPD1 和 SPD2 组合进行试验验证：

——$U_P>U_{IN}$；

——$I_P > I_{IN}$；

——U_P 波形比 U_{IN}波形更长；

——I_P 波形比 I_{IN}波形更长。

如果制造商已给出配合条件则不必进行试验验证(见图 E.1)。

参 考 文 献

[1] IEC 61663-2:2001 雷电防护 通信线路 第2部分:使用金属导体的线路.

[2] ITU-T 建议 K.20:2003 安装在电信中心的电信设备对过电压和过电流的耐受能力.

[3] ITU-T 建议 K.21:2003 安装在用户终端的电信设备对过电压和过电流的耐受能力.

[4] ITU-T 建议 K.45:2003 安装在接入网络和干线网络的电信设备对过电压和过电流的耐受能力.

[5] ETSI ETS 300 001:1997 公共交换电话网络(PSTN)的附加装置;在PSTN中连接到模拟用户接口的设备的一般技术要求.

[6] ETSI TBR 21:1998 终端设备(TE);全欧洲批准的对TE(不包括TE支持的语音电话设施)与模拟公共交换电话网络(PSTN)连接附加要求,在TE中的网络寻址(如果有的话)采用双音多频(DTMF)信号来实现.

[7] ETSI TBR 38:1998 公共交换电话网络(PSTN);对带有模拟手持式送受话器功能的终端设备的附加要求,当连接至欧洲PSTN的模拟接口时这种设备能支持公正的案例服务.

[8] ETSI TS 101 135:2000 传输和多路技术(TM);在本地金属线路上的高比特率数字用户线路(HDSL)传输系统;HDSL的核心技术规范及对组合式ISDN-BA和2 048 kbit/s传输的应用.

[9] ITU-T G.703:2001 分级数字界面的物理/电气特性.

[10] ITU-T G.961:1993 在本地金属线路上的ISDN基本速率接入的数字传输系统.

[11] ETSI TS 102 080:2003 传输和多路技术(TM);综合服务数字网(ISDN)基本速率接入;在本地金属线路上的数字传输系统.

[12] ETSI TS 101 524:2001 传输和多路技术(TM);在金属接入电缆上的接入传输系统;对称单偶高比特率数字用户线路(SDSL).

[13] ETSI TS 101 388:2002 传输和多路技术(TM);在金属接入电缆上的接入传输系统;非对称数字用户线路(ADSL) 欧洲的特定要求.

[14] ITU-T G.992.1:1999 非对称数字用户线路(ADSL)收发机.

[15] ETSI TS 101 270-1:2003 传输和多路技术(TM);在金属接入电缆上的接入传输系统;超高速数字用户线路(VDSL) 第1部分:功能要求.

[16] ETSI TS 101 270-2:2001 传输和多路技术(TM);在金属接入电缆上的接入传输系统;超高速数字用户线路(VDSL) 第2部分:收发机技术规范.

[17] EN 50173-1:2002 信息技术 通用电缆敷设系统 第1部分:一般技术要求和功能区域.

[18] ISO/IEC 8802-5:1998 信息技术 通信和信息交换系统 局域网和城域网 特殊要求 第5部分:令牌环网物理层技术规范.

[19] EN 50083-1:1993 电视信号、声音信号、交互服务的电缆网络 第1部分:安全技术要求.

[20] IEC 60728-2:2002 电视和声音信号的电缆分配系统 第2部分:设备的电磁兼容性[3].

[21] GB 18802.12—2006 低压配电系统的电涌保护器(SPD)第12部分:选择和使用导则(IEC 61643-12:2002,IDT).

[22] GB 18802.311—2007 低压电涌保护器的元件 第311部分:气体放电管(GDT)规范(IEC 61643-311:2001,IDT).

[23] GB 18802.321—2007 低压电涌保护器的元件 第321部分:雪崩击穿二极管(ABD)规范(IEC 61643-321:2001,IDT).

3) 虽然那些IEC出版物在本标准中未提及,但还是对它们进行编号。

[24] GB18802.331—2007 低压电涌保护器的元件 第331部分:金属氧化物压敏电阻(MOV)规范(IEC 61643-331:2003,IDT).

[25] GB 18802.341—2007 低压电涌保护器元件 第341部分:电涌抑制晶闸管(TSS)规范(IEC 61643-341:2001,IDT).

[26] IEC 61662 雷电引起的损失风险评估.

[27] IEC 62305-1 雷电防护 第1部分:通则[4].

[28] IEC 62305-2 雷电防护 第2部分:风险管理[5].

[29] CENELEC 报告 ROBT 003;ETSI 导则 EG 201 280 对有电信端口设备的耐受能力技术要求.

[30] IEC ACOS/226/INF 08/2000 一般风险管理术语,在标准中使用指南.

[31] prEN 50351:有关供电电源和牵引系统对电信系统影响的计算和测量方法的基本标准[6].

[32] ITU-T 推荐 K.11:1993 过电压和过电流的保护原则.

[33] ITU-T 推荐 K.12:2000 用于保护电信设施的气体放电管的特性.

[34] ITU-T 推荐 K.22:1995 连接到 ISDN T/S 总线的设备的过电压耐受能力.

[35] ITU-T 推荐 K.27:1996 电信局站建筑物内的等电位连接的配置和接地.

[36] ITU-T 推荐 K.30:1993 正温度系数(PTC)热敏电阻器.

[37] ITU-T 推荐 K.39:1996 雷电放电对电信站点造成损失的风险评估.

[38] ITU-T 推荐 K.44:2003 遭受过电压和过电流的电信设备的耐受能力试验——基本推荐.

[39] ITU-T 推荐 K.46:2003 采用金属对称导线的电信线路的雷电感应脉冲防护.

[40] ITU-T 有关电信线路对电源和电气化铁路线路的有害影响防护的指令;卷Ⅱ在实际情况下计算感应电压和电流(1989).

4) 正在编制。

5) 正在考虑中。

6) 待出版。

ICS 29.020
K 04

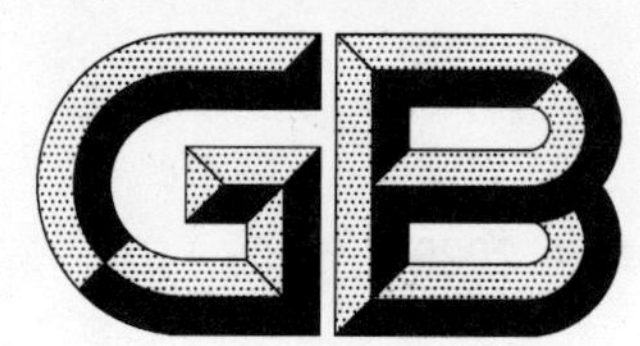

中华人民共和国国家标准

GB/T 20297—2006

静止无功补偿装置(SVC)现场试验

Static var compensator field tests

2006-07-13 发布　　　　2007-01-01 实施

中华人民共和国国家质量监督检验检疫总局
中国国家标准化管理委员会　发布

前　言

本标准是有关静止无功补偿装置(SVC)的现场试验部分,与该标准相关的部分还有GB/T 20298—2006《静止无功补偿装置(SVC)功能特性》。

本标准参考了IEEE Std 1303—1994:《IEEE静止无功补偿装置的现场试验导则》。

本标准的附录A、附录B是资料性附录。

本标准由全国电压电流等级和频率标准化技术委员会提出并归口。

本标准由全国电压电流等级和频率标准化技术委员会负责起草与解释。

本标准主要起草单位:全国电压电流等级和频率标准化技术委员秘书处、全国电力电子学标准化技术委员秘书处、中国电力科学研究院、辽宁荣信电力电子股份有限公司、深圳市领步科技有限公司、西安领步电能质量研究所。

本标准主要起草人:李世林、周观允、林海雪、左强、刘军成。

本标准参加起草单位:中机生产力促进中心、陕西省电力调度中心、中冶京诚工程技术有限公司、凌海科诚电力电器制造有限责任公司、辽宁立德电力电子有限公司、成都电业局。

本标准参加起草人:康文祥、焦莉、曾幼云、王健斌、王春海、周茂兰。

静止无功补偿装置(SVC)现场试验

1 范围

本标准规定了静止无功补偿装置(SVC)的现场试验及交接原则。

本标准不包括 SVC 系统组成部分的工厂试验及仿真试验。

SVC 内部设备的现场试验、SVC 子系统的现场试验及 SVC 全系统的现场交接应由供应商完成，SVC 全系统的现场验收应由用户或双方协议进行。

本标准适用于采用晶闸管技术、应用在中压(MV)及以上输配电系统及工业环境中的 SVC。

2 规范性引用文件

下列文件中的条款通过本标准的引用而成为本标准的条款。凡是注日期的引用文件，其随后所有的修改单(不包括勘误的内容)或修订版均不适用于本标准，然而，鼓励根据本标准达成协议的各方研究是否可使用这些文件的最新版本。凡是不注日期的引用文件，其最新版本适用于本标准。

GB 1207 电压互感器(GB 1207—1997,eqv IEC 60186:1987)

GB 1208 电流互感器(GB 1208—1997,eqv IEC 60185:1987)

GB/T 1236 工业通风机用标准化风道进行性能试验(GB/T 1236—2000,idt ISO 5801:1997)

GB 1984 交流高压断路器(GB 1984—2003,IEC 62271-100:2001,MOD)

GB 1985 交流高压隔离开关和接地开关(GB 1985—2004,IEC 62271-102:2002,MOD)

GB 4824 工业、科学和医疗(ISM)射频设备电磁骚扰特性限值和测量方法(GB 4824—2004,CISPR 11:2003,IDT)

GB 5585.1 电工用铜、铝及其合金母线 第1部分:一般规定(GB 5585.1—1985,neq IEC 60028-25; IEC 60105-58)

GB 8287.1 高压瓷柱式绝缘子(GB 8287.1—1998,neq IEC 60168:1994)

GB/T 10229—1988 电抗器(eqv IEC 60289:1987)

GB/T 11024.1 标称电压 1 kV 以上交流电力系统用并联电容器 第1部分:总则 性能、试验和定额 安全要求 安装和运行导则(GB/T 11024.1—2001,eqv IEC 60871-1:1997)

GB 11032 交流式无间隙金属氧化物避雷器(GB 11032—2000,eqv IEC 60099-4:1991)

GB/T 17702.1 电力电子电容器 (GB/T 17702.1—1999,idt IEC 61071-1:1991)

GB/T 12325 电能质量 供电电压允许偏差

GB 12326 电能质量 电压波动和闪变

GB/T 13026 电容式穿墙套管

GB/T 14549 电能质量 公用电网谐波

GB/T 15543 电能质量 三相电压允许不平衡度

GB/T 15945 电能质量 电力系统频率允许偏差

GB/T 18494.1 交流变压器 第1部分:工业用变流变压器(GB/T 18494.1—2001,idt IEC 61378-1:1997)

GB/T 18889 额定电压 6 kV～35 kV 电力电缆附件试验方法(GB/T 18889—2002,IEC 61442:1997,MOD)

GB 19212.1 电力变压器、电源装置和类似产品的安全 第1部分:通用要求和试验(GB/T 19212.1—2003,IEC 61558-1:1998,MOD)

GB/T 19412　蓄冷式空调系统的测试和评价方法
GB 50229　火力发电厂与变电所设计防火规范
GB/T 20298—2006　静止无功补偿装置(SVC)功能特性
GJB 2828　功率型线绕固定电阻器总规范
JB 5833　电力变流器用纯水冷却装置
JB/T 8757—1998　电力半导体器件用热管散热器

3　术语定义及缩写

3.1　术语和定义

下列术语和定义适用于本标准。

3.1.1

竣工图　as-built drawings

除原有的设计施工图纸外，还包括在施工中所有准确记载设备和子系统在安装与投运时发生变化的修改图纸的一套完整的图纸。

3.1.2

降额运行　derated operation

指设备或系统在比原有设计性能更低水平上的运行，降额运行通常是在预防故障或在系统发生故障时进行。

3.1.3

带电试验　energization test

指给设备施加系统电压后的任何一种试验。

3.1.4

验收及试验计划(ITP)　inspection and test plan

指包含有规定条件、系统结构、试验步骤和评判标准的验收及试验的文件。

3.1.5

接口试验　interface test

检查永久性连接的设备间的相互作用的试验。

3.1.6

IT 乘积　IT product

以电流(I)的方均根值(安培)与电话干扰因数(TIF)的乘积表示的感应影响。

3.1.7

公共连接点(PCC)　point of common coupling

用户接入公用电网的连接处。

3.1.8

子系统　subsystem

在一个较大的装置或设备中，服务于某一单一基本功能而相互连接和关联的设备组。

3.1.9

晶闸管控制电抗器(TCR)　thyristor-controlled reactor

与电网并联连接的、晶闸管控制的电抗器，通过对晶闸管阀导通角的控制，其有效感抗可以连续变化。

3.1.10

晶闸管投切电容器(TSC)　thyristor-switched capacitor

与电网并联连接的、晶闸管投切的电容器,通过控制晶闸管阀的导通与关断,其有效容抗可以阶梯式变化。

3.1.11

晶闸管投切电抗器(TSR)　thyristor-switched reactor

与电网并联连接的、晶闸管投切的电抗器,通过控制晶闸管阀的导通与关断,其有效感抗可以阶梯式变化。

3.1.12

试运行　trial operation

在一段时间内,将设备或系统投入工作状态,并监视它的稳定性、调节平滑性和可靠性的运行。

3.1.13

触发脉冲转换器(TPC)　trigger pulse converter

控制系统里的一个装置,其功能是把控制信号转换为可输送到晶闸管去的脉冲。

3.1.14

阀基电子单元(VBE)　valve base electronics

是控制系统与晶闸管阀之间的接口处于地电位的电子单元。

3.1.15

阀电子单元(VE)　vale electronics

与晶闸管相连并与其处于同一电位的电子电路。

3.2　缩写

ITP:验收及试验计划(inspection and test plan)

PCC:公共连接点(point of common coupling)

SER:事件顺序记录仪(sequence of events recorder)

TCR:晶闸管控制电抗器(thyristor-controlled reactor)

TFR:暂态故障记录仪(transient fault recorder)

TIF:电话干扰因数(telephone influence factor)

TSC:晶闸管投切电容器(thyristor-switched capacitor)

TSR:晶闸管投切电抗器(thyristor-switched reactor)

4　现场试验程序的准备

应该为每一个SVC项目准备一套特定的现场验收和试验计划(ITP)。在现场,这些计划用于检验SVC的特定用途,验证其是否符合性能规范。

本章描述如何为SVC系统提供一个完整的现场试验程序。

4.1　试验计划项目

现场试验程序应包括以下主要项目:

a) 完备的试验计划及组织,包括为执行试验对权限的界定和说明;

b) 文件及数据资料调查,包括合同、系统研究、工厂试验报告、图纸、用户使用手册以及对交流系统要求或限制的规定;

c) 为分项设备试验、子系统试验、系统试验及SVC系统的验收试验的ITP准备;

d) 由用户评审及批准或经用户同意的试验程序;

e) 安装及试验计划的协调以及与系统运行配合的计划方案;

f) 相关资料(包括竣工图纸)的分发。

本标准仅规定c)项内容。

4.2 验收和试验计划(ITP)

通常将整个试验计划分解为一系列单一用途的ITP。

4.2.1 ITP的内容

ITP至少应包括以下内容：

a) 描述性的标题及试验序号；
b) 试验负责人及与其协调配合完成试验的人员；
c) 试验明细；
d) 预计完成试验的时间；
e) 可以用SVC的单线图描述的试验前系统主结线；
f) 按照试验目的制定的试验步骤；
g) 整理试验文件，完成记录摘要；
h) 引用相关参考资料及规范的描述；
i) 采用的试验设备，包括型号、序列号、校验记录；
j) 带有测量数据的试验记录(用于故障诊断)。

附录A提供了一个ITP示例，该示例仅是对ITP应用的举例说明，对于特定项目及组织情况，应作必要的修改。

4.2.2 ITP包括的现场试验种类

一个SVC项目现场试验应由一系列单独ITP的试验文件所组成，根据确认的图纸、说明书和用户手册，从检查设备的安装检验开始，到机械试验和相继进行的电气及功能试验、子系统以及整个SVC系统试验。

通常ITP应包括以下现场试验：

a) 检查核实设备或子系统的完好性与完整性；
b) 安装检查，核实设备或子系统是根据图纸和说明书来安装的，并取得满意的结果；
c) 机械试验，在调整、校准以及机械(手动)操作时，应进行此试验；
d) 电气试验，使用试验设备并在交流或直流电压通电时进行；
e) 功能试验，根据接线图和说明书，去验证设备的控制电路。

5 现场试验程序的执行

现场试验分成以下几步：

a) 设备试验，见5.1；
b) 子系统试验，见5.2；
c) 交接试验，见5.3；
d) 验收试验，见5.4。

所有试验程序应依次完成。

5.1 设备试验

设备试验包括下列内容：

a) 设备到达现场后的检查；
b) 安装检查(包括固定是否牢固，连结及接地是否正确以及绝缘件是否清洁无损等)；
c) 机械试验及调整；
d) 电气试验。

5.1.1 概述

依照合同说明书或国家相关标准对下列设备进行现场试验：

a) 变压器,按 GB/T 18494.1 和 GB 19212.1;

b) 隔离开关和接地开关,按 GB 1985;

c) 断路器,按 GB 1984;

d) 互感器,按 GB 1207 和 GB 1208;

e) 避雷器,按 GB 11032;

f) 电容器,按 GB/T 11024.1;

g) 电抗器,参照 GB/T 10229 中的调谐电抗器和滤波电抗器规定进行试验;

h) 电阻器,按 GJB 2828;

i) 辅助电源,按 GB 19212.1;

j) 穿墙套管,按 GB/T 13026;

k) 绝缘子,按 GB 8287.1;

l) 母线,按 GB 5585.1;

m) 电缆(动力和控制的),按 GB/T 18889;

n) 通风设备,按 GB/T 1236;

o) 空调设备,按 GB/T 19412;

p) 运行状态下的防火和防火检测系统,按 GB 50229。

5.1.2 晶闸管阀试验

5.1.2.1 阀电子单元的电源

阀电子单元的电源试验包括以下内容:

a) 检查阀电子单元部件的电源(电流和电压);

b) 检查相应的输出;

c) 检查失去电源时的报警信号。

5.1.2.2 光纤

光纤的试验包括以下内容:

a) 测量从控制装置到控制极单元(或相反方向)的每一根光纤的衰减;

b) 检查每根光纤连结是否正确;

c) 验证晶闸管控制部件接收的脉冲的正确次序和开通脉冲的波形;

d) 验证发送和接收的监视信号。

5.1.2.3 冷却回路

冷却回路试验包括以下内容:

a) 检查在所有并联路径中冷却回路无阻塞;

b) 检查冷却回路的连结;

c) 验证漏泄检测和报警信号。

5.1.2.4 接触电阻

接触电阻试验包括以下内容:

a) 确定晶闸管弹簧的压紧以保证晶闸管与散热器之间的接触电阻合格;

b) 测量晶闸管阀主回路上每个连接点的电阻以及确定连接螺栓是否牢固。

5.1.2.5 回路阻抗

测量每相的总电阻(R)和电容(C)及检验 RC 阻尼回路的完好性。

5.1.3 阀冷却设备试验

采用液体冷却系统应执行本标准的 5.1.3.1～5.1.3.8,采用热管冷却系统应执行 5.1.3.9。

5.1.3.1 安装检验

阀冷却设备应预组装,在工厂完成一部分试验并在现场整体组装调试。在现场的整个系统安装的完善性与正确性应当借助检验单、图表、图纸及说明书进行可视检查。检查步骤应当包括冷却系统相关设施(比如安装螺栓)、间隙(为振动、热膨胀、排气等预留的)、窗孔、自动闸门、通道及维修空间、警告及标志信号、照明、漏水收集、地板及其他。

检验冷却介质以及易耗品的完善性和质量(如水、过滤器、去离子树脂及其他化学品等)。

对于水冷却系统,对第一次充满的水质量(pH 值等)应注意进行跟踪。这个过程应当包括对旁通管路中的冲洗操作(即不通过晶闸管阀),需进行几个小时,包括所有分支路、热交换器、去离子器等。反复启动及停止水泵,重复地操作阀门,直至在过滤器里没有杂质积存为止。

5.1.3.2 **冷却电源**

冷却电源试验包括:

a) 记录电源输入电压;

b) 观察输入电压消失时的报警信号。

5.1.3.3 **冷却辅助设备**

冷却辅助设备试验包括以下内容:

a) 检查全部自动操作的阀门、放热孔、闸门等部件的动作和位置;

b) 检查备用设备。

5.1.3.4 **水泵及风机**

水泵及风机试验包括以下内容:

a) 检查旋转方向;

b) 检查启动;

c) 检查旋转的水泵供电电源停电时,备用水泵的启动;

d) 记录电动机的起动和运行电流;

e) 检查所有三相电动机,在人为使之单相运行时的过载跳闸时间;

f) 检查噪声和振动。

5.1.3.5 **去离子器**

检查当生水流过时,冷却剂的导电率下降到报警水平以下时的情况。

5.1.3.6 **测量**

测量试验包括:

a) 检查导电率测量表;

b) 观察并校对压力及温度表。

5.1.3.7 **热交换器**

在子系统试验期间,应对所有管路、焊接处以及连接处进行压力试验。

5.1.3.8 **流量表**

流量表试验包括以下试验:

a) 检查流量表安装的正确性;

b) 检查流量表的正常运行。

5.1.3.9 **热管散热器**

a) 根据图纸、说明书及 JB/T 8757—1998 中 6 的规定进行外观可视检查,包括热管,基板,翅片、绝缘件及紧固连接件等,确认其完好性及连接的紧固性;

b) 确认热管散热器的安装角度是否符合设计要求。

5.1.4 **控制设备试验**

5.1.4.1 **电源**

电源试验包括以下内容:

a) 记录电源的输入电压并确保子系统电源指示的正确;

b) 观察输入电源失去时备用电源自动切换良好;

c) 观察在失去电源时报警信号的正确动作;

d) 确认在最高和最低的规定电压下的控制性能。

5.1.4.2 监视系统

检查 SVC 系统开关量、模拟量、报警及事故信息是否能可靠传送到监视系统(例如,一次及二次电压、电源故障、断路器或隔离开关断开、使用冗余晶闸管)。

5.1.4.3 控制整定值

a) 检查所有整定值与设计值一致;

b) 检查监视系统能否正确显示整定值及报警信号值。

5.1.5 接地变压器试验(若用)

接地变压器试验包括以下内容:

a) 检查相位联结;

b) 检查油位及压力;

c) 如果变压器的第二或第三绕组用来做辅助电源,应进行普通变压器的整套试验(依照 GB/T 10229—1988 第六篇第 43 章“试验”进行)。

5.1.6 接地电容器试验(若用)

接地电容器试验包括以下内容:

a) 用适当仪器测量电容量;

b) 列出测出的电容量并与铭牌比较;

c) 进行高电压试验。

上述试验依照 GB/T 11024.1 进行。

5.2 子系统试验

5.2.1 概述

子系统试验涉及交/直流控制电路通电、接口、操作和功能试验,这些均需在设备试验通过后才能进行。由于子系统是相互联系的,会有不少试验重叠存在。

子系统试验是在 5.1 叙述过的所有单个设备试验和安装检查已完成的情况下进行的。

5.2.2 晶闸管阀系统

本条所述子系统包括:与整个阀结构连在一起的户内母线、穿墙套管、互感器、冷却管路、触发及监视信号传输系统和触发脉冲变换器(TPC)或阀基电子单元(VBE)和阀电子单元(VE)。

应利用有关文件(图纸、手册、试验计划、检验单、软件一览表、功能框图等)进行试验。

5.2.2.1 接口试验

根据相关图纸逐步地检验所有设备端子间相互连接的正确性。

5.2.2.2 阀和触发电路的配合

用于把控制信号变换成能送到晶闸管阀上去的信号的 TPC 或 VBE 单元,应被装到每一个三相阀单元附近。

a) 开通脉冲相位的相关性检验

本试验应包含完成控制和保护设备子系统(包括 TPC 或 VBE)的试验(见 5.2.4)。

本试验的目的是确保对每相发出正确导通信号。试验范围应覆盖阀设备试验和控制子系统试验(即应按此选择周围信号测量点)。可用下列基本方法:

送到晶闸管的触发脉冲对所有相和电流极性应当使用一台示波器去与其相关的控制信号作比较。利用晶闸管阀端交流电压信号作控制,试验能扩展到包括控制系统。宜使用光—电变换器。

b) 监测脉冲试验

该试验主要是检验每一个晶闸管和晶闸管电子单元状态监视电路的完整性和相关性(直至晶闸管

上可能没有电压)。

5.2.3 阀冷却子系统试验

阀冷却子系统包括阀体外的全部冷却回路(即管道、泵、热交换器;过滤器、净化器、控制器、量表、阀门、风机及指示表、热管散热器)。阀冷却系统主要有下列几种不同形式:

a) 单回路或双回路水冷,采用干式或蒸发式水/风热交换器或水/水热交换器;

b) 闭环或开环空气冷却,采用或不采用中间的水回路;

c) 热管散热器冷却,采用自然空气冷却或强迫风冷。

晶闸管阀冷却子系统的试验计划取决于系统的类型,该试验计划主要根据供应商提供的文件与说明书。这里只规定总的原则。

5.2.3.1 安装检验

液体冷却设备安装检验后(见5.1.3.1),应冲洗旁通管路。当没有杂质积存在管路中时,拿开旁通管,将晶闸管阀连接至冷却回路,填充冷却剂。首先在静压,然后在超静压下检查管路是否漏水。实际施加的压力和时间的详细数据由供应商规定,并在ITP中列出。

冷却系统电源安装检验后,应检验冷却系统控制与保护设备,包括控制单元、保护继电器定值、传感器、仪器指示数以及报警。漏水检测系统、气压继电器、室内恒温器及其他相关系统也应检验。水冷系统执行JB 5833标准。

在热管冷却系统安装检验后(见5.1.3.9)应根据设计要求及JB/T 8757—1998的规定对其进行相应检查。

5.2.3.2 冷却系统试验

在完成所有检验之后,根据供应商的说明书,启动阀冷却系统。如采用液体冷却系统,则开启泵运转几个小时,以除去管路、散热器、电阻器等中的残留空气;对于空气冷却的系统,方法类同。对于液体冷却系统和风冷却系统应提供风机、导管、挡板、热交换器及相关部件进行运转试验的记录。根据ITP应测量和记录电流、辅助电能消耗、冷却剂流量和压力、电导率、温度、噪声以及其他重要参数,模拟所有可能的故障以便试验有关的传感器、报警和跳闸。用这种方法检验报警、跳闸及控制和保护系统的反应是否正确。

对于液体冷却系统,需要彻底检查其漏水,并应反复进行。在这些试验期间,因为阀还没有通电,所以不是热运行试验。在后续交接试验或验收试验期间应保留所完成的热运行试验记录。

对于液体冷却系统和风冷却系统应进行冷却系统的备用装置的切换试验(从一个电源转到另一个电源,从一个泵转到另一个泵,从一个冷却器转到另一个冷却器,从一个风机转到另一个风机,从一个控制器转到另一个控制器),在转到备用电源或切换失败时应能分别产生报警或使装置跳闸。

对于热管冷却系统,其具体试验方法参照JB/T 8757—1998。

5.2.4 控制系统试验

本标准中的SVC控制设备包括开环和闭环控制。控制设备的现场试验将着重进行接口检查及定值试验,以核实运输对其性能的影响。该试验包括以下内容:

a) 接收试验,见5.2.4.1;

b) 互感器接口试验,见5.2.4.2;

c) 系统控制接口试验,见5.2.4.3;

d) TPC、VBE以及VE接口试验,见5.2.4.4。

5.2.4.1 接收试验

a) 控制设备的外观检查;

b) 电源检查(接上电源并检测各单元工作电压是否正常);

c) 定值试验(对电流和电压整定值在控制器端子上进行试验)。

5.2.4.2 互感器接口试验

所有互感器(与 SVC 控制相关的)应检验变比和相位。

5.2.4.3 系统控制接口试验

对 SVC 控制部分和变电站控制部分,通过输入并测试信号来检验相关接口的输入输出信号是否正常。此方法应包括 SVC 控制部分与变电站部件(如断路器和开关)的信号连接。

5.2.4.4 TPC 或 VBE 和 VE 接口试验

应试验所有触发信号通道,尽可能包括对单个晶闸管位置的触发试验。

该试验的一些内容已包括在 5.2.2 中。同步触发脉冲应由控制系统发出,也可由辅助试验设备产生。

5.2.5 电容器/滤波器组试验

谐波滤波器有两种基本型式:

a) 单调谐滤波器;

b) 高通滤波器。

每一种型式滤波器都由电容器、电抗器及某些情况下加电阻器所组成。除了滤波器调谐要求之外,一般检验滤波器的方法是相同的。

通常检验保护和报警功能的方法是在一次侧或二次侧实施通电试验。

如滤波器是调谐型的,则应:

a) 测量每相元件的电容、电感和电阻;

b) 画出阻抗、频率特性;

c) 用一台频率发生器和示波器或数字万用表(DMM)检查调谐,找出谐振点;

d) 可将滤波器调谐值做适当调整。

对高通滤波器,工厂检验的电容器、电抗器和电阻器数据,可以用于确定滤波器的调谐值。

5.3 系统交接试验

在完成设备与子系统试验后,可通知准备 SVC 系统交接试验。

系统交接试验是在运行现场检验 SVC 规定的性能的试验。

测试程序中应包括:

a) 确立试验人员的权利与职责;

b) 制定紧急措施与安全标示要求;

c) 根据用户的情况制定试验计划;

d) 履行安全操作手续。

每次试验应用相关的配电系统图,确认开关指令,并显示 SVC 系统的单线图。对于所做试验的所有控制开关设备的开或合的位置,应专门加以标记。

系统交接试验可分为:

a) 通电试验,见 5.3.1;

b) 运行(操作)和性能试验,见 5.3.2;

c) 试运行,见 5.3.3。

5.3.1 通电试验

通电试验的主要项目包括:

a) 通电前检验,见 5.3.1.1;

b) 低压通电试验(可选的)5.3.1.2;

c) 第一次通电试验 5.3.1.3;

d) 运行启动试验 5.3.1.4。

5.3.1.1　**通电前的检验**

应检查确认所有的接地开关均断开，安全接地被拆除，松动的母线连接处被复原。应确认恢复了所有的安全防护装置的功能。在通电之前应该再度强调所有安全事项。

5.3.1.2　**低压通电试验(可选的)**

SVC在施加系统电压之前可进行低电压通电试验。

在低电压下，可安全地检验SVC控制、同步及控制器的稳定性；能够确定主电路和脉冲开通电路之间相位关系的正确性，以及所有晶闸管及晶闸管电子单元的故障报警电路完好；试验期间，也能检查差动继电保护的极性。任何安装或试验前的错误都能以最小的设备损坏风险被安全地检查出来。总之，这个试验是整个系统在加全电压之前的最全面的检验。

使用试验电压及电流进行下列工作：

a)　操作每种保护继电器；

b)　检查继电器的动作逻辑，并验证跳闸接点可靠性；

c)　检验或调整继电器的定值。

同全压通电时一样，应注意所有必要的安全措施。在此之前应完成一系列的分步跳闸试验。

SVC的某些部件，要求在低电压环境下调整操作(即可用若干辅助电压互感器(VT)逐步升高同步VT输出电压；或用与VT输出同相位的三相可变交流电压来代替这些VT)。TSC的电压测量单元也许需要并联，以提高其灵敏度。晶闸管阀需要一些晶闸管短接，以使每一晶闸管得到足够的最低电压。试验时，这些晶闸管的短接应被轮替，以确保所有晶闸管都被通电和控制过。

对于这个试验，提供的电流值，可用下式计算：

$$I_{\mathrm{test}} = Q_{\max} \frac{V_{\mathrm{test}}}{(V_{\mathrm{nominal}})^2}$$

式中：

$Q_{\max}$是下列无功中的较大者。

$Q_{\max L}$——SVC的最大感性输出；

$Q_{\max C}$——SVC的最大容性输出；

V_{test}——试验电压；

V_{nominal}——标称电压。

应通过此试验，测试尽可能多的SVC功能。TCR、TSC以及滤波器电流同其不平衡电流一样，应加以测量并外推到全电压水平下的值。

如果可能，控制器的基本阶跃响应试验，可用适当的低压负荷或电压阶跃响应来完成。在低压试验期间，对电力系统影响最小，可进行手动操作。

5.3.1.3　**第一次通电试验**

第一次通电试验前，系统运行人员要做出安排，以保证交流电网能吸收或发出所要求的无功功率(Mvar)。

第一次通电试验可按以下步骤进行，无需按常规运行启动次序：

a)　给空载电力变压器送电；

b)　给空载母线送电；

c)　给谐波滤波器送电。

典型做法是先给最低次滤波器送电以避免产生谐振过电压。如果系统条件允许，则所有滤波器可同时送电。滤波器送电时，应监视母线电压变化。

SVC系统的每一支路都应通电一次。

第一次通电试验应根据供应商的推荐文件执行。

TCR或TSR支路应在未触发时，首先通电(即晶闸管被闭锁，以检验其完整性和电压承受能力)。

根据阀的设计可用不同的方法确定有无触发脉冲。

TSC支路可以按类似方法进行通电试验。

可以依据SVC各相电压电流的测试值计算实际阻抗。

如果相位平衡电路被用在TCR支路，则应调整它们以保证三相电路每一相的电流相等。

对于TCR，对应于不同的晶闸管开通角，其支路阻抗是不同的；对于TSC、TSR以及谐波滤波器，其支路阻抗值几乎是常数。

在同一支路里按相测量出的相阻抗差异，表示其电感值或电容值的误差。对于TCR，相阻抗值的差异也可能表示晶闸管开通角的不对称。

5.3.1.4 运行启动试验

在运行启动试验前应首先进行紧急停止功能的试验，以便验证运行的正确性。

应在SVC每一支路中进行自动和手动起动、关停的顺序试验。这将显示出每一支路晶闸管阀的可控性和解除闭锁及闭锁能力。

5.3.2 运行和性能试验

5.3.2.1 SVC连续运行范围

SVC的连续运行试验范围，从最大容性无功功率(Mvar)到最大感性无功功率(Mvar)。

在标称电压($V_{nominal}$)(kV)下，SVC输出的实际无功功率Q_{actual}(Mvar)可在公共连接点(PCC)处直接测量并用下列公式确定：

$$Q_{actual} = Q_{measured}\left(\frac{V_{nominal}}{V_{measured}}\right)^2$$

式中：

Q_{actual}——实际无功功率，单位为兆乏(Mvar)；

$Q_{measured}$——实测无功功率，单位为兆乏(Mvar)；

$V_{measured}$——实测电压，单位为千伏(kV)。

5.3.2.2 SVC斜率特性的验证

SVC的斜率特性应该用测量和计算验证。在电压控制运行模式下，SVC的无功功率输出应采用改变参考电压V_{ref}来调节。

有关SVC斜率的具体图示说明参见附录B。

5.3.2.3 负载特性的检验

SVC应在其全部工作范围内进行调整，特别是对TSC或TSR的分支作投切时。用系统运行电压、SVC(变压器一次)的电流以及无功功率(Mvar)的控制信号，检验SVC的输出(包括分支投切)。SVC的输出应在规定范围之内。

5.3.2.4 系统动态响应试验

用基准值的阶跃来做SVC的响应试验，以检验SVC系统的动态特性。对于用于电压控制的SVC装置，应采用阶跃变化的参考电压(V_{ref})来做SVC的响应试验。如果可能，应保留系统最小短路容量时SVC的响应记录。特别是在最小短路容量时SVC不应失去稳定，而在最大短路容量时保持良好的响应。

根据应用需要，还可以做附加试验，例如：

a) 对用于功率调节的SVC装置，应使用阶跃变化的参考无功功率(Q_{ref})，通过Q_{ref}的阶跃输入，获得在改变扰动时SVC的响应记录；

b) 若被补偿的负载包含有快速变化的直流，应考虑用一个与负载产生的次谐波同频同幅的等效正弦量加到Q_{ref}中，SVC应提供稳定和足够的补偿。

5.3.2.5 特殊控制功能试验

应对所有规定的特殊控制功能进行试验。应完成各种特殊的投切或顺序操作(例如固定的电容器组或电抗器组的投切)，模拟某些已设计好的特殊运行条件或系统条件，试验自动关停功能。

5.3.2.6 备用系统试验

所有备用系统应进行试验，以检验在通电工作状态下，所有备用系统能够正确转换。

对备用电源回路转换以及备用冷却与辅助系统转换宜作出可靠性评价。

应模拟备用系统的故障试验，并确定主、备系统双重故障时是否依次关停或紧急关停。

5.3.2.7 降容运行

应在规定的 SVC 各支路或谐波滤波器退出工作的情况下，进行降容运行模式试验。应记录及估算减小的无功功率输出。

也应检验各种退出运行条件下的联锁性能。

5.3.2.8 谐波和其他电能质量指标的测量

谐波的考核、测量通常应在下列条件下在 PCC 处进行，另有约定者除外：

a) SVC 系统断开，在正常的系统运行条件下，将得到背景谐波值；
b) SVC 系统投入，在正常的系统运行条件下，在 TCR 几种运行状态下可得出产生的最高的单次谐波和最高的 THD。

对带有外部熔丝的电容器组，其不平衡保护动作的试验是采用打开熔丝的连接片或端子接线柱的连接来模拟电容器熔丝熔断。应检查报警及随之的跳闸状态，应检查继电器电流以验证继电器的整定值。

当电容器组采用内部熔丝时，可利用附加电容去产生不平衡，以检验不平衡保护的功能。

对于上述两种型式的电容器组，可用不平衡继电器的 CT(电流互感器)二次侧注入一个根据计算得出的不平衡电流，来直接检查报警和跳闸状态。

可根据合同规定，对电压波动和闪变、三相不平衡度等电能质量指标进行测量；SVC 系统功率因数补偿效果应予以验证(参见 5.4.5)。

5.3.2.9 噪声干扰的测量

可选择性地做下列系统干扰测量试验，以检验产品是否与规范书要求一致(应分别在 SVC 投入和退出工作时测量)：

a) 音频噪声(AN)；
b) 无线电干扰(RI)；
c) 电视干扰(TVI)；
d) 电力线载波(PLC)；
e) 电话线载波(TLC)。

具体测量方法参照 GB 4824 执行。

5.3.2.10 热运行试验

该试验是在带载状态下对系统部件以及设备内部或母线连接处的潜在不良接触点进行的检验或检查。

手动调节 SVC 到最大损耗点，并使 SVC 各子系统持续运行，直至温度达到热平衡。记录冷却系统各相应点的温度、环境温度及各电气量的值。根据记录数据将各相应点的温度修正到用户说明书中的大气环境最高温度条件下的数值。

应特别注意阀冷却系统的效率。对于液体冷却系统和风冷系统，当使 SVC 产生最大的损耗、备用设备关闭、系统达到并保持热平衡时，应检测冷却介质的入口和出口处的温度、压力以及流速，确认其在规定范围内。还应检验每台冷却设备被备用冷却设备取代时的情况。对于热管冷却系统，应监视检测散热器基板温度，确定其在规定范围之内。

热运行试验应在低于额定条件及负荷下反复做。因为不同部件的最大损耗不一定会在同一运行点产生，因此必须通过反复试验来检验各部件上的最大热应力。

对设备、母线、接地连接处、围栏仔细进行红外线扫描检查，可以发现潜在发热点和连结不紧或传导性发热处。

5.3.2.11 **SVC损耗的测定**

总损耗最好是用工厂试验的数据和现场直接测量的数据，通过计算得出。应在SVC的不同运行状态下，包括在额定工况时、零无功功率时以及最大容性和最大感性无功功率输出时确定损耗。

下列设备的损耗是在不同负荷和条件下确定的损耗。条款a)至e)是根据谐波和环境状态，基于工厂测量和附加计算确定的损耗。条款f)至h)是现场在辅助配电断路器或设备终端处直接测量确定的损耗。应将现场实际环境温度下测量的损耗换算到规定环境温度下的损耗。

a) 电力变压器
   1) 空载损耗；
   2) 负载损耗；
   3) 谐波损耗。
b) TCR/TSR支路
   1) 晶闸管阀损耗；
   2) 电抗器损耗。
c) TSC支路
   1) 晶闸管阀损耗；
   2) 电容器损耗；
   3) 电抗器损耗。
d) 机械式投切(MS) 电容器或电抗器
   1) 电容器或电抗器损耗；
   2) 电阻器损耗。
e) 谐波滤波器
   1) 电抗器损耗，包括谐波损耗；
   2) 电容器损耗，包括谐波损耗；
   3) 电阻器损耗，包括谐波损耗。
f) 冷却系统
   1) 水泵电力消耗；
   2) 风机或空调设备电力消耗；
   3) 处理冷却介质电力消耗。
g) 控制系统
   控制电力消耗。
h) 辅助系统
   1) 建筑物的电力消耗；
   2) 辅助变压器损耗；
   3) 接地变压器损耗。

5.3.3 **试运行**

试运行的时间长短，应在最后的验收试验前确定，通常试运行时间是72 h。

只有在成功完成试运行之后，才可开始验收试验。

5.4 **验收试验**

在交接试验时，应当完成最后的调整、填平补齐、以及消除缺陷工作。SVC系统的验收试验是建立在以往试验已被证实以及有据可查的基础上的。验收试验是供应商完成交接试验并提交试验报告后，用户要求针对某些项目再次进行的试验。在验收期间，将完成运行系统的正式确认。

根据交接试验和临时试验报告的结果，可对验收试验程序作些修改，需要附加一些新试验或再重做一些试验，来确认交接中出现的问题。

验收试验可能包括下列类别：

a) 静态(稳态)试验，见 5.4.1；

b) 动态试验，见 5.4.2；

c) 特殊控制功能试验，见 5.4.3；

d) 分阶段的故障试验，见 5.4.4；

e) 电能质量及功率因数测试，见 5.4.5。

5.4.1 静态(稳态)试验

5.4.1.1 控制功能试验

a) 控制顺序

1) 启动/停止

——手动；

——自动。

2) 紧急停止

3) 保护使其启动停止

——分断(停止)；

——再启动。

4) 控制模式选择

——恒定无功功率输出；

——恒定系统电压；

——零无功功率输出。

5) 操作转换

——就地/远方；

——手动/自动。

b) 控制范围验证

1) SVC 无功功率输出能力(就地/远方)；

2) 基准电压调节能力(就地/远方)；

3) 斜率调节能力(就地/远方)；

4) 斜率线性度；

5) 电流限制作用。

c) 控制模式验证

1) 设定参考无功功率并检验无功功率输出恒定；

2) 设定参考电压并检验系统电压恒定；

3) 保持零无功功率输出。

5.4.1.2 负载试验

在额定容性和额定感性两种负载下，检验补偿器的工作：

a) 检验系统参数

例如 PCC 处的电流、电压及无功功率。

b) 检验 SVC 的下列性能参数

1) 损耗(SVC 效率)；

2) 滤波器特性；

3) 音频噪声(室内/室外)；

4）干扰水平(任选)；

5）温升。

5.4.1.3 备用系统功能试验

在各种情况下，随着不同备用系统的退出，应清晰显示出信号电路、监视、闭锁及分断顺序等功能。

a）用以下方法检验 SVC 的抗干扰能力：

1）模拟单个晶闸管故障；

2）模拟单个电容器单元故障。

b）转换到备用系统的情况下检验 SVC 的抗干扰能力：

1）阀冷却系统转换到备用单元；

2）辅助交流/直流电源转换到备用单元；

3）转换到不间断电源(UPS)工作(如果装备有 UPS)。

c）检验降额运行及顺序关停。

1）多重晶闸管故障；

2）多重电容器故障；

3）失去任意一个 SVC 支路；

4）辅助系统的双重故障；

5）当需要备用电路时，备用电路失效。

5.4.1.4 保护方式试验

保护方式试验可以用模拟 SVC 系统中不同点的故障来完成，以检验保护的有效性。

a）主电路故障模拟

1）主断路器跳闸；

2）检验备用继电器；

3）检验断路器拒动保护；

4）阀故障；

5）母线故障；

6）电力变压器故障；

7）SVC 母线故障；

8）SVC 支路故障(对每个支路)；

9）滤波器故障；

10）电容器组故障；

11）电抗器故障。

b）控制系统故障模拟

供需双方应共同制定模拟方法。

c）阀故障模拟

1）一个晶闸管故障；

2）多个晶闸管故障。

d）冷却系统故障

冷却系统双重部件故障。

e）辅助(电源)系统故障

1）双重辅助电源系统故障；

2）直流控制电源故障；

3）在切换期间，UPS 故障。

f）其他系统故障

1） 监视系统故障；

2） 报警系统故障；

3） 事故记录系统故障；

4） 事件顺序记录仪故障。

5.4.2 动态试验

动态试验是通过对系统加扰动去检验 SVC 的性能。这些扰动力求在正常的控制调节范围内使运行点偏移。TSC 和 TCR 均做此试验，以检测 SVC 的响应时间。扰动可用下列运行条件的变化实现：

a） 输电线投入和退出运行，附近电容器组充电或变压器组带载；

b） SVC 投入或退出运行；

c） 在参考点利用参考量(V_{ref}，Q_{ref})的阶跃变化，使 SVC 系统在规定范围内响应。

为了评估暂态的及可能的谐振现象，应当记录在下列 SVC 工作状态中，在每个滤波器组中的电流波形及电压波形：

1） 至少有三次连续正常启动及停止 SVC；

2） 至少三次正常负载的依次投切。

5.4.3 特殊控制功能试验

合同上所规定的特殊控制功能，如电容器组的投切、专门的调节功能以及备用设备的自动检测等，都应该在实际的运行状态下验证。

5.4.4 分阶段故障试验

只有详尽地研究分阶段故障对交流系统的影响后，才能进行实际的分阶段故障试验。分阶段故障应在用户的监督下完成。

为获得尽可能多的有用数据，应具备正确的步骤、测量方法和试验持续时间。在整个过程中应保证人员和设备的安全。为保证系统安全，可考虑专门的备用保护。

注：在交接试运行期间因交流系统接线方式或负载情况所限，有可能不能进行这些试验。

5.4.5 电能质量及功率因数测试

a） 谐波测试

执行 GB/T 14549。根据需要测量母线的谐波电压和注入系统的谐波电流，分析滤波器不同组合的滤波效果及校核滤波器运行的安全性。

注：系统频率偏差应在 GB/T 15945 规定的范围内，由测试验证。

b） 闪变和电压波动的测量(选项)

闪变和电压波动的测量，按 GB 12326 的规定进行。

c） 三相不平衡度的测试(选项)

三相不平衡度的测试参照 GB/T 15543 进行。

d） 功率因数测试

功率因数是配电和工业用 SVC 关注的指标(由合同规定)，应用现场测量(和计量)数据予以验证。

附　录　A
（资料性附录）
验收和试验计划示例

试验说明：　　　　　　　　　　　　　　　　　　　　　　　　　　　　　试验号 No：×××

TCR 阀第一次通电（见 5.3.1.3）

试验负责人：　　　　　　　　　　　　　　　　　　　　　厂家试验配合人员：

允许做试验的命令来自：　a）　用户交接工程师；

b）　电力调度中心。

预试与条件：

a.　试验 5.1——设备试验；

b.　试验 5.2——子系统试验；

c.　试验 5.3.1.1——通电前的检查；

d.　试验 5.3.1.2——低压通电试验。

预计完成试验的时间：

试验准备：

a.　合上辅助电源；

b.　主保护与后备保护投入；

c.　SVC 冷却装置投入；

d.　SVC 控制装置投入；

e.　打开滤波器组开关；

f.　断开电源主断路器。

试验操作：

a.　撤除阀厅及电抗器间的所有人员及工具和其他器具；

b.　试验配合人员进行最后的检查并确认试验区域已经清空；

c.　关闭防护区并加锁，拿去联锁钥匙，使电源断开；

d.　监视人员与阀厅及室外电抗器场所保持安全距离；

e.　确认所有仪器（暂态故障记录仪、事件程序记录仪、专用记录仪）处于工作状态；

f.　合上电源隔离开关；

g.　从－3 s 开始至＋3 s 按下列顺序，以 1 s 为间隔进行操作：

－3 s

－2 s——手动起动暂态故障记录仪和示波器

－1 s

0 s——合上主断路器

＋1 s——打开主断路器

＋2 s——关停暂态故障记录仪和示波器

＋3 s

评价：

a.　检查有没有观察到电弧，火花或其他电气击穿的信号；

b.　检查保护继电器是否动作；

c.　检查暂态故障记录仪及专用示波器的记录，确认所有晶闸管阀都能耐受电压，没有被击穿或晶闸管被触发的任何迹象。

记录保护：

将示波器记录标注上“试验号 No：×××”的标签并将此记录保留。

结论：

该试验成功的结论，由见证试验的下列人员在试验文件上签字承认试验取得成功。

制造厂试验配合人员：________________________（签字）

用户交接工程师：____________________________（签字）

附 录 B
（资料性附录）
关于 SVC 斜率的图示说明

SVC 的斜率是在 SVC 系统的控制范围内，电压变化的标幺值和电流变化的标幺值之比（见图 B.1）。

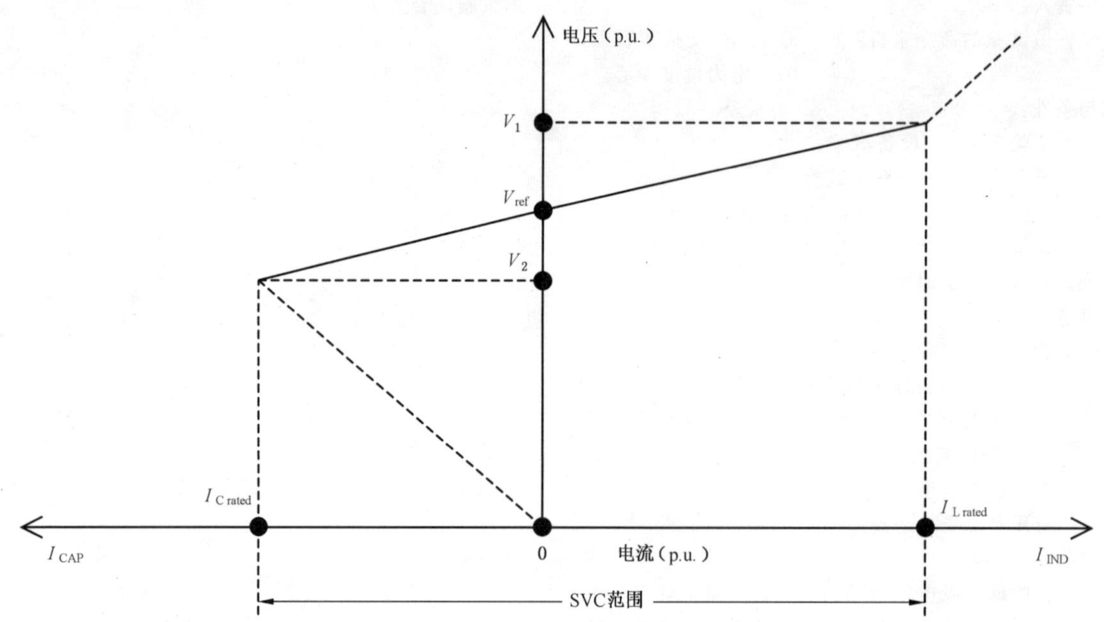

$$V_{slope(L)}\% = \frac{(V_1 - V_{ref})100}{V_{ref}}$$

$$V_{slope(C)}\% = \frac{(V_{ref} - V_2)100}{V_{ref}}$$

$I_{C\ rated}$——额定容性电流；

$I_{L\ rated}$——额定感性电流；

V_1——在额定感性电流时的被控电压；

V_2——在额定容性电流时的被控电压。

$$总斜率 = V_{slope(L)}\% + V_{slope(C)}\%$$

图 B.1 静止无功功率补偿系统的斜率

ICS 29.020
K 04

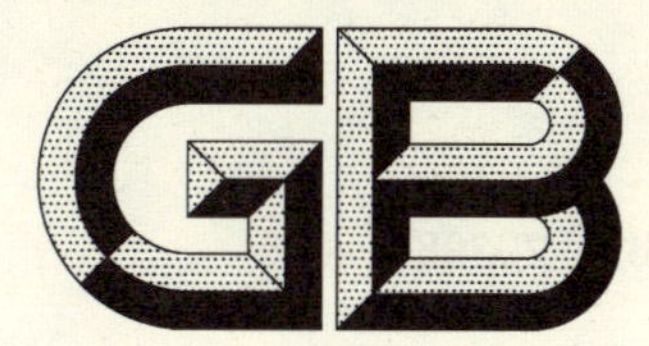

中华人民共和国国家标准

GB/T 20298—2006

静止无功补偿装置(SVC)功能特性

The functional specification of static var compensator

2006-07-13 发布　　2007-01-01 实施

中华人民共和国国家质量监督检验检疫总局
中国国家标准化管理委员会　发布

前　言

本标准是有关静止无功补偿装置功能特性部分，与该标准相关的部分还有 GB/T 20297—2006《静止无功补偿装置(SVC)现场试验》。

本标准参考了 IEEE Std 1031:2000《IEEE 静止无功补偿装置的功能特性导则》。

本标准的附录 A、附录 B、附录 C 为规范性附录。

本标准的附录 D、附录 E、附录 F、附录 G、附录 H、附录 I 为资料性附录。

本标准由全国电压电流等级和频率标准化技术委员会提出并归口。

本标准由全国电压电流等级和频率标准化技术委员会负责起草与解释。

本标准主要起草单位:全国电压电流等级和频率标准化技术委员会秘书处、全国电力电子学标准化技术委员会秘书处、中国电力科学研究院、深圳领步科技有限公司、西安领步电能质量研究所、鞍山容信电力电子有限公司。

本标准主要起草人:李世林、周观允、林海雪、刘军成、左强。

本标准参加起草单位:中机生产力促进中心、陕西省电力调度中心、中冶京诚工程技术有限公司、凌海科诚电力电器制造有限责任公司、辽宁立德电力电子有限公司、成都电业局。

本标准参加起草人:康文祥、焦莉、曾幼云、王健斌、王春海、周茂兰。

静止无功补偿装置(SVC)功能特性

1 范围

本标准规定了静止无功补偿装置(SVC)的基本功能、特性要求。

本标准适用于采用晶闸管技术,应用在中压(MV)及以上输配电系统及工业环境中的SVC。

2 规范性引用文件

下列文件中的条款通过本标准的引用而成为本标准的条款。凡是注日期的引用文件,其随后所有的修改单(不包括勘误的内容)或修订版均不适用于本标准,然而,鼓励根据本标准达成协议的各方研究是否可使用这些文件的最新版本。凡是不注日期的引用文件,其最新版本适用于本标准。

GB 1094(所有部分) 电力变压器(GB 1094.1—1996,eqv IEC 60076-1:1993;GB 1094.2—1996,eqv IEC 60076-2:1993;GB 1094.3—2003,IEC 60076-3:2000,MOD;GB 1094.5—2003,IEC 60076-5:2000,MOD;GB/T 1094.10—2003,IEC 60076-10:2001,MOD)

GB/T 3859.3 半导体变流器 变压器和电抗器(GB/T 3859.3—1993,eqv IEC 60001-3:1991)

GB 4824 工业、科学和医疗(ISM)射频设备 电磁骚扰特性 限值和测量方法(GB 4824—2004,CISPR 11:2003,IDT)

GB/T 10229 电抗器(GB/T 10229—1988,eqv IEC 60289:1987)

GB/T 11024.1 标称电压1 kV以上交流电力系统用并联电容器 第1部分:总则 性能、试验和定额安全要求 安装和运行导则(GB/T 11024.1—2001,eqv IEC 60871-1:1997)

GB/T 12325 电能质量 供电电压允许偏差

GB 12326 电能质量 电压波动和闪变

GB 12348 工业企业厂界噪声标准

GB/T 14549 电能质量 公用电网谐波

GB/T 15543 电能质量 三相电压允许不平衡度

GB/T 15945 电能质量 电力系统频率允许偏差

GB/T 17626.2 电磁兼容性 试验和测量技术 静电放电抗扰度试验(GB/T 17626.2—1998,idt IEC 61000-4-2:1995)

GB/T 17626.3 电磁兼容性 试验和测量技术 射频电磁场辐射抗扰度试验(GB/T 17626.3—1998,idt IEC 61000-4-3:1995)

GB/T 17626.4 电磁兼容性 试验和测量技术 快速瞬变电脉冲群抗扰度试验(GB/T 17626.4—1998,idt IEC 61000-4-4:1995)

GB/T 17626.5 电磁兼容性 试验和测量技术 浪涌(冲击)抗扰度试验(GB/T 17626.5—1999,idt IEC 61000-4-5:1995)

GB/T 17626.11 电磁兼容性 试验和测量技术 电压暂降、短时中断和电压变化的抗扰度试验(GB/T 17626.11—1999,idt IEC 61000-4-11:1994)

GB/T 20297—2006 静止无功补偿装置(SVC)现场试验

JB 5833 电力变流器用纯水冷却装置

JB/T 8757—1998 电力半导体器件用热管散热器

DL 5014 (330～500)kV变电所无功补偿装置设计技术规定

IEC 61954 输配电系统静止无功补偿器用晶闸管阀的试验

3 术语、定义及缩写

3.1 术语和定义

下列术语和定义适用于本标准。

3.1.1

静止无功补偿装置 static var compensator

一种并联连接的静止无功发生器或吸收器，通过对其感性或容性电流的调整，来维持或控制其与电网连接点的某种参数(典型情况为控制母线电压)。

注：静止无功补偿装置包括 TCR、TSC、TCT、TSR 等，一般与机械投切无功补偿装置构成静止无功系统。

3.1.2

晶闸管控制电抗器 thyristor-controlled reactor

与电网并联连接的、晶闸管控制的电抗器，通过对晶闸管阀导通角的控制，其有效感抗可以连续变化。

3.1.3

晶闸管控制变压器 thyristor-controlled transformer

与电网并联连接的、晶闸管控制的变压器，通过对晶闸管阀导通角的控制，其有效感抗可以连续变化。

TCT 属于 TCR 的一种变形，将降压变压器与主电抗作为一个整体考虑。

3.1.4

晶闸管投切电容器 thyristor-switched capacitor

与电网并联连接的、晶闸管投切的电容器，通过控制晶闸管阀的导通与关断，其有效容抗可以阶梯式变化。

3.1.5

晶闸管投切电抗器 thyristor-switched reactor

与电网并联连接的、晶闸管投切的电抗器，通过控制晶闸管阀的导通与关断，其有效感抗可以阶梯式变化。

3.1.6

机械投切电容器 mechanically switched capacitor

与电网并联连接的、机械开关投切的电容器组，一般串联阻尼电抗器。

3.1.7

机械投切电抗器 mechanically switched reactor

与电网并联连接的、机械开关投切的电抗器。

3.1.8

参考电压 reference voltage

在 SVC 装置 V/I 特性曲线上，总无功输出为零(既不吸收无功，也不发出无功)点的电压。

3.1.9

V/I 特性曲线 voltage/current characteristic

SVC 连接点的电压与 SVC 稳态运行电流之间的关系曲线。

3.1.10

斜率 slope

在 SVC V/I 特性曲线上，容性与感性线性可控范围内，电压的变化与电流的变化标么值的比值，一般以百分数表示。

3.1.11

公共连接点　point of common coupling

用户接入公用电网的连接处。

3.1.12

连接点　point of connection

对于通过变压器与电网相连的SVC,连接点指变压器一次侧;对于SVC通过已有的变压器与电网相连、或SVC直接与电网相连,此时连接点指SVC的实际接入点。

3.2　缩写

CT:电流互感器

FACTS:柔性(灵活)交流输电系统

HV:高电压

HVDC:高压直流

LV:低电压

MV:中电压

MSC:机械投切电容器

MSR:机械投切电抗器

PCC:公共连接点

SVC:静止无功补偿装置

TCR:晶闸管控制电抗器

TSC:晶闸管投切电容器

TSR:晶闸管投切电抗器

VT:电压互感器

V/I:电压/电流特性曲线

4　SVC安装场所的环境状况

应尽可能提供SVC安装场所的下述气候环境状况,在此环境状况下运行的SVC装置,其各项性能指标应达到其额定设计水平:

a)　海拔高度(m);

b)　环境温度范围(℃);

c)　相对湿度(%);

d)　日平均最高温度(℃);

e)　日平均最低温度(℃);

f)　覆冰(kg/m^2);

g)　最大积雪厚度(m);

h)　最大霜冻厚度(m);

i)　最大稳定风速(m/s);

j)　地震烈度;

k)　雷暴日(天/年);

l)　污秽等级;

m)　盐浓度(mg/cm^2);

n)　日照水平(W/cm^2);

o)　土壤电阻率(Ω·m)。

5 SVC 连接点的系统电气参数

应明确 SVC 连接点的下述系统电气参数：

a) 系统标称线电压(kV)；

b) 最高持续运行线电压(kV)；

c) 最低持续运行线电压(kV)；

d) 系统短时最高运行线电压(kV)及其最大持续时间(s)；

e) 系统短时最低运行线电压(kV)及其最大持续时间(s)；

f) 负序电压含量(%)；

g) 零序电压含量(%)(可选)；

h) 系统标称频率(Hz)；

i) 系统供电最大频率偏差(Hz,参见 GB/T 15945)；

j) 雷电过电压(kV 峰值)；

k) 操作过电压(kV 峰值)；

l) 系统正常运行方式下，最大、最小短路电流(kA)；

m) 系统谐波阻抗；

n) 背景谐波电压(或电流)水平。

6 SVC 主系统特性要求

SVC 系统描述参见附录 D。

6.1 SVC 额定值及其性能要求

应明确给出 SVC 相应的下述电气参数。

6.1.1 额定电气参数及其指标要求

a) 连接点母线标称电压(kV)；

b) 参考电压(kV)；

c) 连续可调的无功范围或母线电压变化范围(标么值，参见 GB/T 12325)；

d) 抑制电压波动和闪变、谐波、三相不平衡度的指标(工业及配电用 SVC，参见 GB 12326、GB/T 14549、GB/T 15543 或依据附录 I 对闪变评定)；

e) 提高功率因数的指标(工业及配电用 SVC)；

f) 抑制工频过电压或阻尼功率振荡的指标(输电用 SVC)。

6.1.2 额定容性、感性调节范围

附录 A 图 A.1 为 SVC V/I 特性曲线的示图，以连接点母线标称电压及 100 MVA 为基准，对应曲线 A 点为 SVC 的容性额定容量(标么值)，对应曲线 B 点为 SVC 的感性额定容量(标么值)，应明确给出 A、B 两点的数值(标么值)；

6.1.3 V/I 特性曲线斜率的调节范围

附录 A 图 A.2 为 SVC V/I 特性曲线的详示图(放大了一定比例)，在设定的某一基准功率(MVA)下，SVC 特性曲线的斜率应可调，应明确其调整范围(%)及其最大调节步长；

6.1.4 系统短时最低运行线电压下 SVC 的极端运行限定

在本标准 5 e)规定的系统短时最低运行线电压(kV)及其最大持续时间(s)条件下(对应附录 A 图 A.1　C 点)，SVC 应能够持续发出无功功率；如果这种低电压现象持续时间超过设计约定的时间(s)，SVC 应退出运行；

6.1.5 系统短时最高运行线电压下 SVC 的极端运行限定

在本标准 5 d)规定的系统短时最高运行线电压(kV)及其最大持续时间(s)条件下(对应附录 A

图 A.1 D点),SVC应能够持续吸收无功功率;如果这种过电压现象持续时间超过设计约定的时间(s),SVC应退出运行;

6.1.6 **短时容性无功输出(根据SVC的实际用途,可选)**

应明确当母线电压处于某一设定值(并非最低电压)条件下,SVC短时应达到的最大容性无功输出(MVA),并明确此运行过程的最大持续时间(s)。

6.1.7 **最大可控感性无功输出(根据SVC的实际用途,可选)**

应明确规定当母线电压上升到某一设定值(标么值)条件下,SVC连续可控导通的最大持续时间(s)。

6.1.8 **其他高压电气设备的运行要求**

补偿装置专用变压器、连接到母线上的所有设备例如滤波支路、TSC支路、TSR支路、TCR支路、电容补偿支路、电抗补偿支路等均应在上述SVC短时运行或连续运行情况下保持正常运行,在超出上述条件的过电压、过电流情况下这些设备应均有可靠保护;详细要求参照GB 1094、GB/T 3859.3、GB/T 10229、GB/T 11024.1。

6.1.9 **SVC系统抵御故障的能力**

外部故障时SVC系统各类设备应不被损坏;内部故障时不应使事故进一步扩大。

6.1.10 **其他功能要求**

协商确定用户提出的其他要求及指标。

6.2 **控制目标**

根据SVC的实际用途,其基本功能及性能要求如下:

6.2.1 **SVC的基本功能**

a) 在系统稳态运行或故障后情况下,将三相平均电压或基波正序电压控制在一定的范围内(应明确其V/I特性曲线斜率的变化范围(%));
b) 分相调节,实现电压的分相控制,改善电网三相电压不平衡度;
c) 通过无功功率控制,实现母线电压的控制;
d) 通过电压控制,抑制系统振荡,提高功率传输能力;
e) 通过无功功率调节,实现功率因数的控制;
f) 抑制电压波动和闪变水平;
g) 抑制电网谐波电压畸变和注入电网的谐波电流水平。

6.2.2 **响应特性**

a) SVC系统响应时间

SVC响应特性曲线示图如附录B图B.1所示。

从控制信号(参考电压)输入开始,直到系统电压达到预期电压水平的90%所需的时间称为SVC响应时间(ms);此时应明确所要求的最大过调量(%),同时规定在达到预设最终变化范围(%)以前的整定时间(ms)。

需要说明的是,上述响应特性的要求是在第5章给出的最小三相短路容量的条件下给出的。

一般来说,SVC系统响应时间为30 ms~50 ms。

注:由于电压变化范围较小,难以获得清晰的变化曲线,一般可以用无功功率电流变化曲线来说明响应时间。

b) 控制系统响应时间

控制系统响应时间是从控制信号输入开始,SVC控制器完成控制信号的采样、分析、计算,直至控制器发出触发信号所经历的时间。

应明确控制系统的响应时间(ms)。

一般来说,SVC控制系统的响应时间不大于15 ms。

6.3 谐波特性

SVC 系统的设计应避免并联电容器组、滤波支路和系统之间发生谐振，并限制相关连接点谐波电压畸变率。

6.3.1 滤波器性能

应明确 SVC 滤波器的下述两种作用：

a) 仅仅抑制 SVC 自身产生的谐波对其所连接电力系统的污染；

b) 不仅要抑制 SVC 自身产生的谐波，同时要求抑制用户运行过程中产生的谐波(输电用 SVC 可以不具备此功能)。

在下述情况下，谐波电流在 PCC(或双方约定的考核点)引起的谐波电压畸变率宜限制在 GB/T 14549国家标准要求的限值范围内：

a) 在第 4 章和第 5 章要求的环境和系统条件下；

b) 在滤波电容允许变化范围内；

c) 在 SVC 设备参数允许变化范围内，例如变压器三相绕组阻抗不平衡、阀触发角的不一致性、三相电抗、电容参数不相等。

需指出，如果系统条件在第 5 章所规定的正常连续范围之外，则滤波器性能可能会超出上述要求。

6.3.2 滤波器元件额定值

滤波器元件额定参数的选择应遵守下述原则：

a) 承受电网背景谐波电压引起的谐波电流；

b) 滤除 SVC 自身产生的谐波电流；

c) 滤除用户设备运行过程中产生的谐波电流(输电用 SVC 可以不具备此功能)；

d) 除非有特别的要求，对于由电网背景谐波电压引起的和由 SVC 自身产生的以及由用户设备运行过程引起的单次谐波电流而言，一般按平方算术和的开方的原则叠加；

e) 滤波电容器的额定电压不小于其持续运行电压与各次谐波电压最大值的算术和。

6.4 电话及无线电干扰

a) 应考虑 SVC 系统的运行对电话系统的干扰；

b) 应考虑 SVC 系统的运行产生的高频辐射对任何已获批准的无线电、电视、微波、或其他运行的设备的干扰，具体要求按 GB 4824 执行。

6.5 噪声

供应商需评估 SVC 系统建成前后的噪声水平，原则如下：

a) SVC 系统的设计及 SVC 站的结构需考虑限制噪声干扰；

b) SVC 系统外部噪声的限制范围以变电站围护栏为限；

c) 站内噪声的限制以距噪音源一定距离为判断。

具体要求见 GB 12348。

6.6 损耗评估

SVC 工程的供应商需根据 6.6.1～6.6.7 的计算公式给出 SVC 系统运行的总损耗(以 kW 为单位)。应明确下列计算损耗的假定条件，虽然 SVC 并不一定运行在该假设条件下。

a) 环境温度(℃)；

b) 母线电压(标么值)；

c) V/I 曲线斜率(%)。

对于每一个运行点，都要对 SVC 各部分的损耗进行计算，不论其是否通过电流；SVC 各部分多个组合运行在一个给定的输出上，应计算各自该状态的损耗，并进行相加，最后给出总的平均损耗。

损耗评估中，配电装置、母线、电缆、线夹、连接件等损耗除外。

谐波电流引起的损耗也不包括在内(但是在诸如考虑厂房通风降温方面应予以考虑)。

在损耗计算中，6.6.1～6.6.7 所描述的设备，均应计及其损耗。

6.6.1 晶闸管阀体

按附录 C 执行。

6.6.2 变压器损耗

变压器损耗包括：空载损耗与负载损耗。

变压器损耗一般采取实测的方法。空载损耗测量要求在额定电压且无负载下进行；负载损耗测量要求在二次绕组短路、一次侧电流达到额定数值时进行，该损耗一般用来计算变压器绕组的等效电阻，在 6.6.7 描述的 SVC 的每一种运行点，都用该等效电阻计算相应的损耗，计算中根据 SVC 在该点的输出推算出变压器的电流。

6.6.3 电抗器损耗 P_{reac}

$$P_{reac} = 3 \times R_{reac} \times I^2$$

式中：

I——基波相电流有效值；

R_{reac}——电抗器基波频率下的电阻(从电抗器试验报告中查取)。

另外，由于其电感受多种因素影响，测试电抗器品质因数 Q 时应尽可能采取与现场一致的条件，例如屏蔽措施、连接方式、线夹的使用等。

6.6.4 电容器损耗 P_{cap}

在供应商提供的电容器元件的测试报告中，应提供每一个电容器元件的介质损耗因数 $\tan\delta$。所有介质损耗因数的平均值被用来计算电容器组的损耗。其计算公式如下：

$$P_{cap} = Q_{cap} \times \tan\delta$$

式中：

Q_{cap}——电容器的无功功率，单位为千乏(kvar)；

$\tan\delta$——电容器的介质损耗因数。

6.6.5 电阻损耗 P_{res}

$$P_{res} = 3 \times R_{res} \times I^2$$

式中：

R_{res}——电阻器电阻；

I——流经电阻器的基波电流有效值。

6.6.6 辅助系统功率

辅助系统损耗包括泵、风机、室内冷却加热功率消耗，也包括在各种环境温度、无功功率潮流水平下除晶闸管阀之外的各晶闸管及其他设备损耗。估算是在假定的标称电压下进行的。

6.6.7 总损耗评估

对 6.6.1～6.6.6 所描述的各类设备，在各种负荷水平(感性或容性)下对其损耗进行相加。

供应商应提供在系统电压为某一数值(标么值)时，SVC 在稳态运行范围的总运行损耗曲线图。

一般总损耗水平为 SVC 额定容量的 0.8%左右。

7 SVC 主设备功能及其特性要求

SVC 工程供货范围参见附录 D；SVC 系统的可用率及可靠性参见附录 E；备件策略参见附录 F。

SVC 系统所有元件和设备需满足第 2 章中所列的相关标准要求。

7.1 晶闸管阀

7.1.1 性能要求

晶闸管阀的设计应考虑 SVC 总体性能要求，确保安全可靠运行。

7.1.2 **阀体维护通道**

阀体的结构设计、布局应留有合理的通道，以便于运行人员视察、日常维护、元件更换。有关要求参见 DL 5014。SVC 厂房及其设备布置参见附录 G。

7.1.3 **阀的耐受性设计**

晶闸管阀各元件及其他器件的设计应考虑如下要求，并留有适当裕度：

a) 晶闸管阀应能承受系统故障和开关操作过程中的过电压、过电流冲击。TCR、TSR 阀应做到在第 5 章所描述的系统最高持续运行线电压(kV)范围内可控；TSC 阀应能够在第 5 章所描述的系统短时最高运行线电压(kV)下可靠关断；

b) 考虑到分布电容和元件参数的分散性，晶闸管阀的设计应考虑合适的裕度，以经受阀体各电压级由于电压分布不均而发生损坏；

c) SVC 的设计应考虑防止误触发，即阀体任一元件在某一错误时刻触发、或没有触发命令而被误触发；

d) 一般至少当一个元件发生损坏后，阀体其他各元件应运行在其额定值范围内。供应商应给出 SVC 能够维持运行的最大可损坏元件的数目，该数目的确定需考虑 SVC 的可用率指标要求。

7.1.4 **维护**

晶闸管阀组的监控、维护要求如下：

a) 监控的目的在于及时鉴别出任意一个已经发生故障、损坏的元件；

b) 晶闸管阀组的设计应便于元件更换。

7.1.5 **阀的保护**

供应商应说明阀的过电压保护措施、保护动作时的电压水平。要求如下：

a) TCR、TSR 阀应配置强制触发系统进行过电压保护；

b) 在过电压发生时 TSC 阀不应被触发，并应采取闭锁及互锁措施避免误触发。

7.1.6 **试验**

供应商应提交晶闸管阀的试验大纲以及按相关标准提供试验报告。

7.2 **晶闸管阀的冷却系统**

冷却系统应保证在最高环境温度及各元件最大无功输出情况下 SVC 正常工作；同时，冷却系统应保证在最低环境温度下 SVC 各元件最小无功输出时可靠运行。

7.2.1 **各种冷却方式的基本要求**

7.2.1.1 **液体冷却**

a) 封闭循环系统应提供充分的散热能力，例如泵、热交换器、风机容量的选择均应满足 SVC 系统各种方式散热的要求(一般为双机备用，若双方约定，可不提供备用冷却系统)；

b) 在冷却设备例如泵、风机、冷却器存在故障要求更换时，应保证冷却系统仍正常运行(无备用冷却系统除外)；

c) 为了保证冷却液电阻率在一定水平，应有液体净化环节。供应商应说明液体电阻率的设计数值，并阐明对电阻率是如何进行检测以及电阻率不合格时会有什么后果；

d) 应该有足够的去离子材料，以保证在大于一个检修维护周期的时间内不需要更换。更换去离子材料时冷却系统不应停运。供应商应给出去离子材料检查、更换的时间周期及其方法；

e) 封闭循环系统的维护及循环冷却液损耗的补充每年不得超过一次。

采用纯水冷却的散热装置应满足 JB 5833 的规定。

7.2.1.2 **空气冷却**

a) 空气冷却系统应提供充分的散热能力，包括应选择足够容量的送风机、空气滤清器、监测设备、热量交换器(一般为双机备用，若双方约定，可不提供备用冷却系统)；

b) 当冷却系统有一台设备存在缺陷时，冷却系统应仍能工作而不关闭(无备用冷却系统除外)；

c) 供应商应描述空气滤清器系统及其原理,以及对送风机、空气滤清器及其他设备运行状态监测的详细情况。

7.2.1.3 **热管冷却**

a) 热管冷却系统应随晶闸管阀配备全套的散热器设备,例如热管散热器、夹具、支架、绝缘件、风机等,以满足 SVC 系统的散热要求;

b) 应有合理的热管冗余设计,当有一只散热器存在缺陷时,仍不影响晶闸管阀组的正常运行;

c) 组装前,热管应进行高温检漏试验;

d) 组装前,热管应进行等温性试验;热管两端温差不应大于规定值;

e) 采用热管散热器散热时,推荐使用双面散热;

f) 供应商应给出热管散热器检查周期、方法及性能校核标准;

g) 热管中所用的介质应是无毒、无腐蚀、符合国家环境保护要求;

h) 热管的寿命不应低于 20 年。

热管散热器应符合 JB/T 8757 的规定。

7.2.2 **冷却系统保护**

冷却系统应对其自身的运行状态进行监控,同时,应对冷却介质进行监测。其保护系统应具备相应的报警和故障信号。

7.2.2.1 **液体冷却系统**

a) 至少包括下述报警信号:

  1) 去离子剂消耗到接近临界值;

  2) 冷却液电阻率降低到接近临界值;

  3) 冷却液液位降低到接近临界值;

  4) 主泵停运;

  5) 主风机停运;

  6) 冷却液温度偏高;

  7) 泵循环系统故障。

b) 至少在下列情况下,应发出故障信号并停机,故障信号发出时其参数的监测值应大于 7.2.2.1 a)的相应报警信号数值:

  1) 液温超限;

  2) 冷却液液位过低;

  3) 主备泵同时停运或液流阻塞。

7.2.2.2 **空气冷却系统**

a) 至少应包括下述报警:

  1) 空气滤清器压差偏高;

  2) 风量偏低;

  3) 风机故障。

b) 至少包括下述故障停机信号:

  1) 排气温度超限;

  2) 风量过低。

7.2.2.3 **热管冷却系统**

a) 至少应包括环境温度偏高报警信号;

b) 至少应包括环境温度超限停机信号。

7.3 控制设备及其操作界面

7.3.1 控制设备

a) 控制系统应实现 6.2 要求的控制目标；

b) 阀及其控制系统的设计应避免在一对反并联晶闸管上出现串扰现象；

c) 若包括对 TSC 进行投切控制时，为了获取 SVC 输出变化的平滑调节，供应商应详细阐明 TCR 与 TSC 投入、切除之间的控制方式。

7.3.2 操作界面

a) 根据需要，控制接口可提供远方和就地操作两种方式。任何时候的操作仅能用一种方式进行。在这两种操作方式下应能够观察到设备状况、控制参数的设定和运行参数。

b) 当有远方和就地两种操作方式时，仅要求在设备维护或调试运行情况下，在就地执行下述控制功能：

   1) 按顺序启动、停止；
   2) 改变参考电压及 V/I 特性曲线斜率；
   3) 报警复位。

c) 就地及远方控制室可提供下述显示内容(可选)：

   1) 启停操作顺序；
   2) 参考电压及 V/I 特性曲线斜率的设定值；
   3) 控制点的选择；
   4) 其他参量设定值，例如辅助稳定信号；
   5) SVC“运行”标识；
   6) SVC“停运”标识；
   7) 主变压器原边三相线电流；
   8) 补偿装置发出的总无功或吸收的总无功以及各相电流；
   9) 原边相电压；
   10) 副边相电压；
   11) SVC 支路的运行或退出；
   12) 报警及状态信息(可列表说明)。

d) 通讯规约按照用户要求执行。

7.4 监视与保护

7.4.1 监视

中央控制单元要求能够对其自身运行情况进行监视(自监视)，同时要求能够对 SVC 系统及其元件的运行状态进行监视。中央控制单元也要求配置对其自检系统的保护。

应设置两种类型的保护，其一是报警，其二是跳闸。

a) 至少应对下述报警信息进行监视：

   1) 辅助设施供电电源故障，备用电源投入运行；
   2) 冷却系统风机或水泵故障，备用水泵或风机投入运行；
   3) 冷却系统报警，见 7.2.2.1 a)；
   4) 电容器故障报警；
   5) 晶闸管故障报警；
   6) 各支路的运行情况；
   7) 被控母线电压监测信号消失，此时 SVC 控制系统保持在前一运行点(如果该电压信号不是同步电压信号的话)。

b) 至少应对下述跳闸保护信息进行监视：

1） 所有控制电源消失；

2） 冷却系统失效；

3） 同步电压信号消失；

4） 电容器组元件损坏数目过多；

5） 晶闸管阀严重过流；

6） 晶闸管元件损坏，超过冗余数。

7.4.2 系统保护

SVC 正常运行期间所有保护设备和供电系统应做到充分配合，以避免出现拒动或误动。保护设备信号取自电压互感器(VT)、电流互感器(CT)等。VT、CT 一般使用普遍用于保护级的即可。SVC 保护应与供电系统保护相配合。

7.4.3 元件保护

a） 专用变压器保护(若有)，包括：

1） 过电流或差动；

2） 温度过高；

3） 接地故障；

4） 瓦斯。

b） 主电抗器的过电流保护。

c） 电容器组(或滤波器)保护，包括：

1） 过电流；

2） 不平衡；

3） 过电压；

4） 低电压；

5） 低周(可选)。

d） 母线保护，包括：

1） 过电流或电流差动；

2） 接地故障。

e） 晶闸管阀保护，包括：

1） 过电流；

2） 过电压；

3） 超温保护。

f） 主控制器保护，包括：

1） 控制电源失电；

2） 同步信号消失。

7.5 电抗器

a） 室外用电抗器优先选择干式、空心电抗器；

b） 应考虑电抗器磁场对人体及设备的影响；

c） 所有金属性围栏、构件，包括地基，应尽可能避免形成金属环路和并联回路以防止产生感应电流(涡流)。

其他要求见 GB/T 10229。

7.6 电容器组

a） 电容器组中各单台电容器及其保护熔丝应进行合理的选配；

b） 各电容器组应设置不平衡保护以反映可能出现的电容器元件损坏。

其他要求见 GB/T 11024.1。

7.7 SVC 专用变压器

a) 专用变压器的设计应保证承载100%的无功电流，绕组绝缘应与第5章的系统参数相配合；

b) 在SVC各种正常的运行条件下，变压器应能够承受有关的谐波电流及持续电压，并且不对其寿命产生影响。变压器应具有承载一定水平直流分量的能力；

c) 变压器的试验应依据GB 1094标准进行；

d) 为了保证变压器运行中产生最小的谐波含量，与常规变压器的设计相比，SVC专用变压器磁通密度的设计应留有更多的裕度。

其他要求见GB/T 3859.3—1993。

7.8 隔离开关及接地开关

a) 对每个单独的电路(例如TCR、TSC、滤波器)当其退出运行进行维修时，应有可靠的接地措施；

b) SVC各支路应配置隔离开关和接地开关，以保证安全。

7.9 辅助电源

a) SVC设备所需要的各种操作均要求有可靠的电源，包括降压(所用)变压器、交流配电盘、电池、充电器等；

b) 所有泵、风机、阀及其控制系统、室内空调系统等均需要可靠的电源供应。

8 工程研究

8.1 动态性能分析

动态性能分析主要用以考核在系统扰动情况下控制系统的性能。这些扰动包括：主要故障、甩负荷、负荷冲击运行等所要求的各类功能。根据其用途，可在下述项目中选择：

a) 启动分析，包括变压器投运、停机和其他开关动作事件；

b) 系统故障恢复时SVC的行为与作用的分析(输电系统用)；

c) 响应时间分析以及在负荷冲击运行情况下SVC的行为与作用的分析，以评估SVC系统对电压波动、闪变的抑制作用；

d) SVC对抑制三相不平衡度的作用分析；

e) 保护及保护间协调分析；

f) 绝缘配合分析(包括动态过电压、雷电冲击、故障和开关暂态)用以确定绝缘水平、避雷器参数；

g) 在系统扰动情况下，SVC用以阻尼功率振荡时的附加控制性能分析(输电系统用)；

h) SVC控制系统与附近其他控制系统间相互作用的分析。附近控制系统包括：高压直流(HVDC)控制、发电机控制、其他柔性(灵活)交流输电系统(FACTS)设备控制(输电系统用)。

8.2 谐波分析

在6.3.1的滤波器性能要求下，谐波分析的目的在于评估滤波装置的设计是否合理。

一般通过系统仿真来检验分析SVC滤波器的效果。应评估SVC所连PCC点可能出现的最大谐波水平。

评估PCC点最大谐波水平应基于下述内容：

a) 系统的运行条件变化。包括系统最大、最小电压水平，SVC最大、最小无功出力；

b) 滤波器元件参数正常最大误差；

c) 最大的系统电压不平衡度及不对称触发产生的非特征谐波；

d) 冲击性负荷的各类典型运行工况(工业和配电SVC用)；

e) 可能的谐振过电压；

f) 在规定(或指定)运行条件下滤波器安全校验；

g) MSR、变压器饱和产生的谐波；

h） 背景谐波。

8.3 暂态过电压分析

通过对实际的系统的仿真进行暂态过电压分析，以检验在系统暂态或SVC误操作情况下，SVC系统对此时产生的过电压或过电流（包括阀端的恢复过电压）有可靠的保护并具有相应的承受能力。该分析还用来检验在稳态及暂态情况下，系统谐波是否对SVC控制系统产生影响。应在下述条件下进行评估：

a） 母线故障（单相对地、相间和三相）；

b） TCR或TSC故障；

c） 在系统严酷的运行条件下任意晶闸管阀可能出现的误触发。

9 试验

SVC系统现场试验依据GB/T 20297—2006《静止无功补偿装置（SVC）现场试验》要求进行。

9.1 晶闸管阀的型式试验

依据IEC 61954《输配电系统静止无功补偿器用晶闸管阀的试验》进行。

9.2 产品检验

a） 连接检查。检查所有载流主回路连接是否正确；

b） 均压回路检查。检查均压电路参数，以确保串联连接的晶闸管级电压分配均匀；

c） 耐受电压检查。检查阀各元件是否能够承受规定的最大电压；

d） 辅助设施检查。检查每个晶闸管级的辅助设备（例如监控、保护电路）、整个阀体（或某阀组件）的公共辅助设施的功能是否正常；

e） 触发检查。检查每一个晶闸管级对触发信号是否有正确的响应；

f） 压力检查。检查是否有液体泄漏现象（仅对液体冷却的阀）；

g） 单个阀元件试验。所有阀元件需进行严格的试验、检查和质量评估。

9.3 控制系统的工厂检验

SVC控制系统的功能检验应包括下列内容：

a） 每种控制功能检验；

b） 控制的线性度检验；

c） 冗余控制检验（若需要）；

d） 监视系统检验；

e） 保护系统检验；

f） 在大小扰动下控制系统总体性能检验；

g） 谐波对控制系统的影响检验；

h） SVC系统与其他控制系统的并行运行及其控制稳定性检验（若需要）；

i） 控制设备受辅助电源电压（交流、直流）及其频率变化（根据需要）的影响试验；

j） 控制室的环境温度、湿度在一定范围内变化时控制设备性能检验；如果在规定条件下气候试验证书有效，可不作此试验；

k） 抗扰度试验。试验需依据GB/T 17626.2、GB/T 17626.3、GB/T 17626.4、GB/T 17626.5、GB/T 17626.11标准进行，或提交以前根据上述标准进行的试验证据；

l） 进行控制系统带载（包括老化）试验。

应对所有的控制功能、每一种保护功能进行例行产品试验，以确保产品质量。

附　录　A
（规范性附录）
SVC电压/电流特性曲线示图

A.1　SVC的电压/电流特性曲线（图A.1）

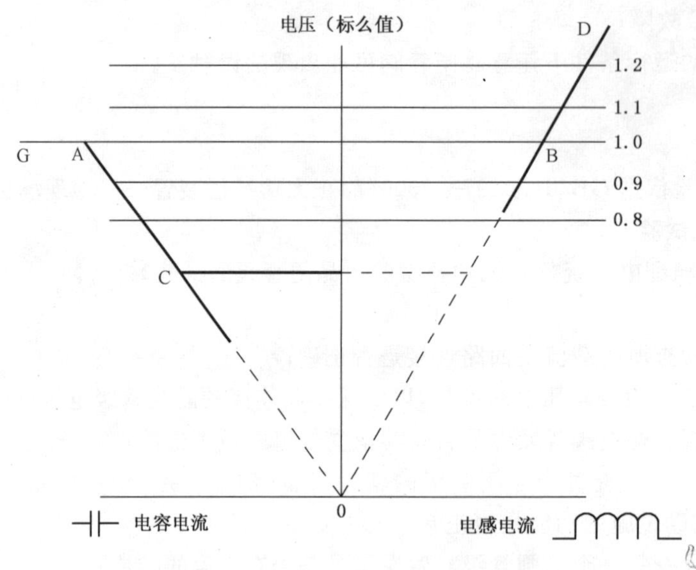

图A.1　SVC的V/I特性曲线（用于定义电网标称电压下SVC的额定值）

A.2　放大了一定比例的SVC电压/电流特性曲线（图A.2）

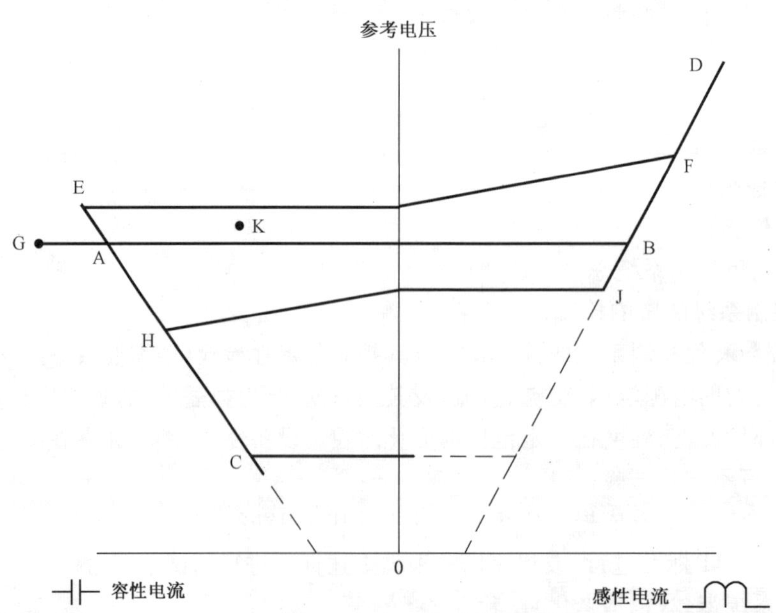

图A.2　SVC电压/电流特性曲线的详示图（放大了一定比例）

对图 A.2 的说明：

a) A、B 点由 6.1.2 定义，其中 OA 表示容性额定电纳，OB 表示感性额定电纳；

b) C 点是系统短时最低运行线电压(kV)，由第 5 章定义；在电压低于 C 点以下，TSC 退出运行，等待电压恢复后再投入；

c) D 点是系统短时最高运行线电压(kV)，由第 5 章定义，是 OB 的延伸；

d) E 点对应最大参考电压下最小的 V/I 特性曲线斜率，属于 OA 的延伸；

e) F 点对应最大参考电压下最大的 V/I 特性曲线斜率，属于 OB 的延伸；

f) G 点由 6.1.6 定义；

g) H、J 对应在最小参考电压下，SVC 连续运行时 V/I 特性曲线的最大、最小斜率情况；

h) K 对应 TCR 产生最大谐波的运行条件，选择该点以便选择滤波支路额定参数。

附 录 B
（规范性附录）
SVC 系统的响应特性示图

B.1 SVC 系统响应时间特性(见图 B.1)

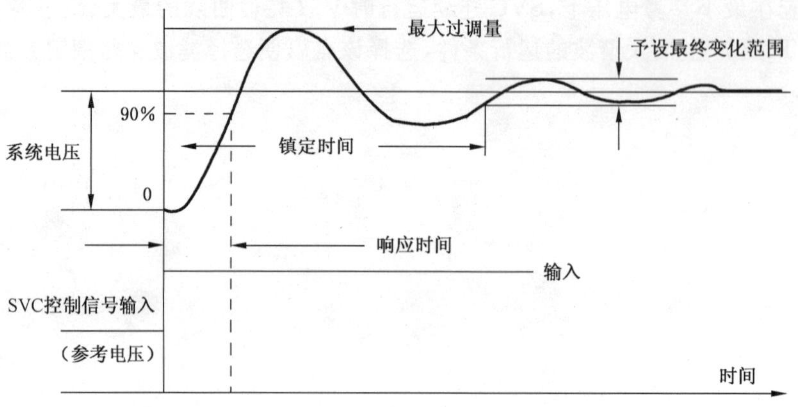

图 B.1 SVC 的响应特性示图

附 录 C
（规范性附录）
计算晶闸管阀损耗的方法

理论上说，单个晶闸管的损耗可以测量得到，然后可以将测试数据相加得到阀的总损耗。但实际上，很难采用电流或发热的方法测量其损耗，因此下述计算方法将作为损耗的评估方法。

C.1 总损耗

阀的总损耗 P_{valve} 由下列各项组成：

$$P_{valve}=P_{cvalve}+P_{Tsw}+P_{vd}+P_{sn}+P_{hyst} \quad \cdots\cdots (C.1)$$

式中：

P_{cvalve}——晶闸管阀导通状态的损耗；

P_{Tsw}——晶闸管开关总损耗，$P_{Tsw}=P_{Tswon}+P_{Tswoff}$；

P_{vd}——均压回路损耗；

P_{sn}——过电压吸收回路损耗；

P_{hyst}——阀电抗器磁滞损耗。

C.2 导通状态损耗

对于不同的晶闸管触发角，晶闸管电流可以按下式估算：

晶闸管通态平均电流 I_{TAV} 为：

$$I_{TAV}=I_{TCR}\times\frac{\sqrt{2}}{\pi}\times[\sin(\pi-\alpha)-(\pi-\alpha)\cos(\pi-\alpha)] \quad \cdots\cdots (C.2)$$

式中：

I_{TCR}——晶闸管阀全导通时 TCR 中基波电流的有效值；

α TCR 的控制角($\pi/2\leqslant\alpha\leqslant\pi$)。

晶闸管电流有效值 I_{TRMS} 为：

$$I_{TRMS}=I_{TCR}\times\sqrt{\frac{(\pi-\alpha)\times[1+2\cos^2(\pi-\alpha)]-1.5\sin[2(\pi-\alpha)]}{\pi}} \quad \cdots\cdots (C.3)$$

式中：

I_{TCR}——晶闸管阀全导通时 TCR 中基波电流的有效值。

晶闸管阀导通状态下的损耗 P_{cvalve} 计算：

$$P_{cvalve}=3\times2\times[n\times(U_{TO}\times I_{TAV}+r_T\times I_{TRMS}^2)+R_{busbar}\times I_{TRMS}^2] \quad \cdots\cdots (C.4)$$

式中：

n——阀体中串连的晶闸管数目；

U_{TO}——晶闸管的门槛电压；

r_T——晶闸管斜率电阻；

R_{busbar}——不计晶闸管自身电阻时的阀端间直流电阻。

C.3 晶闸管触发导通时的扩散损耗

对于 TCR 阀，其导通损耗按下述方法计算。

假设每个触发脉冲损耗典型值为 0.2 J（因晶闸管而异，一般有些差别），则：

$$P_{\mathrm{Tswon}} = 3 \times 2 \times n \times 0.2 \times f_{\mathrm{req}}$$

式中：

f_{req}——电网基波频率。

对于TSR、TSC型阀，其晶闸管导通扩散损耗为：

$$P_{\mathrm{Tsw}} = 0.03 \times P_{\mathrm{cvalve}} \qquad \cdots\cdots(\mathrm{C.5})$$

C.4 晶闸管关断损耗

对于TCR阀，其晶闸管关断损耗 P_{Tswoff} 为：

$$P_{\mathrm{Tswoff}} = 3 \times 2 \times Q_{\mathrm{rr}} \times \sqrt{2} \times U_1 \times \sin\alpha \times f_{\mathrm{req}} \qquad \cdots\cdots(\mathrm{C.6})$$

式中：

Q_{rr}——晶闸管恢复电荷(不同的晶闸管其 Q_{rr} 不尽相同，Q_{rr} 是用足够数量的晶闸管产品测量数据统计出来的)；

f_{req}——电网基波频率；

U_1——阀基波电压有效值。

晶闸管恢复电荷 Q_{rr} 定义为：

$$Q_{\mathrm{rr}} = k_1 \times (\mathrm{d}I_{\mathrm{T}}/\mathrm{d}t)^{0.6}$$

式中：

k_1——晶闸管类型参数。可通过试验方法获取(它表示在相应的运行结温下晶闸管存储电荷与关断时的 $\mathrm{d}I_{\mathrm{T}}/\mathrm{d}t$ 之间的关系)；

$\mathrm{d}I_{\mathrm{T}}/\mathrm{d}t$——晶闸管关断时电流过零点时的上升率，单位为安培每微秒(A/μs)。

在上述计算总损耗的公式中，要涉及到与晶闸管损耗有关的一个系数：$1-k_{\mathrm{Q}}$。

其中与晶闸管有关的参数 k_{Q} 与过电压吸收电路的吸收电阻有关，它代表了恢复电荷的分配比例：

$$k_{\mathrm{Q}} = \frac{Q_1}{Q_1 + Q_2} \qquad \cdots\cdots(\mathrm{C.7})$$

公式(C.6)如图C.1所示。

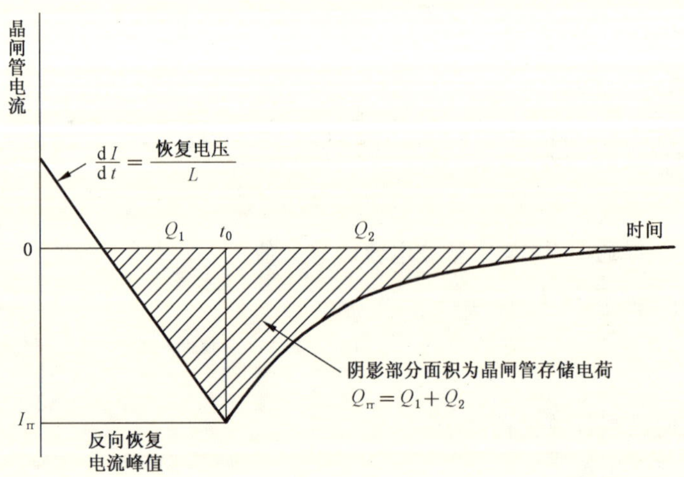

图中 L 为回路电感，Q_1 为 t_0 时刻之前载流子累计电荷，Q_2 为 t_0 时刻之后到阀完全关断之前载流子累计电荷，t_0 为反向恢复电流达到峰值的时刻。

图C.1 晶闸管储存的电荷

C.5 均压回路损耗

均压回路损耗 P_{vd} 与施加在晶闸管阀上的电压有关。根据触发控制角，此电压计算式为：

$$U_{1\alpha} = U_1 \times \sqrt{(2/\pi)[\alpha - \pi/2 - (1/2 \times \sin 2\alpha)]} \quad \cdots\cdots\cdots\cdots\cdots\cdots (C.8)$$

式中：

U_1——阀基波电压有效值；

$U_{1\alpha}$——晶闸管的阻断电压有效值。

据此，其功率损耗计算式为：

$$P_{vd} = 3U_{1\alpha}^2/(R_{vd} \times n)$$

式中：

R_{vd}——均压电阻值（每级）。

C.6 过电压吸收电路损耗

对于TCR，过电压吸收电路损耗 P_{sn} 计算式为：

$$P_{sn} = 3 \times f_{req} \times C_{sn}/n \times (\sqrt{2} \times U_1 \times \sin\alpha)^2 \times 2.0 \quad \cdots\cdots\cdots\cdots\cdots (C.9)$$

式中：

C_{sn}——过电压吸收回路电容值（每级）。

C.7 阀电抗器损耗

阀电抗器损耗 P_{hyst} 由三部分组成：绕组电阻损耗、涡流损耗、铁芯的磁滞损耗。绕组中若应用了阻尼电路，也会产生损耗。

电抗器的绕组损耗、铁芯涡流损耗（和/或阻尼电阻损耗）已经分别包括在式C.2及式C.6中。

磁滞损耗按下述方法计算：首先应确定铁芯材料的直流磁化曲线，以确定激磁回路（通常通过试验获取）。根据激磁回路包围的面积，可以得到磁滞特性损耗数值（焦耳/千克(J/kg)），依次计算磁滞损耗：

$$P_{hyst} = n_L \times M \times k \times f_{req} \quad \cdots\cdots\cdots\cdots\cdots\cdots\cdots\cdots\cdots (C.10)$$

式中：

n_L——阀中电抗器的铁心数目；

M——每一个铁心的质量；

k——磁滞特性损耗数值，单位为焦耳/千克(J/kg)；

f_{req}——电网基波频率。

附　录　D
（资料性附录）
SVC 工程描述及供货范围

D.1　SVC 工程描述

对于一个给定的具体 SVC 工程，应根据下述要求，对其安装位置、工程作用、原理接线等内容进行描述：

a)　安装位置(变电站名)；
b)　SVC 电压等级(kV)；
c)　SVC 的额定容量(Mvar)，包括容性和感性无功容量；
d)　SVC 系统的作用；
e)　SVC 安装点的设备平面布置图；
f)　SVC 电气原理单线图；
g)　SVC 安装后的电气设备连接图，包括电路、接地、控制保护、站内服务等；对于交钥匙工程，还应提供围栏、现场地下信息及土建技术资料等其他图纸；
h)　如果该 SVC 工程将来有扩容的需要，其设计、布局规划应考虑到进一步扩容的需要，并提出规划布局图。

D.2　供货范围及工程进度

D.2.1　供货范围

SVC 工程供应商提供的设备、材料、服务至少包括下述内容：

a)　SVC 晶闸管阀及其阀的冷却系统。
b)　高压交流设备(若需要该设备，且需要供货商提供，应在合同中写明)，包括：
　1)　专用变压器；
　2)　断路器；
　3)　隔离开关；
　4)　电压互感器；
　5)　电流互感器；
　6)　避雷器；
　7)　接地变压器；
　8)　配电装置。
c)　电抗器、电容器、滤波器。
d)　SVC 站内服务设施。
e)　SVC 系统控制、保护、报警、监控系统。
f)　专用维护设备及工具。
g)　操作及维护人员培训计划(参见附录 H)。
h)　备件。
i)　试验及交付服务。
j)　技术文档，包括操作使用手册(参见附录 H)。

对于交钥匙工程，还应包括：

k)　SVC 工程配套设施，包括配电间、护栏、排水、巡视通道等。

l) SVC 建筑，包括接地系统。

m) 地面连接设备的基础和架构，包括接地、接地网连接。

D.2.2 用户需提供的设备、材料和服务

本标准第 4 章中规定了用户需提供的非电气技术资料；第 5 章、第 6 章、第 7 章规定了需提供的电气技术资料。除此之外，用户还应提供下述设备、场所及其服务：

a) 在约定的时间内，SVC 的安装场所应准备就绪；

b) 现场的水源；

c) 在约定的时间内，现场临时供电电源应准备就绪；

d) 在约定的时间内，SVC 站长期供电电源应准备就绪；

e) 现场现有的装置、设备清单及其状况。

注：第 5 章、第 6 章、第 7 章中电气技术资料应由用户和供应商共同提出。

D.2.3 工程进度

SVC 工程双方应根据下述(但不限于下述)要求，对工程中的诸多环节进行约定：

a) 约定工程的竣工时间；

b) 在双方约定的时间内，提供详细的工程进度时间表，进度表应包括：工程各部分的开始时间及其结束时间、用户提供的各项服务的到位时间、供应商提供的图纸时间、以及各项事务的具体时间安排；

c) 设计联络和审查安排。

附　录　E
（资料性附录）
SVC 的可用率及可靠性

E.1　定义

E.1.1

强迫停运　forced outages

由于 SVC 设备内部故障而导致该设备退出运行。此时，将引起 SVC 系统部分功能或所有基本功能的丧失。

E.1.2

计划停运　scheduled outages

出于维护、检修等目的，为了保证 SVC 系统长期可靠运行而必须进行的停运。此时，将引起 SVC 系统部分功能或所有基本功能的暂时丧失。

E.1.3

停运持续时间　outage duration

从 SVC 退出运行时刻起，到 SVC 准备投入运行时刻止的持续时间间隔。下述情况均应包括在停运持续时间中：

a）　故障判断时间（down time）

判断故障原因或决定哪一台设备需要维修、替换所需要的停机时间。

b）　准备及完工清理时间（preparing time and ending time）

运行操作人员断开设备连线、连接设备接地线以准备工作的必要准备时间，以及维修完成后卸除设备接地线、连接设备连线的完工清理时间。

c）　降容运行等效停运时间（equivalent outage time of partial outage）

由于某种原因导致 SVC 系统降容运行，则降容运行等效停运时间为：

$$\text{降容运行等效停运时间} = \text{SVC 系统降容运行的持续时间} \times \left(1 - \frac{\text{降容运行期间的容量}}{\text{额定容量}}\right)$$

E.1.4

年可用率指标　annual availability

$$\text{年可用率指标} = \left[1 - \frac{\Sigma\ \text{等效停运时间}}{8\ 760}\right] \times 100\%$$

其中等效停运时间为全年累计停运持续时间，以小时计。

E.2　可用率指标要求

应明确下述 SVC 系统的可用率指标：

a）　因强迫停运造成的年可用率的最低水平（%）；

b）　因强迫停运造成的年强迫停运次数的最大值（次）。

供应商需对年计划停运持续时间及其累计停运次数进行明确承诺。

供应商需明确承诺上述可用率指标的保证期（年），并给出该 SVC 系统建议的维护周期。

附　录　F
（资料性附录）
备　件

为了保证SVC系统安全可靠运行，达到可用率指标，应提供合理数量的备件。一般SVC系统所必要的备件应随SVC主设备同时供货。

F.1　备件策略

a)　根据SVC的所有供货清单，对备件品种及其数量进行列表，备件表所列设备是保证日常维护更换所需的最低备用水平。备件清单应由供应商和用户商定；

b)　备件表中应包括该元件的生产厂名、联系电话、建议购买地点、预估交货周期。

F.2　备件存储

备件应在专门的场所储存，合理的存储设施应包括在SVC工程的设计中。

F.3　备件的清点

在SVC设备交付给用户时，应对准备好的备件清单进行核查，质保期结束时也应该重新清点备件数量。任何备件的缺少都应该由供应商补充，以做到质保期结束时备件数量达到100%的库存水平。

附　录　G
（资料性附录）
SVC 厂房及其设备布置

G.1　建筑及其结构

供应商需根据 SVC 系统的要求提出厂房的建筑及其结构要求。

若厂房的建筑结构设计由供应商负责（合同中需注明），供应商需根据上述建筑及其结构要求，同时考虑用户的意见进行设计；若该设计由用户负责（合同中需注明），用户需依据供应商提出的要求进行 SVC 厂房的建筑结构设计。

一般应考虑下述内容：

a）厂房应适用于安装放置晶闸管阀、SVC 控制系统和其他的室内设备（包括备件）。厂房的设计应考虑设备对环境的要求，并且要便于装置的运行和维护；

b）应根据设备安装的要求，留有适当空间。室内配置合理的供暖、照明、通风、空调设施；

c）厂房的建筑、结构设计应依据相应的建筑规范进行；

d）厂房的结构设计需考虑所安装放置设备的特殊要求（风力、结冰、故障电流应力、接地、雷电保护、抗震等级、抗电磁干扰）；并根据设备供应商建议、相关国家标准规范进行设计。

G.2　消防

厂房（特别是阀厅、控制室）内应配置必要的防火设施。防火的监测设施系统应依据下述原则并考虑相应的国家标准规范进行设计：

a）任何火（烟）监测器的失灵应启动报警，但不得启动火灾报警或整个火灾监测系统失灵报警；

b）若有真实火灾发生，SVC 需关闭，并断开主供电电源；

c）根据国家标准规范的相应要求，应提供足够的安全设备（包括警报光示牌、加压送风设施、灭火设备），并提供明显的疏散通道方向标示。

G.3　场所要求及条件

G.3.1　场地条件

用户需提供永久性安装场地及前往该场地的通道。同时须考虑提供下述情况：

a）对场地内现存安装设备的保护；

b）地质调查结果；

c）建筑施工电源；

d）建筑用水源。

G.3.2　安全

施工方应依据相关法规、规程，提供必要的安全防护措施，主要包含下述内容：

a）明确安全责职，落实相关措施，保证人员和设备安全；

b）建立事件记录及报告制度。

G.3.3　其他

施工方应依据相关政策法规，采取措施对地下文物、环境质量进行有效保护。

附　录　H
（资料性附录）
技术文件及培训

H.1　技术文件

用户可列出所需要的技术文件清单，并和供应商确定最终提供的技术文件。

下述典型文件由 SVC 的供应商提交，并应在合同中注明：

a)　技术报告；

b)　设备说明；

c)　质量担保书；

d)　设备试验报告；

e)　单相线路图；

f)　施工用三相线路图；

g)　控制元件图；

h)　平面布置和剖面图；

i)　土建图；

j)　安装施工图；

k)　操作手册；

l)　设备维护、检修手册；

m)　软件及其操作系统手册；

n)　为了进行系统仿真，如果要求提供 SVC 的数学模型，其文档也应该在此提交。

H.2　培训

供应商需提供相关的培训资料，在指定的地点对用户进行技术培训。培训资料的内容一般按被培训人员对变电站设备(包括保护、通信)比较熟悉，但并不熟悉电力电子技术来准备。

H.2.1　对于操作人员的培训资料，一般应包含下述内容：

a)　SVC 系统的作用及其功能，包括特定的性能指标；

b)　阀；

c)　主控室、操作界面、通道等；

d)　整定设置及其这样设定的原因；

e)　控制系统的仿真试验；

f)　保护原理；

g)　操作手册。

H.2.2　对于维护人员的培训资料，需包含下述内容：

a)　SVC 系统的作用及其功能，包括特定的性能指标；

b)　阀；

c)　阀的试验；

d)　主控室、操作接口、通道等；

e)　阀体通道、试验设备及其试验步骤；

f)　阀元件的更换步骤；

g)　主控室操作接口试验及其更换步骤；

h) 阀基的电子试验及其更换步骤；

i) 保护原理及其试验；

j) 冷却设备及其维护；

k) 冷却控制系统及其维护；

l) 其他专业设备介绍；

m) 运行维护手册。

附 录 I
（资料性附录）
闪变改善率

SVC 抑制闪变的效果要求一般应达到 GB 12326 的规定。通常工程上应用的、用以评价 SVC 抑制闪变效果的是闪变改善率（或称作闪变抑制比）。

闪变改善率 K 定义如下：

$$K = \left| \frac{P_{sto} - P_{st}}{P_{sto}} \right| \times 100\% \qquad \cdots\cdots (\text{I}.1)$$

式中：

P_{st}——SVC 投入运行后短时闪变的 95%概率大值；

P_{sto}——SVC 投入运行前短时闪变的 95%概率大值。

闪变改善率一般应不低于 50%。

ICS 29.120.01
K 30

中华人民共和国国家标准

GB/T 20645—2006

特殊环境条件 高原用低压电器技术要求

Specific environmental condition—Technical requirements of low-voltage apparatuses for plateau

2006-11-08 发布 2007-04-01 实施

中华人民共和国国家质量监督检验检疫总局
中国国家标准化管理委员会 发布

(20) 特殊环境条件　高原对电气设备的技术要求　高压电器及开关设备(正在制定中)
(21) 特殊环境条件　高原对内燃机电站的要求(正在制定中)
(22) 特殊环境条件　电气火车用铜合金接触线(正在制定中)
(23) 特殊环境条件　高原自然环境试验导则——内燃动力机械(正在制定中)
(24) 特殊环境条件　高原自然环境试验导则——工程建筑机械(正在制定中)
(25) 特殊环境条件　机电设备高原标准体系

特殊环境条件　高原用低压电器技术要求

1　范围

本标准规定了高原环境下低压电器共有的补充技术要求，包括：定义、电器的有关资料、结构和性能要求、特性、试验方法等。

本标准适用于安装在海拔 2 000 m 以上至 5 000 m 的低压电器，该电器用于连接额定电压交流不超过 1 000 V 或直流不超过 1 500 V 的电路。

本标准不适用 GB 7251 规定的低压成套开关设备和控制设备。

注 1：本标准所指的低压电器是 GB 14048 系列、GB 13539 系列、GB 10963 系列、GB 16916 系列和 GB 16917 系列等标准所覆盖的产品。

注 2：安装地点超过 5 000 m 的低压电器应根据制造厂和用户的协议进行设计或使用。

2　规范性引用文件

下列文件中的条款通过本标准的引用而成为本标准的条款。凡是注日期的引用文件，其随后所有的修改单（不包括勘误的内容）或修订版均不适用于本标准，然而，鼓励根据本标准达成协议的各方研究是否可使用这些文件的最新版本。凡是不注日期的引用文件，其最新版本适用于本标准。

GB/T 2423.1—2001　电工电子产品环境试验　第 2 部分：试验方法　试验 A：低温（idt IEC 60068-2-1：1990）

GB/T 2900.1　电工术语　基本术语（eqv IEC 60050）

GB/T 2900.18　电工术语　低压电器（eqv IEC 60050(441)）

GB 14048.1—2006　低压开关设备和控制设备　总则（IEC 60947-1：2001，MOD）

GB/T 14597—1993　电工产品不同海拔的气候环境条件

GB/T 19607—2004　特殊环境条件　防护类型及代号

GB/T 20625　特殊环境条件　术语

GB/T 20644.1—2006　特殊环境条件　选用导则　第 1 部分：金属表面防护

GB/T 20644.2—2006　特殊环境条件　选用导则　第 2 部分：高分子材料

GB/T 20626.1—2006　特殊环境条件　高原电工电子产品通用技术要求

3　术语和定义

GB/T 2900.1、GB/T 2900.18 和 GB/T 20625 及相应产品标准的术语和定义适用，并补充下列术语。

3.1

高原　plateau

本标准所指的高原是海拔超过 2 000 m 的地区。

3.2

太阳辐射强度　solar radiation intensity

单位面积上接收的太阳辐射功率（W/m^2）。

3.3

常规型产品 normal product

以相关产品标准(规范)所规定的标准环境为依据而设计制造的产品。

3.4

高原型产品 plateau product

在常规型产品的基础上,针对设定高原环境条件、对原来的设计和配置进行调整使之达到高原产品标准规定的正常使用要求的产品。

3.5

人工模拟环境条件 manul simulated environment condition

为考核产品的环境适应性,根据一定海拔高度环境条件特征而人工设定的环境条件。

4 分类

本标准对低压电器产品不作具体分类,具体的低压电器产品分类按相应产品标准规定。

低压电器产品按海拔高度环境条件可分为:

a) 常规型产品;

b) 高原型产品;

——户内高原型电器产品;

——户外高原型电器产品。

5 产品的有关数据和资料

5.1 资料的内容

产品的有关技术文件除了应符合相应产品标准的规定外,还应补充高原环境下使用、维护、注意事项等特殊信息内容,以便用户能在高原地区正确使用低压电器产品。

户外型高原电器产品应在产品资料中注明。

5.2 标志

符合相应产品标准的规定,开发设计高原型专用低压电器时需补充以下内容:

高原型产品的铭牌上或在产品的明显部位须有明显的适用海拔高度等级标志,符合GB/T 19607—2004的要求。

产品海拔分级的标识由两部分构成:G×或G×-×。

G——表示产品海拔分级;×——用阿拉伯数字表示海拔高度等级。

例如:G5表示适用于海拔最高为5 000 m;G3-4表示可以适用于海拔3 000 m以上至海拔4 000 m。

6 正常的使用、安装和运输条件

6.1 正常使用条件

满足本标准规定的电器应能在如下条件下运行。

6.1.1 海拔

适用的安装海拔高度为2 000 m以上至5 000 m,并按每1 000 m划分一个等级。

6.1.2 周围空气压力、温度、湿度、太阳辐射强度

根据海拔高度等级符合GB/T 14597—1993第3章的相应规定。

如果产品使用的温度范围超出相应产品标准中正常使用条件规定的周围空气温度范围,应由制造商按GB/T 14597—1993规定其允许使用的极限周围空气温度范围。

6.1.3 污染等级

污染等级不小于 GB 14048.1—2006 中规定的污染等级 3。

6.2 运输和贮存条件

运输除符合相应产品标准的规定外，应根据产品本身的性能、高原环境条件来选取适应于产品的防护措施。

——有运动部件的产品应固定并应防止沙尘进入；

——充油、充气产品应处理好油压、气压及产品密封；

——产品包装应坚固，产品的固定应牢固并有适当的减震措施；

——必要的防雨雪侵入和防寒措施；

——按相关的包装要求进行标志，必要时标志高原运输及贮存的特殊要求。

6.3 安装

高原环境下的低压电器应按制造厂的技术文件进行安装。

7 结构和性能要求

7.1 结构要求

7.1.1 电气间隙和爬电距离

对于海拔高于 2 000 m 的低压电器设备，电气间隙的确定应按 GB 14048.1—2006 中表 13 和表 15 的规定值乘以相应海拔修正系数，其海拔修正系数见表 1。如电气间隙达不到要求，可用冲击耐受电压来验证。

表 1 海拔修正系数

海拔 H/m	正常气压/kPa	电气间隙修正系数
$H \leqslant 2\ 000$	80.0	1
$2\ 000 < H \leqslant 3\ 000$	70.0	1.14
$3\ 000 < H \leqslant 4\ 000$	62.0	1.29
$4\ 000 < H \leqslant 5\ 000$	54.0	1.48

高原环境下，低压电器产品的爬电距离应按照污染等级不小于 3 级选择，并不小于相应的电气间隙。

7.1.2 材料

选用材料首先须满足相应产品标准的规定，如开发设计高原型专用低压电器需增加以下内容：

7.1.2.1 选用工程塑料时要遵循以下原则：

——高分子材料宜采用耐低温配方；

——高分子材料宜首先选用对紫外线不敏感的材料，其次选用添加了紫外线吸收剂的材料；

——高分子材料宜采用对臭氧不敏感的材料。

选用时按 GB/T 20644.2—2006 第 6 章的要求进行。

7.1.2.2 选用金属表面防护层时要遵循以下原则：

——金属表面防护材料要考虑低温问题；

——金属表面防护材料要考虑太阳辐射引起的老化影响；

——户外产品的金属表面防护材料要考虑风沙因素。

选用时，涂膜按 GB/T 20644.1—2006 附录 A 的要求进行。金属镀覆层按 GB/T 20644.1—2006 附录 C 的要求进行。

7.2 性能要求

产品性能要求应满足相应产品标准的规定，同时增加以下内容。

7.2.1 温升

7.2.1.1 户内型低压电器产品的温升

低压电器产品温升随海拔的升高而递增，而环境温度随海拔的升高而降低，虽然对产品的温升递增有一定补偿作用，但高原地区户内环境的温度和某些局部特定环境温度随海拔的升高其变化程度不大，补偿作用相对较弱。因此，本标准规定户内高原型低压电器产品的温升极限值仍按相关产品标准原来的规定。

7.2.1.2 户外型低压电器产品的温升

低压电器产品温升随海拔的升高而递增，但户外平均环境温度随海拔的升高而递减(见附录A中表A.1)，对产品的温升递增有明显的补偿作用，因此户外使用的以及无人值守场所使用的低压电器产品允许对温升极限值进行海拔修正。

各海拔高度处的温升极限值应按下式确定：

$$\tau = \tau_0 + \Delta\tau$$

式中：

τ_0——相关产品标准中规定的温升极限值；

$\Delta\tau$——温升极限值的海拔修正值，由附录A中表A.2查出。

注：电阻器、变阻器等高发热电器除外，其海拔修正参见附录A中A.2或由产品标准和技术条件加以规定。

7.2.2 介电性能

由于海拔升高，产品绝缘表面及不同电位的带电间隙比较容易击穿，特别是对电气间隙和爬电距离的影响较大。

对于使用地点高于2 000 m的设备，工频耐受电压值和冲击耐受电压值应符合常规型相应产品标准的要求。在产品使用地点海拔与试验地点海拔不同时，试验电压值应乘以修正系数，修正系数可按GB/T 20626.1—2006中5.6.1规定的修正系数，参见表2。

表2 工频耐压和冲击耐压的海拔修正系数 *Ka*

产品使用地点海拔/m		2 000	3 000	4 000	5 000
产品试验地点海拔/m	0	1.25	1.43	1.67	2
	1 000	1.11	1.25	1.43	1.67
	2 000	1	1.11	1.25	1.43
	3 000	0.91	1	1.11	1.25
	4 000	0.83	0.91	1	1.11
	5 000	0.77	0.83	0.91	1

注1：低压电器的介电试验，例如相与相之间、相和中性线与地之间、同一相断开触点之间的介电性能试验包括了对固体绝缘和电气间隙的绝缘试验，因此试验电压应按表的要求进行修正。因专门用于固体绝缘的介电性能不受海拔高度的影响，所以试验电压不需要修正。

注2：对于工频耐压，产品试验地点在海拔2 000 m及以下时，修正系数 *Ka* 按试验地点海拔2 000 m计算。

注3：试验电压值为常规型产品标准规定值与海拔修正系数 *Ka* 的乘积。

示例1：当产品使用地点为海拔4 000 m时，试验地点为海拔2 000 m，在海拔2 000 m处常规型产品标准规定的冲击耐受试验电压为4 kV(额定冲击耐受电压为4 kV时)，则冲击耐受电压试验值应为：4 kV×1.25=5 kV。

示例2：当产品使用地点为海拔4 000 m时，试验地点为海拔1 000 m。在海拔2 000 m及以下时，常规型产品标准规定的冲击耐受试验电压为4 kV(额定冲击耐受电压为4 kV时)，则在海拔1 000 m处试验的冲击耐受电压试验值应为：4 kV×1.43=5.72 kV。

7.2.3 接通和分断正常负载的能力

7.2.3.1 操作性能

在正常负载下,低压电器各类产品的接通和分断能力略有影响,具体的操作次数和接通分断次数由制造厂在说明书中规定。

7.2.3.2 寿命

在正常负载下,低压电器各类产品的机械寿命和电寿命略有影响,具体的操作次数和接通分断次数由制造厂在说明书中规定。

7.2.4 接通和分断短路电流能力

在高原条件下,以自由空气为灭弧介质的低压电器产品灭弧能力减弱,且从影响程度来看,直流产品要大于交流产品,从而造成产品接通和分断短路电流的能力下降。下降的数值由制造商视产品的电气机械特性情况自定。

7.2.5 脱扣特性

7.2.5.1 热脱扣元件的脱扣特性

采用热脱扣元件作为脱扣部件的断路器、热继电器等产品,在高原条件的作用下,由于散热条件的变化,其脱扣特性会发生一定偏移。但由于各个产品自身的电气机械特性不一,偏移程度有一定的分散性。因此,具体产品的脱扣特性应在相应海拔高度或模拟环境或等效条件下进行调整和修正,以满足产品所使用海拔环境的脱扣特性要求。

7.2.5.2 电子部件的脱扣特性

在高原环境下,采用电子脱扣器的低压电器产品的脱扣特性基本上不受高原条件的影响。因此,常规型低压电器产品在高原环境条件下使用时其脱扣特性不需另外进行调整和修正,但应充分考虑电子功率元器件的散热问题。

7.2.6 耐低温性能

7.2.6.1 在高原环境下,低压电器应具有耐受高海拔地区低温的能力。不同海拔高度的最低温度值见表3。按8.5.1的要求进行试验。

表3 不同海拔高度的最低温度值

海拔/m	2 000	3 000	4 000	5 000
最低温度/℃	−25	−35	−40	−45

7.2.6.2 如果按6.1.2制造商规定产品允许使用的极限周围空气温度范围超出相应产品标准中正常使用条件规定的周围空气温度范围时,应按8.5.2进行试验。

8 试验

8.1 一般规定

高原用低压电器产品均应按相应产品标准及本标准新增的试验项目规定的要求进行试验,并须满足相应的要求。当用户有要求时,需进行特殊试验。

对本标准规定的,受高原环境条件影响的试验项目可在下列3种试验条件下进行试验:

a) 在相应海拔环境条件下进行。

b) 在人工模拟环境条件(模拟试验室)下进行。

c) 在低海拔(2 000 m以下)环境下,对有影响的试验项目采用修正系数的方法(见8.3)进行。

本标准的8.5是新增试验项目。

8.2 试验分类及项目

高原用低压电器产品的试验按相应产品标准规定分为四类:型式试验、常规试验、抽样试验和特殊试验。试验项目按相应产品标准规定的要求进行。

8.3 采用修正系数的方法

高原环境对产品有影响的试验除采用在相应海拔点自然环境和人工模拟环境条件(模拟试验室)下进行外,还可采用修正系数的方法进行以下试验。

8.3.1 温升试验

按7.2.1.1的规定,户内型低压电器产品在高原地区使用时温升极限值不变,故当试验地点的海拔与使用地点的海拔不同时,温升限值需按两者的海拔差进行修正。当试验地点的海拔低于使用地点时,温升极限值为相应产品标准规定的温升值减去附录A中表A.2修正值。低于2 000 m的海拔不作修正。试验的最高温升不应超过规定的极限值。

按7.2.1.2的规定,户外型低压电器产品需同时考虑附录A中表A.1和表A.2的相互影响来进行温升试验。温升限值不应超过规定的数值。若环境温度下降值大于温升增加值,可不进行修正。

高发热电器(电阻器、变阻器类)的温升试验可按其产品标准和技术条件的规定进行。

8.3.2 工频耐压和冲击耐压试验

在高原环境条件下,工频耐压和冲击耐压的试验应符合GB 14048.1—2006中7.2.3及常规型产品相关标准的规定。在不同海拔点进行试验时,可按7.2.2中表2规定的修正系数进行工频耐压和冲击耐压试验。

8.4 脱扣特性试验

对具有热脱扣功能的产品,脱扣特性的试验方法按相关产品标准的规定,试验环境条件按本标准8.1规定的条件。脱扣特性应符合相关产品标准的要求。

8.5 低温试验

本试验项目为型式试验项目。

8.5.1 按GB/T 2423.1—2001中试验Ab的要求进行试验,试验温度为相应海拔高度的最低温度(见表3),持续时间16 h。试验时,试品不接负载。试验后,试品在标准大气条件下恢复后,检查试品外观,应没有影响其使用的损坏,并应能接通和分断额定电流。

8.5.2 当产品允许使用的温度范围超出相应产品标准中正常使用条件规定的周围空气温度范围时,还应按GB/T 2423.1—2001中试验Aa的要求进行试验,试验温度为产品允许使用的极限温度范围的下限值。试品放入试验箱中,当试品温度达到稳定时,然后试品在试验箱中进行中间检测,具体检测项目由制造商和用户根据具体产品的特性及使用要求协商确定。试验后,试品在标准大气条件下恢复后,检查试品外观,应没有影响其使用的损坏,并应能接通和分断额定电流。

产品允许使用的极限温度范围的下限值等于或低于表3所示相应海拔高度的最低温度时,可不进行8.5.1的低温试验。

8.6 特殊试验

8.6.1 短路接通、分断能力试验

试验应符合GB 14048.1—2006中7.2.5的规定,试验在8.1条件下进行,并应符合相应的要求。

注:如试验条件受限制时,由用户与制造商协商解决。

附 录 A
（资料性附录）
高原环境条件对低压电器的主要影响

A.1 对绝缘介质强度的影响

海拔升高，空气密度降低，造成绝缘强度降低。一般海拔每升高 100 m，绝缘强度约降低 1%。

A.2 对温升的影响

高原不同海拔高度处的平均环境温度值见表 A.1：

表 A.1 不同海拔高度的平均温度值

海拔/m	0	1 000	2 000	3 000	4 000	5 000
平均温度/℃	20	20	15	10	5	0

海拔升高，空气密度降低，使以空气介质为散热方式的产品散热困难。一般，海拔每升高 100 m，产品温升增加约 0.4 K。

对高发热电器（如电阻器等），海拔每升高 100 m，温升增加 2 K。

海拔升高，环境温度降低。一般，海拔每升高 100 m，环境温度降低 0.5℃。

在高海拔地区的户内及局部特定环境（如冶金、化工、钢铁、发电厂等房内），若环境温度的降低值不能补偿由于海拔升高而导致的温升增加值，此时不允许对温升限值进行海拔修正。

在高海拔地区的户外使用及无人值守的小型配电站等场所使用的低压电器，由于环境温度降低的补偿作用明显，允许对温升极限值按表 A.2 进行海拔修正。

表 A.2 温升极限值的海拔修正值

使用或试验地点的海拔高度 H/m	$\Delta\tau$/K
H=2 000	0
2 000<H≤2 500	2
2 500<H≤3 000	4
3 000<H≤3 500	6
3 500<H≤4 000	8
4 000<H≤4 500	10
4 500<H≤5 000	12
注：本表的依据为海拔每升高 100 m，环境温度降低 0.5℃。	

当试验地点的海拔与使用地点的海拔不同时，温升极限值按两者的海拔差进行修正。当试验地点的海拔高于使用地点时，温升极限值为相应产品标准规定的温升值加上修正值。当试验地点的海拔低于使用地点时，温升极限值为相应产品标准规定的温升值减去修正值。计算海拔差时，低于 2 000 m 的海拔均算作 0 m。

对高发热电器（如电阻器等），温升极限值的海拔修正也按上述方法计算，但修正的数值改为海拔每升高 100 m，温升极限值按 2 K 计算。

A.3 对开关电器灭弧能力的影响

海拔升高，空气密度降低，使以自由空气为灭弧介质的开关电器灭弧困难，通断能力下降和电寿命缩短。

a) 直流电弧燃弧时间随海拔升高即气压降低而延长；

b) 直流电弧和交流电弧的飞弧距离随海拔升高即气压降低而增加。

A.4 对脱扣性能的影响

具有热脱扣元件的低压电器产品，在高原环境条件下，其脱扣动作时间一般会缩短。

参 考 文 献

［1］ GB 10963(所有部分) 家用及类似场所用过电流保护断路器
［2］ GB 13539(所有部分) 低压熔断器
［3］ GB 14048(所有部分) 低压开关设备和控制设备
［4］ GB 16916(所有部分) 家用和类似用途的不带过电流保护的剩余电流动作断路器(RCCB)
［5］ GB 16917(所有部分) 家用和类似用途的带过电流保护的剩余电流动作断路器(RCBO)

ICS 29.200;31.080.20
K 46

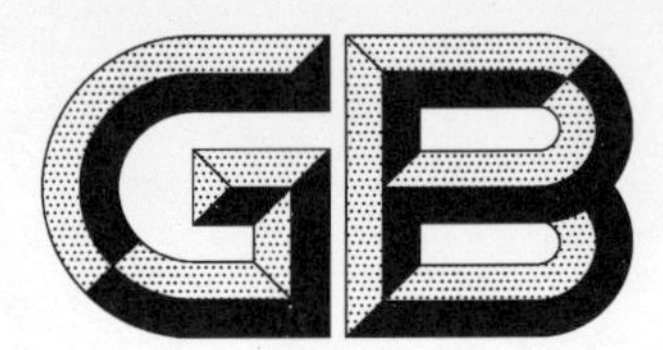

中华人民共和国国家标准

GB/T 20995—2007

输配电系统的电力电子技术 静止无功补偿装置用晶闸管阀的试验

Power electronics for electrical transmission and distribution systems—Testing of thyristor valves for static VAR compensators

(IEC 61954:2003, MOD)

2007-06-21 发布　　2008-02-01 实施

中华人民共和国国家质量监督检验检疫总局
中国国家标准化管理委员会　发布

前　言

本标准修改采用 IEC 61954:2003《输配电系统的电力电子技术　静止无功补偿装置用晶闸管阀的试验》(英文版)。

本标准与 IEC 61954:2003 的主要差异内容为:在几次试验波形为波形 1,即接近典型熄灭波形的 20 μs/200 μs 波形时,均增加注释对试验波形进行说明。

本标准由中国电器工业协会提出。

本标准由全国电力电子学标准化技术委员会(SAC/TC 60)归口。

本标准负责起草单位:中国电力科学研究院、西安电力电子技术研究所。

本标准参加起草单位:北京网联直流工程技术有限责任公司、西安高压电器研究所、西安西电电力整流器有限责任公司。

本标准主要起草人:汤广福、陆剑秋、郑劲、苟锐锋、王修德、潘艳、赵贺、张文涛、张占省、周观允、蔚红旗。

引　言

高压直流输电在我国电网建设中，对于长距离送电和大区联网有着非常广阔的发展前景，是目前作为解决高电压、大容量、长距离送电和异步联网的重要手段。根据我国直流输电工程实际需要和高压直流输电技术发展趋势开展的项目在引进技术的消化吸收、国内直流输电工程建设经验和设备自主研制的基础上，研究制定高压直流输电设备国家标准体系。内容包括基础标准、主设备标准和控制保护设备标准。项目已完成或正在进行制定共19项国家标准：

(1)《高压直流系统的性能　第一部分　稳态性能》

(2)《高压直流系统的性能　第二部分　故障与操作》

(3)《高压直流系统的性能　第三部分　动态性能》

(4)《高压直流换流站绝缘配合程序》

(5)《高压直流换流站损耗的确定》

(6)《变流变压器　第二部分　高压直流输电用换流变压器》

(7)《高压直流输电用油浸式换流变压器技术参数和要求》

(8)《高压直流输电用油浸式平波电抗器》

(9)《高压直流输电用油浸式平波电抗器技术参数和要求》

(10)《高压直流换流站无间隙金属氧化物避雷器导则》

(11)《高压直流输电用并联电容器及交流滤波电容器》

(12)《高压直流输电用直流滤波电容器》

(13)《高压直流输电用普通晶闸管的一般要求》

(14)《输配电系统的电力电子技术静止无功补偿装置用晶闸管阀的试验》

(15)《高压直流输电系统控制与保护设备》

(16)《高压直流换流站噪音》

(17)《高压直流套管技术性能和试验方法》

(18)《高压直流输电用光控晶闸管的一般要求》

(19)《直流系统研究和设备成套导则》

输配电系统的电力电子技术
静止无功补偿装置用晶闸管阀的试验

1 范围

本标准规定了晶闸管阀的型式试验、出厂试验和选项试验。这些晶闸管阀适用于输配电系统用静止无功补偿装置(SVC)的组成部分即晶闸管控制电抗器(TCR)、晶闸管投切电抗器(TSR)和晶闸管投切电容器(TSC)。本标准的要求既适用于单个阀单元(单相),也适用于多重阀单元(多相)。

本标准第4章至第7章详述型式试验,即用以检验阀设计是否满足规定要求的试验。第8章概述出厂试验,即用以判定制造质量的试验。第9章和第10章详述选项试验,即型式试验和出厂试验以外的附加试验。

2 规范性引用文件

下列文件中的条款通过本标准的引用而成为本标准的条款。凡是注日期的引用文件,其随后所有的修改单(不包含勘误的内容)或修订版均不适用于本标准,然而,鼓励根据本标准达成协议的各方研究是否可使用这些文件的最新版本。凡是不注日期的引用文件,其最新版本适用于本标准。

GB 311.1—1997 高压输变电设备的绝缘配合(neq IEC 60071-1:1993)

GB/T 311.2—2002 绝缘配合 第2部分:高压输变电设备的绝缘配合使用导则(eqv IEC 60071-2:1996)

GB/T 7354—2003 局部放电测量(IEC 60270:2000,IDT)

GB/T 16927.1—1997 高压试验技术 第一部分:一般试验要求(eqv IEC 60060-1:1989)

GB/T 16927.2—1997 高压试验技术 第二部分:测量系统(eqv IEC 60060-2:1994)

GB/T 20990.1—2007 高压直流输电晶闸管阀 第1部分:电气试验(IEC 60700-1:1998,IDT)

3 术语和定义

本标准采用下述术语和定义。

3.1

晶闸管级 thyristor level

晶闸管阀的组成部分,由一个晶闸管或者多个同向或反向并联的晶闸管构成,包括其邻近的辅助电路和电抗器(如有)。

3.2

晶闸管(串联)串 thyristor(series)string

构成晶闸管阀单向串联连接的晶闸管。

3.3

阀电抗器 valve reactor

组合在某些阀中用于限制应力的电抗器。试验时,它们被视为阀的一个组成部分。

3.4

阀组件 valve section

由数个晶闸管和其他组件构成的电气组合,能用于试验。它呈现与完整阀相同的电气特性,但只具有其部分电压阻断能力。

3.5

晶闸管阀　thyristor valve

晶闸管级的电气和机械联合组合体，配有所有连结、辅助部件和机械结构，它可与 SVC 每相的电抗器或电容器相串联。

3.6

阀结构　valve structure

将阀与地电位或阀与阀之间的绝缘保持在适当的水平上的机械结构。

3.7

阀基电子单元　valve base electronics；VBE

处在地电位的电子单元，它是 SVC 控制系统与晶闸管阀之间的接口。

3.8

多重阀单元　multiple valve unit；MVU

几个阀组装在同一个机械结构之中，不允许分开试验(如三相阀)。

3.9

冗余晶闸管级　redundant thyristor levels

晶闸管阀中可从外部或内部被短接的最大晶闸管级数，且应由型式试验证明其短接后不会影响阀的安全运行。如果故障晶闸管级数超过这个值，则应使阀停止工作，更换故障晶闸管，否则就要承受故障增大的风险。

3.10

电压击穿保护　voltage breakover（VBO）protection

晶闸管的一种过电压保护方法，当过电压达到预定电压值时使之开通。

4　型式试验、出厂试验和选项试验的一般要求

4.1　试验一览

表 1 列出了所有试验项目。

表 1　试验项目

试　　验	条　号		试验对象
	TCR/TSR	TSC	
阀端对地绝缘强度试验			
交流电压试验	5.1.1		阀
交流一直流电压试验		6.1.1	阀
雷电冲击试验	5.1.2	6.1.2	阀
阀间绝缘强度试验(仅对多重阀单元)			
交流电压试验	5.2.1		多重阀单元
交流一直流电压试验		6.2.1	多重阀单元
雷电冲击试验	5.2.2	6.2.2	多重阀单元
阀端间绝缘强度试验			
交流电压试验	5.3.1		阀
交流一直流电压试验		6.3.1	阀
操作冲击试验	5.3.2	6.3.2	阀

表 1（续）

试　　验	条　号		试验对象
	TCR/TSR	TSC	
运行试验			
周期触发及熄灭试验	5.4.1		阀或阀组件
过电流试验		6.4.1	阀或阀组件
最小交流电压试验	5.4.2	6.4.2	阀或阀组件
温升试验	5.4.3	6.4.3	阀或阀组件
电磁干扰			
操作冲击试验	7.2.1	7.2.1	阀
非周期触发试验	7.2.2	7.2.2	阀
出厂试验			
外观检查	8.1	8.1	
连接检查	8.2	8.2	
均压/阻尼回路检查	8.3	8.3	
耐压检查	8.4	8.4	
辅助设备检验	8.5	8.5	
触发检查	8.6	8.6	
冷却系统压力检查	8.7	8.7	
选项试验			
过电流试验	9.1		阀或阀组件
恢复期间瞬时正向电压试验	9.2	10.1	阀或阀组件
非周期触发试验	9.3	10.2	阀

4.2 试验对象

所描述的试验适用于阀(或阀组件)、阀结构以及分布在阀结构之内或者连接在阀结构与地之间的冷却系统、触发和监控电路。为了展示阀的正确功能,其他设备如阀控制保护和阀基电子单元在阀试验中是必须的,但它们自身不是试验对象。

4.2.1 绝缘强度试验

规定了下列绝缘应力试验:

——交流电压;

——交流和直流叠加电压(仅对 TSC);

——冲击电压。

考虑到与其他设备的标准化,试验包括阀端对地以及多重阀单元相间的雷电冲击试验。对于阀端之间则只规定了操作冲击试验。

4.2.1.1 阀结构试验

规定了阀(其阀端短接)对地以及多重阀单元的阀间电压耐受能力要求的试验。

试验必须验证:

——有足够的距离防止闪络;

——阀结构,包括冷却管路、光导以及脉冲传输及分配系统的其他绝缘部件,没有击穿放电;

——在交流和直流情况下,局部放电的起始和熄灭电压应大于阀结构在稳态运行中出现的最高电压。

4.2.1.2 阀端间试验

此项试验是为了验证设计的阀端子之间耐受过电压的能力。试验必须验证:

——足够的内部绝缘使阀能够耐受规定的电压;

——在交流和直流情况下,局部放电的起始和熄灭电压应大于阀在稳态运行中出现的最高电压;

——过电压保护触发系统(如有)可按预定值动作;

——在运行条件下晶闸管有足够的 du/dt 能力(在大多数情况下,规定的试验足以满足要求,但在某些例外情况下可要求附加试验)。

4.2.2 运行试验

此项试验是为了验证阀的设计在正常和异常重复情况以及在暂态故障情况下,耐受电压电流联合应力的能力。试验必须验证,在规定的条件下:

——阀运行正常;

——开通、关断时电压电流应力都在晶闸管和其他内部电路允许范围内;

——冷却量供应适宜,无元件过热;

——阀有足够的过电流耐受能力。

4.2.3 电磁干扰试验

此项试验是为了验证阀对于来自阀的内部和阀的外部电磁干扰所具有的抗干扰能力。一般来说,对电磁干扰的抗干扰能力可在其他试验过程中通过对阀的监测来验证。

4.2.4 出厂试验

试验的目的在于检验制造正确性,出厂试验必须验证:

——用于阀体的全部材料、部件和分立组件装配正确;

——阀设备的预期功能和预定的参数都在可接受范围之内;

——晶闸管级和阀或阀组件具备必要的电压耐受能力;

——产品达到统一性和一致性。

4.2.5 选项试验

选项试验是按买卖双方协议进行的附加试验,目的与 4.2.2 相同。

4.3 型式试验和选项试验导则

采用以下原则:

——按照规定,型式试验至少在一个阀或在适当数量的阀组件上进行,以验证阀设计满足规定的要求。所有型式试验应在相同阀或阀组件上进行;

——如果可证明阀与以前试验的阀相似,供应商可提交任一份以前经证实的型式试验报告(至少要等同于合同规定要求)以取代型式试验;

——某些型式试验既可在完整阀上也可在阀组件上进行,见表 1;

——对于在阀组件上进行的型式试验,试验的晶闸管级总数不少于一个阀中晶闸管级的数量;

——用于型式试验的阀或阀组件应先通过全部出厂试验。在全部型式试验完成后,阀和阀组件应按出厂试验的标准再次检验;

——试验选样应是随机的;

——绝缘强度试验按照 GB/T 16927.1—1997 和 GB/T 16927.2—1997 中适用的部分进行;

——单项试验可按任意顺序进行。

注:如在绝缘强度型式试验程序末尾进行涉及局放测量的试验,可增加试验的可信度。

4.4 试验条件

4.4.1 通则

绝缘强度试验应在组装完毕的阀上进行,而某些运行试验既可在整个阀上进行也可在阀组件上进行。可在阀组件上进行的试验项目见表 1。

4.4.1.1 绝缘强度试验

如进行绝缘强度试验，阀应组装上除避雷器以外的全部辅助部件。除非另有规定，阀电子单元应加电。应特别说明的是，除了流速和防冻液含量可以减少外，冷却和绝缘液应处于代表运行工况（比如电导率）的条件。若阀结构外的任何对象或设备在试验中正确地反映其应力是必要的话，它也应在试验中呈现或予以模拟。对于阀结构的金属部分（或多重阀单元中的其他阀），如果不是试验的对象，应予短接在一起并接地，使之适合于所做的试验。

试验采用 GB 311.1—1997 中的交流工频和雷电冲击的标准值，并执行 GB/T 16927.1～16927.2—1997 的标准步骤。当按本标准确定非标准试验水平时，应采用现场空气密度校正系数 k_d。按下式确定 k_d 的值：

$$k_d = \frac{b_1}{b_2} \times \frac{273 + T_2}{273 + T_1}$$

式中：

b_1——试验室环境大气压力，单位为牛顿每平方米（N/m^2）；

T_1——试验室环境空气温度，单位为摄氏度（℃）；

b_2——标准大气压 101.3×10^3 Pa，校正到设备安装地点的海拔高度；

T_2——设计的阀厅最高空气温度，单位为摄氏度（℃）。

4.4.1.2 运行试验

在条件允许的情况下，应对整个晶闸管阀进行试验，这主要应根据晶闸管阀的设计和试验设备来确定。当要对由 5 个或更多串联晶闸管级组成的阀组件进行试验时，本标准中对试验的规定是正确的。如果试验晶闸管级数少于 5 级，则要有附加的安全系数。在任何情况下，试验阀组件的串联晶闸管级数都不能少于 3 级。

有时，运行试验可在与运行频率不同的工频下进行，例如用 50 Hz 代替 60 Hz。一些运行应力如开关损耗或短路电流的 I^2t 在试验中就会受到实际工频的影响。在这种情况下，这些试验条件必须校核并做适当的改动以保证阀耐受应力至少等同于采用实际运行频率所做试验时的应力。

冷却剂应能代表实际工况。流量和温度必须设置在最不利的值下加以考验，防冻液的配比容量应尽可能与实际运行时相当。如果试验中不具备这些条件，可由买卖双方协议采用一个修正系数。

4.4.2 试验时阀的温度

4.4.2.1 绝缘强度试验时阀的温度

除非另有规定，试验应在室温下进行。

4.4.2.2 运行试验时阀的温度

除非另有规定，试验应在实际运行中可能产生的最高元件温度条件下进行。

如果部分部件的最高运行温度需要通过一个试验验证，则同样需要在不同条件下进行。

4.4.3 冗余晶闸管级

4.4.3.1 绝缘强度试验

除非另有规定，在整个阀上进行的绝缘强度试验中，冗余晶闸管级应短接。

4.4.3.2 运行试验

在运行试验中，冗余晶闸管级不应被短接。试验电压和回路阻抗应根据比例系数 k_n 进行调整。

$$k_n = \frac{N_{tot}}{N_t - N_r}$$

式中：

N_{tot}——被试品的总的串联晶闸管级数；

N_t——阀的总的串联晶闸管级数；

N_r——阀的总的冗余晶闸管级数。

注：如果阀的晶闸管级数比较少，冗余级数在总级数中占有较大比例，可能会导致阀中的某些组件承受应力过大。这时可在运行试验中仍将冗余晶闸管级短接，但试验电压和回路阻抗不再按照比例系数 k_n 进行调整。

4.5 型式试验中允许故障的元件数量

型式试验中有限个晶闸管和辅助部件的故障是允许的。阀和阀组件每次试验前都应进行检查。在任何预先的校核试验以及每项型式试验后也应进行检查以确定在试验过程中是否有晶闸管或辅助部件发生故障。型式试验中的故障晶闸管或辅助部件应在进行另一项试验之前修复。

在任何型式试验中允许 1 个晶闸管级短路故障。如果某项型式试验项目之后发现有 1 个晶闸管级短路，则应修复失效级，并重复该项试验。整个型式试验总共只允许 2 个晶闸管级短路故障。

除短路级外，在型式试验过程中和事后检验出来的有故障但未导致该级短路的晶闸管级总数不超过 2。

在全部型式试验完成之后，短路故障晶闸管级和其他故障晶闸管级的分布应大体上是随机的，不应显示有任何设计上的缺陷。

4.6 试验结果的文档

4.6.1 试验报告

供方应提供阀或阀组件全部型式试验的鉴定性试验报告。

供方应提供常规试验结果的记录。

4.6.2 型式试验报告内容

晶闸管阀应具备型式试验报告。报告应包括：

a) 一般性数据，如：

——被试设备的标识（如类型、额定参数、图号、制造序号等）；

——被试品主要部件标识（如晶闸管、阀电抗器、印刷电路板等）；

——试验场所的名称和地点；

——必要的相关环境条件（如温度、湿度、绝缘强度试验时的大气压力等）；

——参考的试验规范；

——试验日期；

——负责人姓名和签名；

——买方监造员（如有）的签名和授权证据（如要求）。

b) 用于特别试验具体试验电源（如冲击电压发生器、直流电压源等）的描述，如制造厂名、额定参数、特性等；

c) 测量仪器说明，包括保证精度及最后校验日期等；

d) 每项试验安排的详细信息（如电路图）；

e) 试验步骤的说明；

f) 经同意的偏差或放弃意见；

g) 结果列表，包括照片、示波图及图形等；

h) 元件故障及其他不正常事件的报告；

i) 如有必要，给出结论和建议。

5 TCR 和 TSR 阀的型式试验

5.1 阀端对地间的绝缘强度试验

对这些试验，每个晶闸管级应短接。

对于多重阀单元（MVU）中的阀，同一结构中其他阀的每个晶闸管级应短接并接地。试验应对多重阀单元的每个阀分别进行，除非多重阀单元的机械结构布局使之不必要。

5.1.1 交流试验

5.1.1.1 试验目的

参见4.2.1.1。

5.1.1.2 试验值和波形

U_{ts1}和U_{ts2}为50 Hz或60 Hz的正弦波形,取决于试验设备。根据GB 311.1—1997的表2,U_{ts1}是短持续时间工频耐受电压。U_{ts2}可按下式计算:

$$U_{ts2}=\frac{k_{s2}\times U_{ms2}}{\sqrt{2}}$$

式中:

U_{ms2}——任一阀端对地之间最大稳定运行电压的峰值,包括熄灭过冲;

k_{s2}——试验安全系数,$k_{s2}=1.2$。

5.1.1.3 试验步骤

在两个互连的阀端和地之间,按照规定的时间段施加规定的试验电压U_{ts1}和U_{ts2}。

a) 调节电压从U_{ts1}的50%升到100%;

b) 维持U_{ts1} 1 min;

c) 降低电压至U_{ts2};

d) 维持电压U_{ts2} 10 min,记录局部放电水平,然后降低电压到零;

e) 假如在阀中对局部放电灵敏的部件已经单独得到试验验证,则在上一步d)的最后1 min记录下来的周期局部放电峰值应不大于200 pC。否则,周期局部放电峰值应不大于50 pC;

f) 起始电压和熄灭电压的测量应按照GB/T 7354—2003进行。

5.1.2 雷电冲击试验

5.1.2.1 试验目的

参见4.2.1.1。

5.1.2.2 试验值和波形

采用标准1.2 μs/50 μs波形。

试验电压的峰值是与GB 311.1—1997表2或表3适合绝缘水平一致的标准雷电冲击耐受电压。

5.1.2.3 试验步骤

试验应分别将3次正极性和3次负极性雷电冲击施加到被短接的阀两端与地之间。

5.2 阀间绝缘强度试验(仅适用于多重阀单元)

在这些试验中,每个阀中的每个晶闸管级都应短接。

试验应对相同结构中任两个阀间的绝缘都进行验证,除非多重阀单元的机械结构布局使之不必要。

5.2.1 交流试验

5.2.1.1 试验目的

参见4.2.1.1。

5.2.1.2 试验值和波形

U_{ts1}和U_{ts2}为50 Hz或60 Hz的正弦波形,取决于试验设备。根据GB 311.1—1997的表2,U_{ts1}是短持续时间工频耐受电压。U_{ts2}可按下式计算:

$$U_{ts2}=\frac{k_{s2}\times U_{ms3}}{\sqrt{2}}$$

式中:

U_{ms3}——阀间最大稳态运行电压的峰值,包括熄灭过冲;

k_{s2}——试验安全系数,$k_{s2}=1.2$。

5.2.1.3 试验步骤

在阀间，按照规定的时间段施加规定的试验电压 U_{ts1} 和 U_{ts2}。

a) 调节电压从 U_{ts1} 的 50%升到 100%；

b) 维持 U_{ts1} 1 min；

c) 降低电压至 U_{ts2}；

d) 维持电压 U_{ts2} 10 min，记录局部放电水平，然后降低电压到零；

e) 假如在阀中对局部放电灵敏的部件已经单独得到试验验证，则在上一步 d) 的最后 1 min 记录下来的周期局部放电峰值应不大于 200 pC。否则，周期局部放电峰值应不大于 50 pC；

f) 起始电压和熄灭电压的测量应按照 GB/T 7354—2003 进行。

5.2.2 雷电冲击试验

5.2.2.1 试验目的

参见 4.2.1.1。

5.2.2.2 试验电压和波形

采用标准 1.2 μs /50 μs 波形。

试验电压的峰值是与 GB 311.1—1997 表 2 或表 3 适合绝缘水平一致的标准雷电冲击耐受电压。

5.2.2.3 试验步骤

试验应分别将 3 次正极性及 3 次负极性的冲击电压施加到各阀之间。

5.3 阀端间绝缘强度试验

对于多重阀单元中的阀，这些试验只需在一个阀上进行。相同结构中其他阀的每个晶闸管级应短路并接地。

5.3.1 交流试验

5.3.1.1 试验目的

参见 4.2.1.2。

5.3.1.2 试验值和波形

U_{tv1} 和 U_{tv2} 为 50 Hz 或 60 Hz 的正弦波形，取决于试验设备。

试验电压值 U_{tv1} 取决于阀的保护系统，并且等于 U_{tv11} 和 U_{tv12} 中的较小者。如果 U_{tv11} 和 U_{tv12} 都不能确定，则采用 U_{tv13}。

U_{tv11} 由阀 VBO 保护触发门槛确定。

U_{tv12} 由避雷器保护动作值确定。

U_{tv13} 由能够发生的最大瞬时过电压值确定。

U_{tv11}、U_{tv12} 和 U_{tv13} 按下列各式进行计算：

$$U_{tv11} = \frac{k_{s11} \times U_1}{\sqrt{2}}$$

式中：

U_1——在配备 VBO 保护情况下阀端之间最大瞬时电压值，且恰好不会引起 VBO 保护触发系统的动作；

k_{s11}——试验安全系数，$k_{s11}=0.95$。

$$U_{tv12} = \frac{k_{s12} \times U_2}{\sqrt{2}}$$

式中：

U_2——跨接在阀端间的避雷器(如配备)的保护电压；

k_{s12}——试验安全系数，$k_{s12}=1.1$。

$$U_{tv13}=\frac{k_{s13}\times U_3}{\sqrt{2}}$$

式中：

U_3——在给定的最严重瞬时过压条件下，阀端间最大重复电压的峰值，包括熄灭过冲；

k_{s13}——试验安全系数，$k_{s13}=1.3$。

注：上述试验可能因一些阀部件的过热而不能实现。在这种情况下，按买卖双方的协议，1 min交流耐压试验可由几个较短时间段的试验代替，其最短试验时间为规定的过电压的最大可能持续时间的2倍，但总试验时间不短于1 min。

试验电压U_{tv2}应取U_{tv1}和U_{tv21}中的较小者。U_{tv21}由下式确定：

$$U_{tv21}=\frac{k_{s2}\times U_{mv2}}{\sqrt{2}}$$

式中：

U_{mv2}——最严重稳态运行条件下，阀端间最大重复电压的峰值，包括熄灭过冲；

k_{s2}——试验安全系数，$k_{s2}=1.2$。

5.3.1.3　试验步骤

在给定的时间段内，在阀两端施加规定的试验电压。阀的一端可接地。

a)　调节电压从U_{tv1}的50%升到100%；

b)　维持U_{tv1} 1 min；

c)　降低电压至U_{tv2}；

d)　维持电压U_{tv2} 10 min，记录局部放电水平，然后降低电压到零；

e)　假如在阀中对局部放电灵敏的部件已经单独得到试验验证，则在上述d)的最后1 min记录的周期局部放电峰值应不大于200 pC。否则，周期局部放电峰值应不大于50 pC；

f)　起始电压和熄灭电压的测量应按照GB/T 7354—2003进行。

若有VBO触发保护，它应在此项试验中不动作。

5.3.2　操作冲击试验

5.3.2.1　试验目的

参见4.2.1.2。试验的另一个目的是检验阀对电磁干扰的不敏感度(参见第7章)。

5.3.2.2　试验值和波形

波形1：采用接近典型熄灭波形的20 μs/200 μs波形，或用系统研究所得的近似波形代替。

注：如果设计者或用户已经研究过该参数及系统产生的操作波的波形，应按研究结果进行，包括仿真研究或模型测试以及运行经验的波形数据。

波形2：采用标准的250 μs/2 500 μs波形。

a)　试验1

试验验证阀保护触发系统(如果装有阀保护)在电压值达到试验电压时不动作。

波形1和波形2的试验电压值U_{tsv1}可按下式计算：

$$U_{tsv1}=k_s\times U_{pf}$$

式中：

U_{pf}——在运行条件下，阀不发生保护触发系统动作时所必须耐受的冲击电压值；

k_s——试验安全系数，$k_s=1.05$。

b)　试验2

试验验证阀绝缘水平和阀保护触发系统(如果装有阀保护)的正确动作。

1)　采用避雷器保护的阀

波形1和波形2的预期试验电压值U_{tsv2}可按下式计算：

$$U_{tsv2} = k_s \times U_{cms}$$

式中：

U_{cms}——避雷器保护水平；

k_s——试验安全系数，k_s=1.1。

2) 采用 VBO 保护的阀

波形 1 和波形 2 的预期试验电压值 U_{tsv2} 可按下式计算：

$$U_{tsv2} = k_s \times U_{VBO}$$

式中：

U_{VBO}——当冗余晶闸管级一起运行时的最大 VBO 保护电压水平；

k_s——安全试验系数，k_s=1.1。

制造商应说明冗余晶闸管级一起运行时保护 VBO 触发范围的上下限，并且检查触发电压确在此上下限门槛之内。

在阀电子单元没有初始储能的情况下重复此项试验。

注：如果阀的触发电路不从主电路取能，则不需要进行上述附加试验。

c) 试验 3

验证既不用避雷器也不用 VBO 保护时的阀绝缘水平。

波形 1 和波形 2 的试验电压值 U_{tsv2} 可按下式计算：

$$U_{tsv2} = k_s \times U_{cms}$$

式中：

U_{cms}——按 GB 311.1—1997 预计的操作冲击电压或由绝缘配合研究确定的电压；

k_s——试验安全系数，k_s=1.3。

阀应能承受试验电压而不发生通断或绝缘击穿。

5.3.2.3 试验步骤

对于上述任何试验，阀的一端接地，在阀端间分别施加正负极性操作冲击各 3 次。

如不改变冲击发生器的极性，也可用单极性冲击发生器，而通过改变阀端位置来完成。

上述三个试验根据设计确定。特定的附加条件如下：

a) 试验 1

当试验电压低于保护触发水平情况下，若阀中装有避雷器，阀保护触发系统的运行应考虑阀避雷器的作用。

此项试验中任何保护或控制系统都不应使阀触发。

b) 试验 2

试验电压高于保护触发水平情况下(如适用)，阀保护触发系统运行，此时 VBO 触发按检测到的单个晶闸管级电压动作，试验应在冗余晶闸管级运行的情况下进行。

5.4 运行试验

5.4.1 周期触发和熄灭试验

5.4.1.1 试验目的

验证阀在升高电压和电流情况下，周期开通和关断过程中的开关能力。此项试验也验证均压/阻尼电路是否正常运行以保证电压均匀分布。

如果阀设计允许单个保护触发(如 VBO)连续运行，此项试验也用来判断保护触发电路自身的可靠性以及阻尼电路对所作用晶闸管级运行的可靠性。

5.4.1.2 试验值和波形

应验证阀耐受由短时间过电压产生的联合电压电流应力。因此，试验条件应对应于阀实际运行中最严重的时变过电压情况(负荷周期)，同时 SVC 必须处于运行中，且考虑到它的控制和保护特性。特别要验证的是在负荷周期作用下产生最高晶闸管结温时，阀能够闭锁最高电压(包括熄灭过冲)的能力。

在触发和熄灭过程中，阀和阀组件所承担的电流和电压波形应尽可能接近它们的实际电流和电压，对于最严重的情况在下面规定。主要关心的是在触发初期 10 μs～20 μs，以及熄灭电流过零前 0.2 ms 到过零后 1 ms 之间。

特别是对以下各种情况的考核应比实际运行更为严格：

——开通和关断时的电压幅值；

——开通时电流过零前至少 0.2 ms 时 di/dt；

——晶闸管结温。

还应考虑以下因素：

——阀端间杂散电容的存在；

——使晶闸管结达到全面积导通所需要的足够幅值和持续时间的电流。

5.4.1.3 试验步骤

试验应采用合适的试验电路来完成，以给出相当于运行情况的开通和关断应力，如工频电源通过一个电抗器串联到阀组件上，或一个适当的合成试验电路。

在如下所述特定运行(如强迫触发)期间，所有的影响阀运行行为的辅助系统应投入运行。

理想情况下，试验必须重现规定的时变电源电压。为了实用，采用以下修正方法：

a) 建立最大稳态电压电流条件，维持此情况直至达到热平衡；

b) 按照过负荷特性升高电源电压到最大值或达到相角控制可确保的最大值，试验安全系数为 1.05；

c) 保持触发角接近 90°恒定不变，直到在规定的暂态过电压周期产生的晶闸管结温达到最大值；

d) 回到稳态运行情况。

应测量并核实对应最高阶跃恢复电压的熄灭过冲，保证其低于设计值。如果阀的设计允许单个晶闸管级的 VBO 保护触发连续运行，这种性能应在稳态工况下进行试验，通过长时间闭锁一个晶闸管的正常触发信号足够长的时间而使受应力部件达到热平衡状态。

注：TSR 阀的短时间过载周期将是电流过载而不承受电压应力。为了达到试验目的，紧随过载之后的稳态运行应是闭锁状态，这将说明过热晶闸管能够承受闭锁电压的能力。

5.4.2 最小交流电压试验

5.4.2.1 试验目的

验证 TCR 阀的触发系统在规定的最小交流电压和运行条件下能否正常运行。

5.4.2.2 试验步骤、试验值和波形

这项试验应在一个完整的阀或阀组件上进行。试验过程如下：

a) 加上最小短时欠电压于 TCR，它必须保持可控并持续时间为规定短时欠电压时间的 2 倍；

b) 在 α_{min} 和 α_{max} 间改变控制角 α；

c) 重复 b)，降低(连续或逐级)电压到零(或保护动作水平)，以验证这种情况下不会对阀造成危害。

注：根据阀的设计，在每个欠电压步骤以后，为了补充门极功率，应返回最小稳态交流电压值。

5.4.3 温升试验

5.4.3.1 试验目的

此项试验主要目的在于说明最主要的发热部件所造成的温升仍在规定范围内，证明元件和材料在不同的稳态运行情况中都不处于过热状态，并且冷却系统也是充裕的。

5.4.3.2 试验过程

这项试验应在一个完整的阀或阀组件上进行。

对于最严酷的冷却条件，阀应承受的电压电流应力产生的损耗比规定的实际工况下的损耗大 5%。

试验应在达到热平衡后继续30 min。

某些部件的热负载可能发生在不同的运行状态，为了确定温升，可能需要多次试验。

为了检验反向并联晶闸管连接环节(母线)的通流能力，应把一个晶闸管级短接(例如用金属导线替换晶闸管)后重复这项试验。

注：若发热部件最严重发热部分的温度不能通过实测来获得，如晶闸管的结温或缓冲电阻的温度，则可采用在合适位置测量，并以此推断该温度的方法。

6 TSC 阀的型式试验

6.1 阀端对地绝缘强度试验

对这些试验，每个晶闸管级应短路。

对于多重阀单元(MVU)中的阀，同一结构中其他阀的每个晶闸管级应短接并接地。试验应对多重阀单元的每个阀分别进行，除非多重阀单元的机械结构布局使之不必要。

6.1.1 交流一直流电压试验

6.1.1.1 试验目的

参见4.2.1.1。

6.1.1.2 试验值和波形

a) 1 min 试验电压 U_{ts1}

U_{ts1} 为叠加在直流分量上的正弦波形。U_{ts1} 可按下式计算：

$$U_{ts1} = U_{tac1} + U_{tdc1}$$

$$U_{tac1} = k_{s1} \times k_d \times U_{ac1} \times \sin(2\pi ft)$$

$$U_{tdc1} = k_{s1} \times k_d \times U_{dcm1}$$

式中：

U_{dcm1}——系统扰动阀闭锁后所有快速放电设备如避雷器(衰减时间常数小于100 ms)已停止动作，电容器组上保留的最大直流电压；

U_{ac1}——可能出现在阀端对地最大预计长期过电压(去除直流)的峰值；

k_{s1}——试验安全系数，$k_{s1}=1.3$；

k_d——安装处的空气密度校正系数(参见4.4.1.1)；

f——试验频率(50 Hz 或 60 Hz，取决于试验设备)。

b) 3 h 试验电压 U_{ts2}

U_{ts2} 为叠加在直流分量上的正弦波形。U_{ts2} 可按下式计算：

$$U_{ts2} = U_{tac2} + U_{tdc2}$$

$$U_{tac2} = k_{s2} \times U_{ac2} \times \sin(2\pi ft)$$

$$U_{tdc2} = k_{s2} \times U_{dcm2}$$

式中：

U_{dcm2}——稳态运行阀闭锁后所有放电设备如避雷器(衰减时间小于100 ms)已停止动作，电容器组上保留的最大直流电压；

U_{ac2}——可能出现在阀端对地间的最大稳态运行电压(不包括直流分量)的峰值；

k_{s2}——试验安全系数，$k_{s2}=1.2$；

f——试验频率(50 Hz 或 60 Hz，取决于试验设备)。

6.1.1.3 试验步骤

在两个互连的阀端和地之间，按照规定的时间段施加规定的试验电压 U_{ts1} 和 U_{ts2}。

a) 调节电压，从 U_{ts1} 的50%升到100%；

b) 维持 U_{ts1} 1 min；

c) 降低电压至U_{ts2}；

d) 维持电压U_{ts2} 3 h，记录局部放电水平，然后降低电压到零；

e) 假如在阀中对局部放电灵敏的部件已单独地试验过，则上一步 d)最后 1 min 记录下来的周期局部放电的峰值应小于 200 pC，否则，周期局部放电的峰值应小于 50 pC。在整个记录期间，平均每分钟超过 300 pC 的脉冲数应少于 15 个，其中每分钟超过 500 pC 的脉冲数应少于 7 个，每分钟超过 1 000 pC 的脉冲数应少于 3 个，每分钟超过 2 000 pC 的脉冲数应少于 1 个；

f) 起始和熄灭电压的测量应按照 GB/T 7354—2003 中交流试验标准进行。

试验应对直流部件正负极性重复进行。

注：测量交流—直流电压联合局部放电试验的工业经验不多。如测量局放有困难，可按 6.1.1.4 的规定，在交流和直流情况下分别施加电压$U_{t2(ac)}$和$U_{t2(dc)}$进行局部放电测量。

在进行负极性试验之前，可将阀端短路并接地几个小时，对阀中的绝缘材料放电，消除其直流偏置。在直流电压试验结束后也要重复这个过程。

6.1.1.4 替代试验步骤

交流—直流电压联合试验可由分开的交流电压试验和直流电压试验替代。

a) 交流电压试验

在两个互连的阀端和地之间，按照规定的时间段施加规定的试验电压$U_{t1(ac)}$和$U_{t2(ac)}$。$U_{t1(ac)}$和$U_{t2(ac)}$为 50 Hz 或 60 Hz 的正弦波形，取决于试验设备。

$$U_{t1(ac)} = k_{s1} \times k_d \times (U_{ac1} + U_{dcm1}) / \sqrt{2}$$

$$U_{t2(ac)} = k_{s2} \times (U_{ac2} + U_{dcm2}) / \sqrt{2}$$

1) 调节电压从$U_{t1(ac)}$的 50%升压到 100%；

2) 维持$U_{t1(ac)}$ 1 min；

3) 降低电压至$U_{t2(ac)}$；

4) 维持$U_{t2(ac)}$ 10 min，记录局部放电水平，然后电压降到零；

5) 假如在阀中对局部放电灵敏的部件已经单独得到试验验证，则在上述 d) 的最后 1 min记录的周期局部放电峰值应不大于 200 pC。否则，周期局部放电峰值应不大于 50 pC；

6) 起始电压和熄灭电压的测量应按照 GB/T 7354—2003 进行。

b) 直流电压试验

按照 6.1.1.3 所述的交流—直流电压联合试验方法进行直流电压试验，用$U_{t1(dc)}$取代U_{ts1}，用$U_{t2(dc)}$取代U_{ts2}。

$$U_{t1(dc)} = k_{s1} \times k_d \sqrt{\left(\frac{U_{ac1}}{\sqrt{2}}\right)^2 + U_{dcm1}^2}$$

$$U_{t2(dc)} = k_{s2} \sqrt{\left(\frac{U_{ac2}}{\sqrt{2}}\right)^2 + U_{dcm2}^2}$$

试验应对直流电压的正负极性均进行。

6.1.2 雷电冲击试验

6.1.2.1 试验目的

参见 4.2.1.1 。

6.1.2.2 试验值和波形

采用标准 1.2 μs /50 μs 波形。

试验电压的峰值是按 GB 311.1—1997 表 2 或表 3 规定的标准雷电冲击耐受电压。

6.1.2.3　**试验步骤**

试验应将3次正极性和3次负极性雷电冲击分别施加到被短接的阀两端与地之间。

6.2　阀间绝缘强度试验(仅适用于多重阀单元)

在这些试验中,每个阀中的每个晶闸管级都应短接。

试验应对同一结构中的任意两个阀间的绝缘都进行,除非多重阀单元的机械结构布局使之不必要。

6.2.1　交流—直流电压联合试验

6.2.1.1　**试验目的**

参见4.2.1.1。

6.2.1.2　**试验值和波形**

a)　1 min试验电压U_{tvv1}

U_{tvv1}为叠加在直流分量上的正弦波形。U_{tvv1}可按下式计算:

$$U_{tvv1}=U_{tac1}+U_{tdc1}$$

$$U_{tac1}=k_{s1}\times k_{d}\times U_{ac1}\times\sin(2\pi ft)$$

$$U_{tdc1}=k_{s1}\times k_{d}\times U_{dcm1}\times k_{dc}$$

式中:

U_{dcm1}——系统扰动阀闭锁后所有快速放电设备如避雷器(衰减时间常数小于100 ms)已停止动作,电容器组上保留的最大直流电压;

U_{ac1}——可能出现在阀端对地间的最大预计长期过电压(不包括直流分量)的峰值;

k_{s1}——试验安全系数,$k_{s1}=1.3$;

k_{d}——安装处的空气密度校正系数,见4.4.1.1;

$k_{dc}=2$,也可采用替代值,比如1,这时供货商应能够向用户证明替代值适用于多重阀单元设计;

f——试验频率(50 Hz或60 Hz,取决于试验设备)。

b)　3 h试验电压U_{tvv2}

U_{tvv2}为叠加在直流分量上的正弦波形。U_{tvv2}可按如下计算:

$$U_{tvv2}=U_{tac2}+U_{tdc2}$$

$$U_{tac2}=k_{s2}\times U_{ac2}\times\sin(2\pi ft)$$

$$U_{tdc2}=k_{s2}\times U_{dcm2}\times k_{dc}$$

式中:

U_{dcm2}——系统扰动阀闭锁后所有快速放电设备如避雷器(衰减时间常数小于100 ms)已停止动作,电容器组上保留的最大直流电压;

U_{ac2}——可能出现在阀端对地间的最大预计长期过电压(不包括直流分量)的峰值;

k_{s2}——试验安全系数,$k_{s2}=1.2$;

$k_{dc}=2$,也可采用替代值,比如1,这时供货商应能够向用户证明替代值适用于多重阀单元设计;

f——试验频率(50 Hz或60 Hz,取决于试验设备)。

6.2.1.3　**试验步骤**

在规定的时间内,在阀间施加规定的试验电压U_{tvv1}和U_{tvv2}。交流试验电压U_{tac1}和U_{tac2}施加在一个阀已短接的两个端子与地之间,直流试验电压U_{tdc1}或U_{tdc2}施加在其余阀已短接的所有端子与地之间。交流—直流电压联合试验的其他规定也同样适用。

a)　调节电压从U_{tvv1}的50%升到100%;

b)　维持U_{tvv1} 1 min;

c)　降低电压至U_{tvv2};

d) 维持电压 U_{tvv2} 3 h,记录局部放电水平,然后降低电压到零;

e) 假如在阀中对局部放电灵敏元件已单独地试验过,则上一步 d)最后 1 min 记录下来的周期局部放电的峰值应不大于 200 pC,否则,周期局部放电的峰值应不大于 50 pC。在整个记录期间,平均每分钟超过 300 pC 的脉冲数应少于 15 个,其中每分钟超过 500 pC 的脉冲数应少于 7 个,每分钟超过 1 000 pC 的脉冲数应少于 3 个,每分钟超过 2 000 pC 的脉冲数应少于 1 个;

f) 起始电压和熄灭电压的测量应按照 GB/T 7354—2003 中交流试验标准进行。

注:测量交流一直流电压联合局部放电试验的工业经验不多。如测量局放有困难,可按 6.2.1.4 的规定,在交流和直流情况下分别施加电压 $U_{t2(ac)}$ 和 $U_{t2(dc)}$ 进行局部放电测量。

试验应对直流部件正负极重复进行。

在进行负极性试验之前,可将阀端短路并接地几个小时,对阀中的绝缘材料放电,消除其直流偏置。在直流电压试验结束后也要重复这个过程。

6.2.1.4 替代试验步骤

交流一直流叠加电压试验可以由分开的交流电压试验和直流电压试验替代。

a) 交流电压试验

在两个互连的阀端和地之间,按照规定的时间段施加规定的试验电压 $U_{t1(ac)}$ 和 $U_{t2(ac)}$。$U_{t1(ac)}$ 和 $U_{t2(ac)}$ 为 50 Hz 或 60 Hz 的正弦波形,取决于试验设备。

$$U_{t1(ac)} = k_{s1} \times k_d \times (U_{ac1} + k_{dc} \times U_{dcm1}) / \sqrt{2}$$

$$U_{t2(ac)} = k_{s2} \times (U_{ac2} + k_{dc} \times U_{dcm2}) / \sqrt{2}$$

1) 调节电压从 $U_{t1(ac)}$ 的 50%升到 100%;

2) 维持 $U_{t1(ac)}$ 1 min;

3) 降低电压至 $U_{t2(ac)}$;

4) 维持 $U_{t2(ac)}$ 10 min,记录局部放电水平,然后电压降到零;

5) 假如在阀中对局部放电灵敏的部件已经单独得到试验验证,则在上述 d) 的最后 1 min 记录下来的周期局部放电峰值应不大于 200 pC。否则,周期局部放电峰值应不大于 50 pC;

6) 起始电压和熄灭电压的测量应按照 GB/T 7354—2003 进行。

b) 直流电压试验

按照 6.2.1.3 所述的交流一直流电压联合试验方法进行直流电压试验,用 $U_{t1(dc)}$ 取代 U_{tvv1},用 $U_{t2(dc)}$ 取代 U_{tvv2}。

$$U_{t1(dc)} = k_{s1} \times k_d \sqrt{\left(\frac{U_{ac1}}{\sqrt{2}}\right)^2 + (k_{dc} \times U_{dcm1})^2}$$

$$U_{t2(dc)} = k_{s2} \sqrt{\left(\frac{U_{ac2}}{\sqrt{2}}\right)^2 + (k_{dc} \times U_{dcm2})^2}$$

试验应对直流电压的正负极性均进行。

6.2.2 雷电冲击试验

6.2.2.1 试验目的

参见 4.2.1.1。

6.2.2.2 试验值和波形

采用标准 1.2 μs /50 μs 波形。

试验电压的峰值是按 GB 311.1—1997 表 2 或表 3 所规定的标准雷电冲击耐受电压。

6.2.2.3 试验步骤

试验应将 3 次正极性和 3 次负极性雷电冲击分别施加到被短接的阀两端与地之间。

6.3 阀端间绝缘强度试验

对于多重阀单元的阀,这些试验只需在一个阀上进行。相同结构中其他阀的每个晶闸管级应短接并接地。

6.3.1 交流—直流电压联合试验

6.3.1.1 试验目的

参见4.2.1.1。

6.3.1.2 试验值和波形

a) 1 min 试验电压 U_{tv1}

U_{tv1} 为叠加在直流分量上的正弦波形。U_{tv1} 可按下式计算:

$$U_{tv1} = U_{tac1} + U_{tdc1}$$
$$U_{tac1} = k_{s1} \times U_{ac1} \times \sin(2\pi ft)$$
$$U_{tdc1} = k_{s1} \times U_{dcm1}$$

式中:

U_{dcm1}——系统扰动阀闭锁后所有快速放电设备如避雷器(衰减时间常数小于100 ms)已停止动作,电容器组上保留的最大直流电压;

U_{ac1}——可能出现在阀两端的长期过电压(不包括直流分量)的峰值;

k_{s1}——试验安全系数。$k_{s1}=1.1$,采用避雷器限制电压;$k_{s1}=1.3$,不采用避雷器;

f——试验频率(50 Hz 或 60 Hz,取决于试验设备)。

b) 30 min 试验电压 U_{tv2}

U_{tv2} 为正弦波形上叠加一个直流分量。U_{tv2} 应如下计算:

$$U_{tv2} = U_{tac2} + U_{tdc2}$$
$$U_{tac2} = k_{s2} \times U_{ac2} \times \sin(2\pi ft)$$
$$U_{tdc2} = k_{s2} \times U_{dcm2}$$

式中:

U_{ac2}——稳态运行时的最大线电压的峰值;

U_{dcm2}——系统扰动阀闭锁后所有快速放电设备如避雷器(衰减时间常数小于100 ms)已停止动作,电容器组上保留的最大直流电压;

k_{s2}——试验安全系数,$k_{s2}=1.2$;

f——试验频率(50 Hz 或 60 Hz,取决于试验设备)。

6.3.1.3 试验步骤

将规定试验电压 U_{tv1} 和 U_{tv2} 按规定时间施加到阀的两端,其中一端接地。

a) 调节电压从 U_{tv1} 的50%升到100%;
b) 维持 U_{tv1} 1 min;
c) 降低电压至 U_{tv2};
d) 维持电压 U_{tvv2} 30 min,记录局部放电水平,然后降低电压到零;
e) 假如阀中对局部放电灵敏的元件已单独地试验过,则上一步d)最后1 min记录下来的周期局部放电的峰值应不大于200 pC,否则,周期局部放电的峰值应不大于50 pC。在整个记录期间,平均每分钟超过300 pC的脉冲数应少于15个,其中每分钟超过500 pC的脉冲数应少于7个,每分钟超过1 000 pC的脉冲数应少于3个,每分钟超过2 000 pC的脉冲数应少于1个;
f) 起始电压和熄灭电压的测量应按照GB/T 7354—1987中交流试验标准进行。

注:测量交流—直流电压联合局部放电试验的工业经验不多。如测量局放有困难,可按6.3.1.4的规定,在交流和直流情况下分别施加电压 $U_{t2(ac)}$ 和 $U_{t2(dc)}$ 进行局部放电测量。

试验应对直流部件的正负极重复进行。

6.3.1.4 替代试验步骤

交流—直流电压联合试验可由分开的交流电压试验和直流电压试验替代。

a) 交流电压试验

在两个互连的阀端和地之间，按照规定的时间段施加规定的试验电压 $U_{t1(ac)}$ 和 $U_{t2(ac)}$。$U_{t1(ac)}$ 和 $U_{t2(ac)}$ 为 50 Hz 或 60 Hz 的正弦波形，取决于试验设备。

$$U_{t1(ac)} = k_{s1} \times (U_{ac1} + U_{dcm1})/\sqrt{2}$$

$$U_{t2(ac)} = k_{s2} \times (U_{ac2} + U_{dcm2})/\sqrt{2}$$

1) 调节电压从 $U_{t1(ac)}$ 的 50%升到 100%；

2) 维持 $U_{t1(ac)}$ 1 min；

3) 降低电压至 $U_{t2(ac)}$；

4) 维持 $U_{t2(ac)}$ 10 min，记录局部放电水平，然后电压降到零；

5) 假如在阀中对局部放电灵敏的部件已经单独得到试验验证，则在上述 d)的最后 1 min 记录下来的周期局部放电峰值应不大于 200 pC。否则，周期局部放电峰值应不大于 50 pC；

6) 起始电压和熄灭电压的测量应按照 GB/T 7354—2003 进行。

注：上述试验可能因一些阀部件的过热而不能实现。在这种情况下，按买卖双方的协议，可将 1 min 交流耐压试验由几个较短时间段的试验代替，其最短试验时间为规定的过电压的最大可能持续时间的 2 倍，但总试验时间不短于 1 min。

b) 直流电压试验

按照 6.3.1.3 所述的交流—直流电压联合试验方法进行直流电压试验，用 $U_{t1(dc)}$ 取代 U_{tv1}，用 $U_{t2(dc)}$ 取代 U_{tv2}。

$$U_{t1(dc)} = k_{s1} \times \sqrt{\left(\frac{U_{ac1}}{\sqrt{2}}\right)^2 + U_{dcm1}^2}$$

$$U_{t2(dc)} = k_{s2} \times \sqrt{\left(\frac{U_{ac2}}{\sqrt{2}}\right)^2 + U_{dcm2}^2}$$

试验应对直流电压的正负极性均进行。

6.3.2 操作冲击试验

6.3.2.1 试验目的

参见 4.2.1.2。

此试验的主要目的是验证带有 VBO 保护触发电路的阀在 VBO 电路不动作时的承受能力。这项试验还检查避雷器保护水平和阀保护触发限值的配合。另一个目的是为了验证阀抗电磁干扰能力(参见第 7 章)。

6.3.2.2 试验值和波形

波形 1：

采用接近典型熄灭波形的 20 μs /200 μs 波形，或用系统研究所得的近似波形代替。

注：如果设计者或用户已经研究过该参数及系统产生的操作波的波形，应按研究结果进行，包括仿真研究或模型测试以及运行经验的波形数据。

波形 2：

采用标准的 250 μs/2 500 μs 波形。

a) 有避雷器保护的阀

波形1和波形2的试验电压值可按下式计算：

$$U_{tsv} = k_s \times U_{cms}$$

式中：

U_{cms}——避雷器的操作冲击保护水平；

k_s——试验安全系数，$k_s=1.1$。

b) 没有避雷器保护的阀

波形1和波形2的试验电压值可按下式计算：

$$U_{tsv} = k_s \times U_{cms}$$

式中：

U_{cms}——按GB 311.1—1997或绝缘配合研究的操作冲击预期电压值；

k_s——试验安全系数，$k_s=1.3$。

阀应能承受试验而不发生通断或绝缘击穿。

6.3.2.3 试验步骤

将规定幅值与波形的操作波电压施加到阀端之间，阀的一端可接地。每个极性施加3次。如不改变冲击发生器的极性，也可用单极性冲击发生器，而通过改变阀端接头的连线来完成。

注：保护触发功能(如有)试验时不应动作。

6.4 运行试验

6.4.1 过电流试验

该项试验的主要目的是验证在阀两端电压非零时触发阀引起过电流的状态下，阀的设计是否合适。

6.4.1.1 后续闭锁过电流

6.4.1.1.1 试验目的

该项试验的目的是验证阀的设计是否能够耐受由过电流引起晶闸管结温升高后的电压应力。对正向和反向电压都需验证。

6.4.1.1.2 试验值和波形

试验中需再现的最重要的参数是再加电压的幅值和时间(正向和反向)以及相应的晶闸管结温。di/dt和阶跃恢复电压的恰当呈现也很重要。

TSC支路的电路图如图1所示。试验电流波形应包含一或两个这样的脉冲：其电流峰值至少同随后允许闭锁的过电流最大峰值相等。考虑了触发时刻和脉冲个数后，最严重情况的过电流和相应再加电压阶跃和峰值应由下列事件顺序的系统研究决定：

a) 在SVC控制和保护系统允许的最高系统电压值时，阀应闭锁；

b) 在电容器充好电的情况下，阀应在上述系统电压值时触发。阀也应在其端间电压即要达到最大值时触发。如果装有防止阀在高电压下触发的保护系统，阀应在保护设置的限值触发。阀的触发时刻决定电流的峰值；

c) 为了确定阀的最大反向电压应力(图2)，阀应在电流第一次过零时闭锁。阶跃电压应在阀闭锁后直接确定，但不包括阀电流熄灭过冲。电压峰值应由一个基波周期内的最大后继电压峰值确定；

d) 为了确定阀的最大正向电压应力(图3)，阀应在电流第二次过零时闭锁。阶跃电压应在阀闭锁后直接确定，但不包括阀电流熄灭过冲。电压峰值应由一个基波周期内的最大后继电压峰值确定。

试验电流的频率应尽量接近实际TSC回路的谐振频率。

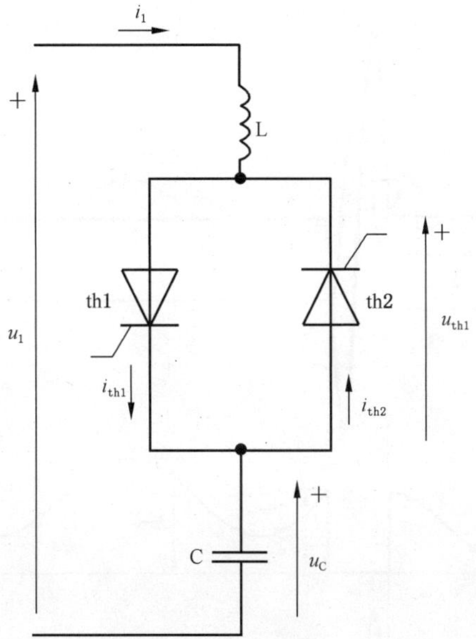

图 1 TSC 支路

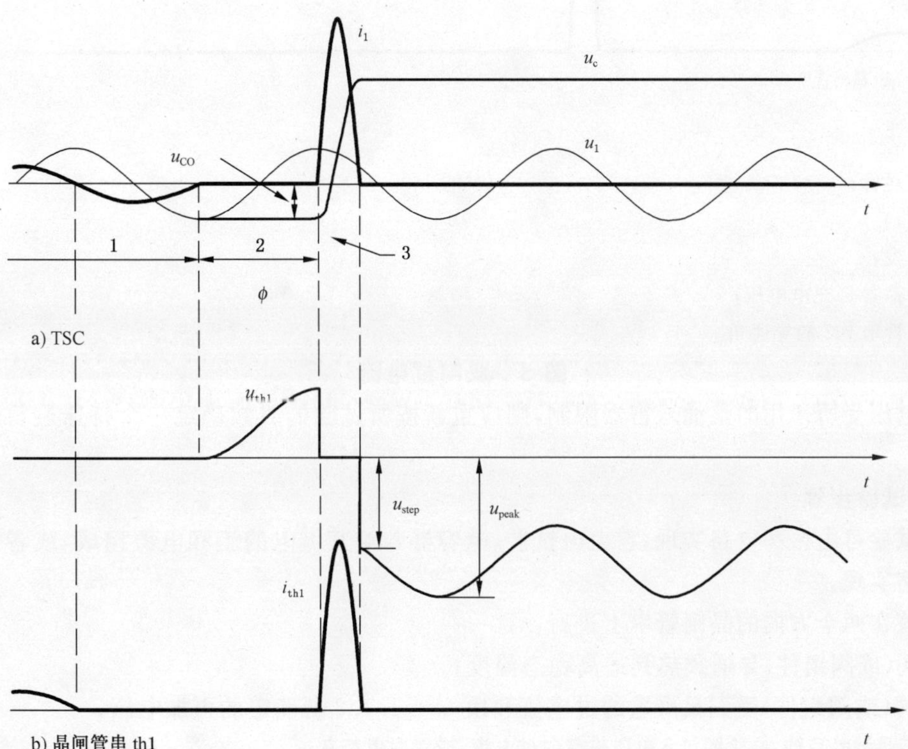

图中：

1——正常运行；

2——闭锁；

3——阀触发；

u_{CO}——电容器 C 充电电压；

ϕ——晶闸管串 th2 的导通角。

图 2 单相过电流

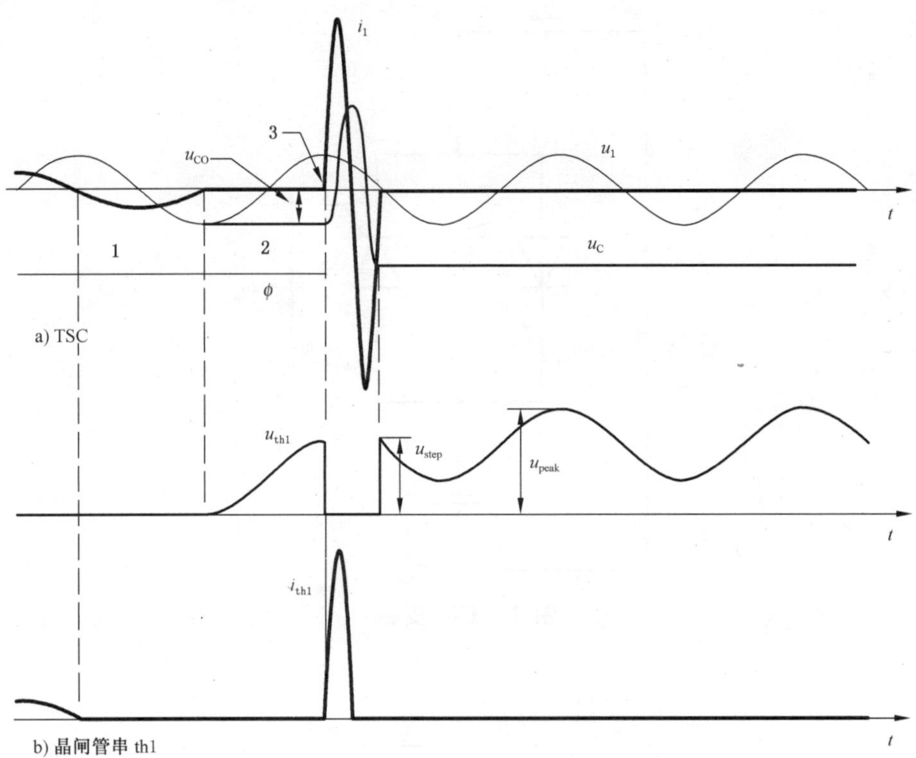

图中：

1——正常运行；

2——闭锁；

3——阀触发；

u_{CO}——电容器 C 充电电压；

ϕ——晶闸管串 th2 的导通角。

图 3　双向过电流

如果阀电压受所采用的浪涌避雷器限制，则应重新按所试验的级数确定一个特殊避雷器用于试验回路。

6.4.1.1.3　试验步骤

过电流试验可由振荡电路实现，它由电抗器、电容器和给其供电的工频电源组成，或者通过合适的合成试验回路实现。

试验应该在两个方向的晶闸管串上进行。

a)　使阀(或阀组件)导通预热到最高稳态温度；

b)　使阀(或阀组件)受到最严重的过电流和由 6.4.1.1.2 所确定的再加电压。

注：为了满足试验目的，试验要包含单向或双向过电流，或者两者都有。

6.4.1.2　无后续闭锁过电流

6.4.1.2.1　试验目的

这项试验的目的是为了验证阀在实际工况下可能遇到因最严重过电流条件所引起的热效应和电磁力作用，阀的设计是否合适。

6.4.1.2.2　试验值和波形

试验电流波形应是阻尼的正弦电流振荡波或适当含有电流峰值的波形表示，其 I^2t 和晶闸管结温不小于实际工况时的值。

试验电流的频率应接近实际 TSC 电路的谐振频率。

6.4.1.2.3 **试验步骤**

过电流试验可由振荡电路实现，其电路由电抗器、电容器和给它们供电的工频电源组成，或者通过合适的合成试验回路实现。

试验应该在两个方向导通的晶闸管串上进行。

a) 使阀(或阀组件)预热到最高稳态温度；

b) 使阀(或阀组件)受到过电流。

6.4.2 **最小交流电压试验**

6.4.2.1 **试验目的**

该项试验的目的在于验证 TSC 阀的触发系统在规定的最小交流电压和规定运行条件下运行正常。

6.4.2.2 **试验步骤、试验值和波形**

试验可在完整阀或阀组件上进行。

试验步骤应如下：

a) 在 TSC 阀上施加最小短时低电压，在该电压下阀仍能维持可控并能维持导通的时间至少是短时低电压时间的 2 倍；

b) 在降低电压(连续的或逐级地)到零(或到保护动作值)的情况下重复步骤 a)，以验证该情况不会对阀有损伤。

注：根据阀的设计，也许还须在每次低压试验后恢复到最小稳态交流电压值以补充门极功率供应。

6.4.3 **温升试验**

6.4.3.1 **试验目的**

本项试验的主要目的在于验证最重要的发热部件的温升在规定的范围内，验证在不同的稳态运行状态下没有部件或材料过热，同时也验证冷却方式是否充裕。

6.4.3.2 **试验步骤**

试验可在完整阀或阀组件上进行。

对于最严酷的冷却条件，阀应承受的电压电流应力产生的损耗比规定的实际工况下的损耗大 5%。试验应在达到热平衡后继续 30 min。

由于最大热负载可能发生在不同的运行状态，因而需要多次试验。

为了检验反向并联晶闸管连接环节(母线)的通流能力，应把一个晶闸管级短接(例如用金属导线替换晶闸管)后重复这项试验。

注：若发热部件最严重的发热部分的温度不能通过实测来获得，如晶闸管的结温或缓冲电阻的温度，则可采用在合适位置测量，并以此推断该温度的方法。

7 电磁干扰(EMI)

7.1 试验目的

本项试验为了验证阀对外部事件或其他邻近阀操作所产生的电磁辐射的抗干扰能力。

作为电磁辐射结果，这项试验应验证：

a) 不产生晶闸管误触发；

b) 虚假的晶闸管级故障信息或错误的信号不会通过阀电子单元传递给换流器的控制和保护系统。

7.2 试验步骤

在操作冲击和非周期触发试验时，通过监视阀以验证阀对电磁辐射的抗干扰能力。在阀遭受操作冲击的试验也被用于监视阀抗电磁干扰的能力。在进行非周期触发试验时，在其近旁安置附加试验阀，便于试验时监视附加试验阀的电磁干扰情况。

试验阀的空间布置应与实际运行时一样。

7.2.1 操作冲击试验

该试验是作为TCR/TSR和TSC型式试验(分别为5.3.2.1和6.3.2.1)的一部分进行的。

被试阀的电子单元应加电。

与试验阀交换信息所必需的阀基电子单元部分应包括在内。

通过试验的判据是没有虚假的触发信号或信息从阀传递到控制和保护系统。

7.2.2 非周期触发试验

该试验是作为TCR/TSR和TSC选项试验(分别为9.3和10.2)的一部分进行的。

被试阀的电子单元应加电。

与试验阀交换信息所必需的阀基电子单元部分应包括在内。

被试阀的两端施加工频运行电压(即额定运行电压)。试验应在接近电压峰值的情况下并且在两种电压极性下进行。

注：在许多情况下非周期触发试验的目的可由其他试验来完成，例如TCR可通过VBO触发的操作冲击试验，而TSC可通过过电流试验。

通过试验的判据是没有虚假的触发信号或信息从阀传递到控制和保护系统。该判据也适用于被试对象及辅助阀。

8 出厂试验

所规定的出厂试验是要求的最少试验项目，供方应提供满足试验目的的详细试验过程。

8.1 外观检查

目的：

a) 检查全部材料和部件没有损坏并且安装正确；

b) 检查安装部件资料；

c) 检查阀内部的空气距离和爬电距离。

8.2 连接检查

目的：

a) 检查全部载流主回路接线正确；

b) 检查晶闸管紧固力；

c) 检查接线端子的配线。

8.3 均压/阻尼回路检查

目的：

检查均压/阻尼电路的参数(电阻和电容)，以保证电压在串联晶闸管上均匀分布。

8.4 耐受电压检查

目的：

检查晶闸管级能否承受阀所规定的相应最大值电压。

8.5 辅助设备检验

目的：

验证每个晶闸管级上的辅助设备(如监视和保护回路)和整个阀(或阀组件)的那些公共部分功能的正确性。

8.6 触发检查

目的：

验证晶闸管级的每个晶闸管对触发信号的响应正确。

8.7 冷却系统压力检查

目的：

a) 检查是否有泄漏；

b) 在整个阀和全部分支中检查流量是否充裕；

c) 检查压力差。

9 TCR和TSR阀的选项试验

9.1 过电流试验

9.1.1 后续闭锁过电流试验

9.1.1.1 试验目的

当晶闸管温度等于阀控制或保护允许最大值时，验证有后续闭锁阀耐受过电流的能力。试验考虑了直流偏置情况，这是因为过电流由于高 di/dt 闭锁而中止所形成的。

注：在许多情况下，此项试验的目的可由周期触发和关断试验(5.4.1)来达到，此时该项试验可取消。

9.1.1.2 试验值和波形

阀承受的再加电压波形近似于运行中的熄灭波形。再加电压可由单独的脉冲发生器产生，也可由试验电路自身产生。

波形1：

采用接近典型熄灭波形的20 μs/200 μs波形，或用系统研究所得的近似波形代替。波形1的值按下式计算：

$$U_{tsv} = k_s \times U_{cms}$$

式中：

U_{cms}——由避雷器或VBO所确定的阀最低保护水平，或在没有过压保护的情况下阀所保证的耐压水平；

k_s——试验安全系数，k_s=0.9。

注：如果设计者或用户已经研究过该参数及系统产生的操作波的波形，应按研究结果进行，包括仿真研究或模型测试以及运行经验的波形数据。

9.1.1.3 试验步骤

a) 建立并维持最大的稳态电流条件，直至达到稳态结温时热平衡；

b) 在阀上施加适当的电流使结温达到阀保护和控制所允许的最大值；

c) 在典型的 di/dt 下关闭阀；

d) 在阀上施加熄灭过冲电压。

9.1.2 无后续闭锁过电流试验

9.1.2.1 试验目的

在阀的电流超过其设计限值的故障条件下，验证在SVC跳闸之前，无后续闭锁阀耐受过电流的能力。

9.1.2.2 试验值和波形

试验电流应有对应于给定最坏情况下时变过电压的峰值和热效应，在阀的两个导通方向都应进行试验。试验持续时间由SVC保护系统决定。

9.1.2.3 试验步骤

试验回路由一个工频电流源、试验对象和一个串联电抗组成，也可采用其他电路。试验结束时不需要对阀施加电压。

a) 阀或阀组件预热，使晶闸管结温达到最高稳态运行时的温度；

b） 在阀上施加规定的电流波形。

9.2 恢复期间瞬时正向电压试验

9.2.1 试验目的

验证在电流熄灭后的任何时刻发生正向操作电压冲击时，阀不损坏。

注：为了使阀能承受此类事件而具有的外部保护应该参与试验。

9.2.2 试验值和波形

波形1：

采用接近典型熄灭波形的20 μs/200 μs波形，或用系统研究所得的近似波形代替。其值按下式计算：

$$U_{tsv} = k_s \times U_{cms}$$

式中：

U_{cms}——由避雷器或VBO所确定的阀最低保护水平，或在没有过压保护的情况下阀所保证的耐压水平；

k_s——试验安全系数，$k_s = 0.9$。

注：如果设计者或用户已经研究过该参数及系统产生的操作波的波形，应按研究结果进行，包括仿真研究或模型测试以及运行经验的波形数据。

在电流熄灭之后，冲击电压将改变阀电压的极性，使刚好停止导通的晶闸管正偏。

9.2.3 试验步骤

a） 在阀上施加适当的电流，使晶闸管结完全导通且关闭时的 di/dt 正确；

b） 在最高稳态结温下闭锁阀；

c） 使阀或阀组件承受高于规定的预期电压冲击。

在电流熄灭与阀完全恢复之间，所加冲击电压应不少于5次。

试验应对阀导通的两个方向均进行。

9.3 非周期触发试验

9.3.1 试验目的

该项试验不但可验证晶闸管和附属电路对在非周期情况下导通时耐受电压和电流的能力，还可验证阀抗电磁干扰的能力(参见第7章)。

注：许多情况下，此项试验的目的可由阀端间操作冲击试验(5.3.2)来达到，这时此项试验可取消。

9.3.2 试验值和波形

在室温条件下，试验在完整阀上进行。

试验电路应向阀施加操作冲击电压且使阀在冲击电压的峰值时导通。在阀触发之后，试验电路的主要作用是再现导通时正确的阀电流。重要的时间段是导通的最初10 μs～20 μs之间。

选择能代表电源阻抗的冲击发生器，以便产生的导通电流脉冲至少与实际工况下电路杂散电容的放电电流相同。

导通应力和试验电路要求取决于阀所采用的避免暂态过电压的保护方法。

以下试验均采用波形2：标准的250 μs/2 500 μs波形。

a） 用避雷器保护的阀

试验电压值按下式计算：

$$U_{tsv2} = k_s \times U_{cms}$$

式中：

U_{cms}——避雷器保护水平；

k_s——试验安全系数，$k_s = 1.0$。

所选择的冲击发生器的阻抗不仅取决于由电路杂散电容放电所产生的导通电流，还取决于由避雷器动作所产生的导通电流。

可通过下列两种方法来实现：

1) 并联电容器法：用一个电容与被试阀并联，被试阀产生的放电电流至少与预计避雷器动作所产生的导通电流一样严重；

2) 避雷器法：将避雷器连接在阀的两端，试验电压加在包括 TCR 电抗器的电感外，当避雷器电流达到预计值时，阀触发导通。

由于受到冲击发生器实际尺寸的限制，避雷器法仅适合于低电压阀。

当避雷器有电流时，若阀具有防止瞬时触发保护系统，则不必考虑避雷器的通流。因而试验电压 U_{cms} 可降到使避雷器不导通的最大电压。

b) 用 VBO 保护的阀

预计的试验电压值按下式计算：

$$U_{tsv2} = k_s \times U_{VBO}\text{（波形 2）}$$

式中：

U_{VBO}——最低 VBO 保护电压水平；

k_s——试验安全系数，$k_s = 0.95$。

若能证实由 VBO 引起的触发与正常触发等效，则该试验可省略，因为试验目的已经在阀端间操作冲击试验中得到验证（见 5.3.2）。

c) 无保护的阀

试验电压值按下式计算：

$$U_{tsv2} = k_s \times U_{cms}\text{（波形 2）}$$

式中：

U_{cms}——按 GB 311.1—1997，或由绝缘配合研究确定的预计操作冲击电压值；

k_s——试验安全系数，$k_s = 1.3$。

9.3.3 试验步骤

阀的一端接地。

在阀的另一端施加 3 次操作冲击电压。阀应在操作冲击电压峰值处被触发导通。

施加相反极性的电压重复试验（或换到阀的另一端）。

10 TSC 阀的选项试验

10.1 恢复期间瞬时正向电压试验

10.1.1 试验目的

验证在电流熄灭后的任何时刻发生正向操作电压冲击时阀不损坏。

注：为了使阀能够承受此类事件而具有的外部保护应参与试验。

10.1.2 试验值和波形

波形 1：

采用接近典型熄灭波形的 20 μs/200 μs 波形，或用系统研究所得的近似波形代替。其值按下式计算：

$$U_{tsv} = k_s \times U_{cms}$$

式中：

U_{cms}——由避雷器所确定的阀最低保护水平，或在没有过压保护的情况下阀所保证的耐压水平；

k_s——试验安全系数，k_s＝0.9。

注：如果设计者或用户已经研究过该参数及系统产生的操作波的波形，应按研究结果进行，包括仿真研究或模型测试以及运行经验的波形数据。

在电流熄灭之后，冲击电压将改变阀电压的极性，使刚好停止导通的晶闸管正偏。

10.1.3 试验步骤

a) 在阀上施加适当的电流，使晶闸管结完全导通且关断时的 di/dt 正确；

b) 在最大稳态结温下闭锁阀；

c) 使阀或阀组件承受高于规定的预期电压冲击。

在电流熄灭与阀完全恢复之间，施加冲击电压应不少于 5 次。

试验应对阀导通的两个方向均进行。

10.2 非周期触发试验

10.2.1 试验目的

该项试验不但可验证晶闸管和附属电路在非周期情况导通时耐受电压和电流的能力，还可验证阀抗电磁干扰的能力(参见第 7 章)。

注：许多情况下，此项试验的目的可由过电流试验(6.4.1)实现，此时该项试验可取消。

10.2.2 试验值和波形

在室温条件下，试验在完整阀上进行。

试验电路应能向阀施加操作冲击电压且使阀在冲击电压的峰值时导通。在阀触发之后，试验电路的主要作用是再现导通时正确的阀电流。重要的时间段是导通的最初 10 μs～20 μs 之间。

选择能代表电源阻抗的冲击发生器，以便产生的导通电流脉冲至少与实际工况下电路杂散电容的放电电流相同。

导通应力和所要求的试验电路取决于阀所采用的避免暂态过电压的保护方法。

以下试验均采用波形 2：标准的 250 μs/2 500 μs 波形。

a) 用避雷器保护的阀

试验电压值按下式计算：

$$U_{tsv2} = k_s \times U_{cms}(\text{波形 2})$$

式中：

U_{cms}——避雷器保护水平；

k_s——试验安全系数，k_s＝1.0。

所选择的冲击发生器的阻抗不仅取决于由电路杂散电容放电所产生的导通电流，还取决于由避雷器动作所产生的导通电流。

可通过下列两种方法来实现：

1) 并联电容器法：用一个电容与被试阀并联，被试阀产生的放电电流至少与预计避雷器动作所产生的导通电流一样严重；

2) 避雷器法：将避雷器连接在阀的两端，试验电压施加在包括 TSC 电抗器的电感外，当避雷器电流达到预计值时，阀触发导通。

由于受到冲击发生器实际尺寸的限制，避雷器法仅适合于低电压阀。

当避雷器有电流时，若阀具有防止瞬时触发保护系统，则不必考虑避雷器的通流。因而试验电压 U_{cms} 可降到使避雷器不导通的最大电压。在过电流试验(6.4.1)中已经证实过此项试验目的的情况下，此项试验可取消。

b) 无保护的阀

试验电压值按下式计算：

$$U_{tsv2} = k_s \times U_{cms}$$

式中：

U_{cms}——按 GB 311.1—1997，或由绝缘配合研究确定的预计操作冲击电压值；

k_s——试验安全系数，k_s=1.3。

10.2.3 试验步骤

阀的一端接地。

在阀不接地的一端施加 3 次操作冲击电压。阀应在操作冲击电压峰值处被触发导通。

施加相反极性的电压重复进行试验（或换到阀的另一端）。

ICS 13.260
K 09

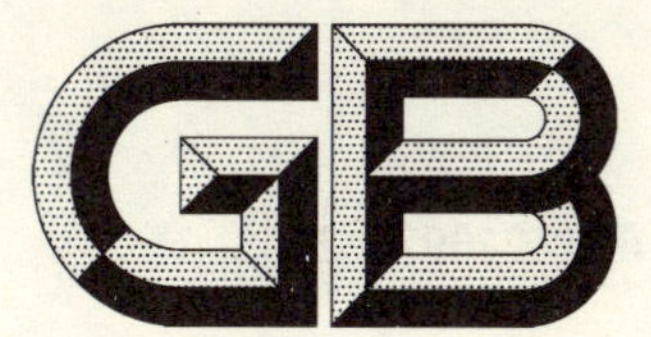

中华人民共和国国家标准

GB/T 21697—2008

低压电力线路和电子设备系统的雷电过电压绝缘配合

Insulation coordination of low voltage power line and electronic system

2008-04-24 发布　　2008-12-01 实施

中华人民共和国国家质量监督检验检疫总局
中国国家标准化管理委员会　发布

前　言

本标准由全国雷电防护标准化委员会提出并归口。

本标准负责起草单位：中国电力企业联合会、武汉高压研究所。

本标准主要起草人：陆宠惠、杨迎建、邬雄、张苹。

低压电力线路和电子设备系统的雷电过电压绝缘配合

1 范围

本标准规定了低压电力线路和电子设备的雷电冲击耐受电压和雷电过电压保护装置(如 SPD)及过电压限制措施,提出了它们之间的配合原则。

本标准适用于交流额定电压不大于 1 000 V,额定频率不高于 30 kHz 或直流额定电压不大于 1 500 V 的低压电力线路和电子设备系统。

2 规范性引用文件

下列文件中的条款通过本标准的引用而成为本标准的条款。凡是注日期的引用文件,其随后所有的修改单(不包括勘误的内容)或修订版均不适用于本标准,然而,鼓励根据本标准达成协议的各方研究是否可使用这些文件的最新版本。凡是不注日期的引用文件,其最新版本适用于本标准。

GB/T 11032—2000 交流无间隙金属氧化物避雷器(eqv IEC 60099-4:1991)

GB/T 16935.1—1997 低压系统内设备的绝缘配合第一部分:原理、要求和试验(idt IEC 664-1:1992)

GB/T 17626.5—1999 电磁兼容 试验和测量技术 浪涌(冲击)抗扰度试验(idt IEC 61000-4-5:1995)

GB/T 17627.1—1998 低压电气设备的高电压试验技术 第一部分:定义和试验要求(eqv IEC 1180-1:1992)

GB/T 18802.1—2002 低压配电系统的电涌保护器(SPD) 第1部分:性能要求和试验方法(idt IEC 61643-1:1998)

GB/T 18802.21—2004 低压电涌保护器 第21部分:电信和信号网路的电涌保护器(SPD)——性能要求和试验方法(idt IEC 61643-21:2000)

3 术语和定义

本标准确立的下列术语和定义适用于本标准。

3.1

绝缘配合 insulation co-ordination

考虑所采用的过电压保护措施后,根据可能作用的过电压、设备绝缘特性及可能影响绝缘特性的因数,合理地确定过电压保护措施和设备绝缘水平的过程。

3.2

电气间隙 clearance

两导电部分在空气中的最短距离。

3.3

过电压 overvoltage

峰值大于在正常运行下稳态电压的相应峰值的任何电压。

3.4

瞬态过电压　transient overvoltage

振荡和非振荡的(通常未高阻尼的),持续时间只有几毫秒或更短时间的过电压。

3.5

雷电过电压　lightning overvoltage

由于雷击在系统中任何位置上出现的瞬态过电压。

3.6

雷电冲击耐受电压　lightning impulse withstand voltage

在规定的条件下,不造成设备击穿、具有一定波形和极性的最高雷电冲击电压峰值。

3.7

工作电压　working voltage

在额定电源电压下,可能产生在设备的任何绝缘两端的最高交流电压有效值或最高直流电压值。

3.8

外绝缘　external insulation

空气间隙及设备固体绝缘的外露表面,它承受电压并受大气、污秽、潮湿和异物等外界条件的影响。

3.9

内绝缘　internal insulation

设备内部绝缘的固体、液体或气体部分,它基本不受大气、污秽、潮湿和异物等外界条件的影响。

3.10

绝缘配合因数　insulation coordination factor

设备的标准耐受电压和保护装置相应的保护水平之比。

3.11

期望雷电过电压　expected lightning overvotag

通过重复测量设备上可能出现的雷电过电压所得到的平均值。期望和方差或标准差是描述雷电过电压分布的重要特征。

3.12

耐受电压　withstand voltage

在规定条件下的耐压试验中所施加的试验电压值,期间允许发生规定次数的破坏性放电。

注:在低电压技术中,一般采用惯用法:允许发生破坏性放电的次数为零。

3.13

绝缘水平　insulation level

由一个或几个绝缘耐受电压值所表征的设备特性。设备的绝缘水平也称为设备的标准耐受电压。

3.14

保护装置　protective device

用于保护设备免受高的瞬态过电压并能限制工频续流持续时间和幅值的装置(对于电子设备系统应该保证其正常工作,例如对传输特性只能有可以接受的影响)。

3.15

保护装置的雷电冲击保护水平　lightning impulse protective level of protective device

在规定的条件下,雷电冲击保护装置端子间的最大允许峰值电压。

3.16

端口　port

低压电子设备与外部电磁环境的特定界面接口(见图1),包括外壳端口、电源端口(直流电源和交流电源)、信号端口和功能接地端口。

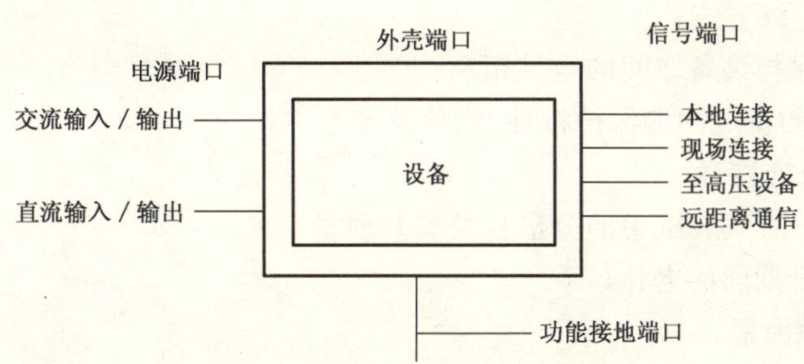

图1　设备的端口示意图

4　使用条件

4.1　标准参考大气条件

温度　　$t=20$℃

气压　　$P=101.3$ kPa

绝对湿度　　$h=11$ g/m^3

4.2　正常使用条件

适用于下列使用条件下运行的设备:

a)　周围环境最高温度不超过40℃;

b)　安装地点海拔不超过1 000 m;

c)　空气相对湿度不超过85%。

5　绝缘配合的基本原则

5.1　绝缘配合

根据设备的耐雷电冲击特性及可能影响绝缘特性的因数,考虑采用的雷电冲击保护措施,从安全运行和技术经济性两方面确定设备的绝缘水平。

5.2　设备上的作用电压

本标准所考虑的设备上的作用电压为雷电过电压。

5.3　绝缘试验

本标准考虑雷电冲击电压绝缘试验。

5.4　绝缘配合的方法选择

绝缘配合采用惯用法,即雷电过电压与设备耐受电压之间,按照其各自特性和运行经验,选取适宜的配合因数。

5.5　雷电过电压下的绝缘配合

5.5.1　有保护装置保护的设备

对受避雷器或SPD保护的设备,其额定雷电冲击耐受电压由避雷器或SPD的雷电冲击保护水平乘以配合因数K计算选定。

5.5.2　无保护装置保护的设备

对未安装避雷器或SPD进行保护的设备,其额定雷电冲击耐受电压由期望雷电过电压水平乘以配合因数K计算选定。

5.5.3 绝缘配合因数 K 的选取

选取配合因数 K 时应考虑下列因素：

a) 绝缘类型及特性；

b) 被保护设备的重要性；

c) 被保护设备的进线方式；

d) 保护设备和被保护设备之间的电气距离；

e) 避雷器或 SPD 的雷电冲击保护特性、幅值及分散性；

f) 过电压幅值及分布特性；

g) 大气条件、设备生产、装配中的分散性及安装质量；

h) 绝缘在预期寿命期间的老化；

i) 试验方法及其他因素。

一般情况下，对于电力线路，配合因数 $K \geqslant 1.3$；对于电子设备和/或系统，配合因数 $K \geqslant 1.5$。

6 绝缘水平

6.1 绝缘水平选择

6.1.1 直接由低压电网供电的设备

使用在配电装置电源端的设备，对应于三相电源的电压 220 V/380 V、400 V/690 V、1 000 V，其冲击耐受电压分别为 6 kV、8 kV、12 kV。

一般的耗能设备，包括器具、可移动式工具、家用和类似用途的负载，冲击耐受电压根据其电源系统的额定电压确定，对应于三相电源的电压 220 V/380 V、400 V/690 V、1 000 V 的冲击耐受电压分别为 2.5 kV、4 kV、6 kV。

当低压电网具有很好的限制暂态过电压措施时，如具有过电压保护的电子电路，连接至该电路的设备，冲击耐受电压根据其电源系统的额定电压确定，对应于三相电源的电压 220 V/380 V、400 V/690 V、1 000 V 的冲击耐受电压分别为 1.5 kV、2.5 kV、4 kV。

6.1.2 非直接由低压电网供电的系统和设备

此类设备和系统可以是通信、工业控制系统或载运装置中的独立设备和系统。其冲击耐受电压可采用 6.2 中推荐的优先值。具体选择原则如下：

保护良好的电气环境。所有引入的电缆都有过电压保护，各电子设备单元由设计良好的接地系统连接，且该接地系统不会受到电力设备和雷电的影响，电子设备有专用电源，一般情况下，对于电子设备的冲击耐受电压不低于额定工作电压的 2.5 倍。

有部分保护的电气环境。所有引入的电缆都有过电压保护，各电子设备单元由设计良好的接地系统连接，且没有直接与高压设备相连接的电缆、长度相对较短(例如几十米以下的电缆)、在同一建筑物内与通信有关的电缆，冲击耐受电压不超过 500 V。

电缆隔离良好的电气环境。设备组通过单独的接地线接至电力设备的接地系统上，电子设备的电源主要靠专门的变压器与其他线路隔离，低压控制设备间的连接电缆等，冲击耐受电压不超过 1 kV。

电源电缆与信号电缆平行敷设的电气环境。设备组通过电力设备的公共接地系统接地，与电信网或远方设备相连接，可以达到接地网边缘的通信电缆，冲击耐受电压不超过 2 kV。

互连线作为户外电缆，沿电源电缆敷设，并且这些电缆作为电子和电气线路的电气环境。设备组连接到电力设备的接地系统，该接地系统容易遭受雷电产生的过电压。冲击耐受电压不超过 4 kV。

特殊环境则在电子设备的产品技术要求中规定。

6.2 冲击耐受电压的优选值

绝缘配合采用的额定冲击耐受电压的优选值如下：

10 V、20 V、60 V、80 V、100 V、120 V、150 V、220 V、330 V、500 V、800 V、1 kV、1.5 kV、2.5 kV、

4 kV、6 kV、8 kV、12 kV。

7 避雷器或SPD保护水平

避雷器保护水平对应避雷器标称放电电流下的残压，应根据GB/T 11032—2000确定。SPD保护水平对应SPD的限制电压，对于低压配电系统的SPD，应按GB/T 18802.1—2002方法进行试验，并取各类试验中的最大值，电压保护水平的优选值应符合GB/T 18802.1—2002；对于电信和信号网路的SPD，应按GB/T 18802.21—2004的试验方法确定。

8 试验规定

8.1 目的

试验的目的在于验证设备是否符合决定其绝缘水平的额定耐受电压，验证SPD的保护水平及分散性，SPD的保护水平及分散性是决定SPD质量的重要指标。

8.2 雷电冲击耐受电压试验

雷电冲击耐受电压试验是对绝缘施加规定次数和规定值的雷电冲击电压试验。参照GB/T 16935.1的方法，施加雷电冲击电压次数为5次正极性、5次负极性，波形为1.2/50 μs。

ICS 29.100.99
K 30

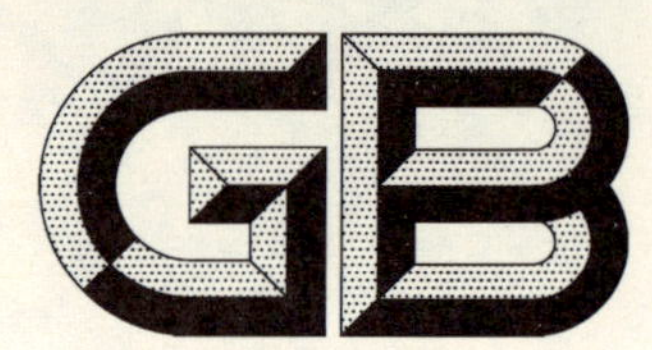

中华人民共和国国家标准

GB/T 21705—2008

低压电器电量监控器

Power monitor for low-voltage electrical apparatus

2008-04-24 发布　　2008-12-01 实施

中华人民共和国国家质量监督检验检疫总局
中国国家标准化管理委员会　发布

前　言

本标准由中国电器工业协会提出。

本标准由全国低压电器标准化技术委员会(SAC/TC 189)归口。

本标准负责起草单位:上海电器科学研究所(集团)有限公司。

本标准参加起草单位:苏州万龙集团有限公司、施耐德电气(中国)投资有限公司、常熟开关制造有限公司。

本标准主要起草人:施惠冬、季慧玉、阮于东、周积刚。

本标准参加起草人:袁俊杰、管瑞良、程玉标、韩光辉。

引　言

本标准是依据IEC和国家相关电能质量标准，根据目前低压电器电量监控器市场发展的要求制定的。其目的在于规范低压电器电量监控器的开发、生产和检验。

本标准在制定过程中结合了我国电力系统的特点和低压电器电量监控器的生产现状，参阅了IEC及IEEE等国际和国外标准化组织的相关标准及文献，参考了法国、德国等国际公司现场总线的行业规范。

本标准有关准确度要求和影响量引起的误差主要参考GB/T 17215—2002《1级和2级静止式交流有功电能表》(idt IEC 61036:2000)等标准。实际上电子式仪表对于影响量会表现出更好的性能特性。由于GB/T 17215—2002未针对电子式仪表作出新的定义，而沿用GB/T 15283—1994《0.5、1和2级交流有功电能表》(idt IEC 60521:1988)中的规定，同时考虑到修改需要实践数据(经验)的积累，因此本标准沿用目前现行有效的标准，准备在今后的修订中再针对电子仪表的特点作出相应的修改。

低压电器电量监控器

1 范围

本标准适用于一般低压电器电量监控器和基于现场总线的电量监控器(以下简称监控器),本标准规定的监控器适用于参比频率为50 Hz(或60 Hz)的电路,能检测电压、电流、有功功率、无功功率、功率因数、频率、电能等参数,也可附带开关量输入和开关量输出,通过开关量输出实现某种保护或控制功能,并可作为监控模块与低压电器配合使用,使不带智能控制的低压电器具有智能控制和网络控制功能。

本标准不适用于便携式监控器。

本标准规定了监控器的分类、工作条件、结构和性能要求、试验方法和试验规则等。

2 规范性引用文件

下列文件中的条款通过本标准的引用而成为本标准的条款。凡是注日期的引用文件,其随后所有的修改单(不包括勘误的内容)或修订版均不适用于本标准,然而,鼓励根据本标准达成协议的各方研究是否可使用这些文件的最新版本。凡是不注日期的引用文件,其最新版本适用于本标准。

GB/T 2423.1—2001 电工电子产品环境试验 第2部分:试验方法 试验A:低温(idt IEC 60068-2-1:1990)

GB/T 2423.2—2001 电工电子产品环境试验 第2部分:试验方法 试验B:高温(idt IEC 60068-2-2:1974)

GB/T 2423.4—1993 电工电子产品基本环境试验规程 试验Db:交变湿热试验方法(eqv IEC 60068-2-30:1980)

GB/T 2423.5—1995 电工电子产品环境试验 第二部分:试验方法 试验Ea和导则:冲击(idt IEC 60068-2-27:1987)

GB/T 2423.10—1995 电工电子产品环境试验 第二部分:试验方法 试验Fc和导则:振动(正弦)(idt IEC 60068-2-6:1982)

GB/T 2423.17—1993 电工电子产品基本环境试验规程 试验Ka:盐雾试验方法(eqv IEC 60068-2-11:1981)

GB 4208—1993 外壳防护等级(IP代码)(eqv IEC 60529:1989)

GB 9254—1998 信息技术设备的无线电骚扰限值和测量方法(idt CISPR 22:1997)

GB/T 13850—1998 交流电量转换为模拟量或数字信号的电测量变送器(idt IEC 60688:1992)

GB 14048.1—2006 低压开关设备和控制设备 第1部分:总则(IEC 60947-1:2001,MOD)

GB/T 15283—1994 0.5、1和2级交流有功电度表(idt IEC 60521—1988)

GB/T 16935.1—2008 低压系统内设备的绝缘配合 第1部分:原理、要求和试验(idt IEC 60664-1:2007)

GB/T 17215—2002 1级和2级静止式交流有功电能表(idt IEC 61036:2000)

GB/T 17626.2—2006 电磁兼容 试验和测量技术 静电放电抗扰度试验(idt IEC 61000-4-2:1995)

GB/T 17626.3—2006 电磁兼容 试验和测量技术 射频电磁场辐射抗扰度试验(idt IEC 61000-4-3:1995)

GB/T 17626.4—1998 电磁兼容 试验和测量技术 电快速瞬变脉冲群抗扰度试验(idt IEC

61000-4-4:1995)

GB/T 17626.5—1999 电磁兼容 试验和测量技术 浪涌(冲击)抗扰度试验(idt IEC 61000-4-5:1995)

GB/T 17626.6—1998 电磁兼容 试验和测量技术 射频场感应的传导骚扰抗扰度(idt IEC 61000-4-6:1996)

IEC 60050-301:1983 国际电工词汇(IEV)第301章:电测量一般术语

IEC 60050-302:1983 国际电工词汇(IEV)第302章:电测量仪表

IEC 60050-303:1983 国际电工词汇(IEV)第303章:电子测量仪表

IEC 60736:1982 电能表试验设备

3 定义

本标准采用下列定义。

下列定义中的大部分摘自IEC 60050-301:1983、IEC 60050-302:1983、IEC 60050-303:1983的有关章节。为了便于理解,本标准中也增加了一些新的定义和经修改的IEV定义。

3.1

误差 error

被测量实测值与被测量真值的偏差。

3.2

基本误差 intrinsic error

在参比条件下确定的误差。

3.3

绝对误差 absolute error

被测量实测值与被测量真值的差值。

3.4

引用误差 reference error

被测量绝对误差与被测量量程的比值,一般用百分数表示。

3.5

由基准值的百分数表示的误差 error expressed as a percentage of the fiducial value

误差与基准值的比值乘以100%。

3.6

影响量引起的改变量(简称:改变量) variation due to an influence quantity

某一影响量相继取两个不同的规定值时,对同一被测量值产生的两个输出信号之差。

3.7

由基准值的百分数表示的影响量引起的改变量 variation due to an influence quantity expressed as a percentage of the fiducial value

影响量引起的改变量与基准值的比值乘以100%。

3.8

准确度 accuracy

测量结果偏离真值(约定真值)的程度。

3.9

准确度等级 accuracy class

其准确度可用同一数字标定的分级。

3.10

等级指数　class index

表示准确度等级的数字。

注：等级指数既适用于基本误差也适用于改变量。

3.11

许可的最大需量　authorized maximum demand

由用户事先要求并由供电企业按协议条款提供的供电容量可达到的最大值。

3.12

辅助电源　auxiliary supply

在监控器内供给数据处理单元等工作的电源。

3.13

基本绝缘　basic insulation

为防止电击，对带电部件采取的一种基本保护的绝缘。

注：基本绝缘不一定包括仅用于功能目的的绝缘。

3.14

功能绝缘　functional insulation

导体部分之间仅适用于设备特定功能所需要的绝缘。

3.15

加强绝缘 reinforced insulation

设置在带电部分上的一种单独的绝缘结构，主要在有关标准规定的条件下提供与双重绝缘相等的防触电等级的绝缘。

注：一个单独的绝缘结构不意味该绝缘必须是一同质的部件，它可有许多层次组成，而这些层次不能按基本绝缘或附加绝缘单独地进行试验。

3.16

附加绝缘　supplementary insulation

除用于故障保护的基本绝缘外，另外再设置的独立绝缘。

3.17

双重绝缘　double insulation

由基本绝缘和附加绝缘两者组成的绝缘。

3.18

电气间隙　clearance

两导电部分之间在空气中的最短距离。

3.19

爬电距离　creepage distance

两导电部件间沿绝缘材料表面的最短距离。

3.20

数据处理单元　data processing unit

对输入信息进行数据处理的监控器部件。

3.21

需量　demand

以千瓦或千伏安表示的供电功率。

3.22

电磁骚扰　electromagnetic disturbance

破坏性电磁能从一个电子设备通过辐射或传导传到另一个电子设备的过程。

3.23

I/O 报文　I/O message

I/O 连接是在一个生产(产生数据)应用及一个或多个消费应用之间提供的专用的,具有特定用途的通信路径。在这个路径传送特定的应用数据。在 I/O 连接之间传送的数据报称为 I/O 报文。I/O 报文的内容是预先约定的(通过设备描述),一般仅包含约定长度、结构的应用数据。I/O 报文是周期重复传送的,传送周期是在网络配置阶段确定的。

3.24

现场总线　fieldbus

现场总线是指安装在制造或过程区域的现场装置与控制室内的自动装置之间的数字式、串行、多点双向通信的数据总线。

3.25

基本量程　basic range

误差最小的量程。

3.26

谐波(分量)　harmonic(component)

周期量的傅里叶级数中序数大于 1 的分量(即基波以外的频率分量)。

3.27

均匀电场　homogeneous field

电极之间的电压梯度基本恒定的电场(一致电场),例如两个球之间每一球的半径均大于二者间的距离的电场。

3.28

冲击耐受电压　impulse withstand voltage

在规定的条件下,监控器能够耐受而不击穿的具有规定形状和极性的冲击电压峰值。该值与电气间隙有关。

监控器的额定冲击耐受电压应等于或大于该监控器所处的电路中可能产生的瞬态过电压规定值。

3.29

非均匀电场　inhomogeneous field

电极之间的电压梯度基本不恒定的电场(非一致电场)。

3.30

微观环境　macro-environment

特别会影响确定爬电距离尺寸的绝缘附近的环境。

3.31

测量范围　measurement range

输入信号能够被测量的连续值域。

注:双极性仪器应包括正、负两个值域。

3.32

测量单元　measuring unit

产生与被计量的电量成比例输出的监控器部件。

3.33

过电压　overvoltage

峰值大于在正常运行下最大稳态电压的相应峰值的任何电压。

3.34

峰值响应　peak-responding

在规定频率范围内，对于具有各种谐波分量的周期波形，其测量结果等于输入交流信号的峰值。

3.35

电量监控器　power monitor

由测量单元和数据处理单元等组成，除测量电压、电流、功率因数等电参量外，还可具有计量有功(无功)电能量、分析谐波等功能，并能显示、储存和输出数据的仪器。

3.36

量程　range

满足规定误差极限的测量范围。测量范围的最大值或最小值即为量程的上限值或下限值。

3.37

额定值　rated value

制造厂对监控器的一个规定的工作条件所指定的量值。

3.38

真有效值方法　real virtual value method

按有效值定义直接测量方均根值的方法。

3.39

(周期性)再现峰值电压　periodic recurring peak voltage

由于交流电压畸变或交流分量叠加在直流电压上使电压波形发生周期性振幅偏移的最大峰值电压。

注：不规则的过电压(例如，由于偶尔通断操作产生的过电压)不认为是再现峰值电压。

3.40

参比值　reference value

一组参比条件之一的规定值。

3.41

参比频率　reference frequency

确定监控器有关特征的频率值。

3.42

计度器　register

机电或电子的装置。由存储器和显示器组成，用以储存和显示信息。

3.43

相对误差　relative error

被测量绝对误差与被测量真值的比值，一般用百分数表示。

3.44

分辨率　resolution

仪器能够显示出的被测量最小增量。

注：仪器最灵敏量程的分辨率即该仪器的最高分辨率。

3.45

有效值响应　virtual value responding

在测量交流信号时，对于在规定频率范围内和峰值因数下的输入波形，其测量结果等于它的方均根值(RMS)。

3.46

方均根值　root-mean-square value

各瞬时值的平方的平均值的平方根，对于周期量，时间间隔是一个周期。

3.47

温度系数　temperature coefficient

测量示值随温度的变化率。

3.48

暂态过电压　temporary overvoltage

持续相对长时间(对应于瞬态过电压)的工频过电压。

3.49

瞬态过电压　transient overvoltage

振荡的或非振荡的,通常为高阻尼的,持续时间只有几毫秒或更短的短时间过电压。

3.50

型式试验　type test

对按某一设计而制造的一个或多个电器所进行的试验,以表明这一设计符合一定的规范(IEV 151-04-15)。

4　产品分类、分级

4.1　按接入线路的方式分类

按接入线路的方式可分为直接接入式、互感器接入式。

注:通常监控器的电流线路采用互感器接入式,电压线路可采用直接接入式或互感器接入式。

4.2　按适用的电源相数和线数分类

按适用的电源相数可分为单相二线、三相三线和三相四线。

4.3　按测量的准确度等级分类

按测量的准确度等级可分为:0.2、0.5、1、2 级。

以等级指数表示的准确度等级分级,每种功能可以有不同的等级指数,直流和交流应认为是电流和电压测量的两种不同的测量功能,并且功能的某些范围可以有与其他范围不同的等级指数。

注:一般来讲,电能计量的等级指数是在参比条件下测试,在 $0.05I_n \sim I_{max}$ 间的全部电流值上、功率因数为 1(三相监控器为平衡负载)时规定的允许百分数误差(=((记录电能－真值电能)/真值电能)×100%)极限的数字。电压、电流和功率等计量的等级指数是表示准确度等级的数字,用基准值(作为确定准确度参考的值,例如量程、测量范围的上限等)的百分数表示的基本误差(=((测量值－真值)/基准值)×100%)不得超过相应于其准确度等级的限值。

4.4　按结构形式分类

按结构形式可分为分体式监控器和整体式监控器。

5　正常使用、安装条件和参比条件

5.1　正常使用条件

满足本标准规定的监控器应能在如下条件下运行。

非标准使用条件可按制造厂和用户的协议确定。

5.1.1　电源

5.1.1.1　辅助电源

辅助电源为监控器所需的工作电源,也可从被测量电路取得。

——AC:220(230)V、380(400)V;

——DC:24 V、48 V、110 V、220 V。

5.1.1.2　标称工作电压

标称工作电压是监控器输入端的输入工作电压,见表 1。

表 1 标称工作电压

监控器	标准值 V	例外值 V
直接接入	120、220、230、277、380、400、480	100、127、200、240、415
经电压互感器接入	57.7、63.5、100、110、115、120、200	173、190、220

5.1.1.3 参比频率

——50 Hz;或

——60 Hz。

5.1.1.4 标称工作电流和最大电流 I_{max}

标称工作电流见表 2。

表 2 标称工作电流

接入线路方式	基本电流 I_b 推荐值 A	接入线路方式	额定电流 I_n 推荐值 A
直接接入式	5、10、20、30、40	经互感器接入式	1、2、5

最大电流 I_{max} 规定如下:

对直接接入式监控器,最大电流的优先值应为基本电流的整数倍,例如,基本电流的 4 倍;

对互感器接入式监控器,应注意监控器的电流范围与电流互感器的二次电流范围相匹配。监控器的最大电流为 1.2 I_n、1.5 I_n 或 2 I_n。

制造厂应规定监控器的最大电流 I_{max}。

5.1.2 周围空气温度

除非制造厂另有规定时,监控器的温度范围如表 3 所示。

表 3 温度范围

正常工作温度范围	0℃~+45℃[a]
极限工作温度范围	-20℃~+60℃
储存和运输极限温度范围	-25℃~+70℃

[a] 符合 GB/T 13850—1998 中环境条件Ⅱ(用于对极端条件有防护的环境中,介于精心管理的室内与户外之间的环境条件)。

5.1.3 海拔

监控器安装地点的海拔不超过 2 000 m。

5.1.4 大气条件

5.1.4.1 湿度

最高温度为+40℃时,空气的相对湿度不超过 50%;在较低的温度下可以允许有较高的相对湿度,例如+20℃时达 90%。对由于温度变化偶尔产生的凝露应采取特殊的措施。

5.1.4.2 污染等级

监控器的污染等级为 3 级。

5.1.5 过电压类别(安装类别)

监控器的安装类别为Ⅲ或Ⅳ。

5.2 参比条件

影响量的参比条件和试验允许误差见表 4。

表 4　影响量的参比条件和试验允许误差

影响量		参比条件(另有标志除外)	试验时允许误差 (适用于一个参比值)
环境温度		+15℃～+30℃	±1℃
输入量频率	非频敏式	标称值	±2%
	频敏式	标称值	±0.1%
输入量波形		正弦	畸变因数×100 不超过等级指数 制造厂另有规定除外
输出负载		按制造厂规定	±1%
辅助电源	交流电压	标称值	±2%
	直流电压	标称值	±1%
	频率	标称值	±1%
	畸变因数	0.05	＜0.05
外磁场		零	0.05 mT

5.3　安装

监控器应按制造厂的说明书安装。

6　结构和性能要求

6.1　结构要求

6.1.1　一般机械要求

监控器的设计和结构应能保证在额定工作条件下和正常工作位置使用时不引起任何危险，尤其应保证：

——防电击的人身安全；

——防过高温度的人身安全；

——材料应具有相应的耐非正常热和火；

——防固体异物和灰尘的进入。

在正常工作条件下易受腐蚀的所有部件应予以有效防护。在正常工作条件下，任一保护层不应由于一般的操作而损坏，也不应由于在空气中暴露而损坏。

注：用在腐蚀环境中的监控器应满足订货合同规定的附加要求(例如：盐雾试验按 GB/T 2423.17—1993 要求)。

6.1.2　外壳

监控器外壳的构造和安排应能保证在出现非永久性变形时不妨碍监控器正常工作。

监控器前面板应符合 GB 4208—1993 中规定的防护等级 IP40，外壳应符合防护等级 IP20。

除非另有规定，在参比条件下接入对地电压超过 250 V 电网的监控器，且外壳的全部或部分是金属材料时，应装有保护接地端子。

6.1.3　接线端子

接线端子的结构应保证良好的电接触和预期的载流能力，其所有的接触部件和载流部件都应由导电的金属制成，并应有足够的机械强度。

接线端子的连接应该用螺钉、弹簧或其他等效方法与导体连接以便保证维持必要的接触压力。

接线端子的结构应能在适合的接触面间压紧导体，而不会对导体和接线端子有任何显著的损伤。

接线端子应设计成不允许导体移动或其移动不应有害于监控器的正常运行及不应使绝缘电压值下降至低于额定值。

6.1.4 冲击

监控器在非工作状态、无包装条件下，应能承受半正弦脉冲的加速度试验。试验后不应有破裂、变形及内部各零部件松动、损坏。通电后程序仍应正常，且内存不丢失。

6.1.5 振动

监控器在非工作状态、无包装条件下，应能承受三个互相垂直的轴线上依次进行的振动试验。试验后不应有破裂、变形及内部各零部件松动、损坏。通电后程序仍应正常，且内存不丢失。

6.1.6 电气间隙和爬电距离

监控器的电气间隙和爬电距离根据其额定工作电压、过电压类别、污染等级等有关条件按 GB 14048.1—2006中表13和表15有关规定确定。电子线路板的爬电距离按GB/T 16935.1—2008中表F.4的污染等级2及相应的工作电压的有关规定确定。

6.2 性能要求

6.2.1 功能

6.2.1.1 基本功能

6.2.1.1.1 实时量测量

监控器可具有以下的测量功能：

a) 电压，以真有效值方法测量系统的各相电压和各线电压；

b) 电流，以真有效值方法测量系统的各相电流或各线电流；

c) 有功功率，测量各相有功功率和系统总的有功功率；

d) 无功功率，测量各相无功功率和系统总的无功功率；

e) 视在功率，测量各相视在功率和系统总的视在功率；

f) 功率因数，测量各相功率因数和系统平均功率因数；

g) 频率，以测得的A相电压频率作为系统频率；

h) 三相不平衡度，包括电压不平衡度和电流不平衡度。

6.2.1.1.2 电能计量

计量单向或双向有功电能、单向或双向或四象限无功电能，亦可按时段来计量电能，并储存其数据。

6.2.1.1.3 通信接口

监控器可具有电气隔离的数据通信接口电路，采用现场总线技术或基本通信协议实现远程数据信息采集和交换。通信规约及通信方式由制造厂确定，可采用相应的现场总线通信协议，例如：Modbus、DeviceNet、Profibus等。

6.2.1.2 扩展功能

a) 谐波分析；

b) 事件记录；

c) 日负荷曲线记录，数据保存容量1天～36天；

d) 失压记录和失压计时功能；

e) 负荷监控功能；

f) 需量功能；

g) 开关量输入功能；

h) 电量脉冲输出或开关量输出功能，采用光学电子线路输出、继电器触点输出、电子开关元件输出等方式；

i) 根据实时测量和预置值的比较，驱动输出实现某种保护功能。

6.2.2 电气性能

6.2.2.1 测量回路功率消耗

6.2.2.1.1 电压线路

在参比电压、参比温度和参比频率下，监控器的每一电压线路的视在功率损耗不应超过0.5 VA。

6.2.2.1.2 电流线路

在参比温度和参比频率下，每一电流线路电流值等于额定电流值时的视在功率不应超过 0.5 VA。

6.2.2.2 电压影响

6.2.2.2.1 电压范围

电能测量的电压范围见表 5，电压和功率测量的电压的范围按制造厂规定的量程。

表 5 电能测量电压范围

规定的工作范围	$0.9U_n \sim 1.1U_n$
极限工作范围	$0.8U_n \sim 1.15U_n$

6.2.2.2.2 电压跌落和短时中断对电能测量的影响

电压跌落和短时中断不应使计度器产生大于 x(kW·h) 的改变，测试输出不应产生大于 x(kW·h) 的脉冲信号量。x 值由下式算出

$$x = mU_n I_{max} \times 10^{-6}$$

式中：

m——测量单元数；

U_n——参比电压，单位为伏(V)；

I_{max}——最大电流，单位为安(A)。

当电压恢复后，不应使监控器计量特性降低。试验见 7.5.2。

6.2.2.3 自热影响

在参比条件下，由自热引起的误差改变量不应超过表 6 给出的值。

注：规定的参比条件见 5.2，这里的参比条件是指除了下表规定量值以外的其他参比量均符合 5.2 的参比量值。

表 6 自热引起的改变量

电流、电压、功率和频率等计量	电能计量					
以等级指数的百分数表示的改变量	电流值	功率因数	各等级监控器以百分数误差表示的改变量极限			
			0.2	0.5	1	2
100%	I_{max}	1	0.1	0.2	0.7	1.0
		0.5 感性	0.1	0.2	1.0	1.5

6.2.2.4 温升

监控器在室温+10℃～+40℃的条件下，电流线路通以最大电流 I_{max}，电压线路包括辅助电源线路施加 115% 的参比电压，用电阻法或热电偶法测量各部件的温升，其外壳表面温升应不超过 25 K，线圈温升应不超过 60 K，且各部件不应损坏，工作正常，绝缘性能仍应符合 7.5.5 要求。

6.2.2.5 绝缘性能

监控器应能经受 7.5.5 规定的冲击耐受电压试验和工频耐受电压试验。试验时不应出现电弧放电或击穿，并应保持数据及程序不改变，准确正常工作。

6.2.2.6 接地故障的抑制

对三相四线经互感器工作的，并接入带接地故障抑制器或中性点不接地的星形配电网络上的监控器(在接地故障及线对地产生 10% 过电压情况下，不受接地故障影响的两线的对地电压将会达到 1.9 倍的标称电压)，规定有下述要求。

在三线中的某一线上进行模拟接地故障状态的试验中，各线电压提高至标称电压的 1.1 倍历时 4 h。试验时，监控器的中性端与测量试验设备 (MTE) 的接地端断开，并与 MTE 中模拟接地故障的一端连接，见图 1。这时不受接地故障影响的两电压端的电压为相电压的 1.9 倍。试验时，电流线路设定电流为 $0.5I_n$，功率因数为 1，对称负载。试验后，监控器不应出现损坏，并且应能正常工作。

当监控器恢复到标称工作温度时，在参比条件下(见6.2.2.3的注)，误差的变化量不应超过表7中规定的极限值。

表7 接地故障引起的误差变化量

电流、电压、功率和频率等计量	电能计量					
以等级指数的百分数表示的改变量	电流值	功率因数	各等级监控器以百分数误差表示的改变量极限			
			0.2	0.5	1	2
100%	I_n	1	0.3	0.5	0.7	1.0

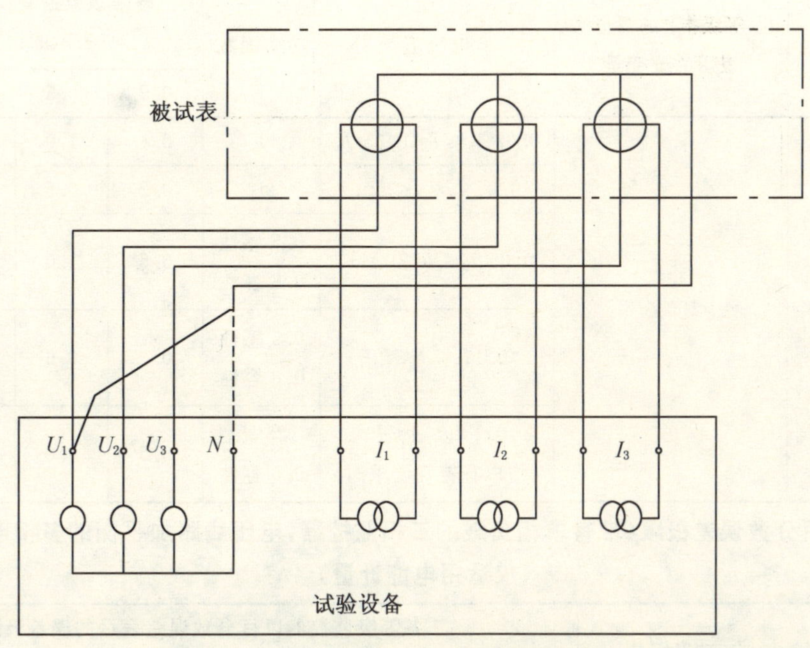

模拟第1相接地故障状态线路

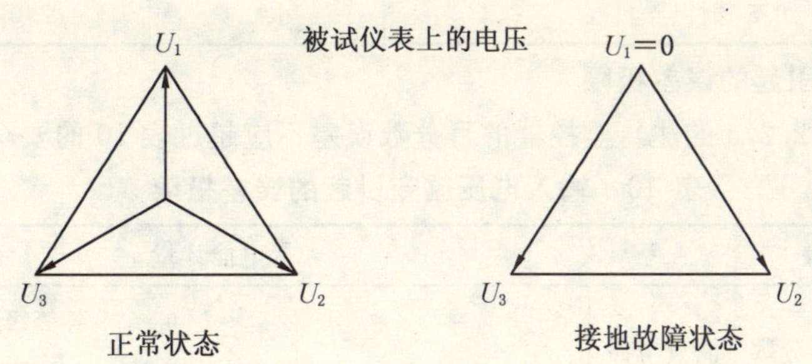

图1 接地故障抑制试验线路图

6.2.3 电磁兼容(EMC)

6.2.3.1 电磁骚扰的抗扰度

监控器的设计应保证传导和辐射以及静电放电的电磁骚扰不使监控器损坏或不受实质性影响。所考虑的电磁骚扰包括：静电放电、高频电磁场、电快速瞬变脉冲群、浪涌、射频场感应等。

试验见7.6。

6.2.3.2 无线电干扰抑制

监控器不应产生能干扰其他设备的传导和辐射的噪声。

试验见 7.6。

6.2.4 准确度要求

6.2.4.1 输入电流改变引起的误差极限

在参比条件下(见 6.2.2.3 的注),监控器的百分数误差不应超过表 8 和表 9 的要求。

表 8 百分数误差极限(单相监控器和带平衡负载的三相监控器)

<table>
<tr><th colspan="2">相角和功率因数计量</th><th colspan="6">电能计量</th></tr>
<tr><th rowspan="2">电流值</th><th rowspan="2">以等级指数的百分数表示的改变量</th><th rowspan="2">电流值</th><th rowspan="2">功率因数</th><th colspan="4">各等级监控器以百分数误差表示的误差极限</th></tr>
<tr><th>0.2</th><th>0.5</th><th>1</th><th>2</th></tr>
<tr><td rowspan="5">标称值±20%</td><td rowspan="5">100%</td><td>$0.02\ I_n \leqslant I < 0.05\ I_n$</td><td>1</td><td>0.4</td><td>1.0</td><td>1.5</td><td>2.5</td></tr>
<tr><td>$0.05\ I_n \leqslant I < I_{max}$</td><td>1</td><td>0.2</td><td>0.5</td><td>1.0</td><td>2.0</td></tr>
<tr><td>$0.05\ I_n \leqslant I < 0.1\ I_n$</td><td>0.5 感性
0.8 容性</td><td>0.5</td><td>1.0</td><td>1.5</td><td>2.5</td></tr>
<tr><td>$0.1\ I_n \leqslant I < I_{max}$</td><td>0.5 感性
0.8 容性</td><td>0.3</td><td>0.6</td><td>1.0</td><td>2.0</td></tr>
<tr><td>$0.1\ I_n \leqslant I < I_n$
(用户有特殊要求时)</td><td>0.25 感性
0.5 容性</td><td>0.5</td><td>1.0</td><td>3.5</td><td>7.0</td></tr>
</table>

表 9 百分数误差极限(带有单相负载的三相监控器,电压线路加平衡的多相电压)
(仅适用电能计量)

<table>
<tr><th rowspan="2">电流值</th><th rowspan="2">功率因数</th><th colspan="4">各等级监控器以百分数误差表示的误差极限</th></tr>
<tr><th>0.2</th><th>0.5</th><th>1</th><th>2</th></tr>
<tr><td>$0.05\ I_n \leqslant I < I_{max}$</td><td>1</td><td>0.3</td><td>0.6</td><td>2.0</td><td>3.0</td></tr>
<tr><td>$0.1\ I_n \leqslant I < I_{max}$</td><td>0.5 感性</td><td>0.4</td><td>1.0</td><td>2.0</td><td>3.0</td></tr>
</table>

6.2.4.2 输入电压改变引起的误差极限

在参比条件下(见 6.2.2.3 的注),监控器的百分数误差不应超过表 10 的要求。

表 10 输入电压改变引起的误差极限

<table>
<tr><th colspan="2">功率、相角和频率等计量</th><th colspan="7">电能计量</th></tr>
<tr><th rowspan="2">测量电路输入电压</th><th rowspan="2">以等级指数的百分数表示的改变量</th><th rowspan="2">测量电路输入电压</th><th rowspan="2">电流值</th><th rowspan="2">功率因数</th><th colspan="4">各等级监控器以百分数误差表示的改变量极限</th></tr>
<tr><th>0.2</th><th>0.5</th><th>1</th><th>2</th></tr>
<tr><td>±20%</td><td>50%</td><td>±10%</td><td>$0.02\ I_n \leqslant I \leqslant I_{max}$
$0.05\ I_n \leqslant I \leqslant I_{max}$</td><td>1
0.5 感性</td><td>0.1
0.2</td><td>0.2
0.4</td><td>0.7
1.0</td><td>1.0
1.5</td></tr>
<tr><td colspan="9">注:电能计量时,电压范围从−20%~−10%和从+10%~+15%时,以百分数误差表示的改变量极限为表中规定值的 3 倍。低于 $0.8U_n$ 时,监控器误差可在+10%和−100%之间改变。</td></tr>
</table>

6.2.4.3 其他影响量引起的误差极限

在参比条件下(见 6.2.2.3 的注),其他影响量引起的误差极限不应超过表 11 的要求。

表 11 其他影响量改变引起的误差极限

影响量	除电能及下面标注的量以外 以等级指数的百分数表示的改变量	电能计量 电流值	功率因数	各等级监控器以百分数误差表示的改变量极限			
				0.2	0.5	1	2
输入量频率改变量±10%	100%(除频率以外)	$0.02\ I_n \leqslant I \leqslant I_{max}$ $0.05\ I_n \leqslant I \leqslant I_{max}$	1 0.5 感性	0.1 0.1	0.2 0.2	0.5 0.7	0.8 1.0
辅助电源频率改变量±10%	50%	—	—	—	—	—	—
逆相序	—	$0.1\ I_n$	1	0.05	0.1	1.5	1.5
辅助电源电压±20%	50%	—	—	—	—	—	—
电压不平衡	—	I_n	1	0.5	1.0	2.0	4.0
电流线路和电压线路中谐波分量	—	$0.5\ I_{max}$	1	0.5	0.5	0.8	1.0
交流电路中的奇次谐波	—	$0.5\ I_n$	1	1.0	1.0	3.0	6.0
交流电路中的次谐波	—	$0.5\ I_n$	1	1.0	1.0	2.0	6.0
外部恒定磁感应	—	I_n	1	2.0	2.0	2.0	3.0
外磁感应强 0.5 mT	100%	I_n	1	0.5	1.0	2.0	3.0
高频电磁场	—	I_n	1	1.0	2.0	2.0	3.0

6.2.4.4 由环境温度改变引起的误差极限

电能计量平均温度系数不应超过表 12 规定的极限。应在 20 K 温度范围内测定给定温度的平均温度系数，即比该温度高出 10 K 和低于 10 K，但不应使该温度在规定的工作温度范围之外。

表 12 电能计量温度系数

电流值	功率因数	各等级监控器的平均温度系数%/K			
		0.2	0.5	1	2
$0.05\ I_n \leqslant I \leqslant I_{max}$	1	0.01	0.03	0.05	0.10
$0.1\ I_n \leqslant I \leqslant I_{max}$	0.5 感性	0.02	0.05	0.07	0.15

对其他计量值，当环境温度在正常工作温度范围变化时所引起的误差改变量见表 13。

表 13 环境温度变化引起的误差改变量

除电能以外的其他量		
使用组别	正常工作温度范围	以等级指数的百分数表示的改变量
Ⅱ	0℃～+45℃	100%
注：使用组别Ⅱ，指用在对极端条件有防护的环境中，并且介于室内使用和户外使用之间的条件中。		

7 试验

7.1 一般试验条件

除非另有规定，所有的试验应在 5.2 的参比条件下进行。被试监控器应按正常使用条件安装和接线。

7.2 结构性能试验

7.2.1 冲击试验

监控器按 GB/T 2423.5—1995 在下列条件下进行试验：

——脉冲波形为半波正弦脉冲；

——峰值加速度：300 m/s^2；

——脉冲宽度：18 ms。

试验后监控器不应出现损坏或信息改变，并应按本标准要求正确工作。

注：按本标准要求能正确工作，表示监控器能按本标准规定的基本功能和扩展功能（适用时）正常工作和显示。

7.2.2 振动试验

监控器按 GB/T 2423.10—1995 进行试验：

——试验程序：A；

——频率范围：10 Hz～150 Hz；

——高交越频率：60 Hz（f<60 Hz 时，恒定的位移，振幅 0.075 mm，而 f>60 Hz 时，恒定的加速度 9.8 m/s^2）；

——1 点控制；

——每一轴向扫频周期数：10 次。

注：10 个扫频周期约需 75 min。

试验后监控器不应出现损坏或信息改变，并应按本标准要求正确工作。

7.3 气候影响试验

在每一项气候试验后，监控器不应出现损坏和信息改变，并应按本标准要求正确工作。

7.3.1 高温试验

本试验应按照 GB/T 2423.2—2001 执行，并在下列条件下进行：

——监控器为非工作状态；

——温度：+70℃±2℃；

——试验时间：72 h。

7.3.2 低温试验

本试验应按照 GB/T 2423.1—2001 执行，并在下列条件下进行：

——监控器为非工作状态；

——温度：−25℃±2℃；

——试验时间：72 h。

7.3.3 交变湿热试验

本试验应按照 GB/T 2423.4—1993 执行，并在下列条件下进行：

——电压线路和辅助线路接参比电压；

——电流线路无电流；

——变化型式 1；

——上限温度：+40±2℃；

——不采取特殊措施来排除表面的潮气；

——试验时间：6 周期。

此项试验终止后 24 h，监控器应能承受下列试验：

a) 按照 7.5.5 进行绝缘性能试验，其中脉冲电压应乘以因数 0.8。

b) 功能试验。监控器不应出现损坏或信息变化，并能准确工作。

交变湿热试验也可作为腐蚀试验。目测试验结果，不应出现能影响监控器性能的腐蚀痕迹。

7.4 功能检查

监控器在进行准确度等试验前,应检查其基本功能是否符合要求。

7.4.1 基本功能

7.4.1.1 检查测量和计量功能

按 6.2.1.1.1 和 6.2.1.1.2 的要求检查监控器实时量测量和电能计量功能。

7.4.1.2 检查通信功能

按 6.2.1.1.3 的要求检查监控器的通信功能。监控器按制造厂规定的方式与相应的现场总线系统连接,检查监控器的通信功能,应符合规定的要求。

7.4.1.2.1 通信接口试验

监控器按制造厂规定的方式与相应的现场总线系统连接进行 I/O 通信,连接线长度不超过 2 m,并且系统应运行在监控器所支持的最高波特率之下。

7.4.1.2.2 在正常使用的温度下验证通信功能

监控器分别放置在 0℃±2℃和+45℃±2℃的环境温度下至温度稳定。监控器处于典型应用条件下,陪试品可处于常温条件下。然后进行通信试验,测试其 I/O 报文和参数配置功能,应能达到预定要求。

7.4.1.2.3 在常温下验证通信功能

监控器在常温下测试其 I/O 报文和参数配置功能,所有通信功能应能达到预定要求。

每个监控器在出厂前均应在常温下验证通信功能。

7.4.2 扩展功能

如果监控器具有扩展功能时,应按制造厂规定的功能及 6.2.1.2 的要求验证其扩展功能。

7.5 电气性能试验

7.5.1 功率消耗试验

应在 7.1 和 7.7.1 的试验条件下,测定电压线路和电流线路的功率消耗。功率消耗测量的综合最大误差不应超过 5%。

7.5.1.1 电压线路的功率消耗

在参比条件下,通电达到热稳定,测量每个电压线路流过的电流和电压线路上的电压降,计算电压线路的视在功率,应符合 6.2.2.1.1 的要求。

7.5.1.2 电流线路的功率消耗

在参比条件下,每个电流线路通以额定电流,达到热稳定后,测量每个电流线路上的电压降,计算电流线路的视在功率,应符合 6.2.2.1.2 的要求。

7.5.2 电压影响试验

7.5.2.1 电压降落和短时中断影响试验

7.5.2.1.1 试验条件

a) 电压线路和辅助线路接入参比电压;

b) 电流线路无电流。

7.5.2.1.2 试验方法

a) 电压中断为 $\Delta U=100\%$

——中断时间:1 s;

——中断次数:3;

——中断之间的恢复时间:50 ms。见 GB/T 17215—2002 附录 C,图 C.1。

b) 电压中断 $\Delta U=100\%$

——中断时间:20 ms;

——中断次数:1。见 GB/T 17215—2002 附录 C,图 C.2。

c) 电压降落 ΔU=50%

——降落时间:1 min;

——降落次数:1。见 GB/T 17215—2002 附录 C,图 C.3。

电压降落和短时中断时,计度器不应产生大于 x(kW·h)的变化,输出不应产生大于 x(kW·h)的信号。

7.5.3 自热影响试验

7.5.3.1 自热对电流、电压、功率和频率等测量的影响

监控器在环境温度下不通电至少 4 h。然后在参比条件下预热。通电后连续工作大约相同的被测量值。在 1 min 和 3 min 之间,30 min 和 35 min 之间测定输出信号值,两个输出的差相对于基准值的百分误差不应超过表 6 规定的改变量。

7.5.3.2 自热对电能计量的影响

对于电能计量应如下进行试验:电流线路无电流,电压线路接参比电压至少 2 h 后,在电流线路中施加最大电流 I_{max}。在功率因数为 1 时,施加电流后立刻测量监控器误差,接着以足够短的间隔时间准确地画出作为时间函数的误差变化曲线。此项试验至少应进行 1 h,直至在 20 min 内误差变化不应大于 0.05%(对 0.2 级和 0.5 级)或 0.2%(对 1 级和 2 级)为止。

功率因数为 0.5(感性)时重复上述试验。

按规定测得的误差改变量不应超过表 6 给出的值。

7.5.4 温升影响试验

每一电流线路通最大电流 I_{max},每一电压线路(以及通电持续时间比它们的热时间常数长的那些辅助电压线路)施加 1.15 倍的参比电压,在环境温度为 +40℃时监控器各部件的温升应符合 6.2.2.4 的要求。

在 2 h 的试验期间,监控器不应位于通风或阳光辐射处。

试验后监控器不应出现损坏,并应满足 7.5.5 的绝缘性能试验。

7.5.5 绝缘性能试验

7.5.5.1 一般试验条件

绝缘试验的正常条件为:

——环境温度:+15℃~+25℃;

——相对湿度:45%~75%;

——大气压力:86 kPa~106 kPa。

绝缘性能试验时,应对完整的监控器进行试验,监控器带有表盖和端子盖,接线螺钉应拧到固定最粗导线位置。先进行冲击耐受电压试验,再进行工频耐受电压试验。试验时,非被试线路应与下文指明的“地”连接。

标准中“地”的含义:

a) 如外壳是用金属制造的,“地”是指安装在导电平面上的外壳自身;

b) 如外壳或其一部分是用绝缘材料制造的,“地”是指覆盖在监控器外壳并与所有可触及导电件接触、与安装表底的导电平面连接的导电箔。在端子盖处,应使导电箔尽可能地接近端子和接线孔,距离不大于 2 cm。

7.5.5.2 冲击耐受电压试验

7.5.5.2.1 试验条件

——脉冲波形:标准的 1.2/50 μs 脉冲;

——电压上升时间:±30%;

——电压下降时间:±20%;

——电源阻抗:500 Ω±50 Ω;

——电源能量:0.5 J±0.05 J;

——试验电压:6 kV;

——试验电压允差: +0%
−10%。

每次试验应分别在不同极性下施加 10 次脉冲电压,各脉冲之间最小间隔时间为 3 s。

7.5.5.2.2 **试验方法**

a) 线路和线路之间的冲击耐受电压试验

应对监控器在正常使用中每一相互隔离的线路(或组合线路)单独地进行试验,不经受脉冲电压试验的线路端应接地。

在正常使用中,测量元件的电压线路和电流线路连接在一起时,应对整体进行试验。电压线路的另一端接地,脉冲电压施加于电流线路端和地之间,当监控器的几个电压线路有公共点时,此公共点应接地,脉冲电压依次施加于未连接的(或与其连接的电流线路的)每一端和地之间。

在正常使用中,如同一测量元件的电压线路和电流线路是分离的并且是相互绝缘的(例如与仪用互感器连接的各线路),则应分别对每一线路进行试验。

直接同电网连接或者与/和监控器线路相同的电压互感器连接、参比电压超过 40 V 的辅助线路应按照与电压线路试验的相同条件进行冲击耐受电压试验。其他辅助线路不进行试验。

b) 线路对地的冲击耐受电压试验

监控器所有的线路端,包括参比电压超过 40 V 的辅助线路端均相互连接在一起。

参比电压低于或等于 40 V 的辅助线路应接地,冲击耐受电压施加于所有线路和地之间。

7.5.5.3 **工频耐受电压试验**

7.5.5.3.1 **试验条件**

——电压波形:实际上的正弦波;

——幅值:2 kV;

——频率:45 Hz~65 Hz;

——施加时间:1 min;

——电源容量:≥500 VA。

7.5.5.3.2 **试验方法**

a) 线路相对于地的工频耐受电压试验

试验电压施加于线路与地两点之间,具体是:所有电流、电压线路及参比电压超过 40 V 的辅助电源线路端均相互连接在一起为一点,另一点是地。

b) 线路和线路之间的工频耐受电压试验

试验电压施加在正常工作中不连接的各线路之间。

7.5.6 **接地故障抑制试验**

应检验是否符合 6.2.2.6 规定的接地故障抑制要求。试验线路图见图 1。

试验后,误差的改变量不应超过表 7 的规定。

7.6 **电磁兼容试验**

7.6.1 **一般试验条件**

在下列所有试验中,监控器处于正常工作位置,装上盖板和端子盖,并按制造厂规定的要求与通信系统连接,所有需接地的部件应接地。

试验后,监控器不应出现损坏,并能准确正常地工作。

7.6.2 **静电放电抗扰度试验**

7.6.2.1 **试验条件**

按照 GB/T 17626.2—2006 中规定,并在下述条件下进行:

——接触放电；

——严酷等级：4；

——试验电压：8 kV；

——放电次数：10；

——对监控器在正常操作时，人易触及的部分（例如控制按键、面板等）进行放电。

7.6.2.2 **试验方法**

a) 监控器为非工作条件：

——电压线路、电流线路和辅助线路不通电；

——所有电压线路端及辅助线路端连接在一起，电流端应开路。

静电放电作用后，监控器不应出现损坏或信息的改变，并能准确正常地工作。

b) 监控器在工作条件下：

——电压和辅助线路加参比电压；

——电流线路中无电流，电流端应开路。

静电放电作用后，监控器不应出现损坏或信息的改变，并能正常地工作，电能计度器不应产生大于 x(kW・h) 的变化，测试输出也不应产生大于 x(kW・h) 的变化。x 的计算公式见6.2.2.2.2。

7.6.3 **高频电磁场抗扰度试验**

按照 GB/T 17626.3—2006 中规定，并在下述条件下进行：

——电流线路无电流，电流端开路；

——电压和辅助线路加参比电压；

——频率范围：80 MHz～1 000 MHz；

——严酷等级：3；

——试验场强：10 V/m。

在高频电磁场的作用下，监控器不应出现损坏或信息的改变，并能正常地工作，电能计度器不应产生大于 x(kW・h) 的变化，测试输出也不应产生大于 x(kW・h) 的脉冲信号量。x 的计算公式见6.2.2.2.2。

在额定电流 I_n，功率因数为 1、敏感频率或主振频率上，误差改变量应在表 11 规定的范围内。

7.6.4 **电快速瞬变脉冲群抗扰度试验**

7.6.4.1 **试验条件**

按照 GB/T 17626.4—1998 中规定，并在下述条件下进行。

试验电压应以共模方式施加于地与下列线路间：

——电压线路；

——正常工作时与电压线路分离的电流线路；

——正常工作时与电压线路分离的辅助线路；

——输入/输出电路和数据通信线路。

7.6.4.2 **试验方法**

a) 在额定电流 I_n、功率因数为 1 条件下：

——电压和辅助线路加参比电压；

——严酷等级：3；

——电流和电压线路的试验电压：2 kV；

——参比电压超过 40 V 的辅助线路：1 kV；

——试验时间：在 10 min 内等间隔地作用 3 次，每次作用 1 s。

试验时，监控器不应损坏并能正常工作，监控器的记录值相对于同一负载下无脉冲群作用时记录值的改变，对 1 级及以上等级表和 2 级及以下等级表分别不应大于 4% 或 6%。

b) 电流线路中无电流，电流端开路：

——电压线路和辅助线路加参比电压；

——严酷等级：4；

——电流和电压线路的试验电压：4 kV；

——试验时间：60 s。

在脉冲群的作用下，监控器不应出现损坏或信息的改变，并能正常地工作。电能计度器不应产生大于 x(kW·h) 的变化，测试输出也不应产生大于 x(kW·h) 的脉冲信号量。x 的计算公式见 6.2.2.2.2。

c) 电流线路中无电流，电流端开路，使用电容耦合夹将试验电压耦合至线路上：

——电压线路和辅助线路加参比电压；

——严酷等级：3；

——通过电容耦合夹施加在输入/输出信号、数据、控制及通信线路的试验电压：1 kV；

——试验时间：60 s。

在脉冲群的作用下，监控器不应出现损坏或信息的改变，并能正常地工作。电能计度器不应产生大于 x(kW·h) 的变化，测试输出也不应产生大于 x(kW·h) 的脉冲信号量。x 的计算公式见 6.2.2.2.2。

7.6.5 浪涌试验

按照 GB/T 17626.5—1999 中规定，并在下述条件下进行。

试验电压应施加于下列线路(端)间：

——电压线路端之间；

——正常工作时与电压线路分离的辅助线路端之间；

——电压线路各端与地之间；

——正常工作时与电压线路分离的辅助线路各端与地之间；

——正常工作时与电压线路分离的电流线路与地之间。

电流线路无电流，电流端开路：

——电压线路和辅助线路加参比电压；

——严酷等级：4；

——试验电压：4 kV；

——波形：1.2/50 μs；

——极性：正、负；

——试验次数：正负极性各 5 次；

——重复率：1 min 一次。

在电浪涌的作用下，监控器不应出现损坏或信息的改变，并能正常地工作。电能计度器不应产生大于 x(kW·h) 的变化，测试输出也不应产生大于 x(kW·h) 的脉冲信号量。x 的计算公式见 6.2.2.2.2。

注：此项试验不考核通信接口。

7.6.6 无线电干扰试验

无线电干扰试验应按 GB 9254—1998 中 B 级设备的规定，并在下述条件下进行：

——电压和辅助线路加参比电压；

——电流线路中无电流，电流端开路；

——1 m 长未屏蔽的电缆应用于连接电压电路。

注：通信接口可不参与此项试验。

7.6.7 射频场感应的传导骚扰抗扰度试验

本试验应按 GB/T 17626.6—1998 中的规定，并在下述条件下进行：

——电压和辅助线路加参比电压；

——频率范围：150 kHz～80 MHz；

——电压：10 V rms. 调幅波；

——电流线路中无电流，电流端开路。

在射频场的作用下，监控器不应出现损坏或信息的改变，并能正常地工作。计度器不应产生大于 x(kW·h)的变化，测试输出也不应产生大于 x(kW·h) 的脉冲信号量。x 的计算公式见 6.2.2.2.2。

7.7 准确度试验

7.7.1 试验条件

为检验 6.2.4 规定的准确度要求，应保持下列条件：

a) 监控器应装在外壳内；

b) 进行试验之前，各线路应通电并达到热稳定；

c) 此外，监控器应该：

——符合接线图所示的相序；

——电压和电流应基本平衡（见表 14）。

表 14 电压和电流平衡

监控器	
每一相对中性线间的电压和任二相间的电压与对应的电压平均值之差不大于	±1%
每一导体中的电流与平均电流之差不应大于	±2%
这些电流的每一电流与对应的相对中性线的电压的相位，它们相互间的差不应大于(不考虑相位角)	2^0

参比条件应符合 5.2 的要求。

试验装置要求见 IEC 60736：1982。

7.7.2 影响量试验

应检验是否满足 6.2.4.1～6.2.4.4 规定的影响量要求。

其中 6.2.4.2、6.2.4.3 中，电压改变量、频率改变量的电能计量试验点推荐为 I_n。

宜单独地对某个影响量引起的改变量进行测试，所有其他影响量保持为参比条件（见表 4)。

7.7.2.1 在有谐波情况下的准确度试验

试验条件：

——基波电流：$I_0=0.5I_{max}$；

——基波电压：$U_0=U_n$；

——基波的功率因数：1；

——5 次谐波电压含量：$U_5=10\%U_n$；

——5 次谐波电流含量：$I_5=40\%I_n$；

——谐波功率因数：1；

——基波和谐波（在原点）同相。

由 5 次谐波产生的谐波功率为 $P_5=0.1U_0\times0.4I_0=0.04P_0$，或总功率为 $1.04P_0$，等于真值功率（基波＋谐波）。

7.7.2.2 奇次和次谐波影响试验

奇次和次谐波影响试验应按 GB/T 17215—2002 中图 B.4 线路进行或采用可产生所要求波形的其他试验设备进行，电流波形分别为 GB/T 17215—2002 中的图 B.5 和图 B.7 所示。

在 GB/T 17215—2002 图 B.5 和图 B.7 所示的试验波形和标准波形下测得的误差改变不应超过表 11规定的改变量极限。

注：图中仅给出了 50 Hz 的参数，对其他频率的参数可按此推算。

7.7.2.3 外部恒定磁感应

恒定磁场可采用直流电磁铁获得，见 GB/T 17215—2002 附录 D。该磁场应作用于按正常使用时安装的监控器的所有可触及表面。其磁势值应为 1 000 At（安匝）。

7.7.2.4 外磁场影响

可使用中心能放置监控器的环形电流线圈产生该磁感应强度场。环形线圈的平均直径为 1 m，截面为矩形，并且相对直径具有较小的径向宽度。磁场强度为 400 At（安匝）。

7.7.3 环境温度影响试验

应检验是否满足 6.2.4.4 规定的环境温度影响要求。

8 试验规则

试验的目的是证明监控器符合本标准规定的有关要求，本标准规定监控器的试验分为型式试验和常规试验。型式试验项目和常规试验项目见表 15。

表 15 型式检验和常规检验项目

序号	试验项目	本标准条款		试验类别	
		技术要求	试验方法	型式试验	常规试验
1	冲击试验	6.1.4	7.2.1	△	
2	振动试验	6.1.5	7.2.2	△	
3	高温试验	5.1.2	7.3.1	△	
4	低温试验	5.1.2	7.3.2	△	
5	交变湿热试验	5.1.4	7.3.3	△	
6	基本功能检查	6.2.1.1	7.4.1	△	△[a]
7	扩展功能检查	6.2.1.2	7.4.2	△	△
8	功率消耗试验	6.2.2.1	7.5.1	△	
9	电压影响试验	6.2.2.2	7.5.2	△	
10	自热影响试验	6.2.2.3	7.5.3	△	
11	温升影响试验	6.2.2.4	7.5.4	△	
12	绝缘性能试验	6.2.2.5	7.5.5	△	△
13	接地故障抑制试验	6.2.2.6	7.5.6	△	
14	电磁兼容试验	6.2.3	7.6	△	
15	准确度试验	6.2.4	7.7	△	△[b]
16	标志	9	目测检查	△	△

[a] 常规试验时，基本功能检查（包括通信检查）仅在常温下进行。

[b] 常规试验时，仅在参比条件及常温下检查准确度要求。

8.1 型式试验

型式试验旨在验证监控器的设计是否符合本标准的有关要求。

在下列情况均应进行型式试验：

a) 新产品设计定型鉴定；

b) 当监控器的结构、工艺或主要材料有所改变，可能影响其符合本标准及产品技术条件要求时；

c) 批量生产的监控器生产间断一年后，又重新投入生产时。

型式试验项目按表 15 中第 5 栏规定的项目进行。

推荐按表16的试验顺序进行型式试验,每个试验顺序用2台试品进行试验,所有的试验顺序和所有试验均通过试验,则型式试验合格。只要有1台试品有任何一个试验顺序或任何一项试验没有通过试验,则应对工艺或设计改进以后,对相关的试验顺序重新进行试验直至全部试验合格,才能通过型式试验。

表16 推荐的试验顺序

试验顺序	试 验	条款号
A	标志	9
	冲击试验	7.2.1
	振动试验	7.2.2
	高温试验	7.3.1
	低温试验	7.3.2
	功能检查(在常温下检查)	7.4.1、7.4.2
B	绝缘性能试验	7.5.5
	交变湿热试验	7.3.3
	验证绝缘性能	7.5.5
C	基本功能检查	7.4.1
	扩展功能检查	7.4.2
	功率消耗试验	7.5.1
	电压影响试验	7.5.2
	自热影响试验	7.5.3
	温升影响试验	7.5.4
	接地故障抑制试验	7.5.6
D	电磁兼容试验	7.6
E	准确度试验	7.7

8.2 常规试验

对正常生产的每个监控器均应进行常规试验,以检验制造和装配中的缺陷。试验合格后的监控器应加封印,并给出检验合格证。常规试验项目按表15中第6栏规定的项目进行。

常规试验一般可在常温下进行。如有1台试品1项常规试验不合格,则应对该批产品进行分析,找出不合格的原因,进行返修后重新进行常规试验。

制造厂根据质量状态以及生产批量,也可采用抽样试验的方法,具体抽样方法、样本数量及试验项目由制造厂根据有关标准在相关的技术文件中规定。

9 标志

在每只监控器上应有下列标志:

a) 制造厂名称或商标;

b) 产品型号;

c) 产品编号(以顺序号表示编号,并应置入内存);

d) 制造日期;

e) 监控器适用的相数和线数(例如单相二线、三相三线或三相四线,可与标称电压一起标志,见表17);

f) 标称电压(标志见表17);

g) 直接接入式:基本电流和额定电流[例如:10(40)A],互感器接入式:额定电流和最大电流[例如:/5A(6A)];

h) 准确度等级（各种测量功能如准确度等级不同时应分别标志）；

i) 参比频率(Hz)；

j) 正常工作温度范围；

k) 监控器常数为 x,单位是 r/kW·h(r/kvarh) 或 W·h/r(varh/r)，脉冲常数为 x，单位是 imp/kW·h(imp/kvarh) 或 W·h/imp(varh/imp)；

l) 标明有关功能的识别符号或文字；

m) 相应的接线端子标志。

表 17 电压标志

监控器	电压线路端电压 V	额定电源系统电压 V
单相二线	220	220
三相三线 2 元件[相间电压 220 V(230 V)]	2×220(230)	3×220(230)
三相三线 3 元件[相对中性点电压 220 V(230 V)]	3×220(380) 3×230(400)	3×220/380 3×230/400

参 考 文 献

[1] GB/T 2423.24—1995 电工电子产品环境试验 第二部分:试验方法 试验Sa:模拟地面上的太阳辐射(idt IEC 60068-2-5:1975)

[2] GB/T 7676.7—1998 直接作用模拟指示电测量仪表及其附件 第7部分:多功能仪表的特殊要求 (idt IEC 60051-7:1998)

[3] GB/T 15282—1994 无功电度表(eqv IEC 60145:1963)

[4] GB/T 17882—1999 2级和3级静止式交流无功电度表 (idt IEC 61268:1995)

[5] GB/T 17883—1999 0.2S级和0.5S级静止式交流有功电度表 (idt IEC 60687:1992)

[6] GB/T 18858.1—2002 低压开关设备和控制设备 控制器-设备接口(CDI) 第1部分:总则(idt IEC 62026-1:2000)

[7] GB/T 18858.3—2002 低压开关设备和控制设备 控制器-设备接口(CDI) 第3部分:DeviceNet(idt IEC 62026-3:2000)

[8] IEC 61038:1990 费率和负载控制时间开关

[9] IEC 61158-3:2003 用于测量和控制的数字数据通信—用于工业控制系统的现场总线—第3部分:数据链路服务定义

ICS 29.130.20
K 31

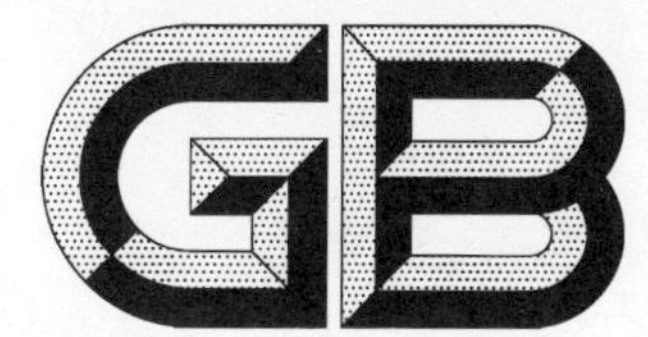

中华人民共和国国家标准

GB/T 22580—2008

特殊环境条件　高原电气设备技术要求　低压成套开关设备和控制设备

Specific environmental condition—
Technical requirements of electric equipments used for plateau—
Low-voltage switchgear and controlgear assemblies

2008-12-15 发布　　2009-10-01 实施

中华人民共和国国家质量监督检验检疫总局
中国国家标准化管理委员会　发布

前言

本标准的附录A是资料性附录。

本标准由中国电器工业协会提出。

本标准由全国低压成套开关设备和控制设备标准化技术委员会(SAC/TC 266)归口。

本标准负责起草单位:昆明电器科学研究所、天津电气传动设计研究所。

本标准参加起草单位:广州市白云电气集团有限公司、深圳市粤华机电技术开发有限公司、临海市耀明电力设备有限公司。

本标准主要起草人:周琼芳、张南华、欧惠安、项雅丽、王春娟、赵磊、朱丽辉、郭丽平、李慧英、郑程遥、罗正阳。

引　言

我国是世界上高原最为广阔的国家，在特有的高原环境条件下，低压成套开关设备和控制设备要满足其使用要求，提高低压成套开关设备和控制设备的高原适应性和防护能力是十分必要和非常重要的。

本标准规定了低压成套开关设备和控制设备在高原环境条件下的技术要求。

本标准的制定，目的在于增强低压成套开关设备和控制设备在高原环境条件下的适应性能，提高低压成套开关设备和控制设备在高原特殊环境条件下的可靠性水平，规范生产和使用行为准则。

本标准在 GB 7251(所有部分)基础上，考虑 2 000 m 以上高原环境条件对成套设备的影响，提出成套设备使用的高原环境条件、成套设备产品的技术要求及试验范围。

特殊环境条件　高原电气设备技术要求
低压成套开关设备和控制设备

1　范围

本标准规定了海拔 2 000 m 以上至 5 000 m 范围内，高原型低压成套开关设备和控制设备(以下简称“高原型成套设备”)的术语和定义、高原环境条件参数、要求、试验规范、资料、包装、运输和贮存要求。

本标准适用于海拔 2 000 m 以上至 5 000 m，额定电压为交流不超过 1 000 V、频率不超过 1 000 Hz，额定电压为直流不超过 1 500 V 的高原型成套设备。

本标准适用于与发电、输电、配电和电能转换的设备以及控制电能消耗的设备配套使用的成套设备。

本标准也适用于频率更高的装有控制及功率器件的成套设备，如电子装置集成到配电装置的成套设备、带有软启动功能的成套设备等。在这种情况下应采用附加的要求。

本标准同时适用于那些为特殊使用条件而设计的成套设备，如船舶、机车车辆、机床、起重机械使用的成套设备或在易爆环境中使用的成套设备及民用即非专业人员使用的设备等，只要他们符合有关的规定要求。

本标准不适用于单独的元器件及自成一体的组件，诸如电机启动器、刀熔开关、电子设备等，以上设备应符合它们各自的相关标准。

2　规范性引用文件

下列文件中的条款通过本标准的引用而成为本标准的条款。凡是注日期的引用文件，其随后所有的修改单(不包括勘误的内容)或修订版均不适用于本标准，然而，鼓励根据本标准达成协议的各方研究是否可使用这些文件的最新版本。凡是不注日期的引用文件，其最新版本适用于本标准。

GB/T 4798.1　电工电子产品应用环境条件　第 1 部分　贮存(GB/T 4798.1—2005，IEC 60721-3-1:1997，MOD)

GB/T 4798.2　电工电子产品应用环境条件　第 2 部分：运输(GB/T 4798.2—2008，IEC 60721-3-2:1997，MOD)

GB/T 4798.10　电工电子产品应用环境条件　导言(GB/T 4798.10—2006，IEC 60721-3-0:2002，IDT)

GB 7251(所有部分)　低压成套开关设备和控制设备(IEC 60439，IDT)

GB/T 13384　机电产品包装通用技术要求

GB/T 20626.1—2006　特殊环境条件　高原电工电子产品　第 1 部分：通用技术要求

GB/T 20626.2—2006　特殊环境条件　高原电工电子产品　第 2 部分：选型和检验规范

JB/T 10361—2002　低压成套开关设备和控制设备　安全设计导则

3　术语和定义

GB 7251(所有部分)及 GB/T 20626.1—2006 中确立的术语和定义适用于本标准。

4　高原环境条件参数

按 GB/T 20626.1—2006 中第 4 章的规定。

5 要求

5.1 基本要求

高原型成套设备应符合 GB 7251（所有部分）中对应的产品标准和本标准规定，并按产品使用环境（如适用的海拔高度等）、运输、贮存等要求，对产品的设计和结构等技术参数进行选择。

5.2 电气间隙

以空气作为绝缘介质的低压成套开关设备和控制设备，随着安装场地海拔高度的增加，应增大电气间隙，其修正系数按 GB/T 20626.1—2006 中 5.3 中表 2 的规定。

示例：某低压成套开关设备依据 GB 7251（所有部分）以海拔 2 000 m 为基准，按相关环境参数等要求选择的空气最小电气间隙为 8 mm，当该产品用于海拔 4 000 m 时，产品设计的最小电气间隙应为 8 mm×1.29＝10.32 mm。

5.3 爬电距离

爬电距离应符合 GB 7251（所有部分）中对应的产品标准的爬电距离规定，并考虑使用地区高原环境条件参数等对产品微观环境、绝缘材料等影响，确定满足使用地区产品的最小爬电距离。

爬电距离不得小于该高原型成套设备的电气间隙。

5.4 温升

不应超过 GB 7251（所有部分）中对应的产品标准规定的温升限值。

注：安装于海拔 2 000 m 以上的高原型成套设备，当实际安装地点的海拔高度高于试验地点，且温升极限的验证，选用 6.1"在≤2 000 m 海拔高度的环境条件下进行试验"时，经验证后允许的额定电流值，通常由于随海拔升高，环境温度降低的数值可以补偿海拔升高温升的增加值，因此，对试验的结果可不需修正，试验结果确定的额定电流可适用于高海拔环境。但对容量较大结构紧凑的成套设备，例如，额定输入电流为 1 250 A 以上的成套设备，可能由于产品结构上的差异，柜内输出回路多、发热量大等因素，制造商需根据产品设计及实际应用环境，降低电流额定值的等级标定使用。

5.5 介电性能

在海拔 2 000 m 以上高原环境条件下使用的成套设备，应有足够的工频耐受电压能力和冲击耐受电压能力。介电性能应符合 GB 7251（所有部分）中对应的产品标准规定的要求（海拔 2 000 m 处的耐受电压值），其耐受电压值应按产品安装的海拔高度进行修正，见 GB/T 20626.1—2006 中 5.6.1 的表 3。

示例：某高原型成套设备，设计选择海拔 2 000 m 处的额定冲击耐受电压（U_{imp}）为 8 kV，当该产品用于海拔 4 000 m 时，在试验地点为海拔 2 000 m 时的额定冲击耐受电压值应为：

$U_{imp}=8\ kV\times1.25=10\ kV$。

5.6 开关器件和元件的选用

高原型成套设备内装的开关器件和元件应符合 GB 7251（所有部分）中对应的产品标准规定的开关电器和元件选择要求。

应选用高原型开关器件和元件，按高原型标定的额定参数进行成套设备设计，或充分考虑高海拔对常规型产品影响进行设计。例如，在高海拔使用的开关器件和元件按海拔高度的升高，降低额定工作电流或断流容量等进行选用。

开关器件和元件的电器性能指标及使用寿命应适应各类成套设备结构特点及高原地区安装、运输、贮存环境的影响。

5.7 开关电器和元件的安装

开关电器和元件应按照制造厂安装使用说明书（高原使用条件、飞弧距离、隔弧板的移动距离等）及成套设备的设计（如：为进一步提高安全可靠性加大电气间隙及飞弧距离等）进行安装。

5.8 防护

高原型成套设备除应满足常规产品执行的 GB 7251 中正常使用条件和本标准对海拔高度增加所

采取的措施外，还应注重考虑 GB 7251（所有部分）中对应的产品标准规定的特殊使用条件及高原环境条件对成套设备的影响。

注重考虑的影响参数，诸如：低温、高温、凝露、空气压力低、太阳辐射、紫外线辐射、热辐射、尘埃及冲击振动等。它们对高原型成套设备的主要影响参见附录 A。

高原型成套设备应根据其使用场合，由用户按实际需要提出几个或多个影响设备使用的影响参数（制造商和用户签定专门的协议），设计和生产应采取措施进行防护，满足用户对高原地区设备使用的要求。

5.9 密封

高原型成套设备内具有密封功能的电器及元件，其密封性应满足高原地区环境使用，避免密封性能降低导致电器及元件损坏或电气性能降低。

5.10 材料

材料应符合成套设备正常使用条件和高原使用条件的可靠性和寿命要求。

正常使用条件的成套设备材料，应符合 GB 7251（所有部分）中对应的产品标准的有关规定及 JB/T 10361—2002 中 5.7 要求。高原型成套设备对材料的特殊要求，还应考虑高原环境条件对材料的影响，由用户按实际需要提出几个或多个影响材料使用的影响参数（制造商和用户签定专门的协议），设计和生产选取的材料，应满足用户对高原地区使用的要求。

5.11 低温

高原型成套设备，当环境温度不符合 GB 7251（所有部分）中对应的产品标准规定的低温限值时，应采取措施，如设置自动投切的加热装置等。

5.12 铭牌

高原型成套设备的铭牌除应符合 GB 7251（所有部分）中对应的产品标准规定及常规型产品标准中有关铭牌的要求外，还需按 GB/T 20626.1—2006 中第 7 章的规定，在铭牌上标出产品适用的海拔级别（如：2 000 m＜海拔≤3 000 m 时，标为 G3；2 000 m＜海拔≤4 000 m 时，标为 G3、G4）。

5.13 短路保护及短路耐受强度

高原型成套设备应符合 GB 7251（所有部分）中对应的产品标准规定的短路保护与短路耐受强度以及短路耐受强度验证的要求。

注：安装于海拔 2 000 m 以上的成套设备，当实际安装地点的海拔高于试验地点，且试验验证选用 6.1“在≤2 000 m 海拔高度的自然环境条件下进行试验”时，经验证后允许的额定值（如：I_{cw}，I_{pk}，I_{cc}，I_{cf}），根据安装地点的高原环境条件对成套设备中使用的断路器、熔断器、材料等的影响程度，可对短路强度值进行修正（修正系数待定）。

6 试验规范

试验按 GB/T 20626.2—2006 中的检验分类、检验项目，分别按 GB 7251（所有部分）中对应的产品标准的试验方法进行。

6.1 高原型成套设备的试验地点

试验可在下述条件下进行：

——在使用地点相应海拔高度的自然环境条件下；

——在人工模拟环境条件下模拟相应海拔高度；

——在≤2 000 m 海拔高度的自然环境条件下。

6.2 选择≤2 000 m 海拔高度自然环境条件下试验的要求

6.2.1 介电性能试验

要求如下：

——按 GB 7251（所有部分）中对应的产品标准要求进行；

——由于试验地点的海拔高度与高原型成套设备实际安装地点的海拔高度不同，试验地点对产品施加的介电强度值应按 GB/T 20626.1—2006 中 5.6.1 中表 3 的海拔修正系数进行修正。

示例：本标准 5.5 中示例的高原型成套设备使用环境为海拔 4 000 m，当该产品试验地点的海拔高度为 1 000 m 时，在该海拔高度对产品试验施加的额定冲击耐受电压值应为：

$$U_{imp} = 8\ kV \times 1.43 = 11.44\ kV$$

6.2.2 温升试验

按 GB 7251（所有部分）中对应的产品标准要求进行，应符合 5.4 要求。

7 资料

资料应满足下列要求：

——应符合 GB 7251（所有部分）中对应的产品标准规定的铭牌；标志；安装、操作和维修说明书要求；

——满足 GB/T 20626.1—2006 中对技术文件、标识的要求。

8 包装、运输和贮存

8.1 一般原则

应根据产品本身的性能、高原环境条件来选取适应于产品的防护措施。

8.2 包装

包装要求如下：

——应根据产品功能，运输方式、运输途中的环境条件及储存时的防护等情况选择合理的包装方式，以保证产品在运输途中及规定储存期内产品质量状况的完好。

——有运动部件的设备应固定，并应根据实际情况包装，防止沙尘进入。

——产品包装应坚固，设备固定应牢固并有适当的减震措施。

——按 GB/T 13384 的包装进行标志，必要时标志高原运输及贮存的特殊要求。

8.3 运输

按 GB 4798.2、GB 4798.10 及 GB 7251（所有部分）中对应的产品标准运输要求的规定。

8.4 贮存

按 GB 4798.1、GB 4798.10 及 GB 7251（所有部分）中对应的产品标准储存和安置条件的规定。

附 录 A
（资料性附录）
高原环境条件对低压成套开关设备和控制设备的主要影响

表 A.1

影响参数	可能产生的影响
低温	塑料(热塑性、热固性、弹性材料)变脆,极端情况下金属变脆、润滑剂粘度提高
高温	塑料加速老化,并降低机械和电气性能,润滑材料固化、油蒸发、电器散热受阻
空气压力低 (海拔升高)	采用对流散热的电器散热会受阻,温升值增加。对真空开关电器来说,将改变力的支配。空气密度降低,以空气为绝缘介质的绝缘强度降低
凝露	促进腐蚀、降低表面电阻而使绝缘强度降低(尤其在与污染相组合时)
太阳辐射	涂漆褪色
紫外线辐射	塑料的表面发生变化,对薄壁或薄膜塑料来说,机械性能与电器性能恶化,透明塑料变脆,并出现龟裂
热辐射	电器散热或电阻加热受阻
沙粒、尘埃	机械故障、接触失灵、电器发生故障
冲击、振动	可能因机械影响而使动作发生故障,由于冲击或谐振放大而损坏

ICS 31.060.70
K 42

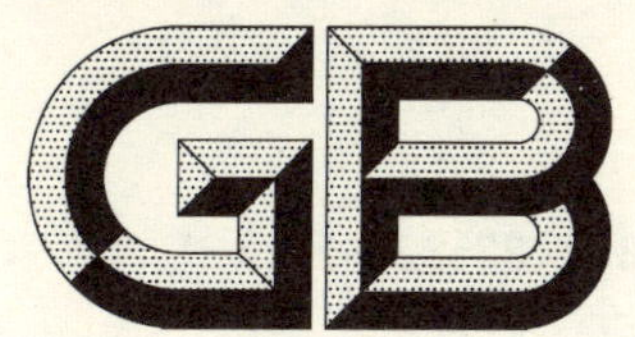

中华人民共和国国家标准

GB/T 22582—2008

电力电容器　低压功率因数补偿装置

Power capacitors—
Low-voltage power factor correction banks

(IEC 61921:2003,MOD)

2008-12-15 发布　　2009-10-01 实施

中华人民共和国国家质量监督检验检疫总局
中国国家标准化管理委员会　发布

前　　言

本标准修改采用 IEC 61921:2003《电力电容器　低压功率因数补偿装置》(英文版)。

在附录 E 中列出了本标准章条编号与 IEC61921:2003 章条编号的对照一览表。

在采用 IEC 61921:2003 时,本标准做了一些修改。这些技术性差异已编入正文中并在附录 F 中给出了技术性差异及其原因的一览表以供参考。

为便于使用,本标准还做了下列编辑性修改:

a) “本国际标准”一词改为“本标准”;

b) 用小数点“.”代替作为小数点的逗号“,”;

c) 删除国际标准的前言。

本标准代替 JB/T 7113—1993《低压并联电容器装置》。

本标准与 JB/T 7113—1993 比较有以下一些主要变化:

a) 增加装置户外安装地点,相应地扩大装置环境空气温度范围;

b) 修改定义“装置的额定电流”为“装置额定电压和额定频率下流过装置内电容器的电流”;

c) 增加“装置的额定无功功率”、“电容器投切器件”等定义和术语,并规定相应技术要求与试验要求条款;

d) 增大装置工作电压范围为 $0.80\ U_N \sim 1.15\ U_N$;

e) 增加控制器的功能要求并规定相应试验方法;

f) 增加定义“切除-投入最小时间间隔”,规范装置安全使用;

g) 调整温升试验方法;

h) 增加装置及有关元件的电磁兼容试验要求;

i) 增加装置安装与运行等方面的指导性内容。

本标准的附录 A、附录 B 为规范性附录,附录 C、附录 D、附录 E、附录 F 为资料性附录。

本标准由中国电器工业协会提出。

本标准由全国电力电容器标准化技术委员会(SAC/TC 45)归口。

本标准负责起草单位:浙江省电力试验研究院、西安电力电容器研究所、机械工业北京电工技术经济研究所。

本标准参加起草单位:深圳三和电力科技有限公司、上海可佳仪器仪表有限公司、淄博莱宝电子器件有限公司、北京电联力光电气有限公司、温州威德康电气科技有限公司、杭州西子集团有限公司电容器分公司、无锡东亭电力电容器厂、温州威斯康电气有限公司、正泰集团成套设备制造有限公司、宁波高云电气有限公司。

本标准主要起草人:赵启承、平怡、朱赫、刘建国、田宜涛、姚宝琪、蔡富强、肖慎奎、陶祥生、蔡金存、魏武平、周云高。

电力电容器　低压功率因数补偿装置

1　范围

本标准适用于交流频率 50 Hz、额定电压 1 kV 及以下补偿调整电网功率因数的低压无功补偿装置，该装置内部装有开关电器和相关控制设备以实现电容器与主电源回路的接入或切除，从而调整其功率因数。

本标准规定了低压无功补偿装置的术语和定义、标志、设计、安装与运行、安全、试验方法及运输等。

若无其他指明，下文中或使用时，低压无功补偿装置应符合 GB 7251.1 和 GB 7251.3 的要求。

2　规范性引用文件

下列文件中的条款通过本标准的引用而成为本标准的条款。凡是注日期的引用文件，其随后所有的修改单(不包括勘误的内容)或修订版均不适用于本标准，然而，鼓励根据本标准达成协议的各方研究是否可使用这些文件的最新版本。凡是不注日期的引用文件，其最新版本适用于本标准。

GB/T 2900.16　电工术语　电力电容器

GB/T 2900.18　电工术语　低压电器

GB/T 2900.50　电工术语　发电、输电及配电 通用术语

GB/T 3047.1　高度进制为 20 mm 的面板、架和柜的基本尺寸系列

GB/T 4025　人机界面标志标识的基本和安全规则　指示器和操作器的编码规则(GB/T 4025—2003,IEC 60073:1996,IDT)

GB 4208　外壳防护等级(IP 代码)(GB 4208—2008,IEC 60529:2001,IDT)

GB 7251.1　低压成套开关设备和控制设备　第 1 部分:型式试验和部分型式试验　成套设备(GB 7251.1—2005,IEC 60439-1:1999,IDT)

GB 7251.3　低压成套开关设备和控制设备　第 3 部分:对非专业人员可进入场地的低压成套开关设备和控制设备——配电板的特殊要求(GB 7251.3—2006,IEC 60439-3:2001,IDT)

GB 7947　人机界面标志标识的基本和安全规则　导体的颜色或数字标识(GB 7947—2006,IEC 60446:1999,IDT)

GB/T 12747.1　标称电压 1 kV 及以下交流电力系统用自愈式并联电容器　第 1 部分:总则——性能、试验和定额——安全要求——安装和运行导则(GB/T 12747.1—2004,IEC 60831-1:1996,IDT)

GB/T 14598.9　电气继电器　第 22-3 部分:量度继电器和保护装置的电气骚扰试验　辐射电磁场骚扰试验(GB/T 14598.9—2002,IEC 60255-22-3:2000,IDT)

GB/T 14598.10　电气继电器　第 22-4 部分:量度继电器和保护装置的电气骚扰试验　电快速瞬变/脉冲群抗扰度试验(GB/T 14598.10—2007,IEC 60255-22-4:2002,IDT)

GB/T 14598.13　量度继电器和保护装置的电气干扰试验　第 1 部分:1 MHz 脉冲群干扰试验(GB/T 14598.13—1998,eqv IEC 255-22-1:1998)

GB/T 14598.14　量度继电器和保护装置的电气干扰试验　第 2 部分:静电放电试验(GB/T 14598.14—1998,idt IEC 60255-22-2:1996)

GB/T 17626.5　电磁兼容　试验和测量技术　浪涌(冲击)抗扰度试验(GB/T 17626.5—2008,IEC 61000-4-5:2005,IDT)

GB/T 17886.1　标称电压 1 kV 及以下交流电力系统用非自愈式并联电容器　第 1 部分:总则——性能、试验和定额——安全要求——安装和运行导则(GB/T 17886.1—1999,idt IEC 60931-1:1996)

3 术语和定义

对于本标准，下列术语和定义及GB/T 2900.16、GB/T 2900.18、GB/T 2900.50、GB 7251.1、GB/T 12747.1和GB/T 17886.1及其他相关国家标准中给出的术语和定义都是适用的。

3.1

低压无功补偿装置 low-voltage reactive power compensation installation

包含有一个或多个低压电容器单元(分组)和与之相关的开关电器及控制、测量、信号、保护、调节等设备，由制造方负责完成所有内部的电气和机械连接并用结构部件完整地组装在一起的一种组合体。

注1：在整个标准中，缩写词“装置”和“自动补偿装置”分别表示低压无功补偿装置和自动调节的低压无功补偿装置。

注2：自动补偿装置中的开关电器和控制设备可以是机电的或电子的。

3.2

电容器(单元) capacitor(unit)

由一个或多个电容器元件组装于单个外壳中并有引出端子的组装体。

3.3

电容器组 capacitor bank

可整体投切的电气上连接在一起的一个或多个电容器(单元)的组合体。

3.4

额定频率 rated frequency

f_N

设计装置时所采用的频率。

3.5

装置的额定电压 rated voltage of an installation

U_N

装置拟接入的电网的系统标称电压。

3.6

装置的额定电流 rated current of an installation

I_N

装置额定电压和额定频率下流过装置内电容器的电流。

3.7

装置的额定无功功率 rated reactive power of an installation

Q_N

在额定频率和装置额定电压下的装置总的无功功率，由包括电抗器(如有的话)在内的装置中的所有阻抗计算得出。

3.8

电容器的额定电压 rated voltage of a capacitor

U_n

设计电容器时所规定的电压(交流时为方均根值)。

3.9

电容器总容量 capacitor reactive power of an installation

Q_n

装置中全部电容器的额定容量的总和。

3.10

无功自动调节器(控制器) automatic reactive power regulator(controller)

根据电网负载吸收的无功功率、无功电流、功率因数或电压、时间等以控制开关电器自动接入或切除装置内的电容器组的电路或器件。

注1：一般在基波频率下计算无功功率。

注2：控制器可以装在自动补偿装置内或单独安装在其他地方，通常必须在运行前对每个自动补偿装置进行设定。

3.11

涌流 transient inrush current

I_t

电容器投入时可能产生的高幅值和高频率的暂态过电流，其幅值和频率由诸如主电源的短路阻抗、已投用的并联电容量和电容器投切器件的导通(接入)相角等因素决定。

3.12

电容器组过电流保护 over-current protection for capacitor bank

当流过装置内的电容器组的电流超过设定值时切除电容器组的一种保护。

3.13

半导体—机械一体化开关电器 semiconductor-mechanical switching device

半导体与可分离触头并联，依靠半导体可控导电性及可分离的触头的动作来接通或分断一个或几个电路的开关电器。接通电路时的动作顺序为：半导体接通→触头关合→半导体分断；分断电路时的动作顺序为：半导体接通→触头分断→半导体分断。

3.14

电容器投切器件 capacitor switching device

用于接入或切除电容器组的开关电器。开关电器可以是半导体开关电器、机械开关电器或半导体机械一体化开关电器。

3.15

中性保护导体(PEN) PEN conductor

在某些系统中，同时具有中性导体(N)和保护导体(PE)功能的一种导体。

3.16

切除-投入最小时间间隔 minimum time break of capacitor bank switching off and on

同一电容器组切除后允许投入的最小时间间隔。

3.17

补偿响应时间 compensation response-time

从实际无功负荷达到设定值到装置的第一个电容器组投入为止所需要的时间与切除-投入最小时间间隔的总和时间。

4 标志

制造方应在说明书中或者按购买方要求，在装置的铭牌上至少给出下列资料：

a) 制造单位名称或商标；

b) 标识号或型号；

c) 制造日期，明文或采用代码形式；

d) 装置的额定无功功率，Q_N 以千乏(kvar)计；

e) 电容器总容量，Q_n 以千乏(kvar)计；

f) 装置的额定电压，U_N 以伏(V)计；

g) 电容器的额定电压，U_n 以伏(V)计；

h) 额定频率,f_N 以赫兹(Hz)计;

i) 最低和最高的环境温度,以摄氏温度(℃)计;

j) 防护等级;

k) 短路耐受强度,以安培(A)计;

l) 本标准代号。

5 设计、安装、运行和安全导则

5.1 总则

与大多数电器不同,并联电容器每当投入运行就连续在满负荷下运行,或者仅在电压和频率变动时,才在有差异的负荷下运行。

过电压和过热将使电容器的寿命缩短,因此应严格控制运行条件(即:温度、电压和电流)。

应当注意,在电网中接入电容可能产生不利的运行条件(例如谐波放大、电机自激、操作过电压、音频遥控装置不能正常工作等)。

由于电容器的类型不同且涉及的因素很多,不可能用简单的规则概括所有可能情况下的安装及运行。下列资料给出的是需加以考虑的较为重要的几点。此外,还必须遵守制造方的说明书和供电部门的相关规程。

5.2 设计

5.2.1 使用条件

5.2.1.1 正常使用条件

5.2.1.1.1 使用电压范围

装置工作电压为 0.80 U_N～1.15 U_N。不包括由于接通或开断装置所引起的过渡过电压,但包括谐波及电源电压波动的影响。

5.2.1.1.2 环境空气温度

根据安装地点的实际环境空气温度来选择装置的上限温度和下限温度,分成若干温度类别,每一温度类别均以一斜线隔开的下限温度值和上限温度值表示。

上限温度为装置可以连续运行的环境空气温度最高值,分四个类别,即+40 ℃、+45 ℃、+50 ℃、+55 ℃。

下限温度为装置可以投入运行的最低温度,分五个类别,即+5 ℃、－5 ℃、－25 ℃、－40 ℃、－50 ℃。

户内装置通常取下限值为－5℃。

任何下限温度和上限温度的组合均可选为装置的温度类别,如－5/50,－25/40。

优先温度类别为:－40/40,－25/40,－5/40 或 5/50。

如果电容器运行时影响装置内冷却空气温度,应加强通风或另选电容器,冷却空气温度不超过 GB/T 12747.1 和 GB/T 17886.1 规定的电容器上限温度加 5 ℃。

注:由制造方与购买方协商制定的专门规范可以高于上限温度最高值,例如－40/60。

5.2.1.1.3 环境空气相对湿度

5.2.1.1.3.1 户内成套设备

空气清洁,在最高温度为+40 ℃时,其相对湿度不得超过 50%。在较低温度时,允许有较大的相对湿度。例如:－ 20 ℃时相对湿度为 90%。但应考虑到由于温度的变化,有可能会偶然地产生适度的凝露。

5.2.1.1.3.2 户外成套设备的大气条件

最高温度为+25 ℃时,相对湿度短时可高达 100%。

5.2.1.1.4 污染等级

不超过 GB 7251.1 规定的污染等级 3。

5.2.1.1.5 海拔

安装场地的海拔不超过 2 000 m。

5.2.1.1.6 其他

若无特别指明,安装地点不允许有腐蚀金属和破坏绝缘的气体及导电介质存在,不得含有爆炸危险的介质,无较强的振动与冲击,不允许有严重的霉菌存在,安装倾斜度不大于 5°。

5.2.1.2 特殊使用条件

如存在下述任何一种特殊使用条件,必须遵守适用的特殊要求或在制造方与购买方之间达成的专门协议。如果存在这类特殊使用条件的话,购买方应告知制造方。

5.2.1.2.1 高相对湿度

可能需要特殊设计元件绝缘水平。应注意外部熔断器、电容器投切器件等被其表面凝结的潮气旁路或锈蚀等的可能性。

5.2.1.2.2 霉菌生长迅速

霉菌在金属、陶瓷材料及一些油漆或清漆上都不生长。其他材料上,特别当有灰尘等落积时,霉菌在潮湿处有可能生长。

使用杀菌剂可改善这些材料的性能,但是,经过一段时间以后这些杀菌剂的毒性不再保持。

5.2.1.2.3 腐蚀性大气

在工业及沿海地区都会遇到腐蚀性大气。应该注意到,在较高温度的气候下,这种大气的作用要比在温和的气候下更为严重。甚至在户内装置中也可能存在高腐蚀性大气。

5.2.1.2.4 污秽

当电容器安装在高度污秽的地区时,应采取特殊的预防措施。

5.2.1.2.5 海拔

安装场地的海拔超过 2 000 m。

5.2.2 产品分类

5.2.2.1 按结构形式分类

5.2.2.1.1 附属(主配电柜)式

自动补偿装置作为主配电柜的一部分,包括控制器、熔断器、电容器投切器件、电容器和电抗器(扼流圈)。

自动补偿装置可以安装在主配电柜内的单独箱体或仅作为附加部分安装在普通的主配电柜内。

5.2.2.1.2 独立(成套柜)式

装置为独立的成套柜(箱)体,安装时通常紧邻或靠近主配电柜、相关的分配电柜或配电变压器,或直接连接在配电线路上。通常,装置内布设主母线排,其故障电流水平与邻近的主配电柜或分配电柜相匹配,或相当于装置安装点的故障电流。

装置内的主母线排的进线侧通过汇流排或电缆连接到安装地点的主电源线路。

装置内的主母线排的出线侧为一组熔断器、断路器或带熔断器的开关电器,其下依次串联连接电容器投切器件和电容器组。

5.2.2.1.3 分离(自动控制柜与电容器)式

除电容器外的所有设备均安装在控制柜中。

电容器及配套电抗器(如果有的话)被安装在远距离台架上。采用这种安装方式通常是因为空间需求有困难或是有利于更好地散热。

应当着重注意装置组成设备,如熔断器、电容器、电抗器等会产生相当大的热量。

5.2.2.2 **按安装地点分类**

a) 户内型；

b) 户外型。

5.2.2.3 **按补偿方式分类**

5.2.2.3.1 **三相式**

装置内每个电容器组由一个电容器投切器件三相一起接入或退出主电源回路，电容器组内部可连接成三角形或星形，允许其中一相不经电容器投切器件而接入主电源回路。一些装置中的电容器组可以不经电容器投切器件而接入主电源回路。

5.2.2.3.2 **分相式**

装置内每个电容器组每相分别由一个电容器投切器件接入或退出主电源回路，电容器组内部可连接成三角形或星形，星形接法的电容器组应将中性线与主电源回路中性线相连。正常运行时可分别控制每个电容器组各相电容器投切器件的接通或断开。

5.2.2.3.3 **混合式**

装置内同时装有三相式控制的电容器组和分相式控制的电容器组。

5.2.2.4 **按切除-投入最小时间间隔分类**

5.2.2.4.1 **快速型**

装置补偿响应时间不大于 100 ms。

5.2.2.4.2 **普通型**

装置补偿响应时间大于 100 ms。

5.2.2.4.3 **按控制方式分类**

5.2.2.4.3.1 **手动控制**

装置中无控制器，手动控制装置或电容器组投入和切除。

5.2.2.4.3.2 **自动控制**

装置通过控制器进行电容器组自动投入和切除，也可通过控制器手动控制。

5.2.3 **装置构成与要求**

5.2.3.1 **主要电器元件构成**

装置一般是由几部分组成的，各部分可以安装在分开的隔室内或安装在同一个结构中。

a) 母线，电源总刀闸或断路器；

b) （电容器组）熔断器（或断路器）；

c) 电容器投切器件；

d) 电容器；

e) 电抗器（必要时，抑制谐波或限制涌流）；

f) 电容器组过流保护装置；

g) 控制器；

h) 避雷器；

i) 电容器组运行状态指示灯。

这些电器元件应符合相应的国家标准或行业标准，适宜装置安装地点环境空气温度。

5.2.3.2 **结构与性能要求**

5.2.3.2.1 **外观与结构**

装置的壳体外表面，一般应喷涂无眩目反光的覆盖层，表面不得有起泡、裂纹或流痕等缺陷。

装置应能承受一定的机械、电和热的应力，其构件应有良好的防腐蚀性能。

装置上应有主保护接地端子，其导电能力应和装置进线相导体的导电能力相同，并标有明显、耐久的接地符号。

装置内的中性线应能传导电路可能需要的最大电流，应充分考虑分相式补偿时因三相电容量不相同而可能流过中性线的电流。

装置中所选用的指示灯、按钮、导线及母线的颜色应符合 GB/T 4025、GB 7947 的要求。

装置外形尺寸应符合 GB/T 3047.1 的规定。

装置外观与结构的其他方面应满足 GB 7251.1 的要求。

5.2.3.2.2 电气间隙与爬电距离

正常使用条件下，装置内不同相的裸露带电导体之间以及它们与外壳之间的电气间隙与爬电距离应不小于表 1 的规定。

表 1 电气间隙与爬电距离

装置额定电压 U_N/V	最小电气间隙/mm	最小爬电距离/mm
$60< U_N \leqslant 690$	14	14
$690< U_N \leqslant 1\ 000$	14	16

5.2.3.2.3 介电强度

主电路相间和与其直接连接的辅助电路应能耐受表 2 规定的工频试验电压，泄漏电流应不大于 3.5 mA(方均根值)。装置中不与主电路直接连接的辅助电路对地(框架)以及带电部件对绝缘材料制成的覆盖层或外部操作手柄应能耐受表 3 规定的试验电压。

表 2 试验电压

单位为伏

装置额定电压 U_N	试验电压(方均根值)
$60<U_N\leqslant 690$	2 500
$690<U_N\leqslant 800$	3 000
$800<U_N\leqslant 1\ 000$	3 500

表 3 不由主电路直接供电的辅助电路试验电压

单位为伏

辅助电路运行电压 U_i	试验电压(方均根值)
$U_i\leqslant 60$	500
$60< U_i< 1\ 000$	3 000
1 000	5 000

5.2.3.2.4 对触电的防护措施

5.2.3.2.4.1 对直接触电的防护

装置的裸露导电部件应利用接地的挡板或外壳进行防护，挡板或外壳应固定牢靠，并有一定的机械强度，同时应符合装置要求的电气间隙和爬电距离。在需要移动、打开外壳或拆卸时，必须使用钥匙或工具，或者有断电联锁机构。

5.2.3.2.4.2 对间接触电的防护

装置应有可靠接地的保护电路，可通过单独装设保护导体或利用装置的结构部件(或二者都有)来完成。

a) 装置的裸露导电部件、需接地的电器元件的金属底座及装有电压超过 60 V 的电器元件的门、盖板或类似部件，均应保证与保护电路可靠连接。

b) 保护电路的电连续性应利用有效的接线来保证，直接连接或利用保护导体连接。

c) 装置内保护电路的所有部件的设计应使它们足以耐受装置在安装场所可能遇到的最大热应力和电动应力。

d) 利用装置的外壳作保护电路的部件时，其最小截面应符合表 4 中的规定。

表 4 相导线截面积及相应保护导体最小截面积 单位为平方毫米

相导线截面积 S	相应保护导体最小截面积
$S \leqslant 16$	S
$16 < S \leqslant 35$	16
$35 < S \leqslant 400$	$S/2$
$400 < S \leqslant 800$	200
$S > 800$	$S/4$

e) 为便于识别，保护导体的颜色应采用黄绿双色。黄绿双色除作为保护导体识别颜色外，不得有其他任何用途。

f) 装置中保护导体的截面按表 4 的规定选择。如果按表 4 选择的导体不是标准尺寸时，应靠向标准尺寸；当相导线与保护导体的材料不同时，应进行修正使之达到同样的导电效果。

5.2.3.2.5 短路耐受强度

装置短路耐受强度及短路保护器件的详细规定由制造方产品技术条件给出。

5.2.3.2.6 采样、控制电路防护

装置内电流回路的导线截面应不小于 2.5 mm^2（多股铜芯绝缘导线），应使用专用接线端子，导线与拉线端子（连接片）应采用冷压接方法固定，电路一端可靠接地。

装置控制器、电压表等二次电压电路中应设有专用二次保护器件，特性应满足装置可靠性要求。

5.2.3.2.7 电容允许偏差

a) 装置的电容量与额定电容量之差应在装置额定电容量的 0～+10%范围内；

b) 装置任何两进线端之间的电容量最大值与最小值之比应不大于 1.05。

5.2.3.2.8 电抗允许偏差

当装置中的电容器串接电抗器时，三相电抗器或单相电抗器组成的三相电抗器组的每相电抗值与三相平均值的差应不大于±3%。电抗器应可通过 1.36 I_N 电流长期运行，通过 1.50 I_N 电流时其电感值与额定值的偏差不大于 5%。

5.2.3.2.9 温升

母线与电器元件连接处的温升不得高于电器元件出线端的规定温升。

母线之间连接处的温升不得高于表 5 的规定。

装置内绝缘导线和电器元件的温升不得高于其本身规定的允许温升。

表 5 母线连接处温升

部 位	温 升/K
用于连接外部绝缘导线的端子	70
母线固定连结处	
铜-铜	50
铜搪锡-铜搪锡	60
铜镀银-铜镀银	80
铝搪锡-铝搪锡	55
铝搪锡-铜搪锡	55

表 5（续）

部　　位	温　　升/K
操作手柄	
金属的	15
绝缘材料的	25
可接近的外壳和覆板	
金属表面	30
绝缘材料表面	40

5.2.4 额定电压的选择

装置额定电压的优选值为 0.22 kV、0.38 kV、0.66 kV、1kV。

电容器的额定电压应不低于该电容器所接入的电网的运行电压，并且还应考虑电容器本身的影响。

在某些电网中，电网的运行电压与标称电压相差很大，购买方应提供详细情况，以便制造方能为之留出适当的裕度。这一点对电容器装置是十分重要的，因为电容器介质上的电压过分增高，电容器的性能与寿命将受到不利的影响。

如果没有相反的资料，应假定运行电压等于电网的标称电压。

为降低谐波等的影响而接入与电容器相串联的电路元件时，会造成电容器端子上的电压升高到超过电网的运行电压，从而需要相应提高电容器的额定电压。

当确定电容器端子上的预期电压时，应考虑下列情况：

a) 并联连接的电容器可能造成从电源到电容器安装处的电网电压升高（见附录 D）；这一电压升高会由于谐波的存在而升得更高。因此，电容器将会在高于接入电容器之前测得的电压下运行。

b) 在电网轻负荷时电容器线路端子间电压可能特别高（见附录 D）；此时，应切除部分或全部电容器以防止电容器过电压和电网电压过分升高，只有在紧急情况下才允许电容器在最高允许电压和最高环境温度同时出现的条件下运行，并且只能是短时的。

注 1：在选取电容器额定电压 U_n 时，应避免安全裕度取得过大，因为与电容器额定容量相比，这将导致容量降低。

注 2：关于最高允许电压见 GB/T 12747.1。

带有串联电抗器的装置中的电容器线路端子间的电压通常高于装置运行电压，电容器额定电压应满足运行条件要求。有电抗器时应特别注意，应考虑到电容器本身允许的过电流水平。

5.2.5 装置的保护

5.2.5.1 切合和过载保护

GB/T 12747.1 和 GB/T 17886.1 中给出了电容器的过载能力。装置电源总刀闸和断路器、电容器投切器件、保护装置及连接件应设计成能连续承受在额定频率和方均根值等于装置额定电压的正弦电压下得到的电流的 1.65 倍的电流。

装置电源总刀闸和断路器、电容器投切器件、保护装置及连接件还应能承受投入电容器时可能产生的高幅值及高频率的过渡过电流所引起的电动力及热应力。

当考虑到电动力和热应力后导致尺寸过大时，应采取诸如 GB/T 12747.1 中所述的防止过电流的特殊预防措施。

注 1：在某些情况下，例如当电容器被自动控制时，有可能在较短的时间间隔内进行反复的投切操作。必须选择能承受这些条件的电容器投切器件及熔断器。

注 2：连接在接有电容器的母线上的开关装置，在开合短路的情况下可能受到特殊应力。

注 3：用来投切电容器组和相关的保护装置的开关器件应能承受将一组电容器组接入到已接有其他电容器组的母线上时所产生的涌流（幅值和频率）。

建议使用适合的电容器组过电流保护装置，将其整定到当电流超过 GB/T 12747.1 和

GB/T 17886.1中所规定的允许极限时使电容器投切器件分断。熔断器通常不能提供恰当的过电流保护。

注4：不同设计的电容器，其电容量会随温度变化而增大或减小。

如果采用铁芯电抗器，应当注意谐波可能造成铁芯饱和及过热。

电容器回路中的任何不良接触均可能诱发产生电弧，引起高频振荡，使电容器过热和过电压。因此建议定期检查电容器装置的全部连接点。

采用机械开关电器作为电容器投切器件，接入电容器组时引起的过电流峰值应限制到最大为20 I_N（方均根值）或电容器投切器件的最大承受能力，两个值中取较小值。

采用半导体开关电器或半导体机械一体化开关电器作为电容器投切器件，接入电容器组时引起的过电流峰值应限制到最大为 $2\sqrt{2}I_N$（方均根值）或电容器投切器件的最大承受能力，两个值中取较小值。

电容器投切器件应能在1.2 U_N 条件下的正常分断电容器组，不出现重击穿。

电容器投切器件应能承受连续30次切除-投入最小时间间隔的电容器组的投切而不损坏，接入电容器组时引起的过电流峰值不超过规定值。

5.2.5.2 工频过电压保护

装置（控制器）设有两级过电压动作门限，在1.05 U_N～1.15 U_N 之间可调。第一级过电压动作门限在1.05 U_N～1.10 U_N 之间，第二级过电压动作门限在1.10 U_N～1.15 U_N 之间。当电网电压大于第一级过电压动作门限但小于第二级过电压动作门限时，控制器不发出投入电容器组的指令，装置只执行切除电容器组的指令；当电网电压大于第二级过电压动作门限时，装置应能在1 min内逐组切除全部电容器组。

5.2.5.3 失压保护

自动补偿装置断电后各电容器投切器件均应自动开断，装置再通电时各电容器组处在分断状态。

5.2.5.4 电容器组过电流保护

当电容器上电流（包括谐波电流）超过电容器允许电流时，应切除电容器组，并能防止短时内反复投切；恢复正常后，装置应自动恢复工作。

5.2.5.5 涌流限制措施

当投入装置或电容器组与已投入运行的另一部分相并联时，可能产生高幅值和高频率的暂态过电流。为了降低涌流，通常的做法是增加连接线的电感，但是会增加总损耗。注意应使其不超过电容器和电容器投切器件的最大允许电流。

5.2.6 外壳防护等级

装置外壳防护等级应符合GB 4208的规定。

安装在主配电室内或紧邻主配电柜安装的户内型装置防护等级不得低于IP20，其他的防护等级（IP值）应由制造方和购买方协商制定。

户外型装置的防护等级（IP值）按购买方要求，可以增强到IP54。应仔细考虑装置内通风设计。

5.2.7 便于元件的维护

柜体和设备应合理安排以便当某一元件损坏时，便于更换。

电容器（组）的连线排列应便于定期维护检查。

5.3 元件选择

5.3.1 总则

在进行装置中元件的选择时，应仔细查对各种元件与成套设备本身的环境空气温度类别的一致性。电容器应符合GB/T 12747.1和GB/T 17886.1的规定，电器元件的额定电压、额定电流、使用寿命以及电容器投切器件的接通能力、分断能力、短路耐受强度等应能满足装置电气要求，各种元件均应符合相应的国家标准和行业标准。

5.3.2 指示灯和按钮

颜色应符合GB/T 4025的规定。

5.3.3 刀开关和电容器投切器件

额定电流应不小于其负载的额定电流的1.65倍。电容器投切器件应满足装置中其周围空气温度、湿度等环境要求。

5.3.4 控制器

控制器应满足装置中其周围空气温度、湿度等环境和控制的要求，并满足GB/T 14598.9、GB/T 14598.10、GB/T 14598.13、GB/T 14598.14和GB/T 17626.5等规定的电磁兼容试验要求。

a) 控制参量：无功功率、无功电流、功率因数、电压或时间等参量单项控制或多项综合控制。

b) 工作方式：电容器组投入和切除采用自动控制，也可手动控制。

c) 电容器组采用等容量循环投切的工作方式，先投先切，后投后切或编码投切工作方式并应能防止反复投切电容器组，在0.80 U_N～1.20 U_N条件下自动或手动控制无误。

d) 投切延时时间：投入延时0～10 s，使用方可调整设定值；切除后再投入延时0～300 s，使用方可调整设定值，但不小于切除-投入最小时间间隔。手动控制装置或自动控制装置中使用机械开关电器时，任一电容器组再次投入时其线路端子上的剩余电压不超过电容器的额定电压的10%。

e) 过电压动作门限：设有两级过电压动作门限，在1.05 U_N～1.15 U_N之间可调。

5.3.5 (电容器组)熔断器(或断路器)

a) 每个电容器组均应装设保护熔断器或有相同功能的断路器；

b) 熔断器额定工作电流(方均根值)应按2～3倍单组电容器额定电流选取；

c) 熔断器(或断路器)开断短路电流能力应满足装置安全运行要求。

5.3.6 放电器件

断电时，装置内的电容器可以通过内部电阻或外部放电器件进行安全放电。

5.3.7 投切次数计数器件

需要时，装置可装有投切次数的计数器件。

5.3.8 仪表和显示

装置应有电容器组运行状态或开关电器工作位置显示，采用指示灯或其他方式指示。

户内式装置应设有电流、电压及功率因数等指示仪表；户外装置可根据需要选择装设。

5.4 安装和运行

5.4.1 电气环境

5.4.1.1 稳态过电流

装置应能在电流方均根值不超过1.36倍该装置在额定频率、装置额定正弦电压和无过渡状态时所产生的电流下连续运行。考虑到容差，电容可能达1.10 C_N，所以这个电流可能达到约1.50 I_N。

这一电流是由电容器组上的谐波电压和高至1.15 U_N的工频过电压共同作用的结果。

若装置使用条件不符合上述规定，购买方应与制造方协商解决。

5.4.1.2 谐波

当装置连接到含有谐波的系统中时，将有可能缩短装置的寿命。通过在每一电容器组上连接一台合适的串联电抗器可降低谐波的破坏作用。

5.4.1.3 电压尖峰脉冲

应避免电压尖峰脉冲。如果选择的电容器投切器件是专门推荐给电容器使用的，将不会产生问题。尽管如此，电容器投切器件也会随着时间而劣化，在定期的维护检查中应更换磨损的接点或元件。

5.4.1.4 负载评定

决定在何处安装低压无功补偿装置由多种因素决定，包括费用和可利用的空间。

a) 确定了低功率因数的负载的地点，装置可装设在这些点上；

b) 一般说来，通常将装置装设在有可用空间的主配电板处。在这种情况下，用装置调整整个负载的功率因数，而且装置的维护地点仅为一处。

5.4.2 装置运行时产生的影响

5.4.2.1 谐波放大

当把装置与产生谐波的电网连接时通常将产生谐波放大，除非在每一电容器组上连接一个合适的串联电抗器。

谐波的增大将不仅影响电容器的寿命，而且将引起电网中其他电气和电子设备的问题。

5.4.2.2 环境温度的升高

装置中电容器、电抗器、电阻器、线圈等设备的损耗产生热量。这些热量提高了周围区域的环境温度。确保运行室有充分的通风以维持装置周围良好的空气流通是很重要的。

5.4.3 过电压

GB/T 12747.1 和 GB/T 17886.1 规定了电压因数。

如果估计过电压发生的次数较少或者温度条件不太恶劣，在制造方同意时，可以提高电压因数。只要其上没有叠加过渡过电压，这些工频过电压的限值是允许的。电压的峰值应不超过规定方均根值的$\sqrt{2}$倍。

容易受到高幅值的雷电过电压的装置应进行妥善的保护。

5.4.4 过电流

在装置订货之前，应考虑检查设备安装处的电网条件(例如：存在谐波)。

电容器决不可在电流超过 GB/T 12747.1 或 GB/T 17886.1 中规定的最大值下运行。

过电流可能是由基波过电压或者谐波，或者上述两者共同引起的。主要的谐波源是整流器、电力电子设备和饱和的变压器铁芯。

如果在轻负荷时电压升高被电容器所加强，则可以考虑有变压器铁芯饱和。在这种情况下，将产生异常幅值的谐波，其中某一次谐波可能被变压器与电容器之间的谐振所放大。这是建议在轻负荷时切除低压无功补偿装置的更进一步的原因。

如果电容器电流超过 GB/T 12747.1 中规定的最大值，而电压仍在 GB/T 12747.1 中规定的 1.10 倍额定电压的允许限值以内，应确定主要的谐波，以便找到最佳解决办法。

下列的解决办法可供考虑：

a) 将一部分或全部电容器单元移到另一台变压器供电的电网其他位置。

b) 接入与电容器单元串联的电抗器，将电路的谐振频率降低到干扰谐波频率以下。

安装低压无功补偿装置前后应测量电压波形和电网特征参数。当有诸如大型电力电子设备等谐波源存在时，应予以特别注意。

在将电容器接入电网时，可能产生高幅值和高频率的过渡过电流。在将装置中的一个电容器组接入与已通电的另一分组或多个分组相并联时，也会产生这种过渡效应(见附录 D)。

为将这些过渡过电流降低到电容器单元与电容器投切器件能承受的值，可能需要通过电阻器接入电容器(电阻切合)，或在装置的每一电容器组中串联接入电抗器(应注意电容器本身允许的过电流)。

5.5 安全

5.5.1 放电器件

每一装置或电容器组均应设有放电器件，以便在从电网断开后，能够给电容器装置放电。

可以通过每一电容器内部的(一体化的)放电电阻，或通过整个装置的外部放电器件使电容器上的剩余电压在 3 min 内从 $1.15\sqrt{2}\,U_N$ 降至 50 V 或更低。

在接触任何带电部件前，先让电容器装置自放电至少 5 min，然后将电容器端子连接在一起并接地。

5.5.1.1 内部电阻

内部电阻放置在每一台电容器中。其设计应确保每一台电容器自放电，从而使整个电容器装置安全放电。由几台电容器串联组成的装置，装置端子间的剩余电压等于每一个串联段上的剩余电压之和。

5.5.1.2 外部放电器件

采用外部放电器件时，每一个放电器件应适应设备安装的现场条件并且应有合适的放电距离、爬电距离和绝缘水平。如果电容器没有内部放电电阻,则在电容器组和外部放电器件之间应无隔离器件。

可采用直接与电容器组并联连接的放电电抗器。在运行状态下,只有励磁电流流过电抗器。当切断电容器组时,贮存的所有能量向放电电抗器释放,电流在电抗器线圈中持续几秒钟,大部分的能量被电抗器所消耗。为防止放电电抗器的过热,应限制每单位时间的放电量。

可考虑把变压器或电动机的绕组如同电压互感器的一次绕组一样看作为合适的放电阻抗。

5.5.2 断电后的放电

在接触任何带电部件前,先让装置自放电至少 5 min,然后将电容器端子连接在一起并接地。然而,由电容器串联连接和星形连接构成的装置已经发生击穿或内、外部放电后,不会通过与装置的端子连接的放电器件彻底放电。尽管在装置线路端子间测量不到电压,但在装置中可能存在有危险的贮存能量,这些所谓的"陷阱电荷"可能会持续存在几个月的时间,并且只有通过装置中的每一电容器单独放电才能放掉。

5.5.3 故障时的火灾危险

电容器中包含易燃材料,例如电介质薄膜和(或)纸、油等。装置设计应考虑到某个元件故障时可能造成的火灾危险。以下是需加以考虑的两个区域:

a) 电容器的邻近区域。通常,电容器用金属外壳制造,或安装在单独的金属柜架中,或通过金属挡板与其他元件分开。这些区域中的电源和控制电缆应尽量少,并且要仔细布线,以避免与电容器外壳的直接接触。

b) 电抗器的邻近区域。安装有电抗器(扼流圈和滤波器)时,其周围的电源和控制电缆应尽量少,或至少应支撑起来脱离电抗器的叠片铁芯。

5.5.4 人身和财产的损害

装置的制造方应合理设计布置安装各组成设备,维护时,使人员不会遇到意外的电弧故障伤害。具有一定额定容量(例如 50 kvar)的电容器,在没有先通过控制设备断开电容器组时,直接拉开熔断器将会产生相当强烈的开断电弧。

直拉插入熔断器接通电路时也会发生同样的现象。

5.5.5 母线

装置的主母线排应至少能承受拟接入系统点的电网故障电流。通常,低压无功补偿装置连接的主电源处的故障电流是相当大的。

制造方可在装置与主电源连接处设置限流器件,短路耐受强度试验应在电路中接有此类器件的条件下进行。

5.5.6 系统布线

5.5.6.1 装置中的母线应合理布置,以便连接到主装置的电缆和母线有足够的空间被取出。用作连接线的电缆常常具有一个大的截面积并应有一个合适的尺寸以承受所要求的额定电流和系统故障电流。主电路母线和导线的允许载流量应不小于装置额定电压时通过电流的 1.65 倍。

5.5.6.2 母线连接应紧固、接触良好。母线之间或母线与电器元件端子连接处应采取防电化腐蚀的措施,并保证载流件之间的连接有足够的持久压力,但不得使母线受力而永久变形。

5.5.6.3 母线和导线的颜色应符合 GB 2681 的规定,母线相序的排列应符合表 6 的规定(正面观察)。

表 6 母线相序排列方式

相序	垂直排列	水平排列	前后排列
A	上	左	远
B	中	中	中
C	下	右	近
中性线	最下	最右	最近

5.5.6.4 母线的材料、连线和布置方式以及绝缘支持件应满足装置的预期额定短路耐受电流的要求。

5.5.6.5 PEN导线的截面积应按中性导线(N)一样的方式确定。最小截面应是10 mm^2(铜线),分相式和混合式装置中的中性导线(N)截面积应和相导线截面积相同。

5.5.6.6 辅助电路绝缘导线的截面应根据要承载的额定工作电流来选择,但应不小于1.5mm^2(单股铜芯绝缘导线)或1.0 mm^2(多股铜芯绝缘导线)。

5.5.6.7 辅助电路的布线不应贴近具有不同电位的裸露带电部件或有尖角的边缘敷设,导线应采用适当的支撑或装入行线槽内。

5.5.6.8 连至移动部件(例如门)上的电器元件的导线应采用多股铜芯绝缘导线。

5.5.6.9 接线应在固定端子上进行,导线中间不允许有接线点,所有接线点应牢固、接触良好并有足够的持久压力。

5.5.6.10 一个接线端子一般只能连接一根导线,必要时允许连接二根导线。当需要连接二根以上导线时,应采取适当措施以保证导线的可靠连接。

5.5.6.11 连接到发热电器元件上的绝缘导线应考虑到发热元件对导线绝缘层的影响,采取适当措施。

5.5.6.12 辅助电路绝缘导线的端部应有标识,且清晰耐久。

5.5.6.13 绝缘导线的额定电压不得低于相应电路的额定工作电压。

6 电磁兼容性

有关电容器电磁兼容性的相应标准及条款(见第2章,规范性引用文件)和下列的附加内容均适用于本标准。

6.1 辐射

在正常运行时,电力电容器不产生任何电磁干扰。装置只在操作(接入或切除电容器组)时产生电磁干扰,并且只有操作过电压,其持续时间以毫秒计。如果控制器限制操作次数不超过5次/min,则认为电磁辐射要求良好,无需进行试验验证。

6.2 抗干扰试验

未安装有电子设备的装置对一般的电磁干扰不敏感,无需进行抗干扰试验。

6.3 安装有电子设备的装置

安装在装置内的电子设备(例如控制器)应满足相关的标准中有关抗干扰和辐射的要求。

7 试验分类

装置试验包括:

a) 例行试验;

b) 型式试验;

c) 验收试验。

购买方要求时,制造方应列明参数供试验验证。

7.1 例行试验

例行试验用来检验装置的材料和制造工艺。这些试验在每一套装配好的新的装置上进行,或在每一个运输单元上进行(见GB 7251.1)。在安装工地上不再重复例行试验。

由制造方指定或供应标准化元件(非制造方工厂生产但作为专用元件)和附件组装成的低压无功补偿装置也应进行例行试验,由进行装置总装的单位进行。

例行试验包括:

a) 外观及结构检查;

b) 电容(电感)检验;

c) 介电强度试验;

d) 通电操作试验;

e) 失压保护试验；

f) 工频过电压保护试验；

g) 触电防护措施和保护电路有效性检验。

注：在制造方工厂里进行的例行试验工作，不能免除安装单位在经过运输和安装后进行检查试验的责任。

7.2 型式试验

型式试验用来验证确定型号的装置符合本标准的要求。

型式试验应在一套装置样品上进行，或在按相同或相似设计生产的装置中的各个部件上进行。用作型式试验的装置应是例行试验合格的。

正常生产中的装置每五年应进行一次型式试验。

型式试验包括：

a) 温升试验；

b) 介电强度试验；

c) 短路耐受强度试验；

d) 触电防护措施和保护电路有效性检验；

e) 电气间隙和爬电距离检验；

f) 机械操作检验；

g) 外壳防护等级试验；

h) 放电器件检查；

i) 涌流试验；

j) 电容器投切器件连续投切试验；

k) 电容器组过电流保护试验；

l) 电容器投切器件开断特性测试；

m) 装置中电器和独立元件的试验；

n) 装置补偿响应时间测试。

7.3 验收试验

验收试验用于验证装置在运输过程中未受到损伤，确保要安装的装置是良好的。购买方负责试验。

试验项目由制造方与购买方协商。在有条件时，推荐进行下列项目的试验：

a) 外观及结构检查；

b) 介电强度试验（试验电压为例行试验规定值的85%）；

c) 机械操作试验；

d) 通电操作试验；

e) 电容(电感)检验。

8 试验方法

8.1 试验条件

装置的一切试验及测量，除另有规定者外，均应在下列条件下进行。

a) 环境空气温度：5 ℃～35 ℃；

b) 试验和测量使用的交流电压的波形应为近似正弦波形（即两个半波基本一样，且其峰值和方均根之比在$\sqrt{2}\pm0.7$的限度内，以及诸谐波电压的方均根值不大于基波电压方均根值的5%）。

8.2 试验方法

8.2.1 外观及结构检查

按5.2.3.2.1、5.2.3.2.6及5.5.6的要求用目测和仪器测量的方法进行。

8.2.2 电容(电感)检验

应在0.9 U_N～1.1 U_N的电压下测量。可对装置中电容器组及电抗器用测量误差不大于1%的电容(电感)测量电桥或能保证测量准确度的其他方法(如电压电流法)进行。

8.2.3 介电强度试验

在装置的相间、相对地、辅助电路对外壳和地之间施加5.2.3.2.3规定的试验电压值,带电部件对绝缘材料制成或覆盖的外部操作手柄进行试验时,装置框架不接地,将手柄用金属箔裹缠,然后在金属箔与带电部件之间施加1.5倍5.2.3.2.3规定的试验电压值。

试验时,应使电压从试验电压的30%～50%开始,大约在10 s～30 s时间内平稳地将电压升高到规定的试验电压值,并保持1 min,随后进行试验后的降压操作,直至零电压切除电源。试验前,应断开不宜承受试验电压的半导体器件、避雷器、电容器与母线的电气连接。

如果制造方在设备的连接处设有限流器件,则耐受试验应在电路中接有此类器件的条件下进行。

8.2.4 通电操作试验

自动补偿装置应进行通电操作试验。在辅助电路分别通以0.80 U_N、1.00 U_N和1.20 U_N电压的条件下,各操作三次,应无一次误动作,且所有电器元件的动作、仪表和信号显示均应符合要求,并观察投切计数器的读数与实际投切次数是否相符。

8.2.5 失压保护试验

该试验可在手动操作和不接通所有电容器组的状况下进行。通过装置上的手动按钮合上所有的电容器投切器件,经过3 min后切除装置电源,再经过3 min后接通电源。装置内所有电容器组的投切器件在分断状态,则本试验通过。

8.2.6 工频过电压保护试验

自动补偿装置应进行工频过电压保护试验。该试验在自动控制状态下(不接电容器)进行,用调相调压电源给装置供电或提供控制器采样信号。分相式补偿装置的试验应在A、B、C三相上分别进行。

a) 调节电源电压为额定电压,改变功率因数,则控制器发出投入或切除电容器组指令,投切延时时间应符合控制器的技术要求;

b) 调节电源电压为1.05 U_N～1.10 U_N之间的一个值,略高于第一级过电压动作门限,改变功率因数,则控制器只发出切除电容器组指令,而不得发出投入电容器组指令,切除延时时间应符合控制器的技术要求;

c) 调节电源电压为1.10 U_N～1.15 U_N之间的一个值,略高于第二级过电压动作门限,改变功率因数,则控制器发出逐组切除全部电容器组指令,切除延时时间应符合控制器的技术要求。

8.2.7 触电防护措施和保护电路有效性检验

目测或用工具检查触电防护措施和保护电路的电连续性符合5.2.3.2.4的要求。

在有疑问的情况下,可以进行测量以验证装置接地端子和装置相应裸露导电部件之间的电阻是否足够低。

8.2.8 温升试验

参见GB 7251.1中的相关条款,并作下列修改。

试验时装置的放置应同正常使用时一样,不管装置是否设计有侧板,试验时都应装上侧板。

装置通过1.2 I_N工频电流,温度稳定后测量电容器装置最热区域内电容器单元的外壳、电容器中间的冷却空气、母线、导线及各电气连接点处的温度。装置内含有熔断器,试验时熔断器的功率损耗应载入试验报告中。

试验时应有足够的时间使温度上升达到稳定。每隔1 h用温度计或热电偶或其他测温仪测量温度,连续4次测量温度的变化不超过1 ℃时,即认为温度达到稳定。

同时,尚需测量装置的周围空气温度,至少应该用两个温度计或热电偶均匀布置在装置的周围,布置点的高度约等于装置的一半,距装置1 m远,以它们的平均读数值作为装置的周围空气温度,测量时应防止空气强迫流动和热辐射对测量准确度的影响。

母线之间连接处的温升不得高于表5的规定。

装置内绝缘导线和电器元件的温升不得高于其本身规定的允许温升。

试验开始和结束时应测量电容，前后测量值应无明显差别。

当配置保护或控制系统(如电容器组过电流保护器)用来限制最大电流小于1.2 I_N 时，则试验电流等于最大电流。

可以下列方法中的一种(或几种组合)得到1.2倍 I_N 试验电流水平：提高试验电压，提高试验频率，提高电容值或叠加谐波电流。

8.2.9 短路耐受强度试验

短路耐受强度试验只有在新设计的产品定型时进行，在不改变产品结构、母线尺寸及母线支撑件的情况下，按照已定型的产品图纸进行生产时不进行本项试验。

预期短路电流不超过10 kA的设备可以不进行本项试验。

装置或其中的部件应按正常工作位置进行试验，除在母线上的试验和取决于装置结构形式的试验外，如果其余的功能单元结构与其不同，而且又不致影响试验结果，则试验应选择具有代表性的承受短路强度最薄弱的方案上进行。

被试装置的电路中若有熔断器，则熔断体电流应选用最大的规格。

试验时所用的电源导线和短路连接线应具有足够的强度，且安装连接后对装置内任何部件不产生附加应力。

试验电源的频率允许在75%～125%额定频率范围内变化。

验证额定短时耐受电流和额定峰值耐受电流的试验可在任何适当的电压下进行。验证预期短路电流时试验电源电压应等于1.1倍额定工作电压。

对主母线和进线端(至少包含一个连接点)进行短路耐受强度试验，短路点应选在距电源1.6 m～2.4 m范围内，对额定短时耐受电流和额定峰值耐受电流试验，此距离可以增大。

试验结束后应满足下列要求：

a) 试验后母线不应有过大的变形(不明显的变形是允许的)，其电气间隙和爬电距离均应符合标准或技术文件的要求；

b) 导线的绝缘和绝缘支持部件，不应有任何损坏，应仍能满足装置标准或技术文件中主电路的介电强度试验要求。

8.2.10 电气间隙和爬电距离检验

按5.3的要求用仪器测量的方法进行。

8.2.11 机械操作试验

装置某些需手动操作的部件应在不通电情况下进行投切操作试验，例行试验时应不少于5次，型式试验时应不少于50次，如果该电器已经按照有关规程进行过型式试验，在安装时对其又无损伤则该项型式试验可不必进行。

试验时电器应能正常分合，机械运动灵活无卡住或操作力过大现象，与其相联的机械联锁或其他附件承受上述操作次数应未受损伤。

8.2.12 外壳防护等级检验

外壳防护等级按GB 4208规定的试验方法进行检验。

8.2.13 放电器件检验

电容器单元型号相同、容量相同的电容器组可以在任何一组电容器组上进行试验；电容器单元型号不同、容量不同的电容器组应分别进行试验。试验时，对电容器组施加1.15 $\sqrt{2}\,U_N$ 直流电压，1 min后断开电源，记录电压降至50 V时所经历的时间。

8.2.14　涌流试验

涌流试验只验证投入最后一组电容器组时电路中的涌流值，即先将其余电容器全部投入，待它们工作稳定后再投入最后一组。投入时应能控制使涌流值最大，试验3次；不能控制时，则随机试验30次。

相邻两次试验时间间隔应大于切除-投入最小时间间隔。通过记录示波器测量各次试验中最后一组电容器组电路中的涌流值。

装置内电容器组容量不相同时，最小容量的电容器组作为最后一组电容器组进行试验。

8.2.15　电容器投切器件连续投切试验

电容器投切器件中包含有半导体开关电器时应进行本项试验。在额定频率、额定电压下，投入一个电容器组，1 min后开始试验：切除该电容器组，经过切除-投入最小时间间隔后投入同一电容器组，重复这个过程30次，电容器投切器件应无异常，试验前后装置电容量(电感量)应无明显变化。

取相同型号的电容器投切器件一台配合最大容量的电容器组进行试验。

8.2.16　电容器组过电流保护装置试验

装有电容器组过电流保护装置的装置进行此项试验。该试验在不接电容器组情况下进行，由谐波电源装置向电容器组过电流保护装置供电，调节谐波电流(方均根值)稍大于1.3 I_N～1.5 I_N之间的一个设定值，保护装置应立即分断电容器投切器件，并保持此状态；调节谐波电流(方均根值)至1.0 I_N，经过至少切除-投入最小时间间隔延时后，接通电容器投切器件。

8.2.17　电容器投切器件开断特性测试

8.2.17.1　工频试验

试验在不低于1.2 U_N电压条件下进行，记录电容器投切器件开断电容器组时的电流波形，不应出现重击穿现象。试验应不少于30次。

8.2.17.2　工频叠加谐波试验

电容器投切器件中包含有半导体开关电器时应进行本项试验，可以在单独电路中进行。电容器投切器件通过其额定工频额定电流(I)，迭加由各次谐波分量组成的谐波电流，其值为50% I，记录电容器投切器件开断时的电流波形，不应出现电流续流、重击穿现象或其他损坏。试验应不少于30次。

8.2.18　装置中电器和独立元件的试验

如果装置中的电器和独立元件已按照5.2.5.1和5.3进行过挑选，并且是按照制造方的说明书进行安装的，则不要求进行型式试验和(或)例行试验。

控制器应适合于相应的装置温度类别，有手动控制投切功能，满足装置控制要求。

8.2.19　装置补偿响应时间测试

快速型装置应进行本项测试。改变实际无功负荷(或模拟输入无功负荷)信号达到设定值，测量装置投入第一组电容器组的时间；改变信号切除这一组电容器，立即改变信号达到设定值，测量该组电容器组自切除至再投入的时间，即切除-投入最小时间间隔；上述两个时间和为装置补偿响应时间。

9　运输与贮存

9.1　装置验收检查

a)　装置的附件、备品和有关技术文件是否齐备；

b)　装置外观有无损坏，表面有无灰尘等。

9.2　装置包装的一般要求

装置应有内包装和外包装箱，插件插箱应锁紧扎牢，包装箱应有防尘、防雨、防震措施。在经过正常条件的运输后包装箱不应损坏。

9.3　运输

装置应适于陆运、水运(海运)或空运，运输和装卸按包装箱上的标记进行。

9.4 贮存

装置应贮存在环境温度－20 ℃～60 ℃，相对湿度不大于90％的库房内，室内无酸、碱、盐及腐蚀性、爆炸性气体，不受灰尘雨雪的侵蚀。

附 录 A
（规范性附录）
适合连接用铜导线的最小和最大截面积

见 GB 7251.1 中的相关附录。

附 录 B
（规范性附录）
在短时电流引起热应力的情况下，保护导体截面积的计算方法

见 GB 7251.1 中的相关附录。

附 录 C
（资料性附录）
成套设备的典型范例

见 GB 7251.1 中的相关附录。

附　录　D
(资料性附录)
电容器及装置的计算公式

D.1　由测得的三个单相电容来计算三相电容器容量

无论是三角形连接还是星形连接的三相电容器，在任意两个线路端子之间测得的电容用 C_a、C_b 和 C_c 表示。如果能满足 GB/T 12747.1 和 GB/T 17886.1 中规定的对称要求，则电容器的容量 Q 可以足够的精确度由下式计算得出：

$$Q=\frac{2}{3}(C_a+C_b+C_c)\omega U_N^2\times10^{-12}$$

式中：

C_a、C_b 和 C_c——均以 μF 计；

U_N——以 V 计；

Q——以 Mvar 计。

D.2　谐振频率

在下式中，当 n 为整数时，电容器将在该次谐波下谐振。

$$n=\sqrt{\frac{S}{Q}}$$

式中：

S——电容器安装处的短路容量，MVA；

Q——以 Mvar 计；

n——谐波次数，即谐振频率(Hz)与电网频率(Hz)之比。

D.3　电压升高

接入并联电容器将导致由下式给出的稳态电压升高：

$$\frac{\Delta U}{U}\approx\frac{Q}{S}$$

式中：

ΔU——电压升高，V；

U——电容器接入前的电压，V；

S——电容器安装处的短路容量，MVA；

Q——以 Mvar 计。

D.4　涌流

D.4.1　投入单个电容器组

$$\hat{I}_S\approx I_N\sqrt{\frac{2S}{Q}}$$

式中：

$\hat{I}_S$——电容器涌流的峰值，A 计；

I_N——电容器组的额定电流(方均根值)，A；

S——电容器安装场所的短路容量，MVA；

Q——以 Mvar 计。

D.4.2 投入电容器与已运行的电容器相并联

$$\hat{I}_{S} = \frac{U\sqrt{2}}{\sqrt{X_{C}X_{L}}}$$

$$f_{S} = f_{N}\sqrt{\frac{x_{C}}{x_{L}}}$$

式中：

$\hat{I}_{S}$——电容器涌流的峰值，A；

U——相对地电压，V；

X_{C}——每相串联的容抗，Ω；

X_{L}——电容器间每相的感抗，Ω；

f_{S}——涌流的频率，Hz；

f_{N}——额定频率，Hz。

D.4.3 单相单元或多相单元中一相的放电电阻

$$R \leqslant \frac{t}{k \cdot C \cdot \ln \frac{U_{N}\sqrt{2}}{U_{R}}}$$

式中：

t——从$\sqrt{2}U_{N}$ 放电到 U_{R} 的时间，s；

R——放电电阻，MΩ；

C——每相额定电容，μF；

U_{N}——单元的额定电压，V；

U_{R}——允许剩余电压，V（t 和 U_{R} 的极限值见 GB/T 12747.1）；

k——系数，取决于电阻与电容器单元的连接方式（见 GB/T 12747.1 和 GB/T 17886.1）。

附 录 E
（资料性附录）
本标准章条编号与 IEC 61921:2003 章条编号对照

表 E.1 给出了本标准章条编号与 IEC 61921:2003 章条编号对照一览表。

表 E.1 本标准章条编号与 IEC 61921:2003 章条编号对照

本标准章条编号	对应的 IEC 61921:2003 章条编号
3.2	—
3.3	3.2
3.4～3.6	—
3.7	3.5
3.8～3.9	—
3.10	3.3
3.11	3.4
3.12～3.17	—
5.2	5.3
5.2.1	—
5.2.1.1	—
5.2.1.2	5.3.6
5.2.2	—
5.2.2.1	5.3.1～5.3.3
5.2.2.2～5.2.2.5	—
5.2.3	5.3.4
5.2.3.1	5.3.4
5.2.3.2	—
5.2.4	5.3.5
5.2.5	—
5.2.5.1	5.3.7
5.2.5.2～5.2.5.5	—
5.2.6	5.3.8
5.2.7	5.3.9
5.3	5.2
5.3.1	5.2
5.3.2～5.3.8	—
5.4.1.1	—
5.4.1.2～5.4.1.4	5.4.1.1～5.4.1.3
5.4.1.5	—

表 E.1（续）

本标准章条编号	对应的 IEC 61921:2003 章条编号
5.5.6	5.5.6
7	7.1
7.1	7.1.2
7.2	7.1.1
7.3	—
8	7.2、7.3
8.1	—
8.2	7.2、7.3
8.2.1	7.3.1
8.2.2	—
8.2.3	7.3.2、7.3.4
8.2.4	7.3.1
8.2.5～8.2.6	—
8.2.7	7.2.4、7.3.3
8.2.8	7.2.1
8.2.9	7.2.3
8.2.10～8.2.12	7.2.5～7.2.7
8.2.13～8.2.17	—
8.2.18	7.1.3
8.2.19	—
9	—

附 录 F
（资料性附录）
本标准与 IEC 61921:2003 技术性差异及其原因

表 F.1 给出了本标准与 IEC 61921:2003 的技术性差异及其原因的一览表。

表 F.1 本标准与 IEC 61921:2003 技术性差异及其原因

本标准章条编号	技术性差异	原 因
3.2、3.4	增加的术语和定义	为方便标准使用和理解，增加此术语定义
3.5	增加的术语和定义	为区别装置的额定电压和装置中电容器的额定电压，特设定本条及 3.8
3.6～3.9	增加的术语和定义	与 3.5 相对应，便于标准使用和理解
3.10	修改的术语和定义。增加了“无功电流、功率因数或电压、时间”等控制参量	根据我国使用要求，控制器参数包括上述多个参数
3.12～3.17	增加的术语和定义	根据我国使用情况规定
4	增加“电容器总容量，Q_n 以千乏(kvar)计；”	与“装置的额定无功功率”相区别
5.2.1	增加的条款	为适应我国标准制定和使用习惯，增加此条款
5.2.1.1	增加的条款	IEC 标准原文只规定了特殊使用条件，为明确规范装置的正常使用条件，增加本条
5.2.2	增加的条款	中国的低压无功补偿装置种类繁多，为方便购买方识别产品应用场合，增加本条
5.2.2.2～5.2.2.5	增加的条款	适应我国标准使用习惯，便于产品特征分类
5.2.3.1	增加“电容器组过流保护装置”。 修改原国际标准中“接触器”为“电容器投切器件”	适应我国产品制造能力和使用要求。当谐波在电容器中引起过电流时，断路器、熔断器等不能实现过电流保护，应采用“电容器组过流保护装置”实现保护功能
5.2.3.2	增加的条款	原国际标准要求过于笼统
5.2.4	增加“装置额定电压的优选值为 0.22 kV、0.38 kV、0.66 kV、1kV。”	根据我国制造方和购买方习惯，“电容器的额定电压”与“装置额定电压”是不同的，通常前者高于后者。所以，“电容器的总容量”通常高于“装置额定无功功率”
5.2.5	本标准增加一些条款	根据我国使用习惯和要求，增加规定相应的保护功能
5.2.5.1	修改原国际标准 5.3.7 第一段中“1.3 倍的电流”为“1.65 倍的电流”。增加相关内容	根据我国使用习惯和要求修改或增加此条相关内容
5.2.5.2～5.2.5.5	增加的条款。	根据我国使用习惯和要求增加此条。

表 F.1(续)

本标准章条编号	技术性差异	原　　因
5.3.1	增加"电容器应符合 GB/T 12747.1 和 GB/T 17886.1的规定,电器元件的额定电压、额定电流、使用寿命以及电容器投切器件的接通能力、分断能力、短路耐受强度等应能满足装置电气要求,各种元件均应符合相应的国家标准和行业标准"	适应我国标准制定和使用习惯,增加有关电气要求,方便标准使用
5.3.2～5.3.8	增加的条款	根据我国使用习惯和要求增加此条
5.4.1.1	增加的条款	根据我国使用条件而增加规定
5.4.1.5	增加的条款	针对存在电动机负载时的电气环境做出规定,便于使用
5.5.6	删除原国际标准内容。 根据 GB 7251.1 和 GB 7251.3 及其他我国标准要求,详细规定系统布线的材料与结构要求	原国际标准对装置内的系统连接仅作总体要求,为增加标准可操作性,增加相关内容
7.1、7.2	删除"绝缘电阻的验证"、"介电性能试验"。增加 5 项试验:涌流试验、电容器投切器件连续投切试验、电容器组过电流保护试验、电容器投切器件开断特性测试、装置补偿响应时间测试	对照 GB 7251.1,IEC 标准原文中规定了"7.3.2 介电强度试验",根据无功补偿装置的特点,已等效完成"绝缘电阻的验证"、"介电强度试验"的试验效能,故删除"绝缘电阻的验证"并增加 5 项试验
7.3	增加的条款	适应我国标准制定和使用习惯与要求
8	合并原国际标准中"型式试验"和"例行试验",并作改写	针对我国装置使用情况增加规定了相应条款,故相应地设计增加有关验证试验,规定了各项试验方法
8.1～8.2	增加的条款	适应我国标准制定习惯,便于标准使用
8.2.1	删除原国际标准相关内容,重新起草,对检查内容与要求做出明确规定	增加可操作性
8.2.2	增加的条款	测量装置电容量、电感量,表征装置补偿容量
8.2.3	合并原国际标准中 7.3.2、7.3.3 和 7.3.4 三条试验要求。重新起草,对检查内容与要求做出明确规定	增加可操作性
8.2.4	删除原国际标准相关内容,重新起草,对检查内容与要求做出明确规定	增加可操作性
8.2.5～8.2.6	增加的条款	对应装置保护要求进行的验证试验
8.2.7	合并原国际标准中 7.2.4 和 7.3.3 试验要求。重新起草,对检查内容与要求做出明确规定	增加可操作性

表 F.1（续）

本标准章条编号	技术性差异	原　　因
8.2.8	修改原标准内容	本标准采用“装置额定电压”规定装置的额定容量等，与原国际标准的“额定电压”不同，故对试验电流值作相应修改
8.2.9～8.2.12	删除原国际标准“参见 IEC 60439-1 相关条款”。重新起草，对试验方法与要求做出明确规定	增加可操作性
8.2.13～8.2.17	增加的条款	检查电容器装置的一种试验方法
8.2.17.1、8.2.17.2	增加的条款	增加可操作性
8.2.18	将原国际标准 7.1.3 修改为“如果装置中的电器和独立元件已按照 5.2.5.1 和 5.3 进行过挑选，并且是按照制造方的说明书进行安装的，则不要求进行型式试验和(或)例行试验。 控制器应适合于相应的装置温度类别，有手动控制投切功能，满足装置控制要求”	增加可操作性
8.2.19	增加的条款	检查电容器投切器件的一种试验方法
9	增加的条款	适应我国标准制定习惯

参 考 文 献

在下列标准中可找到另外的有用资料：

GB/T 12747.2 标称电压1 kV及以下交流电力系统用自愈式并联电容器 第2部分：老化试验、自愈性试验和破坏试验（GB/T 12747.2—2004，IEC 60831-2：1995，IDT）

GB/T 16927.1 高电压试验技术 第一部分：一般试验要求（GB/T 16927.1—1997，eqv IEC 60060-1：1989）

GB/T 17626.1 电磁兼容 试验和测量技术 抗扰度试验总论（GB/T 17626.1—2006，IEC 61000-4-1：2000，IDT）

GB/T 17886.2 标称电压1 kV及以下交流电力系统用非自愈式并联电容器 第2部分：老化试验和破坏试验（GB/T 17886.2—1999，idt IEC 60931-2：1995）

GB/T 17886.3 标称电压1 kV及以下交流电力系统用非自愈式并联电容器 第3部分：内部熔丝（GB/T 17886.3—1999，idt IEC 60931-3：1996）

GB/T 18039.3 电磁兼容 环境 公用低压供电系统低频传导骚扰及信号传输的兼容水平（GB/T 18039.3—2003，IEC 61000-2-2：1990，IDT）

ICS 29.130.20
K 32

中华人民共和国国家标准

GB/T 22710—2008

低压断路器用电子式控制器

Electronic controller for low-voltage circuit breaker

2008-12-30 发布　　2009-10-01 实施

中华人民共和国国家质量监督检验检疫总局
中国国家标准化管理委员会　发布

前　言

本标准的附录 A 为资料性附录。

本标准由中国电器工业协会提出。

本标准由全国低压电器标准化技术委员会(SAC/TC 189)归口。

本标准主要起草单位:上海电器科学研究所(集团)有限公司、上海磊跃自动化设备有限公司。

本标准参加起草单位:浙江正泰电器股份有限公司、人民电器集团有限公司、常熟开关制造有限公司、北京人民电器厂、虎牌控股集团有限公司、上海精益电器厂有限公司、德力西电气有限公司、浙江科丰电子有限公司、施耐德电气(中国)投资有限公司、浙江科能达电气有限公司、浙江瑞安市工泰电器有限公司、广东珠江开关有限公司。

本标准主要起草人:施惠冬、朱建高、周积刚、季慧玉。

本标准参加起草人:萧红卫、高文乐、殷建强、魏占勇、龙骥、胡正业、黄蓉蓉、倪仕杰、何巍伟、项林新、蔡甫寒、李富德。

本标准为首次发布。

低压断路器用电子式控制器

1 总则

1.1 范围

本标准规定了适用于低压断路器用电子式控制器(以下简称控制器)的分类、结构、性能要求、试验方法及检验规则等。

本标准规定的控制器包括信号采集单元(包含电流传感器)、处理和执行单元(包含脱扣元件),并至少应具有一个由被保护线路能量产生的自生电源。

本标准规定的控制器适用于额定电压不超过交流1 000 V、频率为50 Hz或60 Hz电路中使用的断路器,用来保护线路及电气设备,使其免受过电流和其他影响其安全运行的故障(如欠压、接地、断相等)的危害,并可具有合理的人机界面、自身故障诊断与处理功能,以及充分发挥电子技术优势的其他可选功能。

注:如果制造商生产的控制器仅与自身的断路器配套,只要配套后的断路器符合GB 14048.2—2008及相关标准的要求,则其控制器不必单独按本标准进行试验。

1.2 规范性引用文件

下列文件中的条款通过本标准的引用而成为本标准的条款。凡是注日期的引用文件,其随后所有的修改单(不包括勘误的内容)或修订版均不适用于本标准,然而,鼓励根据本标准达成协议的各方研究是否可使用这些文件的最新版本。凡是不注日期的引用文件,其最新版本适用于本标准。

GB/T 2423.4—1993 电工电子产品基本环境试验规程 试验Db:交变湿热试验方法(eqv IEC 60068-2-30:1980)

GB/T 2900.18—2008 电工术语 低压电器

GB/T 4207—2003 固体绝缘材料在潮湿条件下相比电痕化指数和耐电痕化指数的测定方法(IEC 60112:1979,IDT)

GB 4824—2004 工业、科学和医疗(ISM)射频设备 电磁骚扰特性 限值和测量方法(CISPR 11:2003,IDT)

GB 14048.1—2006 低压开关设备和控制设备 第1部分:总则(IEC 60947-1:2001,MOD)

GB 14048.2—2008 低压开关设备和控制设备 第2部分:断路器(IEC 60947-2:1995,IDT)

GB/T 16935.3—2005 低压系统内设备的绝缘配合 第3部分:利用涂层、罐封和模压进行防污保护(IEC 60664-3:2003,IDT)

GB/T 17626.2—2006 电磁兼容 试验和测量技术 静电放电抗扰度试验(IEC 61000-4-2:1995,IDT)

GB/T 17626.3—2006 电磁兼容 试验和测量技术 射频电磁场辐射抗扰度试验(IEC 61000-4-3:1995,IDT)

GB/T 17626.4—2008 电磁兼容 试验和测量技术 电快速瞬变脉冲群抗扰度试验(IEC 61000-4-4:2004,IDT)

GB/T 17626.5—2008 电磁兼容 试验和测量技术 浪涌(冲击)抗扰度试验 (IEC 61000-4-5:2005,IDT)

GB/T 17626.6—2008 电磁兼容 试验和测量技术 射频场感应的传导骚扰抗扰度(IEC 61000-4-6:2006,IDT)

GB/T 17626.11—2008 电磁兼容 试验和测量技术 电压暂降、短时中断和电压变化的抗扰度

试验(IEC 61000-4-11:2004,IDT)

GB/T 17626.13—2006 电磁兼容 试验和测量技术 交流电源端口谐波、谐间波及电网信号的低频抗扰度试验(IEC 61000-4-13:2002,IDT)

GB/T 18858.3—2002 低压开关设备和控制设备 控制器—设备接口(CDI)第3部分:DeviceNet(IEC 62026-3:2000,IDT)

2 术语和定义、符号

2.1 术语和定义

除下列规定的术语和定义外,其余均符合 GB/T 2900.18—2008、GB 14048.1—2006、GB 14048.2—2008 中的有关规定。

2.1.1

控制器自生电源 self-produced power supply of controller

由被保护回路中的电流通过低压断路器电流互感器感应产生的、在一定条件下可维持控制器基本功能的电源。

2.1.2

低压断路器用电子式控制器 electronic controller for low-voltage circuit breaker

对电路中的电量信号进行采集、处理,并根据预先的设定值控制断路器的断开或报警,从而对被保护电路和设备进行保护的装置。该装置可以根据自身的设计情况配置有利于提高线路和设备安全运行的其他保护功能和辅助功能,例如:电量测量、区域选择性联锁、负载监控、通信等功能。

2.1.3

三相电流不平衡率 three phase current imbalance

三相电流不平衡是指在运行过程中,由于线路电流不完全相等而存在一定的差异,用三相电流不平衡率来衡量三相电流的差异程度(通常以百分数表示),推荐采用以下计算方法:

$$\varepsilon_i = \frac{\operatorname{Max}_{j=1}^{3} \mid I_j - I_{avg} \mid}{I_{avg}} \times 100\%$$

式中:

$I_{avg} = \frac{\sum_{j=1}^{3} I_j}{3}$,$I_{avg}$ 为三相电流的平均值,I_j 为第 j 相电流的有效值。

注1:上式中的电流均指有效值;

注2:当采用不同于上式的公式计算或其他方法判别时,制造商应在说明书或其他资料中加以说明。

2.1.4

三相电压不平衡率 three phase voltage imbalance

三相电压不平衡是指在运行过程中,由于线路电压不完全相等而存在一定的差异,用三相电压不平衡率来衡量三相电压的差异程度(通常以百分数表示),推荐采用以下计算方法:

$$\varepsilon_u = \frac{\operatorname{Max}_{j=1}^{3} \mid U_j - U_{avg} \mid}{U_{avg}} \times 100\%$$

式中:

$U_{avg} = \frac{\sum_{j=1}^{3} U_j}{3}$,$U_{avg}$ 为三相电压的平均值,U_j 为第 j 相电压的有效值。

注1:上式中的电压均指有效值;

注2:当采用不同于上式的公式计算或其他方法判别时,制造商应在说明书或其他资料中加以说明。

2.1.5

热记忆 thermal memory

在断路器过电流时电流恢复正常或断开一个短时间(在此期间电器和设备还不能恢复至冷态)后

再出现过电流，控制器能根据电流恢复正常或断开时间长短持续记录设备因电流而产生的能量，并将该能量值作为与设定值比较的依据。如果能量未衰减到零之前电路再次过电流，控制器的保护延时时间将比规定的时间短。

这种保护功能可防止反复间歇性过载对电路或设备造成的损害。

2.1.6

区域选择性联锁　zone-selective interlocking

区域选择性联锁是一种提高配电系统选择性保护性能的措施。通过电网中各级断路器控制器之间的数据信息交换实现保护动作的配合，确保离故障点最近的断路器瞬时分断，从而缩短清除故障所需要的时间，降低短路或接地故障对电气设备造成的危害程度。

2.2　符号

I　主回路电流

I_{cs}　额定运行短路分断能力(电流)

I_{cu}　额定极限短路分断能力(电流)

I_{cw}　额定短时耐受电流

I_e　额定工作电流

I_g　接地故障整定电流

I_i　短路瞬时脱扣整定电流

I_n　断路器额定工作电流

$I_{\Delta n}$　额定剩余动作电流

I_R　过载长延时脱扣整定电流

I_{sd}　短路短延时脱扣整定电流

t_g　接地故障延时整定时间

t_R　过载长延时整定时间

t_{sd}　短路短延时整定时间

U_c　额定控制电路电压

U_e　额定工作电压

U_i　额定绝缘电压

U_{imp}　额定冲击耐受电压

U_s　额定控制电源电压

ZSI　区域选择性联锁

ε_i　电流不平衡率

ε_u　电压不平衡率

3　分类

控制器可按下列型式分类：

3.1　按配套的断路器的型式分

——万能式断路器用控制器；

——塑料外壳式断路器用控制器。

3.2　按有无辅助电源分

——无辅助电源的控制器；

——有辅助电源的控制器。

注：控制器的基本保护功能应与辅助电源无关。在需要增加通信或显示等功能时，或负载电流小于一定值时为保证工作稳定性，可采用辅助电源作为控制器的供电电源，这种情况下，制造商应在其提供的相关资料中予以说明。

3.3 按通信接口分

——无通信接口的控制器；

——有通信接口的控制器。

4 控制器的特性

4.1 特性概述

控制器的特性可用下列项目(如适用时)表明：

——控制器的型式(4.2)；

——配套断路器的额定值(4.3)；

——控制器的功能(4.4)；

——辅助电源(4.5)；

——整定操作方式(4.6)；

——显示方式(4.7)；

——机械特性。

注：控制器的机械特性因控制器的结构而异，具体技术要求由制造商在相应的产品标准中规定。

4.2 控制器的型式

4.2.1 极数

——二极断路器用控制器；

——三极断路器用控制器；

——四极断路器用控制器。

4.2.2 配套用断路器型式

——万能式断路器用控制器；

——塑料外壳式断路器用控制器。

4.3 配套断路器的额定值

指与控制器相配套的断路器额定工作电流(I_n)。

4.4 控制器的功能

4.4.1 概述

控制器的基本保护功能是必备功能，其他功能由制造商根据条件配置。

4.4.2 基本保护功能

——过载长延时保护；

——短路短延时保护；

——短路瞬时保护。

注：控制器至少应具有上述一种基本保护功能。

4.4.3 附加保护功能

本标准推荐的附加保护功能如下，制造商也可增加其他新的附加保护功能。

——接通电流脱扣保护；

——接地故障保护；

——剩余电流保护；

——电流不平衡保护；

——中性极过电流保护；

——电压不平衡保护；

——过电压保护；

——欠电压保护；

——热记忆功能；

——频率(最大、最小)保护；

——相序保护；

——逆功率保护；

——区域选择性联锁；

——试验功能；

——自诊断功能；

——温度保护功能。

4.4.4 输入输出功能

——有触点输入/输出(例如用于负载监控的继电器输出)；

——无触点输入/输出。

4.4.5 测量功能

——电压测量；

——电流测量；

——有功功率测量；

——无功功率测量；

——视在功率测量；

——功率因数测量；

——频率测量；

——谐波分析；

——需用量测量(如需用功率、需用电流)。

4.4.6 通信功能

——采用 Modbus 协议通信；

——采用 DeviceNet 协议总线通信；

——采用 Profibus-DP 协议总线通信；

——采用工业以太网或其他通信协议通信。

4.4.7 扩展功能(事件和记录功能)

——事件记录；

——故障录波；

——电能量监视；

——其他扩展功能。

4.5 辅助电源

——AC：220(230)V、380(400)V；

——DC：24 V、48 V、110 V、220 V；

——其他电源。

4.6 整定操作方式

——采用旋钮整定；

——采用按键整定；

——采用其他整定。

4.7 显示方式

——面板刻度指示；

——数码管显示；

——液晶显示；

——其他显示方式。

5 产品数据和资料

5.1 控制器标志

每台控制器应以清晰、耐久的方式标志以下的内容：

a) 制造商名称或商标；

b) 型号或系列号；

c) 额定工作电压；

d) 配用的断路器的型号；

e) 配用的断路器的额定电流；

f) 整定电流调节范围；

g) 额定频率值(或范围)(例如 50 Hz)；

h) 接线端子或接线端头标志或编号；

i) 接线图。

上述标志中

——b)、c)、e)、f)、g)、h)标志应位于控制器的本体上，或按配套断路器制造商的要求；

——a)、b)、c)、d)、e)、f)、g)、h)、i)标志在制造商出版的资料中。

6 正常工作、安装及运输条件

GB 14048.1—2006 中第 6 章适用并补充如下。

6.1 工作环境温度

控制器正常工作的环境温度为－5 ℃～＋40 ℃。

6.2 安装类别

控制器安装类别应与配套的断路器的安装类别相匹配。

6.3 污染等级

除非制造商另有规定，控制器应能在污染等级为 3 的环境条件下正常工作。

6.4 运输和贮存条件

控制器应能承受下列在运输和贮存过程中可能发生的极限温度，其性能不应发生不可逆的变化。

极限温度范围：－25 ℃～＋85 ℃。

如果运输和贮存条件超出上述范围时，应由用户与制造商协商。

6.5 安装条件

控制器的安装使用位置及安装方式应与配套的断路器匹配。

7 结构和性能要求

7.1 一般要求

7.1.1 控制器应操作灵活，状态转换可靠，面板指示(文字、图形和符号)和屏幕显示应清晰、正确。

7.1.2 控制器金属件不应有裂纹、麻点、镀层脱落等现象，塑料件表面应平整、光洁、无气泡、裂纹、划痕等缺陷。

7.1.3 控制器标牌的商标、型号和技术数据等应以清晰、耐久的方式标识。

7.1.4 控制器线路板组件应采取涂层保护或其他更好的方式，以达到绝缘要求。

7.2 结构要求

7.2.1 控制器的爬电距离和电气间隙应符合 GB 14048.1—2006 中表 13 和表 15 有关规定确定。线路板的爬电距离和电气间隙,按 GB/T 16935.3—2005 中表 1 的规定。

7.2.2 控制器的绝缘材料应能承受 650 ℃的着火危险试验。

7.2.3 控制器绝缘材料的相比电痕化指数不小于 100。

7.2.4 控制器组件的外形尺寸和安装方式应和所配套的断路器良好配合。

7.2.5 控制器接线端子的结构应保证良好的电接触和预期的载流能力,其所有的接触部件和载流部件都应由导电良好的金属制成,并应有足够的机械强度。

7.3 电气性能要求

7.3.1 温升

控制器的温升应符合 GB 14048.2—2008 中 7.2.2 的要求,并补充规定如下:

控制器单独进行温升试验时,考虑断路器温升的影响,控制器接线端子和易接近部件的温升极限值应符合表 1 的要求。

表 1 接线端子和易接近部件的温升极限值

部件名称[a]	温升极限值/K
与外部连接的接线端子	60
人力操作部件:	
——金属零件;	10
——非金属零件。	15
可触及但不是手握的部件:	
——金属零件;	20
——非金属零件。	30
正常操作时无需触及的部件:	
——金属零件;	30
——非金属零件。	40
[a] 除上述所列部件外,对其他部件不作温升规定,但以不引起相邻绝缘部件损坏为限。	

7.3.2 介电性能

控制器各部件应能承受表 2 规定的工频试验电压,试验时间为 1 min,试验过程中应无绝缘击穿或闪络现象。常规试验时施加电压的时间为 1 s。

表 2 控制器的介电性能

单位为伏特

部件名称	工频试验电压值(交流有效值)	额定绝缘电压 U_i
所有输入端子对控制器外壳;辅助电源端子对其他输入端;互感器对主回路	1 500	$60<U_i\leqslant300$
	1 890	$300<U_i\leqslant690$
	2 000	$690<U_i\leqslant800$
	2 200	$800<U_i\leqslant1\ 000$
注:如被试电路之间有电压吸收器件,试验时可断开。		

7.3.3 操作条件

7.3.3.1 无辅助电源的情况下,主电路所有相电流不小于 $0.4I_n$ 时,控制器应能可靠工作,且必须能实现基本保护功能;主电路所有相电流小于 $0.4I_n$ 时,控制器不应误动作。

7.3.3.2 控制器具有通信或显示等功能时,或负载电流小于一定值时,为保证工作稳定性可采用辅助电源作为控制器的供电电源。这种情况下,辅助电源电压在 $85\%U_e$~$110\%U_e$ 范围内,控制器应可靠工作。

7.3.3.3 如果控制器具有脱扣试验功能,连续进行 5 次脱扣操作试验,控制器应能可靠驱动断路器分断。

7.4 控制器的功能要求

控制器的基本保护功能是指断路器的基本保护要求，包括过载长延时、短路短延时和短路瞬时保护三种保护特性。控制器可以选择其中的一项或几项作为自身的基本保护特性，但基本保护特性必须满足本标准及 GB 14048.2—2008 的相关技术要求，且应能在 7.3.3.1 的条件下可靠工作。

在不影响基本保护功能的情况下，控制器可以增加其他功能，如附加保护功能、输入输出功能、测量功能、扩展功能、显示功能、通信功能和区域选择性联锁等。

7.4.1 基本保护功能

在低压断路器的基本保护中，瞬时保护优先于短延时保护，短延时保护优先于过载长延时保护。对于每个保护功能，必须明确给出以下特征参数：

——保护特性的类型：定时限、反时限、瞬时；

——保护电流的整定范围；

——延时时间的整定范围；

——时间/电流特性曲线（可以用公式和/或符合 GB 14048.1—2006 中 4.8 注释要求的曲线来描述）；

——延时时间的误差范围。

在描述整定参数的范围时，可以采用公式或表格等形式表示。

7.4.2 附加功能

控制器的附加功能要求指控制器按特定功能和用途，由制造商自行选择增加的功能要求。

7.4.2.1 附加保护功能

制造商在说明附加保护功能时，推荐使用如下特征参数对其特性进行描述：

——保护特性的类型：定时限、反时限、瞬时；

——动作阈值的整定范围；

——返回阈值（如果有）的整定范围；

——时间/保护特征量特性曲线；

——延时时间的误差范围。

附加保护功能的动作方式可设计成脱扣和/或报警。

7.4.2.2 输入输出功能

制造商应在控制器资料中说明输入/输出功能以下特征：

——用途；

——输入/输出信号的型式（如方波、正弦波、持续电平等）；

——信号的电压/电流等级；

——与外部系统的连接方式和要求，推荐采用图示法；

——其他需要说明的情况。

7.4.2.3 测量功能

制造商应在控制器资料中明确测量功能的以下特征：

——测量参数的名称、单位；

——测量的量程和误差范围；

——测量结果的表达方式（如数字、曲线或其他形式）；

——测量方法（需要的情况下）。

7.4.2.4 扩展功能

制造商应在控制器资料中明确扩展功能的种类、特性等。

7.4.2.5 显示功能

控制器无论采用何种显示方式，显示内容出现的术语、符号均应优先采用 GB 14048.1—2006、GB 14048.2—2008 和 GB/T 2900.18—2008 中规定的术语和符号。上述标准未规定的术语和符号，制造商应在资料中加以说明。

7.4.2.6 通信功能

实现通信功能时，优先选用国际、国内的标准通信协议。如果采用自定义协议，必须参考 ISO 模型对网络各层的特性予以详细说明。

7.5 控制器的基本保护功能的保护特性

7.5.1 控制器的过载保护特性

过载长延时保护推荐采用反时限保护方式，其时间-电流特性曲线描述如下：

$$t=\frac{K}{n^{\alpha}-\beta}\times t_{R};n=\frac{I}{I_{R}}$$

式中 t_R 为过载长延时整定时间，I_R 为过载长延时脱扣整定电流，K、α、β 均为常数，制造商可自行定义以上参数的具体值、精度或范围。

对于 α，推荐采用值：0.02、0.5、1.0、2.0、4；

对于 β，推荐在 0～1.15 之间（包含两端值）。

过载长延时保护应符合 GB 14048.2—2008 的 7.2.1.2.4 中表 6 规定的要求。过载保护整定值调节范围、保护特性及误差范围的一种示例参见附录 A 表 A.1，其中，α 为 2，β 为 0，K 为 2.25。

7.5.2 控制器短延时保护特性

短路短延时保护可以采用定时限或反时限特性曲线。推荐采用曲线描述如下：

——定时限特性：$t=K\times t_{sd}$

——反时限特性：$t=\frac{K}{n^{2}}\times t_{sd};n=\frac{I}{I_{R}}$

式中 t_{sd} 为短路短延时整定时间，K 为常数，制造商可自行定义以上参数的具体值、精度或范围。

当控制器采用反时限保护特性时，其特性曲线应充分考虑 GB 14048.1—2006 中定义 2.4.27 注的要求。即当上述公式中的 n 达到较大值时，控制器按定时限方式动作。短路短延时保护整定值调节范围、保护特性及误差范围的一种示例参见附录 A 表 A.1，其中，对于定时限，K 为 1；对于反时限，K 为 64。

7.5.3 控制器短路瞬时保护特性

瞬时脱扣电流产生时，控制器除自身固有的动作时间外，使断路器无任何人为延时脱扣的保护。

控制器短路瞬时保护特性其整定值调节范围、保护特性及误差范围的一种示例见附录 A 表 A.1。

7.6 附加保护功能的特性

7.6.1 接通电流脱扣保护特性

控制器的接通电流脱扣保护功能仅在断路器合闸时起作用。如电流超过保护动作值时，控制器瞬时脱扣。该功能在断路器闭合后自动退出。

该功能必须能在控制器无辅助电源的情况下实现。试验时不接辅助电源，断路器的动作时间应小于 200 ms（包括断路器固有分断时间），动作电流的设定值一般应大于等于短延时保护的电流整定值。

7.6.2 控制器的接地故障保护特性

接地故障保护可以采用定时限或反时限特性曲线。推荐采用曲线描述如下：

——定时限特性：$t=K\times t_{g}$

——反时限特性：$t=\frac{K}{n^{2}}\times t_{g};n=\frac{I}{I_{n}}$

式中 t_g 为接地故障延时整定时间，K 为常数，制造商可自行定义以上参数的具体值或范围。

控制器接地故障保护特性的整定值调节范围、保护特性及误差范围的一种示例可参见附录 A 表 A.1，其中，对于定时限和反时限，K 都为 1。

7.6.3 控制器的剩余电流保护特性

额定剩余动作电流优先值为：0.006 A，0.01 A，0.03 A，0.1 A，0.3 A，0.5 A，1 A，3 A，5 A，10 A，

30 A。其动作特性可分为非延时型和延时型二种，非延时型的剩余电流保护特性应符合 GB 14048.2—2008 附录 B 中表 B.1 的要求；延时型在 $2I_{\Delta n}$时的极限不驱动时间的优选值为：0.06 s，0.1 s，0.2 s，0.3 s，0.4 s，0.5 s，1 s，其动作特性应符合 GB 14048.2—2008 附录 B 中 B.4.2.4.2.2 的要求。

剩余电流动作保护可设为故障断开或故障报警。

7.6.4 控制器的电流不平衡保护特性

电流不平衡保护是针对断相、负载不平衡等状况设计的保护功能，控制器的动作方式可以是脱扣或报警。保护特性整定范围、整定值、动作特性及误差范围的推荐值见表 3，制造商也可采用其他的整定值及更小的误差范围。

表 3 电流不平衡保护特性

整定范围		电流不平衡/整定值	动作特性	动作时间误差范围
动作阈值	5%～60%	≤0.9	不动作	±10%
		≥1.1	动作	
动作延时	1 s～40 s	≥1.1	定时限特性	
返回阈值[a]	5%～动作阈值	≥1.1	不返回	
		≤0.9	返回	
返回延时	10 s～200 s	≤0.9	定时限特性	
[a] 仅当动作方式为“报警”时，才有此设定值。				

7.6.5 控制器的中性极过电流保护特性

在应用时中性极所用的电缆及电流特性和其他三相常常有很大差别，根据配电系统的特性及不同的保护要求，中性极需要过电流保护时，可采用如下几种整定值：

a) $0.5I_n$；

b) I_n；

c) $1.5I_n$ 或 $2I_n$。

控制器的中性极过电流保护特性可参见附录 A 表 A.1 的过载长延时、短路短延时和短路瞬时保护特性。

7.6.6 控制器的电压不平衡保护特性

电压不平衡保护是针对三相电压不平衡状况设计的保护功能，控制器的动作方式可以是脱扣或报警。保护特性整定范围、整定值、动作特性及误差范围的推荐值见表 4，制造商也可采用其他的整定值及更小的误差范围。

表 4 电压不平衡保护特性

整定范围		电压不平衡/整定值	动作特性	动作时间误差范围
动作阈值	2%～30%	≤0.9	不动作	±10%
		≥1.1	动作	
动作延时	0.2 s～60 s	≥1.1	定时限特性	
返回阈值[a]	2%～动作阈值	≥1.1	不返回	
		≤0.9	返回	
返回延时	0.2 s～60 s	≤0.9	定时限特性	
[a] 仅当动作方式为“报警”时，才有此设定值。				

7.6.7 控制器的过电压保护特性

过电压保护是针对线路出现过电压状况设计的保护功能，控制器的动作方式可以是脱扣或报警。

保护特性整定范围、整定值、动作特性及误差范围的推荐值见表 5，制造商也可采用其他的整定值及更小的误差范围。

表 5 过电压保护特性

整定范围		电压实际值/整定值	动作特性	动作时间误差范围
动作阈值	1.15U_e～1.3U_e	≤0.9	不动作	±10%
		≥1.1	动作	
动作延时	1 s～5 s	≥1.1	定时限特性	
返回阈值[a]	1.15U_e～动作阈值	≤0.9	返回	
		≥1.1	不返回	
保护返回延时	1 s～36 s	≤0.9	定时限特性	

[a] 仅当动作方式为“报警”时，才有此设定值。

7.6.8 控制器的欠电压保护特性

欠电压保护是针对线路出现欠电压状况设计的保护功能，控制器的动作方式可以是脱扣或报警。保护特性整定范围、整定值、动作特性及误差范围的推荐值见表 6，制造商也可采用其他的整定值及更小的误差范围。

表 6 欠电压保护特性

整定范围		电压实际值/整定值	动作特性	动作时间误差范围
动作阈值	0.35U_e～0.70U_e	<0.9	动作	±10%
		>1.1	不动作	
动作延时	1 s～5 s	≤0.9	定时限特性	
返回阈值[a]	动作阈值～0.85U_e	<0.9	不返回	
		>1.1	返回	
保护返回延时	1 s～36 s	≥1.1	定时限特性	

[a] 仅当动作方式为“报警”时，才有此设定值。

7.6.9 控制器的热记忆功能

控制器在过载反时限或短延时反时限动作时具有热记忆功能。

制造商应明确规定各种保护的热记忆恢复时间，如长延时热记忆的恢复时间可以是：30 min、20 min、10 min。短延时的恢复时间可以是：15 min、10 min、5 min。在规定的热记忆时间内，能量按一定规律衰减释放结束，在此时间内再出现同类故障，则故障延时动作时间按衰减剩余的能量相应缩短。

推荐按照电器散热方程对热量进行衰减，但不排斥其他方法。

注：控制器断电后能量自动释放。

7.6.10 控制器的最大、最小频率保护特性

控制器频率保护以电压频率为基准，对频率超过极限范围时进行保护，控制器的动作方式可以是脱扣或报警。本标准只针对 50/60 Hz 配电系统，其他频率在考虑中。保护特性整定范围、整定值、动作特性及误差范围的推荐值见表 7，制造商也可采用其他的整定值及更小的误差范围。

表 7 最大、最小频率保护特性

类型	整定范围		频率实际值	动作特性	动作时间误差范围
最大频率保护	动作阈值	50.0 Hz～65.0 Hz	≤阈值－1 Hz	不动作	±10%
			≥阈值＋1 Hz	动作	
	动作延时	0.2 s～5.0 s	≥阈值＋1 Hz	定时限特性	
	返回阈值[a]	45.0 Hz～动作阈值	≤阈值－1 Hz	返回	
			≥阈值＋1 Hz	不返回	
	返回延时	1 s～360 s	≤阈值－1 Hz	定时限特性	
最小频率保护	动作阈值	45.0 Hz～60.0 Hz	≤阈值－1 Hz	动作	
			≥阈值＋1 Hz	不动作	
	动作延时	0.2 s～5.0 s	≤阈值－1 Hz	定时限特性	
	返回阈值[a]	动作阈值～60.0 Hz	≤阈值－1 Hz	不返回	
			≥阈值＋1 Hz	返回	
	返回延时	1 s～360 s	≥阈值＋1 Hz	定时限特性	

[a] 仅当动作方式为“报警”时，才有此设定值。

7.6.11 控制器的相序保护特性

控制器的相序保护以电压相序为基准，当控制器检测相序与相序保护设定方向相反时，动作方式可以是脱扣或报警，推荐采用定时限延时，时间 0.3 s 或按制造商的规定。一旦缺相，控制器应立即禁止该功能。

7.6.12 控制器的逆功率保护特性

控制器的逆功率保护以有功功率为基准，当它检测到的三相总有功功率的流向与用户设定功率方向相反并大于设定值时，控制器的动作方式可以是脱扣或报警。保护特性整定范围、整定值、动作特性及误差范围的推荐值见表 8，制造商也可采用其他的整定值及更小的误差范围。

表 8 逆功率保护特性

整定范围		有功功率实际值/整定值	动作特性	动作时间误差范围
动作阈值	[a]	≤0.9	不动作	±10%
		≥1.1	动作	
动作延时	0.2 s～20 s	≥1.1	定时限特性	
返回阈值[b]	[a]～动作阈值	≤0.9	返回	
		≥1.1	不返回	
返回延时	1 s～360 s	≤0.9	定时限特性	

[a] 由制造商自定。

[b] 仅当动作方式为“报警”时，才有此设定值。

7.6.13 控制器的区域选择性联锁(ZSI)功能

控制器的区域选择性联锁(ZSI)功能用于多极串联断路器之间短路短延时保护和接地故障保护的选择性配合。通过下级断路器控制器的区域联锁输出端与上级断路器控制器的区域联锁输入端连接实现上下级断路器的区域联锁。

具有区域选择性联锁(ZSI)功能的控制器按照如下规律实现选择性配合。

一旦控制器检测到短路或接地故障,立即发送一个联锁信号到相邻的上级控制器。此刻如果本级控制器收到相邻下级的联锁信号,则启动预置的延时,反之瞬时脱扣。相邻的上级控制器如果也检测到短路或接地故障且接收到本级的联锁信号,则启动预置的延时;如果相邻的上级控制器只检测到故障而没有收到本级的联锁信号,则瞬时脱扣。

7.6.14 控制器的试验功能

控制器的试验功能主要用于验证控制器与断路器之间配合的有效性。推荐采用瞬时脱扣方式,如果符合7.3.3.3的要求,则说明控制器与断路器之间的配合有效。

7.6.15 控制器自诊断功能

控制器可具有自诊断功能,对系统关键部件、组件的实时故障检测并报警。推荐的自诊断功能,例如开机自检、脱扣线圈断线、断路器拒动、互感器断线或其他故障时能显示相应的出错信息,同时可发出报警信号。

7.6.16 控制器的温度保护功能

控制器的温度保护功能用于防止温度超出正常范围时可能造成的误脱扣或永久性故障。当控制器温度超过一定值时,控制器应能作相应处理,例如显示温度并报警(控制器仍然能够正常工作),或显示温度并脱扣(此时控制器不能保证正常工作)。该温度值以及检测位置、处理方式由制造商的具体产品标准中规定。

7.7 控制器的负载监控功能

控制器的负载监控功能是一种用于过负荷情况下保障重要负荷持续供电的保护措施。可以通过检测电流或功率的方式实现,控制器的动作方式可以是报警或卸载/重合闸。

当本级控制器检测到电流或功率超过整定值时,启动保护功能,直接切断下级次要负荷的供电或通过报警方式提示相关人员需要切断次要负荷,其延时过程称为卸载延时。当电流或功率小于整定值时,控制器退出保护,恢复下级次要负荷供电或提示相关人员可以恢复下级次要负荷供电,其延时过程称为重合闸延时。控制器负载监控方式、整定范围、整定值、动作特性及误差范围的推荐值见表9和表10,制造商也可采用其他的整定值及更小的误差范围。

7.7.1 电流方式的负载监控保护特性

电流方式的负载监控保护的卸载延时采用与过载长延时相同形式的特性曲线,但电流和时间整定值不同。重合闸延时一般采用定时限方式。

表9 电流方式负载监控保护特性

<table>
<tr><th colspan="2">整 定 范 围</th><th>电流实际值/整定值</th><th>动作特性</th><th>动作时间误差范围</th></tr>
<tr><td rowspan="2">卸载阈值</td><td rowspan="2">(0.4～1.0)I_R</td><td>≤0.9</td><td>不动作</td><td rowspan="6">±10%</td></tr>
<tr><td>≥1.1</td><td>动作</td></tr>
<tr><td>卸载延时</td><td>(0.2～0.8)t_R</td><td>≥1.1</td><td>7.5.1的公式</td></tr>
<tr><td rowspan="2">重合闸阈值</td><td rowspan="2">0.2I_R～卸载阈值</td><td>≤0.9</td><td>返回</td></tr>
<tr><td>≤1.1</td><td>不返回</td></tr>
<tr><td>重合闸延时</td><td>10 s～600 s</td><td>≤0.9</td><td>定时限特性</td></tr>
</table>

7.7.2 功率方式的负载监控保护特性

功率方式的负载监控可以以三相总有功功率或总视在功率为基准,制造商必须在资料中申明。

表 10 功率方式负载监控保护特性

整 定 范 围		有功功率实际值/整定值	动作特性	动作时间误差范围
卸载阈值	[a]	≤0.9	不动作	±10%
		≥1.1	动作	
卸载延时	10 s～3 600 s	≥1.1	定时限特性	
重合闸阈值	[a]～卸载阈值	≤0.9	返回	
		≤1.1	不返回	
重合闸延时	10 s～3 600 s	≤0.9	定时限特性	

[a] 由制造商自定。

7.8 控制器的显示功能

控制器的显示功能用于人机交互的信息显示；具体形式、内容由制造商确定；但应确保显示内容的准确性、标准化；尽量消除晦涩难懂和容易误读的显示形式和内容。

本标准推荐在控制器设计允许的情况下显示下列内容：

——实时显示控制器、断路器运行状态下的各种工况参数、状态；

——完成所有人工操作状态下的显示。

7.8.1 控制器的测量参数范围及显示精度

控制器的测量参数量程及误差范围的推荐值见表 11。

表 11 测量参数量程及误差范围

测量的参数	量 程	误差范围
电流 I_1、I_2、I_3、I_N	$0.4I_n$～$1.5I_n$	测量范围的±2%
接地故障电流 I_g	$0.2I_n$～I_n	测量范围的±2%
线电压 U_{12}、U_{23}、U_{31}	(30%～120%)额定线电压	测量范围的±1%
相电压 U_{1N}、U_{2N}、U_{3N}	(30%～120%)额定相电压	测量范围的±1%
线电压的当前平均 UL_{avg}	(30%～120%)额定线电压	测量范围的±1%
相电压的当前平均 U_{avg}	(30%～120%)额定相电压	测量范围的±1%
视在功率 SL_1、SL_2、SL_3	[a]	测量范围的±2.5%
总视在功率	[a]	测量范围的±2.5%
有功功率 PL_1、PL_2、PL_3	[a]	视在功率的±2.5%；($\cos\varphi>0.6$)
总有功功率	[a]	视在功率的±2.5%；($\cos\varphi>0.6$)
无功功率 QL_1、QL_2、QL_3	[a]	视在功率的±4%
总无功功率	[a]	视在功率的±4%
功率因数 $\cos\varphi L_1$、$\cos\varphi L_2$、$\cos\varphi L_3$	−0.6～1～+0.6	±0.04
总功率因数	−0.6～1～+0.6	±0.04
频率	45 Hz～65 Hz	±0.1 Hz

[a] 由制造商自定。

7.8.2 控制器的动作电流误差范围

控制器的动作电流误差范围的推荐值见表 12。

表 12 动作电流误差范围

动 作 类 别	电流误差范围	
	高 精 度	一 般 精 度
过载长延时	±5%	±10%
短延时(包括定时限和反时限)	±5%	±10%
短路瞬时	±10%	±15%
接地故障	±5%	±10%

7.9 控制器的通信功能

控制器可具有通信功能,根据相应的通信协议(Modbus、DeviceNet、Profibus 等),可实现通信数据传输及控制功能。

测量参数可包括:三相电流、接地/剩余电流、三相电流不平衡率、三相线电压/相电压、频率、功率因数、有功功率等。

控制参数可包括:控制器的各种保护电流值、时间值、通信参数、区域联锁、合闸指令、分闸指令等;状态参数可包括:合/分、故障信息、储能位置、断开/连接/试验位置等。

7.10 控制器的电磁兼容(EMC)特性

控制器的电磁兼容性能应符合 GB 14048.2—2008 中附录 F 和附录 J 的要求。

验证控制器抗扰度性能的试验见 8.9.1。

验证控制器电磁发射的试验见 8.9.2。

7.11 耐干热性能

控制器的耐干热性能应符合 GB 14048.2—2008 附录 F 中 F.7 的规定,即试验在规定的环境温度下,通以断路器壳架等级的最大额定电流持续运行 168 h。试验后控制器应符合 7.5.1 规定。

7.12 耐湿热性能

控制器的耐湿热性能应符合 GB 14048.2—2008 附录 F 中 F.8 的规定,即在高温温度为+55 ℃,周期数 6 昼夜的交变湿热中试验。试验后,控制器应符合 7.5.1 规定。

7.13 在规定变化率下的温度变化循环

控制器在规定变化率下的温度变化循环下应符合 GB 14048.2—2008 附录 F 中 F.9 的规定,即在温度变化时温度上升和下降应为(1±0.2)K/min,温度一旦达到,至少应维持 2 h。循环数应为 28,期间控制器不发生误动作。试验后,控制器应符合 7.5.1 规定。

7.14 额定极限短路分断能力

控制器应能通过 GB 14048.2—2008 中 8.3.5 额定极限短路分断能力试验,试验时控制器应能可靠动作以使断路器脱扣。试验后,控制器应符合 7.5.1 规定。

8 试验方法

除另有规定外,控制器应安装在大气中,在任何合适温度下进行试验,控制器试验可单独试验也可与配套断路器一并进行,试验电流可以用实际电流,亦可经隔离变压器输出的模拟电压信号、或标准电流发生器等方法生成的信号进行试验。

带通信功能的控制器按正常使用条件连接辅助电源。通过专用的通信接口与上位机连接,或通过专用的通信适配器与现场总线系统连接。用上位机相关测试软件(如 Modbus 串口调试工具)或现场总线中的测试站(见 GB/T 18858.3—2002 中图 49 的测试配置)对控制器通信及监视通信信号。

8.1 一般检查

8.1.1 目测控制器的金属件和塑料件应符合 7.1.2 规定要求。

8.1.2 目测控制器的标牌应符合 7.1.3 规定要求,控制器工作后检查控制器的设定参数及功能应和技术数据标牌一致。

8.1.3 目测控制器的线路板组件应有涂层保护或其他合适的保护。

8.1.4 用手操作控制器旋钮或轻按各按键,操作应灵活可靠,同时目测指示灯、数码管或显示屏(适用时)应正常显示,无乱闪、发暗或不亮等现象。

8.2 结构检查

8.2.1 爬电距离和电气间隙测量

按 GB 14048.1—2006 中附录 G 进行测量,应符合 7.2.1 的要求。

8.2.2 绝缘材料着火危险试验

按 GB 14048.1—2006 中 8.2.1.1 进行,应符合 7.2.2 的要求。

8.2.3 绝缘材料相比电痕化指数测定

按 GB/T 4207 进行试验,应符合 7.2.3 的要求。

8.2.4 与断路器安装配合性能验证

按制造商的说明书将控制器与和配套的断路器进行安装配合验证,应能正确安装,断路器应能正常操作和复位,并无卡死和滑扣现象。操作试验装置或对断路器主电路通以脱扣电流,控制器应能使断路器正常脱扣。

8.3 电气特性试验

8.3.1 温升试验

按 GB 14048.1—2006 中 8.3.3.3 进行试验,测量本标准表 1 规定的各部位的温升。

控制器单独试验时温升极限应符合本标准表 1 的规定,控制器与断路器一起试验时温升极限应符合 GB 14048.2—2008 表 7 的规定。

8.3.2 介电性能试验

按 GB 14048.1—2006 中 8.3.3.4 进行试验,试验电压和部位按本标准表 2 的规定。

8.3.3 操作条件试验

按 7.3.3 要求进行试验。

8.4 基本保护特性试验

控制器的基本保护特性必须用实际电流进行试验。

下列试验是对附录 A 推荐的特性曲线示例进行试验,制造商如规定了其他的特性曲线,则按相应的特性进行验证,但除了验证的参数不同外,验证的方法和要求应按下列的规定。

当控制器有几种保护特性曲线时,由制造商确定是否应对其余保护特性曲线进行试验。

8.4.1 过载保护特性试验

过载保护特性试验在断路器各极同时通电和每极独立通电情况下验证。

过载长延时动作电流整定值分别设定在下限值($I_R=0.4I_n$,但在每极独立通电时下限值应符合 GB 14048.2—2008 中 8.3.5 的规定)和上限值($I_R=1.0I_n$)。

验证过载长延时动作特性时,短延时和瞬时保护功能的电流整定值应设置为上限值或关闭。

如果动作时间可调,动作时间整定值应分别设定在制造商规定的最小值、最大值。然后各相线极分别通以 $1.05I_R$、$1.3I_R$、$2I_R$、$7.2I_R$(适用时)的试验电流,控制器的动作时间应符合制造商的规定的值,试验过程中控制器各种显示应符合 7.4.2.5 要求(适用时)。

如控制器具有过载热记忆功能,在每次试验前应全部释放热记忆。

8.4.2 短延时保护特性试验

短延时保护特性试验在断路器每极独立通电情况下验证。

短延时保护特性试验时设定长延时电流整定值 $I_R=1.0I_n$。

验证短延时动作特性时,瞬时保护功能的电流整定值应设置为上限值或关闭。

a) 验证反时限特性

试验时，短延时动作电流整定值设定在下限值($I_{sd}=1.5I_R$)，动作时间整定值应分别设定在0.1 s和0.4 s。分别通以1.1×1.5I_R和1.1×8I_R的试验电流，控制器的动作时间应符合附录A中短延时反时限特性曲线规定的要求(即1.1×1.5I_R时为2.35 s或9.4 s，1.1×8I_R时为0.1 s或0.4 s)。然后再通以12I_R的试验电流，控制器的动作时间应分别为0.1 s和0.4 s。

b) 验证定时限特性

试验时，短延时动作电流整定值设定在下限值($I_{sd}=1.5I_R$)，动作时间整定值应分别设定在0.1 s和0.4 s。分别通以1.1×1.5I_R、8I_R和12I_R的试验电流，控制器的动作时间应分别为0.1 s和0.4 s。

重复上述试验，试验电流通以制造商规定的不脱扣持续时间，然后试验电流降到0.9×1.5I_R持续到大于2倍的短延时时间，控制器不应动作。

接着，短延时动作电流整定值设定在上限值($I_{sd}=12I_R$)，动作时间整定值应分别设定在0.1 s和0.4 s。分别通以1.1×12I_R试验电流，控制器的动作时间应分别为0.1 s和0.4 s。

再重复上述试验，试验电流通以制造商规定的不脱扣持续时间，然后电流降到0.9×12I_R持续到大于2倍的短延时时间，控制器不应动作。

试验过程中控制器各种显示应符合7.4.2.5要求(适用时)。

8.4.3 短路瞬时保护特性试验

短路瞬时保护特性试验在断路器每极独立通电情况下验证，如有接地故障保护应关闭或使其不动作。

a) 瞬时动作电流整定值设定在下限值($I_i=2I_n$)，各相分别突加0.85×2I_n试验电流，控制器的动作时间应符合附录A短路瞬时保护特性规定的要求，应在0.2 s内不动作；各相分别突加1.15×2I_n试验电流，应在0.2 s内动作。

b) 瞬时动作电流整定值设定在上限值($I_i=15I_n$)，各相分别突加0.85×15I_n试验电流，控制器的动作时间应符合附录A短路瞬时保护特性规定的要求，应在0.2 s内不动作；各相分别突加1.15×15I_n试验电流，应在0.2 s内动作。

试验过程中控制器各种显示应符合7.4.2.5要求(适用时)。

8.5 控制器附加功能试验

8.5.1 接通电流脱扣保护特性试验

断路器闭合前电网已处在故障状态，在断路器闭合瞬间出现较大短路故障电流时(大于短延时的整定电流)，控制器无需辅助电源能使断路器瞬时断开。试验过程中控制器各种显示应符合7.4.2.5要求(适用时)。试验方法及试验条件可参照断路器短路试验的“CO”试验，但试验电流为规定的接通电流。

8.5.2 接地故障保护特性试验

验证接地故障保护特性时，其他保护功能设置为上限值或关闭，不应早于接地故障动作。示例可参照本标准附录A，也可按制造商提供其他数据进行验证。

a) 接地动作值测定。

接地动作时间设定在下限值0.1 s，动作值设定在下限值($I_g=0.2I_n$)，保护特性整定在定时限，任选一单相L1、L2、L3、N(如果有)单独测试(接地互感器通电流信号)通以0.1I_n，控制器在0.2 s内不应动作。通以0.3I_n，控制器在0.1 s内动作。其动作特性应符合7.6.2要求。

b) 接地定时限动作时间测定。

定时限延时时间设定在上限值0.4 s，动作值设定在上限值($I_g=I_n$)，任选一单相通以0.9I_n，控制器在0.8 s内不应动作。通以1.1I_n，测量控制器延时动作时间在0.4 s。特性应符合7.6.2要求。

c) 接地反时限动作时间测定。

延时时间设定在0.4 s，接地动作值I_g设定在下限值($I_g=0.2I_n$)，保护特性整定在反时限，任选一单相输入 1.1I_g 电流，控制器动作时间应大于 0.4 s。再输入 10I_g 电流，控制器在 0.4 s 内动作。动作特性应符合 7.6.2 要求。

d) 如果带有接地报警功能，应验证报警功能。

设定接地动作电流为 0.8I_n，任选一单相输入 0.9I_n 电流，控制器应在规定时间内报警。接着将试验电流调节至 0.7I_n，报警应自动复位。如果控制器带有接地故障报警信号输出功能，在试验时还应测定其输出端口的工作状态，输出端口应正常工作。

试验过程中控制器各种显示应符合 7.4.2.5 要求(适用时)。

8.5.3 剩余电流保护特性试验

验证剩余电流保护特性时，其他保护功能设置为上限值或关闭，试验方法见 GB 14048.2—2008 中附录 B 适用，并补充下列的要求：

a) 试验过程中控制器各种显示应符合 7.4.2.5 要求(适用时)；

b) 如果带有剩余电流报警功能，应验证剩余电流报警功能。

如果额定剩余动作电流可调，应整定在最小值。对控制器通以 $I_{\Delta n}$ 的试验电流，控制器应在规定时间内报警。接着将试验电流调节至 50%$I_{\Delta n}$，报警应自动复位。如果控制器带有剩余电流报警信号输出功能，在试验时还应测定其输出端口的工作状态，输出端口应正常工作。

8.5.4 电流不平衡保护特性试验

验证电流不平衡保护特性时，其他保护功能设置为上限值或关闭，不应早于电流不平衡动作。

a) 电流不平衡动作值测试：在整定范围内分别设定上限值和下限值，三相同时通 I_n 信号然后分别调节 I_1、I_2、I_3 相信号，直至不平衡延时报警或延时脱扣，记录电流值，按 2.1.3 中的公式计算电流不平衡率，其动作状况应符合表 3 规定。

b) 电流不平衡报警或动作时间测试：在整定范围内分别设定上限值和下限值，调好三相动作信号，突加信号至不平衡延时报警或延时脱扣，延时动作值误差应符合表 3 要求。

试验过程中控制器各种显示应符合 7.4.2.5 要求(适用时)。

8.5.5 中性极过电流保护特性试验

中性极过电流保护特性按 7.6.5 进行试验。

8.5.6 电压不平衡保护特性试验

验证电压不平衡保护特性时，其他保护功能设置为上限值或关闭，不应早于电压不平衡动作。

a) 电压不平衡动作值测试：在整定范围内分别设定上限值和下限值，三相同时通 U_e 信号然后分别调节 U_1、U_2、U_3 相信号，直至不平衡延时报警或延时脱扣，记录电压值，按 2.1.4 中的公式计算电压不平衡率，其动作状况应符合表 4 规定。

b) 电压不平衡报警或动作时间测试：在整定范围内分别设定上限值和下限值，调好三相动作信号，突加信号至不平衡延时报警或延时脱扣，延时动作值误差应符合表 4 要求。

试验过程中控制器各种显示应符合 7.4.2.5 要求(适用时)。

8.5.7 过电压保护特性试验

验证过电压保护特性时，其他保护功能设置为上限值或关闭，不应早于过电压动作。

a) 过电压保护动作电压整定值设定在下限 1.15U_e，动作时间整定值应分别设定在 1 s 和 5 s。通以 1.1×1.15U_e 的试验电压使控制器延时动作，延时动作值误差应符合表 5 要求。

重复上述试验，但试验电压通以制造商规定的不脱扣持续时间，然后试验电压降到 0.9×1.15U_e 持续到大于 2 倍的延时时间，控制器不应动作。

b) 过电压保护动作电压整定值设定在上限 1.3U_e，动作时间整定值应分别设定在 1 s 和 5 s。通以 1.1×1.3U_e 的试验电压使控制器动作，延时动作值误差应符合表 5 要求。

重复上述试验，但试验电压通以制造商规定的不脱扣持续时间，然后试验电压降到 0.9×1.3U_e 持续到大于 2 倍的延时时间，控制器不应动作。

试验过程中控制器各种显示应符合 7.4.2.5 要求(适用时)。

8.5.8 欠电压保护特性试验

验证欠电压保护特性时，其他保护功能设置为上限值或关闭，不应早于欠电压动作。

a) 欠电压保护动作电压整定值设定在下限 0.35U_e，动作时间整定值应分别设定在 1 s 和 5 s。通以 0.9×0.35U_e 的试验电压使控制器动作，延时动作值误差应符合表 6 要求。

重复上述试验，但试验电压通以制造商规定的不脱扣持续时间，然后试验电压升到 1.1×0.35U_e持续到大于 2 倍的延时时间，控制器不应动作。

b) 欠电压保护动作电压整定值设定在上限 0.70U_e，动作时间整定值应分别设定在 1 s 和 5 s。通以 0.9×0.7U_e 的试验电压使控制器动作，延时动作值误差应符合表 6 要求。

重复上述试验，但试验电压通以制造商规定的不脱扣持续时间，然后试验电压升到 1.1×0.7U_e持续到大于 2 倍的延时时间，控制器不应动作。

试验过程中控制器各种显示应符合 7.4.2.5 要求(适用时)。

8.5.9 热记忆功能测定

验证热记忆功能时，调节电流至控制器动作后，在 7.6.9 规定时间内，再次通同样故障电流，则反时限动作时间比第一次短。若断电复位或超过 7.6.9 规定时间，再通同样故障电流测定脱扣器延时动作时间应符合 7.5.1 和 7.5.2 要求。

8.5.10 最大、最小频率保护特性试验

本试验验证申明适用于多种频率的断路器脱扣特性。但不适用于额定频率仅为 50 Hz～60 Hz 的断路器。试验应在每个额定频率下进行或当申明适用于一系列频率时则在最低和最高频率下进行，其动作特性应符合 GB 14048.2—2008 附录 F 中 F.6 的要求。

8.5.10.1 最小频率保护特性试验

a) 最小频率保护动作频率整定值设定在下限 45 Hz，动作时间整定值应分别设定在 0.2 s 和 5 s。通以频率为 43 Hz 的试验电压使控制器动作，延时动作值误差应符合表 7 要求。

然后重复上述试验，但试验电压频率通以制造商规定的不脱扣持续时间，然后试验电压频率升到 47 Hz 持续到大于 2 倍的延时时间，控制器不应动作。

b) 最小频率保护动作频率整定值设定在上限 50 Hz，动作时间整定值应分别设定在 0.2 s 和 5 s。通以频率为 48 Hz 的试验电压使控制器动作，延时动作值误差应符合表 7 要求。

然后重复上述试验，但试验电压频率通以制造商规定的不脱扣持续时间，然后试验电压频率升到 52 Hz 持续到大于 2 倍的延时时间，控制器不应动作。

试验过程中控制器各种显示应符合 7.4.2.5 要求(适用时)。

8.5.10.2 最大频率保护特性试验

a) 最大频率保护动作频率整定值设定在下限 50 Hz，动作时间整定值应分别设定在 0.2 s 和 5 s。通以频率为 52 Hz 的试验电压使控制器动作，延时动作值误差应符合表 7 要求。

然后重复上述试验，但试验电压频率通以制造商规定的不脱扣持续时间，然后试验电压频率降到 48 Hz 持续到大于 2 倍的延时时间，控制器不应动作。

b) 最大频率保护动作频率整定值设定在上限 55 Hz，动作时间整定值应分别设定在 0.2 s 和 5 s。通以频率为 57 Hz 的试验电压使控制器动作，延时动作值误差应符合表 7 要求。

然后重复上述试验，但试验电压频率通以制造商规定的不脱扣持续时间，然后试验电压频率降到 53 Hz 持续到大于 2 倍的延时时间，控制器不应动作。

试验过程中控制器各种显示应符合 7.4.2.5 要求(适用时)。

8.5.11 相序保护特性测定

a) 相序保护动作整定值设定为 A、B、C，改变断路器输入端电压或电流任意两相的顺序，比如为 A、C、B，B、A、C 等，控制器应动作，延时动作时间应符合 7.6.11 的要求。

b) 相序保护动作整定值设定为 A、C、B，改变断路器输入端电压或电流任意两相的顺序，比如为 A、B、C，B、A、C 等，控制器应动作，延时动作时间应符合 7.6.11 的要求。

试验过程中控制器各种显示应符合 7.4.2.5 要求(适用时)。

8.5.12 **逆功率保护特性试验**

a) 逆功率保护动作的有功功率整定值设定在下限 $0.1P_n$(可由制造商自定),动作时间整定值应分别设定在 0.2 s 和 20 s,功率流向和用户设定的方向相反。通以数值为 $1.1\times0.1P_n$ 的试验有功功率使控制器动作,延时动作值误差应符合表 8 要求。

   然后重复上述试验,但试验的有功功率通以制造商规定的不脱扣持续时间,然后试验的有功功率降到 $0.9\times0.1P_n$ 持续到大于 2 倍的延时时间,功率流向和用户设定的方向相反,控制器不应动作。

b) 逆功率保护动作的有功功率整定值设定在上限 $0.3P_n$(可由制造商自定),动作时间整定值应分别设定在 0.2 s 和 20 s,功率流向和用户设定的方向相反。通以数值为 $1.1\times0.3P_n$ 的试验有功功率使控制器动作,延时动作值误差应符合表 8 要求。

   然后重复上述试验,但试验的有功功率通以制造商规定的不脱扣持续时间,然后试验的有功功率降到 $0.9\times0.3P_n$ 持续到大于 2 倍的延时时间,功率流向和用户设定的方向相反,控制器不应动作。

试验过程中控制器各种显示应符合 7.4.2.5 要求(适用时)。

注:P_n 由制造商自定。

8.5.13 **控制器区域选择性联锁(ZSI)功能试验**

控制器与配套断路器一起做试验时,各断路器根据区域选择性联锁试验接线图(图 1),选择三级联锁或四级联锁将断路器串联接在同一电路中,控制器之间区域选择性联锁信号线的长度由制造商自定,但在这一试验电路中的每个断路器控制器都要做试验。

在做试验前,试验电路中先不施加电流或不大于末级断路器(AC1)的 I_n 三相或单相电流先施加于试验电路中。

为了确保断路器与串联在同一试验电路中在短路条件下的配合,则需要考虑各台断路器各自的特性及它们连接在一起的性能,并按照 GB 14048.2—2008 中规定。

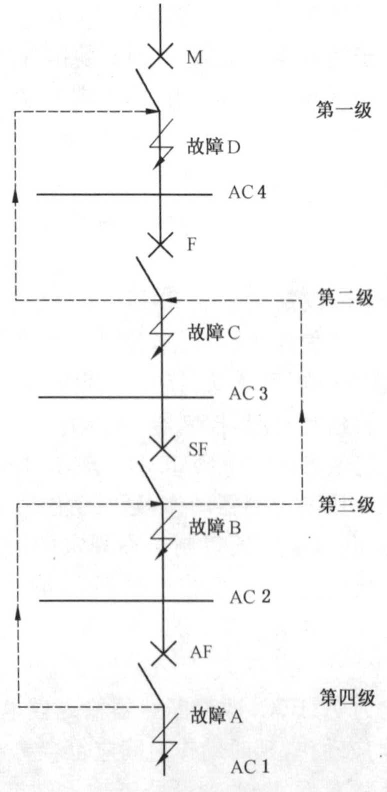

图 1 区域选择性联锁试验接线图

试验线路图见区域选择性联锁试验接线图1,试验按如下进行:

a) 区域选择性联锁短路故障试验方法

验证区域选择性联锁短路故障保护功能时,其他保护功能设置为上限值或关闭,不应早于区域选择性联锁短路故障动作。在这一试验电路中区域选择性联锁设置应符合 $I_{sdAC4} \geqslant I_{sdAC3} \geqslant I_{sdAC2} \geqslant I_{sdAC1}$,$t_{sdAC4} > t_{sdAC3} > t_{sdAC2} > t_{sdAC1}$。

1) 短路故障电流($\geqslant I_{sdAC4}$,下同)分别施加于某级断路器(AC1、AC2、AC3、AC4)上,验证被施加短路故障电流的这一级断路器瞬时分断,而其余各级断路器不分断;

2) 短路故障电流分别施加于某级断路器(AC2、AC3、AC4)上,验证被施加短路故障电流的断路器不动作时上级断路器延时分断,而剩下的各级断路器不分断;

3) 短路故障电流施加于末级断路器(AC1 或 AC2)上,验证被施加短路故障电流的末级断路器延时分断,而剩下的各级断路器不分断。

试验过程中控制器各种显示应符合7.4.2.5要求(适用时)。

b) 区域选择性联锁接地故障试验方法

验证区域选择性联锁接地故障保护功能时,其他保护功能设置为上限值或关闭,不应早于区域选择性联锁接地故障动作。在这一试验电路中区域选择性联锁设置应符合 $I_{gAC4} \geqslant I_{gAC3} \geqslant I_{gAC2} \geqslant I_{gAC1}$,$t_{gAC4} > t_{gAC3} > t_{gAC2} > t_{gAC1}$。

1) 接地故障电流($\geqslant I_{gAC4}$,下同)分别施加于某级断路器(AC1、AC2、AC3、AC4)上,验证被施加接地故障电流的这一级断路器瞬时分断,而其余各级断路器不分断;

2) 接地故障电流分别施加于某级断路器(AC2、AC3、AC4)上,验证被施加接地故障电流的断路器不动作时上级断路器延时分断,而剩下的各级断路器不分断;

3) 接地故障电流施加于末级断路器(AC1 或 AC2)上,验证被施加短路故障电流的末级断路器延时分断,而剩下的各级断路器不分断。

试验过程中控制器各种显示应符合7.4.2.5要求(适用时)。

8.5.14 试验检查功能测定

按制造商提供要求进行相关试验。

8.5.15 自诊断功能测定

按制造商提供要求进行相关试验。

8.5.16 温度保护功能测定

温度保护功能按7.6.16进行测定。

8.6 负载监控功能测定

负载监控功能测定应结合制造商的具体产品标准要求进行,在测定负载监控功能时,单相试验时关闭接地功能,过载保护定值设于 I_n。

8.6.1 电流卸载

a) 卸载阈值整定值设定在下限 $0.4I_R$,卸载延时整定值设定在 $0.2t_R$;重合闸阈值整定值设定在 $0.2I_R$,重合闸延时整定值设定在10 s。通以 $1.1\times0.4I_R$ 的试验电流使控制器在 $0.2t_R$ 后卸载,然后调整试验电流为 $0.9\times0.2I_R$,控制器应在10 s后使负载重合闸,延时动作值误差应符合表9要求。

b) 卸载阈值整定值设定在上限 $1.0I_R$,卸载延时整定值设定在 $0.8t_R$;重合闸阈值整定值设定在 $0.6I_R$,重合闸延时整定值设定在600 s。通以 $1.1\times1.0I_R$ 的试验电流使控制器应在 $0.8t_R$ 后卸载;然后调整试验电流为 $0.9\times0.6I_R$,控制器应在600 s后使负载重合闸,延时动作值误差应符合表9要求。

试验过程中控制器各种显示应符合7.4.2.5要求(适用时)。

8.6.2 功率卸载

功率卸载测定按 8.6.1 电流卸载试验方法。

8.7 显示功能测定

显示功能测定结合 8.1、8.4、8.5、8.6、8.9～8.12 进行，在参数设定、试验、运行及故障查询、故障延时过程中及故障发生动作后等的各种状态时目测其指示和显示应符合 7.8 要求。

显示误差测量时采用标准 0.2 级以上功率信号源验证控制器的电压表、电流表、有功功率表、频率表和功率因数表功能，测量并计算其显示误差应符合 7.8.1 要求。

8.8 通信功能验证

传送数据正确，能进行参数设定，无任何出错信息或明显传输延迟；可采用专用监控管理软件，验证控制器的遥测、遥信、遥调、遥控的数据传输，应正确无误；在电磁兼容试验过程中，采用同样方法验证控制器的通信接口功能。

8.8.1 在常温(20±5)℃的条件下，控制器通信功能验证

通过 RS-485/RS-232 转换器与 PC 机(上位机)连接，设定控制器在网络控制状态下，用相关测试软件(如 Modbus 串口调试工具)进行通信测试，在试验过程中通信无故障。

8.8.2 控制器通信数据读取验证

主电路施加任何合适的试验电压和试验电流，上位机应能正确显示基本 I/O 数据以及相关设定参数。

改变控制器的参数设置，上位机应能迅速正确显示相应的数据变化。

8.8.3 控制器通信参数设定验证

通过上位机对控制器进行常规控制操作(如闭合和断开)，控制器能正确动作，并能正确返回动作特性数据。通过上位机对控制器进行各种保护参数的修改，控制器能快速修改并保存这些参数，并返回修改结果。对于所修改的保护参数可任选一个或几个进行特性验证，(如有必要可对其全部保护参数进行特性验证，并取代不可通信控制器产品的特性试验。特性试验方法和要求等同于同类型的不带通信功能的控制器产品)。

8.8.4 在极限温度下控制器通信功能验证

在－5 ℃和＋60 ℃的环境温度下重复 8.8.1 的试验，在试验过程中通信无故障。

8.9 控制器的电磁兼容 (EMC) 试验

对于控制器，在整个电磁兼容性试验过程中，设备按一般试验条件进行连线布置，如有通信功能和用到辅助电源在正常工作条件下进行通信时，控制器的电磁兼容性能应符合规定的要求。

对于抗干扰试验(8.9.1)每壳架等级，每种电流传感器结构形式的断路器都进行试验；匝数的改变在本标准中不看作不同的结构。

电流整定值 I_R 应调整到最小值。

短延时和瞬时保护的动作电流整定值(如适用)应调整到最小值，但不小于 2.5 倍 I_R。

EMC 试验应采用合适的试验电路进行，如下文规定，要考虑到缺相敏感特征。

对于带电子过电流保护的断路器，可认为脱扣特性相同，则试验按如下进行：

——多极断路器的一个相极；

——二极或三极串联；

——按三极连接。

注：这可以将不同试验顺序所要求的不同相极组成所得到的试验结果作比较。

对于配合剩余电流功能的断路器(亦可见 GB 14048.2—2008 中附录 B、附录 M)。

——在 8.9.1.4、8.9.1.5 和 8.9.1.7 情况下，试验在多极断路器每二极上进行避免由剩余电流引起脱扣。

——在 8.9.1.1 和 8.9.1.2 情况下，试验在任一相极组合下进行，由于剩余电流已避免，试验可长

达约定脱扣时间。

8.9.1 抗扰度试验

抗扰性试验采用下列判别标准：

——判别标准 A：当控制器按预期要求使用时，不允许性能有超过规定限度的退化。

保护特性：

第一步：断路器在 0.9 倍电流整定值时不应脱扣，同时监控功能（如具有时）应正确指示断路器的状态。

第二步：当负载在 2 倍电流整定值时，断路器应在制造商规定的时间电流特性的 0.9 倍最小到 1.1 倍最大值之内脱扣，同时监控功能（如具有时）应正确指示断路器的状态。

——判别标准 B：实际操作状态或存贮数据不允许改变。在试验过程中允许性能的退化，例如显示或控制屏暂时的信息可视的变化或丧失，暂时的通信干扰，可能有内部及外部装置的出错报告等。试验后，按预期要求使用时，不允许性能有超过规定限度的退化或功能丧失。

判别标准 A（试验过程中）和判别标准 B（试验后）的具体判别要求见表 13，根据不同的抗扰度试验，不允许出现表 13 中判别标准 A 或判别标准 B 规定的状况。

表 13 抗扰性试验判别标准

功能类型		判别标准 A	判别标准 B
任意模块		保护特性改变 出现意外操作 锁死 操作员干涉 损坏	保护特性改变 出现意外操作 锁死 操作员干涉 损坏
外部通信		节点离线	节点离线
内部通信	辐射，传导	>1 次出错/10 次传送	
	快速瞬态群		>1 次出错/10 次传送
	静电放电		锁死
	浪涌		锁死

控制器整套 EMC 抗扰度试验程序见表 14。

表 14 EMC-抗扰度试验

试验项目	参考标准	试验水平[a]			性能标准	安装	试验条件
		主回路	辅助电源	信号线			
谐波	GB/T 17626.13—2006	[b]			A	自由空气	通信联调
静电放电	GB/T 17626.2—2006	8 kV 接触放电 8 kV 空气放电			B	外壳 图 J.1	通信联调
射频电磁场辐射	GB/T 17626.3—2006	10 V/m			A	自由空气[c]	通信联调
电快速瞬变/脉冲群	GB/T 17626.4—2008	$U_e \geqslant 100$ V，A.C 或 D.C：4 kV	$U_e \geqslant 100$ V，A.C 或 D.C：4 kV $U_e < 100$ V，A.C 或 D.C：2 kV	信号端口：2 kV	B	外壳 图 J.1	通信联调

表 14（续）

试验项目	参考标准	试验水平[a]			性能标准	安 装	试验条件
		主回路	辅助电源	信号线			
浪涌	GB/T 17626.5—2008	$U_e \geq 100$ V， A.C： 4 kV 线—地 2 kV 线—线	(GB 14048.2—2008 中附录 F 和附录 N) 4 kV 线—线 (GB 14048.2—2008 中附录 B 和附录 M)[e] $U_e < 100$ V，A.C： 2 kV 线—地 1 kV 线—线	2 kV 线—地 1 kV 线—线	B	外壳 图 J.1	通信试后验证
射频场感应的传导骚扰	GB/T 17626.6—2008	10 V			A	自由空气[c]	通信联调
电压暂降和中断	GB/T 17626.11—2008	[d]			B	自由空气	通信联调
电流暂降	[b]	[b]			A	自由空气	通信联调

[a] 规定的抗扰度水平一般高于 GB 14048.1—2006 的要求，以保证断路器电路保护功能更可靠。

[b] 在没有适合的基本标准情况下，对 GB 14048.2—2008 中附录 F 的电子过电流保护装置规定了专用的试验程序。

[c] 除非断路器指定仅用于专用单独外壳中，则在此情况下断路器应在此外壳中试验，包括外壳尺寸的细节应在试验报告中规定。外壳应按制造商的说明连接至接地板。

[d] 在没有适合的基本标准情况下，对 GB 14048.2—2008 中附录 B 的 CBR(功能与电源电压有关)和 GB 14048.2—2008 中附录 M 的 MRCD(功能与电源电压有关)规定了专用的试验程序和性能标准。这些试验不适用于 GB 14048.2—2008 中附录 F 的带电子过电流保护的断路器，但用电流暂降和中断试验来代替。

[e] 剩余电流装置的抗扰度水平较高，因为它们要履行安全功能。

8.9.1.1 谐波电流试验

按 GB 14048.2—2008 附录 F 中 F.4.1 进行试验。

8.9.1.1.1 概述

这些试验适合于那些电流传感器被制造商规定按有效值(r.m.s)采样的断路器。这应以有效值形式在断路器上标记或给予制造商资料中，或两者兼有。

试品应在自由空气中试验，除非它指定仅用于专用的外壳中，在这种情况下就应在外壳中试验，包括外壳尺寸的详情应载明于试验报告中。

试验应在额定频率时进行。

注：试验电流可由基于用晶闸管饱和电铁心构成的程序控制电源或其他相似的电源发出(见 GB 14048.2—2008 附录 F 图 F.1)。

8.9.1.1.2 试验电流

试验电流波形由下列方案 a)和方案 b)两种方案组成：

方案 a)二种波形成功应用：

——由基波和 3 次谐波构成的波形；

——由基波和 5 次谐波构成的波形。

方案 b)由基波 3 次、5 次和 7 次谐波分类组成的波形。

试验电流：

对方案 a)

3 次谐波和峰值系数试验：

——72％基波分量≤3 次谐波≤88％基波分量；

——峰值系数：2.0±0.2。

5 次谐波和峰值系数试验：

——45％基波分量≤5 次谐波≤55％基波分量；

——峰值系数：1.9±0.2。

对方案 b)：

试验电流，对每周期，由两个相等的半波构成，定义如下：

——电流导通时间，对每半波为≤21％周期；

——峰值系数：≥2.1。

注 1：峰值系数是电流峰值除以电流波有效值。对此相关公式见(GB 14048.2—2008 附录 F 中图 F.1)。

注 2：方案 b)的试验电流至少有基波的如下谐波成分：

3 次谐波＞60％；

5 次谐波＞14％；

7 次谐波＞7％。

还可能出现高次谐波。

注 3：方案 b)的试验电流波形，例如由两个背对背的晶闸管产生(见 GB 14048.2—2008 附录 F 中图 F.1)

注 4：试验电流 $0.9I_R$ 和 $2.0I_R$(见性能标准 A)为合成波形的有效值。

8.9.1.1.3 试验方法

根据 GB 14048.2—2008 附录 F 中 F.4.1 连接试验回路。欠压脱扣器(如具有时)应通电或拆除，试验时所有的辅助装置应不连接。

验证对约定不脱扣(在 0.9 倍电流整定值)的干扰试验持续时间应为 10 倍于相当 2 倍电流整定值的脱扣时间。

8.9.1.1.4 试验结果

判别标准 A(见表 13)。

8.9.1.2 静电放电抗扰度试验

试验要求根据 GB/T 17626.2—2006，按下列方法每个极性应施加 10 次放电：

——对于非金属设备外壳采用空气放电，试验电压为±8 kV；

——对金属设备外壳采用接触放电，试验电压为±8 kV。

试验方法根据 GB 14048.2—2008 附录 J，特别是 J.2.2 适用外，补充以下：

直接和间接放电应和 GB/T 17626.2—2006 相一致，直接放电试验应在断路器的正常使用者可接触的部位，诸如整定装置、钥匙盘、显示器、按钮等上进行。试验点应载明于试验报告中。直接放电每极性 10 次，间隔≥1 s。间接放电应施于外壳表面上的选定点，在每一个选定点试验对每极性 10 次，间隔≥1 s。

判别标准 B(见表 13)。

8.9.1.3 射频电磁场辐射抗扰度试验

试验要求根据 GB/T 17626.3—2006 中规定，并在下述条件下进行：

——电流线路无电流，电流端开路；

——电压和辅助线路加参比电压；

——频率范围：80 MHz～2 000 MHz；

——严酷等级：3；

——试验场强:10 V/m。

试验方法根据试验分两步进行:第一步试品在全频率范围内进行误操作试验。第二步试品在各个频率内正确动作试验。

对第一步,频率应按 GB/T 17626.3—2006 第 8 章的要求在 80 MHz～1 000 MHz 和 1 400 MHz～2 000 MHz 范围内扫描,每一频率的调整载波的停顿时间在 500 ms～1 000 ms 之间。每步长为先前频率 1%。

对第二步,为了验证功能特征,试验在如下频率中挨个进行:80 MHz,100 MHz,120 MHz,180 MHz,240 MHz,320 MHz,480 MHz,640 MHz,960 MHz,1 400 MHz 和 1 920 MHz,在每一个频率磁场稳定后验证其动作。

判别标准 A(见表 13)。

8.9.1.4 电快速瞬变脉冲群抗扰度试验

试验要求根据 GB/T 17626.4—2008。

——在通信介质的电缆上使用电容耦合夹应施加最大为±2 kV、频率为 5 kHz 的试验电压;

——在控制器辅助电源上应施加最大为±4 kV、频率为 2.5 kHz 的试验电压;

——在互感器穿芯的主回路上应施加最大为±4 kV、频率为 2.5 kHz 的试验电压。

试验方法根据 GB 14048.2—2008 附录 J,特别是 J.2.4 适用。

根据 GB 14048.2—2008 附录 F 中 F.4.4 连接试验回路。

判别标准 A 适用。但是在试验期间监控功能(如不希望的 LED 灯亮)暂时改变是许可的,在该情况下,在试验后验证监控功能。对第二步,干扰应一直施加到断路器脱扣。

判别标准 B(见表 13)。

8.9.1.5 浪涌抗扰度试验

试验要求根据 GB/T 17626.5—2008。

——在控制器的交流辅助电源线与地之间施加 5 次最大为±2 kV 的浪涌电压;

——在控制器的交流辅助电源线之间施加 5 次最大为±1 kV 的浪涌电压;

——在控制器使用直流电源的按直流电源浪涌要求考核;

——在互感器穿芯的主回路线与地之间施加 5 次最大为±4 kV 的浪涌电压;

——在互感器穿芯的主回路线之间施加 5 次最大为±2 kV 的浪涌电压;

试验方法根据 GB 14048.2—2008 附录 J,特别是 J.2.5 适用。

根据 GB 14048.2—2008 附录 F 中 F.4.5 连接试验回路。

应对控制器辅助电源和控制器主回路施加正负两极性脉冲,相角为 0°或 90°。每极性和每相角各施加 5 个脉冲(脉冲总数:20),两个脉冲之间间隔约 1 min。还可采用更短的时间间隔。

判别标准 B(见表 13)。

8.9.1.6 射频传导抗扰度试验

试验要求根据 GB/T 17626.6—2008。

——在 150 kHz～80 MHz 频率范围上有效值为 10 V 的调幅波。

试验方法根据 GB 14048.2—2008 附录 J,特别是 J.2.6 适用。

根据 GB 14048.2—2008 附录 F 中 F.4.6 连接试验回路。

判别标准 A(见表 13)。

8.9.1.7 电流暂降和中断试验

8.9.1.7.1 试验方法

根据 GB 14048.2—2008 附录 F 中 F.4.7 连接试验回路。

根据 GB 14048.2—2008 附录 F 中 F.4.7 施加试验电流。

每一个试验时间应在相应于 2 倍的电流整定值时最大脱扣时间的 3 倍～4 倍之间或 10 min,取较小者。

8.9.1.7.2 试验结果

判别标准A(见表13)。

8.9.2 发射试验

GB 14048.2—2008 附录J.3适用。控制器的发射限值应符合下列要求。

8.9.2.1 射频辐射发射

控制器的射频辐射发射的限值应符合GB 14048.1—2006中表19环境2的辐射发射限值的要求(GB 4824中A级Ⅰ组的要求)。

8.9.2.2 射频传导发射

控制器的射频传导发射的限值应符合GB 14048.1—2006中表19环境2的传导发射限值的要求(GB 4824中A级Ⅰ组的要求)。

8.10 耐干热性能试验

根据GB 14048.2—2008附录F中F.7进行试验,本试验结合可靠性一起进行。

在40 ℃的环境温度下,按温升试验的要求,对控制器通以额定电流,四极断路器可对三个相线极通以试验电流,至温度稳定后,持续时间168 h。

a) 试验过程中,控制器如有通信功能,通信正常,数据不间断,不应有任何异常或死机、复位等和产品实际使用有出入的状况;

b) 试验后验证控制器基本功能。

断路器各极同时通以1.05倍整定电流在约定时间内不应动作,通以1.3倍整定电流应在1 h内动作。

8.11 耐湿热性能试验

根据GB 14048.2—2008附录F中F.8进行试验。

试验方法按GB/T 2423.4规定的试验Db进行。

试验严酷等级:温度上限为55 ℃±2 ℃;试验周期:6 d。

控制器在上述条件下进行试验,也可只对控制器在试验室中进行试验。

a) 试验过程中,控制器如有通信功能,通信正常,数据不间断,不应有任何异常或死机、复位等和产品实际使用有出入的状况;

b) 试验后验证控制器保护功能是否正常。

8.12 在规定变化率下的温度变化循环试验

根据GB 14048.2—2008附录F中F.9进行试验。

进行本试验时,控制器安装在断路器内也可单独安装进行试验。断路器如正常使用一样供电。

8.12.1 控制器单独安装进行试验

控制器应能承受按GB 14048.2—2008附录F中图F.15规定的温度变化循环,温度上升或下降的速率应为(1±0.2)K/min。达到规定温度(上限+80 ℃,下限−25 ℃)后,至少应持续2 h。循环次数为28个周期。

8.12.2 控制器安装在断路器内进行试验

控制器分别放置在周围温度为(−5±2)℃和(+40±2)℃的环境中至温度稳定,然后重复8.12.1的试验。

a) 试验过程中,控制器如有通信功能,通信应正常,数据传送不能间断,不应有任何异常情况,可正常工作;

b) 试验后按8.4.1的方法验证过载保护特性。

注:如试验设备尚不具备,本试验可暂不进行。

8.13 额定极限短路分断能力试验

按 GB 14048.2—2008 附录 F 中 8.3.5 进行试验。

9 检验规则

9.1 试验种类

控制器的试验分为：

——型式试验；

——常规试验。

9.1.1 型式试验项目

控制器型式试验项目汇总见表 15。

表 15 型式试验项目汇总

序 号	试 验 项 目	试验要求	备 注
1	一般检查	8.1	—
2	爬电距离和电气间隙测量	8.2.1	—
3	绝缘材料着火危险试验	8.2.2	可由材料厂提供合格的试验报告
4	绝缘材料相比电痕化指数测定	8.2.3	
5	温升试验	8.3.1	—
6	介电性能试验	8.3.2	—
7	操作条件试验	8.3.3	—
8	过载保护特性试验	8.4.1	试验项目由制造商申明
9	短延时保护特性试验	8.4.2	
10	短路瞬时保护特性试验	8.4.3	
11	接通电流脱扣保护特性试验	8.5.1	
12	接地故障保护特性试验	8.5.2	
13	剩余电流保护特性试验	8.5.3	
14	电流不平衡保护特性试验	8.5.4	
15	中性极过电流保护特性试验	8.5.5	
16	电压不平衡保护特性试验	8.5.6	
17	过电压保护特性试验	8.5.7	
18	欠电压保护特性试验	8.5.8	
19	热记忆功能测定	8.5.9	
20	最大、最小频率保护特性试验	8.5.10	
21	相序保护特性测定	8.5.11	
22	逆功率保护特性试验	8.5.12	
23	控制器区域选择性联锁(ZSI)功能试验	8.5.13	
24	试验检查功能测定	8.5.14	
25	自诊断功能测定	8.5.15	
26	温度保护功能测定	8.5.16	

表 15（续）

序　号	试 验 项 目	试验要求	备　　注
27	负载监控功能测定	8.6	试验项目由制造商申明
28	通信功能验证	8.8	
29	谐波电流试验	8.9.1.1	—
30	静电放电抗扰度试验	8.9.1.2	—
31	射频电磁场辐射抗扰度试验	8.9.1.3	—
32	电快速瞬变脉冲群抗扰度试验	8.9.1.4	—
33	浪涌抗扰度试验	8.9.1.5	—
34	射频传导抗扰度试验	8.9.1.6	—
35	电流暂降和中断试验	8.9.1.7	—
36	射频辐射发射试验	8.9.2.1	—
37	射频传导发射试验	8.9.2.2	—
38	耐干热性能试验	8.10	—
39	耐湿热性能试验	8.11	—
40	在规定变化率下的温度变化循环试验	8.12	—
41	额定极限短路分断能力试验	8.13	—

9.1.2　型式试验规则

用作型式试验的控制器必须是正式试制的样品，每个试验项目一台(在不影响试验结果的前提下，经制造商同意，同一台试品可进行多个试验项目)。型式试验中对不构成威胁安全或严重降低性能指标的项目，如有失误允许按原试品数量加倍复试，复试合格仍认为型式试验合格。

9.2　常规试验

对正常生产的每个控制器均应进行常规试验，以检验制造和装配中的缺陷。试验合格后的控制器应加封印，并给出检验合格证。常规试验项目按表 15 中第 1 栏、第 6 栏～第 10 栏规定的项目进行，如有其他功能，再按实际情况由制造商规定要求实施试验。

附　录　A
（资料性附录）
断路器的保护特性参数示例

本附录给出了断路器保护特性的有关数据。

表 A.1 提供了控制器的保护特性、整定值及误差范围的实例。

表 A.1　控制器的保护特性、整定值及误差范围

<table>
<tr><th rowspan="2">保护类型</th><th colspan="9">整定范围</th><th rowspan="2">动作时间误差范围</th></tr>
<tr><th colspan="2">电　流</th><th colspan="7">动作时间</th></tr>
<tr><td rowspan="6">过载长延时</td><td>I_R</td><td>$0.4I_n \sim I_n$</td><td colspan="7">—</td><td>—</td></tr>
<tr><td rowspan="5">xI_R</td><td>$1.05I_R$</td><td rowspan="5">t_R</td><td colspan="6" rowspan="2">按 GB 14048.2—2008 中表 6 的规定</td><td rowspan="2">—</td></tr>
<tr><td>$1.30I_R$</td></tr>
<tr><td>$1.50I_R$[a]</td><td>15 s</td><td>30 s</td><td>60 s</td><td>120 s</td><td>240 s</td><td>480 s</td><td rowspan="3">±10%</td></tr>
<tr><td>$2.0I_R$[a]</td><td>8.4 s</td><td>16.88 s</td><td>33.76 s</td><td>67.6 s</td><td>135 s</td><td>270 s</td></tr>
<tr><td>$7.20I_R$[a]</td><td>—</td><td>—</td><td>2.6 s</td><td>5.2 s</td><td>10.4 s</td><td>20.8 s</td></tr>
<tr><td>短延时</td><td>I_{sd}</td><td>$1.5I_R \sim 12I_R$</td><td>t_{sd}[b]</td><td colspan="6">定时限短延时 t_{sd1}：0.1 s、0.2 s、0.3 s、0.4 s
反时限 t_{sd2}：按 $I^2 t_{sd2}=(8I_R)^2 t_{sd1}$ 变化（仅当 $I \leqslant 8I_R$ 可设置为反时限，$I>8I_R$ 始终为定时限）</td><td>±10%</td></tr>
<tr><td>短路瞬时</td><td>I_I</td><td>$2I_n \sim 15I_n$</td><td>—</td><td colspan="6">$<0.85I_I$ 不动作，$>1.15I_I$ 动作</td><td>$<$200 ms</td></tr>
<tr><td>接地故障</td><td>I_g</td><td>$0.2I_n \sim I_n$
（$I_g \leqslant$ 1 200 A）</td><td>t_g</td><td colspan="6">定时限短延时 t_{g1}：0.1 s、0.2 s、0.3 s、0.4 s
反时限 t_{g2}：按 $I^2 t_{g2}=I_n^2 t_{g1}$ 变化（仅当 $I \leqslant I_n$ 可设置为反时限，$I>I_n$ 始终为定时限）</td><td>±10%</td></tr>
<tr><td colspan="11">[a] $1.5I_R$ 和 $2.0I_R$、$7.2I_R$、$8I_R$ 动作时间是按 I^2t 设定的，需要时也可按其他变化形式处理，其中 $7.2I_R$ 动作时间应符合电动机保护要求。
[b] 短延时的可返回时间由制造商的具体产品标准中规定。</td></tr>
</table>